KB266555

섹싱 더 바디
젠더 정치와 섹슈얼리티의 구성

1판 1쇄. 2026년 3월 30일

지은이. 앤 파우스토-스털링
옮긴이. 홍승효

펴낸이. 안중철, 정민용
편집. 이진실, 윤상훈

펴낸곳. 후마니타스(주)
등록. 2002년 2월 19일 제2002-000481호
주소. 서울특별시 마포구 신촌로14안길 17, 2층 (04057)

편집. 02-739-9929, 9930 영업. 02-722-9960
팩스. 0505-333-9960
메일. humanitasbooks@gmail.com
블로그. blog.naver.com/humabook
페이스북, 인스타그램. /Humanitasbook

인쇄. 천일문화사 031-955-8083
제본. 일진제책사 031-908-1407

값 44,000원

ISBN 978-89-6437-501-3 94470
     978-89-6437-310-1 (세트)

Sexing *the* Body

Gender Politics and the Construction of Sexuality

Anne Fausto-Sterling

DICTEE

4

섹싱 더 바디 | 젠더 정치와 섹슈얼리티의 구성 | 앤 파우스토-스털링 지음 | 홍승효 옮김

후마니타스

추천의 말

탁월한 저작들은 오래된 질문을 더 나은 질문으로 바꾸어 놓는데, 『섹싱 더 바디』가 그렇다. 앤 파우스토-스털링은 성차가 자연에서 비롯된 것인지 사회적으로 구성된 것인지를 묻는 낡은 질문을 버리고, 대신 우리가 왜 성을 지금과 같은 방식으로 이해하게 되었는지를 묻는다. 성에 관한 인간의 선입견이 어떻게 과학 지식에까지 스며들게 되었는지를 촘촘히 보여 주면서 말이다. 그럼으로써 과학 지식을 폐기하거나 회의하기보다 더 나은 것으로 변화시킨다.

책의 표피는 학술적이지만 심층은 무엇보다 로맨틱하다. 성별을 이분법적으로 특정할 수 없는 누군가를 떠올리며 썼을 것이 분명한 이 책은, 자신이 가진 지식을 총동원해 사회에서 오랫동안 배제되어 온 존재들을 제대로 편들고 있다. 이런 사랑은 편애를 받지 않는 이들마저 해방시킨다. 학자가 할 수 있는 궁극의 아름다운 행위다.
— **하미나**(『나를 갈라 나를 꺼내기』, 『미쳐있고 괴상하며 오만하고 똑똑한 여자들』)

매혹적인 필독서. 파우스토-스털링은 '선천 대 후천', '유전자 대 환경', '사회적으로 구성된 젠더 대 생물학적 섹스'에 대한 논의가 얼마나 무의미한지 아름답게 증명해 낸다. 그녀는 성 정체성의 근원을 설명할 때 생물학이나 문화를 우위에 두는 것이, 물의 성질을 설명하며 산소보다 수소를 우선시하는 것만큼이나 무의미함을 보여 준다. 단순화된 남성성과 여성성에 대한 과학, 역사, 페미니즘을 아우르는 선도적 학자의 수정안. — **내털리 앤지어**(『뉴욕 타임스』 과학 저널리스트)

젠더/섹스 주제에 대해 길잡이가 되어 줄 사람 중 앤 파우스토-스털링보다 더 신뢰할 만한 이는 없다. — **앤절라 사이니**(BBC 과학 저널리스트)

의사, 과학자, 그리고 시민들이 이 새로운 세기에 여성과 남성, 소녀와 소년에 대한 관념을 계속해서 갱신해 나가고 있는 가운데, 파우스토-스털링의 신중하고 통찰력 있는 이 책은 과거 여성에게 투표권을 허용했던 것만큼이나 급진적이고 새로운 개념들을 꿈꿀 기회를 제공한다. — **마크 브리드러브**(미시간 주립대 신경과학자)

이분법적 사고를 과감히 배제한 『섹싱 더 바디』는 인간 경험의 광범위한 스펙트럼에 대한 획기적인 분석을 제시한다. 앤 파우스토-스털링의 생물학과 사회 이론에 대한 유창한 이해는 눈부시다. 초판이 출간된 지 20년이 흐른 지금, 우리는 이 통찰력 있는 책이 우리로 하여금 이해하게 한 세계에 살고 있다. 지속적인 힘과 영향력을 지닌 진정한 고전. — **알론드라 넬슨**(프린스턴 고등연구소 교수)

신체는 분명히 물리적 세계에 존재하며, 과학자들은 그 물리적·생물학적 특성을 일부 규명할 수 있다. 그러나 과학이 세상의 '의미'를 발견할 수 있다고 믿는 것은 오류다. 간성인들은 이 오류의 가장 명백한 희생자일 뿐이다. 신체의 '과학'을 결정하는 사회적·정치적·역사적·도덕적 고려 사항을 탁월하게 밝혀 준 앤에게 감사한다.
— **셰릴 체이스**(북아메리카간성협회 창립자)

20세기 젠더와 성역할에 관한 사상사를 균형 있게 검토하며, 과학자들의 사회적 배경이 실험 설계, 연구 결과의 개념화, 발견의 명명 등에 어떤 영향을 미치는지 설득력 있게 보여 준다. 주석이 100쪽이 넘는 학술서임에도 베스트셀러처럼 읽힌다.
— 『**뉴잉글랜드 의학 저널**』

내 마음과 영혼을 짜릿하게 하는 당신,

늘 유쾌하고 자극을 주는 폴라에게

차례

일러두기

· 대괄호([ ])와 각주는 옮긴이의 첨언이며(67쪽 각주 제외), 미주는 지은이의 것이다.
  인용문에서 지은이가 추가한 부분은 '[-인용자]'로 표시했다.
· 인용된 문헌의 국역본이 존재할 경우 대괄호 안에 인용 부분의 국역본 해당 쪽수를 병기했으나
  기존 번역을 따르지 않은 경우도 있다. 국역본 서지 사항은 「참고문헌」에 병기했다.
· 단행본, 정기간행물은 겹낫표(『』), 논문, 기사 제목은 홑낫표(「」), 법령, 온라인 매체,
  영화 및 방송 프로그램, 예술 작품은 홑화살괄호(〈〉), 작품집은 겹화살괄호(《》)를 사용했다.
· 외국어 고유명사의 표기는 되도록 국립국어원 외래어표기법 및 관련 용례를 따랐다.

서문

이 책은 2000년에 처음 출간됐다. 전작인 『젠더의 신화들: 여성과 남성에 대한 생물학 이론들』(1985)에서 나는 동료 연구자들에게 자신들의 학문적 관점에 내재한 개인적이고 정치적인 요소들을 검토해 볼 필요가 있다고 역설한 바 있다. 개별 과학자들은 생물학과 관련된 이런저런 주장들을 받아들일 때, 어느 정도는 과학적 증거에 근거하지만, 어느 정도는 그 주장이 개인적으로 익숙하게 느끼는 삶의 측면들을 확인시켜 주느냐에 근거하는 경향이 있다. 나는 한때 당당한 이성애자였고, 과도기를 거쳐 지금은 주눅 들지 않는 레즈비언이 된 여성으로서 성인기에도 새로운 행동 패턴들이 유연하게 발달한다는 섹슈얼리티 이론을 확고히 지지하고 있다. 그러나 자신을 평생 이성애자 또는 동성애자로 생각해 온 사람이 섹슈얼리티는 생물학적으로 결정되며 발달과 성장이 진행됨에 따라 그것이 드러난다고 가정하는 이론들을 받아들인다는 사실은 전혀 놀랍지 않기도 하다.

하지만 [『젠더의 신화들』을 썼던] 1985년 당시에 나는 문화적 관점이 과학 지식의 생산에 어떻게 스며드는지에 대해서는 거의 이해하지 못한 상태였고, 이 문제를 더욱 자세히 탐구해야 할 필요성을 느꼈다. 결국 이후 10년 동안 나는 과학 자체가 어떻게 작동하는지, 즉 과학이 설령 문화적 편견을 포함하고 있더라도 어떻게 신뢰할 수 있는 지식을 만들어 내는지를 연구하는 과학기술학science and technology studies, STS에 뛰어들었다. 이를 통해 나는 이 책의 바탕을 이룬 개념들을 머릿속에 구체화할 수 있었다. 생물학 자체가 (1990년대에 논쟁이 제기되던 방식대로 표현하자면) 사회적으로 구성될 수 있다는 생각은 어떤 의미를 가지고 있을까? 과학기술학 연구자들이 발전시킨 개념에 입각할 때

섹스, 젠더, 호르몬, 생식기 등은 어떻게 개념화할 수 있을까? 2000년에 이 책의 초판을 쓰면서 나는 이 주제들에 대한 내 견해를 밝혔다. 당시 목표는 인간의 다양한 변이를 허용하며, 생물학적인 것과 사회적인 것의 분석력을 인간발달에 대한 체계적인 분석 속에 통합하는 이론의 필요성을 독자들에게 설득하는 것이었다. 20년이 지난 지금, 이 책을 새롭게 다듬고 특히 인간이 세계 속에서 어떻게 다양한 정체성과 존재 방식을 획득하는지에 대한 내 생각을 더욱 발전시킬 기회를 갖게 되어 더없이 기쁘다.

동성 결혼의 급속한 증가에서부터 새로운 젠더 정체성 및 젠더 라벨의 증식과 확산에 이르기까지 지난 20년 동안 많은 변화가 있었다. 하지만 이 개정판을 펴내면서 초판에 원래 들어 있던 아홉 개 장을 그대로 두기로 했다. 내가 생각하기에 이 장들은 여전히 일관된 논변을 제시하고 있다. 게다가 이 장들은 1990년대에 섹스/섹슈얼리티와 젠더 연구 분야에서 벌어졌던 뜨거운 논쟁을 중심으로 구성됐으며, 내가 걸어온 지적인 여정의 특정 시점에서 쓰였다. 20년 전에 쓴 글에 2020년 현재의 내가 생각하는 바를 통합하려 한다면, 나 자신은 물론 독자들 역시 혼란에 빠질 것이다. 대신 나는 2020년의 시점에서 젠더/섹스가 개인에게서 어떻게 발달하는지, 차이와 동일성의 거시적인 패턴은 어떻게 나타나는지를 이해하는 지침을 제공하기 위해 10장 「젠더의 바다」를 추가했다. 그리고 새로운 후기를 덧붙여 원래의 아홉 개 장에서 상세히 살펴봤던 주제들 가운데 일부를 현재의 시점까지 추적했다. 예를 들어, 테스토스테론 수치가 자연적으로 높은 여자 장거리 육상 선수에 대한 국제올림픽위원회의 출전 금지 조치를 통해 특정 유형의 여성에게만 육상 경기 참여를 다시제한하려는 최근의 시도를 살펴보았다. 또한 간성[인터섹스] 인권 운동 및 혼합된 생식기를 갖고 태어난 유아에 대한 임상 치료와 관련해 최근에 나타난 변화를 독자들에게 설명하는 한편, 급격히 늘어 가고 있는 젠더/섹스에 따른 뇌의 차이와 유사성에 관한 문헌들을 검토했다.

일반 독자들을 염두에 두고 쓰긴 했지만, 주석과 참고문헌이 이 책에서 차지하는 분량이 유난히 많다. 그 이유는 기본적으로 내가 두 권의 책을 한 권으로 묶어 써냈기 때문이다. 즉, 이 책에는 대중들이 쉽게 이해할 수 있는 이 야기와 학계 내부의 논의를 진전시키기 위한 학술적 논의가 함께 들어 있다. 학술적 논의는 때로 난해해지거나, 주변적인 쟁점으로 흘러가 독자들이 중심 이야기에 집중하지 못하게 할 수 있다. 더욱이 학계는 종종 원 출처를 인용하는 형태로 상세한 증거를 제시하거나, 특정 실험에 대해 상세히 설명하길 요구한다. 나는 일반 독자들의 독해를 방해하지 않으면서 학문적인 논의를 진행하는 수단으로 주석을 활용했다. 이런 주석이 책의 내용을 전체적으로 이해하는 데 반드시 필요하지 않을 수도 있다. 하지만 나는 독자들에게 주석을 읽어 보라고 권한다. 그 주석들은 이 책의 내용을 다양한 각도에서 심도 있게 이해할 수 있게 해 주기 때문이다.

게다가 이 책은 굉장히 종합적인 책이라서 연구자든 일반 독자든, 대부분의 독자들이 내가 여기서 다루는 분야 가운데 적어도 일부에 대해서는 친숙하지 않을 수 (나아가 꽤나 회의적일 수) 있다. 이런 이유 때문에라도, 간략히 언급한 주장 역시 학술적 근거를 갖고 있음을 보여 주기 위해 주석을 꼼꼼하게 달았다. 따라서 특정 주제에 흥미를 느낀 독자들은 관련된 읽을거리를 스스로 찾는 수단으로 이 주석과 참고문헌을 활용할 수 있다. 어쩌면 이는 나의 지나친 선생 기질에서 비롯된 것일 수도 있겠다. 이 책을 쓰면서 가장 바랐던 일은 독자들이 더 많은 책을 읽고 토론하도록 자극하는 것이었다. 그래서 과학 연구부터, 페미니즘과 섹슈얼리티, 인간 발달, [동적] 체계 이론과 생물학을 망라하는 다양한 분야의 중요한 문헌들에서 최신의 참고문헌들을 풍부하게 뽑아냈다.

또 상당한 양의 일러스트를 실었는데, 이 역시 이런 종류의 책에서는 드문 일이다. 몇몇 일러스트는 본문에서 논하는 사건들을 묘사하는 익살스러운 그림이나 만화다. 이 같은 방식은 과학적 내용을 만화를 활용해 전달했던 다른 저자들로부터 배운 것이다. 많은 이들이 과학은 재미없는 전문 분야이며, 페미니스트들은 유머 감각이 부족하다고 생각한다. 그러나 페미니스트 과학자인 나는 도처에서 유머를 발견한다. 이런 일러스트들이 과학과 페미니즘의 문화에 회의적인 독자들에게, 자신의 전문 분야에 진지하게 임하면서도 유머 감각을 잃지 않을 수 있다는 점을 보여 주는 데 도움이 되면 좋겠다.

사실 생물학은 매우 시각적인 분야다. 이는 널리 사용되는 생물학 교과서들을 흘끗 들여다보기만 해도 알 수 있다. 그래서 이 책에 실린 몇몇 일러스트는 관련 정보를 시각적으로 전달하기 위해 사용됐다. 이 점에서는 나는 생물학의 학문적 전통에 충실했다고도 할 수 있다. 어쨌든 독자가 재미를 느끼고 웃어 주면 좋겠다. 물론 표나 일러스트를 건너뛰고 글에 집중하는 방식을 선호한다면 그렇게 하길 권한다.

감사의 글

이 책을 쓰는 데 6년 이상이 걸렸다. 그 시간 동안 가족과 친구들은 마감 시간이 닥칠 때마다 강박상태에 빠져 잠적하는 내 성향을 참아 주면서 한결같이 지지해 주었다. 그들 모두에게 감사한다. 여러분 한 사람 한 사람이(내가 누굴 말하는지 잘 아실 것이다) 지금 내가 발 딛고 있는 기반을 제공해 주었다.

내 전공이 아닌 분야의 자료를 리뷰하고 종합할 필요가 있을 때마다 관련 분야의 학자들과 독립 연구자들의 너그러운 마음에 의지했다. 이들은 내 원고를 읽고 기본 개념에 오류가 있거나 중요한 연구를 빠뜨렸을 때 이를 알려 주었다. 아래에서 길게 언급한 사람들은 자신의 바쁜 일정과 저술 계획에도 불구하고 시간을 내서 이 책의 초고를 한 장章 이상 읽고 논평해 주었으며, 몇몇 아이디어를 정식화할 수 있도록 도와주었다. 그중에는 자신의 연구 초고를 보여 주면서 내가 최신 경향을 빨리 따라갈 수 있도록 도와준 분들도 있다. 혹시라도 누락된 분이 있다면, 미리 사과한다. 물론 이 최종 결과물에 대한 책임은 온전히 내게 있다.

엘리자베스 애드킨스-리건, 페페 아모르 이 바스케즈, 메리 아널드, 에번 밸러밴, 마크 브리드러브, 로라 브리그스, 빌 바인, 셰릴 체이스, 아델 클라크, 도널드 듀즈베리, 밀턴 다이아몬드, 앨리스 드레거, 조지프 더밋, 줄리아 엡스타인, 레슬리 파인버그, 탈리아 필드, 신시아 가르시아 콜, GISP 006, 엘리자베스 그로스, 필립 그룹푸소, 에블린 해먼즈, 샌드라 하딩, 앤 해링턴, 버니스 L. 하우스먼, 모건 홈스, 게일 혼스타인, 루스 허버드, 릴리 케이, 수잰 케슬러, 우르줄라 클라인, 해나 랜데커, 제임스 맥일웨인, 신디 마이어스-사이퍼, 다이애나 밀러, 존 모델, 수전 오야마, 캐서린 파크, 메리 푸비, 캐런 로머,

힐러리 로즈, 스티븐 로즈, 론다 시빙어, 찬닥 센굽타, 로저 스미스, 린 스미틀리, 린다 스넬링, 피터 테일러, 더글러스 윌스텐, 킴 윌렌.

내가 원고 사본과 참고문헌을 공유한 리스트서브[이메일 기반 커뮤니티 관리 프로그램] '러브웹'Loveweb의 참여자들은 나와 기꺼이 토론하며 이견을 제시해 주었다. 이 과정은 내가 생각을 명확히 하는 데 도움을 주었다. 갈등은, 지적인 형태든 다른 형태든, 더 나은 생각을 벼려 주는 불꽃이 될 수 있다.

베이직북스에 근무했거나 현재 근무하고 있는 편집자들도 원고를 최종적으로 수정하고 마무리하는 데 중요한 역할을 해 주었다. 스티븐 프레이저와 조앤 밀러, 리비 갈런드에게 특히 큰 빚을 졌다. 스티브는 처음부터 이 책의 가치를 알아봐 주었고 초기 버전의 여러 장들에 대해 통찰력 있는 논평을 해 주었다. 조 앤과 리비는 원고 전체를 사려 깊고 세심하게 편집해 주어 책의 완성도를 한층 높여 주었다.

이 책의 일부는 브라운 대학교에서 제공한 연구년 동안 집필했다. 내 부재를 견뎌 준 동료들과 연구년의 편의를 제공해 준 브라운 대학교 관계자에게 감사드린다. 이러저러한 도움을 준 브라운 대학교의 행정 직원들에게도 감사드린다. 브라운 대학교 도서관의 사서들은 내게 아낌없는 지원을 제공했다. 그들은 출처가 불분명한 자료를 찾는 데 도움을 주었고, 내가 이따금 보내는 긴급 요청에 신속하게 대처해 주었다. 어떤 학자도 좋은 사서의 도움 없이 일할 수 없다. 연구를 보조해 준 베로니카 그로스와 비노 수브라마니안, 소날리 루더, 미리엄 로이먼, 에리카 워프에게 특별히 감사드린다.

이 책의 일부는 이탈리아 벨라조에 위치한 록펠러재단에서 칩거하면서 작성했다. 다른 일부는 미국학술단체협의회에서 연구비를 지원받아 작성했고, 또 다른 일부는 매사추세츠 공대에 있는 디브너 과학기술사 연구소의 펠로로 있는 동안 작성했다. 이 기관들이 베풀어 준 경제적이고 실질적인 지원에 대해 관계자 모두에게 감사드린다.

두 명의 뛰어난 일러스트레이터, 다이앤 디마사와 앨리스 자케가 이 책을 쓰는 데 너무나 큰 도움을 주었다. 그들의 정성 어린 작품에 감사드린다.

에리카 워프도 아트 워크 작업의 최종 단계에 도움을 주었다.

마지막으로 또 한 명 중요한 사람, 삶의 동반자 폴라 보글*은 언제나 변함없는 지지를 보내 주었다. 그녀는 처음부터 이 프로젝트를 열성적으로 지원했다. 각 장의 초고를 두 번씩 읽어 주며 지적인 자극과 정서적인 안정을 주었다. 이런 자극과 안정 덕분에 이 책을 마무리할 수 있었다. 그녀에게 이 책을 바친다.

2020년 개정판을 내면서 감사드릴 분이 더 늘었다. 자신의 연구를 공유하고 불완전하게 표현된 발상들을 다듬어 준 페미니스트 과학자들 및 연구자들 모두에게 감사드린다. 나는 사리 밴 앤더스와 카트리나 카캐지스, 리베카 조던-영, 다프나 요엘, 지나 리폰, 코델리아 파인, 새라 리처드슨 등과 의미 있는 의견을 주고받았다(내가 부주의하게 이 목록에 빠뜨린 사람이 있다면 부디 용서해 주길 바란다!). 젊은 세대의 페미니스트 과학자들과 연구자들이 대학원과 박사 후 과정 훈련을 받으면서 이 방대한 주제를 붙잡고 우리의 생각을 발전시키는 모습을 지켜보고 있자니 희망이 샘솟는다. 또 친절하게도 시간을 내어 간성과 성 발달 차이 문제를 다룬 후기를 꼼꼼히 읽고 조언해 준 셰릴 체이스에게 감사드린다.

아셰트사의 편집부 역시 굉장했다. 정확한 편집 지침을 제시해 준 브라이언 디스텔버그와 알렉스 콜스턴, 수전 밴헤케에게 감사드린다.

마지막으로 중요한 말을 덧붙이고자 한다. 이 개정판의 교정쇄를 검토하는 동안, 폴라 보글과 나는 32주년을 맞았다. 그녀는 여전히 내 인생의 중심이며 사랑이다.

---

* 현재 미국에서 가장 영향력 있는 극작가 가운데 한 명이다. 그녀의 작품들은 여성의 몸, 퀴어 정체성, 에이즈, 동성애 혐오, 성매매 등 사회적으로 민감하고 금기시되는 주제를 정면으로 다루고 있다. 퓰리처상 드라마 부분 수상작인 『운전 배우기』(이지훈 옮김, 지만지드라마, 2019)가 국내에 소개돼 있다.

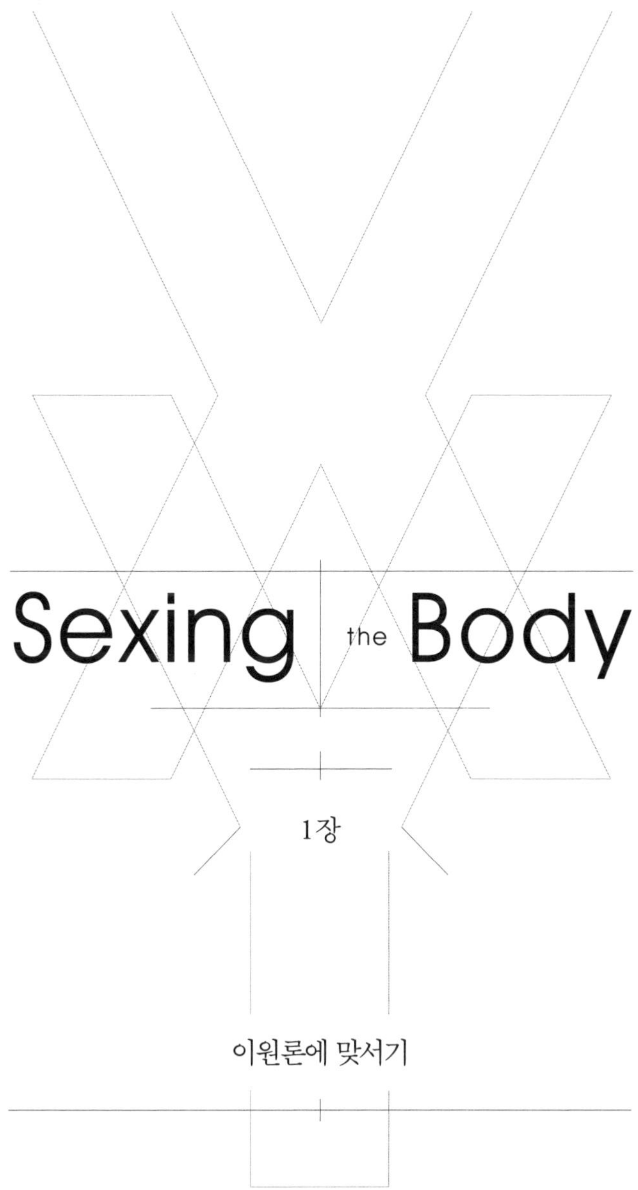

Sexing *the* Body

1장

이원론에 맞서기

남성인가 여성인가?

1988년 서울 올림픽 출전권을 획득하기 위해 [1985년 고베 유니버시아드 대회에 참석한] 스페인 최고의 허들 선수 마리아 파티뇨는 분주하고 들뜬 분위기 속에서 대회 관계자들에게 제출해야 할 진단서를 깜박 잊고 안 가져왔다. 진단서는 그녀를 본 사람이면 누구라도 단박에 알아차릴 수 있는 사실, 즉 그녀가 여성임을 증명하는 내용이었다. 다행히 국제대학스포츠연맹은 참가자들이 여성성 증명서를 안 가져왔을 경우를 대비하고 있었다. 파티뇨는 '여성성 검사본부'femininity control head office[1]에 가서 볼 안쪽 세포 일부를 긁어내기만 하면 됐다. 모든 일은 순조롭게 처리될 터였다. 적어도 그녀는 그렇게 생각했다.

구강 상피세포를 긁어낸 지 몇 시간 후 그녀는 전화를 받았다. 문제가 생겼다. 그녀는 재검을 받았지만 의사는 아무 말도 하지 않았다. 첫 경기를 시작하려고 경기장에 들어설 무렵, 경기 임원들이 그녀가 성별 검사를 통과하지 못했다는 소식을 전했다. 그녀의 생김새는 분명 여성이었고, 여성의 근력을 가지고 있었다. 그녀가 여성이 아니라고 의심할 만한 이유는 전혀 없었다. [귀국 후 피티뇨는 정밀 검사를 받았고, 두 달 뒤 결과가 나왔다.] 파티뇨에게는 Y염색체가 있었으며, 음순 안에 고환이 숨어 있었다. 게다가 난소도 자궁도 없었다.[2] 국제올림픽위원회의 정의에 따르면, 파티뇨는 여성이 아니었다.

[1986년 스페인 전국체전에서] 스페인육상연맹 관계자들은 파티뇨에게 이같은 사실을 알리지 말고 부상을 이유로 기권하라고 지시했다. 그녀는 거절했고, 언론 보도를 통해 이 같은 비밀이 드러났다. 얼마 지나지 않아 파티뇨의 삶은 모두 무너져 버렸다. 스페인육상연맹은 그녀의 선수 자격을 박탈하고 대회 출전을 금지시켰다. 남자 친구는 그녀를 떠났다. 국가대표 숙소에서 쫓겨났고 장학금도 끊겼다. 별안간 그녀는 생계를 유지하기 위해 고군분투해야만 하는 처지가 됐다. 언론은 대서특필하며 흥분했다. 훗날 그녀는 이렇게 말했다. "저는 이 바닥에서 감쪽같이 지워졌어요. 마치 존재한 적도 없던 것처럼. 제가 이 스포츠에 12년을 바쳤는데도 말이죠."[3]

하지만 파티뇨는 포기할 수 없었다. 수천 달러를 들여 가며 자신의 상태에 대해 의사들과 상담을 했다. 의사들은 그녀가 '안드로겐 무감응 증후군'이라 불리는 상태로 태어났다고 설명했다. 이는 그녀가 Y염색체를 가지고 있고 고환에서 많은 양의 테스토스테론을 생성했음에도 불구하고, 그녀의 세포들이 이 호르몬을 감지할 수 없다는 뜻이었다. 그 결과 그녀의 신체에서는 남성의 특징들이 전혀 발달하지 않았다. 반면 사춘기에 이르러 그녀의 고환에서는 (모든 남성의 고환이 그렇듯이) 에스트로겐이 생성되었는데, 이로 말미암아 유방이 발달하고 허리가 잘록해졌고 골반이 넓어졌다. Y염색체와 고환에도 불구하고 그녀는 여성으로 성장했으며 여성의 신체 특징이 발달했다.

파티뇨는 자신의 성별 검사 결과에 맞서 싸우기로 했다. 그녀는 한 기자에게 이렇게 단언했다. "전 제가 여자라는 걸 알고 있습니다. 그건 의학의 눈, 하느님의 눈, 모든 사람들의 눈, 그리고 제 자신의 눈으로 봐도 분명합니다."[4] 그녀는 전 테니스 선수이자 성별 검사에 반대하는 스탠퍼드 대학교의 생물학자 앨리슨 칼슨에게 도움을 청했고 둘은 함께 소송을 시작했다. 파티뇨가 받은 여러 검사에서 의사들은 "그녀가 여성으로서 시합에 참가할 수 있는지 결정하기 위해 골반 구조와 어깨를 조사했다."[5] 2년 반 뒤, 국제아마추어육상연맹은 그녀의 선수 자격을 회복했고, 1992년 바르셀로나 올림픽에 참가하기 위한 스페인 올림픽 대표 선발전에도 출전할 수 있게 되었다. 그녀는 여성 육상 선수에 대한 성별 검사에 도전한 첫 여성으로 역사에 기록됐다. 그러나 국제아마추어육상연맹[2001년 국제육상경기연맹으로 이름 변경]의 유연한 태도에도 불구하고, 국제올림픽위원회의 입장은 요지부동이었다. 즉, Y염색체의 유무가 성별sex을 판별하는 가장 과학적인 접근 방식이 아님에도, 올림픽에 참가하는 선수들은 **반드시** 그 검사를 받아야만 했다.

국제올림픽위원회 위원들은 여전히 과학적으로 더욱 진보된 검사 방법이 나온다면 선수들의 진짜 성별을 밝힐 수 있을 것이라고 확신한다. 그렇다면 국제올림픽위원회가 성별 검사에 이토록 신경을 쓰는 이유는 무엇일까? 이같은 규정은 부분적으로는 냉전 시대의 정치적 불안을 반영한 것이다. 일례로 1968년 올림픽에서 국제올림픽위원회가 '과학적인' 성별 검사를 도입한 것은, 일부 동구권 선수들이 공산주의의 대의와 우월성을 드높이기 위해 부정행위를 저질러서라도, 다시 말해 남자를 여자로 변장시켜서라도 우승을 차지하려 한다는 소문 때문이었다. 지금까지 남성이 여성의 시합에 몰래 참여했던 사례는 1936년 [베를린 올림픽에서] 나치 청년단원이었던 하인리히 라첸의 사건*이 유일하다. 그는 '도라'라는 이름으로 여성 높이뛰기 경기에 참가했다. 그렇지만 그의 남성성은 큰 이점이 되지 않았다. 그는 결선에 진출했지만 세 여성의 뒤를 이어 4위에 그쳤다.

국제올림픽위원회가 [냉전이라는] 국제정치적 이해관계 속에서 현대적인 염색체 선별검사를 도입한 것은 1968년부터였지만, 올림픽 참가자들의 성별을 감시·통제한 것은 훨씬 오래전 일이다. 이는 스포츠 경기 참여가 여성을 남성스러운 존재로 변화시킬 것이라는 우려를 달래기 위해서였다. 현대 올림픽(원래 여성의 참여가 금지되었다**)의 창시자인 피에르 드 쿠베르탱은 1912년에 "여성들이 벌이는 운동경기는 자연의 법칙에 위배된다"[6]라고 주장했다. 만약 여성이 **본성상** 운동경기에 적합하지 않다면, 올림픽 무대에 진출한 여성 선수들을 어떻게 해석해야 할까? 국제올림픽위원회는 서둘러 올림픽 경기에 참여한 여성들의 여성성을 인증하겠다고 나섰다. 경쟁하는[겨루는] 행위 자체가 그들이 진짜 여성이 아닐 수 있다는 뜻으로 비쳤기 때문이다.[7] 젠더 정치학의 맥락에서, 성별에 대한 감시·통제는 매우 중대한 의미를 가지고 있었다.[8]

---

* 도라 라첸의 성별 논란이 발생한 시점은 2년이 지난 1938년이었다. 여장을 한 수상한 남자가 기차에 타고 있다는 신고로 출동한 경찰에 라첸이 체포된 것이다. 이어 독일 정부는 그가 받은 메달을 반납했고, 도라 라첸은 하인리히 라첸으로 이름을 바꾸고 남성으로 살았다. 하지만 라첸은 남성이 아니었다. 2009년 독일 주간지 『슈피겔』이 당시의 의무 기록과 경찰 보고서를 입수해 보도한 바에 따르면, 라첸은 모호한 생식기를 갖고 태어난 간성인이었다. 이에 대해서는, 「'성 분화 이상'은 있어도 여장 남자는 없었다」(『한겨레』 2019. 10. 19.) 참고.

** 1896년 첫 번째 대회에는 여성의 참여가 금지되었지만, 다음 대회인 1900년부터 여성이 일부 경기에 참여할 수 있게 되었다.

섹스인가 젠더인가?

1968년 이전까지 올림픽에 출전하는 여성 선수들은 조사관들 앞에서 나체로 걸어 다녀야 했다. 유방과 질이 자신의 여성성을 인증하는 데 필요한 전부였다. 여성들은 이런 방법이 모멸적이라고 불만을 토로했다. 국제올림픽위원회가 '과학적인' 염색체 검사법을 활용하기로 결정한 데에는 부분적으로 이 같은 원성이 영향을 미쳤다. 문제는 이런 검사법과 (데옥시리보핵산DNA에서 고환의 발달과 관련된 특정 부분을 추적하는) 좀 더 세련된 중합 효소 연쇄 반응 검사polymerase chain reaction, PCR로도 국제올림픽위원회가 바라는 바를 달성할 수 없었다는 사실이다. 간단히 말해, 우리 몸의 성별은 굉장히 복잡하다. 이분법적 구분은 불가능하다. 더 정확히 말하면 차이는 미묘하다. 이 책의 2~4장에서는 과학자와 전문 의료진, 또 일반 대중이 완전한 남성도 여성도 아닌 신체를 어떻게 이해해 왔는지(혹은 이해해야만 했는지)를 설명할 예정이다. 내가 이 책에서 기술한 주요 주장 가운데 하나는 누군가를 남성 혹은 여성으로 분류하는 것은 사회적 결정이라는 것이다. 이와 같은 결정을 내리는 데 과학적 지식이 도움이 될 수는 있지만, 우리의 성별을 정의하는 것은 과학이 아니라 젠더에 대한 우리의 믿음이다. 게다가 젠더에 대한 우리의 믿음은 애초에 과학자들이 성별에 대해 어떤 종류의 지식을 생산하는지에도 영향을 미친다.

수십 년간, 과학계는 물론이고 사회에서도 남성성[웅성/수컷]과 여성성[자성/암컷]의 **사회적 표현**과 그것의 **신체적 토대** 사이의 관계를 둘러싸고 치열한 논쟁이 있었다. 1972년에 성과학자 존 머니와 안케 이어하트는 섹스와 젠더는 별개의 범주라는 발상을 대중화했다. 그들은 **섹스**가 신체적인 특징에 해당되며, 해부학적으로 그리고 생리학적으로 결정된다고 주장했다. 이에 반해 **젠더**는 자아의 심리적인 변형, 즉 자신이 여성인지 남성인지에 대한 내적인 신념(젠더 정체성)과 그 신념의 행동적 표출을 의미했다.[9]

한편 1970년대 2세대 페미니스트들 역시 섹스는 젠더와 구분되는 것이라고, 즉 남녀의 차이는 대부분 젠더 불평등을 영속화하기 위해 설계된 사회

제도가 만들어 낸 것이라고 주장했다.[10] 페미니스트들은 남성과 여성의 신체는 서로 다른 생식기능을 만들어 내지만, 삶의 수많은 우여곡절과 부침 속에서도 변하지 않는 그 밖의 다른 성차sex difference는 거의 없다고 주장했다. 만약 여자아이들이 남자아이들만큼 수학을 잘하지 못한다면, 그것은 타고난 뇌 때문에 그런 것이 아니다. 여자아이들이 수학을 잘하지 못하는 것은 젠더 규범에 따라 남자아이와 여자아이에게 주어진 기대와 기회가 다르기 때문이다. 질이 아니라 음경이 있는 것은 섹스의 차이다. 남자아이들이 여자아이들보다 수학 시험에서 좋은 성과를 올리는 것은 젠더의 차이다. 아마도 전자는 바꿀 수 없겠지만 후자는 바꿀 수 있다.

　머니와 이어하트, 그리고 페미니스트들은 **섹스**는 신체의 해부학적·생리학적 작용을 나타내고, **젠더**는 행동[의 차이]을 형성하는 사회적인 힘을 나타낸다고 정의했다.[11] 페미니스트들은 신체적인[생물학적인] 섹스의 영역에 대해서는 의문을 제기하지 않았다. 그들이 의문시한 부분은 이런 차이들의 심리적이고 문화적인 의미, 즉 젠더였다. 그러나 섹스와 젠더에 대한 페미니즘의 정의는 인지 기능과 행동의 차이[12]가 남/여의 차이에서 **유래**할 가능성을 열어 두었다. 이에 따라 어떤 분야에서 섹스 대 젠더의 문제가 지능과 다양한 행동양식들이 뇌 속에서 어느 정도로 '선천적으로 결정돼 있는지'를 둘러싼 논쟁으로 발전했던 반면,[13] 어떤 분야에서는 신경생물학 분야에서 이룩한 수많은 성과들이 무시할 수밖에 없는 것처럼 보였다.

　신체적인 섹스의 영역을 방기함에 따라, 페미니스트들은 생물학적 차이를 기반으로 재개된 공격에 취약한 상태가 되었다.[14] 실제로, 페미니즘은 생물학, 의학, 사회과학의 주요 분야들로부터 제기된 거대한 저항에 봉착했다. 사회적으로 긍정적인 변화가 많이 이뤄지긴 했지만, 젠더 불평등 문제가 다양한 사회 영역에서 다뤄지기 시작하면 결국 남녀 사이의 완전한 사회경제적 평등이 이뤄질 것이라는 1970년대의 낙관주의는 좀처럼 근절되지 않는 불평등 앞에서 서서히 사라졌다.[15] 이 같은 상황들로 말미암아 페미니스트 학자들은 한편으로 섹스라는 개념 자체에 의문을 던졌고,[16] 다른 한편으로는 젠더, 문화, 경험 같은 단어의 의미 역시 좀 더 심도 있게 탐구하게 되었다. 예를 들어, 인류학자 헨리에타 L. 무어는 젠더, 문화, 경험에 대한 설명을 "언어적이고 인지적인 요소들, 즉 내가 알고 말할 수 있는 것"으로 환원하려는 시도에 반대한다. 이 책(특히 9장)에서 나는 무어와 마찬가지로, "문제는 정체성과 경험의 체화된 성격이다. … 경험은 상호주관적이고 신체화된 것이며 개인적이고 고정된 것이 아니라 돌이킬 수 없을 정도로 사회적이며 과정적인 것이다"[17]라고 주장한다.

우리의 신체는 너무나 복잡해서 성차에 대해 명쾌한 해답을 제시하는 건 불가능하다. '성별'의 단순한 신체적 토대를 찾으려 하면 할수록 '성별'이 순수한 신체적 범주가 아니라는 사실은 점점 명확해진다. 우리가 여성 혹은 남성으로 규정하는 신체적 신호나 기능은 이미 젠더에 대한 우리의 생각과 뒤얽혀 있다. 국제올림픽위원회가 직면하고 있는 문제를 살펴보자. 위원회는 누가 남성이고 누가 여성인지 명확하게 결정하고 싶어 한다. 그러나 어떻게 그럴 수 있을까? 피에르 드 쿠베르탱이 여전히 살아 있다면, 해답은 간단하다. 시합에 나가 경쟁하고 싶어 하는 사람은 누구나 정의상 여성일 수 없다는 것이다. 그러나 그 시절은 지나갔다. 국제올림픽위원회가 근력을 성별의 척도로 삼을 수 있을까? 어떤 경우에는 가능할 것이다. 그러나 여성과 남성이 가진 근력의 범위는, 특히나 고도로 훈련받은 운동선수들의 경우 서로 겹친다(높이뛰기 시합에서 세 명의 여성이 라첸을 이겼다는 사실을 상기하라). 또 마리아 파티뇨는 외양과 근력의 측면에서는 여성성에 대한 상식적인 통념에 부합하지만, 고환과 Y염색체를 갖고 있었다. 그렇다면 왜 이런 것들이 결정 요소가 돼야 하는가?

국제올림픽위원회는 올림픽 참가 선수의 성별을 알아내기 위해 염색체나 DNA 검사, 또는 유방과 생식기 조사를 활용하지만, 성별이 불확실한 아동을 진찰하는 의사들은 이와 다른 기준을 사용한다. 그들은 주로 생식 능력(여자아이일 가능성이 있는 경우)이나 음경의 크기(남자아이일 가능성이 있는 경우)에 초점을 맞춘다. 예를 들어, 만약 어떤 아이가 몸속에 X염색체 두 개와 난관, 난소, 자궁을 갖고 있지만 외부에는 음경과 음낭을 지닌 채 태어났다면, 이 아이는 남자일까 여자일까? 대부분의 의사는 음경이 있음에도 불구하고 이 아이가 여자라고 선언한다. 출산을 할 수 있는 잠재 능력을 가지고 있기 때문이다. 그들은 이 결정을 실행하기 위해 외과 수술과 호르몬을 활용해 개입한다. 성별을 결정하기로 결심하고 어떤 기준을 사용할지 선택하는 행위는 사회적 판단으로, 과학자들은 이에 대한 절대적 지침을 제시할 수 없다.

실재인가 구성물인가

나는 생물학자이자 사회 활동가로서 섹스/젠더에 관한 논쟁에 참여하고 있다.[18] 매일 나는 섹슈얼리티의 정치학을 둘러싼 그리고 인간 행동의 생물학에 대한 지식을 생산하고 활용하는 작업을 둘러싼 갈등의 그물망을 안팎으로 누비며 살아간다. 이 책의 핵심 논지는 일반적으로 학자들, 특히 생물학자들이 생산한 인간의 섹슈얼리티에 대한 진실들이 우리의 문화와 경제를 두고 벌어지는 정치적·사회적·도덕적 투쟁의 구성 요소라는 것이다.[19] 이와 동시에, 정치적·사회적·도덕적 투쟁의 구성 요소는 우리의 생리적 존재 속에 말 그대로 체화되고 통합된다. 내 목적은 이 같은 상호 의존적 주장들이 어떻게 작동하는지 보여 주는 것으로, 이를 위해 다음과 같은 문제들을 다루고자 한다. 즉, 과학자들은 어떻게 — 일상생활, 실험 활동, 의료 행위를 통해 — 섹슈얼리티에 대한 진실을 만들어 내는가? 또한 우리 신체는 이런 진실들을 어떻게 내면화하고 확증하는가? 마지막으로 생물학자들이 활동하는 사회적 환경에 의해 다듬어진 이 진실들은 우리의 문화적 환경을 다시금 어떻게 개조하는가?

이 문제에 대해 내가 특이한 의견을 가진 데에는 그럴 만한 이유가 있다. 지적인 측면에서 나는 서로 양립할 수 없어 보이는 세 가지 세계에 살고 있다. 소속된 학과에서 나는 생명체를 그것을 구성하는 분자의 관점에서 연구하는 분자생물학자들과 교류하고 있다. 그들은 대개 한 개의 세포 속에 원인과 결과가 존재하는 미시적인 세계에 대해 이야기한다. 분자생물학자들은 신체 내부에서 상호작용하는 기관들은 거의 고려하지 않으며, 피부로 덮인 신체가 피부 바깥쪽 세상과 어떻게 상호작용하는지는 더더욱 생각하지 않는다. 유기체의 작동 원리에 대한 그들의 시각은 분명히 아래에서 위로, 작은 것에서 큰 것으로, 내부에서 외부로 향한다.

　나는 섹슈얼리티에 대한 관심을 공유하는 학자들로 구성된 가상의 공동체와도 교류하고 있으며 리스트서브를 통해 그들과 소통한다. 리스트서브에서는 누구나 문제를 제기하고, 생각나는 대로 말하며, 관련 소식들에 대한 견해를 밝히고, 인간의 섹슈얼리티에 관한 이론을 두고 논쟁을 벌이며, 최신 연구 결과들을 보고할 수 있다. 여기서 나온 논평은 전자 우편을 통해 일단의 사람들과 공유된다. 내가 '러브웹'이라고 부르는 리스트서브는 심리학자, 동물 행동학자, 호르몬 생물학자, 사회학자, 인류학자, 철학자 등 다양한 연구 집단으로 구성돼 있다. 이 내부에는 수많은 관점이 공존하고 있지만, 목소리를 내는 다수는 인간의 성적 행동에 대해 신체에 기반한 생물학적인 설명을 선호한다. 러브웹의 구성원들은 자신들이 변하지 않는다고 믿는 성적 선호에 전문적인 명칭을 붙인다. 예를 들어 동성애, 이성애, 양성애 외에도 헤베필리아hebephilia(주로 사춘기 소녀에게 끌리는 성향), 에페베필리아ephebephilia(10대 후반이나 20대 초반의 젊은 남성에게 끌리는 성향), 페도필리아pedophilia(소아성애, 아동에게 끌리는 성향), 지니필리아gynephilia(성인 여성에게 끌리는 성향), 안드로필리아androphilia(성인 남성에게 끌리는 성향) 등이 있다. 상당수 러브웹 구성원은 우리가 출생 전에 성적 본질을 획득하며, 성장과 발달 과정에서 그것이 드러난다고 믿고 있다.[20]

　분자생물학자나 러브웹 회원과는 달리, 페미니스트 이론가들은 신체를 본질이 아니라 일종의 비계飛階로 본다. 그것을 토대로 담론과 수행[연행]performance을 통해 완전히 사회화된 존재가 만들어진다는 것이다. 페미니스트 이론가들은 문화가 신체를 주조하고 효과적으로 창조해 내는 과정을 설득력 있게 그리고 종종 상상력을 발휘해 기술한다. 나아가 그들은 분자생물학자나 러브웹 참여자들이 갖고 있지 못한 (뚜렷한) 정치적 관점을 가지고 있다. 대부분의 페미니스트 학자는 현실 세계의 권력관계에 주목한다. 종종 그들은 사회적·정치적·경제적 불평등을 이해하(고 바꾸)길 바라는 마음에서 이론적 작업에 나

섹싱 더 바디

선다. 다른 두 세계의 거주자들과는 달리 그들은 선도적인 페미니스트 이론가 도나 해러웨이가 말하는 "신 행세"God-trick를 거부한다. "신 행세"란 [지상이 아닌] 저 위에서 지식을 생산하는 것을 의미하는데, 이는 문제투성이인 실제 세계에서 살아가는 개별 학자들이 발 딛고 있는 실제 위치를 부인하는 것이다. 대신 페미니스트 연구자들은 모든 학문적 연구는 인종화된 신체, 섹스, 젠더, 선호 등이 상호 관계를 맺으며 자리 잡고 있는 그물망에 [새로운] 가닥을 추가하는 것으로 이해한다. 이렇게 새롭게 추가된 또는 다른 방식으로 짜인 가닥은 우리가 맺고 있는 관계를 변화시키고, 우리가 세상에 존재하는 방식을 바꾼다.[21]

이처럼 다양한 지적 세계를 여행하는 일은 상당히 불편하다. 러브웹을 지켜보면서 나는 (생물학을 깔보고, 세상의 작동 방식에 대해 명백히 어리석은 시각을 갖고 있다고 간주되는) 가공의 페미니스트들을 향한 무분별한 비난을 참고 견뎌야 한다. 페미니스트 학회에서 사람들은 러브웹에서 논쟁 중인 생각들을 신뢰할 수 없다며 으르렁댄다. 분자생물학자들은 이 두 세계 어디에도 관심이 없다. 이들에게 페미니스트와 러브웹 참여자들이 던지는 질문들은 지나치게 복잡해 보인다. 박테리아나 효모를 가지고 섹스를 연구하는 게 제일 낫다는 것이다.

그래서 나는 분자생물학과 러브웹과 페미니스트 동료들에게 이렇게 말한다. 생물학자로서 나는 물질계를 믿는다. 과학자로서 나는 실험을 통해 특정한 지식을 구축할 수 있다고 생각한다. 그러나 페미니스트 목격자(이 단어의 퀘이커 교도적인 의미*에서)로서, 또 최근에는 역사가로서 나는 우리가 생물계에 대해 "사실"이라고 부르는 것들이 보편적인 진실이 아니라고 믿고 있다. 오히려 해러웨이가 썼듯이, 그것들은 "특정한 역사와 관습, 언어와 사람에 뿌리를 내리고 있다."[22] 19세기 초반 미국과 유럽에서 탄생한 이래로, 생물학은 줄곧, 성·인종·민족의 정치를 둘러싼 논쟁과 뒤엉켜 있었다.[23] 우리의 사

✳ 퀘이커 교도들에게 목격자witness는 단순히 신념만을 가진 자가 아니라, 이를 적극적으로 증언하고 행동을 통해 표현하는 자를 의미한다.

회관이 변화함에 따라 신체에 대한 과학 역시 변모해 왔다.[24]

상당수 역사학자들이 17, 18세기를 섹스와 섹슈얼리티 개념에 큰 변화가 일어난 시기로 특징짓는다.[25] 이 시기 동안 법 앞의 평등 개념이 신적 권위에 기반한 봉건제 사회의 자의적이고 폭력적인 권력 행사를 대체했다. 미셸 푸코가 이해했듯이, 사회는 여전히 어떤 형태로든 규율을 필요로 했다. 자본주의의 성장은 "신체를 생산 체제로 편입하고 인구 현상이 경제 과정에 맞춰지는 변화"를 통제할 새로운 방법을 필요로 했다.[26] 푸코는 살아 있는 신체에 행사되는 이런 권력(생체 권력bio-power)을 두 가지 형태로 구분했다. 첫 번째 형태의 권력[즉, 인체의 해부 정치]은 주로 개별 신체를 대상으로 했다. (소위 인문과학이라고 불리는 심리학·사회학·경제학을 비롯한) 많은 과학 전문가의 역할은 신체 기능을 최적화하고 표준화하는 것이 되었다.[27] 북아메리카와 유럽에서 푸코가 말한 표준화된 신체는 전통적으로 백인 남성이었다. 이 책은 비록 젠더에 집중하고 있지만, 나는 인종과 젠더라는 발상이 신체의 물리적 속성에 대한 기본적 가정에서 어떻게 출현했는지를 수시로 논의할 것이다.[28] 인종과 젠더가 — 따로 또 같이 — 작동하는 방식을 이해하는 것은 사회적인 것이 체화되는 방식을 이해하는 데 도움이 된다.

푸코가 말한 생체 권력의 두 번째 형태, 즉 **"인구의 생명 정치"**[29]는 선구적인 사회과학자들이 "출생률과 사망률, 건강 수준, 기대 수명과 장수 정도"를 관리하고 감독하는 데 필요한 조사와 통계 수단을 발달시키기 시작했던 19세기 초반 나타났다.[30] 푸코에게 "규율"discipline은 이중적인 의미를 지닌다. 한편으로는 통제나 처벌의 형태를 의미했고, 다른 한편으로는 일단의 학문적 지식 — 역사학이나 생물학과 같은 분과 학문 — 을 가리켰다. 의사들은 발생학[배아학], 내분비학, 외과학, 심리학과 생화학 분야 지식이 발달하면서 신체의 젠더 — "능력과 몸짓, 움직임, 위치와 행동"[31] — 를 통제했다.

자연적인 것보다 정상적인 것the normal을 우선시함으로써 의사들은 인구학적 생명 정치에도 기여했다. 푸코의 표현대로, 우리는 "정상화 사회"[32]에 살고 있다. 심지어 20세기 중반에 중요한 성과학자 한 명은 자신의 해부학 교과서

섹싱 더 바디

에서 [평균적인 미국인] 남성과 여성 모델을 노만Normman과 노마Norma*로 이름 짓기도 했다.[33] 오늘날 우리는 병리학이 질병에 걸린 환자, 다른 모양의 신체를 가진 사람[34]은 물론이고 도시 빈민가에 거주하는 한부모 가정[35]에 이르기까지 다양한 상황에 적용되는 모습을 본다. 그러나 젠더 규범을 부과하는 작업은 과학이 아니라 사회가 주도했다. 생식기 해부학[예컨대, 남성 생식기의 크기의 정규분포에 대한 연구가 부족하다는 사실, 나아가 그런 자료(3장과 4장에서 논의하는)가 있다 해도 대다수 외과의들이 그 자료를 사용하는 일에 관심이 없다는 사실은, 이 같은 주장을 명확히 뒷받침한다. 의사들의 관점에서 볼 때, 인터섹슈얼리티를 의학적으로 치료하는 일에서의 진보란 정상적인 것을 유지하는 것이다. 그러므로 오직 남성과 여성이라는 두 개의 부류만 **있어야 한다.** 발전된 의학 지식은 의사들이 간성[인터섹스]intersex의 몸을 어느 한쪽 섹스에 들어맞도록 가능한 한 가깝게 변화시킴으로써 정상적인 것의 신화를 유지할 수 있도록 한다.

그러나 이 같은 의학적 진보는 누군가에게 규율과 통제일 수 있다. 마리아 파티뇨 같은 간성인들은 다루기 힘든 — 심지어 불온한 — 신체를 갖고 있다. 그들은 이분법에 자연스럽게 맞아떨어지지 않으며, 외과적 수술을 통해서만 이분법에 맞출 수 있다. 그러나 어떤 "여성"(유방과 질, 자궁과 난소를 갖고 있으며 생리를 한다고 정의되는)이 다른 여성의 질에 삽입할 수 있을 정도로 큰 "음핵"을 지녔다는 게 대관절 우리와 무슨 상관인가? 왜 우리가 여성과 남성 둘 다와 "자연스럽게" 관계를 가질 수 있는 "자연적인 생물학적 구조"를 가진 사람이 있는지에 신경 써야 하는가? 왜 특별히 큰 음핵에서 발견되는 저

---

* 영국의 조각가 에이브럼 벨스키Abram Belskie와 유명한 부인과 의사 로버트 라투 디킨슨Robert Latou Dickinson이 디자인한 조각상이다. 1944년 클리블랜드 보건 박물관에서 공개된 이 조각상은 1만 5000명가량의 미국(백인) 남녀의 신체 치수를 바탕으로 제작되었다. 그해에 클리블랜드 보건 박물관은 여성 조각상인 노마의 신체 치수에 가장 근접한 미국 여성을 찾는 대회를 개최하기도 했다. 이는 노마의 치수와 신체 비율을 '정상적인 여성'이 지향해야 할 이상향으로 제시하는 것이었다.

"기분 나쁜 줄기"를 절단하거나 수술을 통해 숨겨야만 하는가? 젠더 구분을 유지하기 위해서다. 경계선을 흐려 놓을 만큼 다루기 힘든 이 신체들을 통제해야만 하는 것이다. 간성인들은 양성 모두를 말 그대로 체화하고 있기 때문에 성차에 대한 주장을 약화한다.

이 책은 과학과 신체의 정치에서 나타난 변화를 반영하고 있다. 나는 레즈비언·게이 해방운동과 여성해방운동에서 제기된 생각에 전적으로 동감한다. 이 운동들은 우리가 전통적으로 젠더 정체성과 섹스 정체성을 개념화했던 방식이 삶의 가능성을 제한하며 불평등을 영속화한다고 주장한다. 신체의 정치를 변화시키려면 과학의 정치 그 자체를 변화시켜야만 한다. 과학자들이 경험적 지식을 어떻게 창출하는지 연구하는 페미니스트들(을 비롯한 여러 연구자들)은 과학적 과정의 본질 그 자체를 다시 개념화하기 시작했다.[36] 이들은 당대의 사회적이고 정치적인 쟁점들이, 다른 사회 영역들에서와 마찬가지로, 실천적이고 경험적인 지식에도 영향을 미친다는 사실을 잘 알고 있다. 나는 이런 여러 가지 전통의 교차로에 서 있다. 한편으로 간성인과 동성애자 — 양성 체계의 규범에 위배되는 신체들 — 에 관한 과학적 논쟁과 대중적인 논쟁은 서로 깊이 얽혀 있다. 다른 한편으로, 이 신체들의 의미와 그들을 어떻게 대해야 하는지에 관한 논쟁의 이면에는 객관성의 의미와 시대를 초월하는 과학적 지식의 성격을 두고 벌어지는 투쟁이 자리 잡고 있다.

이 투쟁들은 아마도 오늘날 우리가 성적 지향 또는 성적 선호라고 부르는 것에 대한 생물학적인 설명들에서 가장 두드러지게 가시화될 수 있을 것이다. 일례로 40대에 이르러 자신이 레즈비언이라는 사실을 "발견한" 기혼 여성들의 사연을 다룬 한 텔레비전 시사 프로그램을 살펴보자. 이 프로그램은 [성적 지향에 관한] 논의를 남성과 성관계를 하는 여성은 반드시 이성애자이며, 다른 여성과 사랑에 빠진 여성은 반드시 레즈비언일 것이라는 생각을 중심으로 프레이밍했다.[37] 이 프로그램에서는 오직 이 두 가지 가능성만 존재하는 것처럼 보였다. 인터뷰에 응한 여성들은 오랫동안 남편과 왕성하고 만족스러운 성생활을 하고 자식을 낳아 가정을 꾸려 왔음에도 불구하고, 자신이 여성에게 끌리는 모습을 발견한 순간 스스로 레즈비언"임"이 틀림없다고 생각한다. 나아가 그동안 전혀 모르고 있었지만 과거에도 언제나 레즈비언이었음이 분명하다고 생각한다.

이 프로그램에 따르면 성 정체성은 근본적 실재다. 여성은 선천적으로 이성애자이거나 레즈비언이라는 것이다. 레즈비언으로 커밍아웃한 여성은 이성애자로서 살아왔던 그 이전의 삶을 모두 부정할 수 있다! 섹슈얼리티에 대한 이 같은 묘사는 터무니없을 정도로 단순해 보인다. 그럼에도 그것은 우리가 내면 깊숙이 간직하고 있는 몇 가지 믿음을 반영한다. 실제로, 이 같은 가정은 뿌리 깊어서 (인간뿐만 아니라 동물들을 대상으로 한) 상당수 과학 연구가 이 같은 이분법적 정식화를 중심으로 설계돼 있다(6~8장에서 좀 더 자세히 논의될 것이다).[38]

많은 학자들이 1948년에 처음 출간된 앨프리드 C. 킨제이와 동료들의 연구를 인간의 동성애 행동에 관한 과학적 연구의 출발점으로 여긴다. 그들이 수행한 남성과 여성의 성적 행동에 대한 조사는 현대의 성 연구자들이 성적 행동을 측정하고 분석하는 데 유용한 일련의 범주를 제공했다.[39] 그들은 남성과 여성 모두에 대해 0에서 6까지의 평가 척도를 사용했다. 여기서 0은 100퍼센트 이성애자, 6은 100퍼센트 동성애자에 해당한다(여덟 번째 범주인 'X'는 성적인 끌림이나 활동을 전혀 경험해 보지 못한 사람들이다). 킨제이와 동료들은 비연속적인[이산형] 범주로 이루어진 척도를 설계했지만, "현실에서는 척도 위의 두 가지 극단 사이와 각 범주들 사이에 중간 유형의 개인들이 존재한다"라고 강조했다.[40]

킨제이 연구는 애정·결혼·관계 같은 용어보다 성적인 흥분[각성]arousal ─ 특히 오르가즘 ─ 의 측면에서 정의되는 새로운 범주를 제공함으로써 인간의 섹슈얼리티를 정의하는 데 기여했다.[41] [그럼에도] 섹슈얼리티는 여전히 특정한 사회적 맥락에 위치한 관계 내에서 생산되는 것이 아닌 개인의 특징으로 남았다. 나는 과학자들의 측정 행위 그 자체가 그들이 수치화하기 시작한 사회 현실을 변화시킬 수 있다고 본다. 예를 들어, 오늘날 킨제이의 범주들은

그림: 다이앤 디마사

그 자체로 생명력을 얻었는데, 몇몇 게이·레즈비언이 킨제이 숫자로 자신을 지칭하기도 하고("키가 큰 근육질의 킨제이 6이 ○○○을 찾습니다"로 시작하는 개인 광고에서처럼), 상당수 과학 연구가 연구 대상을 정의하는 데 킨제이 척도를 사용하고 있다.[42]

많은 사회과학자들은 동성애자라는 단어 하나로 동성 간의 욕망, 정체성, 실천을 묘사하기 불충분하다는 점을 이해하고 있지만, 킨제이 척도는 여전히 학술 저작에서 지배적 지위를 차지하고 있다. 예를 들면, 동성애의 유전적 연관성을 찾는 연구들에서 킨제이 척도의 중간 부분에 있는 사례는 다뤄지지 않는다. 연구자들은 흥미 있는 결과를 발견할 기회를 최대화하기 위해 이 스펙트럼의 양극단 값만을 비교한다.[43] 동성애에 대한 다차원 모델도 존재한다. 예를 들면, 프리츠 클라인은 [가로축에] 시간 척도(과거, 현재, 미래)를 [세로축에] 일곱 가지 변수(성적 매력, 성적 행동, 성적 환상, 정서적 선호, 사회적 선호, 자기 동일시, 이성애/동성애적 생활양식)를 넣은 격자를 만들었다.[44] 그럼에도 1974~93년 『호모섹슈얼리티 저널』에 게재된 성적 지향에 대한 144개 연구를 분석한 한 연구팀의 설명에 따르면, 이 가운데 오직 10퍼센트만이 동성애를 판단하는 데 다차원 척도를 사용했다. 약 13퍼센트는 한 가지 척도만 사용했는데 대체로 킨제이 숫자의 특정 버전이었다. 그 외 나머지는 자기 동일시(33퍼센트), 성적 선호(4퍼센트), 행동(9퍼센트)을 사용했고, 학술 논문으로서는 놀랍게도 자신들의 방법을 전혀 명확하게 설명하지 않은 경우도 31퍼센트에 달했다.[45]

동시대 사회학 연구의 이 같은 사례들은 인간의 성적 행동을 정의하고 측정하며 분석하는 데 사용되는 범주가 시간에 따라 변화한다는 사실을 보여 준다. 이와 마찬가지로, 인간 섹슈얼리티의 사회적 역사에 대한 연구가 최근 폭발적으로 증가하는 모습은 섹슈얼리티의 사회적 조직화와 표현이 불변하는 것도 보편적인 것도 아니라는 점을 보여 준다. 역사가들은 이제 막 역사적 기록으로부터 새로운 정보를 찾아내기 시작했으며, 앞으로 분명히 기존과는 다른 새로운 설명들을 제시할 것이다.[46] 나 역시 이 같은 과정의 일부를 〈그림 1-1〉에서 만화로 요약해 제시해 보았다.

역사학자들은 정보를 수집하면서 자신들이 수집한 역사 그 자체의 성격에 대해서도 고민하게 되었다. 역사학자 데이비드 핼퍼린은 이렇게 기술했다. "고대 문화사 연구자들이나 현대 문화 비평가들이 직면한 진짜 문제는 … 과거 사회에 속한 개인들의 경험이 실제로는 어떤 용어들로 구성되었는지 복원하는 것이다."[47] 비슷한 맥락에서, 페미니스트 역사학자 조앤 스콧은 역사학자들은 '경험'이라는 용어가 자명한 의미를 담고 있다고 가정하지 말아야 한다고 지적한다. 대신 역사학자들은 "정체성이 귀속되거나 거부되거나 수용되는" 변화무쌍하고 복잡한 과정들의 작동 방식을 이해해야 하며, 또 "어떤 과정이 눈에 띄지 않는지, 그리고 우리가 그 과정을 알아차리지 못하기 때문에 그것들이 실제 효과를 발휘하고 있는 것은 아닌지 '주의'"해야 한다.[48]

예를 들면, [독일의] 과학사학자 바르바라 두덴은 자신의 저서 『여성의 피부 밑』의 서두에서 18세기에 활동한 어느 개업의가 남긴 여덟 권 분량의 방대한 임상 기록에 대해 묘사한다. 이 기록은 그가 [20년 동안 매일 작성한 일지 가운데 젊은 동료들을 위해] 1800개 사례를 발췌해 작성한 임상 기록이었다. 두덴은 20세기의 의학 용어로는 이 여성들이 앓고 있던 질병을 재구성할 수 없다는 사실을 깨달았다. 그녀는 "당시 널리 유포되었을 법한 이러저러한 의학 이론에 대중문화의 다양한 요소가 결합돼 있음"을 깨달았는데, 특히 "자명한 신체 감각이 내가 보기에 전혀 믿기지 않는 것들과 나란히 등장했다"고 기록했다. 두덴은 18세기 독일 여성의 신체를 바로 그 여성들의 관점에서 이해하려는 결심을 굳혀 가는 과정에서 겪은 지적인 고뇌를 이렇게 묘사했다.

이 병든 여성들의 신체 내부, 보이지 않는 부분에 접근하기 위해 나는 피부 밑 신체와 주변 세계를 … 분리하는 경계선을 용기를 내 가로질러야만 했다. … 신체와 주위 환경은 서로 대립하는 영역에 속했다. 한편에는 안정적이고 변하지 않는 몸과 자연, 생명 활동이 있고, 다른 편에는 사회적 환경과 역사가 끊임없이 변화하는 영역이 있다. 이 같은 경계선이 그어지면서 몸은 역사로부터 배제되었다.[49]

두덴의 지적인 고뇌와는 대조적으로, 많은 섹슈얼리티 역사학자들은 새로 발견한 자료들을 가지고 논쟁을 벌이며 열정적으로 이 새로운 분야에 뛰어들었다. 그들은 다음과 같은 문장으로 독자들을 놀라게 하는 걸 즐겼다. "1992년은 미국의 이성애가 100주년이 되는 해이다."[50]* 또 "1700~1900년에 런던 시민들은 세 개의 섹스에서 네 개의 젠더**로 이행했다."[51] 이런 표현으로 역사학자들은 무엇을 말하려 했을까? 어쨌든 요점은 (원시적 예술품에서부터 각종 문서까지) 역사적 증거를 가능한 한 멀리 거슬러 올라가 수집해 보면, 인간은 다양한 성적 행동을 보여 왔으며, 이 같은 성적 행동은 역사적인 맥락에 얽매여 있음을 알 수 있다는 것이다. 즉, 성적 행동과 그것에 대한 사회적 이해는 문화와 시대에 따라 달라진다.

사회과학자 메리 매킨토시가 1968년에 발표한 논문 「동성애 역할」은 연구자들이 섹슈얼리티를 역사적 현상으로 간주하게 한 시금석이었다.[52] 그녀의 지적에 따르면, 대부분의 서양인은 섹슈얼리티를 두 가지나 세 가지로 분류했다. 동성애, 이성애, 양성애가 그것이다.[53] 매킨토시는 이 같은 관점이 그다지 유용한 정보를 제공하지 않는다고 주장했다. 예컨대 동성애를 시대를 초월한 신체의 형질로 보는 정적인 관점은 문화마다 동성애를 다르게 정의하는 이유, 혹은 동성애가 특정 시대와 장소에서 다른 곳에서보다 더 많이 수용되는 것처럼 보이는 이유를 거의 설명하지 못하기 때문이다.[54] 섹슈얼리티의 역사에 관한 매킨토시의 강조는 이성애를 비롯한 모든 형태의 인간 섹슈얼리티가 역사를 가진다는 중요한 결론으로 이어진다.

많은 학자들이 인간의 성적 표현에 역사를 부여하려는 매킨토시의 시도를 받아들였다. 그러나 역사의 함의를 둘러싸고는 의견이 분분하다.[55] 『미국의 동성애 역사』나 『남자에 대한 사랑을 초월해서: 르네상스 시대부터 현재

---

* 영어에서 양성애자라는 단어는 1892년 미국의 신경학자 찰스 길버트 채독Charles Gilbert Chaddock이 독일의 심리학자 리하르트 폰 크라프트-에빙의 저서를 인용하면서 처음 썼다.

** 랜돌프 트럼백Randolph Trumbach에 따르면, 전통적으로 남성과 여성이라는 두 가지 섹스 외에, 전기 근대 유럽에서는 제3의 섹스라는 개념이 존재했는데, 이는 양성구유hermaphroditism처럼 신체적 모호성을 가진 사람을 가리켰다. 그리고 이 같은 섹스 체계 위에, '남성적 남성', '여성적 여성', '여성적 남성', '남성적 여성'이라는 네 가지 사회적 젠더가 나타났다.

까지 여성들 사이의 낭만적 우정과 사랑』 같은 책의 저자들은 동성애 해방운동의 초창기를 이끌었던 이들에게 심리적 확신을 심어 줄 수 있는 역할 모델을 찾기 위해 열심히 과거를 조사했다.[56] 모방할 만한 여걸들을 찾았던 여성운동 초기의 충동과 마찬가지로, "동성애" 역사서들은 현재 나타나고 있는 사회적 변화를 옹호하기 위해 과거를 조사한 것이다. 그들은 '동성애는 언제나 우리 곁에 있었다. 우리는 최종적으로 그것을 주류 문화에 편입시켜야 한다'라고 주장했다.

동성애의 역사에 대한 발견으로 생겨난 열광은 곧 역사의 의미와 그 기능을 둘러싼 열띤 논쟁으로 복잡해졌다. 오늘날의 성별 분류법을 사용해 다른 시대와 장소를 분석하는 것은 부적절한 것이 아닐까? 만약 오늘날 우리가 말하는 의미의 동성애자들이 언제 어디서나 존재했다면, 그것은 그 상태가 인구의 일부에게 유전된다는 의미일까? 역사가들이 모든 시대에서 동성애의 증거를 발견했다고 해서 동성애가 생물학적으로 결정된 형질이라 볼 수 있을까? 그렇지 않다면, 역사는 단지 시대와 장소에 따라 문화가 성적 표현을 어떻게 조직하는지만 보여 줄 뿐일까?[57] 어떤 사람들은 이 같은 관점에서 해방의 가능성을 보았다. 이들은 변함없이 동일해 보이는 행동도 시간과 장소가 달라지면 완전히 다른 의미를 획득한다고 주장했다. 고대 그리스에서는 나이든 남자와 젊은 남자의 사랑이 자유로운 남성 시민으로 성장하는 과정에서 나타나는 당연한 요소였다. 그렇다면 이 같은 역사적 사실은 인간의 성적 표현과 생물학은 아무런 관련이 없다는 의미일까?[58] 만약 역사가 섹슈얼리티는 사회적인 구성물이라는 것을 입증하는 데 도움을 준다면, 우리가 현재 상태에 어떻게 도달했는지도 보여 줄 수 있다. 그리고 무엇보다 동성애 해방운동이 바라는 정치사회적 변화를 어떻게 달성할지에 관한 통찰을 제공할 수 있을 것이다.

많은 역사가들이 섹스와 욕망에 대한 현대적 개념들이 19세기에 처음 등장했다고 믿고 있다. 일부 학자는 상징적으로 1869년을 지적하는데, 당시 헝가리 출신의 한 법률가가 프로이센 왕국의 남색 금지법 개정을 촉구하며 처음

섹싱 더 바디

으로 **동성애**Homosexualität*라는 용어를 사용했다.[59] 새로운 용어를 만드는 것
만으로 섹슈얼리티에 관한 20세기의 기준들이 마법처럼 만들어지지는 않았
다. 하지만 이를 기점으로 현대적인 개념 범주가 점차 출현하기 시작했다. 의
사들이 동성애에 관한 사례 보고서를 발표하기 시작한 것도 바로 이 시점이다.
최초의 보고서는 1869년에 신경정신과적 질환을 전문적으로 다루는 독일의
학술지에 게재되었다.[60] 과학적 문헌이 증가함에 따라 이런 이야기를 모으고
체계화하는 전문가들이 등장했다. 이제는 고전이 된 리하르트 폰 크라프트-
에빙과 헨리 해블록 엘리스의 저서들은 동성애 행동이 누구나 일상에서 저지
를 수 있는 활동[예컨대, 남색 금지법이 처벌하는 행위]에서 최소한 부분적으로는
[사법적 처벌의 대상이 아닌, 생물학적으로 결정된 자연적 변이의 하나로] 의학에 의
해 관리되는 활동으로 전환되는 과정을 완성했다.[61]

동성애와 이성애에 대한 새로운 정의는 남성성과 여성성이라는 양성 모
델에 의거한다.[62] 예를 들어, 빅토리아시대의 사람들은 성적으로 공격적인 남
성과 성적으로 무관심한 여성을 대조했다. 그러나 이런 대조는 수수께끼를 자
아냈다. 남성들만 욕망이 왕성하다면 어떻게 두 여성이 서로에게 성적 관심을
느낄 수 있을까? 해답은 여자 가운데 한 명이 틀림없이 인버트invert, 즉 현저히
남성적인 사람이라는 것이었다. 동일한 논리가 남성 동성애자에게도 적용돼
그들은 이성애 남성보다 훨씬 여성적인 존재로 여겨졌다.[63] 8장에서 살펴보겠
지만 이런 개념은 20세기 후반 설치류의 동성애적 행동에 관한 연구에 여전히
남아 있다. 이 연구들에서 레즈비언 쥐는 올라타는 행동[마운팅]을 하는 암컷이
며, 게이 쥐는 누가 자기 위에 올라탔을 때 반응하는 수컷이다.[64]

고대 그리스에서 동성 간 성행위를 하는 남성들의 역할은 나이가 들수록
여성적인 역할에서 남성적인 역할로 변화했다.[65] 반면, 20세기 초반에 동성애

---

* 동성애라는 용어가 등장하기 전까지만 해도, 이 행위는 '소도미'
sodomy로 불렸고 대체로 종교적으로나 법률적으로 죄악시되었다. 동성애라는
용어를 만든 헝가리 법률가에 대해선 이 장의 주 59 참고.

39
1장 이원론에 맞서기

행위에 참여하는 사람들은 앞서 살펴본 텔레비전 프로그램에 등장했던 레즈비언 기혼 여성들처럼 동성애자, 즉 태어나면서부터 동성애 성향을 가진 사람**이었다**. 역사가들은 이처럼 새로운 동성애적 신체의 출현을 19세기에 일어난 광범위한 사회적·인구학적·경제적 변화들에 기인한 것으로 보았다. 이전 세대라면 가족 농장에 머물렀을 미국의 많은 남성과 일부 여성이 서로 모일 수 있는 공간을 도시에서 발견했다. 가족의 시선에서 벗어난 그들은 자신들의 성적 관심사를 좀 더 자유롭게 추구하게 되었다. 동성 간 관계를 추구하는 남자들은 바나 야외의 특정 장소에 모였다. 그들이 존재감을 드러낼수록, 그들의 행동을 통제하려는 시도 역시 뚜렷해졌다. 또 그들도 경찰들과 도덕적인 개혁가들에 맞서, 자신들의 성적 행동에 대한 자의식 — 즉, 정체성 — 을 싹틔우기 시작했다.[66]

이렇게 형성된 정체성은 그들 스스로를 의학적으로 표현하는 데 기여했다. 자신을 동성애자라고 정체화한 남성들(과 나중에는 여성들)은 이제 의학의 도움과 이해를 구했다. 의학적 연구 문헌이 증가하자, 동성애자들은 자신을 설명할 때 그것을 활용했다. "많은 사람에게 정체성과 이름을 부여하는 데 도움을 줌으로써, 의학은 그들의 경험을 형성하고 행동을 변화시키는 데 도움을 주었으며, 단순히 새로운 질병이 아닌 '현대적 동성애자'라는 새로운 유형의 인간을 창조했다."[67]

동성애라는 용어는 1869년에 나타났지만 현대의 이성애자, 즉 헤테로섹슈얼이라는 용어가 만들어지기까지는 또다시 10년이라는 시간이 필요했다. 이성애자라는 단어가 공식적으로 처음 사용된 것은 1880년 독일에서 나온, 동성애자를 옹호하는 책에서였다.[68] 1892년에는 이 단어가 대양을 건너 미국에 도착했다. 여기서 잠시 논쟁의 시기를 거친 뒤, 의사들 사이에서 "이성애자라는 용어는 '이성 간'의 정상적인 성애에 해당한다"는 합의가 이루어졌다. 이렇게 해서 "[의사들은-인용자] 새로운 이성애 분리주의heterosexual separatism,* 즉 정상적인 섹스와 도착적인 섹스를 강제적으로 분리하는 성애적 아파르트헤이트를 선언했다."[69]

1930년대를 거치며 이성애 개념은 대중의 의식 속에 자리를 잡기 시작했고, 제2차 세계대전 이후 이성애는 성적 지형도sexual landscape의 영구적인 특징으로 보였다. 그러나 오늘날 이 개념은 집중포화를 받고 있다. 페미니스트들은 이분법적 성별 모델에 매일같이 도전하고 있는 한편, 자신의 정체성을 강하게 확신하는 게이와 레즈비언 공동체는 자신들이 정상으로 인정받을 온전한 권리를 요구하고 있다. 트랜스젠더transsexual와 한창 활성화되고 있는 간성인 단체(다음 세 개 장에서 살펴볼 예정이다)는 다양한 성적 존재를 정상 범주 안에 포함하기 위한 사회운동을 벌이고 있다.

앞서 언급했던 연구들을 수행했던 역사가들은 불연속성을 강조한다. 그들은 "섹슈얼리티와 그것의 역사적 진화에 관한 일반 법칙"을 찾으려는 시도는 "과거의 생각과 행동이 너무나도 다양하기 때문에 좌절할" 수밖에 없을 것으로 본다.[70] 그러나 여기에 동의하지 않는 사람들도 있다. 예를 들어, 역사학자 존 보즈웰은 킨제이의 분류 도식을 고대 그리스에 적용한다. 보즈웰의 관점에서는 고대 그리스인이 몰molle(여성적인 남자)이나 트리버드tribade(남성적인 여자)를 어떻게 해석했는지가 반드시 중요한 문제는 아니다. 보즈웰이 킨제이 6[전적인 동성애자]에 해당한다고 여겼던 이 두 범주의 존재는 동성애적 신체 혹은 본질이 여러 세기에 걸쳐 존재했다는 걸 보여 준다. 보즈웰은 시대별로 사람들이 성적 행동을 각기 다르게 구성하고 해석해 왔다는 것을 인정하지만, 성향적으로 특정한 성적 활동을 하는 비슷한 범주의 신체들이 과거나 현재 마찬가지로 존재했다고 본다. 그에 따르면, "섹슈얼리티의 구체적 표현을 형성하는 것은 [사회적으로] 구성된 틀과 맥락이다. 그러나 그렇다고 해서 잠재적 범주로서 성적 선호를 본질적 범주로 인정할 수 없는 것은 아니다"라고 주장한다.[71] 보즈웰은 섹슈얼리티가 "사회적 구성물"이기보다 "실재적"이라

　✳　이성애가 지배적이고 배타적인 규범으로 유지되는 문화적·제도적 과정을 설명하는 용어. 예컨대 기록 보관소나 박물관 같은 기관이 이성애 정체성을 중심으로 구축되어, 비이성애적 경험과 욕망을 분리하고 배제하는 것을 가리킨다.

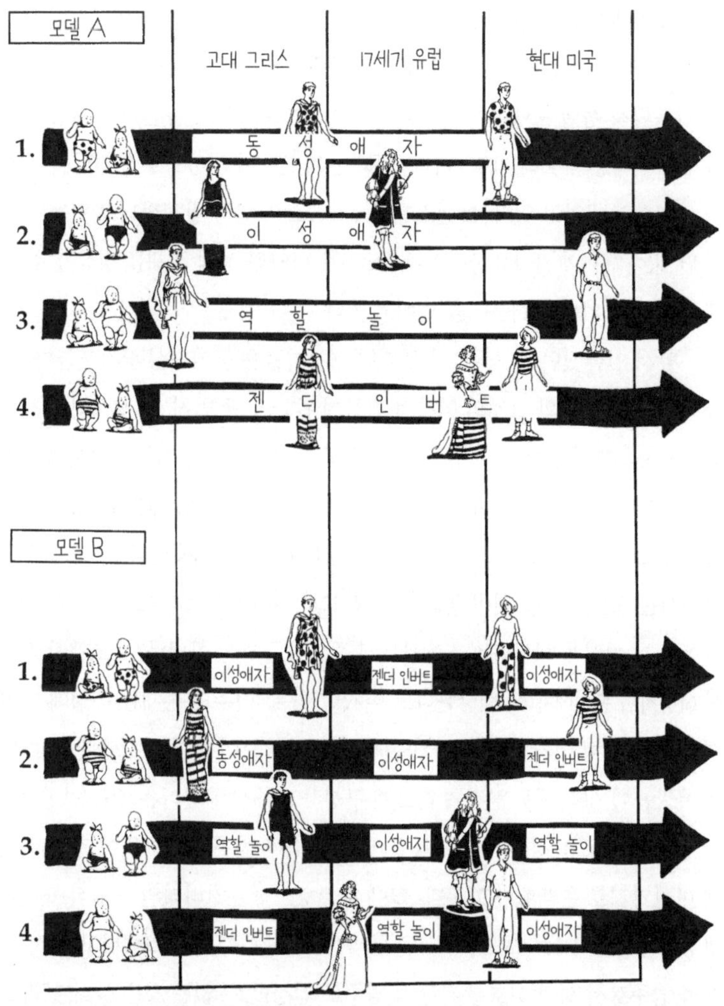

모델 A. 역사 기록을 본질주의로 판독하기(동성애 성향을 타고난 사람은 시대를 막론하고 동성애자일 것이다)

모델 B. 역사 기록을 구성주의로 판독하기(특정한 유전자 구성을 가진 사람이 자신이 성장한 문화와 역사적 시기에 따라 동성애자가 될 수도, 아닐 수도 있다)

그림: 앨리스 샌토로

고 생각한다. 핼퍼린이 욕망을 문화적 규범의 산물로 본다면, 보즈웰은 특정한 성적 성향이 신체에 배선*된 상태로 우리가 태어날 가능성이 매우 크다고 암시한다. 그는 성장과 발달, 문화의 습득은 선천적으로 타고난 욕망을 표출하는 방법을 알려 주지만, 욕망 그 자체를 전적으로 창조하는 것은 아니라고 주장한다.

학자들은 섹슈얼리티의 역사가 지닌 함의를 두고 벌어졌던 이 논쟁**을 아직 해결하지 못했다. 역사학자 로버트 나이는 역사학자와 인류학자를 비교한다. 나이에 따르면, 두 집단 모두 "특이한 습관과 신념"을 목록으로 만들고 "그 안에서 어떤 공통된 유사 패턴을 발견하려" 한다.[72] 그러나 우리가 사람들의 과거 경험에 대해 내리는 결론은 자신의 분석 범주가 시간과 장소를 얼마나 초월한다고 믿느냐에 좌우된다. 시간 여행을 하는 우리의 클론들, 즉 나와 유전적으로 동일한 인간들이 고대 그리스와 17세기 유럽, 또 동시대의 미국에 살고 있다고 잠시 가정해 보자. 보즈웰은 특정 클론이 고대 그리스에서 동성애자였다면 17세기나 오늘날에도 동성애자일 것이라고 말할 것이다(〈그림 1-2〉의 모델 A). [보즈웰의 관점에서] 젠더의 구조가 시간과 장소에 따라 달라진다는 사실은 인버트들[즉, 동성애자들]이 [당대의 젠더 규범에] 저항하는 형태에 영향을 미칠 수 있지만, 동성애 그 자체를 만들어 내지는 않는다. 반면 핼퍼린은 고대 그리스 이성애자의 클론이 현대에도 이성애자일 것이라고 보장할 순 없다고 주장한다(〈그림 1-2〉의 모델 B). 동일한 신체도 시대가 달라지면 욕망을 다른 형태로 표출할 수 있다는 것이다.

누구의 해석이 옳은지 결정할 수 있는 방법은 없다. 표면적으로 비슷해 보일지라도 우리는 어제의 트리버드가 오늘날에도 부치[레즈비언 관계에서 남성 역할을 하는 사람]일지 혹은 남성을 사랑하는 고대 그리스의 중년 남성이 오

늘날에는 소아성애자일지 알 수 없다.[73]

본성인가 양육인가?

인간의 섹슈얼리티가 타고난 것인지 사회적으로 구성된 것인지 그 증거를 찾기 위해 역사학자들이 과거를 조사했다면, 인류학자들은 전 세계적으로 동시대 문화들에서 발견되는 성적 행동·역할·표현 등을 연구하며 동일한 질문을 던졌다. 그들은 광범하고 다양한 비서구 문화권의 자료를 조사한 결과 일반적 패턴 두 가지를 포착했다.[74] 어떤 문화는 우리 문화처럼 동성 간 연애를 하는 사람들에게 어떤 영구적인 역할 — 메리 매킨토시가 "제도화된 동성애"[75] ✻ 라고 표현한 — 을 부여한다.

이와 대조적으로, 사춘기의 모든 소년이 정상적인 성장 과정의 일환으로 연장자 남성과 성행위를 하는 사회도 있다. 이 관계는 잠시 동안 벌어지는 고도로 의례화된 것일 수도 있고 수년간 지속되는 것일 수도 있다. 여기서 두 남자 사이의 구강-성기 접촉은 영구적인 조건이나 특정한 존재 범주를 의미하지 않는다. 이런 문화들에서 [특히 동성애 역할에서 나타나는] 성적 표현을 정의하는 것은 자신이 관계 맺는 상대방의 성별이라기보다는 연령과 지위다.[76]

인류학자들은 두 가지 목적을 염두에 두고 매우 상이한 민족과 문화를 연구한다. 첫째, 그들은 인간의 다양성, 즉 인간이 먹고 번식하기 위해 사회를 조직하는 다양한 방식을 이해하고 싶어 한다. 둘째, 많은 인류학자들이 인

✻ 매킨토시에 따르면, 어떤 사회에서는 동성과의 성적 행위가 일상적으로 존재하더라도, 그것이 곧 "동성애자"라는 고정된 정체성이나 분리된 집단으로 제도화돼 있지 않을 수 있다. 예컨대 본문 다음 문단에 나오듯 고대 그리스에서 동성 간 성적 접촉은 성인 남성이 되는 통과의례 가운데 하나였다. 반대로, 동성 간 욕망이 비교적 드물더라도, 법·종교·의학· 대중 담론을 통해 "동성애자"라는 구분된 범주가 만들어지고 그에 맞는 역할과 낙인이 생기면, 이것이 바로 동성애의 제도화다. 즉, 동성애 역할이란 개인의 성적 행위를 넘어, 사회적 규범과 제도 속에서 형성된 특정한 행동 패턴, 기대, 낙인, 정체성 등의 집합이다.

섹싱 더 바디

간의 보편성을 찾는다. 역사학자 사이에서처럼, 인류학자 사이에서도 어떤 한 문화에서 끌어낸 정보가 다른 문화에 대해 무엇을 말해 줄 수 있는지, 혹은 섹슈얼리티의 표현에서 겉으로 드러난 분명한 공통점들보다 이면의 근본적인 차이점들이 더 혹은 덜 중요한지를 두고 의견이 갈린다.[77] 그러나 이처럼 의견이 갈리는 중에도, 인류학 자료들은 인간의 성적 행동의 본성에 관한 논쟁에서 자주 활용된다.[78]

인류학자 캐럴 밴스는 오늘날 인류학 분야가 두 가지 모순적인 사상 체계를 반영하고 있다고 지적한다. 그녀가 "섹슈얼리티의 문화 영향 모델"이라고 이야기한 첫 번째는 성적 행동이 형성될 때 문화와 학습의 중요성을 강조하면서도 "섹슈얼리티의 기반이 … 보편적이며 생물학적으로 결정돼 있다"고 가정한다. 밴스는 그 기반을 '성 욕동' 또는 '성 충동'으로 표현한다.[79] 두 번째 접근 방식은 섹슈얼리티를 전적으로 사회적 구성물로 해석한다. 이와 관련해, 온건한 사회구성주의자는 동일한 물리적 행위라도 문화권마다 서로 다른 사회적 의미를 지닐 수 있다고 주장한다.[80] 반면 급진적인 사회구성주의자는 "성적 욕망 자체가 신체의 에너지와 능력에 문화와 역사가 작용해 구성된다"라고 주장할 것이다.[81]

몇몇 사회구성주의자는 교차 문화적 유사성을 밝혀내는 데 관심이 있다. 예를 들면, 온건한 사회구성주의자인 인류학자 길버트 허트는 인간 섹슈얼리티의 구조에 대한 주요한 문화적 접근법을 네 가지로 분류한다. '연령으로 구조화된 동성애'age-structured homosexuality는 고대 그리스에서 발견되며, 일부 현대 문화에서도 나타난다. 여기에서 사춘기 남자아이들은 정기적으로 연장자 남성과 함께 격리되어 구강성교를 하면서 발육기를 보낸다. 이런 행위는 이성애자인 성인이 되는 정상적인 과정의 일부로 이해된다. '젠더 역전적 동성애'gender-reversed homosexuality에서는 "동성 간 행위 시 규범적인 성역할 행동의 역전이 일어난다. 즉, 남성은 여성처럼, 여성은 남성처럼 옷을 입고 행동한다."[82] '역할 특화적 동성애'role-specialized homosexuality라는 개념은, 무당처럼 특정한 사회적 역할을 담당하는 사람들에게만 동성 간 성행위를 허용하는 문화에 해당한다. '현대 동성애 운동'the modern gay movement은 우리 문화가 만들어 낸 것으로서 역할 특화적 동성애와 극명하게 대조된다. 미국에서 자신을 "게이"라고 공표하는 행위는 정체성을 선택하고, 사회적 또는 경우에 따라 정치적 운동에 참여하는 것을 의미한다.

허트의 연구는 유럽과 미국에서 동성애의 위상에 대한 새로운 사고방식을 제시했다는 점에서 많은 연구자들로부터 환영을 받았다. 반면 허트가 섹슈얼리티의 교차 문화 연구에 유용한 새로운 유형 분류 체계를 제공하긴 했지만, 그의 가정에는 그가 속한 시대의 문화가 반영돼 있다고 주장하는 이들도 있었다.[83] 예를 들어, 인류학자 데버라 엘리스턴의 주장에 따르면, 동성애라는 용어를 사용해 멜라네시아 사회의 정액 교환 관습을 묘사하는 것은 그것을 "젠더와 성애, 인간성에 대한 서구의 사고에 의존하는 … 서구식 섹슈얼리티 모델에 귀속하는 것으로, 결국 멜라네시아에서 이런 관행이 가진 의미를 이해하기 어렵게 한다." 엘리스턴은 '연령으로 구조화된 섹슈얼리티'라는 허트의 개념이 "섹슈얼"이라는 범주를 구성하는 요소들을 모호하게 한다고 비판하며, 바로 이 범주부터 우선 명확히 설명할 필요가 있다고 지적한다.[84]

인류학자들이 젠더와 사회 권력 체계 사이의 관계에 대해 좀 더 폭넓은 관심을 갖게 되었을 때, 그들은 다른 문화들에서 "제3의" 젠더를 연구할 때 직면했던 것과 비슷한 난관에 봉착했다. 1970년대에 유럽과 북아메리카의 페미니스트 활동가들은 젠더 평등에 대한 자신들의 주장을 뒷받침해 줄 경험적인 자료를 인류학자들이 제공해 주길 희망했다. 만약 세계 어딘가에 평등한 사회가 존재한다면, 그것은 우리의 사회구조가 불가피한 것이 아님을 시사하는 게 아닐까? 반면, 인류가 알고 있는 모든 문화에서 여성이 종속적인 지위에 있다면 이런 교차 문화적 유사성은, 여러 연구자가 제시하는 것처럼, 여성의 부차적 지위가 생물학적으로 정해진 것이 틀림없음을 의미하지 않을까?[85]

페미니스트 인류학자들은 평등의 가치를 자랑하는 문화를 찾아 세계 곳곳을 여행했지만, 행복한 소식을 가지고 돌아오지 못했다. [결국] 대부분은, 페미니스트 인류학자 셰리 오트너가 썼듯이 "남성이 어쨌든 '첫 번째 섹스'다"[86]

라고 생각했다. 그러나 이런 초창기 교차 문화 분석들에 대한 비판이 점차 증가했고, 1990년대의 저명한 페미니스트 인류학자들은 이 문제를 재평가했다. 설문 조사를 통해 정보를 수집할 때 발생하는 문제가 사회구조를 교차 문화적으로 비교하는 작업에서도 나타났다. 인류학자들은 수집된 정보를 분류할 수 있는 범주를 반드시 고안해야만 하는데, 이렇게 고안된 범주 가운데 일부는 인류학자 스스로 아무 의심 없이 받아들이는 삶의 이치들 — 몇몇 학자는 이것을 "교정 불가능한 명제"incorrigible propositions라고 부른다 — 을 포함할 수밖에 없기 때문이다. 섹스는 오직 두 가지뿐이라는 생각이 바로 그런 의심할 수 없는 명제이며,[87] 인류학자들이 성평등을 목격한다면 그것을 알아차릴 수 있을 것이라는 명제 역시 그렇다.

오트너에 따르면, 인류학자들이 각 사회는 내적인 일관성을 갖는다고 가정했기 때문에 성적인 불평등이 보편적이라는 주장이 20년 이상 지속되었다. 그녀는 이런 기대가 불합리하다고 믿는다. 즉, "완전히 일관적인 사회나 문화는 없다. 모든 사회와 문화는 여러 개의 축을 지니고 있으며, 그중 일부에서는 남성이 우위에 있고, 일부는 여성이 우위에 있으며, 또 일부는 젠더가 평등하고, (때때로 많은) 다른 일부는 젠더와 상관없다. 문제는 우리 모두 … 각 사례를 색안경을 끼고 분류하려 했다는 점이다." 그 대신 "어떤 주어진 사례에서든 가장 흥미로운 것은 작동 중인 논리들, 발화되는 담론들, 작동 중인 권력과 위신의 실천들에서 나타나는 다수성"이라는 것이 그녀의 주장이다.[88] 오트너는 우리가 만약 이 역동성, 모순 그리고 부차적인 주제에 주의를 기울일 수 있다면, 현재의 지배적인 시스템이 무엇인지 **그리고** 부차적인 주제가 주요 주제가 될 가능성은 어느 정도인지 모두 파악할 수 있을 것이라고 믿는다.[89]

그러나 페미니스트들에게도 의심할 수 없는 명제가 있다. 나이지리아의 인류학자 오예론케 오예우미가 지적하듯이, 그중 핵심은 모든 문화가 여성 혹은 남성으로 "인간 신체를 지각하는 방식을 통해 사회적 세계를 조직한다"는 것이다.[90] 오예우미는 유럽과 북아메리카의 페미니스트들이 이 명제를 과하게 차용하고 있다고 비판하면서, 젠더 체계의 [무분별한 차용과] 일방적 적용이 —

이 경우에 식민주의에 이은 학문적 제국주의를 통해 — 종족과 인종의 차이에 대한 우리의 이해를 어떻게 왜곡할 수 있는지 보여 준다. 예컨대 그녀는 요루바 문화를 상세히 분석하면서, [성별보다] 상대적인 연령이 사회를 조직하는 훨씬 더 의미 있는 요소임을 발견한다. 일례로 요루바의 대명사는 성별을 지칭하지 않고 오히려 말하는 사람보다 나이가 더 많은지 적은지를 가리킨다. 세계가 어떻게 작동하는지에 대한 학자들의 생각이 학자들이 세계에 대해 만들어 내는 지식을 형성한다. 그리고 그 지식은 다시 작동 중인 세계에 영향을 미친다.

오예우미는 [서구의 인류학자들이 아니라] 요루바의 지식인들이 요루바랜드[아프리카 서부에 있던 옛 왕국. 현재는 나이지리아의 한 지방]에 대한 독자적인 학문을 먼저 구축했다면, "나이가 젠더보다 우선시됐을 것"이라고 본다.[91] 요루바 사회를 젠더보다 나이 서열의 관점으로 보면 두 가지 중요한 결과를 얻을 수 있다. 첫째, 만약 유럽과 미국의 학자들이 요루바 인류학자들에게서 나이지리아에 대해 배웠더라면, 젠더의 보편성에 대한 우리의 믿음이 달라졌을 수도 있다. 결과적으로, 이런 지식은 젠더에 대한 우리의 구성물들constructs을 변화시킬 수도 있다. 둘째, 나이 서열에 기초해 사회를 조직화하는 요루바족의 관점을 명확히 표출하는 것은 아마도 요루바 사회에서 그와 같은 사회구조를 강화할 것이다. 그러나 오예우미는 아프리카 학계가 종종 유럽의 젠더 범주를 도입하고 있다고 지적한다. 그리고 다음과 같이 언급한다. "어떤 사회를 젠더화된 시각으로 서술함으로써 학자들은 그 사회에 젠더를 각인할 수밖에 없게 된다. … 그리하여 결국 학문은 젠더 형성 과정에 관여하게 된다."[92]

이처럼 문화와 역사를 가로질러 인간의 섹슈얼리티를 해석하는 방식에서 역사학자와 인류학자의 의견은 일치하지 않는다. 철학자들은 심지어 **동성애자**와 **이성애자**라는 단어 — 논란이 되고 있는 바로 그 용어 — 그 자체의 타당성을 논박한다.[93] 그러나 사회구성주의자 스펙트럼에서 어느 위치에 있든, 대부분의 사회구성주의자는 자연과 문화, "실재하는 신체"와 그에 대한 문화적 해석 사이에 근본적인 간극이 있다는 가정에서 출발한다. 나는 특정 문화권과 역사적 시기에 이루어진 발전이 우리의 신체 경험을 야기한다는 푸코, 해러웨이, 스콧 등을 비롯한 다양한 학자들의 생각을 진지하게 받아들인다. 그러나 특히 생물학자로서 나는 이 주장을 한층 더 구체화하고 싶다.[94] 우리는 "담론적으로"(즉, 언어적이고 문화적인 실천을 통해) 우리의 신체를 구축할 뿐만 아니라, 말 그대로 [육체적으로] 성장하고 발달하며, 우리의 경험을 우리의 그 살[육체] 속으로 통합한다. 이 주장을 이해하려면, 물리적인 몸과 사회적인 몸 사이의 구분을 허물어야만 한다.

부정된 이원론

"악마, 천생 악마, 이놈의 본성에는 결코 양육이 들어갈 수 없지." 셰익스피어의 〈템페스트〉[4막 1장]에서 푸로스퍼로는 캘리밴[푸로스퍼로를 섬기는 반인반수의 노예]을 맹렬히 비난한다. 확실히 오랫동안 유럽 문화권에서 본성과 양육의 문제는 상당히 까다로운 문제였다. 유럽과 미국은 대체로 이원론 — 즉, 상반되는 한 쌍의 개념과 사물, 믿음 체계 — 을 바탕으로 세상을 이해해 왔다. 이 책은 특히 그중 세 가지, 즉 섹스/젠더, 본성과 양육[교육], 실재와 구성에 초점을 맞춘다. 우리는 대개 이원론을 몇 가지 형태의 위계적인 주장에 사용한다. 푸로스퍼로는 본성이 캘리밴의 행동을 통제하고 있으며 자신이 (캘리밴을 교화하기 위해) "자비심을 가지고 베푼 모든 수고"가 헛수고로 끝났다고 불평한다. 인간의 양육은 악마의 본성을 이길 수 없다. 이어지는 장들에서 우리는 이원론의 특정 쌍에서 어떤 요소가 우위를 차지해야 하는지(혹은 그렇게 여겨지는지)를 둘러싸고 벌어지는 치열한 지적 투쟁과 마주할 예정이다. 하지만 나는 사실상 모든 경우에, 푸로스퍼로의 불평으로 회귀하는 것으로는 지적인 질문들을 해결할 수 없으며, 사회의 진보 역시 이루어질 수 없다고 주장한다. 대신 인간의 섹슈얼리티에 관한 생물학적 지식들이 만들어진 각 순간들을 고려하면서, 이원론적 사고라는 고르디우스의 매듭을 잘라 낼 생각이다. 나는 "섹슈얼리티는 육체적 사실fact이 아니다. 그것은 문화의 효과effect다"[95]라는 핼퍼린의 기지 넘치는 발언을 수정해, '섹슈얼리티는 문화의 효과에 **의해 만들어진** 육체적 사실**이다**'라고 주장하고자 한다(이에 대해서는 특히 이 책의 9장 참고).

이원론을 통해 세계를 분석하는 것은 왜 문제일까? 나는 이원론의 사용이 각 쌍 사이의 상호 의존성을 볼 수 없게 만든다는 철학자 발 플럼우드의 주장에 동의한다. 이 관계는 일련의 쌍을 서로 연결한다. 플럼우드가 제시한 목록 가운데 일부를 살펴보자.

이성	본성
남성	여성
정신	몸
주인	노예
자유	필연(자연)
인간	자연(비인간)
문명	원시
생산	생식
자아	타자

일상 용법에서 위 목록의 양측에 놓인 이원론의 조합들은 종종 서로 뒤엉켜 있다. 플럼우드에 따르면, "문화"는 이 같은 이원론을 개념적 무기로서 축적하며, 이를 언제든 "채굴하고 제련해 새로운 용도로 재배치할 수" 있다. 또한 "이원론으로 저장된 오래된 억압은 새로운 억압이 들어올 수 있는 길을 열고 촉진한다."[96] 이런 이유로 나는 주요 관심사가 젠더임에도 인종 이데올로기와 그 구성물들이 젠더 이데올로기 및 그 구성물들과 교차하는 경우를 주저 없이 지적할 수 있는 것이다.

결국, 섹스/젠더 이원론은 페미니즘의 분석을 제한한다. 이분법 속에서 사용되는 **젠더**라는 용어는 필연적으로 생물학을 배제한다. 페미니스트 이론가 엘리자베스 윌슨이 서술하듯이, "위장이나 호르몬 체계에 대한 페미니즘

섹싱 더 바디

적 비평은 … 생각할 수도 없는 것이 되었다"[97](이 책의 6~8장에 나오는 호르몬 결핍 치료 시도를 참고). 실재적인 것과 구성적인 것 사이의 구분(때때로 자연과 문화 사이의 구분으로 정식화되는)으로 말미암아, 이 같은 비평은 생각할 수 없는 것이 된다. 이런 입장에서는 사람들이 (구성물과 문화적인 것을 동일시하면서) 실재에 대한 지식을 과학의 영역에 위치시킨다. 페미니스트들과 비페미니스트들이 공히 사용하는 이분법적 정식화들은 신체를 사회문화적으로 분석할 수 없다고 여기게 한다.

몇몇 페미니스트 이론가는, 특히 지난 10년 동안 몸을 비이원론적인 방식으로 설명하려고 시도해 왔다(물론 성공의 정도는 다양하다). 예를 들면, 주디스 버틀러는 페미니즘 사상에 물질적 신체를 돌려주려 했다. 그녀는 어째서 물질성materiality이 환원 불가능성, 즉 구성을 뒷받침할 순 있지만 그 자체로는 구성되지는 못하는 것을 의미하게 되었는지 의아해한다.[98] 버틀러는 우리가 [담론으로 환원되지 않는] 물질적인 몸에 대해 이야기해야만 한다고 주장(하며 나도 동의)한다. 우리는 남성을 여성과 구별하는 데 호르몬과 유전자, 전립샘과 자궁, 그 외 다른 생리작용과 신체 부위 등 **여러 가지**를 사용하고 있고, 이것들은 다양한 성적 경험과 욕망이 출현하는 토대의 일부를 이룬다. 나아가 이런 생리적 측면 각각에서의 다양성은 젠더와 섹슈얼리티에 대한 개인의 경험에 깊은 영향을 미친다. 그러나 우리가 사회화에 앞서 존재하는 것, 남성과 여성에 대한 담론을 펼치기 이전에 존재하는 것으로서 신체를 논의하려고 되돌아갈 때마다 "… 물질[여기서는 신체]이라는 것이 섹스와 섹슈얼리티를 둘러싼 담론들에 의해 완전히 침전돼 있다는 사실을 발견하게 되는데, 이 담론들은 [예컨대, 특정 화학물질을 남성호르몬이나 여성호르몬으로 명명함으로써] 그 용어가 사용될 수 있는 용례들을 미리 예시하고 규정한다"라고 버틀러는 서술한다.[99]

버틀러는 물질과 신체적 물질성에 대한 서구의 개념이 "젠더화된 모태" gendered matrix를 통해 구성되었다고 주장한다. "물질"matter이라는 단어의 어원을 살펴보면 고대 그리스 철학자들이 여성성과 물질성을 연관시켰다는 사실을 엿볼 수 있다. 즉, '물질'은 자궁과 생식의 문제에 해당하는 어머니mater 와 모태[자궁]matrix에서 유래했다. 버틀러에 따르면, 그리스어와 라틴어 모두 물질을 외부에서 유입된 의미가 적히기만을 기다리는 빈 서판으로 보지 않았 다. "모태는 … 어떤 유기체나 사물의 발달을 개시하고 그것에 영향을 미치는 형성 원리다. … 아리스토텔레스에게 '물질[질료]matter은 잠재태potentiality이 며, 형상form은 현실태actuality다.' … 생식에서 여성은 물질[질료]을 제공하고 남성은 형식[형상]을 부여한다고 여겨진다."[100] 버틀러가 언급하듯이, 그녀의 책 제목인 『중요한[물질이 되는] 신체들』[국내에는 『의미를 체현하는 육체』로 처음 소개되었다가 『중요한 몸』으로 재번역되었다]은 세심히 계획된 언어유희다. 물 질적이라는 것[중요한 것]to be material은 물질화materialization 과정을 이야기하 는 것이다. 그리고 물질이 어떻게 육체를 형성하는가에 대한 철학적 개념 속에 이미 섹스와 섹슈얼리티에 관한 관점이 내포돼 있다면, 육체의 물질성은 성차 의 기원을 이해하기 위한 중립적인 토대를 형성할 수 없다.[101]

젠더와 섹슈얼리티에 대한 관념을 이미 포함하고 있기 때문에, 물질은 성의 발달과 분화에 대한 "과학적", "객관적" 이론의 중립적 토대일 수 없다. 이와 동시에, 우리는 "신체와 관련이 있는" 물질성의 측면들[신체의 물질적 측 면들]을 인정하고 활용해야만 한다. "생물학, 해부학, 생리학, 호르몬과 화학조 성, 질병, 나이, 체중, 물질대사, 삶과 죽음의 영역들"은 "부인될" 수 없다.[102] 비 판 이론가 버니스 하우스먼은 남성을 여성으로, 또 여성을 남성으로 성전환할 때 유용한 외과 기술들을 대비하며 이 주장을 구체화한다. 그녀에 따르면, "질 과 음경의 차이가 단순히 이데올로기적인 것은 아니다. 섹스의 기호학에 개입 해 탈암호화하려는 모든 시도는 … 이런 생리적 기표들이 실제 세계에서 수행 하는 기능을 인정해야 한다. … 그 기능이 상징체계에서 그것들이 수행하는 기 능으로부터 벗어난다고 할지라도 말이다."[103]

인간의 섹슈얼리티에 대한 논의는 물질적인 것에 대한 개념을 요구한다. 그러나 물질적인 것에 대한 관념은 성차에 관한 기존의 생각들에 의해 이미 오염된 상태로 우리에게 다가온다. 버틀러는 신체를 사회적 의미를 생산하면서, 동시에 사회적 의미에 의해 생산되는 체계로 봐야 한다고 제안한다. 마치 생명체가 항상 본성과 양육이 결합해 동시에 작용한 결과로 생겨나는 것처럼 말이다.

버틀러와는 달리, 페미니스트 철학자 엘리자베스 그로스는 몇 가지 생물학적 과정들에 그 의미들보다 선행하는 것으로서의 지위를 부여한다. 그녀는 생물학적 본능 혹은 충동이 섹슈얼리티가 발달하는 데 필요한 원료를 제공한다고 믿는다. 그러나 원료만으로는 충분하지 않다. 아이들이 가진 신체 기능의 의미와 그것에 대한 의식을 조직화하는 일련의 의미들, 다시 말해 "욕망 네트워크"network of desires[104]가 반드시 제공되어야 한다. 이 같은 주장은 의미를 교육받거나 인간에게 통제받은 적 없이 야생에서 길러진 아이들의 사례를 살펴보면 명확해진다. 이 아이들은 언어도 성 충동도 획득하지 못한다. 그들의 육체가 원료를 제공하더라도, 인간의 사회적인 환경이 없다면 그 점토[육체]는 인식 가능한 심리적 형태로 빚어질 수 없다. 인간의 사회성 없이는 인간의 섹슈얼리티도 발달할 수 없다.[105] 그로스는 분명히 신체 밖에서 기인한 인간의 사회성과 의미가 어떻게 생리적인 작용과 의식적이고 무의식적인 행동들 속에 통합되는지 이해하고자 한다.

이해를 돕기 위해 몇 가지 구체적인 사례를 들어 보자. 90세를 훌쩍 넘긴, 머리가 하얗게 센 작은 여성이 거울에 비친 자신의 주름진 얼굴을 자세히 들여다본다. "저 여자는 누구지?" 그녀는 어리둥절하기만 하다. 자신의 신체에 대한 그녀의 심상은 거울에 비친 상과 일치하지 않는다. 이제 50대 중반이 된 그녀의 딸은, 무릎 관절 대신 의식적으로 다리 근육을 사용하지 않으면 계단을 오르내릴 때 통증이 생긴다는 사실을 기억하려 애쓴다(결국 그녀는 새로운 근육 사용법을 몸에 익히고 이 문제를 의식적으로 생각하지 않게 될 것이다). 두 여성은 과거의 정보[기억]를 바탕으로 형성된 신체 이미지의 시각적·운동적 요소를 [현 상태에 맞춰] 재조정하고 있다. 하지만 이 같은 정보[기억]는 현재의 육체적 상태와 언제나 약간씩 어긋나 있다.[106] 이런 조정은 어떻게 일어나는 것일까? 또 최초의 신체 이미지는 어떻게 형성됐을까? 이 지점에서 정신과 신체

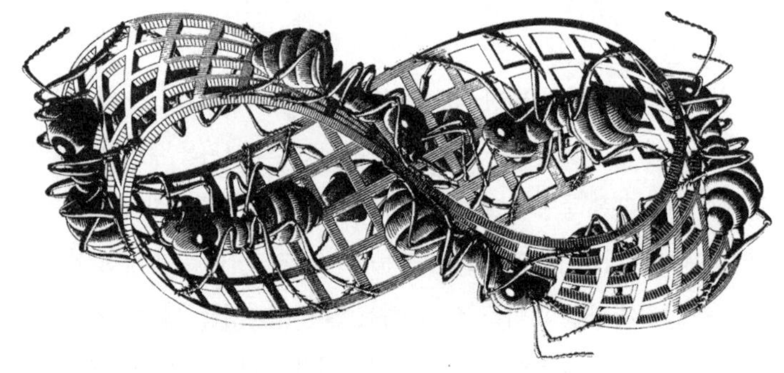

그림: 마우리츠 코르넬리스 에스허르(© Cordon Art)

사이에서 양방향으로 통역이 이루어지는 장소 — 이를테면 신체들과 경험들의 국제연합United Nations — 즉, 심리psyche라는 개념이 필요해진다.[107]

　『휘발적인 신체』[『몸 페미니즘을 향해』(2019)로 번역돼 있다]에서 그로스는 신체와 정신이 어떻게 함께 존재[발생]하게 되는지 숙고한다. 자신의 프로젝트를 용이하게 하려고 그녀는 뫼비우스 띠의 이미지를 심리에 대한 비유로 언급한다. 뫼비우스의 띠는 표면이 꼬인 원형의 띠를 만들기 위해 납작한 리본을 한 번 꼬아서 끝과 끝을 붙인 위상기하학의 수수께끼다(《그림 1-3》). 누구나, 예를 들면, 뫼비우스 띠를 따라 걷는 개미를 상상하면서 표면을 따라갈 수 있다. 원형 여행의 시작점에서 개미는 분명 바깥쪽에 있다. 그러나 평면에서 한 번도 발을 떼지 않고 꼬인 리본을 가로지르면, 여행은 안쪽 표면에서 끝난다. 그로스는 신체가, 즉 뇌와 근육, 성기관과 호르몬 등이 뫼비우스 띠의 안쪽 표면을 구성하는 것으로 생각하자고 제안한다. 문화와 경험은 바깥쪽 표면을 구성할 것이다. 하지만 이 이미지가 보여 주듯, 안쪽과 바깥쪽은 연속적으로 이어지고 발을 땅에서 떼지 않고도 한쪽에서 다른 쪽으로 이동할 수 있다.

　그로스가 말하는 것처럼, 정신분석가들과 현상학자들은 신체를 감정의 측면에서 묘사한다.[108] 심리는 생리작용을 내적인 자아 감각으로 통역한다. 예를 들면, 구강 성애는 신체적인 감정으로, 아동과 후일의 성인은 그것을 심리성적psychosexual 의미로 통역한다. 이 같은 통역은 뫼비우스의 띠 안쪽 표면에서 일어난다. 그러나 바깥쪽을 향해 표면을 따라 나오면서 그것은 다른 신체 및 사물 — 분명히 자기 자신이 아닌 것들 — 과의 연결이라는 측면에서 말하기 시작한다. 그로스에 따르면, "구강 충동을 [내면에서] 어떻게 느껴지는가라는 측면에서 설명하는 대신 … 구강성을 그것이 무엇을 하는가라는 측면에서 이해할 수 있다. 즉, 구강 성애는 다른 표면, 다른 차원, 다른 대상이나 조립assemblage과의 연결을 창출하는 것으로 이해할 수 있다. 이를테면 유아의 입술은 … 젖가슴이나 젖병과의 연결을 형성하며, 귀와 결합한 손을 수반할 수도 있는데, 이들은 각기 끊임없이 움직이며 상호작용한다."[109]

그로스는 계속 뫼비우스 띠 비유를 들며, 신체가 리비도를 마커 펜으로 삼아 생물학적 과정이 내면의 욕망 구조로 이동하는 경로를 그려 냄으로써 심리를 창조한다고 상상한다. 이 띠의 "바깥쪽", 곧 "교육적·사법적·의학적·경제적 텍스트와 법, 관행"[110]에 의해 [신체에] 각인되는 보다 명확한 사회적 표면을 연구하는 것은 또 다른 학문 영역의 몫이다. 이 같은 사회적 표현은 [교육적·사법적·의학적·경제적 텍스트와 법, 관행 등을 신체 위에 새겨 넣어 그 신체를] "노동할 수 있는 주체, 생산하고 조종하는 주체이자 … 주체로서 활동할 수 있는 사회적 주체로 조각"하기 위한 것이다. 그러므로 그로스 또한 인간 발달의 본성 대 양육 모델을 거부한다. 그녀는 우리가 신체가 가진 유연성의 범위와 한계를 이해하지 못한다고 인정하면서도, 우리가 단순히 "환경과 문화, 역사를 빼내어" "본성이나 생물학"만을 남게 할 수는 없다고 말한다.[111]

이원론을 넘어

그로스는 타고난 충동drive이 육체의 경험에 의해 신체의 느낌으로 조직화되고 다시 우리가 감정이라고 부르는 것으로 변한다고 상정한다. 그러나 선천적인 것을 액면 그대로 간주하는 것은 여전히 우리에게 설명되지 않은 본성의 잔여물을 남겨 두는 것이다.[112] 인간은 생물학적이고 따라서 어떤 의미에서는 자연적인 존재이며 **동시에** 사회적이고, 또 어떤 의미에서는 인공적인, 말하자면 구성된 실체다. 우리가 수정 상태에서 노년기까지 발달하는 동안, 우리 자신을 자연적인 **동시에** 비자연적인 존재로 볼 수 있는 방법을 고안할 수 있을까? 지난 10년 동안, 흥미로운 시각이 출현했다. 나는 이 시각을 발달 체계 이론[발생계 이론]developmental systems theory, DST[113]이라는 범주 아래 느슨하게 묶어 왔다. 발달 체계 이론을 분석틀로 선택하면 무엇을 얻을 수 있을까?

발달 체계 이론은 근본적으로 두 가지 종류의 과정, 즉 유전자와 호르몬, 뇌세포(즉, 본성)가 이끄는 하나의 과정이 있고, 환경과 경험, 학습, 성장 초기 단계에 미치는 사회적 영향력(즉, 양육)이 이끄는 또 다른 과정이 있다는 점을 부정한다.[114] 선구적 체계 이론가인 철학자 수전 오야마는 발달 체계 이론이 "자료 해석에 명료성과 일관성, 통일성을 한층 더 부여하고, 자료를 새롭게 해석할 수 있는 방식을 제공하며, 덧붙여 서로 상충하는 목표를 추구하거나, 적어도 지난 수십 년간 서로 대화가 통하지 않았던 연구자 집단들이 사용하던 … 개념과 방법을 통합할 수 있는 수단을 제공한다"라고 전망한다. 그럼에도 불구하고 발달 체계 이론이 만병통치약은 아니다. 오야마가 설명하듯이, 많은 사람들이 여전히 발달 체계 이론의 통찰에 반발하고 있는데, 이는 "이 이론이 근본적 진리에 대한 형이상학적 지침이나, 무엇이 본질적으로 바람직하고 건강하며 자연스러우며 필연적인지에 대한 결론을 제공하는 바가 적기"[115] 때문이다.

그렇다면 발달 체계 이론은 우리가 이원론적인 사고방식으로부터 벗어나는 데 어떤 도움을 주는 것일까? 발달 체계 이론가 피터 테일러가 설명한 앞다리 없이 태어난 염소의 사례를 살펴보자. 평생 동안 그 염소는 뒷다리로 깡충깡충 뛰어다녔다. 염소가 죽은 뒤, 해부학자가 사체를 연구한 결과 (사람처럼) S자 모양의 척추와 "두꺼워진 뼈, 변형된 근육 부착점, 그 외 두 다리로 이동하는 것과 관련된 특징들"을 발견했다.[116] 이 (그리고 모든 염소의) 골격 체계는 개체가 걷는 방식에 따라 발달한다. 염소의 유전자도 환경도 해부학적 구조를

섹싱 더 바디

결정하지 않는다. 오직 [해당 개체의 해부학적 구조, 그 개체가 겪은 우발적 사건 및 환경적 요인 등으로 이루어진] 총체ensemble만이 이런 힘을 가진다. 많은 발달 생리학자들은 이 같은 원리를 인정한다.[117] 한 생물학자가 썼듯이, "개체의 생애가 지속되는 내내 구조 조정이 일어난다."[118]

몇 년 전, 신경과학자 사이먼 러베이는 게이와 이성애자 남성의 뇌 구조가 서로 다르(며 이 차이는 이성애 남성과 여성 사이의 보다 일반적인 성차를 반영한)다고 보고한 뒤, 맹렬한 후폭풍을 맞게 되었다.[119] 상당수 게이 남성은 그를 즉각 영웅으로 취급했지만, 그 외 다양한 집단은 반발했다. 한편으로 나 같은 페미니스트들은 그가 성평등에 전혀 도움이 되지 않는 젠더 이분법을 아무런 의심 없이 사용하는 것이 달갑지 않았다. 다른 한편으로, 동성애를 개인이 거부할 수 있는 죄악이라고 믿는 그리스도교 보수파들이 그의 연구를 증오했다.[120] 그들이 보기에, 러베이의 연구와 유전학자 딘 해머의 후속 연구는 동성애가 선천적인 것임을 시사했기 때문이다.[121] 공개적인 토론의 언어는 곧 양극화되었다. 각 측은 **유전적인, 생물학적인, 선천적인, 타고난, 변하지 않는** 같은 단어들을 **환경적인, 획득된, 구성된, 선택** 같은 단어들과 대비했다.[122]

이런 논쟁은 발달 체계에 입각하지 않은 접근법의 빈곤이 초래한 결과로, 본성 대 양육 구분을 떠올리게 한다.[123] 양육 대 본성의 분석틀은 정치적으로 엄청난 위험을 내포한다. 누군가는 사물의 본성적인 측면에 대한 믿음이 더 큰 관용으로 이어지길 희망할 수도 있지만 과거 역사는 그 반대 역시 가능하다는 것을 보여 주었다. 본성론을 과학적으로 주장하는 이들조차 그것의 위험성을 인지하고 있다.[124] 『사이언스』 지면에서 좀처럼 '보기 힘든' 한 구절에서 딘 해머와 동료들은 다음과 같은 우려를 표명했다. "이런 정보를 활용해 한 사람의 현재 혹은 미래의 성적 지향을 평가하거나 변화시키려 시도하는 것은 근본적으로 비윤리적일 것이다. 오히려 과학자, 교육자, 정책 입안자, 대중은 이런 연구가 사회의 모든 구성원에게 이익이 되는 방향으로 사용되도록 함께 노력해야 한다."[125]

페미니스트 심리학자이자 비판 이론가 엘리자베스 윌슨은 발달 체계 이론에 관한 몇 가지 중요한 주장을 제시하기 위해 러베이의 연구를 둘러싼 소란을 활용했다.[126] 상당수의 페미니스트, 퀴어 그리고 비판 이론가는 생물학을 의도적으로 배제한 채, 신체가 사회적·문화적으로 형성되는 것으로 설명해 왔다.[127] 그러나 이는 잘못된 접근이다. 윌슨에 따르면 "러베이의 가설에서 정치적으로 그리고 비판 이론의 관점에서 논쟁의 여지가 있는 부분은 신경학과 섹슈얼리티의 결합 그 자체가 아니라 이런 결합이 일어나는 특정 방식이다."[128] 계속해서 그녀는 효과적인 정치적 대응을 위해, 신경학과 섹슈얼리티 연구를 분리할 필요는 없다고 지적한다. 정신과 신체에 대한 이론 — 곧 리비도와 신체를 연결하는 심리에 대한 설명 — 을 발전시키고 싶어 하는 윌슨은 그 대신 페미니스트들이 대체로 연결주의connectionism라고 불리는 뇌의 작동 방식에 대한 설명들을 자신들의 세계관에 통합해야 한다고 말한다.

뇌를 이해하는 전통적 방식은 해부학적 접근법이었다. 기능은 뇌의 어느 특정 부위에 할당됐다. 결국 기능과 해부학은 하나였다. 이 생각은 러베이의 연구를 둘러싼 소동뿐만 아니라 뇌들보[뇌량]corpus callosum(좌우의 대뇌반구가 만나는 부분, 5장 참고)를 둘러싼 논쟁의 바탕을 이룬다. 상당수 과학자들이 행동에서 나타나는 차이가 뇌 부위의 차이(곧 해부학적 구조의 차이)를 나타낸다고 믿는다. 그에 반해, 연결주의 모델[129]은 동시에 작용하는 수많은 신경 연결망들의 강도와 복잡성에서 기능이 출현한다고 주장한다.[130] 이 체계는 다음과 같은 몇 가지 중요한 특징을 가진다. 즉, 반응은 종종 비선형적이며, 연결망들은 특정한 방식으로 반응하도록 "훈련"될 수 있다. 반응의 성격은 쉽게 예측할 수 없다. 그리고 정보는 [뇌의] 어떤 특정 위치에 국한되지 않는다 — 오히려 정보는 여러 가지 연결망이 강도를 달리하며 작동해 나타난 최종적인 결과물이다.[131]

몇 가지 연결주의 이론의 교리들은 인간의 성 발달을 이해하는 흥미로운 출발점을 제공한다. 예를 들면, 연결주의 네트워크는 대개 비선형적이기 때문에 작은 변화가 큰 결과를 만들어 낼 수 있다. 이 같은 사실이 섹슈얼리티 연구에 함축하는 바는, 우리가 인간의 발달을 형성하는 환경 측면에 대해 쉽게 잘못된 척도를 들이대거나 엉뚱한 지점을 살피고 있을지 모른다는 것이다.[132] 나아가 단일한 행동의 근원에는 발달 과정의 서로 다른 시기에 발생하는 다양한 원인과 사건이 있을 수 있다. 나는 동성애자, 이성애자, 양성애자, 성전환자 같은 라벨이 실제로는 전혀 좋은 구분이 아닐 수 있으며, 특정 개인들에게 영향을 미치는 독특한 발달 사건developmental events[*][133]의 측면에서만 그들을 가장 잘 이해할 수 있다고 생각한다. 그러므로 나는 "발달 과정 그 자체가 지식 획득의 핵심에 있다. 발달은 출현의 과정이다"[134]라는 연결주의자들의 주장에 동의한다.

대부분의 과학적인 공개 토론에서는, 섹스와 본성을 실재라고 여기는 반면, 젠더와 문화는 구성된다고 생각한다.[135] 잘못된 이분법이다. 나는 2~4장에서 섹스가 말 그대로 어떻게 구성되는지 분명히 보여 주기 위해 젠더의 가장 뚜렷한 외부 표지인 성기를 다룰 예정이다. 외과의들은 남성 혹은 여성으로 쉽게 식별할 수 없는 신체 부위를 지니고 태어난 사람들에게 그 신체 부위를 제거하고 "적절한" 성기를 만들어 주는 성형수술을 한다. 의사들은 이런 환자들이 어떤 섹스가 되어야만 하는지에 관해 자신들의 전문 지식이 진실을 말해 주며, 이 환자들이 본성에 "귀 기울이게" 만들 수 있다고 믿는다. 하지만 안타깝게도 그들이 말하는 진실은 사회적인 장에서 비롯한 것이며, 부분적으로는 간성인의 출생을 감추려는 의료적 전통에 의해 강화된다.

우리의 몸은 우리가 살고 있는 세상과 마찬가지로 분명히 물질로 만들어진다. 우리는 이 물질의 성질을 이해하기 위해 과학 조사를 활용한다. 그러나 이런 과학 조사는 지식을 구성하는 과정을 수반한다. 이 과정을 5장에서 얼마간 상세히 예시할 예정이다. 이 설명은 신체 내부로, 눈에 덜 띄는 해부학적 뇌 구조로 우리를 인도한다. 여기서 나는 '여성과 남성의 뇌들보(뇌의 특정 부

---

[*] 발달 사건이란 유기체의 발달 과정 중에 일어나는 특정한 변화나 사건을 가리킨다. 이는 발달 체계 내의 여러 요소가 역동적으로 상호작용한 결과로 발생한다.

위)는 모양이 다른가?'를 둘러싼 과학 논쟁에 초점을 맞춘다. 이 장에서는 과학자들이 실험할 때 특정한 접근법과 도구를 선택해 자신의 주장을 구성하는 방식을 보여 줄 것이다. 전체적인 논쟁의 형태는 사회적으로 제한되며 논쟁을 위해 선택한 특정 도구들(예를 들면, 특정 형태의 통계 분석, 또는 자기공명영상MRI 뇌 검사 대신 사체의 뇌를 활용하는 행위)은 각기 역사적이고 기술적인 한계를 지닌다.[136]

그러나 적절한 조건에서는 뇌들보를 육안으로 확인할 수 있다. 이처럼 몸에서 일어나는 보이지 않는 화학작용들을 훨씬 더 철저하게 조사할 수 있다면 무슨 일이 벌어질까? 6장과 7장에서는 1900~40년 사이에 과학자들이 성호르몬이라는 범주를 만들어 내면서 본성을 어떻게 특수한 방식으로 분할했는지 보여 줄 예정이다. 이제 신체 특정 부위(예를 들면, 골세포bone cell)에서 성호르몬이나 그 수용체를 발견하는 일은 전에는 젠더 중립적이었던 신체 부위를 성적인 것으로 만든다. 그러나 나처럼 이를 역사적으로 살펴보면 스테로이드 호르몬을 성호르몬과 그렇지 않은 호르몬으로 나눌 필요가 없다는 것을 누구나 알 수 있다.[137] 예컨대, 이 호르몬을 생식기관을 비롯해 광범위한 조직에 영향을 미치는 성장호르몬으로 생각할 수도 있다.

과학자들은 자신들이 성호르몬이라고 이름 붙인 스테로이드 분자를 비록 육안으로 볼 수는 없지만, 그 화학구조에 대해서는 현재 합의에 도달했다. 8장에서 나는 과학자들이 설치류의 성기 발달에 대한 이해를 심화하기 위해 성호르몬에 대한 새로운 개념화를 어떻게 활용했는지 집중적으로 다루었다. 또 성호르몬에 대한 지식을 몸의 화학반응보다 훨씬 더 감지하기 힘든 섹스와 관련된 행동에 어떻게 적용했는지도 조명했다. 그러나 셰익스피어의 말[〈한여름 밤의 꿈〉 1막 1장에서 라이샌더의 대사]을 빌려 표현하자면, 진정한 과학의 행로는 결코 순탄하지만은 않은 법이다. 설치류의 성적 행동 발달에서 호르몬이 하는 역할을 묘사하는 실험들과 모델들은 남성과 여성의 역할과 능력을 두고 벌어진 문화적인 논쟁들과 기이하게 유사했다. 호르몬과 뇌 발달, 성적 행동에 대한 매우 현실적이고 과학적인 이해는 그럼에도 불구하고 구성된 것이며 특정한 역사적·사회적 맥락들의 흔적을 지니고 있다는 견해를 피하기 어려워 보인다.

그래서 섹슈얼리티의 구성을 검토하는 이 책은 신체 외부 표면의 눈에 보이는 구조들에서 시작해 행동과 동기 — 즉, 확실히 보이지 않는 활동들과 힘들(결과로부터 추론할 수 있을 뿐이지만, 그럼에도 신체 내부 깊은 곳에 위치한다고 간주되는) — 로 마무리된다.[138] 그러나 행동은 대개 사회적 활동이며, 분리된 개별 사물과 존재 사이의 상호작용 속에서 표현된다. 따라서 우리가 외부 성기에서 시작해 보이지 않는 심리로 이동할 때, 우리는 갑자기 자신이 신체 외부 표면으로 다시 되돌아가고, 나아가 그 너머 바깥으로까지 나가는 모습을 발견한다. 이 책의 9장에서 나는 우리가 이 띠의 표면에서 발을 떼지 않고 바깥쪽에서 안쪽으로, 그리고 또다시 바깥쪽으로 어떻게 이동하는지를 보여 줄 수 있는 접근법을 약술할 것이다.

Sexing *the* Body

2장

지배적인 성별

성별 연속체

1843년, 코네티컷주 솔즈베리에 살고 있던 23세의 레비 수이담은 치열한 접전이 벌어지고 있는 지방선거에 휘그당원으로서 투표할 수 있게 허락해 달라고 마을의 도시행정위원회에 요청했다. 이 같은 요청에 상대방 당은 거세게 반발했는데, 그 이유가 미국 민주주의 역사상 전례 없는 것이었다. 수이담은 "남자라기보다는 여자에 더 가까우며" 따라서 투표권(당시에는 남자들에게만 투표권이 있었다)을 부여해서는 안 된다는 것이었다. 도시행정위원들은 수이담을 조사해 이 문제를 해결하려고 의사인 윌리엄 배리 박사를 참여시켰다. 짐작컨대, 선량한 이 의사는 음경과 고환을 보고는 수이담이 투표권이 있는 남성임을 공표했을 것이다. 수이담의 투표로 휘그당은 선거에서 한 표 차이로 승리했다.

그러나 며칠 후, 배리는 수이담이 정기적으로 생리를 하며 질이 있다는 걸 발견했다. 수이담은 여성 체형의 특징인 좁은 어깨와 넓은 엉덩이를 갖고 있었고, 무엇보다 가끔 "그"(여기서 "그"는 여성을 의미한다)는 "반대" 성별에게 육체적 매력을 느꼈다. 나아가 "많은 사람들이 그가 여성스러운 성향들을 가지고 있다고 언급했다. 예컨대 화려한 색상을 좋아하고, 캘리코[면직물의 한 종류] 조각들을 비교하거나 이어 붙이는 걸 좋아하며, 육체노동을 싫어하고 이를 수행할 능력 역시 부족하다는 것이다."[1] (이 19세기 의사가 "섹스"와 "젠더"를 구분하지 않았다는 사실에 유의하라. 그는 캘리코 조각보를 이어 붙이는 걸 좋아하는 성향을 마치 해부학이나 생리학적 증거와 마찬가지로 결정적 증거로 간주했다.) 수이담이 투표권을 박탈당했는지 여부는 아직 밝혀지지 않았다.[2] 결과가 어떻든 이 이야기는 우리 문화가 한 사람의 정확한 "성별"을 확인하는 데 부여하는 정치적 중요성과 성별을 쉽게 결정할 수 없을 때 발생하는 깊은 혼란을 잘 전달하고 있다.

유럽과 미국의 문화는 오직 두 개의 성별만 존재한다는 관념에 사로잡혀 있다. 언어조차 다른 가능성을 거부한다. 그렇다 보니 레비 수이담에 대해 쓰기 위해 (또 이 책의 곳곳에서) 나는 명확히 남성도 여성도 아닌, 아마도 동시에

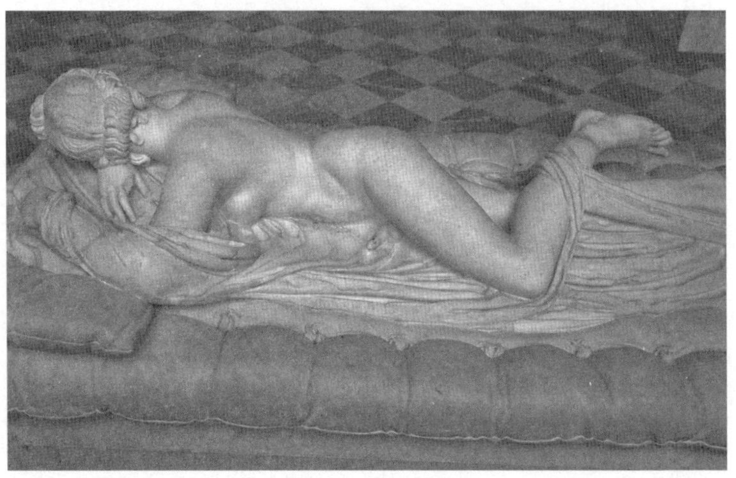

기원전 2세기 로마 작품(사진은 에리히 레싱Erich Lessing)
자료: 아트 리소스Art Resource

둘 다인 사람들을 가리키는 그/녀(s/he와 h/er)라는 약어를 만들어야 했다. 이런 언어적 편의가 터무니없는 공상에서 비롯된 것은 아니다. 남자와 여자 가운데 어느 범주에 속하는지는 실제로 매우 중요한 문제다. 수이담에게 — 또한 오늘날에도 여전히 세계 일부 지역의 여성들에게 — 이는 투표권을 의미했다. 그것은 또한 징병에 응해야 하고, 가족 및 결혼과 관련된 다양한 법률의 적용을 받는 걸 의미할 수도 있다. 예를 들면, 미국의 여러 지역에서 법적으로 남성인 두 사람이 성관계를 갖는 것은 소도미 금지법을 위반하는 행위다.[3]

국가와 법률 제도는 오직 두 개의 성별에만 관심이 있지만, 우리의 집합적이고 생물학적인 몸은 그렇지 않다. 남성과 여성은 생물학적 연속체의 양극단에 있지만, 수이담의 몸처럼 전통적으로 남성에 귀속된 해부학적 요소들과 여성에 귀속된 해부학적 요소들이 뒤섞여 있는 여러 신체가 다수 존재한다. 성별이 일종의 연속체를 이루고 있다는 내 주장은 깊은 함의를 갖는다. 만약 자연이 우리에게 정말로 두 가지 이상의 성별을 제공한다면, 남성성과 여성성에 관한 현재의 개념들은 문화적인 상상일 것이다. "성별" 범주의 재개념화는 유럽과 미국의 사회조직이 중요하게 생각해 왔던 측면들에 도전한다.

실제로, 양성 체계가 인간의 삶을 상상하는 방식에 더욱 뿌리 깊이 자리하고 자연적이며 타고난 것처럼 보이게 됨에 따라, 점점 더 어린 나이부터 남성-여성 이분법이 적용된다고 보기 시작했다. 요즘에는, 아이들이 안락한 자궁을 떠나기 몇 달 전부터 양수천자와 초음파로 태아의 성별을 감별한다. 부모들은 아기 방을 젠더에 맞게(남자아이에게는 푸른색 스포츠 벽지로, 여자아이에게는 분홍색 꽃무늬 디자인으로) 장식할 수 있다. 연구자들은 수정이 되는 순간, 아이의 성별을 선택할 수 있는 기술을 거의 완성했다.[4] 현대의 외과 기술 또한 양성 체계를 유지하는 데 도움을 준다. 오늘날 "남성도 여성도 아니거나 둘 다인 상태"[5](상당히 흔한 현상이다)로 태어난 아이들은 의사들이 외과 수술을 통해 바로 "교정하기" 때문에 대개 눈에 띄지 않는다. 그러나 과거에는 간성인[*](혹은 최근까지 불린 대로 자웅동체)이 문화적으로 인정받았다(〈그림 2-1〉 참고).

과거에 자웅동체의 탄생과 그것의 존재에 대한 인정은 젠더에 대한 생각을 어떻게 형성했을까? 간성에 대한 현대의 의료적 처치는 어떻게 발달했을까? 유동적인 성 정체성에 대한 사회적 수용성을 높이기 위해 간성인과 그 지지자들이 벌였던 정치적 운동은 어떻게 등장했으며, 그들의 도전은 얼마나 성공했을까? 앞으로 언급할 내용은 [젠더 체계의] 사회적 구성 — 양성 체계가 외과적으로 엄격히 강화된 계기와 21세기로 접어들면서 다원적인 체계가 진화할 가능성에 대한 — 에 관한 가장 기본적인 이야기다.

---

[*] [저자 주] 오늘날 간성인[인터섹슈얼] 운동에 참여하는 사람들은 자웅동체hermaphrodite라는 단어의 사용을 기피한다. 나는 역사적으로 자웅동체라는 말이 사용되었던 시기를 다룰 경우에만 이를 사용한다. 마찬가지로 '간성인'이라는 단어는 현대의 산물이기 때문에 과거에 대해 서술할 때는 사용하지 않을 것이다.

자웅동체의 역사

간성성에 대한 이야기는 오래전부터 있었다. 자웅동체라는 단어는 (제우스의 아들이자 신들의 전령, 음악의 수호자, 꿈의 통제자, 가축의 수호신 등으로 다양하게 알려진) 헤르메스와 (성적인 사랑과 미의 여신) 아프로디테라는 이름이 결합한 그리스어에서 유래했다. 자웅동체의 기원과 관련해 두 가지 이상의 그리스신화가 있다. 한 신화에 따르면, 헤르메스와 아프로디테 사이에서 아이가 태어났는데, 그 아이는 부모의 특징을 모두 완전히 물려받았다. 아이의 성별을 확실히 결정할 수 없자 그들은 아이의 이름을 헤르마프로디토스, 즉 자웅동체라고 짓는다. 또 다른 신화에 따르면, 그들 사이에서 태어난 아이는 깜짝 놀랄 정도로 아름다운 미소년이었는데, [살마키스라는] 물의 요정이 그에게 반한다. 욕망에 눈이 먼 그녀는 자신의 몸을 그의 몸과 얽어매고 결국 그들은 하나로 합쳐진다.

이처럼 헤르마프로디토스의 모습은 그런 모습을 가지게 된 기원에 대한 추측을 불러일으킬 만큼 기이해 보일 수 있지만, 그 옛날 인간이 이원론적인 성별로 나뉘기 이전의 모습을 구현한 것으로 볼 수도 있다. [예컨대] 초기의 성경 해석가들은 아담이 자웅동체로 태어났다가 두 명의 인간, 즉 남성과 여성으로 분리됐다고 생각했다. 플라톤은 원래 세 가지 성별, 즉 남성, 여성, 자웅동체가 있었지만 세 번째 성별이 시간이 지나면서 사라졌다고 기술했다.[6]

문화마다 상이한 방식으로 현실 속의 간성인들과 대면해 왔다. 탈무드와 토세프타[유대인들의 율법을 문서화한 미쉬나를 보충하는 편찬물] 같은 유대 종교의 텍스트에는 성별이 뒤섞인 사람들에 대한 광범위한 규정들이 열거돼 있었는데, 이에 따라 이들의 사회적 행동과 재산상속이 제한되었다. 예를 들어, 토세프타는 자웅동체들이 (딸들처럼) 아버지의 부동산을 물려받지 못하게 하고, (아들처럼) 여자들에게서 떼어 놓으며, (남자처럼) 면도하지 못하게 한다. 그들이 생리를 시작하면 (여자들처럼) 남자들과 격리해야만 한다. 그들은 (여자들처럼) 증인이나 사제가 될 자격이 없다. 그러나 그들에게는 남색법law of pederasty*이 적용된다. 유대의 율법이 자웅동체를 주류 문화로 통합하는 수단을 제공했다면, 로마법은 그들에게 그다지 친절하지 않았다. 로물루스[전설에 나오는 로마의 초대 왕]의 시대에 간성인은 국가적 위기의 전조로 간주되어 종종 살해당했다. 그러나 이후 플리니우스의 시대**에는 자웅동체에게도 결혼할 자격이 부여되었다.[7]

간성성을 의학적으로 분석한 역사를 추적해 보면, 처음에는 유럽에서 나중에는 유럽의 의료 전통을 물려받은 미국에서 젠더의 사회사가 어떻게 변화했는지를 좀 더 광범위하게 알 수 있다. 그 과정에서 우리는 간성인에 대한 현재의 의료적 처치가 자연스럽거나 불가피한 것이 전혀 아님을 알 수 있다. 섹스와 젠더를 오늘날 우리가 사용하는 불연속적인 별개의 범주로 구분하지 않고 일종의 연속체상에 있는 것으로 이해했던 초기의 의사들은 자웅동체를 당황스럽게 여기지 않았다. 그들은 성차가 [키나 몸무게처럼] 양적 변이quantitative variation를 수반한다고 생각했다. 여자들은 차갑고 남자들은 뜨거우며 남성스러운 여자나 여성스러운 남자는 따뜻했다. 덧붙여 이 시대의 의사들은 인간의 다양성이 세 가지에서 끝나지 않는다고 믿었다. 부모들은 다양한 정도의 남성성을 가진 남자아이들과 다양한 정도의 여성성을 가진 여자아이들을 낳을 수 있었다.

근대 이전에는 간성성과 관련해 다양한 생물학적 관점들이 경쟁했다. 일례로 아리스토텔레스(B.C. 384~B.C. 322)는 자웅동체를 쌍둥이의 한 유형으로 구분했다. 그는 수태 시 엄마가 두 개의 완전한 배아를 키울 수 있을 만큼 충분

<hr>

* 원래 남색법은 어원적으로는 성인 남성과 남자아이 사이의 성관계를 금지하는 법이지만, 대체로 남성 간의 성행위를 금지하는 의미로 사용되었다. 반면, 앞서 나온 소도미 금지법antisodomy law은 어원적으로 이보다 좀 더 포괄적인 의미로 생식과 관련 없는 모든 성행위를 금지하는 법이었지만, 역시 대체로 남성 간 성행위를 금지하는 의미로 사용되었다.

** 서기 1세기 무렵 삼촌인 가이우스 플리니우스 세쿤두스(23/24~79)와 조카인 가이우스 플리니우스 카이킬리우스 세쿤두스 (61/62~113?)가 활동했던 시기를 가리킨다.

한 물질을 제공할 수 있을 경우에만 완전한 쌍둥이를 낳을 수 있다고 믿었다. 간성인은 그 물질의 양이 한 명에 필요한 것보다는 많지만 두 명을 만들기에는 다소 부족한 경우였다. 잉여의 물질은 부가적인 성기가 된다고 생각했다. 그러나 아리스토텔레스는 성기가 아이의 섹스를 정의한다고 믿지 않았다. 오히려 심장의 열이 남성성이나 여성성을 결정했다. 혼란스러운 해부학적 구조에도 불구하고, 아리스토텔레스는 자웅동체가 두 가지 성별 가운데 하나에 속한다고 주장했다. 기원후 1세기에 큰 영향을 미친 [그리스 의사] 갈레노스는 이에 반대하며 자웅동체는 중간 성별에 속한다고 주장했다. 그는 성별이 모계와 부계의 씨앗에서 남성적 원리와 여성적 원리 간의 대립 그리고 자궁의 좌측과 우측의 상호작용이 결합해 생성된다고 믿었다. 즉, 자궁 안에 태아가 들어설 수 있는 여러 위치(이는 작은 방 3~7개로 구성된 격자로 나타낼 수 있다)가 있는데, 남녀 우위성이 서로 다른 배아가 이 격자의 어디에 놓이느냐에 따라 완전한 남성에서부터 다양한 정도의 중간 상태를 거쳐 완전한 여성에 이르기까지 범주가 달라질 수 있다는 것이었다. 그러므로 갈레노스의 전통을 따르는 사상가들은 남성과 여성을 나누는 안정적인 생물학적 경계는 존재하지 않는다고 믿었다.[8]

중세 의사들은 성별 연속체라는 고전적 이론을 고수하면서도, 성별에서 나타나는 변이들을 더욱 명확하게 구분해야 한다고 주장하게 됐다. 중세의 의학 문헌들은 자궁 오른쪽의 상대적으로 뜨거운 열기가 태아를 남성으로 만들고, 자궁 왼쪽에서 발달하는 상대적으로 차가운 태아는 여성이 되며, 그 중간 상태에 가깝게 발달하는 태아들은 남성스러운 여성이나 여성스러운 남성이 된다는 고전적인 발상을 옹호했다.[9] 열 연속체라는 개념은 자궁이 일곱 개의 분리된 방들로 구성돼 있다는 생각과 공존했다. 오른쪽의 방 세 개는 남성들의 집이 되고, 왼쪽의 방 세 개는 여성들의 집이 되며, 가운데 방은 자웅동체를 만들었다.[10]

그러나 과학 이론을 통해 자웅동체인 사람들을 설명하려는 태도가 이들에 대한 사회적 수용으로 이어지지는 않았다. 역사적으로 자웅동체인 사람들은 대체로 반항적이며 파괴적인 존재, 심지어 사기꾼으로 여겨졌다. 독일의 유명한 수녀원장이자 신비주의자인 힐데가르트 폰 빙엔(1098~1179)은 남녀 정체성을 둘러싼 혼란에 대해 단호히 비판했다. 역사학자 조앤 캐든이 지적했듯이, 힐데가르트는 이 같은 비난을 "여자는 미사를 올리면 안 된다는 주장"과 "소도미를 비롯한 성도착에 대한 경고" 사이에 의도적으로 배치하며, "성별이나 성역할의 혼란은 사회구조의 혼란이며 … 종교 질서의 혼란이다"라고 지적했다.[11] 그럼에도 이처럼 단호한 비난은 당시로서는 다소 이례적인 것이었다. 전반적으로 사람들은 자웅동체인 사람들의 적절한 사회적 역할[과 지위]에 대해 불확실해했지만, 그들에 대한 반감은 비교적 온건한 편이었다. 중세의 의학과 과학 문헌은 이들의 부정적인 특성들, 곧 '남성적인 여자' 같은 자웅동체의 음탕함과 '여성적인 남자' 같은 사람의 부정직함을 푸념하기는 했지만,[12] 노골적으로 비난하지는 않았던 것으로 보인다.

그 시대의 생물학자들과 의사들에게는 오늘날 우리 사회에서 전문가들이 누리는 사회적인 명망과 권위가 없었다. 또한 그들이 자웅동체를 정의하고 규제할 수 있는 유일한 존재도 아니었다. 르네상스 시대 유럽의 과학과 의학 문헌은 종종 자웅동체의 탄생을 두고 서로 모순적인 이론을 제시했다. 이런 이론들은 젠더를 신체 내에 실재하는 안정적인 어떤 것으로서 고정할 수 없었다. 오히려 의사들의 이야기는 의학 내에서도 상충했을 뿐만 아니라, 교회와 법조계, 정치가들이 정교하게 만들어 낸 이야기들과도 경쟁했다. 설상가상으로 유럽 국가들마다 자웅동체의 원인과 위험성에 대해, 또한 그들에게 부여해야 할 권리와 의무에 대해 서로 다른 생각을 가지고 있었다.[13]

예를 들면, 1601년 프랑스에서는 마리/마린 르 마르키스 사건이 커다란 논란을 불러일으켰다. 21세까지 여성으로 살아왔던 "마리"는 ['마린'으로 이름을 바꾼 휘] 남성의 옷을 입고 자신이 동거하고 있던 여성과 혼인신고를 하기로 결정했다. [시 당국은 결혼을 승인하는 대신] "마린"을 체포했고 끔찍한 형벌을 — 처음에는 화형을 선고받았으나 이후 교수형으로 "감형"되었다 — 선고했다. 마리/마린은 [법원이 검사를 의뢰한 의사들이 그/녀의 성별을 어느 하나로 확정할 수 없고, 남성으로 볼 수도 있다는 의견을 제시함에 따라] 이후 25세가 될 때까지 여성의 복장을 입는 조건으로 마침내 석방되었다. 법률상 미리/마린의 두 가지 범죄는 동성 간 성행위와 크로스드레싱이었다.

대조적으로 영국법은 크로스드레싱을 명시적으로 금지하지 않았다. 그러나 자신이 속하지 않은 사회 계급의 의복을 입은 사람들을 수상쩍은 눈으로 바라보기는 했다. 1746년 영국에서 메리 해밀턴은 "찰스 해밀턴 박사"로 이름을 바꾼 뒤 여성과 결혼했다. 사법 당국은 그녀가 뭔가 잘못을 저질렀다고 확신했지만 그것이 무엇인지 딱 꼬집어 내지 못했다. 마침내 사법 당국은 배짱이 대단하긴 하지만 그럼에도 불구하고 평범한 사기꾼일 뿐이라며 부랑자법 위반 혐의로 유죄판결을 내렸다.[14]

르네상스 시대에는 자웅동체를 다루는 중앙 기관이 없었다. 일부 사례에서는 의사들이나 국가가 개입했고 어떤 사례에서는 교회가 앞장섰다. 예를 들면, 프랑스에서 마리/마린이 체포됐던 1601년에 이탈리아의 피에드라에서는 다니엘 부르가머라는 한 젊은 군인이 건강한 여자아이를 출산해 부대를 충격에 빠뜨렸다. 그의 아내는 너무 놀란 나머지 부대 지휘관을 불렀고, 그는 자신이 실은 반은 남성이고 반은 여성이라고 고백했다. 남성으로 세례를 받은 그는 대장장이로 일하면서 7년간 군인으로 복무했다. 부르가머는 아이의 아버지가 스페인의 군인이라고 말했다. 어떻게 해야 할지 갈팡질팡하던 부대 지휘관은 교회의 권위에 기댔고, 교회는 아이의 이름을 엘리자베스로 짓고 세례를 주기로 결정했다. 아기가 젖을 떼자(부르가머는 직접 수유도 했다), 여러 도시들이 앞다퉈 아이를 입양하겠다고 나섰다. 교회는 아이의 탄생을 기적으로 선언했지만, 부르가머의 출산 능력이 남편 역할과 양립할 수 없다고 판단해, 부르가머의 아내가 요청한 이혼을 허락했다.[15]

마리/마린, 메리 해밀턴, 다니엘 부르가머의 이야기는 한 가지 분명한 사실을 보여 준다. 나라마다, 법마다, 종교 체계마다 간성성을 다른 방식으로 바라보았다는 것이다. 이탈리아 사람들은 젠더의 경계가 흐려지는 일에 비교적 당황스러워하지 않았고, 프랑스는 이를 엄격히 규제했다. 반면 영국은 불쾌하게 여기긴 했으나 그보다 계급 일탈을 훨씬 더 우려했다. 그럼에도 유럽 전역에서 남성과 여성에 대한 명확한 구별은 법과 정치 체계의 중심에 있었다. 상속권, 사법적 처벌 방식, 투표권, 정치 참여 등은 모두 어느 정도 성별에 의해 결정됐다. 그렇다면 그 중간에 있던 사람들은 어땠을까? 법 전문가들은 자웅동체의 존재는 인정했지만 그들 스스로 [이분법적으로] 젠더화된 체계 내에 자신을 위치시켜야 한다고 주장했다. 근대 초기 영국의 유명한 법학자였던 에드워드 코크 경은 "자웅동체는 지배적인 성별을 취득할 수 있다"[16]고 썼다. 이와 마찬가지로, 17세기 전반기 동안 프랑스에서 자웅동체인 사람들은 "자신의 인성을 지배하고 있는 성별"[17]에 따라 자신에게 할당된 역할을 수행할 수 있으면, 법정에 증인으로 설 수 있었고 결혼도 할 수 있었다.

그/녀인 개인은 스스로 어느 성별이 지배적인지 결정할 권리를 의학 및 법률 전문가들과 공유했지만, 일단 선택을 하고 나면 그 선택을 고수해야 했다. 이를 번복할 경우 가혹한 형벌에 처해질 수 있었다. 사회질서 유지와 남성(문자 그대로를 의미한다)의 권리가 이 같은 체계에 달려 있었기 때문이다. 그러므로 일부 사람들이 남녀의 경계를 넘나드는 게 분명했지만, 사회와 법의 구조는 계속해서 양성 체계에 고정돼 있었다.[18]

근대적 간성 개념의 발전 과정

생물학이 18세기 후반과 19세기 초반에 걸쳐 체계화된 학문으로 등장함에 따라 모호한 신체를 어떻게 처리할 것인가의 문제에 대해 점점 더 큰 권위를 가졌다.[19] 19세기 과학자들은 자연적인 변이의 통계적 측면에 대한 명확한 이해를 발달시켰고,[20] 이런 지식과 더불어 특정 신체는 비정상이며 교정이 필요하다고 선언할 수 있는 권위를 획득했다.[21] [프랑스] 생물학자 이시도르 조프루아 생틸레르는 특히 성차에 대한 과학적 사고를 재구성하는 데 중심 역할을 했다. 그는 드물게 태어나는 특이한 존재들을 연구하고 분류하기 위해 새로운 과학 분야를 창시하고 기형학teratology이라 이름 붙였다. 생틸레르와 뜻을 같이한 생물학자들은 모든 해부학적 이형들anomalies을 연구하기 시작했고, 자연적 변이에 대한 의학의 접근 방식을 이끌어 갈 두 가지 중요한 원칙을 수립했다. 첫째, 생틸레르는 "자연은 하나의 전체"[22]라고, 즉 드물거나 "괴물 같은" 출생이라 여겨지는 존재조차 여전히 자연의 일부라고 주장했다. 둘째, 새로 개발된 통계학적 개념들을 바탕으로 자웅동체를 비롯해 출생 당시 나타나는 기형들은 배아 발달이 비정상적으로 이루어진 결과라고 선언했다. 그는 이 같은 기형이 왜 발생했는지 이해하려면 정상적인 발달이 어떠한지 반드시 이해해야만 한다고 보았다. 비정상적인 변이들에 대한 연구는 결국 정상적인 과정들을 밝히는 데 도움이 될 수 있다는 것이다. 생틸레르는 자웅동체의 기원을 규명하면 성차 발달을 좀 더 포괄적으로 이해할 수 있을 것이라 믿었다. 이렇게 자웅동체의 발생에 대한 과거의 신화적 설명은 과학적 설명으로 대치되었다. 이 같은 접근법은 오늘날까지도 비非간성인들의 섹스/젠더 역할과 행동의 생물학적인 토대를 탐구하는 과학적 연구의 지도 원리로 남아 있다(현대 문헌들에 대한 논의는 3장과 4장을 참고).

생틸레르의 저서들은 과학계에 중요한 영향을 미쳤을 뿐만 아니라 새로운 사회적 기능을 수행했다. 이전에는 드물게 나타나는 신체들이 부자연스럽고 괴상한 것으로 취급됐지만, 새로운 기형학은 보기 드물 정도로 통상적이지 않은 신체의 탄생을 자연법칙으로 해명했다.[23] 그러나 동시에 그런 신체들을 병적인 것, 다시 말해 늘어난 의학 지식을 사용해 치료받아야 하는 건강하지 않은 상태로 재정의했다. 얄궂게도, 얼마 뒤 과학 지식은 자신이 밝혀낸 바로 그 경이를 없애는 도구로 사용되었다. 20세기 중반까지 의학 기술은 한때 경외와 충격의 대상이었던 신체를 "자연의 실수를 바로잡는다"라는 미명하에 모두 눈에 보이지 않게 만들 수 있는 수준까지 "진보"했다.[24]

자웅동체를 사라지게 만드는 행위는 분류라는 표준 과학 기술에 크게 의존했다.[25] 생틸레르는 신체를 "성과 관계되는 부위들"로 나누었는데, 이는 오른쪽에 세 개, 왼쪽에 세 개 있었다. 그는 이 부위들을 난소와 고환 및 이와 관련된 구조들을 포함하고 있는 "심부"profound portion, 자궁과 정낭 같은 내부 생

섹싱 더 바디

식 구조들을 포함하고 있는 "중부"middle portion, 외부 생식기를 포함하고 있는 "외부"external portion라 이름 지었다.[26] 생틸레르는 이 여섯 개 부위가 모두 완전히 남성이면 그 사람의 몸은 남성, 여섯 개 부위가 모두 여성이면 명확히 여성이라 보았고, 이 가운데 하나라도 남성과 여성이 혼합돼 있으면 자웅동체로 결론 내렸다. 따라서 생틸레르의 체계는 섹스의 다양성을 타당한 것으로 계속 인정했지만, 자웅동체를 여러 유형으로 세분화하며 미래의 과학자들이 "진성"[참]true-자웅동체와 "가성"[거짓]pseudo-자웅동체를 구분하는 기틀을 마련했다. "진성"-자웅동체는 매우 드물기 때문에 결국 간성성을 사실상 보이지 않게 만드는 분류 체계가 등장하게 되었다.

1830년대 후반, 제임스 영 심프슨이라는 의사가 생틸레르의 접근법을 바탕으로 자웅동체를 "허위"spurious 또는 "진성"으로 분류하자고 제안했다. 그는 가성-자웅동체에 대해 "한 성별의 생식기관과 일반적인 성적 구조가 불완전하거나 비정상적으로 발달해 있어서 반대 성별에 가까운" 것으로 보았다. 반면 진성-자웅동체에 대해서는 "동일한 사람의 신체에 많든 적든 여러 개의 생식기관이 공존하고 있"는 것으로 서술했다.[27] 심프슨에 따르면, "생식기관"에는 난소나 고환(생식샘)만 속하는 게 아니라 자궁이나 정낭 같은 구조들도 포함됐다. 따라서 진성-자웅동체는 고환과 자궁 혹은 난소와 정낭을 함께 가진 존재였다.

심프슨의 이론은 역사학자 앨리스 드레거가 생식샘의 시대라고 명명한 시기의 전조였다. 1876년에 발표한 논문을 통해, 테오도어 알브레히트 클레브스라는 독일 의사가 생식샘에 [생물학적 성별에 대한] 규정력을 부여했다. 심프슨처럼 클레브스도 "진성"-자웅동체를 자신이 "가성"-자웅동체라고 부른 특성과 대비했다. 그는 진성-자웅동체라는 용어를 난소와 고환을 모두 갖고 있는 그/녀에게로 한정했다. 클레브스의 분류 체계에 따르면, 그 외 남녀가 섞인 해부학적 구조를 가진 사람들(음경과 난소를 둘 다 가지고 있거나 자궁과 콧수염을 혹은 고환과 질을 동시에 가진 사람)은 모두 진성-자웅동체가 아니었다. 그러나 자웅동체가 아니라면 그들은 무엇인가? 클레브스는 이 혼란스러운 표

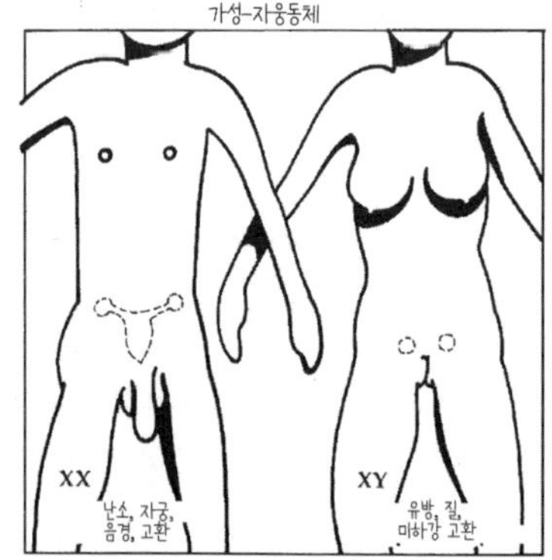

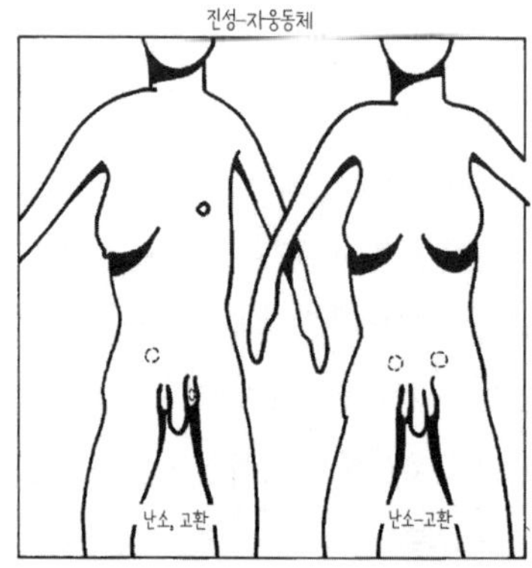

"가성-자웅동체"는 "이성의" 성기와 결합한 난소나 고환을 하나만 가지고 있다. "진성-자웅동체"는 난소와 고환을 둘 다 가지고 있거나 난소-고환[고환 조직과 난소 조직을 둘 다 갖고 있는 생식샘. 미하강 고환은 고환이 음낭까지 내려오지 않았거나 음낭 안에 없는 상태로 정류고환이라고도 한다]이라고 불리는 결합된 생식샘을 지니고 있다.

그림: 앨리스 샌토로

면 아래, 진정 남성이거나 진정 여성인 신체가 숨어 있다고 믿었다. 그는 생식샘이 생물학적인 성별을 결정하는 유일한 인자라고 주장했다. 두 개의 난소를 가진 신체는 남성스러운 특징들을 제아무리 많이 보유하고 있더라도 여성이었다. 한 쌍의 고환이 아무런 기능을 하지 못하고 그 고환을 소유한 사람이 질과 유방을 가지고 있더라도 고환이 그 신체를 남성으로 결정했다. 이 같은 추론의 최종 결과로, 드레거가 지적했듯이, "'진정으로' 남성이자 동시에 여성이라고 여겨지는 사람들의 수가 현저히 줄어들었다."[28] 의학이 마법을 부리고 있었다. 자웅동체들이 현실에서 사라지기 시작한 것이다.

일단 생식샘이 결정 인자가 되자(〈그림 2-2〉), 한 개인의 진정한 성별을 확인하는 데 상식 이상의 것이 필요해졌다. 과학이라는 도구 — 현미경과 현미경 검사를 위해 필요한 조직을 준비하는 새로운 방법 등 — 가 필수적인 것이 되었다.[29] 자웅동체의 신체 이미지가 의학 저널에서 빠르게 사라지고, 얇게 잘리고 정교하게 염색된 추상적인 생식샘 조직 사진들로 대체되었다. 더욱이 앨리스 드레거가 지적하듯이, 마취와 소독 기술이 미비했던 19세기 말의 원시적인 외과 기술들로 말미암아 의사들은 거세한 이후나 사후에만 생식샘 조직을 얻을 수 있었다. "수적으로 적고, 사망했거나 성불구인 — 진성-자웅동체는 얼마나 불운하단 말인가!"[30] 성별이 혼재된 사람들은 거의 사라졌다. 그들이 예전보다 더 드물게 태어났기 때문이 아니라 과학적 방법이 그들을 존재하지 않는 것으로 분류했기 때문이다.

세기 전환기(정확히 말해, 1896년)에 영국 의사 조지 F. 블랙커[*]와 윌리엄 P. 로런스는 과거에 진성-자웅동체라고 보았던 사례들을 조사해 검토하는 논문을 집필했다. 그들은 기존에 발표됐던 28개 사례 가운데 오직 세 개만이 새로운 기준에 부합한다는 걸 발견했다. 전체주의적인 방식으로, 그들은 과거의 의학 기록들에 담긴 자웅동체 사례를 현대의 과학적 기준에 부합하지 않는다고 모두 삭제했다.[31] 한편, 새로운 사례들 중에서도 엄격한 현미경 검사를 통해 남성과 여성의 생식샘 조직이 모두 존재하는 것으로 인정받은 경우는 거의 없었다.

섹스와 젠더에 관한 논쟁

과학의 진보라는 외피 아래에서, 세기 전환기의 과학자들은 과학의 이데올로기적 기능을 인식할 수 없었다. 마치 여성 운동선수에게 중합 효소 연쇄반응 PCR 검사를 요구하는 행위의 이데올로기적 기능을 세계올림픽위원회가 인식할 수 없었던 것처럼 말이다(1장 참고). 간성성에 대한 19세기 이론들 — 곧 생틸레르와 심프슨, 클레브스, 블랙커, 로런스의 분류 체계 — 은 신체의 차이[특히, 우열]에 대한 훨씬 더 광범위한 일단의 생물학적인 발상들과 잘 어울리는 것들이었다. 즉, 당대의 과학자와 의사는 남녀의 몸이, 백인과 유색인의 몸이, 유대인과 비유대인의 몸이, 중산층과 노동계급의 몸이 근원적으로 다르

    [*] 저자는 Blackler로 표기하고 있으나, Blacker의 오기로 보여 바로잡았다.

다고 주장했다. 인간 평등에 기초해 개인의 권리를 정치적으로 주장했던 시대에, 과학자들은 어떤 신체가 다른 신체보다 더 많고 더 좋은 권리를 누릴 자격이 있다고 정의했던 것이다.

이 같은 상황은 역설적으로 보이지만, 다른 시각에서 바라보면 이해가 된다. "모든 인간은 평등하게 창조되었다"라고 선언한 정치 이론들은 식민지들이 군주제를 전복하고 독립적인 공화국을 수립하는 명분을 제공하는 데 그치지 않았다. 그 이론들은 결혼, 노예제도, 재산이 있는 백인 남성에게만 투표권을 부여하는 것과 같은 사회적·경제적 제도들의 배후에 놓인 논리 역시 위협했다. 따라서 신체의 차이에 대한 과학이 사회적·정치적 해방에 대한 요구를 무효화하기 위해 자주 동원되었던 것은 놀라운 일이 아니었다.[32]

예를 들면, 19세기 미국에서 노예제 폐지 운동에 적극적으로 참여했던 여성들은 곧 공개 석상에서 말할 권리를 주장하기 시작했고,[33] 19세기 중반에는 미국과 영국에서 교육 기회의 개선과 경제적 권리 및 투표권을 요구했다. 그들의 활동은 과학 전문가들의 거센 반발에 부딪쳤다.[34] 몇몇 의사는 여성들이 대학에 입학할 수 있게 되면, 건강이 악화돼 불임으로 이어지고 궁극적으로는 인종(중산층 백인)의 퇴화를 초래할 수 있다고 주장했다. 교육을 받은 여성들은 분노하며 반격에 나섰고, 점차 고등교육을 받을 권리와 투표권을 획득해 갔다.[35]

이런 사회적 투쟁은 간성성을 과학적으로 범주화하는 데 깊은 영향을 미쳤다. 그 어느 때보다도 정치는 양성을, 오로지 양성만을 필요로 했다. 이 문제는 투표권 같은 특정한 법적 권리들을 넘어섰다. 만약 한 여성이 자신을 남성이라고 생각하면서, 여자들은 할 수 없다고 여겨지던 활동에 참여한다면 어떻게 될까? 만일 그녀가 그 일을 능숙하게 해낸다면 어떻게 될까? 그럴 때 여성이 태생적으로 무능하기 때문에 사회적 불평등이 발생했다는 생각에는 어떤 일이 벌어질까? 20세기 초에 성별 간 사회적 평등을 위한 투쟁이 격화되면서 의사들은 자웅동체에 대해 한층 엄격하고 더욱 배타적인 정의를 발전시켰다. 사회의 급진주의자들이 남녀의 영역 구분을 무너트리려 하면 할수록, 의사들은 남녀 사이의 절대적 구분을 더욱 강하게 주장했다.

의학의 감시를 받는 간성인들

19세기 초까지, 주로 변호사와 판사가 간성인의 지위를 결정했다. 그들은 특정 사례들에서 의사나 사제의 의견을 묻기도 했지만 대개 성차에 대한 자신의 판단을 따랐다. 20세기가 시작될 무렵, 의사들은 성적으로 중간 지대에 놓인 사람들을 규제하는 주요 인물로 재인식됐다.[36] 법적 기준 — 오직 양성만이 존재하며 자웅동체는 그/녀의 신체에서 우세하게 드러나는 성별을 따라야 한다 — 은 여전히 남아 있었지만, 1930년대 의료인들은 새로운 접근법을 개발했다. 호르몬과 외과적인 수술을 통해 간성인을 억제할 수 있다는 것이었다. 생식샘의 시대는 [성별 구분에서] 유연성이 훨씬 적은 전환의 시대로 대체되었다. 전환의 시대에 의료인들은 출생 시 성별이 혼재된 사람들을 포착해 필요한 모든 수단을 동원해서 반드시 그들을 여성이나 남성으로 전환해야 한다고 생각했다(〈그림 2-3〉).

　그러나 까다롭고 골칫거리인 환자들이 나타나 이 같은 지나친 단순화에 계속해서 저항했다. 생식샘의 시대에도 의료인들은 — 생식샘 따위는 무시한 채 — 때때로 몸 전체의 형태와 환자의 성향에 근거해 성 정체성을 판단했다. 1915년에 영국 의사 윌리엄 블레어 벨은 신체의 성별이 이따금 너무 뒤섞여 있어서 생식샘만으로는 치료 여부를 판단할 수 없다고 공개적으로 이야기했다. 당시는 마취와 무균 처리 기술이 새롭게 발전함에 따라, 살아 있는 환자의 생식샘에서 조직 샘플을 채취(생검)할 수 있게 됐다. 벨은 외적 특징들이 혼재돼 있는 — 콧수염과 유방, 길어진 음핵, 굵고 낮은 목소리, 무월경 등 — 환자를 만났는데, 생검 결과 생식샘이 난소-고환(난소 생산 조직과 정자 생산 조직의 뒤섞인 상태)인 것으로 드러났다.

　살아 숨 쉬는 진성-자웅동체와 마주한 벨은 "지배적인 여성적 특징에 따라 성별을 결정했다"면서 과거의 법률적 접근 방식으로 되돌아갔다. 그는 환

그림: 다이앤 디마사

자가 어떤 성별을 선택해야 하는지 결정할 때 전적으로 생식샘에만 의존할 필요는 없지만, "보통 사람들뿐만 아니라 자웅동체들도 [단일한] 성별을 가지는 것이 사회질서에 꼭 필요하다"라고 강조했다.[37] 그렇다고 벨이 진성-자웅동체, 가성-자웅동체 개념을 폐기한 것은 아니다. 사실 오늘날 대부분의 의사는 이런 구분을 당연하게 받아들인다. 하지만 실제 몸과 인격의 복잡한 특성들 앞에서 벨은 간성인 환자의 몸과 행동이 나타내는 다양한 징후를 고려해 각 사례에 따라 유연하게 다뤄야 한다고 촉구했다.

그러나 이로 인해 의사들은 '어떤 징후를 기준으로 삼을 것인가?'라는 오래된 문제로 다시 돌아가게 되었다. "미국 비뇨기학의 아버지" 휴 햄프턴 영이 1924년에 보고한 사례를 살펴보자.[38] 영은 기형 음경[39]과 미하강 고환, 서혜부 통증을 동반한 종괴를 가진 젊은 남성을 수술했다. 이 종괴는 불완전하게 발달한 자궁과 난관에 연결돼 있던 난소인 것으로 밝혀졌다. 영은 이 문제를 깊이 고민했다.

> 남성적인 본능(탄탄한 몸매를 가진 이성애자)을 가진 평범해 보이는 젊은 남성의 … 왼쪽 서혜부에서 제 기능을 하는 난소가 발견되었다. 오른쪽 음낭의 특성은 어떨까? 만약 이것 역시 [그 안에 난소가 들어 있는] 여성의 기관이라면 [음경을] 음낭 밖에 그대로 둬야 할까? 만약 남성 기관이라면, 이 환자가 왼쪽 복부에 제 기능을 하는 난소와 난관을 지닌 채 계속 살아가게 둬도 되는 걸까? 둘 중 하나를 제거해야 한다면 어느 쪽을 제거해야 할까?[40]

이 젊은 남성은 [오른쪽 음낭에] 고환이 있는 것으로 밝혀졌고 영은 난소를 제거했다. 경험이 쌓일수록, 영은 점차 환자의 심리적·사회적 상황에 기초해 판단을 내리게 되었다. 몸에 대한 정교한 이해는 성별을 결정하는 필수 표지라기보다는 신체적인 가능성의 범위를 안내하는 것으로 더 많이 활용됐다.

존스홉킨스 대학교의 비뇨기과 교수였던 영은 1937년에 『성기 기형, 자웅동체와 관련된 부신 질환』을 출간했다. 이 책은 과학적 통찰력과 학식, 개방적 사고방식의 측면에서 주목할 만했다. 이 책에서 영은 (진성-자웅동체에 관한 블랙커와 로런스의 정의를 유지하면서) 간성의 분류를 한층 체계화하고, 이 "출생 사고들"에 대한 의학적 처치를 설명하고 연구하기 위해, 자신과 다른 의사들이 만났던 환자들에 대해 기록한 풍부한 사례를 한데 모아 정리했다. 그는 자신이 설명한 사람들을 [어느 한쪽으로] 판단하지 않았는데, 실제로 그중 몇몇은 "실질적인 자웅동체"(즉, 남성이자 동시에 여성으로 살아 본 경험이 있는)로 살아갔다.[41] 그는 또한 그 누구에게도 치료를 강요하지 않았다.

영의 사례들 가운데 여성으로 길러진 에마라는 이름의 자웅동체가 있다. 길이가 1~2인치[약 2.5~5.1센티미터]에 달하는 커다란 음핵과 질을 지닌 그/녀는 남녀 모두와 "정상적으로" 이성애적 성관계를 가질 수 있었다. 10대 때 그/녀는 자신이 매력을 느낀 많은 여자아이들과 성관계를 가졌다. 하지만 19세 때 그/녀는 남자와 결혼했는데, 그와는 아무런 성적인 쾌락도 느끼지 못했다(에마에 따르면, 그는 아무런 불평이 없었다). 이 결혼과 이후의 결혼 생활 동안 에마는 여자 애인들과 빈번히 즐거운 성관계를 가지며 관계를 지속했다. 영은 그/녀가 "상당히 만족스러워 보이며 심지어 행복해 보인다"라고 묘사했다. 대화를 나누며 영 박사는 에마가 이따금 남자가 되고 싶어 한다는 사실을 발견했다. 영이 그 일은 상대적으로 간단한 문제라고 장담하자, 그/녀는 이렇게 대답했다. "당신은 이 질을 제거하겠죠? 난 모르겠어요. 그곳이 내 밥줄이니까요. 당신이 그곳을 제거하면 난 남편과 관계를 끊고 일하러 나가야만 할 거에요. 그래서 이걸 유지하면서 지금의 나로 머물러야 한다고 생각해요. 남편은 나를 잘 부양해 주고 비록 그에게서 아무런 성적인 쾌락을 느끼지 못하더라도 여자 친구들과 많이 즐기니까요." 영은 추가적인 논평이나, 실망의 기색 없이, "자웅동체로 살아가는 또 다른 흥미로운 사례"로 넘어갔다.[42]

사례 요약에서 그는 에마가 "수술을 끔찍이 두려워했기"[43] 때문에 한 성으로 사는 걸 거절했다고만 말하며, 경제적 동기는 전혀 언급하지 않았다. 그러나 경제적·사회적 고려 사항이 성별 선택에 영향을 미친 사례는 에마만이 아니었다. 대체로 이는 어린 시절에 선택권이 주어졌을 경우, 자웅동체들이 남성이 되는 쪽을 선택한다는 의미였다. 1915년에 태어나 14세가 될 때까지 여자아이로 길러진 마거릿의 사례를 살펴보자. 목소리가 남자처럼 낮고 굵어지고, 기형의 음경이 자라서 성인 남성의 기능을 수행하기 시작하자 마거릿은

섹싱 더 바디

남자로 살 수 있게 허락해 달라고 요청했다. 심리학자들(나중에 이 사례에 대한 보고서를 출판한)의 도움을 받아 주소지까지 옮긴 그는 "플레어스커트가 달린 초록색 새틴 드레스, 모조 다이아몬드로 장식한 붉은색 벨벳 모자, 나비 모양 리본이 달린 실내화, 뺨 아래로 늘어지는 단발머리" 같은 "다분히 여성적인" 복장을 던져 버렸다. 대신 머리를 짧게 자르고 새 급우 사이에서 빅 제임스라고 불리며, 야구와 축구를 즐기는 10대 소년이 되었다. 제임스는 남자가 되는 게 더 낫다고 생각했다. 그는 자신의 이복누이에게 이렇게 말했다. "남자로 사는 게 더 쉬워. 돈(봉급)을 더 많이 벌 수 있고 결혼할 필요도 없어. 만약 여자가 결혼을 하지 않으면 사람들이 비웃을 거야."[44]

영 박사가 환자에 대한 깊은 배려와 지혜를 가지고 간성성이라는 주제를 조명했음에도, 그의 작업은 매몰찰 만큼 엄격하게 간성인의 신체를 치료해 그들을 보이지 않게 만들려는 새로운 접근 방식으로 나아가는 과정의 일부였다. 영의 책은 사례연구들을 사려 깊게 모아 놓은 것이기도 했지만, 도움을 구하는 사람들을 치료하는 현대의 외과적·호르몬적 방법에 대한 긴 논문이기도 하다. 비록 그는 후임자들보다 환자들과 그 부모를 덜 재단하고 덜 통제했지만, 그럼에도 불구하고 다음 세대의 의사들에게 진료의 기초가 되는 과학적이고 기술적인 토대를 제공했다.

19세기에 그랬듯이, 복잡한 성별이 나타나게 된 생물학적 원인을 더 많이 알게 될수록 그 징후를 제거하기가 쉬워졌다. 간성성의 생리적 근원에 대한 깊이 있는 이해는, 특히 1950년 이후부터 외과 기술의 향상과 결합돼 의사들이 간성인 대부분을 출생 시 파악할 수 있게 해 주었다.[45] 그들을 전환하려는 동기는 진정으로 인도주의적인 소망, 곧 그 개인을 [이분법적] 틀에 맞춰 심리적으로나 육체적으로나 건강한 인간으로 기능할 수 있게 하려는 소망이었다. 그러나 그 소망 이면에는 검증되지 않은 가정이 놓여 있다. 첫째, 오직 양성만이 존재해야 한다. 둘째, 이성애만이 정상적인 것이다. 셋째, 특정한 젠더 역할이 심리적으로 건강한 남성과 여성을 정의한다.[46] 이 같은 가정은 간성인의 탄생을 현대 "의학으로 관리"하려는 근거를 계속해서 제공한다.

Sexing *the* Body

3장

젠더와 생식기: 현대 간성인의 활용과 남용

간성 신생아를 대면하기

① 의사들

한 아이가 미국 혹은 서부 유럽의 대도시에 위치한 어느 대형 병원에서 태어났다고 가정해 보자. 주치의는 신생아의 생식기가 어느 쪽도 아니거나 양쪽 다라는 걸 알아채고 소아 내분비학자(아동 호르몬 전문가)와 외과의에게 자문한다. 그들은 응급 상황을 선언한다.[1] 현재의 치료 기준에 따르면, 차분히 심사숙고하거나 부모와 모든 걸 열어 놓고 상의하느라 낭비할 시간이 없다. 이제 막 부모가 된 사람들은 성별이 혼재된 아이를 낳아 본 경험이 있는 사람들이나 성인이 된 간성인들과 상담해 볼 시간이 없다. 24시간이 지나기 전에, 아이는 "하나의 성별로서" 병원을 떠나야만 하며 부모는 그 결정이 확실하다고 생각해야 한다.

왜 이렇게 성급히 판단하는 것일까? 겨우 24시간 안에 어떻게 우리가 새로 태어난 아이에게 적절한 성별을 부여했다고 확신할 수 있을까?[2] 일단 결정을 내리면, 그 결정은 어떻게 실행되는 것일까? 그리고 아이의 미래에 얼마나 많은 영향을 미치게 될까?

1950년대 이래로 심리학자와 성과학자를 비롯한 연구자들은 성차, 특히 젠더 정체성, 젠더 역할, 성적 지향의 기원에 관한 이론을 둘러싸고 논쟁을 벌여 왔다. 이 논쟁에는 많은 것이 달려 있었다. 젠더 차이의 성격에 대한 우리의 관점은 우리가 사회 체계와 정체政體를 구성하는 방식을 형성할 뿐만 아니라 반영하기도 한다. 또한 신체에 대한 우리의 이해를 형성하고 반영하기도 한다. 성적으로 모호한 신체 구조(와 그것의 재구조화)를 둘러싸고 벌어진 논쟁만큼 이 점이 명확히 드러나는 곳은 없다.

이상하게도, 출생 직후 간성 아기의 성별을 "바로잡는" 오늘날의 관행은 젠더에 관한 놀랍도록 유연한 이론들에서 출현한 것이었다. 1940년대에 앨버트 엘리스는 성별이 섞인 아기의 사례를 84건 연구한 끝에 "인간이 가진 성 충동의 **힘**은 아마도 생리적 요인에 크게 의존할 테지만 … 이 충동의 **방향**은 체질적 요소들에 직접적으로 의존하는 것처럼 보이지 않는다"라고 결론 내렸다.[3] 달리 말해, 남성성과 여성성, 동성애나 이성애 성향의 발달에서 본성보다 양육이 훨씬 더 중요하다는 것이다. 10년 후, 존스홉킨스 대학교의 심리학자 존 머니와 그의 동료인 정신과 의사 존 햄프슨과 조앤 햄프슨은 간성인 연구에 착수했다. 머니는 이 연구가 "신체의 형태와 생리, 양육과 심리성적 지향을 비교하는 연구에 귀중한 자료를 제공"할 것임을 알았다.[4] 앞서 엘리스가 내린 평가에 동의하며, 머니와 동료들은 자신들의 연구를 바탕으로 타고난 성향이라는 개념을 완전히 부정하는, 오늘날의 관점에서도 매우 놀라워 보이는 진술을 한다. 그들은 생식샘과 호르몬, 염색체가 자동적으로 아동의 젠더 역할을 결정하지 않는다고 결론 내렸다. "자웅동체에서 얻은 모든 증거를 종합해 보면, 여성 혹은 남성으로서의 성적 행동과 지향에는 선천적이거나 본능적인 기반이 없다."[5]

그렇다면 "남성"과 "여성"이라는 범주에는 생물학적 토대나 필연성이 전혀 없다고 결론 내렸을까? 절대로 그렇지 않다. 그들은 본성이 조금도 중요하지 않다는 것을 입증하기 위해 자웅동체를 연구했다. 그러나 오직 두 가지 성만 있다는 근본적 가정을 전혀 의심하지 않았다. 왜냐하면 간성인을 연구했던 목적이 "정상적인" 발달에 대해 더 많은 것을 알기 위해서였기 때문이다.[6] 머니가 보기에, 간성성은 근본적으로 비정상적인 과정에서 기인했다. 그들의 환자들은 반드시 여성이나 남성 중 하나가 **되어야만 했기** 때문에 의학적 치료가 필요했다. 치료의 목표는 성별이 혼재된 아이에게 적절한 젠더를 지정하고 부모와 아이들이 지정된 성별에 확신을 갖는 데 필요한 모든 일을 수행함으로써 적절한 심리성적 발달을 보장하는 것이었다.[7]

크리스토퍼 듀허스트(영국 런던의 퀸 샬럿 모성 병원과 첼시 여성 병원의 부인과 교수)와 로널드 R. 고든(영국 셰필드 대학교의 소아과 고문 의사이자 아동 건강 강사)이 『간성 장애』를 출간했던 1969년 무렵, 간성성에 대한 의학적이고 외과적인 접근이 그 어느 때보다 일관되게 이루어지고 있었다. 이 같은 의학적 견해의 수렴이 베티 프리단이 "여성성의 신화"라고 명명했던 시대, 즉 제2차 세계대전 이후 젠더 역할이 엄격히 구분된 교외 중산층 가정이라는 이상이 만들어진 시대에 이루어졌다는 사실은 전혀 놀라운 일이 아니다. 듀허스트와 고든의 책에서 펼쳐지고 있는 간성성에 대한 히스테리에 가까운 논조는, 영의 선도적인 논문[『성기 기형, 자웅동체와 관련된 부신 질환』(1937)]의 침착하고 이성적인 어조와 뚜렷이 대비되는데, 이는 간성인이 교외 중산층 가정의 이상에 전혀 부합하지 않았음을 보여 준다.

듀허스트와 고든은 태어난 지 얼마 안 된 간성인 아기의 성기를 근접 촬영한 사진을 싣고, 비극적인 수사를 사용해 이 아기를 다음과 같이 묘사하며 책을 시작한다. "다른 사람은 부모의 고통을 그저 짐작만 할 수 있을 뿐이다. 신생아가 기형을 지니고 있다는, … 그리고 그것이 그 아이의 성별이라는 근본적인 문제에 (영향을 미친다는) 것은 … 성적인 괴물로 외로움과 절망 속에서 살아야 하는 운명을 짊어진, 가망 없는 심리적 부적응자의 모습을 즉시 상기시키는 비극적인 사건이다."

그들은 적절한 관리를 받지 못하면 괴물 같은 바로 이 모습이 아기의 실제 운명이 될 것이라 경고한다. "그러나 다행히도 올바른 관리를 받으면 그 전망은 불쌍한 부모 — 이 일로 큰 충격을 받은 — 나 전문 지식이 없는 사람이 상상할 수 있는 것보다 훨씬 더 좋아질 것이다." 다행스럽게도 (우리가 앙증맞은 생식기를 자세히 살펴볼 수 있었던) 이 아이의 경우(〈그림 3-1〉) "그 지역 소아과 의사가 신속하고 효율적으로 그 문제를 처리했다." 결국, 부모는 아기의 겉모습에도 불구하고 이 아기가 "실제로는" 여성이며, 임신 중 비정상적으로 높아진 안드로겐 수치 때문에 외성기가 남성화된 것이라는 확신을 갖게 되었다. 그들은 이 여아가 (질 통로를 열고 음핵을 짧게 만드는 수술을 받으면) 정상적인 성관계를 가질 수 있을 뿐만 아니라 심지어 출산도 가능하다는 말을 들었다.[8]

듀허스트와 고든은 이 같은 행복한 결과를 의학적 무지 때문에 올바른 치료를 받지 못했거나 방치했던 결과와 대조한다. 그들은 평생 여성으로 살았던 50세 환자의 사례를 설명하며 다시 한번 독자들에게 이 환자의 생식기

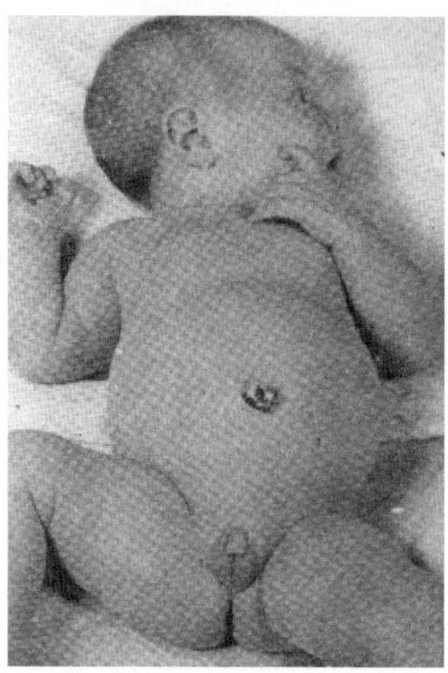

자료: Young(1961, 1405, 〈그림 23-1〉, 로슨 윌킨스 촬영,
윌리엄스와 윌킨스의 승인하에 게재)

를 근접 촬영한 사진을 제시한다.[9] 사진에서 독자들은 음경처럼 커다란 음핵, 음낭의 부재, 요도와 질 입구의 분리를 관찰할 수 있었다. 그/녀는 10대 때 유방과 월경이 없다는 사실과 자신의 성기 모양에 대해 걱정했지만 "자신의 불운한 상태"에 적응해야만 했다. 그럼에도 불구하고, 52세 때 또다시 의심이 되살아나 그/녀를 "고통스럽게" 괴롭히기 시작했다. 듀허스트와 고든은 그/녀를 여성으로 성을 지정받아 불운한 삶을 살았던 가성-자웅동체 남성이라고 진단했다. 그러면서 이 사례는 "적절하지 못한 관리가 초래한 비극"을 분명히 보여 준다고 말한다.[10] 그들은 이 같은 사례 대조를 통해 올바른 치료가 왜 중요한지 독자들(짐작컨대 다른 의료인들)에게 교훈을 주기 위해 이 책을 집필했다.

간성 아동이 태어날 경우 즉시 바로잡아야 한다는 일반적인 합의에도 불구하고, 오늘날 이와 관련된 의료 관행은 매우 다양하다. 개입 유형을 통제하는 국가적 또는 국제적 표준은 없다. 많은 의과대학이 이 책에서 논의되는 특정 시술법을 가르치지만 개별 외과의는 자신의 신념과 수련 기간 동안 경험했던 의료 관행(이는 최첨단 의학 학술지에 발표된 접근 방식과 같은 것일 수도 아닐 수도 있다)에 기초해 결정을 내린다. 그러나 그들이 어떤 치료법을 선택하든, 간성성을 어떻게 관리할지 결정하는 의사들은 남성과 여성이라는 섹슈얼리티, 젠더 역할, 정상적인 발달 과정에서 동성애가 차지하는 (부)적절한 위치에 대한 뿌리 깊은 믿음을 바탕으로 행동하며, 또 그런 믿음을 지속시키고 있다.

② 부모들

성별이 혼재된 아이가 태어나면, 누군가(때로는 외과의, 때로는 소아 내분비 전문의, 더 드물게는 훈련받은 성교육 상담가)가 부모에게 이 상황에 대해 설명한다.[11] 그들은 "정상적인" 남자아이는 음경을 지니고 태어난다고 말한다. 음경은 (소변이 흐를 수 있는) 요도관이 그 중심을 길게 관통하고 끝부분에서 입구가 열려 있는 팔루스로 정의된다. 이 남자아이는 한 개의 X염색체와 한 개의 Y염색체(XY)를 가지고 있으며, 두 개의 고환이 음낭 속으로 내려와 있고 성적으로 성숙한 남성에게는 정자를 비롯해 정액의 다양한 성분을 외부로 운반하는 여러 개의 관이 있다(〈그림 3-2〉의 B).

마찬가지로 아이는 음경처럼 혈액과 신경을 충분히 공급받는 음핵(요도가 없는 팔루스*)을 가질 수 있다. 신체 자극은 음경과 음핵 모두에 발기나 오르가즘이라고 부르는 일련의 수축 작용을 야기할 수 있다.[12] "정상적인"** 여

---

* 흔히 팔루스는 남근으로 옮기지만, 간성 및 해부학적 구조의 맥락에선 생식 결절genital tubercle이나, 간성에서 음경과 음핵, 남성과 여성으로의 미분화 상태인 모호한 구조를 지칭하는 중립적 용어이기도 하다(〈그림 3-3〉 참고).

** 2장에서 언급되었듯이, 이 글에서 제시되는 '정상적'이라는 표현은 통계적 의미의 정규분포(종 모양으로 생긴 좌우 대칭의 분포곡선)상에서 출현 빈도수가 높은 부분을 가리킨다. 따라서 비정상적이라는 것은 자연적 출현 빈도가 낮다는 뜻이다.

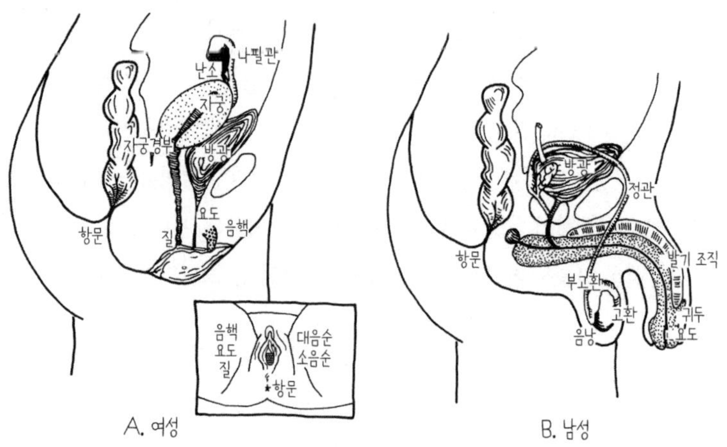

그림: 앨리스 샌토로

자아이의 경우 요도의 입구가 질 근처에 존재하며, 질은 두 개의 두껍고 부드러운 입술이 입구 주위를 둘러싸고 있는 커다란 관이다. 이 관의 벽은 안쪽에서 자궁 경부와 연결되고 자궁 경부는 다시 자궁으로 이어진다. 난관은 자궁에 붙어 있으며, 사춘기에 도달하면 부근에 있는 한 쌍의 난소에서 자궁 쪽으로 난자를 운반한다(〈그림 3-2〉의 A). 만약 이 아이가 두 개의 X염색체(XX)를 보유하고 있다면, 우리는 그녀를 여성이라고 부른다.

의사들은 또한 부모에게 여성과 남성의 배아는 공통된 출발점에서 분화되어 발달한다고 설명할 것이다(〈그림 3-3〉). 배아의 생식샘이 발생 초기 단계에서 남성 경로를 따를지 여성 경로를 따를지 결정하며 나중에 발달 과정에서 생식 결절이 음핵이나 음경이 된다. 비슷하게, 배아의 비뇨생식 융기[음순음낭 융기]는 열린 채로 남아 질의 음순이 되거나 융합되어 음낭이 된다. 결국 모든 배아는 자궁과 나팔관이 될 운명인 구조들과 부고환과 정관(부고환과 정관은 정자를 고환에서 신체 외부로 이동시키는 데 관여하는 관으로 된 구조물이다)이 될 잠재력을 지닌 구조들을 갖고 있다. 성별이 선택되면, 적절한 구조가 발달하

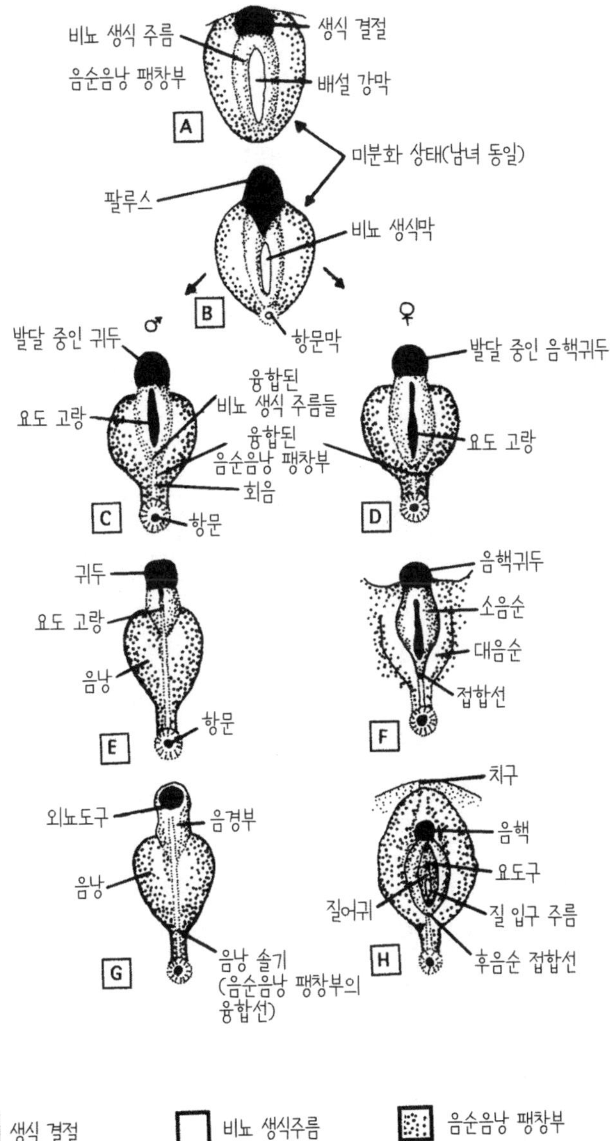

그림: 앨리스 샌토로(Moore 1977, 241의 그림을 W. B. 사운더스의 승인하에 다시 그림)

표 3-1. 간성성의 몇 가지 공통 유형

명칭	원인	기본 임상 특징
선천성 부신 과형성증	스테로이드호르몬 생성에 관여하는 여섯 가지 효소 중 하나 이상에서 기능 부전이 발생하는 유전 질환	XX 아동에서 출생 시 또는 이후에 가벼운 경우에서 심각한 정도까지 생식기의 남성화를 초래할 수 있다. 만약 치료하지 않을 경우, 사춘기에 남성화를 유발하거나 성조숙증을 일으킬 수 있다. 몇몇 형태는 염류 대사에 극단적으로 지장을 주고 코르티손으로 치료하지 않을 경우 생명을 위협할 수 있다.
안드로겐 무감응 증후군	테스토스테론의 세포 표면 수용체의 유전적 변화	상당히 여성화된 성기를 지니고 태어나는 XY 아동. 그들의 몸은 테스토스테론의 존재를 "감지하지 못한다." 세포들이 테스토스테론을 포착해 남성화되는 방향으로 발달하는 데 사용할 수 없기 때문이다. 사춘기에 이르면 유방과 여성적 체형이 발달한다.
생식샘 형성부전증	다양한 유전적·비유전적 원인들, 포괄적 범주	생식샘이 적절히 발달하지 않은 (대개 XY인) 사람들. 임상 양상은 다양하다.
요도하열	테스토스테론 대사의 변화를 비롯해 다양한 원인[a]	요도가 음경을 끝까지 관통하지 않는다. 경미한 형태에서는 요도 입구가 음경 끝에서 약간 못 미치는 위치에서 열리며 보통은 음경을 따라 나 있고 심한 경우에는 음경 시작 부위에서 열린다.
터너 증후군	두 번째 X염색체가 없는 여성(XO)[b]	여성에서 생식샘 형성부전증의 한 형태. 난소가 발달하지 않는다. 키가 작고 이차성징이 나타나지 않는다. 에스트로겐과 성장호르몬을 투여해 치료한다.
클라인펠터 증후군	X염색체를 추가로 더 지니고 있는 남성(XXY)[c]	불임을 유발하는 생식샘 형성부전증의 한 형태(사춘기 이후 종종 유방이 발달). 테스토스테론 투여 등으로 치료

a. Aaronson et al.(1997).
b. 물론 이야기는 훨씬 복잡하다. 최근 연구는 Jacobs, Dalton, et al.(1997), Boman et al.(1998) 참고.
c. 클라인펠터 증후군으로 분류되는 염색체변이는 굉장히 많다(Conte and Grumbach 1989).

고 나머지는 퇴화한다.

여기까지는 평범한 이야기다. 의사들은 단지 발생학의 기초를 언급했을 뿐이다. 이제 까다로운 부분이 시작된다. 즉, 고전적 경로를 따라 발달이 진행되지 않을 아동의 부모에게 무엇을 말해야 할까? 일반적으로 의사들은 부모에게 신생아가 "미완성된 생식기라는 선천성 결함"을 갖고 있으며, 남자아이인지 여자아이인지 알려면 시간이 좀 걸릴 수 있다고 말한다.[13] 의사들은 겉보기엔 혼란스러울지라도 결국 "진짜" 성별을 식별할 수 있고 식별할 것이라고 부모를 안심시킨다. 진짜 성별이 식별되면, 의사들이 호르몬과 외과적 치료로 자연의 의도를 완성시킬 수 있다는 것이다.[14]

섹싱 더 바디

현대의 의료인은 "진성"과 "남성 가성", "여성 가성" 자웅동체라는 19세기의 범주를 여전히 사용 중이다.[15] 대부분의 간성인이 '가성' 범주에 들어가기 때문에 의사들은 간성 아동이 "실제로는" 남자아이거나 여자아이라고 믿는다. 머니와 그의 접근 방식으로 훈련받은 의사들은 부모와 대화할 때 '자웅동체'라는 단어를 사용하지 않는다. 대신, "성염색체 이상", "생식샘 이상", "외부 생식기 이상"[16] 같은 좀 더 구체적인 의학 용어들을 사용한다. 이는 간성 아동이 단지 생리학적으로 특정 측면에서 색다를 뿐 남성이나 여성 이외의 범주에 속하는 것은 **아님**을 나타낸다.

가장 흔한 유형의 간성성은 선천성 부신 과형성증, 안드로겐 무감응 증후군, 생식샘 형성부전증, 요도하열과 클라인펠터 증후군(XXY)이나 터너 증후군(XO)처럼 염색체 조성이 통상적이지 않은 경우다(⟨표 3-1⟩ 참고). 소위 진성-자웅동체들은 난소와 고환이 결합된 기관을 갖고 있다. 때때로 한 개인이 남성적 측면과 여성적 측면을 동시에 가지기도 한다. 어떤 사례에서는 난소와 고환이 같은 기관에서 함께 자라나 생물학자들이 난소-고환증이라고 부르는 구조를 형성한다.[17] 드물지 않게, 생식샘 가운데 적어도 한쪽이(고환보다는 난소 쪽이 더 자주) 꽤 잘 기능해서,[18] 정자 혹은 난자와 제대로 기능하는 수준의 이른바 성호르몬(안드로겐이나 에스트로겐)을 분비하기도 한다. 이론적으로, 자웅동체는 스스로 아이를 낳을 수 있지만 기록된 사례는 없다. 실제로는 외부 생식기와 거기에 수반되는 생식관들이 복잡하게 뒤섞여 있어 탐색적 수술*을 한 뒤에만 어느 부위가 존재하고 어떤 부분끼리 서로 붙어 있는지 파악할 수 있다.[19]

간성인의 부모는 자신의 아이와 비슷한 아이들이 얼마나 자주 태어나는지, 또 함께 상의할 수 있는 비슷한 아이를 둔 부모들이 있는지 종종 질문한다.

---

* 질병 진단을 위해 신체 내부를 살펴보는 것을 목적으로 하는 수술. 대체로 영상 의학 검사 등으로 명확한 진단이 어렵거나 내부 손상이 의심될 때 시행한다.

원인	100생존 출생당 발생 빈도(추정치)
XX 아님 또는 XY 아님(터너 증후군 또는 클라인펠터 증후군 제외)	0.0639
터너 증후군	0.0369
클라인펠터 증후군	0.0922
안드로겐 무감응 증후군	0.0076
부분적인 안드로겐 무감응 증후군	0.00076
전형적인 선천성 부신 과형성증(매우 높은 빈도의 인구 제외)	0.00779
후기 발현형 선천성 부신 과형성증	1.5
질 발육부전	0.0169
진성-자웅동체	0.0012
특발성	0.0009
합계	1.728

의사들은 대체로 간성의 탄생을 [즉각적인 의학적 개입이 필요한] 응급 사례로 보기 때문에, 그 자신들 역시 유용한 자료를 알지 못하며, 의학 연구가 부족하기 때문에, 부모에게 이런 상황은 극히 드물며 따라서 그들이 상의할 만큼 비슷한 처지에 있는 사람은 없다고 말한다. 이는 모두 진실과는 거리가 멀다. 나는 다음 장에서 간성인과 그 부모를 위한 지원 단체에 대해 다룰 예정이다. 여기서는 먼저 발생 빈도에 대해 설명하겠다.

간성 아기들은 얼마나 자주 태어날까? 브라운 대학교의 학부생들과 함께 나는 다양한 범주의 간성성의 출현 빈도를 추정하기 위해 의학 문헌을 샅샅이 뒤졌다.[20] 몇몇 범주, 보통 가장 드문 유형의 경우 단지 일화로만 발견할 수 있었다. 그러나 대부분의 경우 수치가 존재한다. 우리가 도출한 수치(전체 출생의 1.7퍼센트)(〈표 3-2〉)는 정확한 집계라기보다는 대략적인 추정치다.[21]

우리가 두 배 정도 과대 추정했을 수도 있지만, 간성인 아이들이 매년 상당수가 태어나고 있다는 사실에는 변함이 없다. 예컨대 30만 명이 거주하는 도시에 1.7퍼센트의 비율을 적용하면 다양한 정도의 간성 성인 5100명이 살고 있다는 뜻이 된다. 비교적 드물지만 아마도 대부분의 독자들이 본 적 있을 백색증과 이 수치를 비교해 보면, 백색증의 출생률이 간성인보다 훨씬 낮다(2만

명 중 한 명).[22]

1.7퍼센트라는 수치는 매우 다양한 인구 집단에서 나온 평균값이다. 즉, 세계적으로 일관되게 나타나지 않는다. 많은 형태의 간성성이 유전자 변이에 따른 것이며, 일부 인구 집단에는 간성성에 관여하는 유전자가 매우 많다. 일례로 선천성 부신 과형성증 유전자를 살펴보자. 이 유전자가 동형접합일 경우(즉, 똑같은 유전자를 두 개 갖고 있을 경우), XX 여성은 (내부 생식기관이 번식력이 있는 여성의 것과 같을지라도) 남성화된 외성기를 지니고 태어나게 된다(〈표 3-1〉 참고). 선천성 부신 과형성증 유전자의 빈도는 지역마다 상당히 다르다. 한 연구에 따르면, 유피크 에스키모인 사이에서 출생아 수 1000명당 3.5명이 선천성 부신 과형성증 동형접합 유전자를 가지고 있었다. 대조적으로 뉴질랜드에서는 오직 1000명당 0.005명만이 그렇다. 생식기에는 영향을 주지 않지만 아동에서 조숙한 음모 발달, 젊은 여성에서 비정상적 모발 성장, 남성형 대머리 같은 증상을 유발할 수 있는 관련 유전적 변이의 빈도 역시 지역마다 상당히 다르다. 이 변이 유전자들은 이탈리아인 1000명당 3명 정도에서 증상을 유발한다. 아슈케나지 유대인에서는 이 수치가 1000명당 37명까지 증가한다.[23]

나아가 간성성 발생률이 증가하고 있을 수 있다. 체외수정으로 임신한 산모에게서 난소와 고환을 모두 지닌 아이가 태어났다는 의학 보고서가 이미 발표되었다. 자궁에 이식된 세 개의 배아 가운데 XX 배아와 XY 배아 두 개가 합쳐진 것으로 보인다. XX 배아와 XY 배아가 합쳐진 태아는 난소를 제외하고는 통상적인 건강한 남자아이였다![24] 에스트로겐과 유사한 작용을 하는 환경오염 물질들로 인해 요도하열 같은 간성이 광범위하게 증가하기 시작했다는 우려도 있다.[25]

그러나 기술은 우리의 성적 구성에 변화를 일으키기도 했지만, 이 변화를 무효화할 수 있는 수단 역시 제공한다. 아주 최근까지, 간성성에 대한 두려움은 성별이 확정되지 않는 사람들의 신체를 감시하도록 우리를 자극했다. 훨씬 더 정교해진 의학 기술의 발전은 성차에 대한 우리의 사고가 사회적 성격을 띠고 있다는 사실을 인정하게 하기보다 이런 몸들을 여성이나 남성으로

97

만드는 시도를 통해 사람은 자연적으로 여성이거나 남성이라고 주장하도록
했다. 심지어 간성인의 출생률이 상당히 높으며 증가하고 있음에도 불구하고
이런 주장이 나타난다. 그러나 이 같은 추론에 내재된 역설은 주류 의학계를
계속해서 괴롭히고 있으며, 성 정체성을 둘러싼 학계의 논쟁과 시민운동 양
측면 모두에서 반복적으로 표면화되고 있다.

간성인 "바로잡기"

① 출생 전 바로잡기

'정상적인' 젠더를 가진 아이를 낳기 위해 몇몇 의학자는 산전 치료로 눈을 돌
렸다. 생명공학은 이미 인류를 변화시키고 있다. 예를 들어, 양수 검사와 선택
적 임신 중지를 통해 다운증후군의 출생률을 낮췄으며, 전 세계적으로 몇몇
지역에서는 여아에 대한 선택적 임신 중지를 통해 성비를 바꾸기도 했다.[26]
이제는 임신부의 초음파검사와 양수 검사로 태아의 발달 문제들뿐만 아니라
젠더의 증후까지 광범위하게 추적할 수 있다.[27] 대부분의 간성성 유형은 태아
기에 개입해 변화시킬 수 없지만 가장 빈번한 종류 가운데 하나인 선천성 부
신 과형성증은 바꿀 수 있다. 이를 다행이라고 말해야 할까? [이해가 불가능한]
모호한 생식기를 발생시키는 주요 원인을 제거하는 것은, "어떤 신체가 문화적
이해 가능성cultural intelligibility의 영역 내에서 살아갈 수 있도록 그 자격을 부
여하는 것"에 대한 우리의 이해에 어떤 영향을 미칠까?[28]
　　선천성 부신 과형성증을 초래하는 유전자들은 잘 규명돼 있으며, 지금
은 배아 상태에서 이를 검출할 수 있는 다양한 방법이 있다.[29] 선천성 부신 과
형성증 아기를 임신했을 가능성이 의심되는(그녀 혹은 가족 내 누군가가 선천성
부신 과형성증 유전자를 지니고 있을 경우) 산모는 치료를 먼저 받은 후 검사를
받을 수 있다. 순서가 이렇게 되는 것은 다음의 이유 때문이다. 즉, XX-선천
성 부신 과형성증 아동의 생식기가 남성화되는 것을 막기 위해서는, 임신 4주

차부터 조기에 덱사메타손이라 불리는 스테로이드 치료를 산모가 받아야 한다.[30] 그러나 진단은 빨라야 임신 9주 차 이후에나 할 수 있다.[31] 검사를 받으면 선천성 부신 과형성증 치료를 받은 태아 여덟 명당 한 명만이 실제로 남성화된 성기를 지닌 XX 아동으로 판명될 것이다.[32] 태아가 남자로 판명[33]되거나 (의사들은 남성의 남성화에 대해서는 걱정하지 않는다. 아무리 해도 결코 **지나치게 남성화할 수 없다**는 듯 말이다) 선천성 부신 과형성증을 갖고 있지 않다고 밝혀지면 치료를 중단할 수 있다.[34] 그러나 만약 태아가 XX이고 선천성 부신 과형성증의 영향을 받는다면, 엄마와 태아는 임신 기간 내내 덱사메타손 치료를 받는다.[35]

이 방법은 좋은 생각처럼 들리지만 [근거] 자료가 빈약하다. 한 연구에서는 치료를 받지 않은 선천성 부신 과형성증 여아(남성화된 성기를 타고난) 일곱 명을 산전 치료를 받은 자매들과 비교했다. [치료를 받지 않은 여아 중] 세 명은 완전한 여성의 성기를 지니고 태어났고, 나머지 네 명은 [치료를 받은] 자매들과 비교해 경미하게 남성화된 성기를 타고났을 뿐이다.[36] 선천성 부신 과형성증[으로 만삭까지 치료를 받은] 여아 다섯 명에 대한 다른 연구는 [치료를 받지 않은 그들의 자매들에 비해] 생식기의 발달이 상당한 정도로 여성화됐다고 보고했다.[37] 그러나 의학의 모든 일에는 대가가 있다. 진단 검사[38]로 인한 유산율이 1~2퍼센트이며 치료는 산모와 아이 모두에게 부작용을 낳는다. 산모는 체액순환이 잘 이루어지지 않고 몸무게도 크게 늘어난다. 고혈압과 당뇨가 생기고 복부에 튼 살이 늘면서 영구적인 흉터가 남고 얼굴에 체모가 늘고 감정의 기복이 심해진다. 치료가 "태아의 '물질대사'에 어떤 영향을 미치는지는 알려지지 않았다."[39] 그러나 최근의 한 연구에 따르면, 정신운동 발달이 잘 이루어지지 못하거나 지연되는 등의 부정적인 효과가 있는 것으로 나타났다. 다른 연구 집단은 태아기의 덱사메타손 치료가 낯가림 증가, 사회성 부족, 감정적 반응 증가 등 다양한 문제를 유발할 수 있다고 지적했다.[40]

오늘날 많은 이들이 "이 실험적 치료법의 안전성이 엄격히 통제된 임상 시험을 통해 입증되지 않았다"라는 이유로 치료를 권장하지 않는다.[41] 반면,

산전 진단은 의사가 태아의 대사이상을 인지해 출생 직후 바로 치료를 시작할 수 있게 해 준다. 지속적 치료가 초기에 이루어질 경우 아동의 생명을 위협할 수 있는 급성 염분 소실증을 막고, 너무 빨리 성장이 멈추는 상황과 극단적으로 이른 사춘기 등 선천성 부신 과형성증과 관련된 다양한 문제를 다룰 수 있다. 이는 생식기가 정상이더라도 대사 문제가 있는 XY-선천성 부신 과형성증 아동에게도 이점이 있다. 마지막으로, XX-선천성 부신 과형성증 아동에서 성기에 대한 외과 수술을 실시하지 않거나 최소화할 수 있다.

산전 치료에 대한 부모들의 의견은 엇갈린다. 아이를 가진 부모 176쌍을 대상으로 한 연구에서는 산전 치료의 장단점을 들은 후 101쌍의 부모가 치료를 받아들인 반면, 75쌍은 거부했다. 75쌍 가운데 15쌍은 선천성 부신 과형성증 태아(여덟 명은 XX, 일곱 명은 XY)를 임신했고, 치료를 받지 않은 XX 태아의 부모 가운데 세 명은 임신 중지를 선택했다.[42] 다른 연구에서는 치료를 경험한 산모 38명의 태도를 조사했다. 모두가 심각한 부작용을 경험했고 덱사메타손이 자신과 태아에게 미칠 수 있는 장단기 영향에 대해 우려했다. 그럼에도 이들은 남성화된 성기를 가진 여자아이를 출산하지 않기 위해 다시 그 치료를 받을 것이라고 대답했다.[43]

산전 **진단**은 만성적인 건강 문제가 예상돼 조기 호르몬 치료가 필요한 아동의 출산을 의사와 부모가 모두 준비할 수 있게 해 주기 때문에 타당해 보인다. 산전 **치료**가 본격적으로 시행될 준비가 돼 있는지 여부는 또 다른 문제다. 단도직입적으로 말해, 부작용이 있을 수 있는 일곱 번의 불필요한 치료가 여아의 남성화를 덜 진행시킨다는 이유로 가치 있다고 할 수 있을까? 만약 남성화가 아동의 정신 건강에 해를 끼치지 않도록 광범위한 재건 수술이 필요하다고 생각한다면, 대답은 아마도 '그렇다'일 것이다.[44] 그러나 선천성 부신 과형성증 아동이 받는 상당수의 외과 수술이 불필요하다고 믿는다면, 대답은 분명히 '아니요'일 것이다. 어쩌면 절충이 가능할 수도 있다. 덱사메타손 치료를 초기의 생식기 형성기로 제한해 부작용을 줄일 수 있다면, 아마도 이 처치는 음핵이 커지는 것을 막지는 못하더라도 음순 융합 같은 심각한 문제들을 완화해 줄 것이다. 융합된 음순과 비뇨생식동을 재건하는 외과 수술은 복잡하고 항상 성공적이지도 않지만, 아이가 나중에 출산을 하길 원한다면 반드시 해야 한다. 다른 조건이 동일하다면, 이런 수술은 피하는 것이 최선일 것이다. 그러나 내가 이 장의 뒷부분과 다음 장에서 주장하듯이 과도하게 성장한 음핵의 크기를 반드시 줄일 필요는 없다.

② 외과 수술적 바로잡기

태아기에 "바로잡기"를 하지 않고 간성 아동이 태어날 경우 의사들은 그들의 말마따나 자연의 의도를 결정해야만 한다. 신생아는 남자아이가 될 "운명"이었을까, 아니면 여자아이가 될 "운명"이었을까? 하버드 의대의 외과 교수이자 발생학과 외과 분야에서 탁월한 업적을 쌓은 퍼트리샤 도나호 박사는 모호하게 태어난 신생아의 젠더를 신속히 지정할 수 있는 절차를 개발했다. 먼저 신생아가 X염색체를 두 개 지니고 있는지(염색질 양성) 여부를 확인한 후 아이의 생식샘이 대칭적으로 배치돼 있는지 여부를 살핀다. 도나호 박사는 생식샘이 대칭적인 XX 아동은 여성 가성-자웅동체로 분류한다. 반면, 생식샘이 비대칭적인 XX 아동은 진성-자웅동체로 분류할 가능성이 크다. 비대칭인 경우 대개 한쪽에는 고환, 다른 쪽에는 난소가 있기 때문이다.

한 개의 X염색체를 지닌(염색질 음성) 아동은 두 집단으로 나뉠 수 있다. 생식샘이 대칭적인 경우와 비대칭적인 경우다. 염색질 음성이면서 생식샘이 대칭적인 아기들은 남성 가성-자웅동체로 분류된다. 반면 생식샘이 비대칭적인 염색질 음성의 아동은 혼합형 생식샘 형성부전증이라는 포괄적 범주로 분류되는데, 이 범주에는 잠재적으로 남성 생식샘이 비정상적으로 발달한 개인들이 포함된다.[45] 생식샘의 대칭성과 두 번째 X염색체의 유무를 조합한 이 같은 단계적 의사 결정 나무는 의사가 간성인 신생아를 신속히 분류할 수 있게 해 준다. [이후] 개인의 구체적 상황을 좀 더 완전하고 정확하게 판단하는 데에는 몇 주 혹은 몇 달이 걸릴 수 있다.

네 가지 범주 각각(진성-자웅동체, 남성 가성-자웅동체, 여성 가성-자웅동체, 생식샘 형성부전증)에 대해서는, 아이가 성장하면서 성기가 어떻게 발달할지, 사춘기에는 여성적 특성이 발달할지 아니면 남성적 특성이 발달할지를 완전하지는 않더라도 상당히 정확하게 예측할 수 있을 정도로 충분한 지식이 알려져 있다. 이런 지식을 고려해 의료 관리자는 다음과 같은 규칙을 사용한다. "유전적으로 여성인 환자는 얼마나 심하게 남성화됐느냐에 상관없이 생식 능력을 보존하면서 항상 여성으로 길러져야 한다. 그러나 유전적으로 남성인 환자에서는 유아의 해부학적 구조, 대개 음경의 크기에 기초해 젠더를 지정한다."[46]

의사들은 음경의 크기가 적정한지 판단할 때 두 가지 기능을 강조한다. 어린 남자아이들은 서서 오줌을 눌 수 있어야 하고 남자아이들끼리 오줌 싸기 시합을 하는 동안 "정상이라고 느낄 수" 있어야 한다. 한편, 성인 남성은 성관계를 하는 동안 질 내 삽입이 가능할 만큼 음경이 커야 한다.[47] 이 같은 핵심 기능들을 수행하고, 따라서 **음경**에 대한 정의에 부합하려면 이 기관은 얼마나 커야 할까? 새로 태어난 남아 100명을 대상으로 진행한 한 연구에서는 음경의 길이가 2.9~4.5센티미터 범위에 있는 것으로 나타났다.[48] 도나호와 동료들은 길이가 2.0센티미터인 음경에 대해서는 우려를 표하는 한편, 길이가 1.5센티미터, 폭이 0.7센티미터 이하인 경우 여성으로 젠더를 지정한다.[49]

사실, 의사들은 정상적인 음경의 기준에 대해 확신하지 못한다. 예를 들면, "이상적인" 음경에서는 요도 개구부가 귀두의 맨 끝부분에 있다. 그보다 아래에 요도 개구부가 있는 경우는 요도하열이라는 의학 용어로 표기되는 병리 상태로 종종 간주한다. 하지만 최근 한 연구에서 비뇨기과 전문의들은 요도하열과 상관없는 문제로 병원에 입원한 남성 500명을 대상으로 요도 개구부의 위치를 조사했는데, 이상적인 음경을 기준으로 판단할 때 이 남성들 가운데 55퍼센트만이 정상이었다.[50] 나머지는 요도 개구부가 음경 끝이 아니라 그 부근에 있는 다양한 정도의 경미한 요도하열을 갖고 있었다. 많은 사람들이 자신들이 일생 동안 잘못된 위치에서 소변을 배출하고 있었다는 사실을 결코 알지 못했다! 저자들은 다음과 같이 결론 내렸다.

> 소아 비뇨기과 전문의들은 [요도 개구부] 위치의 "정상 분포"를 알고 있어
> 야 한다. … 재건 수술의 목표는 개인을 정상으로 회복하는 것이기 때문
> 이다. 그러나 순전히 미용상 이루어지는 수술은 정상적인 것을 넘어서려
> 고 시도할 것이다. … 상당수의 요도하열 환자가 이 경우에 속하는데, 이
> 때 외과의는 요도 개구부를 소위 통상적인 남성의 45퍼센트에서는 발견
> 되지 않는 위치에 만들려고 한다.[51]

남성으로 젠더를 선택할 때의 고민은 의학적인 것이라기보다는 사회적
인 것이다.[52] 일부 간성 아기의 경우 요로 감염 문제가 발생할 수 있으며, 심한
경우 신장에 손상을 입을 수도 있지만, 신체적 건강은 대체로 문제가 되지 않
는다. 오히려 조기 생식기 수술은 일련의 심리적인 목표를 가지고 있다. 즉, 이
수술이 부모와 보호자, 또래에게 간성 아동이 진짜 남성이라는 확신을 줄 수
있는지, 또 이들을 통해 간성 아동이 스스로를 남성으로 확신할 수 있는지 여
부다. 대부분의 간성인 남성은 불임이다. 그러므로 무엇보다 중요한 것은 음
경이 사회적 관계에서 어떻게 기능하는지, 다시 말해 다른 남자아이들이 "보
기에 적절"한지, 성관계 시 "만족스럽게 기능"할 수 있는지 여부다. 한 신체를
남성으로 정의할 때 중요한 것은 생식기관이 그 신체에서 어떤 기능을 수행
하느냐가 아니라 다른 신체와의 비교 속에서 어떤 기능을 수행하느냐이다.[53]
아기의 음경이 얼마나 커야 남성성을 보장할 수 있는가에 대한 판단조차 다
분히 임의적이다. 도나호는 "출생 시 팔루스의 크기는 사춘기 때 음경의 크기
및 기능과 명확한 상관관계가 없다"고 언급한 바 있다.[54] 이 발언은 [성별 판단
및 조기 생식기 수술 시] 의사 결정 과정의 사회적 성격을 의도치 않게 드러냈
다. 따라서 의사들은 출생 시 작은 음경이 사춘기 때 "정상적인" 크기로 성장
할 수 있음에도 그것을 제거하고 아동을 여자아이로 만드는 선택을 할 수도
있다.[55]

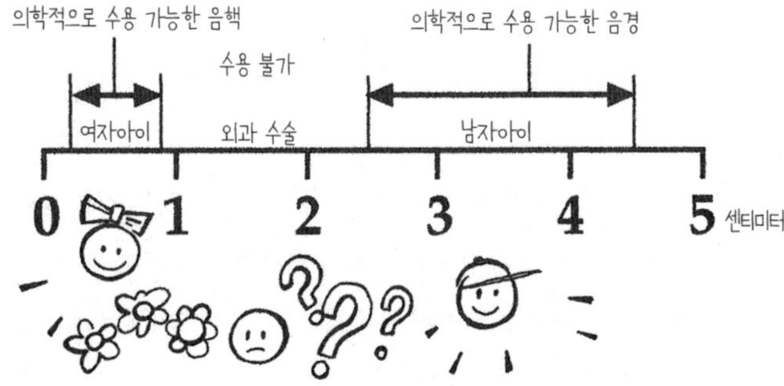

그림: 앨리스 샌토로

한 아이를 여자아이로 부를지 남자아이로 부를지 결정하기 위해선, 그러므로 젠더의 핵심 구성 요소에 대한 사회적 정의를 활용할 수밖에 없다. 사회심리학자 수잰 케슬러가 『간성의 교훈』에서 이야기하듯이, 이런 정의는 기본적으로 문화적인 것이지 생물학적인 것이 아니다.[56] 일례로, 유럽과 미국의 의학적 접근 방식을 다른 젠더 체계를 가진 문화에 도입할 경우 어떤 문제가 발생하는지 검토해 보자. 최근 사우디아라비아의 한 의사 집단은 선천성 부신 과형성증을 앓는 XX 간성 아동들의 사례를 보고했다. 선천성 부신 과형성증은 스테로이드호르몬 생성을 돕는 효소가 제 기능을 하지 못하는 유전 질환이다. 두 개의 X염색체를 가지고 있음에도, 일부 선천성 부신 과형성증 아동은 상당히 남성화된 성기를 타고나서 처음에는 남성으로 정체화되었다. 미국과 유럽에서 이런 아이들은 나중에 아이를 낳을 수도 있기 때문에 대체로 여자아이로 길러진다. 이런 유럽적 전통에서 교육받은 사우디아라비아 의사들은 XX-선천성 부신 과형성증 아동의 사우디아라비아 부모들에게 그렇게 하도록 권했다. 그러나 많은 부모들이 처음에는 아들로 구분했던 자신의 아이를 딸로 키우라는 권고를 거부했다. 보고서에서 의사들은 "여성으로의 양육은 사회적인 이유로 반대에 부딪쳤다. … 이것은 본질적으로 … 남아를 선호하는 … 지역사회의 태도가 표출된 것이다"라고 서술했다.[57]

간성 아동을 남자아이로 라벨링하는 것이 남성성과 "음경의 적절한 기능"에 대한 문화적 관점과 긴밀하게 연관된다면, 간성 아동을 여자아이로 분류하는 일은 젠더에 대한 사회적 정의와 훨씬 더 복잡하게 뒤얽혀 있다. 선천성 부신 과형성증은 XX 아동에서 간성성이 나타나는 가장 흔한 원인 가운데 하나다. 선천성 부신 과형성증 아동은 성인이 돼서 아이를 낳는 여성이 될 수 있다. 케슬러는 의사가 유전적으로 여성인, 잠재적으로 번식력이 있는 유아에게서 잘 형성된 음경을 제거하기보다 남성으로 재지정하는 쪽을 선택한 사례를 한 건 보고했지만,[58] 의사들은 종종 생식 능력이 보존돼야 한다는 도나호의 규칙을 따른다. 그러나 대체적으로는 크기 규칙이 남성 지정에 지배적이다. 한 가지 이유는 순전히 기술적인 것이다. 외과의들은 남성이 가져야 한다고 간주되는 크고 강한 음경을 잘 만들지 못한다. 의학 문헌들은 남성을 만들기는 어렵지만 여성을 만들기는 쉽다고 암시한다. 여성을 만들고자 할 경우 아무것도 새로 만들 필요가 없다. 단지 과도한 남성성을 제거하기만 하면 된다. 이 분야에서 잘 알려진 한 외과의가 익살스럽게 표현했듯이, "당신은 구멍hole을 낼 수는 있지만 기둥pole을 세울 수는 없다."[59]

간성인권리운동 회원들은 유아의 성기를 수술하는 의료 관행을 바꾸기 위한 투쟁의 일환으로 "팔로미터"(〈그림 3-4〉)를 고안했다. 이 작은 자는 출생 시 남성과 여성에게 허용되는 음경의 범위를 나타낸다. 팔로미터는 젠더를 지정하는 결정 과정의 근간에 놓인 논거를 시각적으로 간략히 보여 준다. 여자아이라 하기에는 음핵이 "지나치게 큰" 경우 의사들은 음핵의 크기를 줄이려 하겠지만,[60] 의사들은 신생아의 젠더를 결정할 때 음경과는 대조적으로 음핵의 정확한 크기를 거의 활용하지 않는다. 그럼에도 측정 수치들이 존재한다. 1980년 이후, 신생아 여아들의 음핵 크기는 평균 0.345센티미터로 알려져 있다.[61] 좀 더 최근 연구들에서는 출생 시 음핵의 길이가 0.2~0.85센티미터에 달하는 것으로 나타난다.[62] 1994년에 인터뷰를 했을 때, 성별 재지정 수술 분야에서 저명한 한 외과의는 이런 정보를 모르는 것 같았다. 그는 여성의 경우 크기보다 "전체적인 외양"이 중요하다며, 이 측정치는 상관없다고 생각했다.[63]

표 3-3. 음핵 수술의 최근 역사

수술 유형	발표된 보고서 수	발표 연도	보고된 환자의 총수
음핵절제 수술	7	1955~74	124
음핵축소 수술	8	1961~93	51
음핵퇴축 수술	7	1974~92	92
비교 논문들	2	1974, 1982	93[a]

a. 이전에 보고된 환자들이 포함됐을 수 있음.

자료: Rosenwald et al.(1958), Money(1961), Randolf and Hung(1970), Randolf et al.(1981), Donahoe and Hendren(1984), Hampson(1955), Hampson and Money(1955), Gross et al.(1966), Lattimer(1961), Mininberg(1982), Rajfer et al.(1982), van der Kamp et al.(1992), Ehrhardt et al.(1968), Allen et al.(1982), Azziz et al.(1986), Newman et al.(1992b), Mulaikal et al.(1987), Kumar et al.(1974), Hendren and Crawford(1969)에서 발견한 자료를 정리함.

출생 시 음핵 크기의 범위를 보여 주는 의학 정보가 발표됐음에도, 의사들은 여자아이가 되기엔 아기의 음핵이 "지나치게 커서" 크기를 줄여야 한다고 결정할 때 오직 자신의 개인적인 인상에만 의지할지도 모른다. 심지어 그 아이가 그 어떤 정의에 따르더라도 간성인이 아닌 경우에도 그럴 수 있다.[64] 따라서 여성 생식기의 적절한 크기와 외양에 대한 의사의 주관이 때로 불필요하고 성적으로 손상을 주는 생식기 수술로 이어질 수 있다.[65]

일례로 생식기가 어중간한 상태에 있는, 즉 음핵이 0.85센티미터보다 크지만 2.0센티미터보다는 작은(〈그림 3-4〉 참고) 영유아의 사례를 검토해 보자. 1950년부터 현재까지 음핵 수술에 대한 임상 문헌을 체계적으로 검토해 보면, 의사들은 수년 동안 이런 아동을 일관되게 여성으로 지정해 왔다. 그렇지만 그들은 또한 여성 섹슈얼리티에 대한 자신들의 생각과 결과적으로 여성 간성 아기들에 대한 적절한 외과 치료의 개념을 급진적으로 변화시켰다(〈표 3-3〉 참고). 외과 치료 초창기에는, 의사들이 여성의 오르가즘이 음핵보다 질에서 온다고 추론하고 여성으로 지정받은 아동에게서 완전한 음핵절제술을 시행했다(그 과정을 일러스트로 묘사한 〈그림 3-5〉 참고).[66]

오늘날까지도 음핵이 여성의 오르가즘에 반드시 필요하지는 않다고 주장하는 몇몇 외과의가 있긴 하지만, 1960년대에 의사들은 여성 오르가즘이

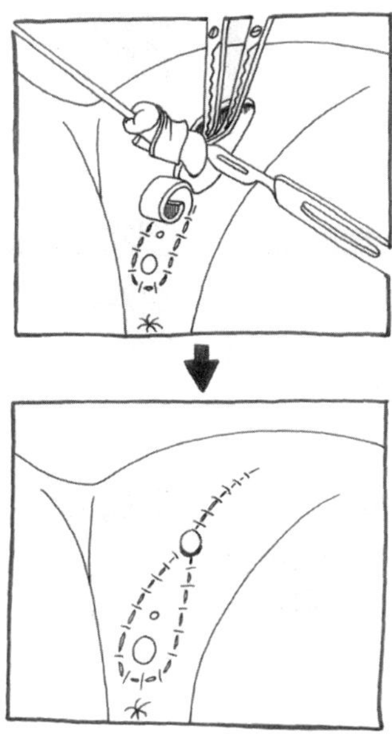

그림 3-5. 음핵 제거하기(음핵절제 수술)

그림: 앨리스 샌토로

주로 음핵에 기초한다는 점을 점차 인정하기 시작했다.[67] 그래서 1960년대에 의사들은 오늘날에도 여전히 일부 활용되고 있는 수술법에 주목했다. 음핵축소 수술이라고 알려진 이 수술에서 외과의는 길쭉한 팔루스 줄기를 자르고 보존된 신경 부위와 음핵을 그 그루터기에 다시 봉합한다(〈그림 3-6〉). 이보다 덜 시술되는 음핵퇴축 수술에서는 음핵 줄기(한 외과의 집단이 "기분 나쁜 줄기"라고 표현한)[68]를 피부가 접히는 부분 아래 숨겨서 음핵귀두만 보이게 만든다 (〈그림 3-7〉). 출생 시 해부 구조에 따라 여성으로 지정된 아동 가운데 일부는 추가 수술을 받아야 하는데, 질 조성술 또는 확장술과 음순음낭 축소 수술이 그것이다.

　남자아이로 지정된 간성 아동 역시 광범위한 수술을 받는다. 음경 끝이 아닌 줄기의 다른 지점에 요도 개구부가 있는 요도하열(아이가 배뇨를 앉아서

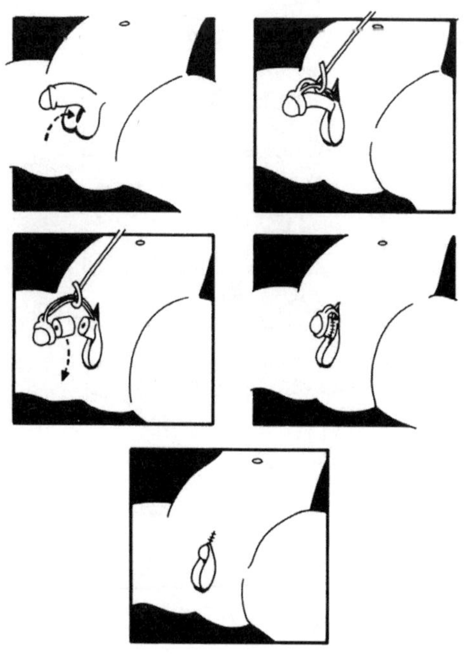

하게 만드는)과 관련해, 의학 문헌에는 300가지가 넘는 수술적 "치료법"이 기술돼 있다. 이런 수술 가운데 일부는 음경이 일부 조직에 의해 몸에 붙어 있고 그로 인해 음경이 휘어 발기가 어려워지는 음경 만곡증을 다룬다. 음경 만곡증은 종종 간성 발달로 인해 나타난다.[69] 가장 경미한 형태를 제외하고, 모든 요도하열에는 대규모 봉합술이 수반되며 경우에 따라 피부 이식을 해야 할 때도 있다. 남성으로 지정된 아동은 생후 첫 2년 동안 음경 수술을 세 차례 이상 받을 수 있으며 사춘기까지 수술 횟수는 더 늘어난다. 가장 심각한 경우, 복수의 수술은 깊은 흉터를 남길지도 모르며 한 의사가 "요도하열 장애"[70]라고 부른, 음경을 움직이지 못하게 되는 상황으로 이어질 수도 있다.

어떤 기술이 일관되게 합병증 발생률이 가장 낮고 수술 횟수를 최소화하

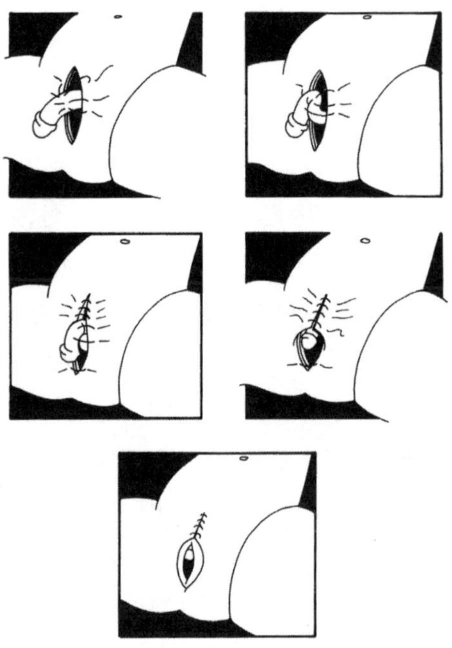

그림: 앨리스 샌토로

는지에 대해서는 합의에 이르지 못했다. 요도하열에 대한 수많은 외과 문헌도 아직 결론 내리지 못했다. 매년 수십 편의 새로운 논문이 등장해 기존의 수술법보다 더 나은 결과를 제공한다는 새로운 수술법을 소개한다.[71] 상당수 외과 보고서는 외과의들이 "2차 수술"(이전의 실패한 수술을 바로잡는 수술)이라고 부르는 특별한 기술에 초점을 맞춘다.[72] 요도하열에 대한 문헌들이 우후죽순처럼 방대하게 늘어나는 데에는 여러 가지 이유가 있다. 이 질환은 매우 다양한 변이를 **가지고 있고**, 따라서 광범위하고 다양한 치료법을 필요로 한다. 그러나 문헌을 검토해 보면 외과의들이 새로운 음경 치료법을 개척하는 걸 특히 즐거워한다는 것도 알 수 있다. 의료 전문가들조차 음경 재건에 대한 집착을 언급한다. 요도하열 치료법에 자신의 이름을 따서 명명한 한 저명한 비뇨기과 전문의가 말하는 것처럼, "요도하열 외과의는 저마다 자신의 페티시를 갖고 있다."[73]

③ 심리적 바로잡기

존 머니와 존 햄프슨, 조앤 햄프슨과 같이 영향력 있는 연구자들은 유아기의 젠더 정체성 형성 과정이 엄청나게 유연하다고 믿었음에도 불구하고, 만년에 나타나는 젠더의 모호함은 병리적인 것이라 생각했다. 그렇다면 출생 시 개방적인 가능성을 가지고 있던 간성 유아는 어떻게 의료계가 정신 건강에 필수적이라고 간주하는 고정된 젠더 정체성을 갖게 되는 것일까? 아동의 심리 도식psychological schema은 자신의 신체 이미지와 맞물려 발달하기 때문에, 머니와 햄프슨 부부는 생식기 수술을 반드시 조기에 해야 한다고 주장했다. 아동의 신체 부위는 자신에게 할당된 성별과 일치해야 한다는 것이다. 해부학적 명료성은 아동에게도 중요하지만,[74] 머니와 햄프슨 부부의 주장을 따르는 이들은 그것이 아동의 부모에게 훨씬 더 중요하다고 주장했다. 피터 팬이 말한 것처럼, 아이들의 성 정체성이 현실이 되려면 부모가 자식의 젠더 정체성을 "믿어야만 했다."※ 즉, 햄프슨 부부는 "자웅동체인 아동 및 그들의 부모를 연구하면서, 아동의 심리성적 지향의 확립이 아동 자신보다는 부모에게서 시작된다는 점이 분명해졌다"라고 서술한다.[75]

얄궂게도, 부모[또는 나중에는 당사자]에게 [어떻게 말해야 하며] 무엇을 말하면 **안 되는지** 등을 논의하는 과정에서, 의사들은 자신이 처해 있는 논리적 곤경을 드러낸다. 즉, 의사들은 자신이 아동에게 지정한 젠더 — 대체로 외과수술을 통해 만들어 낼 수 있는 — 가 임의로 선택한 것이 아니라 자연적인

※ 흔히 '팅커벨 효과'라고 불리는데, 사람들이 믿기 때문에 무언가가 존재한다고 생각하는 상황을 말한다. 후크 선장이 탄 독을 먹고 죽을 위기에 처한 팅커벨을 살리기 위해, 피터 팬은 아이들에게 요정을 "믿는다면" 팅커벨이 다시 살아날 것이라고 말한다.

것이며 어쨌든 환자의 신체 전반에 내재된 것이라고 환자와 부모에게 설명한다. 그래서 젠더에 대한 이중 화법의 전통이 발전했다. 의학 매뉴얼과 연구 논문의 거의 전부가 부모와 아동에게 유아의 성적 상태에 대해 온전히 설명하지 말라고 권고한다. 의사들은 남성과 여성이 섞여 있다고 말하는 대신, 간성 아동은 분명 남성 혹은 여성인데 배아 발달이 불완전했다고 말해야 한다. 한 의사는 이렇게 서술한다. "아동이 부분적으로는 남성이고 또 부분적으로는 여성이라고 생각하지 않도록 총력을 기울여야 한다. … 이것은 대체로 '생식샘이 불완전하게 발달했기에 … 제거할 필요가 있었다'라는 설명으로 가장 잘 처리된다. 성적으로 모호하다는 느낌을 없애기 위해 모든 노력을 쏟아부어야 한다."[76]

최근의 한 의학 논문은 간성 아동의 부모와 상담을 할 때, 의사들은 "모순적이거나 혼란스러운 정보로 부모의 불안을 가중하지 말아야 한다. … 아동의 외부 생식기가 불분명한 경우, 부모에게 그 원인을 살펴볼 예정이라는 이야기만 해야 한다"[77]라고 주의를 준다. 이 논문을 작성한 네덜란드 의사와 심리학자들은 안드로겐 무감응 증후군(〈표 3-1〉 참고) 아동을 자주 치료한다. 안드로겐 무감응 증후군 아동은 X염색체와 Y염색체를 한 개씩 가지고 있으며 고환이 제대로 기능하지만, 그들의 세포가 테스토스테론에 반응하지 않기 때문에 남성적인 이차성징이 발달하지 않는다. 사춘기에는 고환에서 나오는 에스트로겐에 반응해 풍만한 여성형 체형이 발달한다. 안드로겐 무감응 증후군 아동이 대개 여성 젠더 정체성을 발달시킨다는 임상 경험과 여성적인 신체 구조 때문에 이들은 대개 여자아이로 양육된다. 안드로겐 무감응 증후군 아동의 고환은 보통 제거되지만 네덜란드 연구자들은 다음과 같이 말한다. [아동의 부모에게] "우리는 생식샘에 대해서만 말할 뿐, 고환이라는 말은 일절 하지 않는다. 생식샘에는 난소와 고환이 모두 포함되는데, 우리는 이 생식샘이 여성으로 완전히 발달하지 않았다고만 이야기한다."[78]

환자의 지식과 호기심을 감안해야 함을 인지하고 있는 의사들도 있다. 한 연구진은 "성 염색질 검사가 고등학교 생물학 수업에서 다뤄질 수 있고 미디어에서도 성의학을 점점 더 자세히 다루고 있기" 때문에 "청소년이 자신의 생식샘이나 염색체 상태에 대해 알게 될 경우 상처받을 수 있다고 가정하지 않을 수 없다"라고 서술한다. 그러나 그들은 또한 여자아이로 양육된 XY 산성은 지금은 제거되었지만 한때 고환을 지니고 있었다는 말을 들어서는 안 된다고 지적하며, 해부학적 성별에 대한 엄밀하고 상세한 과학적 이해가 환자의 명확한 젠더 정체성에 대한 필요와 모순될 수 있다고 강조한다. 이를테면 여자아이로 지정된 간성 아동은 자신이 겪은 모든 수술을 자신을 여자아이로 변화시킨 수술이 아니라, 여자아이인 자신에게 속하지 않는 신체 부위를 제거하는 과정으로 이해해야 한다. 이들은 "관례상 생식샘은 고환으로 기록되지만, 환자 자신의 표현에서 그것은 여성으로서의 삶에 부합하지 않는, 따라서 제거된 … 불완전한 기관으로 간주되어야 한다"라고 언급한다.[79]

이렇게 제한적인 수준의 정보조차 역효과를 낳는다고 생각하는 사람들도 있다. 한 외과의는 "정확한 병태생리학적 설명은 부적절하며 의학적 정직함은 환자에게 아무런 도움이 되지 않는다. 예를 들면, 유전자상으로는 남성이지만 여성으로 양육된 사람에게 그의 염색체 혹은 생식샘의 남성성에 대해 이야기해 주는 건 득 될 게 하나도 없다"[80]라고 주장한다. 환자의 신체에 대한 정보와 환자를 성형하기로 한 자신들의 결정을 숨기라고 제안하면서 의료인들은 간성의 신체에 대한 사실을 완전히 공개하면 엄격한 남-여 모델에 대한 개인의 — 더 나아가서는 사회의 — 확신이 위협받을 것이라고 우려한다. 내가 음모론을 제기하는 것은 아니다. 모든 사람은 여성 아니면 남성이라는 의사 자신의 깊은 확신이 의사들이 처해 있는 이 같은 논리적 곤경을 보지 못하게 한다고 말하고 싶을 뿐이다.

하지만 의사들이 환자의 정신 건강을 위한다는 명목으로 사실대로 이야기하지 않는 것은 건전한 의료 행위와 상충한다. 안드로겐 무감응 증후군 아동에 대한 조기 고환 제거술을 두고 벌어진 논쟁을 살펴보자. 일반적으로 고환을 제거하는 이유는 고환에 암이 발생할 수 있기 때문이다. 그러나 안드로겐 무감응 증후군 환자에게서 고환암 발생률은 사춘기가 지날 때까지 증가하지 않는다. 비록 안드로겐 무감응인 신체는 고환이 만들어 내는 안드로겐에 반응할 수 없지만, 고환이 만들어 내는 에스트로겐에는 반응할 수 있으며 사춘기에는 정말로 반응한다. 당연한 말이지만 자연스러운 여성화가 인위적으로 유도된 여성화보다 훨씬 낫다. 골다공증이 발생할 위험에서는 특히 더 그렇다. 그렇다면 의사들은 왜 사춘기가 지나는 시점까지 고환 제거를 미루지 않는 걸까? 한 가지 분명한 이유는 의사들이 그때 가서는 안드로겐 무감응 증후군 환자에게 좀 더 진실된 이야기를 해야 하기 때문이다. 그들은 그런 일을 극히 꺼린다.[81]

케슬러는 이 경우에 딱 맞는 사례를 묘사한다. 한 아이가 신체 구조의 변화를 기억할 수 없거나 그 의미를 완전히 이해할 수 없는 아주 어린 나이에 수술을 받았다. 사춘기가 되자 의사들은 그/녀에게 난소가 정상이 아니라서 어린 시절에 "제거했다고" 설명하며, 당분간 에스트로겐 알약을 섭취해야 한다고 말했다. 비록 아이를 가질 수 없어도 그녀가 스스로 여성임을 확신하길 바라면서 의사는 "자궁이 발달하진 않겠지만 아이를 입양할 수 있다"라고 설명했다. 이 치료 팀의 다른 의사는 동료의 이 같은 설명을 지지했다. "그는 진실을 말하고 있다. 진실을 말하지 않는다면 … 나중에 문제가 생길 수도 있다." 그러나 이 여자아이가 한 번도 자궁이나 난소를 가진 적이 없다는 점을 고려하면, 케슬러가 지적하듯이, 이것은 "이상하기 짝이 없는 '진실'"이다.[82]

최근 들어 환자들은 이런 반쪽짜리 진실과 새빨간 거짓말에 대해 불만을 제기해 왔다. 나는 다음 장에서 이들의 관점을 살펴볼 것이다. 우선은, 간성성을 양성 젠더 체계 내로 편입시키려는 목적에서 발전한 치료 프로토콜로부터 벗어나, 의사들과 심리학자들이 간성인에게 시행한 실험 연구로 주의를 돌리려 한다. 생틸레르가 수립한 오랜 전통 속에서, 이런 연구들은 간성성을 활용해 남성성과 여성성의 "정상적인" 발달에 대해 살펴본다.

간성성의 활용

① 남성다움/여성다움

간성 아기들에 대한 수술적 접근 방식의 근간에 깔린 가정들이 아무 논란 없이 수용된 것은 아니었다. 모든 사람이 성 정체성이 근본적으로 유연하다고 생각하는 것은 아니다. 이와 관련해 지금까지 가장 극적인 논쟁은 두 심리학자 존 머니와 밀턴 다이아몬드 사이에서 거의 30년간 지속된 싸움이다. 1950년대에 머니는 햄프슨 부부와 함께, 젠더를 지정해 양육했을 때의 성별이 생물학적인 성별보다 성인이 된 그/녀의 젠더 역할과 성적 지향을 좀 더 정확하게 예측한다고 주장했다. "이론적으로 우리의 발견은 젠더 역할의 기원과 관련해 순전히 유전적인 교의나 순전히 환경적인 교의만으로는 … 충분하지 않다는 것을 가리킨다. 한편으로 젠더 역할과 젠더 지향이 염색체, 생식샘 구조, 호르몬 같은 신체적 요인에 의해 자동적이고 선천적이며 본능적으로 결정되지 않는다는 것은 명백하다. 다른 한편으로 지정된 젠더와 양육 방식이 젠더 역할과 젠더 지향을 자동적이고 기계적으로 결정하지 않는다는 것도 명백하다. … 오히려 개인의 젠더 역할과 지향은 아주 어린 시절부터, 자신이 소년이라는 방향을 가리키는, 또는 소녀라는 방향을 가리키는 지속적이고 다중적인 신호들을 접하고 해석해 감에 따라 확립되는 것으로 보인다."[83]

　그러나 머니의 주장이 성별이 모호하지 않은 대다수 아동에게도 적용될 수 있을까? 머니와 동료들은 간성 아동에 대한 연구를 통해 심리성적 발달에 대한 일반적인, 심지어 보편적인 이론에 도달한 것일까? 머니는 그렇다고 믿었다. 그리고 이를 증명하기 위해 생후 7개월에 포경수술을 받다 사고로 음경을 잃은 존[가명]이라는 남자아이의 사례를 제시했다. 머니는 간성인에 대한 자신의 연구를 바탕으로 존을 여자아이로 기르고, 새로운 삶의 방식에 부합하도록 외과 수술로 몸을 바꿔야 한다고 조언했다. 이 사례가 특히 설득력이 있었던 이유는 대조군이 있었기 때문이다. 조앤(존의 새 이름)에게는 일란성쌍둥이 형제가 있었다. 머니는 이 사례가 양육된 성별이 중요하다는 자신의 주장을 증명해 주길 희망했다. 만약 조앤이 젠더 정체성을 여성으로 발달시키는 반면, 그녀와 유전적으로 동일한 형제는 성인이 될 때까지 계속 남성성을 유지한다면, 환경의 힘이 유전적인 구성보다 우세하다는 사실을 분명히 보여 주리라 생각했던 것이다.

이 가족은 결국 성전환에 동의했고 아이는 만 2세가 되기 전에 여성화 수술을 받고 고환을 제거했다. 머니는 조앤이 드레스 입는 걸 굉장히 좋아하며, 더러운 것을 몹시 싫어하고 "머리 손질 받는 걸 너무 좋아한다"[84]는 조앤 엄마의 말을 매우 기쁜 마음으로 인용했다. 머니는 이 사례가 "젠더 이형적* 양육패턴이 아동의 심리성적 분화를 낳고, 여성 혹은 남성의 젠더 정체성이라는 최종 결과에 이르는 데 지대한 영향을 미친다"는 것을 실증했다고 결론 내렸다. 그는 기쁨에 겨워 "피그말리온에 빗대자면,** 동일한 점토로 남신을 빚을 수도 여신을 빚을 수도 있다"라고도 썼다.[85]

심리성적 발달에 대한 머니의 설명은 가장 진보적이고 자유로운 최신 견해로 순식간에 많은 지지를 얻었다.[86] 그러나 모두가 그의 관점이 타당하다고 생각한 것은 아니었다. 1965년에 젊은 박사였던 밀턴 다이아몬드는 머니, 햄프슨 부부의 입장에 도전해 보기로 했다. 그는 심리학 분야에서 다소 다른 전통에 있던 조언자들의 제안과 도움을 받았다.[87] 다이아몬드의 조언자들은 성적 행동의 발달을 이해하는 새로운 패러다임을 제안하며 환경이 아니라 호르몬이 결정 인자라고 주장했다.[88] 발달 초기에 이 화학적 메신저들이 직접적으로 작용해 뇌의 기능과 구조를 조직화한다는 것이다. 사춘기에 생산되는 호르몬들은 앞서 조직화된 뇌를 활성화해 짝짓기와 돌봄 같은 성별 특이적인 행

---

* 같은 종의 두 성이 생식기 이외의 다른 부분에서도 다른 특징을 보이는 상태로 암수 개체가 외형적으로 구분되는 것을 의미한다. 수사자의 갈기, 공작 수컷의 화려한 깃털, 인간 남녀의 신체적 차이 등을 말한다.

** 피그말리온은 그리스신화에 등장하는 조각가로, 현실에 존재하는 여성들에 실망해 자신이 생각하는 이상적인 여인의 모습을 조각했다.

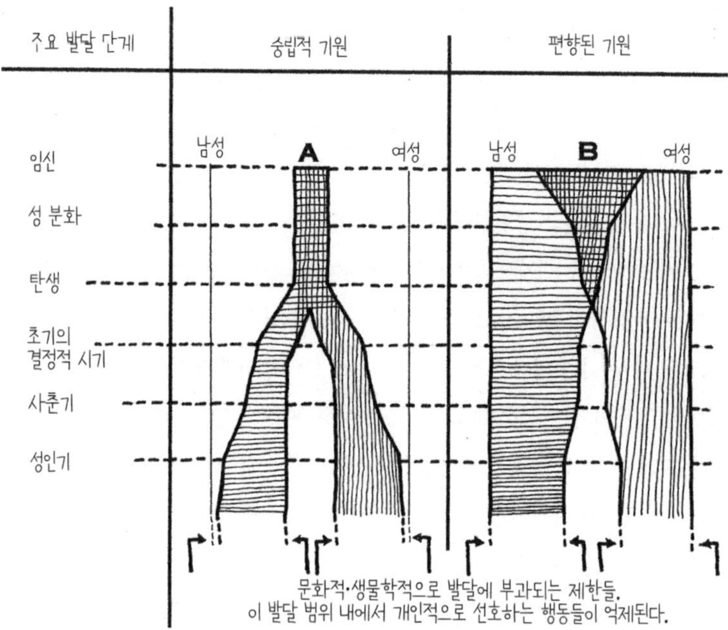

그림: 앨리스 샌토로(Diamond 1965의 그림을 변형)

동을 유발할 수 있다.[89] 이 이론은 설치류 연구에 기초한 것이었지만, 다이아몬드는 머니의 연구를 공격할 때 여기에 크게 의지했다.[90]

다이아몬드는 머니와 동료들이 근본적으로 인간은 태어날 때 성적으로 중립이라고 주장하고 있다고 지적했다. 그는 머니 연구팀의 데이터 해석에 이의를 제기하면서 "동일한 데이터가 섹슈얼리티는 선천적인 것이라는 좀 더 고전적인 관념에 부합할 수도 있다"고 주장했다. 그는 머니 연구팀이 "자웅동체인 개인들이 … 자신의 유전적인 성별, 형태학적인 성별 등과 상반되는 성역할을 수행할 수 있다"는 것을 보여 주었다는 데 동의했다. 그러나 "[머니 등은] 이같은 결론 이상으로 더 많은 추론을 했다. … 성역할이 전적으로 혹은 대체로, 문화적으로 조장된 매우 정교한 기만과 각인 효과라고 가정하는 것은, 그리고 성역할이 **생물학적 유전이나 태아기의 조직화와 강화 작용** 위에 부과된 금기나 강력한 방어기제에 의해 강화되지 않는다고 가정하는 것은 정당화될 수 없으며 현재의 데이터로 입증되지도 않는다"라고 주장하면서 그들의 일반적 결론에는 동의하지 않았다.[91] 달리 말해, 설령 머니와 동료들이 간성인의 발달을 정확하게 해석했을지라도, "정상인"normals[92] 집단의 발달에 대해서는 아무런 통찰도 제공하지 못한다는 것이었다.

다이아몬드는 또한 존/조앤의 사례가 태내에서 태아가 "정상적으로" 호르몬에 노출되었지만, 양육을 통해 그 효과가 무력화된 **유일한** 사례라고 지적했다. 환경에 의해 젠더 정체성이 형성된다는 머니와 햄프슨 부부의 젠더 중립성 이론에 반대하며,[93] 다이아몬드는 "심리성적 성향"이라는 자신의 모델을 제안했다. 그는 여성과 남성의 배아가 중첩되는 부분이 있지만 비교적 넓은 심리성적 발달 잠재력을 가지고 발달을 시작하는 것으로 보았다. 그러나 출생 전/후로 발달이 진행됨에 따라, "전체 역량 내에서 문화적·생물학적으로 허용되는 성적 출구[성적 행동/지향]sexual outlets라는 형태로 한계와 제약"이 나타난다고 설명했다(〈그림 3-8〉).[94]

머니에게 도전한 학자가 한 명 더 있었다.[95] 1970년 당시 현직 정신과 의사였던 버나드 주거 박사는 성인 혹은 사춘기의 간성인들이 양육된 성별을 거부하고 성전환을 요구한 임상 사례연구를 여러 건 발견했다. 이 사람들은 주변의 모든 권위자들이 틀렸다고 말하는 어떤 내면의 목소리에 귀를 기울이고 있는 것 같았다. 의사와 부모는 그들이 여성이라고 주장하며 고환을 제거하고 에스트로겐을 주입하고 외과 수술로 질을 만들었지만, 여전히 그들은 자신들이 사실 남성임을 **알고 있었다.** 주거는 다음과 같이 결론 내렸다. "젠더 역할을 결정할 때 양육 환경이 염색체와 생식샘, 호르몬, 내/외부 생식기 사이의 모순을 압도할 수 있다는 것을 보여 주기 위해 자웅동체에게서 수집한 데이터는 방법론적으로나 임상적으로 근거가 없다. 매우 어린 나이에 지정된 젠더 역할을 수용하고 훗날 이를 변경하려 할 경우 심리적 위험이 따른다는 결론 역시 해당 문헌에서 발견되는 다른 데이터와 일치하지 않는 것으로 나타난다."[96]

머니는 몹시 화가 났다. 주거의 논문이 게재되자, 그는 발끈해서 『심신

의학』에 반박문을 실었다. "주거 박사의 논문에 대해 내가 정말로 우려하는, 심지어 경악하는 지점은 비단 이론적 문제만이 아니다. … 그것은 경험이 부족하고 독단적인 의사들이 이 논문을 근거로 … 심리 평가가 불필요하다고 생략한 채 … 아이들에게 잘못된 성을 **강압적으로** 재지정하려 할 것이라는 점이다. 이는 궁극적으로 환자의 삶을 파멸로 이끌 것이다."[97] 1972년에 안케 이어하트와 함께 쓴 책에서 머니는 다시 한번 해당 논문을 맹렬히 비난했다. "편견을 가진 의사들로 말미암아 자웅동체의 성전환 통계가 여아에서 남아로의 전환으로 치우치게, 그리고 여성 자웅동체보다 남성 자웅동체가 더 많게 왜곡되는 것으로 나타난다. 이 점을 굳이 반복해 강조할 필요는 없겠지만, 일부 저자들이 여전히 이를 이해하지 못하고 있다."[98]

그러나 다이아몬드는 『레미제라블』의 자베르 경감처럼 집요하게 머니를 쫓아다녔다. 1960년대와 1970년대에 걸쳐 그는 머니의 견해에 이의를 제기하는 논문을 다섯 편 이상 발표했다. 1982년에 게재된 논문에서 그가 상세히 설명한 바에 따르면, 심리학과 여성학 문헌들은 "성역할과 성 정체성이 기본적으로 학습된 것이라는 주장을 지지하기 위해" 존/조앤의 사례를 활용했다. 『타임』조차 머니의 사회구성주의적 교의를 전파하고 있었다. 그러나 다이아몬드는 "본성[자연]이 성 정체성과 배우자 선호를 제한하며 그 한계 내에서 사회적 영향력의 상호작용에 의해 젠더 역할이 만들어진다"는 자신의 견해, 즉 "생물사회적 상호작용 이론"을 되풀이했다.[99] (1982년 무렵 논쟁에 등장하는 용어들이 바뀐 데 주목하라. 다이아몬드는 이제 젠더 정체성보다는 성 정체성에 대해 말하고 있으며, 새로운 용어로 배우자 선호가 끼어들었다. 나는 뒤에서 배우자 선호와 동성애의 기원에 대해 다시 다룰 예정이다.)

다이아몬드가 단지 불만을 늘어놓기 위해 이 논문을 쓴 것은 아니다. 그는 중요한 소식을 갖고 있었다. 1980년에 BBC는 존/조앤 사례에 대한 텔레비전 다큐멘터리를 제작했다. 처음에 제작자는 머니와 그의 견해들을 주로 조망하면서, 다이아몬드의 견해는 이와 상반되는 입장 정도로만 활용할 계획이었다. 그러나 BBC 기자들은 조앤이 열세 살이 되던 1976년까지도 자신의 삶에 잘 적응하지 못하고 있다는 사실을 알게 되었다. 그녀는 남자아이처럼 걸었고, 남자아이들의 삶이 더 낫다고 생각했으며, 정비공이 되길 원했고, 서서 오줌을 누었다. 조앤을 돌봤던 정신과 의사들은 그녀가 "여성으로 적응하는 데 상당한 어려움을 겪고 있다"고 생각했으며, 과연 여성으로 계속해서 살아갈 수 있을지 의문이었다. 기자들이 이 사실을 머니에게 알리자, 그는 더 이상의 대화를 거부했다. 기자들은 머니의 발언을 추가하지 않은 채 정신과 의사들이 조앤에게 들었던 불만을 방송에 내보냈다. 이 프로그램은 미국에서 방송되지는 않았지만, 다이아몬드는 이 모든 것을 BBC 제작팀에게서 들었다. 다이아몬드는 이 사실을 미국에서 폭로하기 위해 다큐멘터리 내용을 1982년에 논문으로 발표했다. 그는 이를 통해 머니의 섹스/젠더 이론의 신뢰성이 일거에 무너지길 바랐다.[100]

그 논문은 다이아몬드가 바랐던 만큼의 파장을 일으키지 못했다. 그러나 그는 포기하지 않았다. 그는 존/조앤의 치료를 담당했던 정신과 의사들에게 진실을 공개적으로 밝힐 수 있도록 자신에게 연락을 달라고 요청하는 광고를 『미국 정신의학협회지』에 싣기 시작했다. 그러나 오랜 시간이 지나고 나서야 존/조앤의 정신과 의사 키스 시그먼드슨이 연락을 해 왔다. 그는 연락이 늦어진 데 대해 "존 머니가 너무나도 무서웠다. … 그가 자신의 경력에 무슨 짓을 할지 알 수 없었기 때문"이라고 말했다.[101] 그는 자신만 알고 있던 것을 다이아몬드에게 말해 주었다. 1980년에 조앤은 유방 절제 수술을 받았고 그 뒤 음경을 재건했으며 한 여성과 결혼해 함께 살며 그녀의 아이들의 아버지 노릇을 하고 있다는 것이었다. 결국 다이아몬드와 시그먼드슨은 존/조앤(이제는 조앤/존이라고 불리는)에 대한 최신 정보를 공개했고, 이는 신문 헤드라인을 장식했다.[102]

다이아몬드와 시그먼드슨은 존의 성별 재지정 실패 사례를 통해 두 가지 핵심 발상을 반박했다. 첫 번째 발상은 사람들은 출생 시 심리성적으로 중립적이라는 것이며, 두 번째는 건강한 심리성적 발달은 생식기의 외양과 긴밀하게 관련된다는 것이다. 존/조앤/존의 어머니는 그/녀가 자신을 여자아이로 사회화하려는 시도를 일관되게 거부하고 이에 반항했다고 말했는데, 다이아몬드는 새롭게 전해진 이런 이야기의 흥미진진한 세부 사항을 활용하면서, 뇌는 성적으로 중립적이기는커녕 사실상 태아기 때부터 젠더화되어 있다고 주장했다. 그는 "거의 압도적인 증거에 따르면, **정상적인** 인간은 출생 시 심리성적으로 중립적이지 않으며, 포유류로서 물려받은 특성에 따라 남성적 또는 여성적 방식으로 환경과 가족, 사회의 영향력과 상호작용하는 성향이 있다"라고 언급했다.[103]

다이아몬드와 시그먼드슨의 폭로 이후, 강제적인 성별 재지정을 거부한 사례들이나, 통상적이지 않은 음경을 가지고 태어난 아동에게 성별을 재지정하지 않고 남성으로 훌륭히 키워 낸 비슷한 사례들이 널리 주목받았다.[104] 다이아몬드와 몇몇 다른 사람은 (비록 몇몇은 여전히 의심을 품었지만)[105] 새로운 치료 패러다임 — 무엇보다도 돌이킬 수 없는 외과 수술을 즉시 시행하지 않고 상담을 먼저 실시하는 것 — 의 도입을 촉구할 수 있는 발판을 마련했다. 다이아몬드는 "이 같은 관리 방식을 통해 소년으로서 행동하려는 남성의 선천적 성향과 그의 실제 행동이 일상적인 상호작용과 모든 성적인 수준에서 강화될 것이고 번식력 역시 보존될 것이다"라고 추론했다.[106]

그러나 논쟁은 끝나지 않았다. 1998년에 캐나다의 정신과 의사들과 심리학자들이 음경 절단(의학 문헌에서 사고로 음경을 잃은 경우를 매우 고상하게 부르는 말) 후 성별을 재지정한 다른 사례에 대한 추적 연구를 발표했다. 이 아동은 생후 7개월에 성별이 재지정됐다(거의 두 살 무렵 성별을 재지정받은 존/조앤보다 훨씬 이른 경우). 1998년에 이 익명의 환자는 26세였고 여성으로 살고 있었다. 그녀는 남성과 연애를 했지만 마지막 남자 친구와 헤어진 뒤 지금은 레즈비언으로 살고 있었다. 그녀는 "거의 남성만 배타적으로 종사하는" 블루칼라 직종에 근무하고 있었다. 저자들은 "아동기 동안 남성성이 두드러지는 행동을 했다는 사실과 주로 성적 환상 속에서 여성에게 매력을 느끼고 있다"는 점에 주목한다. 그러나 그들은 이 사례에서 성별 지정이 완전히 실패했다고 주장하지 않는다. 오히려 이 사례에서, 설령 젠더 역할과 성적 지향은 바뀌지 않았을지언정, 젠더 **정체성**은 양육에 의해 성공적으로 **변했다고** 주장한다. 그들은 "아마도 젠더 역할과 성적 지향이 젠더 정체성보다 생물학적 요인의 영향을 훨씬 더 크게 받는 것 같다"고 결론 내렸다.[107]

그들의 이론은 격렬한 논쟁을 촉발했다. 예를 들면, 일부 성과학자는 수전 브래들리와 동료들이 쓴 이 논문이 다이아몬드의 입장을 반박하기보다 오히려 뒷받침하는 증거를 제공한다고 강하게 주장한다. 성인 간성인이 자신들의 관점에서 이 논문에 대해 논평하기 시작하자 논의는 훨씬 더 미묘해졌다. 당연하게도, 그들은 학자들이나 현직 의사들보다 해당 사례들을 훨씬 더 복잡하게 해석한다.[108] 이 사례를 논의하길 거부했던 존 머니조차 좀 더 복잡한 입장을 채택했다. 개가 아이를 공격해 음경이 절단된 다른 사례를 논평하면서 머니는 조기에 이뤄지든 나중에 이뤄지든 성별 재지정의 "장기적인 결과가 완벽하지는 않다"고 인정했다. 그는 여자아이로 재지정받은 남자아이들이 종종 레즈비언이 된다는 사실 역시 인정했는데, 레즈비언에 대한 사회적 낙인 때문에 그는 이를 부정적인[안타까운] 일로 보았다. 다이아몬드를 인용하거나 둘 사이의 논쟁을 암시하지 않았지만, 머니는 다음과 같이 수긍했다. 즉, "유아기의 생식기 외상 및 절단 사고에 대한 치료 지침과 관련해, 만장일치로 승인된 기준은 아직 없으며, 결과 데이터를 통계적으로 축적할 준비도 돼 있지 않다."[109]

② 이성애 정의하기: 건강한 간성인은 이성애자다!

하나의 유령이 의학계를 떠돌고 있다. 그것은 동성애라는 유령이다. 최근 들어 젠더와 성적 지향의 연관성에 대한 관심이 증가하는 것처럼 보이지만, 이는 젠더와 간성성에 대한 과학적 논의를 오랫동안 이끌어 왔던 우려를 더욱 명확히 드러낼 뿐이다. 동성애를 둘러싸고 벌어진 격렬한 논쟁의 역사적 맥락을 고려하지 않은 채 간성인 치료를 둘러싸고 오랫동안 전개된 논쟁을 이해할 수는 없다. 1950년대에 한 역사가가 썼듯이, "각종 미디어와 정부의 선전 매체는 동성애자들을 비롯한 '성 사이코패스들'sex psychopaths*을 공산주의자들과 연관지어 가장 위험한 불순 세력 – 즉, 이웃에 살면서 안보와 아동과 여성, 가족과 국가의 안전을 위협하는 보이지 않는 적 –으로 규정했다."[110] 조지프 매카시와 리처드 닉슨은 눈에 안 보이게 숨어 있는 동성애자 공산주의자들을 곳곳에서 찾아냈다. 의사들이 성별이 모호한 아이에게 성별을 지정하려고 할 때, 아이가 심리적으로 여성이나 남성이 되는 것만으로는 충분하지 않았다. 치료가 성공한 것으로 간주되려면 이 아동이 이성애자가 되어야만 했다. 동성 애를 "심리적인 성 이상", 즉 정신병으로 이해했던 햄프슨 부부는 적절한 치 료를 받은 간성 아동은 동성애에 빠질 리 없다고 강조했다.[111] 그들은 간성 아 동을 둔 부모들이 "자웅동체와 동성애를 너무나 혼동하고 있기 때문에 자녀 가 비정상적이고 비뚤어진 욕망을 지닌 채 성장할 운명이 아니라는 말을 들려 줘야 한다"고 의사들에게 충고했다.[112]

부모들이 혼란스러워하는 것을 탓할 수 없다. 간성성이 여성과 남성 사 이의 구분을 모호하게 하면, 이성애자와 동성애자를 구분하는 경계선 역시 흐려지기 때문이다. 간성인을 치료하는 과정이 동성애자를 만들어 내는 것으 로 귀결될 수도 있지 않을까? 대답은 모두 당신이 성별을 어떻게 정의하느냐 에 달려 있다. 세포 속에 X염색체와 Y염색체가 하나씩 있고, 고환과 함께 모 호하긴 해도 여성처럼 보이는 외부 생식기를 지니고 태어난 안드로겐 무감응 증후군 아동을 살펴보자. 세포들이 고환에서 생산되는 테스토스테론에 반응 하지 않기 때문에 그녀는 여자아이로 양육될 것이다. 사춘기에 고환은 에스 트로겐을 만들 것이고 이 호르몬은 그녀의 신체를 젊은 여성의 몸으로 변형 할 것이다. 그녀가 젊은 남자와 사랑에 빠졌다. 그녀는 여전히 고환을 갖고 있 으며 염색체 조성이 XY다. 그녀는 동성애자인가? 이성애자인가?

머니와 지지자들은 그녀가 다행히도 이성애자라고 말할 것이다. 머니의

※ 성적 충동을 거의 또는 전혀 통제하지 못하는 남성 성범죄자를 가리키는 용어. 1930년대에 등장한 이 개념은 1930년대 후반부터 1940년대까지 지속된 성범죄에 대한 도덕적 공포 속에 미국에서 대중화되었고, 이들을 대상으로 한 다양한 법률의 제정으로 이어졌다.

섹싱 더 바디

논리는 이 사람은 여성으로 길러졌기 때문에 여성의 젠더 정체성을 가진다는 것이다.[113] 해부학적인 섹스에서 사회적인 젠더로의 여정에서, 그녀의 남성 성염색체와 생식샘은 지정된 섹스와 호르몬이 여성이라는 이유로 중요하지 않은 것으로 여겨진다. 남성에게 끌리는 한, 그녀는 틀림없이 이성애자다. 우리는 의학적으로 또 문화적으로 이런 사람을 이성애자 여성으로 받아들이기로 했고 아마도 그녀 역시 이런 정의를 받아들일 것이다.[114]

머니와 공동 연구자들은 동성애가 정신병으로 정의됐던 1950년대에 간성성을 치료하는 프로그램을 개발했다. 그럼에도 머니 자신은 "동성애자"라는 지정은 문화적 선택이지 자연의 진리가 아니라는 점을 분명히 한다. 일부는 여자로, 일부는 남자로 양육되어 서로 부부가 된 자웅동체 사례들에 대해 논의하며, 머니와 이어하트는 다음과 같이 언급한다. "이 사례들은 거의 완전히 실험적으로 계획되고 의사의 개입으로 인해 생긴 동성애를 대표한다. 그러나 **여기서 동성애는 유전적인 성별, 생식샘의 성별, 태아의 호르몬의 성별을 근거로 규정되어야만 한다.** 수술 후에는 외부 생식기 기준으로나 사춘기 호르몬의 성별을 기준으로도 더 이상 동성애가 아니다."[115]

최근 들어, 게이 해방운동으로 말미암아 관점의 변화가 나타났는데, 이는 의료인들이 성적 지향에 대한 좀 더 관대한 시각과 자신들의 이론이 어느 정도 양립 가능하다고 인식하도록 하는 데 기여했다. 1965년에 "여자 같은 남자를 비롯한 성도착증들"에 대해 말했던 다이아몬드조차 오늘날에는 "자연의 다양성에 대한 이해에 근거할 때, 다양한 성 유형과 그 기원이 광범위하게 존재할 것이라고 예상해야 한다"고 서술한다. 이어서 그는 "확실히, 이성애자, 동성애자, 양성애자는 물론이고 성관계를 하지 않겠다는 사람과 같은 모든 선택지가 … 제시되고 솔직히 논의되어야 한다"라고 이야기했다.[116] 다이아몬드는 자연이 섹슈얼리티의 결정권자라고 계속 주장하지만, 이제는 자연이 정상적인 두 가지 유형보다 더 많은 섹슈얼리티를 허용한다고 생각한다. 오늘날 그는(그리고 또 다른 이들도) 자연에서 다양성을 읽어 낸다. 물론 자연이 1950년대 이후 변한 것은 아니다. 오히려 우리가 문화적 변화에 맞춰 과학의 서사를 변화시켰다고 할 수 있다.

③ 성 구하기: 자연의 실험으로서 간성인

간성성에 대한 머니의 입장은 그와 지지자들을 이념적인 궁지에 몰아넣었다. 한편으로 그들은 간성인들이 ['정상적인'] 성 발달에서 벗어난 신체를 가지고 있다고 믿는다. 다른 한편으로는 성 발달은 매우 유동적이라서, 충분히 어릴 때부터 시작하면, 신체와 성 정체성을 거의 마음먹은 대로 변화시킬 수 있다고 주장한다. 그러나 신체적 성별이 그렇게 잘 변하는 것이라면 왜 그 개념을 유지하기 위해 애를 써야 하는 걸까?[117]

이 같은 딜레마로 고심하던 과학자들은 간성인을 의학적 관심이 필요한 환자로만 보지 않고, 일종의 자연적 실험 사례로 주목하기 시작했다. 특히 간성인은 1970년대 이후 성별 간 행동 차이의 호르몬적 원인을 조사하는 과학 연구의 핵심 사례가 되었다. 쥐와 원숭이를 대상으로 발달에 작용하는 호르몬을 의도적으로 조작하는 것은 제재를 받지 않지만, 사람을 대상으로 그와 같은 실험을 할 수는 없다. 그러나 자연이 우리 앞에서 일종의 실험 사례를 제공하고 있다면, 자연이 제공한 것을 연구하는 것은 충분히 자연스러운 일로 보인다.

생식샘 호르몬이 행동 발달에 미치는 영향을 보여 주는 대규모 동물 연구(8장 참고)에 기초해, 여러 조사자들이 성차[118]에 대해 널리 수용되는 세 가지 믿음, 즉 성욕에서의 차이,[119] 아동기 놀이에서 나타나는 차이, 인지능력 특히 공간 인지능력에서의 차이 등[120]을 간성인을 활용해 조사했다. 이런 일단의 연구들을 분석해 보면, 양성 체계를 보존하기 위해 "바로잡을" 필요가 있는 일탈로 간주되는 간성인이 처음부터 이 체계가 얼마나 "자연스러운" 것인지를 입증하기 위한 연구 대상으로 활용되고 있음을 알 수 있다.

일례로, 선천성 부신 과형성증으로 인한 여성 간성성을 연구해 레즈비언의 생물학적 기원을 이해하려 했던 현대 심리학자들의 시도를 살펴보자. 선천성 부신 과형성증 여아들은 태아 발달 과정에서 과잉 활성화된 부신이 남성화 호르몬(안드로겐)을 다량 생산하기 때문에 성기가 남성화된 채 태어난다. 출생 시 발견될 경우, 코르티손으로 치료해 안드로겐 과다 분비를 차단할 수 있으며, 생식기는 외과 수술로 "여성화"된다.

아직까지는 태아기에 호르몬이 뇌와 성기의 발달에 동시에 영향을 준다는 것을 보여 주는 직접적인 증거가 없지만,[121] 과학자들은 태아기의 과도한 안드로겐 노출이 [외성기뿐만 아니라] 뇌 발달에도 영향을 미칠 수 있는지 궁금해한다. 만약 태아기의 뇌가 테스토스테론에 노출돼 영구적으로 변형된다면, 그것은 선천성 부신 과형성증 여아들이 좀 더 남성적인 관심사와 성욕을 갖도록 "유도"할까? 이 질문은 그 자체로 레즈비언을 탈선한 여자로 보는 특정 이론을 시사한다. 정신분석학자 매기 머기와 다이애나 밀러가 이야기하듯이, "다른 여성과 정서적이고 친밀한 삶을 꾸려 가는 여성은 진정한 여성의 발달 경로에서 '탈선'한 것으로, 따라서 자신을 여성이 아닌 남성과 동일시하고 남성적 욕구를 표출하는 것으로 간주된다."[122] 이 개념을 선천성 부신 과형성증 여아들에게 적용해도 맥락이 통하는 것처럼 보였다. 안드로겐 "과다" 분비로 말미암아 여성의 발달 경로에서 탈선했다는 것이다. 그렇다면 선천성 부신 과형성증 여아에 대한 연구는 동성애 발달의 핵심에 호르몬 이상이 있다는 가설을 지지할 수도 있을 것이다.[123]

1968년부터 현재에 이르기까지, 대략 12건(숫자는 증가 중이다)의 연구가 선천성 부신 과형성증 여아에게서 남성성의 증거들을 찾고자 했다. 어린 시절 그들은 더 공격적이고 활동적이었는가? 남아용 장난감을 더 선호했는가? 엄마 역할 놀이에 관심이 적었는가? 그들은 레즈비언이 되었거나 동성애적인 생각과 욕망을 품었는가?(이것이 궁극적인 질문이다).[124] 이 같은 연구를 규정하는 젠더 체계에서는, 남아용 장난감과 나무 타기를 좋아하고 인형을 싫어하며 직업을 가질 생각이 있는 소녀들은 동성애로 기울 가능성이 있다. 여성에게 성적으로 끌리는 것은 남성적인 대상 선택의 한 형태로 간주되며, 축구나 남아용 조립 완구를 좋아하는 것과 원론적으로 다르지 않다. 따라서 남성적 관심사를 가진 소녀들의 행동은 그와 같은 관심을 반영한 행동 패턴을 보일 가능성이 크며, 성인기의 동성애는 그런 관심을 반영한 사춘기 이후의 행동 가운데 하나에 불과한 것이다.[125]

최근에 머기와 밀러는 선천성 부신 과형성증 소녀와 여성에 대한 10건의 연구를 분석했다. 머니와 동료들은 애초 선천성 부신 과형성증 소녀들이 대조군보다 훨씬 활동적(에너지 소비량이 더 많고, 보다 공격적이며, 거친 신체 놀이를 많이 함)이라고 보고했지만,[126] 머기와 밀러의 좀 더 최근 연구는 이를 지지하지 않았다.[127] 나아가, 선천성 부신 과형성증 소녀들이 지배권을 더 많이 행사한다는 증거도 없었다.[128] 몇몇 연구는 선천성 부신 과형성증 소녀들이 대조군인 소녀들(종종 호르몬의 영향을 받지 않은 그들의 자매들)보다 인형 놀이와 모성을 "예행연습"하는 다른 형태의 놀이들에 관심이 덜하다고 보고했다. 그러나 어찌된 일인지 한 연구 집단은 선천성 부신 과형성증 소녀들이 애완동물을 돌보고 함께 노는 데 더 많은 시간을 쏟는다는 점을 발견한 반면, 다른 연구자들에 따르면 선천성 부신 과형성증 환자들은 아이를 갖길 원하지도 않고 집에 머무는 것보다 직업을 가지는 것을 더 선호했다.[129] 종합하자면, 이 연구 결과들은 태아기 호르몬이 젠더 차이를 만들어 내는 역할을 한다는 주장을 그다지 뒷받침하지 않는다.

머기와 밀러는 선천성 부신 과형성증 여성의 동성애에 관한 10편의 연구에서 특별한 오류를 발견한다. 그들은 이 연구들에서 여성 동성애에 대한 공통 개념이 없다고 지적한다. 이 논문들에서 여성 동성애는 "레즈비언 정체성부터 동성애 관계, 동성애 경험, 동성 판타지"와 꿈에 이르기까지 다양하게 정의된다.[130] 몇몇 연구가 동성애적 사고와 판타지의 증가를 보고하고는 있지만, 전적으로 동성애적인 선천성 부신 과형성증 여성을 발견한 연구는 없었다. 어떤 연구 집단은 "태아기의 호르몬 작용이 개인의 성적 지향을 결정하지 않는다"라고 결론 내렸지만,[131] 다른 집단들은 "여성이 안드로겐에 일찍 노출되면, 성적 지향이 남성화될 수도 있다"는 관점을 고수한다.[132]

따라서 선천성 부신 과형성증 소녀들의 남성성 발달에 대한 연구들을

섹싱 더 바디

비판적으로 살펴보면 문제가 많고 근거가 빈약하다는 것을 알 수 있다. 그렇다면 왜 이런 연구들이 계속해서 나타나는 것일까? 나는 이 고도로 숙련된 잘 훈련받은 과학자들이[133] 자신들만의 젠더 이론에 너무 깊이 빠져 있기 때문에 데이터를 수집하고 해석하는 다른 방식을 전혀 볼 수 없게 되어 간성성이라는 우물로 계속해서 되돌아온다고 생각한다. 그들은 자신의 바다에서는 아름답게 헤엄칠 수 있지만, 단단한 땅위에서는 걸어야 한다는 사실을 전혀 이해하지 못하는 물고기들 같다.[134]

결론: 자연을 읽는 것은 사회문화적 행위다

화학물질로 치료하느냐, 외과 수술을 시행하느냐, 남녀 생식기가 혼재된 신체를 그대로 두느냐의 선택은 모두 의학의 직접적 영역을 넘어서는 결과를 낳는다. 상이한 생식기와 행동 패턴을 가진 신체들의 물질세계에서 "사회 구성"social construction이라는 표현은 무엇을 의미할까? 페미니스트 철학자 주디스 버틀러에 따르면, "육체는 고도로 젠더화된 특정 규제 도식의 생산적인 강제 내에서만 … 살아간다."[135] 간성인 신체에 대한 의학의 접근법은 말 그대로 하나의 사례를 제공한다. "정상" 범주에 있는 몸들은 문화적으로 남성 혹은 여성으로 명쾌하게 이해되지만 남성 혹은 여성으로 살아가기 위한 규칙은 엄격하다.[136] 지나치게 큰 음핵도 너무 작은 음경도 허용되지 않는다. 남성적인 여성이나 여성적인 남성은 필요 없다. 현재 그런 몸들은 버틀러의 표현대로 "사유될 수 없고, 극도로 비참하며, 살아질 수 없는" 것이다.[137] 그들은 바로 그 존재 자체로 우리의 젠더 체계에 의문을 제기한다. 외과의, 심리학자, 내분비학자는 외과 수술을 통해 문화적으로 이해 가능한 신체를 훌륭하게 복제해 내려고 시도한다. 우리가 남녀 생식기가 섞인 존재들을 태아기에 치료해(현재 가능한 것과 미래에 가능할 것 모두를 이용해) 제거하는 쪽을 선택한다면, 우리는 현재 체계의 문화적 이해 가능성과 동행하는 쪽을 선택한 것이다. 만약 우리가 젠더가 뒤섞인 몸과 젠더와 관련된 행동의 변화된 패턴들을 일정 시간 동안 눈에 보이게 놔두는 쪽을 선택한다면, 우리는 좋든 싫든 문화적 이해 가능성의 규칙들을 변화시키는 쪽을 선택한 것이 될 것이다.

[지금까지 살펴본, 간성성을 둘러싼] 의학적 주장들의 전개 과정을 단순히 [이분법적 성별 체계를 유지하려는] 악의적인 기술의 음모에 대한 이야기로 치부하거나, 현대의 과학적 지식에 의해 계몽된 개방적 태도에 대한 이야기로 간주해서는 안 된다. 자웅동체인 그/녀처럼 그것은 어느 쪽도 아니면서 둘 모두이다. 19세기와 20세기 동안 축적된 성 발달에 관한 발생학과 내분비학의 지식을 통해, 우리는 남성과 여성이 모두 동일한 구조에서 출발한다는 것을 알고 있다. 완전한 남성과 완전한 여성은 가능한 신체 유형의 스펙트럼에서 양극단에 해당한다. 이 양극단이 가장 빈번하게 나타난다는 사실은, 그들이 자연스러울(즉, 자연이 만들어 낸 존재일) 뿐만 아니라 정상이라는(즉, 통계적·사회적 이상을 표상한다) 발상에 신빙성을 더해 줬다. 그러나 생물학적 변이에 대한 지식은 우리가 그 중간에 놓인, 출현 빈도가 낮은 존재들 역시, 비록 통계적으로는 드물지라도, 자연스러운 것으로 개념화할 수 있게 해 준다.

역설적으로, 간성성에 대한 의학의 치료 이론들은 성역할의 생물학적 필연성에 대한 믿음을 약화한다. 머니 같은 이론가들은, 특정 상황에서 신체는 전통적인 남성성과 여성성의 형성과 관련이 없다고 주장한다. 가장 중요하지 않은 요인은 염색체이고, 그다음으로 중요하지 않은 요인은 생식샘을 비롯한 내부 기관이다. 외부 생식기와 이차성징이 [유의미한] 지위를 획득하는 것은 관련 당사자들에게 시각적인 신호를 보내 특정 젠더에 적합한 행동을 해야 한다고 알려 주기 때문이다. 이런 관점에 따르면, 어떤 행동이 남성에게 적합하고 어떤 행동이 여성에게 적합한지를 결정하는 것은 신체 내부의 불가사의한 신호들이 아니라 아이들을 양육하는 사회다.

그러나 현실의 개업의들은 간성으로 태어난 신생아의 젠더 지정과 관련해 자신의 선택을 부모와 조부모, 시끄러운 이웃에게 설득해야 하는 부담이 있다. 따라서 그들은 성별이 뒤섞인 아동 내부에 진짜 남성 혹은 진짜 여성의 신체가 숨어 있다고 생각하게 만드는 언어적 수단을 개발한다. 이렇게 그들은 아이가 실제로 젠더를 가지고 태어난다는 생각을 조장하는데, 이는 젠더가 문화의 구성물이라는 생각과 모순되는 것이다. 이와 비슷한 모순적 상황은 심리학자들이 태아기 호르몬 노출을 근거로 레즈비언 성향이나, 심리적으로 건강한 여성에게 부적절하다고 간주되는 욕망이 더욱 빈번히 나타나는 이유를 설명할 때도 발생한다.

이런 모순적인 관행과 관점 속에서 우리는 전략적 통찰을 이끌어 낼 수 있다. 인간의 다양한 성별에 대한 과학적이고 의학적인 이해는 섹스와 젠더에 대한 지배적인 믿음을 교란할 수 있는 수단과 거꾸로 이를 강화할 수 있는 도구를 동시에 제공한다. 페미니스트들의 분석은 때때로 과학과 기술을, 그에 맞서는 모든 저항을 무력화하는 거대 괴물behemoth처럼 묘사한다. 생식 기술에 대한 페미니스트들의 설명은 특히나 이런 견해에 기초해 왔다. 하지만 최근 철학자 야나 사위키는 [과학과 기술이 저항] 역량을 강화해 줄 수 있다는 분석을 제시한다. 사위키에 따르면, "새로운 생식 기술"은 "기존 권력관계"를 유지하는 데 이바지할 수도 있지만, 동시에 [기존 권력관계를] 교란하고 저항할 수 있는 새로운 가능성을 제공할 수도 있다.[138] 나는 이와 같은 상황이 간성에 대한 의학적 관리에서만이 아니라 [과학기술과 관련된 다른 분야들에서도] 항상 그럴 것이라고 생각한다. 페미니스트들은 저항의 지점을 찾아낼 수 있을 만큼 기술에 충분히 익숙해져야 한다.

섹스와 젠더에 대한 이론들은 간성인에 대한 의학적 관리와 긴밀하게 결합되어 있다. 아이를 소년으로 길러야 할지 아니면 소녀로 길러야 할지, 외과수술로 변형을 시켜야 할지, 다양한 호르몬을 투여해야 할지는 우리가 다음과 같은 여러 가지 문제를 어떻게 생각하는지에 달려 있다. 음경 크기는 얼마나 중요한가? 어떤 형태의 이성애적 성관계가 "정상"인가? 통계적인 평균치보다 크고 음경과 비슷하지만 성적으로 민감한 음핵을 가지는 것이 외관상 일반적인 음핵을 가지는 것보다 더 중요할까? 지식의 그물은 복잡하게 얽혀 있으며, 또 그 줄기들은 항상 서로 연결돼 있다. 따라서 우리는 의학적 관리 체계 속에 있는 간성 아동에 대한 연구로부터 부분적으로 (적어도 과학적이라고 또는 "자연에 기반"했다고 주장하는) 섹스와 젠더 이론들을 도출해 낸다. 우리는 필요하다면 동물 연구에 의지할 수도 있다. 비록 동물 연구 역시 섹스와 젠더에 대한 신념으로 구성된 사회 체계 내에서 생산되는 것일지라도 말이다(8장 참고).

그렇다고 우리가 젠더에 대한 현재의 설명에 영원히 얽매여 있을 것이라는 — 물론 누군가의 관점에서는 이 상태가 축복받은 상태일 수 있다 — 의미는 아니다. 젠더 체계는 변화한다. 그 체계가 변화함에 따라, 본성[자연]에 대한 설명 또한 달라진다. 우리는 지금, 새로운 세기의 여명기에 이 같은 변화가 일어나는 모습을 목격하고 있다. 우리는 성별 이형성의 시대에서 다양성의 시대로 나아가고 있다. 우리는 우리 문화에서 전에는 듣지 못했던 질문을 다음과 같이 던질 수 있는 이론적인 이해와 실천적인 힘을 가진 역사의 한 순간을 살고 있다. "성별은 오로지 두 개만 존재해야 하는가?"

Sexing the Body

4장

성별은 오로지 두 개만 존재해야 하는가?

자웅동체에 관한 이설들

1993년에 나는 우리의 양성 체계를 5성性 체계로 대체하자고 조심스레 제안했다.[1] 남성과 여성에 더해 진성-자웅동체herms, 남성 가성-자웅동체merms, 여성 가성-자웅동체ferms 범주를 받아들여야만 한다는 주장이었다. 도발적이긴 했지만, 반농담이기도 했다. 그래서 이 글이 불러일으킨 파장에 깜짝 놀랐다. 우익 그리스도교인들은 이 제안을 2년 후 유엔의 후원하에 베이징에서 열릴 제4차 세계여성회의와 연결하며, 마치 국제적인 음모가 작동하고 있다고 보았다. '종교와 시민의 권리를 위한 가톨릭 연맹'[2]은 "정신이 제대로 박힌 사람이라면 누구나 단 두 개의 성별만이 존재하며, 그 둘이 본성에 뿌리를 두고 있다는 사실을 알고 있는데, '다섯 개의 젠더' 운운하는 소리를 들으니 정말 분노가 치민다"는 광고를 『뉴욕 타임스』에 게재했다.[3]

존 머니 역시 이유는 달랐지만 내 사설에 몸서리쳤다. 간성 아동과 가족을 상담하는 사람들을 위한 지침서의 개정판에서 그는 이렇게 서술했다. "1970년대의 양육주의자nurturist들이 … '사회구성주의자'가 … 되었다. 그들은 생물학과 의학에 반대하는 공동전선을 펴고 있다. … 그들은 모든 성적 차이를 사회가 구성한 인공물로 여긴다. 성 기관의 선천적 기형과 관련해, 그들은 모든 의학적·외과적 개입을 아기를 남성과 여성이라는 고정된 사회 틀에 억지로 밀어 넣으려는 정당하지 않은 간섭이라고 공격한다. … (파우스토-스털링이라는) … 한 작가는 심지어 다섯 개의 성별이 있다고 제안하는 극단적인 방식을 택했다."[4] 반면, 섹스/젠더 체계의 제약에 맞서 싸우고 있는 사람들은 이 사설을 기꺼이 반겼다. SF 소설가 멜리사 스콧은 『그림자 인간』이라는 소설에 아홉 가지 유형의 성적 선호와 여성 가성-자웅동체fems*(XY염색체이고 고환이 있지만 일부

　　※ 멜리사 스콧이 파우스토-스털링에게서 아이디어를 가져오기는
했지만, 표기법은 다르게 변형했다. 예컨대 여성 가성-자웅동체의 경우,
스털링은 페름ferms으로 약칭했지만, 스콧의 소설에서는 펨fems으로 불린다.

여성 생식기를 가진 사람들), 진성-자웅동체hems(난소와 고환을 가진 사람들), 남성 가성-자웅동체mems(XX염색체인데 일부 남성 생식기를 가진 사람들)를 비롯해 나양한 젠더를 등장시켰다.[5] 다른 사람들은 다섯 개의 성별이라는 발상을 자신들의 다多젠더 이론의 출발점으로 삼았다.[6]

분명 나는 민감한 부분을 건드렸다. 우리의 섹스/젠더 체계를 개조하자는 내 제안에 그렇게 많은 사람이 격분했다는 사실은 변화(와 그에 대한 저항)가 머지않았음을 시사한다. 사실, 1993년 이후 많은 것이 달라지고 있는 **중이며** 내 논문도 중요한 자극 가운데 하나였다고 생각하고 싶다. 간성인은 [〈스타트렉〉의] 엔터프라이즈호에서 우리 눈앞에 전송된 것처럼 물질화되어 모습을 드러냈다. 그들은 의사들과 정치가들이 치료 관행을 바꾸도록 영향력을 행사하는 조직가들이 되었다. 좀 더 일반적으로는 젠더에 대한 우리의 문화적 개념화를 둘러싼 논쟁이 격화되었으며, 남성과 여성을 구분하는 경계선을 정의하기가 그 어느 때보다 어려워진 것으로 보인다.[7] 일부는 이미 시작된 변화에 깊은 불안감을 느꼈지만, 다른 이들은 해방감을 느꼈다.

물론 나는 남녀를 구분하는 생각들에 도전하는 데 전념하고 있다. 세력을 확장하고 있는 성인 간성인 단체, 소규모 학자 집단, 규모는 작지만 점점 늘어나는 중견 의료인 모임과 더불어 나는 간성인 출생을 관리하는 의료 관행에 변화가 필요하다고 주장한다.[8] **첫째**, 영유아에게 불필요한 외과 수술을 하지 않는다(여기서 필요란 유아의 생명을 구하기 위한 경우 또는 그/녀의 신체적 안녕을 크게 향상하기 위한 경우를 의미한다). **둘째**, 의사들의 영유아 성별 지정(특정 젠더 정체성이 형성될 개연성에 대한 기존 지식 — 음경 크기는 제발 좀 무시하자! — 에 기초해 남성 혹은 여성으로 결정하는)은 임시적이어야 한다. **셋째**, 의료진은 부모와 아동에게 완전한 정보와 장기간의 상담을 제공해야 한다. 선의에서 비롯되었다 해도, 1950년대 이후 견고하게 확립된 간성인 관리 방식은 심각한 해를 끼쳤다.

무엇보다 해를 입히지 말라

영유아의 생식기 수술은 중단해야 한다. 우리는 다른 문화권의 생식기 절제 관습에 반대하면서도, 국내에서는 이를 용인하고 있다.[9] 의료계에 종사하는 내 동료들 가운데 일부는 간성성에 대한 내 생각에 아연실색한 나머지 그 주제에 대해선 나와 일절 말을 섞지 않는다.[10] 아마도 그들은 내가 젠더 정치의 제단에 불운한 아이들의 행복을 제물로 바치고 있다고 생각할지도 모른다. 하지만 내가 어떻게 간성인 아이를 젠더 불평등의 요새를 공격하기 위한 무기로 사용할 생각을 하겠는가? 환자들을 돌보는 수많은 의료 전문가의 관점에서는, 이 같은 비판이 일면 타당해 보일 수 있다. 신속하면서도 실용적인 해결책이 필요한 응급 상황에서 한 걸음 물러나 큰 그림을 살피며 다른 대응이 가능한지 묻기란 쉽지 않다. 그럼에도 불구하고, 나는 내 제안이 비윤리적이지도 받아들이기 어렵지도 않다고 확신한다. 그 이유는 간성성에 대한 의학적 "치료"가 도움이 되기보다 해가 되는 경우가 더 많기 때문이다.

위에서 살펴봤듯이, 영유아의 생식기 수술은 사회적 결과를 달성하기 위한, 즉 성적으로 모호한 신체를 개조해 양성 체계에 순응하도록 만드는 성형 수술이다. 이 사회적 요구는 너무나도 강력한 나머지, 의사들은 조기 생식기 수술이 효과가 없다는 강력한 증거에도 불구하고 그것을 의학적으로 반드시 필요한 일로 받아들여 왔다. 이 수술은 광범위한 흉터를 남기고 여러 번 시행해야 하며, 종종 오르가즘을 느낄 수 없게 한다. 음핵 수술 사례 가운데 상당수가 성기능보다 성형을 성공의 유일한 기준으로 삼는다. 〈표 4-1〉에는 88명의 환자에게 시행한 음핵축소 수술(〈그림 3-6〉) 결과에 대한 아홉 건의 임상 보고서 정보가 요약돼 있다.[11] 결과에 대한 평가가 얼마나 부적절한지 확연히 드러난다. 아홉 개 보고서 가운데 두 개는 성공 기준을 전혀 언급하지 않았다. 네 개는 성형을 강조한다. 오직 한 개만이 심리적인 건강을 고려하거나 장기간의 추적 검사를 시행한다. 간성인 활동가들은 의료 기관이 간성 아동과 관련해 가장 중요한 것으로 간주하는 믿음과 관행에 도전하면서, 이 익명의 숫자 뒤

135

피험자 수	첫 수술 연령	평가 연령	성공 기준
14명[a]	2개월~15세	수술 후 즉시	언급 없음
18명[b]	6개월 미만~38세	언급 없음	기능 보존, 성형적·사회적 기준
7명[c]	16세 미만	언급 없음	성기능 가능성, 성형적 기준
11명[d]	다양하지만 구체적 언급 없음	알려지지 않음	성적 만족도에 대한 보고(환자 2명), 성형적 기준
3명[e]	유아	언급 없음	언급 없음
10명[f]	유아	언급 없음	성형적 기준과 기능
9명[g]	1세 미만	1세 미만	성형적 기준, 그러나 구체적 언급은 없음
10명[h]	6개월~5세	20.8세(중간 값)	심리적 건강과 신체의 정상 여부. 심리적·부인과적·신체적 평가를 거친 후 독립적으로 평가
6명[i]	3~13개월	6~42개월	성형적 기준, 특히 귀두를 감추는 데 성공했는지 여부
6명[j]	언급 없음	15~30세	오르가즘
6명[k]	6개월에서 14세	언급 없음	언급 없음

자료: **a.** Randolf and Hung(1970). **b.** Kumar et al.(1974). **c.** Fonkalsrun et al.(1977). **d.** Mininberg(1982). **e.** Rajfer et al.(1982). **f.** Oesterling et al.(1987). **g.** Sharp et al.(1987). **h.** Van der Kamp et al.(1992). **i.** Bellinger(1993). **j.** Costa et al.(1997). **k.** Joseph(1997).

에 숨겨진 복잡하고 고통스러운 이야기를 하나둘씩 폭로하고 있다.[12]

북아메리카간성협회의 카리스마 넘치는 창립자 셰릴 체이스는 이 싸움에서 특히 중요한 역할을 했다. 그녀는 자신의 이야기를 공개하기로 선택했고, 전문 의료진과 다른 간성인에게 손을 내밀며 다가갔다. 당시 36세였던 체이스는 세계 각지를 돌아다니며 작은 사업체를 성공적으로 운영하고 있었다.[13] 그녀가 자신의 과거를 공유하고 싶어 하지 않았다면, 겉모습만으로 그녀의 병력을 알 순 없었을 것이다. 난소-고환증이지만 외적으로나 내적으로 여성

결과	논평
"좋음": 1명 "불만족": 1명 "최상": 12명(p. 225)	"특발성 거대증"을 가진 여성이 3건 포함됨. 영유아와 어린이에게는 진통제를 사용하지 않음
불명확	사실상 아무 데이터도 제공하지 않음
청소년 2명 중 1명이 "성적으로 만족"한다고 보고(p. 225)	음핵절제 수술이 성기능에 영향을 미치지 않는다는 기존 시각들을 논박하고 기존 수술 방식에 반대하기 위해 마스터스와 존슨Masters & Johnson의 연구를 언급함
"성형적으로 만족"(p. 355)	예전에 음핵퇴축 수술을 받았던 8세 아이는 성적 흥분에서 오는 고통이 절제술로 경감됨. 성적으로 왕성한 여성 2명은 "수술 후에도 음핵에서 동일한 쾌감"을 보고함(p. 355)
음핵 신경에 손상을 덜 입히는 복부 접근법을 보고함	"외부 생식기의 감각 기능이 온전하게 남아 있는지 임상적으로 평가하기 어려움"(p. 341)
"최상"(그러나 데이터 없음)	명백하게도 이 보고서는 수술 직후 상태에 국한됨. 장기적인 추적 검사는 없음
추적 검사나 상세한 기술 없음	조기 개입을 권고함
"해부학적 측면과 외부 생식기의 기능성 모두 만족스럽지 않음"(p. 48). 환자들은 대개 심리적으로 남성적이거나 남녀의 중간임	아동기 내내 여러 분야 전문가들이 팀을 이뤄 (심리·상담) 치료를 지속길 권고함. 아이들은 평균적으로 생식기 수술을 3회 받음(최소 1회~최대 6회)
"모든 환자가 성형 결과에 만족함"(p. 652)	음핵퇴축 수술보다 음핵절제 수술을 선호함
"모두가 … 성관계 시 오르가즘을 언급했음"	음핵성형술을 선호함
6명 중 4명은 이차 수술이 필요했음	결과가 "만족스럽다"라고만 간단히 기재됨

의 생식기를 가진 그녀에게서 겉으로 드러나는 유일한 차이점은 평균보다 큰 음핵이었다. 부모는 그녀를 남자아이로 기르다가 18개월이 됐을 때, 의사의 조언에 따라 음핵을 완전히 절제했다(〈그림 3-5〉 참고). 또 셰릴이 남자아이일 때 찍은 사진을 모두 없애고 옷을 버렸으며 이름을 바꾸고 여자아이로 키웠다.

그녀가 좀 더 성장한 후 의사들은 추가 수술을 했다. 이번에는 생식샘의 고환 부분을 제거하는 수술이었다. 그녀는 자신이 탈장 수술을 받았다고 들었다. 그녀는 매년 이뤄지는 정기 검진에서 의사가 자신에게 이런 사실을 직접 말해 준 적이 없다고 기억했는데, 이 같은 사실은 그녀의 의료 기록에서도 확인할 수 있었다. 그녀의 어머니 역시 의료 기록에 언급돼 있는 정신과 상담 권고를 끝까지 따르지 않았다. 그럼에도 18세 때, 셰릴은 무슨 일인가가 벌어졌다는 것을 알았다. 그녀는 자신의 진료 기록 내용을 알고 싶었다. 그러나 도움을 주기로 했던 의사는 기록을 읽은 뒤 마음을 바꿔 내용을 말해 주지 않았다. 결국 23세 때 그녀는 다른 의사를 찾아가 자신이 진성-자웅동체 진단을 받았으며 외과 수술을 통해 여성으로 "교정됐다"는 사실을 알게 됐다.[14]

이후 14년간 체이스는 이 사실을 잠재의식 한구석에 묻어 두었다. 그 뒤 외국에서 사는 동안 그녀는 자살 충동을 느낄 만큼 우울해졌다. 집으로 돌아와 치료를 시작했고 자신의 과거를 받아들이려 노력했다. 음핵 없이도 오르가즘을 느낄 수 있는지 알아내기 위해 섹스 치료사 및 해부학자와 상담했다. 간성 전문의로부터 도움을 받을 수 없었다는 사실이 그녀를 실망시켰다. 그녀는 이렇게 썼다. "간성 전문의를 찾기 시작했을 때, 나는 그들의 도움을 받을 수 있을 걸로 기대했다. 이런 전문의들은 나와 같은 병력을 능숙히 다루는 치료사들과 연계가 잘돼 있을 것이라 믿었다. 그러나 그들은 전혀 그렇지 않았다. 하물며 내 문제에 전혀 공감하지도 않았다."[15]

체이스는 성기능을 완전히 회복할 수 있다는 희망을 잃었다. 그럼에도 그녀는 조기 생식기 수술 관행을 변화시키는 데 일생을 바치고 있다. 그녀는 성적 만족이 인간의 타고난 권리라고 생각하며, 다른 사람들은 그것을 온전히 느낄 가능성을 박탈당하지 않기를 바란다. 이 같은 목표를 추구하면서 그녀는 젠더 전쟁의 최전방에 아이들을 내세우려 하지 않았다. 오히려 그녀는 아이들이 사회적으로 남성이나 여성으로 성장하도록 한 뒤, 청소년기나 성인기에 이르러 수술이 성기능에 초래할지 모를 위험을 충분히 인지한 상태에서 스스로 수술 결정을 내릴 수 있도록 해야 한다고 제안한다. 이때 그들은 어린 시절 자신에게 지정되었던 젠더 정체성을 (이 경우에는 조기에 시행된 수술 때문에 중요한 신체 부위를 잃어버리지 않은 상태에서) 거부할 수도 있다.

체이스는 유능한 정치 조직가가 되었다. 그녀는 혼자서 싸움을 시작했지만, 날마다 지지자가 늘어나고 있다. "1993년에 북아메리카간성협회를 설립했을 때, 이와 유사한 성격의 정치 단체는 없었어요. … 북아메리카간성협회가 등장한 이후 의료계의 기존 관행에 저항하는 다른 집단들이 나타나기 시작했죠. … 1996년에는 자신의 간성 아이를 여성으로 지정하려는 의료계의 압력을 거부한 한 엄마가 … '자웅동체의 교육과 정보 수집을 위한 센터'를 설립했습니다."[16] 신생 단체 가운데 상당수는 덜 정치적이기는 하지만, 일부는 북아메리카간성협회의 보다 급진적인 접근 방식을 높이 평가한다.[17] 체이스는 간성인, 학계, 현직 의사와 심리학자 등으로 구성된 다양한 조직 간의 연합을 계속해서 구축해 나가고 있다. 체이스를 비롯해 다양한 사람들 덕분에 미국의 의료 관행은 조금씩 변화하기 시작했다.[18]

하지만 활동가들은 여전히 강력한 반대에 직면해 있다. 체이스는 1960년대 초에 음핵을 절제했다. 의사들은 그녀가 받았던 수술은 물론이고, 수술에 대한 정보를 충분히 제공하지 않았던 일이 당시에는 일반적이었지만 지금은 아니라고 말한다. 그러나 수술 방식은 변했어도(더 나아졌다는 증거는 없다)[19] 음핵절제 수술은 아직도 이따금씩 행해지고 있으며,[20] 환자에게 거짓말을 하고, 성년이 된 뒤에도 정보를 제공하지 않는 관행 역시 마찬가지다. 좀 더 최근 사례인 앤절라 모레노의 이야기를 살펴보자. 12세이던 1985년에 그녀의 음핵은 1.5인치[약 3.8센티미터] 길이로 자랐다. 음핵 길이를 비교할 대상이 없었기 때문에 그녀는 자신이 정상이라고 생각했다. 그러나 이 사실을 눈치챈 엄마는 불안한 마음으로 그녀를 의사에게 데려갔다. 의사는 그녀에게 난소암이라 자궁 적출 수술이 필요하다고 말했다. 부모는 무슨 일이 있어도 그녀가 언제나 귀여운 딸이라고 말했다. 그러나 수술에서 깨어났을 때, 그녀의 음핵은 이미 사라지고 없었다. 23세가 돼서야 그녀는 자신이 XY염색체를 가지고 있고, 난소가 아닌 고환이 있었다는 사실을 알게 되었다. 그녀는 암에 걸린 적이 전혀 없던 것이다.[21] 현재 모레노는 북아메리카간성협회 활동가이다. 그녀는 수술과 거짓말이 준 상처를 심리적으로 치유하는 데 북아메리카간성협회가 도움을 줬다고 말한다. 그녀는 몬테소리 학교에서 교사로 일하는 게 꿈이다.

아이도 입양하길 바라고 있다. "만약 제가 스스로를 남성이나 여성으로 불러야 한다면, 저는 다른 종류의 여성이라고 부를 기예요. … 제 성별은 어느 한쪽도 아니고 그 둘을 조합한 경우도 아니에요. 전 독특하게도 자웅동체로 태어났어요. 그리고 진심으로, 제가 있는 그대로일 수 있으면 좋겠어요."[22]

성인 환자들은 간성성에 대해 아이들에게 거짓말을 하는 관행에 공개적으로 항의하기 시작했다. 과거에는 소수의 전문가만이 진실을 있는 그대로 말해 주어야 한다고 했지만,[23] 최근에는 환자들 스스로가 완전한 공개를 요구하며 목소리를 높이기 시작했다. 1994년에 안드로겐 무감응 증후군이 있는 한 여성은 『영국의학협회지』에 자신의 이야기를 익명으로 발표했다.[24]

그녀는 진실에 대해 온전히 들은 적이 없었다. 그녀의 진실은 간호사의 말실수와 의사의 무심한 발언으로 조금씩 누설됐다. 10대 때 그녀는 치료 매뉴얼이 전혀 예상하지 못했던 행동에 나섰다. 영리하고 호기심이 많았던 그녀는 의학 도서관에 가서 탐정 수사를 벌였다. 마침내 모든 조각이 맞춰지며 그림이 완성되었고, 굴욕감과 슬픔, 배신감이 밀려들었다. 그녀는 심하게 자살 충동을 느꼈다. 이 문제를 충분히 극복해 스스로를 긍정적으로 느끼기까지 여러 해가 걸렸다. 그녀는 간성 아동을 진료하는 의사들에게 사실을 있는 그대로 말해 주고, 젠더 정체성에 대해 솔직하게 논의하는 게 최선의 의료 관행이라고 조언한다.

이 여성의 이야기는 비슷한 경험자들의 공감을 불러일으켰다. 질 없이 태어난 한 여성은 이 학술지의 편집자에게 익명으로 발표된 위 글 사연에 공감하는 편지를 보내 왔다.

저와 부모님 모두 그 어떤 심리적 지원도 받지 못했습니다. … 부모가 (의사가 아닌) 전문 상담가들과 솔직하게 이야기를 나누며 다양한 정보 — 아이에게 언제 무엇을 말해야 하는지, 다른 환자들과 연락하거나 상담 및 심리 치료를 받을 수 있는 자료 … 등과 같은 — 를 얻지 못한다면, … 자신의 감정에 갇혀 고립감에 무기력해질 수밖에 없습니다. 이럴 때 아이

섹싱 더 바디

의 상태는 회복 불가능한 것으로 간주되거나, 가족 내에서도 언급하기 너무 끔찍한 일로 간주될 수 있으며, 도움을 줄 수 있는 외부 전문가들에게 더더욱 말할 수 없게 됩니다. … 이는 배려와 지지를 받는 환경에서 진실을 공개하는 것보다 훨씬 큰 상처를 모두에게 줄 수 있습니다.[25]

실제로, 새로 결성된 모든 간성인 단체[26]가 비슷한 말을 하고 있다. "우리에게 모든 사실에 대해 말하라. 거짓으로 우리의 지성을 모욕하지 말라. 아이에게 설명할 때는 나이에 맞춰 적절한 정보를 단계적으로 제공하라. 거짓말은 아무런 도움도 안 되며 환자와 부모, 환자와 의사 사이의 관계를 파괴할 수 있다."[27]

음핵 수술이 성기능에 영향을 미치지 않는다는 입증되지 않은 주장과 더불어 오늘날에도 계속 시행되고 있다는 사실은 어떻게 보면 그다지 놀랍지 않다.[28] 음핵의 해부 구조와 생리에 대한 우리의 이해도는 아직도 현저히 낮다.[29] 의학 문헌에서 음핵의 구조는 오랫동안(오늘날에도) 잘 다뤄지지 않았다. 예를 들면, 현재의 의학 일러스트들은 이 구조의 다양성[30]은 물론 심지어는 복잡한 구조 전체도 충분히 보여 주지 못한다.[31] 사실 (여성의 자기 개발서를 제외한) 의학 서적에서 음핵은 현재보다 오히려 지난 세기 전환기에 더 완전하게 묘사되고 명명됐다. 만약 의사들이 성기의 다양성을 모르고 음핵의 기능에 대해서도 거의 아는 것이 없다면, 그들이 수술 후 음핵의 외형이나 생리적 기능이 "만족스러운지" 어찌 알 수 있겠는가!

① 흉터와 고통

생식기 수술을 받은 간성인의 개인적 증언은 [학술지에 실린] 무미건조한 사실들에 생명을 불어넣는다. 이와 관련해, 가장 중요한 것은 생식기 수술에 대한 장기 추적 연구가 아주 드물다는 것이다.[32] 그럼에도 의학 문헌에는 이런 수술의 부정적 영향에 관한 증거가 가득하다. 기존의 의학 논문을 조사하면서 나와 동료 보 로런트*는 감각을 저하시킬 수 있는 흉터 형성과 대개 한 번의 수술로 끝나지 않아 성기에 더욱 심각한 흉터를 남기는 반복적인 수술에 대한 언급에 주목했다. 또 우리는 음핵이나 음핵 뿌리 부분의 잔류 통증에 대한 언급을 다섯 차례 발견했다.[33] 특히 주목할 만한 보고는 음핵퇴축 수술을 받은 16명의 환자들 가운데 10명이 음핵 과민증을 보였다는 점이다.[34]

질을 확대하고 개조하거나 새롭게 만들어 내는 다양한 기술을 총칭하는 질성형술 역시 "심각한 흉터와 질 협착증(관, 입구, 통로 등이 막히거나 좁아지는 현상)"[35] 같은 위험들을 수반한다. 로런트와 나는 질성형술과 관련된 흉터를 언급한 사례 10건을 발견했다. 가장 흔히 보고되는 합병증은 협착증이다.[36] 질 입구가 좁아지는 원인 가운데 하나는 흉터 조직이다. 그래서 어느 수술 팀은 질에 고리 모양의 흉터를 남기지 않는 것을 **목표**로 언급했다.[37] 문헌 검토 결과, 유아기에 질성형술이 시행될 경우[38] 질 협착증이 발생할 확률이 80~85퍼센트에 달하는 것으로 나타났다.[39]

여러 차례 시행되는 생식기 수술은 신체적으로는 물론이고 심리적으로도 부정적 영향을 미칠 수 있다. 한 의사 집단은 이 같은 수술이 초래한 트라우마로 말미암아 수술의 이점이 부분적으로 상쇄될 수 있다고 인정한다. "아이가 의료진으로부터 신체적 학대를 받고 있으며 생식기에 과도하면서도 고통스러울 정도로 관심이 집중되고 있다고 믿는 경우, 심리적 적응에 어려움이 생길 수 있다."[40] 간성인의 개인적 경험담은 그들이 받은 치료의 부정적 측면을 확인시켜 준다. 성인이 된 상당수 간성인은 반복적인 생식기 검사(대체로 사진 촬영이 이루어지고, 의대생과 인턴이 일렬로 늘어서 참관하는 가운데 이루어지는 경우가 많았다)를 유년기에 겪은 가장 고통스러웠던 기억 가운데 하나로 꼽는다. 예를 들면, 조앤/존은 존스홉킨스 병원을 매년 방문해야 했는데, 이에 대해 "학대받는" 느낌이었다고 묘사했다.[41]

다른 이들도 비슷한 의견이었다. 한 간성 남성이 내게 설명했듯, 간성 남아의 음경 성장과 기능을 측정하는 한 방법은 의사가 소년의 생식기를 자극해

✻ 1990년대부터 셰릴 체이스는 보 로런트라는 이름을 함께 썼다.

발기를 유도하는 것이었다. 질 수술을 받은 어린 소녀들도 비슷한 침습적 시술로 고통을 겪는다. 유아기 혹은 아동기에 수술을 시행할 경우, 부모들은 새로 만든 질이 닫히지 않도록 딜도를 삽입하라고 배운다.[42] 심리적 고통을 예방하기 위해 시행된 의학적 방법이 적절한 생식기를 만드는 데에만 집중함에 따라, 오히려 고통을 유발하고 있는 것이다.[43]

② 반복적 수술

통계가 모든 걸 말해 준다. 의학 문헌에는 생식기 성형수술의 성공 가능성에 대한 자신감이 넘쳐 나지만, 수술은 복잡하고 위험하기 짝이 없다. 생식기 수술을 받은 아동 가운데 30~80퍼센트가 1회 이상 수술을 받았다. 한 아이가 이런 수술을 3~5회까지 견뎌야 하는 일도 흔하다. 존스홉킨스 대학 병원에서 1970~90년에 시행된 질성형술을 조사한 결과, 어린 나이에 질성형술을 받은 여아 28명 가운데 22명(78.5퍼센트)에게 추가 수술이 필요했다. 이 가운데 17명이 이미 수술을 두 차례 받은 상태였고 다섯 명은 세 차례나 받은 상태였다.[44] 또 다른 연구에 따르면, 음핵퇴축 수술 성공을 위해 "다수의 아동에게 2차 수술이 필요했고, 여러 환자에게 3차 수술이 필요했으며, 음핵귀두성형술glans-plasty이 필요한 경우도 있었다"(음핵귀두성형술은 팔루스의 끝부분, 즉 음핵귀두를 절제한 뒤 모양을 다듬는 수술이다). 이 연구 역시 어릴 때 질성형술을 시행한 후 중복 수술이 이루어진 경우를 보고했다.[45] [46]

간성인에게 보다 흔하게 시행되는 수술 가운데 하나인 질성형술에 대해서는 상당한 양의 데이터가 쌓여 있다. 로런트와 나는 314명의 환자에게 얻은 정보를 요약해 〈표 4-2〉에 제시했다. 이 표는 의학적 평가의 불완전한 성격을 드러낸다. 연구자들은 오직 218명의 환자에 대해서만 수술 성공 여부를 평가할 수 있는 구체적 기준을 제시했다. 성인(약 220명의 환자)의 경우, 표준적 기준은 질 삽입 성관계가 가능한지 여부였다. 이 연구들에서 드러나는 것은 연구자들조차 이 수술이 성공하는 경우가 드물며 종종 위험하다고 여긴다는 사

표 4-2. 질성형술에 대한 평가

피험자 수	수술 연령	평가 연령	성공 기준
7[a]	유아	정보 없음	정보 없음
42[b]	1세 미만 영아 2세 이상 유아	16세 이상	원활한 질 삽입
23[c]	정보 없음	15~37세	성행위 오르가즘을 보고하는 경우
23[d]	평균 1.84~5.5세	정보 없음	정보 없음
80[e]	정보 없음	18~70세	성행위, 혼인 상태
14(?)[f]	정보 없음	성인	정보 없음
13[g]	사춘기 이전	11~22세	정보 없음
45[h]	1~3세 미만	정보 없음	질구 아래쪽 경계선의 위치. 봉합선의 유연성 및 염증과 협착 유무. 질구가 잘 만들어졌는지 여부. 주변 근육의 비대증이 없음
28[i]	생후 3주~5세	18~25세	질 내 삽입의 성공 여부
23[j]	정보 없음	14~38세	고통이나 출혈 없는 삽입. 오르가즘
38[k]	한 가지 사례 빼고는 모두 15~30세	정보 없음	윤활 여부. 질의 길이나 직경. 생식력. 심리적 문제가 없는 경우

자료: a. Hendren and Crawford(1969). b. Azziz et al.(1986). c. Hecker and McGuire(1977). d. Allen et al.(1982). e. Mulaikal et al.(1987). f. Newman et al.(1992a). g. Sotiropoulos et al.(1976). h. Nihoul-Fekete(1981); Nihoul-Fekete et al.(1982). i. Bailez et al.(1992). j. Costa et al.(1997). k. Fliegner(1996).

섹싱 더 바디

결과	논평
"만족"(기준은 언급하지 않음)	남성화가 많이 진행된 경우 음핵절제가 바람직하다고 언급함
· 첫 번째 수술: 34퍼센트 성공 · 3회 수술 후 성공: 62퍼센트	상당수 환자가 외과 수술을 완료하는 데 실패함. 환자의 나이가 많을수록 성공률이 높아짐
· 15명: 빈번한 성행위(1회/일~2회/주) · 5명: "성행위 빈도 감소" · 13명: 질 내 삽입 시 오르가즘 느낌 · 9명: 상대가 손으로 자극 시 오르가즘 느낌 · 50퍼센트가 질 윤활제를 필요로 함	"성공을 결정하는 가장 중요한 단일 요인은, 이상을 알기 전과 동일한 상태로 환자가 심리적으로 적응했느냐 여부였다"(p. 546)
· (연령이 더 어린) 15명은 수술 후 질 협착과 질 발육부전 등의 심각한 합병증에 시달림 · 나이가 많은 편인 환자 8명은 결과가 괜찮다고 기재됨	"어린 나이에 공격적인 수술로 깊은 흉터와 질 협착을 유발하느니 사춘기 이후로 질성형술"을 미루기를 권고함
· 65퍼센트가 질구와 질에 만족함 · 질구의 크기가 적절한 사람 중에서는 23퍼센트가 성행위를 하지 않았던 반면, 질구가 좁은 사람 중에서는 64퍼센트가 성행위를 하지 않았음	적절한 외과 수술에 의해 교정이 이루어졌음을 더욱 강조하는 한편 "환자가 질성형술을 받아들일 수 있도록 … 정신내분비학을 더 많이 활용할 것"을 제안함(p. 182)
· 피판 수술thigh flap operation[조직의 판상절편을 이용한 수술]을 받은 4명 중 2명이 질 크기에 문제가 있었음 · 풀-스루 수술pull-through operation[대장의 일부를 이용해 질의 형태를 만드는 수술]을 받은 14명 중 8명은 2차 수술을 요하는 심각한 협착증이 나타남 · 3명은 질구에 불편한 음모가 자람	다양한 질성형술의 장단점을 논함. 수술 받기에 최적인 나이는 언급하지 않았지만 유아에서 수술을 시행한 것은 분명함
· 13명 중 10명에서 추가 수술을 요하는 협착증 발생 · 13명 중 3명은 성관계에 성공함	· "실망스럽게도" 성공한 경우가 없었음(p. 601) · "보통 조기에 교정받은 질구에는 흉터가 형성된다"(p. 601) · "사춘기가 지나기 전에 질구 재건을 시도하는 것은 현명하지 않다"(p. 601)
· 45명 중 16명은 사춘기 이후 추가 수술이 필요했음 · 12명 중 6명은 성관계 시 만족했다고 호의적으로 응답함	교정 수술이 조기에 성별을 재배정한다는 목적을 부분적으로 달성함
· 28명 중 6명은 1회 수술로 충분했음 · 28명 중 22명은 3~4회 수술이 필요했음	다수의 수술이 필요한 해부학적 요인을 논하긴 했으나 여전히 조기 수술을 선호함
· 수술 후 확장 과정을 거친 8명 중 7명은 만족함 · 확장 시술을 겪지 않은 8명 중 4명은 불만족 · 7명은 성행위가 없었음	아동기 때 질성형 수술을 받은 후 성인기에 확장 과정을 거치면 좋은 결과를 낳는다고 결론 내림. 음핵절제 수술과 음핵성형 수술에 대한 데이터를 비교해 제시함
· 질액 부족: 38명 중 6명 · 질의 크기가 너무 작음: 38명 중 5명 · 불임: 38명 중 10명 · 심리적 문제: 38명 중 3명 · 성적으로 활발했던 23명 중 18명이 만족스러운 성관계	

실이다. **첫째**, 추가 수술로 이어지는 수술 후 합병증 빈도가 상대적으로 높다. 때때로 중복 수술은 심각한 흉터를 남긴다. **둘째**, 여러 저자들이 환자가 수술을 받아들이도록 심리적 지원이 필요하다고 강조한다. **셋째**, 전반적인 성공률은 매우 실망스러울 수 있다. 한 연구에서는 80명의 환자 가운데 65퍼센트가 "만족스러운" 질구를 갖게 되었지만 그중 23퍼센트가 성관계를 하지 않는 것으로 나타났다.[47] 조기 수술이 실패했을 때, 많은 환자들이 추가 수술을 거부했다. 따라서 수술 성공 여부에 대한 평가 기준을 명확히 설정한, 질성형술에 대한 연구들에서는 수술 실패율이 높게 나타난다.

요도하열 수술에 관한 연구들은 좋은 소식과 나쁜 소식, 그리고 좋고 나쁨이 입장에 따라 갈리는 소식을 들려준다. 좋은 소식은 요도하열 수술을 받은 성인 남성들이 대조군 남성들(어렸을 때, 성기가 아닌 사타구니에 외과 수술을 받았던 남성들)과 동일한 연령에 성적으로 중요한 이정표(예를 들면, 첫 성관계 시기)에 도달했다는 것이다. 그들은 성적 행동이나 기능 면에서 대조군과 다르지 않았다. 나쁜 소식은 이 남성들이 성 접촉에 훨씬 소극적이었다는 점이다. 아마도 자신의 생식기 외양에 대해 부정적인 감정을 가졌기 때문인 듯하다. 나아가 남성이 받은 수술 횟수가 많을수록, 성적 억제sexual inhibition*도 더 높게 나타났다.[48] 수술 성공률은 요도하열이 중증인 경우에 가장 낮았다. 대체로 그들은 정상적인 발기는 가능했지만 배뇨 시 소변이 비산하거나 지속적인 사정 등과 같은 문제가 생기기도 했다.[49]

그렇다면 좋고 나쁨이 입장에 따라 갈리는 소식은 무엇일까? 그것은 [의사들이] 지정한 젠더 역할을 엄격히 고수하는 것이 심리 건강에 중요하다고 생각하는지 여부에 달려 있다. 예를 들면, 한 연구는 요도하열과 관련된 문제로 병원에 자주 입원했던 남아일수록 "젠더의 경계를 넘나드는" 행동을 많이 한다는 것을 발견했다.[50] "모호한 생식기를 ... 지니고 태어난 아동에게서 젠더

---

* 특정 성적인 행위나 욕구에 대해 비합리적 두려움이나 혐오감을 느껴 성적 반응이 제한되거나, 성기능 장애를 유발하는 상태.

섹싱 더 바디

교차 정체성이 발달하지 못하도록 하는 것이" 명시적 목표인 간성 관리팀[의료진]에게는 이런 결과가 자칫 치료 실패를 의미할 수 있다.[51] 반면, 의사들은 머니의 치료 원칙을 철저히 따랐음에도 불구하고, 요도하열이 있는 남아뿐만 아니라 전체 간성 아동의 13퍼센트에 해당될 만큼 많은 아이들이 결국 그 치료가 요구하는 엄격한 젠더 정체성에서 벗어나게 된다는 걸 발견했다. 이 같은 사실은 양성 체계를 고수하는 심리학자들을 괴롭히는 나쁜 소식이다.[52] 그러나 젠더가 원래부터 매우 다양하다고 믿고 있는 우리에게 간성 아동에게서 나타나는 젠더 가변성은 나쁜 소식이 아니다.

거부할 수 있는 권리

현대의 치료 매뉴얼은 의사가 제시하는 치료법에 부모가 동의하도록 유도하는 방법에 대해 상당히 공을 들이고 있다. 분명히 이는 매우 까다로운 문제다. 부모들이 매우 완고**할 수 있기** 때문이다. 때때로 부모들은 아이의 성별에 대해, 또한 외과 수술을 통한 변화를 어느 정도까지 허용할 것인지에 대해 자신의 견해를 강력히 주장한다. 1990년대에 헬레나 하먼-스미스의 아들은 난소와 고환을 둘 다 지닌 채 태어났는데, 의사들은 그를 여자아이로 바꾸려 했다. 하먼-스미스는 이를 거부했다. "아들은 제게 없는 부위가 있어요. 아름다운 아이에요"라고 그녀는 말했다.[53] 하먼-스미스는 외과 수술의 필요성을 인정하지 않았다. 이처럼 그녀가 분명히 의사를 밝혔음에도 불구하고 외과의는 아들의 생식샘[고환]을 제거했다. 이에 반발해 그녀는 활동가가 되었고, '자웅동체의 교육과 정보 수집을 위한 센터'라 불리는 간성인 부모 지원 단체를 설립했다.

최근에 하먼-스미스는 간성 아이의 출산과 관련해 의사들을 위한 지침을 십계명 형식으로 발표했다. 이 십계명에는 다음과 같은 내용이 포함돼 있다. "출생 첫해에 극단적인 결정을 내리지 마라", "가족을 정보나 지원에서 소외시키지 마라", "환자를 신생아 집중 치료실에 격리하지 말고 … 일반 병동에 머물게 하라."[54] 케슬러는 선천성 부신 과형성증의 영향을 받는 XX 아이의 출생을 보호자에게 알리는 새로운 대본을 다음과 같이 제안했다. "축하합니다. 예쁜 딸아이를 낳으셨어요. 아이의 음핵과 융합된 음순의 크기로 볼 때 치료가 필요할 수도 있을 의학적인 문제가 있는 듯합니다. 아이의 음핵이 크긴 하지만 분명히 음핵입니다. … 음핵에서 중요한 점은 모양이 아니라 기능입니다. 아이는 운이 좋네요. 그녀의 성적 파트너들은 음핵이 어디 있는지 쉽게 찾아낼 테니까요."[55]

부모의 반대는 새로운 일이 아니다. 1930년대에 휴 햄프턴 영은 의사들이 간성 아동에게 수술을 시행하려 했지만 부모가 거부한 두 사례를 기록해 두었다. 열다섯 살 구시는 여자아이로 컸다. 병원 입원 후(입원 사유는 불명확하다), 영은 (전신마취를 하고 외과 검사를 시행하는 도중) 구시가 한쪽에 고환을 지니고 있으며 커다란 음핵/음경과 질, 불완전하게 발달한 나팔관과 자궁을 지니고 있지만 난소는 없다는 사실을 알게 됐다. 아이가 수술대에 누워 있는 동안, 영의 수술팀은 고환을 음낭/커다란 음순 안으로 내려놓기로 결정했다. 그 뒤 그들은 엄마에게 아이가 소녀가 아니라 소년이었다면서, 그/녀의 이름을 거스로 바꾸고 추가적인 "정상화" 수술을 받으러 병원에 다시 오라고 조언했다.

엄마는 불같이 화를 냈다. "그녀는 크게 화를 내며 자신의 아이는 여자아이이고, 자신은 남자아이를 바라지 않으며 그 아이를 계속해서 여자아이로 키우겠다고 말했다."[56] 부모의 반발은 영을 곤란하게 만들었다. 이미 그는 고환이 밖으로 나온 소년을 새로 만들어 낸 뒤였다. 거스는 구시로 남아 있어야 한다는 엄마의 주장을 영이 받아들여야 할까? 그렇다면 어떻게? 구시에게 제 기능을 하는 생식샘을 전혀 남겨 놓지 않을지라도 음경과 고환을 제거하자고 제안해야 할까? 그/녀의 호르몬 분비를 조절해야 할까? 어떻게 되었는지 알 수 없다. 부모와 아이는 병원을 다시 찾지 않았기 때문이다. 또 다른 비슷한 사례에서 부모는 [상태를 알아보기 위한] 탐색적 수술조차 허락하지 않았고, 아이의 신체 외부를 검사한 뒤 병원에 다시 오지 않았다. 영은 자신의 통제 범위를 벗어난 가능성들에 대해 고민했다. "[탐색적 수술을 통해-인용자] 생식샘이 여성의 것으로 밝혀지더라도 … 그 환자가 남성으로 자라게 그냥 둬야 할까?"[57]

영은 치료뿐만 아니라 자신의 "상태"에 대한 "과학적으로" 온전한 설명을 들을 기회마저 거부한 성인 자웅동체의 사례도 다루었다. 일례로 여자아이로 길러진 조지 S.는 14세 때 가출해 남장을 하고 남자로 살았다. 나중에 그/녀는 남자로서 결혼했지만 아내를 부양하기가 너무 힘들었다. 그래서 그/녀는 영국에서 미국으로 이주해 다시 여장을 하고 어떤 남자의 "정부"가 되었다. 그럼에도 그/녀는 계속해서 여성들과 관계를 맺었고, 그때마다 남자 역할을 맡았다. 완전히 발달한 가슴이 골칫거리여서, 그/녀는 영에게 가슴을 제거해 달라고 요청했다. 영이 그/녀의 "진짜" 성별을 알아내는 검사 없이는 가슴 수술을 할 수 없다고 거절하자, 환자는 사라져 버렸다. 영의 또 다른 환자 프랜시스 벤턴은 서커스 괴물 쇼에 구경거리로 나가는 일로 생계를 유지했다. 서커스의 광고 문구는 "남성과 여성이 하나로. 한 몸에 두 사람"이었다(〈그림 4-1〉 참고). 벤턴은 그/녀 자신의 궁금증을 해소하고 서커스 광고[58]의 진실성을 입증하는 의학적 판단을 구하기 위해 영을 찾아왔지만, 자신의 생활 방식을 바꾸는 데는 관심이 없었다.

의학적 치료 없이는, 특히 조기에 외과 수술을 받지 않으면 자웅동체는 비참한 삶을 살게 된다는 것이 정설이었다. 그러나 이 주장을 뒷받침할 만한 경험적인 조사 연구는 거의 없다.[59] 사실, 의학적 치료의 근거를 마련하기 위해 수집된 연구들은 종종 정반대의 결과를 보여 준다. 일례로 프랜시스 벤턴은 "자신의 상태에 대해 걱정하지도, 변화를 바라지도 않았다. 오히려 삶을 즐기고 있었다."[60] 독일의 마인츠 대학 병원 의사인 클라우스 오베르지어는 대다수 사례에서 환자들의 심리 행동은 양육된 성별하고만 일치하며 신체 유형과는 일치하지 않는다고 보고한다. 이 사례들 중 상당수에서 신체 유형을 양육된 성별에 맞게 "다듬지" 않았다. 그가 조사한 94건의 사례 가운데 오직 15퍼센트에서만 환자들이 자신의 법적인 성별에 불만이 있었다. 그 사례들은 모두 "남성"이 되길 희망하는 "여성"의 경우였다. 조기 치료의 중요성을 강력하게 옹호하던 듀허스트와 고든조차 나이 든 환자에서 "성별 변화"가 굉장히 성공

그림 4-1. "자웅동체로 활동 중"인 프랜시스 벤턴과 그/녀의 광고 문구
["남성과 여성이 하나로 한 몸에 두 사람"Male and female in one. One body — Two people]

FIG. 104. Case 15. Photographs of patient as a female, showing marked breast development. BUI 24902.

FIG. 105. Case 15. Photographic copies of advertising material distributed by patient. BUI 24902.

자료: Young(1937, 144-145)에서 승인하에 게재

적으로 이뤄졌다는 걸 인정했다. 그들은 결정적 시기로 추정되는 18개월이 지난 다음에 다른 성별로 재분류된 아동의 사례를 20건 보고했다. 그들은 모든 재분류가 "성공적"이라고 평가하며, [결정적 시기가 지난 사례에도 수술을 거쳐] 성별 "재등록을 하도록 지금까지보다 훨씬 더 적극적으로 권장할 수 있지 않을까" 생각했다.[61] 그러나 그들은 이런 긍정적인 발견을 강조하기보다 뒤늦게 성별을 변경할 때 수반되는 수술 실행상의 어려움을 강조했다.

때때로 환자들은 여성에게서 수염이 자라는 것처럼 두드러지게 눈에 띄는 상황에서도 치료를 거부했다. 랜돌프와 동료들은 "흉하게 돌출된 음핵에도 불구하고 추가 수술을 단호하게 거부한" 한 소녀에 대해 보고했다.[62] 판데르 캄프와 동료들의 연구에 따르면, 질 재건 수술을 받은 성인 여성 10명 가운데 아홉 명이 사춘기 이전에 이런 수술을 시행해서는 안 된다고 생각했다.[63]

마지막으로, 마리아 M. 바일레스와 동료들은 성관계가 가능한 질구를 만들기 위해 필요한 네 번째 수술을 거부한 한 사례를 보고했다.[64]

지정된 젠더 정체성과 상충하는 생식기를 지니고 성장한 간성 아동이 비참한 삶을 살 수밖에 없는 운명인 것은 아니다. 로런트와 나는 눈에 띄게 비정상적인 생식기를 지니고 성장한 청소년과 성인의 사례(1950년 이후 발간된 자료)를 80건 이상 찾아냈다(〈표 4-3〉과 〈표 4-4〉 참고). 그 가운데 한 사례에서 정신 질환의 가능성이 있었지만, 그 원인은 정신 질환이 있는 부모와 관련이 있는 것이었지 성적 모호성 때문은 아니었다. 이렇게 표에 요약된 사례들은 아이들이 비정상적 생식기에 적응하면서 어떻게든 별다른 문제가 없는 성인으로 성장하며, 그중 상당수가 결혼해 왕성하고 만족스러운 성생활을 영위한다는 점을 분명히 보여 준다. 남성들 중에는 작은 음경을 지녔지만 삽입 성교 없이도 결혼을 해서 활발한 성생활을 했던 놀라운 사례들도 있다.[65] 조기 개입을 지지하는 사람들조차도 색다른 생식기에 적응할 수 있다고 인정한다. 햄프슨 부부는 사춘기가 지난 자웅동체 250명 이상의 데이터를 제시하면서 이렇게 서술했다. "놀라운 점은 겉모습이 모호한 환자들 가운데 상당수가 **외모에도 불구하고** 심리적으로 건강하게 성장했다는, 혹은 아주 경미한 정도로만 건강이 좋지 않았다는 사실이다."[66]

임상 문헌은 상당 부분 일화를 다루는 데 그치고 있다. 거기에는 환자의 건강과 심리적 행복을 평가할 만한 일관되거나 과학적인 (이론의 여지는 있을지라도) 표준이 없다. 그러나 로런트와 나의 조사는 정량적 데이터가 부족함에도 많은 것을 드러낸다. 그들이 작은 음경과 성조숙, 사춘기의 유방 발달, 주기적인 혈뇨(소변 속의 피, 곧 이 경우에는 생리혈) 같은 기형을 지닌 채 성장할지라도, 남성으로 양육된 간성 아동의 대다수는 활발한 이성애 성인 남성의 특징을 가진 삶을 영위했다. 55명의 간성 아동은 여성으로 성장했다. 음경의 존재, 거대 음핵, 이분 음낭과 같은 생식기 기형 그리고/또는 남성화 사춘기에도 불구하고 대부분은 활발한 이성애 여성의 삶을 영위했다.

남성으로 양육된 집단과 여성으로 양육된 집단 사이에는 두 가지 흥미

표 4-3. 일반적이지 않은 성기를 가진 아이가 남성으로 양육되었을 때 나타나는 심리적 결과

발달 패턴(표본 크기)	지정된 성별의 변화	의학적 개입	평가 방법
XX 간성(1)[a]	없음. 남성으로 양육	11세 때 난소 1개 제거. 24세 때 난소 생검	신체검사와 호르몬 검사만 진행
작은 음경, 갈린 음낭, 음경 아래쪽으로 배뇨. 사춘기에 유방이 발달하고, 자궁과 난관 및 난소가 확인됨[b]	남성으로 양육. 10대 때 여성으로 재지정	17세 때 질을 복원. 음핵 수술은 하지 않음.	신체검사. 호르몬 검사. 정신과 면담. 미네소타 다면적 인성 MMPI 검사. 로르샤흐 검사
유전, 생식샘, 호르몬상으로 남성인 성조숙증 환자(1)[c]	없음. 남성으로 양육	광범위한 가족 상담	아이큐 검사. 표준적 심리 검사. 면담
XX 간성. 요도하열이 있는 작은 남근. 융합된, 속이 빈 음순음낭(1)[d]	없음. 남성으로 양육	10대 때 유방과 여성의 내부 기관을 제거함. 호르몬 치료 25세 때 음경에 성형수술 시행	폭넓은 면담
선천성 부신 과형성증. 요도가 제대로 발달된 작은 남근(1)[e]	없음. 남성으로 양육. 18세 때 혈뇨로 의학적 정밀 검사를 받음	18세 때 자궁과 난소를 제거. 호르몬 치료	임상 보고서
선천성 부신 과형성증. 음경요도. 21세 때 음경 길이가 5센티미터였음(1)[f]	없음. 남성으로 양육. 주기적인 요도 출혈	없음	신체검사만 시행
선천성 부신 과형성증. 5세 때부터 음모와 겨드랑이 털이 자람. 26세 때 월경이 있었음. 음경요도(1)[g]	없음. 35세 때 여성이 되고 싶다는 의사를 밝힘	부신 수술을 받았고, 그로 인해 환자가 사망	신체검사 및 일상 관찰
(앞 사례의 남동생으로) 동일한 신체 발달(1)[h]	없음	25세부터 호르몬 치료 시작 (형의 죽음 때문에 수술 거부)	신체검사 및 일상 관찰
작은 음경을 가진 선천성 부신 과형성증(2)[i]	없음. 남성으로 양육	각각 12세와 31세 때 난소와 자궁을 제거	면담을 통한 심리검사
음경이 작고 유방이 발달한 간성(1)[k]	1회. 남성으로 양육	15세 때 난소와 자궁을 수술로 제거	없음
간성. 음핵비대증과 월경. 유방이 잘 발달함. 수염과 음모 및 겨드랑이 털이 없음(1)[l]	없음. 남성으로 양육	20세 때 난소와 자궁은 제거했지만 난소-고환이 남았음	신체검사 및 간단한 관찰
남성으로 키워진 간성(1)[m]	없음	29세 때 난소-고환을 제거	면담 사례 보고
성기 이상. 유방 발달. 주기적인 혈뇨(1)[n]	없음. 남성으로 양육	21세 때 자궁과 난소 제거 수술	환자와의 대화
모호한 성기, 유방(1)[o]	없음. 남성으로 양육	15~16세 때 유방 성형수술, 3차례 요도하열 교정, 자궁절제술을 받음	환자와의 대화
남성으로 양육된 간성(1)[p]	없음	젊은 시절에 월경 중단을 위한 자궁절제술과 유방 축소 수술을 받음	사례 보고
다양한 원인: 호르몬과 이차성징이 지정 성별과 모순된 경우(27)[*q]	없음. 4명은 남성으로, 23명은 여성으로 양육	불확실	심리검사 및 신체검사
XX 간성. 유방과 혈뇨가 있는 XY 모자이크. 출생 시 인지된 특이한 성기(1)[r]	없음. 남성으로 양육	14세 때 자궁과 나팔관이 있다고 진단받아 제거	염색체 조성에 초점을 맞춘 사례 보고
남성으로 양육되었으나 작은 음경을 지닌 성인 12명[s]	없음	몇몇은 고환을 제거. 다른 이들은 요도하열 수술을 받았을 수 있음	면담

자료: * 〈표4-4〉에도 기재돼 있음. a. Glen(1957). b. Norris and Keettel(1962). c. Money and Hampson(1955). d. Money(1955); Money et al.(1955b). e. Peris(1960). f. Maxted et al.(1965). g. Madsen(1963). h. Madsen(1963).

섹싱 더 바디

결과	논평
기혼 남성으로 만족스러운 성생활	그의 실제 신체 상태에 대해 결코 말하지 말 것
20세에 결혼. 아이를 가지길 희망	어렸을 때 남자아이가 되고 싶어 했음. 부모에게서 상당한 성교육을 받음. 엄마는 그녀가 해부학적 구조가 다르니 성기에 대해 함구하길 권함
"심리적으로 완전히 적응"(p. 15)	가정을 꾸리고 원만한 생활
기혼 남성. "세상의 일반인들에게 … 그는 보통의 대학을 졸업한 남성, 안정적이고 잘 적응한 사람으로 통했다"(p. 317)	많은 연구를 요약하고 있지만 세부 사항은 거의 제공하지 않는 한 논문에 실린 유일한 사례연구
"대학에 다니며 음악을 전공하고 스포츠에 관심이 있음." 여성과 성관계를 가졌음(p. 157)	"10세 때 환자는 그의 외부 생식기가 또래 남자아이들보다 작다는 점을 알아차렸고, 그 이후로 학교 친구들 앞에서 자신을 노출시키지 않도록 조심"(p. 156)
기혼 남성	심리 상태에 대한 데이터는 제시되지 않음
정상적인 지능. 제2차 세계대전 동안 군복무	청소년기에 남자 친구에게 끌림
22세 때 결혼했고 정기적 성관계를 가짐	22세 때 월경 시작
둘 다 기혼. 한 명은 정자를 기증받아 아이를 가짐. 성생활이 좋다고 평가함	질을 통한 성관계 외의 성행위에 적응
여성과 결혼, 불임 상담을 받았음	
남성으로서 결혼. 농부로 일함	"비교적 과묵하고 … 혼자 일하는 것을 선호하며 … 다소 열등감이 있었음"(p. 148)
8세 이후로 성기 이상을 인지하고 있었음. 어떻게든 그 사실을 숨기고 풋볼 같은 남성 스포츠에서 활동. 남성성이 강한 직업을 가짐. 26세 때 유전적·사회적 여성과 결혼	15세 때 유방이 발달해 수영과 풋볼을 그만둠
환자는 남성으로 행동하고 일했음. 여성과 성관계를 가졌음	그를 여성으로 만들고자 했으나 환자는 거부했고, 양육된 성을 선호
다른 소년들과 함께 스포츠에 참여. "아동기 내내 충분히 사회에 적응"(p. 663)	
환자는 "완전히 만족"(p. 1151)했지만, 앉아서 소변을 봐야 했음	환자는 앉아서 소변을 봐야 하는 자신의 상황을 가족들에게 숨김
"4명은 젠더 역할에 대해 양가감정을 갖고 있다"(p. 256)	젠더 역할에 양가감정이 있던 사례들은 모두 여성으로 키워진 경우였음
심리 조사원은 성별을 바꾸지 말 것을 권고	어떤 삶을 살았는지에 대한 세부 정보가 없음
• 9명은 16세 무렵부터 성관계를 갖기 시작 • 모두가 이성애자 남성 • 6명은 자신이 정상이라고 느낌 • 6명은 놀림을 당했음	"종종 아이에게 자신을 감추라고 말하며 비정상을 강조하거나 그에 대해 얘기하길 거부하는" 부모는 "수줍음 많고 불안해하는 아이를 만든다"(p. 571). "작은 음경을 가졌다고 정상적인 남성 역할을 못 하는 것은 아니다. 작은 음경 혹은 작은 남근만으로 유아기에 여성의 젠더를 배정하라고 결정해서는 안 된다"(p. 571)

i. Van Seters and Slob(1988). j. Van Seters and Slob(1988). k. Ten Berge(1960). l. Ben-lih and Kai(1953). m. Capon(1955). n. Ben-lih et al.(1959). o. Hughes et al.(1958). p. Jones and Wilkins(1961). q. Money(1955). r. Gilgenkrantz(1987). s. Reilly and Woodhouse(1989).

표 4-4. 일반적이지 않은 성기를 가진 아이가 여성으로 양육되었을 때 나타나는 심리적 결과

발달 패턴(표본 크기)	지정 성별의 변화	의학적 개입	평가 방법
음경과 비슷한 음핵을 지녀 여성으로 양육됨. 13세 때 초경(1)[a]	없음	성인기에 음핵 절단 수술을 받음	심리검사 및 호르몬 검사
유전자, 생식샘, 호르몬상으로 여성. 성조숙증(3)[b]	없음. 여성으로 양육	광범위한 가족 상담	아이큐 검사, 일반적인 심리 검사, 면담
XY 간성. 음핵비대증(2~3센티미터). 갈린 음낭. 질로 배뇨(2명의 "자매")[c]	없음. 여성으로 양육	없음. 비뇨기 이상 때문에 결혼할 때 검사를 받음	신체검사 및 호르몬 검사
XY 간성. 작은 음경과 질(1)[d]	없음. 여성으로 양육	성인기에 결혼 후, 음경을 제거하고 질을 확장	없음
XY 간성. 기형의 외성기. 유방이 발달하지 않음(1)[e]	없음. 여성으로 양육	21세 때 고환 제거, 질 확대, 에스트로겐 치료를 받음	알려지지 않음
고환의 기능 부전, 모호하지만 여성화된 성기(3)[f]	20~33세 사이에 여성에서 남성으로 성별을 바꿈		의사와의 대화
심한 회음부 요도하열이 있는 정상 남성, 여성으로 양육됨(1)[g]	14세 때 성별 재배정을 받음	요도하열을 교정하기 위한 수술을 받음	심리검사 및 면담
선천성 부신 과형성증 여성들(7)[g]	없음. 여성으로 양육	없음	심리검사 및 면담
다양한 원인: 호르몬과 이차성징이 지정 성별과 모순된 경우(27)[*i]	없음. 4명은 남성으로, 23명은 여성으로 양육	불확실	심리검사 및 신체검사
음경, 갈린 음낭, 고환, 난소-고환을 가진 간성(2)[j]	없음. 여성으로 양육	24세와 26세 때 성기 모양을 바꾸는 수술을 받음	의사와의 대화. 신체검사
음경 크기의 음핵(1)[k]	없음. 여성으로 양육	17세 때 음경을 적출하고 질을 확장	없음
요도하열. 여성으로 양육(1)[l]	13세 때 여성에서 남성으로 변경	요도하열을 고쳐 달라는 환자의 요구로 여러 번 수술 시행	자신이 변화에 어떻게 대응했는지에 대한 직접적이고 폭넓은 설명
요도하열. 여성으로 양육(1)[m]	13세 때 여성에서 남성으로 변경	요도하열과 표피가 덮인 음경을 노출하기 위한 교정 수술을 받음	개인 진술
간성. 여성으로 양육(1)[n]	없음	18세 때 질구를 열기 위해 수술	사례 보고
간성. 남성으로 양육(1)[o]	없음	29세 때 요도하열 치료	사례 보고
XY 간성. 여성으로 양육(1)[p]	사춘기 때 전형적인 남성의 특성을 지니게 되어 성별을 바꾸기로 함	명확한 언급 없음	사례 보고
불완전한 안드로겐 무감응 증후군. 46세 XY. 음핵비대증을 가진 여성으로 양육(1)[q]	33세 때 유방 제거술을 받음	성인기에 유방을 제거함	사례 보고. 호르몬 검사, 해부학적 구조 검사, 정신과 검사

구체적으로 명시하지 않은 경우, 양육된 성별에서 변화가 일어나는 시기에 수술이 이루어졌음.

자료: * 〈표 4-3〉에도 기재돼 있음. a. Nogales et al.(1956). b. Hampson and Money(1955). c. Lubs et al.(1959). d. Ten Berge(1960). e. Jones(1957). f. Dewhurst and Gordon(1963). g. Berg(1963).

결과	논평
환자가 만족해했다고 언급함	환자는 주로 여성에게 끌렸지만 여성의 젠더 정체성을 갖고 있었음. 정신과 의사는 외과 수술로 그녀를 남성으로 전환하고 싶어 했으나(동성애를 막기 위해?) 그녀가 거절
3명 중 2명은 잘 적응했음. 1명은 정신 질환이 발병할 것이라 예측됨	적응하지 못한 사람은 아버지에게 정신 질환이 있었고, 가족이 적응하지 못함
외관상으로는 건강한 기혼 여성들임	배뇨 방식 때문에 둘 다 10세 때부터 자신의 신체를 인지하고 있었음. 음핵비대증으로 인한 불편에 대해서는 언급이 없음
결혼 생활은 행복했지만 불임이었음	
"여성으로서 자신의 역할에 상당히 잘 적응함"(p. 43)	
2명은 정보가 없음. 1명은 "가장 만족한 환자임"(p. 1214)	수술 시기에 대해 "어느 정도 덜 경직된 태도"를 요청함 (p. 1216)
몇 달 후 성공적으로 적응	조기의 성 변경이 필수적이라는 견해에 대해 "존스홉킨스 대학 병원 팀은 … 설득력 있는 증거를 제시하지 못했다"(p. 1217)
2명은 결혼함. "외모와 행동 방식이 완전히 여성적이었다"(p. 255)	
"4명은 젠더 역할에 대해 양가감정을 갖고 있었다"(p. 256)	젠더 역할에 양가감정이 있던 사례들은 모두 여성으로 키워진 경우였음
둘 다 여성으로서 결혼. "외관상 정상적인 소녀들"임(p. 280)	한 명은 질구가 열려 있지 않았음. 남편은 회음부와 다리 사이의 공간을 활용해 "성관계"를 했음. 다른 한 명은 오르가즘을 느끼지 못했음. 둘 다 수술 후 성욕 상실을 경험
환자는 자신이 여성이 됐다고 느꼈음	"다소 어려움은 있었지만, 수술을 받도록 그녀를 설득했다" (p. 79)
결혼해서 두 아이를 입양	성관계를 통해 생물학적으로 친자를 낳을 수 있길 바랐지만 체념했다. "제 삶은 대체로 굉장히 행복합니다"(p. 1256)
성공적인 결혼	환자는 변화를 열망했고, "이름을 고르고 분명히 남성적인 활동 프로그램을 선택할 때조차 … 자신만의 생각이 있었다" (p. 490)
출생 시 남성으로 식별되었지만 엄마가 여성으로 키움. 남성을 지향하고 결혼하길 소망함	어렸을 때 환자는 엄마에게서 "너는 다른 여자아이, 남자아이와 달라. 다른 아이들이 네 성기를 보게 해서는 안 돼"라는 얘기를 들음(p. 431)
유전적인 여성과 결혼함. 매주 두 번 성관계를 하며 상대방과 자신 모두 오르가즘을 느낀다고 보고함	작고 휜 음경은 "결혼 전에는 환자를 괴롭히지 않았음" (p. 332). 그는 질 내 사정을 할 수 없었으나 아이를 갖고 싶었기 때문에 도움을 요청
"그는 자신이 남자라는 말을 듣고 완전히 안심했다"(p. 1151)	22세 때 남성으로서 결혼
아주 어린 나이부터 남성의 젠더 정체성을 강하게 갖고 있었음. 성적 지향은 여성	유아기부터 남성의 젠더 정체성이 분명하게 나타남

h. Money(1955). i. Money, Hampson, et al.(1955). j. Witschi and Mengert(1942). k. Laycock and Davies(1953). l. Armstrong(1966). m. Brown and Fryer(1957). n. Brewer et al.(1952). o. Zachariae(1955). p. Jones and Wilkins(1961). q. Gooren and Cohen-Kettenis(1991).

로운 차이점이 나타난다. 첫째, 여성으로 양육된 사람들 가운데 오직 소수만이 청소년기나 성인기에 자신의 남성화된 성기를 여성화하는 선택을 했다. 반면 남성으로 양육된 사람들 가운데 절반 이상이 여성화된 신체를 남성화하는 수술을 선택했다. 둘째, 여성으로 양육된 사람 가운데 16퍼센트가 청소년기나 성인기에 여성에서 남성으로 자신의 정체성을 바꾸기로 결심했다. 이런 변화를 시작한 사람들은 자신의 새로운 정체성에 성공적으로 적응했으며 종종 기쁨을 표출하기도 했다. 대조적으로 남성으로 양육된 사람 가운데 6퍼센트만이 남성에서 여성으로 성별을 바꾸길 희망했다. 달리 말해, 여성들이 남성화된 자신의 신체를 바꾸길 갈망하는 것보다 남성들이 자신의 여성화된 신체를 바꾸길 더 갈망하는 듯 보였다. 남성성을 높이 평가하는 문화에서는 그다지 놀랍지 않은 결과다. 다시 한번 우리는 문화의 필터를 통해 들여다볼 때에만 의학적인 것과 생물학적인 것의 의미를 가시화할 수 있음을 알게 된다.[67]

① 다섯 가지 성별을 재논의하기

간성성 관리[치료]에 대한 현재의 접근 방식을 옹호하는 사람들은 기껏해야 현상 유지를 위한 빈약한 논거만을 제시할 수 있을 뿐이다. 충분한 설명과 심리적 지지, 완전한 정보 공개가 도외시된 채 외과적 기술만 우선시되는 과정으로 말미암아 상당수 환자들이 심리적으로나 육체적으로 상처를 입고 있다. 우리는 이제 갈림길 앞에 서 있다. 오른쪽은 숫자 2의 자연스러움을 재확인하며, 오직 두 가지 성별의 탄생만을 보장하는 새로운 의학 기술(유전자 "치료"와 산전 개입 등)을 계속해서 발전시키는 길이다. 왼쪽은 자연적이고 문화적인 가변성의 언덕을 오르는 길이다. 전통적으로 유럽과 미국 문화에서 우리는 젠더를 두 개로만 정의해 왔으며 각각에 허용되는 행동 범위가 있었다. 그러나 상황이 달라지기 시작했다. 가사를 전담하는 남편들과 전투기를 조종하는 여성들이 등장했다. 여성스러운 레즈비언과 강건하고 거친 게이 남성들도 있다. 남성에서 여성으로 여성에서 남성으로 성별을 전환하는 사람들은 [이분법적인]

섹스/젠더의 구분을 사실상 이해할 수 없게 만든다.

이 모든 이유로 인해 나는 다섯 가지 성별이라는 나의 주장으로 돌아간다. 나는 신체에 대한 우리의 지식이 의학의 감시에 저항할 수 있게 하는 미래,[68] 의학이 젠더 가변성에 기여하게 되는 미래, 젠더가 지금 생각할 수 있는 한계를 넘어 다양화되는 미래를 상상한다. 수잰 케슬러의 제안에 따르면, "젠더 가변성은 … 남성과 여성이 의미하는 바를 확장하는 새로운 방식으로 … 볼 수 있다."[69] 어쩌면 궁극적으로는 남성성과 여성성의 개념이 완전히 겹쳐져 젠더 차이라는 관념 자체가 부적절해질지도 모른다.

미래에는 환자와 의사, 부모와 자식, 남성과 여성, 이성애자와 동성애자 사이의 위계 구분이 사라질 것이다. 이 장에서 논했던 비판적인 목소리는 모두 현대 의학의 (의학 문헌과 관행으로 이루어진) 획일적인 구조에 균열이 생겼음을 나타낸다. 우리는 젠더의 위계를 넘어서는 문화 속에 뿌리 내리고, 모호성이 번성할 수 있도록 허용하는 새로운 의료 윤리를 상상할 수 있다. 내가 꿈꾸는 세상에서 간성인의 주요 의학적인 관심사는 간성 발달에 수반되는, 때로 생명을 위협하는 — 다시 말해 부신 기능 부전으로 인한 염류 불균형, 생식샘 종양의 높은 발생률, 탈장 등과 같은 — 위험한 상황들일 것이다. 신체 이미지와 젠더 정체성을 일치시키기 위한 의학의 개입은 대개 이성적 판단이 가능한 연령 이전에는 지극히 드물게만 시행될 것이다. 이런 기술적 개입은 의사와 환자, 젠더 상담가가 서로 협력해 신중하게 이뤄질 것이다. 케슬러가 강조했듯이, 간성인의 색다른 성기는 "변형된 것"deformed이라기보다 "완전한 상태"intact*로 여겨질 수 있다. 지금은 창조적 행위로 보이는 외과 수술(외과의들은 질을 "창조한다")은 파괴적인 행위(조직이 파괴되고 제거된다)로 여겨질 수 있으며, 따라서 생명이 위태로운 경우에만 필요하다고 간주될 수 있다.[70]

<hr>

✳ intact는 '손상을 입지 않은', '완전한' 상태를, deformation은 변형/기형을 의미한다. 이에 대해서는 한림대학교 한강성심병원 병원 누리집(hangang.hallym.or.kr/), 의학용어사전 참고.

현재 용인된 치료법은 몸과 마음 모두에 상처를 입힌다. 분명한 것은, 생식기 구조가 양육된 성별과 완전히 일치하지 않는 아동기를 거치더라도 건강한 성인으로 성장할 수 있다는 점이다. 그럼에도 여전히 훌륭한 의사들은 회의적이다.[71] 환자의 부모들과 예비 부모들 가운데 상당수 역시 그렇다. [간성인의 건강한 성장 가능성이라는] 주장을 각자 자신의 상황에 대입해 볼 수 있다. 당신이 간성인 아이를 낳는다면 어떨까? 당신과 아이는 새로운 관리 전략을 개척하는 선구자가 될 수 있을까? 당신은 (새로운 간성인 인권 활동가들을 제외하면) 어디서 조언과 영감을 구할 수 있을까?

이와 관련해 트랜스섹슈얼리즘transsexualism의 역사는 생각할 거리를 준다. 유럽과 미국 문화권에서는 트랜스섹슈얼들을 "좋은" 남성이나 "좋은" 여성의 신체로 태어났던 사람들로 이해한다. 그러나 심리학적으로 그들은 자신을 "반대" 성별의 구성원으로 인식한다. 자신의 몸이 마음을 따르게 하겠다는 트랜스섹슈얼들의 충동은 너무 강해서 많은 트랜스섹슈얼들이 호르몬으로, 궁극적으로는 외과 수술로 생식샘을 제거하고 외부 생식기를 변형해 몸을 바꾸기 위해 의학의 도움을 구한다. 트랜스섹슈얼로 자기 정체화한 이들의 요구는 의료 관행을 바꾸고 이 현상에 대한 인정과 명명을 촉진했다. 동성애가 선천적이고 안정적인 특성이라는 발상이 19세기 말 이후에야 나타난 것처럼, 트랜스섹슈얼은 20세기의 절반이 지나고 나서야 특수한 유형의 인간으로서 완전히 모습을 드러냈다. 그들은 외과적으로나 법적으로 성별을 바꿀 권리를 획득했지만, 여기에는 대가가 따랐다. 즉, 이원적 젠더 체계가 강화된 것이다.[72] 자신의 젠더와 일치하는 신체를 위해 외과적 수술을 요구함으로써, 트랜스섹슈얼들은 한 개인의 신체와 성별과 젠더는 반드시 일치해야 한다는 의료계의 철학을 논리적 극한까지 실행에 옮겼다. 사실, 트랜스섹슈얼들이 외과적인 도움을 받기 위해서는 이 같은 프레임으로 스스로를 바라보는 것 외에는 선택의 여지가 거의 없었다. "레즈비언" 결혼을 피하기 위해 젠더 클리닉의 의사들은 기혼 트랜스섹슈얼들에게 수술 전에 이혼을 요구했다. 그 이후에야 그들은 자신의 새로운 지위를 반영하도록 출생증명서를 합법적으로 바꿀 수 있었다.＊

그러나 지난 10~20년 사이에 트랜스섹슈얼의 이원론 체계에 커다란 균열이 생겼다. 일부 트랜스섹슈얼 단체는 트랜스젠더리즘transgenderism이라는 개념을 지지하기 시작했다. 이 개념은 섹스와 젠더에 대한 보다 급진적 비전을 재구성한다.[73] 전통적인 트랜스섹슈얼들이 남성 트랜스베스타이트transvestite(여성의 옷을 입는 남성)를 완전한 여성이 되는 과정에 있는 트랜스섹슈얼로 묘사한다면, 트랜스젠더리스트들은 "다양한 젠더 정체성을 지닌 사람들 사이의 동류의식"을 받아들인다. "트랜스젠더리즘은 트랜스섹슈얼과 트랜스베스타이트의 이분법을 일종의 연속체 개념으로 대체"한다. 이전 세대의 트랜스섹슈얼들은 젠더 규범에서 벗어나기를 원한 것이 아니라, 오히려 [성전환을 통해 획득한] 새로운 젠더 역할에 완전히 녹아들려 했다. 그러나 오늘날 트랜스섹슈얼들 가운데 많은 이들은, 전통적인 의미의 여성도 남성도 아닌, 영구적인 트랜스섹슈얼로서의 정체성을 확립할 필요가 있다고 주장한다.[74]

트랜스젠더 커뮤니티(자체 정치조직과 인터넷 게시판까지 있는) 내에는, 다양한 젠더가 넘쳐 난다. 일부는 남성 생식기를 온전하게 유지하면서 여자가 되는 쪽을 선택한다. 수술로 신체를 변형한 많은 사람들은 동성애를 택했다. 예를 들면, 남성에서 여성으로 변신한 트랜스섹슈얼이 레즈비언으로(혹은 여성에서 남성이 된 트랜스섹슈얼이 게이 남성으로) 커밍아웃할 수도 있다. 생리학적으로 남성으로 태어나 현재 (그녀가 아직 존이었을 시절 결혼한) 아내와 함께 살고 있는 30대 후반 제인의 경우를 보자. 제인은 신체를 여성화하기 위해 호르몬을 사용하고 있지만 아직은 남성으로서 발기해 성관계를 할 수 있는 능력이 있다.

⁑ 예컨대, 2006년 6월 대한민국 대법원 전원합의체는 성전환 수술을 마친 트랜스젠더의 성별 변경을 허용했다. 다만 법적 성별 정정 허가 요건으로 이혼 및 미성년 자녀가 없을 것을 요구해 왔다. 이후, 자녀에 대한 조건은 점차 완화되었지만, 결혼을 해서 혼인신고를 한 트랜스젠더는 여전히 성별을 바꿀 수 없다. 기혼자의 법적 성별 정정을 허가한다면 사실상 동성 결혼을 허용하는 것과 같은 효과가 날 수 있다는 이유에서다. 이에 대해서는 「기혼 트랜스젠더가 법적 성별을 바꾸는 방법 ... 이혼뿐이라고요?」, 『한국일보』 2023. 8. 4. 참고.

그녀의 시각에서, 제인은 자기 아내(메리)와 레즈비언 관계를 맺고 있다. 그러나 그녀는 자신의 음경을 사용해 성적인 즐거움을 얻기도 한다. 메리는 스스로를 레즈비언이라고 규정하지 않는다. 그럴지라도 그녀는 여전히 제인을 사랑하고 매력을 느끼며 비록 제인이 신체적으로 변했을지라도 자신이 사랑했던 사람과 같은 사람이라고 생각한다. 메리는 스스로를 이성애자로 여긴다. … 그럴지라도 그녀는 배우자 제인과의 성관계를 동성애와 이성애 사이의 무엇으로 정의한다.[75]

젠더 다양성을 수용하면 젠더 개념이 완전히 사라지게 될까? 반드시 그렇지는 않다. 트랜스젠더 이론가 마틴 로스블랫은 수백 가지 성격 유형을 구분하는 젠더 표색계chromatic system of gender를 제안한다. 그녀는 공격성, 보살핌, 에로티시즘이 각각 일곱 가지 수준으로 구성되는 순열을 제시했고, 이는 343(7×7×7)가지 젠더의 색조를 만들 수 있다. 예를 들면, 연보라색 젠더를 가진 사람은 "에로티시즘이 상당하고 보살핌 강도는 낮지만 공격성은 크지 않은 사람"이다.[76] 몇몇은 로스블랫의 복잡한 체계가 우스꽝스럽거나 불필요하다고 생각할지 모른다. 그러나 그녀가 지적하는 바는 가볍지 않다. 그것은 우리가 젠더 다양성을 인정하는 문화에서 간성 아동을 키울 수 있는 방안을 제시해 주는 출발점이다.

젠더 순응gender conformity에 관심을 기울이기보다 변이성[다양성]variability에 좀 더 주목하자는 요구가 그렇게나 비합리적인 것일까? 현재 우리가 가진 젠더 체계의 문제는, 비유로든 실제로든, 일반화를 통해 저지르는 폭력이다. 어떤 여성도 또 남성도 젠더의 보편적인 고정관념에 꼭 들어맞지는 않는다. 사회학자 주디스 로버에 따르면, "행동 패턴들을 먼저 집단적으로 분류한 다음 그런 행동을 할 가능성이 큰 사람들을 식별하는 표지를 마련하는 것이 … 훨씬 더 유용할 수 있다."[77]

유럽과 미국에서 다양한 섹스와 젠더 역할 체계로의 전환이 이루어지고 있긴 하지만(현재 우리는 그런 방향으로 나아가고 있는 것처럼 보인다), 그렇다고 유럽과 미국이 문화적 선구자인 것은 아니다. 예를 들면, 북아메리카의 여러 원주민 문화에는 이미 제3의 젠더가 있는데, 여기에는 동성애자, 트랜스섹슈얼 혹은 간성인으로 라벨링되는 사람들뿐만 아니라, 통상 남성 또는 여성으로 분류하는 사람들도 포함될 수 있다.[78] 인류학자들은 서구에서 간성이나 트랜스섹슈얼, 여자 같은 남자나 거세당한 남자로 규정하는 사람들을 아우르는, 인도의 히즈라[남성도 여성도 아닌 성 정체성을 가진 사람들을 이르는 인도에 같은 집단들을 기술해 왔다. 북아메리카 원주민의 다양한 범주처럼, 히즈라들도 기원과 젠더의 특성이 다양하다.[79] 인류학자들은 북아메리카 원주민의 젠더 체계를 어떻게 해석할지를 두고 논쟁을 벌이고 있다. 하지만 중요한 것은 다른 체계가 존재한다는 사실이다. 그리고 그것은 우리 체계가 불가피한 것이 아님을 시사한다.

우리와 다른 사회에서 나타나는 젠더 체계들을 낭만화하려는 것은 아니다. 이런 체계들이 사회적 평등을 보장하는 것도 아니다. 파푸아뉴기니의 산악 지대에 거주하는 삼비아족과 도미니카공화국의 여러 작은 마을에서는 5-알파 환원효소5-α-reductase의 결핍을 유발하는 유전자 변이가 상당히 높은 빈도로 일어난다.[80] 5-알파 환원효소 결핍증이 있는 XY 아동은 작은 음경 혹은 음핵, 미하강 고환, 이분 음낭을 지니고 태어난다. 그들은 여자아이로 오인되거나 생식기 형태가 모호해 보일 수 있다. 그러나 청소년기에 자연스럽게 생산되는 테스토스테론은 5-알파 환원효소가 부족한 XY들의 음경을 성장시켜 고환이 내려오고 대음순이 융합되어 음낭을 형성하며 체모와 수염이 자라고 근육이 발달한다.[81]

도미니카공화국과 뉴기니에서는 디하이드로테스토스테론Dihydrotestos-terone, DHT* 결핍증이 있는 아동을 제3의 성별로 인정 — 미국에서는 대체

로 즉시 수술을 받는다 — 한다.[82] 도미니카공화국 주민들은 이런 사람들을 궤브도쉬guevedoche[도미니카 현지어로 "12세 음경"을 뜻하는 것으로, 대략 12세에 음경이 발달하기 시작한다는 뜻이다]라고 부르며, 삼비아족은 이들을 퀄루-앗뭘 kwolu-aatmwol("남성으로" 바뀐 사람을 뜻한다)이라고 부른다.[83] 두 문화권에서, 디하이드로테스토스테론 결핍증이 있는 아동은 양가적인 성별 사회화 과정을 경험한다. 그러다가 성인기에 그/녀는 대체로 (언제나 완전히 성공하는 것은 아니지만) 남성으로 자기 정체화한다. 길버트 허트에 따르면, [이들 문화권에서는] 사춘기에 "여성 — 아마도 모호하게 길러졌을 — 에서 남성을 지향하는 제3의 성으로 변화가 일어날 수 있다. 이 제3의 성은 특정한 사회적 상황에서는 성인 남성으로 분류된다."[84]

이런 문화권에서는 때때로 제3의 성별을 가진 아이가 태어난다는 사실을 알고 있음에도, 오직 두 가지 젠더 역할만을 인정한다. 남성성에 대한 강한 선호 및 남성이 보유하고 있는 자유와 권력으로 말미암아, 허트는 이런 문화권에서 퀄루-앗뭘과 궤브도쉬가 성인이 돼서 여성 역할보다 남성 역할을 더 많이 선택한다고 주장한다. 허트의 연구는 우리의 문화적 틀에서 벗어난 관점을 제공한다. 하지만 세 가지 신체 범주를 인정하면서도 오직 두 가지 젠더 체계만을 유지하는 문화에서 제3의 성별을 가진 사람들이 어떻게 살아가는지는 추가적인 연구를 통해 더 밝혀져야 할 것이다.

② 젠더의 압제를 끝내기 위해: 여기서 그곳에 닿으려면

제3의 범주를 인정하는 것만으로는 유연한 젠더 체계를 보장하지 못한다. 이런 유연성을 위해선 사회정치적 투쟁이 필요하다. 내가 제안한 바 있는 "다섯 가지 성별"에 대해 논평하며, 수잰 케슬러는 이를 매우 효과적으로 강조한다.

파우스토-스털링의 주장에는 한계가 있다. 즉, 다양한 생식기 조합을 정당화하는 것조차 ... 여전히 생식기에 일차적 중요성을 부여하고 있기 때문이다. 또한 그 주장은 일상 세계에서는 젠더 귀속이 생식기 검사 없이 이루어진다는 사실을 간과하고 있다. … 일상생활에서 우선하는 것은, 옷 아래에 있는 육체의 구조와는 상관없이 수행되고 있는 젠더다.

케슬러는 간성인과 그 지지자에게 생식기에 대한 집착을 버리고, 간성인이라는 별개의 정체성을 더는 주장하지 않는 것이 더 나을 것이라고 지적한다. 그 대신 그녀는 남성과 여성을 지금보다 훨씬 더 폭넓고 다양한 조합의 범주로 보는 방안을 제안한다. 그러면 어떤 여성은 커다란 음핵이나 융합된 음순을 가질 수 있으며, 어떤 남성은 "특정한 임상적 의미나 정체성을 의미하지 않는 표현형으로서, 작은 음경이나 색다른 모양의 음낭"을 가질 수 있을 것이다.[85] 나는 케슬러의 주장이 옳다고 생각하며 이런 이유로 더는 농담으로라도 진성-자웅동체, 남성 가성-자웅동체, 여성 가성-자웅동체ferm 같은 개개의 범주를 사용하자고 주장하지 않는다.

사회적 젠더 — 수잰 케슬러는 이를 "문화적 생식기"*라고 부른다 — 가 신체적 생식기와 상충하는 간성인이나 트랜스젠더는 종종 생명이 위태로운 상황에 직면한다. 최근에 발생한 소송사건에서 한 엄마는 구급 대원들이 트랜스베스타이트였던 자신의 아들에게서 남성의 성기를 발견한 후 치료를 멈췄기 때문에 아들이 사망했다고 고소했다. 배심원단은 그녀에게 피해 보상금으로 290만 달러를 배상하라고 판정했다. 배심원들이 구급 대원들의 행동을 용인할 수 없는 것으로 판정했다는 사실은 고무적이지만, 이 사건은 젠더의 경계를 넘나드는 이들이 마주칠 수 있는 커다란 위험을 생생히 보여 준다.[86] 우리의 상상 속에는 "정상적이고 자연스러우며 신성한" 젠더와 "비정상적이고

* 앞서 지적했듯, 우리는 누군가의 생식기를 보고 그 사람의 성별을 판단하는 게 아니라, 예컨대 그 사람의 옷차림을 보고 그 사람의 생식기를 추정한다. 마찬가지로 우리는 문화적 생식기의 기준(예컨대, 여성에게는 작은 음핵이 있어야 하고, 남성에게는 큰 음경이 있어야 한다)에 따라, 누군가의 생식기를 수술을 통해 재구성한다. 이처럼 중요한 것은 육체적인 모습이 아니라 문화적 기준이다. 케슬러는 이런 의미에서 '문화적 생식기'라는 표현을 사용한다.

부자연스러우며 병들었으며 죄악인" 젠더를 구분하는 경계선이 자리 잡고 있다. "트랜스젠더 전사들"*(이는 레슬리 파인버그의 표현이다)은, 우리가 이들을 그 경계선에서 "용인할 수 있는" 쪽으로 옮겨 놓을 때까지 계속해서 위험에 처할 것이다.[87]

난소와 유방, 질이 있지만 "문화적 생식기"가 남성인 사람 역시 여러 가지 난관에 부딪힌다. 예를 들면, 면허증이나 여권을 신청하기 위해서는 젠더 표기란에 반드시 "남성"이나 "여성" 표시를 해야 한다. 이런 사람이 그/녀의 면허증에 "여성"이라고 표기했는데 나중에 그 면허증을 신분 확인에 사용했다고 가정해 보자. 1998년 와이오밍주에서 일어난 동성애자 매슈 셰퍼드 살인 사건은 이 같은 사람들이 처할 수 있는 잠재적 위험을 분명하게 보여 준다. 남성적으로 보이는 여성이 남성으로 "통하지" 않을 경우, 폭력적인 공격에 노출될 위험에 처한다. 비슷하게, 교통 위반을 했을 때나 출국 수속을 밟을 때, 그녀가 불법적 목적을 위해 남성으로 위장했을 수도 있다는 이유로 사법 당국이 그녀를 사기죄로 고소해 법적인 문제에 휘말릴 수도 있다. 1950년대에는 경찰이 레즈비언 술집을 불시에 단속했을 때 구속되지 않으려면 여성 복장을 세 가지 이상** 입고 있어야 했다.[88] 파인버그가 지적하듯이, 우리는 이런 시절에서 멀리 나아가지 못했다.

문화적 생식기와 신체적 생식기가 일치하지 않는 사람들이 직면하는 차별과 폭력을 고려할 때, 젠더 다양성이 인정받는 이상향에 도달하기 전까지

 이 표현은 레슬리 파인버그의 책 『트랜스젠더 전사들: 잔 다르크에서 루폴까지 역사를 만든 사람들』*Transgender Warriors: Making History from Joan of Arc to RuPaul*(1996)에서 가져온 것이다. 이 책에서 파인버그는 고대 문명에서부터 서구 근대, 그리고 현대까지 젠더 규범을 넘어 존재했던 사람과 공동체를 탐색한다.

 19세기 미국에서는 축제나 공연을 제외하고 다른 성별의 옷을 입는 것을 불법으로 규정하는 법률이 여러 주에 있었는데, 이는 20세기에 들어서도 퀴어 커뮤니티를 단속하는 빌미로 활용되었다. 이 과정에서 경찰은 자신의 성별에 맞는 의복을 세 점 이상 착용해야 한다는 세 벌 규칙three-pieces law을 비공식적으로 만들었고, 이 규칙을 위반한 사람을 성적 일탈 혐의로 체포했다.

는 이들에 대한 법의 보호가 필요하다. 면허증과 여권 등에 "젠더" 구분을 없애는 게 도움이 될 것이다. 트랜스젠더 활동가 레슬리 파인버그는 이렇게 언급한다. "성별 기입 항목은 운전면허증에서 여권에 이르는, 모든 기본적인 신분 확인 서류에서 — 각자 자신의 성별을 규정할 권리는 매우 기본적인 권리이기 때문에 출생증명서에서도 — 반드시 삭제돼야 한다."[89] 몸에 붙어 있는 생식기가 왜 신분 확인에 필요할까? 그보다는 다른 특징, 예컨대 눈에 잘 띄는 특징으로는 키, 체구, 눈 색깔 같은 것들이, 눈에 덜 띄는 특징 가운데서는 지문이나 유전자 정보 같은 것들이 신분 확인에 훨씬 더 유용할 것이다.

트랜스젠더 활동가들은 "국제 젠더 인권 장전"*을 작성했는데, 여기(열 가지 젠더 인권 가운데)에는 "젠더 정체성을 정의할 권리, 자신의 신체를 통제하고 변화시킬 권리, 성적 표현의 권리, 헌신적이고 사랑하는 관계를 형성하고 결혼 서약을 체결할 권리"가 포함된다.[90] 이런 권리들에 대한 법적인 근거는 성차별과 동성애 인권에 관한 판례법의 확립을 통해, 내가 이 글을 쓰고 있는 동안에도, 법원에서 점차 단단히 다져지고 있다.[91]

우리가 살펴본 것처럼, 간성성은 오랫동안 섹스, 젠더, 사회적이고 법적인 지위 사이의 연관성을 둘러싼 논쟁의 중심에 있었다. 몇 년 전 코넬 대학의 역사학자 메리 베스 노턴이 버지니아 식민지 대법원의 소송기록 사본을 내게 보내 주었다. [기록에 따르면] 1629년, 토머스 홀이라는 사람이 법정에 나와 자신은 남자이자 여자라고 주장했다. 당시 민사 법원은 개인의 의복이 그 사람의 성별을 나타내야 한다고 보았다. 이에 첫 번째 검사관은 토머스가 여성이라고 선언하며 여성 복장을 하라고 명령했다. 이후 두 번째 검사관이 토머스 홀은 남성이며 따라서 남성복을 입어야 한다고 선언하며 첫 번째 판결을 뒤집었다. 사실, 토머스 홀은 토머신이라는 이름으로 세례를 받았고, 여성 의복

＊ 국제 젠더 인권 장전은 1993년 미국 텍사스주 휴스턴에서 열린 '국제 트랜스젠더 법률 및 고용정책 회의'에서 초안이 작성되어 채택되었으며 1994년, 1995년, 1996년에 개정되었다.

을 입고 살다가 22세에 군대에 입대했다. 제대 후 그/녀는 레이스 바느질로 생계를 꾸리기 위해 다시 여성 의복을 착용했다. 홀의 신체 구조에 대한 유일한 기록에 따르면, 그에게는 기능을 하지 않는 새끼손가락 끝마디 크기의 남성의 물건이 있었고 — 토머신 자신의 표현에 따르면 — "구멍이 하나" 있었다. 결국 버지니아 법원은 토머스/토머신의 젠더 이중성을 받아들여 "홀이 남성**이자** 여성이라 공표하고, 주변 거주자들이 모두 그 사실에 주의해야 하며, 그는 남성의 옷을 입되 머리에는 두건을 쓰고 앞치마를 둘러야 한다"고 명령했다.[92]

오늘날에도 수술을 받은 간성인의 법적 지위는 여전히 불확실하다.[93] 왕위 계승권, 사회보장이나 보험법에서의 차별, 젠더화된 노동법, 투표권의 제한 등으로 말미암아, 오랫동안 간성인을 법적으로 남성으로 선언할지 아니면 여성으로 선언할지는 매우 중요한 문제였다. 그 선언에 걸려 있는 것들이 많았기 때문이다. [어느 정도 남녀평등이 증진됨에 따라] 어떻게 선언될지에 대한 우려는 오늘날 점차 줄어들고 있다. 그럼에도 국가는 여전히 결혼과 가족을 통제하는 일에 관심이 많다. 오른쪽에는 난소 한 개와 나팔관을, 왼쪽에는 고환과 작은 음경을 지닌 채 태어난 오스트레일리아의 XX 간성인 사례를 살펴보자. 남성으로 길러진 그는 성인이 되어 자신의 음경을 남성화하고 발달된 유방을 처리하기 위해 수술을 받으려고 했다. 주치의는 그의 심리성적 지향이 남성이기 때문에 그가 남성으로 남는 데 동의했다. 그는 나중에 결혼도 했다. 하지만 오스트레일리아 법원은 이 결혼을 무효화했다. 결혼의 목적을 위해 혼인 당사자가 남녀 중 어느 한쪽이길 요구하는 사법 체계에서 법은 그가 남성도 여성도 아닌 존재일 수 있다고 [따라서 결혼은 무효라고] 판결했다(이것이 바로 젠더 인권 장전에 결혼할 권리를 포함해야 하는 이유다).[94]

언제나 그렇듯이, 간성성을 둘러싼 논쟁은 동성애를 둘러싼 논쟁과 불가분의 관계에 있다. 한쪽이 우리의 젠더 체계에 제기한 도전은 다른 쪽이 제기한 도전을 고려하지 않고서는 생각할 수 없다. 간성인의 결혼 가능성과 관련한 법률적·의학적 규범은 종종 동성 결혼 문제에 초점을 맞춰 왔다. 1970년

섹싱 더 바디

영국의 코벳 대 코벳 판결Corbett v. Corbett에서, 트랜스섹슈얼인 에이프릴 애슐리는 코벳이라는 남성과 결혼했는데, 나중에 코벳은 에이프릴이 실제로는 남자이기 때문에 결혼을 무효화해 달라고 법원에 요청했다. 에이프릴은 자신이 사회적으로는 여성이며 따라서 결혼할 자격이 있다고 주장했다. 그러나 판사는 에이프릴이 명백히 남성인 신체에 수술을 통해 전적으로 인공적인 기관을 만들었을 뿐이라고 판결했다. 또 에이프릴 애슐리는 남성으로 태어났을 뿐만 아니라, 그녀가 받은 성전환 수술은 음경이 삽입될 만큼 충분히 큰 질을 만들어 내지 못했다고도 했다. 나아가 "자연스러운 이성 간 성관계 능력을 가족이 수립되는 기반이자 필수적인 요소"로 간주했다. 판사는 이어서 다음과 같이 덧붙였다. "결혼은 젠더가 아니라 섹스에 기초한 관계다."[95]

영국에서는 이보다 앞서, 질이 없이 태어난 여성과 남성의 결혼을 무효화한 판례가 있었다. 남편은 아내의 인공적인 질 속으로 2인치[약 5.1센티미터] 이상 삽입할 수 없다고 증언했다. 이에 더해, 그는 진정한 남편으로서 자신에게는 인공적인 질이 아니라 생물학적인 질이 마땅히 주어져야 한다고도 주장했다. 이혼 담당 판사는 기존 판례를 인용하며 그의 주장에 동의했다. 이 판사가 인용한 오래전 판례에서 해당 판사는 다음과 같이 언급했다. "나는 어떤 남성도 자연적인 결합이라고 할 수 없는 이런 상태에 처해져서는 안 된다고 생각한다."[96]

영국의 두 판사는 모두 질 내 삽입 성교가 불가능한 결혼을 불법적인 것으로 선언했고, 심지어 그중 한 명은 2인치[약 5.1센티미터]는 삽입으로 치지 않는다는 기준까지 추가했다. 다른 나라들에서는 — 그리고 동성 혹은 이성 간 항문성교와 구강성교를 금지하는 미국의 여러 주들과 동성애 관계에서만 이런 관계를 금지하는 주들에서도[97] — 특정한 형태의 성적 접촉이 중범죄로 간주되기도 한다. 이와 비슷하게, 네덜란드의 한 의사는 남성으로 양육된 XX 간성인이 여성과 결혼한 사례를 여러 건 제시했다. 그는 XX 간성인을 (두 개의 X염색체와 난소 보유에 기초해) 생물학적 여성으로 정의하면서 해당 결혼의 합법성에 대한 공개적인 논의를 촉구했다. "그들이 행복하다는 사실에도 불구하고” 그들은 헤어져야만 하는 것일까? 아니면 “법적으로 또 종교적으로 인정받아야” 하는 것일까?[98]

문화적 생식기가 신체적 생식기보다 더 중요하게 여겨진다면, 방금 기술했던 딜레마 가운데 상당 부분을 쉽게 해결할 수 있다. 1960년대 중반부터 국제올림픽위원회는 일부 과학자들이 성별 검사 폐지를 촉구했음에도 불구하고, 모든 여성 선수에게 염색체나 DNA 검사를 요구했다.[99] 여자 높이뛰기 경기에 출전할 수 있는 자격을 누구에게 줄 것인지, 또는 신생아의 출생증명서에 성별을 기재해야 하는지를 판단할 때, 그 기준은 일차적으로 사회적 관습에서 비롯된다. 오늘날 국가가 여전히 양성 체계를 법적으로 유지하는 데 관심을 갖는 이유는 주로 결혼, 가족 구조, 성적 관행과 관련된 문제들 때문이다. 그러나 국가의 이 같은 관심사조차 우리에게 시대착오적인 것으로 여겨지고 있다.[100] 성인 사이에서 합의하에 이루어지는 성행위를 규제하는 법들은 종교와 도덕에서 비롯됐다. 적어도 미국에서는 교회와 국가의 완전한 분리가 전제돼 있다. 법 제도가 더욱 세속화되어 감에 따라(나는 그렇게 될 것으로 확신한다), 서로의 합의하에 침실에서 이루어지는 행위를 규제하는 법이 모두 위헌으로 판결나는 것도 그저 시간문제다.[101] 그 순간에 젠더가 표출되는 다양한 방식을 가로막는 마지막 법적 장벽은 사라질 것이다.

버지니아 식민지 법원은 토머스/토머신에게 그/녀의 신체적 생식기를 표시하기 위해 문화적 생식기를 나타내는 이중적인 복장 착용을 요구했다. 그때나 지금이나, 신체적 생식기는 시민의 권리와 특권을 결정하는 근거로는 빈약하기 짝이 없다. 신체적 생식기는 혼동을 초래할 뿐만 아니라 겉으로 보이지도 않는다. 오히려 우리가 보고 읽는 것은 사회적인 젠더다. 미래의 부모들은 ‘아들이에요’, ‘딸이에요’라는 신생아의 탄생 소식을 들으며, 훨씬 더 폭넓은 가능성이 아이들 앞에 펼쳐져 있다고 상상할 수 있을 것이다. 특히 아이의 생식기가 통계적으로 드문 경우라면 더욱 그럴 것이다. 어쩌면 우리는 이런 희귀한 아이들을 특별히 축복받았거나 운이 좋은 경우로 보게 될 수도 있다. 그중 일부는 다양한 방식으로 파트너에게 즐거움을 선사할 수 있는, 성적으로

섹싱 더 바디

가장 매력적인 사람이 될 수도 있겠다는 생각이 그렇게 터무니없지만은 않다. 예를 들어, 드물게 작은 음경을 가진 남성들에 대한 한 연구에서는, 그들이 "체위와 방법에 대해 실험적인 태도를 가진다"는 사실이 발견되었다. 이런 남성들 가운데 상당수는 "파트너가 성적으로 만족하고 두 사람의 관계가 안정적인 이유를, 비삽입적인 다양한 기술을 비롯해 추가적인 노력을 해야 할 필요"가 있었기 때문이라고 말한다.[102]

　　나의 비전은 유토피아적이지만 나는 그것이 가능하다고 믿는다. 그것이 실현되는 데 필요한 모든 요소는 적어도 초보적인 형태로나마 이미 존재한다. 반드시 필요한 법적 개혁은 실현을 눈앞에 두고 있으며, 여성 인권, 동성애자 인권, 트랜스젠더 인권을 위해 일하는 정치조직이 박차를 가하고 있다(이를 "젠더 로비"라고 부를 수도 있겠다). 의료 관행은 간성인 환자와 그 지지자의 압력으로 바뀌기 시작했다. 젠더와 동성애에 관한 공개 토론도 계속되고 있으며, 그것은 젠더 다양성과 모호성을 더 많이 관용하려는 일반적인 경향과 발맞추고 있다. 그 길이 평탄하지는 않겠지만, 우리가 이 목적을 실현하는 쪽을 선택한다면 더욱 다양하고 공평한 미래의 가능성이 우리에게 주어질 것이다.

Sexing *the* Body

5장

뇌의 성별 부여하기: 생물학자들은 차이를 어떻게 만들어 내는가

거대한 뇌들보

내가 4장에서 묘사한 유토피아적 비전이 실현되었다고 가정해 보자. 젠더 차이는 모두 사라질까? 우리는 직업, 지위, 소득, 사회적 역할 등을 오직 체력·지력·성향에서의 차이만을 근거로 배분할까? 아마 그럴 것이다. 그러나 몇몇 사람은 우리가 문을 얼마나 활짝 열어젖히든, 집단 사이에는 피할 수 없는 차이가 존재할 것이라고 주장한다. 이런 회의론자들은 과학자들이 증명했듯이 생식기 이외에도 뇌에서 나타나는 남성과 여성의 중요한 해부학적 차이가 젠더를 능력의 중요한 표지로 만든다고 주장할 것이다. 이 같은 주장을 입증하기 위해, 그들은 남성에 비해 여성의 뇌들보[뇌량](우뇌와 좌뇌를 연결하는 신경섬유 다발)가 더 크고 [뇌들보의 끝부분인 팽대부가] 구근球根처럼 둥근 모양이라는 널리 알려진 주장을 인용할지도 모른다. 그리고 **바로 이 점이** 대부분의 여성이 고도로 숙련된 수학자, 기술자, 과학자가 될 수 있는 정도를 영원히 제한할 것이라고 외칠 것이다. 그러나 모든 사람이 이 같은 뇌의 해부학적 차이를 믿는 것은 아니다.

신체 외부의 해부학적 구조는 단순 자명해 보인다. 아기의 손가락이 다섯 개인가 여섯 개인가? 그냥 세어 보면 된다. (간성인일 수도 있지만) 남자아이에게는 음경이 있고 여자아이에게는 질이 있는가? 그냥 보면 알 수 있다. 겉으로 드러난 신체 부위에 대해 누가 의견을 달리할 수 있을까? 그래서 과학자들은 뇌의 해부학적 차이를 이야기하며 가시적이라는 수사적 표현을 사용하지만, 누구나 쉽게 관찰할 수 있는 외부 구조에서 내부의 해부학적 구조로 그렇게 구렁이 담 넘어가듯 쉽게 넘어갈 순 없다. 젠더, 뇌 기능, 해부학적 구조 사이의 관계는 해석하기도 힘들고 직접 관찰하기도 어렵다. 그러다 보니, 과학자들은 해부학적으로 뇌 구조에서 나타나는 젠더 차이가 가시적이고 유의미하다는 것을 서로에게 그리고 일반 대중에게 확신시키기 위해 온갖 노력을 경주한다.[1] 이런 주장 가운데 일부는 수백 년 동안 지속될 싸움을 촉발했다.[2] 이 싸움이 어떻게, 또 왜 그렇게 오래 지속될 수 있었는지 이해하게 되면서 나는 과학자들이 자연을 있는 그대로 읽어 내 진리를 발견하고 그것을 사회에 적용하는 게 아니라고 계속해서 주장해 왔다. 달리 말해, 과학자들은 사회적 관계에서 가져온 진리를 바탕으로 자연적인 것을 읽고 해석하고 구조화한다.[3]

(새로운 분류법에서부터 새로운 현미경 검사 기술에 이르는) 과학의 혁신이 세상에는 오직 두 개의 젠더만 존재한다는 선입견과 상호작용하면서 간성성에 대한 의학적 "해결책들"이 발전했다. 과학계에서 이 같은 합의가 가능했던 것은, 부분적으로는 남성과 여성에 대한 사회적 믿음에 논란이 없었기 때문이다. 그러나 사회 영역이 전쟁터가 되자, 과학자들은 합의에 어려움을 겪게되었다. 이 장에서 나는 신체 표면의 차이에서 내부의 차이로 연구 대상이 이동함에 따라 과학자들이 자신들의 도구를 사용해 남성성과 여성성에 대해 어떻게 논의하는지 보여 주고자 한다. "남성적인" 뇌를 가진 사람, 또는 "여성적인" 뇌를 가진 사람은 어떤 직업에 가장 적합할까? 여성을 엔지니어로 양성하기 위해서는 좀 더 특별한 노력을 기울여야 할까? 남자아이들이 읽기 학습에 어려움을 겪는 것은 "자연스러운" 일일까? 게이 남성은 좀 더 여성스러운 뇌들보를 가지고 있기 때문에 미용사나 플로리스트 같은 여성스러운 직업에 더 적합할까? 뇌들보의 해부학적 구조에 대한 논쟁을 지속시키고 있는 것은 이렇게 서로 맞물려 있는 사회적 질문들이다.[4]

[미국 동부를 강타한 기록적인 폭설로] 1992년 겨울은 혹독했다. 할 수 있는 일이라고는 모두가 둘러앉아 뇌들보에 대해 생각하는 것뿐이었다. 적어도 그렇게 보였다. 그도 그럴 것이 뇌의 좌반구와 우반구를 연결하는 이 커다란 신경섬유 다발에 대한 새로운 기사들이 느닷없이 쏟아져 나왔기 때문이다. 『뉴스위크』와 『타임』은 젠더 차이와 뇌에 관한 특집 기사들을 게재하며 이 같은 흐름을 선도했다.[5] 『타임』에 실린 일러스트는 독자들에게 여성의 뇌들보가 종종 남성들보다 폭이 넓다는 정보를 알려 주었다. 화려한 일러스트 가운데 하나에는 이 차이가 "아마도 여성이 가진 직감의 기초"일 수 있다는 설명이 붙어 있었다. 하지만 기사의 본문에는 한 발 물러나 모든 신경생물학자가 이 같이 추정된 뇌의 차이를 지지하는 것은 아니라고 적혀 있었다. 『엘르』에 기고한 밈

블랙은 덜 조심스러웠다. 그녀는 여성의 뇌들보가 더 크기 때문에 "여학생은 남학생만큼 물리학이나 공학 같은 분야에 관심이 없"다고 썼다.[6]

여기에 동의한 사람은 더 있다. 『보스턴 글로브』에 실린 젠더 차이와 뇌들보에 관한 기사는 정신과 의사이자 신경과학자 이디스 캐플런 박사의 말을 인용했다. 캐플런은 "남성과 여성의 뇌는 생애 전반에 걸쳐 해부학적으로 다르며, 여성은 더 두꺼운 뇌들보를 갖고 있다. … 이런 상호 연결성 때문에" 여성은 언어능력이 더 뛰어난 반면 남성은 시공간 능력이 더 뛰어나다고 말했다.[7] 이에 뒤질세라 『뉴욕 타임스』의 과학 부문 편집자 니컬러스 웨이드는 뇌들보의 성차를 드러내는 명확한 연구가 "모든 인간은 동등하게 창조되었으며 학교에서 의욕을 꺾지 않는 한 여성도 수학에서 남성 못지않게 잘할 수 있다"고 주장하는 "몇몇 페미니스트 이데올로그"의 신빙성을 떨어뜨렸다고 서술했다.[8]

이런 흥미 위주의 질문은 뇌 때문에 여성이 과학 분야에 진출하는 데 부적합한가에 그치지 않았다. 오히려 대중매체는 생리적이고 사회적인 모든 차이가 궁극적으로 뇌 한 부분의 형태 차이에서 기인한 것으로 믿을 만반의 준비가 돼 있는 듯했다. 1995년 『뉴스위크』에 실린 「남성과 여성이 다르게 생각하는 이유」라는 커버스토리의 논리를 따라가 보자. 이 기사에 따르면, 뇌들보의 차이로 말미암아 여성은 종합적인 사고를 잘하는(여성이 그렇다고 가정할 때) 반면, 남성의 [좌뇌와 우뇌가 독립적으로 작용해] 우뇌는 좌뇌가 하는 일을 모른다. 이 기사의 저자는 "여성들은 직관에 뛰어나"며, "아마도 좌뇌의 합리성과 우뇌의 감성이 서로 연결돼 있기 때문인 것으로 보인다"라고 말했다.[9] 이 이론을 지지하기 위해 기사는 선천성 부신 과형성증 여아가 놀이 유형과 인지 강도 모두에서 다른 여아보다 남성적인 특성을 더 많이 보인다는 연구를 인용하며, 이는 성호르몬이 뇌들보의 크기 차이에 관여할 수 있음을 시사한다고 ― 놀랄 만한 순환 논리로 ― 언급했다.[10]

이런 종류의 주장이 충분한 설득력이 없음에도 불구하고, 몇몇은 뇌들보 결정론을 훨씬 더 밀어붙였다. 일례로 1992년에 심리학자 샌드라 위텔슨은 남성과 여성의 인지능력과 뇌들보 구조가 다른 것처럼, 남성 동성애자와 남성 이성애자 역시 그렇다는 논문을 발표하면서 요리에 또 다른 양념을 첨가했다(늘 그렇듯이, 여성 동성애자는 어디에도 등장하지 않는다). 그녀는 "몇몇 인지적 측면에서, [남성 동성애자는─인용자] 신경학적으로 마치 제3의 성별인 것 같다"라고 기술하면서, 결국 이런 뇌의 차이가 "남성 동성애자가 남성 이성애자에 비해 특정 직종에 더 많이 진출해 두각을 나타내는"[11] 이유를 설명해 줄 수 있다고 덧붙였다. 그녀는 자신이 언급한 직종이 어떤 것인지는 상세히 설명하지 않았다. 하지만 뇌들보 형태가 왼손잡이인지 오른손잡이인지는 물론 젠더 정체성, 인지 패턴, 성적 선호도를 결정하는 요인 가운데 하나라고 주장함으로써, 뇌의 이 영역이 인간 행동의 거의 모든 측면을 조절하는 데 중요한 역할을 한다고 시사했다.[12]

신문과 잡지의 이런 기사들은 뇌들보가 소매를 걷어붙이고 땀범벅이 된 얼굴로 연구자들에게 자신이 유일한 통제 센터임을, 즉 다양한 생리적·사회적 변이의 신체적 원인임을 알리기 위해 분투하는 모습을 떠올리게 한다. 왜 뇌들보가 그렇게까지 열심히 일해야만 하는가? 정작 뇌들보 자신은 뭐라 말할까? 1800년대 후반, 이전에는 남성의 골격만을 그렸던 해부학자들이 갑자기 여성의 골격에 관심을 보이기 시작했다. 골격을 신체의 근본적인 구조 ─ 신체의 물질적인 본질 ─ 로 보았기 때문에, 골격에서 성차를 발견하면 남녀의 서로 다른 성 정체성이 "골격에 붙어 있고 골격에 의해 형성된 모든 근육, 혈관, 기관"을 관통하고 있음을 명확히 해 주리라고 생각한 것이다.[13] 논쟁이 불거졌다. 한 여성 과학자는 여성의 두개골을 남성의 두개골에 비해 비례적으로 더 작게 그렸다. 반면, 한 남성 과학자는 신체의 다른 부위에 비해 두개골의 크기를 남성보다 여성에서 더 크게 그렸다. 처음에는 모든 사람이 앞의 그림을 더 선호했지만, 격렬한 논쟁을 거친 뒤 과학자들은 후자의 그림이 더 정확하다고 인정했다. 그럼에도 불구하고 과학자들은 여성의 뇌 크기가 절대적으로 더 작다는 사실에 매달렸고, 이를 통해 여성이 남성에 비해 지적 능력이 떨어진다는 의견을 고수했다.[14] 오늘날 우리는 성차의 가장 근본적인 원천을 골격보다는 뇌에서 찾는 쪽으로 방향을 틀었다.[15] 최근 들어 뇌 연구에 많은 진척이 있었다. 하지만 이 기관은 여전히 광활한 미지의 영역으로 남아 있으며, 부지불식간에 젠더에 대한 가정들을 투사하기에 더할 나위 없이 좋은 매개체 역할을 하고 있다.

비교적 최근에 재개된 뇌들보 논쟁은 1982년 명망 높은 학술지 『사이언스』에 체질 인류학자 두 명이 발표한 짧은 논문과 더불어 시작됐다. 토크쇼 진행자 필 도나휴가 이 논문의 저자들이 "남성의 뇌에는 없는 여분의 신경 다발"을 발견했다고 부정확하게 인용*하면서, 이 논문은 즉각 엄청난 논란을 불러일으켰다.[16] 『사이언스』의 이 논문은 여성의 경우 뇌들보의 특정 영역이 남성보다 크다고 보고했다. 저자들은 이것이 시론적인 연구(이 연구는 아홉 명의 남성과 다섯 명의 여성을 대상으로 했다)임을 인정하면서도, 연구 결과를 "시공간 능력이 편측화[뇌가 수행하는 기능이 특정 반구에 치우쳐 있는 것]된 정도에 젠더 차이가 있을 가능성"과 대담하게 연결 지었다.[17] 이 논문의 내용을 쉽게 옮겨 보면 다음과 같다. (전부는 아니지만[18]) 일부 심리학자는 남성과 여성이 뇌를 다르게 사용한다고 믿고 있다. 추정컨대 남성은 시공간 정보를 처리할 때 거의 좌뇌만 사용하는 반면, 여성은 양 반구를 모두 사용한다. 전문적인 심리학 용어로 말하자면, 남성은 시공간 과제 수행에서 훨씬 편측화돼 있다. 이 주장에 뇌 기능이 편측화될수록 기술 역량이 크다는 또 다른 주장(역시 논란의 여지가 있다)이 더해진다. 남성은 종종 표준화된 공간 과제에서 더 나은 성과를 보인다. 많은 사람들은 이 사실이 남성이 수학과 과학에서 더 좋은 성과를 내는 이유를 설명해 준다고 믿고 있다. 만약 누군가가 이 이야기를 믿는다면

※ 『사이언스』에 실린 논문의 서지 사항은 다음과 같다.
DeLacoste-Utamsing, Christine and Ralph L. Holloway, "Sexual Dimorphism in the Human Corpus Callosum", *Science*, vol. 216, Issue 4553, Jun 25, 1982. 필 도나휴는 이 논문을 인용하며, 여성의 뇌는 "남성의 뇌에는 없는 여분의 신경 다발"이 있기 때문에, 남성의 뇌보다 "최대 40퍼센트 더 크다"고 토크쇼에서 말했다. 이는 위 논문에 대한 왜곡 및 과장의 사례로 많이 지적되는데, 특히 형태의 차이를 구조의 유무로 오독한 것이다.

19세기		20세기	
좌	우	좌	우
뇌의 앞쪽	뇌의 뒤쪽	언어	시공간/비언어
인간성	동물성	순차적	동시적
운동 활동	감각 활동	디지털	아날로그
지능	정서/감성	추론적	직관적
백인의 우월성	유색인의 열등성	서구적 사고	동양적 사고
이성	광기	추상적	구체적
남성	여성	여성	남성
객관적	주관적	객관적	주관적
깨어 있는 자아	잠재의식적 자아	현실적	충동적
관계적[분석적] 삶	유기적[전체론적] 삶	지적	감각적

자료: Harrington(1985)

그리고 상정된 기능상 차이가 선천적인 것(이를테면 태아가 발달하는 동안 호르몬 분비에 의해 유도된 해부학적 차이의 결과)이라고 생각한다면, 공학과 물리학 같은 분야에서 남녀의 동등한 대표를 요구하는 사회정책은 비합리적인 것이라고 주장할지도 모른다. 어쨌든 재능이 없는 사람에게서 재능을 끌어낼 수는 없는 법이니 말이다.

심리학자 줄리언 스탠리는 수학에 재능 있는 젊은이를 발굴해 지원하는 국가 프로그램을 운영하고 있다. 그는 최근 12학년[고등학교 3학년] 남학생이 물리학 과목의 고교 심화 학습 과정 시험Advanced Placement Test*에서 여학생보다 더 높은 점수를 받았다고 보고했다. 그는 이 시험 점수가 다음과 같은 점을 함의한다고 생각했다. "대부분의 남성처럼 기계적 추론에 능한 여성은 거의 없다. 이것은 전기공학과 역학 같은 분야에서 매우 불리한 조건이 될 수 있

＊ 고등학교에서 제공되는 대학 수준의 수업을 이수한 후 치르는 시험. 흔히 AP 시험으로 불리는데, 대학 입학 전형에서 가산점을 부여하거나 입학 후 학점으로 인정한다.

다. … 이런 차이 때문에 … 여성 전기공학자가 남성 공학자만큼 **많아야 한다**고 주장하는 것은 바람직하지 않다." 계속해서 그는 "우리가 여성에게서 이런 능력을 증대할 방법을 발견할 때까지는, 실현 가능한 목표로 남녀 동수를 주장하는 것은 타당하지 않다"고 말했다.[19] 한편, 스탠리의 동료인 커밀라 벤보는 별다른 근거 없이[20] 수학에서의 성차가 적어도 부분적으로는 뇌 편측화의 선천적 차이에서 기인한다고 언급한다.[21]

　　우리는 여기서 도나 해러웨이가 "기술과학적인 신체"라고 부른 것의 일환으로 뇌들보가 사용되는 모습을 본다. 뇌들보는 젠더화된 세계를 가로지르는 "끈끈한 실타래"가 뻗어 나가는 중심점으로서, 새로 매단 파리잡이 끈끈이처럼 온갖 잡동사니를 붙잡아 둔다.[22] 뇌들보에 관한 서사는 과학계에서 나타나는 여성의 과소 대표성을 호르몬, 인지 패턴, 최선의 남아·여아 교육 방식,[23] 동성애, 왼손잡이 대 오른손잡이, 여성의 직감 등과 연결하면서 점점 더 불어난다.[24] 이 끈끈한 실타래는 젠더 서사에만 국한되지 않고 인종과 민족에 관한 이야기에도 달라붙는다. 19세기와 20세기 초반에는 뇌들보 자체가 인종적 함의를 가졌다. 20세기 후반에는 (많은 사람이 뇌들보가 간접적으로 매개하고 있다고 여긴)[25] 사고방식이 인종화된다. 이제 우리는 "검둥이"의 뇌들보가 백인보다 작다[26]고 배우는 대신, 북아메리카 원주민 혹은 (모든 유형의) 아시아인이 유럽인보다 종합적으로 사고한다는 이야기를 듣는다. 좌우 반구를 연결하는 뇌들보와 그 역할에 관한 논의들을 보면 발 플럼우드가 경고했던(1장 참고) 미끄러운slippery 이원론들*이 넘쳐 난다(〈표 5-1〉). 뇌들보는 무게를 감당하기 힘들어 보이는데, 이것이 바로 내가 이 장에서 제시하고자 하는 요점이다. 과학자들은 뇌들보를 어떻게 이 같은 지식의 대상으로 변모시켰을까? 이 기술과학적인 대상이 다루기 매우 까다롭다는 점**을 고려할 때, 젠더 차이를 낳는 뇌들

---

　　* 서구의 철학과 문화에서 지배적으로 나타나는 다양한 이원론이 서로 연관되어 미끄러지듯이 적용되며, 한 가지 형태가 극복되어도 또 다른 형태의 이원론을 만들어 낸다는 의미다.
　　** 뇌들보는 그 자체의 구조적 복잡성과 개인들 사이의 변이가 많기

보를 형상화하기 위해 이 전투에서 동원된 과학의 무기들은 무엇일까?

야생 뇌들보 길들이기

뇌들보의 역할에 대한 주장들은 대부분 그 크기와 모양에 관한 데이터에 기초하고 있다. 그런데 과학자들은 뇌들보처럼 복잡하고 불규칙한 모양의 구조를 도대체 어떻게 정확하게 측정할까? 위에서 보면, 뇌들보는 융기된 지형도를 닮았다(〈그림 5-1〉). 약간 떨어져 있는 한 쌍의 능선이 특이하게도 나란히 이어지다가 남쪽으로 갈라진다. 한 능선의 서쪽과 다른 능선의 동쪽에 고원이 자리 잡고 있고, 광대한 계곡이 두 능선 사이에 뻗어 있다. 동서로 뻗은 줄무늬가 영역 전체를 가로지른다. 이 줄무늬들이 바로 뇌들보를 구성하는 수백만 개의 신경섬유다.[27] 능선과 계곡이 보여 주듯이 이 섬유들은 평평한 2차원 표면을 따라 달리는 것이 아니라 굴곡을 그리고 있다. 더욱이 지도의 가장자리 부분이 보여 주듯이, 섬유들은 뇌의 다른 부분들과 완전히 분리되지 않고 서로 연결되어 얽혀 있다. 한 연구팀은 이렇게 서술한다. "뇌들보는 날개 모양이 복잡한 새와 많이 닮았다. 나아가 이 날개들은 상행 백질 신경로ascending white matter tracts*와 뒤섞여 있어서 … 뇌들보의 측면 부위를 명확히 정의하는 것은 본질적으로 불가능하다."[28]

뇌들보를 대서양을 횡단하는 전화 케이블 다발로 상상할 수도 있다. 대서양 한가운데(위 지도에서 좌뇌와 우뇌를 연결하는 계곡)에서 이 케이블들은 다발을 이루고 있다. 때때로 이 다발이 능선으로 무리를 지어 들어간다. 그러나 케이블들은 북아메리카와 유럽에 있는 집과 사무실로 뻗어 나가면서 뚜렷한 형태를 상실한다. 더 작아진 전선 다발은 스칸디나비아나 저지대 국가들[벨기

때문에, 오늘날까지도 분류와 측정 자체가 매우 까다로운 것으로 알려져 있다.
    ✱ 신체의 정보를 뇌로 전달하는 감각 경로로, 척수 백질에 위치한다. 촉각, 통증, 온도, 위치 감각 같은 감각을 전달한다.

섹싱 더 바디

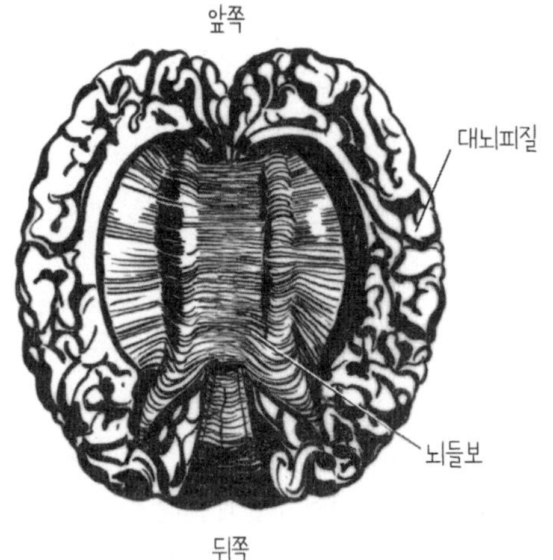

그림 5-1. 뇌의 다른 부위로부터 깨끗하게 절개해 낸 뇌들보 전체의 3차원 표현

그림: 앨리스 샌토로

에, 네덜란드, 룩셈부르크 등]이나 이탈리아, 이베리아반도로 방향을 선회한다. 케이블들은 다시 나뉘어 개별 도시로 들어가고 최종적으로는 특정한 전화에 연결된다. 말단의 연결 지점에서 뇌들보는 대뇌 자체의 구조물로 통합되면서 자신의 명확한 구조를 상실한다.

따라서 "실제" 뇌들보는 뇌의 다른 부분들과 분리하기 어려운 구조이며, 그 불규칙한 3차원 구조는 너무 복잡해 측정할 수 없다. 그러므로 뇌들보를 연구하고 싶은 신경과학자는 먼저 그것을 길들여야만 한다. 즉, 뇌들보를 가공하기 쉽고, 관찰하기 쉬운 분리 가능한 실험 대상으로 변환해야 한다. 이런 도전 과제 자체는 새로운 것이 아니다. 파스퇴르는 미생물을 실험실에 가지고 와서야 그것을 연구할 수 있었다.[29] 토머스 모건은 초파리를 사육*하고 나서

✱ 그는 섭씨 20도의 온도에서 초파리를 사육하고, 바나나와 같은 먹이를 주면서, 약 10일마다 한 세대가 교차하는 초파리의 빠른 번식력과 짧은 수명을 활용해 유전 연구를 수행했다. 말하자면, 실험실에서 초파리를 자연 상태와

표 5-2. 로버트 베넷 빈의 연구 결과

백인 남성 > 백인 여성 > 검둥이 남성 > 검둥이 여성	백인 남성 > 백인 여성 > 검둥이 남성 = 검둥이 여성	검둥이 남성 > 검둥이 여성 > 백인 남성 > 백인 여성	검둥이 남성 > 검둥이 여성 = 백인 남성 > 백인 여성
뇌들보 전체 영역	뇌들보 전부/뇌들보 후부(비율)	팽대	몸통/협부(비율)
뇌들보 전부 영역			
뇌들보무릎 영역			
협부 영역			
몸통 영역			
무릎/팽대(비율)			

야 현대판 멘델의 유전학을 창시할 수 있었다.[30] 그러나 이 과정이 근본적으로 연구 대상을 변화시킨다는 점을 반드시 기억해야 한다. 이 변화가 연구를 가치 없게 만들까? 반드시 그렇지는 않다. 그러나 연구자들이 연구 대상에 접근하기 위해 사용하는 과정들은 — 과학 연구를 언론 등에서 대중적으로 소개할 때 종종 무시되지만 — 그 연구의 근간으로 삼는 가정을 상당 부분 드러내 준다.[31]

과학자들은 20세기 초부터 뇌들보를 길들이기 시작했다. 당시에는, 뇌들보를 통해 인종적 차이(젠더 차이 역시 일부 고려되었다)를 이해하겠다는 원대한 희망을 품었다. 존스홉킨스 대학교 해부학 실험실에서 연구하던 로버트 베넷 빈은 1906년에 「검둥이 뇌의 몇 가지 인종적 특징」이라는 논문을 발표했다.[32] 빈의 연구 방법에는 흠잡을 곳이 없어 보였다. 그는 뇌들보를 조심스럽게 세분하고 세심하게 시료를 제작했으며, 독자들에게 다수의 뇌들보 도면을 제공했다.[33] 또한 차트와 표를 광범위하게 활용했으며, 대규모의 연구 표본(미

격리해 효율적으로 사육한 덕에 여러 세대의 유전을 쉽게 관찰하고, 멘델의 이론을 뒷받침하는 유전자와 염색체의 관계를 증명할 수 있었다. 모건의 실험실에서 사육한 초파리는 야생에서 채집한 것이지만, 모건의 유전 연구에 활용한 초파리는 특정한 돌연변이 형질을 가진 것이었다. 나아가 이 초파리들은 실험실의 인공적인 환경(예컨대, 일정한 온도, 영양분, 포식자 부재 등)에서 사육되면서, 자연 상태의 초파리와 다른 방향으로 진화해 적응하게 된다.

섹싱 더 바디

국의 흑인 103명과 백인 49명)을 확보했다. 그의 연구 결과는 매우 유용해 20세기 후반에 벌어진 논쟁에서도 몇몇 연구자가 그의 연구를 언급했을 뿐만 아니라 그의 데이터를 재분석하기까지 했다.[34] 실제로, (정교한 통계학과 컴퓨터의 사용처럼) 현대적인 방법이 많이 도입되었음에도 불구하고, 사체에서 뇌들보의 크기와 모양을 측정하는 데 사용되는 방법은 빈이 논문을 발표한 지 90년 넘은 지금도 변하지 않았다. 나는 현재의 시각에서는 대부분 인종주의로 보이는 과거의 연구들로 그 시절에 활동했던 과학자들을 비난할 생각은 없다. 요지는 일단 사체에서 떼어 낸 뒤, 관찰을 위해 실험실에서 길들이면 뇌들보가 [원래의 주인이 아니라 그것을 특정 목적으로 사용하기 위해 길들인] 다른 주인들을 섬길 수 있다는 것이다. 인종 차이에 집착하던 시기에는 한동안 뇌들보가 인종 차이를 설명해 줄 열쇠를 쥐고 있다고 여겨졌다. 이제 동일한 구조물이 젠더의 부름에 따라 움직이는 중이다.[35]

　빈의 초기 측정치는 검둥이(빈이 논문에서 이 단어를 사용했기에 나도 그대로 사용한다)가 백인보다 전두엽frontal lobe은 작지만 두정엽parietal lobe은 크다는 것을 보여 주려고 시행된 이전 연구들을 확증해 주는 것이었다. 덧붙여 그는 검둥이의 경우 왼쪽 전두엽은 [오른쪽 전두엽보다] 크지만 왼쪽 두정엽은 [오른쪽 두정엽보다] 작다는 사실을 발견했다. 반면 이런 좌우 비대칭성이 백인에서는 반전됐다. 그는 이 차이가 인종적 특성에 대한 기존의 지식들과 완전히 일치한다고 생각했다. 다시 말해, 빈은 검둥이의 경우 뇌의 뒤쪽이 크고 앞쪽은 작다는 사실이 자명한 진리, 즉 검둥이는 "예술적 능력과 감각이 미발달했고, … 특히 성관계 측면에서 자제력이 부족해 불안정한 성격"을 가지고 있다는 사실을 설명해 주는 것으로 보았다. 물론 대조적으로 백인은 "지배적이고 … 대체로 결단력, 의지력, 자제력, 자치 능력이 있으며 … 윤리적·미학적 능력이 고도로 발달"했다. 빈은 이어서 이렇게 말한다. "한쪽은 주관적이고, 다른 쪽은 객관적이다. 한쪽은 전두엽이 발달하고, 다른 쪽은 후두엽 또는 두정엽이 발달했다. 한쪽은 추론 능력이 뛰어나고 다른 쪽은 감정적이다. 한쪽은 지배하려는 성향이 있지만 강한 자기 통제력을 갖고 있고, 다른 쪽은 유순하고 순종적이지만 폭력적이며 자제력이 결여돼 있다.”[36] 그는 또한 남성의 경우 뇌들보의 전부(뇌들보**무릎**genu)와 후부(뇌들보**팽대**splenium)의 끝이 여성보다 크다는 것을 발견했다. 그러나 그는 주로 인종에만 집중했다. 그는 중간 부위(뇌들보**몸통**body과 뇌들보**협부**[잘록]isthmus라 불리는)에 운동 활동에 관여하는 신경섬유들이 포함돼 있는데, 이 부위는 뇌의 다른 영역들에 비해 인종 간 유사성이 큰 것으로 생각했다.[37] 실제로, 그는 운동 영역 외부에서 인종 간 가장 큰 차이를 발견했다. 당시 만연했던 인종에 대한 믿음에 따라, 빈은 뇌 좌우 반구의 뒤쪽 부위 — 원시적 기능을 더 많이 담당하고 있을 것이라고 여겨졌다 — 와 연결된 신경섬유들이 들어 있는 뇌들보팽대가 백인보다 유색인에게서 더 클 것으로 예상했다. 그리고 측정치는 이 같은 예상대로였다. 마찬가지로 그는 백인의 경우 뇌의 앞부분과 연결된 뇌들보무릎이 다른 인종에 비해 클 것이라고 예측했고, 이 역시 측정치에 의해 확증되었다.[38]

지금과 마찬가지로, 당시에도 이 같은 연구 결과는 과학계와 공중의 도전 심리를 자극했다. 1909년에 존스홉킨스 대학교 해부학과장 프랭클린 몰 박사는 뇌에서 인종적 차이와 성적 차이를 발견했다는 빈의 연구를 논박했다.[39] 몰의 반박은 익숙한 이야기다. 개인 차이가 집단 차이보다 훨씬 크다는 것이다. 어떤 [집단적] 차이도 임의적인 검사에서 뚜렷이 드러날 만큼 크지 않았고, 빈과 동료들은 연구 결과를 뇌 중량 차이를 고려해 정규화normalize하지도 않았다. 나아가 몰은 자신이 더 우수한 장비를 사용했고, [연구자의] “개인적 편향”을 제거하기 위해 블라인드 검사법을 활용했기에 자신의 측정치가 더 정확하다고 주장했다.[40] 결론적으로 그는 “향후 인종, 성별, 재능에 따른 차이를 주장하기 위해서는 오래된 주장이 아니라 진정으로 과학적으로 다뤄진 새로운 데이터에 기초해야만 할 것”이라고 지적했다.[41] 몰이 과학 영역에서 빈과 맞섰다면, 비슷한 시기에 인류학자 프란츠 보아스는 대중매체에서 빈과 치열하게 맞붙었다.[*][42] 사회적 맥락은 달라졌지만 과학적 논쟁의 무기들은 한 시대에서 다음 시대로 이동할 수 있다.

① 뇌들보 정의하기

과학자들의 측정·분할·조사·논쟁 대상은 뇌들보 그 자체가 아니라 그 중심부에서 채취한 절편이다. 〈그림 5-2〉는 뇌들보의 정중시상면mid-sagittal section※※을 2차원으로 나타낸 것이다.[43] 이것은 표현이 좀 복잡하니, 그냥 뇌들보라고 부르자(이제부터 나는 "복잡한 날개 형태를 가진 새"처럼 생긴 3차원 구조물은 '3차원 뇌들보'라 부를 것이다). 뇌들보의 2차원 구조를 연구하는 데에는 여러 가지 이점이 있다. 첫째, 실제 뇌 해부가 훨씬 용이하다. 3차원 뇌들보와 연결된 대뇌피질을 비롯해 다양한 뇌 조직을 해부하느라 힘들게 많은 시간을 들이는 대신, 연구자들은 좌우 반구가 나뉘는 부위를 기준으로 뇌를 자를 수 있다(호두의 가운데를 잘라서 단면을 측정하는 것과 비슷하다). 잘린 뇌반구는 절단면의 어느 한쪽에서든 사진을 찍을 수 있다. 그 뒤 연구자들은 잘린 뇌들보 표면의 윤곽선을 종이 위에 모사하고 손이나 컴퓨터로 이 윤곽을 측정할 수 있다. 둘째, 뇌 조직을 준비하기가 용이하기 때문에 대상을 좀 더 쉽게 표준화할 수 있다. 따라서 각기 다른 연구 집단이 서로의 결과를 비교할 때, 동일한 대상을 두고 논의하고 있음을 확신할 수 있다. 셋째, 2차원 물체는 3차원 물체보다 측정이 훨씬 용이하다.[44]

그러나 이 부검postmortem, PM 기술에서도 방법론적 문제가 여전히 있다.

※ 프란츠 보아스는 문화인류학적 방법으로 과학적 인종주의와 맞서 싸웠던 독일 태생의 미국 인류학자다. 1908년 뉴욕 이민자 1만 7000여 명의 신체적 특징을 조사한 결과를 바탕으로 "순전히 물리적 측면에서 '유대인'이나 '폴란드인', '슬로바키아인' 같은 것은 존재하지 않는다"라고 주장했다. 또한 인종적 특징이 유전적 요인뿐만 아니라 환경적 요인(식단이나 생활 방식 등)에 의해서도 변화한다는 사실을 보여 주었다. 이는 인종을 자연적이거나 고정된 실체로 보며, 인종에 따라 지능적·신체적 능력에 차이가 있다는 우생학자들의 주장을 반박하는 것이었다. 이에 대해서는, 찰스 킹, 『문화의 수수께끼를 풀다』, 문희경 옮김, 교양인, 2024 참고.

※※ 시상면은 신체의 좌우를 가르는 면으로, 신체를 상부와 하부로 나누는 횡단면과 수직을 이룬다. 정중은 신체를 좌우가 대칭하게 정확히 절반으로 가른다는 뜻이다.

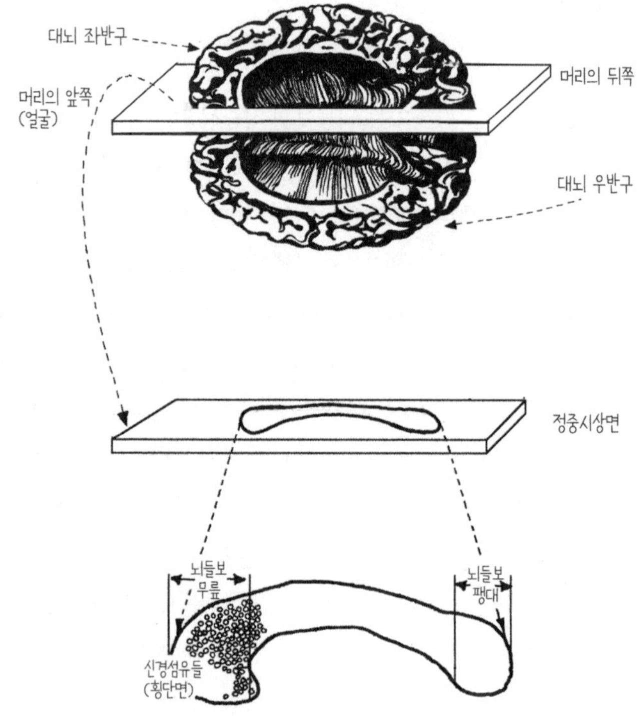

그림: 앨리스 샌토로

예를 들어, 뇌를 준비하려면 그것을 절여야 한다('고정'이라 불리는 보존 과정). 실험실마다 고정 방법이 다르고 어떤 방법이든 형태의 왜곡과 수축을 유발한다. 따라서 살아서 기능하고 있는 조직과 실제로 연구되는, 죽은 뒤 보존돼 있는 뇌 물질의 관계에 대해서는 항상 의구심이 생겨날 수밖에 없다(예컨대 두 집단 사이에서 나타나는 크기 차이는, 고정 과정에서 수축 반응에 차이가 있는 연결 조직의 양이 다르기 때문일 수도 있다).[45]

뇌 샘플의 왜곡을 최소화할 수 있는 기법을 두고 연구자들의 의견은 분분하다. 하지만 2차원 횡단면에 기초한 데이터를 실제 뇌, 곧 사람들의 머릿속에 있는 3차원의 뇌 구조를 연구하는 데 사용할 수 없다고 생각하지는 않는

그림 5-3. 인간 뇌의 정중시상면 MRI 영상(대뇌피질의 주름과 뇌들보가 선명하다)

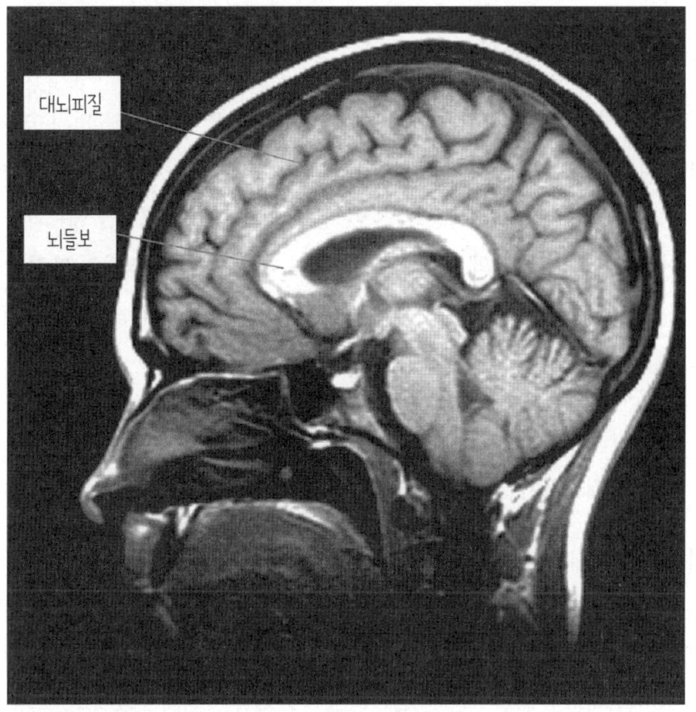

자료: 이자벨 고티에

다. 이는 부분적으로 사후 부검 기술과 MRI 장치 같은 새로운 장비의 장점을 활용하면 되기 때문이다. 물론 몇몇 연구자는 이런 첨단 기술을 통해 뇌들보에 대한 통합적 설명이 도출될 수 있기를 기대한다.[46]

자기공명영상MRI(〈그림 5-3〉)에는 두 가지 주요 장점이 있다. 첫째, 살아 있는 건강한 사람에게서 데이터를 얻을 수 있다. 둘째, 살아 있는 건강한 사람[의 뇌 영상]을 구하는 것이 사후 부검한 뇌를 구하는 것보다 훨씬 쉽다.[47] 따라서 표본 수가 더 많기에, 연령이나 잘 쓰는 손[오른손잡이, 왼손잡이] 같은 잠재적 교란 요인들을 더 잘 통제할 수 있다. 그러나 공짜는 없다. 신경과학자 샌드라 위텔슨과 찰스 골드스미스는 뇌들보와 인접 구조물 사이의 경계가 부검에서보다 MRI에서 덜 선명하게 나타난다고 지적한다. 덧붙여 뇌 스캔의 공간 해상도는 한계가 있으며, 광학 절편들은 부검에서 손으로 절단한 절편보다 훨씬 두꺼운 경우가 많다.[48] 제프리 클라크와 동료들은 "뇌들보의 윤곽이 부검에서보다 MRI에서 덜 뚜렷하다"고 지적했다. 반면, 다른 연구자들은 MRI의 수많은 광학 절편 가운데 어느 것이 진짜 정중시상 절편인지 판단하기 어렵다고 말한다.[49] 마지막으로, MRI를 사용한 연구들은 뇌의 중량이나 크기를 표준화하기가 어렵다. 따라서 MRI의 결과는 부검에서와 마찬가지로 특정한 뇌의 특성을 나타내기 때문에, 둘 중 어느 방법을 사용하든 연구자들은 [실제 뇌들보와 그것의 실험용 가공물 사이의] 해석적 간극을 염두에 둬야 한다.

② 측정해 길들이기

뇌들보 측정에 관해 과학자들은 합의에 이를 수 있을까? 다시 말해, 그들은 뇌들보 데이터를 사용해 남녀 간의 차이를 발견할 수 있을까? 아니면 그런 차이는 없다는 데 동의할 수 있을까? 그럴 것 같지 않다. 여기서 나는 1982~97년에 작성된 34편의 과학 논문을 검토했다.[50] 저자들은 최신 기술 — 컴퓨터를 통한 측정, 복잡한 통계 방법, MRI 등 — 을 사용했지만 여전히 합의에 이르지 못했다. 뇌들보가 젠더 문제에서 중요하다고(또는 중요하지 않다고) 서로에게(그리고 일반 대중에게) 확신시키기 위해, 나아가 자신들의 주장이 논박당하지 않도록 하기 위해, 과학자들은 적절한 기술, 최상의 측정법, 완벽한 접근법 등을 열심히 모색하고 있다.

〈표 5-3〉을 보면, 전체 뇌들보의 크기에 절대적인 차이가 있다고 생각하는 사람은 거의 없다는 것을 알 수 있다. 대신 과학자들은 2차원 뇌들보를 세분했다(〈그림 5-4〉 참고). 연구자마다 뇌들보 부위를 분할하는 방법이 달랐고 구획 수도 달랐다. 대부분은 문자나 숫자를 붙여 뇌들보 구획의 임의적 성격을 나타냈다. 그 외 연구자들은 이전 시대에 만들어진 [전통적인 해부학의] 명칭들을 사용했다. 예를 들면, 거의 모든 연구자가 팽대를 뇌들보의 후방 5분의 1 지

표 5-3. 뇌들보의 절대적인 성차(요약표)

| | 성차를 발견한 연구의 숫자 | | | | | |
	성인 여성이 더 크다	성인 남성이 더 크다	성인 차이 없음	남자 아동이 더 크다[b]	아동 차이 없음	태아 차이 없음[c]
측정 치수(〈그림 5-4〉 참고)						
뇌들보 영역	0	1[a]	16[a]	1	2	2
팽대의 최대 폭	3	0	11	0	1	2
뇌들보 길이	0	0	7	1	0	0
영역: 구획 1	0	1	7	0	1	0
영역: 구획 2	0	0	8	0	1	0
영역: 구획 3	0	2	7	0	1	0
영역: 구획 4	1	0	9[g]	0	1	0
영역: 구획 5(팽대)	0[f]	0	17[g]	1[d]	2	0
폭 1	0	0	2	0	0	0
폭 2	0	0	2	0	0	0
폭 3	0	0	2	0	0	0
폭 4(팽대 최소폭)	0	1	3[e]	0	0	1
뇌들보의 최소폭	2	2	0	0	0	0
체부의 최대폭	0	0	2	0	0	0
전방 4/5 영역	0	0	2	0	0	0

a. 발견된 사항 중 한 건은 특정 통계 검증(분산분석)에서는 유의한 차이를 보였으나 다른
  검증(다변량분산분석)에서는 그렇지 않았다.
b. 여자 아동의 부위가 더 컸던 사례는 없었다.
c. 한 사례에서 팽대 폭이 여자 태아를 선호하는 쪽으로 절대적인 차이가 발견됐으나 다른 부위에서는
  차이가 없었다.
d. 어떤 통계 검증을 사용했느냐에 의존한다.
e. 부검에서는 차이가 나타났으나 MRI 영상으로는 차이가 없었다.
f. 차이가 있기는 했지만 유의 확률 $p=0.08$로 대개 통계적으로 무의미하다고 간주되는 수치였다
  (De Lacoste-Utamsing and Holloway 1982).
g. 뇌들보를 일곱 가지 부위로 나눈 것에 기초한다(협부는 여섯 번째 부위이며 팽대는 일곱 번째
  부위이다).

점으로 정의했지만, 뇌들보를 여섯 가지 부위[51]나 일곱 가지 부위[52]로 나누고 맨 뒷부분을 팽대라고 부른 사람들도 있었다. 뇌들보를 세분하는 각각의 접근 방식은 그것을 길들이려는 시도를 나타냈다. 즉, 저자들은 자신들의 뇌들보 측정이 객관적이고 다른 사람들도 재현할 수 있는 작업이 되길 희망했다. 어

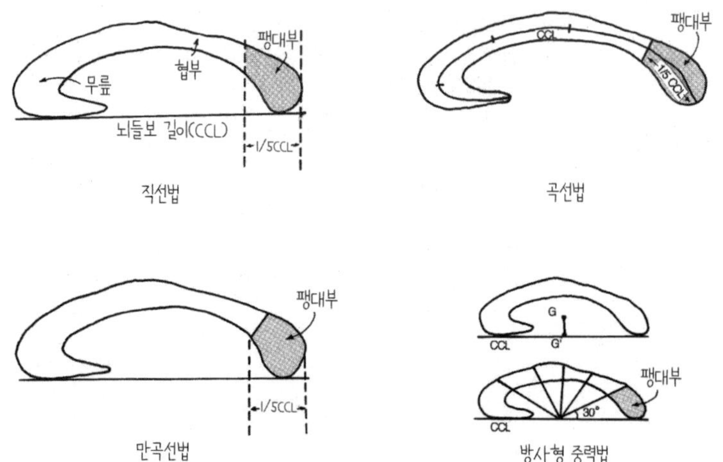

그림: 앨리스 샌토로

떤 명칭을 부여하는지에 따라 세분 방법의 성격이 달라졌다. 일부 연구자는 하위 구획을 알파벳 문자나 숫자로만 표시하는 방식으로 세분 방법의 임의적인 성격을 가시화했다. 다른 연구자들은 전통적인 해부학 명칭들을 배정해 뇌들보에 가시적인 하부 구조들이 있을 것이라는 사실적인 느낌을 줬다.

뇌의 작동 방식에 대한 정보를 추출하기 위해, 과학자들은 연구 대상을 길들**여야** 한다. 〈표 5-3〉과 〈그림 5-4〉에서 이 같은 목적을 달성하기 위해 사용된 다양한 접근 방식을 볼 수 있다. 사실, [연구 대상을 구획해 부위별] 차이를 만들어 내는 이 같은 측면들은 대부분의 연구자가 의식조차 하지 못할 정도로 실험실에서 일상화돼 있는 일이다. 일단 추출해 이름을 붙이면 팽대, 협부, 중앙몸통midbody, 무릎, 부리rostrum는 모두 생물학적 실체가 된다. 즉, 이것들은 사실 연구자가 임의로 세분한 것임에도, 실재하는 생물학적 구조로 인식된다는 것이다. 살아 있는 신체의 복잡성에 개념적인 질서를 부여하기 위해 신체 부위를 단순화하는 작업은 과학자들이 매일 밥 먹듯이 하는 작업이다. 하지만 여기에는 다양한 결과가 따른다. 신경해부학자들이 3차원 뇌들보를 뇌들보팽대나 뇌들보무릎으로 변환할 때, 그들은 "모호함 혹은 혼돈에서 새로운 구조들을 구출해 대중이 접근할 수 있게 해 준다." 사회학자 마이클 린치는 이런 창조물을 "명백히 수학적이고, 자연적이며, 문학적인 하이브리드 객체(들)"라고 부른다.[53] 이 구조물들은 측정할 수 있는 형태로 표시되기 때문에 수학적이다.[54] 또 어쨌든 결국 자연적 대상에서 파생된 것 — 3차원 뇌들보 — 이기 때문에 자연적이다. 그러면서도 **과학 논문에 표기되는** 뇌들보, 팽대, 무릎, 협부, 부리, 그리고 중앙몸통 전부와 후부 등과 같은 표현은 문학적 허구다.

이 과정이 본질적으로 문제가 있는 것은 아니다. 난점은 변형물 — 린치가 말한 삼중의 하이브리드 객체 — 이 원본으로 오인될 때 발생한다. 과학자는 일단 차이를 발견하면 그 의미를 해석하려고 시도한다. 곧 이어지는 논쟁에서 모든 해석은 측정된 대상이 실제로 뇌들보**인** 것처럼 이뤄진다. 그러나 해석은 추상화 과정을 역추적하며 진행되어야만 한다. 여기서 과학자는 곤경에 빠진다. 이런 역추적 작업을 위해 필요한 [변형물이 아닌] 완전한 상태intact의 3차원 뇌들보에 대한 상세한 해부학적 구조가 거의 알려져 있지 않기 때문이다. 결국 [과학자는] 허구적으로 만들어진 추상물에 의미를 부여할 수밖에 없게 되고,[55] 이로 인해 악용될 여지가 엄청나게 커진다.

③ (뇌들보의) 모든 부위를 측정하다

어떻게 뇌들보를 세분할 것인지 합의가 되면, 뇌들보 연구자들은 본격적인 연구에 착수할 수 있다. 이제 그들은 수십 가지를 측정할 수 있다. 세분하지 않은 뇌들보에서는 전체 표면적, 길이, 폭의 치수들, 그리고 이 값들을 뇌 부피나 무게로 나눈 값을 얻는다. 여러 개의 부위로 나뉜 뇌들보에서는 이름이 붙거나 숫자로 표기된 부분들이 생겨난다. 즉, 전방부 5분의 1 지점은 무릎이 되고, 후방부 5분의 1지점은 팽대가 되며, 중앙의 좁은 부위는 협부가 된다. 연구자들이 뇌들보를 측정할 수 있는 대상으로 만들면, 무엇을 발견할 수 있

표5-4. 뇌들보의 상대적인 성차(요약표)

	성차를 발견한 연구의 숫자					
	성인 여성이 더 크다	성인 남성이 더 크다	성인 차이 없음	남자 아동이 더 크다	아동 차이 없음	태아 차이 없음
측정 치수(〈그림 5-4〉 참고)						
뇌들보 영역/뇌 중량 혹은 부피	7		8		2	
영역: 구획 1/뇌 중량 혹은 부피		1	2			
영역: 구획 2/뇌 중량 혹은 부피			2			
영역: 구획 3/뇌 중량 혹은 부피		1	1			
영역: 구획 4/뇌 중량 혹은 부피	1		2			
팽대 폭 혹은 영역/뇌중량, 부피, 혹은 길이	3		5[c]			
팽대 영역/뇌들보 영역 혹은 길이	3		4			
세장 지수(뇌들보 길이/이상적인 두께)[b]	2[d]		1[d]			1[d]
구상 계수(평균 팽대폭/뇌들보 인접 영역의 평균 폭)[a]	2[d]					
구상 계수/전체 뇌들보 영역			1			
최소폭/전체 뇌들보 영역	1					
영역 6(7개 구분 영역 중)/전체 뇌들보 영역	1					

a. 나는 이 계수에 "흡입기 계수"turkey–baster coefficient, TBC라는 별명을 붙였다. 왜냐하면 목이 좁은 뇌들보 밖으로 자라나는 구근 모양(구상)의 팽대가 전체적인 구조상 흡입기 모양이기 때문이다. Allen, Richey et al.(1991) 참고[참고로, 이 계수가 클수록, 팽대가 더 둥글게 부풀어 오른 모양이라는 의미다. 흡입기는 쉽게 말해, 손잡이 쪽에 둥근 고무 흡입기가 붙어 있는 스포이트를 떠올리면 된다].
b. Clarke et al.(1989)은 뇌들보 영역을 정중선의 길이로 나눈 것을 이상적인 두께로 정의한다(뇌들보의 정중시상을 양분해 계산함)[지수가 클수록 뇌들보가 세장하다(길고 가늘다)는 뜻이다].
c. 나는 Emory et al.(1991)에 제시된 데이터로부터 이 결과들 중 하나를 계산했다. 5개 중 하나는 뇌들보를 4개 부위로 세분해 계산한 것이다.
d. 사체 검사에서는 차이가 나타났으나 MRI상으로는 차이가 없었다.

을까?

　　〈표 5-3〉, 〈표 5-4〉, 〈표 5-5〉에 요약된 결과들은 다음과 같다. 즉, 뇌들보를 어떻게 분할하든, 그 영역에서 절대적인 성차를 발견한 연구자는 극소수에 불과하다. (부위나 부피의) 크기 차이는 아니더라도, 소수의 연구자들은 남성과 여성의 뇌들보 형태가 다르다고 보고한다(이런 연구자들에 따르면, 여성

표 5-5. 잘 쓰는 손, 성별, 뇌들보 크기(요약표)

측정 치수(〈그림 5-4〉 참고)	성차를 발견한 연구의 숫자					
	남성만: 오른손잡이 < 왼손잡이[a]	남성만: 오른손잡이 = 왼손잡이[a]	여성만: 오른손잡이 = 왼손잡이[a]	여성만: 오른손잡이 > 왼손잡이[a]	여성과 남성 통합: 오른손잡이 < 왼손잡이[a]	여성과 남성 통합: 오른손잡이 = 왼손잡이[a]
전체 뇌들보 영역	2	3	6	0	1	4
협부 영역[b]	3	1	3	0	2[c]	1
협부/전체 뇌들보 영역	1					
후부[b]	1	1	2	0	1	1
영역 2[b]	2	1	1	1	1	1
뇌들보/뇌						1
팽대/뇌						1

a. 실제로 사용된 잘 쓰는 손의 정의는 단순히 왼쪽이냐 오른쪽이냐보다 더 복잡하고 예민하다.
b. 잘 쓰는 손 연구에서 뇌들보의 구획화는 〈그림 5-4〉 참고
c. 왼손잡이 남성들 > 여성들

의 팽대가 좀 더 둥근 모양을 띠며, 이로 인해 뇌들보의 폭이 더 넓다). 태아와 아동을 대상으로 한 소수의 연구에서는 측정 가능한 성차가 나타나지 않았다. 이 결과는 성인 뇌들보에 젠더 차이가 있을지라도, 그 차이는 나이가 들어서만 나타남을 시사한다.[56] 마지막으로, 노년기 뇌들보 크기의 성차에 관한 보고들은 상충돼, 노년기의 젠더 차이에 대해서는 확고한 결론을 내릴 수 없다.[57]

일부 연구자들은 뇌들보에 젠더 차이가 있을지라도, 그것은 과학자들이 흔히 가정하는 바와 상반될 수 있다고 지적했다. 남성은 대개 여성보다 뇌와 신체의 크기가 더 크다. 만약 여성과 남성의 뇌들보 크기가 비슷한데 여성의 뇌가 더 작다면, 부피 혹은 중량 대비 상대적 기준에서 여성은 **더 큰** 뇌들보를 가지고 있는 것인가?[58] 이 논리를 따라 많은 연구자들이 남녀의 뇌들보 전체 혹은 일부분의 상대적인 크기를 비교했다. 〈표 5-4〉에 이 상대적인 측정치를 요약했는데, 결론은 두 가지로 나뉜다. 약 절반은 차이가 있다고 보고했고, 나머지 절반은 차이가 없다고 보고했다.

젠더 차이에 관심 있는 대부분의 조사자는 팽대(구근 모양으로 뇌들보의 후

단부에 위치해 있다)에 집중하지만, 일부 연구자는 협부라고 불리는 뇌들보의 다른 부분에 주목해 왔다(〈그림 5-4〉 참고). 팽대를 측정하는 연구자들이 남성과 여성의 성차만 찾는 경향이 있는 반면, 협부 연구자들은 이 부위가 젠더뿐만 아니라 왼손잡이와 오른손잡이, 성적 지향 등 여러 특성과 연결된다고 믿고 있다. 일부는 협부 영역이 오른손잡이 남성에서 그렇지 않은 남성보다 더 작지만 여성은 이런 차이를 보이지 않는다는 사실을 발견했다.[59] 이 결과를 표로 정리했다(〈표 5-5〉). 여기서도 의견은 갈린다. 일부는 남성에서 잘 쓰는 손과 관련된 구조적 차이를 발견했지만, 여성에서는 발견하지 못했고, 일부는 잘 쓰는 손과 관련해 그 어떤 차이도 발견하지 못했다. 한 논문은 심지어 뇌들보의 한 영역은 여성의 경우 오른손잡이가 왼손잡이보다 더 크지만, 남성의 경우 왼손잡이가 오른손잡이보다 더 컸다고 보고하기도 했다.[60]

이처럼 다양한 발견을 가지고 과학자들은 어떤 일을 할까? 누군가는 메타 분석이라고 불리는 특수한 통계 기법에 활용한다. 메타 분석은 수많은 소규모 연구로부터 데이터를 모아 하나의 표본을 만들고, 그것을 수학적으로 마치 하나의 대규모 연구인 것처럼 다룬다. 심리학자 캐서린 비숍과 더글러스 월스텐은 이런 메타 분석을 통해 명확해 보이는 결과를 발표했다. 그들은 49개의 서로 다른 데이터 집합을 연구해 남성의 뇌들보 크기가 여성보다 약간 더 크지만(그 이유는 남성의 신체가 더 크기 때문인 것으로 추정했다), 절대적 크기나 상대적 크기, 또는 뇌들보의 전체적 형태나 팽대의 모양에서 젠더 차이가 유의미하게 나타나지 않는다는 걸 발견했다. 비숍과 월스텐은 새로운 연구를 데이터베이스에 추가할 때마다 팽대 영역에서 발견된 절대적인 성차의 통계적 유의성을 다시 계산했다. 통합된 연구 수가 적어 누적 표본 크기가 작았을 때에만, 팽대 영역에서 성차가 존재한다는 결과가 나왔다. 그러나 추가 데이터가 (신규 연구를 통해) 축적됨에 따라 성차는 점차 감소했다. 10건의 연구가 발표될 무렵에는 팽대의 절대적인 성차는 사라졌고, 이후 그 누구도 이 차이를 되살리지 못했다.[61]

그렇지만 연구자들은 뇌들보 구조의 상대적인 차이가 존재하는지를 두고 계속해서 논쟁을 벌이고 있다. 비숍과 월스텐은 아무런 차이도 발견하지 못했지만, 다른 연구팀은 두 번째 메타 분석을 시행해 남성이 여성보다 뇌 크기뿐만 아니라 뇌들보 크기도 약간 더 크지만, 전체 뇌 크기 대비 상대적 비율은 여성의 뇌들보가 더 크다는 결과를 얻었다. 하지만 이 연구는 충분한 데이터를 확보하지 못해 남녀 팽대의 상대적인 크기가 다르다는 결론을 이끌어 내지는 못했다.[62]

하지만 이런 메타 분석 역시 개별 연구에서 나타난 것과 동일한 방법론적 문제들에 직면한다. 상대적 차이를 확립할 수 있는 적절한 방법이 있는가? 어떤 요인을 기준으로 나누어야 할까? 뇌 중량인가? 뇌 부피인가? 아니면 전체 뇌들보 크기인가? 한 연구팀은 단순히 전체 뇌 크기로 어느 특정 영역을 나누는 관행을 "사이비 통계학"(그야말로 한판 붙어 보자는 용어다!)이라 불렀다.[63] 또 다른 연구자는 "정치적 스펙트럼의 한쪽 끝이 차이가 없다는 결론에 집착하고 있는" 이상, 젠더 차이를 발견한 연구의 방법론이 동료들로부터 공격을 받는 것은 당연한 일이라고 반박했다.[64] 우리는 여전히 합의에 이르지 못하고 있다.[65]

④ 숫자와 씨름하기

이런 논쟁을 처음 접하는 외부인에게 난무하는 숫자와 측정값은 당황스럽다. 자신의 측정값을 내보이고 분석할 때 과학자들은 서로 다른 두 가지 지적 전통(두 전통은 모두 종종 통계학이라 불린다)에 의존한다.[66] 첫 번째 전통 — 사회 문제를 평가하거나 측정하기 위해 대량으로 수치들을 모으는 — 은 18~19세기 인구 조사원들의 관행과 보험 회사의 보험 수리표Actuarial Tables 작성 방식*

* 보험사가 위험을 정량적으로 평가해 보험료를 산정하기 위해 통계자료를 수집하고 분석하던 역사적 관행을 말한다. 대표적인 보험 수리표로 생명표(또는 사망표)Motality Table가 있는데, 이는 특정 연령의 사람이 다음 생일까지 사망할 확률이나 특정 연령까지 생존할 확률을 보여 준다.

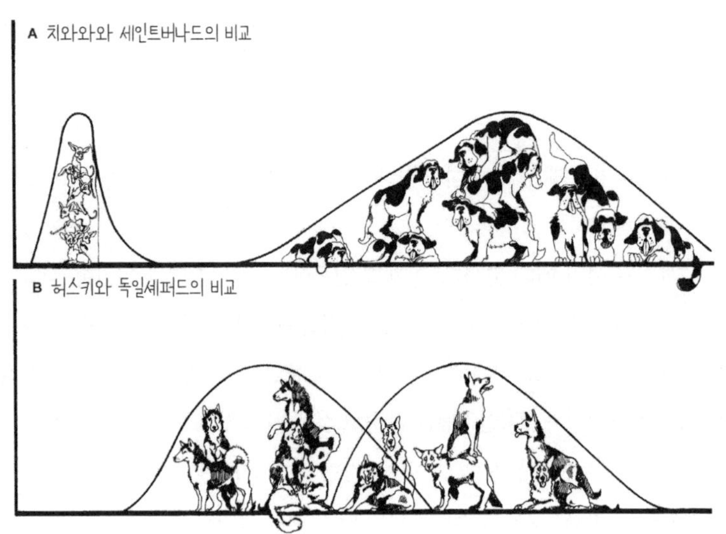

그림: 앨리스 샌토로

에 뿌리를 두고 있다(즉, 오늘날에도 여전히 그 흔적을 볼 수 있다).[67] 이 유산은 [두 번째 전통인] 좀 더 최근의 유의성 검정 방법으로 천천히 변화했다. 이것은 한 집단 내부의 개인차가 상당히 클 때에도 집단 간 차이를 확립하는 것을 목표로 한다. 대부분의 사람은 차이를 다루는 통계 기법이 고도로 수학적이고 확률에 대한 복잡한 개념을 포함하기 때문에 사회적으로 중립적이라고 생각한다. 그러나 오늘날의 통계검정은 인간 사회의 여러 요소를 구별하고, 다양한 사회집단(몇 가지 예만 들자면, 부자와 빈자, 준법자와 범죄자, 백인과 흑인, 남성과 여성, 영국인과 아일랜드인, 이성애자와 동성애자) 사이의 차이를 좀 더 명료하게 만들려는 시도에서 진화했다.[68]

통계 기술은 뇌들보의 젠더 차이에 관한 문제에 어떻게 적용될까? 뇌들보 연구는 두 가지 접근 방식을 모두 사용한다. 한편으로 형태계측학자는 뇌들보를 가능한 한 많이 측정해 그 수치를 표와 그래프로 정리한다. 다른 한편으로 그들은 성별, 성적 선호, 잘 쓰는 손, 공간 능력, 언어능력 같은 변수와 측정값 사이의 상관관계를 분석하기 위해 통계검정을 사용한다. 정교한 통계 도구들은 수사적 기능과 분석적 기능을 동시에 수행한다. 각 뇌들보 연구는 수백 건의 개별 측정값을 축적한다. 철학자 이언 해킹은 이를 "숫자들의 쇄도"avalanche of numbers라고 불렀는데,[69] 생물학자들은 이것을 분류하고 가독성 있게 제시한다.[70] 그래야만 연구자들은 여기에서 정보를 "쥐어짜 낼" 수 있다. 특정 구조는 연령에 따라 크기가 변하는가? 아니면 특정 질병을 앓고 있는 사람들에서 달라지는가? 성별 혹은 인종에 따라 다른가? 수치를 제시하고 이로부터 의미를 추출해 내는 전문적인 연구 논문은 실제로는 결과에 대한 특정 해석을 옹호하는 것이다. 수사적인 전략의 일환으로 연구자는 선행 연구들을 인용하고(그렇게 해서 동맹으로 포섭하고), 자신이 선택한 방법이 상이한 결과를 산출한 다른 실험실의 방법보다 더 적절한 이유를 설명하며, 독자들에게 특정 결과를 보여 주기 위해 표, 그래프, 그림을 사용한다.[71]

　　그러나 통계검정이 단순히 수사적인 수단만은 아니다. 그것은 체계적이지 않은 관찰만으로는 명확하지 않은 결과를 해석하는 데 사용되는 강력한 분석 도구이기도 하다. 차이를 통계적으로 분석하는 접근 방식에는 두 가지가 있다.[72] 때때로 집단 간 차이가 너무나 분명해서, 집단 내부의 변이가 좀 더 흥미로운 경우도 있다. 예를 들면, 우리가 다 자란 세인트버나드 100마리와 치와와 100마리를 조사한다면, 두 가지를 발견하게 될 것이다. 첫째, 모든 세인트버나드가 모든 치와와보다 크다. 통계학자는 이 사실을 서로 겹치지 않는 종 모양의 곡선(이하, 종형 곡선)으로 나타낼 수 있다(〈그림 5-5〉의 A). 우리는 손쉽게 한 품종의 개가 다른 품종보다 더 크고 무겁다(즉, 집단 차이가 존재한다)는 결론을 내릴 것이다. 둘째, 우리는 모든 세인트버나드가 무게와 키가 같지는 않으며, 치와와 역시 다양하다는 점에 주목할 수 있다. 우리는 이런 다양한 버나드 혹은 치와와를 서로 분리돼 있는 두 동물의 종형 곡선 위 다른 지점들에 표기할 수 있다. 또 이 정렬된 수치 가운데 하나를 골라 그것이 세인트버나드에서 작은 쪽인지 혹은 치와와에서 큰 쪽인지를 살펴볼 수도 있다. 이 질문에 답하기 위해서는 통계 분석을 활용해 각 품종 내에서 나타나는 개별적 변이를 더 알아봐야 한다.

하지만 때때로 연구자들은 집단 간 차이가 분명하지 않은 경우에도 통계학에 의지한다. 이번에는 허스키 100마리와 독일셰퍼드 100마리를 보자. 한 품종이 다른 품종보다 큰가? 그들의 종형 곡선은 상당히 겹치지만 평균 크기와 체중은 다소 다르다(〈그림 5-5〉의 B). 이 "진정한 차이"의 문제를 해결하기 위해 현대 연구자들은 대개 두 가지 전략 가운데 하나를 사용한다. 첫 번째, 이제는 컴퓨터 프로그램에서 자동적으로 산출되는 상당히 단순한 산술 검정을 적용한다. 이 검정은 세 가지 요인을 고려한다. 표본 크기, 각 모집단의 평균값, 평균에서 벗어난 분산의 정도가 그것이다. 예를 들면, 셰퍼드의 평균 무게가 50파운드[약 22.7킬로그램]라면, 셰퍼드 대부분의 무게가 이에 근접하는가? 아니면 무게가 광범위하게, 가령 30파운드[약 13.6킬로그램]에서 80파운드[약 36.3킬로그램]까지 달라지는가? 이런 변이의 범위를 표준편차라고 부른다. 만약 표준편차가 크다면, 모집단의 변이성은 크다.[73] 마지막으로 이 검정은 두 모집단(허스키와 셰퍼드)의 평균값이 우연히 달라질 확률을 계산한다.

연구자들은 모집단 간의 차이를 확립하기 위해 데이터를 별도의 종형 곡선 아래 모으지 말아야 한다. 대신 모든 데이터를 한데 모아 그것이 어떻게 달라지는지 계산하고 그 변이의 원인을 분석할 수 있다. 이 과정을 분산분석analysis of variance, ANOVA이라고 부른다. 위의 개 사례를 두고 말하면, 허스키와 독일셰퍼드의 무게에 관심이 있는 연구자들은 200마리 개들 전부의 무게를 모으고 가장 작은 허스키에서 가장 큰 독일셰퍼드에 이르는 총산포도vari-ability[데이터가 흩어져 있는 정도를 나타내는 값]를 산출한다.[74] 그리고 나서 분포를 분할하기 위해, 예컨대 품종의 차이로 설명되는 비율, 연령이나 개먹이 브랜드로 설명되는 비율, 그 외 설명되지 않는 비율로 나누기 위해 분산분석을 사용할 것이다.

우리는 이 같은 평균 차이 검정을 통해 서로 다른 집단을 비교할 수 있다. 아시아인과 서양인 사이에 실제로 아이큐 차이가 있는가? 남성은 여성보다 수학 능력이 더 뛰어날까? 아쉽게도, 사회문제와 관련된 판단에서 치와와 대

세인트버나드처럼 차이가 명확하게 드러나는 경우는 드물다. 뇌들보 연구 가운데 상당수가 분산분석을 사용한다. 그들은 집단의 산포도를 계산하고 이 같은 분포 가운데, 예를 들면 젠더나 잘 쓰는 손 혹은 연령으로 인한 것이 어느 정도 비율인지 따진다. 이렇게 분산분석이 광범위하게 사용되면서, 새로운 연구 대상이 학계에 슬며시 들어왔다. 실제로 우리는 뇌들보의 크기를 [그 자체로] 조사하기보다, 젠더를 비롯한 다양한 요인이 산술평균과 차이 나는 뇌들보 크기의 **변이**에 기여하는 정도를 분석하고 있다. 과학자들이 뇌들보를 길들이기 위해 통계학을 사용할수록, 뇌들보는 야생의 기원으로부터 더욱 멀어지고 있다.[75]

대상이 확연히 다르게 보인다면, 사람들에게 뇌들보 크기의 차이를 확신시키기가 매우 쉬울 것이다. 실제로, 뇌들보 논쟁에서 첫 번째 공격은 남녀의 뇌들보팽대는 형태의 차이가 너무 커서 누구나 알아볼 수 있다는 주장이었다. 이 주장을 검정하려고 연구자들은 자신들의 표본에서 2차원 뇌들보 각각의 윤곽을 그렸다. 그다음 이 도면들에 [젠더 정보를 제외하고] 코드 번호만 붙여 섞은 뒤 중립적인 관찰자들에게 제시하고, 관찰자들이 도면을 '구근 모양'과 '가느다란 모양'이라는 두 가지 범주로 분류하도록 했다. 최종적으로, 연구자들은 분류된 도면의 코드를 확인해, 관찰자들이 구근 모양으로 분류한 도면들이 전부 혹은 대부분 여성의 뇌들보이고, 가느다란 모양으로 분류한 도면들이 남성의 뇌들보 사진인지 살펴봤다. 이 실험은 인상적인 결과를 내지 못했다. 두 연구 집단은 성차가 확연하다고 주장했다. 세 번째 연구 집단도 성차를 주장했지만, 남성과 여성의 도면이 너무 많이 뒤섞여 통계검정을 통해서만 유의미한 차이를 발견할 수 있었다.[76] 반면, 다른 다섯 개 연구자 집단은 남성과 여성의 뇌들보를 시각적으로 분리하려 했지만 실패했다.

눈으로 직접 관찰해 남녀를 구분하지 못할 경우, 다음 단계는 통계검정을 실시하는 것이다. 남녀의 뇌들보를 시각적으로 구별하려 했던 사람들 외에 다른 아홉 개 연구 집단이 차이를 통계적으로만 분석해 보았다.[77] 이 가운데 두 집단이 팽대 형태의 성차를 보고한 반면, 다른 일곱 개 집단은 통계적인 차이를 발견하지 못했다. 팽대 형태의 성차는 다섯 개 집단은 찬성하고 13개 집단은 반대하는 결과로 집계됐다. 통계학조차 연구 대상을 말끔히 분류된 범주들로 정리할 수 없었다. 1908년에 몰이 발견했듯이, 뇌들보는 개인차가 상당히 크기 때문에 대규모 집단들에 유의미한 차이를 부여하기란 불가능해 보인다.

뇌들보 논쟁이 9년간 맹렬히 전개되던 1991년에 한 동료 신경생물학자가 내게 새로운 논문이 이 문제를 최종적으로 해결했다고 알려 주었다. 대중 매체와 학술지 모두 그가 말한 것처럼 보도했다. 나 역시 로라 앨런과 동료들이 쓴 논문을 읽자마자 감명을 받았다.[78] 그들은 대규모 표본(성인 122명, 아동 24명)을 대상으로 연령과 관련된 변화를 모두 통제했으며, 뇌들보를 직선법과 곡선법(《그림 5-4》 참고)이라는 두 가지 다른 방법으로 세분화했다. 이 논문은 데이터로 가득했다. 여덟 개의 도표와 그림이 숫자로 가득 찬 세 개로 세분화된 표들과 함께 배치됐다. 이것들은 모두 연구가 얼마나 철저했는지 보여 주고 있었다.[79] 자신들의 데이터를 그렇게 상세하게 제시한다는 것은 자신이 있다는 이야기였다. 물론 독자들이 반드시 저자를 믿어야 할 필요는 없다. 독자들 스스로 이 숫자들을 자신들이 원하는 방식으로 다시 계산해 볼 수 있다. 그렇다면 저자들은 젠더 차이에 대해 어떤 결론을 내렸을까? "우리는 뇌들보 **형태**에서는 극적인 성차를 관찰했지만, 뇌들보 혹은 그 하위 영역에 성별 이형성을 나타내는 결정적인 증거는 없었다."[80]

그러나 그들의 단호한 확신에도 불구하고, 나는 논문을 다시 읽으면서 이 연구가 겉보기처럼 결정적이지 않다는 것을 깨달았다. 차근차근 살펴보자. 그들은 육안 검사와 직접 측정을 모두 실시했다. (그들 스스로 주관적이라고 부른) 육안 검사 자료를 통해, 그들은 다음과 같은 결론에 도달했다.

피실험체의 뇌들보 후방부를 구근 모양으로 생긴 여성의 팽대와 가느다 랗게 생긴 남성의 팽대로 주관적으로 분류하는 작업에서, 형태에 근거한 관찰자의 성별 평가와 피실험체의 실제 젠더 사이에 유의미한 상관관계가 나타났다(x^2 = 13.2603; 1df; 분할 계수 = 0.289; $p < 0.003$). 구체적으로,

섹싱 더 바디

성인 122명 가운데 80명(66퍼센트)의 뇌들보가 정확하게 식별되었다($x^2 =$ 10.123; 1df; 분할 계수 = 0.283; $p < 0.0011$).[81]

첫째, 여기서 실제 수치는 어떻게 추출된 것인가? 이 연구의 맹검 분류에서 관찰자들[앨런을 포함한 논문 저자 네 명을 말한다]은 [주관적으로] 팽대 형태를 활용해 성인의 2차원 뇌들보를 투사한 도면만으로 122개 가운데 80개를 남성 혹은 여성으로 '정확하게' 분류했다. 이 결과는 시각적 차이를 주장하기에 충분한가? 아니면 우연히 122개 가운데 80개가 분류됐다고 할 수도 있는가? 이를 확인하기 위해 저자들은 키khi제곱검정(그리스 문자 x^2으로 나타내는)을 사용한다. 잘 알려진 현대 통계학의 창시자 칼 피어슨(과 다른 사람들)은 측정 단위(예를 들면, 인치나 파운드)가 없는 상황을 분석하려고 이 검정을 개발했다. 이 경우, 질문은 '구근 모양과 여성, 가느다란 모양과 남성 사이의 상관성이 시각적 차이가 있다는 결론을 보증할 만큼 충분히 큰가?'이다. 실제 수치는 숫자 $p < 0.0011$이다. 이 수치는 122개 가운데 80개를 오로지 우연에 의해 정확히 식별할 확률이 0.1퍼센트로 과학에서 기준으로 사용되는 5퍼센트($p < 0.05$)보다 훨씬 작다는 것을 의미한다.[82]

관찰자들은 66퍼센트의 확률로 남녀의 뇌들보를 단순히 모양만 보고 구분했다. 키제곱검정은 이 같은 구분 과정이 얼마나 유의미한지 말해 준다. 통계는 거짓말을 하지 않는다. 그러나 통계는 연구 설계에 대한 주의를 다른 데로 돌리는 역할을 한다. 이 논문에서 세 명의 관찰자는 종이 위에 그려진 뇌 주인의 성별에 대해 아는 바가 없었다. 이 세 명의 맹검 분류자는 도면을 두 가지로, 즉 가느다란 모양의 부류와 구근 모양의 부류로 분류했다. 여기까지는 괜찮다. 속임수는 지금부터 끼어들기 시작한다. 저자들은 세 명의 관찰자 가운데 두 명이 피실험체[뇌들보 주인]의 젠더를 올바르게 분류하면, 젠더 구분이 올바르게 이루어진 것이라고 보았다.

이것을 수치적으로 어떻게 계산할까? 위에서 인용했던 복잡한 통계 문구는 그 당시 관찰자의 66퍼센트가 제대로 분류했다고 이야기한다. 사실 이 말은 여러 가지 의미를 지닐 수 있다. 뇌들보 도면은 122장이 있었다. 세 명의 관찰자가 도면들을 보았다. 이는 개별적인 관찰이 366번 이루어졌다는 의미다. (저자의 관점에서) 최상은 각 뇌들보 도면에 대한 관찰자 세 명의 의견이 모두 매번 일치하는 경우다. 이는 총 366번의 관찰 건수 중 244건(66퍼센트)에서 형태에 기초한 성별 분류가 정확하게 이뤄졌다는 의미다. 그러나 최악의 경우에는, 저자들이 분류에 성공했다고 간주한 이 측정치에서, 각 뇌에 대해 **항상** 세 명의 관찰자 중 두 명의 의견만이 일치했다는 이야기도 된다. 이것은 총 366번의 관찰 건수 중 오직 160건(44퍼센트)만이 뇌들보 도면을 성별에 따라 올바로 구분하는 데 성공했다는 의미다. 앨런과 동료들은 완전한 데이터를 독자에게 제공하지 않았다. 그래서 그들이 실제로 성공했는지는 불확실하다. 그러나 정련된 데이터에 대해 실시한 키제곱검정은 많은 사람들에게 마침내 그들이 모두가 받아들일 수 있는 해답을 발견했다는 확신을 심어 준다.

데이터는 스스로 말하지 않는다. 독자는 표와 도표, 도면을 제공받고 엄격하게 이루어지는 통계 검증 과정을 지켜보게 되지만, 분명한 대답은 그 자체로 드러나지 않는다. 이를 밝히기 위해 데이터는 여전히 추가적인 뒷받침이 필요하며, 이를 위해 과학자들은 다음 단계로 자신들의 결과를 그럴 듯하게 해석하려고 시도한다. 그들은 이 같은 자신의 해석을 다시 기존에 구축된 지식과 연결해 뒷받침한다. 그들의 데이터가 이 같은 좀 더 광범위한 의미망 속으로 들어갈 때에만 과학자들은 마침내 뇌들보가 명확한 이야기를 말하게 할 수 있다. 그때야 비로소 뇌들보에 대한 "사실"이 드러나는 것이다.[83]

⑤ 언제 사실은 사실이 되는가?

모든 학술 연구가 그렇듯이, 앨런과 동료들의 연구 역시 그들이 탐구하고 있는 좀 더 광범위한 주제(이 경우에는 뇌들보)에 대한 지속적인 대화의 맥락에 자리 잡고 있다. 그들은 자신들이 수행한 연구의 타당성을 입증하기 위해 기존 연구에 크게 의존해야만 했다. 예를 들면, 앨런과 동료들은 수백만 개 이상의 신경섬유들이 뇌들보 내부를 지나가고 있지만, 그럼에도 불구하고 이 엄청난 숫자가 대뇌피질에 있는 전체 뉴런 가운데 고작 2퍼센트에 해당될 뿐이라고 지적한다. 그들은 팽대에 있는 신경섬유들이 시각 정보를 한쪽 뇌 반구에서 다른 쪽 반구로 전송하는 데 도움이 될 수 있다는 증거를 강조한다. 또 다른 영역, 곧 그들이 아무런 성차도 발견하지 못한(그러나 다른 사람들은 남성 동성 애자와 이성애자 사이에, 또 남성 왼손잡이와 오른손잡이 사이에 복잡한 차이를 발견 한 지점인) 협부는 언어 기능과 연관되는 좌우 피질 영역을 서로 연결하는 섬유 들을 지니고 있다.

앨런과 동료들은 자신들의 논의를 간결하게 유지할 필요가 있었다. 결 국 그들이 원한 바는, 뇌들보의 구조와 기능에 대해 알려진 바를 모두 논평하 는 것이 아니라 자신들의 발견을 [기존의 지식 속에서] 검토하는 것이었다. 뇌 들보에 관한 사실의 생산을 마크라메 공예에 빗대 상상해 보자. 여기서 공예 가는 복잡하게 얽힌 패턴을 만드는 수단으로 매듭을 이용한다. 설령 그물망 속의 매듭 하나는 그다지 강하지 않을지도 모르지만, 매듭들을 연결하는 실 들이 개개의 매듭을 더 큰 구조 내에 고정시킨다. 나는 뇌들보를 지식 매듭의 엮임으로 표현한 〈그림 5-6〉에 현재 전개되고 있는 논쟁들만 포함했다. 그러 나 각 매듭은 네 번째 차원, 즉 관련된 사회적 역사 또한 담고 있다.[84] 앨런과 동료들은 "뇌들보의 젠더 차이"라는 이름의 매듭을 묶어 두려고 실을 뽑아 "뇌들보의 구조와 기능"이라는 두 번째 매듭에 잡아맸던 셈이다. 이렇게 엮은 매듭은 다시 두 번째의 연구 그물망에 묶여 고정된다.＊

뇌들보의 구조와 기능에 관한 추론은 무성하다. 어쩌면 신경섬유가 많 을수록 좌우 뇌반구 사이에서 정보의 흐름이 빨라질지도 모른다. 또 어쩌면 정보의 흐름이 빠를수록 공간 처리 기능이나 언어 기능이 향상될지도 모른다

＊ 참고로 앨런 등은 위 논문에서, 뇌들보 팽대가 둥근 모양인 여성이 남성보다 면적이 크고 신경섬유가 더 많이 들어 있기 때문에, 젠더별로 시각적 능력, 공간 처리 능력에 차이가 난다고 지적하고 있다.

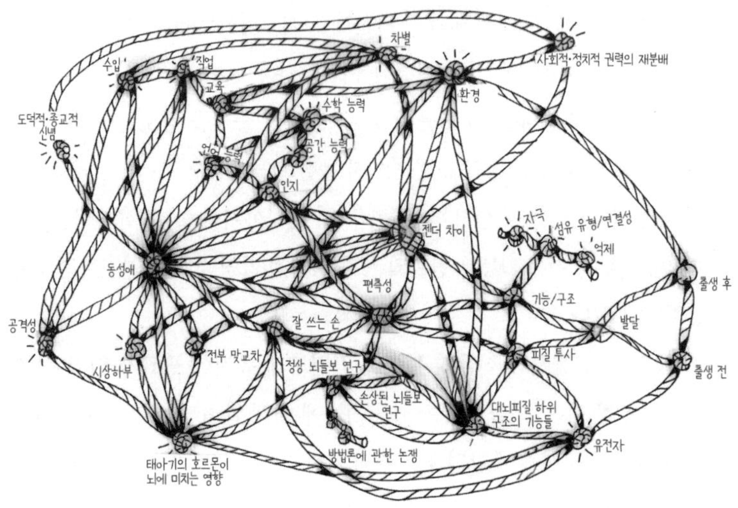

그림: 앨리스 샌토로

(아니면 그 반대일 수도 있다). 아니, 어쩌면 뇌들보가 클수록(또는 작을수록) 뇌 반구 사이에서 전기의 흐름이 더 느려지고 따라서 공간 능력이나 언어능력이 향상될지도 모른다(아니면 그 반대일 수 있다). 그런데 일반적으로는 뇌들보가, 또 특정하게는 팽대가 정확히 무슨 일을 하는 걸까? 어떤 종류의 세포들이 뇌들보를 통과해, 어디로 향하고, 어떤 기능을 할까?[85] 기능과 구조의 매듭에는 서로 중첩되는 연구 공동체들이 생산해 낸 수백 편의 논문이 포함되며 그중 일부만이 성차를 주제로 한 것이다. 한 사회학 연구팀은 이런 [연구] 집단들을 "설득의 공동체"persuasive communities[86]라고 부르는데, 그 공동체들 내에서 이루어지는 언어 선택이나 정교한 통계학 같은 기법의 사용은 구성원들이 문제를 인식하는 방식에 영향을 미칠 수 있다.[87] 뇌들보의 구조와 기능에 대한 연구는 다양한 '설득의 공동체들'을 연결한다. 예를 들면, 한 공동체는 크고 작은 뉴런들을 비교한다. 그 뉴런들 가운데 어떤 것은 미엘린myelin[백색의 지방질 물질]에 싸여 있고, 다른 것은 뇌들보의 여러 영역에 [미엘린에 의해 절연돼

204

있지 않고 그대로 드러난 채로 있다. 이 세포들은 서로 다른 기능을 수행하며, 그 점이 뇌들보가 수행하는 기능의 단초를 제공한다.[88]

기능/구조의 매듭은 빽빽하게 연결된다.[89] 『뇌행동연구』의 한 호가 뇌들보 기능에 관한 연구에 전적으로 할애됐다는 사실이 이를 잘 보여 준다. 여기 실린 몇몇 논문은 뇌반구의 편측화가 뇌들보 기능에 미치는 영향을 직접적으로 언급하면서, 뇌반구의 편측화에 관한 연구 결과와 이를 둘러싼 논쟁점들을 설명했다.[90] 편측화 연구는 잘 쓰는 손, 성차, 뇌 기능에 관한 연구들과 다시 연결된다.[91] 이 문헌들은 또한 뇌들보가 손상된 사람들에 대한 연구 결과를 어떻게 해석할 것인지 논의하고, 그 결과를 손상이 없는 온전한 피험자들에서 뇌들보 기능을 추론하려는 연구들과 연결한다.[92] 편측화에 관해 잘 알려진 측면 가운데 하나가 잘 쓰는 손이다. 우리는 잘 쓰는 손을 어떻게 정의해야 할까? 또 그 원인은 무엇(유전자, 환경, 출산 시 태아 위치)일까? 뇌 기능에서 그것은 어떤 의미를 가질까? 그것이 뇌들보 구조에 어떤 영향을 미칠까?(또 뇌들보 구조는 잘 쓰는 손에 어떤 영향을 미칠까?) 성차가 있을까? 동성애자와 이성애자의 잘 쓰는 손은 다를까? 잘 쓰는 손은 복잡하게 얽힌 매듭이다.[93]

이 모든 매듭은 인지cognition라는 표지가 붙은 하나의 지점으로 연결된다.[94] 언어, 공간, 수학 능력을 측정하기 위해 설계된 검정들은 때때로 젠더 차이를 드러낸다.[95] 이런 차이들의 신뢰도와 그 기원은 모두 끝없는 논쟁의 소재가 된다.[96] 일부는 인지에 젠더 차이가 있다는 믿음을 교육 프로그램 설계와 연결한다. 예를 들어, 한 저자는 여성에게 수학을 가르치는 것이 거북이에게 나는 법을 가르치는 것과 같다고 말한다.[97] 때때로 완전히 상반되는 정교한 이론들이 인지능력에서 나타나는 성차를 뇌들보 구조와 연결한다. 예컨대 한 이론은 고차원적인 수학 능력이 뇌들보에 있는 흥분성 뉴런 수의 차이에서 기인한다고 주장한다. 반면 다른 이론은 뇌들보 뉴런의 억제적인 성질이 가장 중요하다고 제안한다.[98]

호르몬이 뇌 발달에 미치는 영향은 특히 강력한 매듭을 형성한다(나는 이후 세 개 장에서 호르몬에 대해 더 많이 이야기할 것이다). 앨런과 동료들은 뇌들보

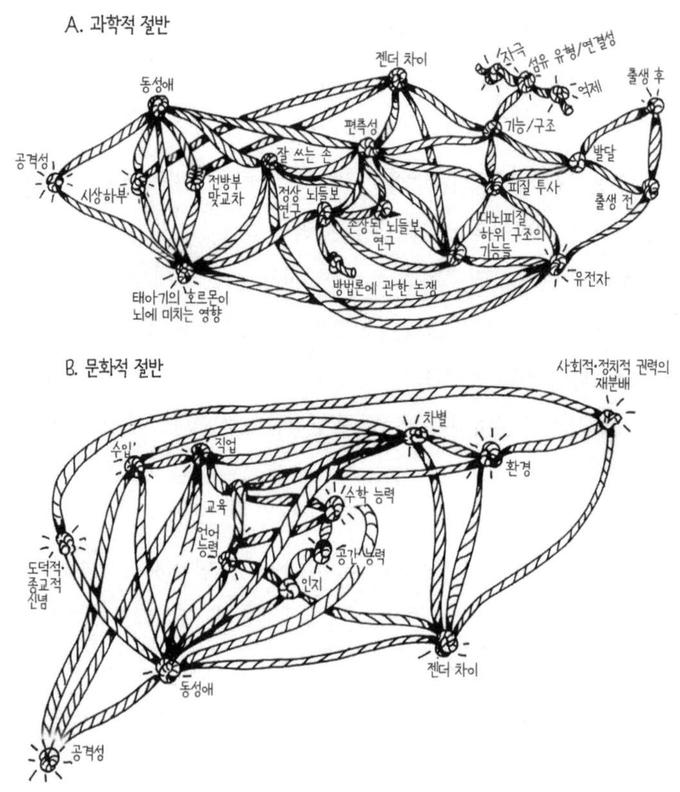

그림: 앨리스 샌토로

의 성차가 호르몬에 의한 것인지, 아니면 다른 어떤 유전적 원인이나 환경에 의한 것인지 궁금해한다.[99] 환경 요인과 관련된 가설을 간략히 살펴본 뒤, 그들은 다음과 같이 썼다. "그러나 더욱 인상적인 점은 지금까지 조사된, 성별에 따라 모양이 다른 구조들 거의 모두가 출생 전후에 생식샘에서 분비된 호르몬 농도에 영향을 받은 것임을 보여 주는 데이터가 있다는 것이다."[100] 이 짧은 진술은 호르몬, 뇌, 행동에 대한 방대하면서도 복잡한 문헌들(우리는 그중 일부를 간성성의 맥락에서 이미 살펴보았다)을 환기한다. 뇌들보[의 성차와 관련된] 연구만이 유독 [그 근거가] 취약한 것인지도 모른다. 그러나 방대한 호르몬 연구의 뒷받침을 받는 한, [뇌들보의 젠더] 차이에 대한 그들의 주장이 설득력을 상실할 리는 없을 것이다. 설령 인간의 뇌들보 발달을 호르몬과 연결하는 어떤 유력한 증거가 없다 하더라도,[101] 방대한 동물 관련 연구 문헌들을 언급하는 것[102]만으로도 동요하던 뇌들보 매듭은 안정화된다.[103]

과학자들은 〈그림 5-6〉의 마크라메 매듭으로 재현된 설득의 공동체 안에서 활동하고 있다. 그들은 선호하는 가설을 검증하고 입증하며 오류가 있는 관점을 반박할 새로운 수단을 고안한다. 그들은 측정하고, 통계학을 활용하며, 새로운 기계를 발명하면서 자신들이 추적하는 사실을 안정화하려고 노력한다. 하지만 어쨌든 젠더 차이에 대한 사실들(입증되지 못한 잘려진 매듭들) 가운데 (과학자들이 선호하는 표현을 빌리자면) 특별히 강력한 것은 거의 없다.[104] 따라서 그 사실들을 지식 연결망에 연결해 유의미한 힘을 끌어와야만 한다. 이 연구자들은 대체로 과학적으로 유전자, 발달 과정, 뇌의 부위들, 호르몬, 뇌 손상 환자 분석 등을 연구한다(〈그림 5-7〉의 A). 이런 연결망의 일부분은 좀 더 객관적인 현상들, 곧 전통적으로 과학 분야가 담당했던 영역을 다루는 것처럼 보인다.[105] 마크라메의 문화적 측면(〈그림 5-7〉의 B)을 보면 성차의 매듭 안으로 뻗어 들어온 분명히 정치적인 사항들이 발견된다. 인지, 동성애, 환경, 교육, 사회적·정치적 권력과 도덕적·정치적 신념 말이다. 아주 순식간에 우리는 과학에서 정치로, 즉 과학적인 논쟁에서 정치적인 권력투쟁으로 이어지는 가닥 위로 미끄러져 들어간다.[106]

말하는 머리들: 사실은 스스로 말하는가?

뇌들보에 젠더 차이가 있는지 여부를 우리는 알 수 있을까?[107] 아마도 그것은 어느 정도는 우리가 '**안다**'라는 말을 어떤 의미로 사용하느냐에 달려 있다. 뇌들보는 해부학적으로 굉장히 가변적인 부위다. 실험실에서 관찰할 수 있도록 과학자들은 뇌들보를 고정하기 위해 많은 노력을 기울였다. 그럼에도 뇌들보는 가만있지 않는다. 뇌들보는 경험, 잘 쓰는 손, 건강, 연령, 자기 몸의 성별에 따라 변할 수도 있고 변하지 않을 수도 있다. 결국 '안다'는 것은 다양한 연구자에게 동일한 사실을 전달할 수 있게 뇌들보에 접근할 수 있는 방법을 발견한다는 뜻이다. 나는 이런 일이 일어날 가능성이 낮다고 생각한다. 궁극적으로, 연구자들이 그들의 연구에서 제기하는 질문, 사용하는 방법, 그리고 자신의 연구를 어떤 설득의 공동체에 연결할 것인가에 대한 결정은 모두 연구 대상 — 이 경우에는 남성성과 여성성 — 의 의미에 대한 문화적 가정을 반영한다.

정치적 보수주의와 생물학적 결정론 사이의 연관성이 절대적이지는 않지만, 생물학적 차이에 대한 신념은 종종 보수적인 사회정책을 낳는다.[108] 나는 미래에 우리가 뇌들보의 젠더 차이를 믿게 될지, 아니면 그냥 이 문제를 미해결 상태로 제쳐 둘지 선험적으로 예측할 수 없다. 그러나 우리가 교육 분야에서 젠더 정치에 관해 사회적으로 합의를 이룬다면, 뇌들보 구조가 어떻다고 생각하든 그것은 중요하지 않을 것이다. 예를 들면, 이제 우리는 "공간 문제들을 많이 훈련하면 공간 시험의 성적도 향상된다"는 사실을 알고 있다.[109] 더나아가 우리가 학교에서 "남학생과 여학생의 교육 기회를 균등하게 보장하는차원에서 공간 능력을 [동등하게] 훈련시켜야 한다"는 주장에 동의한다고 가정해 보자.[110]

만약 이와 같은 동등한 기회의 의미가 우리의 문화 속에 들어와 통합된다면, 뇌들보를 둘러싼 논쟁은 가능한 여러 가지 경로 가운데 하나를 따를 것이다. 과학자들이 뇌들보의 작동 방식을 여전히 거의 모르고 있다는 점을 고려하면, [뇌들보에 성차가 있는가와 같은] 질문은 시기상조이며, 뇌들보에서 신경섬유를 추적하는 접근 방식이 개선될 때까지 해당 논의를 잠시 보류해야한다고 결정할 수도 있다. 아니면 차이는 실재하지만 태어날 때 영원히 고정되지는 않는다고 결정할 수도 있다. 그들의 연구 프로그램은 어떤 경험이 이같은 변화에 영향을 미치는지에 초점을 맞출 것이고 획득된 정보는 공간 능력 훈련 프로그램을 고안하는 교육자들에게 유용할 수 있다. 페미니스트들은이런 연구들에 반대하지 않을 것이다. 차이에 대한 주장에서 열등함과 불변성이라는 발상이 분리될 것이며, 우리 문화가 특정한 형태의 평등한 교육 기회를 만드는 데 헌신한다고 확신할 수 있기 때문이다. 아니면 우리는 결국 연구 데이터가 생애주기의 어떤 시점에서도 해부학적으로 뇌들보의 집단별 차이를 입증해 주지 못한다고 결론 내릴 수도 있다. 대신 우리는 뇌들보 구조가 개인적으로 달라지는 이유를 질문할지도 모른다. [예컨대] 유전적 다양성이 환경 자극과 어떻게 상호작용해 구조적인 차이를 만들어 낼까? 어떤 유전형에서 어떤 자극이 중요할까? 달리 말해, 우리는 뇌들보 연구의 틀로 발달 체계 이론Developmental Systems Theory*을 사용할 수도 있다. 대다수가 받아들일 수 있는 과학 경로를 선택하고 그 경로에 합의된 사실들을 포함하는 일은, 우리가 젠더 평등에 관한 사회적·문화적 평화에 도달했을 때만 가능하다. 사실 구성에 관한 이 같은 시각은 물질적이고, 검증 가능한 자연의 존재를 부정하지 않는다. 또한 물질(여기서는, 뇌와 뇌들보)이 이 문제에 대해 발언권이 없다고 주장하지도 않는다.[111]

뇌들보는 침묵하고 있지 않다. 예를 들어, 과학자들이 자의적으로 이 구조는 길쭉하기보다는 구근 모양이라고 결정할 수 없다. 그러나 젠더 차이에 관해 뇌들보가 웅얼거리고 있다고 생각해 보자. 과학자들은 배경 잡음을 없애고 뇌들보의 소리를 더 명확하게 들을 수 있는지 알아보는 일에 방대한 재능을 쏟아부었다. 그러나 뇌들보는 차이를 찾아내는 작업에 상당히 비협조적인 매체다. 연구자들이 여전히 뇌들보를 조사하며 결정적인 젠더 차이를 찾아내려 하고 있다는 사실은 그들이 생물학적 차이에 대해 품고 있는 기대감이 얼마나 견고한지 말해 준다. 그러나 간성 문제에서처럼 뇌들보 연구에서 진짜 흥미진진한 부분은, 인간 변이의 방대함과 뇌가 사회 체계의 일부로서 발달하는 방식을 알려 준다는 것이다.

* 발달 체계 이론은 발달을 유전자, 환경 등의 요인이 관여하는 지속적으로 상호작용적인 과정으로 간주한다. 이에 대해서는 이 책의 10장 참고.

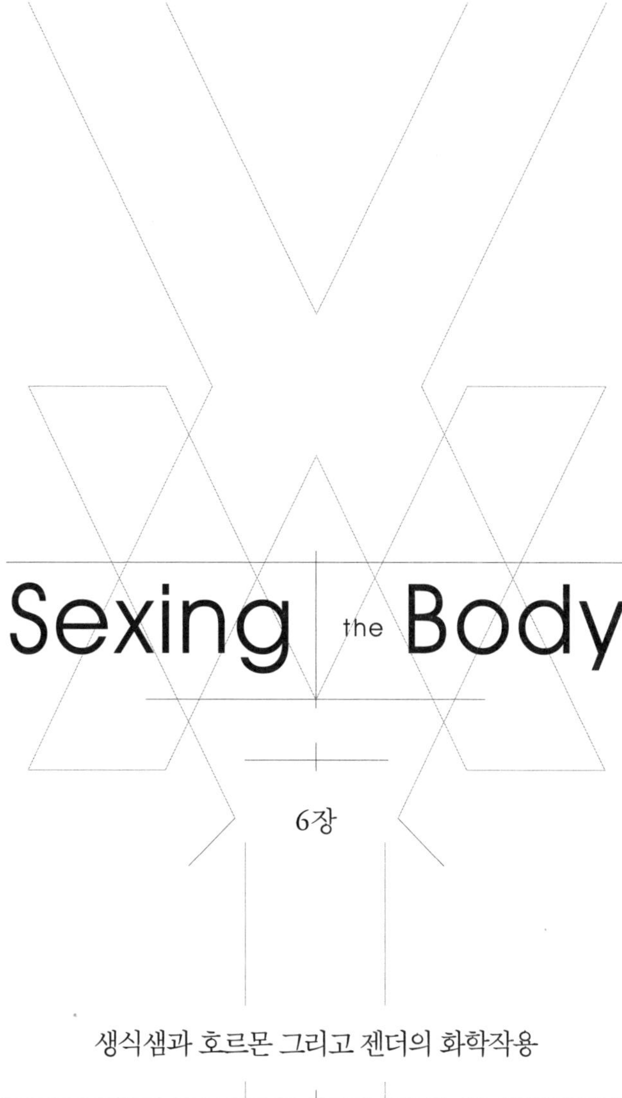

Sexing *the* Body

6장

생식샘과 호르몬 그리고 젠더의 화학작용

테스토스테론은 젊음의 샘일까?

1945년, 당시 54세의 미생물학자이자 대중 과학 저술가인 폴 드 크루이프는 의학에 경의를 표하며 『남성호르몬』이라는 책을 출간했다. 여기서 그는 다분히 사적인 사실을 세상에 밝혔다. 자신이 테스토스테론을 복용하고 있다는 것. 그는 30대 후반부터 정력이 감소하고 있는 걸 느꼈다. 기력이 쇠하자 용기와 자신감 역시 줄어들기 시작했다. 그는 불과 5년 전만 해도 상사가 은퇴함에 따라 바뀌어 갈 업무 환경에 노심초사하며 공포와 히스테리에 사로잡혀 있었다. "테스토스테론을 복용하기 전이었죠. 그때 제 증상은 남성호르몬이 부족하고, 쇠퇴기에 접어들었으며, 의욕을 상실했음을 보여 주는 것이었습니다." 그러나 54세인 현재 자신감을 갖게 했다면서 이 모든 변화를 테스토스테론 덕으로 돌렸다. "저는 앞으로도 매일 20~30밀리그램의 테스토스테론을 잊지 않고 꾸준히 복용할 예정입니다. 나이 들어 가는 내 몸이 그 정도 양을 더는 스스로 만들어 내지 못한다는 사실이 전혀 부끄럽지 않습니다. 테스토스테론은 그냥 화학적인 목발일 뿐입니다. 빌려온 남성성이죠. 빌려온 시간입니다. 그럼에도 불구하고 수컷을 수컷답게 만들어 주죠."[1]

1960년대에 로버트 A. 윌슨 박사는 여성에게서는 에스트로겐이 테스토스테론과 비슷한 역할을 할 수 있다고 주장했다. 폐경기에 에스트로겐이 줄어들면서 여성들은 끔찍한 운명에 처한다. 그에 따르면, "자연이 박탈한 여성성의 흔적"에는 "근육 경직, 굽은 등, 활기 없는 암소 같은 소극적인 상태" 등이 있다. 그는 『미국노인병학회지』에 폐경기가 지난 여성들은 존재하긴 하지만 살아 있지 않다고 적었다. 거리에서 "지나가는 누구도 그들을 주목하지 않으며, 그들 역시 주변을 거의 알아채지 못한다."[2] 에이어스트 제약 회사의 후원을 받은 그는 에스트로겐 약인 에이어스트의 프레마린Premarin을 처방해 폐경 — 지금까지도 에스트로겐 결핍 질환으로 불린다 — 을 치료하자고 제안했다.[3]

에스트로겐과 테스토스테론의 치유 효과에 대한 관심은 오늘날에도 여전히 뜨겁다. 에스트로겐과 관련 호르몬인 프로게스테론은 의학 역사상 가장 광범위하게 사용되는 약물이 되었다.[4] 대중의 상상 속에서 성과 호르몬은 드 크루이프와 윌슨 시대에 그랬던 것처럼 서로 연결돼 있다. 드 크루이프는 1945년에 "맞습니다. 성은 화학입니다. 그리고 남성의 성 화학물질은 성뿐만 아니라 모험심, 용기, 활력에도 핵심인 것처럼 보입니다"라고 썼다.[5] 1996년에 테스토스테론이 『뉴스위크』 1면을 장식했을 당시 표제는 다음과 같았다. "노화 중인 남성들은 주목: 테스토스테론을 비롯한 호르몬 치료가 젊음, 섹시함, 강인함을 유지하고 싶어 하는 남성들에게 새로운 희망을 불러일으키고 있다."[6]

그러나 유니섹스 시대에 테스토스테론 치료는 남성만을 위한 것이 아니다. 여성들, 특히 폐경 후 여성들(윌슨 박사가 애도했듯, 활기 없는 암소 같은 삶을 사는 존재들)은 이 오래된 T-분자[테스토스테론]를 약간 섭취하는 것만으로도 유익한 효과를 거둘 수 있다. 런던의 첼시·웨스트민스터 병원 부인과의 존 스터드 박사(하필 이름이 스터드Stud*라니!)는 노년기 여성들에게 테스토스테론을 투여하는 데 동의하며, 테스토스테론 치료를 받은 여성 환자들에 대해 이렇게 말했다. "그들은 완전히 다른 삶을 살 수 있게 되었습니다. 에너지, 성적 관심, 오르가즘의 강도와 빈도, 스킨십과 성적 접촉에 대한 욕망 등이 모두 개선되었습니다."[7] 남성들 역시 뼈 성장에서 생식력에 이르기까지 모든 것이 정상적으로 발달하기 위해 에스트로겐이 필요한 것으로 밝혀졌다.[8]

그렇다면 왜 호르몬은 언제나 성이라는 개념과 강하게 연관되어 왔을까? 사실 "성호르몬"은 신체 전반에 걸쳐 다양한 기관에 영향을 미치고, 하물며 어느 한쪽 젠더에만 영향을 미치는 것이 아님에도 말이다. (몇 가지만 언급해 두자면) 뇌, 폐, 뼈, 혈관, 소장과 대장, 간은 모두 적절한 성장과 발달을 유지하기 위해 에스트로겐을 사용한다.[9] 대략적으로 말해, 에스트로겐과 테스토스테론의 광범위한 효과는 이미 수십 년 전부터 전해져 왔다. 내가 이 장과 다음

---

* '스터드'에는 매력적이고 성적으로 활동적인 남자, 여성들에게 인기 많은 남자라는 뜻도 있다.

장에서 제기하려는 주장 가운데 하나는, 20세기 내내 과학자들은 젠더 표지들 — 생식기부터 생식샘과 뇌의 해부학적 구조, 나아가 우리 몸의 화학적 작용에 이르기까지 — 을 그 어느 때보다 철저히 우리 몸에 기입해 왔다는 것이다. 신체에서 이루어지는 화학작용의 경우, 연구자들은 화학적으로 신체 내 여러 곳의 성장을 조절하는 물질을 성호르몬이라 정의함으로써 그렇게 했다. 이로 말미암아 호르몬이 남녀 모두의 발달 과정에서 수행하는 성적이지 않은 광범위한 역할은 거의 보이지 않게 되었다. 이제 이 스테로이드 분자들에는 성호르몬이라는 꼬리표가 강력 접착제로 들러붙어 있기 때문에, 뼈나 창자 같은 조직들에서 그것이 수행하는 역할을 재발견할 때마다 이상한 결과가 발생한다. 이른바 성호르몬이 신체의 생리에 영향을 미친다는 사실 덕분에, 명백히 번식에 관여하지 **않는** 이런 기관들도 성 기관으로 보이게 되었다. 화학 물질들은 머리에서 발끝까지 우리의 온몸에 젠더의 의미를 불어넣고 있다.

　　과학자들이 의도적으로 신체의 화학작용에 젠더를 기입한 것은 아니었다. 사실, 그들은 그저 재능 있는 현역 과학자로서 자신의 일을 했을 뿐이다. 그들은 가장 유망한 새로운 연구 주제를 선택했고, 연구를 후원해 줄 재정적·물질적 원천을 찾았으며, 서로 다른 배경에서 훈련받은 연구자들과 생산적인 협력 관계를 수립했고, 궁극적으로는 자신들이 정제하고 분석한 다양한 화학 물질의 명명법과 실험적 평가 기준을 표준화하기 위해 국제 협약을 체결했다. 그러나 이 장과 다음 장에서 우리는 과학자들이 이 같은 일상적인 활동 각각에 관여하는 모습을 살펴보면서, 호르몬의 작용에 관한 과학 연구가 젠더 정치학과 얼마나 깊이 (비록 명시적인 의도가 없었음에도 불구하고) 연결되었는지 살펴볼 것이다. 나는 성호르몬에 대한 과학적 설명이 어떻게 출현했는지를 이해하기 위해서는 과학적인 것과 사회적인 것을 서로 분리할 수 없는 이념과 실천의 체계 — 즉, 사회적인 동시에 과학적인 것 — 로 간주해야 한다고 주장한다. 이를 설명하기 위해 호르몬의 역사에서 핵심적인 과학적 순간, 곧 과학자들이 난소와 고환의 내분비물에 젠더를 부과하기 위해 분투했던 시기로 돌아가 보겠다.

　　"성호르몬"의 발견은 과학사에서도 엄청난 사건이다.[10] 1940년 무렵 과학자들은 그것을 확인하고 정제해 이름을 붙였다. 그러나 호르몬 과학(내분비학)에서 연구자들의 호르몬에 대한 이해는 자신들의 연구 환경을 특징지었던 젠더와 인종을 둘러싼 투쟁의 맥락에 있었다. 과학자들이 자신이 연구했던 그 분자를 어떻게 측정하고 명명할지를 두고 내렸던 각각의 선택은 젠더에 관한 문화적 관념을 자연화했다.[11] 호르몬 연구에 참여한 각 기관과 설득의 공동체는 인종과 젠더와 관련한 사회적 의제를 자신들의 연구에서도 화두로 삼았다. 제약 회사, 실험생물학자, 의사, 농생물학자, 성 연구자[의 세계]는 페미니스트, 동성애 인권 옹호자, 우생학자, 산아제한 주창자, 심리학자, 자선단체[의 세계]와 교차했다. 내가 사회적 세계social world라고 부를 이 집단들은 인맥, 이념, 실험실, 연구 자료, 연구 기금 등과 같은 다양한 요소로 서로 연결돼 있었다.[12] 이 세계들이 어떻게 교차하는지 검토함으로써, 우리는 특정 분자들이 젠더 체계의 일부가 되는 방식 — 젠더가 화학작용[으로 자연화]되는 방식을 — 을 살펴볼 수 있다.

호르몬이라는 발상!

오랫동안 사람들은 생식샘이 신체와 정신에 무수히 다양한 방식으로 영향을 미친다는 점을 알고 있었다. 여러 세기 동안 농부들은 거세가 가축의 체격과 행동에 영향을 미친다는 것을 알고 있었다. 로마교황청은 인간의 거세를 공식적으로 금했지만, 19세기가 끝날 무렵까지 유럽에서는 전문적인 카스트라토의 노랫소리가 적잖은 교회 성가대에서 울려 퍼졌다. 거세된 이 소년들은 키가 큰 특이한 체형으로 성장했으며, 가늘게 떨리는 소프라노의 음색은 이 세상의 것이 아닌 것처럼 들렸다.[13] 19세기 후반 외과의들은 "제정신이 아니고, 신경질적이고, 만족할 줄 모르며, 남편이 통제하기 어렵거나 가사를 거부"하는 여성들의 난소를 자주 적출했다.[14] 그러나 이처럼 극단적인 조치가 왜 효과가 있는 것처럼 보였는지는 확실하지 않다. 19세기 생리학자들은 대다수가 생식

216

섹싱 더 바디

샘이 신경 연결을 통해 영향을 미친다고 가정했다.

그러나 생식샘이 화학적 분비물을 통해 작용한다는 증거를 발견한 사람들이 있었다. 1849년에 괴팅겐 대학교의 생리학 교수 아르놀트 아돌프 베르톨트는 "기운이 없는 거세된 수탉을 쌈닭으로 변모시켰다." 먼저 그는 고환을 제거해 거세한 수탉을 만들었고, 이후 분리된 생식샘을 그 닭의 체강 속에 이식했다. 이식된 생식샘이 신경계와 연결되지 않았기 때문에 그는 이 생식샘이 어떤 영향을 미치려면 혈액으로 매개되어야 한다고 추측했다. 베르톨트는 닭 네 마리를 대상으로 했다. 그중 두 마리에는 고환을 이식했고 나머지 두 마리에는 그러지 않았다. [이 연구를 소개하며] 드 크루이프는 특유의 문체로 그 결과를 다음과 같이 묘사했다. "거세당한 수컷 두 마리가 … 살찐 평화주의자가 되었다면, 다른 두 마리는 … 어느 모로 보나 수탉이었다. 그들은 울부짖었다. 서로 싸웠다. 암탉을 열정적으로 쫓아다녔다. 그들의 선홍빛 벼슬과 아랫볏은 계속해서 자랐다"(〈그림 6-1〉).[15]

베르톨트의 결과에 대한 반응은 대체로 시큰둥했다. 적어도 1889년에 프랑스의 생리학자 샤를 에두아르 브라운-세카르가 파리 생물학회에서 동료들에게 기니피그와 개의 고환을 으깨 만든 추출물을 자신에게 주사했다고 보고할 때까지 그랬다. 브라운-세카르는 극적인 결과를 얻었다면서 원기가 재충전되고 정신이 맑아지는 경험을 했다고 보고했다. 또 기니피그의 난소를 으깨 거른 즙을 섭취한 여성 환자도 신체와 정신의 건강이 향상됐다고도 했다.[16] 많은 의사들이 브라운-세카르의 주장에 상당히 회의적으로 반응했지만, 장기臟器 요법(장기 추출물로 치료하는 방법)은 큰 인기를 누렸다. 생리학자들이 이 주장이 사실인지를 두고 논쟁을 벌이는 동안, "보행 실조증과 신경쇠약을 비롯한 신경 질환" 치료용 "동물 장기 추출물, 회백질, 고환 추출물"이 유럽과 미국에서 활발히 판매되었다.[17] 그러나 10년이 채 지나지 않아 이 새로운 치료법은 평판이 나빠졌다. 브라운-세카르는 고환 주사의 효과가 오래가지 못하며, 그것이 심리적 효과일 수 있음을 인정했다. 생식샘 추출물이 기대에 부응하지 못한 반면, 다른 두 가지 장기 요법은 의학적 효능이 증명되었다. 갑상샘 추출물

그림: 앨리스 샌토로

은 갑상샘 질환을 치료하는 데 효과적이었고, 부신 추출물은 혈관수축제로 기능했다.[18]

이 같은 성공에도 불구하고 생리학자들은 계속 [장기 추출물이] 화학적 메신저라는 장기 요법의 발상에 회의적이었다.[19] 19세기 생리학자들은 신경계가 신체의 기능을 조절한다고 확고하게 믿었기 때문에 내부 장기의 분비물, 곧 화학적 메신저의 중요성을 알아차리기 힘들었다.✻

✻ 19세기는 신경생리학이 크게 발전한 시기로, 당대의 과학자들은 자극이 신경섬유를 따라 전기신호로 전달된다고 생각했다. 그렇다 보니 특정 장기에서 추출한 물질이 신경과 연결되지 않은 상태에서 혈액을 타고 돌아다니다가 특정 부위에서 효과를 낸다고 생각하기 어려웠다.

① 젠더 규범이 혼란에 빠진 시기에 성호르몬이 등장하다

20세기로 접어들며 과학자들은 화학적인 분비물이 신체의 생리를 조절한다는 생각을 진지하게 검토하기 시작했다. 1890년대에 영국의 생리학자 에드워드 셰퍼는 생식샘 절제술(난소나 고환 가운데 하나를 제거하는 것)의 결과를 신경 기능의 측면[즉, 생식기와 연결된 신경이 끊겨 생리적인 변화가 발생한다는 식]에서 해석했는데, 이후 몇 년 동안 그와 제자들은 이 같은 해석을 재평가하기 시작했다.[20] 1905년, 셰퍼의 후임으로 런던 유니버시티 칼리지 생리학과 교수가 된 어니스트 헨리 스탈링은 ("자극하다 혹은 흥분시킨다"는 뜻의 그리스어[ὁρμῶ (hormao)]에서) '호르몬'이라는 말을 만들고, 이를 "생성된 기관에서 혈류를 통해 자신이 영향을 미치는 기관으로 전달되어야만 하는" 화학물질로 정의했다.[21]

이 같은 호르몬 개념은 1905~08년 영국의 생리학자 사이에서 확산되었다. 이들이 제기한 과학적 쟁점(특히 생식샘인 난소와 고환에서 분비되는 물질)은 미국과 여러 유럽 국가에서 대중들이 젠더와 섹슈얼리티에 대한 전통적인 구성물들을 재평가하기 시작하던 시기에 부상했다.[22] 동성애자와 여성의 인권을 두고 새로운 논쟁이 벌어졌고, 유럽과 미국에서는 역사가들이 "남성성의 위기"라고 부른 현상이 전개되었다.[23] 이와 동시에 과학적 성의학 분야가 출현했으며, 지크문트 프로이트가 신경학 이론에서 벗어나 정신분석학을 창안했다. 특히 미국에서는 생물학에 대한 실험 중심의 접근법이 이와 같은 젠더 투쟁의 맥락에서 발달했다.[24] 성호르몬이 인간의 생리에서 담당하는 역할을 규정하고 이해하려는 시도 역시 예외는 아니었다. 처음부터 이런 연구들은 남성성과 여성성에 대한 서로 경합하는 정의들을 반영하고 또 그런 정의가 형성되는 데 기여했으며, 결국 20세기에 남녀가 수행해야 할 사회적·경제적 역할들에 이 같은 정의가 미칠 함의를 구체화하는 데 이바지했다.

남성성과 여성성에 관한 새로운 논쟁들에서 어떤 요소들이 두드러졌을까? 역사가 찬닥 센굽타에 따르면, 세기 전환기의 빈에서도 "젠더의 위기, …

표 6-1. 20세기 전환기의 성과 섹슈얼리티에 대한 생각들[a]

연도	사건
1889	패트릭 게디스와 존 아서 톰슨의 『성의 진화』 출간[b]
1892	리하르트 폰 크라프트-에빙의 『정신병리학적 성욕』 출간
1895	오스카 와일드가 동성애 혐의로 공개재판을 받음[c]
1896	해블록 엘리스가 『성의 심리학 연구』를 집필하기 시작[d]
1897	마그누스 히르슈펠트가 과학적 인도주의 위원회 설립
1898	해블록 엘리스의 책 『성의 역전』이 외설적이며 수치스럽다는 이유로 몰수, 고발당함
1903	성에 관한 복잡한 생물학 이론을 상술한 오토 바이닝거의 『성과 성격』 출간[e]
1904	내분비학자 오이겐 슈타이나흐가 성호르몬이 동물 행동에 미치는 영향을 연구
1905	동성 연인의 결혼을 옹호하는 스위스의 정신과 의사 오귀스트 포렐의 『성적 의문』 출간[f]

a. Wissenschaft(1999)에서 얻은 정보에 근거한다. Bullough(1994)도 참고.

b. Geddes and Thomson(1895). 이 책은 유성 번식 체계의 생물학적 다양성을 거의 완벽하게 설명하며 많은 사람들이 오늘날에도 여전히 사용하는 용어로 성의 진화를 설명한다. 인간을 대상으로 하지 않은 생물학 연구에 주로 초점을 맞췄지만 인간에서 성의 진화를 사유하는 초석이 되었다.

c. "1895년에 오스카 와일드가 동성애 행위로 받은 재판은 세상을 놀라게 하며 성의 전환에 대한 일반 대중의 관심을 널리 불러일으켰고, 그 결과 많은 문헌이 출간되었지만"(Aberle and Corner 1953, 5), 그때도 지금처럼, 여성 동성애에 대한 과학의 관심은 이보다 훨씬 뒤쳐졌다(동성애에 관한 해블록 엘리스의 책은 여성 동성애에 대해 겨우 3분의 1 정도의 분량을 할애했을 뿐이고, 그것을 성매매와 연결했다). 그러나 20세기의 첫 20년 동안 여성 동성애는 대중적인 사안이 되었다.

d. (이 책의 원본이 미국에서 출간된 연도는 1901년이었다. 나는 1928년 판을 인용했다.) 인간의 섹슈얼리티에 관한 엘리스의 방대한 저작들은 당시로서는 높은 과학적 기준을 제시했다. 무엇보다 그는 인간에게서 나타나는 광범위한 성적 행동들을 감정에 치우치지 않고 다루며 주관적 판단을 가급적 삼가려 했다. 현대 성과학의 기원에 관한 더 많은 정보는 Jackson(1987), Birken(1988), Irvine(1990a, 1990b), Bullough(1994), Katz(1995) 참고.

e. Sengoopta(1992; 1996). 영국에서 이 책의 영향력에 대해서는 Porter and Hall(1995) 참고.

f. Forel(1905).

곧 남녀의 경계와 규범이 변화하고 붕괴하며 뒤얽히는 것처럼 보이는 순간"이 나타나고 있었다.[25] 중부 유럽에서 이 위기는 인종주의적 함축을 띠기도 했다. 예를 들어, 사회 평론가들은 유대인 문제를 논하면서 유대인 남성을 여성적이면서 **동시에** 성범죄자들로 묘사했다.[26] 같은 시기 독일의 의사이자 개혁가인 마그누스 히르슈펠트와 동료들은 '과학적 인도주의 위원회'를 설립하고 제국의회에 동성애 금지법을 폐지하자고 반복해서 청원했다.[27] 그들은 남성 동성애자들이 범죄자가 아니라 성적으로 자연스러운 변이체일 뿐이라고 주장했다. 여성의 권리와 동성애의 출현은 영국과 미국에서도 두드러졌다.[28]

연도	사건
1905	지크문트 프로이트의 『성욕에 관한 세 편의 에세이』 출간
1906	미국의 페미니스트이며 산아제한과 여성 인권을 옹호한 엠마 골드만이 잡지 『어머니 대지』 창간
1907	독일의 의사 이반 블로흐가 과학적인 성 연구를 촉구[g]
1908	마그누스 히르슈펠트가 『성과학 저널』의 첫 호를 편집
1909	에드워드 카펜터의 『중간 성: 여성과 남성 사이의 과도기적인 일부 유형에 관한 연구』 출간[h]
1910	영국의 생리학자 프랜시스 마셜이 최초의 종합적인 서적으로 『생식 생리학』 출간[i]
1912	지질 용매를 사용해 난소호르몬 추출[j]
1913	영국의 내분비학자 월터 히프의 『성 대립성』 출간[k]

g. 블로흐는 성과학의 연구 영역을 열네 가지로 정의했다. 여기에는 성해부학과 성생리학(호르몬), 성기능의 생리학, 성의 심리와 진화, 성 비교 생물학, 성위생학, 입법을 비롯한 성정치학, 성윤리학, 성민속학, 성병리학이 포함된다.

h. Carpenter(1909). 카펜터(1844~1929) 자신이 그가 "중간 성"이라고 부른 사람들의 일원이었다. 그는 생물학적 성차가 있다고 믿었지만 성차에 대한 기존의 사회적 거리[엄격한 젠더 역할의 분리를 비롯한 다양한 형태의 차별]는 해롭다고 생각했다. 카펜터에 대한 더 많은 정보는 Porter and Hall(1995, 158-160) 참고.

i. Marshall(1910). 이 책은 한 권 안에 발생학, 해부학, 생리학, 부인과 의학의 의견들을 통합해 당시 형성 중이던 번식 생물학 분야를 확립했다. 마셜에 대한 더 자세한 자료는 Clarke(1990a; 1990b; 1998) 참고

j. Corner(1965).

k. Heape(1913). 월터 히프는 남성과 여성은 진화의 측면에서 근본적으로 서로 다른 이해관계를 가지고 있다고 지적하며, 성별 대립은 생물학적 문제라고 주장했다. 자신이 "여성들 사이의 불안"이라고 부른 현상을 논하며, 그는 "우리가 다루고 있는 것은 근본적으로 생물학적 문제이며, 경제 법칙보다 생리학적 원리를 위반하는 일이 훨씬 먼저 이루어졌다. 이 같은 사실을 명확히 인식하지 않고서는 지금 나타나고 있는 상황[여성 참정권 운동 등]을 명확히 이해하고 만족스럽게 해결할 수 없다"라고 서술한다(Heape 1913, 11-12). 성호르몬에 관한 추가적 논의는 Oudshoorn(1994)과 Clarke(1998) 참고

〈표 6-1〉은 20년 동안 페미니즘과 동성애자 운동과 같은 사회운동이 성호르몬 개념 및 과학적인 성 연구의 출현과 뒤얽혀 전개된 모습을 보여 준다.

페미니즘과 동성애의 생명 정치

20세기로의 전환기에 사회 평론가들은 인간 발달에 관한 과학적 지식에서 정치적 교훈을 도출하려 했다.[29] 예를 들면, 1903년 빈에서 오토 바이닝거는 남성성, 여성성, 동성애에 관한 포괄적 이론을 개발하기 위해 19세기 발생학의

아이디어를 바탕으로 『성과 성격』[임우영 옮김, 지식을만드는지식, 2012]이라는 영향력 있는 책을 출간했다. 바이닝거는 남녀의 독특한 해부학적 구조가 발달한 뒤에도, 세포에는 모두 남녀 성을 결정하는 물질(원형질)이 계속해서 존재한다고 믿었다. 또 이 원형질의 비율은 사람마다 다르며, 이 사실로 인간에서 남성성과 여성성의 정도가 다양하게 관찰되는 이유를 설명할 수 있다고 보았다. 예를 들어, 동성애 남성은 남성 원형질과 여성 원형질을 거의 동등한 비율로 갖고 있다는 것이었다.[30] 영국에서는 에드워드 카펜터가 비슷한 생각을 발표했다. "자연이 각 개인을 구성하는 요소들을 섞을 때 성별을 나타내는 두 성분을 항상 적절히 분리하지는 않는 것 같다. … 우리는 이 요소들이 항상 엄격하게 구분된다면 양성은 금세 멀어져 상대를 더 이상 이해할 수 없게 될 것이기 때문에, 그런 일이 벌어진다고 현명하게 생각해야만 한다."[31] 바이닝거는 해방에 대한 여성의 충동이 그들의 피 속에 흐르는 남성적 요소들에서 나온다고 생각했다. 그는 이런 남성성을 레즈비언의 욕망과 연결했으며, 이 주장의 실례로 사포와 조르주 상드 같은 재능 있는 여성들을 들었다. 그러나 이런 여성들조차 여성 원형질의 양이 여전히 상당해 남성과 완전히 동등해지기란 불가능했다. 그러므로 이 이론에는 정의상 공적인 삶, 재능, 성취를 얻으려는 모든 노력은 남성 원형질에서 나온다는 선험적인 가정이 내재해 있었다. 기껏해야 여성은 남성성 가운데 일부만을 달성할 수 있을 뿐이었다.[32]

미국에서는 여러 작가들이 투표권에 대한 여성의 욕망을 생물학적 현상으로 묘사했다. 학술지 『미국의 자연주의자』에 발표한 논문에서 제임스 위어는 진화론적 논변을 활용했다. 그는 원시사회가 모계사회였다는 데 주목했다. 그러면서 여성에게 투표권을 주고 공직을 맡기면 모계사회로 되돌아갈 것이라 주장했다. 여성들이 투표를 하고 싶은 원시적[격세유전적] 욕구를 가진 이유는 단순하다. 페미니스트들은 사실상 모두 비라진트viragint, 즉 위세를 부리고 공격적이며 심리적으로 비정상적인 여성들이다. 그들은 진화적으로 퇴행적인 존재다. 일부는 "남성의 감정과 욕망"을 가지지만, 그들 가운데 가장 남성적인 여성조차도 논리가 아니라 오직 감정에 따라서만 움직인다. 위어가 보

섹싱 더 바디

기에 "평등권의 확립이야말로, 우리의 문명화된 윤리적 감각으로는 너무나 혐오스러운 부도덕한 공포의 심연 — 즉, 모계사회 — 으로 나아가는 첫걸음"이었다.[33]

물론 모든 사람이, 특히 모든 과학자가 여성해방을 반대했던 것은 아니다. 그러나 사회적인 젠더 모델은 19세기 생물학의 두 가지 원천, 즉 발생학과 진화론에서 비롯되었으며 동시에 이를 강화했다. 공적 영역이 **정의상** 남성적이라는 발상은 이 시기 형이상학적 구조에 깊이 뿌리박혀 있었기 때문에 인권[남성의 권리]을 갈망하는 여성들 역시 정의상 남성적이라는 주장은 자연스러운 것이었다.[34] 여성의 남성성이 진화적 퇴행인지 아니면 발생학적 이상인지가 논쟁의 주제였을 뿐이다.[35] 그러나 이런 맥락에서 선천적인 성차(그리고 여성의 열등성)는 의심할 나위 없는 사실로 받아들여졌고, 그것은 난소와 고환의 내분비물에 대한 과학적 조사에도 영향을 미쳤다.

호르몬, 무대의 중앙으로 들어서다

1915년을 전후로 생식, 호르몬, 성에 관한 중요한 세 권의 저서가 출간되었다. 1910년에 출간된 프랜시스 H. A. 마셜의 『생식 생리학』은 10년 이상의 연구를 요약하며 생식 생물학이라는 새로운 분야를 창시하는 교과서가 되었다. 대학교에서 농업 생리학 강사로 일했던 마셜은 농장 동물들을 대상으로 생식 주기와 난소의 분비물이 자궁 같은 생식기관의 건강과 생리에 미치는 영향을 연구했다. 때때로 스스로 "발생 생리학"(생식 생리학)이라고 불렀던 분야에 대한 그의 연구는 동물 육종학에서 새로운 기술의 근간이 됐을 뿐만 아니라 부인과 분야의 이론과 실제를 형성하는 등 지대한 영향력을 미쳤다. 마셜은 이전에는 서로 연결되지 않았던 생식에 관한 설명을 종합하고자 했으며, 그 과정에서 "동물학과 해부학, 부인과, 생리학과 농학, 인류학과 통계학"의 연구들을 자유롭게 참고하고 인용했다.[36]

마셜은 『생식 생리학』에서 발생의 다양한 측면, 즉 수정과 생식 구조, 임

223

신, 수유 등을 검토했다. 특히 호르몬 연구의 역사에 관심을 갖고 「내분비 기관으로서의 고환과 난소」, 「성별을 결정하는 요인들」 같은 장들을 서술했다. 「내분비 기관으로서의 고환과 난소」에서 마셜은 20세기의 첫 10년 동안 빠르게 축적된 과학적 증거를 종합해, 난소와 고환이 신체 내 다른 기관에 영향을 미치는 "물질"을 분비한다는 것을 보여 주었다. 성호르몬 개념이 첫걸음마를 떼는 순간이었다.[37]

마셜의 어조는 건조하고 사실적이다. 그의 책은 생식샘 추출물이 포유류의 발달에 미치는 영향을 살펴보는 실험들에 대한 상세한 서술로 채워져 있다. 그는 자신이 수행하는 연구의 사회적 함의에 전혀 관심이 없어 보이지만, 생물학과 젠더 사이의 연관성을 명시적으로 다루고 있는 학술 연구에 크게 의존하고 있었다. 예컨대 그는 패트릭 게디스와 존 아서 톰슨의 사회관은 지지하지 않지만, 그들이 1889년에 펴낸 『성의 진화』가 "특별한 도움"을 줬다고 말한다. 이 책은 동물 세계의 성에 관한 개론으로서 활동적인 정자와 느린 난자를 성차에 관한 근본적인 생물학적 진실로 설정한다. [게디스와 톰슨에 따르면] "일반적으로 수컷이 더 적극적이고 에너지가 넘치며 열성적이고 정열적이며 가변적인 반면, 암컷은 더 수동적이고 보수적이며 둔중하고 안정적이라는 것이 사실이다. 더 활동적인 수컷은, 결과적으로 더욱 폭넓은 경험을 하며, 더 큰 뇌와 뛰어난 지능을 가질 수 있다. 한편 암컷, 특히 어미인 암컷은 의심할 여지 없이 습관적으로 이타적 감정을 더 많이 가지고 있다."[38]

이 책은 객관적 어조를 띠고 있었지만, 마셜이 젠더의 사회적 형이상학을 완전히 무시한 것은 아니었다. [이 책 15장] 「성별을 결정하는 요인들」에서 그는 바이닝거의 생각을 상세히 검토하며 "여성 동성애자와 사나운 여장부터 가장 여성스러운 여성"에 관한 바이닝거의 생물학에 주목했다.✻ 인간을 비

✻ 여기서 파우스토-스털링이 인용하고 있는 문장과 마셜의 책에 나오는 실제 표현 사이에는 다소 차이가 있다. 마셜이 주목했던 바이닝거의 문장은 다음에 해당하는 것으로 보인다. "성의 역전을 병리적 현상, 정신 발달의 흉측한 이상(대중들이 받아들이는 견해)으로 간주하거나, 후천적 악덕, 즉

롯해 동물들은 여성적인 특징과 남성적인 특징을 모두 지니고 있다는 일반적 차원의 발상이 마셜에게는 매력적이었다. 다만 그는 남성성과 여성성의 근원이 개별 세포 내부에 있다는 바이닝거의 가설을 전적으로 받아들이지는 않았다. 대신 그는 "생리학적으로 사고하려면 유기체의 특징들을 특정한 물질대사와 연관 지어 봐야 한다"라고 제안했다.[39] 이는 호르몬 생리학을 함축하고 있었다. 마셜은 주석에서 크라프트-에빙, 해블록 엘리스, 오귀스트 포렐, 이반 블로흐의 주요 저서를 언급하면서(〈표 6-1〉 참고), 동물을 대상으로 이루어진 생식과 호르몬에 관한 실험들을 성과학자들이 연구하는 인간의 사회적 세계와 분명히 연결 지었다.

마셜은 생식 생물학이 사회에 미칠 파장에 대해서는 그다지 언급이 없었지만, 생물학자 월터 히프(마셜이 『생식 생리학』을 헌정한 동료)는 1913년에 『성별 대립』을 출간하며 자신의 입장을 분명히 했다. 생식 생물학에서 기초연구를 수행한 히프는 포유류의 발정주기를 연구하면서 토끼에서 짝짓기가 배란을 자극한다는 사실을 증명했으며, 좀 더 일반적으로는 농학 분야에서 생식과학의 위상을 확립했다.[40] 그리고 그가 이 같은 동물에 대한 지식을 인간에게 적용하기 시작한 것은 1913년 즈음부터였다.

히프는 자신을 둘러싼 사회적 격변, 특히 상당히 가시적이면서 극적으로 벌어지고 있던 참정권 운동과 노동운동에 불안해했다. 20세기 초반 미국과 영국의 여성 활동가들은 자신들의 열등한 사회적·경제적·정치적 지위에 항의하며 거리로 나섰다. 의류 공장의 여성 노동자들은 미국 전역에서 피켓 농성을 벌이며 행진했고,[41] 1909년에는 노동자, 여성 참정권 운동가, 흑인 여성 활동가,[42] 여성 이민자 주부 사이의 폭넓은 연대가 새로운 전투적 연합을 형성하며

추잡한 유혹의 결과라고 믿는 사람들은 기억하기 바란다. 즉, 가장 남성적인 남성부터 가장 여성적인 남성, 그리고 성 역전자, 진성 그리고 가성 자웅동체에 이르기까지 모든 과도기적 단계가 존재한다는 사실을 말이다. 반대로 여성 동성애자로부터 사나운 여장부를 거쳐 가장 여성스러운 여성에 이르기까지 모든 단계가 존재한다는 점을 기억하라." 『성과 성격』(국역본, 90쪽).

여성의 참정권을 요구했다.[43] 이 운동은 폭넓은 호소력을 발휘했고, "경제적 스펙트럼의 양극단에 위치한 여성들 모두 정치적 조직화에 대한 새로운 욕구를 갖게 되었다."[44] 영국에서는 참정권 운동가들이 의회 관람석에서 현수막을 펼치거나 창문을 깨며 의회 운영을 방해하고, 수상 관저에서 경비원을 습격하기도 했다.[45]

히프는 자신의 저서를 시작하며 "사회 전반에 스며든 불안한 상황의 원인을 … 세 가지 원천, 즉 인종 대립, 계급 대립, 성별 대립" 때문이라고 적었다.[46] 그는 이런 대립, 특히 성별 대립은 사회가 생물학적 차이를 잘못 다룬 결과라고 생각했다. 남성과 여성은 번식에서 근본적으로 다른 역할을 수행한다. 그는 만약 여성이 "자신의 생리적 구조에 맞게"[47] 산다면, 다시 말해 가정과 가사를 돌보고 공적 업무를 남성(가만히 안식을 취하기보다 외향적으로 뻗어 가는 타고난 섹슈얼리티를 가진)에게 맡기면, 정신착란, 독신과 그로 인한 남성성 과잉, 그리고 전반적인 건강 악화와 같은 폐해를 피할 수 있을 것이라고 주장했다.[48] 흥미롭게도, 히프는 남녀의 신체가 생물학적으로 어느 정도 겹친다는 점을 인정했지만, 성차의 근본적 성격에 대한 자신의 가정을 의심하지는 않았다. 오히려 그는 남녀 각각의 신체에서 뒤섞여 있는 성적 특징을 정치체에서 젠더 차이가 기능하는 방식에 대한 비유로 보았다. 히프에 따르면, 성별 대립은 "하나의 성별을 가진 모든 개인" 내부에도 존재한다. "따라서 남녀 모든 개인에게서 두 가지 성 모두가 나타나지만, 남성의 자질은 남성에게서 가장 두드러지고 여성의 자질은 여성에게서 가장 두드러진다. 그들은 저마다 정도의 차이는 있어도 내면에 다른 성의 자질들을 감추고 있다." 그러므로 각 개인은 지배적 요소와 종속적 요소를 함께 지니고 있으며, 그 요소들은 "다소 미미할지라도, 사실상 상호 대립적"이다.[49]

사회적 성차를 호르몬과 연결하는 단계로 나아간 인물은 영국의 부인과 의사 윌리엄 블레어 벨이었다. 그는 개별 기관의 내분비물을 개별적으로 고려해서는 안 되며 다양한 내분비 기관이 상호작용하는 전체 시스템의 일부로 파악해야 한다고 생각했다. 과학자들이 대체로 "여자는 난소 하나만 갖고 있어

도 여자다"라고 생각했던 반면, 벨은 **"여성성 자체는 다양한 내분비물에 의
존한다"**고 보았다. 자신의 이론을 입증하기 위해, 벨은 고환을 지닌 여성과 난
소를 가진 개인들, 즉 "엄밀한 의미에서 여성이 아닌" 존재들에 주목했다.[50] 벨
의 견해는 생식샘이 성별을 결정하는 유일한 요인이라는 관념을 무너트리는
데 기여했으며, 간성성에 대한 의학의 이해와 치료법을 변화시켰다.[51] 이는 또
한 "정상적인" 섹슈얼리티의 성격과 기원에 관한 과학적인 생각들을 완전히
재구성했다.

벨은 여성의 난소를 비롯한 다양한 내분비샘들이 여성을 "여성스러운"
활동과 섹슈얼리티로 이끈다고 믿었다. "여자답지 않은" 여자들은 자기 신체
의 성향에 반해 살고 있는 것이었다. 그가 "자연에 가장 가깝다"거나 "문명의
영향을 받지 않았다"고 여긴 여성들은 "성관계를 즐기며 어쩌면 다소 문란하
지만 … 그럼에도 모성 본능이 강한" 여성이었다. "문명의 영향을 받은" 여성
들은 성적 욕망을 멀리하지만 엄마가 되길 원하는 여성부터 성적 쾌감을 즐기
지만 모성 본능이 없는 ("엄밀히 말해 정상이 아닌") 여성, 성관계도 어머니 노릇
도 원치 않는 여성에 이르기까지 다양했다. 이런 후자의 여성들은 "남성성의
가장자리"에 존재하고 있었다. 이들은 "대개 가슴이 빈약하고 꾸미지 않으며
… 종종 물질대사가 대체로 남성의 특성을 띤다. 그 조짐은 … 공격적 성향에
서 엿보인다." 벨은 "모든 여성의 정상적인 심리는 내분비물 상태에 의존하며,
경제적이고 사회적인 환경의 영향을 받지 않는 한 타고난 성향에 따라 여성
은 자신의 평소 활동 범위에서 벗어나고자 하는 소망을 품지 않을 것이다"라
고 결론지었다.[52] "정상적인 활동 범위"에서 벗어나고 싶어 하는 여성들에 대
한 사회적인 우려가 커지고 있었고, 이 시기의 내분비학 연구 문헌 가운데 상
당수에서도 그런 우려가 나타나고 있었다.

히프와 벨은 '사회적 의미'에서 성별 대립을 언급했고, 내분비물이 남성
적인 혹은 여성적인 마음과 몸을 형성하는 데 기여한다고 믿었다. 그러나 빈
의 의사이자 생리학자 오이겐 슈타이나흐는 호르몬 그 자체가 대립성을 나타
낸다고 생각했다. 프라하의 의사이자 빈 실험생물학연구소의 생리학 분과 책

임자로서 그는 당시 성장하고 있던 동물 이식 분야의 전통에 따라 암컷 쥐와 기니피그에게 고환을 이식하고 수컷 설치류에게 난소를 이식했다(이에 대해서는 아래에서 상술할 것이다).[53] 슈타이나흐의 개입주의적 실험 방식*은 유럽과 미국을 휩쓸고 있던 새롭고 권위 있는 분석적 접근법의 본령을 구현한 것이었다.[54] 그는 남성적 혹은 여성적 신체와 행동은 성호르몬이 작용해 나타나며, 자신이 한 동물실험들이 성호르몬의 대립적[길항적] 성격을 보여 주는 증거를 제공한다고 생각했다. 슈타이나흐에 의해, 호르몬은 그 자체로 남성적 특성과 여성적 특성을 획득했다. 성별은 화학적인 것이 되었고, 신체의 화학작용도 성별을 갖게 되었다. 성차의 드라마는 단순히 내분비물에서 비롯된 것이 아니라, 이미 내분비물 안에서 펼쳐지고 있었다.[55]

슈타이나흐는 호르몬이 남성과 여성을 가르는 경계, 그리고 동성애자와 이성애자를 구분하는 경계를 관할한다고 믿었다. 쥐와 기니피그에 대한 그의 연구와 그 결과를 인간에게 적용한 사례는 젠더 신념 체계가 과학 지식의 일부가 되는 복잡한 방식을 보여 준다. 1884년에 실험주의자로 첫발을 내딛은 그는 성별과 무관한 생리학의 다양한 문제를 연구했다. 그러나 1894년에 남성 성기관의 비교 해부학에 관한 논문을 발표하며 향후 성생리학으로 전환할 조짐을 보였다. 이후 그는 16년 동안 [성과 관련 없는] 10편의 논문을 발표했고, 그 뒤 성생리학으로 돌아왔다. 그의 논문 「고환 내분비물의 특별한 효과로 포유류에서 나타나는 완전한 기능을 갖춘, 신체적인 남성성 발달」은 성 분화에서 호르몬의 역할에 관한 현대적 실험의 시초가 되었다.[56]

사실, 일생에 걸친 그의 연구는 남성성과 여성성 사이에 뚜렷한 "자연적" 차이가 존재한다는 검증되지 않은 발상[신념]을 전제로 했다. 그가 수행한 실험은 젠더 경계를 넘나드는 것이었지만, 그럼에도 자신의 연구 결과를 묘사하

---

* 단순한 관찰 연구 방법과는 대비되는 것으로, 연구자가 특정 현상에 인위적으로 개입해 그로 인해 발생하는 변화와 결과를 적극적으로 관찰하는 방법이다. 이런 연구 방식은 수동적인 관찰 중심의 '여성적' 연구 방식과 대립되는 '남성적' 탐구 방식으로 여겨졌다.

는 고도로 의인화된 방식은 성차에 대한 그의 가정이 과학적 연구에 얼마나 큰 영향을 미쳤는지를 보여 준다. 첫째, 그는 자신이 "사춘기샘"[생식샘] puberty glands*이라고 부른 난소와 고환의 호르몬 생산물이 성별 특이적인 효과를 발휘한다고 결론 내렸다. 그는 고환이 생산하는 물질은 굉장히 강력해서 젊은 암컷 쥐와 기니피그에서 수컷의 신체적·심리적 특징을 발달시킬 수 있다고 주장했다. 그는 자신이 "중추신경계의 성애화erotization"라고 부른 과정을 통해 이 호르몬이 뇌 속에 변화를 일으켜 심리적인 효과를 일으키는 게 틀림없다고 추론했다.[57] 슈타이나흐는 양성의 모든 포유류는 미발달된 구조인 원기原基, Anlage[미분화된 세포군]를 가지고 있다고 생각했다. 사춘기샘의 분비물은 난소의 발달을 촉진해 여성적인 성장에 영향을 미치거나 고환을 발달시켜 남성성을 증진한다. 그러나 이것은 이야기의 일부일 뿐이었다. 그는 또한 생식샘이 "반대" 성별의 원기의 발달을 적극적으로 억제한다고 믿었다. 따라서 여성에서 난소 물질은 여성적인 성장을 만들어 낼 뿐만 아니라 남성적인 성장을 억제하는 역할을 했다. 반면 남성에서 고환 분비물은 여성적인 발달을 억제했다. 슈타이나흐는 성별 특이적인 이 성장 억제 과정을 "성호르몬 길항작용[대립]"이라고 불렀다.

슈타이나흐는 어떤 실험적인 증거를 근거로 신체의 성장 과정을 "길항작용하는 성호르몬 간의 전투"나 "첨예한 대립" 같은 군사 용어로 묘사하게 되었을까?[58] 그는 갓 태어난, 거세한 수컷 쥐와 기니피그에게 난소를 이식했다(〈표 6-2〉). 시간이 지날수록 이 수컷들에서는 여러 가지 여성적인 특징이 발달했다. 뼈와 털 구조는 전형적으로 잘 다듬은 암컷 설치류의 것이 되었고, 제대로 기능하는 유선이 발달했으며, 갓 태어난 새끼들에게 젖을 물리고, 수컷 구혼자들에게 암컷의 교미 자세를 취했다. 난소는 명확한 여성화 물질을 생산

* 사춘기에 이르러 성적 성숙을 유도하는 호르몬을 분비한다는 맥락에서 슈타이나흐가 붙였던 이름. 하지만 이 책의 저자가 지적하듯 성적인 성숙이 고환이나 난소에 의해서만 이루어지는 것은 아니며, 고환과 난소가 성 발달만을 조절하는 것도 아니기 때문에 오늘날에는 사용하지 않는다.

6장 생식샘과 호르몬 그리고 젠더의 화학작용

표 6-2. 슈타이나흐의 실험

실험	동물	결과	결론	연도
거세한 젊은 수컷에게 난소 이식	쥐, 기니피그	• 거세된 수컷만 이식된 난소를 "받아들인다." • 난소는 음경과 전립샘의 성장, 다른 이차성징을 촉진하지 않는다. • 난소는 음경 수축을 유발한다 (쥐만 해당). • 난소는 유선 발달을 자극한다 (기니피그). • 이식받은 수컷은 몸집이 더 작고 모발 구조가 좀 더 "암컷스럽다" (쥐, 기니피그). • 이식받은 수컷은 암컷의 교미 반사 반응, 모성 반응을 보이며 수컷다운 교미를 하지 않고 공격 충동을 나타내지 않는다.	• 성호르몬 길항작용 • 고환이 이런 성장을 촉진하기 때문에,[a] 난소와 고환은 서로 다른 물질을 분비한다. • 난소는 수컷의 발달을 억제한다. • 여성 특이적인 물질을 분비한다. • 난소는 수컷의 성장(크기, 털의 질)을 억제한다. • 호르몬은 "중추신경계를 성적으로 자극"한다.	1912[b]
난소를 제거한 암컷에게 고환 이식	쥐, 기니피그	• 유방과 자궁이 발달하지 않는다. • 중립적인 원기가 수컷화되어 발달한다. • 신체와 털 유형이 좀 더 수컷스럽다. • 이식받은 암컷은 보다 공격적이며 발정기 암컷에게 성적으로 접근한다.	• 고환 이식은 암컷의 특징을 억제한다. • 고환은 수컷의 발달을 촉진한다. • 고환은 성장 패턴을 수컷화한다. • 호르몬은 "중추신경계를 성적으로 자극"한다(p. 723).	1913[c]
거세한 어린 수컷에게 난소와 고환을 동시 이식	기니피그	• 수컷의 이차성징이 많이 발달한다. • 제대로 기능하는 유선이 발달한다.	• 고환이 존재할 때 난소의 성장 억제 효과는 나타나지 않는다. • 난소는 여성 원기의 발달에 영향을 미칠 수 있고 고환은 남성 원기의 발달에 영향을 미칠 수 있다.	1913[d]

a. Steinach(1910).

b. Steinach(1912).

c. Steinach(1913). 또한 이 논문은 암컷에서 X선에 의해 유도된 난소 비대가 여성화 효과를 낳는다고 언급한다. 그는 나중에 이 결과를 홀츠네흐트와 함께 보고했다(Holznecht 1916). 이것은 슈타이나흐가 암컷에서 난소의 영향을 조사하면서 가장 상세하게 얻은 내용이다.

d. Steinach(1913).

하는 것처럼 보였다. 그러나 그것이 전부가 아니었다. 첫째, 고환이 제거되지 않았다면 수컷의 신체는 이식된 난소를 "받아들이지" 않았을 것이다. 둘째, 슈타이나흐는 거세 후 난소를 이식한 수컷과 거세는 했으나 난소를 이식하지 않은 수컷에서 음경의 성장을 비교했다. 놀랍게도 그에게는 난소를 이식한 수컷

섹싱 더 바디

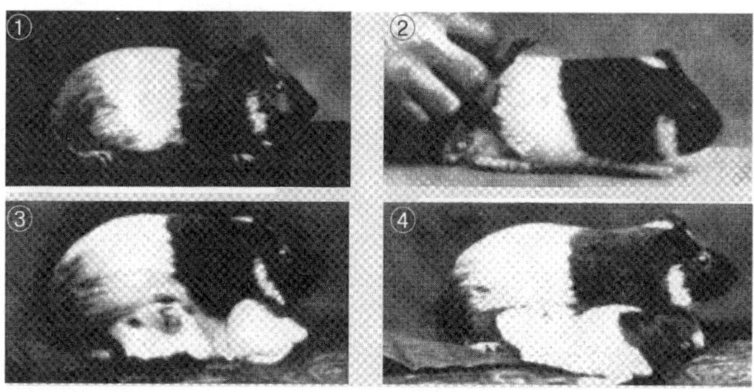

A: **암컷화되어 새끼를 돌보는 수컷 기니피그**(① 기니피그의 전체 모습. ② 기니피그 수컷의 성징. ③ 새끼 기니피그에게 젖을 물림. ④ 새끼 기니피그 두 마리에게 젖을 물림)

B: **남성화 정도**(왼쪽부터 차례로, 수컷화된 남매, 거세한 남매, 정상 남매, 정상 형제)

자료: Steinach(1940)

의 음경이 암컷의 사춘기샘[생식샘]의 영향을 받아 거세만 한 수컷의 음경보다 더 작게 쪼그라든 것처럼 보였다. 마지막으로 슈타이나흐는 거세 후 암컷화된 수컷이 아무런 조치를 취하지 않은 암컷 남매들보다 훨씬 작은 것을 관찰했다. 난소 이식이 더 크고 무거운 수컷으로 성장하는 것을 막았을 뿐만 아니라 실제로 성장 자체를 억제한 것처럼 보였다(〈그림 6-2〉 참고).

처음에 슈타이나흐는 이 마지막 과정을 단순히 "억제"로 지칭했지만,[59] 곧 그것을 양성 간의 전투라는 더 센 언어로 묘사하기 시작했다. 그의 초기 실험 자료에서 그렇게 나타났기 때문이었을까? 그렇게 보이지는 않는다. 예를 들면, 음경 수축에 관한 데이터를 처음 보고한 쥐에 관한 연구(1912)에서, 그는 전립샘이나 정낭에서 이런 효과를 발견하지 못했다(여기서 슈타이나흐는 난소 이식 당시 이 기관들이 이미 매우 작았다는 점을 들어 이 사실을 설명했다). 그러나 1913년 논문에서는 난소를 이식한 거세된 기니피그들에서 — 거세만 한 대조군의 수준을 훨씬 웃도는 — 정낭 수축이 일어났다고 묘사했다.[60] 따라서 기관 발달에 관한 데이터는 취약하며 모순적인 것이었다. 상호 억제는 암컷화된[거세 후 난소를 이식한] 수컷이 정상 남매(암컷)들보다 더 작은 이유를 확실히 밝혀 주지 못한다. 우리는 "반대" 성의 생식샘이 존재하면 이식된 생식샘이 "받아"들여지지[제 기능을 발휘하지] 못한다는 사실에 대해 다른 설명을 생각해 볼 수 있다. 예컨대 어쩌면 고환이 다른 분비샘의 활동을 자극해 난소의 성장에 우호적이지 않은 환경을 조성했을 수도 있다(그 반대일 수도 있다).[61]

갈등을 중심으로 한 슈타이나흐의 언어는 남녀 사이의 자연적 관계에 대한 기존의 관념들을 반영했을 뿐만 아니라, 그의 연구 관심사와 실험 설계를 형성하는 분석틀을 구성했다. 그는 수컷과 암컷의 생식샘 모두를 이미 거세된 한 개체에게 이식해 "양성이 동등한 조건이자 사실 양쪽에 똑같이 불리한 … 조건에서 끝까지 서로 싸울 것을 강요받는"다면 무슨 일이 일어날지 궁금해했다.[62] 몇몇 경우에 난소와 고환이 하나의 "난소-고환"으로 혼합되었다. 슈타이나흐는 난소-고환 조직을 현미경으로 조사하고 "두 조직 사이의 전투가 격렬해졌다는 인상"을 받았다.[63] 이차성징을 살피자 이중 이식으로 창조한, 정상적인 형제들보다 더 크고 강한, 슈퍼 수컷으로 보이는 양성의 동물들을 발견했다. 슈타이나흐는 초기 실험에서는 그렇게 분명했던 암컷 사춘기샘[생식샘]의 성장 억제 효과가 수컷의 생식샘이 기능하고 있을 경우에는 작용할 수 없다는 결론을 내렸다. 그러나 이런 결론이 고환이 난소를 중성화했다는 의미는 아니었다(이것은 가위바위보식의 각본*이 아니었다). 양성을 가진 동물들의 신체는 강하고 수컷다웠지만 또한 "뚜렷하고 긴, 젖 물릴 준비가 된 젖꼭지를" 갖고 있었다.[64] 슈타이나흐는 이중 이식 실험에서 생식샘이 상대 젠더를 억제

﹡ 누가 누구에게 이기고 지는 것과 같은 단순하고 상호 배타적인 관계가 호르몬 사이에 존재하는 것이 아니라는 뜻이다.

섹싱 더 바디

하는 작용을 보여 주는 모든 징후가 사라졌다고 결론 내렸다. 고환은 수컷의 발달을 촉진했고 난소는 암컷의 기관을 촉진했으며, "억제력은 작용할 수 없었다."[65]

그의 데이터는 결론과 일치하지만, 이를 명백히 입증하지는 못한다. 철학자들은 이것을 '미결정'*이라고 부르는데, 이것은 과학적인 사실 생산에 공통된 측면이다. 특정한 개입 실험에 개체가 나타내는 반응은 이를 통해 도출할 수 있는 결론의 범위를 제한하지만, 종종 유일무이한 결론만을 허용하지는 않는다. 그런 이유로 과학자들에게는 여러 가지 타당한 해석이 선택지로 남는다. 최종적으로 어떤 결론을 선택할지 그리고 그 결론이 개별 실험실의 경계를 뛰어넘어 받아들여질지는 부분적으로 비실험적 요인, 즉 사회적 요인에 달려 있다.

예를 들어, 난소와 고환 분비물의 상호작용을 (억제와는 반대되는) 길항작용으로 묘사한 것은 과학적으로는 타당성이 있었다. 그러나 동시에 이런 묘사는 기니피그와 쥐의 생식샘에서 일어나는 화학적 과정에, 당대의 여러 사회적 투쟁과 나란히 전개된 인간의 성적 대립에 관한 정치적인 이야기를 과도하게 덧씌운 것이기도 했다. 생리적 기능이 정치적 우화로 변모한 것이다. 얄궂게도 이는 설명의 신뢰도를 떨어뜨리기보다 높였다. 사람들이 성차의 본성에 대해 이미 "알고 있던" 바와 상당히 일치했기 때문이다.

다른 예로, 이중 이식 실험을 하기로 한 그의 선택을 살펴보자.[66] 그는 왜 호르몬이 "자연적" 장소에서 어떤 일을 하는지 연구하는 데, 다시 말해 남성 분비물은 남성의 신체에서, 여성 분비물은 여성의 신체에서 성장에 어떤 효과를 미치는지 상세히 밝히는 데 더 많은 시간을 쏟지 않은 걸까? 부분적으로 그 이유는 그가 정상적인 과정을 방해함으로써 근원적인 사건들을 알아내는

✱ 흔히 "관찰에 의한 이론의 미결정성"이라고 부른다. 단순하게 말해, 관찰이나 경험만으로는 특정 이론을 확정적으로 선택하거나 배제할 수 없다는 의미다. 고전적으로 이야기하면, 단칭 명제(관찰 명제)로 전칭 명제(이론 명제)를 검증·확증·반증할 수 없다는 말이다.

새로운 [개입주의적] 실험 방법에 헌신했다는 사실에서 찾을 수 있다. 그러나 그 이상으로, 호르몬 길항작용이라는 개념을 받아들이고, 여성의 남성성과 남성의 여성성이 모두 사회의 안정을 위협한다고 간주되는 시대적인 분위기 속에서 연구를 진행하던 그에게 이중 이식 실험은 당연하면서도 매우 시급해 보였을 것이다. 그 실험들은 그 시대의 정치를 반영하고 있었다. 슈타이나흐 가 동성애에 집중했다는 사실은 그의 관심사가 정치적인 투쟁에 영향을 받았 다는 점을 확실히 보여 준다.[67] 동물 연구에서 그는 고환이나 난소를 교차 이 식하면 성적 행동이 변화한다는 증거를 발견했다고 믿었다. 동물 연구는 그 에게 인간의 동성애에 대한 상세한 이론의 기초를 제공했다. 그는 "주기적으 로 동성애 충동이 생기는" 사람들은 남녀의 성호르몬을 번갈아 생산하는 생 식샘을 갖고 있다고 주장했다. 대조적으로 "항구적인 동성애자"들은 사춘기 에 남성호르몬을 생산하는 조직이 퇴화하면서 반대 성의 기관들이 발달된다 고 주장했다.[68] 자신의 이론을 확증하기 위해 슈타이나흐는 남성 동성애자의 고환에서 "여성의 조직"을 찾았고, 고환을 위축시키고 여성호르몬을 합성한 다고 믿어 그가 F-세포라고 불렀던 세포의 존재를 발견했다.

그 뒤 그는 자신의 생각을 최종적으로 검증하기 위해 빈의 외과의사 로 베르트 리히텐슈테른과 함께 동성애 남성 일곱 명의 고환을 제거하고 그 자 리에 이성애 남성의 고환을 이식했다.[69] (이식한 고환은 의학적 이유로, 예를 들면 한쪽으로 치우친 미하강 고환이라서 제거된 것이었다. 이 경우, 이성애 환자에게는 한 쪽에 정상 고환이 남아 있었다.) 처음에 그들은 기쁨에 젖어 성공을 보고했다. 동 성애자들이 "반대" 성별에 성적 관심을 보인 것이다. 그러나 시간이 흐를수 록 수술 실패가 명백해졌고, 1923년 이후에는 더 이상 수술을 시행하지 않았 다.[70] 슈타이나흐가 어떤 실험을 선택하고, 이를 어떻게 해석할 것인지는 당시 의 과학적 전통은 물론, 연구 대상 유기체의 반응으로부터도 영향을 받았지 만, 또한 남성과 여성, 동성애자와 이성애자를 대립적인 범주로 정의하는 당 대의 사회적 환경으로부터도 큰 영향을 받았다. 당시의 정치적 격변하에서, 남 녀와 동성애에 대한 이 같은 정의는 입증된 것처럼 보이기도 했고 또한 과학

섹싱 더 바디

적 보강이 필요한 것처럼 보이기도 했다.

그렇더라도 사회 환경이 과학적 사실을 결정하는 유일한 요인인 것은 아니다. 실제로, 미국과 영국에서는 성호르몬의 길항작용에 대해 중요한 과학적 반론이 제기됐다.[71] 1915년경 새롭게 등장한 내분비학 분야를 대표하는 영국의 생리학자들과 미국의 유전학자들은 교착 상태에 봉착한 듯했다. 유전학자들은 염색체가 성의 발달을 규정하거나 조절한다고 생각했다. 내분비학자들은 호르몬이 남성(혹은 여성)을 정의한다고 생각했다. 미국의 발생학자 프랭크 R. 릴리(1870~1947)는 수컷 송아지와 쌍둥이로 태어난 암송아지(이들은 대부분 수컷화되어 생식 능력이 없다)를 연구해 이 교착 상태를 타개했다. 1914년, 릴리의 개인 농장 관리인이 태반막에 싸인 채 죽은 쌍둥이 송아지 태아 한 쌍을 그에게 보내 왔다.[72] 한 마리는 정상 수컷이었지만, 다른 한 마리는 암컷과 수컷의 신체 부위가 섞여 있는 것처럼 보였다. 호기심이 생긴 릴리는 시카고의 도축장에서 더 많은 재료를 구해 이 문제를 계속 연구했다.[73] 쌍둥이 55쌍을 연구한 끝에, 릴리는 1917년에 발표한 고전적 논문에서 프리마틴freemartin[*]이 유전적으로는 암컷이지만, (처음에는 분리돼 있던 암수 쌍둥이의 태아막이 융합된 후 순환계가 혼합되면서 쌍둥이 수컷으로부터 나온 호르몬의 영향으로 암컷의 생식기 발달에 이상이 생겨) 생식 능력을 상실한 것으로 결론 내렸다.[74] 이는 성 결정에 관한 유전적 관점과 호르몬적 관점이 어떻게 서로 협력할 수 있는지를 보여 준 것으로, 유전자가 먼저 성 결정을 시작하지만 호르몬이 그 일을 마무리한다는 것이었다.

릴리는 자연적으로 만들어지는 불임 암송아지가 슈타이나흐의 생식샘을 이식한 동물들과 많은 측면에서 비슷하다는 사실을 바로 인식했다.[75] 그러나 그는 자신의 송아지들로 수컷과 암컷의 호르몬 성질을 논의하는 데 신중한 태도를 취했다. 예를 들면, 그는 쌍둥이 가운데 왜 암컷만 영향을 받는지 궁금했다. 왜 암컷의 분비물은 슈타이나흐의 설치류 실험에서처럼 수컷을 암컷화하

[*] 소의 이란성쌍생아 가운데 생식 능력을 상실한 암컷을 가리킨다.

6장 생식샘과 호르몬 그리고 젠더의 화학작용

지 않았을까? 릴리는 두 가지 가능성을 제안했다. 어쩌면 "암컷 호르몬에 비해 수컷 호르몬이 갖는 어떤 특정한 자연적인 우세"가 존재할지도 모른다. 아니면, 암컷과 수컷의 발달 시기가 다를 수도 있다.[76] 만약 발달 과정에서 고환이 난소보다 더 일찍 기능하기 시작한다면, 이 흔치 않은 쌍둥이 암컷에서 난소로 발달할 예정이던 기관이 암컷 호르몬을 만들어 내기도 전에 수컷의 생식샘이 분비하는 호르몬이 그것을 고환으로 변화시킬지도 모른다. 주의 깊은 해부학 연구들은 이런 '시기 가설'을 지지했다. 릴리는 "따라서 호르몬 간의 갈등이 없을 수 있다"라고 결론 내렸다.[77] 마지막으로 릴리는 수컷 호르몬 작용의 성질에 대해 내릴 수 있는 결론이 그렇게 많지 않다고 느꼈다. 초기에, 수컷 호르몬은 난소의 발달을 억제했다. 그러나 음경이 커지거나 정자 운반 체계가 성장하는 일처럼 나중에 나타나는 수컷의 특성들은 단지 난소 조직이 없기 때문에 일어난 것일까? 아니면 수컷 호르몬으로부터 긍정적인 자극을 받았기 때문일까? 그는 여전히 확신하지 못했다.[78]

이런 불확실성 때문에 릴리는 제자인 칼 R. 무어에게 슈타이나흐의 연구를 재현해 보라고 "은근히 제안했다."[79] 무어는 동의했다. 무어는 어린 수컷 쥐를 거세한 후 난소를 이식하고, 난소를 제거한 어린 암컷 쥐에게는 고환을 이식하는 상호 이식 실험을 했다. 얼마 지나지 않아, 그는 젠더 문제에 봉착했다. 그는 "불행히도 암컷과 수컷 쥐의 신체적 특징이 선명하게 구분되지 않는다"라고 썼다. "슈타이나흐는 수컷과 암컷을 나타내는 표지로 암컷화된 수컷과 수컷화된 암컷의 체중과 체장 관계를 상당히 강조했다. 그러나 나는 이런 미미한 차이가 … 수컷과 암컷을 구분하는 기준으로는 부족하다고 생각한다."[80] 무어는 그 밖에 중요한 사항을 더 언급한 후, 체중과 체장은 쥐의 젠더를 측정하는 만족스러운 표지가 아니라고 밝혔다. 마찬가지로 그는 털 구조, 뼈대의 차이, 지방 축적량, 유선 역시 너무나 변이성이 커서 젠더를 나타내는 신뢰할 만한 표지가 될 수 없다고 생각했다.[81]

그러나 무어는 쥐의 신체적 젠더 표지에 관한 슈타이나흐의 설명을 거부했음에도 불구하고, 특정 행동들이 호르몬과 성차 사이의 명확한 연관성을 나타낸다고 주장했다. 그는 암컷화된 수컷 쥐(거세 후 난소 이식을 받은 쥐)가 엄마 역할을 하고 싶어 한다는 점을 발견했다. 그 쥐들은 갓 태어난 쥐들이 젖을 빨기 좋은 자세를 취했고(심지어 유두가 없는데도 그랬다!) 새끼들을 지키기 위해 침입자들에 맞서 싸웠다. 정상적인 수컷과 수컷화된 암컷은 새끼들에 전혀 관심을 보이지 않았다. 한편 수컷화된 암컷 쥐는 특이한 행동을 보이기도 했다. 암컷 위에 올라타고 올라타기 전에 자기 몸을 핥아 손질하는 등 온전한 수컷이 할 법한 행동을 하면서 정상적인 암컷과 짝짓기를 시도한 것이다. 그러나 무어는 행동 표지를 사용해도 젠더 차이가 언제나 확실하지는 않다는 점을 목격했다. "슈타이나흐는 보통의 암컷 쥐가 온순하다(싸우지 않고, 다루기 쉬우며, 만질 때 별로 깨물거나 저항하지 않는 등)고 묘사했지만, 여기에서도 편차가 너무 커서 실용적인 가치가 없다. 보통의 암컷 쥐 가운데 상당수가 수컷보다 확실히 더 공격적이다. 이런 암컷들은 만질 때마다, 깨물고 할퀴는 등 이 집단의 온화하고 온순한 암컷과는 전혀 다른 모습을 보였다."[82]

무어는 이 문제를 더 밀고 나갔다.[83] 10년에 걸쳐 발표한 일련의 논문에서, 그는 슈타이나흐의 연구를 체계적으로 반박했다(〈표 6-3〉 참고). 슈타이나흐는 기니피그와 쥐에서 수컷이 암컷보다 훨씬 크며, 거세되어 암컷이 된 기니피그와 쥐도 고환을 이식받으면 같은 배에서 태어난 정상 암컷보다 훨씬 커진다고 주장했다(〈그림 6-2〉 참고). 반대로 난소를 이식받은 거세된 수컷은 정상 암컷보다도 작아지며 실제로도 줄어든 것처럼 보였다. 그러나 무어는 다른 주장을 폈다. 그는 단순히 난소만 제거해도 암컷 쥐의 크기가 커진다는 결과를 보여 준 선행 연구를 인용했다. 그가 직접 수행한 쥐 실험에서는 생식샘을 제거한 뒤에도 크기의 성차는 유지되었다. 이는 수컷 쥐들이 더 크다는 사실과 생식샘은 아무런 관련이 없음을 시사하고 있었다. 기니피그를 대상으로 한 실험 결과는 의심을 더 키웠다. 발달 초기에는 암컷과 수컷의 성장률이 달랐지만, 생후 1년 뒤 양성의 크기는 동일했고 시간이 흐를수록 암컷의 크기가 더 커졌다. 난소를 제거한 암컷은 온전한 암컷과 동일한 비율로 성장했다. 거세의 효과는 수컷에서만 나타났는데, 거세된 수컷은 온전한 수컷이나 난소가

표 6-3. 무어의 이식 실험

실험	동물	결과
난소를 제거한 암컷에게 고환 이식, 거세한 수컷에게 난소 이식[a]	쥐	• 체중과 모발의 질이 매우 가변적임 • 난소를 가진 수컷은 모성 행동을 보임 • 고환을 가진 암컷은 모성 행동을 보이지 않음 • 공격성은 정상적인 수컷 및 암컷과 같은 정도로 나타남 • 고환을 지닌 암컷은 수컷처럼 짝짓기 시도
거세한 수컷과 난소를 제거한 암컷의 성장을 180일 동안 비교[b]	쥐	• 거세한 수컷은 항상 난소를 제거한 암컷보다 무게가 더 많이 나감
온전한 고환이 있는 수컷에게 난소를 이식하고 온전한 난소가 있는 암컷에게 고환을 이식[c]	쥐	• 이식된 난소에서, 난포가 정상적으로 발달하지만 배란은 일어나지 않음 • 이식된 고환에서, 정자를 형성하는 세포들은 퇴화하지만 세르톨리 세포는 그렇지 않음
온전한 고환이 있는 수컷에게 난소를 이식하고 온전한 난소가 있는 암컷에게 고환을 이식[d]	쥐	• 이식된 난소에서, 난포가 정상적으로 발달하지만 배란은 일어나지 않음 • 이식된 고환에서, 정자를 형성하는 세포들은 퇴화하지만 세르톨리 세포는 그렇지 않음 • 수컷 및 이식된 난소를 가진 수컷은 정상적 음경, 전립샘, 심리적 특징을 발달시킴(번식을 하는 수컷이 됨)
거세한 수컷과 난소를 제거한 암컷을 대상으로 "반대 성별"의 난소와 고환을 이식[e]	기니피그	• 거세와 난소 제거는 성 충동 상실을 유발 • 난소를 이식받은 수컷은 유방이 발달하지만 심리적인 여성성의 조짐을 보이지는 않음 • 고환이 있는 암컷은 공격적이며 발정기 암컷과 교미 시도 • 고환이 있는 암컷은 음핵이 음경과 비슷하게 성장
거세하거나 난소를 제거한 동물들과 성장 곡선을 비교[f]	기니피그	• 수술받지 않은 수컷과 암컷, 난소를 제거한 암컷은 1년 안에 신체 크기가 비슷해짐 • 거세한 수컷은 더 작은 몸집 유지

a. Moore(1919). b. Moore(1919). c. Moore(1920).
d. Moore(1921b). 무어는 이 논문의 서두에서 연구를 이렇게 요약한다. "미리 밝히건대 흰쥐의 경우,
　성체의 생식샘에서 길항작용이 나타난다는 증거는 없다"(Moore 1921b, 131).
e. Moore(1921c).

제거된 암컷, 온전한 암컷보다도 더 작아졌다. 무어는 1922년에 쓴 논문에서
슈타이나흐를 직접 겨냥하며 이렇게 결론 내렸다.

특정 동물들에서 생식샘의 내분비물이 몇몇 형태적인 특성에 미치는 영
향은 놀라울 수 있지만, 통상적인 실험실 동물에서 두 성별 간에 실험 절
차로 분석할 수 있을 만큼 충분한 차이와 일관성을 발견하기 어려우며,

- [체중과 모발은] 성차 표지로서 신뢰성이 떨어짐
- 난소는 수컷의 부모 행동을 여성화
- 고환은 암컷의 부모 행동을 남성화
- 공격성은 성차를 나타내기에 부적절한 표지임
- 고환은 암컷의 교미 행동을 남성화

- 크기의 성차는 생식샘 분비물과 관련이 없음

- 두 결과 모두 숙주의 생식샘이 제거된 경우에만 이식이 성공한다는, 호르몬 길항작용의 초석이 된 슈타이나흐의 주장과 배치됨

- 온전한 고환을 가진 수컷에게는 난소를 이식할 수 없다는 슈타이나흐의 주장과 배치됨
- 결과를 무시함. 고환 이식이 정말로 성공했는지 (내가 보기에) 분명하지 않음
- "정상 고환의 존재가 수컷 쥐에 이식된 난소의 … 성장을 … 방해하지 않는다"(p. 167).
- "난소나 고환 사이에 길항작용이 일어난다는 징후가 없다"(p. 169).

- 행동의 변이성에 주목할 것
- "난소가 신체를 변화시킨다는 점에는 의문의 여지가 없다"(p. 384).
- 심리 행동이 남성화됨
- 생식샘의 변화 효과는 확실하나 호르몬 길항작용은 없음

- 장기적으로 볼 때, 난소 제거는 체중에 영향을 미치지 않음
- 정상적인 수컷과 비교할 때, 거세는 상대적인 체중 상실을 유발함
- "기니피그의 상대적인 체중은 성적 조건에 대한 표지로서 가치가 없다"(p. 309).

f. Moore(1922). 무어는 슈타이나흐의 실험이 실패했다는 자신의 생각을 감추지 못한다. "앞서 말한 요지를 더 논하지 않더라도, 임의로 택한 동물 두서너 개체의 체중을 비교한 결과를 성적 본성의 증거로 전적으로 신뢰할 수 없다는 점은 독자들에게 확실히 입증됐을 것이다. 앞서 필자가 지적했듯이, 쥐 실험 결과도 동일하게 비판할 수 있다"(Moore 1922, 293).

대체로 발견할 수 없어 보인다. 기존의 연구 문헌들은 반대 성별을 변화시키는 효과를 발휘하는 성적 분비물의 힘을 입증했다고 추정되는 여러 특징을 언급하고 있지만, 그 가운데 상당수는 비판적으로 분석할 경우 아니라는 게 밝혀진다. 내 견해로는 기니피그에서 나타나는 체중 반응의 특징이 바로 이런 부류에 속한다.[84]

한편 슈타이나흐는 자신의 이론을 고수했다. 그는 무어가 자기 연구를 이해하지 못했으며, 그의 반박은 "무의미하다"고 적었다. 마지막 극적인 실험에서, 그는 (다음 장에서 논의할) 호르몬 화학 분야에서의 발전을 이용해, (덜 확실한 특정 기관을 이식하는 대신) 활성 암컷 호르몬을 함유한 난소와 태반 추출물을 어린 수컷 쥐들에게 주사했다. 실험 결과 고환의 성장뿐만 아니라 정낭, 전립샘, 음경의 발달이 억제되었으며, 이는 여성호르몬이 남성 발달과 길항한다는 그의 견해를 확증해 주었다.[85]

그러나 1932년에 무어는 동료인 도로시 프라이스와 함께 이 실험을 반복했고, 기존의 실험보다 더 명확한 결과를 얻었다. 첫째, 그들의 결론에 따르면, "슈타이나흐의 주장과 달리 … 에스트린[난소에서 추출한 인자-인용자]*은 수컷의 부속 기관들에 아무런 영향을 미치지 않는다. 에스트린은 그것들을 자극하지도 억제하지도 않는다." 슈타이나흐의 실험에 대한 이 같은 반박은 일종의 전채 요리에 불과했으며, 결국 주 요리로 호르몬 기능에 대한 새로운 시각이 제시됐다. 그들은 호르몬의 길항작용을 두고 슈타이나흐와 벌인 논쟁으로 인해 "우리는 생식샘의 호르몬 작용을 뇌하수체 활동과 연결하도록 우리의 해석을 확장해야만 했다"라고 썼다.[86] 무어와 프라이스는 여러 가지 원리를 제시했다. ① 적절한 위치에서, 호르몬들은 생식 부속 기관의 성장을 자극하지만 반대 성별의 기관에는 영향을 미치지 않는다. ② 뇌하수체의 분비물은 생식샘을 자극해 호르몬을 생산하게 만든다. 그러나 ③ "생식샘은 동성이나 이성의 생식샘에 **직접적인** 영향을 미치지 않는다." 그리고 ④ 각 성별의 생식샘 호르몬은 뇌하수체의 활동을 억제해, 유기체 내부를 순환하는 성 자극 물질의 양을 감소한다.[87] 간략히 말해, 무어와 프라이스는 생식샘을 권력이 분산돼 있는 훨씬 복잡한 체계 내에서 활동하는 여러 행위자 가운데 하나로 강등시켰다. 생식샘과 뇌하수체는 온도 조절 장치와 유사한 피드백 시스템을 통해 서로의 활동을 제어했다.[88]

✻ 에스트로겐의 옛날식(또는 영국식) 표현이다.

　우리는 호르몬 연구사에서 이 순간을 어떻게 이해해야 할까? 무어의 "엄밀한 과학"은 슈타이나흐의 엉성한 연구를 간단히 이겼을까?[89] 신체의 성을 화학적으로 감별하는 것을 둘러싸고 벌어진 이 논쟁은 과학적 지식과 사회적 지식 사이의 훨씬 복잡한 관계를 드러냈을까? 확실히 무어는 기존에 발표된 연구들을 좀 더 폭넓게 참고했고, 더 많은 데이터를 제공했으며, 변이성 문제에 주의를 기울여 자신이 "개인적 오차"라고 부른 것을 배제할 준비가 된 것처럼 보였다.[90] 무어가 보기에 슈타이나흐는 중립적으로 수집한 정보를 바탕으로 이론을 세운 것이 아니라 자신의 이론에 맞도록 데이터를 취사선택했다. 반면 무어는 오늘날 우리가 "올바른" 해답이라고 여기는 것에 이르게 될 경로를 따르고 있었다. 그러나 무어의 실험에도 설명되지 않은 실수들이 있었다. 예를 들면, 그는 고환을 적출하지 않은 쥐에도 난소를 이식할 수 있다는 것을 보여 주며 직접적으로 슈타이나흐를 반박했다. 그러나 이 연구를 기니피그에게로 확장했을 때는 거세되었거나 난소가 적출된 기니피그만을 이식 대상으로 삼았다. 왜 그랬을까? 이식할 기니피그의 생식샘을 온전히 남길 경우, 기니피그 실험이 덜 효과적이었던 걸까? 어쩌면 이 선택은 그저 무어가 간성과 동성애 문제에 관심이 낮았다는 걸 보여 주는지도 모른다.[91]

　또 다른 사례로 그의 고환 이식 실험 결과를 살펴보자. 이 실험은 슈타이나흐의 연구를 제대로 검정한 것이 아닐지도 모른다. 슈타이나흐는 이식된 고환에서 (지금은 테스토스테론 생산의 원천이라고 알려진) 사이질[간질] 세포 성장 interstitial cell growth[기존에 형성된 구조 내부에서 일어나는 성장]이 많이 이루어졌다고 보고했다.[92] 반면 무어가 이식한 조직은 성장이 저조했고 사이질 세포 성장이라고 할 만한 것이 적은 듯 보였다. 사실 이식된 고환이 생리적으로 활성 상태였는지 불확실했지만, 그는 이식된 고환은 남성화 효과를 발휘하지 않는다고 결론 내렸다. 그러나 단순히 실험이 실패했을 수도 있다. 고환 이식이 성공적이지 않았다면, 슈타이나흐 연구의 이런 측면을 검증했다고 할 수는 없을 것이다.

　옳든 그르든, 성의 대립[길항]이라는 발상은 호르몬 생물학 분야에서 매우 생산적인 논쟁들을 촉발했다.[93] 결국 무어와 프라이스는 "별개이지만 동등한" 위상을 가졌으며, 또한 강력한 성장 조절 인자로서 생식샘 호르몬이 수행하는 성별 비특이적인[예컨대, 남녀에서 공통적으로 수행하는] 역할을 통합적으로 설명할 수 있는 방식을 창안해 냈다. 한편으로 그들은 고환의 호르몬(1932년까지 명명되지 않은 상태였다)이 수컷 부생식샘의 성장을 촉진하지만 암컷의 신체 부위에는 직접적인 영향을 끼치지 않는다고 주장했다. 비슷하게, 난소의 호르몬(이 호르몬에 에스트린이라는 이름이 붙은 상황에 대해서는 다음 장에서 설명한다)은 암컷에서 특정 측면의 성장을 자극하지만 수컷의 분화에는 직접적인 영향을 미치지 않았다. 다른 한편으로, 두 호르몬은 양성 모두에서 뇌하수체 작용을 억제하고, 그렇게 간접적으로 생식샘 호르몬의 생산을 억제할 수 있었다. 무어와 프라이스는 자신들의 연구가 간성성과 자웅동체에 관심이 있는 사람들의 흥미를 끌 것임을 인정했지만, 자신들의 이론을 설명하는 데 ("호르몬 대립[길항]"과 비슷한) 사회적인 색깔이 짙은 표현을 쓰지는 않았다. 이는 어쩌면 그들이 좀 더 신중한 과학 전통을 따르고 있었기 때문일지도 모른다.[94] 또는 어쩌면 무어와 프라이스의 연구가 그들의 결론에 도달했을 무렵에는 젠더·계급·인종의 위기가 차츰 수그러들기 시작했기 때문일지도 모른다.[95] 이런 질문에 대한 답은 앞으로 역사 연구가 해결할 문제겠지만, 내가 여기서 주장하는 바는, 젠더를 몸에서 읽어 내고 몸에 젠더의 의미를 부여하는 것이 그저 몸이 진실을 말하게 놔두는 것과는 다른 훨씬 복잡한 문제라는 것이다.

호르몬 생물학자들에게 패배했지만, 호르몬이 길항[대립]한다는 발상은 사라지지 않았다. 슈타이나흐는 결코 그 발상을 폐기하지 않았다.[96] 트랜스섹슈얼리즘의 치료법으로 외과 수술 분야를 개척한 내분비학과 전문의이자 성과학자 해리 벤저민[97]은 슈타이나흐의 부고에서 성호르몬 길항작용이라는 발상에 대해 찬양했다. "성호르몬의 생리적 길항작용 이론을 반대하는 의견이 여전히 존재하지만, 많은 보강 실험을 고려할 때 그런 반대에는 불확실한 부분이 있다"라면서 말이다.[98] 다른 사람들 역시 슈타이나흐의 모델을 계속 지지했다. 1945년에 폴 드 크루이프는 성의 대립을 "남성호르몬과 여성호르몬

섹싱 더 바디

사이의 화학적인 전쟁 … 곧 모두가 익히 알고 있는 남녀 간 전쟁의 화학적 축소판"이라 칭한다.[99] 과학적인 사실은, 일단 확고해지면, 때때로 한 분야에서 틀렸음이 입증되더라도 다른 분야에서는 여전히 "사실"로 여겨질 수 있으며, 대중의 마음속에서는 더 오랫동안 살아남을 수 있다.

Sexing *the* Body

7장

성호르몬은 정말로 존재할까?: 화학작용이 된 젠더

성호르몬의 범람에 앞서

칼 무어와 도로시 프라이스의 연구는 남성성과 여성성의 생물학적 성격에 대한 혼란도, 호르몬 그 자체에 대한 혼란도 끝내지 못했다. 제1차 세계대전이 발발하기 직전 10여 년 동안에 과학적 이해는 천천히 축적돼 왔지만, 전후 영국과 미국에서 새로운 과학 기구와 정부 기관이 네트워크를 형성하면서 호르몬 연구는 새로운 국면을 맞이했다. 훗날 이 시기는 "내분비학의 골드러시" 혹은 "내분비학의 황금기"라고 불리게 된다.[1] 다시 한번, 과학 연구가 진행되는 맥락인 사회적 세계가 이 이야기의 핵심이다. 특히 사회적 맥락에 대한 이해는 젠더화된 호르몬 개념이 어떻게 형성되었는지 알 수 있게 도와준다.

제1차 세계대전은 유럽 과학계를 혼란에 빠트렸다. 게다가 생리학자들과 생화학자들은 당시 단백질 연구에 몰두하고 있었다. 그러나 단백질을 추출하고 검사하는 데 사용되는 화학물질이 생식샘 호르몬에는 작용하지 않았다. 공교롭게도 생식샘 호르몬은 콜레스테롤 유도체인 스테로이드라고 불리는 분자군에 속하는데(〈그림 7-1〉 참고), 유기화학자들이 스테로이드를 확인하고 생물 재료에서 그것을 추출하는 방법을 발견한 것은 1914년 이후였다(그보다 2년 전에 생화학자들이 생식샘 인자의 지질 추출 방법을 발견하기는 했다).[2] 생식샘 호르몬은 화학적 메신저로 정의되었지만, 1914년 이전에는 그것을 분리해 내서 화합물로 연구하는 방법을 아무도 몰랐다. 다만 앞서 살펴봤듯이, 수술을 통한 거세와 이식의 복잡한 조합을 통해서만 호르몬의 존재를 추정할 수 있었을 뿐이다. 한 회의적인 과학자는 이 초창기 연구자들이 "신경질적인 여자들과 악액질[악성 질환으로 몸이 지극히 쇠약해져 있는 상태] 소녀들을 대상으로 불분명한 추출물들"을 실험하는 데만 매달렸다고 표현했다. 제1차 세계대전이 끝날 무렵에도 "인간의 성기능과 기능장애에 대해 내분비학이 품었던 사회적·과학적 희망은 실현되지 않았다."[3]

호르몬에 대한 과학적 정보가 느리게 축적되고 있었지만, 그 와중에도 중요한 변화가 진행되고 있었다. 프랭크 릴리 같은 생물학자들의 작업과 로버트 여키스 같은 심리학자들의 연구, 존 D. 록펠러 2세 같은 독지가들을 비롯한 다양한 사회 개혁가들의 활동이 동맹, 음모, 멜로드라마 속에서 서로 연결되고 있었다. 이들 중에는 생겨난 지 얼마 되지 않은 "페미니스트"라는 명칭을 자랑스럽게 사용하는 여성들도 있었고,[4] 우생학자들과 성과학자들 및 의사들(이들 중 일부는 겹쳤다) 역시 있었다. 이를 통해 종이 위에서는 중립적인 화학식으로 표기되는 호르몬이 현대 젠더 정치학의 주역으로 부상했다.

20세기 초는 사회적 지식과 과학적 지식, 연구와 응용 등이 서로 깊숙이 얽혀 교차하는 시기였다. 신흥 경영 계급은 노동자와 복잡한 생산과정을 가능한 한 효율적으로 조직하기 위해 과학의 지혜를 구했다.[5] 또 사회 개혁가들은 수많은 사회적 병폐를 관리하기 위한 지침으로 과학적 연구를 활용했다. 실제로 이 시기는 심리학·사회학·경제학 등 사회과학이 자신들의 과학적인 기법을 인간이 처한 다양한 상황에 적용하며 진가를 발휘하던 사회과학의 시대였다. 한편 이른바 경성 과학[자연과학] 종사자 역시 자신들을 사회문제에 대해 발언할 자격이 있는 전문가로 여기며, 성매매, 이혼, 동성애에서 가난, 불평등, 범죄에 이르는 문제들에 대한 과학적인 해결책들을 고안해 냈다.[6]

이 시대의 가장 열정적인 사회 개혁가들의 삶과 가장 저명한 과학자들의 이력이 교차하며 서로 뒤얽혀 있는 모습은 사회적 의제와 과학적 의제가 복잡하게 연결돼 있음을 보여 준다. 예컨대 20세기 초반 페미니스트들이 젠더에 대한 자신들의 생각을 정식화하는 과정에서 과학과 과학자들이 어떤 역할을 했는지 살펴보자.[7] 남아프리카공화국의 페미니스트이자 소설가인 올리브 슈라이너는 젊었을 때, 성과학의 창시자 가운데 한 명인 해블록 엘리스와 연애를 했다. 그의 영향은 그녀의 유명한 연구서 『여성과 노동』(1911)에서 발견할 수 있는데, 슈라이너는 이 책에서 여성의 경제적 자유가 이성애적 매력과 친밀감을 증대할 것이라고 주장했다.[8] 엘리스의 영향을 받은 페미니스트는 슈라이너만이 아니었다. 산아제한 운동가 마거릿 생어는 뉴욕에 소재한 록펠러의 태리타운 저택 폭파 시도를 옹호하고, 산아제한 관련 문헌들을 메일로 배포한 혐의로 미국에서 기소를 당하자 유럽으로 도피했다.[9] 거기서 그녀는 해블록 엘리스를 찾아갔고 1913~15년 둘은 연인으로 지냈다. 슈라이너와 마찬가지로, 또 엠마 골드만 같은 무정부주의자이자 자유연애 지지자들처럼, 생어는 성적 억압과 경제적 억압을 공공연히 연결 지으며 산아제한을 장려했다. 골드만처럼, 생어는 피임 정보 및 기구를 음란물로 규정하고 유포를 금지한 〈컴스톡법〉Comstock Laws을 위반한 혐의로 기소되어 수감될 위험을 무릅썼다.[10]

산아제한은 특히 페미니스트 정치학의 초석이었다. 당시 한 활동가는 이렇게 썼다. "산아제한은 페미니즘의 모든 측면에서 가장 기본적이면서도 근

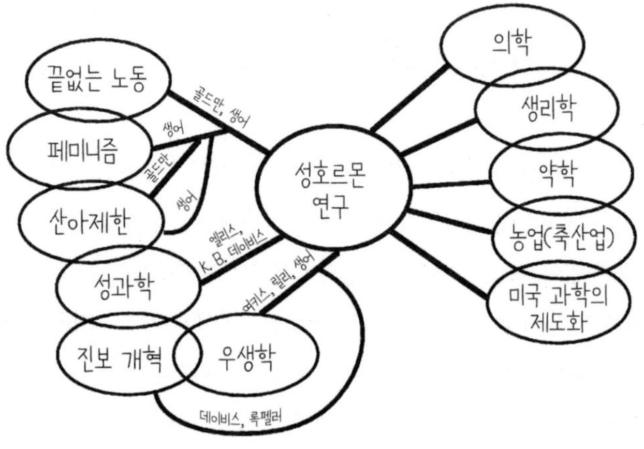

그림: 앨리스 샌토로

본적인 요소다. 앨리스 폴이나 루스 로, 엘렌 케이나 올리브 슈라이너를 특별히 따르든 그렇지 않든, 우리는 모두 마거릿 생어를 추종해야만 한다."[11] 그리고 마거릿 생어는 호르몬 생물학이 매우 열악한 상황에서도 너무 많은 출산을 강요받는 수백만 명의 여성을 구원해 주길 바라면서 과학자들의 연구 방향에 영향을 끼치고자 했다. 실제로 수년에 걸쳐 그녀는 자신이 제시한 연구 의제를 진행할 과학자들을 위해 상당한 금액의 기금을 확보했다. 이 장에서 다룰 성호르몬 이야기에는 과학자들과 정치 활동가들이 각자 헌신하고 있는 목표 — 산아제한이든 성호르몬에 대한 순수한 "지식"의 발전이든 — 속에서 서로의 지원을 확보하기 위해 벌인 분투도 포함된다.

그러나 이 같은 개인적 교류 이상으로 독지가, 사회 개혁가, 사회과학자 그리고 정부 기구 사이의 전례 없는 협력 관계가 젠더와 호르몬에 관한 새로운 과학적 지식의 발전을 가능하게 했다(〈그림 7-2〉 참고). 1910년에 존 D. 록펠러 2세는 "백인 노예무역"*을 조사하는 뉴욕시 대배심의 일원으로 활동했다.[12] 심의 과정에서 깊은 충격을 받은 그는 사회위생국을 조직하고 사비로 기금을 지원했다. 이후 30년 이상 사회위생국은 "특히 성매매와 관련된 해악의 측면에서 사회복지에 부정적 영향을 미치는 사회 환경, 범죄, 질병을 연구하고 개선하며 예방하는" 활동에 거의 600만 달러를 지원했다.[13] 사회위생국의 후원을 받은 많은 사업 가운데 페미니스트 범죄학자이자 사회 개혁가인 캐서린 베멘트 데이비스(1860~1935)가 기획하고 진행한, 여성 범죄자 연구를 위한 사회위생실험실이 있었다.[14]

데이비스는 시카고 대학교에서 정치경제학 박사 학위를 받았다. 그녀의 [부전공이었던] 사회학 교수 중에는 소스타인 베블런과 조지 빈센트가 있었는데 빈센트는 나중에 록펠러재단의 이사장이 되었다.[15] 1901년에 그녀는 뉴욕 주에 새로 문을 연 베드퍼드힐스여성교화소※※의 소장이 되었다. 여기서 진행된 여성 성범죄자[성매매 종사자]에 관한 그녀의 선구적인 연구는 록펠러의 관심을 끌었다. 1912년에 록펠러는 교도소 인근 부지를 매입해 사회위생실험실을 세웠다. 그는 데이비스를 "내가 만나 본 가장 현명한 여성"이라고 불렀다.[16] 1917년에 그녀는 사회위생국의 사무총장이자 이사회의 일원이 되었다. 그녀의 관심사는 범죄 문제에 그치지 않았다. 그녀는 사회위생국의 연구가 "정상적인" 사람들, 공중위생과 보건, 성호르몬의 생리학과 기능에 관한 기초 생물학 연구 등으로 확장되도록 자신의 영향력을 활용했다.[17]

※ 이 장의 주 12에도 설명돼 있지만, 백인 노예무역 또는 백인 노예매매는 19세기 말에서 20세기 초에 주로 사용되던 용어로, 성매매를 목적으로 백인 여성을 성적 노예화하는 범죄행위를 일컫는다. 인종차별적 함의 때문에 훗날 인신매매human trafficking 등으로 바뀐다. 이와 관련해, 특히 1910년 미국 의회는 백인 노예 거래법, 이른바 〈맨법〉Mann Act을 통과시켜 "성매매나 기타 부도덕한 목적"을 위해 여성을 주 경계를 넘어 이동시키는 것을 중범죄로 규정했다(주 경계를 넘지 않는 사건에 대해서는 주 법률에 따라 성매매, 인신매매, 미성년자 성 착취 등을 처벌한다). 뉴욕시는 이 맨법을 사용해 찰스 무어 등을 성매매를 조직하고 이익을 취한 혐의로 기소해 최초로 유죄판결을 이끌어냈다. 이 사건은 바로 록펠러 2세가 참여한 대배심(검찰이 제시한 증거를 바탕으로 피의자를 재판에 회부할 만큼 충분한 증거가 있는지 판단하는 역할을 한다)에서 다루었던 핵심 사례 가운데 하나였다.
※※ 이 기관은 여성 범죄자를 단순히 처벌하기보다는 교정과 재활을 통해 사회로 복귀시키는 것으로 목표로 하는 개혁 운동의 일환으로 설립되었다.

그러나 1920년대에 호르몬 연구의 폭발적 성장을 뒷받침할 발판은 아직 완전히 마련되지 않은 상태였다. 1920년에 데이비스가 이끌던 사회위생국의 직원이었던 심리학자 얼 F. 진은 인간의 섹슈얼리티를 이해하기 위한 새롭고 획기적인 연구를 제안했다.[18] 그가 미국국립과학원의 새로운 연구 분과인 국가연구위원회에 제출한 재정 지원 요청서는 선구적인 심리학자 로버트 여키스의 관심을 끌었다.[19] 1921년 10월에 여키스는 저명한 인류학자, 발생학자, 심리학자, 생리학자 등을 소집했는데, 이들은 국가연구위원회가 광범위한 프로그램의 성 연구에 착수하도록 권고했다. 이 회합의 참석자들은 "성적 행동 및 생식과 관련된 충동과 행위는 개인, 가족, 공동체, 인종의 복지에 근본적으로 중요하다"고 지적했다.[20] 이런 강력한 권고 및 사회위생국의 자금 지원과 더불어, 국가연구위원회 산하 성문제연구위원회가 설립되었다.

새로운 위원회의 과학 자문 위원회에는 여키스와 생리학자 월터 B. 캐넌, 프랭크 R. 릴리, 캐서린 B. 데이비스, 정신과 의사 토머스 W. 새먼이 포함됐다. 그들은 "소수의 성실한 사람들"이었지만, "그들이 마주한 방대한 영역에 대해 무지하거나 반쪽 지식만 갖추고 있었고, 심지어 어디서부터 어떻게 시작해야 할지조차 거의 알지 못했다."[21] 그들의 첫 임무는 "성을 여러 양상으로 이해하는" 일이었고, 이를 달성하기 위한 전략은 "관련된 모든 과학의 관점에서 체계적인 접근"을 시작하는 것이었다.[22] 그러나 1년이 채 지나지 않아, 릴리가 위원회를 장악하고 학제적 접근 방식에서 기초 생물학 연구로 방향을 틀었다.[23] 릴리는 연구 주제를 중요도순으로 다음과 같이 열거했다. 성 결정의 유전적 측면, 성과 생식의 생리학, 동물의 성 정신생물학, 그리고 마지막으로 개인적·인류학적·심리사회적 측면을 포괄하는 인간의 섹슈얼리티가 그것이다. 설립 후 25년 동안 성문제연구위원회는 호르몬 생물학, 성적 행동 인류학, 동물심리학 분야의 주요 연구들에 기금을 지원했으며, 나중에는 유명한 킨제이 연구를 지원했다. 여키스가 내내 위원회 의장으로 있었으며, 릴리는 1937년까지 위원으로 재직했다.

릴리와 여키스는 기초 생물학이야말로 록펠러가 사회위생국과 성문제연구위원회에 기금을 지원하도록 자극했던 복잡한 문제들을 이해하기 위한 토대라고 주장하면서, 성문제연구위원회가 호르몬 생물학 연구를 지원하도록 그 방향을 전환했다. 그러나 이 두 과학자는 당시 사회의 주요 트렌드를 모르거나 거기에 영향을 받지 않는, 상아탑 속 샌님들이 아니었다. 실상 그들은 당시 팽배하던 성 정치학과 인간 섹슈얼리티에 관한 관심에 영향을 받았으며 영향을 끼치기도 했다. 매사추세츠주에 있는 우즈홀 해양생물학 연구실의 수장이자 시카고 대학교 동물학부 학장(1910~31년)으로서, 릴리는 이미 생물학의 발전을 이끌고 있던 인물이었다. 불임 암송아지에 대한 연구로 신생 학문인 생식 생물학 분야의 중심에 선 그는 시카고 대학교의 생물학 연구를 발생학과 성 연구 분야를 중심으로 조직할 계획을 세웠다. 릴리는 사회적 효용이라는 기치 아래 학과 내 다양한 분과를 통합하려 했다.

특히 그는 우생학 운동을 강력히 지지했다. 그는 우생학이 인간 사회의 병폐를 치유 관리하는 과학적 방법을 제공해 준다고 생각했다. 우생학자들은 동유럽 이민자의 대거 유입, 해방된 노예 및 그 후손의 증가로 말미암아 미국의 "인종적 혈통"이 위험해지고 있다고 경고했다. 또 가난과 범죄가 이민자와 유색인종의 "열등한 유전적 특성"에서 기인한다고 믿었다. 따라서 그들은 가난과 범죄가 백인 중산층에게 전가하는 짐을 덜어 내기 위해 소위 부적합한 사람들의 번식을 제한하는 한편, 우월한 인종적 혈통을 대표한다고 여겨지는 사람들의 출산을 장려했다. 시카고우생학교육협회, 제2차 국제우생학회의(1923) 운영위원회, 미국우생학위원회 자문위원회의 일원이었던 릴리는 시카고 대학교 학생 신문에 자신의 견해를 이렇게 설명했다. "우리 문명이 역사 속 문명과 같은 길을 걷지 않으려면, 생물학적 성공(자손을 남기는 것)이 경제적 성공과 상충하게 만드는 사회 조건들을 중단시켜야 한다." 유전생물학연구소 건립 계획안에서 릴리는 이 주제를 더욱 정교화했다. "우리는 인간 사회의 역사적 전환점에 서 있다. … 인구는 도처에서 한계를 넘어서고 있다. 불행히도 생물학적으로 최고의 혈통은 도처에서 가장 빠르게 번식하고 있는 혈통이 아니다. 여기에 수반되는 정치적·사회적 문제들은 근본적으로 유전 생물학의 문제다."[24]

우생학에 대한 관심으로 릴리는 우생학 운동가 둘과 직접적으로 협력 관계를 맺었다. 마거릿 생어와 로버트 여키스가 그들이다. 1910년대 후반에 이르러 생어는 급진적인 페미니스트로서의 이미지를 벗어던지고 보수화됐다. 생어를 비롯한 산아제한 운동가 사이에서 여성 인권에 대한 관심은 줄어들었다. 대신 그들은 사회적 가치가 적어 보이는 사람들의 출생률을 낮추는 출산 통제의 가치를 선전하는 데 열을 올렸다. 1919년에 생어는 "적합한 사람은 아이를 더 낳게 하고, 부적합한 사람은 아이를 덜 낳게 하자는 것이 출산 통제의 주요 관심사다"라고 적었다. 우생학자들은 미국출산통제연맹*의 기관지 『출산 통제 리뷰』에 정기적으로 기고했다. 1920년대에 이 잡지에 실린 논문 가운데 페미니즘 문제와 관련된 것은 4.9퍼센트에 불과했다.[25]

릴리와 마찬가지로 여키스는 숙련된 과학자였다. 그는 1902년에 하버드 대학교에서 심리학 박사 학위를 받은 이래로 10~15년 동안 지렁이와 농게 같은 무척추동물부터 쥐, 원숭이, 인간을 비롯한 온혈 척추동물에 이르기까지 다양한 생물을 연구했다. 하버드에서 여키스는 산업심리학의 초창기 창시자 중 한 사람이자 능력에 따른 자연적 위계를 주창한 후고 뮌스터베르크를 만났다. 미국 같은 민주주의 국가에서 이 같은 주장은 사회적 차이가 선천적 차이에서 유래한다는 것을 의미했다. 여키스는 이렇게 썼다. "미국에서 사람들은 **연령·성별·인종에 의해 설정된 한계 내에서** 법 앞에 평등하며 시민으로서 자신의 권리를 주장할 수 있다"[26]

연구 초창기 시절에 여키스는 이런 한계들을 측정하는 작업에 집중했다. 그는 미래가 "상당 부분 생물학과 사회과학의 다양한 발전에 달려 있다. … 우리는 행동의 모든 측면과 형태를 능숙하게 측정하는 법을 배워야 한다"라고 생각했다.[27] 20세기 초반에 심리학이 과학으로서 신뢰성을 확보하기 위해 분투하고 있을 때, 여키스는 이 신생 분과 학문이 어떤 일을 할 수 있을지 입증

＊ 마거릿 생어가 1921년에 결성한 단체로, 1942년 가족계획협회로 이름을 바꾸었다.

하기 위해 노력했다.[28] 제1차 세계대전이 발발하자 그는 업무 할당을 위해서는 군인들의 능력을 평가하고 등급을 매길 심리학자가 필요하다고 군부를 설득했다. 여키스는 심리검사를 지지했던 루이스 M. 터먼[29] 및 H. H. 고더드와 함께 [이제 막 개발돼 있던] 아이큐 검사를 대규모 집단에서 (심지어 글을 읽을 줄 모르는 상당수 훈련병에게까지) 활용할 수 있는 도구로 더욱 발전시켰다.* 전쟁이 끝날 무렵, 여키스는 175만 명의 남성들에 대한 아이큐 데이터를 축적했으며, 이 검사가 대규모 기관에 적용될 수 있다는 걸 입증했다. 1919년에 록펠러 재단은 그에게 표준 지능검사 개발을 위한 연구 자금을 지원했다. 이 지능검사지는 출시 첫해에만 무려 50만 부가 팔려 나갔다.[30]

릴리와 여키스가 이끌던 성문제연구위원회가 호르몬 생물학에 관심과 비용을 집중하던 유일한 기관은 아니었다. 1920년대 초반부터 마거릿 생어를 비롯한 출산 통제 지지자들은 원하지 않은 임신이 초래한 개인적·사회적 고통을 기술적으로 해결할 수 있기를 바라며 연구자들을 자신들이 주창하는 운동에 끌어들이기 시작했다.[31] 생어는 (1923년에 자신이 설립한) 출산통제임상연구소로 과학계의 지지자들을 모집했다. 그녀의 전문가 자문단 가운데에는 위스콘신 대학교의 유전학 교수 레온 J. 콜이 있었는데, 그는 불임 암송아지 연구에 공통적으로 관심이 있던 릴리와 긴밀한 관계를 맺고 있었다. 불임 암송아지 연구라는 연결 고리는 영국의 연구자 프랜시스 A. E. 크루에게까지 이어져 있었다. 생어는 안전하고 효과적인 살정제 개발을 위해 그에게 도움을 요청했다.[32] 미국에서는 피임 정보를 우편으로 발송하는 행위가 불법이었기 때

---

* 알파 지능검사 또는 육군 알파 검사를 가리킨다. 여키스는 또한 글을 읽을 줄 모르거나 영어가 능숙하지 않은 군인을 대상으로 한 시험으로 베타 지능검사(육군 베타)를 개발했다. 군에서 실시된 지능검사 결과 미국 인구의 평균 지능이 예상보다 훨씬 낮게 나타났는데, 특히 동유럽·남유럽 출신 이민자와 아프리카계 미국인이 현저히 낮은 점수를 받았다. 이 같은 수치는 이후 이들 지역으로부터의 이민을 제한하는 이민제한법(1924) 제정의 주요 과학적 근거가 되었다. 하지만 당시 실시된 검사는 매우 졸속으로 치러졌을 뿐만 아니라 질문과 결과에 대한 해석 등에 심각한 인종적·문화적 편견을 포함하고 있었다.

문에 살정제 연구는 영국에서 진행됐지만, 미국의 또 다른 민간 기관인 모성건강위원회의 후원이 없었다면 이 연구는 불가능했을 것이다. 모성건강위원회는 사회위생국에서 기금을 받아 크루에게 전달했다.[33] 생어 역시 특정 프로젝트와 회의 진행을 위해 수시로 록펠러의 기금을 직접 후원받기도 했다.

이처럼 호르몬 생물학 연구를 촉진하고 수행한 인물들의 개인적·제도적·연구적·재정적 그리고 궁극적으로 정치적 이해관계는 매우 복잡하게 얽혀 있었다. 1920년대 들어 과학자들은 더욱 강력해진 연구 체계들의 도움을 받아 포착하기 어려웠던 생식샘 분비물을 마침내 통제할 수 있게 되었다. 화학자들은 이 분비물을 스테로이드 분자로 묘사하는 추상적인 표기법을 사용했다(〈그림 7-1〉 참고). 그들은 그것을 알코올, 케톤, 혹은 산으로 분류할 수 있었다. 그러나 호르몬이 인체에서 [성 관련 역할 이외에도] 여러 가지 역할을 수행한다는 사실이 분명해질수록, 성과 호르몬을 연결하는 이론들은 혼란에 빠졌다. 호르몬이 "젠더화"돼 있다는 가정이 이미 깊이 뿌리박혀 있었기 때문이다. 오늘날의 관점에서 보면, 비사회적인 화학물질이 어떻게 젠더를 품을 수 있는지 이해하기 어려워 보인다. 그러나 1920년대부터 1940년까지 호르몬의 역사를 따라가 보면 매일 우리 신체 안에서 생리적인 기적을 일으키고 있는 이 강력한 화학물질 속으로 젠더가 어떻게 통합되어 가는지 목격할 수 있다.

풍부한 재원을 갖춘 연구 인프라가 마련되면서 낙관론도 뚜렷해졌다. 한 의사는 "우리의 미래는 생리학자에게 달려 있다"라고도 했다. 내분비학은 "영혼의 화학"*으로 향하는 문을 열었다.[34] 실제로 1920년부터 1940년까지 호르몬 연구자들은 전성기를 누렸다. 그들은 고환과 난소에서 활성 인자를 추출하는 법을 알아냈다. 또 추출한 화학물질의 생리 활성을 측정하는 방법을 고안했고, 궁극적으로 순수한 스테로이드호르몬 결정체를 만들어 그것의 구조와

✻ 이 표현이 포함된 버만의 책 제목 『성격을 조절하는 샘』*The Glands Regulating Personality*에서 알 수 있듯이, 인간의 감정, 성격, 행동, 심지어 영혼까지도 화학적인 메커니즘을 통해 설명하고 통제할 수 있다는 당대의 낙관적 관점을 가리킨다.

생리 기능을 반영하는 이름을 붙였다. 그러는 동안 생화학자들은 결정화된 호르몬 분자들을 설명하기 위해 정확한 화학구조와 화학식을 추론해 냈다. 호르몬 연구자들은 분리, 측정, 명명의 단계를 밟아 나가면서, 남성과 여성의 신체에 대한 우리의 사고방식에 지금도 영향을 미치는 과학적 결정을 내렸다. 이 판단들은 "화학적 성별에 대한 생물학적 진실"로 간주됐지만, 이는 젠더에 대한 기존의 문화적 관념들에 기초하고 있었다. 그럼에도 이 결정에 도달하는 과정은 명확하지도, 갈등으로부터 자유롭지도 않았다. 실제로 과학자들이 젠더 차이와 관련해 진실이라고 확신했던 것과 실험 데이터를 조화시키기 위해 얼마나 분투했는지 조사하면 호르몬이 어떻게 성별을 갖게 되었는지 더 많이 알 수 있다.

1939년에 성문제연구위원회는 『성과 내분비물』이라는 책의 제2판 출간*을 후원했다.[35] 이 책에는 록펠러의 후원으로 국가연구위원회가 1923년에 호르몬 연구를 지원하기 시작한 이래로 축적된 업적이 상당수 담겨 있었다. [초판과 재판의 출간에 관여한] 프랭크 릴리의 계획에 충실하게, 1000쪽이 넘는 방대한 분량의 이 책은 호르몬의 화학과 생물학에 관한 당대의 발견들을 다루며, 놀라운 성과를 기술하고 있다.

호르몬 연구자들의 집단적인 노력은 인간의 성에 대해 근본적으로 재고할 수 있는 방안을 제공하는 듯 보였다. 릴리 역시 그렇게 인식했다.[36] 그는 서두에서 이렇게 적었다. "성이라는 그런 생물학적인 실체는 없다. 자연에 존재하는 것들은 … 이형성, 즉 남성적 개체와 여성적 개체들이다. … 어떤 종에서든 우리는 남성적 형태와 여성적 형태를 인식한다. 이 특성들이 생물학적인 것으로 분류되든, 심리적인 또는 사회적인 질서에 해당된다고 분류되든 그렇

＊ 초판은 1932년에 발행되었다. 이 2판이 더욱 중요한 문헌으로 평가받는 것은 테스토스테론, 에스트로겐, 프로게스테론 등 주요 스테로이드호르몬이 화학적으로 분리되고 결정화된 직후 출간되면서 호르몬 연구 전성기의 성과를 담고 있기 때문이다. 오늘날에도 이 책은 내분비학 및 성연구의 토대를 놓은 기념비적인 교과서로 평가된다.

다. **성이 이 차이를 만들어 내는 힘은 아니다.** 성이란 그저 이런 차이에 대해 우리가 느낀 총체적 인상에 붙인 이름일 뿐이다." 다음과 같은 릴리의 성찰은 오늘날 사회구성주의자들의 주장과 비슷하게도 들린다. "우리는 이처럼 과학 이전에 이루어지는 의인화로부터 벗어나기 어렵다. … 성적 특성을 과학적으로 연구하는 분야에서는 특히 용어뿐만 아니라 그런 사고방식의 영향력으로부터도 벗어나지 못한 채 지체하고 있다."[37]

그러나 릴리는 스스로 제시했던 충고를 따르지 못했다. 결국 그와 동료들은 호르몬이 남성성·여성성과 본질적으로 관련돼 있다는 생각을 떨쳐 버릴 수 없었다. 릴리는 모든 개인은 "남성이든 여성이든 모든 성적 특징의 원기"를 갖고 있다고 강조하며, 호르몬 길항작용 개념에 반대하는 무어의 주장을 되풀이했음에도, 남녀가 가진 특유한 호르몬에 대해 다음과 같이 썼다. "두 종류의 성적 특징이 있기 때문에, 성호르몬도 남성호르몬과 … 여성호르몬 두 가지가 존재한다."[38] 『성과 내분비물』 2판에서 릴리는 매 장마다 여성의 신체에서 "남성"호르몬이 발견된 놀라운 경우와 또 그 반대 경우를 논했지만, 호르몬이 이렇게 교차해 나타난다는 사실이 남성과 여성이 생물학적으로 뚜렷이 구별된다는 자신의 근본 개념과 상충한다고는 전혀 생각하지 않았다.

우리는 여전히 오늘날에도 릴리가 "과학 이전에 이루어지는 의인화"라고 부른 유산과 씨름하고 있다. 나는 1998년 2월부터 1999년 2월까지 주요 일간지의 컴퓨터 데이터베이스를 조사해 에스트로겐을 언급한 기사를 300개, 테스토스테론을 논의한 기사를 693개 발견했다.[39] 기사 수보다 더 놀라운 것은 주제의 다양성이었다. 에스트로겐에 대한 기사들은 심장병, 알츠하이머, 영양 관리, 통증 내성, 면역력, 출산 통제에서 뼈 성장과 암에 이르는 다양한 주제를 다루고 있었다. 테스토스테론에 대한 기사들은 암, 뼈 성장, 심장 질환, 여성 성기능 장애, 피임, 수정 등 다양한 범위의 의학적 주제들뿐만 아니라 '길 물어보기'(그는 행인에게 길을 물어볼까, 아닐까?), 협동, 공격, 포용, "여성 운전자의 분노" 같은 행동들도 다뤘다. 언급한 일간지 기사 목록에 더해 최근에 출간된 과학 문헌들을 훑어보면, 연구자들은 테스토스테론과 에스트로겐이 뇌, 혈액세포의 형성, 순환계, 간, 지질과 탄수화물 대사, 위장 기능, 그리고 담낭·근육·신장 활동에 영향을 미친다는 점을 알게 되었다.[40] 그러나 두 호르몬이 모든 유형의 신체에 나타나 다양한 효과를 일으키는 것으로 보임에도 불구하고, 많은 연구자들은 계속 에스트로겐을 여성호르몬으로, 테스토스테론을 남성호르몬으로 생각한다.

우리가 성호르몬이라고 이름 붙인 화학물질의 영향을 받는다는 사실 때문에 이 다양한 기관이 모두 성적 특징을 갖는다고 봐야 하는 걸까? 한 연구집단이 제안한 바와 같이, 이 호르몬들은 "단순한 성 스테로이드가 아니다"[41]라는 견해를 따르는 것이 합당하지 않을까? 왜 이 분자들을 실제 모습대로, 도처에 존재하는 강력한 성장호르몬으로 다시 정의하지 않는 것일까? 왜 이 호르몬들을 처음부터 이런 측면에서 보지 않았던 것일까? 1939년 무렵 과학자들은 스테로이드호르몬의 다양한 효과를 알고 있었다. 그러나 고환과 난소의 인자들을 측정하며 명명하는 법을 처음 배웠던 이 과학자들은 젠더를 자신들의 개념틀 속에 너무나도 복잡하게 얽어 놓았고, 그 결과 우리는 여전히 그것을 떼어 놓지 못하고 있다.

호르몬 정제

1920년에 남성호르몬은 소년을 남성으로 변화시켰고 여성호르몬은 소녀를 여성으로 만들었다. 페미니스트들은 참정권을 얻으며 중요한 정치적 승리를 거뒀고, 미국은 국내에 있던 외국 출신의 수많은 급진주의자들을 제거했다. 그러나 평온한 것처럼 보였던 이 상태에서 곧 새로운 불만이 터져 나타났다. 페미니즘이 새로 발견한 정체성을 유지하려고 분투하는 동안, 여성의 역할은 계속해서 변화했고 성호르몬[에 관한 연구와 담론]이 크게 늘어나기 시작했다.[42]

1920년대에 설립된 새로운 연구 기관들은 세 가지 상호 연관된 과학적 질문에 초점을 맞췄다. 난소나 고환의 어떤 세포들이 슈타이나흐와 무어 등이 관찰했던 효과를 내는 물질들을 생산하는가? 이 조직들로부터 활성 상태의 호르몬을 화학적으로 추출하는 방법은 무엇인가? 마지막으로, 만약 활성 추출물을 얻었다면 그것을 정제할 수 있는가? 1923년에, 세인트루이스시의 워싱턴 대학교 의과대학에서 연구 중이던 생물학자 에드거 앨런과 에드워드 A. 도이지는 난소호르몬이 생성되는 위치를 찾아내고, [활성 물질을] 추출한 뒤, 부분적으로 정제했다고 발표했다.[43] 이들의 발표에 앞서 6년 전에 찰스 스톡커드와 조지 파파니콜로(그의 이름을 따서 자궁 경부 세포 검사를 파파니콜로 도말 검사, 약칭 팝도말Pap smear 검사법이라고 부른다)가 설치류의 발정주기를 쉽게 추적 관찰할 수 있는 방법을 개발했다.[44] 앨런과 도이지는 돼지 난소에서 얻은 난포액에서 추출한 물질의 효능을 평가하기 위해 이 기술을 사용했다.[45] 그들은 이 추출물을 난소를 제거한 동물에게 주입해 설치류의 질 세포에서 발정기에 전형적으로 나타나는 변화들을 유도하려고 시도했다. 우선 그들은 난소의 난모세포[난자의 근원이 되는 세포] 주변의 유동액(난포액)에서 얻은 물질들만이 발정주기에 영향을 미친다는 것을 입증했다. 난소를 제거한 동물들은 세포 수준에서 변화를 일으켰을 뿐만 아니라 행동도 변화했다. 앨런과 도이지는 "난소를 제거한 암컷이 구애 행위를 시작하고 전형적인 짝짓기 본능"을 보였다는 점에 주목했다. 앨런과 도이지는 호르몬 활성을 검사할 믿을 만한 방법을 확립하면서, 살아 있는 생명체의 측정 가능한 반응들에 의존한다는 측면에서 생물학적 검정법bioassay이라고 불렀다. 그들은 또한 제약 회사가 판매하는 추출물들도 검사했는데, 이런 시판 추출물에는 생물학적 활성이 없는 것으로 드러났다. 이는 자신들이 제기한 "상업적인 조제 물질에 대한 근거 있는 의심"을 정당화했다.[46]

앨런과 도이지는 큰 걸음을 내딛었다. 그들의 생물학적 검정법은 믿을 만했다. 또 난소 인자가 (예를 들면, 난소에서 유독 눈에 띄는 황체corpus luteum가 아니라) 난포액에 있었다는 것을 보여 줬다. 그러나 정제는 또 다른 문제였다. 정제에 필요한 원재료 양이 제한적이었고, "엄청난" 비용이 들었기 때문에 처음에는 진행이 더뎠다. 약 1000개의 돼지 난소에서 100시시의 난포액을 얻을 수 있는데, 호르몬 1밀리그램당 대략 1달러의 비용이 들었다.[47] 그러다 1927년에

그림: 앨리스 샌토로

독일의 부인과 의사 두 명이 임신부의 소변에 여성호르몬이 고농도로 들어 있다는 사실을 발견하면서[48] 경쟁이 시작됐다. 목표는 귀중한 원재료를 먼저 충분히 확보하는 것이고(《그림 7-3》), 다음으로 여기서 호르몬을 분리해 정제하는 것이었다. 1929년까지, 두 집단(세인트루이스에 있던 도이지 연구팀과 괴팅겐에 있던 부테난트 연구팀)[49]이 소변의 호르몬을 결정화해 화학구조를 분석하는 데 성공했다. 그러나 그것이 난소에서 생성된 호르몬과 정말로 같은 것이었을까? 결정적인 증거는 1936년, 도이지와 동료들이 4톤에 달하는 암퇘지 난소를 사용해 화학적으로 동일한 결정화된 분자 몇 밀리그램을 생산해 내며 나왔다.[50] 소변의 호르몬과 난소의 인자는 동일한 것이었다.

남성호르몬의 분리도 비슷한 과정을 따랐다. 먼저 과학자들은 추출물의 강도를 분석하는 방법을 개발했다. 바로 거세 후 지정된 시간 동안 닭 볏이 재생된 정도(센티미터)를 측정하는 것이었다(결과는 국제 거세 수탉 단위International Capon Units, ICU*로 표현되었다). 하지만 역시 비용이 적게 드는 호르몬의 원천을 찾아야만 했다. 이번에도 과학자들은 흔하고 값싼 오줌에서 남성호르몬을 발

그림: 앨리스 샌토로

견했다. 1931년에 아돌프 부테난트는 베를린의 어느 경찰 막사에서 수집한 남성 소변 2만 5000리터에서 남성호르몬 50밀리그램을 분리해 냈다(〈그림 7-4〉).

과학자들은 고환과 남성의 소변에서 남성호르몬을, 난소와 임신한 여성의 소변에서 여성호르몬을 발견했다. 여기까지는 좋았다. 모든 일이 제대로 돌아가는 듯했다. 그러나 동일한 시기에 수행된 다른 연구들은 각 호르몬이 각기 다른 성별에서만 작용하며, 생물학적·심리학적으로 그 성별을 정의한다는 슈타이나흐(와 릴리)의 정식을 위협하고 있었다. 먼저, 남성호르몬과 여성호르몬의 분자구조가 여러 가지 형태로 다양하다는 사실이 밝혀졌다. 단일한 물질이 있는 게 아니라 비슷하지만 똑같지는 않은 생물학적 특성을 가진 화학적으로 관련된 화합물군이 존재했다. 두 호르몬은 여러 가지 호르몬으로 분화되었다.[51] 더욱 당황스럽게도, 여성의 성호르몬을 남성에서 분리해 냈다는 보고가

✻ 호르몬을 순수하게 정제하기 어려웠던 시기에, 특정 호르몬의 효과를 정량화하기 위해 개발된 단위로, 오늘날에는 사용되지 않는다.

간간이 등장했다. 1928년에는 이 같은 보고가 아홉 건이나 있었다. 부인과 의사 로버트 프랭크는 이 소식이 "당혹"스럽고 "이례적"이라고 썼고,[52] 『미국의사협회저널』의 한 사설은 "정상 남성의 고환과 소변"에서 나타나는 여성호르몬의 생리 활성이 "불안감을 조성한다"라고 표현했다.[53] 이 사설을 쓴 편집자(나는 '남성'이라 추정한다)는 이 발견들이 사실이 아닐 것이라 너무나 확신한 나머지 여성호르몬의 정제를 연구하는 대부분의 실험실에서 표준적인 측정 방법으로 자리 잡은 질 도말 검사[질 내 저류 물질을 배양해 검사하는 방법]의 타당성에도 의문을 제기했다.[54]

"정상 남성"의 고환과 소변에서 여성호르몬이 발견됐다는 충격은 1934년에 발표된 또 다른 발견에 비하면 아무것도 아니었다. 독일의 과학자 베른하르트 존데크가 그간 남성성의 상징으로 여겨져 왔던 "종마의 소변에서 대량의 에스트로겐 호르몬이 배출"된 것을 발견했다고 발표한 것이다.[55] 과학자들은 이 논문을 "놀라운", "이례적인", "기이한", "뜻밖의", "역설적인"과 같은 말들로 묘사했다.[56] 곧이어, 다른 과학자들 역시 여성호르몬을 그것이 있어서는 안 될 곳에서 발견했다. 1935년에는 이 같은 보고서가 35건 발표되었고, 그다음 해에는 44건이 더 보고됐다. 여성에게서 남성호르몬이 처음으로 보고된 때는 1931년이며, 1939년까지 최소한 14건이 추가로 발표되어 이 발견을 확증해 주었다.[57]

사실, 성호르몬이 성별을 가로질러 작용한다는 사실이 처음 보고된 것은 1921년이었다. 당시 젤너는 난소를 제거한 암컷 토끼에 고환을 이식하면 자궁의 성장을 유도할 수 있다고 보고했다. 그러나 이 연구의 온전한 의미는 한 성의 호르몬을 다른 성의 신체 내에서 찾은 뒤에야 분명히 밝혀졌다. 반대 성의 호르몬이 잘못된 장소에서 예상치 못하게 나타났을 뿐만 아니라 반대 성의 조직 발달에도 영향을 줄 수 있는 것처럼 보인 것이다! 1930년대 중반에 이르자, 남성호르몬이 여성의 발달에 영향을 줄 수 있으며 그 반대도 가능하다는 사실이 명확해졌다. 예를 들면, 해부학자 워런 넬슨과 찰스 머켈은 여성에게서 안드로겐이 일으키는 "놀라운 효과"에 주목했다. 이 "남성"호르몬을 투여

하자 유선 성장, 자궁 확대, "놀라울 정도의 음핵 확대", "발정기의 연장" 등이 나타났다.[58]

처음에 과학자들은 자신들의 발견을 낡은 이원론적 도식에 끼워 맞추려고 했다. 한동안 그들은 성별을 교차해 나타나는 호르몬을 이질적인 성호르몬[이성異性 호르몬]heterosexual hormones으로 불렀다. 이질적인 성호르몬은 무슨 일을 할까? 누군가는 아무 일도 안 한다고 했다. 생식샘과 관련이 없는 그저 영양상의 부산물일 뿐이라는 것이다(로버트 프랭크는 "일상의 모든 먹거리에 여성호르몬이 포함돼 있다. 평균 크기의 감자에는 적어도 2M.U.※가 들어 있다"고 주장하며 이렇게 말했다).[59] 부신이 이질적인 성호르몬을 만들어 낼 수 있다는 사실이 그 후 발견되었고, 이는 이질적인 성호르몬의 존재에 불안해하던 사람들에게 잠시 위안을 줬다. 이질적인 성호르몬이 생식샘에서 유래한 것은 아니니 적어도 생식샘 자체는 여전히 엄격한 젠더의 경계를 따라 기능하고 있는 것이 아니겠는가![60] 영양 가설에 대한 대안으로, 프랭크는 여성호르몬이 담즙에 존재한다는 사실이 "이론적으로 매우 흥미롭고, 남성의 혈액과 소변에서 여성호르몬 반응이 나타난 이유를 설명하는 데 중요하다"라고 지적했다.[61]

마지막으로, 몇몇은 이질적인 성호르몬이 병적인 상태를 가리킨다고 주장했다. 에스트로겐이 추출된 남성은 정상으로 보일지라도, "잠재적인 자웅동체"일지도 모른다는 것이었다.[62] 그러나 이질적인 성호르몬이 굉장히 광범위하게 발견되었기 때문에, 이 입장은 유지되기 어려웠다. 이 모든 상황은 호르몬에 대한 정의의 위기로 이어졌다. 만약 호르몬을 남녀 각각의 신체에만 존재하는 성호르몬으로 정의할 수 없다면, 과학자들은 어떻게 해야 이 강력한 생화학 물질로부터 새로운 약품을 개발하고자 하는 제약 회사나 서로 다른 연구실 사이에서 그것이 통용될 수 있도록 정의할 수 있을까?

※ 생쥐 단위mouse unit, M.U.는 생쥐를 이용한 독성 시험의 표시 단위로, 복강 내 주사를 통해 몸무게 20그램인 쥐를 30분 안에 죽게 하는 독소의 양을 1M.U.로 본다.

호르몬을 측정하는 방법

전통적으로 과학자들은 새롭게 등장해 빠르게 확장하는 분야를 종종 괴롭히는 이런 위기들을 표준화에 합의함으로써 해결해 왔다. 모두가 동일한 측정 방법을 사용한다면, 모두가 같은 방식으로 생산물들을 정량화한다면, 이유는 모르겠지만 있어야 할 신체의 경계를 벗어나 대량으로 발견되고 있는 이 물질을 어떻게 부를지 모두가 동의할 수 있다면, 그렇다면 마침내 이 골치 아픈 상황을 바로잡을 수 있을 것이다. 과학자들의 숙원이었다. 1930년대에 표준화는 성호르몬 전문가들의 핵심 의제가 되었다.

20세기 초반 30년 동안 과학자들은 여성호르몬의 존재 여부를 검증하기 위해 혼란스러울 정도로 다양한 방법을 사용했다. 일반적으로 그들은 실험동물에서 난소를 떼어 낸 후 실험 물질 혹은 조직의 일부분을 주입하거나 이식해 상실된 기능이 되돌아오는지 조사했다. 그러나 그들이 조사한 상실된 기능은 무엇이었을까? 또 얼마나 정확하게 그것을 측정했을까? 부인과 의사들은 자신들이 가장 소중히 여기는 기관, 즉 자궁에 집중했다. 그들은 난소 적출 후 실험 물질을 주입해 실험동물들에서 자궁의 무게가 증가했는지* 측정했다. 그러나 실험실 과학자들은 훨씬 더 다양한 시험 방법을 활용해 근육 운동, 기초대사, 혈중 칼슘과 당 수치, 가금류의 깃털 색깔, 유선과 외음부의 성장 등을 측정했다.[63] 이에 질세라 심리학자들은 호르몬 활성 여부를 평가하기 위해 어미의 둥지 짓기, 성적 활력과 욕구, 갓 태어난 새끼에 대한 어미의 행동 등 다양한 행동을 활용했다.[64]

여성호르몬의 존재 여부와 강도를 측정하고 표준화하는 방법은 비단 학술적인 문제만은 아니었다. 측정과 표준화에 관한 초기 연구 보고서 가운데 상당수가 노골적으로 의약품에 관한 문제들을 다루었다.[65] 제약 회사들은 호

---

* 난소를 적출하면 에스트로겐 분비가 중단돼 자궁이 위축되고 무게는 줄어든다.

르몬 연구의 진전이 가져온 기회에 편승해 남녀의 생식샘에서 만들어진 의약품을 팔러 다니기 시작했다. 특히 고환호르몬이 노화 과정을 늦추거나 심지어 역전할 수 있다는 발상이 인기를 끌었다. 고환호르몬을 추출하고 측정하는 작업에 대한 한 보고서는 이 약제들을 인간에게 사용하는 행위를 비판했다. "여태껏 이 제품이 노년층이나 신경쇠약증 환자에게 '활력'을 되찾아 준다는 그어떤 징후도 없다. 그러나 만약 그런 징후가 있더라도 남성에게 필요한 복용량을 거세한 수탉에서 알아낸 용량과 비교해 계산해 보면, 체중 68킬로그램인 남성에게 매일 주입해야 하는 호르몬의 양은 적어도 황소의 고환 조직 2.27킬로그램이나 정상 남성의 소변 7.57리터에 해당된다."[66]

이 같은 초기의 과학적 회의론은 호르몬 시장에 거의 영향을 미치지 않았다. 1939년 즈음에는 스큅Squibb, 호프먼-라로슈Hoffman-LaRoche, 파크-데이비스Parke-Davis, 시바Ciba, 바이엘Bayer 같은 회사들이 활성이 의심스러운 60여 가지의 난소 제제를 판매하고 있었다.[67] 부인과 의사들은 과학자인 브라운-세카르(6장 참고)가 고환 추출물 덕분에 자신이 젊음과 활기를 얻었다고 주장하다가 몇 년 만에 이를 철회했던 1889년의 큰 실패를 떠올리면서, 제약 회사들이 판매하는 약제가 정말로 치료 효과가 있는지 확인하고자 했다.[68] 호르몬 제제를 표준화하기 위해 기초과학을 후원하던 제약 회사들도 마찬가지였다.[69] 마침내 1932년, 국제연맹 보건기구의 후원으로 여성호르몬을 측정하고 정의할 표준적인 방법을 개발하기 위한, 부인과 의사들과 생리학자들의 국제회의가 열렸다.

참가자 가운데 한 명이었던 A. S. 파크스가 나중에 말한 바에 따르면, 회의는 "뜻밖에도 원활하게 진행되었다."[70] 예를 들면, 런던에서 개최된 제1차 성호르몬 표준화 회의의 참석자들은 "특정 발정-유발 활성"이라는 용어를 난소를 완전히 제거한 암컷 성체에서 정상적인 발정기에 나타나는 특징적인 변화를 정확하게 인식할 수 있을 정도로 유발하는 능력으로 이해하자는 데 동의했다. 이 회의에서 표준 제제와 비교해 이런 활성 효과가 있는 것으로 판정할 수 있는 증거로 인정한 유일한 변화는 쥐 또는 생쥐의 질 분비물 세포 내용물에서 나타나는 일련의 변화뿐이었다.[71] 재미있는 것은, 생쥐를 사용하는 미국의 전통과 쥐를 사용하는 유럽의 전통으로 말미암아 두 가지 표준 단위가 생겨났다는 사실이다. M.U.(생쥐 단위)와 R.U.(쥐 단위)가 그것이다.

이렇게 합의가 이뤄졌지만, 이 표준화 회의가 모두를 만족시키지는 못했다. 회의 참석자들은 여성호르몬의 정의를 발정기에 일어나는 활성 효과에만 국한했기 때문에 호르몬의 다른 생리적 효과들을 덜 가시적이게 했다. 호르몬의 식별과 정제 과정에서 중요한 역할을 했던 네덜란드 과학자들은 이 표준화 회의를 성 내분비학의 "일원론 학파"unitary school라 부르며 비판했다.[72] 블라디미르 코렌체프스키와 캐슬린 홀이 런던의 리스터 연구소에서 1938년에 발표한 논문은 그들이 제기한 주장을 뒷받침하는데, 이에 따르면 에스트로겐은 성장을 저해하고 지방을 축적시키며 흉선의 퇴화를 가속화하고 신장의 중량을 줄인다. 따라서 에스트로겐은 "단순히 성호르몬이 아니며 … 성과 관련 없는 기관들에도 여러 가지 중요한 영향을 미치는 호르몬"이었다.[73] 여성호르몬을 포유류 발정기의 측면에서만 정의하는 것이 생물학적으로 옳은 일이었을까? 그렇게 함으로써 성과 관계없는 여러 가지 역할에 관심을 가지지 않게 되지 않았을까? 회의 참석자들이 "성호르몬이 성과 관련된 역할만 하진 않는다"[74]는 점을 고려했다면, 정말로 이 호르몬들을 성호르몬이라고 계속 정당하게 부를 수 있었을까? 성호르몬은 정말로 존재했을까?

남성 성호르몬의 표준적인 측정법과 정의가 수립된 과정도 비슷했다. 앞서와 마찬가지로, 거세 후 주입된 물질들로 인해 나타나는 매우 다양한 효과가 남성 성호르몬의 잠재적인 표준으로 제시되었다. 다른 후보들 — 예컨대, 전립샘, 정낭, 음경의 무게 변화, 가금류의 볏, 수사슴의 뿔, 수컷 도롱뇽의 돌기 등의 크기 변화, 특정 조류에서 번식깃 형성 — 을 누르고 최종적으로 채택된 것은 볏의 성장이었다. 1935년에 런던에서 개최된 제2차 국제 성호르몬 표준화 회의는 포유류 분석법의 필요성은 인정했지만, 만족할 만한 분석법을 도출해 내진 못했다. 그 때문에 회의 참석자들은 다음에 "동의"했다. "남성호르몬의 활성에 대한 국제 표준은 0.1밀리그램을 활성 단위로 하는 안드로스테론[남성 소변 속의 호르몬] 결정체로 한다. 이 질량은 거세한 수탉에게 호르몬을 복용하게 한 뒤 5일 후 볏에서 쉽게 측정 가능한 반응을 일으키는 데 필요한 대략적인 일일 복용량이다."[75] 여성호르몬에서처럼 "성적 특징 및 생식과 관련 없는 기능과 과정은 모두 배제되었다."[76]

여성호르몬을 발정주기의 생리학적 측면에서 정의하는 반면, 남성호르몬을 생식 드라마에서 덜 중심적인 이차성징 측면에서 정의하는 것은, 오늘날 우리가 "최상의 과학"이라고 부를 만한 것을 표상하지 않는다. 남성호르몬과 여성호르몬 모두 정확하고 사용하기 쉬운 한 가지 이상의 잠재적인 분석법들이 표준의 자리를 두고 다투고 있었다. 예를 들면, 갈색레그혼종의 수탉은 가슴 깃이 검고 끝이 둥글지만 엉덩이와 꼬리 밑을 덮는 긴 깃털은 주황색이며 길고 뾰족하다. 암컷 레그혼의 가슴 깃은 주황색이 도는 분홍색이고 끝이 둥글며, 엉덩이와 꼬리 깃털은 갈색이다. 털을 뽑고 거세한 수탉에게 암컷 호르몬을 주입하면 가슴에 주황색이 도는 분홍색 깃털이 자라거나 엉덩이와 꼬리 밑에 갈색 깃털이 자란다. 이런 이형성에 관한 실험들은 "거세한 갈색레그혼종 수탉의 가슴 깃에서 갈색 색소 형성은 여성호르몬이 존재한다는 표지로 사용할 수 있음을 시사한다."[77] 이 같은 검사는 간단하고 쉽다. 실험동물을 죽이지도 않으며, 시간도 사흘이면 충분하다. 이와 달리, 쥐의 발정기 분석은 개체 간 편차가 크기 때문에 상당한 주의가 필요했는데, 이는 이 방식이 표준 측정법[78]으로 채택됐을 때에도 지적된 사실이었다.

남성호르몬의 경우에는, 거세한 쥐에서 전립샘과 정낭의 성장에 기초한 검사가 볏 성장 검사의 대안으로 두드러졌다. 코렌체프스키와 동료들은 여러 가지 이유로 볏 성장 검사를 신뢰하지 않았다. 그들은 임신부와 "정상" 여성의 소변이 남성의 소변과 같은 정도로 볏 성장을 자극한다는 사실을 특히 우려했다. "따라서 볏 검사의 특이성이 의심스럽기" 때문에 "포유류의 성기관이나 다른 기관을 대상으로 한 검사로 대체"되어야 한다.[79] 반면 볏 검사를 개발한 토머스 F. 갤러거와 프레드 코크는 포유류 분석은 그 역량이 입증되지 않았다고 생각했다. 그들은 이렇게 썼다. "우리가 아는 한, 포유류 검사에서 동물의 변이성이 확립된 연구는 없었다. 따라서 우리의 견해로는, 지금까지 고안된 포유류 검사는 시간이 훨씬 더 걸리거나 정확성이 떨어지거나 아니면 둘 다라고 밝혀질 것이다."[80]

그러므로 동물의 남성성은 생식과 거리가 있는 것[이차성징]으로 파악하는 한편 동물의 여성성을 생식 주기와 직접 연결하고, 암컷과 수컷 모두에서 이 호르몬들이 번식과 상관없는 기관에 미치는 영향이 잘 드러나지 않도록 하는 측정법이 채택된 것은 필연적인 것이 아니었다. 자연은 이 특정한 검사들을 측정 표준으로 **요구하지** 않았다. 주요 인사들이 (의식적이든 무의식적이든) 자신이 가진 젠더에 대한 견해 때문에 특정 측정법을 선택한 것도 아마 아니었을 것이다. 이런 설명은 지나치게 단순화한 것일 수 있다. 그보다는 표준화 회의의 참석 여부가 중요했을 것이다. 코렌체프스키도 루번 G. 구스타브손도 국제 표준화 회의에 참석하지 않았다. 반면, 도이지와 코크는 표준화 회의에 참석했고 그들의 분석 체계가 채택됐다. 어쨌든 젠더 이데올로기가 특정한 분석법을 선택**하게 만들었다**는 가설을 확증하거나 부정하려면 좀 더 면밀한 연구가 필요하다. 그럼에도 불구하고, 그 이유가 경쟁, 논문의 우선 출판일 혹은 편의성 등 그 무엇이든지 간에 선택된 분석법은 남성성과 여성성의 생물학적 특성에 대한 우리의 이해에 깊은 영향을 미쳤다. 이 결정은 성호르몬으로 암수를 감별하게 했다. 과학의 통상적인 과정 — 표준화하고 분석하고 정확하게 측정하도록 추진하는 — 은 우리에게 성호르몬을 제공했지만, 동시에 신체가 어떻게 작동하느냐, 또 신체가 어떻게 젠더를 **수행하는지**에 대한 또 다른 가능한 진실들을 추방했다.

남성호르몬·여성호르몬을 측정하는 과정이 표준화된 순간부터, 화학조성 및 구조가 알려져 있던 일련의 분자들이 공식적으로 성호르몬이 되었다. 그때부터 해당 호르몬이 가진 모든 생리적인 활성은 정의상 성적인 것이 되었다. 심지어 "남성"호르몬·"여성"호르몬이 뼈, 신경, 혈액, 간, 신장, 심장 같은 조직에 영향을 미칠지라도 말이다(이는 당시에도 다 알려진 사실이었다). 호르몬이 이렇게 광범위한 영향을 미친다는 사실에도 불구하고 호르몬과 성의 연관성은 사라지지 않았다. 오히려 생식과 관련 없는 조직들이 성호르몬과 상호작용한다는 이유로 성적인 것이 되었다. 과학이 생쥐, 쥐, 닭 볏의 표준 단위들을 가지고 내린 정의들은 지크문트 프로이트의 주장을 분자 수준에서 되풀이하고 있는 것처럼 보였다. 즉, 성이 인간 존재의 가장 중심에 자리 잡고 있다고 말이다.

명명

호르몬 측정법을 어떻게 표준화할 것인가가 호르몬을 성적인 물질로 규정하는 데 결정적이었다면, 그것을 어떻게 부를지 정하는 것 역시 그러했다. 남성호르몬은 "안드로겐"으로, 여성호르몬은 "에스트로겐"으로 명명되었다. 경찰막사에서 수집한 소변에서 처음으로 분리해 낸 호르몬(나중에 고환에서 발견되는 호르몬과 같은 것으로 확인되었다)은 "테스토스테론"testosterone(화학적으로, 고환testis에서 얻은 케톤 스테로이드ketone steroid라는 의미다)으로 불렸다. 그리고 임산부의 소변에서 최초로 결정화한 호르몬(나중에 돼지의 난소에 존재한다는 것이 밝혀졌다)은 "에스트로겐"estrogen 혹은 가끔 드물게 에스트론estrone(화학적으로, 발정기estrus와 관련된 케톤ketone이라는 의미)으로 불렸다. 이 같은 명명은 과학적으로 순수한 무작위적 결정이 아니었다. 오히려 이 이름들은 상당한 논쟁을 거친 뒤에야 표준이 되었다. 이 명칭들은 젠더 생물학에 대한 20세기의 사고방식을 반영했고 또 그것을 형성했다.

　　성호르몬 연구 초기에 조사자들은 상당한 자제력을 보였다. 그들은 성호르몬에 이름을 붙이지도 정의를 내리지도 않았다. "남성호르몬"과 "여성호르몬" 혹은 ("난소호르몬"처럼) 때로 그 호르몬들이 유래한 조직만을 언급하면서, 호르몬에 대해 더 많은 것이 밝혀지길 참을성 있게 기다렸다.[81] 1929년까지 여성호르몬의 명칭을 두고 수많은 후보자가 제시됐다. 오바린ovarin[난소ovary를 뜻한다], 우포린oophorin, 바이오바biovar, 프로토바protovar, 폴리큘린folliculin[난자를 감싸는 난포follicle를 뜻한다], 페미닌feminin, 가이나신gynacin[여성을 뜻하

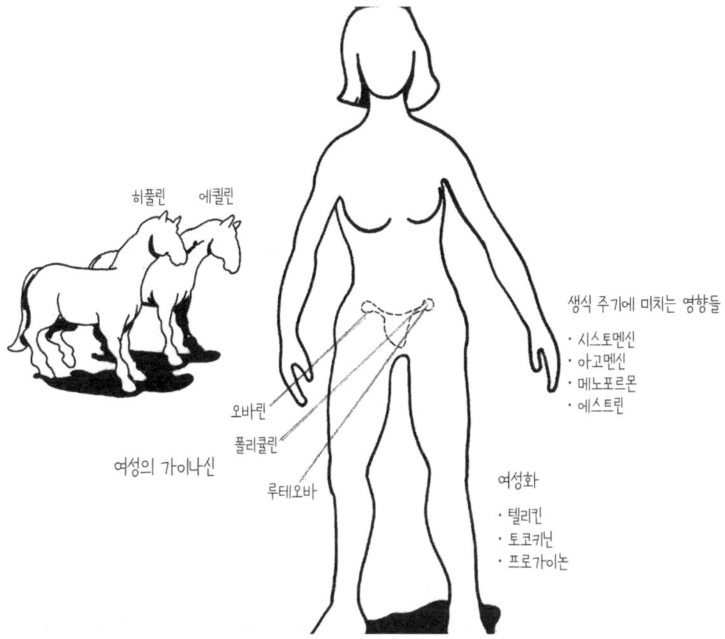

그림: 앨리스 샌토로[히풀린hippulin과 에퀼린equilin은 각각 말을 뜻하는 그리스어 hippo, 라틴어 equi에 추출물을 뜻하는 -ulin을 붙인 표현]

는 그리스어 Gyno + 화합물-acin을 뜻한다], 루테오바luteovar[배란 후 난포가 변해 형성되는 황체Corpus Luteum를 뜻한다] 같은 단어들은 모두 호르몬이 어디에서 기원했는지[즉, 난소]를 가리켰다. 대조적으로, 시스토멘신sistomensin(월경을 억제하는), 아고멘신agomensin(월경을 자극하는), 에스트러스 호르몬estrous hormone(발정기 호르몬), 메노포르몬menoformon(월경을 야기하는)은 모두 제안되거나 입증된 생물학적 작용에 해당했다. 일부 연구자는 그리스어로 조어해 명명하는 것을 선호했다. 그래서 텔리킨thelykin(thelys는 '여성', kineo는 '작동시키다'), 틸린theelin, 티올theeol 같은 단어들이 제시되었고, 남성호르몬에 대해서는 안드로키닌androkynin 같은 이름이 붙여졌다. 토코키닌Tokokinins은 "남녀 모두에게 적용할 수 있는 생식 호르몬Zeugungshormon"을 의미했다(〈그림 7-5〉 참고). 그러나 결정적인 순간은 아직 도래하지 않았다. 예를 들어, 프랭크는 다음과 같이 생각했다. "우리가 이 물질 자체에 대해 더 많이 알기 전까지는 여성 성호르몬female sex hormone이라는 용어가 모든 필요를 충족한다. 이 용어는 여성의 특징이나 여자다움을 증가시키거나 실제로 만들어 내는 모든 물질에 적용할 수 있기 때문이다."[82]

1930년대 초반에 이르러 남성호르몬과 여성호르몬이라는 용어의 장악력이 떨어지기 시작했다. 1931년 한 연구 논문의 저자는 "양성"ambosexual 호르몬(양성 모두에서 활동하는 호르몬)을 언급했다. 1933년에 한 연구자는 "여성 성호르몬**이라고 일컬어지는 것**"에 대해 언급했다. 1937년에 『분기별의학색인목록누계』는 (남성을 만드는) 안드로겐과 (발정기를 일으키는) 에스트로겐이라는 용어를 주제별 색인에 수록했고, 몇 년 지나지 않아 이 단어들은 매우 강력한 영향력을 행사하게 되었다.[83] 그러나 자리다툼과 논쟁이 없지는 않았다. 서로 연관된 두 가지 문제가 나타났다. (당시에 명확히 알려진 몇 가지 가운데) 무엇을 여성호르몬과 남성호르몬으로 부를 것인가와 (예컨대, 종마 소변 속의 여성호르몬과 같은 경우에는) 그것의 반대 성별 속 위치와 그 작용을 어떻게 부를 것인가가 그 문제였다.

생화학자들이 "유니버시티 칼리지 인근의 휴식 공간에서" 술을 마시다 에스트러스estrus(라틴어로 "잔소리꾼", "미친", "야생의", "제정신이 아닌"을 의미하는)라는 단어를 어근으로 사용해 여성호르몬의 명칭을 만들었다. 내분비학자 A. S. 파크스와 동료들이 에스트린estrin이라는 단어를 만든 순간이었다.[84] 이 모임의 참석자 중 한 명은 이 선택을 "우리에게는 만족스러운 일반 용어를, 생리학자와 유기화학자에게는 언어학적으로 다루기 쉬워 그들이 곧 필요로 할 모든 새로운 명사와 형용사의 기초가 될 수 있는 어간을 선물한 참으로 행복한 발상"으로 평가했다.[85] 1935년에 국제연맹 보건기구의 성호르몬 위원회는 암퇘지 난소에서 분리한 물질에 "에스트라디올"estradiol이라는 이름을 붙였고, 그렇게 발정estrus이라는 개념이 유기화학 용어와 연결되었다.

1936년까지 과학자들은 일곱 가지 이상의 에스트로겐 분자를 결정화했

섹싱 더 바디

다. 미국의학협회의 '약학과 화학위원회'는 이 물질들에 붙일 이름을 두고 고심했다. 도이지가 그곳의 위원이었기 때문에 위원회는 여성호르몬을 그가 만들어 낸 단어인 틸린으로 부르자는 쪽으로 많이 기울어졌다. 그러나 제약 회사인 파크-데이비스사가 자신들이 정제한 에스트린에 이미 "틸린"이라는 상표를 붙여 판매하고 있었다. 따라서 이 단어를 일반 용어로 사용할 수는 없었다. 이런 이유로 에스트러스라는 어근을 사용하는 것이 차선책이 되었다. 불행히도 파크-데이비스사가 에스트로겐이라는 단어 역시 상표로 등록하고 있었지만, 약학과 화학위원회의 요청으로 이 이름에 대한 소유권을 포기했고 위원회는 이 단어를 일반 용어로 채택했다.[86] 위원회는 에스트론, 에스트리올, 에스트라디올, 에퀼린, 에퀼레닌equilenin(에퀼린과 에퀼레닌은 암말의 소변에서 발견되는 화학물질이다) 같은 관용명도 수용했다. 또 틸린, 티올, 디하이드로틸린dihydrotheelin 같은 명칭도 에스트론, 에스트리올, 에스트라디올의 동의어로 유지했다.[87]

이후로 몇 년 동안 사람들이 계속해서 수정을 제안했지만 주사위는 이미 던져진 뒤였다. 예를 들면, 파크스는 여성호르몬 복합체의 다양한 생물학적 효과를 점차 인식하게 되면서 [좀 더 일반적인 남성성과 관련된] 남성호르몬과 [협소하게 생식 주기와만 관련된] 여성호르몬의 명명 체계가 서로 대응하게 하는 새로운 용어를 제안했다. 그는 "새로운 용어의 사용이 주저되지만, 성호르몬의 특정 활동에 이례가 확실히 존재한다는 사실이 명백해지고 있다"라고 서술했다. 그는 안드로게닉androgenic과 에스트로제닉estrogenic이라는 용어가 처음에는 "명쾌한 사고와 정확한 표현을 촉진하기 위해" 도입됐지만, 이 용어들이 "이제 부적절하다는 것이 명백해졌다"라고 언급했다. 그러면서 그는 에스트로제닉이라는 단어는 문자 그대로 발정기에 변화를 일으키는 물질들에만 적용돼야 한다고 주장했다. 파크스는 일례로, 에스트로겐이 새의 깃털을 여성화하는 능력은 이 단어의 문자적 의미상 에스트로제닉하다고 부르기 힘들다면서, 가이노에코제닉gynoecogenic을 "여성적 속성을 만들어 내는 활동을 묘사하는 일반 용어로 사용"할 것을 제안했다.[88] 그러나 그의 제안은 너무 늦은 일이었다. 서로 비대칭적인 명명법 — 남성호르몬군을 지칭하는 안드로겐과 여성호르몬 집합을 지칭하는 에스트로겐 — 이 이미 자리를 잡고 있었기 때문이다. 결국 생식 주기를 의미하지는 않는, 달리 말해 좀 더 일반적인 여성성 개념을 표현하는 텔리스thelys라는 어근을 가진 용어들은 일반화되지 못했고, 여성호르몬은 여성의 번식이라는 생각과 분리될 수 없는 것이 되어 버렸다.

한편 남성호르몬 그룹의 명명법은 꽤 간단했다. 안드로겐 생화학 [관련 연구 성과에 대한] 리뷰 논문은 명명 문제에 대해 언급조차 하지 않았다. 반면 이와 짝을 이루는 에스트로겐 화합물의 생화학 작용에 관한 리뷰 논문은 명명법에 대해 네 쪽이나 할애했다.[89] 단 한 가지만 제외하면, 남성호르몬의 명칭은 남성에 해당하는 그리스 어근인 "andrus"를 생화학의 기술적인 명명 체계와 단순하게 결합한 것이다. 현재 우리가 테스토스테론(과 그 파생물들)이라고 부르는 분자만이 고환testis이라는 구체적인 어원을 기반으로 채택된 것이다.

1930년대 중반까지, 과학자들은 이 호르몬을 결정화했고, 그것들을 측정할 최적의 방법에 합의했으며, 이름까지 붙였다. 이제 한 가지 문제만 남았다. 안드로겐이 남성을 만들고 에스트로겐이 여성을 유독 짝짓기에 광분한 상태로 만든다면, 이 호르몬들이 엉뚱한 몸에서 나타나고, 생리적인 효과마저 보일 때 그것들을 어떻게 분류해야 할까? 코렌체프스키와 동료들은 이런 호르몬들이 "양성적"이라면서, 안드로겐 호르몬과 에스트로겐 호르몬을 다음과 같이 분류하자고 제안했다. [우선] 순전히 남성적인 호르몬 또는 순전히 여성적인 호르몬이 있는데, 오직 한 가지 호르몬(황체에서 분비되는 프로게스테론)만이 여기에 해당한다고 생각했다. 그들은 두 번째 집단을 "부분적으로 양성적인 것"으로 분류했는데, 일부는 주로 남성적인 특징을 , 다른 일부는 대체로 여성적인 특징을 지닌 호르몬들이었다. 마지막으로 그들은 "진정한 양성 호르몬"의 존재를 제안했다. 이 호르몬은 "암컷 쥐와 수컷 쥐 모두에서 위축된 모든 성기관을 … 동일한 정도로 … 정상상태"로 되돌리는 호르몬으로,[90] 테스토스테론이 이 집단에 속했다.

1938년에 파크스는 다른 방향을 제시했다. 그는 '양성적'이라는 단어를 싫어했다. 이 말이 "남성과 여성 모두에게 성적인 감정을 가진다"는 의미를 내 포했기 때문이다. 대신 '앰비섹슈얼'ambisexual이라는 용어를 제안했다. 그는 이 단어가 "양성 모두에 적용되는 활동을 나타내는 … 물질들에 매우 적절하게 적용될" 수 있다고 느꼈다.[91] 그러나 이와 같은 세밀한 구분은 결코 받아들여지지 않았다. 오늘날에도 이런 분류의 문제는 생물학자, 특히 호르몬을 특정한 성적 행동과 연관시키는 데 관심이 있는 사람들의 발목을 잡고 있다.

젠더의 의미

우리는 호르몬 발견의 역사에서 사회적 젠더와 과학적 젠더가 대개 간접적으로 복잡하게 교차해 왔음을 알 수 있다. 과학자들은 다양한 이유로 명명법, 분류, 측정의 문제와 씨름해 왔다. 과학 문화에서는 정확도와 정밀도가 도덕적으로 매우 중요하기 때문에, 내분비학자들은 훌륭한 과학자로서 최상의 표준을 적용해 정확하게 연구할 수 있기를 원했다. 그러나 명명법 측면에서는 오로지 파크스만이 "올바른" 제안을 했던 것처럼 보이는데, 그의 견해마저도 결국 묻혀 버렸다. (비록 유일한 요인은 아니었지만) 그 이유는 과학자들이 올바르게 이해하려 씨름했던 "그것"이 이미 사회적 의미로 가득 찬 용어 — 1920~40년 당시 남성·여성이 무엇을 의미하는지에 대한 다양한 사회적 이해를 나타내고 있었다 — 였기 때문이다.

"그것"이 무엇이든, 그것은 생물학적이고 사회적인 정상성[정상상태]을 규정했다. 예를 들면, 오이겐 슈타이나흐는 호르몬이 기저에 있는 양성적 잠재력이 엉뚱한 신체에서 비정상적으로 나타나지 않도록 막는 역할을 한다고 주장했다.[92] 남성은 남성호르몬만을 만들어 내며, 여성호르몬이 존재하더라도 이 남성호르몬이 여성적 발달을 방해하거나 억제한다. 마찬가지로 여성은 여성호르몬만을 만들어 내며, 남성호르몬이 존재하더라도 여성호르몬이 남성적 발달을 방해하거나 억제한다. 즉, 각각의 성은 정상적으로는 자신만의 영역을 가진다. 슈타이나흐의 시각은 릴리를 비롯한 호르몬 연구자들에게 10년 이상 영향을 미쳤다. 그러나 신체가 뇌하수체와의 피드백을 비롯한 복잡하고 균형 잡힌 순환 고리를 통해 호르몬을 조절한다는 사실이 점차 분명해졌으며,[93] 이에 따라 비록 릴리와 같은 과학자들이 각기 분리된 영역이라는 개념을 고수했을지라도,[94] 직접적인 호르몬 길항작용이라는 개념은 퇴색했다.

새로운 실험들은 남성호르몬과 여성호르몬의 고유성과 모순되는 증거를 내놓고 있었지만, 일부 과학자는 양성 체계에 대한 자신들의 신념 때문에 이 같은 실험들의 함의를 받아들이지 못했다. 일례로 프랭크는 자신이 "의심의 여지 없이 남성적인 특성과 여성을 임신시킬 능력을 가지고 있는 남성의 신체"에서 여성호르몬을 분리해 냈다는 데 당혹스러워하다가, 결국 그것이 담즙에서 발견된 반대 호르몬 때문이라고 결론 내렸다.[95] 다른 이들은 부신 성호르몬의 발견이 분리된 성호르몬 영역 가설을 "구원할" 수 있다고 제안했다. 네덜란드 생화학자 가운데 한 명은 회고록에서 이렇게 언급했다. "남성의 체내에 여성 성호르몬이 존재하는 이유를 설명하기 위해, 생식샘 외 다른 분비 기관이 있다는 가설을 제시함으로써, 난소가 남성 성호르몬을 분비한다고 속단할 필요가 없어졌다."[96]

그러나 과학자들은 다양한 성향을 지니고 있었고, 모두가 다 새로운 결과를 지배적인 젠더 체계에 끼워 맞추려고 애쓴 것은 아니었다. 이를테면 파크스는 부신이 안드로겐과 에스트로겐을 생산한다는 발견은 "섹슈얼리티를 분명하게 나누려는 그 어떤 발상에도 결정타"가 된다고 인정했다.[97] 다른 사람들은 성이라는 바로 그 개념 자체에 의문을 품었다. (성문제연구위원회의 지원으로 달성한 첫 10년 동안의 업적을 요약한) 『성과 내분비물』의 1932년 판을 리뷰하며 영국의 내분비학자 프랜시스 A. E. 크루는 한 발 더 나아가 "성은 상상의 산물인가?"라고 물었다. 그러면서 "현대 성 연구의 철학적인 기초는 언제나 매우 빈약했다. 미국의 연구자들은 우리가 분석하고자 하는 바로 그 대상의 존재에 대한 믿음을 파괴하는 데 앞장서 왔다고 말할 수 있다"라고 적었다. 그럼에도 불구하고, 크루는 과학이 궁극적으로는 "연구 대상"인 성에 대해 정의할 수 있을 것이라고 믿었다. 그는 이렇게 되물었다. "10년 안에 상당히 많은 사실이 밝혀졌음을 고려해 볼 때 한 세기 동안 근면하게 지적인 연구를 지속한다면 우리가 알지 못할 것이 무엇이겠는가?"[98] 반대되는 과학적 증거가 늘어나고 있더라도 성은 존재**해야만 하는** 것이다.

과학자들은 젠더 체계의 의미와 구조가 급변하는 문화적 환경 속에서 성차를 구성하는 데 호르몬이 하는 역할을 이해하려고 애썼다. 1926년, 거트루드 에덜리는 남성이 보유한 기존 기록을 뛰어넘으며, 영국해협을 헤엄쳐 건넌 첫 번째 여성이 되어 세상을 깜짝 놀라게 했다. 2년 후, 아멜리아 에어하트는 여성 최초로 대서양 횡단비행에 성공했다. 이런 상징적 사건들은 극적이었지만, 광범위한 변화들은 저항을 이겨 내며 좀 더 끈질기고 집요하게 진행되었다. 1900~30년 사이, 집 밖에서 유급으로 일하는 기혼 여성의 수는 두 배로 늘어났지만, 그 비율은 겨우 12퍼센트에 불과했다. 수정헌법 제19조(여성 선거권)가 통과된 지 10년이 지난 후에도, 페미니스트들은 노동시장의 모든 영역에 진출하기 위해 여전히 지난한 싸움을 벌이고 있었다.

그러나 남녀 사이의 완전한 경제적 평등에 대한 저항이 지속되는 와중에도 1920~40년 사이에 가족, 젠더, 인간의 섹슈얼리티에 관한 주요한 재개념화가 이루어졌다. 예컨대 킨제이의 유명한 조사에서 1900년 이전에 태어난 여성 가운데 14퍼센트만이 25세 이전 혼전 성관계를 가졌으나 20세기의 첫 10년 동안 태어난 사람에서 그 비율은 36퍼센트까지 올라갔다.[99] 페미니즘과 프로이트 심리학의 인기 상승, 성과학이라는 새로운 분야, 성호르몬과 내분비물에 대한 지식의 증가는 모두 "'빅토리아시대의' 성도덕에 대한 점증하는 경멸로 이어졌다."[100]

과학적 의견의 다양성과 마찬가지로 페미니즘 내부의 목소리도 다양했다. 이를테면 몇몇 페미니스트는 여성이 모든 분야에서 남성과 동등하게 일할 수 있다고 주장했다. 다른 이들은 재생산의 측면에서 특별한 차이가 있기 때문에 여성들은 직업 환경에서 마주치는 위험의 정도와 근무시간을 관리하는 법령의 보호를 받아야 한다고 생각했다.[101] 1930년대 말에 이르러 페미니스트들은 자신이 만들어 낸 수사적인 딜레마에 직면했다(덧붙이자면 이것은 오늘날의 페미니즘도 씨름하고 있는 문제다). 만약 여성과 남성이 완전히 동일하다면, 누군가를 [여성이라는] 한 성별의 구성원으로 조직[해 특별한 권리를 요구]하는 것은 이치에 맞지 않는다. 다른 한편으로, 여성과 남성이 진정 다르다면, 어느 선까지 평등을 요구해야 할 것인가? 1940년에 엘리너 루스벨트는 이 문제를 다음과 같이 정확하게 요약했다. "여성들은 자신이 여성이라는 것을, 또한 집단으로서 능력을 갖고 있다는 것을 더 많이 자각해야만 합니다. 동시에 여성들은 일상 활동에서, 특히 산업 노동자로서 또는 전문직 종사자로서 자신들을 여성이라는 하나의 집단으로 고려해야 할 필요성을 남성들의 의식 속에서 지워 버리도록 노력해야 합니다."[102]

젠더를 둘러싼 이 같은 혼란 속에서, 성호르몬의 정체성을 규명하는 것은 결코 불가능했다. 1936년에 호르몬 구조를 연구하던 네덜란드의 생화학자 욘 프로이트는 성호르몬 개념을 전부 버리자고 제안했다. 프로이트에 따르면, 에스트로겐과 관련된 물질들은 "외배엽 기원의 평활근, 중층 상피, 선상 상피에 성장 촉진 인자"로 작용했다.[103] 따라서 호르몬을 촉매로 보면 "각 호르몬 물질의 다양한 작용을 좀 더 쉽게 상상할 수 있을" 것이다. 그는 "성호르몬이라는 경험적 개념은 사라지고, 생물학의 일부가 생화학의 영역으로 넘어갈 것이 틀림없다"고 상상했다.[104]

호르몬 연구의 지적 유산은 거세한 수탉에 생식샘을 이식한 베르톨트의 실험으로 시작됐다. (몇 가지 페미니즘적 통찰과 더불어) 우리는 그 실험의 의의를 인정해야 하지만, 성호르몬이라는 분류 체계상 비유, 그리고 안드로겐과 에스트로겐이라는 특정 용어들을 모두 폐기해야 될 때가 됐다. 우리는 그것들을 무엇으로 대체할 수 있을까? 우리의 몸은 굉장히 다양하지만 긴밀하게 연관되며 화학적으로 호환되는 분자들(우리가 스테로이드라고 부르는 화학물질군에 속하는)을 만들어 낸다. 종종 이 분자들은 순환계를 통해 목표 지점에 도달하며, 때때로 세포들이 사용 장소[부위/기관]에서 즉시 그것을 만들어 내기도 한다. 그런 이유로(호르몬을 생성 장소에서 어느 정도 떨어져 있는 기관과 상호작용하기 위해 혈액을 타고 이동하는 물질로 정의한다면), 그 분자들을 호르몬이라고 부르는 것은 대개 적절하다. 그래서 초보자들을 위해, 그 분자들을 다른 어떤 것이 아닌 스테로이드호르몬으로 부르도록 하자(나는 명명 체계의 어원적 한계를 기억하는 조건으로, 기술적인 생화학 명칭을 유지할 용의가 있다).

다양한 기관이 스테로이드호르몬을 합성할 수 있으며, 합성 기관보다 훨씬 더 많은 기관이 이 호르몬에 반응할 수 있다. 적절한 조건에서 이 호르몬은 해부학적 차원은 물론 행태적 수준에서도 성적 발달에 극적인 영향을 미칠 수 있다. 이 호르몬의 양은 서로 다르고, 대체로 일반적인 남성과 여성에 존재하는 동일한 조직에도 다른 영향을 미친다. 그러나 세포 수준에서는 그들을 세포의 성장, 분화, 생리작용을 관리하고 세포의 사멸 과정을 통제하는 호르몬으로 개념화하는 것이 최상일 것이다. 간략히 말해 스테로이드호르몬은 신체의 전부는 아닐지라도 기관계organ system 전반에 영향을 미치는 강력한 성장호르몬이다.

스테로이드호르몬을 이런 관점에서 개념화하도록 우리 스스로를 재교육할 경우 중요한 기회가 생길 수 있다. 1930년대 말에 호르몬 생물학자들이 거의 달성할 뻔했던 이론적 통일성은 종언을 고했다. 콜레스테롤 기반 분자들의 작용과 생리적 효과에 대해 포괄적이고 의미 있는 이론을 얻을 수 있는 가능성이 존재하려면, 우리는 [기존의] 성 패러다임을 버려야만 한다. 다음으로, 우리가 성 발달의 생리적인 요소들과 동물의 짝짓기 행동들을 이해하게 되면, 우리는 기꺼이 성호르몬이라는 족쇄에서 벗어나 스테로이드호르몬을 남성, 여성, 남성성, 여성성을 만드는 데 중요한 수많은 요소 가운데 하나로 연구할 수 있게 될 것이다. 그러면 우리는 이런 발달에서 스테로이드호르몬에 기반하지 않은 생리적 구성 요소들에 대해서도 알 수 있게 될 뿐만 아니라, 환경, 경험, 해부학적 구조, 생리작용 등이 우리가 흥미롭거나 중요한 연구 주제라고 여기는 행동 패턴들을 어떻게 만들어 내는지 개념화할 수 있을 것이다.

이 장의 교훈 가운데 하나는 사회적 신념 체계가 과학자들의 일상적 과학 활동에 종종 보이지 않는 방식으로 스며든다는 점이다. 따라서 과학자들이 자신의 연구를 구성하는 사회적 요소들을 간과한 채 연구를 진행하면 할 수록, 그만큼 편향된 시각을 양산하게 된다. 성호르몬 사례를 통해 살펴보았듯이, 나는 과학적인 시야를 넓히면 젠더에 대한 우리의 이해 역시 달라질 것이라고 제안한다. 물론 이런 변화는 우리 사회의 젠더 체계들이 변화해야만 일어날 수 있다. 좋든 나쁘든 젠더와 과학은 단일한 단위로 작동하는 체계를 이루고 있다.

8장

설치류 이야기

호르몬을 이용한 뇌의 성감별

1940년대까지 호르몬 생물학자, 생화학자, 생식 내분비학자 등은 새로운 호르몬들을 다수 확인하고 결정화하며 명명하고 분류했다. 그들은 생식 주기의 조절에서 (생식샘 호르몬과 뇌하수체 호르몬을 비롯해) 호르몬이 수행하는 역할을 규명했으며, 이를 통해 호르몬이 인간의 행동을 조절할 가능성을 좀 더 면밀하게 조사할 수 있는 토대를 마련했다. 행동에 대한 화학적 생리학 연구는 1930년대 후반부터 독자적인 분야로 자리를 잡았는데, 이 시기는 호르몬 생물학의 급속한 발전을 촉진하고 주도해 온 기존의 연구 기관들과 자금 지원 재단들 사이의 연합에 근본적인 변화가 나타난 시기와 겹친다.[1]

1933년까지 록펠러재단은 사회복지 사업을 지향하는 사회위생국을 통해 성 연구를 지원했지만, 그 뒤에는 성문제연구위원회를 직접적으로 지원하게 되었다.[2] 이는 국가가 사회 변화에 직접적으로 기여하는 과학의 발전을 주도하다가 과학자 자신이 연구 의제를 개발하는 쪽으로 변화가 일어났음을 의미한다. 이런 변화는 적어도 표면적으로는 지식이 지식 그 자체를 목적으로 해야 한다는 이념에 의해 유발된 것으로 보였다.[3] 1928년에 이미 성문제연구위원회는 새로운 5개년 계획에서 이 같은 변화를 시사했다. 성문제연구위원회 위원들에 따르면, "현대 과학, 특히 실험 의학은 처음에는 그 함의를 예상할 수 없었던 기초연구가 인류에게 엄청난 이익을 가져올 수 있다는 걸 보여 주었다." 그들은 "긴급한 사회적·의학적 문제들"은 인간의 섹슈얼리티에 대한 과학적 이해를 우선적으로 확보한 이후에나 해결될 가능성이 크다고 적었다.[4]

보수 성향의 공학자 워런 위버가 록펠러재단 자연과학부 부서장이 되자마자 록펠러재단은 성문제연구위원회를 직접 장악했다. 위버는 위대한 진보의 다음 단계는 물리학 법칙을 생물학에 적용하는 데서 나올 것이라고 주장하는 생물학자들 사이에서 점점 더 확산되고 있던 움직임을 공고화했다. 그는 자연과학과 정신생물학psychobiology 사이의 긴밀한 관계를 열정적으로 강조하면서 임기를 시작했다.

인간은 자신의 능력을 지적으로 통제할 수 있을까? 유전학의 건전하고 폭넓은 발전을 통해 우리는 우월한 인간을 육성할 수 있을까? 성에 관한 생리학과 정신생물학의 지식을 충분히 획득해서 도처에 만연해 있는, … 위험한 삶의 다양한 측면을 이성적으로 통제할 수 있을까? 우리가 내분 비샘을 둘러싼 복잡한 문제를 해결하고, 너무 늦기 전에 분비샘 장애로 인한 온갖 끔찍한 정신적·신체적 질환을 치료할 수 있을까? … 요컨대, 우리는 새로운 인간 과학을 창조할 수 있을까?[5]

그러나 곧 정신생물학에 대한 위버의 관심은 식어 버렸고, 그는 새로 명명된 분자생물학 분야에 점차 집중하기 시작했다. 1934~38년 사이에 내분비학과 생식 생물학 가운데 실용적·임상적 응용이 가능한 분야에 대한 지원은 감소했으며, 1937년에는 자연과학과 의학 사이의 공식적인 업무 분할이 록펠러재단의 공식 구조가 되었다. 이에 따라 내분비학과 성 생물학은 위버의 소관 범위에서 제외되었고, 그는 유전학, 세포 생리학, 생화학 발전에 집중할 수 있게 되었다.[6]

1940년대 들어 성문제연구위원회의 연구 자금 가운데 기초 호르몬 생물학 연구에 지원된 금액은 크게 감소했다. "호르몬과 성적 행동 사이의 관계에 대해서는 밝혀야 할 것이 … 많이 남아 있었지만, 더 이상 호르몬 자체에 중점을 둘 필요는 없어 보였다."[7] 위원회는 점점 호르몬과 신경계 및 행동 사이의 관계에 대한 연구에 지원을 늘려 갔다. 남성성, 여성성, 가족에 대한 루이스 터먼의 연구가 제2차 세계대전 이후까지 계속해서 지원을 받았지만, 여키스와 그의 후계자 C. R. 카펜터는 반야생 영장류 개체군 내 서열 관계와 성적 위계를 연구하는 쪽으로 방향을 돌렸다.[8] 동시에 새로운 목소리들 — 차세대 동물심리학자들을 이끌 프랭크 A. 비치 같은 — 이 등장했고, 이제 과학의 통찰력을 복잡한 동물 행동에 적용해 볼 수 있는 무대가 마련되었다. 이 새로운 연구자들은 원래 발생학, 비교 동물심리학, 동물행동학 분야에서 활동하던 이들이었다.[9] 그들은 정제된 호르몬 제제, 특정 내분비 기관을 제거하는 수술

섹싱 더 바디

등 새로운 연구 도구의 힘을 목격했으며, 어느 기관에서 어떤 호르몬을 만드는지 어느 정도 알고 있었다.[10] 처음에 그들은 다양한 종을 연구했지만, 시간이 지나면서 실험용 설치류, 특히 쥐와 기니피그가 포유류에서 호르몬과 성 관련 행동들을 탐구하는 최고의 모델로 부상했다.[11]

1940년부터 현재까지 호르몬과 행동에 대한 과학 실험은 설치류의 수컷성과 암컷성을 어떻게 형성해 왔을까? 대체로 인간의 남성성과 여성성에 대해 문화적으로 갖게 된 생각들이 쥐 실험에서도 나타나는 것처럼 보였다. 그러나 나는 문화가 과학을 꼭두각시처럼 부렸다거나, 우리의 사회구조가 신체의 본성이나 과학자들이 발견한 호르몬에 따라 움직이는 꼭두각시에 불과하다고 주장하는 것은 아니다. 오히려 나는 공동으로 생산하는 비옥한 들판, 곧 문학평론가인 수전 스콰이어가 표현한 것처럼 "경계를 가로지르며 관계를 맺는 두텁고 분주한 교류의 장"[12]이 존재한다고 생각한다.

이 장에서는 사이언스빌Scienceville*을 종종대며 지나가는 암수 설치류의 여정을 따라간다. 앞에서 나는 간성성에 대한 서로 다른 의학적 접근 방식은 인간의 몸에 젠더를 각기 다른 방식으로 체화한다고 주장했다. 이와 마찬가지로, 이 장에서는 수컷다운 — 또는 수컷답지 않은 — 쥐를 기존과는 다른 방식으로 그려낼 수 있다고 제안한다. 나아가 이를 바탕으로, 본성 대 양육이라는 깊은 수렁에 빠지지 않은 채 인간의 섹슈얼리티를 더욱 새롭고 훌륭하게 그려낼 수 있을 것이다.

호르몬이 남자를 만든다면, 여자는?

해리 트루먼은 원자폭탄 두 개로 제2차 세계대전을 끝냈다. 냉전이 격화됨에

＊ 과학자, 정부 기관, 자금 지원 재단 등이 상호 연결되어 있는 과학계를 일종의 마을로 비유한 것이다. 이는 과학자들의 연구 활동과 그것이 수행되는 사회적 맥락 및 환경 사이의 밀접한 관계를 드러내기 위한 표현이다.

따라, 미국의 아이들은 원자폭탄으로부터 스스로를 보호하는 법(몸을 낮게 웅크리며 팔로 머리를 감싸는 것이다)을 배웠다. 몇몇 부모들은 집에 방공호를 지었고, 위기의 순간이 찾아왔을 때 앞날을 내다보지 못한 [방공호에 넣어 달라고 애원하는] 이웃을 외면하거나 심지어 총으로 쏘는 것이 윤리적으로 용납될 수 있을지를 두고 논쟁을 벌였다. 젠더 정치(학)는 국가 안보라는 새로운 주제와 밀접한 관련을 맺게 되었다. 여러 역사학자들이 보여 줬듯이, 안정적인 가정 환경 — 즉, "전통적인" 가족 구조 — 이 가정(과 국가)의 안정과 동일시되며, 이를 보장한다고 여겨지던 시대였다.

성적 질서와 핵 억지력 사이의 등식은 양방향으로 작동했다. [먼저] 공산주의 세력의 원자력은 미국 가정의 안정성을 직접적으로 위협하는 것으로 간주됐다. 1951년, 하버드 대학교의 찰스 월터 클라크는 원자폭탄의 공격을 받으면 가정과 공동체의 삶을 뒷받침하는 사회가 파괴될 것이며 이는 "성적인 혼란의 가능성"을 열어젖힐 것이라고 경고했다. 그는 원자폭탄 투하 이후 성병이 크게 유행하는 것을 막기 위해 보건 전문가들은 페니실린을 충분히 비축하는 한편, "성매매를 강력히 억제하고, 성적인 문란과 음주 및 무질서를 막을 수단"을 준비해야 한다고 주장했다.[13]

성적인 혼란은 심지어 국가 안보를 위협하는 것으로 간주되었다. 예를 들면, 1948년에 공화당 전국위원회 위원장 가이 개브리엘슨은 "성도착자들[동성애자들]"이 "정부에 침투하고" 있으며 이들은 "진짜 공산주의자들만큼이나 위험할 수 있다"라고 썼다.[14] 동성애자들은 의지가 박약하고 남자답지 못해 공산주의의 침투와 위협에 취약한 것으로 간주되었다. 나아가 그들의 라이프 스타일(보다 현대적인 어법을 쓰자면)은 전통적인 가족제도를 조롱하는 것으로, 공산주의자들이 피보다 이념이 진하다고 주장하며 자본주의 문명의 기반을 허물려고 했던 것과 마찬가지로 전통적인 가족을 약화하는 것이었다. 설상가상으로 당시 미국 남성들은 남성성의 위기를 겪고 있었다. 역사가 아서 슐레진저 2세가 지적했듯이, 가정과 직장에서 젠더 역할이 놀랍도록 뒤섞이는 것도 그런 징후 가운데 하나였다. "성적 모호성의 화신"인 동성애와 "성전환"

— 크리스틴 조겐슨 현상* — 에 대한 광범위한 관심은 "성 정체성 문제에 대해 한층 깊어진 긴장감"을 드러냈다.[15]

전후의 이데올로그들은 국가 안보란 남녀가 가정 내에서 제 역할을 적절히 수행하는 데 달려 있다고 주장했다. 많은 이들이 여성은 본성적으로 아내와 엄마 역할에 알맞다고 이야기했다. 1957년에 『레이디스 홈 저널』에 실린 기사 「여성에게 대학 교육은 낭비인가?」는 동시대 생물학자들이 배아에서의 여성 분화를 설명하는 데 사용했던 어휘들과 매우 유사한 언어**로 이 점을 분명히 했다. 즉, 대학은 여성이 남편감을 찾기에 이상적인 장소지만 "단연코, 가장 행복한 여성은 자기 행복의 비결을 결코 책이나 강의에서 찾지 않는다. 그들은 본능적으로 옳은 선택을 한다."[16]

이와는 대조적으로, 그리고 역시나 남성 발달에 관한 당대의 생물학 저술들과 놀라울 만큼 유사한 언어로, 남성들에게는 가장이자 남편이라는 본성적 역할을 수행할 수 있도록 [아내로부터의] 상당한 지원과 확신이 필요하다고 여겨졌다. 전후의 선동가들은 성장 중인 새로운 경제 부문 — 온종일 책상에 앉아 있어 신체 활동이 부족하고 극심한 스트레스를 받고 있는, 조직과 홍보에 종사하는 화이트칼라 노동자들 — 의 여성화 효과를 우려했다. 전형적인 한 잡지 기사에 따르면, 여성은 배우자가 남성으로서 자신감을 느낄 수 있도록 북돋워 줘야 하며, "커다란 마호가니 책상 뒤에서 … 아니면 더 하찮은 직

* 제2차 세계대전에 참전했던 크리스틴 조겐슨(1926~89)은 1952년 덴마크에서 성전환 수술을 받고 귀국하며 미국 전역에 엄청난 파장을 일으켰다. 초기에 언론은 그녀의 군 복무 경력과 금발의 미모를 결합해 '미국적 가치를 구현한 의학적 기적'이라 칭송하며 열광했다. 그러나 이후 그녀에게 난소와 질이 없다는 사실이 밝혀지자, 대중의 찬사는 순식간에 배신감과 혐오로 변했다. 언론은 그녀를 '변형된 남성'이나 '병적인 동성애자'로 폄하하며 여성성을 부정했다. 이후 조겐슨은 질성형술을 받았지만, 출생증명서에 남성으로 여전히 기재되어 결혼 허가를 받지 못하는 등 지속적인 어려움을 겪었다. 그럼에도 그녀는 자서전 집필, 대학 강연 등을 통해 자신의 정체성에 관한 논의를 이어 갔으며, 자신과 비슷한 상황에 있는 사람들에게 커다란 영향을 미쳤다.

** 이에 대해서는 289쪽 이하의 내용을 참고할 것.

장에서 일생을 보내는" 남성들이 "스스로에게 품은 의혹을 떨쳐 낼" 필요가 있다는 걸 알아야 했다.[17] 남성들은 다른 남성의 관심을 끌 만큼 충분히 매력적임에도 불구하고 자신을 선택해 자신의 남성성을 다시금 확신시켜 줄 여성들을 원했다.

그러나 이 시대 전문가들은 남성들이 가정에서 하는 일이 자신의 남성성을 유지하고 남성다운 다음 세대를 길러 내는 데 중요하다고 강조하기도 했다.[18] 계집애 같은 사내를 키우지 않으려면 아버지는 반드시 자녀 양육에 개입해야 했다. 1950년에 『베터 홈스 앤드 가든스』에 실린 한 기사는 이렇게 언급했다. "계집애 같은 사내들에게 우리의 미래를 걸어야 할까? … 당신은 아들이 계집애처럼 구는 모습이 못마땅할 것이다. 하지만 아들을 진정한 남자로 키우는 걸 엄마한테만 맡겨 두면, 아들은 혈기 왕성하고 자립심 있는 사람이 될 수 없다."[19] 엄마는 "본능적으로" 딸을 키울 수는 있다. 하지만 아들을 위험으로부터 보호하려는 엄마의 타고난 반응은 아들이 독립적이고 남자답게 자라는 걸 방해한다는 것이었다.[20] 남성들에게 양육이 여성들만큼이나 자연스러운 일로 여겨지지 않았을지라도, 부성은 그 자체로 남성다움의 새로운 증표가 되었다. [당시의] 대중적인 통념에 따르면, 남성은 결혼과 가족에 관한 수업에 참여해 전문가로부터 가정을 제대로 꾸려 가는 법을 배워야 했다.

자신에게 맞는 성별과 젠더 역할에 순응할 것을 강조하는 이데올로기가 영화, 잡지, 정부 정책, 교육과정에 만연했음에도 불구하고, 젠더에 대한 주류적인 통념에 대한 도전이 우리가 〈비버에게 맡겨 봐〉*의 시대로 기억하고 있는 이 10년 동안에도 적지 않게 나타났다. 예컨대 이 시기에 출간된 킨제이 보고서는 동성애, 혼전 성관계, 자위가 널리 행해지고 있으며 생물학적으로도 정상이라고 시사함으로써 성적 행동에 대한 미국 사회의 통념에 도전했다.[21]

※ 1957~63년에 방영된 시트콤으로 전후 미국의 이상적 가족상을 재현하고 있었다. 순진한 초등학생 비버가 갖가지 실수와 잘못을 저지르며 좌충우돌하지만 늘 부모의 지혜로운 조언을 듣고 교훈을 얻는 것으로 훈훈한 결말을 맞는다.

1953년에 휴 헤프너는 잡지 『플레이보이』를 창간하면서, 바람기 있는 독신남을 위한 문화적 공간과 성적으로 해방된 여성을 나타내는 일종의 모델을 창조했다. 1950년대 후반기에 비트 세대는 남성성에 대한 전통적인 정의에 도전했으며, 이와 동시에 동성애 인권 운동이 서서히 어둠 속에서 그 모습을 드러내기 시작했다.

　　이 시대에 동물의 섹슈얼리티를 연구했던 과학자들은 당시의 복잡한 문화적 토양에서 연구를 진행했다. 한편으로 그들은 젠더에 관한 당대의 통념을 기반으로 자신들의 비유와 이론을 정식화할 수 있었다. 다른 한편으로, 이같은 표준적 관점에 도전하는 대항적 조류가 존재했고, 이를 통해 몇몇 과학자는 동물의 섹슈얼리티에 관한 새로운 발상을 구상할 수 있었다. 태아를 대상으로 이뤄진 남녀의 해부학적 차이의 발달에 관한 연구를 살펴보자. 1969년에 프랑스의 발생학자 알프레드 조스트는 자신이 이 분야에서 20년 동안 연구하면서 내린 결론을 이렇게 요약했다. "수컷이 된다는 것은 오랜 시간에 걸친 불안하고 위험한 모험이다. 그것은 여성성을 향한 내재적 경향에 대항하는 일종의 투쟁이다."[22] ✳ 모든 수컷은 쥐든, 기니피그든, 인간이든 내면의 여성성에 맞서 싸워야 했다. 1950년대의 상담 전문 잡지들이 경고했듯이, 남성적인 표면 아래에는 계집애 같은 사내가 될 위험이 도사리고 있었다. 조스트의 결론은 이 시기에 나타나고 있던 젠더에 대한 불안과 긴밀하게 공명하고 있었다. 그는 어떻게 이 같은 결론에 도달했을까? 암컷과 수컷의 배아에 관한 연구에서 도출된 결론이 어떻게 남성적·여성적 행동과 호르몬 사이의 관계에 관한 연구로 이어졌을까?

　　1947년 32세의 조스트는 토끼와 쥐를 대상으로 이루어진 암컷과 수컷의 해부학적 발달에 대한 자신의 실험 결과를 일련의 논문으로 발표하면서 안드

✳ 흔히 조스트의 법칙이라고도 하는데, 포유류의 성 발달은 기본적으로 여성 방향으로 진행되며, 남성호르몬이 존재할 때에만 남성으로 분화된다고 주장했다.

표 8-1. 초기 태아의 발달에 미치는 안드로겐과 에스트로겐의 효과

	암컷 태아의 발달에 미치는 안드로겐의 효과		수컷 태아의 발달에 미치는 에스트로겐의 효과	
해부 구조	쥐	생쥐	쥐	생쥐
생식샘 위치	수컷화	수컷화	암컷화	암컷화
암컷의 내부 생식기	효과 없음	효과 없음	자극받음	자극받음
수컷의 내부 생식기	자극받음	자극받음	억제됨	억제됨
외부 생식기	수컷화	수컷화	암컷화	암컷화

자료: Greene et al.(1940b, 333-334)의 〈표 3〉과 〈표 4〉를 참고해 변경했다.

로겐과 에스트로겐이 균등한 효과를 발휘하는 호르몬인지를 둘러싼 논쟁에 뛰어들었다.[23] 이전 10년 동안 연구자들은 발달 중인 암컷에게 테스토스테론을 비롯한 여타 안드로겐을 주입하면 외부 생식기나 내부 생식관이 수컷화된다는 데 대체로 동의해 왔다. 논쟁이 된 문제는 에스트로겐이 수컷의 배아에 그와 비슷한 효과를 발휘하는지였다. 오이겐 슈타이나흐가 세운 남녀 호르몬 생리학의 초기 모델이 이 논의의 틀을 주도했다. 이를테면 스코틀랜드 연구자 버톨드 P. 위즈너는 에스트로겐(그는 여전히 텔리키닌thelykinins이라고 불렀다)을 새로 태어난 수컷 쥐(출생 시 외부 생식기가 미발달한)에게 주입하면 음경의 성장을 억제하고 수컷을 여성화한다는 것을 발견했다. 그러나 그는 에스트로겐이 생식기에 직접적으로 작용하기보다는 고환을 억제[해 안드로겐 분비를 억제]한다고 생각했다. 그래서 그는 동물들이 동등하지만 반대 작용을 하는 호르몬 체계를 통해 남성성과 여성성을 획득한다는 이중 호르몬 이론di-hormonic theory을 거부했다. 위즈너는 이렇게 썼다. "[단일 호르몬 이론mono-hormonic theory은-인용자] 남성호르몬이 발달 과정에서 절대적인 우위를 지닌다고 본다. 그리고 여성의 분화는 **어떤 특정한 성호르몬**이 존재해서라기보다 **성호르몬의 부재**로 인해 발생한다."[24]

대조적으로, 노스웨스턴 대학교 의과대학 생리학 및 약학과의 연구자들은 테스토스테론과 에스트로겐이 암수 발달에서 비슷한 역할을 한다고 주장했다. 한 실험에서 레이먼드 R. 그린과 동료들은 임신한 쥐에게 고농도 에스

섹싱 더 바디

트로겐 호르몬을 주입했다. 그 결과 태어난 수컷들은 "외부 생식기의 형태가 암컷과 같았으며 잘 발달된 유두 3~6쌍"을 지니고 있었다. 그 수컷 쥐들의 고환은 음낭으로 내려와 있지 않고 전형적으로 난소가 있는 위치 인근에 남아 있었다. 게다가 수컷의 생식관이 적절하게 성장하지 않았고, 전립샘이 발달하지 않았으며, 질 윗부분과 자궁 및 나팔관이 부분적으로 발달돼 있었다. 마지막으로, 그린과 동료들은 에스트로겐 주입의 역설적인 효과를 강조했다. 주사를 맞은 암컷 쥐가 품고 있던 암컷 배아 중 일부가 수컷의 해부학적 특징을 보인 것이다. 즉, 에스트로겐은 수컷 태아는 여성화하지만 암컷 태아는 남성화했다. 그린과 동료들은 "이중 호르몬 이론에 더 잘 부합하는 유용한 사건들"을 발견한 것이다.[25] 실제로 그들이 자기 방식으로 실행한 생쥐와 쥐의 호르몬 주입 실험 결과는 에스트로겐과 안드로겐의 활성 효과가 사실상 유사하게 나타난다는 것을 가리키는 듯했다(〈표 8-1〉 참고).

단일 호르몬 이론 대 이중 호르몬 이론의 논쟁을 해결하기 위해, 조스트는 혁신적인 실험 기법을 선택했다. 아직 어미 토끼의 뱃속에 있는 태아에서 배아의 생식샘을 제거한 것이다. 고용량의 정제된 호르몬을 대량 주입하는 것보다 기술적으로는 어렵지만 생리학적으로는 보다 "정상적"인 이 접근법은 배아 자체의 생식샘 호르몬이 어떤 역할을 수행하는지 알려 줬다. 그는 네 가지 유형의 실험을 시도했다. 즉, 태아 거세(난소나 고환 중 하나를 제거), 태아 개체 결합parabiosis(발달 중인 두 배아의 순환계를 합침), 배아의 고환이나 난소를 "반대" 성별의 배아에 이식, 그리고 호르몬 주입이 그것이다.[26]

조스트의 기법은 포유류 연구자들에게는 새로운 것이었고, 이런 까다로운 외과 수술에 성공하면서 그의 연구는 주목을 받았다. 태아 발달 19~23일 사이에 시행된 거세 실험은 놀라운 결과를 낳았다. 거세된 수컷 배아에서는, 발달 중이던 부고환(사정 시 고환에서 외부로 정자를 운반하는 관) 같은 수컷의 구조들이 해체된 한편, 마치 배아가 수컷이 아니라 암컷인 것처럼 난관과 자궁 및 자궁 경부의 일부가 발달했다. 나아가 태아 때 거세한 수컷 토끼에서는 음경과 음낭보다 질과 음핵이 발달했다. 대조적으로 암컷 태아의 난소 제거는

291

8장 설치류 이야기

성 발달 과정에 확실한 영향을 미치지 않았다. [수컷 토끼 배아의] 거세가 충분히 일찍 시행될 경우 난관, 자궁, 자궁 경부, 질과 같은 기관들이 완전히 다 자란 건 아니지만 거의 정상적으로 분화되었다.

조스트를 특히 놀라게 한 것은 태아의 고환이 없을 경우 수컷의 생식관[볼프관]이 퇴화하는 반면, 수컷의 배아에서조차 암컷의 생식관[뮐러관]이 발달했다는 사실이었다.✻ [한 개체에 들어 있는] 이 두 가지 생식관이 서로 다르게 반응한 이유는 무엇일까? 수컷들은 난소가 없기 때문에 수컷의 구조들은 암컷 체계의 발달을 지속적으로 지원할 수 없다. 어미의 에스트로겐이나 수컷의 부신에서 생성된 에스트로겐이 어쩌면 암컷의 생식관들을 발달시킬지도 모른다고 생각하면서, 조스트는 추가 실험을 수행했고, **"안드로겐 결정 하나만 있어도 고환의 부재를 상쇄하고 수컷다운 신체 특징들이 발달하는 것을 보장할 수 있다"**는 최종 결론을 내렸다.[27]

종합해 보면, 조스트는 먼저 암컷의 생식관은 배아의 난소로부터 자극받지 않아도 발달한다고 결론 내렸다. 따라서 암컷의 구조는 암컷과 거세한 수컷 모두에서 분화될 수 있다. [다음으로] 그는 고환이 암컷 생식관의 발달을 억제하는 어떤 물질을 만든다는 이론을 세웠다. 테스토스테론을 주입한 거세된 수컷의 배아에서도 암컷의 생식관이 발달한다는 사실을 바탕으로, 그는 두 가지 물질이 관여하고 있는 게 틀림없다고 추정했다. 그중 하나인 테스토스테론은 수컷의 생식관과 생식기의 발달을 자극했다. 다른 하나는 암컷 생식관의 퇴화를 유발하는 것이었는데, 당시에는 단지 추측일 뿐이었지만 나중에 그것이 뮐러관 억제물질Mullerian Inhibiting Substance, MIS이라는 단백질 성질을 갖는 호르몬이라는 게 확인됐다.[28] 태아의 고환은 정상적인 상태에서 두 화학 물질들을 다 만들어 낸다.

✻ 알프레드 조스트에 따르면, 임신 초기에 수컷 태아의 생식기관은 장차 남성과 여성의 생식기로 발달할 볼프관과 뮐러관을 모두 가지고 있다. 그러다가 일정한 시기에 특정 호르몬의 영향으로 뮐러관이 퇴화하고 볼프관이 발달하면 남성의 생식 구조를 갖게 된다.

조스트는 신중하면서도 상세하게 자신의 연구 결과가 성 발달의 단일 호르몬 이론 및 이중 호르몬 이론에 의미하는 바를 논했다. 먼저 그는 암수의 생식관 체계는 원래 양성 모두에 존재하지만 발달 잠재력이 상당히 다르다고 언급했다. 예컨대 배아의 유전적 성별이 무엇이든, 암컷의 생식관은 고환에서 분비된 물질이 억제하지 않으면 발달할 수 있지만, 수컷의 생식관은 테스토스테론이 없으면 쇠퇴했다. 이 결과가 위즈너의 단일 호르몬 이론을 지지하는가? 조스트는 독자들에게 난소를 초기 단계에서 제거했을 때, 암컷의 생식관 체계가 정상 크기로 자라지 않았음을 상기시켰다. 따라서 "난소 역시 형태 형성 분비물을 생산하지만 고환의 분비물보다는 분명히 비교적 제한적인 역할을 수행할 가능성이 있다"고 결론 내렸다. 덧붙여, 난소의 작용이 수컷 생식관 체계의 붕괴를 유발하지 않았다는 사실이 난소가 아무런 역할을 하지 않음을 입증하는 것은 아니었다. 조스트는 일종의 이중 보증, 즉 난소가 없을 때 다른 호르몬 공급원이 활동할 가능성이 있다고 언급했다. 그는 다음번 실험들에서는 난소의 역할, 태아 난소의 생리학, 발달 초기 단계에서 시행된 거세 연구에 집중할 필요가 있다고 제안했다.[29]

동료들의 이론에 도전할 만큼 뛰어난 기술과 통찰력에도 불구하고, 조스트는 자신의 이론이 여성의 결여와 남성의 현존이라는 은유를 그대로 채택하고 있다. 1950년대부터 1960년대 중반 내내 그는 암컷을 중립적인 또는 호르몬과는 무관한 성별 유형으로 언급했다. 그에 따르면, 암컷이 암컷인 이유는 고환이 없기 때문이었다. 반면 고환은 수컷으로의 발달과 암컷으로의 발달을 가르는 중요한 역할을 했다. 1970년대 초반까지 조스트는 남성의 발달을 위험으로 가득 찬 여정을 성공적으로 완수한 영웅적인 위업으로 묘사했다. 고환은 작지만 강력한 Y염색체의 도움으로 남성성을 **부여했다**. 남성의 배아는 여성성으로 향하는 내재된 압력에 맞서 투쟁했다.[30]

조스트의 연구를 비롯해 호르몬에 대한 좀 더 일반적인 연구들에서 나타나는 이론적 구조와 수사적 구조는 모두 젠더를 둘러싸고 벌어지던 당대의 사회적 논쟁을 반영하는 것처럼 보였다. 이중 호르몬이라는 발상은 성별이 각기 분리된 영역을 차지하고 있다는 시각에 부합했다. 과학자들은 각 성별이 능동적이고 특별히 통제되는 과정을 거쳐 형성된다고 이해했다. 따라서 이중 호르몬 이론은 암컷과 수컷의 발달을 모두 설명이 필요한 과정으로 이해했다. 이처럼 서로 평행한 남성성과 여성성 개념은 남성과 여성의 동등성을 시사하는 것처럼 보이기 쉬웠다. 반대로 단일 호르몬 이론들은 남성 발달의 위태로운 성격을 강조하며, 근저에 내재된 여성성이 남성에게 초래하는 수많은 위험을 암시하는 표현을 사용했다. "남성적인 신체의 특징들은 … 포유류 신체의 기본적인 특성인 여성적 경향들에 맞서 부과되어야만 한다." 반대로 여성은 출발점에 위치하는 자연적인 주형에 해당했다. 따라서 조스트의 이론에서는 정치체[사회]뿐만 아니라 생물학적인 몸에서도 남성성이 자신을 유지하려면 공격적인 활동을 해야 했다.[31]

여성성이 신체적 부재를 대변하는 반면, 물리적 현존이 남성성을 정의한다는 오래된 통념은, 남성은 자신의 남성성을 구축할 필요가 있으며 여성은 내재적 경향을 수동적으로 따라야 한다는 전후 시대의 주장과 결합되었고, 이는 조스트를 비롯한 당시의 연구자들이 입증되지 않은 가설을 수용한 이유를 부분적으로 설명해 준다.[32] 또한 여성을 결여된 존재로 표현하는 검증되지 않은 수사는, 태아 거세 실험의 데이터가 제시하듯이 태아의 난소가 미미한 역할만 한다면 여성의 발달을 **실제로** 관장하는 것은 무엇인지 알아내기 위해 조스트나 다른 연구자들이 광범위하고 세밀한 실험을 수행하지 않은 이유 역시 설명해 준다.[33] 만약 여성적인 발달이 자연스러운 상태라면, 설명이 필요한 것은 남성의 발달일 뿐이며 "성 분화"라는 표현은 사실상 "남성 분화"를 의미했다.[34]

여성을 부재의 산물로 보는 조스트의 모델은 오늘날에도 여전히 남아 있다. 요즘도 과학자들은 난소나 고환 자체의 발달을 추동하는 데 관여하는 유전자들을 연구하고 있다.[35] 그러나 최근까지도 가장 정교한 과학적 사유에서조차 여성은 "저절로 생긴다"는 생각이 주류였다. 한 과학 논문의 저자는 정자가 난자에 두 번째 X염색체나 Y염색체를 전달한 후 난소나 고환이 발달하는 데 중요한 역할을 하는 특정 유전자들을 논하면서[36] 다음과 같이 서술했다. "Y염색체가 **존재**하면 … 생식샘이 … 고환을 형성한다. … 고환이 **부재**한 경우 여성 … 생식기가 발달한다. … 따라서 성별의 결정은 고환 형성의 결정과 동일하다."[37] 다른 과학자는 "인간에서 … 여성은 **구성적**[기본적]constitutive 성이며 남성은 **유도된**induced 성이다. 그러므로 성 결정은 남성으로 결정되는 것과 같은 의미로 볼 수 있다"라고 서술한다.[38] 또 다른 과학자는 "여성의 발달 경로는 종종 기본[디폴트] 경로라고 일컬어졌다"라고 말한다.[39]

다른 모델들을 제치고 승리한 성 발달에 관한 과학적 모델은 여성성을 수동성과 결여로 특징짓는 보수적 통념을 가장 많이 차용하고 그것에 가장 잘 부합하는 것이었지만, 단순히 보수적 견해만을 강화하는 데 그치지 않았다. 실제로, 모든 배아가 여성으로 출발한다는 발상, 즉 "자연적인 기저 상태"는 여성적이며 남성성은 나중에 덧붙여진 것이라는 발상은 몇몇 페미니스트를 기쁘게 했다. 예컨대 페미니스트 과학 저술가 내털리 앤지어는 이렇게 썼다. "생물학적 관점에서 여성은 후순위 논문이 아니라 원저 논문이다. 우리는 1장이며, 서두이고, 에덴동산의 진정한 최초 시민의 후손이다."[40] 여성적인 기저 상태라는 비유가 젠더 정치(학)의 무대에서 문화적 영향력을 행사했던 것처럼, 그 비유는 중요한 과학적 통찰도 제공했다. 이를테면 이 발상은 진화적으로 여성이 지구상에 남성보다 먼저 등장했으며 남성은 여성에서 유래했다고 제시한다. 아담의 갈비뼈 비유와는 반대 순서인 것이다. 이 발상은 동물계에서 발견되는 다양한 성 체계와 Y염색체의 진화를 비롯해 여러 주제에 대한 대단히 흥미로운 연구를 부채질했다.[41]

그러나 비유가 베풀어 준 것은 비유가 거두어 가는 법이다. [여성이] 기본[디폴트]이라는 비유가 생성하는 이원론에 대해 생각해 보자. 만약 여성의 설계도가 자연적인 것이라면, 여성은 자연과 동일시되고 따라서 문화는 남성적인 것이라고 할 수 있을까? 여성성이 남성성을 오염시키거나 훼손할 수 있다면, "남성성을 유지하기 위해 여성성을 **억압**해야 할까?"[42]

조스트가 "수컷이 된다는 것은 오랜 시간에 걸친 불안하고 위험한 모험

이다. 그것은 여성성을 향한 내재적 경향에 대항하는 일종의 투쟁이다"라고
썼을 때, 그는 모험과 위험 및 영웅적 성취가 모두 남성에게 속한다는 서사를
구성했다. 조스트의 서사를 바탕으로 구축된, 일차적 성 결정에 대한 현재의
많은 문헌은 여성의 발달에 대해서는 거의 언급하지 않는다. 오랫동안 "성 결
정"이라는 표현은 "남성으로 결정되는 것과 같은 의미로" 간주돼 왔다.[43] 나는
여기뿐만 아니라 다른 곳에서도 이런 관점이 남성 발달의 (유전적이고 호르몬
적인) 메커니즘들에 대한 연구를 엄청나게 자극했지만, 여성 발달의 메커니
즘에 대해서는 그다지 끈질기게 추적하지 않게 만들었다고 주장한 바 있다.[44]
1986년에 발표된 리뷰 논문에서 나는 유전학자 에바 아이허와 린다 L. 워시번
의 성 결정 연구에 대해 "고환 조직의 유도는 능동적인 … 사건으로 제시되는
반면, 난소 조직의 유도는 수동적인(자동으로 이루어지는) 사건으로 제시된다.
분명한 것은, 난소 조직의 유도가 고환 조직의 유도만큼이나 능동적이고, 유전
적으로 유도된 발달 과정이라는 점이다. … 미분화된 생식샘에서 일어나는 난
소 조직의 유도에 관여하는 유전자들을 다룬 논문은 거의 전무하다"[45]라고 비
판했다. 여성 발달 이론들은 1990년대에 와서야 비로소 나타나기 시작한다.[46]

　　과학이 여성 발달에 관심을 갖지 않았던 것이 단지 존재와 부재라는 비
유가 가진 힘 때문만은 아니다. 실제로, 그 밖의 다른 비유들 — 특히 마스터
유전자master gene[어떤 기관으로도 발달할 수 있는 배아 줄기세포를 특정 기관으로
발달시키는 조절 유전자]와 스위치[발생 경로를 다른 경로로 전환하는 유전자][47]에
대한 서사와 같은 — **뿐만 아니라** 동물들 그 자체의 특성 역시 남성과 여성의
발달에 관한 과학의 역사에 영향을 미쳤다. 일례로 한 성 연구자는 에스트로
겐이 암컷 기니피그의 발달에 미치는 활성 효과를 조사하던 중, 에스트로겐을
주입하면 실험동물이 유산을 해 실험을 계속해서 이어 가기 어려웠다.[48] 결국
그는 적정한 시간 내에 발표할 수 있을 만한 결과를 낼 가능성이 더 큰 연구를
수행하는 것이 자신의 경력에 도움이 되는 훨씬 현명한 행동이라고 판단했다.

　　포유류의 스테로이드호르몬을 연구하는 대부분의 과학자처럼, 조스트는
자신의 연구가 인간에게 실천적으로도 또 이론적으로도 적용되길 희망했다.

거의 초기부터 그는 인간 발달에 관심이 있는 의과학자들과 의견을 나누었다. 1949년에 형인 마르크 조스트 박사의 소개로 알프레드 조스트는 존스홉킨스 대학교를 방문했다. 거기서 그는 인간 간성성 연구의 개척자인 로슨 윌킨스 박사를 만났다(2~4장 참고). 어느 날 윌킨스는 조스트와 자신의 임상 사례를 두고 열정적으로 토론을 벌이다 포유류의 성 발달에 관한 그의 단일 호르몬 이론에 설득되었다. 그는 발행을 앞둔, 인간의 성적 기형에 관한 자신의 책에 즉시 이 견해를 적용했다. 한편 조스트는 이 저명한 선배 임상의의 인정이 젊은 (당시 조스트는 33세, 윌킨스는 55세였다) 실험과학자에게 얼마나 중요한지 깨달았다.[49]

이게 다 신경계 때문이라고?: 양성애에서 이성애로

조스트의 성 발달 모델은 생식기나 성 관련 해부학 연구에 국한되지 않고 훨씬 광범위한 영향을 미쳤다. 1950년대 후반 무렵, 과학자들은 이를 행동 연구에 도입했다. 그들은 테스토스테론이 마운팅, 성관계, 영역 방어 같은 성 관련 행동들을 할 수 있도록 수컷의 뇌를 준비시킨다는 이론을 세웠다. 반면 암컷의 뇌는 테스토스테론을 결여한 상태에서 [암컷으로서의] 젠더를 발달시킨다는 것이었다. 이 발상은 해부학적 발달에 대한 조스트의 설명에 완벽히 부합하는 것처럼 보였다. 그러나 행동은 해부학보다 훨씬 다루기 힘든 대상이었다. 간성성이 (인간 혹은 동물에서) 초래한 혼란에도 불구하고, 해부학적 발달은 호르몬의 효과를 측정할 수 있는 비교적 명확한 방식이었다. 다시 말해, 고환 아니면 난소, 부고환 아니면 나팔관, 음낭 아니면 음순이 존재했다. 그러나 성적 행동에 관한 연구는 해부학적 구조에 대한 질문을 넘어 남성성, 여성성, 동성애, 양성애, 이성애에 대한 질문으로 확장되었다.

① 양성애

1930년대를 거쳐 1950년대에 이르러 성문제연구위원회는 동물과 인간의 성적 행동에 관한 연구로 지원을 선회했다. 1930년대에 소장 연구자로 주목받기 시작한 프랭크 앰브로즈 비치는 1940년대 중반 무렵 동물의 섹슈얼리티에 관한 상세한 이론을 정립했다. 학부생 시절 비치는 인간 심리를 이해하려는 희망을 완전히 접고 "흰쥐가 훨씬 단순하겠다" 판단했지만, 그럼에도 여전히 심리학의 기본 문제들을 해결하고 싶어 했다. 박사 학위 연구에서 그는 쥐의 모성 행동을 교란할 수 있는지 알아보기 위해 대뇌피질의 특정 영역을 손상했다. 여기에서 호르몬과 성적 행동 연구로 넘어가는 것은 순식간이었다. 제2차 세계대전 동안과 그 직후에 비치와 동물심리학 분야의 다른 연구자들은 세 가지 과업을 달성했다.[50] 먼저 그들은 자신들이 정량화할 수 있고, 남성적인 것 혹은 여성적인 것으로 지정할 수 있는 행동을 열거했다. 다음으로 서로 다른 종 간 행동 차이와 같은 종의 개체 간 행동 차이가 지닌 의미에 관한 논의를 발전시켰다. 마지막으로 성체의 성적 행동에 에스트로겐, 프로게스테론, 테스토스테론이 미치는 효과를 연구했다. 이런 실험 결과들을 종합해 그들은 동물의 수컷성과 암컷성의 기원에 대해 견해를 표명했는데, 이후 많은 연구자들이 이를 인간에게 열심히 적용했다.

나는 비치의 연구에서 세 가지 측면을 강조하려고 한다. 첫째, 그는 동물 행동의 다양성 — 각 성별 내에서도, 각 종 내에서도, 다른 종과 속 간에서도 — 을 주장했다. 둘째, 그는 오늘날 우리가 체계론적 접근법이라고 부르는 방식을 동물 행동에 적용했다. 이 접근법은 각 신체[개체] 내에서 이루어지는 다양한 생리 체계 사이의 상호작용뿐만 아니라, 특정 행동을 이끌어 내거나 허용하는 사회적 맥락을 강조한다. 셋째, 그는 인간의 성적 다양성이라는 주제에서 [기존의 보수적 주류의 견해에 굴하지 않고] 명백히 자유주의적인 입장을 취했다. 그의 경력과 생각들을 조사하면서 우리는 사회적인 것과 과학적인 것이 어떻게 하나의 단일한 직물[구조]을 형성하는지 다시 한번 명확히 확인할 수 있다.

놀라울 정도로 많은 논문을 쏟아 냈던 4년 동안, 비치는 쥐의 섹슈얼리티에 대한 14편 이상의 연구 결과를 발표했다. 그는 암컷과 수컷이 짝짓기 행동을 조절하는 방식에 차이가 있음을 발견했다. 발정기에 들어선 암컷 쥐는 방향을 바꾸며 돌진한다든지, 깡충깡충 뛴다든지, 귀를 떠는 것과 같은 특징적인 행동을 보인다. 수컷이 암컷 위로 올라탈 때, 암컷은 등을 평평하게 하고 엉덩이를 들어 올리며 꼬리를 한쪽으로 치워 교미를 허락한다(〈그림 8-1〉 참고). 엉덩이 올리기와 내보이기는 반사적 행동으로, 실험자가 암컷 쥐의 등을 쓰다듬어도 유도된다. 이런 행동 반응을 학명으로 로도시스[요추전만 행동] lordosis라고 부른다. 수컷은 암컷의 성기 냄새를 맡고 핥으며 상대가 허락하면, 그 위에 올라타 음경을 삽입한 후 깊이 찌른다. 수컷은 사정을 하기 전에 10회 정도 이 행동을 반복할 수 있다. 삽입한 뒤에는 빠르게 물러나 자기 성기를 핥는다. 이 같은 각각의 행동은 실험 심리학자들이 짝짓기를 세분화해 호르몬, 환경, 경험의 영향을 측정하고 분석할 수 있는 기회를 제공한다.[51] 각 성별에서 이 행동들은 짝짓기의 측면에서 수컷적인 것과 암컷적인 것으로 정의된다.[52] 그러나 성차만큼이나 주목할 만한 것은 각 성별 내에서, 동일 종의 실험실 계통 사이에서, 그리고 설치류 종 사이에서 개체들이 놀라울 정도의 차이를 보인다는 점이다. 비치는 모든 동물이 신경학적으로 양성의 잠재력을 갖고 있다고 주장했다. 그가 알고 싶었던 것은 이런 것이었다. 어떤 요인으로 인해 특정한 성적 표현(이성 간 교미, 수컷끼리의 마운팅, 수컷의 로도시스 반응, 암컷끼리 혹은 암컷과 수컷 간의 마운팅)이 나타나는가?

비치를 비롯한 동물의 성 연구자들은 자신들이 수행하는 연구의 중요성과 적절성을 옹호해야만 했다. 1940, 50년대에는 인간 발달에 대한 정신분석학적 "환경" 이론이 행동에 대한 생물학적 해석보다 훨씬 더 인기를 끌었다. 특히 1950년대에는 정신분석학이 인간 심리학에 강력한 영향을 미쳤다.[53] 그러나 비교 동물심리학자들이 보기에 프로이트는 정량적인 실험 생물학에 대한 기초 지식이 전혀 없어 보였다. 미국에서는 존 B. 왓슨과 같은 연구자들의

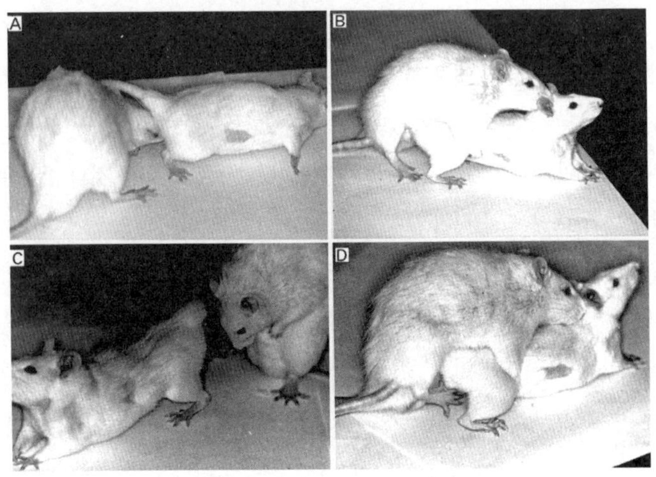

A. 수컷은 암컷이 발정기인지 확인하기 위해 조사한다.
B. 암컷이 발정기일 경우 수컷은 그 위에 올라타 앞발로 암컷의 뒷다리와 엉덩이 주위를 감싼다. 이런 촉각 자극이 암컷이 꼬리를 옆으로 움직이고 등을 평평하게 하도록 유도한다(로도시스 반응).
C. 수컷은 내려와서 자기 털을 고른다.
D. 수컷은 여러 번 올라탄 뒤, 사정한다.
자료: 줄리 바커

선도하에 동물심리학이 발전한 반면,[54] 유럽에서는 콘라트 로렌츠 같은 동물 행동학자들이 새의 각인 실험을 통해 동물행동학의 주요 개념들을 극적으로 부각했다. 아기 오리와 거위가 부화하고 나서 처음 본 움직이는 대상이 그였기 때문에 그를 부모인 양 쫓아가는 유명한 사진은 미국에서도 많은 사람들의 상상력을 사로잡았다. 일반적으로 인간 심리학과 동물심리학 연구자들은 모두 인간과 동물의 행동 형성에서 본능적이고 타고난 충동(배고픔, 성욕 등)뿐만 아니라, 그것과 결합된 경험과 학습의 중요성을 강조해 왔다. 그러나 내분비학자들과 생리학자들은 이 논쟁의 추를 생물학 쪽으로 되돌리려 하고 있었다.[55] 게다가 성 그 자체는 정중한 모임에서 다루기 어려운 주제였다.[56] 이런 비우호적인 분위기로 말미암아 비치는 1942년에 작성한 주요 논문의 서두를 다음과 같은 공격적인 방식으로 시작했다. "동물 행동을 탐구하는 연구자들은 대체로 성적 흥분의 본질에 대해 추측을 일삼아 왔다. 그리고 심리학의 여러 학파는 인간의 '성 충동'이라는 모호한 개념에 기초해 왔다." 비치는 이 같은 논의를 과학적인 기반 위에 올려놓고, "인간 행동에 대한 계통발생학적 해석"을 제시하고자 했다.[57]

비치는 동물 행동에 대한 다층적이고 성적으로 다양한 모델을 제공했다. 그는 상당수의 척추동물이 교미 행동을 유인하고 실행하는 데 필요한 신경-근육 회로(운동 양식motor pattern*)를 완전히 형성한 채로 태어난다고 지적했다. 예를 들면, 수컷 쥐들은 생후 35~80일이 되어야 통상적으로 짝짓기를 했다. 그러나 훨씬 이른 시기에도 테스토스테론을 주입하면 다 자란 수컷 쥐의 행동을 완벽하게 유발할 수 있다. 하지만 선천적인 운동 양식의 증거가 유인원에게는 적용되지 않았다. 유인원에서 연습과 경험은 교미 능력의 핵심으로 보였고, 이는 비치의 "인간의 성생활에 대한 계통발생학적 해석"에서 특히 중요한 사실이었다.

그렇지만 타고난 기본 회로만으로는 — 특히 비치가 암컷과 수컷의 짝짓기 반응의 운동 양식들이 양성에 모두 존재한다고 생각했기 때문에 — 부족했다. 특정 개체에서 한 가지 운동 양식이 어떻게 우세해졌을까? 어쩌면 성적 흥분을 일으키는 요소들을 분석해 보면 해답을 발견할 수 있을지도 모른다. 비치는 이런 분석에서 전체론적 접근을 강조했다.[58] 예를 들면, 흥분은 개별 쥐가 가진 특유의 체질,[59] 대상이 보내는 자극의 강도, 쥐의 선행 경험에 의해 발생한다. 수컷 개체별로 짝짓기에 보이는 흥미가 다르듯이, 특정 암컷들이 짝짓기를 받아들이는 정도, 즉 수용성도 차이가 났다. 짝짓기가 이루어지려면 이 두 요소가 다 중요했다. 무심한 암컷과 열의가 부족한 수컷은 짝짓기에 실패했다. 그러나 에너지가 낮은 수컷도 수용성이 높은 암컷과 짝을 이루면 불꽃이 튀었다.[60]

❖ 운동 양식[모터 패턴]은 특정 행동이나 움직임을 수행하기 위해 신경계와 근육계가 협력하는 양식pattern이나 순서 등을 말한다.

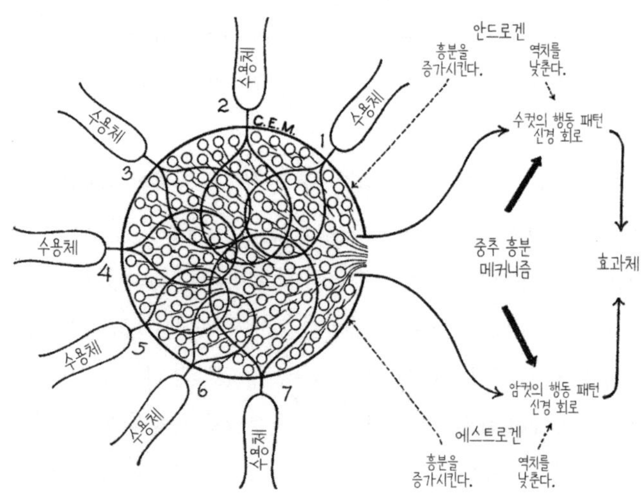

자료: Beach(1942b, 189)에서 승인하에 게재

비치는 짝짓기 쌍의 성향을 분석했다. 이전의 경험이 중요했다. 오랫동안 암컷 없이 수컷 사이에서만 자란 수컷은 단독으로 사육되었거나 암컷들과 자란 수컷보다 짝짓기 가능성이 훨씬 낮았다. 감각도 중요했다. 수용성이 높은 암컷은 수컷에게 다양한 자극 — 움직임, 체위, 귀의 떨림, 냄새, 맛, 촉감 — 을 보냈고, 이 모든 자극은 수컷을 충분히 흥분시켜 짝짓기를 유도했다. 오감 가운데 하나를 수컷에게서 빼앗아도 여전히 짝짓기는 가능했다. 그러나 둘 이상을 뺏으면 크게 흥미를 잃었다.[61] 어째서 그런지는 명확하지 않았지만,[62] 뇌 — 비치는 대뇌피질 때문으로 추측했다 — 역시 짝짓기에 꼭 필요했다. 마지막으로, 특히 호르몬이 중요했다. 호르몬은 자극 신호(냄새, 귀 떨림, 깡충깡충 뛰어다니기 등)에 대한 민감도를 높여 흥분도를 전반적으로 증가시킬 수 있었다.

그러나 테스토스테론과 에스트로겐은 모두 성별에 비특이적인 효과를 낸다. 예를 들면, 경험이 없는 수컷 쥐에게 테스토스테론을 주입하면 너무 흥분한 나머지 비수용적인 암컷과 어린 수컷, 심지어는 기니피그하고도 짝짓기를 시도했다.[63] 암컷 쥐에게 테스토스테론을 주입해도 일반적인 흥분도가 증

섹싱 더 바디

가하며, 암컷과 수컷의 짝짓기 패턴을 모두 보이는 경향이 나타났다. 그러나 어떤 처치도 하지 않은 암컷 쥐도 때때로 수컷의 짝짓기 행동 패턴 — 다른 암수 모두에게 올라타고 찌르는 등의 — 을 보였다.[64] 물론 에스트로겐이라는 명칭은 암컷 설치류에서 발정기를 일으키는 능력에서 나왔지만, 에스트로겐 역시 양성 모두에서 수컷의 짝짓기 패턴을 유도할 수 있었다. 비치는 "동물의 호르몬 상태와 명시적인 행동 특성 사이에 완벽한 상관관계는 없다"고 주장했다. 쥐조차 단순한 호르몬의 노예가 아니었다. 인간과 같은 정도는 아닐지라도 "심리적 요인"이 중요했다.[65]

1942년의 리뷰 논문에서 비치는 도표를 사용해 감각 입력, 중추신경계의 역할, 호르몬의 기능과 같은 퍼즐 조각들을 통합했다(〈그림 8-2〉). 그는 중추 흥분 메커니즘Central Excitatory Mechanism, CEM을 가설로 제시했는데, 이는 신경세포 집단이 감각 수용체로부터 유입되는 정보를 받아들이고 그 신호를 암수의 짝짓기 패턴을 실행하는 신경 회로로 전달하는 과정을 가리킨다. 그의 가설에 따르면, 각기 다른 수용체들[로 들어오는 자극]은 중추 흥분 메커니즘에 있는 신경세포들을 다양한 정도로 자극한다. 경우에 따라 후각이 시각보다 더 중요할 수도 있다. 그러나 중추 흥분 메커니즘에서 효과는 합산된다.[66] 후각 자극만으로는 중추 흥분 메커니즘을 떠난 신호가 마운팅이나 로도시스 반응을 자극하는 수준까지 흥분시키지 못할 수도 있다. 아니면 마운팅을 자극하기에는 충분하지만 삽입을 자극할 정도는 아닐 수도 있다. 그러나 다른 감각 수용체로 들어온 추가적인 자극이 흥분을 최고 수준으로 끌어올릴 수도 있다. 비치의 도식에서 호르몬은 세 가지 역할을 했다. 첫째, 호르몬은 중추 흥분 메커니즘에 직접 작용해 성적 흥분 수준을 자극할 수 있다. 둘째, 호르몬은 수컷 혹은 암컷의 행동 패턴을 좌우하는 [신경] 회로를 자극하는 데 필요한 역치를 낮출 수 있다. 셋째, 호르몬은 감각에 직접적으로 영향을 미칠 수 있다. 예를 들면, 비치는 테스토스테론이 음경의 촉각 민감도를 증가시킨다고 추측했다.[67] 그러면 음경의 촉각 수용체는 훨씬 강한 신호를 중추 흥분 메커니즘으로 보내고, 중추 흥분 메커니즘은 쥐의 성적 흥분을 더욱 자극할 것이다.

비치의 도식에서, 수컷과 암컷은 정량적으로 다르지만 정성적으로는 다르지 않았다. 이를테면 안드로겐은 암컷의 마운팅과 찌르기 행동을 자극할 수 있지만, 수컷에서만큼 쉽게 자극할 수는 없었다. [물론] 예컨대, 특히 민감한 감각 수용체를 가진 암컷은 수용체가 적거나 덜 민감한 암컷보다 성적 흥분 상태에 도달하는 데 필요한 안드로겐이나 에스트로겐의 양이 적을 수 있다. 비치의 가설은 양성이 특정 조건에서 수컷과 암컷의 짝짓기 패턴을 모두 보일 수 있다는 사실뿐만 아니라 각 성별 내부에 개체 간 편차가 있다는 것, 그리고 마지막으로 안드로겐과 에스트로겐이 양성에서 이 패턴들 가운데 하나를 유도할 수 있다는 것을 잘 설명해 줬다.

비치는 초기 연구의 대부분을 뉴욕의 자연사박물관에서 수행했다. 그의 명성이 점점 높아지자 1946년에 예일 대학교는 그를 심리학과 교수로 초빙했다. 이 권위 있는 자리에서 그는 동물의 섹슈얼리티에 대한 자신의 생각을 적극적으로 알려 나갔다. 1948년에, 비치는 뉴욕에서 명망 있는 하비 강연*을 했다. 이 강연에서 그는 암수의 유사성을 강조하면서 이렇게 언급했다. "암컷적인 성적 행동의 생리적 메커니즘이 모든 수컷에서 발견되며, 수컷적인 행동의 생리적 메커니즘 역시 모든 암컷에 존재한다. … 인간의 동성애는 본질적으로 우리가 속한 포유류의 유전적 특징인 양성애적 성격을 반영하는 것이다."[68] 비치에 따르면, 인간 사회는 동성애 행동을 비도덕적이라고 힐난할지 모르지만, 자연을 근거로 이런 비난을 정당화할 수는 없다. 인간의 포유류 조상들은 동성애가 상당히 자연스러운 행동임을 입증해 주었기 때문이다.

비치의 동물 연구는 인간 섹슈얼리티에 대한 광범위한 사회적 논의들과 얽혀 있었다. 그는 동물의 양성애에 관한 연구 대부분을 제2차 세계대전이 일어나기 직전부터 전쟁이 진행되는 동안 수행했다. 전쟁이 끝나자마자 그는

* 1905년 영국의 생리학자 윌리엄 하비William Harvey(1578~1657)의 이름을 따 설립된 하비 학회The Harvey Society의 주관하에 생의학 분야의 저명한 연구자들을 초청해 진행하는 연례 공개 강연.

자신의 생각을 인간에게 적용하기 시작했다. 그는 이 시기를 "성과 관련된 문제들을 과학적으로 탐구하고 공개적으로 논의하는 일에 대해 대중의 인식이 계몽적이라고는 할 수 없더라도 눈에 띄게 관대해졌던 때"라고 적고 있다.[69] 그의 연구가 지닌 중요성은 양성애적 행동을 남녀 모두에서 광범위하게 발견한 킨제이의 연구로 크게 강화된 듯 보였다. 1946년에 비치는 킨제이가 연구 결과를 출간하기 전에 그의 보고서를 읽었다는 걸 인정했지만,[70] 비치가 킨제이를 알고 있었고 킨제이의 조사 연구에 참여한 인터뷰어 가운데 한 명이었기 때문에,[71] 1940년대 초반부터 인간에 대한 연구를 고민해 왔을 가능성이 크다.[72] 반대로 킨제이 역시 인간의 행동을 정상적인 포유류 생물학의 범주 안에 두기 위해 비치의 동물 연구를 반복해 언급했다.[73] 전쟁은 그 자체로 동성애를 더욱 가시적이게 했다.[74] 이런 현상과 함께, 비치는 쥐를 대상으로 한 실험을 통해 성적 행동의 놀라운 범위를 제시했으며, 인간을 대상으로 성적 행동에 관한 인터뷰를 진행했다. 적어도 1950년대 초반까지 비치의 견해는 미 전역에서 전개되었던 논의들과 양립할 수 있었다.[75]

② 이성애

이성애를 찬양하고 동성애의 위협을 성토하던 냉전 이데올로기가 1950년대에 미국 전역을 휩쓸면서 동물의 섹슈얼리티에 대한 좀 더 제한적인 해석이 주목받고 힘을 얻게 되었다. 1959년 무렵, 비치의 쥐들보다 훨씬 더 뚜렷하게 이성애적이고 젠더 역할에 얽매여 있는 새로운 설치류가 등장했다. 새로운 이론은 발생 초기에 노출된 호르몬 때문에 개체별 편차가 발생한다고 암시했다.[76] 비치의 연구에서는 매우 뚜렷하게 나타났던 경향, 즉 행동에 대한 일종의 통합적인 설명을 발전시키려는 시도도 거의 하지 않았다. 대신, 생물학자들은 행동에 대한 생물학적 설명에서 삶의 경험을 멀찍이 떼어 놓았고, 그것을 마치 같이 다니기 창피한 여동생 — 늘 이야기하지만 실제 다 큰 아이들의 놀이엔 결코 끼워 주지 않는 — 처럼 취급했다. 마지막으로, 연구자들이 조스트의 생식기 발달 이론을 동물 행동에 적용하면서 여성성은 부재가 되고 남성성은 투쟁이 되었다.

우리가 이 같은 전개 과정을 추적해 볼 수 있는 주요 인물 가운데 한 명이 시카고 대학교에서 정자 수송(고환에서 외부로의 이동)에 대한 연구로 박사 학위를 받은 윌리엄 C. 영이다. 1930, 40년대 성문제연구위원회의 지원을 받은 영은 기니피그의 짝짓기 행동을 집중적으로 연구했다.[77] 그는 좌우명이 "관찰하고 측정하고 기록하라!"였는데, 정말 그렇게 했다.[78] 영은 암컷 교미 반응이 주기적이라는 것에 주목하고, 주기마다 특정 행동이 정확히 언제 나타나고 사라지는지를 상세히 기록해, 에스트로겐과 프로게스테론의 주기적인 변화와 암컷 교미 반응의 증감 사이 관계를 알아냈다. 쥐와 마찬가지로 암컷 기니피그 역시 발정 시 로도시스 반응을 보였는데, 이 같은 반응은 "종종 … 목구멍 깊은 곳에서 나는 소리를 내고, 다른 암컷은 물론 심지어 수컷을 쫓아가 마운팅하는 행동으로 이어지기도 했다."[79]

비록 암컷들이 "등을 바닥에 대고 자신의 생식기를 핥는 동작을 제외하고는 [수컷과 같은] 교미 동작을" 보였음에도 불구하고, 영과 동료들은 암컷의 이 부적절한 행동[마운팅]에 대해 어느 정도 양가적인 해석을 제시했다.[80] 한편으로, 그들은 이런 마운팅을 암컷에게서 나타나는 정상적인 성 충동의 일환으로 기술하면서도,[81] 다른 한편으로 이를 "정상적인 암컷의 동성애 행동"이라고 이름 붙였다.[82] 일련의 실험을 통해, 영과 동료들은 에스트로겐과 프로게스테론의 조합이 암컷의 마운팅을 유도한다는 것을 발견했다. 놀랍게도 테스토스테론은 거의 영향이 없었다.[83]

1941년에 영이 암컷 포유류의 짝짓기 행동에 관해 작성한 연구 리뷰는 1942년에 비치가 종합한 연구와 상당 부분 겹치는 넓은 영역을 다루었다. 그러나 영은 이런 복잡한 행동에 대한 포괄적 이론을 제시하는 데 주저했다. 짝짓기 행동은 "내분비, 신경, 유전, 계통발생, 영양, 환경, 심리, 병리, 연령 요인은 물론 … 의심의 여지 없이 그 외 다른 요인들"이 모두 결합해 만들어 내는 것으로 보였기 때문이다. 어느 특정 요인의 역할을 규명하는 것은 거의 불가능해 보였다. "그럼에도 불구하고 … 어떤 출발점을 선택해야만 했고, … 난소 호르몬을 선택했다. 이는 이 호르몬이 유일한 제한 요인이라서가 아니라 실험 과정에서 발정을 유도할 수 있는 수단이자, 다른 요인들의 역할을 밝힐 수 있는 수단이기 때문이었다." 호르몬은 다른 말로 "고리"hook, 곧 성적 행동을 이해하기 위한 출발점이었다.[84]

처음 경력을 쌓을 때 영은 주로 암컷 기니피그를 연구했지만, 1950년 동료들과 함께 수컷으로 관심을 돌렸다. 먼저 그들은 수컷 짝짓기 행동의 여섯 가지 측면 — 즉, 코 비비기, 킁킁대며 냄새 맡기, 살짝 깨물기, 마운팅, 삽입, 사정 — 을 세밀히 묘사하고 측정했다.[85] 그들은 수컷 행동에서 개체 간 편차를 몇 번이고 되풀이해 관찰했다. 일부 수컷은 성 충동이 매우 높았던 반면, 다른 수컷들은 짝짓기에 거의 흥미를 보이지 않았다. 충동이 낮은 수컷들은 혈중 테스토스테론 농도가 낮았던 것일까? 아니다. 연구자들이 충동이 높은 수컷과 낮은 수컷을 모두 거세한 뒤 동일한 농도의 테스토스테론을 각 개체에게 주입했을 때에도 이 차이는 여전했다. 거세 전 짝짓기에 열정적이었던 기니피그는 호르몬을 다시 공급받자 원상태로 완전히 회복되었다. 그러나 처음부터 활기가 없던 수컷은 고농도 테스토스테론을 주입해도 계속해서 짝짓기에 흥미를 보이지 않았다. 호르몬의 양으로는 이 차이를 설명하지 못하기 때문에, 영은 동물마다 성적 행동을 매개하는 조직이 호르몬에 반응하는 능력에서 차이가 나는 게 틀림없다고 가정했다.[86]

그렇다 하더라도, 이 매개 조직의 호르몬 반응 능력이 수컷마다 다른 이유는 무엇일까? 여러 해 동안 영과 제자들은 유전적 요인과 경험적 요인을 모두 연구했다. 근친교배를 한 동물과 무작위 교배한 동물 사이의 유전적 차이가 일부를 설명해 줬다. 그리고 초기의 사회적 경험도 상당히 중요했다. 그들은 몇몇 실험에서 새로 태어난 새끼들을 형제들과 분리했다. 갓 태어난 새끼들을 생후 10~25일 동안만 어미와 함께 있게 한 뒤 완전히 분리해 키운 것이다. 수컷의 성 충동이 언제나 낮게 나타나는 근친교배 계통에서는 25일간 젖을 먹인 후 분리하면 성기능이 급격하게 떨어졌다. 성 충동이 높은 계통에서도 생후 10일경 젖을 떼고 분리하자 짝짓기 반응이 심각하게 침체되었다. 결론은 "다른 동물과의 접촉이 수컷 기니피그의 교미 패턴 발달을 조직화하는 작용을 한다"는 것이었다.[87]

1950년대 후반 무렵 영과 동료들은 암수의 짝짓기 행동에 대한 철저한 연구를 완료했다. 1930년대 이후 영과 비치 등이 수행했던 많은 실험에서 호르몬은 비치가 가정했던 바와 유사하게 작용하는 것으로 보였다. 어떤 형태로든 호르몬은 "유전적 요인과 경험적 요인에 의해 이미 조직화되고 결정된" 잠재력을 자극해 발현할 수 있었다.[88] 그러나 다른 실험들은 발달 초기 단계에서의 호르몬 노출이 행동에 장기적으로 영향을 미칠 수 있으며, 이런 영향은 성체가 될 때까지는 명확히 드러나지 않을 수 있음을 시사했다. 이 같은 데이터와 비치 이론 사이의 불일치는 해결되지 않은 채 남아 있었다. 영과 동료들은 호르몬의 장기적 효과에 대한 문제를 재검토하기로 했고, 그 과정에서 수컷 쥐 연구의 역사에 새로운 장을 열었다.

1959년 동성애, 공산주의, 가족에 관한 냉전적 수사가 절정에 달했을 무렵, 영과 세 동료는 이제는 고전이 된 논문 「기니피그에서 태아기에 투여한 테스토스테론 프로피오네이트가 짝짓기 행동을 매개하는 조직에 미치는 조직화 작용」(이하 '영의 1959년 논문')을 발표했다. 이 논문에는 엄청난 파장을 일으킬 내용이 담겨 있었고, 자신들도 이 점을 잘 알고 있었다. 태아기의 안드로겐이나 에스트로겐 노출이 "성체에게서 나타나는 성적 행동의 특징에 반영될 조직화 작용"을 한다는 발견은 성체 행동의 광범위한 영역이 대체로 태아기 호르몬의 화학작용 때문임을 의미할 수 있었다. 그것은 또한 호르몬이 행동에 미치는 영향과 해부학적 발달에 미치는 영향이 서로 연관돼 있음을 시사하는 것이기도 했다. 마지막으로, 만약 그 결과가 그런 것으로 나타날 경우 "성별에 따라 행동의 차이가 나타나는 원인이 주목받게 할 것이고, 이는 그 자체로 심리학과 정신의학 이론에 중요한 의미를 갖게 될 터였다."[89]

인간의 성차 발달에 관한 존 햄프슨과 조앤 햄프슨의 연구를 인용한 이 마지막 논평은 미묘하지만 중요한 시사점을 담고 있었다. (3장에서 언급했듯이)

1950년대에 햄프슨 부부와 존 머니는 남성 혹은 여성으로 양육된 간성인의 발달을 연구했다. 인간의 동성애를 자연스러운 성적 행동의 일부로 분명히 받아들였던 비치와는 달리, 햄프슨 부부는 동성애와 트랜스베스티즘transvestism을 비정상인 것으로 간주했다.[90] 햄프슨 부부의 연구를 인용함으로써, 영과 세 동료는 [포유류의] 기저에 양성애적 잠재력이 존재한다는 비치의 견해에 자신들이 동의하지 않음을 암시하는 동시에, 기니피그 연구가 동성애의 생물학적 근거에 대한 발견으로 이어질 수도 있음을 시사했다.[91]

영의 1959년 논문은 향후 수십 년 동안 수행될 호르몬과 성적 행동 연구의 방향을 정립했다. 영과 동료들이 제시한 이론 — 호르몬 활성의 조직화/활성화organizational/activational, O/A 모델 — 은 1942년에 비치가 종합한 연구를 역사의 뒤편으로 밀어냈다. 그들은 무엇을 발견했던 것일까? 호르몬 활성의 O/A 모델에 대해 그들은 초기에 어떤 말을 했을까? 어떻게 관심의 초점이 양성애적 동물에서 이성애적 설치류 — 수컷다운 기니피그나 암컷다운 쥐 같은 — 로 바뀌었을까?

영과 동료들은 출생 전후의 호르몬 노출이 중추신경 조직을 **조직화하고**, 그 결과 사춘기에 호르몬이 특정 행동을 **활성화할** 수 있게 한다고 주장했다. 그들은 임신한 기니피그에게 테스토스테론을 주입했다.[92] 이 어미들은 암컷 간성들(연구자들은 이 논문에서 자웅동체라고 부른다)을 낳았다. 테스토스테론에 노출된 새끼들은 모두 수컷화의 징후를 보이는 해부학적 구조를 갖고 있었다. 일부는 수컷화된 외부 생식기를 발달시키기도 했다. 이런 암컷들은 성장한 이후 에스트로겐과 프로게스테론을 주입해 자극을 해도 발정에 이르는 시간이 더 오래 걸렸다. 이 암컷들의 로도시스 반응은 테스토스테론에 노출시키지 않은 대조군에 비해 훨씬 약했고, "정상적인 암컷의 로도시스 반응에서 매우 특징적으로 나타나는 낮고 거친 그르렁 소리가 대체로 나타나지 않았으며, 일부 개체에서는 전혀 나타나지 않았다." 테스토스테론을 주입하자 이 암컷들은 다른 기니피그들을 힘차게 올라타 마운팅 자세를 취하기도 했다. 암컷이 로도시스 반응을 보이는 동안 내뱉는 그르렁거리는 소리를 제외하면, 암컷다움과 수컷다움을 구별하는 기준은 질이 아니라 양이었다.✳ 예컨대 한 실험에서는, [태아기에 호르몬 처치를 받지 않은] 대조군 암컷의 89퍼센트가 난소를 제거한 다음에도 호르몬을 주입하자 발정기에 돌입했다. 반면, 태아기에 테스토스테론을 처치받은 암컷에서는, 정상적인 외부 생식기를 가진 경우의 65퍼센트, 그리고 외부 생식기가 수컷화된 경우의 22퍼센트가 호르몬 주입 후 발정기에 돌입했다. 두 번째 유형의 대조군인 거세한 수컷에서는 38퍼센트가 호르몬 주입 후 발정기에 돌입했다.[93] 발정기의 결여, 발정기에 이르기까지 더 오랜 잠복기, 더 짧은 발정기 유지 시간, 더 짧은 로도시스 반응, 에스트로겐이나 프로게스테론을 주입하지 않을 경우 나타나는 마운팅 행동 등의 결과는 모두 여성성이 감소하고 남성성이 증가했음을 나타내는 신호였다. 남성성과 여성성은 서로 배타적인 관계를 이루게 되었다. 한쪽의 증가는 다른 쪽의 감소를 의미했다.

영과 동료들은 수컷화된 암컷 기니피그를 대상으로 연구를 시작했지만 곧 수컷의 여성화로 돌아섰다. 조스트가 제시한 존재와 부재의 논리를 따라서, 그들은 테스토스테론의 추가가 남성성을 부여한다면, 그것을 제거할 경우 기저에 있는 여성성이 드러날 것이라고 추론했다. 그들은 "안드로겐이 조직화 작용을 완료하기 전에" 어린 쥐나 토끼를 거세한 뒤, 다 큰 성체에게는 에스트로겐과 프로게스테론의 혼합물을 주입해 "온전한 수컷의 마운팅에 반응하는 암컷의 행동"을 이끌어 내려 했다. 생후 10일 이전에 거세한 수컷들은 발정과 로도시스 반응, 귀 떨림, 방향을 바꾸며 돌진하기, 웅크리기 등과 같은 암컷 쥐의 행동을 더 높은 빈도로 보였다. 수컷에서 거세는 귀 떨림, 돌진하기, 웅크리기 같은 행동보다 로도시스 반응에서 더욱 극적인 영향을 미치는 것으로 나타났으며, 이는 쥐의 여성성이 모든 측면에서 비슷하게 조직화되지

✳ 예컨대 로도시스 행동이 있으면 암컷답고 없으면 수컷다운 게 아니라, 로도시스 반응의 강도나 지속 시간을 기준으로 암컷다움과 수컷다움이 나뉜다는 뜻이다.

섹싱 더 바디

는 않는다는 점을 시사했다.[94]

영의 1959년 논문이 특별한 이유는 특정 결과 때문이 아니었다. 영과 동료들은 이미 19년 전에 비슷한 연구 결과를 발표했고, 비치 역시 개를 대상으로 비슷한 데이터를 도출한 바 있었다.[95] 오히려 그 이유는 이미 중요하다고 판명된 자신의 발견에 대해 그들이 제시한 설명 때문이었다. 그들은 배아가 성호르몬에 노출되면 성적 행동의 근간에 놓인 신경 기질들(그들은 이것이 "중추신경 조직"에 존재할 것으로 가정했다)에 영향이 있을지 궁금해했다.[96] 만약 그렇다면, 태아기의 호르몬 노출이 한 개체의 행동 잠재력을 영구히 남성적이거나 여성적인 것으로 고정시킬 수도 있을까? 저자들은 배아에서 테스토스테론이 수컷의 생식기 분화를 촉진하는 반면 뮐러관 억제물질이 암컷의 생식기를 해체하는 과정을 묘사한 조스트의 연구에 크게 의지했다. 성인이 되고 나면 난소 혹은 고환, 자궁 혹은 부고환은 모두 사춘기 호르몬에 반응했다. 이 두 번째 반응은 발달적인 것이라기보다는 기능적인 것이었다. 영과 동료들은 "짝짓기 행동을 매개하는 신경 조직들"에도 유사한 일이 발생해야만 한다고 생각했다. 배아에서는 이런 조직이 "남성화나 여성화의 방향으로" 분화되거나 "조직화"되지만,[97] 성체에서는 호르몬이 이미 조직화된 조직들을 "활성화"한다는 것이다.

1959년 논문에서 발전시킨 이 발상은 호르몬과 해부학에 대한 조스트의 설명을 행동의 측면으로 확장했다. 태아기의 테스토스테론은 성인기의 테스토스테론에 대한 "반응성"을 "높이면서", 이와 동시에 에스트로겐이나 프로게스테론 치료 후 "여성적 요소가 발현되는 능력"을 억제했다. 연구자들은 테스토스테론이 이중적인 역할을 한다는 이론을 제시했다. 첫째, 그것은 마운팅 행동의 빈도를 증가시켜 남성성을 높였다. 둘째, 그것은 로도시스 반응의 빈도와 지속 시간을 감소해 여성성을 억제했다. 에스트로겐과 프로게스테론은 성체에서 호르몬 활성화 인자로서 중요한 역할을 했다. 여기에는 겉으로 드러나지 않은 함의가 있었다. 즉, 여성적인 행동이 모든 발달의 기저를 이룬다는 것이다. 테스토스테론은 그것을 억제하고, 기저에 놓인 암컷의 체계에 수컷

의 능력을 부과했다.[98]

영의 연구팀은 비치 등이 앞서 주장한 성체의 양성애 주장을 논박하기 위해 해부학적 유비에 한층 더 의지했다. "이 연구자들[비치 등]은 수컷화된 기니피그와 생쥐에게" 안드로겐을 주입하자 "반응성이 증가했다는 사실을 강조했다." 그들은 "이런 변화를 일종의 타고난 양성애의 발현으로 간주"하는 듯했다. "양성애가 존재한다고 가정한 것이다. 그러나 우리는 성체에서 이런 양성애가 나타나더라도, 생식기 조직 … 에서 그러하듯이 신경 조직에서도 불균등하다고 제안한다."[99] 즉, 다 자란 성체에서 젠더를 가로지르는 행동을 끌어내는 것은 가능한 일이라 해도 매우 어려운 작업이라는 것이었다. 그들은 다시 한번 생식기 해부학과의 유비를 가져와, 암컷과 수컷 모두 배아기에 존재했던 기관의 흔적을 갖고 있고 이 기관들은 성체의 호르몬에 반응할 수 있지만, 흔적기관의 반응과 완전히 형성된 기관의 반응이 동일하지 않다고 지적했다. 호르몬 작용의 해부학적 모델을 행동의 측면으로 확장하면서, 그들은 젠더를 가로지르는 행동이 광범위하게 존재한다는 점을 인정했지만, 그 중요성을 축소했다. 그리고 이를 통해 남성과 여성을 이성애자로서 생물학적으로 설명하는 길을 닦았다.[100]

대담하게도 그들은 자신들의 발견이 이처럼 고도로 정형화된 번식 행동(곧 그들이 데이터를 수집한)을 넘어 좀 더 일반적인 행동으로까지 확장될 수 있다고 주장했다.[101] 그들은 "외부 환경을 조작함으로써 행동을 형성[유도]할 수 있다"는 심리학자들의 주장을 기각하면서, 모든 행동 패턴의 근간에는 생물학적 원인이 존재한다고 주장했다. 이와 관련해, 그들은 테스토스테론이 "성적 행동의 패턴이 조직화되는 중추신경 조직에 작용한다"는 점을 입증했다.[102]

말 퍼뜨리기

영의 1959년 논문은 호르몬과 행동에 관심이 있는 과학자들을 흥분시켰다. 1960년대 중반까지 연구 문헌은 쥐, 햄스터, 생쥐, 원숭이에서 호르몬 활성의

O/A 가설을 입증하는 논문들로 가득했다. 이 가설은 이론이 되었고 다시 개념이 되었다.[103] 개념으로서 그것은 교미 행동을 훨씬 뛰어넘어 확장됐다. 몇 해가 지나자, 과학자들은 이 개념을 둥지 짓기, 모성적인 돌봄, 공격 행동, 개방 장소 탐색 활동도 측정[오픈 필드 테스트], 쳇바퀴 달리기, 싸움 놀이, 단맛 기호의 발달(다 자란 암컷 쥐들은 수컷들보다 단 것을 더 좋아한다), 조건부 맛 혐오,* 미로학습, 뇌의 비대칭성 등에도 적용했다.[104] 호르몬 활성의 O/A 가설은 이미 인정받고 있던 조스트의 해부학적 발달 설명에 기반하고 있었고, 또 폭넓게 적용 가능한 특성이 있었으며, 사회적으로 용인되는 이성애적 발달에 초점을 맞췄다는 사실 등으로 말미암아 빠르게 수용되었다.[105]

영의 발상은 자기 분야의 연구 의제를 설정하는 데만 국한되지 않았다. 1960년대 그는 행동 이론에서 나타난 주요 변화를 주도했다. 그 이전까지만 하더라도 영을 비롯한 연구자들은 성적 행동의 발달에서 개체의 (유전적) 변이성과 생리학적 복잡성, **그리고** 환경의 중요성을 강조했지만, 이제 생물학자와 사회학자까지도 영의 주장을 받아들여 젠더화된 행동을 유발하는 호르몬에 초점을 맞췄다. 영은 동물의 짝짓기 행동의 발달에서 호르몬의 중요성을 연구하는 것이 인간의 조건을 해명할 수 있는 실마리가 될 것이라고 주장하며 이 같은 변화를 주도했다.

우리는 1961년의 포괄적인 리뷰 논문 「호르몬과 짝짓기 행동」에서 영의 이 같은 사고 변화와 그것을 인간에게 적용한 사례를 볼 수 있다. 이 논문에서 그는 성적 행동 발달에서 경험이 가지는 중요성을 입증한 연구뿐만 아니라 기니피그와 쥐의 행동에서 개체 간 편차를 실증한 이전의 실험들을 재조명하면서도, 태아기 호르몬이 짝짓기 행동에도 영향을 미친다는 극적인 발견에 더욱 강한 관심을 보였다. 그는 호르몬 활성의 O/A 이론의 잠재적 확장 가능성을 재차 강조하며, 그것이 생식과는 무관하더라도 성차가 발견되는 다양한 행

---

* 가르시아 효과라고도 한다. 어떤 특정한 음식물을 먹고 복통이나 구토 등 불쾌한 경험을 한 경우 다음에 그 음식을 먹지 않게 되는 현상이다.

동에도 적용될 수 있을 것이라고 주장했다. 또 그는 인간의 성적 행동 발달에 "심리적 요인"이 작용한다는 널리 퍼진 믿음을 인정하면서도, 다음과 같은 대대적인 변화를 예상했다. 즉, 만약 태아기의 호르몬 노출이 수많은 행동에 영향을 미치고 있다고 판명된다면, 그것은 "실험 발생학자들의 연구"와 신경 조직의 발달을 이해할 필요가 있는 "심리학자·정신의학자의 연구를 … 결합"할 것이다.[106]

말년에 이르러(그는 1965년에 사망했다), 영은 자신의 제자들과 박사 후 연구원들이 두각을 나타내자 동물과 인간의 행동 연구를 포괄하는, 학문적 경계의 재편*을 지지하고 나섰다. 1964년, 미국과학진흥협회의 공식 학술지 『사이언스』의 권두 논문에서 영, 찰스 피닉스, 로버트 고이는 이렇게 썼다. "심리적 요인의 영향력(우리는 그 중요성에 대해 잘 알고 있다)이나 행동 관찰을 꼼꼼하게 기록할 필요성을 경시하는 것은 아니지만, 우리는 앞으로 신경학자와 생화학자의 자료와 기술을 점점 더 많이 사용하게 될 것이다." 실제로, 1960년대 말에 이르러서는 성별 이형적 행동의 발달에 대한 지식에 상당한 변화가 일어났다. 개체별 유전적 차이와 사회적 상호작용의 중요성은 (심지어 설치류에서조차) 덜 부각되었다.[107] 태아기에 테스토스테론에 의해 "조직화된" 수컷도, 출생 후 사회적 접촉이라는 형태로 '사후 조직화'가 계속해서 필요하다는 사실은 거의 언급되지 않았다. 그 결과, 암수 설치류의 행동은 물론 그 설치류를 모델로 삼은 인간의 행동도 이전보다 훨씬 정형화된 것으로 보이게 되었고, 또한 태아기의 호르몬 [노출] 환경에 의해 더욱 엄격하게 결정된다는 고정관념이 확산됐다.

여러 저명한 연구자들이 발달의 단일 요인 모델을 피하려고 그토록 노력했음에도 불구하고 이런 일이 벌어진 것이다. 인간 발달을 연구하는 다양한

---

* 심리학과 정신분석학 등이 주도했던 기존의 인간 행동 연구에서 내분비학, 생화학, 발생학 등 생물학적 기초과학 분야를 중심으로 동물과 인간 행동을 연구하는 분야가 재조직되어야 한다는 맥락이다.

분야의 전문가들이 참여한 회의에서 찰스 피닉스는 "태아기 안드로겐의 조직화 작용 개념이 유전 대 환경이라는 케케묵은 논쟁을 불러일으키거나 정상적인 성적 행동 발달에 환경이 미치는 영향을 연구할 필요가 없다고 여기는 운명론으로 받아들여지지 않길 바랐다"라고 발언했다. 그러나 호르몬 활성의 O/A 이론 개발자들은 발달 초기 단계의 호르몬 [노출] 효과와 성적 행동의 환경적 결정 요인을 통합하지 못했다. 사실, 그와 같은 통합을 방해한 것은 발달에 대한 그들의 연구 모델이었다. 이 모델은 인체에 대한 섹스/젠더 설명과 동일한 어려움을 안고 있었다. 발달과 경험, 본성과 양육은 결코 분리되지 않고 항상 서로를 함께 만들어 낸다. 따라서 피닉스가 위와 같이 발언하면서 내렸던 다음과 같은 결론은 피닉스가 자신과 동료들이 피할 수 있기를 바랐던 문제를 다시 불러일으킬 따름이다. "여기서 우리가 제안하는 것은, 유전물질 속에 암호화돼 있는 정보가 [신체 구조적] 형태로, 그리고 궁극적으로는 행동으로 변환되는 메커니즘이다." 이 문장에서는 신체가 먼저 오고 그 뒤에 경험이 신체에 부과된다. 이런 모델로는 "유전 대 환경을 둘러싼 케케묵은 논쟁"에서 결코 벗어날 수 없다.[108]

호르몬 활성의 O/A 이론은 1960년대에 깊이 뿌리내렸지만, 1970년대 중반에 이르러 설치류의 수컷성과 암컷성에 대한 기존의 정의에 의문이 제기되었다. 그런 의문을 제기했던 프랭크 비치와 제자들 가운데 일부는 새롭게 등장한 여성해방운동에 고무된 이들이었다.[109] 남성적 행동과 여성적 행동이 확립될 때 에스트로겐이 하는 역할이 다시금 논쟁의 주제가 되었고 남성성과 여성성이 대립한다기보다 병행할 가능성이 제기됐다.[110] 호르몬과 성적 행동에 관한 논문이 발표되는 주요 학술지로 부상한 신규 학술지 『호르몬과 행동』의 창간 편집진으로서, 또 다양한 학회에서 활발히 활동하며 비치는 호르몬 활성의 O/A 이론을 공격했다.[111] [이에 대해] 학술 논문이나 명시적인 실험을 통해 반론이 제시되는 경우는 드물었고, 나중에는 비치 자신도 그 문제에 대해 거의 입을 다물게 되었다 — 여론의 흐름이 너무 강한 데다, 비록 동의하지 않지만, 그 사람들과의 개인적인 유대 관계 때문에 이처럼 저명한 과학자조

차 대세를 거스르기 어려웠던 것 같다.[112]

그러나 비치는 성체 발달에 대한 양성애적 모델을 계속해서 믿었다. [태아기 때] 처치를 받지 않은 다 자란 암컷이 다른 동물을 올라탈 뿐만 아니라 찌르고 삽입하는 동작을 보인다는 점을 상기시키며, 그는 "암컷 쥐의 신경계는 사정이라는 주목할 만한 예외를 제외하면 수컷의 모든 반응을 다 전달할 수 있다"라고 결론 내렸다.[113] 그는 호르몬과 행동 사이의 관계를 이해하려면, "가상적인 뇌 메커니즘들"imaginary brain mechanisms(비치 자신의 표현)을 구축하려 애쓰기보다 특정 행동을 유발하는 직접적인 요인들을 연구하는 편이 더 낫다는 결론을 내렸다. 그럼에도 불구하고, 1970년대 들어 비치는 "뇌의 기본적인 양성애성"에 대해 자신이 생각했던 내용을 수정했다. 그는 유전적인 수컷에서 일련의 수컷다운 행동이 암컷의 행동 목록보다 더 쉽게 활성화되며, 암컷은 그 반대라는 영의 주장에 동의했다. 또한 양성 모두에서 암컷의 행동 목록은 에스트로겐 자극에 좀 더 민감한 반면, 수컷의 행동들은 안드로겐에 더 쉽게 반응한다는 점에도 동의했다.[114] 비치에게 "기본적인 양성애성"은 성차의 부재를 의미하는 것이 아니었다.

비치가 태아기의 성호르몬 효과를 연구하는 데 사용된 실험 절차를 비판하는 논문을 몇 편 더 발표하는 동안,[115] 다른 연구자들은 호르몬이 생식기 발달에 미치는 영향을 더욱 면밀하게 조사했다.[116] 그러나 신생아기의 안드로겐이 뇌의 시상하부에 측정할 수 있을 정도의 해부학적 차이를 유발한다는 보고가 나왔고, 이는 조직화 가설을 확증하는 것처럼 보였다.[117] 그럼에도, 문제는 원래 상상했던 것보다 더 복잡했다. 호르몬과 성차에 대한 최신의 설명을 도출하기 위해 열린 한 학술회의의 요약문은 다음과 같이 결론 내렸다. "[조직화 가설의 대상인 중추신경 조직이 아닌] 말초 구조들[예컨대, 생식기 등]이 완전하고 결정적인 영향력을 가진다는 주장을 반박하는 이 같은 증거들에도 불구하고, 적절한 성적 행동의 발현이 적절한 말초 구조에 일부 의존한다는 것은 확실하다. 행동 억제가 관찰되었을 때에는, (중추신경계가 유일한 원인이라고 결론 내리기 전에) 이를 신중하게 해석하고 확증할 수 있는 증거를 확보해야 한다."[118]

결국 비치는 태아기의 호르몬[노출]이 뇌 발달에 영구적인 영향을 미칠 수 있다는 증거를 받아들였다. 그럼에도 불구하고 그는 호르몬과 행동의 상호작용은 복잡하며, 유전적 구성은 물론 한 개인의 정서적·신체적인 현재 상태와 개인사에 따라 달라진다고 사람들에게 계속 상기시켰다.[119] 1981년, 새로운 세대의 호르몬 연구자 가운데 한 명인 심리학자 하비 페더는 조스트의 해부학적 연구에 의존하는 것은 "더 이상 도움이 안 되며 … 심지어 역효과를 낳을 수도 있다"는 점을 발견했다.[120] 비치의 비판이 나온 뒤 10년 동안 태아기 호르몬이 뇌의 해부학적 구조에 미치는 영향을 보여 주는 증거가 축적되었다. 그러나 해부학적 영향과 행동 사이의 관계는 불분명했다(이는 지금도 마찬가지다).[121] 억제된 행동을 수행할 수 있는 기본 배선이 성인기까지 존재한다*는 비치의 주장은 옳았다. 이 장치들이 작동하는 데 특별한 상황[호르몬 활성의 O/A]이 필요하다는 영의 주장도 옳았다. 비치의 비판 가운데 일부가 세월의 시험을 견디지 못했다는 사실에도 불구하고, 호르몬 활성의 O/A 이론에 대해서는 계속해서 문제가 제기됐다. 그 문제들 가운데 상당수는 젠더 차이를 어떻게 개념화하고 이를 실험할 것인가와 어떤 식으로든 관련이 있었다. 1970년대에 이르러 여성운동의 파장이 쥐 실험실까지 미치기 시작했다.

① 암컷 쥐를 해방하라

성적으로 보수적인 시대에 비치의 목소리는 소수 의견에 지나지 않았지만, 과학자들은 점점 베티 프리단 같은 사람들이 표명하는 정치적이고 사회적인 주장을 듣지 않을 수 없게 되었다. 베티 프리단이 1963년에 쓴 베스트셀러 『여성성의 신화』는 교외 가정의 환상을 박살냈다. 프리단이 1966년에 전미여성

---

* 이는 뇌의 기본적인 양성애 모델을 가리키는 것으로 보인다. 즉, 남성이든 여성이든 두 개체 모두 양쪽 성별의 짝짓기 행동을 모두 수행할 수 있는 신경학적 잠재력을 뇌가 갖추고 있다는 의미다(기본 배선은 뇌와 신경계 내부에서 정보를 전달하고 처리하는 연결 시스템을 비유적으로 일컫는 말이다).

그림 8-3. 암컷 쥐를 해방하라

그림: 앨리스 샌토로

기구를 설립할 무렵에는 민권운동, 반전운동, 1969년 스톤월 항쟁과 함께한 동성애자 해방운동 등 사회 변화를 위한 다양한 움직임이 전국적으로 주목을 받았다.[122] 1972년에 머니와 이어하트가 성 발달 생물학에 대한 획기적인 연구서 『남성과 여성, 소년과 소녀』를 출간했을 당시 여성해방운동은 누구도 무시할 수 없는 세력으로 성장해 있었다. 머니와 이어하트는 이 책이 아무도 만족시키지 못할 것임을 예상하고 있었다. "남성의 우월성을 옹호하는 사람들은 [태아기 호르몬이 뇌 발달에 영향을 미친다고 주장한-인용자] 6장의 연구 결과는 기꺼이 인용하지만, [젠더 정체성의 형성에서 환경의 중요성을 논한-인용자] 7장과 8장의 연구 결과는 무시한다. 반대로 여성해방운동 지지자들은 주로 7장과 8장에만 주목하고 6장은 무시한다."[123]

그리고 1974년에 심리학자 리처드 도티는 「설치류 암컷의 해방을 요구하는 외침: 설치류의 구애와 교미」(〈그림 8-3〉 참고)라는 제목의 논문을 발표했다. 프랭크 비치의 지도를 받으며 박사 후 연구를 수행했던 도티는 암컷 자체에 대한 연구가 부족하다는 점에 주목했다. 1960년대에 『비교 생리 심리학 저널』에 발표된 쥐의 교미에 관한 논문 가운데 암컷에 초점을 맞춘 연구는 20퍼센트에 불과했다. 나머지 68퍼센트는 수컷만을 연구했으며, 12퍼센트는 양쪽을 다 조사했다.[124] 도티는 또한 실험실에서 성적 행동을 측정하는 표준 체계를 비판했는데, 이 같은 측정 방법은 호르몬 활성의 O/A 이론을 뒷받침하는 실

험의 핵심이었기 때문에 그의 비판은 중대한 의미가 있었다.[125]

수컷의 성적 행동을 관찰하는 최적의 방식을 개발할 때, 대부분의 과학자들은 실험 대상인 암컷의 행동을 일정하게 유지하려고 노력했다. 그들은 대체로 수컷 쥐들을 작은 관찰 우리에 넣고 수컷 쥐들이 우리의 냄새를 맡으면서 주변 환경에 익숙해질 시간을 주었다. 수컷 쥐가 편안해지면, 과학자는 암컷 쥐를 우리에 넣었다. 암컷 쥐가 로도시스 자세로 등을 구부리고 삽입과 사정을 허용하는 동안, 수컷 쥐는 그 위에 몇 번 올라탔다. 어느 연구자의 서술에 따르면, 경험이 많은 수컷은 실험 절차에 익숙해졌고, "암컷이 들어오면" 너무 흥분한 나머지 "암컷의 발정 여부를 살펴보지도 않고" 그냥 올라타려 했다.[126] 오늘날에도 대부분의 연구자는 암컷의 변이성을 최소화하려고 노력하며 종종 원형 실험실을 이용해 암컷이 마운팅을 피해 구석으로 물러설 수 없도록 한다. 호르몬 연구는 대체로 성경험이 있는 수컷을 사용하는데, 경험이 없는 수컷의 교미 전 행동(마운팅을 비롯해)은 암컷의 유인 행동에 의존하기 때문이다(나는 이 같은 관찰 실험이 나이 든 여성이 젊은 남성을 성적으로 능숙한 성인으로 이끄는 전통의 설치류 버전이라는 생각을 지울 수 없다).[127]

실제로 실험자들이 암컷이 선택할 수 있도록 하자 재미있는 일이 벌어지기 시작했다. 도티는 암컷들이 짝짓기를 **반드시** 원해야만 하는 실험들 — 여기서는 암컷들이 혈기 왕성한 수컷에 접근하기 위해 막대를 눌러 짝짓기 욕구를 표현했다 — 에 주목했다. 이런 상황에서 암컷들은 자신들의 성적 접촉 속도를 유지했는데(그 결과 수컷도 그렇게 됐다), 아마도 이것이 야생에서의 행동을 좀 더 정확하게 반영하는 방식일 수 있다. 실험 상황의 변화는 태아기와 출생 전후 호르몬에 노출시키는 실험 결과에도 영향을 미쳤다. 심리학자 로저 고르스키는 출생 전후에 안드로겐 처치를 받은 암컷 쥐가 실험 공간에 익숙해질 기회를 준 첫 실험을 다음과 같이 설명했다. 호르몬 활성의 O/A 이론에 따르면, 출생 전후의 [안드로겐] 호르몬 처치는 암컷성을 측정하는 표지인 암컷의 로도시스 반응을 억제한다. 안드로겐 처치를 받은 암컷을 수컷이 대기하고 있는 실험 우리에 바로 떨어뜨렸을 때는 확실히 그런 일이 일어났다. 그

러나 암컷에게 두어 시간 정도 새로운 우리를 먼저 확인하게 한 뒤 실험용 수
컷을 집어넣자 "대부분의 암컷이 굉장히 높은 로도시스 지수Lordosis Quotient
(로도시스 반응을 유도한 수컷의 마운팅 횟수를 전체 마운팅 횟수로 나눈 표준 측정치)"
를 보이는 것을 발견했다. 안드로겐이 암컷 뇌에 발휘하는 영구적인 조직화
효과가 사라진 것처럼 보였다.[128] 고르스키는 이 결과가 안드로겐을 투여한 암
컷들의 수컷화가 상황에 따라 달라진다는 점을 보여 준다고 지적했다.[129]

태아기 때 이루어진 호르몬 처치 효과가 실험의 검사 상황에 좌우된다
는 발견이 1970년대 호르몬 활성의 O/A 이론을 반박해 준 유일한 발견은 아
니었다. 프랭크 비치를 필두로 몇몇 연구자들은 설치류의 수컷성과 암컷성에
관한 지배적인 모델에 도전했다. 비치는 암컷의 이성애 짝짓기 행동을 세 가
지로 이해하자고 제안했다. 유인성attractivity(암컷이 수컷에 얼마나 끌리는가)과
교태성proceptivity(암컷이 특정 수컷을 유인하는 방식과 교미 반응을 유도하는지 여
부), 수용성receptivity(암컷의 수동적 교미 의지)이 그것이다.[130] 표준 실험실 설
정에서 실험자들은 대개 암컷 행동의 수동적이고 수용적인 요소만을 측정했
다. 그러나 일부 실험은 태아기 호르몬이 교태성이나 유인성은 변화시키지 않
은 채 수용성에만 영향을 미칠 수 있음을 시사했다.[131] 그러므로 비치는 호르
몬과 행동 사이의 연관성을 잘 설명하는 이론이라면 이런 복잡성을 고려해야
만 한다고 주장했다.[132]

두 번째로 연구자들이 호르몬 활성의 O/A 이론에 제기한 이론적 도전(위
에 제시된 첫 번째 도전에 버금가는 중요성이 있다)은 훨씬 폭넓은 질문을 중심으
로 전개됐다. 남성성과 여성성 사이에 어떤 관계가 존재하는가? 만약 어떤 동
물(혹은 사람)이 (어떤 기준으로든) 지극히 수컷답다면, 이는 그 개체가 정의상
암컷답지 않다는 의미인가? 아니면 수컷성과 암컷성은 서로 독립적으로 변이
성을 가지는 별개의 실체인가? (로도시스 반응을 하는 수컷도 자식을 낳을 수 있음
을 보여 주는 비치의 초창기 실험들을 떠올려 보라.) 어떻게 일부 개체는 남성적인
동시에 여성적일 수 있는 것일까?

영의 1959년 논문은 수컷성과 암컷성이 단계적이며 상호 배타적인 반응

이라고 암시했다. 기니피그는 암컷다울수록, 덜 수컷다웠다. 비치의 또 다른 제자인 정신생물학자 리처드 웨일런은 쥐의 경우 상황이 그렇게 단순하지 않다는 것을 발견했다. 적절한 조건에서, 그는 마운팅과 로도시스 반응을 **모두** 높은 빈도로 보이는 개체를 만들어 낼 수 있었다. 달리 말해, 수컷성과 암컷성은 상호 배타적인 반응이 아니라 오히려 과학자들이 "직교"orthogonal 관계라고 부르는 것이었다(〈그림 8-4〉 참고).[133] 이후, 웨일런과 프랭크 존슨은 수컷화가 그 자체로 적어도 세 가지 독립적인 생리적 요소로 구성된다는 것을 보여주기 위해 호르몬 투여량과 자극 시간을 조정해 문제를 더 복잡하게 만들었다.[134] 웨일런은 쥐 섹슈얼리티의 직교 모델을 제안했는데, 여기서 그는 수컷성과 암컷성이 서로 독립적으로 변한다고 주장했다. 동일한 개체가 굉장히 수컷다우면서 **동시에** 굉장히 암컷다울 수도 있고, 매우 암컷답지만 전혀 수컷답지 않을 수도 있으며(혹은 그 반대), 두 척도 모두에서 낮은 점수를 보일 수도 있었다.

비치와 제자들의 연구가 수동성이 암컷성을 정의하지 못하며 수컷적인 행동과 암컷적인 행동은 상당 부분 겹친다는 페미니스트의 주장을 되새기는 동안, 다른 연구자들도 비슷한 발상으로부터 영감을 얻은 것으로 보였다. 이를테면 웨일런이 직교 모델을 발표한 바로 그해에 심리학자 샌드라 벰은 인간에서 [남성성·여성성과 관련된] 독립적인 변이들을 측정하는 척도를 설계*하고, 양성성androgyny이라는 발상을 대중화했다. 웨일런과 벰이 어떻게 이 발상에 이르게 됐는지 정확히 밝히기는 어렵지만, 당시에 둘 중 누구도 상대방의 연구를 모르고 있었다는 사실은 독립적인 남성성과 여성성 개념이 "널리 퍼져" 있었음을 시사한다.[135]

웨일런을 따라서 과학자들은 자신들의 용어를 수정했다. 탈암컷화[탈여

＊ 개인의 성별 정체성을 남성성, 여성성, 양성성, 미분화성이라는 네 가지 범주로 측정하는 심리검사. 흔히 '벰의 성역할 검사'Bem Sex-Role Inventory, BSRI로 불린다.

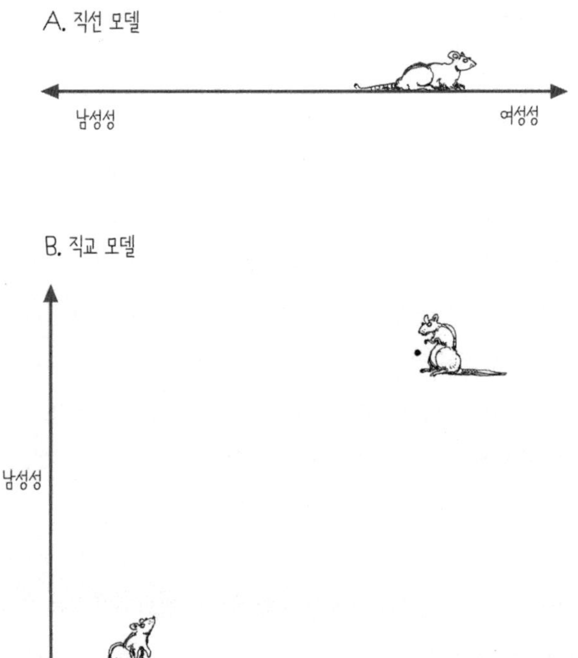

A. 남성성과 여성성의 직선 모델(한 동물은 암컷다울수록 반드시 덜 수컷답다)
B. 남성성과 여성성의 직교 모델(오른쪽 상단 모서리에 있는 동물은 상당히
  여성적이면서 동시에 남성적인 특징을 보인다. 왼쪽 하단 모서리에 있는 동물은
  수컷다운 특징과 암컷다운 특징이 모두 약하다)
그림: 앨리스 샌토로

성화]defeminization는 유전적인 암컷에서 (로도시스 반응 같은) 암컷에게 전형적인 행동의 억제를 의미하게 되었고, 수컷화는 유전적인 암컷에서 전형적으로 수컷에게서 나타나는 행동이 강화되는 것을 뜻하게 되었다. 상응하는 용어들이 유전적인 수컷들에게도 적용됐다. 탈수컷화[탈남성화]demasculinizing 처치는 수컷에게 전형적인 행동의 빈도를 감소하는 것을 의미하게 되었고, 암컷화 처치는 암컷에게 전형적인 행동을 증가시키는 것을 뜻하게 되었다. 이 같은 용어

들의 사용은 "다른 이론 틀을 적용했을 땐 간과됐던 자발적 양성애성에 대한 질문을 확산시키는" 예상치 못한 결과를 낳았다.[136]

　　인간의 양성성, 여성운동의 외침, 초기 동성애자 인권 운동에 초점이 맞춰진 1970년대의 시대적 분위기는 과학자들이 설치류의 성 생물학을 바라보는 방식에 내재된 문제들을 가시화하는 데 기여했다. 심지어 생화학적인 수준에서도 성차는 명백하지 않은 것으로 드러났다. 실제로 1970년대에 생화학자들은 가장 남성적인 물질인 테스토스테론이 대체로 (방향족화aromatization라고 불리는 생화학 과정을 통해) 에스트로겐으로 변환된 이후에만 뇌 발달에 영향을 미친다는 사실을 밝혀냈다! 이 현상은 다시금 스테로이드호르몬을 특정한 성 호르몬으로 개념화하기 어렵게 만들었고, 이 현상을 발견한 과학자들은 종마의 소변에서 에스트로겐이 발견됐을 때 나타났던 1930년대의 반응을 되풀이했다. 그들은 방향족화를 역설적이거나 놀라운 일이라고 불렀다. 그럼에도 불구하고 성 발달에서 에스트로겐의 역할은 다시금 주목받게 되었다.[137]

② 게이 쥐

1980년대 내내 사회과학자들은 인간의 성적 실천을 설명하기 위해 생물학으로 눈을 돌렸고, 생물학자들은 인간의 성적 다양성에 대한 새로운 사회적 수용과 정의가 자신들의 연구 패러다임에 영향을 미쳤다는 것을 깨달았다. 1981년에 연구자 앨런 벨, 마틴 와인버그, 수 해머스미스는 『성적 선호: 남성과 여성에서의 성적 선호 발달』을 출간했다. 그들은 동성애자 수백 명을 인터뷰하며 과거사와 가정사, 그리고 가족 및 다른 사람들과의 관계에 대한 정보를 수집했다. 그러나 동성애의 원인으로 두드러지게 나타나는 단일 요인은 없었다. 저자들이 동성애의 생물학적 요소들을 연구하지는 않았지만, 그들은 태아기의 호르몬이 뇌 발달에 영향을 미칠 수 있다고 언급하면서 생물학적 문제에 짧게 한 장을 할애했다.[138] 마찬가지로, 인간의 내분비학과 젠더 발달에 관심이 있는 의학 연구자들은 학술 토론회에서 설치류 연구자들과 교류하면서 호르몬 및 동물 발달에 관한 연구에 주목하고, 또 그것의 발전에 기여했다.[139] 신경 내분비학 분야와 좀 더 밀접하게 연결된 연구자들은 안드로겐을 투여했 거나 거세한 쥐와 기니피그에 상응하는 인간 실험체로 간성, 특히 선천성 부 신 과형성증 소녀들과 안드로겐 무감응 증후군 남성들을 활용해 태아기의 호 르몬 효과를 계속해서 연구했다.

　인간의 동성애에 대한 새롭고 더욱 복잡한 설명들이 공개적인 토론에서 모습을 드러내기 시작하면서, 동물 행동을 연구하던 연구자들이 갑자기 설치 류의 섹슈얼리티에 관한 자신들의 실험을 재평가하기 시작했다. 1940년대에 비치가 설치류들은 본질적으로 양성애적이라고 주장했을 때, 이는 암컷이 짝 짓기를 하는 동안 수컷처럼 행동할 잠재력을 가졌다는 의미였다. 즉, 암컷은 성별과 상관없이 다른 동물을 쫓아다니고 올라탈 수 있다는 이야기였다. 마찬 가지로 수컷은 귀 떨림과 로도시스 반응을 비롯해 전형적인 암컷의 행동들을 보일 수 있었다. 로도시스 반응을 보이는 수컷도 힘차게 마운팅을 하고 자식 을 낳으며, 마운팅을 하는 암컷 역시 짝짓기를 하고 새끼를 임신할 수 있었다. 이 때문에 비치는 양성애를 기본적인 체계로 개념화했던 것이다.[140] 그 당시 킨제이는 동물에게 동성애와 양성애라는 용어를 적용하는 것을 "유감스러운 일"이라고 경고했다. 임상의들이 동물실험을 잘못 해석하게 만들 수 있다는 것이었다.[141] 실제로 수십 년에 걸쳐 킨제이의 우려가 현실로 드러났다. 동물 과 인간의 섹슈얼리티 연구는 서로 완전히 뒤죽박죽되어 버렸다.

　1980년대에 의학 연구자들은 인간의 동성애가 태아기 동안 질적으로나 양적으로 호르몬에 이상異狀 노출된 결과라고 강력하게 주장했고, 종종 이런 생각은 동물 연구에서 이미 입증되었다고 가정했다. 그러나 게이 인권 운동 의 성장으로 논의에 새로운 용어가 등장하게 되었다. 동성애자들의 삶이 더 욱 가시화되면서 동물 연구에는 깊은 균열이 생겨났다. 가령 다른 동물이 올 라탔을 때 로도시스 반응을 보이는 수컷 쥐는 동성애적 행위를 하고 있는 것 이지만, 그 위에 올라탄 수컷은 이성애적으로 행동하고 있는 것이라는 발상 을 살펴보자. 이를 인간에게 적용하면 남성 커플 중 한 명만이 동성애자라는 이야기이지만 대개 우리는 두 남성이 성관계를 할 때 둘 다 동성애자라고 이해한다.[142] 이 비유는 암컷 쥐에게도 적용된다. 위에 올라탄 암컷 쥐만이 동성애 혹은 양성애로 간주되는 것이다. 인간의 경우 1920년대에는 레즈비언 커플들에 대해 이런 시각이 일반적이었지만, 1980년대에는 동성 커플에서는 두 사람 모두 게이라고 여겼다. 얼마 지나지 않아 과학자들은 동물 모델을 인간에게 적용하는 것이 타당한지를 두고 격론을 벌였다.[143]

1980년대에는 '성적 지향'과 '성적 선호'라는 용어가 일반적으로 동성애 homosexual라는 단어의 대체어로 자리 잡았다. 이 용어들은 좀 더 정중하고 온화한 표현처럼 느껴졌고, 동성애라는 부담스러운 단어를 피할 수 있게 해 줘 게이 인권 운동에도 도움이 되었다. 무엇보다 수사적 측면에서, 성적 지향이나 선호에 따른 차별에 반대하는 캠페인을 벌이는 것이 가능해졌다. 그러나 이 표현들은 새로운 개념을 내포하고 있었고, 이는 과학자들로 하여금 자신들의 연구를 재정비하도록 만들었다. 1980년대 말에 실험 심리학자 엘리자베스 애드킨스-리건은 "성적 선호 또는 성적 지향" 개념을 동물 연구에 적용하는 것이 중요하다고 주장했다. 그녀는 설치류에서 수행된 호르몬과 번식 행동에 관한 연구 대부분이 성적 지향이나 성적 선호 검사를 아예 하지 않았다면서, 이는 실험동물들에게 선택의 기회가 전혀 주어지지 않았기 때문이라고 지적했다.[144] 더욱이 선호를 검사할 때에도 사회적 선호와 성적 선호를 구분해야 했다. 예를 들어, 암컷들로만 또는 수컷들로만 이루어진 무리에서 생활하다가 번식기에만 짝짓기를 하는 동물들의 경우, 짝짓기 선호는 엄격히 이성애적일지라도, 사회적 선호 차원에서는 동성 간 교제same-sex sociality를 더 선호할 수 있었다.

인간 동성애에 관한 문화적 인식이 변화함에 따라, 쥐 실험 역시 변화했다. 내가 1978~98년 사이에 학술지 『호르몬과 행동』에 실린 논문을 조사해 본 결과 성적 선호라는 용어를 제목에 포함한 논문은 1983년에 처음 등장했다. 그다음 논문은 1987년에 나왔고, 그 후부터 1998년까지 (동물을 대상으로) 선택, 선호 혹은 지향을 연구한 논문이 16편 더 게재되었다. 동물에게 선택의 기회를 주지 않는 실험 설계로 설치류의 선호를 연구할 때 부딪히는 문제를 해결하기 위해, 네덜란드 동물행동학자로 구성된 한 연구팀은 특별히 쥐의 성적 지향 연구를 위한 새로운 실험 체계를 고안해 냈다. 그들은 개방된 야외 우리를 세 구역으로 나누었다. 첫 번째 구역에는 성적으로 적극적인 수컷이 있고, 두 번째 구역에는 발정기인 암컷이 있다. 그리고 중간 구역에서 실험동물은 자유롭게 돌아다니며 두 구역 가운데 한쪽 가까이에 앉거나 (때로는 들어가는 것을) 선택할 수 있다. 실험동물은 소위 자극 동물이 있는 이 두 구역 가운데 어느 쪽에서든 시간을 보낼 수도 있고, 홀로 있기를 선택할 수도 있다. 이 경우 수컷이 암컷과 더 많은 시간을 보내면, 그 수컷은 이성애일 것이다. 반면 수컷이 수컷 자극 동물과 더 많은 시간을 보낸다면, 그 수컷은 동성애일 것이다. 이런 실험 설정에서 쥐는 양성애는 물론 무성애도 선택할 수 있다. 1940년대에 설치류는 "양성애자"였다. 1990년대에는 (게이와 더불어) 설치류도 [성적] "선호"와 "지향"을 갖게 되었다. 쥐가 마운팅을 하는지 또는 로도시스 반응을 보이는지 여부는 별개의 이야기로 취급받는다.[145] 다시 한번, 우리는 실험과 문화가 과학 지식을 함께 만들어 낸다는 것을 확인하게 된다.[146] 이런 혼성 지식이 다시금 인간 동성애에 관한 사회적 논쟁을 형성한다.[147]

③ 쥐의 성 이해하기

과학자들이 가치중립적인 지식을 창조할 수 있다고 주장하면서 우리 스스로를 문화와 분리하려 애쓰는 불가능한 시도를 하기보다, 우리가 서 있는 문화적 위치를 받아들이는 것이 어떨까. 유전자에서부터 문화(즉, 쥐들의 문화)에 이르기까지 모든 것을 성체의 행동을 만들어 내는 불가분한 체계의 일부로 바라보는 설치류의 섹슈얼리티에 대한 이야기를 만들려고 노력한다면 어떨까. 이런 서사는 "빨간 망토"보다는 "던전 앤 드래곤"*과 비슷할 것이다. 이런 이야기의 다양한 요소는 이미 과학 문헌 속에 존재한다. 남은 것은 그것들을 한데 모으는 일이다.

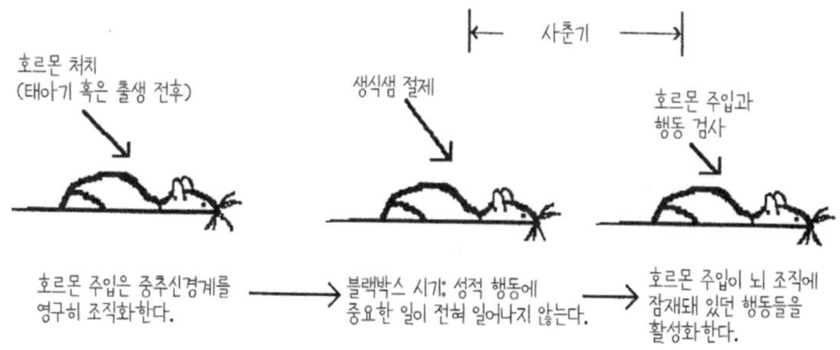

호르몬 활성의 O/A 이론의 큰 틀은 다음과 같다. 태아기(기니피그)나 출생 전후(쥐)의 호르몬(대개 테스토스테론, 그러나 몇몇 연구에서는 에스트로겐도 효험이 있을 것으로 여긴다)이 뇌 발달에 영구적으로 영향을 미친다. 어떤 방식으로든(그 과정은 여전히 불명확하지만),[148] 뇌 속의 신경 구조는 마운팅이나 로도시스 반응 같은 미래 행동들에 특화된다(〈그림 8-5〉 참고). 사춘기가 오면, 이미 조직된 신경 회로들이 활성화되고 행동이 가시화된다. 비치와 영, 그리고 그 뒤를 이은 훌륭한 동물행동학자 상당수는 모두 이 도식이 정적이고 지나치게 단순화되어 있으며, 발달 중인 동물을 환경과 통합하지 못한다는 것을 잘 알고 있었다. 그렇다면 그들은 왜 설치류의 성에 대해 좀 더 역동적인 설명을 제안하지 않았을까?

실험은 존재한다. 결여된 것은 의지와 이론이다. 본성과 양육의 상호작용에 대해, 발달 초기의 어느 지점에서 본성이 모든 일을 시작하고 뒤늦게 양육이 어설프게 손을 본다는 주장을 고수하는 한, 해결은 불가능하다. 종종 과학자들은 [유전적] "소인", 즉 내재적 경향성을 이야기한다. 경험과 사회적 상

❋ 여러 명의 플레이어가 각자 캐릭터를 만들어 판타지 세계에서 모험을 벌이는 롤플레잉 게임. 이 세계에는 단일한 주인공이 없으며, 각 플레이어의 선택과 결정이 이야기의 흐름과 결과를 결정한다. 이는 빨간 망토를 입은 주인공 소녀가 늑대에 맞서 할머니 집에 도달하는 단선적인 전개 방식과는 구별된다.

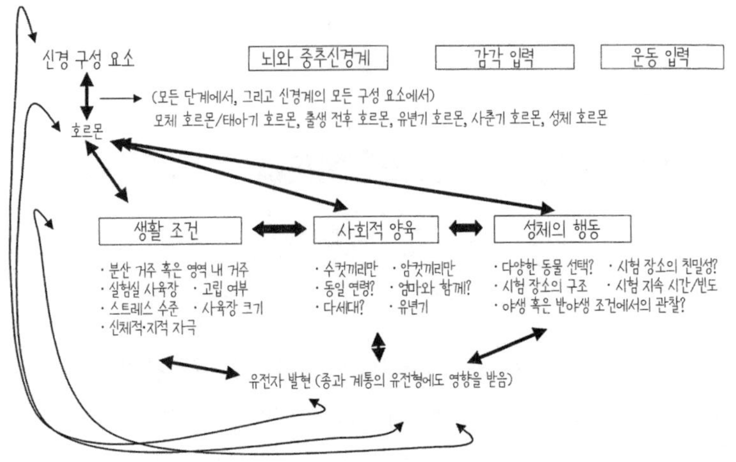

호작용이 소인을 변형할 수 있지만, 그 과정에는 크든 작든 어려움이 따르기 마련이라고 말이다. 사회적 영향과 호르몬의 상호작용이 붉은털원숭이의 성차에 미치는 영향에 대한 사려 깊은 한 논평은, 본성은 양육을 필요로 하며 양육은 본성을 필요로 한다고 결론 내린다.[149] 거의 맞는 말이지만, 본성과 양육의 이원론은 여전히 집요하게 지속되고 있다. 내가 제안하는 것은, (뭐랄까, 3D 안경을 쓰는 것처럼) 우리의 시야를 전환해 본성과 양육을 서로 나눌 수 없는 동적 체계로 보자는 것이다. 발달심리학에 대한 이런 체계적 접근[즉, 발달 체계 이론]은 새로운 것이 아니라, 제대로 알려지지 않았을 뿐이다.[150]

동물은 환경 속에서 발달한다. 자궁 속 환경에는 엄마의 생리학적 상태가 포함된다. 엄마 몸의 화학적 상태는 엄마의 행동에서 유래한다. 엄마는 무엇을 먹을까? 엄마가 스트레스를 겪는가? 이런 경험에 엄마 몸속의 호르몬은 어떻게 반응할까?[151] 출생 전 태내에서 이루어지는 경험은 한배에 있는 형제자매의 수에 따라, 또한 이성의 형제자매 사이에 끼어 있는지 여부에 따라서도 달라진다.[152] 나아가 태아 자신의 움직임과 자발적인 신경 반응들도 발달에 영향을 줄 수 있다.[153] 그러나 그것은 시작일 뿐이다. 설치류는 형제자매가 많은데, 형제자매의 수와 유형은 출생 후 그들의 행동에 영향을 미친다.[154] 엄마와의 상호작용도 마찬가지다. 태어나기 전부터 시작해 젖을 떼고 유년기에 놀다가 사춘기를 거쳐 성년이 되는, 삶 전체의 주기가 설치류에서 성적 반응의 발달에 중요한 경험의 기회를 제공한다(〈그림 8-6〉 참고).

삶의 경험과 호르몬이 성체의 행동을 어떻게 함께 만들어 낼까? 몇 가지 구체적인 사례를 들어보자. 고전적인 호르몬 활성의 O/A 논문 가운데 하나에서 제프리 해리스와 시모어 러빈은 호르몬 처치를 한 암컷들의 질구가 더 작고 둥글거나 비정상적이라고 보고했다.[155] 다른 연구자들은 출생 전후에 안드로겐에 노출된 암컷 쥐들이 질구가 막혀 있고, 대부분(91퍼센트) 비대한 음핵을 갖고 있음을 발견했다.[156] 게다가 테스토스테론에 노출된 암컷은 노출되지 않은 암컷보다 덩치가 더 컸다.[157] 이런 신체적 차이는 상이한 학습 경험으로 쉽게 이어질 수 있다. 몸집이 더 큰 암컷은 더 자주 마운팅하는 법을 배울 수도 있고, 비대한 생식기를 가진 암컷은 특정한 유형의 성적 행위가 유난히 즐겁다는 것을 알게 될 수도 있다. 예를 들어, 프란신 더용은 성적 보상이 따를 경우에만 프로게스테론이 암컷 쥐의 짝짓기 관심도에 영향을 준다는 증거를 제시한다. 폐쇄된 질은 마운팅 시도에 대한 암컷의 수용도를 떨어뜨리고, 이로 인해 유년기의 학습 경험이 적어지면 성체가 된 뒤에도 로도시스 반응을 줄이는 결과를 낳을 수도 있다. 그러나 시기를 신중하게 택해 화학물질을 투여하면 외부 생식기는 정상적인 외양을 가졌지만 행동은 변화된 동물을 만들 수 있다. 그러므로 행동 변화가 단지 생식기 변화에서만 기인하는 것은 아니다.[158]

비치와 영을 비롯해 상당수 연구자들은 짝짓기 행동의 발달에서 사회적 상호작용이 중요하다는 것을 보여 주는 풍부한 증거를 제공해 왔다. 고립 상태에서 사육된 동물들은 성적으로 무능하다.[159] 함께 사육되는 것만으로는 충분하지 않다. 친구의 **종류** 역시 중요하다. 양육의 어떤 요소들이 성적 행동 발달에 영향을 미칠까? 일련의 실험에서 고립 상태에서 사육된 정상 수컷 쥐의 15퍼센트가 로도시스 반응을 보였다. 그러나 또래 암컷들과 함께 사육된 수컷들에서는 50퍼센트가 로도시스 반응을 보였고 수컷들과 함께 사육된 경우 30퍼센트가 로도시스 반응을 보였다.[160] 이런 차이가 발생하는 원인은 아직 알 수 없다. 출생 전후 호르몬 노출은 로도시스 반응 같은 행동의 발달에 관여한다. 하지만 이와 동시에 그런 행동의 발달은 양육 환경에도 크게 좌우된다.[161]

오감은 어떨까? 테스토스테론은 생식기와 뇌에만 영향을 미치는 것이 아니다. 예를 들면, 암컷 새끼 쥐와 수컷 새끼 쥐는 냄새가 다르다. 테스토스테론에 따른 이런 차이로 말미암아, 어미 쥐들은 수컷 새끼를, 특히 항문-생식기 부분을 더 빈번하고 활기차게 핥는다. 이런 핥기는 다시 성체 수컷의 성적 행동에 영향을 미친다. 비강이 막힌 (그래서 새끼들을 덜 핥아 준) 엄마가 기른 수컷들은 사정하는 데 시간이 더 오래 걸리며, 사정 후 다음번 사정이 가능할 때까지 걸리는 시간, 즉 불응기가 길다. 심리학자 실리아 무어와 동료들은 덜 핥아 주는 엄마가 기른 수컷들은 사정 행동과 관련된 척수 부위에서 척추 운동 뉴런의 수가 더 적었다고 보고하기도 했다. 달리 말해, 중추신경계(척수의 특정 부위) 일부분의 발달은 엄마의 행동에 영향을 받는다. 여기서 (핥기를 자극하는 새끼의 냄새에 미치는) 테스토스테론의 효과는 간접적일 뿐이다.[162]

젊은 수컷 쥐들은 자신의 생식기를 손질하는 데 암컷들보다 더 많은 시간을 쏟으며, 이런 추가적인 자극이 사춘기가 오는 시기를 앞당기기도 한다. 마찬가지로 사춘기를 촉진하는 특정한 냄새 근처에 머무른 암컷 쥐는 더 빨리 성숙한다.[163] 달리 말해, 개별 쥐의 성장은 부분적으로 바로 그 쥐의 행동에 달려 있다. 본성과 양육은 여기서 분리되지 않는다. 염분과 수분의 균형, 새끼의 다리 뻗기, 소변 배출 — 이는 새끼 쥐들의 성별에 따라 각기 다르다 — 은 모두 핥기 행동에 영향을 미친다. 뇌는 초기 호르몬 노출에 영향을 받는 다양한 요소 가운데 하나로 보인다. 그 밖에도 해부학적 요소가 있고, 생리학적 요소가 있으며, 행동 요소도 있고, 사회적 요소도 있다. 이 요인들이 모두 하나의 통합된 체계의 일부다.[164]

호르몬 처치는 뇌 이외의 근육과 신경 발달에도 영향을 미친다. 이를테면 수컷 쥐들에서는 발기와 사정에 필요한 세 가지 근육이 음경에 붙어 있다. 척

수 아래쪽 부위에서 자라난 신경세포들이 이 근육들과 연결된다. 근육과 신경은 근육이 성 기능을 하는 데 필요한 안드로겐을 축적한다. 암컷 쥐에서는 이 근육들 가운데 하나가 특정 기간 동안 안드로겐을 공급받지 못하면 태어나자마자 곧 퇴화하게 된다.[165] 암컷의 마운팅 행동에서 테스토스테론이 매개한 변화가 이 근육의 존재 여부와 관련이 있는지는 알 수 없으나, 수컷 쥐의 성행위 횟수가 이 근육에 신경을 연결하는 운동 뉴런들의 크기에 영향을 준다는 점은 알려져 있다. 이 사례에서 "성적 행동의 차이는 뇌 구조의 차이에 의해 유발되는 것이 아니라, 오히려 뇌 구조의 차이를 유발하는 원인이 된다."[166]

그러면 쥐의 다문화주의는 어떨까? 비치와 영, 그리고 다른 연구자들은 수년 전에 유전적 계통이 다르면 성행위 패턴도 다르다는 것을 보여 줬다.[167] 성적 행동에 관한 적절한 모델은 개체의 유전적 차이를 포함해야 하고, 모체와 상호작용이 이루어지는 포괄적인 시기의 효과와 함께, 한배의 새끼들, 사육장에서 함께 사육된 동물들 및 성적 파트너와의 상호작용 역시 포함해야 한다. 최근 몇 년 동안 프란신 더용과 동료들이 수행한 연구, 그리고 무어의 연구만이 이처럼 좀 더 복잡한 틀 안에서 호르몬이 행동에 미치는 효과를 분석했다. 그러나 그들의 연구조차 여전히 지나치게 단순화된 환경인 실험실에서 이루어졌다. 제한된 실험실 환경에서 입증된, 짝짓기 행동에 호르몬이 미치는 영향이 자연에 존재하는 개체군에서도 설명력을 가질지는 아무도 보장할 수 없다.[168]

호르몬 활성의 O/A 이론은 태어난 직후부터 사춘기까지 호르몬이 미칠 수 있는 효과들을 거의 무시한다. 태어난 직후부터 사춘기까지 호르몬의 중요성은 종에 따라 달라진다. 몇몇 종에서는 난소호르몬이 사춘기가 올 때까지 성과 관련된 행동의 발달에 거의 지속적으로 영향을 미칠 수도 있다. 사춘기 이전 다양한 시기에 난소를 이식받은 암컷 쥐와 거세된 수컷 쥐 모두에서 암컷의 짝짓기 행동 수치는 더 높았다. 난소를 이식받은 동물들은 사춘기에 체중이 더 적게 나가며, 그 차이는 난소 이식 이후의 시간에 비례한다.[169] 또한 출생 후 발달 시기 동안의 분비물들은 다 자란 암컷 쥐의 에스트로겐에 대한 반

응을 변화시킬 수 있다.[170]

상당수 포유류의 경우 테스토스테론에 민감한 이산적discrete* 시기[예컨대, 태아기 또는 출생 전후]가 있지만, 그렇지 않은 포유류도 있다. 가령 돼지는 태어날 때부터 사춘기까지 테스토스테론에 반응하며, 주입된 호르몬이 행동에 미치는 영향은 시간이 갈수록 누적된다. 어린 돼지는 수컷과 수컷, 수컷과 암컷 조합 모두가 성적인 놀이를 자주 하기 때문에, 경험과 호르몬이 함께 성체의 행동을 만들어 낼 가능성이 특히 커 보인다.[171] 쥐에서 남성적인 교미 반응과 다른 암컷에 대한 지향의 증가는 모두 성체기에 경험한 특정한 성적 경험에서 기인할 수도 있고 사춘기나 청소년기 초반에 투여받은 호르몬으로 인해 발생할 수도 있다.[172] 요컨대 한 개체가 살아가는 동안 다양한 수준의 특정 호르몬들이 순환하면서 신경계의 구조와 기능에 영향을 미친다. 그리고 이 같은 사실은 신경 구조에서 성차가 발달할 때 호르몬이 하는 역할을 이해하려면 전 생애 주기적 접근이 필요하다는 것을 시사한다. 동물 발달에 대한 [발달] 체계론적·생애 주기적 접근은 출생부터 사춘기에 이를 때까지의 기간을 간과하지 않는다. 좀 더 완전한 이론은 호르몬 활성의 O/A 체제하에서는 잘 보이지 않았던, 새로운 실험의 지평을 열어 준다.[173]

신경해부학자 C. 도미니크 토랜-앨러랜드는 신경계의 성 분화에 관한 논문에서 이렇게 서술한다. "일반적으로 고환의 안드로겐이 태아기 후반이나 출생 초기인, 한정된(결정적인) 신경 분화의 시기 동안 중추신경계의 발달을 유도하거나 조직화하는 데 영향을 미친다고 여겨진다. 이 시기의 조직은 이 호르몬에 **영속적이고 비가역적으로** 반응할 만큼 충분한 가소성을 갖는다."[174] 1959년 논문에서, 영과 동료들은 기니피그에게 생후 6~9개월 사이에 한 번, 생후 1년에 또 한 번, 이렇게 총 두 번 호르몬을 투여해 검사한 후 결론을 도출했다. 그러나 기니피그의 수명은 8년이다. 다양한 호르몬과 여러 경험적 상황에서 이루어지는 기니피그의 짝짓기 행동을 생애 주기 전체에 걸쳐 다룬 종단 연

---

* 기간이 짧고, 제한적이며, 구분된다는 의미다.

섹싱 더 바디

구는 아직 수행된 적이 없다. 이는 비슷한 방식으로 연구된 다른 모든 설치류도 마찬가지다. 다만, 대체로 수명이 겨우 1~2년에 지나지 않는 생쥐 같은 경우 영속성 주장이 좀 더 정확할 가능성이 있다.[175]

사춘기 직후 몇 달 동안 나타나는 행동들은 이후의 생애 경험에 따라 달라질 수 있다. 예를 들면, 출생 전후 안드로겐을 투여한 암컷 쥐는, 특정 상황에서 로도시스 반응의 빈도가 낮거나 강도가 약할 것이다. 그러나 검사 기간을 늘리면, 이런 변화가 상쇄될 수 있다.[176] 마찬가지로 테스토스테론은 정상적으로 발달한 암컷 쥐에서 마운팅 행동을 활성화할 수 있다.[177] 한 논평자의 지적대로 "이런 행동들을 유도하는 본질적인 '배선'은 유지된다. … 이런 의미에서 출생 전후의 스테로이드가 신경계의 본질적인 구조를 변화시킨다는 발상에 비치가 의문을 제기한 것은 옳았다."[178]

영속성 개념에 대해서는 또 다른 문제들도 제기되고 있다. 활성화 효과는 본래 몇 시간에서 며칠 동안 지속되는 일시적인 것으로 여겨졌다. 대조적으로, 영속적인 조직화 사건들은 일생 동안 지속된다고 추정된다. 그러나 실제로는 몇 달에서 1년 정도 지속되는 것을 의미한다. 그렇다면 뇌에 미치는 호르몬의 효과가 며칠이나 몇 달이 아니라 몇 주 동안 지속된다면, 이는 어떻게 분류해야 할까? 명금류와 포유류에서는 이런 사례가 다양하게 나타난다. 이 사례들에서 특정 뇌 구조는 성체가 된 뒤에도 호르몬이 증가하면 성장하고, 감소하면 위축하면서 반응한다.[179] 만약 뇌가 호르몬 자극에 여러 주, 심지어 여러 달 동안 지속되는 해부학적 변화로 반응할 수 있다면, 경험이 중요한 역할을 할 수 있다는 이론들에 길이 열리게 된다. 설치류도 사회적인 놀이에 오랜 시간 참여하며, 이 활동은 신경계와 미래 행동의 발달에 영향을 줄 수 있다. 놀이 활동이 호르몬 수준을 변화시키고 이 변화에 발달 중인 뇌가 반응할 수 있다는 것은 적어도 개연성이 있는 이론이다.[180] 결국 호르몬 체계는 (몇 가지 예를 들자면) 영양 상태, 스트레스 혹은 성적 활동의 형태로 주어지는 경험들에 정교하게 반응한다. 따라서 조직화 효과와 활성화 효과 사이의 구분이 모호할 뿐만 아니라 소위 생물학적으로 형성되는 행동과 사회적으로 형성되는 행동 사이의 경계선도 모호하다.

인간은 학습을 한다. 굉장히 자랑스러운 특징이다. 우리는 아마도 모든 동물 중에서 정신적으로 가장 복잡한 동물일 것이다(말을 할 수 있다면 우리에게 반박할지도 모르는 유인원에게 실례가 되지 않기를 바란다). 따라서 고등 포유류의 성적 행동 발달을 설명하는 가장 저명하고 영향력 있는 이론들이 학습과 경험을 생략하고 있다는 점은 다소 아이러니해 보인다. 영장류에서 호르몬 합성을 조절하는 방식은 다른 종들에서와 다르기 때문에,[181] 호르몬을 기반으로 비영장류의 성적 행동을 연구한 결과물들은 인간을 비롯한 영장류에 대해서는 거의 알려 주는 것이 없다는 반론도 가능하다.[182] 다음 장에서 나는 인간의 섹슈얼리티 이론을 다루면서, 설치류 실험에서 얻은 이론들이 설치류에게조차 불충분하다는 좀 더 폭넓은 주장을 펼칠 것이다.

Sexing *the* Body

9장

젠더 체계: 인간 섹슈얼리티 이론을 향해서

어느 여성 과학자의 어린 시절

1944년 여름에 한 아이가 태어났다. 그녀는 자라서 과학자가 되었다. 한 손으로는 물이 담긴 시험관을 들어 빛에 비춰 보고 있고 다른 손에는 계량컵을 쥐고 있는 두 살 무렵의 사진(〈그림 9-1〉)은 측정하고 분석하려는 타고난 성향, 다시 말해 그녀를 실험실로 이끈 유전자가 일찍부터 발현된 증거일까? 아니면 어린 딸에게 전형적이지 않은 장난감을 찾아 주려 한 페미니스트 엄마의 결단을 보여 주는 증거일까? 아이가 성장하면서, 엄마는 자연에 관한 아동 도서들을 쓰기 시작했고, 어린 소녀와 그녀의 오빠(역시 과학자가 되었다)는 숲속을 거닐면서 이끼와 양치류와 버섯과 곤충의 집을 찾아내는 법을 배웠다.[1] 대학원생 시절, 그녀의 아버지는 레이철 카슨의 전기를 썼다.[2] 그녀가 과학자가 된 것은 유전자 때문일까, 환경 때문일까? 각각의 해석에 대해 타당한 논리를 펴는 것은 가능하지만 어느 쪽 답변이 옳은지 입증할 방법은 없다.[3]

　　이 소녀의 인생 경로에 대해 생각할 때 많은 이들이 자연스레 젠더를 떠올리게 될 것이다. 개구리와 뱀에 일찍부터 흥미를 보였다고 해서 그녀는 톰보이로 불렸는데, 오늘날 일부 사회과학자들은 이런 꼬리표를 부적절한 남성성의 초기 징후로 해석한다.[4] 열한 살 때 여름 캠프에서 친구들은 그녀에게 "남자애들보다 벌레를 더 좋아했던 앤을 기리며"라는 비문을 적어 줬다. 어쩌면 이는 동성애적 성향을 예고한 것이었는지도 모른다. 그러나 그 여름 그녀는 젊은 남성 캠프 지도자에게 반해 쓰라린 짝사랑 경험을 했고, 스물두 살이 돼서는 사랑과 욕정에 이끌려 결혼했다. 열한 살짜리 소녀를 위한 비문이 예언처럼 느껴지기까지는 수년이 더 흘러야 했다.

　　이 소녀는 인형을 좋아하지 않았고, 애완용 뱀과 개구리를 키웠으며, 자라서 처음에는 이성애 성향을 보이다가 나중에 동성애 성향을 발전시켰다. 우리는 그녀의 삶을 그게 누구든 어떻게 해석해야 할까? 분석적 성격이나 동성애와 관련된 유전자가 있다고 추측해 보는 것은 파티에서 재미있는 수닷거리가 될 수 있을 것이고 누군가가 왜 "그런 방식"으로 성장했는지 어떻게든

자료: 필립 스털링

설명하고 싶어 하는 사람들에겐 위안을 줄 것이다. 그러나 환경과 유전자를, 또 본성과 양육을 분리하는 것은 인간 발달에 대한 잘못된 사고방식이며 과학적으로도 막다른 길에 이르렀다. 대신, 나는 반세기 전에 "관습적으로 마치 양립할 수 없는 영역들로 이야기되는 많은 것을 … 함께 바라볼 권리를 주장"한 철학자 존 듀이와 아서 벤틀리가 했던 말에 귀 기울일 것을 제안한다.[5]

이 책에서 나는 해부학적 구조와 생리학에 대한 의학과 과학의 지식이 어떻게 젠더화되는지를 보여 주었다. 나는 외부에서, 즉 생식기의 젠더에서 시작해 내부로 이동하면서 뇌에서부터 신체의 화학적 작용으로, 그리고 최종적으로는 (설치류의) 행동과 같은 무형의 것에 도달했다. 그러나 동물의 사회적인 역사와 동시대의 환경을 고려하지 않으면, 행동의 기저에 있는 생리학을 이해할 수 없다는 점이 밝혀졌다. 뫼비우스의 띠 이미지에 충실하게, 우리가 화학적 작용을(또 함축적으로는 유전자를) 분석하는 수준에 도달했을 때, 즉 여정의 가장 안쪽에 이르렀을 때, 우리는 불현듯 가장 바깥쪽에 있는 요인들을 검토해야만 했다. 이 동물의 사회적인 역사[예컨대, 고립 상태로 길렀는가, 암컷 혹은 수컷과 함께 지냈는가 같은]는 어떠했는가? 실험 장치의 구조는 어떠했는가? 특정한 유전 계통이 특정한 조건에서만 호르몬 자극에 반응한 이유는 무엇인가? 뫼비우스의 띠 바깥쪽 표면에서 핵심적 질문은 "신체에 대한 지식이 어떻게 젠더화되는가?"라면, 안쪽 표면에서 핵심 질문은 "젠더와 섹슈얼리티가 어떻게 신체적 사실이 되는가?"이다. 달리 말해, '사회적인 것은 어떻게 물질적인 것이 되는가?'이다. 이와 같은 안쪽의 질문에 답하려면 책 한 권은 써야 할 것이다. 그래서 이 장에서 나는 향후 연구를 위한 틀만 제시한다.

젠더의 체화 과정을 성공적으로 조사하기 위해서는 다음과 같은 세 가지 기본 원칙을 적용해야 한다. 첫째, 본성과 양육은 분리될 수 없다. 둘째, 인간을 비롯한 유기체는 수정된 순간부터 죽음에 이르기까지, 움직이는 표적을 향해 나아가는 능동적인 과정에 있다.[6] 셋째, 인간의 섹슈얼리티를 이해할 진정한 또는 최상의 방법을 제공해 줄 단일 학문이나 임상 분야는 없다. 페미니스트 비판 이론가들부터 분자생물학자들까지 많은 사람들의 통찰이 생리적 기능의 사회적 본질을 이해하는 데 필수적이다.

유전자가 '곧' 우리라고?

우리는 유전자 중심의 세상에 살고 있다.[7] 우리는 "유전자가 '곧' 우리다"라는 사고방식에 너무나 깊이 물들어 있어서 다른 방식으로 생각하는 것조차 불가능해 보인다. 우리는 우리의 유전자를 발달의 청사진으로, 생명의 책에서 읽어 내기만 하면 되는 선형적인 정보로 생각한다. 우리는 모기 화석에서 분리해 낸 DNA 염기 서열만 있으면 티라노사우루스 렉스를 만들어 낼 수 있다는 전제를 바탕으로 한 영화를 보러 간다(DNA가 티라노사우루스 렉스가 되려면 알이 필요하다는 〈쥬라기 공원〉의 정교한 설정은 흐지부지된다).[8] 우리는 거의 매일 뉴스에서 인간 DNA 분자의 염기 서열을 밝히는 프로젝트가 유방암과 당뇨병에서부터 파킨슨병 같은 질환을 일으키는 유전자가 무엇인지 곧 규명할 것이라는 이야기를 듣는다. 요즘 인간 유전학 연구자들은 알코올의존증과 내성적 성격은 물론 동성애 유전자를 "발견하는" 나머지 모든 일도 해낼 수 있다.[9]

과학자들이 스스로 유전자가 모든 힘을 가진 것처럼 보이게 하지 않으려고 신중을 기할 때조차 새로운 과학적 발견이 대중적으로 전달되는 과정에서 미묘한 표현들은 생략돼 버리고 만다. 예를 들면, 딘 해머와 동료들은 일부 남성 동성애자들이 X염색체상의 특정 영역에 동일한 DNA를 가지고 있다는 증거를 발표하면서 상당히 신중한 표현을 사용했다. 이 논문에는 "남성 동성애 지향에서 유전학의 역할"이나 "유전적으로 영향을 받은" 혹은 "성적 지향과 관련된 유전자 좌위" 같은 표현들이 곳곳에 등장한다.[10] 그러나 이런 신중함이 해머 연구팀의 보고서가 실린 『사이언스』의 같은 호에 게재된 다른 글에까지 이어지진 않았다. 같은 호의 '연구 소식' 난에는 다음과 같은 제목이 달려 있었다. "동성애 유전자에 대한 증거: 유전자 분석으로 … 동성애와 관련 있는 유전자 혹은 유전자들을 포함하는 것으로 보이는 X염색체상의 부위가 발견되었다."[11] 2년 뒤 좀 더 대중적인 잡지인 『더 프로비던스 저널』에서는 "게이 유전자" 연구와 "조현병 유전자 탐색"을 언급하는 제목들이 한 페이지에 나란히 실렸다.[12]

그러나 게이 유전자 또는 다른 복잡한 행동을 유발하는 유전자를 거론한다는 것은 무슨 의미일까? 그런 표현들, 또는 해머와 동료들이 사용한 좀 더 신중한 언어가 인간의 섹슈얼리티에 대한 우리의 이해를 진전시킬까? 나는 이런 표현이 당면한 문제를 밝혀 주지 못할 뿐만 아니라 우리의 지적 시야를 흐리게 만든다고 생각한다.[13]

기초 유전 생리학을 간략하게 살펴보면 그 이유를 알 수 있다. 유전 기능은 우리가 세포라고 부르는 발달 체계의 맥락에서만 이해될 수 있다. 세포 속에 들어 있는 단백질 서열 정보는 대부분 세포핵 안에 있는 DNA에서 발견된다. DNA 자체는 염기라고 불리는 화학물질로 구성된 하나의 커다란 분자다.[14]

340

유전 정보는 DNA 분자 내에 연속적으로 존재하지 않는다. 단백질 일부를 암호화하는 영역(엑손exon)은 암호화되지 않은 영역(인트론intron)에 연결될 수 있다. 유전자 정보가 단백질 구성에 활용되려면, 세포는 그 전에 반드시 DNA의 암호화 영역과 비암호화 영역 모두에 대해 리보핵산RNA 주형을 만들어야만 한다. 그 뒤 효소가 인트론을 잘라 내고 엑손을 특정 단백질의 주형을 포함하는 선형의 서열로 이어 붙인다. 단백질 생성에는 특정 유형의 추가적인 RNA 분자들과 다른 많은 단백질의 협력적인 활동이 필요하다.

우리는 때때로 유전자가 단백질을 만든다고 간단히 이야기하지만, 우리를 곤경에 빠뜨리는 것은 바로 이런 단순화다. DNA만으로는 단백질을 만들 수 없다. 다른 수많은 분자가 필요하다. 즉, 아미노산을 리보솜으로 운반하고 바로 옆에 다른 단백질들이 연결될 수 있도록 죔쇠처럼 고정시키는 특수한 RNA들이 필요하다. 단백질 역시 DNA의 메시지를 핵에서 세포질로 운반하고, 다른 분자들이 그 메시지를 해석할 수 있도록 감겨진 DNA를 푼 다음 RNA 주형을 자르고 붙이는 일을 돕는다. 요컨대 DNA나 유전자가 유전자 산물을 만드는 게 아니다. 복잡한 세포들이 그 일을 한다. 순수한 DNA를 시험관에 넣으면 거기에서 거의 영원히 비활성화 상태로 있을 것이다. 반면 DNA를 세포 속에 넣으면 많은 일을 할 수 있다. 당연히 그 일은 해당 세포의 최근 역사와 현재 상황에 크게 의존한다.[15] 달리 말해, 유전자의 작용 여부는 그것이 위치한 소우주에 달려 있다.[16] 새로운 연구에 따르면, 발달 자극을 받은 세포 안에서 8000여 개에 달하는 유전자가 발현될 수 있다고 한다. 이는 유전자의 소우주가 얼마나 복잡할 수 있는지 보여 준다.[17]

철학자 화이트헤드의 말을 빌리자면, 발달은 움직이는 표적이다. 하나의 수정란 세포에서 유기체가 탄생할 때, 그것은 전에 있었던 것을 기반으로 구성된다. 비유하자면, 돌보지 않은 빈 들판에 숲이 다시 생기는 과정을 떠올려 볼 수 있다. 처음에는 한해살이 식물, 풀, 관목이 나타나고, 몇 년 뒤에는 삼나무, 버드나무, 산사나무, 아까시나무가 드문드문 자라난다. 이 나무들은 햇빛을 충분히 받아야 자랄 수 있다. 그래서 이 나무들이 자랄수록 그늘을 너

그림: 마우리츠 코르넬리스 에스허르(ⓒ Cordon Art)

무 많이 드리워 자신의 묘목들은 살아남을 수 없게 된다. 그러나 사시나무는 삼나무와 버드나무 등이 만든 조건에서도 잘 자란다. 결국 사시나무와 다른 나무들이 잎으로 덮인 시원한 숲 바닥을 만들어 내고 그 위에서 솔송나무, 가문비나무, 붉은 단풍나무, 참나무 묘목이 번창한다. 마지막으로 이 나무들은 솔송나무, 너도밤나무, 사탕단풍나무가 자랄 조건을 조성한다. 이 새로운 나무들은 다시 자신의 묘목들이 번창할 수 있는 미세 기후를 창조하고 마침내 극상림climax forest이라 불리는 안정된 수목군이 발달한다. 이런 연속적인 성장의 규칙적인 패턴은 삼나무, 산사나무, 버드나무의 유전자에서 발견되는 모종의 생태적 프로그램에서 비롯된 것이 아니라 "다양한 유기체 사이의 복잡한 확률적[통계적으로 연구할 수 있는 임의적인 과정들-인용자] 상호작용들이 장기간에 걸쳐 연속해 일어나며 발생한다."[18]

에스허르의 작품은 유용한 비유를 제공한다. 1940년대 초반에 그는 하나의 평면을 서로 맞물린 그림들로 분할한 일련의 목판화를 제작했다. 이런 이미지들이 가진 두 가지 특징은 우리가 발달 체계 이론을 세포와 발달에 어떻게 적용해야 할지 알 수 있게 해 준다(〈그림 9-2〉 참고). 첫째, 이 이미지를 응시하고 있으면 새가 시야에 도드라져 나타난 후 물고기가 헤엄쳐 오른다. 이 두 형태는 항상 그곳에 있지만, 특정 순간에 초점을 어떻게 맞추느냐에 따라 한 동물이 다른 동물보다 더 눈에 띄게 된다. 둘째, 각각의 선은 물고기와 새의 윤곽선을 동시에 나타내고 있다. 만약 에스허르가 새의 모양을 바꾸면, 물고기의 형태 역시 변할 것이다. 세포의 생리적 상태에 대한 체계론적 설명[발달 체계 이론]도 마찬가지다. 유전자(혹은 세포나 유기체)와 환경은 물고기와 새와 같다. 하나를 바꾸면 전체가 바뀐다. 하나를 보면 전체가 보인다.

세포의 사회화

① 신경세포와 뇌

그러므로 유전자는 그 자체로 중요한 역사를 가진 복잡한 세포의 일부분으로 기능한다. 또한 세포들은 기능적으로 통합돼 있는 복잡한 신체 내부에서 유기적인 기관들을 형성하는 긴밀하게 연결된 대규모 집단으로 작동한다. 이런 차원에서 신체 내부의 세포와 기관을 조사할 때, 우리는 신체 외부의 사건들이 어떻게 우리의 살 속으로 통합되는지 엿볼 수 있다.

　　20세기 초 인도의 벵골 지방에서 조지프 싱 목사는 갓난아기 때부터 늑대 무리와 지낸 두 소녀(그는 소녀들에게 아말라와 카말라라는 이름을 지어 주었다)를 "구출"했다.[19] 이들은 다른 사람들이 두 발로 달리는 것보다 네 발로 더 빨리 달릴 수 있었다. 또 야행성이었으며, 날고기와 썩은 고기만을 먹으려 했다. 으르렁거리는 개들과 소통이 잘돼서 식사 시간에 같은 밥그릇을 쓸 정도였다. 확실히 아이들의 신체는 — 골격 구조부터 신경계까지 — 비인간 동물들과 함께 성장하면서 심하게 변형돼 있었다.

　　야생의 아이들을 관찰한 결과는 특히 지난 20년 동안 신경과학자들에게 점차 명확해진 사실을 극적으로 보여 주었다. 뇌와 신경계가 가소성[*]을 띤다는 사실 말이다. 신경세포, 표적기관, 뇌 사이의 눈에 잘 띄지 않는 물리적 연결과 마찬가지로 전체적인 해부학적 구조 역시 출생 직후뿐만 아니라 성인이 돼서도 변화한다. 성인의 뇌에서는 새로운 세포가 생성되지 않는다는 통설조차 최근에 와선 사라져 버렸다.[20] 몸의 신경계가 외부의 메시지와 경험에 반응하고 이를 통합할 때 종종 해부학적 변화가 일어난다.

사회적 상호작용이 신경계에 물리적인 변화를 일으키는 사례는 수없이 많다.[21] 두 가지 유형의 연구가 인간의 섹슈얼리티를 이해하려는 틀로 특히 적절해 보인다. 하나는 신경세포의 발달과 가소성, 그리고 중추신경계와 말초신경계 내에서 신경세포들의 상호 연결에 관한 것이다.[22] 다른 하나는 신경세포 수용체의 변화를 다룬다. 이 수용체는 에스트로겐과 안드로겐 같은 스테로이드호르몬이나 세로토닌 같은 신경전달물질과 결합해 특정 세포 집합의 단백질 합성 메커니즘을 활성화할 수 있다.[23] 이 사례들은 신경계와 행동이 사회체계의 일부로 어떻게 발달하는지 보여 준다.

과학자들은 때때로 한두 가지 구성 요소의 유전적 기능을 방해해 이런 체계를 교란해 본다. 분석적으로 이는 자동차의 점화플러그를 제거해 그것이 내연기관의 작동을 방해하는지, 그렇다면 어떻게 방해하는지를 알아보는 것과 유사하다. 일례로 과학자들은 세로토닌 수용체 유전자가 없는 생쥐를 만들고 그들의 왜곡된 행동들을 관찰했다.[24] 이런 실험은 세포가 어떻게 기능하고 소통하는지에 대해 중요한 정보를 제공한다. 그러나 이 실험은 생쥐가 특정한 사회적 환경에서 특정한 행동을 어떻게 발달시키는지는 설명할 수 없다.[25]

사회적 경험은 젠더의 신경생리학에 어떻게 영향을 미칠까? 비교 신경생물학자 귄터 에레트와 동료들은 자신들이 수행한 수컷 생쥐의 부성 행동 연구

---

[*] 플라스틱처럼 고체가 외부의 힘을 받아 형태가 바뀐 뒤 그 힘이 없어져도 변화된 상태를 유지하는 성질을 말한다. 뇌와 신경계 역시 여러 가지 경험에 의해 그 기능과 구조가 변화하는데, 이를 뇌 가소성 또는 신경 가소성이라고 한다.

에서 하나의 사례를 제공한다. 이 사례에서 어린 새끼들과 접촉한 적이 전혀 없는 수컷들은 (새끼들이 둥지에서 너무 떨어져 있을 때) 아빠로서 새끼를 찾는 행동을 하지 않지만, 새끼 쥐들과 단 몇 시간이라도 보내면 아빠답게 계속 새끼를 찾으려는 행동을 보인다. 에레트와 동료들은 새끼들과의 이른 접촉이 뇌의 여러 영역에서 에스트로겐 수용체의 결합이 증가하고 한 영역에서는 감소하는 현상과 관련이 있다는 사실을 발견했다.[26] 달리 말해, 육아 경험은 자기 새끼를 돌보는 수컷 생쥐의 능력뿐만 아니라 뇌의 호르몬 생리 역시 변화시킬 수 있다.

인간의 뇌 역시 가소성이 있다는 사실이 최근 들어 대중매체에 보도되기 시작했는데,[27] 이는 젠더화된 경험이 젠더화된 신체를 만들어 내는 메커니즘을 상상할 수 있게 해 준다. 환경 신호들은 새로운 뇌세포들의 성장을 자극하거나 오래된 세포가 새로운 연결을 형성하도록 한다.[28] 태어났을 때 인간의 뇌는 상당히 불완전하다. 신경세포와 여타 신체 부위 사이의 연결 가운데 상당수가 잠정적이며 영구화되려면 어느 정도 최소한의 외부 자극이 필요하다. 뇌의 일부 영역에서는 사용되지 않는 신경 연결들이 생후 12년에 걸쳐 와해된다.[29] 따라서 초기의 신체 경험과 인지 경험이 뇌 구조를 형성한다.[30] 심지어 태아기의 근육 움직임조차 뇌 발달에 영향을 미친다.

뇌가 신경 연결을 "강화하는" 방식 가운데 하나는 개개의 신경섬유 주위에 미엘린이라고 불리는 절연체를 두르는 것이다. 출생 시 인간의 뇌는 불완전하게 미엘린화돼 있다. 미엘린화 과정은 대체로 생후 10년 동안 지속되지만, 그 이후에도 뇌는 완전히 고정되지 않는다. 생후 10~20년 사이에 미엘린화는 두 배 증가하며, 40~60년 사이에 추가로 60퍼센트 증가한다.[31] 이는 신체가 일생 동안 젠더와 관련된 경험들을 통합할 수 있다는 발상을 그럴듯하게 만든다.

마지막으로(적어도 이 논의에서는),[32] 대규모 세포 집단은 자신들의 연결 패턴, 즉 뇌 과학자들이 아키텍처architecture라 부르는 것을 변화시킬 수 있다. 신경해부학자들은 수년에 걸쳐 신체의 외부 부위를 자극할 때 뇌의 어떤 부분이 반응하는지 알아내는 실험을 해 왔다. 얼굴을 건드리면 특정한 대뇌피질의 신경들이 활성화되고 손과 손가락 하나하나를 건드리면 다른 신경이 영향을 받으며, 발 역시 다른 신경세포에 영향을 미친다. 교과서들에서 이런 실험들은 대체로 뇌 피질 위에 신체의 특정 부위가 기괴하게 겹쳐진 모습(호문쿨루스homunculus*라 불린다)을 그린 만화로 요약된다. 과학자들은 유아기 초기가 지나면 호문쿨루스의 모양이 변하지 않는다고 생각하곤 했다. 그러나 여러 영장류에서 일련의 실험을 거치며, 이 관점은 극적으로 바뀌었다.[33]

최근의 한 연구는 현악기 연주자의 왼손 손가락의 대뇌피질 표상 영역을 연령과 젠더가 같지만 현악기 경험이 없는 대조군의 대뇌피질 표상 영역과 비교했다. 현악기 연주자는 왼손의 두 번째 손가락부터 다섯 번째 손가락까지 지속적으로 움직인다. 현악기 연주자의 왼손 체감각 지도는 두 번째에서 다섯 번째 손가락까지의 영역이 현악기 연주자가 아닌 사람이나 연주자 자신의 오른손에 비해 눈에 띄게 컸다.[34] 다른 사례로, 어렸을 때 시력을 잃은 사람들이 점자 판독기를 읽는 경우를 보자.[35] 당연히 그들은 점자 판독기를 읽는 손가락의 표상 영역이 더 확대돼 있었다. 그런데 그들의 뇌는 훨씬 더 놀라운 재조정을 이루어 냈다. 앞이 보이는 사람들이 시각 정보를 처리하는 데 사용하는 피질 영역(소위 시각 피질)을 동원해 대신 촉감을 처리하는 데 활용하는 것이다.[36]

음악가와 선천적 시각장애인 모두 대뇌피질의 재조직화는 아마도 어린 시절에 일어났을 것이다. 이는 우리가 이미 알고 있던 것, 즉 아이들이 엄청난 학습 능력을 가지고 있다는 점을 확인시켜 준다. 하지만 이런 연구들은 뇌에서 일어나는 물질적·해부학적 연결이 외부 영향에 반응한다는 점을 보여 줌으로써 학습에 대한 우리의 생각을 확장한다. 이런 지식은 정신과 신체의 구분

---

* 체감각 지도라고도 한다. 1940년대에 신경외과 의사 와일더 펜필드 Wilder Penfield가 간질 환자들을 수술하던 도중 대뇌피질의 특정 부위를 전기로 자극했을 때 환자들이 몸의 특정 부위에서 감각을 느낀다는 사실을 발견했고, 이를 통해 체감각 지도를 처음 만들었다.

섹싱 더 바디

을 유지하려는 시도와 신체를 행동의 선행 요소로 제시하려는 시도에 혼란을 야기한다. 대신 이런 연구들은 환경과 신체가 함께 행동을 만들어 내며, 어느 한 요소가 다른 요소보다 선행된다고 보는 관점은 부적절하다는 주장을 뒷받침한다.[37]

점자 판독기 사용자와 음악가에 대한 연구는 어린이 뇌의 가소성을 보여 준다. 그러면 성인 뇌의 해부학적 구조 역시 변할 수 있을까? 그 답은 신경외과의에서 현상학자까지 인간의 뇌를 연구하는 학자들을 오랫동안 매료했던 현상, 즉 환상 사지의 수수께끼에 대한 연구에서 얻을 수 있다. 사지절단술을 받은 환자들은 종종 상실된 부위가 여전히 존재한다고 느낀다. 처음에는 상실된 부위의 원형 그대로 환각을 느낀다. 그러나 시간이 흐를수록 지각되는 형태가 변화한다. 실제 팔다리와는 달리, 환각에서는 더 가볍고 속이 빈 것처럼 느껴진다. 유령처럼, 환상 사지는 단단한 물체를 통과할 수 있을 것처럼 보인다.[38]

손을 잃은 사람이 입술을 가볍게 자극받으면 잃어버린 손을 "느낄" 수도 있고, 팔을 잃은 사람의 얼굴을 가볍게 건드리면 잃어버린 팔을 "느낄" 수도 있다. 이런 현상을 연관 감각referred sensation이라고 부른다. 최근 일련의 연구들은 상실한 팔다리의 감각을 담당했던 호문쿨루스 부위의 신경들이 인접한 영역(이 사례에서는 외부 자극을 얼굴과 연결하는 피질 영역)에 "인계"[점령]된다는 발견으로 이 현상을 설명하려고 시도한다. 또한 한 손을 잃어버려 증가한 사용 요구에 대응해, 온전한 손을 담당하는 호문쿨루스의 크기 역시 증가한다.[39] 대뇌피질의 재배치로 모든 환상 사지 현상을 설명할 수는 없겠지만,[40] 성인 뇌의 해부학적 구조가 새로운 환경에 어떻게 반응하는지를 보여 주는 극적인 사례를 제공해 주는 것만은 분명하다.[41]

이 모든 것을 성적 차이와 인간의 성적 표현의 발달에 어떻게 적용할 수 있을까? 지금까지 제시된 답변들은 지극히 모호했는데, 이는 부분적으로 우리가 개별 구성 요소에 대해서는 너무 많이 생각한 반면, 발달 체계는 충분히 고려하지 않았기 때문이다. 학습과 만성 통증 사이의 생리적인 연결에 관심

347

이 있는 실무 간호사 폴 아른스테인은 이렇게 적고 있다. "완전히 통합돼서 끊임없이 변화하는 구조와 화학적 매개체들의 교향곡 때문에 연구자들은 중추신경계의 진정한 본질을 이해하지 못했다. 감각, 생각, 느낌, 움직임, 사회적 상호작용은 각각 뇌의 구조와 기능을 변화시킨다. 다른 생명체가 단순히 존재하는 것만으로도 몸과 마음에 엄청난 영향을 미칠 수 있다."[42] 우리는 이 교향곡과 그 청중들을 함께 연구하는 법을 알게 될 때에만 젠더와 섹슈얼리티가 신체에 어떻게 스며드는지 이해하기 시작할 수 있을 것이다.

② 해부학적 성별의 변화

우리가 살아가는 동안 뇌는 신경세포에서 대인 관계에 이르는 모든 것을 아우르는 동적 발달 체계의 일부로서 변화한다. 원칙적으로 비슷한 개념을 생식샘과 생식기에도 적용할 수 있다. 태아기에 발달한 생식샘과 생식기는 아동기에도 영양, 건강 상태, 우연한 사건 등의 영향을 받으며 계속 성장하고 형태가 변화한다. 사춘기가 되면 해부학적 성별은 생식기 분화뿐만 아니라 이차성징까지 아우르게 되는데, 이는 영양과 건강 상태뿐만 아니라 신체 활동 수준에도 좌우된다. 예를 들면, 여성 장거리 종목 운동선수들은 체지방이 감소해 지방 대 단백질 비율이 일정 수준 이하가 되면 월경이 멈춰 버린다. 따라서 생식샘의 구조와 기능은 운동 및 영양 수준에 반응하며, 물론 생애 주기 동안에도 변화한다.

생식 생리뿐만 아니라 성적인 해부학적 구조 역시 나이가 들수록 변화한다. 이는 음경이 떨어진다거나 난소가 사라진다는 의미가 아니라, 한 사람의 체격, 해부학적 기능, 그리고 자신의 성적인 몸을 경험하는 방식이 시간에 따라 달라진다는 의미다. 우리는 신생아의 몸, 20세의 몸, 80세의 몸이 다르다는 것을 당연하게 여긴다. 그러나 해부학적 성별에 대해서는 고정된 시각을 고집한다. 생애 주기 전반에 걸쳐 일어나는 변화들은 모두 세포와 문화가 상호작용해 서로를 구성하는 생물문화 체계bioscultural system의 일부분으로서 발생한다. 예컨대 경쟁적인 운동은 운동선수들과 그들을 모방하는 더 많은 대중이 자연적이면서도 인위적인 과정을 통해 신체를 변형하도록 이끈다. 한편으로 그것은 식습관과 운동 패턴을 변화시켜 우리의 생리작용과 해부학적 구조를 바꾸기 때문에 자연스럽다. 다른 한편으로 문화적 관행이 우리가 추구하는 외모와 이를 달성하는 최상의 방식을 결정하는 데 일조하기 때문에, 그것은 인위적이다. 나아가 질병, 사고, 수술 — 성전환 수술에서부터 유방 축소나 확대, 음경 확대 등 (이차성징에 적용되는) 다양한 시술에 이르기까지 — 은 우리의 해부학적 성별을 변형할 수 있다. 우리는 해부학적 구조가 변하지 않는 것으로 생각하지만 그렇지 않다. 우리 신체의 구조와 기능 및 내적·외적 이미지에서 비롯되는 인간 섹슈얼리티의 여러 측면 역시 마찬가지다.

생식 능력 역시 생애 주기에 걸쳐 변화한다. 성장하면서 우리는 생식이 불가능한 미성숙 상태에서 출산이 가능한 시기로 이동한다. 우리는 실제로 아이를 가질 수도 있고 가지지 않을 수도 있다(혹은 실제로 생식 능력이 있을 수도 있고 없을 수도 있다). 우리가 아이를 가지려고 결심하는 시기와 방식은 그 경험에 깊은 영향을 미칠 것이다. 20세에 엄마가 되는 것과 40세에 엄마가 되는 것, 이성애 커플로 아이를 갖는 것과 한부모 혹은 레즈비언 관계에서 아이를 갖는 것은 단일한 생물학적 경험이 아니다. 그 경험은 나이, 사회 환경, 전반적인 건강 상태, 재력에 따라 정서적·생리적으로 차이가 있을 것이다. 이 경험을 만들어 내는 신체와 환경은 분리할 수 있는 실체들이 아니다. 여기서도 우리가 종종 고정적인 것으로 생각하는 것들이 생애 주기 전반에 걸쳐 변화하며, 생물문화 체계의 관점에서만 이해될 수 있음을 다시금 확인할 수 있다.[43]

심리학자 제프리 엘먼과 동료들은 『선천성을 다시 생각하다』에서 복잡한 사회생활을 하는 동물들이 출생 후 오랜 미성숙 기간을 거치는 이유를 질문한다. 그 기간이 "취약성, 의존성, 부모와 사회의 자원 소비" 같은 위험을 초래할 수 있는 것처럼 보이는데도 말이다. 그들은 "모든 영장류 가운데 인간이 성숙하는 데 가장 긴 시간이 걸린다"라고 지적한다.[44] 그들의 답은 오랜 발달 기간 덕분에 (역사적·문화적·물리적) 환경이 더 많은 시간을 들여 발달 중인 유기체를 형성할 수 있다는 것이다. 실제로 사회 체계 내에서의 발달은 인간의 성적 복잡성에 꼭 필요한 요소다. 형태와 행동은 오직 동적 발달 체계를 통해서만 나타난다. 우리의 정신은 외부를 내부와(또 그 반대로) 연결한다. 왜냐하면 다년간에 걸친 우리의 발달은 사회 체계 내부에서 통합적으로 이루어지기 때문이다.[45]

소녀·소년들에게 감사를

① 젠더의 형성 과정

좌절감에 빠진 한 부모는 내게 이렇게 말할지도 모른다. "세포, 뇌, 기관의 이 같은 발달 과정은 무척 흥미롭네요. 하지만 여전히 궁금합니다. 왜 내 아들은 손가락에 레이저 총이라도 달린 것처럼 여기저기 쏘면서 돌아다니고, 내 딸은 고무줄놀이를 더 좋아하는지 말입니다." 상당수의 러브웹 참여자들 역시 젠더 차이가 어린 나이부터 나타난다는 연구 결과 ― 그들은 이를 선천적 차이에 대한 논거라고 확실히 믿고 있다 ― 를 언급하면서 비슷한 질문을 한다. 수없이 많은 부모가 관찰하고 사회학자와 발달심리학자가 다양하게 연구한 결과[선천적 성차]를 젠더 습득에 대한 발달 체계적 접근과 어떻게 조화시킬 수 있을까? 여기서 나는 이미 존재하고 있는 퍼즐의 조각들을 맞춰 보려 한다.

　　일부 사회학자들은 "젠더는 개인적 속성이 아니라 다른 사람과의 상호작용을 통해 달성되는 것으로 … 상황에 따른 성취물이다"라고 주장한다.[46] 아이들과 어른들은 모두 다른 사람들이 보낸 직접적인 피드백을 통해 "젠더를 수행하는 법"을 배운다.[47] 학교 친구, 부모, 선생님, 심지어 길에서 만난 낯선 사람까지 아이들의 옷차림을 평가한다. 바지를 입은 소년은 사회적 규범을 따르고 있지만 치마를 입은 소년은 그렇지 않다. 그리고 아이는 그 즉시 평가를 듣는다! 그러므로 젠더는 개인적인 것이 아니며 소규모 집단 사이의 상호작용을 포함한다. 젠더는 제도적 규칙을 수반하는 것이다. 여성으로 꾸민 게이 남성은 거리를 걷기만 해도 자신이 젠더 규범에서 벗어난 존재라는 것을 이내 알게 된다. 그러나 그 남성이 게이 바에서처럼 다른 종류의 규칙을 따르는 하위문화에 참여할 때는 찬사를 받을 것이다. 나아가 우리는 "차이 수행"의 일환으로 "젠더를 수행한다." 우리는 젠더뿐만 아니라 인종과 계급을 포함한 정체성을 확립하고, 인종과 계급의 위계 내에서 우리가 차지하는 위치에 따라 젠더를 다르게 수행한다.[48]

미국과 유럽에서는 남자애들과 여자애들이 유치원 때부터 다르게 행동하기 시작한다. 중학생이 될 때까지 남녀는 서로를 "세균 덩어리"로 여기지만, 호르몬 지옥의 시기, 곧 사춘기를 거치면서 섹스와 사회화를 위해 서로에게 돌아온다. 성인이 되면 남녀는 서로 겹치면서도 젠더에 따라 분리된 기관에서 생활하고 일한다. 노년이 되면 그들은 또 한 번 나뉘는데, 이번에는 남녀의 사망률 차이 때문이다. 아동기에 어떻게 젠더를 습득하는지에 대해서는 발달심리학자들과 사회학자들, 그리고 발달 체계 이론가들이 몇 가지 흥미로운 발견을 했지만, 생애 주기의 나머지 부분에서 이와 비슷한 정보를 획득하는 것은 향후 연구자들의 몫으로 남아 있다.[49]

전통적으로 심리학은 젠더 발달을 이해하는 세 가지 접근법을 제시해 왔다. 프로이트의 정신역동학, 사회적 학습, 인지 발달이 그것이다. 프로이트에 따르면, 자신의 성기에 대한 아이들의 인식이 성적 환상을 만들어 내며, 이는 다시 적절한 성인 모습과의 동일시 및 적절한 젠더 역할의 발달로 이어진다.[50] 사회적 학습론을 지지하는 이들은 유아의 생식기에 대한 성인의 인식을 강조하는데, 이 인식이 젠더에 적합한 모델을 제공하고, 이를 차별적으로 강화해 결국 젠더 역할과 정체성을 발달시킨다는 것이다.[51] 인지 이론 역시 아동의 생식기에 대한 타인의 인식에서 출발하는데, 이 인식이 아동에게 꼬리표를 붙이고 그로부터 젠더 정체성이, 그리고 마침내 적절한 젠더 역할이 획득되는 과정으로 이어진다.[52] 페미니스트 사회과학자들은 성적 차이의 발달에 관한 정보를 생산하는 데 이 각각의 패러다임을 활용해 왔다. 과거에는 여성 발달에 대한 더 나은 설명을 제시하는 것이 일차적인 목표였다. 이 세 이론의 원형이 모두 주로 소년이 어떻게 남성이 되는지를 묘사하는 것이었기 때문이다. 그러나 좀 더 최근에는 많은 페미니스트들이 이 분야의 구조 자체에 이의를 제기하기 시작했고, 차이에 대한 좀 더 복합적인 설명과 남녀의 유사성에 관한 연구로 돌아갈 것을 요청하고 있다.[53] 여기서 나는 인지 발달과 사회적 학습에 관련된 연구에 특히 의존한다. 접근법이 무엇이든, 자아의 발달을 이해하겠다는 목적은 동일하다. "성 충동과 대상 선택을 비롯한 행동과 경험 및 동일시는, 그것이 비교적 안정된 것이든 고정된 것이든, 적어도 … 정체성의 기본적인 또는 일차적인 '핵심'이다."[54]

젠더와 섹슈얼리티는 종종 인간 존재의 보편적 특징으로 보인다. 이처럼 명백해 보이는 보편성이 반드시 인간의 섹슈얼리티와 정체성은 타고나며 사회 경험은 이를 형성하는 데 피상적인 역할만 할 뿐이라는 뜻일까? 명백히 보편적인 또 다른 행동인 미소의 발달을 살펴보면 이런 질문 방식이 잘못됐다는 것을 알 수 있다.[55] 신생아들은 단순한 미소를 짓는다. 입 양쪽이 바깥쪽 위로 당겨지면서 얼굴이 이완된다. 이와 동일한 "미소"를 임신 26주밖에 안 된 태아에서도 볼 수 있다. 이것은 발달 중인 인간이 기본적인 신경 연결이 발달하면 심지어 자궁 속에서도 반사적으로 "미소"를 지을 수 있음을 시사한다. 신생아의 경우 미소는 렘REM(급속 안구 운동) 수면 상태에서 자연스럽게 나타나지만, 처음에는 감정을 표현하는 기능이 없다.

출생 후 2주가 지나면, 아기는 깨어 있을 때 드물게 미소를 보이기 시작하고 여기에 더 많은 신체 부위가 관여한다. 입술은 더 멀리까지 동그랗게 말리고 "뺨 근육은 수축하며 눈 주위의 피부에는 주름이 생긴다." 생후 3개월 된 아기는 깨어 있을 때 훨씬 더 자주 미소를 지으며, 환경의 자극에 반응해 한바탕 웃기도 한다. 생후 6개월에서 만 2세 사이 아이는 미소에 놀람, 분노, 흥분 등 다양한 표정이 혼합된다. 또한 표정은 더욱 복잡해지고 개인별로 다양해진다. 미소를 지으며 "코를 찡그리거나 입을 크게 벌리거나 눈을 깜박이거나 숨을 내쉬거나 눈썹을 올려서 즐거움부터 장난기에 이르기까지 다양한 감정을 전달한다."[56] 그러므로 2년 동안 미소는 형태(근육과 신경 동원을 수반하는 모든 형태), 타이밍, 다른 표현 행동과의 연관성 측면에서 변화를 겪는다고 할 수 있다. (거트루드 스타인의 말*을 약간 비틀어 표현하자면) 미소는 미소가 아니며 미소가 아니다.

미소를 관장하는 근육과 신경이 발달해 더 복잡해짐과 동시에 미소를 짓게 만드는 사회적 맥락과 기능 역시 복잡해진다. 태어났을 때 아기는 졸리거나 감각 자극 유입이 줄어들면 미소를 짓지만, 곧 친근한 음성과 소리에 미소로 반응하고, 접촉에 대한 반응은 덜 규칙적이다. 생후 6주가 되면 아기는 시각적 신호에 반응해 주로 깨어 있는 동안에 미소를 짓는다. 생후 3~6개월 사이에는 무생물보다 엄마에게 미소를 지을 가능성이 커지고 첫돌이 될 무렵에는 "애교를 부리거나 장난을 치려는 의도를 비롯해 다양한 의사소통을 하기 위해 미소를 짓는다."[57] 언뜻 보기에 미소는 단순히 반사적인 반응인 것 같지만, 시간이 흐를수록 복잡한 방식으로 변화한다. 즉, 미소는 거기 관여하는 근육과 신경의 측면에서뿐만 아니라, 어떤 사회적 상황이 미소를 유발하는지, 그리고 타인과 소통하는 복잡한 체계의 일부로 미소를 어떻게 활용하는지의 측면에서도 변화해 가는 것이다. 따라서 생리적 반응은 의도적인 사용의 측면에서뿐만 아니라, 실제 신체 부위 그 자체의 측면(어떤 신경과 근육이 사용되며, 무엇이 이를 자극하느냐)에서도 "사회화"된다.

미소 반응을 하나의 발달 체계로 보면, "미소는 선천적이고 유전적이다"와 같은 의미 없는 주장을 하는 대신 생애 주기의 여러 지점들에서 "미소의 형태, 타이밍, 기능에 영향을 줄 수 있는 … 조건들을 체계적으로 변화시킨" 신중하게 설계된 실험 연구를 할 수 있다.[58] 심리학자 앨런 포겔과 동료들은 미소 반응에 대한 연구를 활용해 자신들이 '감정에 대한 동적 체계 이론의 관점'이라고 부르는 것을 발전시켰다.[59] 첫째, 그들은 감정이 개인적이라기보다 관계적이라고 주장한다. 예를 들면, 어린 유아는 다른 사람이나 사물에 반응해

    ✴ 거트루드 스타인은 "장미는 장미는 장미는 장미다"Rose is a rose is a rose is a rose라고 말했다.

미소를 짓는다. 둘째, 그들은 감정을 자기 조직화*되는 안정된 체계로 본다. 그러나 안정성이 영구성을 의미하지는 않는다. 따라서 시각적으로 유도된 미소 반응은 3~4개월 된 영아에서는 안정적이지만, 결국에는 엄마(혹은 다른 양육자)와의 다양한 신체적 상호작용을 수반하는 새로운 안정적인 체계로 대체된다.[60]

동적 발달 체계에 대한 연구가 인간의 성적인 발달에 대한 연구에 접목된 경우는 거의 없지만, 그 적용 가능성은 명백해 보인다. 첫째, 우리는 성적인 행동과 젠더 획득의 보편적인 원인을 찾는 것을 멈추고 그 대신 개인차에 대해(또 거기서 시작해) 더 많은 것을 알아낼 필요가 있다. 둘째, 우리는 섹스와 젠더를 발달 체계의 일부로 어떻게 연구할지 더 깊이 생각할 필요가 있다. 셋째, 좀 더 상상력을 발휘해 '환경'이라는 단어의 의미를 구체화할 필요가 있다. 현재로서는 인간의 성 발달을 이루는 환경적 요소에 대한 우리의 이해가 부족하지만, 행동은 불안정한 시기(변화가 비교적 더 쉬운 시기)와 안정적인 시기(고정된 것처럼 보이는 시기)를 거친다는 포겔과 다른 연구자들의 발상이 도움이 될 것이다.

우리에게는 몇 가지 출발점이 있다. 1980년대 중반 이후부터, 여러 발달 심리학자 그룹들이 젠더에 관한 상호 연관된 질문들을 제기해 왔다. 아이들은 성(신체 부위)에 대해 무엇을 알고 있으며 언제 알게 되는가? 이런 지식은 서로 다른 놀이 패턴 같은 젠더와 연관된 행동들과 상관관계가 있거나 거기에 영향을 미치는가? 그리하여 이야기의 개요가 드러나기 시작했다.[61] 심리학

<hr>

※ 여기서 자기 조직화란 외부의 지시나 중앙의 어떤 "청사진" 없이 "감정을 구성하는 시스템 구성 요소 간의 상호작용이 지속적으로 이루어지며, 협력적이고 자발적으로 안정된 공동 활동 패턴을 형성하는 동적 과정"을 의미한다. 다시 말해, 감정이 신경계, 신체 움직임, 환경 신호(예를 들어, 양육자의 얼굴) 등 다양한 요소 사이의 실시간 조정을 통해 자연스럽게 안정 상태로 수렴하는 것을 가리킨다. 이에 대해서는 Fogel, Alan and Andrea Garvey, "Dialogical Change Processes, Emotions, and the Early Emergence of Self", *International Journal for Dialogical Science*, Fall, 2007, Vol. 2, No. 1, pp. 57~58 참고.

자들은 도식schema* 혹은 도식적 처리 과정이라는 개념을 도입했는데, 아이들은 이를 바탕으로 기초 지식을 활용해 "적절한" 놀이, 또래, 그리고 행동을 선택할 수 있다. 이런 사고방식에 따르면, 아이들은 자신의 자아 감각을 발달 중인 젠더 도식과 통합하면서 특정한 성역할을 받아들이는데, 이 과정은 미소가 발달하는 것처럼 여러 해가 걸린다. 이 시기 동안 특정 형태의 신체적인 젠더 표현(예를 들어, "여자애처럼 공 던지기")이 안정성을 갖게 된다는 추론은 합리적이다(이는 검증 가능한 것이기도 하다). 그러나 미소의 발달과 마찬가지로 안정성이 반드시 영구성을 의미하지는 않는다. 이는 리틀 야구 리그에서 활약하는 최고의 여자 선수[이들은 '여자애처럼 공을 던지'지 않는다]를 관찰해 보면 분명하게 알 수 있을 것이다.

어린아이가 세상에 대해 배우는 과정을 관찰해 본 사람은 누구나 도식이 작동하고 있는 모습을 보게 된다. 예를 들면, 나는 이제 막 걸음마를 뗀 조카딸이 올빼미 얼굴의 도식적인 윤곽이 그려진 시계를 가리키며 "올빼미"라고 자랑스럽게 외쳤던 일을 기억한다. 그 애가 읽던 동화책에 실린 야행성 새의 모습은 모두 세밀한 특징을 살린 그림이었는데, 나는 그 애가 그런 특징 없는 표현을 보고도 올빼미를 알아볼 수 있었다는 사실에 놀랐다. 하지만 그녀는 올빼미의 도식을 내면화했고, 이 도식은 그녀가 최소한의 정보만으로도 이 새를 인지할 수 있게 해 주었다. 베벌리 패곳과 동료들은 1.75~3.25세 사이의 아이들을 대상으로 젠더 도식을 연구했다. 그들은 아이들에게 성인과 아동의 사진을 "엄마", "아빠", "남자아이", "여자아이"로 정확하게 구분하는 "젠더 과제"를 주었다. 평균 연령이 2세 정도인 어린아이들은 이 시험을 통과할 수 없었다. 즉, 그들 사이에서는 젠더에 대한 개념이 작동하지 않는 듯했다. 그러나 평균 연령이 2.5세 정도 되는, 조금 더 나이를 먹은 아이들은 성인과 아동의 사진을 정확하게 분류했다. 게다가 소년-소녀 분류법을 발달시킨 이 아이들

＊　심리학에서 도식은 지각자로 하여금 어떤 유형의 정보를 선택적으로 수용하고 보게 하는, 일종의 행위 통제 메커니즘을 뜻한다.

은 그렇지 않은 아이들과 다르게 행동했다. 예컨대 이들은 놀이 집단으로 동성을 더 선호했고 분류 시험을 통과한 소녀들은 덜 공격적이었다.[62]

패곳과 메리 라인바크는 집에서 1.5세가 된 아이들을 관찰하기도 했다. 이 연령대 아이들은 젠더 분류 시험을 통과할 수도, 성별에 정형화된 놀이에 참여할 수도 없었다. 아이들이 2.25세가 되자, 그중 절반이 남자아이와 여자아이를 정확하게 구분해 꼬리표를 붙일 수 있었다. 패곳과 라인바크는 이들을 조기 식별자라고 불렀다. 조기 식별자와 늦은 식별자 사이에 두 가지 차이점이 나타났다. 먼저 "조기 식별자의 부모들은 성별에 정형화된 장난감 놀이에 긍정적이거나 부정적인 반응을 더 많이 보였다." 그리고 2.25세 무렵 "조기 식별자는 전통적으로 성별에 정형화된 행동들을 늦은 식별자보다 더 많이 했다."[63] 4세 무렵에는 성별 고정관념에 따른 놀이에 대한 선호도가 조기 식별자와 늦은 식별자 사이에 다르지 않았다. 다만 조기 식별자들이 성 고정관념을 더 많이 인식했다. 패곳과 동료들은 "아이의 젠더 도식 구성은 가정환경의 행동적·인지적·정서적 측면을 반영한다"고 결론 내렸다.[64]

나는 자전거를 타고 초등학교에 다녔는데, 뉴욕 교외의 풍경을 바라보며 생각에 잠기곤 했다. 한동안은 특히 한 문제에 골몰했다. 난 남자아이는 머리가 짧고 여자아이는 길다고 생각했다. 그런데 아기는 머리카락이 없이 태어난다. 그렇다면 어떻게 어른들은 갓 태어난 아기의 성별을 단번에 알아볼 수 있을까? 나는 이것이 궁금했다. 물론 나도 생식기가 뭔지 알고 있었다. 내게는 오빠가 있었고 내가 너덧 살이 될 때까지 우리는 목욕을 함께했다. 또 가끔은 다 함께 목욕하다가 발가벗고 있는 아빠를 언뜻 보기도 했다. 그러나 이 정보를 출생 선언에 대한 나의 의문과 연결 짓지 못했다. 그 후 어느 날, 열 살쯤 됐을 때, 학교에서 자전거를 타고 집으로 돌아오는 길에 문득 해답이 떠올랐다. "아, **그렇게** 아는 거구나"라고 생각했다. 페미니스트 이론의 관점에서 돌이켜보면, 성별이 가시화되기 훨씬 전부터 어릴 적 내 시야에 젠더가 명확히 존재하고 있었음을 깨닫게 된다.[65]

나 혼자만 이런 혼란을 겪었던 것은 아니다. 다만 해결이 조금 더뎠을 뿐이다. 적어도 미국에서 어린아이들은 기본적인 젠더 도식을 처음에는 생식기에 대한 지식이 아니라, 젠더에 대한 문화적 표지에 기초해 형성하는 것처럼 보인다. 한 연구에서 심리학자 샌드라 벰은 3세, 4세, 5세 된 아이들에게 벌거벗고 있는 남자아이 혹은 여자아이의 사진과 같은 아이가 여자 혹은 남자의 옷을 입은 사진을 보여 주었다. 3세 미만은 벌거벗은 아이가 남자아이인지 여자아이인지 구분하는 걸 어려워했지만, 옷을 입은 아이를 구분할 때는 옷이나 머리 모양 같은 사회적인 단서를 잘 활용했다.[66] 3세, 4세, 5세 아이의 약 40퍼센트는 생식기에 대한 지식을 갖고 나자 모든 사진에서 성별을 정확하게 식별해 냈다. 그러나 나머지 아이들은 성별 항상성sex constancy✻ 개념이 아직 없었다. 즉, 그들은 누가 남자아이이고 여자아이인지 판단하는 데 머리 모양과 옷차림 같은 젠더 신호들을 활용했다. 이는 또한 이 아이들 가운데 일부는 반대 성별의 옷을 입으면 자신이 그 성별이 될 수 있다고 생각했다는 뜻이기도 하다. 그들 자신의 젠더 정체성은 아직 고정되지 않은 상태였던 것이다.

아이들이 해부학적 구조의 항상성을 이해하는지 여부는 성역할 선호에 영향을 미치는 것처럼 보이지 않았다. 대신 초기의 젠더 도식이 결정적이라는 것이 밝혀졌다. "아이들은 먼저 성별을 분류하는 법을 배웠고 그 뒤에야 성별 역할이 부여된 장난감과 또래들에 대한 강한 선호를 나타내고 장난감과 옷차림의 성차를 이해했다." 아이들이 성별 고정관념에 따른 선호를 발달시키는

✻ 5~7세 이후로 아이들이 자신이나 다른 사람의 외모, 활동, 상황이 변화해도(예컨대, 머리를 자르거나 반대 성별 놀이를 해도) 그 사람의 성별이 변하지 않는다는 개념을 갖추게 되는 것을 말한다. 이 개념은 로런스 콜버그 Lawrence Kohlberg의 성역할 발달 이론에서 제시된 것으로, 그는 젠더에 대한 인지적 이해를 다음과 같이 세 가지 단계로 나누어 설명한다. ① 젠더 정체성(2~3세 시기): 자신과 타인을 남/여로 구분하는 기본적 능력을 획득. ② 젠더 안정성(3~4세): 시간이 지나도 성별이 변하지 않음을 이해. ③ 젠더 항상성(5~7세): 외모(옷이나 머리), 활동(역할 놀이), 상황 변화에도 성별이 불변한다는 포괄적 보존 개념을 획득. 이런 구분과 그 시기를 두고는 여러 가지 논쟁이 있다. 본문에서 인용하고 있는 샌드라 벰은 성 도식 이론을 제시하며, 콜버그의 이론보다 더 이른 시기에 성역할 학습이 이루어진다고 주장했다. 특히 샌드라 벰은 사회적 학습 이론과 인지 발달 이론을 결합해 이를 설명했다.

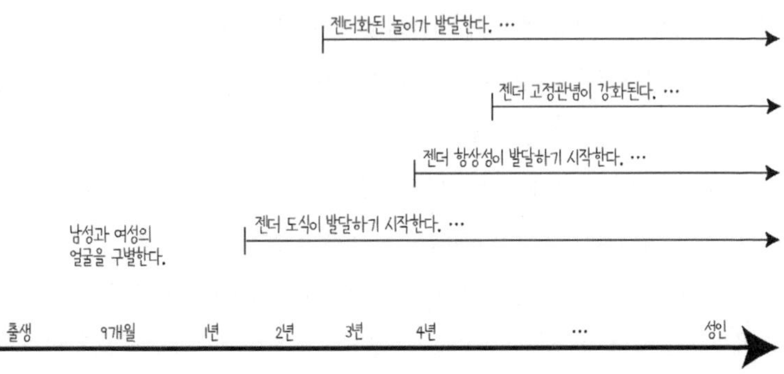

그림: 에리카 워프

데 성별 안정성 개념이 필요하지는 않지만, 이런 지식을 가지면 그와 같은 선호도를 강화했다. "성별을 구분할 수 있지만 해부학적 구조의 안정성을 이해하지 못하는 아이들은 자신들이 항상 한쪽 젠더 집단에 속할 것이라고 아직 확신하지 못할" 수도 있다.[67] [반면] 이런 연구 결과에 부합하게, 나이가 더 많은 6~10세 아이들은 어린아이들보다 더 극단적인 고정관념을 가지고 젠더를 판단한다. 그들은 자신의 성별과 관련된 특징들을 서로 연관 짓는 법을 먼저 배우고 그 뒤에야 반대편 성별에 대한 기대를 안정화한다(〈그림 9-3〉 참고).[68]

② 개인에서 제도로, 다시 그 반대로

초등학교와 중학교에서 완전히 적응한 일원이 될 무렵이면 아이들은 자신이 남자아이인지 여자아이인지 알고 있고 앞으로도 계속 그럴 것이라고 기대한다. 젠더를 인지한 아이들은 어떻게 "젠더를 수행할까?" 사회학자 배리 손은 『젠더 플레이: 학교의 소년 소녀들』이라는 연구에서, 좀 더 나이가 많은 아동들을 연구하는 데 필수적인 방법론적 틀을 구축한다. 그녀는 아동의 젠더를 연구하는 데 사용되는 "'젠더 사회화'와 '젠더 발달'이라는 틀에" 점점 더 불만을 갖게 됐다고 기술한다. 손의 지적에 따르면, 젠더 사회화에 대한 전통적인

섹싱 더 바디

발상은 강자(힘 있는 성인)에서 약자(수동적이고 수용적인 아이)로 향하는 일방적 상호작용을 전제한다. 또 아이들이 어느 정도 행위능력을 갖고 있다고 인정할 때조차 사회과학자들은 아이들을 어른과 주변 문화에 영향을 받아 행동하는 수용자로 규정해 왔다. 여기에서 성인은 "완전한 사회적 행위자의 지위"를 가지는 반면, 아이는 "성인이 되는 과정 중에 있는 불완전한 존재"다. 손은 사회과학자들이 "다음 세대의 성인이 아니라 다양한 제도의 사회적 행위자로 아이들을" 보는 편이 더 낫다고 주장한다. 마지막으로 가장 중요한 점은, 젠더 사회화에 대한 전통적인 틀이 개인의 성장에 초점을 맞춘다는 것이다. 그 대신 손은 자신의 연구에서 "집단적 생활", 즉 체계와 그 과정에서 시작하는 쪽을 선택했다. 그것은 "사회적 관계, 사회적 상황의 조직화와 의미, 아이와 성인이 일상적인 상호작용을 통해 젠더를 창조하고 재창조해 내는 집합적 실천"에서 출발하는 것이다.[69]

사회적 맥락과 일상의 관행 — 아이와 어른 모두의 — 이 어떻게 의미를 생산하는지에 초점을 맞춤으로써 손은 "여자아이와 남자아이는 다른가?"라는 식의 질문에서 벗어나 아이들이 젠더 구조와 의미를 얼마나 적극적으로 창조하고 그것에 도전하는지 질문한다.[70] 그녀는 젠더를 개인과 사회구조 모두와 관련된 개념들의 복합체로 변화시켜야 한다고 촉구한다. 나아가 그녀는 "젠더 관계는 고정된 것이 아니라 … (인종, 계급, 민족성을 비롯한) 맥락에 따라 달라질 뿐"이라는 점을 이해하는 것이 중요하다고 말한다. 페미니스트로서 손의 목표는 교육과 그 밖의 분야에서 평등을 증진하는 것이다. 그녀는 자신의 접근 방식을 소년과 소녀에 대한 연구에 적용하는 것이 이런 목적을 달성하는 데 도움을 줄 수 있다고 여긴다. 비슷한 맥락에서 심리학자 신시아 가르시아 콜과 동료들은 아동들의 젠더에 대한 연구를 인종, 종족성, 사회 계급에 대한 연구와 통합할 것을 제안한다.[71]

앨런 포겔 같은 동적 체계 이론가들은 젠더가 신체 외부에서 내부로 어떻게 이동할 수 있는지 원론적으로 제시한다. 반면 손, 패곳, 뱀, 가르시아 콜 등의 발달심리학자들과 사회학자들은 인종과 사회 계급 같은 속성뿐만 아니라

사회제도로서의 젠더 구성	개인으로서의 젠더 구성
젠더 지위: 사회적으로 인정되는 젠더와 그것을 행동으로, 몸짓으로, 언어로, 정서로, 신체적으로 실제 구현하는 것에 대한 기대	성별 범주: 출생 전에, 출생 시에, 또는 성기 복원 수술 이후에 개인에게 할당된 성별
젠더화된 노동 분업	젠더 정체성: 노동자로서 혹은 가족의 일원으로서 느끼는 개인의 젠더화된 자아 감각
젠더화된 친족: 각 젠더 지위에 대한 가족의 권리와 책임	결혼과 출산의 젠더화된 지위: 허용되거나 허용되지 않은 짝짓기, 임신, 출산 및 친족 역할의 이행 여부
젠더화된 성적 행동 각본: 젠더 지위마다 다르게 규정되는 성 충동과 성적 행동의 규범적인 패턴들	젠더화된 성적 지향: 사회적·개인적으로 패턴화된 성 충동, 감정, 실천 및 동일시
젠더화된 성격: 여러 젠더 지위들에 대해 젠더화된 행동 규범들에 따라 패턴화된 특성들의 조합	젠더화된 성격: 가족 구조와 양육이 만들어 내는 사회규범적 감정들의 내면화된 패턴
젠더화된 사회 통제: 순응적인 행동에 대한 공식적·비공식적 승인과 보상, 그리고 비순응적인 행동에 대한 비난과 치료	젠더화된 과정들: "젠더 수행", 즉 젠더 정체성 발달처럼 젠더에 적절한 행동을 학습하고 실행하는 사회적 실천
젠더 이데올로기: 종종 선천적·생물학적 차이에 대한 논변을 바탕으로 이루어지는 젠더 지위에 대한 정당화	젠더 신념: 젠더 이데올로기의 내재화 혹은 저항
젠더 이미지: 상징적인 언어와 예술 작품들에 담긴 젠더의 문화적 표현	젠더 전시: 복장, 화장, 장신구, 영구적이거나 지울 수 있는 신체 표시를 통해 자신을 젠더화된 인격체로 표현

자료: Lorber(1994, 30-31)에서 수정해 사용

제도화된 젠더가 어떻게 개인적인 행동 체계의 일부가 될 수 있는지 보여 준다. 사실 젠더는 사회제도 내부에서 그리고 개인들 내부에서 모두 나타난다. 사회학자 주디스 로버는 이 같은 구분에 참고할 수 있는 유럽과 미국의 로드맵을 제공한다(〈표 9-1〉 참고). 젠더의 제도적 요소는 개인적인 측면으로 피드백되고, 개인들은 제도적·개인적 젠더의 맥락에서 성적인 생리학을 해석한다. 주관적인 성적 자아는 언제나 이 복잡한 젠더 체계 내에서 나타난다. 로버는 다음과 같이 주장한다(나도 동의한다). "하나의 사회적 제도로서 젠더는 권리와 책임을 부여하기 위해 구별 가능한 사회적 지위를 생성하는 과정이다. … 하나의 **과정**으로서 젠더는 '여성'과 '남성'을 정의하는 사회적 차이를 창출한다. … 젠더화된 상호작용의 패턴은 아동기, 청소년기, 성인기에 걸쳐 젠더화된 섹

슈얼리티, 육아, 직업 행동이라는 추가적 층위를 획득한다."[72] 따라서 로버는 다른 페미니스트 사회학자들이나 심리학자들과 마찬가지로,[73] 우리의 주관적인 자아에 대한 관심이 "단순히" 인간의 심리와 생리에 대한 관심에만 국한되는 것은 아니라고 지적한다. 젠더화된 개인들은 권력 불평등이 뚜렷하게 각인된 사회적 제도 속에 존재하기 때문이다.[74]

로버는 제도적 젠더와 개인적 젠더를 연관시키지만, 개인이 제도를 신체적으로 어떻게 흡수하는지를 보여 주는 것이 그녀의 목적은 아니었다. 하지만 사회학자들과 역사가들의 연구는 앞으로의 연구에 유용한 지침들을 제공할 수 있다.[75] 킨제이와 그의 뒤를 이은 다른 조사 사회학자들의 연구를 보자. 인간의 섹슈얼리티에 대해 더 많이 알기 위해 설문 조사를 시행하는 것은 까다로운 문제를 제기한다. 한편으로 대규모 설문 조사는 우리에게 젠더와 섹슈얼리티에 대한 정보를 제공해 주며, 이 정보는 빈곤 문제에서 공중 보건에 이르는 정책 과제들을 수립하는 데 매우 중요할 수 있다.[76] 그러나 다른 한편으로, 집계 가능하도록 범주들을 만들 때, 우리는 새로운 유형의 사람들을 만들어 낸다.[77]

단순해 보이는 다음과 같은 질문을 생각해 보자. 미국에는 동성애자가 몇 명이나 될까? 여기에 답하려면, 먼저 누가 동성애자이고 누가 이성애자인지 결정해야 한다. 그럼 우리는 정체성을 기준으로 삼아야 할까? 그렇다면 적어도 스스로 "나는 동성애자야" 또는 "나는 이성애자야"라고 말하는 사람들만 집계해야 할 것이다. 아니면 스스로를 완전한 이성애자라고 여기지만 1년에 한두 번 술에 취해 게이 바에 가서 여러 남성과 성관계를 맺는 사람들 — 이런 사람들은 이 같은 충동이 비정규적인 만남으로도 쉽게 만족되기 때문에, 이를 아내에게 말할 필요도, 스스로를 "동성애자"라고 라벨링할 필요도 없다고 생각한다 — 도 포함해야 할까?[78] 양성애자라는 별도의 범주를 만들어야 할까? 그러면 진정한 양성애자를 어떻게 정의해야 할까?[79] 사춘기 초반에 시험 삼아 한두 번 다른 남성과 관계를 맺었지만, 그 이후에는 여성하고만 관계했던 남성은 양성애자일까? 감옥에서는 동성애자이지만 밖에서는 그렇지 않은 사람은 양성애자일까?[80]

이런 질문에 답하면서 설문 조사를 수행하는 사회학자들은 우리가 성적 경험을 체계화하는 범주를 만들어 낸다. 인간의 섹슈얼리티에 대한 "객관적인" 정보를 창조함에 따라, 사회학자들은 또한 개인들에게 유용한 범주들을 제공한다. 이를테면 "킨제이 척도 6"[전적인 동성애자]은 이제 포괄적인 문화의 일부가 되어, 몇몇 개인들의 심리 구조 형성에 기여하지만, 1년에 한 번 술에 취해 동성애 성관계를 갖는 남성은 남성에 대한 "선호"나 "지향"이 없기 때문에 스스로를 동성애자로 개념화할 필요가 없는 것이다.[81] 그렇다고 해서 설문 조사를 수행하는 사회학자들이 일을 그만둬야 한다는 것은 아니다. 사실 그들이 만들어 내는 정보는 대단히 중요하다. 그러나 설문 조사는 젠더와 섹슈얼리티에 대한 과거의 생각을 포함하는 동시에 제도와 개인 모두에게 영향을 미칠 수밖에 없는 새로운 범주를 만들어 낸다는 사실을 항상 염두에 두어야 한다.

사회학자들뿐만 아니라 역사가들도 제도적 젠더와 개인적 젠더를 구성하고 이해하는 데 기여한다. 심리학자 조지 엘더 2세는 이렇게 서술한다. "인간의 삶은 특정한 역사적 시간과 장소에 뿌리를 내리고 있으며, 이는 삶의 내용, 패턴, 방향을 형성한다. … 역사적 변화의 유형은 연령과 역할에 따라 사람마다 다르게 경험한다."[82] 역사가 제프리 위크스는 이런 생각을 인간 섹슈얼리티 연구에 적용해 성적 표현의 체계들을 사회적으로 생산하는 다섯 가지 측면을 연구하자고 제안한다.[83] '친족 및 가족' 체계와 '경제적·사회적 변화'(도시화, 여성의 경제적 독립의 증가, 소비 경제의 성장 등)[84]는 모두 인간의 성적 표현의 형태를 조직하고 또 변화시키는 데 기여한다. 종교나 법을 통해 표현될 수 있는, 새로운 유형의 '사회적 규제' 역시 마찬가지다. 위크스가 '정치적 계기'라고 부른 것, 즉 "법률로 제정되든 아니든, 기소가 됐든 기각이 됐든, 성적 체제sexual regime의 변화를 촉진하는 데 중요한 역할을 하는 결정이 내려지는 정치적 맥락" 역시 개인의 성적 표현에 깊은 영향을 미친다.[85] 마지막으로 위크스는 자신이 '저항의 문화'라고 부른 것을 언급한다. 예를 들면, 게이 인권 운동이 시작된 상징적인 사건이 발생한 장소인 스톤월은, 어쨌든 동성애자 남성들이 정치적 목적보다는 사교적 목적을 위해 모이던 술집이었다. 비록 궁극적으로는 스스로를 동성애자로 규정한 이들이 투표, 로비 활동, 정치 활동 위원회 PAC와 같은 전통적인 정치 수단을 채택했지만, 이런 변화는 게이들의 하위문화가 발달할 수 있었던 사적 공간이 이미 존재했기에 가능했다. 이런 공간 덕분에 정치적 변화를 요구하려고 모인 사람들의 잠재적인 동맹이 가시화됨과 동시에, 개인적 체화를 나중에 게이 섹슈얼리티라고 알려지게 된 것으로 변화시킬 수 있었다는 것이다.[86]

기술의 역사에 대한 이해는 동시대의 젠더 체계가 개인에게 어떻게 구현되는지 이해할 때에도 중요하다. 이를테면 트랜스섹슈얼의 범주에 대해 생각해 보자. 19세기에는 트랜스섹슈얼이 존재하지 않았다. 물론 남성이 여성으로 변장하거나 그 반대의 경우가 있긴 했다.[87] 그러나 현대의 트랜스섹슈얼, 즉 수술과 호르몬을 활용해 타고난 성기를 변형하는 사람은 여기에 필요한 의학 기술 없이는 존재할 수 없다.[88] 트랜스섹슈얼들이 호르몬과 수술의 의학적 가치를 인정하고 그것에 대한 접근성을 확보하기 위해, 자신들이 스스로 되고자 했던 성별의 가장 전형적인 일원이라고[예컨대, 자신이 양성애자나 간성인이 아니라 어느 한쪽 성별만을 선택했다고] 의사들을 확신시켰을 때, 트랜스섹슈얼은 하나의 인간 유형 혹은 정체성으로 등장했다.[89] 그 뒤에야 의사들은 트랜스섹슈얼들이 외과 치료를 받는 데 적용할 수 있는 의학적 범주를 만들어 내는 데 동의했다.

마트료시카 인형

신체에 대한 젠더화된 지식이 생산되는 과정을 신체 내부에서 이루어지는 젠더가 물질화되는 과정과 연결하는, 즉 뫼비우스 띠의 한 표면과 다른 표면을 오가는 이 양면적인 과정을 쉽게 그려 볼 수 있는 방법이 있을까?[90] 어떤 비유도 완벽하지 않지만, 러시아의 마트료시카 인형은 항상 나를 사로잡았다. 나

그림: 에리카 워프

는 바깥쪽에 있는 인형들을 벗겨 낼 때마다 그 안에 아직도 작은 인형이 남아 있는지 보려고 목을 빼고 기다렸다. 인형이 작아질수록, 더 작은 인형들을 잇따라 만들어 낸 장인의 섬세한 공예 기술에 경탄했다. 하지만 그 인형들을 모두 다 꺼내 놓고 전시할 때면 딜레마에 빠진다. 각 인형들을 일렬로 점점 작아지게 정렬시켜서 눈에 보이도록 분리해 놓아야 할까? 이런 진열은 큰 인형 안에 들어 있는 작은 인형들을 모두 보여 주기 때문에 재미있지만, 눈에 보이는 각 인형들의 속이 비어 있어서 불만족스럽다. 중첩 구조의 복잡함이 사라지고, 그와 함께 조립된 구조물이 주는 재미와 솜씨 그리고 아름다움도 사라진다. 마트료시카 인형의 체계는 개별 인형들을 모두 꺼내 놓고 보는 게 아니라 조립과 분해의 과정을 통해서만 이해할 수 있다.

나는 마트료시카 인형이 세포에서부터 사회적이고 역사적인 부분에 이르기까지 인간 섹슈얼리티의 다양한 층위를 그려 보는 데 유용하다고 생각한다(〈그림 9-4〉).[91] 학자들은 체계를 분해해 전시하거나 각 인형들을 좀 더 상세히 연구해 볼 수 있다. 그러나 인형들 하나하나는 속이 비어 있다. 그것은 완전히 조립된 상태에서만 의미를 갖는다. 게다가 나무로 된 러시아 인형과는 달리, 인간 마트료시카는 시간이 지남에 따라 형태가 변화한다. 이 경우 어떤 층위에서든 변화가 일어날 수 있지만, 전체가 서로 딱 맞아야만 조립될 수 있

섹싱 더 바디

기 때문에, 구성 요소 가운데 하나를 변화시키면 세포에서 제도에 이르기까지 서로 연결된 체계 전체도 변해야 한다.

　　사회사가와 비교 역사학자는 과거에 대한 서술을 통해 우리가 특정한 방식으로 현재를 구조화하는 이유를 이해할 수 있도록 해 준다(가장 바깥쪽 인형, 역사). 한편 대중문화 분석가, 문학평론가, 인류학자 및 일부 사회학자는, 우리의 집합적인 행동을 분석하고, 개인과 제도가 상호작용하는 방식을 고찰하며, 사회적인 변화를 연대기적으로 기록하면서 우리의 현재 문화에 대해 말해 준다(두 번째로 큰 인형, 문화). 다른 사회학자와 심리학자는 개인들의 관계와 개인의 발달에 대해 생각하고(세 번째로 큰 인형, 대인 관계), 일부 심리학자는 정신, 즉 심리에 대해 논한다(네 번째 인형, 마음). 신체 외부에서 벌어지는 사건과 유기체(다섯 번째 인형) 내부에서 일어나는 사건을 연결하는 장소(혹은 일부가 더 선호하는 표현대로, 활동)에 해당하는[92] 정신은 중요하면서도 독특한 기능을 수행한다. 뇌는 신체 외부로부터 내부로, 그리고 다시 외부로 정보를 전달하는 핵심 기관이다. 다양한 분야의 신경과학자들이 뇌가 통합된 기관으로서 어떻게 작동하는지뿐만 아니라 뇌의 개별 세포들이 어떻게 기능하는지도 알아내려 노력하고 있다. 실제로 세포는 유기체 내부에서 발견되는 마지막 작은 인형에 해당한다고 할 수 있다.[93] 여러 기관 속에서 세포는 다양한 기능으로 특화된다. 세포 역시 체계로서 작동한다. 세포의 역사와 인접 환경은 특정 유전자에 신호를 보내도록 자극해 세포 활동에 기여한다(혹은 기여하지 않는다).

　　마트료시카 인형을 연구의 틀로 사용한다는 것은 역사, 문화, 관계, 심리, 유기체, 세포 각각이 섹슈얼리티와 젠더의 형성 과정이나 그 의미를 연구하기에 적절한 장소임을 함축한다. 발달 체계 이론은 조립된 인형에 적용하든 그 하위 단위들에 적용하든 사고와 실험을 전개하는 발판을 제공한다. 작은 인형들을 하나의 커다란 인형으로 조립하려면 다양한 층위의 생물학적이고 사회적인 조직들에서 파생된 지식들을 통합해야 한다. 세포, 개인, 가족 내 집단, 또래 집단, 문화, 민족과 그 역사가 모두 인간 섹슈얼리티에 관한 지식의 원천이다. 이 구성 요소들을 다 같이 고려하지 않는 한 우리는 그것을 제대로 이해할 수 없다. 이 과제를 달성하려면, 학자들은 학제적 집단을 이뤄 연구를 하는 것이 현명할 것이다. 또한 가령 모든 생물학자에게 페미니스트 이론에 능숙해질 것을 요구하거나 모든 페미니스트 이론가가 세포 생물학에 능숙해질 것을 요구하는 것은 비합리적이지만, 각 집단의 학자들에게 개별 분야를 연구해 얻은 지식의 한계를 이해하라고 요청하는 것은 합리적이다. 위계적이지 않고 학제를 넘나드는 연구진만이 인간의 섹슈얼리티에 대해 좀 더 완전한(혹은 샌드라 하딩이 말한 "덜 왜곡된")[94] 지식을 구축할 수 있다.

나는 사람들이 과학 지식의 성격에 관한 자신들의 신념 체계를 수정해 내일이라도 당장 모두가 학제적 연구팀에 합류할 것이라고 순진하게 기대하진 않는다. 그러나 성차와 섹슈얼리티에 관한 공적인 논쟁은 계속될 것이다. 동성애자들은 변할 수 있는가? 우리는 선천적으로 그렇게 태어났는가? 소녀들도 고차원의 수학을 하고 물리학에서 경쟁력을 가질 수 있는가? 이런 질문들 혹은 이와 관련된 곤경들이 수면 위로 떠오를 때마다 나는 독자들이 이 책을 다시 읽고 당면한 문제들을 개념화할 새롭고 더 나은 방식을 찾을 수 있길 바란다.

페미니즘 이론가 도나 해러웨이는 생물학은 다른 수단에 의한 정치라고 했다.[95] 이 책은 상세한 논증을 통해 이 주장의 진실성을 뒷받침한다. 나는 우리가 생물학에 관한 논쟁을 통해 정치적인 싸움을 계속 이어 나갈 것이라고 확신한다. 그 과정에서 신체의 생물학에 대한 우리의 논쟁들이 언제나 사회적이고 정치적인 평등과 변화의 가능성에 관한 도덕적·윤리적·정치적 논쟁이기도 하다는 사실을 결코 망각하질 않길 바란다. 이보다 더 중요한 것은 없다.

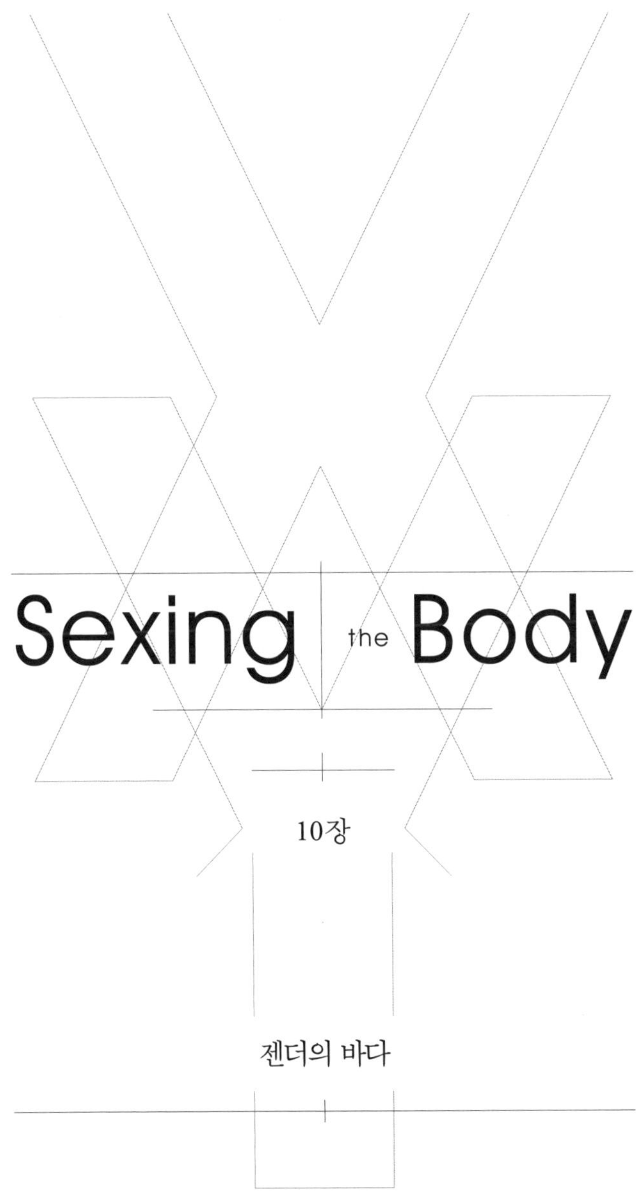

Sexing the Body

10장

젠더의 바다

1990년의 어느 특별할 것 없는 하루를 상상해 보자.[1] 미국 뉴잉글랜드 어딘가에 있는 중산층 가정 두 곳에서 어머니가 아이들을 씻기고 있다. 첫 번째 가정에서 엄마는 2.4개월 된 딸의 몸에 로션을 바른다. 아이가 칭얼거리자 엄마가 달래 주며 말한다. "오! 너무 예쁜 냄새가 나네!" 한편 다른 가정에서는 엄마가 2.7개월 된 아들을 목욕시키고 얼굴에 로션을 발라 준 뒤 미키마우스가 그려진 맨투맨 티셔츠를 입힌다. "아이고, 착해라!" 아들을 무릎에 앉혀 머리를 빗겨 준 뒤 가볍게 흔들어 주며 말한다. "우리 아들 잘생겼네, 응!"

"예쁘다"와 "잘생겼다." 2.5개월에 이미 영아들은 젠더의 바다에서 헤엄치고 있다. 사실 이보다 더 이른 시기부터 그러하다. 태아의 초음파 사진(아이의 첫 사진), 아기 성별 확인 파티, 부른 배에 대고 부모가 속삭이는 이야기들, 아기 방의 벽지, 분홍색과 푸른색 유아복, 부모의 손길과 입에 담는 말들은 모두 유아가 젠더 상징, 젠더화된 언어 혹은 젠더를 구분하는 손길에서 결코 자유롭지 못하다는 것을 분명히 보여 준다. 젠더 정체성의 발달은 중층적으로 결정된다. 그러나 과학자도 일반인도 그 과정을 이해하지 못한다. 개인의 정체성은 어떻게 발달하는가? 왜 어떤 소년은 자신의 정체성을 야구에 대한 사랑으로 표현하는 반면, 다른 소년은 분홍색에 대한 선호로, 또 다른 소년은 분홍색**과** 야구를 모두 좋아하는 것으로 표현할까? 여성의 신체 부위를 지니고 태어난 아이가 어떻게 남성의 정체성을 발달시키게 될까? 남성의 신체 부위를 지니고 태어난 아이는 어떻게 해서 예쁘게 꾸민 인형을 좋아하고 주름 장식이 많은 드레스를 입겠다고 고집을 피우는 걸까? 내가 이 질문들과 젠더/섹스 정체성에 대한 많은 유사한 의문에 명확한 대답을 내놓을 순 없지만, 우리가 답을 찾는 방식을 고민하는 데 도움이 될 수 있는 틀은 제공할 수 있다.

"도대체 우리가 무슨 얘기를 하고 있는 거지?": 젠더/섹스 정의하기

3장에서 나는 "자연을 읽는 것은 사회문화적 행위"라고 결론지었다. 1998년 케슬러는 **섹스**라는 용어를 없애고 모든 것을 **젠더**로 봐야 한다고 주장했으나

10장 젠더의 바다

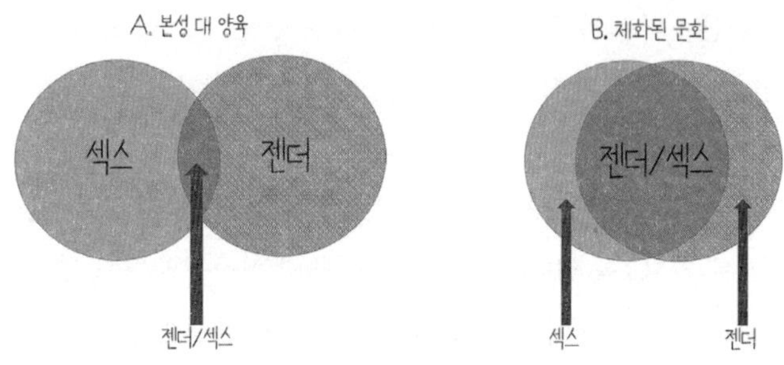

받아들여지지 않았다.[2] 그러나 그녀의 제안은 **젠더/섹스**로의 전환으로 자리 잡았다. 문제는 섹스 그 자체(즉, 생물학적 섹스)가 세상에서의 경험에 따라 변화한다는 것이었다. 〈그림 10-1〉과 〈표 10-1〉은 이 쟁점을 도식화한 것이다.

사람들은 일반적으로 섹스를 염색체, 생식기, 체형과 같은 형질들로 인식되는 생물학적 특징으로 본다(〈그림 10-1〉의 A).[3] 보다 정밀하게 규정한다면, 사람들은 타인의 섹스를 남성, 여성 혹은 간성(혹은 성적 다양성)으로 식별할 것이다. 의학연구소*의 의뢰로 작성된 보고서의 저자들은 "섹스란 염색체 보체에 의해 할당된 생식기관과 기능에 따라 일반적으로 남성이나 여성으로 생명체를 분류한 것"으로 정의했다.[4] 사람들은 종종 섹스와 젠더를 대비하며, 젠더를 한 개인의 차원에서 사회화와 학습을 통해 문화로부터 받아들인 것으로 이해한다. 젠더에는 무엇보다도 한 개인의 행동과 성격, 가령 옷 입는 방식, 행동 방식(자기표현) 등이 포함된다.[5] 의학연구소의 보고서는 젠더를 이렇게 정의한다. "젠더는 남성 혹은 여성으로서 개인의 자기-재현 내지는 그 개인의 젠더 표현에 기초해 사회제도가 그 개인에게 반응하는 방식이다. 젠더는 환경과 경험에 의해 형성된다."[6] 의학연구소의 모델은 상호작용의 여지를 약간 남겨 두고 있는데, 이는 대체로 합산의 형태로 이해된다. 예를 들어, 어떤 특성은 40퍼센트의 섹스와 60퍼센트의 젠더로 이루어진다고 볼 수 있다는 식이다.

＊ 2015년, 국립의학아카데미로 개편되었다.

데카르트적 사물 이론(형질)	동적 과정 이론
·고정된 형질	·동적 과정
·정지 상태(타고나서 고정된)	·가변적(유연하게 조립되는)
·개인(자율적)	·상호주관적
·정체성이란 뇌 어딘가에 위치한 하나의 "사물"이다.	·정체성은 신체 내부에서 끊임없이 느껴지고 유지되는 것이다.
·자율적인 생물학 과정들이 고정된 정체성을 만들어 낸다.	·안정된 상호작용이 안정된 정체성을 만들어 낸다.

하지만 이는 정말 고릿적 생각이다! 이를테면 공장주나 심리학자 혹은 할머니가 "여자들이 바느질을 잘하는 건 소근육 운동 기능이 뛰어나기 때문이지"라는 말을 되풀이하는 상황을 떠올려 보자. 이런 주장이 타당할지라도, 그 능력이 선천적인 것인지 학습된 것인지 어떻게 알까? 이 바느질 솜씨는 섹스의 표출일까 아니면 젠더의 표현일까? 나를 비롯해 상당수 학자들이 젠더와 섹스가 서로 대립하는 용어라고 더는 생각하지 않는다(〈그림 10-1〉의 B). 소근육 운동 기능에는 확실히 신경과 근육, 뇌가 상호작용하는 생물학적 과정이 포함된다. 그러나 생후 3~6개월 동안, 엄마들은 아들보다 딸에게 더 긴 시간 소근육 운동 놀이를 시킨다.[7] 이런 초기 경험의 차이가 나중에 능력 차이로 이어지는 것인가? 아니면 소근육 운동 능력의 차이는 선천적인 것 — 초기부터 유아와 양육자 사이의 상호작용에 따라 조절된다 하더라도 — 인가? 우리는 정체성 형성에 대해서도 동일한 질문을 던질 수 있다.

섹스 대 젠더 개념을 점점 더 깊이 생각하면 생각할수록, 이 두 개념이 복잡하게 얽혀 있다는 사실은 더욱 분명해진다(〈그림 10-1〉의 B). 섹스 대 젠더(본성 대 양육) 관점과 젠더/섹스(체화된 문화) 발상은 서로 다른 이론을 상정한다(〈표 10-1〉). 섹스 대 젠더 지지자들은 결정론적인 이론틀을 사용한다. 심리학자 윌리엄 오버턴은 이런 이론틀을 데카르트적 이분법의 기계론적 세계관(사물 이론)이라 부르며 관계 및 과정 중심의 발달 이론과 대조한다.[8] 나는 〈표 10-1〉에서 이 두 관점을 비교했다. 생물 철학자 존 뒤프레와 대니얼 니컬슨은 오

버턴에 동의하면서 "사물 중심의 이론을 버리고 과정 중심의 이론을 채택"하길 촉구한다.[9]

데카르트적 틀을 사용하는 연구자들은 남녀 사이의 특정 차이가 섹스와 젠더 가운데 어느 쪽에서 유래했는지 고민할 때, 그것이 주로 섹스에 의해 결정된 것인지 아니면 젠더에 의해 결정된 것인지 그 증거를 찾으려 한다.[10] 나는 3장의 주 134에서 이런 접근 방식의 한 사례를 자세히 서술했다. 이 사례에서 연구자들은 선천성 부신 과형성증(태아기에 부신 기능의 이상으로 생산된 고농도 안드로겐에 노출된 경우)을 가지고 태어난 염색체 XX 아동들의 행동을 연구했다. 연구자들은 태아기의 비정상적인 호르몬 노출이 XX 소녀들의 행동을 좀 더 남자아이처럼 변화시키는지 여부를 조사했다. 그들은 선천성 부신 과형성증 소녀들이 친인척 관계의 대조군 소녀들과 비교해 볼 때 남아용 장난감을 더 자주 더 오래 가지고 논다면서 태아기의 호르몬(생물학적 섹스의 측면)이 영유아의 장난감 선호도에 영향을 미친다고 결론 내렸다. 성차의 주된 원인으로 젠더 사회화를 강조하는 연구자들 역시 종종 데카르트 모델을 사용하지만 거기서 그들은 젠더를 강조하고 섹스를 경시한다.

대부분의 데카르트주의자들은 젠더와 섹스가 상호작용한다는 점을 인정한다. 다만 그들은 이런 상호작용이 일어나는 방식에 대해 고심한다. 예컨대 정신과 의사이자 비뇨기과 전문의인 윌리엄 라이너와 공동 저자 타운센드 라이너는 이렇게 언급한다. "젠더 정체성이 발달하는 정확한 메커니즘들은 복잡하며, 이런 메커니즘들의 상호작용은 거의 밝혀지지 않았고, 그 결과 역시, 아동과 청소년이 항상 이분법적으로 구분된다는 것 말고는, 명확하지 않다. … 불행히도 유전자와 환경의 상호작용은 제대로 밝혀지지 않고 있다. … 유전자와 환경의 상호작용은 여러 다양한 요인에 따라 덧셈 방식일 수도 있고, 곱셈 방식일 수도 있으며, 이 둘이 혼합된 방식일 수도 있다."[11]

섹스 대 젠더 모델은 정체성을 고정된 특성, 즉 하나의 "사물"로 간주한다. 정체성이 고정된 것이라는 발상은, 성인이 자신의 젠더 정체성은 사전에 이미 정해져 있던 것으로 보는 회고적 서사를 가능하게 한다. 이를테면 남성

섹싱 더 바디

에서 여성으로 혹은 여성에서 남성으로 성전환을 한 사람들은 자신이 잘못된 신체 속에 기거하고 있었다는 사실을 늘 인지하고 있었다고 말한다. 이런 서사에서 성전환은 항상 거기에 존재해 왔던 정체성을 확정하는 것이다.[12] 과정을 고려하지 않는 젠더 정체성 이론들은 젠더 정체성이 나타나는 순간이나 시기를 규명하더라도, 그 정체성이 출현하기까지의 과정에 대해서는 거의 말하지 않는다.[13] 나는 이 장에서 과정 중심의 발달 이론을 설명하면서, "그렇게 타고났다"는 고정된 정체성의 서사가 발달 과정의 많은 부분을 설명하지 못한다는 것을 좀 더 분명하게 보여 줄 것이다. 대신 나는 정체성을 신체에 새겨지게 되는 문화적 현상으로 설명하는 과정 중심 모델을 상세히 설명할 것이다.

분명, 자신들이 트랜스*trans*로 태어났다는 서사를 받아들이는 트랜스*는 진심으로 이 서사가 진실이라고 느낀다([별표가 붙은] 트랜스*라는 용어는 작가이자 학자 잭 핼버스탬에게서 차용했다. 이 용어는 "그 의미를 열어 두고 있으며, 명명 행위를 통해 확실성을 전달하는 것을 거부하기 때문"이다).[14] 이 서사는 그들의 심리적 안녕의 중요한 요소로 작용한다. 그럼에도 불구하고 이 서사가 그 사람이 특정한 능력이나 정체성을 발달시켰던 과정을 설명해 주는 것은 아니다. 나의 기억을 비유로 들어 말해 보자. 나는 말을 하지 못했던 시기를 기억할 수 없다. 기억 속에서 나는 항상 말을 할 수 있었지만, 객관적으로는 태어났을 무렵 내가 말을 할 수 없었다는 것을 알고 있다. 오히려 내가 말하는 능력을 발달시킬 수 있었던 건, 사람들이 내게 말을 했(고 그 말을 들을 수 있었)으며 소리를 만들어 내려는 나의 시도에 반응해 뇌와 성대가 발달했기 때문이다. 그렇게 나는 옹알이를 하고 문법을 이해하게 되었다. 마찬가지로 대부분의 사람들은 자신이 항상 특정한 젠더/섹스 정체성을 가지고 있었다고 기억한다. 그러나 내 주장은, 그들이 처음부터 특정 정체성을 지니고 태어난 게 아니라, 대개 성인기의 의식적 기억이 확립되기 이전 시기인 생후 3년 동안 정체성의 일종의 초안을 형성했다는 것이다.[15]

체화된 문화 모델(〈그림 10-1〉의 B와 〈표 10-1〉의 오른쪽 목록)은 젠더/섹스 정체성이 고정된 형질이라는 발상과 완연히 다르다. 우선 이 모델은 유전자,

호르몬, 사회화 같은 [정체성 형성에 기여하는] 별개의 "사물들"보다 발달 과정을 강조한다.[16] 심리학자 캐럴 마틴과 다이앤 루블은 겉으로 안정돼 보이는 상태의 기저에 끊임없는 운동[움직임]이 있음을 보여 줄 수 있는 조사 방식을 제안한다. 가령 아동에게 "지금 이 순간" 자신의 성별과 자신이 얼마나 비슷하다고 느끼는지를 물어볼 수 있다. 연구진은 아이들이 특정 상황에서는(예를 들면, 동성 집단에서 놀고 있을 때) 젠더 전형성을 강하게 느끼지만, 다른 상황에서는(남자아이 집단에 여자아이가 혼자 있거나 그 반대 상황일 때) 그렇지 않을 수 있다고 가정해 볼 수 있다.[17] 체화된 문화의 관점에서 생각한다는 것은, 젠더와 섹스를 상호구성적인 것으로, 간단히 말해 젠더/섹스로 고려한다는 의미다. 독자들이 이 복합어의 개념을 더 잘 이해할 수 있도록, 나는 젠더/섹스와 유사한 방식으로 작동하며 때로는 그것을 포괄하는 세 가지 구체적인 사례를 상술하고자 한다. 걸음마 배우기, 잠자는 법 배우기, 숫자 세기나 길 찾기 배우기가 그것이다.

① 걷고 기는 법 배우기

1900년부터 이미 과학자들은 배밀이, 네 발로 기기, 뒤집기, 엉덩이 끌기 등 영아의 다양한 움직임을 주의 깊게 기록했다. 그러나 아동 발달을 관찰하는 연구자들이 이 다양한 행동 가운데 무엇이 정상인지를 정의하는 데 몰두하기 시작한 것은 1930년대부터였다. 1920년대 후반, 심리학자 아널드 게젤은 북유럽 혈통으로 코네티컷주 뉴헤이븐 출신 아동 51명의 성장 패턴을 촬영하고 범주화했다(오늘날 일부 학자들은 이런 표본을 WEIRD라고 부르는데, 이는 '서양의Western 교육 수준이 높고educated 산업이 발달했으며industrial 부유한rich 민주주의democratic 사회'를 의미하는 두문자어다[18]). 이 집단을 바탕으로 그는 광범위한 정상 발달 단계와 타임라인을 개발했다. 게젤은 내재적인 생물학적 과정을 거쳐 유아의 뇌와 근육이 발달함에 따라 새로운 능력들이 나타난다고 보았다. 그는 걸음마를 배우는 데 양육이 필요하다는 점을 인정했지만, 근원적 동인은 본성 — 구체적으로는 대뇌피질에 내재된 선천적인 성장 과정 — 이라고 생각했다.

게젤은 자신이 모든 인간의 정상적인 패턴을 규명했다고 생각했다. 그래서 서구 인류학자들은 1950년대에 아프리카와 카리브해의 몇몇 공동체에서 유아들이 게젤의 표준보다 몇 주, 심지어는 몇 달 빨리 앉고 서고 걷는다는 사실을 발견하고 놀라움을 금치 못했다. 이른바 "아프리카 유아의 조숙함"은 두 가지 가능성을 제시했다. 한편으로 만약 유럽계 혈통의 사람들이 표준이라면 이와 다른 사람들은 정상이 아니어야 한다. 다른 한편으로, 고정된 발달 패턴이 존재한다는 생각이 틀렸을 수도 있다. 어쩌면 발달 자체는 사실상 양육이 본성을 변화시키는 유연한 과정일 수 있다는 것이다.

특정한 육아 관행이 유아의 운동 발달 시기와 패턴을 형성한다는 사실을 깨닫기까지 다시 30년이 걸렸다. 아이들이 게젤의 표준보다 더 이른 시기에 걷는 지역에서는 양육자들이 의식적으로 걸음마를 빨리 시작하도록 매일 아이들을 마사지하고 운동을 시킨다. 이 영아들은 거의 누워 있지 않고 엄마가 매고 다니는 아기띠 속에서 낮잠을 잔다. 그 결과 요람 속에서 자는 보통 아기들보다 흔들림, 요동, 중력 저항을 더 많이 경험한다. 아이들은 마사지, 흔들림, 스트레칭, 부대낌을 더 많이 겪을수록 더 일찍 걷기 시작한다.[19]

운동 능력의 학습에는 시작점도 종착점도 없다. 자궁 속에서도 태아는 꿈틀거리고 발로 차면서 신경-근육-뇌의 발달과 협응력을 자극한다. 태아가 성장하면서 발차기를 할 공간은 줄어들고 다리 운동의 유형도 변화한다. 중력을 상쇄하는 액체 매질 속에서 양막 벽이 움직임을 유도하고 제한한다. 출생 후에도 유전자가 만든 고정된 뇌 발달 프로그램에 따라 배밀이, 네 발 기기, 걷기 타임라인이 설정되는 게 아니다. 그 대신 발달 과정은 유아와 환경 사이에 이루어지는 지속적인 피드백을 수반한다. 여기서 환경은 중력, 식습관, 제한적인 옷차림(혹은 알몸)[20]에서부터 양육자의 자극과 유아의 수면 자세(엎드려 자기 대 반듯이 누워 자기)에 이르는 모든 것을 의미한다.[21]

그렇다면 젠더와 운동 발달은 어떤 관련이 있을까? 다시 한번, 우리의 촬영물이 그 길을 밝혀 줄 수 있다. 7.8개월과 8.4개월에 찍은 영상에서 여아는 발목 길이의 원피스가 무릎이나 발밑에서 휘말리는 까닭에 배밀이를 시도할 때 계속 발부리에 걸렸다. 엄마가 그 사실을 눈치채고 옷을 벗겨 주자 아이는 빠르게 나아갔다. 몇 달 뒤에도 여아는 여전히 긴 원피스를 입고 있었다. 14개월이 되었을 때, 이 아이는 젠더 중립적인 플레이스쿨 브랜드의 장난감 트럭을 갖게 됐다. 양쪽 끝에 달려 있는 손잡이를 잡고 장난감 위에 다리를 벌리고 앉아 발로 바닥을 밀며 움직일 수 있는 장난감이었다. 이때도 아이는 발목까지 오는 원피스를 입고 있어서 트럭에 걸터앉으려 할 때마다 원피스에 다리가 엉켜 탈 수 없었다. 아이는 좌절감에 한바탕 울었다. 다음 주에 아이는 발이 걸리지 않는 무릎길이의 스커트를 입고 있어서 장난감 트럭에 올라타자마자 신나게 달릴 수 있었다. 이 사례가 주는 교훈은 이것이다. 여자아이에게는 긴 원피스나 스커트를 입히지만 남자아이에게는 절대 입히지 않는 문화적 규범은 특정 유형의 운동 능력에서 젠더/섹스 차이를 초래할 수밖에 없다.

② 잠자는 법 배우기

초보 부모가 직면하는 큰 난제 가운데 하나는 아이가 밤새 깨지 않고 자도록 훈련시키는 일이다. 좀 더 기술적으로 표현하면, 이는 아이가 스스로 각성 상태를 조절할 수 있도록 부모가 도와주는 일이다. 이 과제에는 아이가 자신의 자율신경계를 통제하도록 돕는 일이 포함된다. 여기서도 문화가 생물학적 과정을 형성한다. 한국, 네덜란드, 스페인, 이탈리아, 미국의 엄마들과 인터뷰를 하면서 인류학자 세라 하크니스와 동료들은 엄마들이 문화마다 유아 발달에 대해 서로 다른 이론을 강조한다는 점을 발견했다. 이를테면 네덜란드 엄마들은 아이가 규칙적인 수면과 휴식 패턴을 통해 자기 조절 능력을 발달시키고 또 그래야 한다고 믿으며 매일 밤 아이를 일정한 시간에 재운다. 미국 엄마들은 주변 물건이 풍부한 환경에서 감각 입력을 통해 발달을 자극해야 한다고 강조했지만, 고정된 취침 시간에 대해서는 신경을 덜 쓰고 아이들이 자기 싫다고 불평할 때 훨씬 너그럽게 대처했다. 각각의 "국가별" 이론은 엄마와 아이의 상호작용 패턴을 다르게 만든다. 부모들은 각자의 이론에 따라 아이의 각성 상태를 높거나 낮게 유도했고, 잠자리에 함께 들거나 홀로 재웠으며, 정해진 일정을 엄격하게 준수하는 자기 조절 능력을 강조하거나 그렇지 않았다.[22] 하크니스와 동료들은 이렇게 결론 내렸다. "엄마의 이해와 실천은 … 유아들에게서 장차 나타날, 문화적으로 공유된 행동의 틀을 형성한다. 유아는 자신의 각성 및 주의 집중 패턴에 대한 지속적인 체계를 구성함에 따라 빠르게 문화에 적응하는 한편, 향후 사회적·정서적·교육적 발달 환경에 참여할 토대를 마련한다."[23]

대부분의 운동 발달 연구와 마찬가지로 여기서도 연구자들은 젠더를 조사하지 않았다. 그러나 나는 이 장 전체에 걸쳐, 그들이 밝혀낸 메커니즘들을 바탕으로 체화된 젠더/섹스 이론을 구축해 볼 것이다. 문화적으로 패턴화된 양육 구조가 영아가 자신의 각성(우리 존재의 명백히 생물학적인 측면) 패턴을 통제하도록 돕는 것처럼, 부모의 "이해와 실천" 역시 영아에게서 나타나기 시작한 젠더/섹스 행동과 정체성이 발달할 수 있는 "문화적으로 공유된 틀"을 제공한다는 게 내 주장이다.

③ 수리 능력과 길 찾기 배우기

두 가지 간단한 사례로 설명해 보자. 많은 아시아 국가들에서 아이들은 산술 계산에 주판을 사용하도록 배운다. 연구자들은 주판 사용 기술이 늘어날수록, 대뇌피질의 특정 부위(두정엽)가 점점 더 활성화된다는 사실을 발견했다. 즉, 연습이 뇌의 기능을 변화시켰다.[24] 비슷한 맥락에서 과학자들은 자신이 기억하는 머릿속 지도에 근거해 길을 찾는 런던 택시 운전기사들의 뇌를 연구했다.[25] 매년 경험이 늘어날수록, 뇌 스캔 결과는 뇌에서 해마라고 불리는 특정 부위의 크기가 증가하는 모습을 보여 줬다.[26] 이번에도 매우 구체적인 경험들이 뇌의 구조와 기능을 변화시킨 것이다.

2007년에 한 심리학자 연구팀이 수학과 공간 능력에서 젠더/섹스 차이에 관한 합의 성명을 발표했다. 성명은 다음과 같은 문장으로 시작된다. "인지능력을 연구할 때, 생물학적 영향과 환경의 영향을 분리하기란 지극히 어렵다. 두 영향은 상호작용하기 때문이다." 그리고 그들은 이렇게 결론 내렸다. "초기의 경험, 생물학적 제한 요인, 교육 정책 및 문화적 맥락이 각각 영향을 미친다. 이 영향들은 겹쳐지며, 때로는 예측할 수 없는 복잡한 방식으로 상호작용한다."[27] 그들은 책 전체에 걸쳐 젠더 차별화된 경험이 뇌 구조와 기능에 영향을 미치며, 이로 인해 특정한 인지 과제를 수행하는 능력에 차이가 생길 수 있다는 점을 인정한다.

성차 연구의 선구자인 심리학자 엘리너 맥코비는 "성인과 분리된 정도"를 유아기 동안 나타나는 남아와 여아의 중요한 비대칭성으로 꼽았다.[28] 이 발상은 좀 더 연령이 높은 아동에 대한 연구들에서 다시 등장한다. 그중 일부 연구에서는 남아들이 (평균적으로) 더 멀리까지 움직이며, 성인들에게 가까이 가는 경향이 약해 보이는 것으로 나타났다. 지리학자 M. H. 매슈스와 동료들은 6~11세 아동 166명에게 자유롭게 스케치를 하거나 지도나 항공사진을 사용해 선호하는 하교 경로를 그려 달라고 요청했다. 그들은 소년들이 집에서 더 먼 거리까지 돌아다니기 때문에, 지리적으로 좀 더 제한된 공간을 움직이는 소녀들에 비해 지도를 그리는 능력이 공간적으로 훨씬 일관되고 상세하며 정확해지는 경향이 있다는 점을 발견했다.[29]

우리는 3차원 지각, 수리, 길 찾기 능력에서 초기의 경험과 나중에 나타나는 정신적인 기술을 연결하는 경로들이 있고, 뇌 발달이 이 경험들을 반영한다고 추정은 하고 있지만 실제로 이런 젠더/섹스 차이가 어떻게 나타나는지 보여 주는 명확한 로드맵은 없다. 그럼에도 나는 이런 차이들에는 항상 선행 요인[경험]이 있다고 믿는다. 예를 들어, 내 연구팀은 생후 3~12개월 사이에 엄마가 아이와 함께 운동을 하는 동안 둘 간의 신체적인 거리를 관찰했다. 딸인 경우 그 거리가 더 가까웠으며 자주 얼굴을 마주보고 노는 반면, 아들은 거리도 좀 더 멀었고 얼굴은 [엄마가 아닌] 바깥쪽을 향했다.[30] 아이들은 자라면서 성인에 대한 집중도, 또 더 나중에는 공간 인식 능력에서 젠더/섹스의 차

섹싱 더 바디

이를 보이게 된다. 어쩌면 아동에게서 나타나는 이런 젠더/섹스의 차이를, 기초 운동 능력이 발달할 때 양육자가 남아와 여아를 다루는 방식(평균적으로!)의 차이에서 찾을 수 있을지도 모른다. 그 작고, 일상적이며, 대개 무의식적인 차이에서 말이다.

유아들이 젠더의 바다에서 헤엄을 치고 있다는 것은 바로 이런 의미다. 우리를 둘러싸고 있는 대기처럼, 젠더의 바다는 언제나 존재하지만 눈에 보이지는 않는다. 〈그림 10-1〉의 B에서 볼 수 있듯이, 젠더/섹스 관점은 문화가 생물학[적 작용]이 된다고 주장한다.[31] 젠더와 섹스는 떼려야 뗄 수 없는 불가분의 과정이다. 발달은 자율적인 생물학적 과정에 의해 각 단계에서 결정되는 것이 아니라, 복잡하게 뒤엉켜 있는 체계들로 구성된 능동적 안정 상태active stasis다. 그 근원적인 체계 가운데 하나 이상이 교란될 때 변화가 발생하는 것이다. 그럼에도 어느 순간에도 인간의 사고방식은 그것이 고정된 것처럼 착각한다.[32]

정체성 규명하기

표준적인 관점부터 살펴보자. 젠더/섹스 정체성이란 정확히 무엇인가?[33] 심리학자들은 우리가 길잡이로 삼을 수 있는 말끔한 정의를 내렸다. 그럼에도 이런 질문을 던지는 것은 잠재적인 공격자를 속이기 위해 죽은 척하고 있는 뱀을 찔러 보는 일과 비슷하다는 사실이 드러났다.[34] 이 뱀은 죽은 것처럼 보이지만, 뱀이 갑자기 머리를 쳐들고 물지 않을 것이라고 확신할 순 없다. 다행히도 내가 가장 잘 알고 있는 죽은 척하는 뱀(동부 돼지코 뱀)은 ① 독이 없고, ② 성질이 상당히 온순하다. 그러니 손에 막대기를 들고, 언제든 멀리 달아날 준비를 한 채, 뱀을 찔러 보자.

첫 번째 찌르기는 젠더/섹스 정체성에 관한 연구와 논의 대부분의 근간에 놓인, 좀처럼 분명히 언급되지 않는 몇 가지 가정을 드러내는 것이다(〈그림 10-2〉의 A 참고). 먼저 연구자들은 이분법적인 젠더 정체성을 규범으로 상정한

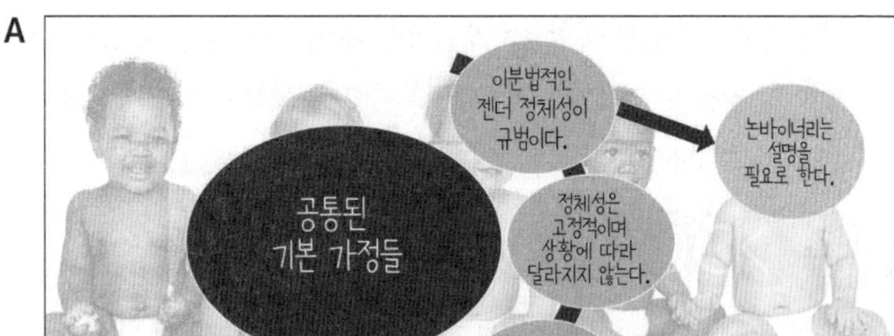

A. 젠더/섹스 정체성 연구의 공통된 기본 가정들
B. 동적인 체계 혹은 과정 중심의 젠더/섹스 정체성 연구의 토대가 되는 나의 기본 가정들

다. 수많은 사례 가운데 하나만 들자면, 이 분야에서 가장 저명한 전문가 세 명인 캐럴 마틴, 다이앤 루블, 셰리 베렌바움은 "젠더 발달"에 대한 꼼꼼한 리뷰 논문에서 "핵심 젠더 정체성"core gender identity에 대한 자신들의 논의를 발달에 대한 규범적 설명으로 구성했다.[35] 그들은 "핵심 젠더 정체성 **및 관련 장애**들의 병인론과 관련된 연구"(강조는 인용자)에 집중했다. 논문 전반에서 저자들은 호르몬 같은 연속 변수의 "정상" 범위를 언급한다.[36] 이 표준적인 틀에서

"정상"은 시스젠더[생물학적인 섹스와 젠더 정체성이 일치하는 사람] 정체성을 낳는 발달을 의미한다. 장애로 간주되는 것에는 트랜스*, 젠더 퀴어, 논바이너리 등이 포함된다. 그들은 논바이너리가 특별한 설명을 필요로 하는 반면, 이분법적인 젠더/섹스 정체성은 예견된 발달 결과라고 보았다. 지난 50년 동안 발표된 수백 편의 연구 논문은 "젠더 비순응"gender nonconforming 또는 "젠더 불쾌감"gender dysphoric을 느끼는 아동들의 발달을 이해하는 데 목적을 두면서도 시스젠더의 발달을 설명하려는 시도는 일절 하지 않았다.[37] 이 연구들은 논바이너리를 설명하는 데에만 집중하며, 이와 대조적으로 시스젠더의 발달은 정상적인 결과로 가정한다. 이렇게 시스젠더 정체성이 발달하는 메커니즘은 여전히 검토되지 않은 채 남아 있다.

"표준 이론"의 두 번째 토대는 정체성이 고정돼 있다는 것이다. 한 번 소년/남성(혹은 소녀/여성)이면 영원히 소년/남성(혹은 소녀/여성)이라는 이야기다. 정체성이 고정돼 있다는 관점을 표준 이론의 세 번째 측면 — 정체성 결정 이론에서 섹스(생물학/자연)를 젠더(양육/문화)와 분리하는 것 — 과 연결하는 것은 나만이 아니다. 심리치료사 데이비드 슈워츠는 이렇게 설명한다. "명시적으로 진술되지는 않았지만, 가장 중요한 가정은 유기체의 조건으로서 젠더가 … 실재한다는 것이다. 또한 젠더에 대한 주관적인 경험과 그 표현은 문화의 영향을 받을 수 있지만, 그 근간이 되는 자연은 그렇지 않다는 것이다."[38] 달리 말해, 정체성이 고정돼 있다면, 일생에 걸쳐 작은 조정이 이루어질지라도 생물학이 젠더 정체성 형성의 근간에 놓이는 게 틀림없다는 이야기다.

섹스 대 젠더 이분법에서는 생물학이나 자연이 정체성을 결정하는 주요 인자가 된다. 심리치료사 다이앤 에런새프트는 이 점을 다음과 같이 분명히 표현한다. "진정한 젠더 자아는 태어날 때부터 존재하는 젠더 정체성의 핵심으로부터 시작된다. 그것은 염색체, 생식샘, 호르몬, 호르몬 수용체, 생식기로 이루어진 복합체 내부에, 또 가장 중요하게는 우리의 뇌와 마음속에 자리 잡고 있다. 우리가 태어난 후에 진정한 젠더 자아는 외부 세계에 대한 우리의 경험을 통해 형성되고 방향을 잡아 나가지만, 그 핵심은 언제나 여전히 우리 자신의 소유물이며 외부가 아니라 내부에서 비롯된다."[39]

그렇다면 이제 **과정 중심의 관점**에 대해 말해 보자. 정체성을 정의하는 문제에서 두 번째 찌르기는 젠더/섹스 정체성이 연속체라는 발상에서 출발한다(〈그림 10-2〉의 B). 이 관점의 가장 중요한 함의는, 시스젠더의 발달이 정상 경로이며 다른 정체성은 거기서 벗어난 것이라고 보지 않는다는 점이다.[40] 그 대신 이 관점은 하나의 단일한 일반적인 과정으로 우리가 알고 있는 모든 형태의 젠더/섹스 정체성 발달을 설명할 수 있다고 본다. [이와 비슷하지만 조금] 다른 각도에서 문제에 접근하는 심리학자 샬럿 테이트와 동료들은, 시스젠더 정체성의 출현을 설명하는 기존의 발달 이론들에 논바이너리 정체성의 발달에 관한 연구를 수용할 수 있는 확장 슬롯이 내장돼 있다고 주장했다.[41]

젠더/섹스가 하나의 과정, 즉 생애 주기 전반에 걸쳐 변화하며 흘러가는 강이라는 발상은 다양한 가정을 내포한다(〈그림 10-2〉의 B). 정의상 연속체에는 단계적 변화를 수반한다. 출생증명서, 화장실 표지판,[42] 정부의 신분증 양식,[43] 젠더를 드러내는 복장 규정, 이름 등 문화적 관행에서는 명확한 범주들이 나타나지만, 이처럼 정체성은 일단 형성되고 나면 고정된다는 발상과 달리, 과정 중심의 모델에서 상정하는 정체성은 상대적 안정성의 측면에서 규정된다. 수학자 스티븐 스트로가츠는 탁자 위에 놓인 물잔 이미지를 제시한다. 처음 물잔을 내려놓을 때 물잔의 물은 출렁거리지만 잔이 가득 차 있지 않다면 물은 한 방울도 쏟아지지 않고 마침내 출렁거림은 잦아든다. 그럼에도 출렁거리지 않는 상태가 영원히 고정된 것은 아니다. 물은 **안정적 평형** 상태에 있다. 누군가 탁자를 밀치거나 물잔 안에 물을 더 부어 넣거나 잔을 들어 한 모금 마시지 않는 한, 수위는 평평하게 유지된다. 그러나 이런 일이 벌어지면 물은 쏟아질 수도 있으며, 이는 새롭게 출렁거리는 시기를 거친 후 또 다른 안정적 평형 상태에 도달할 수 있다.[44] 과정 중심의 이론과 사물 이론의 차이를 명심하면서 이제 체화라는 문제를 살펴보자.

체화

신체 전체와 그 신체가 거주하는 세계는 체화된 심리를 분석하기에 적절한 단위다. 에번 톰프슨에 따르면, "우리의 정신적 삶은 우리의 신체는 물론 우리 유기체의 표면 막 너머에 있는 세계와 밀접히 연결되어 있으므로, 단순히 머릿속에서 일어나는 뇌 과정으로 환원될 수 없다."[45] 톰슨의 관점은 이른바 "표준" 심리학과 다르다. 표준적인 접근 방식에서는 중요한 모든 것이 마음, 즉 비유적으로 뇌에 존재하는 추상적인 장소에 등록된다.

체화에는 여러 가지 의미가 있지만 나는 이 단어를 특정 방식으로 사용한다. 40여 년 전에 아이리스 영은 좁은 공간에 앉을 때 다리를 꼬는 여성의 습관이 속살이 드러날 수 있는 옷을 입은 여성에게 요구되는 단정함에서 비롯됐다고 언급했다. 그녀는 이것이 어떻게 하나의 습관이 되는지, 즉 많은 여성의 신경근 체계에서 무의식적이고 반사적인 모습을 띠게 되는지 설명했다.[46] 나는 체화가 신경근 체계의 습관이며, 중추신경계와 자율신경계를 모두 수반할 수 있는 무의식적 현상이라는 영의 발상에 동의한다.[47] 영과 달리, 일부 학자들은 신체 **위에** 착용하는 상징 — 이를테면 옷, 문신, 분홍색 머리핀이나 민소매 티셔츠 등 — 이나 쉽게 바꿀 수 있는 신체의 상징(머리 길이, 수염, 혹은 제모한 종아리·겨드랑이·사타구니 등)이라는 의미로 체화라는 용어를 사용한다. 이것들 중에서 의식적으로 선택되어 신체 외부에 덧입혀지는 일부(예를 들어, 헤어스타일과 의복 선택)는 내가 의미하는 유형의 체화를 의도치 않게 생성할 수도 있다. 하지만 이런 형태의 체화는 기존의 무의식적인 젠더/섹스 정체성을 강화하기 위해 종종 이루어지는 의식적인 선택을 수반한다.

체화는 심지어 태어나기 전부터 시작된다. 가령 신생아의 울음소리는 자궁 속에서 들었던 모국어의 리듬과 소리 패턴을 반영한다.[48] 체화는 자동적이고 무의식적이다. 그것은 자율신경계(오장육부에서 느껴지는, 방 건너편에서 사랑하는 사람이나 설명할 수 없을 정도로 강하게 끌리는 낯선 이를 볼 때 느끼는 두근거림을 기억하라), 감각 및 감각 운동, 신경망, 중추신경계 및 말초신경계 등 신경

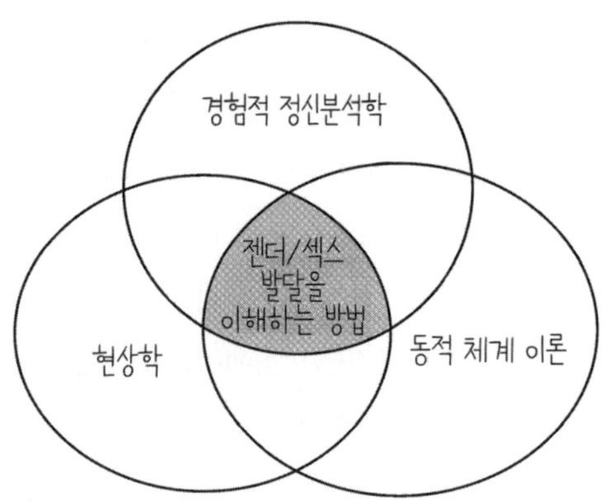

계 전반에서 발견된다. 체화된 발달이라는 개념은 새로운 발상이 아니다. 여기에는 특정 순간의 행동과 감정뿐만 아니라 과거에 대한 기억까지 포함된다. [예컨대] 마르셀 프루스트의 소설 속 화자가 차를 마시며 마들렌을 한입 베어 물자 그 맛과 향이 추억의 홍수를 불러일으키며 체화된 기억을 환기하는 모습은 잘 알려져 있다.[49] 체화된 수많은 기억[50]과 현재의 반응[51]은 젠더화된 감정가感情價, valence[대상이나 상황에 끌리거나 반발하는 정도]를 가진다. 우리는 말하고, 몸짓을 하며, 숲을 가로질러 달리거나 지하철에서 자리에 앉는 매 순간마다 체화된 기억들을 실행한다.

우리가 자라면서 체화를 획득하게 되는 것이라면, 양육 몇 퍼센트, 자연 몇 퍼센트를 언급하는 사물 이론은 그 과정을 연구하는 데 필요한 도구를 제공하지 못한다. 우리가 어떻게 젠더/섹스화되는가를 이해하는 일에는 다른 수단들이 요구되는데, 그 구성 요소들은 심리학과 철학 분야 내부의 세 가지 다른 지적 전통에서 얻을 수 있다. 현상학, 정신분석학, [동적] 체계 이론은 한 개인이 어떻게 젠더/섹스 정체성을 획득하는지에 대한 심층적 탐구를 가능하게 한다(〈그림 10-3〉 참고). 이어지는 세 절에서는 각 전통에서 뽑아낸 유용한 부분과 한계를 지적하면서 각각을 살펴볼 것이다. 〈그림 10-3〉에서 제시한 것처럼, 이 세 분야가 중첩되는 영역에서 우리는 젠더/섹스 정체성 발달을 이해하는 작업에 적합한 수단들을 발견할 수 있다.

① 현상학

현상학자들은 우리가 세계를 이해하는 데 신체 감각을 사용한다는 점을 강조한다. 이들은 지각에 대해 이해하려는 노력 속에서, 우리가 감각을 통해 세계를 지각할 뿐만 아니라 경험이 우리의 감각을 형성한다는 사실에 주목한다. 그러므로 삶의 여정을 거치는 동안 경험은 과거의 지질학적 사건들이 암석과 토양에 층을 만들어 내는 것과 비슷한 방식으로 퇴적층처럼 쌓인다. 퇴적된 경험은 개개의 신체 역사를 담은 일종의 체화된 기억이 된다. 철학자 사라 하이내마에 따르면, 전통적인 젠더 이론은 사회(젠더)와 생물학(섹스) 사이의 상호작용으로 남녀의 차이를 설명하는 반면, 현상학은 개인적 경험과 대인 관계에서 얻은 경험들이 성차에 대한 감각을 어떻게 만들어 내고 유지하는지를 탐구한다.[52] '대인 관계'[간인간적]interpersonal라는 용어가 추가된 것이 접근 방식의 두드러진 차이를 나타낸다. 인간 몸의 의미는 다른 인간 몸과의 관계 속에서 표현된다. 둘 이상의 개인이 관계를 맺으면서 그들은 서로에 대한 감각과 자신에 대한 감각을 확립하고 유지하며 서로의 의도를 추론한다.

현상학적 관점에서 보면, 생식기를 기준으로 누군가를 남성이나 여성으로 분류할 수 없다. 대인 관계는 대체로 옷을 입은 상태에서 이뤄지기 때문이다. 대신 우리는 일상적으로 주변 사람들과 사물을 대하는 그 사람의 태도와 신체 움직임을 섬세하게 관찰함으로써, 누군가의 젠더/섹스에 대한 단서를 찾는다. 그러므로 나는 밖에 나가 돌아다니며 사람들을 관찰할 때, 다른 사람들을 주시하면서 마음속에서 그들을 남성이나 여성으로 범주화한다. 나는 다른 사람들의 옷차림, 눈에 보이는 신체 구조, 움직이는 방식을 시각적으로 평가한다. 언제나 명확하게 파악할 수는 없기 때문에, 더 자세히 들여다볼 수도 있다. 대화를 나눌 수 있을 때까지 기다리며 목소리의 높낮이에 주의를 기울여 볼 수도 있고, 대화 중 상대가 나와 얼마나 가까이 서 있는지를 가늠해 보기

도 한다. 이런 것들이 젠더/섹스가 미묘하게 표출되는 방식에 해당한다.[53]

이런 "단서들"tells* — 그리고 그것들에 대한 나의 청각적·공간적 지각 — 은 우리가 어떤 결론을 이끌어 내는 데 도움을 **줄 수 있다**. 그러나 종종 범주를 늘리고 불확실성을 인정해야 할 때도 있다. 남자처럼 보이는 여성인가? 여자처럼 보이는 남성인가? 둘 중 하나에 해당하면, 이는 레즈비언이거나 게이라는 뜻인가? 자아 감각은 어떤가? 표현 방식과 습관은 어떤가? 때로 우리가 누군가와 상호작용할 때, 그 누군가가 처음에는 낯선 사람일지라도, 대화를 나누는 과정에서 그 사람이 좀 더 "여성스러워"지거나 "남성스러워"지는 경우가 있다. 이는 우리의 상호작용이 상대방으로 하여금 자신의 정체성을 신체적으로 표현하는 방식을 수정하게 했기 때문이다. 이 같은 변화로 말미암아 우리는 그 사람을 새롭게 인식하게 된다. 이런 점들로 인해 결국 나는 생식기에 기초한 두 가지 범주를 폐기하고, 젠더/섹스를 더 다양하고 즉흥적이며 관계적인 것, 그리고 일시적으로 불안정하며 활동적인 것으로 이해하는 쪽을 선택했다. 하이내마가 지적하듯, "성차는 두 가지 실체[본질] 간의 차이가 아니라 … 관계를 맺는 두 가지 방식 간의 차이다. … 성 정체성의 문제는 '무엇'에 관한 것이 아니라 '어떻게'에 관한 것이다."[54]

젠더 차이를 설명하려는 현상학의 시도가 완벽한 것은 아니다. 철학자 요해나 옥살라에 따르면, 경험이 신체 내부에 깃들고 외부 사물 및 사람과의 관계 속에 등록될지라도, 신체라는 구조는 젠더에 대한 철학적 설명을 구축하기엔 너무나 제한적이다.[55] 그런 설명에는 다양한 유형의 살아 있는 신체에 대한 기술이 포함되어야 하지만, 그 결과로 얻을 수 있는 설명은 "그런 신체들과 경험들이 가치와 의미를 획득하는" 세계관의 틀 안에서만 이해될 수 있다.[56]

옥살라에 따르면, 우리의 몸이 어떻게 가치와 의미를 획득하게 되는지

---

* 흔히 '텔'이라고도 하는데, 포커 게임에서 플레이어가 표출하는 신체적·언어적·행동적 신호를 말한다. 이는 의도하지 않게 자신이 가진 패의 정보를 노출하는 행위들이다.

섹싱 더 바디

인식하면서 신체를 연구하려면, 난자가 수정되기 전부터 죽음에 이르기까지 인간 주체가 하나의 공동체 속에서, 곧 일종의 문화적 영역 혹은 고향 세계 homeworld 속에서 살아간다는 점을 이해해야 한다.[57] 자기 고향 세계에서 사람들은 개인 대 개인의 상호작용(전문용어로 **상호주관성**[상호주체성])을 통해 "정상적"이라고 간주되는 복장, 일상 활동, 신체 언어, 말하기 스타일 등에 관해 끊임없이(누군가에 따르면 가차 없이) 지시를 받는다. 신체가 발달하는 고향 세계는 전통주의적인 정상성의 체계다. "어떤 문화에 사회화된다는 것은 … 정상으로 간주되는 것이 무엇인지를 다른 사람들에게 배운다는 것을 의미하는데, 이는 젠더의 경우에도 마찬가지다."[58] 중요한 것은 옥살라가 문화는 변화하며 따라서 정상으로 간주되는 것 역시 변한다는 것을 강조한다는 점이다. 논바이너리의 삶이 출현하는 것을 목격하고, 논의하며, 측정하고, 관련된 사회정책을 수립하는 이 순간에도 이런 변화가 전 세계적으로 일어나고 있다. 가령 공항 화장실을 어떻게 개편할 것인지를 둘러싸고 벌어지고 있는 논의가 이같은 징후이다.

옥살라는 문화적으로 우세하거나 통계적으로 정상적인[발생 빈도가 높은] 젠더/섹스 및 그런 성적 지향을 표현하는 사람들을 문화가 어떻게 재생산하는지 강조한다. 사실 상호주관성은 사회적 규범을 개별 신체에 각인하는 압도적인 힘으로 나타난다. 그렇다면 비규범적 주체성은 어떻게 나타나는가? 명확히 하자면 여기서 내가 사용한 '비규범적'이라는 용어는 수적으로 소수를 의미하지 결코 의학적 상태나 도덕적으로 옳거나 그르다는 의미가 **아니다**. 만약 상호주관성이 이처럼 포괄적인 힘이라면, 젠더 비순응 아동이나 비이성애적 성향의 사람들은 어떻게 등장할 수 있는가? 포괄적인 규범성에 맞서서 어떻게 이 "타자"는 자기주장을 할 수 있는가? 주체성은 정체성과 체화에 대한 모든 논의에 출몰하는 유령이다. 그것은 분석을 배제하고, 사고를 멈추게 하는 듯한 개념이다.

예를 들어, 어떤 아동이나 성인이 자기 내면의 주관적인 자아, 곧 그들의 가장 깊은 핵심부에서 스스로를 남성, 여성, 논바이너리 혹은 젠더 퀴어라고 느낀다고 말할 때, 그것은 어떤 의미인가? 그들은 실제로 어떤 말을 하고 있는가? 그들은 자신의 신체 일부(스스로를 여성과 동일시할 경우에는 음경이나 돌출된 목젖 등, 남성으로 동일시할 경우에는 유방이나 월경 등)에 소외감을 느끼고 있다는 것인가? 그들이 말하려는 바가 이 같은 신체 소외감이라면, 그들이 주로 자기 신체 이미지와 불일치를 경험하고 있다고 생각해도 될까? 또는(그리고?) 신체 이미지에 문제가 있을 때(혹은 문제가 없을 때), 아동이나 성인이 내면의 자아, 곧 그들의 가장 깊은 핵심부에서 스스로를 남성, 여성, 논바이너리 혹은 젠더 퀴어로 느낀다고 주장한다면, 그것은 그들이 특정 방식으로 옷을 입거나 말하고 걷고 싶다는 뜻일까?

주체성을 이해하고 설명하려는 시도의 첫 단계로 우리는 시스젠더와 트랜스* 아동이 이처럼 자기 자신에 대해 기술할 때 그것이 지닌 의미를 분석할 필요가 있다. 만약 남성의 생식기를 지니고 태어난 아이가 자신은 확실히 남자아이라고 말한다면, 이는 그 아이의 신체 이미지에 음경이 포함돼 있다는 것일까? 또는(그리고?) 그 아이가 푸른색과 트럭을 좋아하고 남자애랑 같이 놀길 선호한다는 의미일까? 또는 남성 생식기를 가진 세 살짜리가 자신이 "진짜" 여자라고 말한다면, 이는 일차적으로 인형이나 여자 친구를 선호한다는 의미일까? 아이들에게 물어보면 이 의문들에 대한 답을 얻을 수 있다. 심리학자 앤 존슨이 바로 그렇게 했다. 앤 존슨에 따르면, "아동에서 젠더는 인지학자들이 제시하듯이 개인적으로 '마음속에서' 구성되는 게 아니다. 젠더가 구성되는 장소는 의사소통이 생생하게 이루어지는 주체들 사이다."[59] 그러나 명백히 상호주관적인 상황 또는 비자율적인 상황이 어떻게 자율적인 주체성을 만들어 낼 수 있을까? 체화된 인지를 연구하는 학자들이 최근 치열하게 고민하고 논의하는 주제가 바로 이 풀리지 않은 문제다.[60]

심리학자 에번 톰프슨이 이 지점에서 도움을 준다. 그는 우리의 마음이라는 장소를 완전히 생리학적으로 기능하는 신체 속에서 위치시키며, 다시 이 신체는 세계 속에 착근돼 있다고 지적한다. 그의 관점에서 한 개인의 정신적 삶은 서로 얽혀 있는 세 가지 신체적 활동 양식 — "자기 조절, 감각 운동

섹싱 더 바디

적 결합, 상호주관적 상호작용" — 에서 비롯된다.[61] 톰프슨(과 그의 사상을 지지하는 사람들)은 무의식적인 "신체 도식"과 의식적인 "신체 이미지"를 구별한다. 신체 이미지는 예를 들면, 거울 속을 들여다보며 의식적으로 자세히 바라보거나 분석하는 대상이다. 신체 도식은 의도적인 것도 의식적인 것도 아닌데, 나는 그것이 젠더/섹스에 대한 내면의 감각을 포함하고 있다고 생각한다. 그런데 톰프슨은 신체 도식을 의식적인 자아 성찰 능력이 발달하기 전에 이미 존재하는 "일단의 통합된 동적인 감각 운동적 과정들"로 정의한다.[62]

[분석적·성찰적 사유 이전에 작용하는] 전-성찰적[반성적]pre-reflective 신체 도식에 대한 사고는 젠더/섹스 정체성이나 성적 지향을 갖는 자아 감각의 발달을 연구할 수 있는 방향을 제시한다. 우리가 촉감을 경험하는 방식 — 우리가 접촉하는 대상과 그 대상으로부터 받는 촉감이라는 두 측면에서 모두 — 을 살펴보자. 촉감을 처리하는 방식은 우선 우리 신체의 특이성들에 달려 있다. 즉, 한 개인의 신경세포 자극 전달의 생리적 특성은 변이성의 스펙트럼상 어디에 위치하는가? 어떤 특정 개인의 피부에는 온점이나 압점 같은 기계수용체mechanoreceptors*가 어느 정도의 밀도와 감도로 존재하는가? 이 수용체들은 과거의 촉각적 경험에 의해 발달한 것인가? (접촉 순간) 우리 신체의 자율적인 생리작용이 타인과의 접촉을 감지할 때, 우리의 감각은 다른 사람이 우리를 어떤 감정으로, 또 어느 정도의 힘과 어떤 방식으로 만졌는지에 따라서도 달라진다. 전-성찰적으로 사람들은 접촉의 경험을 저장한다. 또한 접촉(혹은 접촉의 부재)에 반응해, 우리의 피부에서는 신경 분포의 특정 유형 및 그것이 특화되는 영역이 나타나거나 사라진다. 마지막으로 어떤 개인이 접촉에 대한 의식을 떠올릴 때, 그는 자신이 느낀 것을 묘사하기 위해 말을 사용한다.

개인의 정체성 형성에는 서사가 필요하다. "난 엄마 옷을 입고 싶어"라고 말하는, 혹은 '난 여자아이**이기도 해**'라고 선언하는 아동의 젠더/섹스는 특정 신체에서 나타나는 창발적emergent 속성**인데, 이는 부분적으로 한 개인의 자

＊ 접촉, 압력, 진동 등 기계적·물리적 자극에 반응하는 수용체.

기 이미지에 대한 서사에 의해 형성된다.[63] 히긴스는 신체적 과정과 사회적 과정이 동등하게 자아 감각의 형성에 기여한다는 발상을 구체적으로 언급했다. 그가 사용한 '생물사회적 자아'biosocial self라는 용어는 "자아를 구성하는 생물학적인 신체적 과정과 사회적 과정(즉, '생물사회적 과정들')"이 견고하게 서로 결합돼 있는 "존재 양식"을 함의한다.[64] 이 관점에 따르면, 각 개인이 경험하고 있는 세계는 고유하다. 히긴스는 아이가 사회적 상호작용을 할 수 있는 기본 능력을 지닌 채 태어난다고 언급했다.[65] 나아가 초기의 사회적 상호작용들은 더욱더 복잡한 인지능력의 발달을 촉진한다. (최근에는 아기의 시각으로 세상을 기록하기 위해 유아의 머리에 카메라를 설치하는 실험들이 수행되고 있다. 이는 사회적 상호작용을 하는 와중에 유아들이 어떤 것을 보고 있는지를 연구자들이 이해해야 할 필요가 있다는 인식이 점점 커지고 있다는 점을 반영한다.[66])

현상학자들은 거의 전적으로 성인에게 집중한다. 하지만 우리는 이미 젠더/섹스의 체화 과정이 3세까지 상당 부분 진행된다는 점을 살펴보았다. 아래에서 나는 현상학적 접근법과 양립 가능하면서도 출생부터 3세까지의 체화 과정을 연구할 수 있는 도구들을 살펴보고자 한다. 이에 따라 다음 절에서는 유아와 양육자 사이의 상호작용을 연구하는, 내가 "경험적 정신분석학자"라고 이름 붙인 일군의 연구자들을 다룰 것이다. 그들은 현상학자들과 몇 가지 개념을 공유한다. 첫째, 신체가 감각 지각과 상호주관성을 통해 의미를 만들어 낸다고 주장한다. 둘째, 특정 연령의 신체와 마음은 과거의 경험을 축적하고 있다. 셋째, 나는 젠더/섹스 자체를 상호작용적 발달의 성취로 상정하는데, 경험적 정신분석학의 도구를 사용해 이 같은 발상을 검토해 볼 수 있다.

※ '창발'이란 하위 구성 요소에 없는 새로운 특성이나 행동이 상위 체계 수준에서 자발적이고 돌연히 나타나는 현상을 의미한다. 개별 신경세포의 복잡한 상호작용을 통해 '의식'이라는 새로운 현상학적 경험이 창발하는 것이 그 예다.

② 경험적 정신분석학: 부모 자식 간 상호작용을 체화하기

정신과 의사이자 정신분석 이론가인 대니얼 스턴의 연구를 바탕으로, 정신분석학자 비어트리스 비브와 프랭크 라크먼이 이끄는 연구진은 모자간의 행동과 그에 따른 영아기 모아 애착의 특성 및 정도 사이의 관계를 연구했다.[67] 실험적으로 그들의 접근법에는 두 가지 중요한 구성 요소가 있었다. 첫째, 양자 관계(엄마와 영아)에 있는 개인 사이에서 이루어지는 미시적 반응(한쪽 및 상호 반응 모두)을 초 단위로 상세히 기록했다. 둘째, 종단 연구 설계를 활용했다.[68]

영아가 주 양육자에 대한 경험을 어떻게 조직화하고 스스로에게 표상re-present하는지 알아내기 위해 비브와 동료들은 생후 1년 동안의 시기에 초점을 맞췄다. 그들에 따르면, 이 시기 유아들은 자기와 대상에 대한 전상징적인pre-symbolic 내적 표상을 발달시킨다. 전상징적인 표상은 상징적인 사고가 출현하기 전에 형성된다. 상징적인 사고는 일반적으로 16~18개월에 발달하기 시작하는데, 이는 보통 구어 사용이 나타나는 만 2세 무렵보다 이른 시기다. 전상징적인 표상은 특정한 신경 연결들로 이뤄져 있는데, 이는 궁극적으로 상징적인 표상으로 바뀐다. 예컨대 언어 발달에서 전상징적인 옹알이는 상징적인(한 단어가 하나의 대상을 나타낸다는 점에서) 단어 형성으로 전환된다. 비브와 동료들은 상징적 사고를 "물리적으로 존재하지 않는 대상을 모방하고, 물리적인 특징에 의해 정의되지 않는 방식으로 대상을 지칭하는" 능력으로 정의한다.[69] 경험적 증거에 따르면, 아이들은[70] 적어도 생후 1년 반이 되기 전에 젠더/섹스에 대한 상징적인 표상을 습득한다. 이 글에서 나는 이런 표상들이 유아기에 축적되기 시작한다고 제안한다.[71]

비브, 라크먼, 재피는 자신과 주변 사물들을 표상하기 위해 상징을 사용하는 유아의 능력이 어른과 아이 양자 관계에서 이루어지는 동적인 상호작용을 전상징적으로 표상하는 데서 나온다고 상정한다. 그들은 그런 표상들이 영아의 신경계(중추신경계와 말초신경계 모두)에 물질적으로 존재한다고 추정한다.[72] 발달이 진행되면서 영아의 초기 표상이 이후 경험을 위한 발판을 형성한

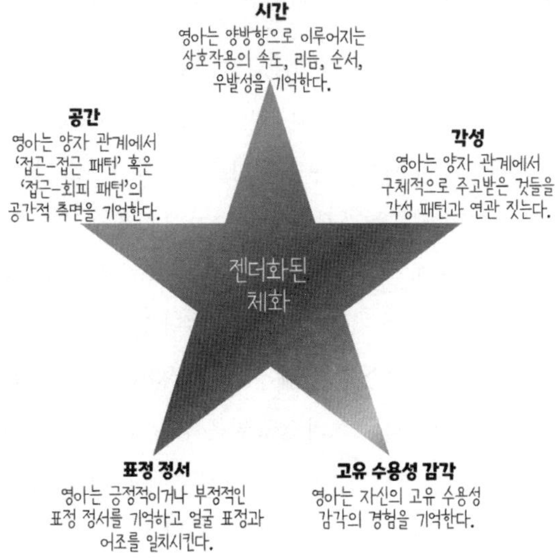

그림: 패티 아이삭(저자의 개념을 도식화)

다. 이것은 다시 영아가 표상을 재구성하는 과정을 이끌게 된다. 유아의 "발달이 끊임없이 활발하게 재구성되는 상태에 있다"는 것은 모든 부모가 당연하게 받아들이는 사실이다.[73]

비브와 동료들이 묘사하는 상호작용 구조는 "신체적"이며, 이는 젠더/섹스와 지향에 관심이 있는 현상학자들(과 다른 연구자들!)의 상상을 자극한다. 나아가 이 상호작용들은 인과적이거나 대칭적이지 않다. 그렇다기보다 그것은 양자 관계에서 한쪽 파트너가 보인 특정 반응이나 행동이 다른 쪽 파트너에게서 특정 반응이나 행동을 이끌어 낼 것이라고 기대되는 확률에 근거한다.[74] 경험적 조사를 바탕으로, 그들은 양자 관계에서 이루어지는 상호작용의 여러 측면을 강조한다. 여기에는 한쪽 파트너가 상대방의 각성 상태를 변화시킬 수 있다는 기대를 뜻하는 **상태 전환**state transforming(예컨대 엄마가 아이의 울음을 멈추게 하려고 무릎 위에 앉히고 흔들어 주는 경우), 한 파트너가 보내는 정서적 신호를 다른 파트너가 거울처럼 반영할 것이라는 기대를 말하는 **얼굴**

미러링(예컨대 아이가 미소로 화답해 주길 기대하며 아빠가 아이에게 상체를 기울여 활짝 웃어 주는 경우), 양자 관계에서 두 파트너가 얼굴과 시각의 불일치를 얼마나 쉽고 빠르게 바로잡는지에 대한 기대인 **중단과 회복**(가령 양육자가 유아에게 말을 걸고 건드리면 두 사람이 눈을 맞추고, 유아가 눈을 떼면 양육자가 다시 눈을 맞추기 위해 몸을 기울이는 경우), 음성 리듬이 일치하고 어긋나는 정도에 대한 기대를 의미하는 **대인 관계적 타이밍**(예컨대 음성 상호작용에서 차례를 주고받는 타이밍의 발달)이 포함된다.[75] 비브와 라크먼은 양자 관계의 경험이 내적으로 조직되기 위해서는 계속 진행되고 있는 조절들, 중단과 회복, 정서적으로 고조된 순간들이 특히 중요하다고 강조한다. 이런 내적 조직화가 자기 조절 능력(이 자체도 두 사람 사이의 경험에 의존한다)을 성장시키고, 생후 1년 동안 양자 관계에서 이루어지는 상호작용을 조율한다.[76]

나는 양자 관계를 구성하는 이 요소들 중 일부 혹은 전부에서 생긴 변화가 체화된 젠더/섹스의 최초 토대를 형성한다고 가정한다. 이 개념에는 많은 순열이 포함되는데, 별 모양의 〈그림 10-4〉는 이를 나타내고 있다. 먼저 별의 꼭짓점 다섯 개는 각각 전반적인 젠더/섹스의 체화에 영향을 미친다. 그러나 양자 관계의 상호작용을 이루는 다섯 가지 측면(체화된 젠더/섹스의 별 모양 그림에서 각 꼭짓점에 표시된)이 서로 연결되는 것인지, 그렇다면 어떻게 연결되는지는 불명확하다. 즉, 만약 공간적 상호작용의 체화(〈그림 10-4〉에서 "공간"이라고 표기된 꼭짓점)가 특히 젠더/섹스화된 방식으로 발달한다면, 다른 네 꼭짓점도 동일한 방향으로 이동할까? 설령 네 꼭짓점이 개별적으로는 특별히 젠더/섹스로 구별되지 않을지라도 말이다. 또 전상징적인 체화의 얼마나 많은 측면이 동일한 젠더/섹스 방향을 가리켜야 누군가가 유아를 남성(남자다운) 혹은 여성(여자다운)으로 인지할 수 있는 것일까? 마찬가지로, 내적인 체계가 남자아이 혹은 여자아이라는 주관적인 자아 감각을 만들어 내려면, 전상징적 체화의 얼마나 많은 측면이 유아의 신경계 속에 깊숙이 자리 잡아야 할까?

생후 첫해 동안 영아의 선호와 행동은 대체로 젠더 중립적이다. 혹은 적어도 이처럼 어린 나이에 젠더/섹스 분화를 입증할 방법(생식기를 제외하고는!)

을 연구자들은 찾지 못했다. 여성 혹은 남성으로 지정된 생식기를 가진 아이와 상호작용할 때, 그리고 개별적으로는 다양하지만 특별히 젠더화되지 않은 아이의 감각적인 반응에 대응할 때, 양육자의 젠더화된 태도와 속성은 그렇지 [젠더 중립적이지] 않다. 나는 이런 최초의 상호작용들이 젠더화된 행동과 감정의 스펙트럼을 만들어 낸다고 가정한다. 만 2~3세에 아이는 세상을 이해하고 세상과 상호작용하는 데 상징을 사용하게 된다. 이 이행기에 전상징적 발달에서 나타나는 젠더/섹스 분화의 측면들이 한 개인의 상징적이고 주관적인 젠더/섹스로 전환된다.

③ 동적 체계

대학 2학년 때 본 양서류 배아의 발달 영상은 나를 완전히 바꿔 놓았다. 저속 촬영 이미지들은 수정란 세포의 첫 분열로 시작했다. 세포분열이 빠르게 이어지며 배아가 (포배blastula라고 불리는) 속이 빈 둥근 공 모양의 세포 덩어리가 되었다. 그 뒤 마법 같은 일이 벌어졌다. 세포들이 거대한 층을 이루며 움직이기 — 수천 개의 세포가 흘러가듯 움직이며 형태를 바꾸고 있었다 — 시작했다. 몇몇 층은 가상의 축을 중심으로 회전하며 배아의 바깥쪽에서 내부로 이동했다. 바람이 덜 들어간 공 안에 움푹 파인 자국이 생기는 것을 떠올려 보자. 공의 바깥쪽에 있던 물질이 움푹 파인 부분의 안쪽 표면에서 막을 형성하게 된다. 내부로 들어간 세포층들은 놀랍도록 질서정연하게 재조직된다. 다른 층들이 바깥쪽으로 흘러 나가며 세포들이 내부로 이동하면서 남겨진 공간을 메웠다.

　(실시간으로) 몇 시간 만에 낭배 형성gastrulation이라고 불리는 과정을 통해 속이 거의 꽉 찬 공처럼 보였던 세포 덩어리가 외부의 막(표피)과 입에서 항문까지 연결된 내부의 소화관이 있는 3층 구조의 동물로 변형됐다. 그 사이에 세포들이 표피[외배엽]와 소화관[내배엽] 사이로 미끄러져 들어와 [중배엽을 이루며] 심장, 신장, 난소, 고환 같은 기관을 형성하기 시작했다. 그러고 나서 마

지막 **펑!** 낭배 등 쪽(뒷면)의 좌우에 있는 세포들이 신경관 형성neurulation이라고 불리는 크게 접히는 움직임 속에서 말려들어 간다. 세포들은 상단에서 융합해 세로로 긴 관을 형성했고, 곧 그 관은 (표피에서 분리되어 내부로 떨어진 뒤) 양서류의 뇌와 척수로 분화하기 시작했다.[77]

나는 완전히 빠져 버렸다! 혼란스럽게 움직이던 세포 덩어리에서 어떻게 이렇게 복잡한 것이 질서정연하게 형성될 수 있을까? 젠더/섹스 정체성의 발달을 고민하기 시작했을 때, 이 도마뱀 배아의 모습이 나의 상상을 사로잡았다. 이 과정들에는 많은 공통점이 있다. 이전 형태로부터 완전히 새로운 것이 빠르고 자연스럽게 물질화된다. 이처럼 갑작스러운 창발을 형식적으로 논할 때는 동적 체계를 정의하는 표현인 "창발성"과 "비선형적 과정" 같은 이해하기 어려운 용어들이 사용된다.

생물학자들은 이와 같이 자발적으로 형성되는 것을 "자기 조직화"라고 부른다. 그들은 자기 조직화를 통해, 하나의 체계를 이루고 있는 개별 요소들이 가진 특성에 의해 어떤 새로운 형태[의 질서]가 창발하는 것을 설명한다. 자기 조직화는 사전에 존재하는 청사진이나 유전자 같은 지배적인 조작자의 지시에 따르지 않는다. 개별 유기체 사이에 차이가 있지만, 그럼에도 범역적으로 나타나는 신뢰할 수 있는 공통된 결과물이 있다. 예를 들면, [위에서 살펴 본 배아 발달의 경우] 모든 척추동물에는 공통적으로 표피, 신경관, 소화관, 단단한 장기로 채워진 중간층이 있다. 그러나 [개별적인] 개구리 배아에서는 신경관 형성이 다른 개체보다 빠른 개체도 있고, 더 두꺼운 표피를 발달시키는 개체도 있다. [배아 발달 외에도] 자기 조직화의 또 다른 사례들이 있다. 대표적으로 반딧불이 여러 마리가 동시에 빛을 내는 현상*이나 V자 모양으로 편대를

---

* 집단 때맞음collective synchronization이라고도 한다. 예컨대 평소 산만하게 반짝거리는 반딧불이들이 교배 시기와 같은 특정 시기가 되면, 상호작용을 통해 상대방의 반짝거림에 서로 맞추어 간다. 이에 따라 수많은 무리의 반딧불이가 같은 진동수로 반짝거리게 되어 멀리서 봤을 때 한 마리의 거대한 반딧불이처럼 여겨지는 흥미로운 형상이 나타나는데, 이것이 대표적인 집단 때맞음 현상이다.

이뤄 날아가는 기러기 무리가 그것이다.[78] 젠더/섹스 역시 창발성과 자기 조직화를 통해 형성된다.

젠더/섹스는 신체적·문화적·상호주관적 하위 체계들로 구성된 복잡하고 보통은 안정적인 체계다. 젠더/섹스는 우리의 신경계와 생리작용의 깊은 곳에서 출현하는 것처럼 보인다. 그러나 우리 신체 외부에 존재하는 사람들과 문화가 그 깊은 곳을 형성해 왔다. 젠더/섹스는 창발적이다. 이를 연구하려면 동적 체계 이론가들은 "최종" 결과물(즉, 한 인간의 생애 주기에서 어떤 특정한 순간에 그가 의복, 장식품, 헤어스타일 같은 상징들을 통해 스스로를 식별하고 정체성을 드러낸 방식)로부터 시간을 거슬러 올라가야 한다. 현재의 체계는 어떻게 생겨났는가? 이것이 [동적] 체계 이론가들에게 **가장** 중요한 질문이다.

젠더/섹스는 유연하게softly 조립된다. 동적 체계를 발달 심리학의 주요 이론으로 만든 두 심리학자 에스터 텔렌과 린다 스미스에 따르면, 유연한 조립은 "프로그램, 구조, 모듈, 도식 같은 용어들을 영원히 추방"하고 이를 복잡성, 안정성, 변화와 같은 개념으로 대체한다.[79] 성인에서 젠더/섹스는 대개 안정적이지만, 유연한 조립이라는 개념은 변화를 허용한다는 이점을 가진다. 만약 현재의 젠더/섹스 체계를 안정화하고 있는 하위 체계들에서 하나 이상이 변하면, 현재의 안정된 상태는 와해되고 재조직을 거쳐 기존과는 다른 새로운 조립을 다시 형성한다. 심리학자 리사 다이아몬드는 한 무리의 여성을 10년 이상 추적 관찰하면서 그들의 성 정체성과 지향에서 진행되는 변화들을 연구하며 이 점을 아주 잘 보여 줬다.[80]

젠더/섹스가 표면적으로 외부에만 존재하던 것에서 강력하게 내면화된 상태로 전환되는 과정을 매개하는 것은 무엇일까? 이 문제를 탐구하기 위해, 나는 체화된 인지로의 전환이라는 텔렌의 이론틀에 기초해 젠더/섹스를 고찰하고자 한다. 그녀는 자신을 현상학의 지적 전통 속에 그리고 "인간의 인지가 실제로 어떻게 체화되는지 이해하려는, 점점 늘어 가는 일군의 심리학자, 철학자, 언어학자 및 인지과학자 집단"의 일원으로 위치시켰다.[81] 우리는 아이가 어떻게 특정한 젠더/섹스 상태에 능숙해지는지 질문함으로써 이 문제를 좀 더 구체적으로 생각해 볼 수 있다.

진화하고 소멸하는 패턴의 [배아 발달] 영상처럼, 젠더/섹스에 대한 동적 체계적 영상을 상상해 보자. 개구리의 배아는 단세포에서 출발해 수천 개의 세포로 이루어진 공 모양의 덩어리가 된 뒤, 낭배와 신경배로 변화한다. 세포가 2개, 4개에서 8개, 16개가 될 때까지 포배는 안정된 형태였다. 그러나 세포가 수천 개로 늘어나면 상황이 달라진다. 내부의 세포들은 바깥쪽에 있는 세포들과는 다른 환경을 경험하며, 안정적이던 포배의 세포들은 이리저리 움직이기 시작한다. 세포들은 유기체가 다시 상대적으로 안정될 때까지 계속 움직이며, 이 과정에서 소화관, 신경계, 내부 기관이 있는 초기 단계의 작은 올챙이가 형성된다. 이와 비슷하게, 우리가 상상하는 젠더/섹스 발달 영상에서도, 각 단계의 상태는 잠시 동안 안정되지만 시간이 지날수록 작은 변화들이 축적된다. 이렇게 누적된 변화는 마침내 불안정한 시기를 거쳐 새로운 패턴으로 이어진다. 때때로 이 새로운 패턴들은 고정된 형질처럼 보인다. 이를테면 걸음마를 시작한 아이들이 스스로 의식한 젠더/섹스를 처음 표현할 때, 그들은 자신이 의식한 젠더/섹스의 특징에 대해 고집스럽고 경직된 태도를 보일 수 있다. 그러나 몇 년 뒤 이 경직성은 완화되어 젠더/섹스는 보다 유연하게 체화된다.[82] 생애 주기의 어느 시점에서 보더라도, 그리고 아마도 그 복잡성 **때문에** 젠더/섹스는 개연성에 기초한 자기 조직화 체계로 이해하는 것이 가장 타당할 것이다.[83]

아기가 태어났을 때 외부에서 눈으로 볼 수 있는, 향후 발달 가능성이 큰 젠더/섹스의 징후는 오직 하나, 외부 생식기뿐이다. 그에 더해 부모들은 주변의 모든 사람에게 아이의 젠더/섹스를 알리기 위해 머리에 리본을 매거나, 분홍색이나 푸른색 옷, 또는 야구 배트가 그려진 영아용 우주복 같은 기표들을 덧붙인다. 하지만 3세 무렵이면 대부분의 유아들이 젠더/섹스를 내면화해서 어떤 정체성이 형성되고 있는지를 실험이나 선호하는 놀이, 의복 선택 등을 통해 확인할 수 있다.[84] 만 2~3세는 젠더 변이 아동이 출생 시 지정된 젠더/섹스와 맞지 않는 행동을 보이는 최초 시점이라는 사실에도 주목해야 한다.[85]

젠더/섹스 정체성을 생성하는 과정이 무엇이든 현재까지의 증거에 따르면, 다양한 유형의 젠더 변이 아동은 물론 시스젠더 남아와 여아의 정체성 역시 일반적으로 비슷한 시기에 형성된다.[86]

다섯 살 난 소년은 공을 던질 수 있고 누군가와 함께 공을 가지고 놀기를 원하지만, 생후 3개월 시점에는 생리적·근육 운동적·지각적·인지적으로 그럴 능력이 없다. 아이는 공을 잡을 수도 없고, 공놀이에 별 관심도 없다. 이 아이의 경우, 일부 문화권에서 젠더/섹스와 관련된 기량으로 여기는 공 잡기 재능이나 공놀이 욕구는 스포츠 기표들로 둘러싸인 환경에서 함께 발달한다. 예컨대 남자아이는 프로야구 구단 유니폼이나 풋볼 유니폼을 입고 있을 수 있으며, 스포츠 포스터가 침대 맡에 걸려 있고, 봉제 장난감 공과 방망이가 옆에 놓여 있을 수도 있다.[87] 우리는 부모가 공을 쥐여 준 한 남자아이를 생후 3개월, 6개월, 9개월, 12개월 시점에서 관찰해 보았다. 부모는 아이에게 공 던지는 방법을 구체적으로 가르쳤다. 3개월 때 찍은 영상에서는 아빠가 공 옆에서 아이를 선 자세로 안고 있었다. 아이가 다리를 이리저리 마구 움직이다 우연히 공을 걸어차자, 부모는 공을 "찼다"고 박수를 치고 크게 웃으며 칭찬했다. 출생 시부터 계속 보이는, 의도적이든 우연이든 공을 건드린 행위에 대한 이런 강화("대단해! 기막힌 투구였어! 이야! 공을 차다니!")를 나는 젠더/섹스 강화로 부른다. 특정 젠더/섹스의 공놀이 기술(능력과 욕구를 포함한)은 연결된 체계의 창발적 특성으로, 여기서 신경계와 신경근 기능(공을 뒤쫓아서 기어가 치기)은 신체 내에 착근돼 있고, 그런 신체는 다시 더 큰 문화와 물리적 세계에 착근돼 있다. 이 어린 소년의 사례에서 15개월에 촬영된 영상은 그 아이가 공을 향해 집중해서 기어가, 공을 치고 다시 그 공을 쫓아가는 모습을 보여 준다.

동적 체계 이론은 단순한 사회화 모델이 아니다. 생후 3개월 된 아이가 농구공과 골대가 그려진 턱받이를 두르고 55번이 새겨진 풋볼 셔츠와 이따금 영아용 보스턴 레드삭스 유니폼을 입기도 하지만,[88] 의복은 그 자체로 스포츠에 대한 애정을 만들어 내지 않는다. 공을 가지고 놀 때마다 부모가 잘한다고 칭찬해 주기 때문에 아기가 남자아이의 젠더/섹스 정체성을 발달시키는 것은 아니다. 칭찬이 중요할 수 있지만 이 사례연구에서 우리는 아이에게 제공되었던 규칙적인 신체 훈련에 집중했다. 아이가 등을 대고 누워 있는 동안 엄마가 아이 위에서 공을 들어 주면, 아이는 팔다리를 모두 사용해 공을 갖고 놀았다. 바닥에 앉아 있을 때에는, 엄마나 아빠가 공을 아이에게 굴려 줬고, 어떤 때는 아이의 손과 팔을 잡고 방망이로 공을 치는 걸 도와주기도 했다. 이런 신체 훈련은 신경과 근육 및 눈과 손의 협응력을 발달시켜 공놀이를 가능케 하는 신체 기술로의 전환을 촉진한다. 아마도 이 아이는 이 같은 과제에 점점 능숙해지는 데 기쁨을 느꼈을 것이고 그것은 다시 공놀이를 하고 싶은 욕구로 이어졌을 것이다. 3세에 가까워지면서 자신을 남자아이로 생각하는 능력이 갑자기 나타난 것처럼 보일 때, 공놀이는 이 소년이 남다른 열정을 갖고 "자연스럽게" 하고 싶어 하는 일이 될 수 있다.

현상학, 경험적 정신분석학, 동적 체계 이론 등에서 얻은 발달에 대한 접근 방식은 젠더/섹스 형성을 규범적[발생 빈도가 높은]으로 설명하는 데 적절한 출발점을 제공한다. 그러나 여전히 우리에게는 비규준적인(발생 빈도가 낮은) 발달에 대한 서사가 필요하다. 내가 말하는 문제는 '비교적 보편적인 인간 존재의 특징들이 발달하는 과정에서 개인적 차이는 어떻게 나타날 수 있는가?'이다. 여기서 '비교적 보편적'이라는 표현은 걷기, 말하기, 손 뻗기 혹은 젠더/섹스 정체성 가지기 같은 특징들을 의미한다.[89]

여기서 다시 한번, 아기가 장난감에 손을 뻗어 쥐는 법을 어떻게 배우는지 연구했던 텔렌과 동료들에게로 돌아가 보자. 그들은 네 명의 유아를 생후 3~30주까지는 매주, 이후 52주까지는 격주로 관찰하며, 안정적으로 손을 뻗기 위해 필요한 일련의 구성 요소(머리와 몸통 제어, 주변 물체를 건드리고 쥐는 능력 등)를 묘사했다. 손 뻗기 단계로 이행하기 이전 시기에 특정 행동이 나타나는 시기와 순서는 아이마다 달랐다. 이전에 텔렌과 동료들은 동일한 네 명의 유아들이 12~24주에 처음으로 손 뻗기를 시도했으며, 원하는 장난감에 손을 뻗는 동안 아이마다 다른 운동 전략을 사용했다고 보고한 바 있다.[90] 아이 중 두 명은 즉흥적으로 크고 강한 움직임을 보였는데, 이들은 각각 목표 달성을 위해 크고 강한 움직임을 점차 줄여 나갔다. 이와 달리 좀 더 조용했던 다른 두 아이는 움직임을 점진적으로 강화하며 팔을 들어 올리는 동작을 점점 더 빠르고 활기차게 수행했다. 이렇게 아이들은 개인적인 운동 성향에 맞춰 장난감에 닿으려는 목적을 달성했다.

틸렌과 동료들은 자신들의 접근 방식을 다른 능력에도 일반화했다. 손 뻗기에 대해 그들은 이렇게 언급했다. "우리는 팔을 들어 올려 원하는 장난감을 향해 뻗는 과제에 대해 네 명의 유아가 각기 어떻게 해결책을 찾는지 설명했다. 유아들은 서로 다른 활동 수준과 선호하는 운동 패턴을 사용해 각자 다른 시기에 이 이행기에 들어섰다. 손을 뻗는 법을 배우는 과정은 이런 내재적 역학 — 아이들의 신체가 지닌 기회와 제약 — 과 자기가 본 장난감에 자신이 보고 느낀 손을 가져다 대려는 의도 사이의 일치를 발견하는 과정이었다."91

이 발상을 젠더/섹스 문제에 적용해 보면, 아이가 남자아이나 여자아이로 스스로를 규정할 수 있게 되는 시기를 손 뻗기로 이행하는 경우와 비슷한 발달 단계의 변화로 간주할 수 있다. 이 이행기에 들어서는 시기는 아이마다 다르다. 남자아이나 여자아이로 자신을 규정하기 전에 각 아이는 여러 과제들(장난감 고르기, 자기 마음에 드는 옷 입기, 성인 양육자로부터 긍정적인 관심과 피드백 이끌어 내기)에서 개인적인 해결책을 찾거나 적어도 이를 찾기 위해 노력했다. 이 같은 개인적 해결책들은 결국 개별 아동의 발달 역학 — "아이들의 신체가 지닌 기회와 제약"뿐만 아니라, 주 양육자, 또래 집단, 형제자매의 행동 역시 포함하는 — 을 반영하는 방식으로 젠더화된 라벨에 덧붙여진다. 젠더/섹스는 주관적이면서 동시에 상호주관적인 체계로 나타난다. 체감되는 신체와 발달 중인 일련의 능력들(주관성), 그리고 신체적·정서적·지시적인 피드백 사이의 교차 지점에서 개인의 정체성이 창발한다.

이런 아이디어를 공개 토론회에서 발표할 때마다 청중은 내게 다음과 같은 질문들을 던졌다. "아이를 키우는 부모들이 당신의 연구 결과를 활용해 아기를 젠더 중립적으로 키울 수 있습니까? 아니면 확실히 시스젠더가 되도록 할 수 있습니까?" 대답은 둘 다 "아니요"이다. 다소 경솔해 보일지도 모르

섹싱 더 바디

지만 첫 번째 "아니요"에 대해 간단히 설명해 보면 다음과 같다. 즉, 우리는 지극히 젠더화된 문화 속에서 살고 있으며 젠더/섹스 정체성의 발달이 그 문화를 체화하는 과정에 크게 의존하고 있기에, 우리가 젠더 밖으로 달아날 수 있는 방법은 없다.

두 번째 "아니요"는 내가 젠더/섹스를 동적 체계 이론의 시각으로 해석하기 때문이다. 우리가 신생아를 시작 체계로 생각한다면, 젠더/섹스와 관련해 그 체계는 초기에 제대로 형성돼 있지 않은 상태다. 영아의 향후 젠더/섹스를 예측하고 통제하려면 젠더/섹스 체계의 초기 상태를 서술할 필요가 있다. 그렇다면 중요한 관련 요소들은 무엇일까? 단지 영아만을 설명하면 될까, 아니면 내 주장처럼 영아와 양육자의 양자 관계를 다뤄야 할까? 각 아기들의 촉각 민감도나 정서 인지능력을 측정해야 할까? 출산 후 일주일 동안 아기나 엄마 체내를 순환하는 마취제의 농도가 중요할까? 가족 내에서 벌어지는 예측할 수 없는 사건(죽음, 이혼, 우울하거나 내성적인 부모)이 젠더/섹스 발달을 변화시키는가? 현재로서는 젠더/섹스 발달 과정을 예측하거나 변화시키기 위해 필요한 정보가 무엇인지에 대한 합의가 이루어지지 않고 있다.[92]

게다가 임의의 사건이 형성 중인 젠더/섹스 체계의 방향을 변화시킬 수도 있다. 이를 이해하기 위해, 생후 11개월에 바이올린 소리를 처음으로 듣게 된 유아의 영상을 살펴보자. 그 아기는 한 무리의 아기들과 함께 있었는데, 바이올린의 무언가가 다른 아이들 사이에 있던 그를 얼어붙게 만들었다. 아이는 바이올린 연주자에게로 걸어가, 연주자를 끌어안은 뒤, 그녀의 발치에 앉아 넋을 잃고 쳐다보았다. 이 아기가 장차 음악가가 될지는 시간이 지나야 알 수 있겠지만, 이 뜻밖의 대면 사건이 없었다면, 그의 음악적 발달은 다른 경로를 따랐을 것이다.[93]

④ 체화된 인지

현상학자들, 경험적 정신분석학자들, 동적 체계 이론가들이 사용하는 개념을

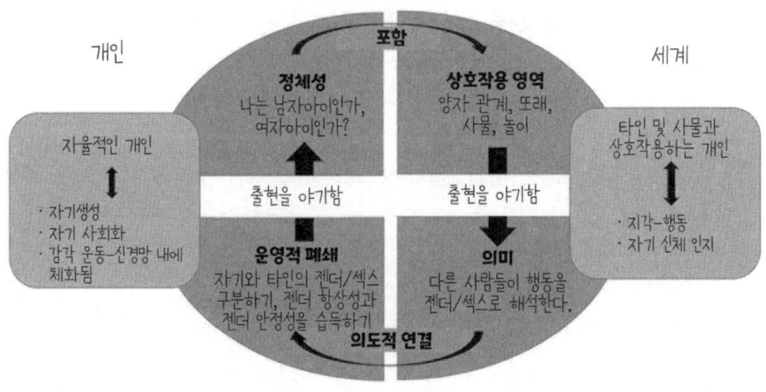

그림: 패티 아이삭(저자의 개념을 도식화)

결합하면 어떻게 될까? 이를 위해, 심리학자 에번 톰프슨과 프란시스코 바렐라의 연구로 돌아갈 필요가 있다. 그들은 자신들이 급진적 체화radical embodiment라고 부르는 과정을 통해 어떻게 자율적인 의식(예컨대 젠더/섹스 정체성)이 창발하는지 약술한다.[94] 그들은 이 과정을, 표준 신경과학(뇌 내부에서 의식을 지배하는 특정 신경 경로나 신경망을 조사해 의식을 연구하는 학문)과 대조한다. 바렐라와 톰프슨은 신경에서 일어난 일이 의식적인 경험을 야기하는 식의 일방적 인과관계에 동의하지 않는다. 오히려 그들은 뇌에 국한되기보다 뇌-신체-세계 사이의 상호작용에서 의식이 창발한다고 주장한다.

톰프슨과 바렐라가 젠더/섹스 정체성이나 성적 지향에 관해 언급하지 않았지만, 그들의 접근법은 체화된 젠더/섹스 정체성의 발달을 파악할 수 있는 방법을 제공한다. 〈그림 10-5〉는 젠더/섹스 정체성을 만들어 내고 유지하는 기본적인 과정의 틀을 제시하고 있다. 개인의 정체성에는 상호작용하는 영역들이 포함된다. 따라서 아동은 양자 관계의 상호작용과 특정 종류의 놀이 활동에 참여(〈그림 10-5〉의 '상호작용 영역')하지 않은 채 남자아이나 여자아이라는 안정적인 자아 감각(〈그림 10-5〉의 '정체성')에 도달할 수 없다. 동시에 자율적인 개인의 자기 정체성(〈그림 10-5〉의 '자율적인 개인')은 젠더/섹스에 관한 맥락화된 의미들을 만들어 내는 더 큰 세계와의 상호작용(〈그림 10-5〉의 '타인 및 사물과 상호작용하는 개인')을 필요로 한다. [〈그림 10-5〉에서] 화살표('**포함**'과 '**의도적 연결**')로 개인과 세계의 연결을 나타낸 것처럼, 한 개인은 세상의 여러 의미들과 그 속에서 규정되는 자신의 위치에서 벗어나 자신을 이해하거나 표현할 수 없다.

이런 맥락화된 의미들이 사람들이 젠더 도식이라고 일컫는 것일 수 있다.[95] 예를 들어, "여자아이는 인형을 가지고 논다"가 일반적으로 알려진 사실 내지는 젠더 도식의 한 구성 요소로 등장한다. '상호작용 영역'은 처음에는 (비브와 동료들이 철저히 연구했듯이) 양자 관계의 하위 단위로서 신체 정보를 흡수하는 일로 시작된다. 시간이 흐름에 따라 상호작용 영역은 확장되어 영아와 성인 양자 관계의 상호작용(여기에는 의복 선택도 포함된다. 앞서 묘사했듯, 어린 소년을 위한 스포츠 유니폼과 어린 소녀의 특정 놀이 활동을 방해했던 옷을 떠올려 보라), 독립적인 놀이 활동, 또래 및 형제자매 간의 상호작용으로 확장된다.

내가 묘사했던 생후 6개월 된 남자아이들과 여자아이들은 모두 장난감 전화기 놀이를 했다. 여자아이가 수화기를 귀에 갖다 대자, 엄마가 장난스럽게 말한다. "남자 친구들한테 아직 전화 없니?" 남자아이가 같은 동작을 했을 때, 엄마는 농담조로 말한다. "벌써 전화하는 여자 친구가 있어?" 이 사례들은 〈그림 10-5〉의 모델이 묘사하는 바를 분명히 보여 준다. 즉, 세상에서 이뤄지는 모든 상호작용은 의미가 있다. 장난감 전화기는 그저 아이가 원거리 통신을 연습할 수 있게 해 주는 역할만 한 게 아니다. 그것은 젠더/섹스에 대해 가르쳐 주는, 이 경우에는 이성애를 가르쳐 주는 수단이기도 하다. 어떤 사람들이 세상을 젠더/섹스로 해석해 주고, 또 어떤 사람들이 여러 활동과 선택에 긍정적·부정적·중립적이라는 라벨을 붙여 주면서 개별 아동에게서 젠더/섹스의 의미는 확고해진다.

젠더/섹스에 대한 정보와 그것의 포괄적 중요성은 자율적인 개인으로의 의도적 연결(〈그림 10-5〉의 아래쪽 화살표)을 자극한다. 발달심리학자들이 자기 사회화라고 부르는 과정이 의도적 연결의 매개체일 가능성이 크다. 젠더/섹스 범주를 인식하게 되면 아이는 옷, 장난감, 놀이 선호와 같은 문제들에서 정형화된 선호를 받아들일 동기를 부여받게 된다. 자기 사회화는 만 2세 아동에서도 시작될 수 있으며, 단어나 몸짓 등을 사용해 젠더 라벨을 붙이는 능력과 연관된다.[96]

이 같은 자기 사회화와 젠더 라벨링은 다시 바렐라가 운영적 폐쇄operational closure*(〈그림 10-5〉에서 좌측 하단 사분면)라고 부른 것을 촉진한다.[97] 젠더/섹스 측면에서 운영적 폐쇄는 아동이 언어적 라벨을 습득하는 수개월에 걸친 과정을 포함하는데, 이 과정에서 아동은 먼저 자신과 타인의 젠더/섹스를 수동적으로 라벨링하는 능력을 획득한 뒤, 시간이 지나면서 적극적으로 젠더 항상성과 젠더 안정성 개념을 습득한다.[98] 바렐라가 보기에, 운영적 폐쇄는 정체성 유전자나 뇌 속의 정체성 전문 세포 집단 같은 "중앙 통제자" 없이도 (우리가 정체성이라고 부르는) 전역적인 특성global property을 발생시킨다.

운영적 폐쇄는 개인들이 젠더/섹스 정체성을 유지하는 근원적 과정을 안정화함으로써 자신을 자율적 존재로 확립할 수 있게 한다. 젠더/섹스 정체성은 스스로를 재생산하는 동시에 지속적으로 존재하기 위해 필요한 경계 조건들boundary conditions을 조절하는 네트워크다. 그리고 이것이 바로 이론가들이 말하는 자기생성 체계autopoietic system**다.[99] 개인이 젠더/섹스의 사회적 의미를 자신의 몸으로 받아들이는 동안 개인의 정체성은 세계 속에서의 상호작용

* 정체성 체계가 환경과 상호작용하면서도, 그 상호작용을 해석하고 반응하는 방식이 외부 입력에 의해 직접 지시되지 않고, 내부 구조와 규칙에 의해 전적으로 이뤄지는 상태를 뜻한다.

** 좀 더 간단히 정리하자면, 자기생성 체계는 하나의 "체계가 자신의 구성 요소와 경계를 스스로 만들어 내고 계속해서 재생산하는 네트워크"를 의미한다. 결국 젠더/섹스 정체성은 자기 자신을 재생산하면서 동시에 자신을 유지하기 위한 경계 조건(예컨대, 무엇을 내 것으로 하고, 내 것이 아닌 것으로 할지)을 계속해서 조율하는 네트워크다. 이에 대해서는, Anne Fausto-Sterling, "A Dynamic Systems Framework for Gender/Sex Development: From Sensory Input in Infancy to Subjective Certainty in Toddlerhood", *Front Hum Neurosci*, Apr., 2021 참고.

영역을 포함하는데, 자기생성autopoiesis의 확립은 하나의 원환을 닫는 것과 같다. 개인적 정체성에서 흘러나온 이 원환은 세계 속에서의 상호작용 영역을 수반하는데, 이 상호작용 과정 동안 개인은 젠더/섹스의 사회적 의미를 자신의 몸 안으로 받아들인다. 이런 흐름은 자기 사회화를 비롯한 의도적 연결[자신의 정체성에 맞는 행동·인식·태도를 스스로 학습하고 강화하는 것]로 이어지며, 이는 운영적 폐쇄와 우리가 정체성이라고 부르는 전역적인 형질global trait을 형성하기에 이른다.

〈그림 10-5〉에서 사건의 흐름에 의해 구성된 정체성은 개인의 신체/마음의 속성이자 세상에 존재하는 타인 **그리고** 대상과의 상호작용을 수반하는 집합적 속성이다. 이 장의 앞부분에서 소개했던 메타이론의 언어로 표현하면, 정체성이 "사물"처럼 보일 수도 있지만, 그 발달은 이 모델에서 제시한 것과 같은 기저적인 과정들에 의존한다. 그것은 개별적 특성인 것처럼 보이지만, 근본적으로 관계적이다.

역사적으로, 젠더/섹스에 대한 언어적 라벨링의 출현, 그리고 젠더 항상성과 안정성에 대한 자아-개념의 획득에 관한 연구들은 이분법적인 젠더라는 틀 내에서 이루어졌다. 그렇다면 소수의 젠더/섹스 정체성을 지닌 개인들은 이 모델에 어떻게 부합할 수 있을까? 〈그림 10-5〉에는 개인적[개별적] 변이성이 체화 과정에 영향을 미칠 수 있는 공간이 두 군데 존재한다. 상호작용 영역과 의미 영역을 연결하는 공간은 개인의 특성에 해당한다. 예컨대 감각계가 다른 아기들은 주변 세계에서 들어오는 입력을 다르게 인지하고 달리 반응할 수 있다. 마찬가지로 운영적 폐쇄를 정체성과 연결하는 공간은 감각 운동 발달과 자기 사회화에서 개인차가 나타날 수 있는 여지를 제공한다. 아동의 논바이너리 정체성 획득은 연구된 바 없다. 논바이너리 정체성이 획득되는 시기와 그들이 스스로를 어떻게 정의하는지에 대한 기초적인 정보가 부족하다. 이를테면 논바이너리인 사람 모두 혹은 그중 일부는 주류 젠더/섹스에 속하는 아동과 동일한 기간(만 2~5세)에 자신의 정체성을 경험하거나 표현할까? 그런 아동들은 자신의 젠더 정체성을 어떻게 정의하거나 표현할까? 그들은 남자애처럼 행동하는 여자애(혹은 그 반대)라는 자아 개념을 가질까? 그들은 남자아이나 여자아이라는 라벨을 거부할까? 아니면 자신을 둘 다라고 표시할까? 바렐라와 톰프슨의 발상이 젠더/섹스 소수자인 아동에게 어떻게 적용될 수 있을지를 좀 더 구체적으로 생각하기 전에 논바이너리 젠더/섹스 정체성 발달의 시기와 특이성에 대해 더 많이 연구할 필요가 있다.

체화된 인지, 부모와 영아 양자 관계의 상호작용, 동적 체계 이론은 각각 젠더/섹스를 사고할 수 있는 방식을 제공한다. 좀 더 전통적인 현상학자들은 발달을 고려하지 않는 경향이 있으며, 종종 지나치게 이분법적인 접근 방식을 취하기도 한다. 동적 체계 이론은 내재화 과정들에 주목하기보다 자기 조직화와 창발성이라는 개념을 강조해 왔다. 급진적 체화 및 체화된 인지는 뇌 내부에서 이뤄지는 신경 과정과 신체 나머지 부분의 상호 연결성, 상호주관적 상호작용, 그리고 우리 모두를 포괄하는 세계에 주목한다. 그러나 각 접근 방식을 통합하는 주제는 신체의 착근성 — 자궁 속에서, [부모와 유아 등] 양자 관계에서, 그리고 좀 더 넓게는 상호주관적 상호작용 속에서, (심지어 중력까지 포함하는) 물리적 세계와의 관계 속에서 — 이다. 이 주제는 실험적 접근법들과 함께 젠더/섹스 정체성에 대한 새로운 생산적인 연구의 토대를 형성한다.

논의를 종합하며: 다시 아기로

지금까지 내 주장은 상당히 이론적이었다. 하지만 내 생각은 우리가 발달에 대해 이미 알고 있는 사실들로부터 영감을 얻은 것이다. 이제 다시 아기들로 돌아가 보자.

① 행동

영아는 어떤 행동을 할 수 있을까? 처음에는 그렇게 보이지 않지만, 사실 신생아들은 놀라운 능력을 지닌 채 세상에 태어난다.[100] 몇 가지 사례를 들어 보자.

섹싱 더 바디

태아는 자궁 속에 있는 동안 말소리를 들으며, 태어났을 때 성인의 말소리에 자신의 움직임을 동기화할 수 있다. 신생아들은 모국어로 이루어진 선율에 따라 운다.[101] 자궁에서 시작해 태어난 뒤에도 계속해서 태아는 자신의 자율적인 기능(심장)과 운동 활동(신체)을 조율한다. 이것은 다시 향상된 상태 조절 능력, 즉 수면, 조용히 누워 있기, 집중하기 등의 특정 행동 상태를 스스로 유지하는 능력으로 이어진다.[102] 〈표 10-2〉에 아기가 가진 놀라운 능력들의 목록을 실었다. 이 표를 살펴볼 때, 개인마다 이 각각의 능력이 발달하는 속도와 그 질이 다르다는 사실을 염두에 둬야 한다. 이런 차이는 각 유아들이 양자 관계의 상호작용에 기여하고 반응하는 원천이 된다.

유아의 조절 능력을 실증하는 한 실험에서는, 압력 변환기를 경유해 녹음 장치와 연결된 고무젖꼭지를 유아에게 빨게 했다. 유아가 젖꼭지를 빨면 그 녹음 장치에서 엄마 혹은 낯선 사람이 『닥터 수스』[동화책]를 읽어 주는 목소리가 흘러나왔다. 연구자들은 아기의 귀에 헤드폰을 씌우고 신호음을 들려 줬다(또는 들려주지 않았다). 만약 신호음이 울리는 동안 아기가 고무젖꼭지를 빨기 시작하면 엄마 목소리가 재생되었다. 신호음이 들리지 않는 동안 고무젖꼭지를 빨면 낯선 사람의 목소리가 재생되었다. 20분간의 실험에서 유아는 엄마 목소리를 보상으로 들려주는 신호음과 젖꼭지 빨기를 조합하는 능력을 유의미하게 발전시켰다.[103] 신생아의 조절 능력을 보여 주는 또 다른 사례로, 유아가 다른 유아의 소리를 들을 때 입으로 소리를 더 많이 낸다는 연구,[104] 녹음된 음악을 틀기 위해 자신의 젖꼭지 빨기 리듬을 조절할 수 있고 공간 내에서 소리가 나는 위치를 알아낼 수 있다는 연구[105] 등이 있다.

갓 태어난 영아들은 비감각양상amodality이라 불리는 비범한 능력을 소유하고 있다. 이 능력은 아기가 청각, 촉각, 시각 같은 서로 다른 감각 입력 양식들 사이의 신속한 연관을 가능하게 해 주는 지각의 한 형태다. 비감각양상은 신생아에게 좀 더 포괄적인 경험의 질을 표상하고, 이를 바탕으로 행동할 수 있는 능력을 부여한다. 이 개념을 분명히 보여 주는 두 가지 사례가 있다.[106] 심리학자 앤드루 멜초프와 리처드 보턴은 생후 3주 된 영아에게 매끈한 고무

표 10-2. (전상징적 단계에서) **유아가 할 수 있는 일들**

능력	시기	설명	신경계	조절 능력
자궁 내 학습	임신 마지막 3개월 동안	엄마의 목소리에 기초	청각	
엄마와 이방인을 구별	출생 후 15시간 이내	목소리와 냄새에 기초	청각과 후각	
자신과 다른 유아의 울음소리를 구별	출생 후 24시간 이내	다른 유아의 울음을 들을 때 발성을 더 많이 함	청각	발성 조절
수반성[어떤 사건이 일어나면 이어서 특정 사건이 야기되는 관계] 지각	신생아	음악을 "틀기" 위해 빨기 리듬을 조절함	청각, 생체 주기(24시간), 운동	빨기 간격 조절
기대감 발달	신생아	빨기 조절 실험에서 음악이 그치자 유아는 빨기를 멈추고 칭얼대기 시작함	청각, 기대감, 운동	빨기 행동 조절
공간	출생 시부터	소리의 공간적 위치를 알아냄	시각, 청각	양자 관계의 반응성
각성	각성을 스스로 조절하려는 시도는 출생 시 시작됨	각성 수준은 유아의 정보 처리에 영향을 미침	시각, 청각, 운동	각성 수준은 유아의 환경 처리와 상호작용함
교차-양상 지각	생후 3주	처음에 깜박이는 불빛의 리듬을 삐 소리로 표현되는 리듬으로 변환함	시각, 청각, 생체 주기(24시간)	심장 반응, 환경을 생리적으로 등록함
기대감 발달	생후 3~4개월	일련의 시각 자극이 규칙적으로 나타나는 상황을 훈련받은 뒤 기대감을 발달시킴	시각	[시각 자극 이전에] 눈 운동의 선행, 반응 시간 향상
기억	생후 2~3개월	발차기와 연결된 모빌의 세부 사항들을 기억함	시각, 운동	
시간	생후 2개월	25밀리초(1000분의 1초)의 지속 시간 차이를 구분함	체내 시계, 시각, 청각	양자 관계의 반응성
특징 감지	생후 3개월	2회의 사건 이후 사건이 재발할 가능성을 결정할 수 있음	시각, 청각, 생체 주기(24시간)	기대감 규칙 발달
표정 정서	생후 6개월 무렵	폭넓은 정서를 얼굴로 나타냄	운동	양자 관계의 반응성
음성 정서	생후 6개월 무렵	정서에 따른 멜로디 형태의 구분	청각, 운동 반응	양자 관계의 반응성
도식 형성	생후 5개월	2주가 지난 뒤의 사진을 인식할 수 있음	모든 감각, 기억	인간 및 기타 환경 입력에 대한 모델을 발달시킴
전상징적 범주화	생후 6개월	감각과 개념 범주	감각, 운동	가장 기초적인 표현을 할 수 있음

섹싱 더 바디

젖꼭지와 우툴두툴한 고무젖꼭지 중 하나를 빨게 했다. 영아들에게는 눈가리개를 해서 자신들이 받은 주요 감각 입력이 구강 접촉에서 왔다고 믿게 했다. 영아들이 각각의 고무젖꼭지를 어느 정도 경험한 뒤, 심리학자들은 이제 눈가리개를 풀고 고무젖꼭지를 보여 줬다. 영아들은 자신들이 빨았던 유형의 젖꼭지를 더 오래 쳐다봤는데, 이는 순수한 촉각적 경험이 시각적 인지를 만들어 냈음을 시사한다. 즉, 유아는 자신이 느낀 바를 자신이 본 것으로 변환했던 것이다.[107] 좀 더 최근에 한 심리학 연구팀은 신생아에게 통통 튀는 공이 나오는 애니메이션 두 편을 보여 줬다. 한 애니메이션에서는 공이 튀어 오를 때 음의 높이를 올리고, 공이 떨어질 때는 낮췄다. 다른 애니메이션에서는 공이 떨어질 때 음의 높이를 올리고, 튀어 오를 때 낮췄다. 실험에 참가한 유아는 공의 물리적 높이와 음의 높이가 일치하는 영상을 훨씬 더 오래 쳐다봤다.[108]

비감각양상 지각의 신경 메커니즘들은 알려져 있지 않다. 그러나 신생아들이 어떤 도식적 윤곽 없이도 여러 감각 입력을 조합할 수 있는 포괄적인 지각 능력을 처음부터 지니고 있다는 사실은 중요하다. 영아는 사람과 사물의 특정 속성들, 말하자면 형태, 움직임, 숫자, 강도의 수준, 리듬 등을 직접적이고 포괄적으로 경험할 수 있다. 이런 지각 능력을 고려해 볼 때, 신생아와 영아는 지각을 할 수 있는 순간부터(심지어 자궁 속일지라도), 자신이 속한 세계에서 젠더/섹스를 흡수하기 시작할 가능성이 크다. 영아는 특수한 문화의 행동 도식 구조가 그들의 세계를 구조화하기 훨씬 전에 목소리의 음색과 성인의 신체 유형을 포괄적으로 연결하거나 접촉하는 성인의 젠더/섹스 차이를 광범하게 흡수할 수도 있다.

처음에 영아들은 비감각양상적으로amodally 성인의 목소리와 얼굴을 연관시킨다. 생후 4~8개월 사이에 유아들은 젠더와 일치하는 목소리를 내는 얼굴을 더 오래 쳐다보면서 성인의 젠더에 대한 지각을 쌓아 나간다.[109] 심리학자 알린 워커-앤드루스는 신생아들이 얼굴과 목소리에 대한 비감각양상적 독해를 사용해 성인의 감정을 포괄적으로 감지한다고 주장했다. 그녀는 시간이 지남에 따라, 영아가 보다 좁은 의미의 다중감각양상적인multimodal 감정 판독

능력을 발달시키는데, 처음에는 목소리에 더 집중하다가 나중에는 표정에서 직접적으로 감정을 읽어 낸다고 생각한다.[110] 그렇다면 비감각양상 지각에서 나타나는 개인차(이런 변이성이 조사되진 않았지만)가 젠더/섹스에 대한 포괄적인 지각의 차이로 이어지고, 다시 그것은 체화된 정체성 형성에 영향을 미치는 것일까?

한편으로 영아들은 몇 가지 놀라운 능력, 특히 비감각양상 지각, 빨기 같은 반사작용, 기본적인 운동 능력, 기초 자율신경계, 감각 입력에 대한 놀라운 신경 반응성을 지니고 태어난다(〈표 10-2〉 참고). 다른 한편으로 그들은 꽤나 무력하다. 아기들이 자율적인 개인이 되기 위한 생리적·정신적 과제를 달성하려면 방대한 [감각] 입력이 필요하다.[111] 스스로를 조절하는 능력을 강화하고 확장하는 일은 양육자와의 상호작용에 의존한다. 이를테면 엄마와 방을 같이 쓰는 아기들에서는 수일 내에 낮과 밤의 차이가 자리 잡힌다. 이에 비해, 일관된 양육자 없이 입양되길 기다리는 신생아들은 안정적인 수면-각성 혹은 낮-밤 패턴을 수립하지 못한다.[112]

연구자들은 미숙아와 신생아의 생리 및 행동 발달을 평가하기 위해 여러 가지 측정 방법을 사용한다. 여기에는 ① (대개 심박수로 나타나는) 미주신경※ 긴장도,[113] ② 영아의 상태 조직화(유아가 수면과 각성 주기를 조절하고 울음과 각성을 관리하는 데 얼마나 능숙한가), ③ [움직이는 물체 등에 대한 시각적] 추적 능력, [새로운 자극에 대한 집중 및 반응과 관련된] 지향 및 습관화[반복되는 자극에 대해 시간이 지남에 따라 익숙해지고 흥미를 잃는 과정] 같은 척도 등이 포함된다. 심리학자 루스 펠드먼과 신생아학자 아서 아이들먼은 표준적인 비접촉 인큐베이터 치료를 받은 미숙아와 살갗끼리 맞닿는 캥거루 케어(엄마가 젖가슴 사이에 벌거벗은 아기를 직접 안아 키우는)를 받은 영아를 비교했다. 인큐베이터 치료만

※ 미주신경은 숨뇌에서 나오는 뇌신경으로 자율신경계의 주요 구성 요소다. 미주신경 긴장도의 증가는 교감 신경계를 활성화하며 미주신경 긴장도가 높으면 신체가 스트레스를 받은 후 회복되는 시간이 짧다는 뜻이다.

섹싱 더 바디

받은 영아와 비교했을 때, 피부 접촉은 자율신경계, 상태 조직화, 신경행동학적 상태의 성숙 속도를 향상했다. 펠드먼의 발견은 **체화 과정**의 한 사례를 제공한다. 생리적 발달은 영아의 자율적인 속성이 아니었다. 그것은 엄마로부터의 신체적 입력을 필요로 했다.[114]

유아의 발달은 다시 양자 관계의 기능에 영향을 미쳤다. 펠드먼에 따르면, 상태 조직화, 특히 수면-각성 주기, 미주신경 긴장도, 각성 조절은 각각 생후 3개월 무렵 엄마와 유아의 동기화[때맞춤]synchrony로 연결되고, 다시 그것은 이후 영아의 인지 발달, 자기 조절 능력, 문화적 참여에 영향을 미쳤다.[115] 부모와 영아 간 상호작용의 생리에 관해 탁월한 연구를 수행한 펠드먼은 3중 동적 모델을 사용해 부모와 아동의 상호작용에 관해 10년에 걸쳐 수행한 종단 연구를 요약했다. 그녀는 출생 시점부터 아동의 자율적이고 신경행동학적인 조절 능력을 조사했다. 이 능력은 아동마다 다르다.[116] 펠드먼의 모델에 따르면, 이런 조절 능력의 시작점(첫 번째 메커니즘)은 상호 영향(두 번째 메커니즘)에 직접 반영된다. 그 상호 영향 관계에서 아동의 특성은 주 양육자에, 또 주 양육자는 아동의 특성에 영향을 미친다. 영아기와 아동기 동안, 아동의 정서 조절 능력은 영아 자신의 시작 상태에 기초하고 양육자의 입력에 도움을 받아 강화된다. 부모와 자녀의 상호작용은 시간이 지날수록 안정화되고 일관성이 유지된다.[117] 마지막으로 펠드먼이 제시한 증거에 따르면, 초기 출생 상태나 [출생 시] 발현 형질phenotype은 장기간 동안 직접적이고 비매개적인 영향을 미친다(세 번째 메커니즘).[118]

② 신경계

젠더/섹스 발달처럼 복잡한 체계의 한 가지 특징은 그것이 (다른 수준의 조직화에서 활발히 진행되고 있는) 또 다른 복잡한 체계들의 활동들로부터 창발한다는 점이다. 잠시 마트료시카 인형을 다시 떠올려 보면 도움이 될 것이다(〈그림 9-4〉). 거기서 나는 여섯 개의 중첩된 인형에 각각 세포, 유기체, 마음, 대인 관

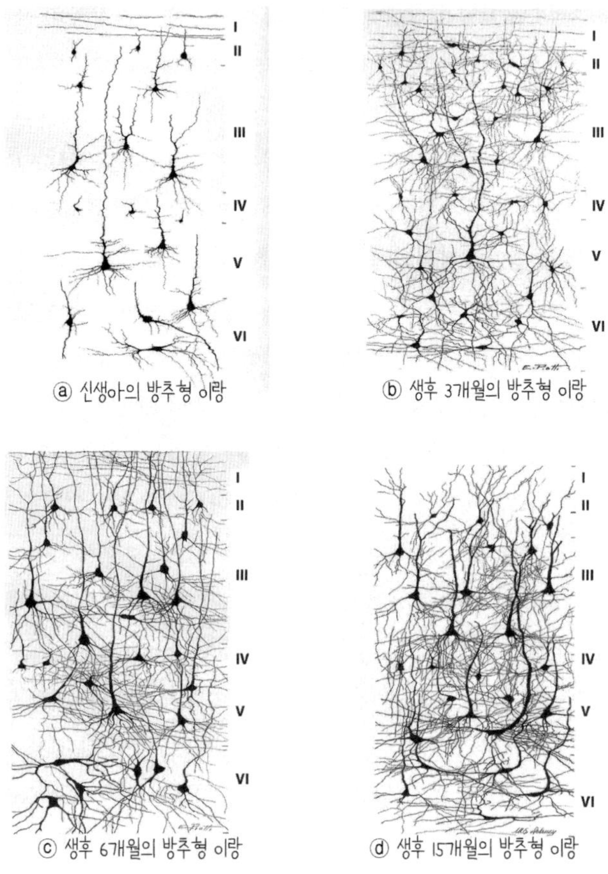

자료: 이 그림은 내가 테일러 앤드 프랜시스 출판사에 제출했던 Fausto-Sterling(2012b)의 〈그림 4-4〉 원본을 다시 모은 것이다. 원본 이미지는 코넬. LeRoy Conel의 『인간 대뇌피질의 출생 후 발달』*The Postnatal Development of the Human Cerebral Cortex* (Harvard University Press)에 실린 것이다. 각각의 출처는 다음과 같다. **a.** Conel(1939, 〈그림 135〉), **b.** Conel(1947, 〈그림 147〉), **c.** Conel(1951, 〈그림 147〉), **d.** Conel(1955, 〈그림 147〉).

계, 문화, 역사라고 표기했다. 이것은 이 장에서 설명했던 세포 체계, 유기체(생리와 개인행동), 주관적인 젠더/섹스 정체성, 상호주관적 상호작용, 문화, 역사와 비슷하다. 앞 절에서는 생리와 개인행동에 해당하는 인형의 일부 측면을 설명했지만, 우리는 유기체 내부에서 발달 중인 신경계가 어떻게 행동의 창발을 뒷받침하는지도 살펴봐야 한다.

신경계는 태아가 성장하는 내내 계속 발달하지만, 출생 시 완전하지 않은 상태다. 기본 토대(뇌, 척수, 발화 중인 신경 회로들의 여러 부분들)는 형성되었지만,[119] 대부분의 경우 출생 이후 영아가 겪는 경험과 상호작용이 추가적인 발달을 이끈다. 〈그림 10-6〉에 묘사된 대뇌피질에서의 시냅스 형성을 살펴보자. 시냅스는 신경세포들이 서로에게 신호를 전달할 수 있게 해 주는 특수한 구조물이다. 주어진 공간에 시냅스가 많을수록, 더 많은 정보가 오갈 수 있으며 전달 네트워크도 복잡해진다. 신생아의 시냅스 밀도는 상대적으로 낮다. 즉, 신경세포들 사이에 "빈" 공간이 많다(〈그림 10-6〉의 ⓐ). 그러나 생후 3개월 무렵에는 밀도가 두 배가 되고, 약 3년 뒤에는 대뇌피질의 시냅스가 세 배 더 조밀하게 밀집된다(〈그림 10-6〉의 ⓓ). 뇌가 전반적으로 커지지만, 개별 세포들이 분열하면서 시냅스 연결이 급속히 늘어나기 때문에 신경세포들은 더욱 조밀해진다. 세포가 많이 분열할수록 신경계의 복잡성은 증가하고 영아의 행동 양상은 더욱 정교해진다. 신생아에서 개별 신경세포들은 상당히 균일한 형태를 갖는다. 하지만 성인이 되면 복잡하게 뻗어 가는 가지가 폭발적으로 증가해 출생 시보다 800배 이상이 많아진다.

출생 후 첫돌이 될 때까지 뇌는 빠르고 왕성하게 발달한다. 출생 전에도 감각(예컨대 시각, 청각, 후각, 촉각, 미각) 및 그와 관련된(감각 입력에 반응하고 제어하는 움직임에 관여하는) 활동에 수반되는 시냅스 연결들은 활발하게 증식한다. 출생 후 시냅스 연결이 최고조에 달했을 때, 어떤 연결을 제거하고 다른 연결을 강화하면서 특이성을 획득한다. 신경 전달 역시 손가락 끝에서 대뇌피질에 이를 만큼 긴 신경섬유들이 미엘린화라고 불리는 과정을 통해 전기적으로 절연되면서 훨씬 효율화된다. 이제 핵심에 도달했다. 즉, 우리는 발달 중인 유아의 특정 경험과 점점 특화되고 있는 시냅스 연결을 분리할 수 없다. 오래된 두 개의 경구가 이 모든 것을 말해 준다. "사용하지 않으면 잃어버린다"(시냅스 가지치기에 해당한다), 그리고 "함께 발화하는 뉴런들은 함께 연결된다"

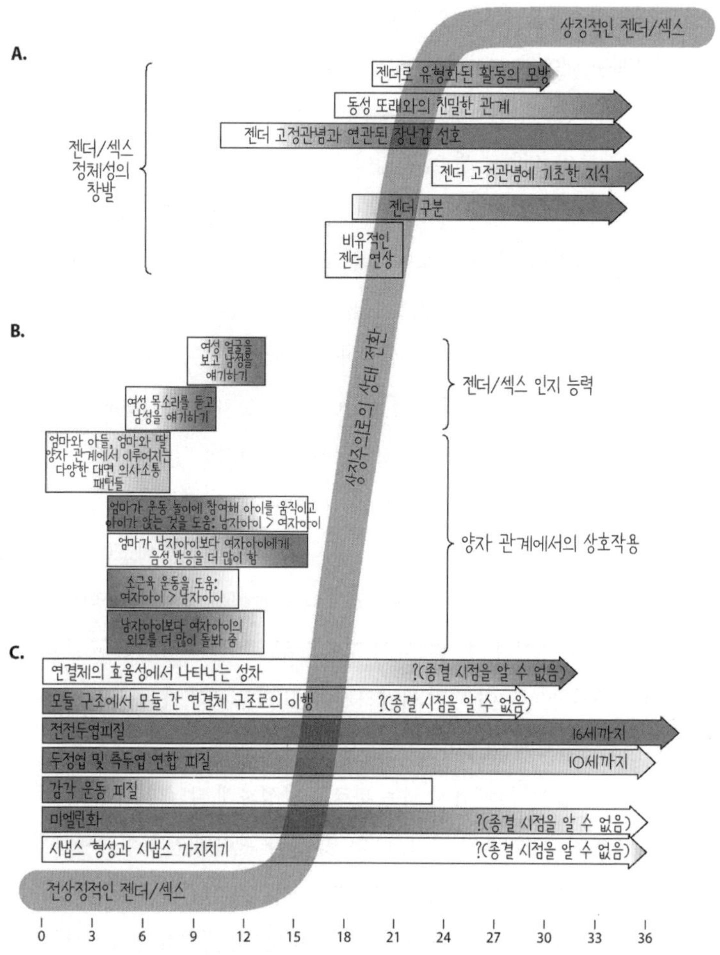

(강화에 해당한다).[120]

장난감 놀이를 살펴보자. 신경과학자 리즈 엘리엇은 이렇게 쓰고 있다. "아동들의 장난감 놀이는 본능적인 것처럼 — 아장아장 걷는 아이들이 인형을 껴안거나 장난감 트럭을 바닥에 밀고 다니는 모습을 보면 — 보이지만, 이런 행동의 모든 측면은 사물과 환경에 따른 특정 감각적·운동적·공간적·사회적·문화적·동기부여적 요구들에 대응한 신경 회로의 학습과 조율을 필요로 한다."[121] 엘리엇의 주장을 이해하기 위해, 영유아기 동안 이루어지는 젠더/섹스와 뇌 발달에 관해 우리가 정말로 알고 있는 바와 알지 못하는 바를 좀 더 주의 깊게 살펴보자. 〈그림 10-7〉의 C는 출생 후 3년 동안 중추신경계의 다양한 부분들이 성장한 시기를 요약하고 있다.[122]

미국정신보건연구원의 제이 기드 박사와 동료들은 아동의 뇌 발달을 기록했다. 그들은 4세 남아의 뇌와 여아의 뇌 사이에서 특정 부위뿐만 아니라 백질과 회백질의 전체적인 부피에 차이가 있다는 사실을 발견했다.[123] 그러나 우리는 그들의 발견을 동적으로 설명하지 못하고 있다. 뇌의 이런 차이는 언제 나타나는가? 무엇이 영향을 미치는가? 감각 입력, 운동 발달, 뇌 성장 사이의 상호작용이 어떻게 이루어지기에, 가령 4세 남아와 여아 뇌의 백질 부피에 차이가 발생하는가? 또 이런 차이가 5~10세 사이에 더욱 증가하는 이유는 무엇인가?

방금 제시한 해부학적 구조가 발달상의 중요한 분기점을 제공하지만, 그럼에도 향후 젠더/섹스의 동적 발달 이론은 발달 연결체학connectomics*을 중심으로 연구될 가능성이 높다. 결정적 시기는 아마도 태아기에 시작될 것이며, 출생부터 만 4세 때까지가 정체성 발달에 특히 중요할 것이다. 인지 신경과학자 마오 차오와 공동 연구자들의 연구가 좋은 사례다. 그들은 연결체connectome를 신경 요소들, 즉 세포, 노드들nodes(서로 연결된 세포들의 집합), 노드들 간의 연결 등 신경 요소들의 완전한 집합으로 정의한다. 조밀하게 연결된 노드들의 집합은 모듈[뇌의 각 부위가 맡고 있는 서로 다른 기능의 단위]을 형성하는데, 이 노드들은 더 큰 네트워크 내에서 나타나는 연결보다 훨씬 긴밀하게 연결돼 있다. 태아가 발달하는 동안 시간이 지날수록 모듈의 숫자는 증가한다. 출생 후

    ✱ 연결체학은 신경계, 특히 뇌 안의 신경계에서 찾을 수 있는 신경망 구조를 포괄적으로 매핑하고 연구하는 학문 분야다. 이 신경계 지도를 연결체라 부르는데, 이는 뇌 또는 신경계 내의 모든 신경세포와 그 연결(시냅스 등)을 총망라한 종합적인 배선도, 또는 지도를 의미한다.

모듈성modularity[뇌가 각 기능을 담당하는 부위로 구분된다는 것]은 모듈 간 통합으로 대체된다. 달리 말해, 태아와 신생아의 뇌에서는 단거리 연결들(모듈 내 활동)이 우세한 것으로 보인다. 장거리(모듈 간) 연결은 주로 출생 후에 발달하며 생후 1년 무렵에 분명하게 나타난다. 두 살이 되면 뇌 신경망들이 강화되면서 좀 더 포괄적으로 통합된다. 차오와 동료들은 이를 "상대적으로 임의적인 배열 형태에서 잘 조직된 배열 형태로 연결체 구조의 변환을 초래하는 경이로운 재조직화"라고 부른다.[124]

그러나 연결체 구조에서 젠더/섹스 차이가 나타나는가? 그렇다면 언제, 어떻게 그런 차이가 생기는가? 태아, 미숙아, 영아, 걸음마를 걷는 아이의 뇌에서 젠더/섹스의 차이를 포함하는 연결체 발달이 어떻게 이루어지는지에 관한 연구는 아직 초기 단계다. 지금까지 단 한 편의 논문이 생후 2주 된 아이와 1년 된 아이에서 포괄적이든 국소적이든 정보 전달의 효율성에는 성차가 없다고 보고했다. 그러나 생후 2년 된 유아에서는 국지적·전역적 뇌 신경망 효율성이 여자아이보다 남자아이에서 유의미하게 더 높았다.[125] 여기서도 과학자들은 차이의 출현을 관찰했지만, 이 같은 분기가 나타나는 동학과 경로는 밝혀지지 않은 상태다. 개인의 뇌 신경망 형태는 다양하기 때문에 의문은 여전히 남는다. 즉, 개인마다 크게 다른 특성이 어떻게 집단 간 평균차의 근간으로 귀결되는가?

③ 타임라인과 통계학

첫돌 때까지 유아의 뇌는 놀라울 정도로 발달한다. 뇌세포들은 뇌의 여러 영역 사이에 처음에는 잠정적으로 새로운 연결을 형성하고, 이후 연결 강도를 강화한다. 신경세포들은 대뇌피질에서 멀리 떨어진 감각기관까지 닿는다. 발가락 끝에서 코를 거쳐 뇌까지, 또 그 반대 경로로 정보 전달 회로들이 형성되어 효율성을 높인다. 회로가 진화하면서 유아의 능력 역시 발달한다. 이런 능력 가운데 하나가 젠더/섹스를 지각하고 궁극적으로 수행하는 능력이다. 젠

더/섹스와 관련된 능력의 발달 타임라인은 우리가 뇌세포와 연결체 발달 과
정에 대해 알고 있는 바와 얼마나 부합할까?

　나는 여러 공동 연구자들과 함께 생후 1년 동안 유아의 젠더/섹스 발달
에 관해 발표된 내용을 살펴보려고 문헌들을 샅샅이 뒤졌다.[126] 차이에 대한
"일회성" 보고는 많이 있었지만, 몇 가지 일반적인 패턴을 취합할 수 있었다.
생후 6개월은 편의적인 경계선이다. 그 이전에 가장 두드러진 젠더 차이는 양
육자의 행동이나 양육자와 아기의 상호작용에서 비롯된다(〈그림 10-7〉의 B에
서 "양자 관계에서의 상호작용"). 생후 6개월 이후부터 만 3세까지(〈그림 10-7〉의
A와 〈그림 10-7〉의 B), 젠더/섹스와 관련된 유아의 능력들, 이를테면 여성의 목
소리를 여성의 얼굴 이미지와 연결하는 능력(젠더/섹스 인지능력)이나 다른 사
람을 여성이나 남성으로 구분하는 능력이 나타나기 시작한다. 대략 생후 8개
월 무렵부터 장난감이나 색깔 선호 같은 젠더/섹스로 차별화되는 행동들이
점차 드러나고 이와 더불어 젠더/섹스 정체성이 굳어지기 시작한다. 이와 관
련된 정보들이 아직 불완전하기 때문에, 우리는 '무엇'이 구성 요소를 이루는
지는 알고 있지만, 세부적으로 '어떻게' 그러한지에 대해서는 잘 모르고 있다.
여기에는 다음과 같은 몇 가지 가능성이 존재한다.

　유아는 통계학자다. 빈번하고 다양한 감각 입력이 주어지면, 유아는 운동
순서, 시각, 대상, 언어적 사건의 빈도를 활용해 "정보 덩어리들"chunks,＊ 즉
자주 함께 발생하는 요소들을 추출한다. 그리고 이런 정보 덩어리들을 분산
된 신경망에 저장한다. (게놈이 우리 DNA에 있는 모든 유전자의 총합이듯이, 연결
체는 이런 신경망의 총체다.) 영아들이 유사한 정보 덩어리들과 반복적으로 마주
치게 되면, 그 요소들은 아이의 연령 및 능력 수준과 함께 진화하면서 더욱 긴
밀하게 묶인다. 우리는 이런 일반적인 학습 메커니즘을 통해 유아들이 젠더/
섹스의 구조와 의미를 추출하고 안정화한다고 가정한다.[127]

＊ '청크'로도 옮긴다. 사람들은 주어진 정보를 개별적이고 산발적으로
처리하기보다 하나의 덩어리, 즉 단위로 분류해 처리한다는 의미다.

앞서 든 예에서 예쁘다는 칭찬으로 딸을 달래 주던 엄마와 아이 양자 관계의 상호작용을 떠올려 보자. 두 차례 가정 방문에서(2.4개월과 3.2개월 됐을 때) 우리는 엄마가 세면대에서 아이의 머리를 감기는 모습을 보았다. 엄마는 머리를 감기는 2~4분 내내 "기분 좋지? 너도 해 볼래?"라고 말하며, 아이가 머리를 감는 것을 즐기게 한다. 또 머리에 비누를 문지르면서는 "오, 냄새가 너무 좋구나"라고 부드럽고 따뜻하게 말했다. 아기는 머리 감기를 즐기는 듯 미소를 지으며 자기도 손을 뻗어 머리 감는 걸 도와주려 하고 엄마는 이를 칭찬한다. 이 정보 덩어리에서 아기는 (아이의 반응으로 미루어 짐작했을 때) 즐거워 보였던 촉감 경험을 이 사건에 대한 엄마의 상황 설명과 통합한다. 3.4개월이 되자, 엄마가 기저귀를 갈고 옷을 입히면서 아기의 머리가 빗질을 할 만큼 자랐다고 생각했을 때 새로운 요소가 등장했다. 그녀는 13초 동안 아기의 머리를 부드럽게 빗으면서 "괜찮네. 다 됐어. 다 됐어. 예쁘네"라고 말한다. 기저귀 교환대에 앉아 방을 둘러보던 아기는 엄마가 높은 음색으로 노래 부르듯 말하는 목소리로 처음 "다 됐어"라고 말할 때, 자기에게 몸을 굽히고 있는 엄마의 얼굴을 똑바로 쳐다본다. 이것은 다시 한번 머리에 기분 좋은 촉감을 느낀 두 번째 정보 덩어리인데, 이번에 아기는 엄마와의 양자 관계에서 이루어진 긍정적인 접촉을 자신이 얼마나 예뻐 보이는지 말하는 엄마의 빠른 말투와 결합한다. 이 두 번째 정보 덩어리는 첫 번째 정보 덩어리를 기반으로 구성되거나 그것과 상호작용하며 강화(물론 이는 실증 연구가 필요해 보인다)되는 동시에, 젠더화된 발언("예쁘네")이 사건 네트워크의 일부가 된다.

영아가 보고 듣고 만지고 접촉하는 것은 발달에 따라 변화한다. 생후 3개월의 영아에게는 운동 능력이 거의 없다. 직접적이든, 성인이 조성한 환경을 통해서든 성인 양육자가 대부분의 감각 입력을 통제한다. 이 시기에 촉각과 청각 자극을 경험할 때, 영아는 거의 언제나 클로즈업된 성인의 얼굴만을 볼 뿐이다.[128] 우리는 다른 양자 관계(엄마와 아들)의 상호작용에서 2.7개월 된 아이가 앉은 자세로 있도록 받쳐 주면서 웃게 하려고 애쓰는 엄마를 관찰했다. 그녀는 자신의 얼굴을 아기 얼굴 위로 기울여 코를 만지거나, 양 볼을 눌렸다. 어떤 때는 손가락으로 아기의 입을 웃는 모양으로 잡아 주며 웃으라고 말하거나, 코를 누르고 얼굴을 쓰다듬을 때 삐 소리를 내기도 했다. 아이가 등을 대고 누워 있는 동안에 엄마는 이런 행동과 함께 아이의 팔이나 다리를 힘차게 움직였다(자전거 타는 동작). 또는 아이의 팔을 크게 벌렸다가 닫으면서 별 이야기 없이 신나는 소리를 냈다. 생후 2~3개월 동안 이 "미소/운동" 시간은 한 번에 몇 분씩 진행됐다. 이것은 엄마가 가까이서 짓는 표정 및 접촉과 활발한 운동 동작 사이의 상호작용을 통계적으로 강화했다.

세상에 대한 영아의 시각은 근육에 힘이 생겨 아이가 머리를 들어 올리고 몸을 뒤집고 혼자서 앉고 네 발로 기고 서고 걷게 되면서 달라진다.[129] 앞에서 언급한 아직 웃지 않던 3개월 된 아기가 더 쉽게 그리고 자발적으로 웃기 시작하자, 엄마는 아이에게 특정한 물건들을 주기 시작했다. 아이는 그 물건을 붙잡을 수도 거부할 수도 있는 어느 정도의 능력을 갖추고 있었다. 운동 발달을 연구하는 한 연구팀에 따르면, "변화하고 있는 아동의 신체와 행동의 역학이 뇌 내부의 기능적 연결성뿐만 아니라 감각 입력의 통계적 양상 역시 조절한다."[130] 우리는 젠더/섹스가 유아와 양육자 사이에서 매일매일 이뤄지는 이런 일상적인 상호작용들을 통해 서서히 체화된다고 제안한다. 이 양자 관계를 구성하는 양쪽은 젠더가 마치 질소, 산소, 이산화탄소처럼 대기의 주요 요소 가운데 하나인 세계에서 행동한다. 필연적으로 젠더/섹스는 각 아이의 신체와 의식 속에 통합된다.

큰 그림을 보기 위한 타임라인 활용

나는 최종적으로 이렇게 제안한다. (몇 개월 차이는 있을지 몰라도) 생후 3년 무렵에는 대부분의 아이들이 다소 불안정하지만 놀랍도록 견고한 젠더/섹스 정체성을 드러낸다. 사실 3년은 새로 형성된 젠더/섹스 정체성을 안정시키는 데 중요한 중간 지점이기도 하다. 이 시점을 훨씬 지나서도 정체성은 계속 수정되지만,[131] 부모와 중립적인 관찰자들은 대체로 바로 이 시기에 아이들이 명백히 자발적으로 남자아이는 남자아이처럼 행동하고 여자아이는 여자아이처럼 행동한다는 데 동의한다. 걸음마를 걷는 아기는 색깔, 머리 모양, 옷차림, 장난감 선택 같은 젠더/섹스 상징들을 받아들인다. 이 모든 것이 너무나 자연스러워 보인다! 이제 동적 체계 이론의 관점에서 질문을 던져야 할 때다. 즉, 아이는 어떻게 이 지점에 이르렀는가?

〈그림 10-7〉이 시기를 설명하는 데 도움이 된다. 이 그림은 지금까지 발표된 지식을 내가 종합한 것이다.[132] 우리는 전상징적인 발달의 축적을 추적하고, (대략) 15~18개월에 젠더/섹스의 전상징적인 정체성에서 상징적인 정체성으로 전환이 이루어지는 것을 관찰하며, (수많은 과학 연구와 마찬가지로) 걸음마 시기의 상징적인 젠더/섹스의 존재와 특성을 조사할 수 있다. 독자(혹은 과학자)는 어떤 시점이든 종단면으로 잘라 내서 (시간적으로) 고립된 사건들이 어떻게 상호작용하는지 살펴볼 수 있다. 만약 생후 4개월 시점에 이런 작업을 수행했다면, 감각 운동 피질, 전전두엽 피질, 연합 피질이 활발하게 발달하고 있음을 알 수 있다. 모듈 구조에서 모듈 간 연결체 구조로의 이행은 거의 완전하지만, 연결체의 효율성에서 나타나는 성차는 아직 측정할 수 없다. 이와 동일한 시간대에 엄마는 아들과 함께 대근육 운동을 하고 딸의 소근육 운동을 도와준다. 놀이를 하면서 엄마는 아들에 비해 딸의 외모를 손질하는 데 더 많은 시간을 쏟았고, 양자 관계에서 얼굴을 맞대고 소통하는 유형도 아이의 성별에 따라 달라진다. 이 시기에 영아들이 자신의 세계에 거주하는 성인의 외모, 목소리, 행동에서의 성차를 지각할 수 있다는 증거는 없다.[133]

10개월의 시간 종단면에서는 아이의 신경 복잡성이 증가하며, 엄마의 음성 응답이 아들에 비해 딸에서 약간 증가하는 것으로 나타난다. 이 시기 유아들은 몇 가지 기본적인 젠더/섹스 인지능력 역시 획득한다. 유아들은 성인 남녀의 목소리와 얼굴의 차이를 말할 수 있고 같은 성별의 목소리와 얼굴을 연관 지을 수 있다. 젠더 고정관념에 따른 장난감 선호도가 보고된 최초 시기는 생후 9개월이다.[134] 장난감 선호도를 나타내는 막대의 밝은 색에서 어두운 색으로의 변화가 보여 주듯이, 젠더/섹스 고정관념에 따른 놀이 선호도는 생후

2~3년에 강력하고 신뢰할 만하게 발견된다.

15~18개월 사이에는 젠더/섹스 발달에 관한 연구 결과가 상대적으로 적게 보고되었다.[135] 그러나 18개월 무렵, 몇 가지 극적인 변화가 이뤄졌다. 한 흥미로운 연구는 18개월 된 유아가 곰과 전나무 같은 물체를 남성과 연관시킨다는 증거를 제시했다.[136] 확실히 상징적인 연상이다! 젠더 고정관념에 따른 장난감 선호도는 계속해서 강화될 뿐만 아니라 24개월 된 유아들은 자신들이 보았던 면도나 청소기 돌리기 같은 젠더 정형화된 활동을 모방하기 위해 젠더화된 인형들을 선택할 수도 있다.[137] 또 그들은 같은 젠더/섹스의 다른 유아들과 더 많이 놀기 시작한다.

(대략) 15~18개월이 결정적인 이행기다.[138] 유아들은 자신의 세계에 존재하는 사물들(젠더/섹스화된 사물들을 비롯해)에 대한 축적된 전상징적인 지식들 — 체화된 운동 반응들과 촉각 민감도들 — 을 결합하고, 그것을 몸짓, 새로운 단어, 정교한 언어 구현, 상징의 생산과 활용을 통해 전달되는 급증하는 의미들과 통합한다.[139] 18개월 아동에서 나타나는 상징적인 놀이의 사례로, 바나나 같은 길쭉한 물체를 진짜 전화 수화기인 것처럼 귀에 가져다 대고, 한쪽 끝에다 말을 하는 등의 행위를 들 수 있다. 젠더/섹스 영역에서 색깔 코드(분홍과 파랑)와 장난감(인형과 트럭)은 젠더/섹스의 중요한 표식(상징)들이다. 물론 이에 대한 경험적 조사는 역사적·문화적으로 특수하다. 하지만 미국과 서유럽의 백인 중산층 아동을 대상으로 한 많은 연구들은 (대부분) 높은 재현성*을 보이고 있다.[140]

몸짓, 언어, 상징의 사용에서 상태 변화는 젠더/섹스 정체성 창발의 일부이자 핵심이다. 젠더/섹스에 따른 언어와 장난감 선호도를 연결한 최근 연구는 이런 연관성을 분명히 보여 준다. 크리스티나 조설스, 다이앤 루블, 캐서린

❖ 다른 연구자가 동일한 방법과 조건으로 실험이나 조사를 반복했을 때, 동일한 결과를 얻을 수 있는 정도를 말한다. 과학적 연구의 신뢰성과 타당성을 평가하는 핵심 기준이다.

태미스-르몬다, 이 세 명의 심리학자는 〈그림 10-7〉에 제시된 상태 변화가 끝날 즈음 언어, 젠더/섹스 지식, 놀이 선호도 사이의 관계를 살펴봤다. 18~24개월 사이의 유아들은 전상징적인 발달을 구성하는 다양한 체계들(내부 신경과 운동의 발달부터 양자관계의 상호작용 및 세상에 대한 관찰에 이르기까지)을 통합하며, 상징을 사용해 세상을 해석하고 세계와 상호작용하는 작은 인간으로 변모한다. 조설스와 동료들은 젠더/섹스 지식에 대한 본질적인 질문을 던지고 답을 구하고자 했다. 즉, 아동이 자신의 젠더/섹스(또는 자신과 유사한 젠더/섹스)만 식별할 수 있는 경우와, 아동이 (〈그림 10-5〉에 제시됐듯이) 자신과 타인이라는 두 집단이 있다는 것을 인식할 때 놀이 선호도가 다르게 나타나는 것일까?[141]

조설스와 동료들은 자신의 연구에서 생후 2세의 아이들을 세 개 범주로 나누었다. 일부 아이는 젠더/섹스 범주에 대한 지식이 전혀 없었고, 일부는 자신이 속한 범주만 알고 있었다. 반면 세 번째 집단은 두 가지 젠더 범주에 대한 지식이 모두 있었다. 연구자들은 24개월 내에 두 가지 젠더 범주를 파악했던 아이들만이 다음 해에 젠더/섹스 고정관념에 부합하는 장난감 놀이에 대한 선호도가 증가할 것이라고 예상했다. 그들의 표현대로, "이 지식은 **젠더의 집단 간 성격**에 대한 기초적인 이해*를 나타내며, 그것은 자신의 젠더 속성을 획득하려는 동기를 낳는다."[142] 또 그들은 2세 무렵 두 가지 젠더/섹스 범주를 알고 있다는 사실이 차후 12개월 동안 젠더/섹스 고정관념에 따른 놀이(인형 혹은 트럭에 대한 선호)의 증가로 이어진다는 점을 발견했다. 조설스는 장난감 선호도와 상호작용의 유형들을 조사했는데, 이를테면 (대개 여성적 행동으로 보는) 돌봄과 (대개 남성적 행동으로 보는) 활발한 운동을 비교했다. 그들은 2~3세 사이에 여자아이들이 돌봄 놀이에 더 자주 참여하지만, 이런 차이가 젠더/섹스 지식의 수준과는 상관관계가 없다는 것을 발견했다. 연구진은 초기의 젠더/

---

* 말하자면, 남성이라는 집단과 여성이라는 집단이 존재하며, 이 두 집단이 서로 다른 사회적 범주라는 것에 대해 이해하는 것을 말한다. 이런 구분을 이해하게 되면, 나의 젠더 속성, 즉 나는 어느 집단에 속하고 싶은지에 대한 동기가 부여된다.

섹스 강화 단계에서는 남자아이와 여자아이 모두에서 돌봄 행동이 상당히 드물게 나타난다고 지적하며, 아동이 더욱 정교한 상징 놀이들(예를 들면, "소꿉놀이")을 발달시키게 됨에 따라 그 차이가 좀 더 뚜렷하게 나타날 수 있음을 시사했다.

2세 무렵에 자아와 타인에 대한 젠더/섹스 지식이 있는 아동들은 S자 형태의 이행 곡선(〈그림 10-7〉)의 꼭대기에 도달했다. 그들은 젠더/섹스 정체성 강화의 시기로 뛰어들 수단을 축적해 왔다. 특정 유전자 혹은 일부 유전자가 젠더/섹스 스위치를 켰기 때문에 이 순간에 젠더/섹스가 마법처럼 구현된 것은 아니다. 대신 〈그림 10-7〉에서 설명했듯이, 양자 관계의 상호작용에 반응하는 초기 신경 발달과 젠더/섹스 능력의 점진적 획득이 스스로 표현하는 상징적 젠더/섹스로의 빠른 이행에 반드시 필요한 토대를 제공했다.

예를 들면, 조설스와 공동 연구자들이 돌봄 놀이에서 관찰한 남자아이와 여자아이의 차이를 살펴보자. 전상징적인 젠더/섹스에서 상징적인 젠더/섹스로의 이행이 이루어지는 전환점에서 두 아동과 양육자들은 어떻게 상호작용할까? 14.2개월의 제임스는 약간 어설픈 걸음마로 여기저기 돌아다니다가 자신이 발견한 물건을 잠깐 갖고 놀았다. 그사이 엄마는 그에게 설명을 하고 이런저런 제안도 한다. 한번은 아이가 거실에서 부활절 토끼 풍선을 집어 들고 자기 침실로 가져가서는 인형을 바닥에 던졌다. 엄마가 "토끼는 잘못이 없어, 제임스. 오늘 네 동물에게 벌을 주는 거니? 토끼는 나쁘지 않아"라고 말했다. 그러자 제임스는 거실로 돌아가 현관문을 탕탕 두드렸다.

한편 13.5개월의 제니퍼는 꽤나 짜증이 나 있었다. 엄마는 "네 아기는 어디 있니? 아기 좀 데려와 봐. 아기에게 뽀뽀해 주렴" 하고 요청하면서 아이의 언짢은 기분을 풀어 주려 했다. 제니퍼는 아기 인형을 받자마자 인형을 때렸고, 엄마는 "아기에게 잘해 줘야지. … 아기를 때릴 거니?"라고 말하며 아이의 행동을 바로잡았다. 제니퍼가 다시 인형을 때렸다. 엄마는 "상냥하게 대해 주렴, 인형을 안아 줘"라고 말했지만 제니퍼는 인형을 바닥에 내려놓았다. 그러자 엄마는 인형의 신체를 가리켰고 제니퍼는 인형에게 입을 맞췄다.

이행기에 앞서 이처럼 아이들에게는 '상냥하게 행동하는 기술'을 가르쳐 주는 대본(벌주지 마라, 다정하게 대해라)과 이를 실제로 연습할 수 있는 기회가 제공된다. 두 엄마의 말은 모두 이를 표현하고 있다. 생후 1년이 조금 지난 이 아기들이 바로 원형이다. 그들은 자신들이 속한 세계에서 젠더/섹스를 학습하고 있다. 그들은 뭘 입을지, 무엇을 가지고 놀지, 어떻게 행동할지에 대한 지시를 받고 기록한다. 이 모든 것이 아이의 감각 운동 체계와 인지 기능에 새겨져 체화된 자아의 일부가 된다. 유아는 자기 자신과 타인에 대한 젠더/섹스 지식을 젠더화된 세계관과 통합하는 엄청난 이행기를 겪을 준비가 된 것이다. 유아는 창발 중인 자신의 정체성과 연결되는 행동과 관심에 대한 이미지를 획득했다. 유아는 초점이 바뀌는 렌즈, 즉 젠더/섹스의 렌즈를 통해 세상과 자신의 자아를 협상하는, 평생 지속되는 과정을 겪을 준비를 갖추었다.

후기

오! 2000년 이 책의 초판을 출간한 이후 정말 많은 변화가 있었다. 동성 커플들은 법적으로 결혼할 수 있고, 공동으로 소득세를 신고할 수 있게 되었다. 급성장하고 있는 간성인 권리 운동은 몇 가지 중요한 승리를 거두기도 했다(패배도 있었다). 새로운 젠더 정체성과 젠더 라벨이 증가하면서 — 시스젠더, 논바이너리, 안드로진androgyne[남성과 여성의 젠더를 혼합한 젠더 형태. 신체와는 무관], 젠더 플루이드gender fluid[유동적 젠더] 등 — 학자들은 시대를 따라잡기 위해 허둥대야 했다. 343가지 색조의 표색계를 활용해 젠더를 분류하자는 마틴 로스블랫의 1995년 제안[1]을 인용하면서 나는 이것이 이분법적인 구분보다 젠더 다양성에 좀 더 초점을 맞추는 출발점이 될 수 있을 것이라고 말했다. 로스블랫의 제안은 2000년 당시 예상보다도 훨씬 더 오늘날의 상황을 정확히 예측한 것이었다. 이를테면 이 글을 쓰는 현재 페이스북은 71가지 젠더 선택지를 제공하고 있다.[2]※ 앞으로 선택지가 더 늘어나게 될까?

로스블랫은 트랜스*[3]들의 존재가 널리 논의되지 않던 1994년에 트랜스젠더로 커밍아웃했다. 이제 트랜스*는 케이틀린 제너, 첼시 매닝, 래번 콕스, 채즈 보노※※ 같은 사람들을 통해 점점 더 뚜렷한 하나의 범주가 되고 있다. 아

※ 선택지의 종류는 시기나 국가별로 조금씩 차이가 있고, 자신이 직접 입력할 수도 있다.

※※ 케이틀린 제너는 미국의 올림픽 금메달리스트(1976년 캐나다 몬트리올 올림픽 남자 10종 경기)이자 방송인으로 2015년 커밍아웃을 통해 여성임을 공개했다. 첼시 매닝은 전직 미 육군 정보 분석가로, 2010년 기밀 군사 문서를 유출한 혐의로 군사재판에서 유죄판결을 받았다. 그가 유출한 자료 가운데에는 미군의 민간인 오인 사격 장면 등이 포함돼 있었다. 유죄판결 다음 날

마존 프라임의 〈트랜스페어런트〉※ 같은 드라마들이 방영되고 일반적으로 트랜스 연구[4]로 알려진 학문이 폭발적으로 증가하면서 트랜스*인 사람과 단체가 주목받기 시작했다. 트랜스*인 사람들이 미국의 군대나 공중화장실에서 어떤 권리를 가져야 하는지를 두고 벌어진 공개적인 논쟁은 젠더와 섹스에 대한 논의를 전국적 차원으로 확대하고 재점화했다.[5] 이 모든 사건은 마땅히 광범위하게 검토될 필요가 있다. 그리고 실제로 젠더 정체성의 폭발적 증가에 대해 더 많이 알고 싶은 독자들을 위한 풍부한 자료가 존재한다.

이런 발전은 중요하지만, 「후기」에서 이에 대해 다루지는 않을 것이다.[6] 대신 내가 2000년에 상세히 다뤘던 주제 가운데 몇 가지를 선별해 현재 시점까지 추적해 보겠다. 예를 들면, 성기가 혼합돼 있거나 호르몬 기능 변화[예컨대, 호르몬 불균형]를 지닌 채 태어난 사람들을 의학적으로 치료하는 분야에서 어떤 새로운 발전이 있었고, 여전히 남아 있는 쟁점은 무엇인가? 간성 운동은 어떤 활동을 벌이고 있는가? 나는 2000년 초판을, Y염색체를 가지고 있다는 이유로 올림픽 출전 자격을 박탈당한 스페인 육상 선수 마리아 파티뇨에 대한 이야기로 시작했다. 그녀에겐 그 이후 무슨 일이 벌어졌을까? 좀 더 일반적으로, 기존의 이분법적 젠더 구분에 들어맞지 않는 여성에 관한 새로운 논쟁들을 국제 육상계는 어떻게 다뤄 왔을까?

초판에서 나는 스테로이드호르몬이 어떻게 "성"호르몬으로 여겨졌는지를 비롯해 성 발달의 과학을 파고들었다. 나는 사회적 맥락에서 호르몬을 다루는 새로운 학문을 논의하면서 이 주제와 관련한 최근 정보를 소개하고자 한

트랜스젠더 여성임을 밝히고 성별을 정정했다. 래번 콕스는 미국의 유명한 트랜스젠더 배우로 트랜스* 권리 옹호를 위한 다양한 활동을 펼치고 있다. 채즈 보노는 미국의 배우, 작가로 가수 셰어Cher의 외동딸로 태어났으나 트랜스젠더 남성으로 성별을 변경했다.

※ 은퇴한 대학교수이자 세 자녀의 아버지인 모턴 페퍼먼이 일흔의 나이에 숨겨 왔던 여성으로서의 정체성을 드러내며 모라 페퍼먼으로 살겠다고 가족들에게 커밍아웃하면서 벌어지는 이야기를 다룬 드라마. 동성 연인과 결혼해 입양아를 양육하는 레즈비언이 또 다른 주인공이다.

다. 뇌의 성차에 관한 의문도 폭발적으로 증가하고 있으며, 여기서는 최근 뇌 연구 분야에서 제기된 몇 가지 논쟁을 독자들에게 소개할 예정이다. 마지막으로 과학에 대한 사회학적 연구들을 소개하려고 한다. 나는 과학 지식이 언제나 과학자들이 아이디어를 떠올리고 실험을 설계하며 수행하는 시기의 시대정신에 의해 구성된다고 주장했다. 정치 자체가 양극화됨에 따라 과학에 대한 논의도 양극화되었다. 과학은 객관적인가? 페미니스트는 반反과학적인가? 절대적인 진리라는 것은 존재하는가? 이런 질문들은 신체가 젠더/섹스를 획득하는 방식을 사고하는 데 여전히 핵심적이다.

간성 운동은 어디로 향하는가?
: 새로운 발전과 남은 쟁점들[7]

[초판이 출간되었던] 2000년, 간성인 권리 운동은 점점 활기를 띠고 있었다. 미국에서는 북아메리카간성협회가 이 운동을 대표했으며, 국제적으로도 여러 단체가 조직되었다. 2020년 현재 간성의 권리를 촉구하는 움직임은 캐나다에서 파키스탄, 중국, 필리핀, 오스트레일리아에 이르기까지 전 세계로 확산되었다.[8] 북아메리카간성협회는 2008년까지 지속되다가 어코드 얼라이언스[9]로 전환했다. 북아메리카간성협회의 마지막 뉴스레터는 온라인에서 여전히 열람 가능하며, 여기에는 북아메리카간성협회가 만든 교육 자료와 미완결된 사업에 대한 논의가 포함돼 있다.[10]

북아메리카간성협회의 초기 조직자들에게는 간성 아동에 대한 의학 치료를 개선한다는 주된 목표가 있었다. 첫째, 생명 구조와 관련이 없는 유아와 아동에 대한 생식기 수술이 금지되길 원했다. 둘째, 남성도 여성도 아닌 간성 범주를 허용하자고 주장했다. 첫 번째 목표는 간성인의 출생을 "관리하는" 올바른 방식에 대한 의료 종사자들의 인식을 변화시키는 것이었다. 두 번째 목표는 출생증명서, 운전면허증, 여권과 같은 법적 서류들에 두 가지 이상의 젠더/섹스 정체성 범주를 제시하도록 제도를 바꾸자는 것이었다. 전자는 의료인들과 공통의 언어를 찾으려는 시도였다. 반면 후자는 종종 더 강경한 정체성의 정치로 이어졌다. 의료인들과 타협점을 찾는 일과 특정 정체성의 진실성을 주장하는 일은 서로 다른 옹호 전략을 필요로 했다. 시간이 흐름에 따라, 서로 다른 목표를 지지하는 사람들 사이에서 갈등이 불거졌다.

2005년 무렵 의료계가 환자들의 의견에 진지하게 관심을 기울여야 한다는 북아메리카간성협회의 주장이 성과를 거두기 시작했다.[11] 일종의 합의 위원회*라 할 수 있는 두 집단이 간성 아동을 위한 새로운 치료 기준을 마련하기 시작했다. 한 집단은 주로 활동가와 페미니스트 학자 및 소수의 의사로 구성됐다. 로슨 윌킨스 소아내분비학회와 유럽소아내분비학회의 후원 아래 모인 다른 집단에는 간성 치료에 관여했던 의사들과 심리학자들이 참여했다.[12]

4장에서 나는 의료 현장에서 지배적인 용어로 사용되는 '자웅동체'에 초점을 맞춰 명명법의 문제를 다뤘다. 간성 활동가들은 이 단어가 불쾌감을 줄 뿐만 아니라 이런 분류 체계(남성, 여성, 남성 가성-자웅동체, 여성 가성-자웅동체, "진짜" 자웅동체)는 "진짜" 남성이나 "진짜" 여성이 아닌 사람들을 의학상 장애가 있는 사람으로 규정한다는 점을 강조했다. 북아메리카간성협회의 지침에 따라, 나는 섹스가 혼합된 사람들을 간성이라고 불렀다. 그러나 2005년에 합의 회의가 열렸을 때, 일부 위원들은 이 용어가 의료 환경에서는 적절하지 않다고 생각했다. 많은 의사들이 간성이라는 용어를 사용하는 데 반대했는데, 어느 정도는 간성이 부정확한 단어였기 때문이다. 간성은 염색체변이부터 호르몬 수용체 이상, 혹은 호르몬 합성에 관여하는 효소가 없거나 제대로 작동하지 못하는 경우까지 모든 것을 아우르는 두루뭉술한 범주이다. 반면 이 같은 다양한 유형의 간성에는 각기 다른 의학적 대응이 필요하다. 게다가 모든 간성인이나 가족들이 이 용어법을 받아들이는 것도 아니다. 어쨌든 그것은 새

＊ 2005년 미국 시카고 근교에서 열렸다. 정식 명칭은 간성에 대한 국제 합의 회의International Consensus Conference on Intersex로 간성 아동 치료에 대한 새로운 표준 지침을 수립하고, 흔히 '시카고 합의'라고 불리는 합의문을 발표했다.

로운 정체성, 제3의 성별에 대한 요구였지만, 많은 이들이 남성 혹은 여성 중 하나를 택하는 분류를 선호하고 있었다.[13]

2005년에 활동가와 의사로 이루어진 집단이 합의문을 발표했다. 저자는 셰릴 체이스,[14] 역사학자 앨리스 드레거, 그리고 세 명의 의사 — 필립 그룹푸소, 애런 소사, 조엘 프레이더 — 였다. 여기서 그들은 성별을 다섯 가지로 구분하는 분류 체계(4장에서 상세히 논의한)를 여전히 사용하는 데 반대하는 주장을 길게 폈다. 그들은 더 이상 진성-자웅동체를 가성-자웅동체와 대립하는 범주로 구별하지 말아야 한다고 말했다. 자웅동체라는 단어의 사용 역시 중단해야 한다고 말하면서, 대신 그들은 의사들에게 "성 분화 이상disorders of sexual differentiation, DSD*이라는 포괄적 용어 아래 (안드로겐 무감응 증후군, 5-알파 환원효소 결핍증 등과 같이) 특정 병인학적 진단을 등재하는" 체계의 개발을 촉구했다.[15]

뒤이어 2006년 의사들은 미국과 유럽의 두 권위 있는 학술지에 논문을 게재했다.[16] 이 「간성 상태 관리에 대한 합의문」은 다음과 같은 중요한 내용을 다뤘다. 첫째, DSD라는 포괄적 용어를 받아들였다. 둘째, 미래의 과학적 이해를 아우를 만큼 충분히 유연하고 임상의, 과학자, 환자와 그들의 가족에게 일관성과 명확성을 제공해 줄 만큼 충분히 탄탄한 명명법을 제안했다. 일례로 완전한 안드로겐 무감응 증후군이 있는 사람을 보자. 완전한 안드로겐 무감응 증후군인 사람은 염색체상으로 XY이며 고환을 가지고 있지만 세포가 테스토스테론의 존재를 감지할 수 없기 때문에 테스토스테론이 실제로 결핍된

※ 셰릴 체이스, 앨리스 드레거 등의 2005년 논문에서는 "성 분화 이상"으로 쓰였지만, 뒤에 나오는 2006년 「간성 상태 관리에 대한 합의문」부터는 성 발달 이상disorder of sex development으로 표기되었다. 저자 역시 이하의 내용에서는 주로 '성 발달'이라는 표현을 사용하고 있다. 다만 최근 들어 '성 발달 이상'을 '성 발달 차이'difference of sexual development로 사용하자는 논의 역시 제기되고 있다. 발달이 어떤 단일한 목표를 향해 나아가는 것이 아니라면, 그 과정에서 나타나는 가변성들은 치료해야 할 질환이 아닌, 차이에 불과한 것일 수도 있기 때문이다.

것과 같은 상태다. 따라서 염색체와 고환에도 불구하고 완전한 안드로겐 무감응 증후군인 사람은 여성으로 보이는 외부 생식기와 체형을 발달시킨다. 그들은 대개 여자아이로 자라며 예전 분류 체계에서는 남성 가성-자웅동체로 분류돼 왔다.

나아가 이 합의문은 좀 더 구체적인 접근을 요청했다. 이전에 완전한 안드로겐 무감응 증후군인 사람은 대개 성 발달에 이상이 있다고 간주되었다. 어떤 심장 결함을 지니고 태어난 사람들이 심혈관 질환이 있다고 분류되는 것처럼 말이다. 그러나 동시대 의학은 훨씬 구체적인 표현을 사용한다. 일반적인 DSD 분류에 따르면, 의학적인 분류 목적상 완전한 안드로겐 무감응 증후군인 사람은 염색체 구성(XY염색체와 일반 상염색체autosome[성염색체 이외의 염색체]를 더한 구성)에 따라서, 호르몬 수치와 호르몬 수용체의 기능적 존재 여부(테스토스테론 수치는 높지만 테스토스테론 수용체가 부재하거나 기능하지 않는 경우)에 따라서, 생식샘의 유형과 위치 및 기능성(완전한 안드로겐 무감응 증후군의 경우에는 고환은 있지만 생식세포는 발달되지 않음)에 따라서, 또 외부 생식기와 내부 생식기의 구조에 따라서 등등 다양한 기준에 의거해 좀 더 자세히 기술된다. 요지는 매우 구체적인 의학적 설명을 제공하자는 것이었다. DSD라는 용어에 대한 논의에 참여한 한 참가자에 따르면,[17] "발달"은 어떤 치료도 필요하지 않다는 의미를 함축할 수 있다. 하지만 많은 의사들은 DSD를 치료가 필수적이라는 가정하에서 적절한 치료 계획의 토대가 될 용어로 여겼다. 이것이 성 발달 이상의 접근 방식이 비판받는 이유 중 하나다.

이 임상의들이 "최적 임상 관리"optimum clinical management라고 명명한 것은 이 책의 2000년 판에 기록된 프로토콜과 근본적으로 달랐다. 그들은 좀 더 신중한 접근 방식을 권고했다. 첫째, 신중한 평가가 이루어지기 전에는 어떤 젠더 지정도 불필요하다. 그럼에도 최종적으로는 모든 아기는 젠더(혹은 성별?)를 부여받아야 한다. 둘째, 그들은 훈련된 다학제적 전문가 집단[18]이 평가와 장기적인 관리를 책임지길 권고했다. 이런 관리에는 환자 및 가족들과의 열린 대화가 포함되어야 하며, 그들의 우려를 존중하고 직접적인 설명을 제공해야 한다. 하지만 내가 보기에 합의문은 유아 수술과 관련해 오직 생명을 구하기 위한 경우에만 수술을 시행해야 한다고 충분히 요구하지 못했다. 대신 그들은 성형수술은 극단적인 사례에서만 시행되어야 하며, 발기 능력과 신경 분포의 보존이 미용적 측면보다 우선시돼야 한다고 주장했다. 또한 그들은 외과의들이 환자의 생식 능력을 유지하기 위한 방안을 고려해야 한다는 데 합의했다. 마지막으로, 그들은 "심리사회적 관리"의 중요성과 DSD에 대한 전문 지식을 갖춘 정신 보건 담당자가 이 전문가 집단에 필수적으로 포함되어야 한다고 했다. 여기에는 (비록 합의문 끝부분의 부록에 실리긴 했지만) 또래와 부모 지원 단체의 중요성 역시 언급돼 있다. 이런 단체들은 현재 인터넷에서 비교적 쉽게 접근할 수 있다.

2006년에도 DSD 관리에 관한 컨소시엄이 북아메리카간성협회의 지침에 따라 꾸려졌다. 이 컨소시엄에는 간성 활동가, 페미니스트 학자, 정신 건강 전문가 및 임상의 등이 다수 참여했다. 그들이 발간한 『아동기 성 발달 이상의 관리에 관한 임상 지침』은 환자가 외과적 개입에 동의하거나 거부할 수 있을 정도로 충분히 자랄 때까지 조기 생식기 수술을 보류하도록 더욱 확고하게 촉구했다. 이 문서는 관리를 맡을 전문가 집단에 실질적인 도움을 제공했다. 이를테면 이 지침은 임상의들이 부모나 아동이 던지는 질문에 응답할 때 사용할 수 있는 대본, 지원 단체의 목록과 관리를 맡은 전문가 집단의 구성에 필요한 세부 사항, 전문가 집단의 각 구성원이 수행해야 하는 구체적인 역할을 제시했다.[19] 이 북아메리카간성협회 컨소시엄은 환자 중심의 돌봄 개념에 부합하도록 『부모를 위한 안내서』 역시 만들었다. 이 지침서에는 정보와 조언은 물론 북아메리카간성협회 자원봉사자들의 어린 시절과 성인으로서 평범한 삶을 담은 사진 등이 가득했다. 요컨대 성인 간성 활동가들은 의료 암흑기 시절 자신과 그들의 부모가 갖고 싶어 했던 정보가 반드시 제공되도록 의무화한 것이다.[20]

그러나 이 같은 긍정적 변화들은 정치적 파장을 불러일으켰다. 모두가 DSD라는 용어를 반긴 것은 아니었다. 비평가들은 간성 운동이 간성인을 어둠 속에서 벗어나 복잡한 [정체성을 가진] 개인으로서 사회에 참여하도록 강력히 촉구했다는 사실에도 불구하고, 이 용어가 모든 사람을 특정한 이상을 가진 사람들로 환원해 버렸다고 비판했다. 일부는 '이상'[질환]disorder이라는 단어의 사용으로 말미암아 더 많은 수술이 이루어질 것이라고 우려했다. 반면 정체성에 좀 더 집중하는 사람들은 DSD라는 용어와 약칭의 사용을 LGBT 운동과 거리를 두려는 움직임으로 보았다. 이윽고 여기저기 흩어져 있던, 주로 인터넷을 통해 연결된 몇몇 간성 활동가 집단이 북아메리카간성협회에 의구심을 품기 시작했고, 그중 몇몇은 북아메리카간성협회를 그 구성원들과는 성실히 소통하지 않는 일종의 중앙집권적 권력기관으로 보았다.[21]

북아메리카간성협회를 창립한 셰릴 체이스는 자신의 목적은 줄곧 "실제 가족들을 위해 의료 관리를 개선할 수 있는 현실적인 접근법"을 개발하는 것이었다고 밝혔다. 그녀는 "젠더가 사라지길 원하는 사람들"이나 게이 인권 운동을 분열시키는 쟁점으로 간성을 이용하려는 사람들, "남성과 여성 사이의 사회적 차이가 생물학과 무관함을 입증하고" 싶어 하는 사람들에 의해 간성이라는 용어가 "도용"되는 것에 반대했다.[22] 철학자 엘렌 K. 페더와 생명윤리학자 카트리나 카캐지스가 적절히 표현했듯이, "얄궂게도 간성 상태를 다른 어떤 것과도 다르게 만드는 것은, 이것을 '교정'하려는 의사들과 이 같은 관행에 저항하는 활동가들 모두 간성 상태를 정체성의 문제로 다루어 왔다는 점일 것이다."[23]

그래서 결국 어떻게 됐을까? 북아메리카간성협회의 창립자들에게 DSD 명명법을 둘러싼 정치적 충돌은 낙타의 등을 부러뜨린, 속담의 지푸라기[최후의 결정타]가 되었다. 2008년에 그들은 기구를 닫고 새로운 조직인 어코드 얼라이언스로 그간의 노력을 이관한다고 발표했다. 어코드 얼라이언스는 "모든 이해관계자 간의 협력을 조성해 DSD에 영향받은 사람과 가족들의 건강과 복지를 향상하는 치료에 대한 포괄적이고 통합적인 접근 방식"에 전념하는 단체로 설립되었다.[24] 이 단체의 누리집은 DSD 연구의 최신 의학 정보 및 환자와 임상의를 위한 다양한 자원을 제공한다.[25] 한편 간성이라는 용어를 이어받

섹싱 더 바디

아 계속 사용하는 새로운 조직들도 생겨났다. 예를 들면, 간성 청소년 옹호 단체 인터액트가 2006년 설립되었다. 해당 단체의 누리집에는 의학적 치료에 대한 지속적 관심이 포함돼 있지만 이 단체의 활동 영역은 훨씬 폭넓다. 인터액트 강령에는 "간성의 특성을 지니고 태어난 아이들의 인권을 옹호하기 위해 혁신적인 법률 및 기타 전략을 사용한다"라고 기술돼 있다.[26] 따라서 이 단체는 사회적 젠더를 규제하는 제도의 구조적 변화를 목표로 삼고 활동한다.

합의문이 발표된 뒤 10년이 지나서 2005년 간성에 관한 국제 합의 회의에 참석했던 사람 중 몇몇은 DSD를 성 발달 이상의 의미로 사용하는 관행이 대체로 성공적으로 받아들여졌다는 점에 주목하는 경과 보고서를 발간했다. 또한 일부가 DSD를 성 발달 **차이**의 의미로 사용하는 등 이 용어에 대한 저항이 있다는 사실 역시 인정했다. **이상**이라는 단어의 낙인 효과에 대한 지속적인 우려에 따라 이 같은 변화는 점차 확산되기 시작했다.[27] 그러면 실제 의료 관행은 이런 용어법만큼 수월하게 변화했을까? 좋은 소식과 나쁜 소식이 있다.

좋은 소식은 환자를 지지하고 옹호하는 단체들이 전 세계적으로 늘어났다는 것이다. 지난 10년의 현황을 추적한 논문 가운데 하나에 실린 표에는 남극을 제외한 모든 대륙에 존재하는 환자 지원 단체 및 옹호 단체 목록 79곳이 실려 있다. 이들 중 상당수는 특정 진료소 및 의료진과 협력해 환자와 가족들을 지원하고, 특정 치료법을 지지하는(혹은 지지하지 않는) 실험적 증거를 제공하는 연구에 협력하고 있다. 예를 들면, 2016년의 한 논문은 덴버아동병원의 시범 프로그램을 예로 들었는데, 이 프로그램은 DSD 아동을 위한 치료 관리팀 자원에 환자 지지자들을 포함했다.[28] 확실히 관리팀 업무를 어떻게 설계하고 시행하며 개선할 것인지에 대한 사려 깊은 고민이 이어지고 있다. 마지막으로 사례 관리라는 측면에서 건강관리에 관한 문헌을 검토한 최근의 중요한 논문은 성기 검사, 선택적인 수술, 가족 및 환자와의 효과적인 의사소통에 초점을 맞춘 일련의 권고 사항을 제시했다.[29] 그러나 한 가지 주의할 점이 있다. 이런 명백한 변화에도 불구하고 이것들이 정확히 얼마나 널리 시행됐는지에 관한 연구는 없어 보인다는 것이다. 미국에서 의료 관행의 변화는 느리게 진행된다. 일부 주요 의료 기관에서 DSD 출생아들에 대한 의학적 치료가 달라지고 있다. 희망은 이런 변화가 이 지역들과 그 너머로 점점 퍼져 나가고 있다는 점이다.

나쁜 소식은 조기 생식기 수술에 관한 것이다. 2016년에, 2006년 합의문을 작성했던 저자들은 "여전히 DSD 수술의 지침, 시기 선택 절차, 결과 평가에 관해 합의된 입장이 없다"고 지적했다. 이런 합의의 부재는, 적어도 일정 부분은 이 책의 2000년도 초판에서도 주목했던 증거의 부재 때문이다. 2016년에도 합의문의 저자들은 "DSD를 수술로 치료하거나 치료하지 않을 때 어떤 영향을 미치는지에 관한 증거가 **없다**"고 기술한다.[30] 때때로 수술을 거부한 부모들의 사례가 알려지기도 한다. 2018년에 NBC 뉴스가 발간한 보고서는 어떤 과학적 증거 때문이라기보다는 의료진의 권고에서 무언가가 미심쩍은 부분이 있어 신생아에 대한 수술에 반대했던 부모들의 경험담을 전한다. NBC 보고서에서 수술을 거부했던 부모들은 다행히도 운이 좋았다. 당시 의사들이 아기의 생식기 외양을 좀 더 여성적으로 보이게 바꾸려 했기 때문이다. 그러나 일곱 살이 되자 그 아이는 "자신이 남자아이가 되어야 할 것 같다"고 털어놓았다.[31]

비록 소아외과의들은 이 문제와 관련해 요지부동한 태도를 보이고 있지만, 국내외적으로 DSD 아동의 조기 수술에 대한 사람들의 견해가 달라지기 시작했다. NBC 보고서에 따르면, 세 명의 [전직] 미국 보건총감,* 유엔 세계보건기구, 인권을 위한 의사회, 미국가정의학회, 휴먼라이츠워치, 국제앰네스티는 DSD 아동에 대한 의학적으로 불필요한 외과 수술에 반대하고 있다. 그럼 외과의들은 언제 항복할까? 지난 20년 동안 소규모 옹호 운동이 움직일 수 없을 것처럼 보이던 정부 관료 조직을 성공적으로 변화시켰다.[32] 하지만 외과의 집단의 행동을 변화시키는 일은 훨씬 더 어려운 것으로 드러났다.

* 조이슬린 엘더스Joycelyn Elders, 데이비드 새처DAvid Satcher, 리처드 카모나Richard Carmona 박사를 가리킨다.

어코드 얼라이언스라는 무미건조한 이름을 선택한 이유가 간성과 관련된 정체성 문제와 21세기에 만족할 만한 수준의 의학적 치료를 받는 문제를 완전히 분리하기 위한 것이었다면, 이 같은 시도는 완전히 성공하진 못했다. 간성을 정체성으로 인정받기 위한(그리고 그것을 정체성으로 사용하기 위한) 투쟁은 출생증명서, 여권, 운전면허증 등의 분야에서 계속해서 벌어지고 있다. 국제 인권 기구들은 불필요한 생식기 수술에 반대하는 목소리를 낼 때, DSD가 아니라 간성이라는 용어를 사용한다.[33] 예컨대 2018년 8월에 캘리포니아주 상원은 다음과 같이 정체성으로서 간성을 의학 치료와 확실히 연결했다. "주 의회는 간성 아동을 교정해야 할 일탈이 아니라 축하를 받아야 할 우리 주의 다양성을 이루는 기본 구조의 일부로 간주할 것을 결의한다. 또한 주 의회는 되돌릴 수 없고 때로 회복 불가능한 해를 입히는, 자기 삶을 바꾸는 외과 수술을 받을지 여부를 선택할 자유가 간성 아동에게 있음을 인정한다고 결의한다."[34] 2016년에 캘리포니아주의 판사를 설득해 자신의 법적 젠더를 논바이너리로 바꾼 세라 켈리 키넌(미국에서 이런 지위를 법적으로 획득한 두 번째 사람)[35]은 뉴욕시 보건정신위생부에서 여성이 아닌 간성으로 기재한 출생증명서를 발급받았다.[36] 이로써 그녀는 출생증명서의 지정된 젠더 항목에 "간성"으로 기재된 최초의 미국인이 되었다.[37] 결국 이제는 여러 주에서 운전면허증과 주 신분증에 (남성도 여성도 아닌) 제3의 범주를 허용하고 있다.[38]

미국에서는 진보적인 몇몇 주에서뿐만 아니라 정부 문서에도 제3의 성별 표기를 추가하는 변화가 있었다. 유럽에서는 독일이 출생증명서에 제3의 젠더 선택란을 추가했으며, 2015년에 몰타는 〈젠더 정체성과 젠더 표현 및 성별 특징에 관한 법률〉을 통과시켰다. 이 법률은 무엇보다도 이분법적인 형태와 그렇지 않은 형태의 신분증명서를 모두 활용할 수 있게 보장했다. 이런 법적 자유주의가 유럽 전역으로 확대되지는 않았다. 실제로 프랑스와 이탈리아 같은 나라들은 젠더 이분법을 고수해 XY염색체의 아기와 XX염색체의 아기에게 법적으로 허용된 젠더에 맞는 이름 목록을 유지하고 있다. 이분법의 고수는 간성 유아들에 대한 "교정" 수술을 국가에서 승인한다는 것을 의미했다.[39]

아시아에서 인도, 방글라데시, 네팔, 파키스탄은 모두 오스트레일리아와 뉴질랜드와 마찬가지로 제3의 젠더를 인정한다. 아메리카에서는 주마다 차이가 있는 미국의 접근 방식에 더해, 우루과이와 칠레만이 제3의 젠더를 인정하는 국가정책을 갖고 있다.＊ 이 글을 쓰고 있는 현재 아프리카에서 공식적으로 제3의 젠더를 인정한 국가는 없다.[40]

DSD라는 명칭의 고안은 전략적으로 매우 강력한 효과를 발휘했다. 이는 DSD 환자와 가족들의 삶을 개선해 왔고 또 계속해서 이 같은 방향으로 의료 관행이 변화할 수 있게 했다. 그러나 이 명칭이 정체성 범주의 확장에서 염색체, 호르몬, 생식기를 완전히 분리해 내는 데 성공하진 못했다(내가 보기에 그건 불가능한 일이었다). 텍사스 아동병원 젠더의료클리닉을 대표하는 여러 의사와 심리학자는 이 쟁점을 다음과 같이 요약했다. "사회는 젠더 유동성 혹은 비순응에 더욱 개방적으로 변했다. … 간성이라는 선택권은 젠더 유동성을 인정하는 영구적인 성별 지정으로 간주될 수 있다." 그들은 "간성 선택지"가 모든 DSD 환자에게 다 적합한 것은 아니지만, 일부 환자에게는 "매우 유익"할 수 있다고 강조한다.[41] 그것은 "불확실성을 관리하고 잘못된 성별 지정을 피하는 더 나은 방법"을 제공할 것이며, 치료의 우선순위를 "환자를 남성이나 여성 모델에 맞추기 위한 일련의 개입으로부터 모든 사람이 고유한 특징을 갖는다는 것을 받아들이는 쪽으로" 변경할 수 있다는 것이다. 간단히 말해, 마치 우로보로스(자신의 꼬리를 물고 있는 뱀의 순환적 이미지)처럼, 정체성 선택이 치료에 대한 접근법을 형성하고 다시 치료에 대한 접근법이 정체성 형성에 영향을 미친다.[42]

＊ 이후 아메리카 대륙에서는 2025년 현재 캐나다, 브라질, 아르헨티나, 멕시코, 콜롬비아 등지에서도 제3의 젠더를 인정하고 있으며, 이 같은 추세는 계속 확대되고 있다.

(이번엔) 성별은 몇 가지일까?

3장에서 나는 간단한 문제처럼 보이는 질문을 던졌다. 즉, 간성 아동의 출생 빈도는 어떨까? 여기에 답하기 위해 나는 브라운 대학교 학부생들과 함께 연구를 수행했고, 그 결과에 대한 상세한 설명을 동료 심사를 거쳐 『미국 인간 생물학 저널』에 발표했다.[43] 간성 아동의 출생 빈도는 신생아 출생 가운데 1.7퍼센트였다. 이 같은 수치에는 많은 단서가 달려 있는데, 우리는 논문에서 가급적 이 같은 단서들을 모두 살피며 그에 관해 논했다. 간성의 범주를 어떻게 정의하느냐에 따라 결과가 크게 달라졌다. 예컨대 우리가 선천성 요도하열(음경 줄기의 피부 주름이 불완전하게 닫힌 상태)인 수많은 남자아이를 포함했다면 그 수치는 훨씬 늘어났을 테지만, 특정한 성염색체변이들을 배제했다면 수치는 상당히 줄어들었을 것이다. 나는 당시의 노력이 비판을 불러올 것이라고 충분히 예상했다. 하지만 내게 더 중요했던 점은 이런 시도가 연구자들이 더 나은 데이터를 수집하도록 자극하는 것이었다. 비판은 분명 있었지만, 새로운 데이터는 많이 나타나지 않았다.

내가 알기로 이후 간성 출생을 전 인구적으로 정량화하려 한 연구는 단 두 개뿐이다. 두 연구 모두 태어나서 6개월까지 아기들의 성기 이상을 식별하는 데 집중했다. 이 연구자들은 여러 가지 해부학적 변이를 조사했고 DSD 빈도가 매우 다양하다는 사실을 발견했다. 이집트에서 대규모 표본을 대상으로 한 첫 번째 연구에서는 추가 조사가 필요한 아기들을 392명(2만 명 중 1.9퍼센트) 확인했다. DSD 관련 전문가로 이루어진 연구팀은 이 가운데 187명의 아기들은 "정상적인" 성기의 변이를 보인다고 결정했으며, 0.94퍼센트의 발생률에 해당하는 나머지 아기들은 일정한 유형의 DSD가 있다고 진단했다(또 다른 12명의 아기에게서는 서혜부 탈장이 나타났는데, 그 원인이 DSD인지는 불명확하다).[44] 브라질에서 신생아를 대상으로 한 두 번째 연구는 관련 전문가 집단의 추가 검사를 포함하지 않는 방법론을 사용했다. 이 연구자들은 2916명의 신생아 중 1퍼센트가 성기의 차이를 보인다고 보고했다.[45] 이 연구들이 모두 염색체변이

를 포함하지 않았다는 점을 고려할 때, 그 수치는 우리가 발견한 것과 크게 다르지 않다.[46]

1.7퍼센트라는 통계는 여전히 널리 인용되고 있는데, 기본적인 검색만으로도 이를 확인할 수 있다. 나는 이 사실에 복잡한 감정을 느낀다. 한편으로는 이 수치를 얻기까지 상당한 노력을 들인 만큼 그것이 사람들에게 유용한 정보를 제공했다는 생각에 보람을 느낀다. 반면 기초 데이터 부족을 해결하기 위한 빼어난 작업이 더 많이 나와 우리의 작업을 대체해 준다면 얼마나 좋을까 싶은 간절한 바람이 있다. 어쩌면 향후 20년 안에는 그렇게 될지 모르겠다.

국제 연구 단체가 [간성] 발생률을 조사하는 일에 아주 적극적이지는 않지만, 환자들과 가족들에게 그 수치는 중요하다. 2003년에 정치학자 캐리 L. 헐은 『미국 인간 생물학 저널』에 우리가 계산한 수치 중 일부를 비판하는 편지를 썼다. 그녀는 저자들이 "성별 비이형성sexual nondimorphism의 발생 빈도를 상대적으로 높게 잡기 위해 너무나도 열을 올린" 나머지 "수많은 오류와 누락을 저지르고 말았다"고 결론 내렸다. 이런 비판에 대해 나는 이렇게 응답했다. "이 사안은 우리 사회 구조 안에 자신들이 서 있을 수 있는 장소를 정의하기 위해 노력하는 비이형성인 사람들에게는 시급한 관심사였다. 우리가 처음 프로젝트를 시작했을 때, 기성 의료계는 비이형성인 사람들은 비정상이며 의학적 교정(대개는 외과 수술)이 필요하다는 가설을 굳건히 고수하고 있었다. 게다가 환자는 자신의 상태가 매우 희귀해 비슷한 처지에 있는 사람들과 만나서 상담을 받겠다는 것은 헛된 희망이라는 판에 박힌 말을 들었다." "나는 어떤 특정한 최종 추정치에 집착하지 않았다." "중요한 것은 추정하려는 노력이 **존재**해야 한다는 것으로, 그래야만 그 과정에서 데이터가 부족하거나 아예 없는 영역을 가시화할 수 있다. … 그러나 우리의 논문은, 정확한 수치를 얻는 일을 넘어서, 성적 차이를 개념화하는 다른 접근 방식, 즉 인간의 성적 변이가 비록 드물지라도 사회에서 정상적인 것으로 여겨지도록 허용하는 접근 방식을 제시한다. 나는 이 논문의 이론적 틀을 둘러싼 논쟁이 계속되길 바란다. 특히 이런 공개적인 논의가 비이형성인 사람들을 치료하고 상담하는 의사들 사이에서 좀 더 열린 마음으로 이어지길 희망한다.”[47]

이 같은 바람을 갖는다고 해도, 여전히 주의할 점은 있다. 남자아이는 여자아이와 생리적으로 너무 달라 별도의 교실에서 수업을 해야 한다는 주장[48]으로 유명한 의사 레너드 색스는 다른 태도를 취했다. 그는 내가 제시한 범주들에 대해 곧바로 비판을 가했다. 그는 간성 범주에 XX/XY 패러다임에서 벗어나는 염색체변이를 포함해선 안 된다고 주장했다. 그런 염색체변이가 있더라도 많은 사람들이 [외견상으로나 신체 기능상으로] “정상인과 구분이 잘 안 되며”, [따라서] 개념을 그렇게 사용하는 것은 “임상의와 환자 모두에게 혼란을 줄 가능성이 크기” 때문이라는 것이다. 같은 글에서 색스는 내가 “극단적인 사회구성주의”에 빠져 있다고 비판했다.[49] 색스는 자연을 읽는 것은 사회문화적 행위라는 내 주장에 반대했다. 초판에서 나는 완전한 남성과 완전한 여성(즉, 플라톤적인, 생물학적 이상형에서 벗어나지 않는 신체들)이 “신체 유형의 스펙트럼에서 양극단에 해당한다”라고 기술했다.[50] 물론 이런 사람들이 가장 큰 빈도(집계하는 사람에 따라 출생의 98~99퍼센트)로 존재한다. 색스를 비롯한 많은 이들에게 이 사실은 자신들이 자연스럽고 통계적으로 정상일 뿐만 아니라 사회적·도덕적으로 옳음을 의미한다. 그들은 자연이 의도한 결과다.[51]

그러나 그때나 지금이나 나는 자연은 의도를 **갖지** 않는다고 주장한다. 오직 인간만이 범주를 만들고 가치와 사회적 위치를 할당한다. 우리가 특정한 범주를 원하는 이유는 다양하다. 만약 번식에 필요한 분류를 말한다면, XX염색체 혹은 XY염색체를 가진 사람 모두가 생식세포를 만들어 내지는 못하기 때문에, 난자와 정자를 생성하는 사람들에 대해서만 논하는 것이 이치에 맞다. 또는 생식 기술의 시대에 어쩌면 우리는 임신을 유지할 수 있는 자궁을 가진 모든 사람을 이 범주에 포함하고 싶어 할지도 모른다. 이 사람들 모두가 스스로 난자를 만들어 낼 수 없어도 말이다. 혹은 난자를 생산하고 임신을 유지할 수 있는 사람이 트랜스 남성, 즉 염색체상으로 XX이고 자궁을 가지고 있지만 호르몬 치료를 통해 남성으로 전환돼 살고 있는 사람일 수도 있다. 또 우리는 운전면허증이나 여권을 통해 신분을 확인하고 국가가 규제하기에 합당한 범주들을, 혹은 결혼, 이혼, 입양 관련 법률을 적용할 수 있는 법적 범주를 만들고 싶을 수 있다. 다섯 가지 성별 유형 또는 로스블랫처럼 343가지 성별을 제시하는 것은 바로 이런 질문들에 대해 우리가 깊이 고민하도록 하기 위해서다.

한 범주 안에 무엇을 포함하고 또 배제할지에 대한 어떤 결정도 반향을 불러온다. 사회학자 데이비드 앤드루 그리피스가 기술한 것처럼, 만약 우리가 XYY나 XO 같은 염색체변이들이 간성 범주에 속한다는 것을 부인한다면, 분류 체계는 "성 발달의 다양한 측면을 포괄하는 체계에서 생식기와 젠더 지정에 초점을 맞춘 분류로" 달라진다.[52] 그리피스는 이런 [의료적·이분법적] 분류를 자신이 "포스트-의학적" 정의라고 부른 간성 활동가 미리암 판데르하버의 정의와 대비했다. 미리암에 따르면, "간성은 생생한 경험에 초점을 맞춘 사회과학적 용어로서, 그 목적은 다양성을 인정하고 포용을 추구함으로써 사회를 변화시키는 것이다."[53] 이 정의는 주로 의학에 초점을 맞춘 태도에서 벗어나 광범위한 사회 변화에 집중한다. 그리피스에 따르면, 이런 초점의 변화는 "이 같은 분류가 만들어지는 사회적 맥락, 그리고 규범적인 사회적 분류에서 포함되거나 배제되는 것이 개인들에게 미칠 수 있는 영향"을 검토할 수 있게 한다.[54]

달리 말해, 색스는 간성이 계속해서 생식기에만 초점을 맞추고 의학의 통제를 받는 영역 안에 한정되길 원한다. 하지만 범주를 넓히려는 내 움직임은 반데르하버의 입장에 부합하며, 의료 기관과 의료인이 정의하는 정상성 개념에 도전한다.

운동경기, 젠더, 테스토스테론
: 마리아 파티뇨와 캐스터 세메냐의 등장

독자들은 기억하겠지만, 우리가 안드로겐 무감응 증후군인 XY 여성 마리아 파티뇨를 마지막으로 이야기했을 때,[55] 그녀는 결국 올림픽 대표 선발전에 출전할 수 있는 자격을 승인받았지만(1장), 상승세가 꺾여 스페인 대표로 선발되지 못했다. 2005년 『랜싯』에 기고한 글에서, 그녀는 이렇게 썼다. "나는 유전적 변이를 가진 다른 여성 운동선수들이 두려움 없이 경기에 참가할 수 있도록 도왔다. 그 경험은 나를 강하게 만들었다. 문자 그대로 또 비유적으로 내 여성성을 시험받으면서, 나는 다른 많은 여성들보다 훨씬 더 나 자신의 여성성에 대해 더욱 확고한 인식을 가지게 되었다고 생각한다."[56] 그 후 몇 년 동안 파티뇨는 (스페인의) 비고 대학교에서 스포츠 경기력과 관련된 석사 학위 두 개와 스포츠 과학 박사 학위를 받았다. 2017년 현재 그녀는 비고 대학교에서 올림픽 연구 센터를 이끌고 있다.[57]

파티뇨가 학계에서 섹스와 젠더 및 스포츠 분야의 전문성을 인정받는 동안, [출전 자격과 검사를 둘러싼] 올림픽 논쟁이 몇 세대에 걸쳐 이어졌다. 파티뇨의 법적 소송 때문에 국제올림픽위원회와 국제육상경기연맹 모두 성별 확인을 위한 염색체 검사를 중단했다. 비록 두 기구 모두 "공정성을 명분으로" 성별 분리 원칙을 고수했지만, 2000년대 들어서는 일률적인 성별 검사를 포기하고, 그 대신 "의심스러운 경우 검사하는" 선별검사 방식으로 선회했다.[58] 그러나 2009년, 이 같은 방침 역시 논란의 소용돌이에 휘말리게 된다.

캐스터 세메냐라는 아름다운 근육질의 남성적 외모를 가진 남아프리카공화국 육상 선수가 국제 무대에 혜성처럼 등장했을 때, 문제가 된 것은 그녀가 Y염색체와 고환을 가진 여성이 아니라 (나중에 밝혀졌듯이) 테스토스테론 수치가 드물게 높은 여성이라는 점이었다. 이렇게 국제 여자 스포츠에서 고안드로겐혈증[안드로겐 과다혈증]hyperandrogenism[59]의 시대가 시작되었다.

국제육상경기연맹의 주관으로 베를린에서 열린 2009년 세계육상선수권대회에 참가 중이던 세메냐는 여자 중거리 달리기 부문에서 이제 막 떠오르고 있던 신예였다. 그녀는 800미터 경주에서 금메달을 땄는데 2등을 2.45초 차이로 누르고 세계 신기록을 수립했다.[60] 그녀가 앞선 경기에 비해 급성장했고 이례적으로 빠른 기록을 올렸다는 사실은 금지 약물복용에 대한 의심으로 이어졌다. 경쟁자 중 몇몇은 그녀의 남자 같은 외모에 대해 불평했다. 언론은 그녀가 여자 경기에서 영예를 가로채려는 남성일지도 모른다고 과장된 추측을 쏟아 냈다.[61] 세메냐의 외모에 대한 불평에 대응해 국제육상경기연맹이 개

441
후기

입해 그녀에게 "성별 확인 검사"를 받으라고 지시했다. 결과가 나올 때까지 그녀의 출전은 유보됐다. 이 사건으로 그녀가 받은 굴욕은 잘 기록돼 있으므로 여기서 되풀이하지는 않겠다.[62]

2010년 7월에 국제육상경기연맹은 세메냐의 출전을 승인했고, 2012년 런던 올림픽 800미터 경기에서 그녀는 은메달을 받았다. 그 뒤, 그녀를 이겼던 금메달리스트가 금지 약물복용으로 자격을 박탈당하면서 국제올림픽위원회는 세메냐에게 올림픽 금메달을 수여했다. 그녀는 2016년 리우데자네이루 올림픽에서는 강력한 경쟁자를 1.21초 차이로 누르고 금메달을 획득하는 등 계속해서 뛰어난 성적을 거두었다. 그러자 올림픽 관계자뿐만 아니라 세메냐의 일부 경쟁자들은 신경이 바짝 곤두섰다. 은메달리스트와 동메달리스트도 아프리카인이었는데, 5위로 들어온 폴란드 선수는 자신이 유럽인 중에서는 첫 번째이고 백인 중에서는 두 번째로 들어왔기 때문에 스스로를 은메달리스트로 생각한다고 말하기도 했다.[63] 어떤 사람들은 세메냐 같은 여성의 출전을 막지 않는다면 머지않아 여성 전용 경기는 아예 없어지고, 여성들은 올림픽 경기에서 모두 사라질 것이라고 경고했다.[64]

성별 검사는 폐기되었다! 새로운 성별 검사 만세!*

몇몇 선수가 처음 제기했던 세메냐의 외모에 대한 불평에 대응하는 과정에서 국제육상경기연맹은 세메냐의 타고난 테스토스테론 수치가 매우 높다는 사실을 발견했고 "세메냐 같은 여성"의 경기 출전을 제한할 필요가 있다고 결정했다. 그래서 2011년에 국제육상경기연맹이, 또 2012년에는 국제올림픽위원회가 여성으로서 경쟁할 수 있는 사람을 판단하는 새로운 규칙을 고안했다.

＊ 왕정 시대에 선왕이 사망한 후 후계자에게 권력이 이양될 때 사용하던 표현 "국왕 폐하가 서거했다. 새 국왕 폐하 만세"The king is dead, long live the king!의 패러디로, 성별 검사가 사라지지 않고 이름과 방식만 바뀌어 지속되고 있음을 풍자한 것이다.

내가 초판에서 다룬 불신과 논란의 여지가 있는 성별 검사 절차와 유사하게 들릴까 우려한 국제육상경기연맹은 자신들의 선언에 "고안드로겐혈증이 있는 여성의 여자 경기 출전 적격성에 관한 규정들"이라는 제목을 붙였다. 고안드로겐혈증은 테스토스테론이 너무 많은 상태를 의미한다. 이것이 연맹 관계자들이 문제를 해석한 방식이었다. 국제육상경기연맹이 내놓은 문서의 서문에 명확히 설명된 논리는 다음과 같다.[65] "남성과 여성의 운동 능력 차이는 주로 근육 발달과 힘을 증가시키는 안드로겐 호르몬 수치가 남성에서 더 높기 때문인 것으로 알려져 있다. 오늘날 경기에 출전하는 젊은 여성[66] 가운데서도 드물게 고안드로겐혈증의 영향을 받은 사례가 있다는 것이 경험을 통해 알려져 있다. 고안드로겐혈증은 진단을 받지 않거나 방치할 경우 건강에 위험을 미칠 수 있는 질병이다. 이런 사례는 드물지만, 때때로 그들이 여성 육상 경기의 최상위 수준 대회에 출전해 논란을 불러일으켰다. 이들이 종종 남성적인 특성을 보이고, 동료 여성 경쟁자들에 비해 비상한 운동 능력을 가졌기 때문이다."

이어서 이 서문은 비밀 유지 원칙(앞서 세메냐의 사례에선 지켜지지 않은)과 해당 "상태"의 치료 원칙을 제시한다. [하지만] 고안드로겐혈증이 반드시 건강에 부정적인 결과를 낳는 것은 아니며, 오히려 테스토스테론 수치를 낮추는 데 사용되는 약물들이 부작용을 일으킬 수 있다는 사실에 주목해야 한다. 국제육상경기연맹은 "운동경기에서 남녀 구분이라는 핵심 원칙을 존중하고, 여자 운동경기에서 공정한 경쟁이라는 핵심 사항을 존중하며, 고안드로겐혈증이 있는 여성들이 국제육상경기연맹의 규칙 및 규정을 따를 경우 여자 운동경기에 출전할 수 있음을 인정한다"고 주장했다.[67]

결론을 요약하면 이렇다. 여자 운동선수는 모발, 목소리, 음핵 길이, 체격 등과 같은 신체 외형의 광범위한 평가를 비롯한 까다로운 의학적 검사를 거친 후,[68] 자신의 안드로겐 수치가 남성 기준인 1리터당 10나노몰 미만으로 떨어질 경우, 또는 안드로겐 무감응일 경우 여성으로서 출전할 수 있다. 선수는 약물 복용이나 외과 수술로 자신의 안드로겐 수치를 낮춘 다음 여성으로서 경기 출전을 허가받는 재검사를 신청할 수 있다. 아니면, 국제육상경기연맹과 국제올림픽위원회가 크게 신경 쓰는 기색도 없이 썼듯이, 그들은 남성 대회에 참가해 자유롭게 경쟁할 수 있다.[69]

"문제 해결!" 국제육상경기연맹은 그렇게 생각했다. 그러나 그들은 또 다른 육상 선수인 두티 찬드를 예상하지 못했다. 찬드는 인도의 단거리선수로 2012년, 18세 이하 인도육상선수권대회에서 우승했다. 2013년에는 아시아육상선수권대회에서 동메달을 땄고, 2014년에는 아시아주니어육상선수권대회 200미터 단거리 경주에서 금메달을 받았다. 그녀는 2014년 영연방대회에 출전할 만반의 준비를 마쳤다. 그러나 마지막 순간에 인도육상경기연맹이 그녀가 고안드로겐혈증이기 때문에 부적격하다고 판정했다. 세메냐와 마찬가지로, 찬드의 출전 금지는 그녀에게 엄청난 충격을 주었지만 그녀는 맞서 싸웠다.[70]

그녀는 스포츠중재재판소에 항소했고, 재판소는 2015년 7월 '인도육상경기연맹과 국제육상경기연맹 대 두티 찬드 사건'에서 테스토스테론이 여성 운동선수의 경기력을 향상한다는 주장을 입증할 증거가 없다는 판결을 내렸다. 스포츠중재재판소는 국제육상경기연맹에 반박 주장을 입증할 기한으로 2년을 주었으며, 그사이에 찬드와 세메냐는 다시 경기에 자유로이 나갈 수 있게 되었다. 2016년 올림픽에서 찬드는 여성 100미터 경기에 출전한 세 번째 인도 여성이 되었으나, 결승 진출에는 실패했다.[71]

패소했지만 단념할 마음이 없었던 국제육상경기연맹은 "내부" 과학자 팀을 구성해 테스토스테론이 경기력 향상에 영향을 미친다는 증거를 제시하도록 했다. 윤리적으로나 과학적으로나 독립적인 집단에 문제를 맡기는 쪽이 훨씬 적절하지만 2년 기한을 맞추기 위해 서둘러야 했던 것이다. 2017년에 국제육상경기연맹과 관련이 있는 과학자 두 명[72]이 400미터와 허들 경주, 800미터, 1500미터, 1마일[약 1.6킬로미테] 경주, 또 같은 거리의 복합 경주 등에서 테스토스테론 수치와 여성 육상 선수의 경기력 사이의 상관관계를 보여 주는 논문을 발표했다. 두티 찬드의 주 종목인 100미터와 200미터 경주에서는 유의미한 상관관계가 나타나지 않았다. 이 논문은 대대적인 비판을 받았지만,[73] 이 논문과 비판에 대한 후속 대응은 국제육상경기연맹이 2018년 4월 26일에 공포한 새로운 규칙의 근간이 되었다. 국제올림픽위원회도 곧 이 규칙을 따를 것이라 예상된다. 국제육상경기연맹은 비교적 높은 테스토스테론 수치와 경기력에 상관관계가 있는 것으로 보고된 위 종목들[400미터와 허들 경기, 800미터, 1500미터, 1마일 경기 등]에 "제한 종목"이라는 이름을 붙이고, 새로운 규칙의 적용 범위를 이 종목들로 한정했다.

아래는 국제육상경기연맹의 새로운 규정과 거기에 숨은 의미에 대한 내 해석이다.

국제육상경기연맹: 새 규정은 DSD가 있는 운동선수가 … [일정한] 기준을 충족하길 요구한다.[74]

내 해석: 우리는 **성별 검사를 하지 않는다**. 이 사람들은 여성이 아니라 간성이다.

국제육상경기연맹: 이 규정들은 오직 여성으로 분류된 선수들 사이에서 공정하고 의미 있는 경쟁을 보장하기 위한 것이다. … 여기에는 선수의 성별 혹은 젠더 정체성에 대해 어떤 종류의 판단을 내리거나 의문을 던지겠다는 의도가 결코 없다.

내 해석: 우리는 DSD인 사람들을 **사랑**하지만, 여성은 여성이며 우리는 여성을 이 남자 같은 사람들로부터 보호할 필요가 있다. 비록 그들이 자신은 법적으로 여성이며 보통 여성의 신체 부위를 일부 내지는 전부 갖고 있다고 말할지라도 그렇다.

국제육상경기연맹: 혈중 테스토스테론 수치가 … 5[리터당 나노몰nM/L-인용자] 이상인 DSD 운동선수는 … 법률상 여성인지 간성인지 인정받는 절차를 거쳐야 한다. 그녀는 혈중 테스토스테론 수치를 … 최소한 6개월 동안 지속해서 … 낮춰야만 한다. 그 뒤 그녀는 … 출전 자

격을 유지하길 원하는 기간 동안 … 수치를 5[nM/L-인용자] 아래로 … 유지해야 한다.

내 해석: 당신이 진짜 여자가 돼서 다른 여성들과 함께 달리길 원한다고 요? 그러면 테스토스테론 수치를 낮추세요.

국제육상경기연맹: 테스토스테론 수치를 줄이는 치료제는 먹는 피임약과 유사한 호르몬 보충제다. … 어떤 선수도 외과 수술을 받으라는 강요 를 받지 않을 것이다. 의료진과 긴밀히 협의해 자신의 치료를 결정 하는 것은 선수의 책무다.

내 해석: 우리는 방식은 개의치 않는다. 주치의에게 치료를 받고 그 비용 을 지불하라. 이 일은 우리 문제가 아니니까.

국제육상경기연맹: 테스토스테론 수치를 낮추고 싶지 않은 여성 선수는 국제 대회가 아닌 대회에서는 여전히 [여성 선수들과-인용자] 경쟁할 수 있으며, … 국제 대회에서도 … 제한 종목[이 아닌 종목-인용자]에 서는 경쟁할 수 있다. [또한 남성으로서-인용자] 모든 대회, [또는 언젠 가-인용자] 제공될 수 있는 간성이나 그와 유사한 부류의 대회에서 … 경쟁할 자격이 있다.

내 해석: 만약 자신의 타고난 테스토스테론을 **너무** 사랑해 건드리고 싶 지 않다면, 국제 대회에 여성으로 출전하지 마라. 지역 대회에만 출 전하거나 아니면 남성이라고 정체성을 밝히면 된다. 또 간성 특별 종목에 나설 수 있을지도? 이런 게 지금은 없지만 언젠가 생길지도 모른다. 요약하자면, 진짜 여성 흉내를 내려거든 테스토스테론 수 치를 낮춰라. 그러고 싶지 않다면 남성과 경쟁하라. 정말로 선택은 당신의 몫이다. 너무 서운해 마시길.

상기의 모든 규정을 마련한 후, 국제육상경기연맹은 스포츠중재재판소에 2017년 판결*을 번복해 달라고 요청했다. 그리고 2019년 5월 1일에 스포츠중재재판소는 정확히 그렇게 했다. 재판소는 테스토스테론 수치가 높은 여성 선수들이 여성으로서 경쟁하려면 의학적 조치를 통해 혈중 테스토스테론 수치를 낮춰야만 한다고 판결했다. 그러나 이 판결에는 유보 사항이 붙었다. 스포츠중재재판소는 높은 테스토스테론 수치가 경쟁 우위로 이어진다는 주장의 과학적 타당성에 대해 여전히 의구심을 가졌으며, 수치를 낮추는 의학적 처치가 신체를 쇠약하게 만드는 부작용을 일으킬 수 있다는 점을 고려할 때 몇몇 운동선수의 경우 이 규칙을 준수하는 것이 "현실적으로 불가능하다"는 점을 우려했다.[75] 이 글을 쓰고 있는 현재(2020년 2월)의 사정은 이와 같다. 그러나 계속 지켜보자. 우리는 여자 운동선수로서 합법적으로 경쟁할 수 있는 자격을 둘러싼 싸움에서 아직 안정적인 결말에 도달하지 못했다.

인종, 운동선수, 간성

캐스터 세메냐와 두티 찬드는 뛰어난 여성 운동선수이자 유색인종이었다. 그들과 지지자들, 경쟁자들 혹은 많진 않지만 구체적으로 그들에 대해, 그리고 보다 일반적으로는 스포츠에서의 젠더 "문제"에 대해 글을 쓰는 학자들과 논객들은 이 사실을 외면해서는 안 된다. 이 책의 2000년 초판에서 간성, 스포츠, 젠더에 대해 쓸 때, 나는 인종을 충분히 다루지 못했다. 내가 책을 쓰고 있던 1990년대에 학자들이 교차성intersectionality 개념을 적극적으로 논의했기 때문에 더더욱 그래서는 안 됐음에도 말이다.[76]

이 개념은 법학자 킴벌리 크렌쇼가 사무직 비서는 백인 여성들로, 블루

칼라 노동자는 흑인 남성들로 구성된 인종차별적인 노동 현장에서 아프리카계 미국 여성들이 고용 차별에 대한 소송을 제기할 권리조차 거부당하는 상황을 묘사하기 위해 도입한 것이었다. 당시 흑인 여성들은 어떤 범주에도 맞지 않는, 비유적으로 말해 백인 여성을 위한 도로와 흑인 남성을 위한 도로가 교차하는 지점에 서 있었다. 법률은 각 도로를 별도로 규정했지만 교차로는 고려하지 않았다.[77] 돌이켜 보면, 1990년대 후반에 나는 교차성 개념과 그것이 간성에 대한 묘사 및 체화에 적용되는 방식에 좀 더 주의를 기울일 만한 도구들을 충분히 갖추고 있었다. [비록 나는 그렇지 못했지만] 그 이후 아래서 논의할 것처럼, 여러 학자들이 이 같은 영역들을 개척하며 비판적으로 검토해 왔다.

캐스터 세메냐의 상황이 전 세계의 이목을 집중시켰던 2009년부터 지리적인 분열이 시작되었다. 한편으로 북아메리카와 유럽의 언론은 그녀의 젠더 정체성 문제에 집중하면서 고안드로겐혈증을 보도했다. 반면 국제육상경기연맹이 그녀의 출전을 금지시키고 일련의 굴욕적인 신체 조사를 강요한 것도 모자라, 그녀의 사적인 의료 정보를 유출한 것으로 드러나자, 남아프리카공화국의 언론, 관료, 시민들은 그녀를 지지하며, 아프리카계 선수에 대한 유럽인들의 노골적인 인종차별에 항의했다. 남아프리카공화국 의회의 스포츠와 레크리에이션 포트폴리오 위원회 위원장인 부타나 콤펠라는 이렇게 말했다. "단지 그녀가 흑인이고 유럽인 경쟁자들을 능가했기 때문에 이 모든 소란이 일어났다. 캐스터가 집에 돌아오면 우리는 그녀를 영웅으로 환영할 것이다. 그녀는 우리의 영웅이다." 집권 정당인 아프리카민족회의와 긴밀한 관계에 있는 청년공산주의동맹은 국제육상경기연맹이 "여성의 외모, 얼굴, 신체에 대한 상업주의적 고정관념"에 영합하고 있다고 비판하며, 이는 "아름다움에 대한 시대에 뒤떨어진 유럽 중심주의적 정의에 의해 지탱되고 있"을 뿐이라 지적했다.[78]

사회학자 지네 마구바네는 어떤 신체를 간성으로 규정할 때 인종과 국가가 수행하는 역할에 대해 페미니스트 학자들이 그다지 주의를 기울이지 않는다고 지적했다.[79] 베를린에서 열린 세계육상선수권대회 이후 출전 자격을 박탈당하고 굴욕적인 검사를 받아야 했던 세메냐에 대한 남아프리카공화국 국민들의 반응을 분석하며, 마구바네는 세메냐가 간성이라는 [서구인들의] 주장에 대한 그들의 강력한 반발에 주목했다. 그러면서 그녀는 "인종 및 제국주의 역사가 … 간성을 가시화하거나 비가시화하는 데 어떤 역할을 했는지" 질문해야 한다고 지적한다.[80] 그러나 1800년대 초반 해부학적 기형으로 취급받으며 학대와 이국적 전시품 취급을 당한 사키 바트만* 사례부터[81] 현재에 이르기까지, 학자들은 의학 교과서에서 아프리카인과 아프리카계 미국인들의 신체가 얼마나 선천적으로 기형인지 기록해 왔다.[82] 이는 특히, 마구바네가 지적하듯, 아프리카계 미국인 여성에게서 성기의 기형이나 모호한 생식기(예를 들면, 음핵이나 음순 비대증)의 발생 빈도가 "정상"(즉, 백인 여성에서)보다 더 높게 나타난다는 관념에서 두드러진다.

마구바네가 엘리자베스 레이스[83]를 인용하며 언급한 바에 따르면, 1950년대 전문가들은 성기가 혼합된 채 태어난 백인 중산층만이 (3장과 4장에서 상세히 논의했던) 존 머니가 고안하고 홍보한 치료 방법을 따를 수 있다고 강력하게 주장했다.[84]** 머니의 치료 계획을 따르려면, "전형적인 간성 환자 — 즉, 최적의 젠더 양육 모델에 가장 성공적으로 적응한 환자이자 그 이야기가 『존스홉킨스 병원 회보』에 실릴 수 있는 환자 — 는 백인이어야만 했다"고 마구바네는 썼다.[85]

그러나 남아프리카공화국에서는 상황이 달랐다. 그곳에서는 성인이 되

---

* 사키 바트만 또는 사라 바트만은 코이코이족 여성으로 1810년부터 1815년 사망할 때까지 '호텐토트의 비너스'Hottentot Venus라는 이름으로 유럽 전역으로 끌려다니며 인종 전시를 당했다. '코이코이'는 '사람'을 뜻한다. '호텐토트'는 네덜란드인들이 코이코이족이 사용하는 나마어 흡착음을 모방해 만든 차별적 멸칭이다.

** 마구바네는 머니의 환자 표본에 대해 다음과 같이 지적한다. "존스홉킨스 병원 환자 집단에서 추출한 표본은 결코 무작위적이지 않았다. 바로 그 점이 표본을 매력적이게 했다. … 1955년 연구의 경우, 머니는 자신의 모든 환자가 백인이며 상류층이라는 점을 확신할 수 있었다. 따라서 그가 발견한 모든 심리적 이상은 그들의 계급이나 인종이 아닌 자웅동체성에 기인한 것으로 귀결될 수 있었다. 흑인 환자가 포함되었다면, 그들의 심리적 이상은 흑인이라는 점에서 기인"했다. 이에 대해서는 Magubane(2014, 777) 참고.

고 나서야 성별이 혼합된 상태가 발견되었다. 일반적으로 남아공에서는 오직 흑인 사이에서만 "진성-자웅동체"가 생겨나는 것으로 간주되었다. 동시에 아파르트헤이트 정치로 말미암아 백인의 기형은 은폐되어야만 했다. 마구바네가 주장했듯이, 미국에서는 "젠더가 모호한 백인의 신체는 백인성을 유지하기 위해 교정될 필요가 있었다. 반면 젠더가 모호한 흑인의 신체는 백인과 흑인 사이의 본질적인 생물학적 차이를 확증하는 것으로 여겨졌다." 반면 남아프리카공화국에서는 "문화와 정치가 함께 작용해 백인의 간성 신체를 비가시화했다."[86]

테스토스테론에 대한 국제육상경기연맹의 심의를 좀 더 철저히 분석해 보면 인종의 중요성이 더욱 부각된다. 문화인류학자이자 생명의학 윤리학자 카트리나 카캐지스와 사회의학자 리베카 조던-영은 여성 선수들의 테스토스테론 수치 상한선을 설정하는 규제를 이끌었던 배후 논의들을 조사했다. 특히 그들은 2012년 스코틀랜드 글래스고에서 열린 국제 스포츠과학 및 체육교육 협의회 회의에서 스테판 베르몽의 발표를 면밀히 검토했다.[87] 베르몽은 국제육상경기연맹의 자문 위원이며, 세메냐가 테스토스테론 수치를 의학적으로 낮추지 않는 한 출전을 금지시킨 테스토스테론 규정의 과학적 근거를 제공했던 논란 많은 2017년과 2018년 연구의 저자이기도 했다.[88]

베르몽은 발표의 시작으로 인종 이미지를 충격적으로 사용했다. 베르몽은 발표문 첫 슬라이드에 "남성과 여성: 다른 표현형"Men and Women: Different Phenotypes이라는 제목을 붙이고, 그 안에 프란시스코 고야의 작품 〈옷을 벗은 마야〉 — 우유처럼 희고 풍만한 여성이 나체로 누워 있는 이미지 — 와 근육질의 아프리카계 미국인 남성 케네스 '플렉스' 휠러의 사진을 나란히 배치했다. 휠러는 여느 보디빌더들처럼 끈 팬티를 걸친 채 기름을 바른 검은 피부로 근육을 뽐내며 서 있었다.[89] 카캐지스와 조던-영에 따르면, 베르몽은 우선 테스토스테론이 남녀의 표현형에서 차이가 나타나는 원동력이라고 주장했다. 그리고 근육질 흑인을 남성의 원형으로, 풍만한 백인을 여성의 원형으로 제시했다. 그러면서 베르몽은 "인종과 젠더에 관한 기존의 연상 패키지에 테스토스테론을 연결했다. … 흰 피부는 전통적으로 서구에서 이상적인 여성성의 본질적인 부분이다. 마찬가지로 남성성의 '극단적인 표현형'을 보여 주기 위해 흑인 남성 보디빌더의 신체를 선택한 것은, 오랫동안 흑인 남성이 남성성의 과잉을 연상시켰고, 또한 일반적으로 검은 피부가 고도의 운동 능력을 연상시켜 왔다는 사실을 반영한다."[90]

국제육상경기연맹은 특정 육상 종목에 출전하는 여성 운동선수들의 테스토스테론 수치를 제한하기로 결정함으로써 과학, 젠더, 인종을 한데 엮었다. 뛰어난 운동 능력뿐만 아니라 남자 같은 체격, 인종, 남반구 출신이라는 사실 때문에 의혹을 받았던 캐스터 세메냐는 다른 (진짜 백인) 여성들과 경쟁하기에 충분한 여성은 누구인지를 정의하려는 시도에 다시 한번 완벽한 본보기를 제공했다. 최근 적어도 두 권의 책에서 지적하는 것처럼,[91] 테스토스테론은 1945년에 드 크루이프가 『남성호르몬』[92]을 저술했던 때와 마찬가지로, 여전히 남성성과 남성의 신체 역량을 생물학적으로 대표한다. 2018년 규정을 발표하면서 국제육상경기연맹은 현대 과학의 색채 팔레트를 활용해 인종 과학의 홀로그램이 새겨져 있는 캔버스 위에 그려 냈다.

최근의 동향: 성호르몬은 실재하는가?

7장에서 나는 1936년에 네덜란드 생물학자 욘 프로이트가 했던 말을 인용한 바 있다. 그는 선견지명 있게도 스테로이드호르몬을 이분법적인 성별의 상징[인 성호르몬]으로 보지 말고 화학적 촉매제로 개념화한다면 "성호르몬이라는 경험적인 개념은 사라지고, 생물학의 일부가 생화학의 영역으로 넘어갈 것이 틀림없다"라고 했다.[93] 나는 "세포 수준에서 … 스테로이드호르몬은 신체의 전부는 아닐지라도 기관계 전반에 영향을 미치는 강력한 성장호르몬 … 으로 개념화하는 것이 최상일 것이다"라고 썼다. 테스토스테론이 남성 운동 능력의 상징으로 여전히 언급된다는 것은, 스테로이드를 성과 분리하려는 내 목적이 아직 성공하지 못했다는 이야기다. 그러나 많은 목소리들이 나와 뜻을 같이

하고 있으며, 새로운 연구들은 안드로겐과 에스트로겐을 "성호르몬"으로 보는 관점을 계속해서 약화하고 있다.[94]

　[호르몬과 환경의 상호작용에 초점을 맞춘] 사회 신경내분비학을 연구하는 심리학자 사리 밴 앤더스는 남성성과 여성성이라는 제대로 검토되지 않은 이데올로기(그녀는 전前이론적인 것이라고 부른다)와 이른바 성호르몬을 분리했다. 남성과 여성의 생식샘 스테로이드, 오르가즘 지각, 성적 자기주장 사이의 관계에 관한 연구에서 밴 앤더스와 던은 우리가 10장에서 다뤘던 젠더/섹스라는 합성어를 도입했다. "차이의 원인을 생물학적 작용이나 젠더 사회화에 명확히 귀속할 수 없기 때문"이었다.[95] 밴 앤더스는 인간 섹슈얼리티에 관한 자신의 성적 구성 이론을 묘사하는 2015년 논문에서 젠더/섹스 개념을 더 자세히 상술했다. 테스토스테론에 대해 그녀는 이렇게 썼다. "예를 들면, 테스토스테론은 생물학적인 것으로 간주되며 따라서 성별sex의 특징이자 표지자로 여겨지지만 테스토스테론은 사회적으로 조절될 수 있다."[96]

　이 책의 6~8장에서 설명된 호르몬의 발견에서부터 방금 논했던 국제육상경기연맹과 국제올림픽위원회의 심의까지, 과학자들은 높은 테스토스테론 수치를 남성성과 연결했고 낮은 수치는 여성성과 연결했다. 밴 앤더스는 이런 연관 관계를 뒷받침하는 과학이 실은 모순된 연구 결과들과 검증되지 않은 하부구조로 가득하다는 것을 보여 주었다. 밴 앤더스는 테스토스테론의 단계별 수치를 경쟁과 돌봄이라는 두 가지 주요 행동 범주와 연결 짓는 대표적 이론을 제시했다. '경쟁'에는 성기의/성애적인 쾌락, 힘, 오르가즘, 질투 등이 포함되며, '돌봄'에는 친밀감 형성, 상대와 유대감 강화, 자신을 위로하기 등이 포함된다. 이런 이론틀에서는 테스토스테론 수치를 남성과 여성 모두에서 발견되는 [경쟁과 돌봄이라는] 행동들과 상관관계가 있는 것으로 파악하는데, 이는 테스토스테론을 고농도에서는 남성성을 촉진하고 저농도에서는 여성성을 나타내는 "성"호르몬으로 이해할 수 없게 한다.[97]＊

　밴 앤더스는 특정 범주에 대한 연구를 그 구성 요소들로 분해하면서 "표준 모델"에 대한 공격을 더욱 심화했다. 예를 들면, 표준 모델은 양육을 테스토스테론이 낮은 행동이며 따라서 여성성의 특징이라고 묘사했다. 그러나 문헌들을 주의 깊게 연구한 결과, 양육[이라는 특정 범주]은 남녀 모두에서 낮은 테스토스테론 수치와 관계가 있는 것으로 보이는 아기를 편하게 해 주기, 한 침대에서 같이 자기 같은 돌봄 행동뿐만 아니라, 남녀 모두에서 높은 테스토스테론 수치와 관계가 있는 것으로 보이는 아기 지키기, 지위를 구분하는 놀이, 권위적인 규율 같은 경쟁 행동 역시 아우르는 것으로 나타났다. 마찬가지로 그녀는 테스토스테론과 섹슈얼리티 및 짝짓기 관련 행동 사이의 관계를 해체해 테스토스테론을 남성성 및 여성성에서 분리하고 경쟁과 돌봄이라는 틀 아래 재통합했다. 다음과 같은 밴 앤더스의 결론은 남성성과 여성성에 대한 이해로부터 스테로이드호르몬을 분리하는 데 힘을 실어 준다. "남성성에 관한 전前이론적 해석[이데올로기]에 근거해 테스토스테론이 수행하는 사회적 역할을 주장하는 것은 증거로 뒷받침되지 않는다. … 높은 테스토스테론 수치가 남성성이나 그것의 발현(짝짓기, 도전, 공격 혹은 섹슈얼리티)과 연관된 것은 아니다. 또 … 낮은 테스토스테론이 여성성 및 그것의 발현(양육)과 관련된 것도 아니다."[98] 요컨대 밴 앤더스는 "성호르몬은 실재하는가?"라는 질문에 구체적인 행동 내용을 제시하며 답했다. 그리고 그 대답은 여전히 "아니요, 그렇지 않습니다"이다.

❧ 이 같은 이론틀에서 보면, 세메냐의 높은 테스토스테론 수치는 그녀가 생물학적으로 남성에 가깝기 때문이 아니라, 경쟁이라는 상황에 몰입해 있는 세계 최정상급 운동선수라는 점과 관련이 있는 것으로 해석할 수 있다. 즉, 테스토스테론 수치는 승부를 겨루는 경쟁적 상황에서 상승하는 것이다. 이 같은 관점을 좀 더 일반화하면, "남성의 높은 테스토스테론 수치는 일반적으로 선천적인 '성'sex 차이로 간주되지만, 본 실험은 생물학적 측정값에서도 젠더 관련 사회적 요인이 중요하다고 할 수 있다. 즉, 성별 사회화는 남성에게는 테스토스테론 증가 행동을 장려하지만 여성에게는 그렇지 않음으로써 테스토스테론 수치에 영향을 미칠 수 있다. 이는 인간의 생물학적 성 연구가 성별 사회화를 고려해야 하며, 선천적 요인뿐만 아니라 후천적 요인도 호르몬 생리학에 중요함을 시사한다." 이에 대해서는, Van Anders, Sari M. et al., "Effect of gendered behavior on testosterone in women and men", *PNAS*, Oct. 26, 2015 참고.

뇌 모자이크

그렇다. 스테로이드호르몬은 본질적으로 남성적이지도 여성적이지도 않다. 스테로이드호르몬과 행동의 관계는 일정한 맥락에서 이루어지는 생물학적 작용이나 젠더/섹스로 가장 잘 설명될 수 있다. 그러면 뇌는 어떨까? 이 책의 2000년 판에서 나는 성차와 뇌에 두 개의 장을 할애했다. 8장 「설치류 이야기」에서는 태아기에(혹은 일부 설치류에서는 출생 전후에) 스테로이드호르몬에 노출되면 남성적 혹은 여성적 뇌가 발달한다는 연구들을 집중적으로 조명했다. 이 같은 발상은 호르몬 활성의 조직화/활성화O/A 이론의 일환으로 제시되었다. 이 이론에 따르면 태아기에 스테로이드호르몬에 노출되면, 뇌가 남성형 또는 여성형으로 구조화[조직화]되거나, [사춘기 이후] 남성적 혹은 여성적 행동을 수행하도록 [활성화]한다는 것이다. 현재 동물 연구자들은 이와는 완전히 다른 모델을 제시하고 있다. 이는 호르몬 활성의 O/A 모델이 20세기에 속하는 시대에 뒤떨어진 선형적 모델임을 시사한다. 그럼에도 이 발상은 인간 발달에 계속 적용되고 있다.[99]

　　태아기에 고농도 안드로겐에 노출되었던 여아들(선천성 부신 과형성증이 있는 간성 아동들)이 남성화된 행동 패턴을 보이는지에 관한 연구를 개척했던 학자들조차 태아기 호르몬과 특정 행동을 연결하는 선형적 모델에 조심스러운 입장을 취한다. 예컨대 심리학자 멜리사 하인스는 "태아기의 안드로겐 노출이 아동기의 성별로 유형화된 행동에 영향을 미친다는 상당한 증거가 있다"라고 썼다.[100] 그러나 심리학자들이 거친 신체 놀이라고 부르는 행동들을 좀 더 구체적으로 조사하고서는 "안드로겐의 영향을 받은 여자아이들이 거친 신체 놀이를 얼마나 할 수 있고, 또 실제로 얼마나 많이 하는지에 대한 추가 연구가 필요하다"라고 결론 내렸다.[101] 최근 논문에서 하인스는 특정 물건을 여아용이라고 라벨링하는 정보에 대해 선천성 부신 과형성증 여아들이 대조군 여아들보다 덜 강하게 반응했다고 보고했다.[*] 그녀는 자신의 발견이 "태아기의 안드로겐 노출이 행동에 미친 영향 중 일부가 출생 후 사회화 과정에서 변경될 수 있음을 시사한다"라고 언급했다.[102] 마지막으로, 태아기에 고농도 테스토스테론에 노출됐기 때문에 선천성 부신 과형성증 여자아이들의 공간 인지능력이 대조군보다 뛰어날 것이라는 발상을 검증한 연구에 대한 개괄적인 분석이 최근에 이루어졌다. 그러나 이 분석은 유의미한 결과를 얻지 못했다. 이런 주장들이 뇌의 차이로 인해 남성이 수학 분야에서 우월하다는 증거로 인용돼 왔지만, 내가 초판에서 언급했듯이 그 근거는 여전히 빈약하다.[103]

　　뇌와 행동을 연결하는 호르몬 활성의 O/A 이론을 지지하기 위해 선천성 부신 과형성증과 그 외 태아기 호르몬 노출을 활용한 연구들은 거센 비판에 직면했다.[104] 사회학자 리베카 조던-영은 호르몬과 뇌에 대한 연구들을 분석한 『브레인스톰』의 마지막 부분에서 "뇌의 성별 조직화 이론은 인간 발달 과학의 진전을 가로막고 있다"라고 썼다.[105] 심리학자 코델리아 파인은 아동 놀이에서 나타나는 성차의 특성을 심층적으로 분석하며 다음과 같은 질문을 던진다. 신경계의 특정 구조에 적합한 장난감 자체의 어떤 특성이 있기 때문일까? 아니면 "선천성 부신 과형성증인 여자아이들이 문화적으로 남성에 속한다고 여겨지는 것들에 끌리기 때문일까?"[106] 다른 글에서, 조던-영은 선천성 부신 과형성증 연구들이 심리성적 발달에 영향을 미칠 수 있는 발달의 측

✳　예를 들어, 어떤 장난감을 여아용이라고 라벨링을 하면, 선천성 부신 과형성증이 '아닌' 여아들은 해당 장난감을 강하게 선호(위 실험에서 80~90퍼센트 확률로 해당 장난감을 선택)하고, 남아용이라고 라벨링한 장난감을 거의 건드리지 않았다. 반면 선천성 부신 과형성증 여아들은 여아용이라고 라벨링한 장난감에 대한 선호가 65퍼센트 정도로 낮게 나타난다. 이 결과에 대해 하인스는 태아기 안드로겐 호르몬 노출은 선천성 부신 과형성증 여아들이 여아용 장난감에 대한 선호를 낮추기는 했지만, 여아용 장난감에 대한 선호를 완전히 무효화한 것이 아니라고 지적하며, 연구 결과를 다음과 같이 요약한다. "이런 결과는 태아기 안드로겐 노출이 초기 발달 단계에서 뇌에 영구적인 변화를 유발하는 것뿐만 아니라, 성별화된 행동의 자기 사회화 과정 자체를 변화시킴으로써 물건(장난감) 선택을 비롯해 향후 성별 관련 행동에 영향을 미칠 수 있음을 시사한다. 또한 이 결과는 태아기의 안드로겐 노출이 행동에 미친 영향 중 일부가 출생 후 사회화 과정에서 변경될 수 있음을 시사한다." Hines et al.(2016, 초록에서 인용).

면들을 무시한다고 지적한다. 이 측면들에는 선천성 부신 과형성증 환자들의 생화학적 변화에서 기인하는 직접적인 심리적 효과들뿐만 아니라 선천성 부신 과형성증을 관리하는 데 일반적으로 요구되는 집중적인 의학적 개입과 관찰도 포함된다. 조던-영이 생물학적 변화, 의학적 치료, 사회적 기대 사이의 "복잡하고 반복적인 상호작용"이라고 부른 것은 선천성 부신 과형성증 여아들의 "심리와 행동의 비전형성에 대해 좀 더 설득력 있는 설명을 제공한다."[107]

5장에서는 뇌들보라고 불리는 뇌 구조에 초점을 맞췄다. 1980, 90년대 과학자들은 해부학적 성차가 인지 기능상의 성차와 연결된다는 가설을 입증하는 데 상당한 에너지를 쏟아부었다. 5장에서 나는 연구 절차 자체가 불규칙하게 울퉁불퉁한 모습의 3차원의 해부학적 구조를 2차원에서 연구하고 측정할 수 있는 형태로 어떻게 환원했는지 보여 준 바 있다. 내가 보기에 사실 규명에는 실패했지만, 그 이유가 반드시 남녀 사이에 뇌들보 차이가 없기 때문은 아니었다. 나는 "뇌들보는 침묵하고 있지 않다"라고, 오히려 "젠더 차이에 관해 … 웅얼거리고 있다고 생각해 보자"라고 썼다.[108] 그 웅얼거림은 지난 20년 동안 계속되어 왔지만, 최신 연구들은 뇌들보 크기의 차이가 전체 뇌 부피의 차이에서 기인함을 시사한다. 즉, 여성의 머리에 있든 남성의 머리에 있든 뇌의 전체 크기가 같으면 뇌들보의 크기도 같다.[109]

2000년 이후에는 뇌 활동과 해부학적 구조를 측정하는 비외과적 방법들이 사망한 사람에게서 얻은 얇은 뇌 조직 절편으로 수행하던 수고로운 측정 방법들을 크게 대체했다. 일반적으로 신경 영상이라 불리는 다양한 기술들에는 몇 가지 큰 이점이 있다. 그것은 비외과적 방식이기 때문에, 대규모 표본으로 연구를 수행할 수 있다.[110] 이에 더해 특정 기술들은 뇌의 단순 구조가 아닌, 뇌 활동을 반영할 수도 있다. 이런 이점들에도 불구하고, 측정을 수행하고 적절히 해석하는 방식에 대해선 논란이 많다.[111] 젠더/섹스 차이를 조사하기 위해, 여전히 과학자들은 뇌라는 다루기 힘든 대상을 길들이려 애쓰는 중이다.

성차에 관한 연구 결과들이 계속해서 쏟아져 나오면서 이를 반박하는 책도 늘어나고 있다.[112] 그러나 뇌 구조와 기능에서 나타나는 성차를 통해 사회적 역할과 행동에서 나타나는 남녀의 차이를 설명할 수 있다고 믿는 과학자들과 그런 주장에는 방법론적 오류가 있거나 잘못 적용되었다고 반박하는 과학자들 사이에선 "종지부 찍기" 게임game of last touch*보다 훨씬 더 흥미로운 일이 벌어지고 있다. 밴 앤더스가 테스토스테론 수치가 어떻게 연구되고 있는지를 개념화하기 위해 설명 구조를 재정식화한 것처럼, 여전히 논쟁 중이긴 하지만, 뇌의 성차를 이해하는 새로운 패러다임이 출현해 남녀의 뇌를 생각하는 방식을 변화시키기 시작한 것이다.

페미니스트 과학자들이 그저 외부에서 주류의 "성차" 과학을 비판만 하고 있었던 것은 아니다. 그들의 담론은 주류 과학 담론 내로 들어가 상황을 바로잡고 있다.[113] 예를 들어, 한 공동 연구팀[114]은 『인간 신경과학의 프런티어스』에 발표한 논문에서 신경영상화 분야의 연구자들에게 다음과 같은 네 가지 기본 원칙을 연구 설계에 활용해 주기를 권고했다.[115]

첫 번째 원칙인 '중첩'은 남성 집단과 여성 집단 사이의 (성기와 생식기관이 아닌) 행동과 구조에서 통계적 차이가 있다 해도, [그 분포가] 상당히 중첩된다는 사실에 초점을 맞춘다. 이 사실의 한 가지 함의는 연구자들이 통계적 결과만을 볼 것이 아니라, 차이의 크기를 평가해야 한다는 것이다.[116] 심리학자 재닛 하이드는 젠더/섹스 차이 가운데 가장 공통적으로 보고되는 상당수 행동들에 이 원칙을 실제로 적용해 보았고, 그 결과 보고된 차이의 크기가 대체로 무시해도 될 정도로 작다는 결론을 내렸다. 그녀는 여기에 근거해 "젠더 유사성 가설"을 제안했다.[117]

두 번째 원칙인 '모자이크 현상'mosaicism은 뇌가 구조적이고 기능적으로 모자이크처럼 구성된다는 발상에 초점을 맞춘다. 즉, 뇌의 특정 부분에 있는 신경세포 집합이 "전형적으로 남성적인" 방식으로 점화하는 동안, 동일한 뇌

✳ 마지막으로 터치한 사람이 승리하는 게임. 누가 마지막 논문을 발표해 기존 논란에 최종적인 종지부를 찍을 것인가를 겨룬다는 의미로 여기서는 이렇게 옮겼다.

의 다른 부분에 있는 다른 신경세포 집합은 여성에서 더 자주 발견되는 방식으로 행동한다는 것이다. 모자이크 뇌라는 개념이 사용된 지는 꽤 되었지만, 최근에는 심리학자 다프나 요엘이 이 개념을 젠더/섹스에 적용했다. 그녀의 발상은 주목받았지만, 당연히 저항에 직면했다.[118]

요엘과 동료들은 남성과 여성 뇌의 서로 다른 부위를 스캔해 얻은 대규모 데이터베이스를 활용해 특정 뇌 영역이 젠더/섹스에 따라 다르다는 사실을 확인했다. 그러나 같은 뇌의 다른 영역을 조사할 경우, 그 차이가 반드시 같은 방향으로 나타나지는 않았다. 즉, 1영역에서는 남성 전형적 변이가 있는 뇌가 2영역에서는 여성 전형적 변이를 보일 수도 있다. 여기서 "남성 전형적"이나 "여성 전형적"이라는 명칭은 집단 간 평균 차이를 보여 주는 기존 연구들을 참고한 것이다. 만약 각 개인의 뇌가 남성 전형적 부위와 여성 전형적 부위들의 모자이크라면, 전체 뇌를 "남성적" 혹은 "여성적"이라고 말할 수 없게 된다. 상황에 따라 특정 뇌 영역에서 남성 전형적 혹은 여성 전형적 활성이 달라질 수 있다는 증거를 고려하면, 뇌를 남성적 혹은 여성적으로 대비하면 오해의 소지가 훨씬 더 커진다. 즉, 환경 1에서는 (가상의) 뇌 영역 1에서 남성 전형적 활성을 보이는 사람이 환경 2에서는 같은 부위에서 여성 전형적 활성을 나타낼 수도 있다. 게다가 다른 활성이 반드시 다른 행동으로 이어지는 것도 아니다. 코델리아 파인, 다프나 요엘, 지나 리폰이 말했듯이, "때때로 어떤 성차가 다른 성차를 보상하고, 결과적으로 성차들이 서로를 상쇄함으로써 행동의 유사성이 나타날 수 있다."[119]

통계적 논증에 익숙하지 않은 사람들 대부분은 뇌 모자이크 현상이라는 요엘의 표현을 과학적으로 논박하는 내용을 쫓아가기 힘들 수 있다. 요엘은 뇌에는 남성과 여성이라는 범주가 없다고 주장한다. 그녀는 뇌의 성별을 생식기의 성별과 대조한다. 생식기의 성별은 이 책에서 많이 논의했던 변이성을 인정하더라도 대부분 두 집단 가운데 하나에 속한다. 현실적으로 말해, 이 이야기는 당신이 누군가가 여성이라는 것을 알고 있다면, 당신은 그녀가 난소나 질을 갖고 있을 것이라 예측할 수 있으며 대개 당신의 예측은 옳을 것이라는 의미다. 마찬가지로 만약 누군가가 "나는 난소와 질이 있는 사람에 대해 생각하고 있어"라고 말하면, 당신은 그가 생각하는 사람이 여성이라고 이야기할 수 있을 것이다.[120] 요엘과 동료들, 또 그들을 비판하는 사람들[121] 역시, 한 개인의 뇌 모자이크에서 그 개인이 남성인지 여성인지를(즉, "질을 가지고 있으니 여성인 게 틀림없어"라는 것을) 90퍼센트 정도의 높은 정확도로 예측할 수 있다는 데 동의한다. 그러나 그 반대는 성립하지 않는다. 요엘과 동료들에 따르면, "한 사람의 성별에 기반해 그의 독특한 뇌 모자이크를 예측하기란 불가능하다."[122]

리폰과 동료들의 세 번째 원칙은 '우발성'이다. 즉, 젠더/섹스에 따른 행동 차이는 관찰 당시의 사회적 맥락에 따라 증가하거나 감소하거나 완전히 사라질 수 있다는 점을 인정하는 것이다. 예를 들어, 미국에서 수학 성적의 성차는 지난 수십 년 동안 감소해 왔다. 이런 변화의 원인은 대부분 수학 과목의 수강 기회가 좀 더 공평해지고 여학생은 수학을 못한다는 고정관념이 줄어들었기 때문이다.[123] 염색체나 생식기 같은 굉장히 이형적인 구조들과 비교했을 때, 행동의 차이는 "시간, 공간, 사회적 집단 혹은 종족 집단, 사회적 상황"에 따라 달라진다.[124] 두 번째 사례에서 리폰과 공저자들은 정신 회전 검사mental rotation test*에서 나타난 젠더/섹스 차이가 상황에 따라 어떻게 달라지는지 논의한다. 상당히 일관되게, 남성이 여성보다 이런 검사에서 더 좋은 성과를 낸다. 그러나 피험자들에게 여성이 남성보다 정신 회전 과제를 더 잘 수행한다고 믿게 한 실험에서는 젠더/섹스 차이가 사라졌다.

더 나은 연구를 설계하고 결과 해석을 개선하는 데 필요한 마지막 원칙은 뒤엉킴entanglement이다. 이제 대부분의 신경과학자들은 학습과 새로운 환경 및 새로운 경험이 생애 주기에 걸쳐 뇌의 기능과 신경 회로를 변화시킬 가능성을 받아들인다.[125] 그러므로 환경(일례로 젠더 고정관념과 젠더 관련 활동들)

＊ 2차원 또는 3차원 물체의 이미지를 보고 이를 머릿속에서 회전시켰을 때 어떤 모양이 될지 예측하는 검사.

은 생물학적 작용을 유지하거나 변경한다(그리고 생물학적 작용은 행동을 제한한다). 그렇게 행동의 두 가지 측면은 서로 완전히 뒤엉켜 있다. 그럼에도 젠더/섹스 차이에 적용되는 주류 이론은 대부분 엄격한 발달 이론을 강조하고, **가소성** 대신 **타고난**, **선천적** 혹은 **생래적** 같은 용어들을 사용한다.

페미니스트 과학자들과 페미니스트 사회과학자들은 위의 네 가지 개념을 성차 연구에 적용하고자 열심히 노력 중이다. 〈스칼라 앤드 페미니스트 온라인〉의 2019년 호는 신경젠더학을 집중적으로 다뤘다.[126] 여기 실린 한 논문에서 페미니스트 철학자, 신경 영상 전문가인 페미니즘적 신경과학자, 연구 설계와 방법론을 연구하는 심리학자 두 명, 페미니즘 이론에 눈뜬 생물학자가 모여 페미니즘적 연구 원칙들을 공간 인지능력(그들은 이를 "공간적인 것" spatial stuff이라 불렀다)의 젠더/섹스 차이에 관한 연구에 어떻게 적용할지 논의했다. 먼저 그들은 공간 인지능력의 젠더/섹스 차이를 생물학에 기반한 선형적 모델을 적용해 이해할 수 없는 이유를 설명했다. 다음으로 그들은 몸과 마음, 발달과 경험을 통합하는 이론적 관점을 활용하면서 연구 방법을 설계하는 단계를 밟아 나갔다. 결론적으로 그들은 '공간 능력' 연구에 대한 그들의 학제간 논의가 성별과 공간 인지능력에 관한 좀 더 다양하고 맥락화된 연구의 자원이 되기를 희망했다.[127]

나는 앞으로 20년 내에 주류 인지과학자들이 이 페미니즘적 신경과학자들이 힘주어 말했던 것들 중 상당 부분을 자신들의 연구 프로그램에 받아들일 것이라고 예상한다. 더 이상 우리는 남녀의 뇌를 대비해 논쟁하거나, 예컨대 지도 읽기에서 남성이 여성보다 더 뛰어나다고 주장하지 않게 될 것이다(게다가 지도 읽기는 내비게이션이 한 장소에서 다른 장소로 가는 법을 우리에게 일러주고 있기 때문에 어쨌든 사라지고 있는 기술 형태다). 대신 앞으로 우리는 뇌가 어떻게 경험을 받아들이는지 또 특정 능력을 형성하기 위해 사회적 맥락에서 어떻게 작동하는지를 이해하는 방향으로 나아가게 될 것이다.

누가 자연을 대변하는가?[128]

모두가 이런 급격한 변화를 반기지는 않는다. 현역 신경과학자들과 일반 대중 모두 이의를 제기한다. 일부는 새로운 신경과학을 정중하게 논박하지만, 또 일부는 욕설을 내뱉는다. 2018년 가을, 트럼프 행정부가 "젠더"를 출생 시 생식기로 인지되는 불변의 조건으로 정의하는 제안서를 검토하고 있다는 소식이 전해졌다.[129] 이런 규정이 아직 법률로 제정된 것은 아니지만, 여기에는 트랜스젠더를 법률적으로 또 사회적으로 불법으로 만들려는 의도가 있어 보였다. 이런 규제가 현실화된다면 트랜스젠더의 지위를 주디스 버틀러가 "'살 수 없고', '거주하기에도 부적합한' 사회적 삶의 구역"이라 부른 영역으로 격하시킬 것이다.[130] 나는 『뉴욕 타임스』에 사설을 실어 성 발달의 생물학적 복잡성을 상기시켰다. 내 사설에 수백 건의 반응이 달렸는데, 동조하는 반응도 있었지만, 그렇지 않은 이들도 많았다.[131]

이 사설 아래 댓글난에 적힌 내용을 간단히 몇 가지 추려 보았다. "이건 과학적인 헛소리다." "성별은 이형적인 거다, 성별은 이분법적인 거라고." "누가 신경 쓴다는 거지? … 다른 사람에게 해를 끼치지 않는다면, 그게 뭐 어때서?" "트랜스젠더의 권리는 인권이다." "성 정체성은 간단한 문제야. DNA를 확인하면 되지." "젠더는 이분법적이지 않아. (섹스도 마찬가지고.)" "이 논쟁은 성적으로 이례적인 사람들의 **존재**를 부인하려는 게 아냐. 이건 이런 이례적인 존재들과 섹스 그 자체를 어떻게 개념화할지에 관한 논쟁인 거지." 이런 언급들은 섹스, 젠더, 역할, 권리, 생물학, 문화 등을 둘러싸고 우리의 정치체에서 벌어지는 논쟁들의 축소판이다.[132] 이는 정치학자 로라 에프라임이 『누가 자연을 대변하는가?』에서 "세상을 만드는 집합적인 정치"라고 부른 것의 한 단면을 보여 준다. 에프라임은 과학자들이 자신의 실험이 특정한 진리를 입증했다고 단언하는 것만으로는 실재에 대한 권위를 얻는 것은 아니라고 강조했다. 달리 말해, 섹스와 젠더의 본질은 또한 "사람들이 일상 속에서 … 세상을 지각하고, 욕망하고, 분해하고, 조립하고, 다른 방식으로 창조하는 행위 속에서 생생하게 느껴져야 한다."[133]

몇몇 과학자가 새로운 페미니즘적 신경과학에 보인 반응은 [그렇게 일상을 살아가는] "사람들"만이 기존의 세계를 지키거나 새로운 세계를 창조하려고 노력하는 것이 아니라는 점을 명확하게 보여 준다. 요즘 과학자들은 때때로 과학 학술지뿐만 아니라 소셜 미디어에서도 자신의 의견을 표명한다. 과학자들이 세상을 만들어 가는 데서 동맹을 맺으려는 상대는 소셜 미디어에서는 일반인 독자이며, 과학 학술지에서는 다른 과학자들이다. 페미니즘적 과학자들에 반대할 때는 주로 두 가지 수사적 무기가 사용된다. 첫 번째는 그들을 반다윈주의자와 같은 부류로 취급하는 것이다. 시카고 대학교의 생태학 및 진화학 교수 제리 코인은 〈진화가 사실인 이유〉라는 블로그를 운영하고 있다. 그는 내가 『뉴욕 타임스』에 쓴 글을 세 차례나 비판하면서,[134] 이렇게 말했다. "모든 실질적인 목적을 고려했을 때, 섹스는 이분법적이며, 또 이분법적이어야 한다. 진화가 (대부분의 동물에서) 자손 생산을 위해 짝짓기를 하는 두 개의 성별을 만들었기 때문이다." 달리 말해, 진화론에 따르면 내 주장은 틀린 것이며, 내가 그의 주장에 동의하지 않는다면 나는 존 스콥스[진화론 지지자][135]가 아니게 된다.

『뉴욕 타임스』에 실린 내 사설에 대한 과학자들의 비판을 상대하려면 우리가 의학적 규범을 어떻게 수립하는지 또 우리가 사용하는 객관성이라는 단어의 의미는 무엇인지에 대해 좀 더 깊이 파헤쳐야 한다. 일례로 과학 자체가 스스로의 진리를 말하게 해야 한다는 신경생물학자 데브라 소의 견해는 16세기에 프랜시스 베이컨이 창밖으로 던져 버린 과학 개념을 고수한다.[136] 그러나 새로운 페미니즘적 신경과학에 대한 진짜 신랄하기 이를 데 없는 공격은 따로 있다. 과학 저술가 알렉스 베레조의 게시글 제목인 「뇌 전쟁: 섹스를 부정하는 자들의 귀환」[137]은 주된 공격 기조를 상당히 잘 보여 주고 있다. 이 글에서 베레조[138]는 "지나 리폰 박사는 신경생물학을 완전히 잘못 이해하고 있거나 … 아니면 적어도 어떤 동기로 말미암아 추론이 왜곡되었다"라고 자기 의견을 밝힌다. 「과학에 대한 부인은 성차별주의를 종식하지 못한다」라는 제목의 글에서 신경과학자이자 과학 저술가 데브라 소 역시 자신에게 반대하는 사람들을 과학 부인자라고 부르며 공격한다. 소는 리폰, 엘리엇, 코델리아 파인의 작업을 왜곡한 다음 자신이 왜곡한 것을 공격한다(그녀는 파인을 철학자라고 부르지만, 사실 파인은 심리학 학위를 받았다). 페미니스트 과학자들이 과학의 중요성이나 방법을 부인한다고 주장하는 것은 당면한 논거와 주장에 정직하게 맞서기보다 냉소적인 험담으로 대응하는 것이다.

이런 공격들은 자연을 대변하는 **주체**로서의 권리, 바로 그 권위를 차지하려는 시도다. 온라인 저널 〈대뇌〉의 각 페이지들에는 논쟁이 되고 있는 실제 과학에 한 걸음 더 다가갈 수 있는 내용이 담겨 있다. 2014년의 한 논쟁에는 [남성의 뇌와 여성의 뇌가 다르다고 주장하는] 신경과학자 래리 케이힐, 페미니즘 신경과학자이자 신경과학 비평가 다프나 요엘, 리베카 조던-영, 지나 리폰, 아넬리스 카이저가 참여했다. 이 논쟁은 페미니즘적 신경과학을 과학 부정론으로 규정하는 동시에 실제 과학적 주장에도 간혹 개입하는 혼합적 성격을 갖고 있었다. 고무적인 점은 이 언쟁 역시 케이힐이 쓴 비평에 요엘, 조던-영, 리폰, 카이저가 응답하는 방식의 대화였다는 것이다. 이런 과학적 교류(그리고 이 후기의 앞부분에서 이미 다뤘던 논의들) 가운데 가장 훌륭한 사례는 다프나 요엘과 동료들이 『미국국립과학원회보』에 2015년 발표해 주목받은 논문에 대한 반응들이다.[139]

공동의 세계를 구축하기 위한 진정한 노력의 일환으로 요엘은 저명한 실험 생물학자 마거릿 매카시와 함께 미국 국립보건원이 최근에 내린 지침을 두고 토론을 벌였다. 미국 국립보건원은 모든 연구비 지원 대상에 암컷과 수컷 피험체(인간이거나 쥐이거나 페트리접시에 담긴 세포이거나)를 포함하도록 요구했다. 그들은 성차와 이형성을 사고하는 공통의 틀을 설계하면서 논의를 시작했다. 그리고 남성과 여성의 뇌에 관한 문제에서는 서로 의견이 일치하지 않는다는 데 동의하고, 각자 자신의 관점에서 해당 주제에 관해 글을 썼다. 마지막으로 — 그리고 바로 여기가 세상 만들기가 실제로 이루어지는 지점이다 — 각자 자신의 견해를 정신 질환 연구에 적용했다. 이 논문은 서로 다른 관점을 가진 과학자들이 어떻게 서로를 헐뜯지 않고 생산적인 논쟁에 참여할 수 있는지 보여 주는 훌륭한 본보기다.[140]

1999년에 역사학자 론다 시빙어는 『페미니즘은 과학을 변화시켰는가?』라는 책을 썼다.[141] 그녀는 과학자로서 세상을 탐구하려는 여성들의 노력을 검토하면서 페미니스트 철학자들과 과학사학자들의 저술도 다뤘다. 여성들이 과학 분야에 더 많이 진출해 페미니스트 과학 비평과 상호작용하면 과학의 내용과 틀이 근본적으로 바뀔 수 있을까? 그때나 지금이나 대답은 엇갈린다. 하지만 호르몬 생물학부터 뇌의 성별까지 이 후기에 언급했던 사례들에서 나타난 것처럼 페미니스트 과학자들과 페미니즘적 사고는 커다란 변화를 가져왔다. 그리고 앞으로 더 많은 변화가 일어날 것이다. 이 책에서 나는 젠더/섹스와 정체성에 대해 고찰하고 새로운 이론틀과 방법을 제시하기 위해 나름의 노력을 기울였다. 뇌의 모자이크 현상에 관한 요엘의 연구와 호르몬 생물학에 관한 밴 앤더스의 연구처럼, 이 같은 내 노력이 개인적인 차이는 어떻게 발달하는지, 또 차이와 동일성의 전체적인 패턴은 어떻게 출현하는지를 이해하는 데 길잡이가 되기를 바란다.

미주

1장 이원론에 맞서기

1 Hanley(1983).

2 이 사건에 대한 설명은 다음을 참고했다. de la Chapelle(1986), Simpson(1986), Carlson(1991), Anderson(1992), Grady(1992), Le Fanu(1992), Vines(1992), Wavell and Alderson(1992).

3 Carlson(1991, 27)에서 인용.

4 Ibid. 파티뇨의 상태를 칭하는 학명은 '안드로겐 무감응[불감성] 증후군'이다. 이는 신체에 남성적 생식기와 여성적 생식기 부위가 혼재하는 여러 상태 가운데 하나다. 오늘날 우리는 이런 신체를 **간성**[인터섹스]이라고 부른다.

5 Vines(1992, 41)에서 인용.

6 Ibid., 42.

7 이 같은 모순이 다양한 차원에서 여성 선수들을 괴롭혔다. 일례로 Verbrugge(1997) 참고.

8 올림픽을 비롯해 여성 스포츠는 그 안에 온갖 종류의 젠더 차이를 구축해 왔다. 특정 종목에서 여성을 배제하거나 남녀 경기 규칙을 달리하는 게 대표적이다. 젠더와 스포츠에 대한 좀 더 상세한 논의는 Cahn(1994) 참고. 젠더 그 자체가 스포츠에서 서로 다른 여성과 남성의 신체 구성에 어떻게 기여하는지에 대한 다른 사례들은 Lorber(1993)와 Zita(1992) 참고.

9 머니와 이어하트는 "젠더 역할"을 "한 개인이 타인이나 자신에게 자신이 남성적인지 여성적인지, 혹은 양성적인지를 나타내기 위해 말하고 행동하는 모든 것"으로 정의한다. 또한 그들에 따르면, "젠더 정체성"은 "남성, 여성, 또는 양성적인 존재로서 한 개체가 가진 동일성, 통일성, 지속성이다. … 젠더 정체성은 젠더 역할의 사적인 경험이고 젠더 역할은 젠더 정체성의 공적인 경험이다"(Money and Ehrhardt 1972, 4). '섹스'와 '젠더'에 대한 머니의 구분에 대한 논의는 Hausman(1995) 참고. 머니와 이어하트는 염색체의 성별, 태아 생식샘의 성별, 태아 호르몬의 성별, 생식기의 이형성, 뇌의 이형성, 아동의 젠더에 대한 성인들의 반응, 신체 이미지, 청소년기의 젠더 정체성, 사춘기 호르몬의 성별, 사춘기의 에로티시즘, 사춘기의 형태학 등과 성인기의 젠더 정체성을 구분한다. 그들은 이 모든 요인이 함께 작용해

성인기의 젠더 정체성을 규정한다고 생각한다.

10 일례로 Rubin(1975) 참고. 루빈은 동성애와 이성애의 생물학적 토대에도 의문을 가진다. 젠더에 대한 페미니스트적 정의가 개인적이고 심리적인 차이뿐만 아니라 제도에도 적용된다는 점에 주목하라.

11 섹스/젠더 이분법은 종종 본성 대 양육, 혹은 정신 대 신체 논쟁과 같은 의미로 사용됐다. 논쟁의 대상이 되는 이분법을 사회적 신념 체계와 과학적 신념 체계의 밀접한 관련성을 이해하는 데 어떻게 활용할 수 있는지에 대해서는 Figlio(1976) 참고.

12 많은 과학자들과 그들의 연구를 대중화하는 사람들은 남성이 훨씬 더 경쟁적·공격적·독단적이며, 성에 대한 관심이 크고, 배우자에 대한 부정을 저지르는 경향이 더 많다는 등의 주장을 편다. 일례로 Pool(1994)과 Wright(1994) 참고. 이런 주장에 대한 비판은 Fausto-Sterling(1992; 1997a; 1997b) 참고.

13 페미니스트들이 보기에, 이 논쟁은 과학, 특히 생물학의 권위와 사회과학의 권위를 대립시키기 때문에 매우 문제가 많다. 이런 종류의 싸움에서는 늘 사회과학이 패배하기 마련이다. 우리 문화에서 과학은 진리에 대한 특별한 접근권(즉, 객관성)을 가진 것으로 치장돼 있기 때문이다.

14 스펠먼은 신체에 대한 페미니스트들의 두려움을 "육체 공포증"somato-phobia이라 불렀다. Spelman(1988) 참고. 최근 한 동료는 내가 [인간의] 행동을 생물학적으로 설명하는 이론들을 두려워하는 것처럼 보인다고 지적했다. 그러면서도 그는 내가 세상에 대한 흥미롭고 유용한 정보를 모으는 한 가지 방법으로서 생물학 연구에 헌신하는 모습을 보며 당혹스러워했다. 그의 말이 맞다. 상당수 페미니스트처럼, 나 역시 생물학을 [인간 행동에 대한] 논의에 끌어들이는 데 두려움을 느끼는데, 여기에는 나름의 이유가 있다. 수백 년 동안 신체가 권력의 불평등을 정당화하는 데 이용되어 온 역사를 내가 잘 알고 있기 때문만은 아니다. 개인적으로도 평생 동안 그런 말들을 들어 왔기 때문이다. 초등학교 시절, 한 선생님은 (내가 의사가 되고 싶다고 발표한 뒤) 여성은 간호사는 될 수 있지만 의사는 될 수 없다고 말했다. 젊은 조교수로 브라운 대학교의 교수진에 합류했을 때, 역사학과의 한 정교수는 친절하면서도 단호하게 역사상 과학이나 문학 분야에서 여성 천재는 단 한 명도 없었다고 내게 말했다. 우리는 이류가 될 운명을 타고난 것 같았다. 설상가상으로, 과학에 대한 진지한 교류가 이루어지는, (사교 모임이나 식사 자리에서 대화를 나누는) 남성들만으로 이루어진 모임에 내가 들어갈 수 없다는 사실을 깨닫고 정서적인 충격을 받은 채 돌아왔을 때, 나는 "남성들이 무리를 짓는 것"은 선사시대의 사냥 행동에서 진화한 남성 간 유대의 자연스러운 결과라는 글을 읽었다. 이 주장을 증명하기 위해 수행된 연구는 전혀 없었다.

나는 과학의 정치적 힘을 경험했던 것이다. 이 "힘[권력]은 (좀 더 명시적인 국가권력이나 제도 권력에 비해) 덜 가시적이고, 덜 두드러진 방식으로 행사되며, 과학[계]의 지배적인 제도적 구조와 우선순위, 관행 및 언어**에 대해서가 아니라 그것들을 통해서** 발휘된다"(Harding 1992, 567. 강조는 원문). 따라서 나를 비롯한 페미니스트들이 심리 발달을 어떤 신체적 본질에 입각해 설명하는 데 의심을 품었다는(그리고 지금도 의심한다는) 사실은 전혀 놀랍지 않다. 우리는 "본질주의"라고 불렸던 것에 반응했던 것이다. [반면] 한 세기 전에도, 또 오늘날에도 페미니스트

[가운데] 본질주의자들은 여성은 천성적으로 다른 **존재이고**, 이런 차이가 사회적 평등이나 우위의 기반을 형성한다고 주장한다. 본질주의를 둘러싼 페미니스트들 사이의 광범위한 논쟁에 대해서는 J. R. Martin(1994)과 Bohan(1997) 참고.

15 성인기 젠더 도식 측면에서 이 같은 불평등이 완강히 지속되는 것에 대해서는 Valian(1998a; 1998b) 참고.

16 이 책의 1~4장을 참고. 또한 Feinberg(1996), Kessler and McKenna(1978), Haraway(1989; 1997), Hausman(1995), Rothblatt(1995), Burke(1996), Dreger (1998b)도 참고.

체화[신체화/체현]embodiment 문제에 대한 최근 사회학적 설명 가운데 하나는 "오늘날 이루어진 신체에 대한 사회학적 이론화의 '최첨단'은 사실상 페미니즘 내에 있다고 할 수 있다"(Williams and Bendelow 1998, 130)라고 주장한다.

17 Moore(1994, 2-3).

18 나는 인종, 젠더, 성적 지향에 상관없이 모든 사람의 시민권을 위해 일하는 조직에 참여하고 있다. 매 맞는 여성들을 위한 쉼터, 재생산권, 여성의 동등한 교육 기회와 같은 페미니즘의 전통적인 의제와 관련된 활동 역시 하고 있다.

19 나는 진심으로 이 주장을 과학 지식 **전반**을 포괄하는 것으로 확장하고 싶지만 이 책에서는 오직 생물학, 즉 내가 가장 잘 이해하고 있는 과학 활동에 대해서만 논증을 하겠다. 이 주제에 대해 좀 더 광범위한 논쟁은 Latour(1987)와 Shapin(1994) 참고.

20 어떤 이들은 사람들이 강력한 사회적 압력, 심지어 신체적 위협에도 불구하고 매우 일반적이지 않은 자신의 성적 지향을 표현한다는 사실을 지적한다. 분명히 이 같은 행동 발달을 촉진하는 환경적 요소가 없음에도, 신체는 그 성향을 드러낸다고 그들은 말한다. 반면, 다른 이들은 출생 전에 결정되는 성향이 존재한다고 주장한다. 그것은 알려져 있지 않은 환경적 요인과의 상호작용 속에서 강하게 유지되며, 대체로 변하지 않는 성인기의 섹슈얼리티로 이어진다고 말이다. 후자를 주장하는 사람들은, 아마도 러브웹 회원 대다수가 그럴 것 같은데, 자신을 상호작용주의자라고 부른다. 그러나 그들의 상호작용론(신체와 환경이 상호작용해 행동 패턴들을 만들어 낸다는 의미)에서는 신체가 차지하는 부분이 크고 환경은 미미한 역할만 한다. 가장 논리 정연하고 가장 충실한 상호작용주의자 가운데 한 명은 "실제 쟁점은 신체가 어떻게 행동을 생산하느냐다"라고 썼다('러브웹' 토론).

21 학문이 변화의 유일한 동인은 아니다. 그것은 다른 동인들과 결합하는데, 여기에는 투표와 소비자 선호 집단의 형성 같은 전통적인 수단이 포함된다.

22 Haraway(1997, 217[417쪽]). Foucault(1970), Gould(1981), Schiebinger(1993a; 1993b)도 참고.

23 일례로 Stocking(1987; 1988), Russett(1989), Poovey(1995) 참고.

24 역사가 로레인 대스턴은 신체와 관련된 논쟁에서 언급되던 '자연'이나 '자연적인 것'에 대한 생각이 18~19세기에 변화했다고 지적한다. "근대 초기에 자연은 견고한 사실일 수 없었다. … 근대의 자연은 윤리 개혁과 사회 개혁의 환상을 통렬하게 폭로하는 데 풍부하게 활용되었다. 자연은 무자비하게 비도덕적인 것이었기 때문이다"(Daston 1992, 222).

25 이 시기 푸코는 봉건주의에서 자본주의사회로의 변화가 신체에 대한 새로운

개념을 요구했다고 주장한다. 봉건 영주는 자신의 권력을 직접 사용했다. 소작농과 농노는 신과 군주가 그들에게 명했기 때문에 (물론 간혹 반란을 일으킬 때를 제외하고는) 복종했다. 거역에 대한 처벌은 현대의 관점에서 폭력적이고 잔혹했다. 죄인의 사지를 각각 다른 말에 매어 잡아당겨 죽이는 오마분시를 예로 들 수 있다. 이 잔혹성에 대한 놀랄 만큼 생생한 묘사는 Foucault(1979, 1장) 참고.

26 Foucault(1978, 141[157-158쪽]).

27 이 노력들은 **"인간 신체의 해부 정치"**anatomo-politics를 창출했다(Foucault 1978, 139[155쪽]. 강조는 원문).

28 섹스와 젠더에 대한 몇몇 논쟁은 현대적인 외피를 입은 본성 대 양육을 둘러싼 오랜 논쟁을 대변하기 때문에, 이 논쟁의 해결(혹은 내가 주장하듯이, 소멸)은 인종적 차이에 대한 논쟁과도 관련이 있다. 현대 생물학의 지식이라는 측면에서 인종에 대한 논의는 Marks(1994) 참고.

29 Foucault(1978, 139[156쪽]). 강조는 원문.

30 ibid. 5장에서 나는 통계학의 발흥이 어떻게 20세기 과학자들이 인간 뇌의 성차를 주장할 수 있게 해 주었는지 다룬다.

31 Sawicki(1991, 67). 특히 페미니스트 맥락에서 푸코를 다룬 내용은 McNay (1993) 참고.

32 Foucault(1980, 107[138쪽]).

33 Moore and Clarke(1995, 271)에서 재인용.

34 이는 인체의 해부 정치학을 분명하게 보여 준다.

35 이는 인구의 생명 정치에 대한 전형적인 사례다.

36 Harding(1992; 1995), Haraway(1997), Longino(1990), Rose(1994), Nelson and Nelson(1996).

37 Strock(1998) 참고.

38 나아가 이 같은 연구에서 유래한 이론들은 사람들이 자신의 삶을 영위하는 방식에 깊은 영향을 미친다. 일례로 최근에 동성애자들을 "스트레이트"straight [이성애자]로 변화시키려는 움직임이 대중매체의 많은 관심을 받았다. 다른 사람들과 동성애자 스스로가 동성애자는 변할 수 있다고 생각하는지 아니면 동성애적 욕망이 변할 수 없는 영구적인 것이라고 믿는지 여부가 개별 동성애자들에게 매우 중요하다(Leland and Miller 1998; Duberman 1991). 이 점에 대한 추가 논의는 Zita(1992) 참고. 양성애에 대한 상세한 분석은 Garber(1995)와 Epstein(1991) 참고.

사회학자 브뤼노 라투르는 과학적 발견이 완전히 받아들여져 우리가 그것을 '사실'이라고 부르며 권위를 부여하고 조금도 의심하지 않고 교과서와 과학 사전에 수록하면, 그것은 그가 블랙박스라고 부르는 장막 뒤로 숨어 버린다고 주장한다 (Latour 1987). 어떤 사실이 라투르가 말한 블랙박스에 들어가면 사람들은 그것을 더 이상 검토하지 않는다. 그와 같은 '사실'이 처음 생겨났을 때 사회 혹은 정치의 영역에서 이데올로기로 기능했는지 또는 그것이 특정한 문화적 실천이나 세계관을 구현하고 있는지 아무도 따지지 않는다.

39 Kinsey et al.(1948), Kinsey et al.(1953).

킨제이의 여덟 가지 범주.

0: 모든 심적 반응과 명시적인 성적 활동이 이성을 향한다.

1: 심리적인 성적 반응 그리고/혹은 명시적인 경험이 거의 완전히 이성을
향한다.

2: 동성애적인 자극에 약간 다르게 반응하지만, 심리적인 성적 반응
그리고/혹은 명시적인 경험이 이성애 성향이 더 크다.

3: 이성애와 동성애 척도의 중간 단계에 있는 사람들.

4: 심적으로 동성에게 더 자주 반응하는 사람들.

5: 심적 반응 그리고/혹은 명시적인 활동 측면에서 거의 완전한 동성애자.

6: 전적인 동성애자.

X: 이성애나 동성애적 자극 어느 쪽에도 성적으로 반응하지 않고 명시적인 신체
접촉도 하지 않는다"(Kinsey et al. 1953, 471-472).

40　그들은 사춘기부터 40세까지 누적된 동성 간 성 접촉에 대해 분석한 결과, 여성의 동성애적 반응은 28퍼센트, 남성은 거의 50퍼센트에 이른다고 보고했다. 오르가즘으로 이어진 상호작용에 대한 질문에서도 이 수치는 여전히 높았다. 여성에서는 13퍼센트, 남성에서는 37퍼센트였다(ibid., 471). 킨제이는 동성애 개념을 자연적 범주[본성]로 인정하지는 않았다. 그의 척도는 자연을 그 뼈마디에 맞게 자르는 것이 아니었다[참고로, "자연을 그 관절에 따라 조각한다"carving nature at its joints는 표현은 플라톤의 『파이드로스』(265e)에 나오는 표현으로, 자연을 마치 동물의 뼈마디를 찾아 자르듯, 그 본질/속성에 맞게 자르는 것을 의미한다. 이 같은 본질주의적 구분과 달리 킨제이는 위 척도를 사용하며 동성애나 이성애를 고정된 별개의 범주가 아닌, 연속체상의 개념으로 보고 있다].

41　물론 그는 성적 존재로서 인간의 다른 측면들 역시 연구했지만, 그 측면들은 이 0~6 척도에 명쾌하게 맞아떨어지지 않았으며, 킨제이의 분석에서 나타난 이 같은 복잡성과 미묘성은 후속 논의에서 대체로 사라졌다. 거의 1989년에 이르러서야 몇몇 연구자가 킨제이 척도의 적합성에 대해 불만을 제기하며 좀 더 복잡한 격자형 모델을 제안했다. 한 연구자는 세로축에 일곱 가지 변수(성적 매력, 성적 행동, 성적 환상, 정서적 선호, 사회적 선호, 자기 동일시, 이성애적/동성애적 생활양식)가, 가로축에 시간 척도(과거, 현재, 미래)가 있는 격자를 만들었다(Klein 1990).

42　일례로, Bailey et al.(1993), Whitam et al.(1993), Hamer et al.(1993), Pattatucci and Hamer(1995) 참고.

처음부터 킨제이는 정치적 공격과 과학적 공격을 모두 받았다. 그의 연구는 몇몇 하원의원을 몹시 화나게 만들어 연구 자금이 끊기기도 했다. 과학자들, 특히 통계학자들은 그의 방법론을 공격했다. 킨제이는 놀라울 정도로 많은 사람으로부터 데이터를 수집했지만, 사회학자들이 '눈덩이 표집'이라 부르는 방법을 사용함에 따라, 중서부 지역에 사는 중산층 백인의 자료가 압도적으로 많았다. 그는 자신의 학생들에서 시작해 그들의 친구와 가족들에게로, 또다시 친구의 친구들과 가족들에게로, 계속해서 뻗어 나간 것이다. 연구 소식이 확산되면서(예를 들면, 공개 강연을 통해) 더 많은 사람으로부터 정보를 얻게 됐는데, 그중 일부는 그의 연설을 듣고 자발적으로 참여한 사람들이었다. 그가 적극적으로 다른 조건의 사람들을 찾았을지라도, 섹스에 대해 이야기하는 데 특히 자발적인, 어떤 경우에는 매우 열렬한 사람들을 선택했을 게 분명하다. 이런 사실이 그의 보고서에 동성애 접촉이 높은

빈도로 나타난 이유를 설명해 줄까?

긍정적인 측면은, 킨제이와 고도로 훈련받은 소수의 동료(그 시기의 인종차별과 성차별 관행에 따라, 킨제이의 인터뷰 진행자들은 남성이고 백인이며 앵글로색슨계 백인 신교도여야만 했다)가 인터뷰를 전부 수행했다는 점이다. 그들은 미리 정해 놓은 설문지를 사용하기보다 절차를 암기해 그대로 따랐고 충분한 대답을 얻었다는 확신이 들 때까지 일련의 질문을 계속할 수 있었다. 좀 더 현대적인 조사 접근 방식은 이처럼 유연하기는 하지만 면접 과정을 표준화한 방식으로 대체해 훈련이 덜된 인터뷰 진행자들도 활용할 수 있도록 한다. 그 결과, 중요한 데이터가 빠졌는지 여부를 판단하기는 매우 어렵다. 나는 이 부분에 대해 제임스 웨인리치(개인적 대화)에게 도움을 얻었다(Brecher and Brecher 1986; Irvine 1990a; 1990b).

43 해상도[분석력]가 매우 낮기 때문에 이 같은 조치는 (어떤 다인자 형질에 대한) 분자 연관성 분석에 필수적이다(Larder and Scherk 1994 참고). 형질을 극도로 좁히지 않으면 통계적으로 유의미한 연관성을 발견할 수 없다. 그러나 형질을 한정하면 발견된 내용을 일반화하기 어려워진다(Pattatucci 1998).

44 이 격자 모델에 대해서는 Klein(1996) 참고. 직교 모델의 한 가지 판본에 대해서는 Weinrich(1987) 참고.

45 Chung and Katayama(1996). 미국인들의 성적 실천에 관한 최근의 아주 중요한 설문 조사에서 에드워드 O. 라우만과 존 H. 가뇽, 로버트 T. 마이클, 스튜어트 마이클스는 자신들의 조사 결과를 동성 간의 성적 행동, 욕망, 정체성이라는 세 가지 축으로 분류했다(Laumann, Gagnon, et al. 1994). 이를테면 라우만과 동료들은 적어도 어느 정도 동성애에 관심이 있는 여성들 가운데 59퍼센트는 동성 간 욕망을 표현하지만 다른 행동은 취하지 않으며, 15퍼센트는 동성 간 욕망을 가지고 행동하며 **나아가** 자신의 정체성을 레즈비언이라고 생각한다는 점을 발견했다. 13퍼센트는 동성과 성적 행동(성적 상호작용)을 하지만 동성애적인 욕망을 강하게 느끼지 않거나 스스로를 레즈비언이라고 여기지 않는다고 보고했다. 남성에서도 정확한 분포도는 달랐지만 일반적인 결론은 동일했다. "동성애의 다양한 요소가 인구 집단 내에 분포하는 방식에서 가변성이 매우 크다. 이 같은 가변성은 동성애가 일련의 행동과 실행, 주관적 경험으로 구성되는 방식과 관련이 있으며, 이 사실은 **동성애**의 정의에 대한 도발적인 질문들을 제기한다"(Laumann, Gagnon, et al. 1994, 300). 이 연구의 표본 크기는 3432명이었고, 연령은 18~59세였다. 자료 내부에 불일치하는 지점이 있어서 저자들은 이를 두고 토론을 벌였다. 그중에는 다음과 같은 것들이 있다. 여성의 22퍼센트가 성적 행동을 강요받았다고 보고했지만 남성은 3퍼센트만이 여성에게 섹스를 강요했다고 보고했다. 남성들은 여성들보다 더 많은 섹스 파트너를 보고했다. 그렇다면 남성이 성관계를 한 상대는 누구인가? Cotton(1994) 참고. Reiss(1995)도 참고.

46 종종 내 동료 생물학 연구자들은, 과학이 아닌 다른 분야를 연구하는 동료들은 우리보다 훨씬 편하게 산다는 이야기를 한다. 과학 지식은 끊임없이 변화하는 반면, 다른 분야는 그렇지 않기 때문이라는 것이다. 이런 이유로 우리는 강의 내용을 끊임없이 수정해야만 하지만, 역사학자들이나 셰익스피어 연구자들은 해마다 동일한 강의를 오랫동안 정당하게 할 수 있다는 것이다. 하지만 사실은 전혀 그렇지 않다. 새로운 분석 이론과 새로운 언어철학이 연구 도구로 편입됨에 따라, 문학 분야

역시 끊임없이 변화한다. 자신의 강의를 정기적으로 갱신하지 않거나 학문의 변화를 반영하는 새로운 강좌를 개설하지 않는 영어 교수는 강의 시간에 교과서를 그대로 읽는 생화학 교수만큼이나 많은 비난을 받는다. 내 동료들의 태도는 경계선을 유지하려는 시도, 과학적 작업을 뭔가 특별한 것으로 만들려는 시도를 대변한다. 그러나 과학에 대한 현대적 분석들은 두 분야가 별반 다르지 않다는 점을 시사한다. 과학에 대한 사회적 연구들에 대해서는 Hess(1997) 참고.

    47 Halperin(1990, 28-29).

    48 Scott(1993, 408).

    49 Duden(1991, v, vi).

    50 Katz(1995).

    51 Trumbach(1991a).

    52 McIntosh(1968).

    53 철학에서 인간의 섹슈얼리티를 어떻게 분류할 것이냐는 질문은 대개 "자연종"[자연적 종류]natural kinds이라는 용어로 논의된다. 철학자 존 뒤프레는 생물학적 분류의 어려움에 대해 좀 더 포괄적으로 다음과 같이 서술한다. "진화 과정에서 나타난 수없이 다양한 산물을 분류하는 유일한, 신이 내려 준 방법은 없다. 타당하고 방어 가능한 다수의 방법이 있으며, 최선의 방법은 분류 목적과 해당 유기체의 특성에 따라 결정될 것이다"(Dupré 1993, 57). 인간의 섹슈얼리티를 분류하는 작업에서 자연종에 대한 여타의 논의들은 Stein(1999)과 Hacking(1992; 1995) 참고.

    지금도 상당수의 사람이 "자신이 느끼는 어떤 통증이 암의 조짐인지 아닌지 노심초사하면서" 허송세월하듯이, 누군가가 "진짜" 이성애자인지 아니면 "진짜" 동성애자인지 추측하면서 허송세월하고 있다(McIntosh 1968, 182).

    54 라투르는 오직 시간 여행을 통해서만 사람들이 특정한 과학적 사실이 사회적으로 구성된 것이라는 사실을 이해할 수 있다고 주장한다. 관심이 있는 사람들은 궁금한 사실이 세상에 나타나기 직전의 시대로 되돌아가서, 그것의 "발견"에 참여하고 그 실재성에 대해 논쟁하며, 마침내 그것을 블랙박스 안에(이 장의 주 38 참고) 넣는 데 동의하는 시민들을 따라가 봐야 한다. 그러므로 우리는 인간 섹슈얼리티가 유래된 시점으로 시간을 거슬러 여행하지 않고는 그 구조에 대한 현대 과학의 정식화를 [또 그것이 어떻게 사회적으로 구성된 것인지를] 이해할 수 없다.

    55 섹슈얼리티의 역사에 대한 문헌들은 이제 풍부하게 증가하고 있는 중이다. 남성성과 여성성에 대한 생각들을 전반적으로 훑어보려면 Foucault(1990)와 Laqueur(1990) 참고. 로마와 초기 그리스도교 왕국에서의 섹슈얼리티에 대한 연구는 Boswell(1990)과 Brooten(1996) 참고. 중세와 르네상스 시대에 관한 최신의 학술 연구는 Trumbach(1998; 1987), Bray(1982), Huussen(1987), Rey(1987) 참고. 18세기와 19세기 섹슈얼리티에 대한 표현의 변화는 Park(1990), Jones and Stallybrass(1991), Trumbach(1991a; 1991b), Faderman(1982), Vicinus(1989) 참고. 추가적인 역사적 설명은 Boswell(1995), Bray(1982), Bullough and Brundage(1996), Cadden(1993), Culianu(1991), Dubois and Gordon(1983), Gallagher and Laqueur(1987), Groneman(1994), Jordanova(1980; 1989), Kinsman(1987), Laqueur(1992), Mort(1987) 참고. 건강과 질병에 대한 생각이 섹스, 젠더, 도덕성에 관한 정의와

어떻게 연결되는지 보려면 Moscucci(1990), Murray(1991), Padgug(1979), Payer (1993), Porter and Mikuláš(1994), Porter and Hall(1995), Rosario(1997), Smart (1992), Trumbach(1987; 1989) 참고.

56 Katz(1976), Faderman(1982).

57 Halwani(1998)는 이 논쟁이 현재 어떻게 진행 중인지를 보여 주는 하나의 사례다.

58 이따금 현대 민주주의의 태동지로 칭송받는 아테네는 사실 소규모의 엘리트 남성 시민들이 통치했다. 노예와 여성, 외국인과 아이 등 다른 사람들은 종속된 신분이었다. 이 같은 정치적 구조가 섹스와 젠더의 틀을 제공했다. 예를 들면, 남성 사이의 성관계를 금지하는 규정은 없었다. 정말로 중요한 것은 '어떤 **종류**의 성관계가 이루어지느냐'였다. 시민은 자신이 적극적으로 삽입하고 상대가 수동적으로 받아들이는 한 남자아이나 남성 노예와 성관계를 가질 수 있었다. 이런 종류의 성관계는 정치적인 구조를 훼손하거나 적극적인 행위자의 남성성에 의문을 제기하지 않았다. 다른 한편에서, 동일한 지위를 가진 시민 사이에서 삽입이 이루어지는 성관계는 "사실상 상상도 할 수 없는 일이었다"(Halperin 1990, 31). 성행위는 자신의 정치적·사회적 지위를 나타냈다. "사회적으로 우위인 자와 열위인 자의 성행위는 둘 사이의 사회적 거리를 측정하고 정의하는 역할을 하는 양극화 드라마의 축소판이었다"(Halperin 1990, 32). 지위가 중요했다. 그리스 항아리들에 그려진 그림에 묘사된 다양한 성행위를 분석해 그 유형을 살펴보면, 남성 시민은 항상 여성이나 남성 노예의 뒤쪽에서 삽입을 했다(그렇다. 오늘날 이야기되는 정상 체위는 보편적이지도 "자연스럽지"도 않다!). 그러나 나이 든 남자 시민과 어린 남자 제자 사이의 굉장히 칭송받던 관계에서는 (삽입이 이루어지지 않는) 성행위가 얼굴을 마주보며 이루어졌다(Keller 1985). 웨인리치는 과거 역사 속에서나 다른 문화에서 확인되는 동성애를 세 가지 형태로 구분한다(Weinrich 1987). 성역전적 동성애, 연령으로 구조화된 동성애, 역할 놀이 동성애가 그것이다. Herdt(1990a; 1994a; 1994b)도 참고.

59 Katz(1990; 1995). 다른 저자들(Kinsman 1987)은 헝가리 출신의 칼 마리아 벤케르트가 1869년에 이 단어를 문서에 쓴 데 주목한다. 분위기가 무르익고 있었던 게 틀림없다[앞에서 저자가 인용하고 있는 조너선 카츠의 책에는 homosexual이라는 단어를 처음 사용한 사람으로 칼 마리아 케르트베니만을 언급하고 있는데, 이는 칼 마리아 벤케르트의 필명이었다. 벤케르트는 1824년 빈에서 태어나 나중에 헝가리 부다페스트로 이주했다. 그는 1847년 독일어식 성씨인 벤케르트를 헝가리어식 성씨 케르트베니로 변경했고, 이후 자신의 저작물에 케르트베니라는 이름을 사용했다. 케르트베니의 삶에서 중요한 사건은 '비정상적인 취향'으로 인해 협박을 당한 친구의 자살이었다. 친구의 죽음은 그가 동성애 남성을 부당하게 대우하는 문제를 다루도록 자극했다. 그는 1869년 익명으로 프로이센의 〈반소도미법〉 (프로이센 형법 제143조로 동성 간 성적 접촉을 1~4년의 징역으로 처벌하는 법률을 말한다)에 반대하는 소책자를 출판하며, 해당 법률이 프랑스혁명 이후 널리 알려진 '인간의 권리'를 침해한다고 주장했다. 이 두 이름이 동일인을 가리킨다는 사실은 1970, 80년대 성소수자 역사 연구가 활발해지면서 확인되었고, 이후 학계의 통설로 자리 잡았다. 이에 대해서는 Ski Hunter, "Kertbeny Coins the Terms 'Homosexual' and 'Heterosexual'", *Ebsco advantage* 누리집(www.ebsco.com). 검색일 2025. 12. 9.].

섹싱 더 바디

60 Hansen(1992; 1989). 그 뒤 곧 프랑스와 이탈리아, 미국의 사례들이 뒤따랐다.

61 Ellis(1913). 많은 역사가들이 인간의 섹슈얼리티 유형을 정의하는 작업에 의료 전문가들이 개입하게 된 것이 이 이야기의 일부에 지나지 않는다고 지적한다. 약간씩 차이가 있는 다양한 설명을 보려면 Krafft-Ebing(1892), Chauncey(1985; 1994), Hansen(1989; 1992), D'Emilio(1983; 1993), D'Emilio and Freedman(1988), Minton(1996) 참고. 더건은 "세기의 전환기에 성과학자들은 새로운 레즈비언 정체성을 창조하거나 생산해 내기는커녕, 프랑스 소설과 포르노그래피뿐만 아니라 여성 자신이 한 이야기와 그것을 개작한 신문 기사를 이론의 '경험적' 근거로 삼아 '사례들'을 끌어왔다"라고 기술한다(Duggan 1993, 809).

62 이전 시기에 남성과 여성의 섹슈얼리티는 호색에서 불감증에 이르는 연속체 위에 놓인다고 이해됐다(Laqueur 1990).

63 이 시기의 진정한 인버트는 이성의 옷을 입고, 가능한 경우 남성적인 일을 했다. 엘리스는 1928년의 저작에서 인버트인 레즈비언을 묘사했다. "무뚝뚝함, 활기 넘치는 움직임, 군인 같은 태도, 직설적인 화법, … 남자다운 솔직함과 명예심 … 이 모든 것이 예리한 관찰자에게는 근본적인 정신 이상을 시사할 것이다. … 흡연 욕구를 빈번히 표명하지만 … 담배를 참는 결연한 인내력을 보이기도 한다. 또 바느질 같은 가사 일들을 싫어하거나 잘하지 못하며, 종종 운동 능력이 뛰어나다"(Ellis 1928, 250). 레드클리프 홀의 『고독의 우물』만큼 이 같은 사실을 명확히 보여 주면서, 1970년대까지 수많은 레즈비언들의 삶에 영향을 미친 책은 없었다(Hall 1928). Silverman(1992, 8장)도 참고.

64 인버트 개념은 세기 전환기의 성 전문가들(성과학자로 알려지게 된)에게 강력한 영향을 미쳤지만, 엄격한 성역할이 약해지고 남성과 여성이 동일한 공공 공간에 훨씬 자주 등장하게 되면서 불안정해지고 변화하게 되었다. 엘리스와 그 뒤에 프로이트는 남자들이 남성적인 행동과 역할을 동성 욕망과 분리한다는 점에 주목하기 시작했다. 따라서 섹슈얼리티를 분류할 때의 기준으로서 대상 선택(오늘날 우리가 종종 성적 선호라고 부르는 것)의 중요성이 증가했다. 비슷한 분리가 여자들에서는 훨씬 더 천천히 나타났는데, 아마도 1970년대의 페미니스트 혁명이 엄격한 성역할을 산산이 뭉개 버린 이후에야 완전해졌을 것이다. 성과학의 역사를 좀 더 자세히 살펴보려면 Birken(1988), Irvine(1990a; 1990b), Bullough(1994), Robinson(1976), Milletti(1994) 참고.

레즈비언 자신들의 관점에서 이 같은 변화를 대단히 흥미롭게 묘사한 내용은 Kennedy and Davis(1993) 참고.

65 비록 남성 간 성행위가 그리스인들을 괴롭히지는 않았지만, 그들은 몰레스molles, 즉 삽입을 당하길 원하는 남성적이지 않은 남자들과 남자와 성관계를 하지만 여자를 더 좋아하는 여성인 트리바데스tribades의 존재를 인지했다. 그들은 두 집단 모두 정신적으로 문제가 있다고 여겼다. 그러나 동성 간 욕망을 비정상이라고 여기지는 않았다. 오히려 그리스 의사들이 걱정한 것은 몰레스와 트리바데스가 [자신이 속한] 젠더에서 벗어나는 사람들이라는 점이었다. 그들은 이상하게도 수동적인 섹스 상대가 돼서 남성의 권력에 굴복하길 희망하거나, 아니면 능동적인 섹스 상대가 돼서, 용인되지 않을 정도로 남성의 정치적 지위를 취하려고 시도했다.

몰레스와 트리바데스는 둘 다 도를 넘어섰다는 점에서 일반적인 사람들과 달랐다. 그들은 성욕이 지나친 존재로 이해됐다(몰레스는 능동적인 역할을 해도 성적 해방감을 충분히 얻지 못했기 때문에 삽입을 당하고 싶은 욕망을 발달시켰다고 여겨졌다). 데이비드 핼퍼린은 "이 젠더 일탈자들은 대부분의 사람들처럼 성적인 즐거움을 바라지만 그 욕망이 너무나 강렬하고 극심해 그들을 충족하는 다소 색다르고 남사스러운 … 수단을 고안하게 되었다"라고 기술한다(Halperin 1990, 23).

　　66　역사학자 버트 한센은 "정체성이 확실히 정해지지 않았다는 느낌은 더 많은 상호작용을 촉진했고 … 그것은 다시 더 많은 사람 사이에서 동성애 정체성이 형성되도록 했다"라고 기술한다(Hansen 1992, 109).

　　67　Ibid., 125. Minton(1996)도 참고. 역사학자 조지 촌시는 20세기 초반 30년간은 도시의 게이 남성을 위한 크고 꽤 개방적이며 일반적으로 용인되는 사교계가 존재했다는 인상적인 증거를 제공한다. 그는 이 시기와는 대조적으로 1930~50년대에 게이 문화가 굉장히 억압됐다고 주장한다(Chauncey 1994). 앨런 베루베는 남녀 동성애자들이 제2차 세계대전에 참여했다는 점을 기록으로 입증한다(Bérubé 1990). 베루베는 그들이 군에 복무하면서 벌인 투쟁이 남긴 최고의 유산 가운데 하나가 바로 오늘날의 동성애 운동이라고 지적한다. 전후 동성애자 인권 운동에 대한 흥미진진한 구술사로는 Marcus(1992) 참고. 전후 시기에 대한 추가 읽을거리는 Escoffier et al.(1995)에서 찾을 수 있다. 섹슈얼리티의 역사를 기술할 때 생기는 역사기록학적 문제들에 대한 논의는 Weeks(1981a; 1981b)와 Duggan(1990) 참고.

　　68　이 단어는 1989년 크라프트-에빙의 『정신병리학적 성욕』을 영어로 번역하는 과정에서 영어에 처음 등장했다[국역본 제목은 『광기와 성』(홍문우 옮김, 파람북, 2020)이다].

　　69　Katz(1990, 16).
　　오늘날 이성애자 개념은 우리에게 변경 불가능한 타고난 본성으로 보인다. 그러나 20세기 초반 30년이 지나서야 이 개념이 미국에 자리를 잡았다. 1901년에는 이성애자나 동성애자라는 용어 중 어떤 것도 『옥스퍼드 영어 사전』에 등재되지 않았다. 1910, 20년대에 소설가들과 희곡작가들, 성 교육자들은 성애적 의미로 이성애자라는 표현을 공공연히 사용하는 걸 막는 검열과 공식적인 반대에 맞서 싸웠다. 1939년에서야 마침내 이성애자라는 단어가 의학의 주변부를 벗어나 『뉴욕 타임스』에 실리는 영예를 안았다. 이 시점부터 뮤지컬 〈팔 조이〉Pal Joey의 노래 가사로 브로드웨이에 등장하기까지는 다시 또 10년이 걸렸다.
　　〈팔 조이〉의 가사 전문은 Katz(1990, 20)에 인용돼 있다. 현대적 이성애 개념의 역사에 대한 보다 상세한 설명은 Katz(1995) 참고. 1929년에 성 교육자 메리 웨어 데닛은 우편으로 음란물(아이들을 위한 성교육 팸플릿)을 배포한 혐의로 유죄판결을 받았다. 문제의 저작물에는 성적 열정의 쾌락(물론 사랑과 결혼이라는 범위 내에서)을 널리 소개하고 있었다. 작가인 마거릿 잭슨은 성과학 분야가 발달하며 "남성의 섹슈얼리티와 이성애의 이런 측면들이 사실상 **자연적**이라고 선언하고 그 토대 위에 섹슈얼리티의 '과학적인' 모델을 구축함으로써" 페미니스트들의 입지가 약화됐다고 주장한다(Jackson 1987, 55). 이 시기의 페미니즘과 성과학, 섹슈얼리티에 대한 추가적인 논의는 Jeffreys(1985) 참고.

70 Nye(1998, 4).

71 Boswell(1990, 22, 26).

72 Nye(1998, 4).

73 예를 들어, 웨인리치는 이 점을 시사하고 있다(Weinrich 1987).

74 인류학자 사이에 정확히 몇 개의 패턴이 있는지에 대한 합의는 없다. 몇몇 학자는 최대 여섯 가지 패턴을 제시하기도 한다. 이 장에서 논의된 많은 발상들에서처럼 새로운 자료가 유입되고 기존 자료들을 분석하는 새로운 접근법이 늘어남에 따라, 학계는 계속해 변화하고 있다.

75 McIntosh(1968).

76 매킨토시의 논문이 나오고 몇 년 후, 이 주제를 다루는 학문적으로 가치 있는 책들이 출간되었다. 일례로 Dynes and Donaldson(1992a; 1992b)과 Murray(1992) 참고.

77 인간의 섹슈얼리티에 대한 비교 문화 연구들의 리뷰는 Davis and Whitten(1987), Weston(1993), Morris(1995) 참고.

78 예를 들면, 웨인리치가 행동에서 나타나는 특성의 생물학적 기반을 추론하기 위해 인간의 보편성 개념을 어떻게 사용하는지 살펴보라(Weinrich 1987).

79 Vance(1991, 878).

80 보즈웰은 동성애적 욕망이 타고나며 역사를 초월한 문화 횡단적인 것이라고 여전히 믿고 있음에도, 이런 정의에 입각하면 온건한 사회구성주의자로 분류될 수 있다는 점에 주목하자. 사실, '사회 구성'이라는 표현은 통일된 사고 체계가 아니다. 이 표현의 의미는 시간에 따라 달라진다. 보다 현대적인 "구성주의자"들은 초기의 구성주의자들보다 일반적으로 훨씬 정교하다. 여러 형태의 사회구성주의와 본질주의에 대한 보다 상세한 논의는 Halley(1994) 참고.

81 Vance(1991, 878). 핼퍼린은 확실히 이런 보다 급진적인 구성주의자 범주에 속한다.

82 Herdt(1990a, 222).

83 멜라네시아 사회에 대한 허트의 설명을 주의 깊게 읽어 보면 (서양의) 세 가지 근본 가정이 드러난다. 즉, 동성애는 일생 동안 지속되는 습관이고, "정체성"이며, 동성애에 대한 이런 정의를 전 세계에서 발견할 수 있다는 것이다.

84 Elliston(1995, 849, 852). 인류학자 사이에서는 "버다치"Berdache라고 불리는 미국 원주민의 다양한 관습 — 문화적으로 허용되는 교차-젠더 역할과 행동 — 의 함의에 대해서도 유사한 의견 차이가 나타난다. 일부는 버다치의 존재가 교차-젠더 역할과 행동이 선천적인 섹슈얼리티의 보편적인 표현이라는 가정을 입증한다고 주장한다. 반면, 다른 사람들은 이것이 북아메리카 문화와 역사에 따라 크게 달라지는 관습을 단순화한 비역사적 관점이라고 생각한다. 예컨대 동시대의 나바호 나들리히 nádleehí("버다치"에 해당하는 나바호의 단어)를 연구해 온 캐럴린 에플은 나들리히에 대한 나바호의 정의가 경우에 따라 달라지는 것을 관찰했다. 이런 변화는 그녀가 연구하는 나바호의 세계관이 "고정된 기준보다는 상황에 기반한 정의를 훨씬 강조하는 것처럼 보이기" 때문에 이해가 된다. 에플은 "나바호 세계관"과 같은 구절을 사용할 때, 이는 자신에게 정보를 제공한 사람들이 이야기하는 내용이라고 표현하며, 매우 신중하게 단서를 단다. 거기에 단일한 세계관이란 없다. 왜냐하면 그

세계관은 역사적으로, 지역적으로 변화하고 있으며, 서로 중첩되는 신념 체계의 복합체라고 볼 때 더 잘 이해되기 때문이다. 이런 세계관은 동성애가 고정돼 있거나 타고난 유형이라는 유럽과 미국의 가정과 대조된다.

타고난 유형에 대한 논의는 Dupré(1993), Koertge(1990), Hacking(1992; 1995) 참고. 게다가 에플이 지적한 바에 따르면, 나바호들은 나들리히가 반드시 젠더를 침해한다고 생각하지 않는다. 에플이 연구하는 나바호는 모든 사람을 남성이자 여성으로 개념화한다. 따라서 그들은 여성의 특징을 가진 남성을 여성적이라고 묘사하지 않는다. "남성과 여성이 둘 다 항상 존재한다는 관점을 고려하면 '남성적인 것' 대 '여성적인 것'이라는 젠더 평가는 대개 관찰자의 관점을 반영하는 것이지 어떤 절대적인 가치가 아닐 것이다"라고 에플은 말한다(Epple 1998, 32). "버다치"라는 개념에 대한 추가적인 평론은 Jacobs et al.(1997) 참고.

["북아메리카 어느 인디언 부족에서 성년식이 벌어지고 있다. 불을 지펴 놓고 사람들은 둥그렇게 모여 앉았다. 한가운데 성년식 주인공인 소년이 서 있고 가족과 마을 사람들은 노래 부르고 춤춘다. 사람들이 노래를 부르는 사이, 소년이 여자의 노래를 부르거나 아기 바구니나 여자 옷을 가지고 불 바깥으로 빠져나오면 그 소년은 자신의 '선택'에 따라 여성도 아니고 남성도 아닌 새로운 삶을 살 권리를 갖는다. 사람들은 앞으로 그를 '아리하'alyha라고 부르게 된다. 여성은 '와메'hwame라 불린다. 16세기 이후 스페인을 비롯한 서구 열강의 선교자들은 이들을 '버다치'(수동적인 동성애자를 일컫는 프랑스 속어)라 부르며 난폭한 사냥개를 풀어 죽음으로 몰고 갔다." 「도그마적 성모럴 벗어던지자」, 『한겨레21』 360호, 2001. 5. 22.]

85 일례로 Goldberg(1973)와 Wilson(1978) 참고.

86 Ortner(1996).

87 비록 케슬러와 맥케나가 그 개념을 발명하지는 않았지만, 그들은 젠더 체계에 대한 비교 문화 연구를 분석할 때 이 같은 발상을 활용해 탁월한 성과를 낳았다(Kessler and McKenna 1978).

88 Ortner(1996, 146).

89 오트너는 이렇게 서술한다. "헤게모니는 강력하다. 우리의 첫 번째 과제는 헤게모니의 작동 방식을 이해하는 것이다. 그렇다고 헤게모니가 영원한 것은 아니다. 헤게모니 외부에는 (더 좋을 수도 나쁠 수도 있는) 권력과 권위의 각축장이 언제나 존재하며, 이는 대안적 질서의 이미지로 또는 [그곳으로 나아가는] 지렛대로 기능할 수 있다." Ibid., 172.

90 Oyewumi(1998, 1053). Oyewumi(1997)도 참고.

91 Oyewumi(1998, 1061).

92 Oyewumi(1997, xv). 오예우미는 아프리카의 국가기관에서 젠더 구분이 특히 가시적으로 두드러지게 나타난다고 지적하는데, 이 기관들은 과거 식민지 체제에서 처음 만들어진 것들이다. 즉, 이 같은 젠더 구분은 젠더에 대한 식민자들의 믿음을 비롯해, 식민주의가 아프리카에 강요한 것들이다.

93 Stein(1998). 스타인의 생각을 온전히 살펴보려면 Stein(1999) 참고. 동시대의 생물학과 심리학, 인류학 분야의 연구 가운데 상당수가 동성애를 실재하는 혹은 자연적인 범주로 사용한다. 몇 가지 예시가 Whitam et al.(1993), Bailey and Pillard(1991), Bailey et al.(1993), Buhrich et al.(1991)에 실려 있다.

94 또 다른 페미니스트 생물학자 린다 버크 역시 비슷한 방향으로 움직이고

있다. 다만 그녀의 책이 곧 출간될 예정이며, 나는 초안과 사전 홍보 자료만 읽었기 때문에 이 책을 더 명확하게 인용하지 못했다(Birke 1999).

95 Halperin(1993, 416).

96 Plumwood(1993, 43). 플럼우드는 또한 이원론이 "종속적인 타자에 대한 일정한 의존성을 부정하는 데서 기인한다. 이런 부정이 지배와 종속의 관계와 결합해 이원론 양쪽의 정체성을 형성한다"라고 지적한다(Ibid., 41). 브뤼노 라투르는 상이한 이론틀을 활용해 비슷한 주장을 편다. 즉, 근대적인 과학적 실천을 창출하기 위해 자연과 문화를 인위적으로 구분했다는 것이다. Latour(1993) 참고.

97 Wilson(1998, 55).

98 버틀러는 "'물질성'이 무슨 이유로, 또 어떻게 환원 불가능성의 징표가 되었는지, 즉 어떻게 섹스의 물질성이 '단지 문화적 구성물만을 담지할 수 있으며, 따라서 그 자체로는 어떠한 구성물일 수도 없는 것'으로 이해된다는 점이 어떻게 설명될 수 있을지 묻고 싶다"라고 서술한다(Butler 1993, 28[65-66쪽]).

99 Ibid., 29[68쪽].

100 Ibid., 31[71-72쪽].

101 과학사에서 [사회문화적 가치관과 편견이 층층이] 퇴적된 의미의 또 다른 사례들 가운데, 칼 폰 린네가 포유류mammalia를 지칭하는 단어로 가슴(유방)을 선택한 이유에 대해서는 Schiebinger(1993a)를, 뒤르켐이 1897년에 출간한 『자살론』에서 여성들을 설명한 내용은 Jordanova(1989)를 참고[참고로, 론다 시빙어에 따르면, 생물학자 린네가 동물을 분류하며 포유류mammalia라는 용어를 도입한 배경에는 당대의 사회문화적 관심사, 즉 여성의 모유 수유(포유류는 가슴, 유방을 뜻하는 mamma에서 유래한 표현이다)와 가정 내 역할의 중요성을 강조함으로써, 여성을 가정이라는 사적 공간에 묶어 두려는 시도가 담겨 있었다].

102 Butler(1993, 66[134-135쪽]).

103 Hausman(1995, 69).

104 Grosz(1994, 55[145쪽]).

105 Singh(1942), Gesell and Singh(1941), Candland(1993), Malson and Itard(1972).

106 "신체 이미지는 순전히 해부학적 신체가 제공하는 감각과 단순하게 그리고 명백하게 동일시될 수 없다. 신체 이미지는 해부학만큼이나 자아의 심리 및 사회역사적 맥락과 함수관계에 있다"(Grosz 1994, 79[197쪽]). Bordo(1993)도 참고.

107 철학자 아이리스 영은 「여자아이처럼 던지기」라는 논문(이자 이 논문이 들어간 단행본)에서 이와 비슷한 문제들을 숙고한다(Young 1990)[「여자아이처럼 던지기」는 아이리스 영이 1980년에 발표한 논문으로, '여자아이답게 던진다'라는 표현을 중심으로 여성의 신체 경험을 분석한다. 이 글에서 영은 여성들이 던지는 동작에서 나타나는 '작고 약한' 몸짓은 신체의 자연스러운 능력에서 비롯된 것이 아니라, 사회적으로 형성된 자기 제약과 두려움에서 비롯된다는 점을 강조한다].

108 현상학은 신체를 자아 창조의 적극적인 참여자로 연구하는 분야다. 영에 따르면, "메를로-퐁티는 주관성을 정신이나 의식이 아니라 **신체**에 위치시킴으로써 그와 같은 질문의 전통 전체를 재정위한다. 메를로-퐁티는 사르트르가 … 의식에만 귀속했던 존재론적인 지위를 살아 있는 신체에 부여한다"(Young 1990, 147).

그로스는 프로이트에 대한 재독해와 신경생리학자 파울 쉴더(Schilder 1950), 현상학자 모리스 메를로-퐁티(Merleau-Ponty 1962)에 크게 의존한다.

109 Grosz(1994, 116[278쪽]).

110 Ibid., 117[280쪽]. 그로스는 외부의 각인과 그로 인한 주체 형성 과정을 이해하기 위해 미셸 푸코와 프리드리히 니체, 알폰소 링기스, 질 들뢰즈, 펠릭스 가타리 등에게 의지했다.

111 그로스가 발전시킨 입장에 대해서는 Grosz(1995), Young(1990), Williams and Bendelow(1998) 참고.

112 나는 그로스가 이 점을 이해하고 있지만 분석을 시작할 지점이 필요했기에, "충동"drive(허기, 갈증 등)이라는 불명확한 출발점을 선택한 것이라고 의심한다. 사실, 그녀는 엘리자베스 윌슨을 지도했으며, 윌슨의 연구는 개념 자체를 분석하는 데 필요한 이론적 토대를 일부 제공한다.

113 발생계 이론을 논의할 때, 나는 상당히 많은 이론을 "뭉뚱그려 한데 묶고" 있다. 나는 (인간을 비롯한) 생물의 발달에 대한 새로운 사고방식을 여러 분야에서 연구하고 있는 사상가들에게서 발견해 왔다. 그들이 항상 서로의 글을 읽는 것은 아니지만 나는 그들을 연결하는 공통 맥락을 포착했다. 몇몇 사람을 부당하게 곡해할 위험을 무릅쓰고 나는 그들을 발생계 이론가라고 칭할 것이다. 이 같은 작업이 출현한 학문적 배경은 다음과 같다.

철학: Dupré(1993), Hacking(1992; 1995), Oyama(1985; 1989; 1992a; 1992b; 1993), Plumwood(1993).

생물학: Ho et al.(1987), Ho and Fox(1988), Rose(1998), Habib et al.(1991), Gray(1992), Griffiths and Gray(1994a; 1994b), Gray(1997), Goodwin and Saunders(1989), Held(1994), Levins and Lewontin(1985), Lewontin et al. (1984), Lewontin(1992), Keller and Ahouse(1997), Ingber(1998), Johnstone and Gottlieb(1990), Cohen and Stewart(1994).

페미니스트 이론: Butler(1993), Grosz(1994), Wilson(1998), Haraway(1997).

심리학과 사회학: Fogel and Thelen(1987), Fogel et al.(1997), Lorber(1993; 1994), Thorne(1993), García Coll et al.(1997), Johnston(1987), Hendriks-Jansen(1995).

법학: Halley(1994).

과학: Taylor(1995; 1997; 1998a; 1998b), Barad(1996).

114 많은 사회과학자와 몇몇 유전학자는 유기체를 유전자와 환경이 결합해 생성된 결과로 본다. 그들은 유기체의 변이성variability을 관찰함으로서 생물을 연구하고, 그 변이성 가운데 어느 정도가 유전자에서 기인하는지, 또 어느 정도가 환경에서 기인하는지 질문한다. 만약 유전자와 환경으로 전체 변이를 모두 설명할 수 없으면, 그들이 '유전자와 환경의 상호작용'이라고 지정한 제3항이 여기에 추가될 수 있다. 이런 접근은 여러 차례에 걸쳐 강력한 비판을 받았다. 대체로 이런 과학자들은 자신들이 유전자와 환경 모두를 포괄하고 있다는 점에서 스스로를 상호작용주의자로 자처했다. 그러나 이들을 비판하는 사람들은 그들의 분산 분석 방식이 유전자와 환경을 따로따로 측정할 수 있는 실체로[예컨대, 몇 퍼센트는 유전자 탓, 몇 퍼센트는 환경

탓, 몇 퍼센트는 유전자-환경 탓 등과 같이] 묘사한다고 지적한다. 이런 비판가들 가운데 일부도 스스로를 상호작용주의자라고 부르는데, 그들은 유전적인 요인을 환경적인 요인에서 분리할 수 없다고 여기기 때문이다. 나는 이와 같은 용어의 혼동 때문에, 그리고 체계라는 관념은 각 부분들의 상호 의존성이라는 개념을 수반하기 때문에, 발달 체계라는 발상을 사용하길 선호한다. 분산 분석을 위와 같이 [퍼센트 등으로] 분할하는 것에 대한 비판은 Lewontin(1974), Roubertoux and Carlier(1978), Wahlsten(1990; 1994) 참고.

115　Oyama(1985, 9). 2000년에 듀크 대학교 출판부에서 개정 증보판[개정판으로는 pp. 10-11 참고]이 출간되었다.

116　Taylor(1998a, 24).

117　이와 관련된 참고문헌은 Alberch(1989, 44) 참고. 또 다른 사례로 배아는 신경과 근육, 골격의 발달을 통합하기 위해 자궁 속에서 움직일 필요가 있다. 알 속에 있는 청둥오리 새끼가 어미의 꽥꽥 우는 소리에 반응하려면 자신의 꽥꽥 우는 소리를 들어야만 한다(미국의 원앙새는 엄마를 인지할 수 있는 능력을 발달시키기 위해 형제들이 꽥꽥 우는 소리를 들어야만 한다)(Gottlieb 1997).

118　Ho(1989, 34). 페레 알베르크는 이와 비슷한 주장을 하며, "형태와 기능은 생성 과정 단계에서 상호 연결되기 때문에 형태가 기능을 결정한다거나 그 반대라고 말할 수 없다"라고 썼다(Alberch 1989, 44).

119　러베이의 연구 결과는 여전히 확증을 기다리고 있으며, 그사이에 강도 높은 검토를 받았다(LeVay 1991). Fausto-Sterling(1992a; 1992b), Byne and Parsons(1993), Byne(1995) 참고. 개인적인 성애사가 알려진 인물의 겁체를 얻는 것이 상대적으로 어렵기 때문에 이 연구 자체가 어렵다는 것을 제외하고는, 나는 현재 확증이 이뤄지지 못한 상태에 대해서는 아무런 의미도 부여하지 않는다. 그의 연구가 확증된다 하더라도, 우리가 러베이의 연구를 발달 체계와 연결하지 못하는 한, 동성애의 발달과 지속을 이해하는 데 큰 도움을 얻지는 못할 것이다. 그 자체만으로는, 그의 연구 결과는 본성이나 양육 어느 쪽도 입증할 수 없다.

120　그리스도교 보수파 단체들은 내가 러베이와 공개적으로 논쟁을 벌이는 것을 보고 내가 자신들의 동성애 혐오 주장에 호의적이라고 추정했다. 어느 날부터 그 조직들로부터 우편이나 전화가 오기 시작했고, 나는 두려움에 떨어야 했다.

121　Bailey and Pillard(1991), Bailey et al.(1993), Hamer et al.(1993).

122　법학자 재닛 핼리는 양육 대 본성, 본질 대 구성, 생물학 대 환경의 이분법이 제기하는 문제들을 상세하고 명쾌하게 분석하면서 개인적이고 정치적이며 사회적인 평등을 위한 투쟁의 공통 기반을 발전시키자고 말한다(Halley 1994).

123　Oyama(1985).

124　LeVay(1996).

125　이는 매우 드문 경우라 할 수 있다. 자신이 수행한 연구의 사회적·잠재적 함의를 논의하는 데 엄격히 과학적인 논문 형식을 사용하는 경우는 흔하지 않기 때문이다. Hamer et al.(1993, 326).

126　윌슨은 기술적 차원의 비판보다는 러베이의 연구에 가해진 공격들의 철학적 성격에 관심이 더 많았다. 그녀는 실제로 러베이 자신이 그러했듯이, 이 같은 비판 가운데 상당수가 타당하다고 인정한다(LeVay 1996 참고). 기술적 차원의 비판에

대해서는 Fausto-Sterling(1992a; 1992b), Byne and Parsons(1993) 참고.

127 윌슨은 러베이에게 즉각 반생물학적으로 반응한 페미니스트 목록에 나를
포함한다. 나는 신체를 배제한 채 인간의 섹슈얼리티를 생각한 적이 없다. 하지만 당시
나는 본질주의와 반본질주의의 이원론에 사로잡혀 있었고, 이 때문에 그런 나의
생각을 지면에 옮기지 않도록 조심했던 것은 사실이다. 여성과 동성애, 유색인을
억압하는 본질주의 이데올로기의 역사는 내 사고에도 막대한 영향력을 행사해 왔다.
이제야 나는 발달 체계 이론을 통해 어떻게 이 같은 딜레마에서 벗어날 수 있는지
깨닫게 되었고, 비로소 이 문제들을 지면에서 논의하기 시작했다.

128 Wilson(1998, 203).

129 여기서 나는 자신의 아이디어를 뇌 기능에 적용하거나 컴퓨터의 신경망
모델을 활용해 뇌 기능 모델을 만드는 몇몇 연결주의자에 대해 다룰 예정이다.

130 심리학자 에스더 텔렌은 "현재의 관점은 다중 모달 정보가 처리 경로를
따라 여러 부위에서 빈번히 결합하며, 지각 결합이 일어나는 뇌의 국재화局在化,
localization[신경과학의 주요 개념으로, 특정 인지 기능, 감각 처리 및 운동 제어 같은 정신
활동이 대뇌피질이나 특정 뇌 부위에 위치(국재)하거나 분포돼 있다는 주장을 말한다]된 단일
영역은 존재하지 않는다는 것이다"라고 서술한다(Thelen 1995, 89).

연결주의자들은 노드nodes나 유닛units(예컨대, 신경세포일 수 있다)이라고 불리는
처리 요소들을 상정한다. 노드는 신호를 받거나 그 신호를 다른 노드로 보내는 일을
모두 할 수 있는 여러 개의 연결선을 갖고 있다. 연결이 달라지면 가중치나 강도도
달라진다. 어떤 노드들은 신호를 보내는 반면, 어떤 노드들은 받는다. 이 두 가지
유형의 노드들 사이에 자신이 받은 신호를 변형하는 층들이 하나 이상 놓인다. 변형은
기본 규칙에 따라 일어난다. 한 유형은 일대일(즉, 선형) 전송이고 다른 하나는
역치다(즉, 입력이 특정 수준 이상이면 새로운 반응이 활성화된다). 실제 인간의 행동과
가장 비슷하고 인지심리학자들의 상상력을 자극하는 모델은 비선형적인 신경
네트워크 반응 모델이다.

131 나는 다음 세 가지 출처로부터 정보를 취합해 복잡한 분야에 대한 이
기초적인 설명을 작성했다. Wilson(1998), Pinker(1997), Elman et al.(1996).

132 최근, 쥐 행동 연구들에서 이 같은 사실이 입증되었다. 북아메리카 대륙의
서로 다른 지역들에 위치한 세 연구팀이 유전적으로 동일한 품종의 쥐를 사용해
동일한 행동을 유도하려 했다. 이를 위해, 그들은 가능한 모든 측면에서 실험을 표준화
— 동일한 시간대, 동일한 장치, 동일한 테스트 등 — 했다. 하지만 결과는 매우
달랐다. 실험실 특유의 환경적 영향이 쥐들의 행동에 영향을 미친 것이 분명해
보였지만, 연구자들은 어떤 요인들이 중요한지 파악할 수 없었다. 그들은 유전적
결함이 행동에 영향을 미친다고 결론 내리기 전에 신중을 기해 다양한 장소에서
실험을 수행할 것을 강력히 권고했다(Crabbe et al. 1999).

133 연구자들이 일란성쌍둥이에게 퍼즐을 풀게 하면, 쌍둥이는 서로 아무
관계가 없는 한 쌍의 일반인보다 훨씬 더 비슷한 답을 제시한다. 그러나
양전자단층촬영PET 스캔을 활용해 추적 관찰하면 퍼즐을 푸는 동안 쌍둥이의 뇌는
동일한 기능을 보이지 않는다. "유전자가 동일한 일란성쌍둥이도 결코 동일한 뇌를
가지고 있지 않다. 모든 측정 수치가 다르다." 이런 결과는 행동에 대한 발달 체계적
설명을 통해 해명할 수 있지만, 유전자가 행동을 "프로그램" 한다는 설명으로는

해명하기 어렵다(Sapolsky 1997, 42).

134 Elman et al.(1996, 359). Fischer(1990)도 참고.

135 조앤 후지무라는 "어떤 것이 구성되었다고 해서 그것이 실재하지 않는다는 의미는 아니다"라고 서술한다(Fujimura 1997, 4). 해러웨이에 따르면, "몸은 완전히 '실재'한다. [특별한 종류의 몸의 공간화인] 신체화corporealization에 관한 어떤 것도 '단순한 허구'가 아니다. 그러나 신체화는 그 조직의 모든 층위에서 구성적tropic이고 역사적으로 특수한 형태를 갖는다"(Haraway 1997, 142[286쪽]).

136 해러웨이는 뇌들보 같은 부위를 거기서부터 "세상 구석구석으로 이어지는 끈끈한 실"이 자라나는 접속점으로 상상한다(구체적 사례는 이 책의 8장과 9장 참고). 생물학자, 의사, 심리학자와 사회학자는 모두 인간의 섹슈얼리티에 대한 믿음을 구성하기 위해 "상업, 대중문화, 사회적 투쟁 … 몸의 역사 … 전해 내려오는 서사, 새로운 이야기", 신경학, 유전학, 진화 이론을 비롯한 일군의 "지식을 만드는 실천들"을 이용한다(Haraway 1997, 129[264-265쪽]). 그녀는 이 구성 과정을 물질-기호학적 실천으로, 사물 그 자체를 물질-기호학적 사물로 말한다. 그녀는 이 복합어를 실재와 구성의 구분을 뛰어넘으려는 매우 명확한 의도를 갖고 사용한다. 인간의 몸은 실재(즉, 물질)이지만 그 몸은 오직 언어를 통해서만, 즉 음성언어와 그 밖의 신호들을 사용해서만 상호작용한다. 따라서 이 복합어에는 '기호학적'이라는 단어가 포함된다.

137 이것은 본성을 나누는 고정된 방식이 없다는 뒤프레의 주장(Dupré 1993)과 과학이 작동하는 방식을 살펴보자는 라투르의 요청(Latour 1987)을 잘 보여 주는 사례다.

138 물론 연결주의자들은 행동과 동기가 뇌 속에서 영구불변의 위치를 가진다고 믿지 않는다. 대신 그들은 행동을 동적인 과정의 결과로 본다.

2장 지배적인 성별

1 Epstein(1990)에서 인용. 엡스타인과 재닛 골든은 수이담 이야기를 발굴해 다른 학자들이 이 이야기를 활용할 수 있게 했다.

2 『사이언스』의 검증 팀은 수이담이 살았던 솔즈베리시에 해당 이야기를 확인해 달라고 요청했다. 그 도시의 관리들은 수이담의 친척들이 여전히 그곳에 살고 있으며, 이 이야기가 아직도 몇몇 지역 주민을 괴롭히고 있기 때문에 그의 성을 비밀에 부쳐 달라고 요청했다.

3 Halley(1991).

4 Kolata(1998a).

5 나는 이 구절을 Epstein(1990)에 빚지고 있다.

6 영은 고대에서 현대에 이르기까지 자웅동체에 관한 포괄적이면서도 매우 읽기 쉬운 논평을 제공한다(Young 1937).

7 Ibid.

8 이 논의는 다음 자료를 토대로 했다. Epstein(1990), Epstein and Straub(1991), Jones and Stallybrass(1991), Cadden(1993), Park(1990).

9 중세의 성 결정과 젠더의 의미에 대한 내 설명은 Cadden(1993)을 토대로 한 것이다.

10 이 발상의 한 변형은 자궁에 다섯 개의 방이 있으며, 그 중간에 놓인 방 한 개에서 자웅동체가 형성된다고 한다.

11 Cadden(1993, 213).

12 Ibid., 214.

13 Jones and Stallybrass(1991).

14 Ibid., Daston and Park(1985).

15 Matthews(1959, 247-248). 나는 동료인 페페 아모르 이 바스케즈 교수 덕분에 이 사건에 관심을 가지게 됐다.

16 Jones and Stallybrass(1991, 105)에서 인용.

17 Ibid., 90에서 인용.

18 여러 역사가들은 동성애에 대한 관심이 자웅동체를 사회적으로 규제해야 한다는 생각을 증대했다는 점에 주목한다. 사실, 동성애는 때때로 자웅동체의 한 형태로 묘사된다. 따라서 간성성은 상대적으로 드문 일이었음에도 종교와 법의 권위자들뿐만 아니라 의사들도 관심을 보이는 광범위한 범주의 성적 변이에 속했(고 속한)다. Epstein(1990), Park(1990), Epstein and Straub(1991), Dreger(1998a; 1998b)의 논의를 참고.

19 Coleman(1971), Nyhart(1995).

20 Foucault(1970), Porter(1986), Poovey(1995). 통계학의 사회적 기원에 대한 더 많은 논의는 이 책의 5장을 참고.

21 Daston(1992).

22 Dreger(1988b, 33)에서 인용.

23 더 이전 시기에 "괴물 같은 출생"을 어떻게 다뤘는지는 Daston and Parks(1998)를, 생틸레르에 대한 현대 과학자들의 평가는 Morin(1996) 참고.

24 이 언급은 Thomson(1996)과 Dreger(1998b)의 영향을 받았다. 현대의 생식과 유전 기술이 이 경이로운 육체들을 제거하는 방향으로 어떻게 우리를 밀고 나갔는지에 대해서는 Hubbard(1990) 참고.

25 분류의 사회적 기능과 사회의 이데올로기가 특정 분류 체계를 생산하는 방식에 대한 논의는 Schiebinger(1993b)와 Dreger(1998b) 참고.

26 Dreger(1998b).

27 Ibid., 143에서 인용.

28 Dreger(1998b, 146).

29 19세기에 현미경은, 계속 개선되긴 했어도, 새로운 물건은 아니었다. 조직을 매우 얇은 가느다란 조각으로 저미고 그것을 현미경으로 조사할 때 선명하게 보이도록 염색하는 기술의 발전이 현미경만큼이나 중요했다(Nyhart 1995).

30 Dreger(1998b, 150).

31 이 "현대적" 체계를 사용한 현재의 추정에 대해서는 Blackless et al.(2000) 참고.

32 신체적 차이에 대한 과학을 활용한 사례들에 대해서는 Russett(1989) 참고.

33 Sterling(1991).

34 Newman(1985).

35 Clarke(1873), Howe(1874). 과학계에 진입하기 위해 여성들이 100여 년 동안 벌인 투쟁에 대해서는 Rossiter(1982; 1995) 참고.

36 역사학자 드레거는 영국과 프랑스의 의학 문헌들에 등재된 300개가 넘는 사례를 토대로 책을 썼다.

37 Dreger(1998b, 161)에서 인용.

38 Newsom(1994).

39 이 남성은 요도가 음경 끝 부위에 뚫려 있지 않은 요도하열로 고통받고 있었다. 요도하열을 가진 남성들은 배뇨에 곤란을 겪기도 한다.

40 Hausman(1995, 80)에서 인용.

41 실질적인 자웅동체는 양성애자와는 다르다. 양성애자는 완전한 남성 혹은 여성이지만 완전한 이성애자는 아니다. 영에 따르면, 실질적인 자웅동체는 여성과 성관계 시 자기 신체의 남성 부위를 사용해 남성 역할을 수행하고, 남성과 성관계 시에는 여성 부위를 사용해 여성 역할을 수행하는 사람을 의미했다.

42 Young(1937, 140, 142).

43 Ibid., 139.

44 Dicks and Childers(1934, 508, 510).

45 최신 의학 저술들은 자궁 내 유전자 치료를 미래에 활용하는 방안을 깊이 고민하고 있다. 이론상 이런 치료는 보다 일반적인 형태의 많은 간성성을 '예방'할 수 있다. Donahoe et al.(1991) 참고.

46 의학계에서 이런 자기반성이 부족하다는 증거는 Kessler(1990)에서 찾을 수 있다.

3장 젠더와 생식기: 현대 간성인의 활용과 남용

1 미국외과학회가 제작한 '외과 수련의들을 위한 교육용 테이프'는 외과 의사 리처드 허위츠의 "신생아에서 모호한 성기를 발견하는 일은 의학과 사회의 응급 상황이다"라는 말로 시작한다. 다음의 인용구들은 간성성에 관한 의학 논문에 전형적으로 나오는 표현이다. "신생아의 모호한 성별은 의학적으로 응급 처치가 필요한 상황이다"(New and Levine 1981, 61). "모호한 성기가 의학으로 응급 처치가 필요한 상황이라는 사실이 지금은 잘 받아들여지고 있지만 10년 전만 해도 그렇지 않았다"(Lobe et al. 1987, 651). "젠더 지정은 신생아 외과의 응급 상황이다"(Pintér and Kosztolányi, 1990, 111). 한 외과의는 "모호한 성기를 가진 아동"의 상태를 "신생아에게 외과적인 응급 처치가 필요한 상황"이라고 불렀다(Canty 1977, 272). 외과의의 목표는 24시간 내에 젠더를 지정하고 "그 아동을 하나의 성별로 만들어 내보내는 것"이다(Lee 1994, 30). 링크와 애덤스는 다음과 같이 서술한다. "새로 부모가 된 사람들에게 닥칠 수 있는 가장 충격적인 문제 가운데 하나는 자신의 자녀가 모호한 성기를 갖고 있다는 사실을 알게 되는 것이다. 이것은 신생아 전문의, 내분비학 전문의, 소아 비뇨기과 전문의와 유전학자가 팀을 이뤄 접근해야 하는 진정한 응급 상황이다"(Rink and Adams 1998, 212). Adkins(1999)도 참고.

2   한 의사는 이렇게 말한다. "성기 이상은 사산 다음으로 아기의 가장 심각한 문제다. 이는 한 개인의 인격과 삶 전체를 위협하기 때문이다." 일생을 타인에게 의존해야 하는 정신지체나 신체의 심각한 손상, 생명을 위협하는 질병조차 남녀가 섞인 생식기를 가진 아기 앞에서는 무색해진다(Hutson 1992, 239). 미국외과학회는 극도로 큰 음핵을 지니고 태어난 여자아이가 장차 어찌 될지 너무나 걱정스럽기 때문에 마취 시술에 심각한 위험이 따를지라도 외과 수술을 시행해야만 한다고 암시한다. 리처드 허위츠 박사는 대부분의 생식기 수술은 마취의 위험을 최소화하기 위해 생후 6개월 뒤에 시행해야만 한다고 말한다. 그러면서도 다음과 같이 덧붙인다. "그러나 음핵이 너무 크다면, 사회적인 이유로 좀 더 일찍 시술할 필요가 있을 수 있다"(ACS-1613: "Surgical Reconstruction of Ambiguous Genitalia in Female Children," 1994).

3   Ellis(1945). 강조는 원문.

4   Money(1952, 8), Money and Hampson(1955), Money et al.(1955a), Money(1955), Money et al.(1995b), Money et al.(1956), Money(1956), Money et al.(1957), Hampson and Money(1955), Hampson(1955), Hampson and Hampson(1961)도 참고.

5   Money et al.(1955a, 308).

6   이와 관련해, 좀 더 최근에 의학박사 루이스 구렌은 Money(1994)의 서문에서 "성별의 정상성은 인간의 기본적 요구다. 신은 인간을 남자와 여자로 창조했다"(ix)라고 썼다.

7   케슬러는 머니의 작업에서 검증되지 않은 다음 가정들에 주목한다. ① 성기는 자연적으로 이형태성을 띠며 성기의 범주는 사회적으로 구성되지 않는다. ② 이형태성이 아닌 성기는 외과 수술로 바꿀 수 있고 바꿔야 한다. ③ 성기가 자연적으로 이형태성이기 때문에 젠더는 반드시 이분법적이다. ④ 이형태성인 성기는 젠더 이분법의 필수 표지다. ⑤ 의사들과 심리학자들에게는 젠더와 성기의 관계를 정의할 정당한 권위가 있다(Kessler 1998, 7). 상세하지만 이해하기 쉬운 이 책에서 케슬러는 공인되지 않은 이 가정들을 각각 체계적으로 분석한다.

8   Dewhurst and Gordon(1963, 1).

9   이것은 이런 종류의 책에서 나타나는 관행으로 보인다. 독자는 의학 서적이 아니라 『허슬러』에 실렸다면 포르노그래피로 보일지도 모르는 가장 은밀한 사진을 보게 된다. 실제로 이 책을 조사하면서, 나는 종종 이 의학 서적에서 간성인 그리고/혹은 그들의 성기 사진을 나보다 앞서 이 책을 본 사람들이 도려낸 흔적을 발견한다. 흥미롭게도, 우리는 항상 성적 모호함을 예시하려고 제작된 "치료 전" 사진을 보지만 "치료 후" 사진을 보는 경우는 비교적 드물다. 여기서 우리는 모든 차이가 흔적 없이 제거됐다고 추정할 것이다. 그러므로 독자는 "자연의" 변덕은 판단할 수 있지만 의사의 수공품은 평가할 수 없다. 〈그림 3-1〉은 아동 전체의 모습이 담긴 드문 사진이다.

10   Dewhurst and Gordon(1963, 3). 독자는 이 "여성"이 "제한적이나마 적응"을 한 이후부터 새로운 고통이 발병한 시기까지 30년 동안 어떻게 살았는지 결코 알 수 없다. 그녀가 결혼을 했는지 혹은 어떻게 생계를 꾸렸는지 분명하지 않다.

11   이 이야기는 내가 읽은 사례, 의사 수련 매뉴얼, 인터뷰와 학술 논문에

기초한다.

12 물론 오르가즘은 전신의 경험이며 음경이나 음핵에만 국한되지 않지만 현대 성과학자는 대부분 팔루스가 이 쾌락적인 생리 반응의 원점이라는 데 동의한다.

13 Baker(1981, 262). 베이커에 따르면, 의사와 부모 간의 상호작용은 첫 3분이 중요하다.

14 의사가 간성 아이의 부모에게 제공하는 표준 답안과 이보다 훨씬 상세한 설명에 대해서는 Kessler(1998) 참고.

15 나는 진성-자웅동체와 가성-자웅동체를 구분하지 말고 간성성이라는 일반 용어로 대체해야 한다고 생각한다. 성 발달 차이를 검토한 한 의학 교과서의 저자들은 현재 네 가지 주된 범주를 사용한다. 생식샘 분화 이상, 여성 가성-자웅동체, 남성 가성-자웅동체, 비정상적인 성 발달의 미분류된 형태들. 그들은 진성-자웅동체라는 용어를 "생식샘 분화 이상"이라는 표제 아래 하위 범주로 옮겼다(Conte and Grumbach 1989, 1, 814. 승인하에 수록).

I. 생식샘 분화 이상
    A. 정세관 형성부전증과 그 이형들(클라인펠터 증후군)
    B. 생식샘 형성부전증과 그 이형들(터너 증후군)
    C. 가족성의 산발적인 XX, XY 생식샘 형성부전증과 그 이형들
    D. 진성-자웅동체
II. 여성 가성-자웅동체
    A. 선천성 남성화 부신 과형성증
    B. 엄마의 순환기에서 전이된 안드로겐과 합성황체호르몬
    C. 장관과 비뇨기관의 기형(여성 가성-자웅동체 중 부신과 관계없는 형태)
    D. 다른 기형 요인
III. 남성 가성-자웅동체
    A. 인간융모성생식샘자극호르몬과 라이디히 세포 발육 부진의 고환 반응 이상
    B. 테스토스테론 생합성의 선천성 오류
        1. 코르티코스테로이드류와 테스토스테론의 합성에 영향을 주는 오류들(선천성 부신 과형성증의 이형들)
            a. 콜레스테롤 곁사슬 절단 결함(선천성 리포이드 부신 과형성증)
            b. 3-베타-하이드록시스테로이드 탈수소효소 결손증
            c. 17-알파 하이드록시화효소 결핍증
        2. 테스토스테론 생합성에 주로 영향을 주는 오류들
            a. 17, 20-분해 효소 결핍증
            b. 17-알파-하이드록시스테로이드 산화 환원효소 결핍증
    C. 안드로겐 의존성 표적 조직들에서의 결손
        1. 안드로겐 호르몬에 대한 종말 기관 내성(안드로겐 수용체 결핍증)
            a. 완전한 안드로겐 무감응 증후군과 그 이형들(고환성 여성화)
            b. 부분적인 안드로겐 무감응 증후군(라이펜슈타인 증후군)
            c. 불임 남성에서의 안드로겐 무감응

2. 말초 조직에서 테스토스테론 대사의 선천성 오류들
　　　a. 5-알파 환원효소 결핍증
　　　- 사춘기에 정상적으로 남성화된 남성 가성-자웅동체
　　　　(비뇨생식동과 남성 사춘기가 모호하게 발달한, 가족력이 있는
　　　　회음부 요도하열)
　　D. 이형성 남성 가성-자웅동체
　　　1. 생식샘 형성부전증의 X염색질 음성 이형들
　　　　(예. XO/XY, XYp-)
　　　2. 가족력이 있는 XY 생식샘 형성부전증의 불완전한 형태
　　　3. 퇴행성 신장 질환과 관련된 것
　　　4. 소멸고환증후군(배아의 고환 퇴행)
　　E. 뮐러관 억제인자의 합성, 분비 혹은 반응성의 결손: 정상 남성에서의
　　　여성 생식관, 즉 서혜 자궁 탈장과 지속성 뮐러관 증후군
　　F. 모체의 프로게스틴 섭취
　IV. 비정상적 성 발달의 미분류된 형태들
　　A. 남성에서
　　　1. 요도하열
　　　2. 다수의 선천적 기형을 가진 XY 남성의 모호한 외성기
　　B. 여성에서
　　　1. 질, 자궁과 나팔관의 부재나 비정상적 발달(로키탄스키 증후군)

16　Money(1968).

17　여기에 제시된 정보는 다음의 출처에서 가져온 것이다. Gross and Meeker (1955), Jones and Wilkins(1961), Overzier(1963), Guinet and Decourt(1969).

18　Federman(1967, 61).

19　세 가지 범주의 간성은 각각 다시 세분화된다. 의학 연구자 폴 기네와 자크 드쿠르는 진성-자웅동체가 상세히 잘 기록된 98개 사례를 네 가지 주요 유형으로 분류했다. 첫 번째 집단(전체 사례 가운데 16퍼센트)은 "여성 분화가 상당히 진행돼" 있었다(Guinet and Decourt 1969, 588). 그들은 대음순과 소음순으로 구분되는 갈라진 외음부를 가지고 있었고, 질과 요도의 개구부가 분리되어 있었다. 사춘기가 되면 유방이 발달하고 대개 생리를 한다. 사춘기에 때때로 음경으로 성장할 위험이 있을 정도로 거대하고 성적 자극에 예민한 음핵은 이 집단의 구성원들이 의학적 치료를 받는 주요 원인이다. 사실, 1960년대 내내 여자아이로 길러진 일부 간성인은 여성에게는 부적절한 것으로 여겨지던 자위행위를 빈번히 했기 때문에 처음으로 의학적 관심을 끌었다. 두 번째 집단의 구성원들(15퍼센트) 역시 유방이 있고 생리를 하며 체형이 여성스럽다. 그러나 그들의 음순은 하나로 합쳐져 부분적으로 음낭을 형성한다. 그들의 팔루스(태아에서 발견되는 구조로 대개 음핵이나 음경이 된다)는 길이가 1.5~2.8인치[약 3.8~7.1센티미터]에 달하며, 질 내부나 주변부에 위치한 요도를 통해 소변을 본다. [세 번째 집단인] 대부분의 진성-자웅동체(55퍼센트)는 훨씬 남성스러운 육체를 갖고 있다. 요도가 팔루스를 관통하고 있거나 근처에 있어서 음핵이라기보다는 음경처럼 보인다. 배뇨 시 생리혈이 주기적으로 나온다(혈뇨로 알려진 현상). 정상으로 보이는 음낭 위에 위치한 질(음순이 없는)은 종종 너무 좁아 이성과의 성관계가

불가능하다. 마지막 집단(13퍼센트)에서도 성기의 외양은 비교적 남성적이지만 사춘기에 유방이 발달하는 것은 마찬가지다. 이들은 팔루스와 음낭이 완전히 정상이며 질은 흔적만 남아 있다.

사실상 모든 진성-자웅동체가 몸 안에 자궁과 적어도 한 개의 난관(정자가 이동하는 관과 다양하게 결합돼 있는)을 갖고 있다. 완전히 신뢰할 수는 없지만 염색체 조성에 관한 자료들에 따르면, 대부분의 진성-자웅동체가 두 개의 X염색체를 지니고 있다. 아주 드물게 XY가 있으며, 가끔 XX와 XY 조직이 섞여 있다(아니면 X염색체와 Y염색체가 훨씬 기이하게 묶여 있다)(Federman 1967). 하지만 한정된 조직 표본에서 유전적 혼합물(즉, 모자이크)의 가능성을 배제하는 일이 사실상 불가능하기 때문에 이 자료들은 신뢰할 수 없다. 이 분야에서 이뤄진 가장 최근의 연구는 분자 수준에서 접근했는데, 이 방법은 너무 작아 현미경으로 볼 수 없는 특정 유전자들의 존재와 부재를 입증할 수 있다. 그러나 여기서도, 조직 표본의 문제가 남아 있다. 예를 들면, Fechner et al.(1994)와 Kuhnle et al.(1994) 참고.

20 Blackless et al.(2000). 그리고 위의 주 15에 나온 [간성의 유형 범주] 목록 참고.

21 이에 대한 여러 가지 기술적인 이유를 Blackless et al.(2000)에서 발견할 수 있다.

22 어떤 유전 형질도 개체군마다 유전자 빈도가 달라진다. 그러므로 백색증에 대한 내 설명은 미국에서는 사실이지만 백색증 유전자가 보다 흔한 다른 지역에서는 사실이 아닐 수 있다. 백인에서 외과 수술이 "필요한" 간성인 출생률의 추정치는 낭포성섬유증cystic fibrosis의 빈도(2500명 중 한 명)에 근접한다.

23 New et al.(1989; 1888; 1896), Blackless et al.(2000).

24 소위 키메라 배아는 쥐 같은 모델 생물을 통해 발달을 연구하는 과학자들에 의해 만들어진다. 이 경우, 물론 이 키메라는 우연이다. 그러나 체외수정이 증가한다면, 이런 사건들이 재발할 것이다(Strain et al. 1998).

25 에스트로겐과 유사한 작용을 하는 환경호르몬에 대해서는 Cheek and McLachlan(1998), Clark et al.(1998), Dolk et al.(1998), Golden et al.(1998), Landrigan et al.(1998), Olsen et al.(1998), Santti et al.(1998), Skakkebaek et al.(1998), Tyler et al.(1998) 참고.

26 사이보그(일부는 인간, 일부는 기계인 존재) 개념에 대해 학계의 관심이 증가하는 모습이 이런 변화를 입증한다. 인간들은 심박 조율기, 인공 심장, 에스트로겐 임플란트, 성형수술 등을 받을 수 있다. 이와 관련해 Haraway(1991)는 획기적인 책이다. Downey and Dumit(1997)도 참고.

27 아이의 염색체나 생식기 모습을 알게 되면, 출생이 이루어지기 훨씬 전부터 아이의 젠더를 정의하는 과정이 시작된다. 레이나 랩은 여성의 다양한 목소리에 귀를 기울여야 하며, 우리가 새로운 생식 기술의 수동적인 희생자가 될 것이라고 가정해서는 안 된다고 주장한다(Rapp 1997).

28 Butler(1993, 2[23쪽]).

29 Speiser et al.(1992), Laue and Rennert(1995), Wilson et al.(1995), Wedell(1998), Kalaitzoglou and New(1993).

30 Laue and Rennert(1995, 131)와 New(1998).

31 가장 이른 시기에 사용할 수 있는 방법은 태아를 둘러싸고 있는 보호막 중 하나인 융모막에서 채취한 조직 표본을 검사하는 것이다.

32 Laue and Rennert(1995, 131).

33 예기치 않게, 또 아직 이해하지 못한 이유로 선천성 부신 과형성증이 있는 몇몇 XY 아동의 성기는 부분적으로 여성화된다(Pang 1994).

34 Karaviti et al.(1992), Mercado et al.(1995), New(1998)의 치료 프로토콜 순서 도표를 참고.

35 아직도 언제가 적절한 시기인지 확신할 수 없다. 한 연구는 임신 16주 차까지 덱사메타손 치료를 시작하지 않았는데도 여성의 생식기를 가진 아동이 탄생한 사례를 보고한다(Quercia et al. 1998).

36 Mercado et al.(1995).

37 Lajic et al.(1998).

38 이 검사에서는 융모막에서 표본을 채취하거나, 잘 알려진 양수 검사를 실시한다.

39 Pang(1994, 165-166).

40 Trautman et al.(1995).

41 Seckl and Miller(1997, 1077). 이 저자들은 또한 다음과 같이 언급한다. "선천성 부신 과형성증 위험이 있는 여덟 명의 태아 가운데 일곱 명을 불필요하게, 장기적 효과가 알려지지 않은 실험적 치료의 대상으로 삼은 행위의 윤리성을 둘러싼 논의가 아직 마무리되지 않았고, 장기적 안전성과 결과 역시 확립되지 않았다. 따라서 이런 태아기의 치료는 여전히 실험적인 치료로 남아 있다"(1078).

42 Mercado et al.(1995).

43 Trautman et al.(1996).

44 일례로 Speiser and New(1994a; 1994b) 참고.

45 Donahoe et al.(1991).

46 Ibid., 527.

47 Lee(1994, 58).

48 Flatau et al.(1975). 최근, 미숙아의 음경 크기에 대한 기준이 발표되었다. 이는 우리가 미숙아의 성기 외과 수술을 곧 목도하게 될 것이라는 뜻일까? Tuladhar et al.(1998) 참고. 우려되는 바는 조산과 무관한 작은 음경의 경우, 그것이 인지되자마자 곧바로 '치료'되거나 성별 재지정 절차를 밟게 될 것이라는 점이다.

49 Donahoe et al.(1991).

50 이 구절은 리어노어 티퍼의 논의에 바탕을 둔다. 그는 특정 유형의 성기능에 대한 요구가 어떻게 정상화되었는지 설득력 있게 기술한 바 있다. 비아그라에 대한 수요 급증은 음경 기능의 이상화idealization가 일상생활에서의 실제 규범을 반영하지 않는다는 것을 시사한다(Tiefer 1994a; 1994b).

51 이 저자들은 자신들의 연구가 요도 구멍 위치의 정상 분포에 대한 첫 연구이며 요도하열 수술이 필요한지 여부를 결정하는 토대가 될 것이라는 점을 강조한다(Fichtner et al. 1995).

52 이 주장은 미국외과협회의 교육 테이프 ACS-1613, 「여아에서 모호한 생식기의 외과적인 재건」Surgical Reconstruction of Ambiguous Genitalia in Female Children

섹싱 더 바디

(1994)에 바탕을 둔다.

53 Newman et al.(1992a, 646)에 따르면, 중요한 것은 "남성의 요도로 기능하기에, 또래들과 비교했을 때 만족스러운 외양을 제공하기에, 또한 성행위 시 만족감을 주기에 음경의 크기가 충분한가이다." Kupfer et al.(1992), 특히 p. 328 참고.

54 Donahoe and Lee(1988, 233).

55 크기에 대한 집착은 보편적이지 않다. [고대] 그리스인들은 음경이 작을수록 남성적이고 섹시하다고 생각했다.

56 Kessler(1998).

57 Sripathi et al.(1997, 786-787). 이 사례에 대해 한 논평자는 "중동에서 뒤늦게 선천성 부신 과형성증으로 진단받은 환자들의 양육 성별에 대한 태도, 특히 성기를 여성화하는 수술에 대한 태도는 유럽인들에게서 나타나는 태도와 매우 다를 수 있다는 사실을 인정해야만 한다"라고 썼다(Frank 1997, 789). Ozbey(1998)와 Abdullah et al.(1991)도 참고.

58 Kessler(1990, 18-19).

59 Hendricks(1993, 15). 일부 외과의의 태도에 대한 더 많은 정보는 Miller(1993) 참고.

60 예컨대 Kumar et al.(1974)에서 음핵 크기에 대한 논의를 참고.

61 Riley and Rosenbloom(1980).

62 Oberfield et al.(1989). Sane and Pescovitz(1992)도 참고.

63 Lee(1994, 59).

64 의사들은 이와 같은 경우들을 "특발성 음핵비대증", 즉 음핵이 알려지지 않은 이유로 커지는 증상이라고 부른다.

65 Gross et al.(1966).

66 Fausto-Sterling(1993c).

67 Sagehashi(1993, 956)와 Masters and Johnson(1966)에 실린 밀턴 에저턴 박사의 논의를 참고. 1994년에 있었던 전화 인터뷰에서 저드슨 랜돌프 박사는 내게 자신의 외과 간호사 중 한 명이 완전한 음핵절제의 필요성에 대해 의문을 제기한 후 덜 극단적인 음핵퇴축 수술을 개발했다고 이야기했다.

68 Randolf and Hung(1970, 230).

69 Smith(1997).

70 Stecker et al.(1981, 539).

71 다음은 요도하열에 대한 최신 논문 가운데 일부를 추린 것이다. Abu-Arafeh et al.(1998), Andrews et al.(1998), Asopa(1998), Caldamone et al.(1998), De Grazia et al.(1998), Devesa et al.(1998), Dolk(1998), Dolk et al.(1998), Duel et al.(1998), Fichtner et al.(1998), Figueroa and Fitzpatrick(1998), Gittes et al.(1998), Hayashi, Maruyama, et al.(1998), Hayashi, Mogami, et al.(1998), Hoebeke et al.(1997), Johnson and Coleman(1998), Kojima et al.(1998), Kropfl et al.(1998), Lindgren et al.(1998), Njinou et al.(1998), Nonomura et al.(1998), Perovic(1998), Perovic and Djordjevic(1998), Perovic, Djordjevic, et al.(1998), Perovic, Vukadinovic, et al.(1998), Piro et al.(1998), Retik and Borer(1998), Rosenbloom(1998), Rushton and

Belman(1998), Snodgrass et al.(1998), Titley and Bracka(1998), Tuladhar et al.(1998), Vandersteen and Husmann(1998), Yavuzer et al.(1998). 표제어로 hypospadias(요도하열)를 사용해 메드라인Medline을 다년간 검색한 결과 이 주제에 대해 2000편 이상의 의학 논문을 발견했다. 요도하열 수술에 대한 세련된 옹호로는 Glassberg(1999) 참고.

72 예를 들면, Duckett and Snyder(1992), Gearhart and Borland(1992), Koyanagi et al.(1994), Andrews et al.(1998), Duel et al.(1998), Hayashi, Mogami, et al.(1998), Retik and Borer(1998), Vandersteen and Husmann(1998), Issa and Gearhart(1989), Jayanthi et al.(1994), Teague et al.(1994), Ehrlich and Alter(1996) 참고.

73 Duckett(1996, 134).

74 햄프슨 부부에 따르면, "신체의 외양은 심리적인 기능 발달에 간접적이지만 매우 중요한 영향을 미친다. 여기에는 우리가 젠더 역할이나 심리성적 지향이라고 부르는 것들도 포함된다"(Hampson and Hampson 1961, 1415).

75 Ibid., 1417.

76 Peris(1960, 165).

77 Slijper et al.(1994, 10-11).

78 Ibid., 14.

79 Lee et al.(1980, 161-162).

80 Forest(1981, 149).

81 조기에 이루어지는 생식샘 절제술에 반대하는 주장으로는 Diamond and Sigmundson(1997a) 참고.

82 Kessler(1990, 23).

83 그들은 이렇게 서술했다. "할당된 성별과 양육 환경은 염색체상의 성별, 생식샘의 성별, 호르몬의 성별, 부수적인 내부 생식기관의 형태 혹은 외부 생식기의 모호한 형태보다 일관되고 현저하게 자웅동체의 젠더 역할과 성적 지향을 훨씬 신뢰할 만한 수준에서 예언해 준다"(Money et al. 1957, 333-334)[본문에서 인용하고 있는 내용은 그 맥락을 좀 더 명확히 하기 위해 저자가 인용한 것보다 좀 더 길게 인용했다].

84 이것은 30년 후 엄마의 발언과는 상충한다. 이때 존의 엄마는 주름 장식이 달린 드레스를 찢어 버리려고 했다는 존의 기억을 확인해 주었다. 종종 사례연구들에서 얻은 정보의 유용성을 평가할 때 제3자의 기억과 해석은 어려움을 제기한다.

85 Money and Ehrhardt(1972, 144-145, 152). 머니는 자신이 19세기와 20세기 초반을 풍미했던 "생식샘의 압제"(Dreger 1998b)를 근절하고 싶었다고 말했다. 그는 생식샘의 압제로 말미암아 심리적으로 부적절한 성별이 지정된다고 자주 느꼈다. 그러나 이 수사적 표현이 진심으로 들리지는 않는다. 머니가 알고 있었음이 틀림없는 영W. H. Young 같은 의사들은 이미 오래전부터 성별을 지정할 때 생식샘만을 활용하지 않았기 때문이다. 아마도 머니는 단순히 시골구석에 있는 여전히 무지몽매한 의사들에게 이 연구 결과를 알리고 싶었던 것일 수도 있다. 어쩌면 그는 가족의 생계를 부양하는 아빠와 전업주부 엄마로 이루어진 "적절한 가족"과 그 역할 모델의 중요성을 강조했던 1950년대의 신프로이트파 심리학이라는 더 큰 물결에 편승하고

있었는지도 모른다. 머니의 이념 정향이 무엇이었고 그것이 그의 연구를 어떻게
형성했는지 정확히 파악하려면 더 많은 역사적 연구가 필요하다.

86 외견상 급진적으로 보이는 관점이 의학 담론을 완전히 장악해, 최근까지도
간성 치료에 대한 머니와 동료들의 접근 방식에 도전하는 것이 왜 이토록
어려워졌는지는 불분명하다. 이와 관련해 케슬러는 다음과 같이 언급한다.
"대중매체와는 달리, 이 사례에서 내가 관심을 가지는 부분은 그것이 젠더 발달에
대한 생물학적 이론을 지지하는지 아니면 사회구성적 이론을 지지하는지 여부가
아니라, 나와 맥케나를 비롯한 젠더 이론가들이 젠더 가소성에 대한 머니의 이론을
그렇게 열렬히 받아들인 이유가 무엇이었느냐. 또한 왜 이 이론이 간성 아동의
부모에게 가르치는 유일한 이론이 된 것일까?"(Kessler 1998, 7).

87 다이아몬드는 논문의 「감사의 글」에서 다음과 같이 적고 있다. "이 논문을
쓰도록 맨 처음 제안한 로버트 고이에게 감사드린다. 또 논문을 서술하는 데 필요한
이론과 문제에 대해 통찰력 있는 논의를 해 주신 윌리엄 영, 찰스 피닉스, 아널드 제럴
박사님들께도 감사드린다"(Diamond 1965, 169). 주커는 "따라서 아주 멋진
변증법적인 방식 속에서, 머니와 동료들이 인간의 심리성적 분화의 측면에서
심리사회적 요인의 중요성을 강조하는 동안, 하등동물의 심리성적 분화에서는 그것에
영향을 미치는 생물학적 요인에 대한 이론과 방법, 패러다임이 정립되고 있었다"라고
언급한다(Zucker 1996, 151).

88 나중에 로버트 고이는 이 접근법을 붉은털원숭이 연구로 확장했다. 이
패러다임은 Phoenix et al.(1959)에서 가장 영향력 있는 형태로 명확히 표현됐다. 나는
이 패러다임과 피닉스의 논문을 8장에서 상세히 논했다.

89 설치류를 대상으로 한 조직화/활성화 이론의 역사는 또 다른 이야기다(이
책의 8장 참고). 그것이 영장류에게 어느 정도나 적용될 수 있느냐는 여전히
논쟁거리다(Bleier 1984와 Byne 1995 참고).

90 Diamond(1965).

91 Ibid., 148, 150. 강조는 인용자.

92 다이아몬드는 이렇게 서술했다. "인간이 잘못 부여된 젠더 역할에 **적응할** 수
있을지라도, ① 그것이 태아기의 요인들이 정상적으로 영향력을 미치고 있지 않다는
의미는 아니며, ② 타고난 생물학적 소인이 없다면 적응하기 어렵다는 의미도
아니다." 그는 또한 인간은 척추동물에서 나타나는 공통적 특징을 공유하고 있으며,
따라서 다른 동물들과 비슷한 발달 체계를 가질 것이라 기대해야 한다고
주장했다(Diamond 1965, 150. 강조는 원문).

93 내가 보기엔 머니의 이론에 대한 다이아몬드의 묘사는 부정확하다.
다이아몬드의 묘사에 따르면, 머니는 젠더 정체성이 양육 환경에만 반응해 발달하는
것처럼 보이는 심리성적으로 미분화된 아동을 다룬다. 여기서 젠더 정체성은 처음에
완전히 선택할 수 있지만, 선택이 제한되는 유아기의 결정적 시기가 지난 후에는
새로운 학습 경험이 "성 발달을 확대하고 지시하는" 것처럼 보인다(Diamond 1965,
168). 머니의 실제 입장은 시간이 지나면서 달라졌고 초기 저작에서조차 출생 시의
완전한 젠더 중립성을 항상 지지하지는 않았다. 다이아몬드는 머니와 자신의 모델을
명확히 구분하기 위해, 때로 일관적이지 않았던 머니의 발상 가운데 가장 극단적인
형태를 선택했다. 이에 대해서는 Zucker(1996) 참고.

94   Diamond(1965, 168).

95   주거 박사의 연구가 게재되고 뒤이어 그 논문에 대한 머니의 부정적인
서평이 실렸다(Zuger 1970; Money 1970). 1966년에『영국의학협회지』에 (반론이
실리지 않은) 짧은 논문이 실렸다. 이 논문 역시 아이가 13세에 여성에서 남성으로 바뀐
것을 얼마나 기뻐했는지, 나중에 그가 어떻게 성공적으로 발달하고 결혼했는지를
직접 설명하는 희귀한 사례를 제공한다(Armstrong 1966).

96   Zuger(1970, 461).

97   머니는 자신의 부정적 사례 목록에 다이아몬드를 포함했다(Money 1970,
464).

98   Money and Ehrhardt(1972, 154). 머니와 이어하트는 여기서 주거와
다이아몬드를 모두 부정적 사례로 언급한다.

99   Diamond(1982, 183).

100   Ibid., 184.

101   Colapinto(1997, 92)에서 인용.

102   Angier(1997b). 1997년에조차 머니의 견해는 너무나 널리 받아들여지고
있어서 다이아몬드와 시그먼드슨은 처음에는 자신들의 논문을 발표할 수
없었다(1998년 다이아몬드와의 개인적 대화).

103   Diamond and Sigmundson(1997b, 303). 강조는 인용자. Diamond and
Sigmundson(1997a)과 Reiner(1997)도 참고. 이 구절에서 다이아몬드는 정상 대 이상
발달 같은 용어를 사용하지 말라는 자신의 조언을 따르지 못했다. Diamond and
Sigmundson(1997a, 1046)의 세 번째 단락 참고.

104   예를 들어, Gilbert et al.(1993), Meyer-Bahlburg et al.(1996),
Reiner(1996), Diamond(1997b), Reiner(1997a; 1997b), Phornphutkul et al.(2000),
Van Wyk(1999), Bin-Abbas et al.(1999) 참고.

105   Diamond and Sigmundson(1997a; 1997b)과 Meyer-Bahlburg et al.(1996),
Zucker(1996), Bradley et al.(1998)을 비교하라.

106   Diamond and Sigmundson(1997b, 304). Lee and Gruppuso(1999),
Chase(1999)도 참고.

107   Bradley et al.(1998, 6-8)(전자 논문 출력본의 쪽수).

108   다음은 그들의 논평 가운데 일부다. "저자들이 … '부정적 양육'에서 생길
수 있는 영향들을 조사하지 않은 점이 흥미롭다. … 그것들이 글에서 바로 튀어나올
것처럼 분명해 보이는데도 말이다. 즉, 존에게는 적응을 잘한 남자 쌍둥이와 자신을
지지해 주는 사랑하는 아버지가 있었던 반면, 브래들리가 담당한 환자의 경우, 그녀가
서너 살 되던 해 알코올의존증이었던 아버지가 떠나 버렸고 … 그 뒤에 들어온
의붓아버지도 알코올의존증이었다. 자신은 한 번도 남자가 되고 싶었던 적이
없었다고 부정할 만도 하다." "26세에 나는 표면상으로는 한 남자와 행복한 이성애
결혼을 했다. 의사들이 내가 어떻게 지냈는지 찾아와 물어본다면, 분명 그렇게 답했을
것이다. 2년 후 나는 이혼했고" 여성들에게 보다 매력적으로 보이도록 "성기를
정상화하는 교정 수술을 추가로 받았다." "나는 1998년 3월 이후 남자로 살아왔다."
다른 몇몇은 26세에도 자신들의 젠더 정체성이 아직 "완성되지" 않았다고 논평했다.
사실, 이 논쟁 전반에 걸쳐 발견할 수 있는 개념은 개인이 반드시 찾아내서 지니고

섹싱 더 바디

살아가야 할 단 하나의 정체성이 존재한다는 것이다. 안타까운 경우는 자신의 진정한 정체성을 결코 알지 못하는 사람이다("나는 그가 트랜스섹슈얼이라고 확신하지만 그는 그 사실을 모른다").

마지막으로, 두 논문 모두에 대해 간성인 논평자들은 "젠더 재지정 거부로 보이는 것은 모든 걸 속속들이 조사받는 트라우마적 상황에 대한 거부일 수도 있다"라고 주장했다. 입원과 수술, 잦은 성기 검사로 인한 트라우마에도 불구하고, "언급된 논문들은 한 개인의 신체 완전성과 그것의 침해 문제보다는 젠더 정체성의 정상/이상order/disorder 문제에만 초점을 맞추었다." 발달 초기의 외과 수술로 인한 트라우마가 이후의 발달과 행동에 어떤 영향을 미칠지 일반적 차원에서 질문을 던진 학자들은 극소수에 불과하다. 이번 온라인 토론에서, 몇몇 성과학자는 간성인 참가자들에게 생각을 말해 줘서 고맙다고 예의 바르게 감사를 표했지만, 그들이 제시한 핵심 논점들을 다룬 사람은 아무도 없었다. 만약 그랬다면, 사례연구를 해석하고 활용해 특정한 젠더 형성 이론을 뒷받침하기는 훨씬 어려웠을 것이다.

109 Money(1998, 113-114).

110 Bérubé(1990, 258).

111 Hampson and Hampson(1961, 1425). Money et al.(1956, 49)에서는 세 명의 자웅동체가 치료를 받았지만 "동성애적 욕망과 성향을 갖고" 있었기 때문에 "경미한 건강 이상"으로 분류했다.

112 Money et al.(1955b, 291-292). 한 연구팀은 이렇게 쓰고 있다. "부모가 ... [자식의] 미래에 대한 두려움, ... 즉 비정상적인 성적 본능에 대한 두려움을 표현할 기회를 많이 갖는 게 중요하다. 부모는 자기 딸이 다른 아이들처럼 이성애를 발달시킬 수 있으며 남성적 특징을 갖지 않을 것이라고 알게 되면 안심할 것이다"(Slijper et al. 1994, 14-15). 여기서 레즈비언이 남성성과 어떻게 연결되는지 주목하라. 또한 다음과 같은 언급도 참고. "우리의 임상 경험에 따르면, 상당수 부모가 — 그중 일부는 진단을 받은 날부터 — 선천성 부신 과형성증인 딸의 심리성적 발달과 성적 지향에 대해 깊이 걱정한다. 따라서 선천성 부신 과형성증 환자와 그 가족들에 대한 임상적·심리사회적 치료에서는 심리성적 발달과 성적 행동, 성적 지향 등과 같은 측면을 모두 고려해야 한다고 ... 권고한다"(Dittmann et al. 1992, 164). 물론 나도 이런 문제들이 간성인 가족들에게 제공되는 상담과 성교육에 포함되어야 한다는 데 동의한다. 여기서 내가 지적하고 싶은 점은, 동성애에 대한 걱정의 책임이 가족에게 전가되는 반면, 치료 팀은 언제나 자신들이 이런 문제들에 대해 진보적이고 개방적인 태도를 가지고 있었던 척한다는 것이다. 간성인에 대한 문헌에서 "나는 동성애가 건강하지 않은 결과라고 생각했지만 지금은 아니라는 걸 깨달았다. 따라서 치료법과 분석법을 다음과 같이 바꿨다"라는 식으로 말하는 치료 전문가나 의사를 나는 한 번도 만난 적이 없다.

113 간성인 커플을 비교한 연구로는 Money and Ehrhardt(1972)의 7장과 8장 참고. 저자들에 따르면, 연구 대상인 이 간성인들은 양육된 성별에 따라 서로 다른 젠더 정체성을 발달시킨 사람들이다. 이런 유형의 사례 비교 연구는 수사적으로 강력한 설득력을 지닌다.

114 이 모든 것이 젠더가 사회적으로 구성되며 섹스는 오해의 소지가 있는 용어라는 수잰 케슬러와 웬디 맥케나의 주장에 신빙성을 부여한다. 그들은 "양성 체계는 주어진 것이 아니다. 체계가 이렇게 된 데에는 사람들에게 책임이 있다"라고

서술한다(1998년 케슬러 및 맥케나와의 개인적 대화). Kessler and McKenna(1978),
Kessler(1998)도 참고. 이 말은 일부 회의주의자가 시사하는 것처럼 사람들이 신체를
만든다는 의미가 아니다. 분류 체계를 만드는 것은 [자연이 아니라] 사람들이며, 양성
체계만이 유일하게 가능한 체계가 아니라는 의미다. 다음 장에서 논의하듯이, 성적인
다양성에 포용적인 태도는 성별이 두 가지뿐이라고 생각하지 않는 시대로 이어질
것이다.

115   Money and Ehrhardt(1972, 235). 강조는 인용자. 머니와 달레리는 다음과
같이 언급한다. "염색체와 생식샘의 성별 기준에 근거해 … 완벽한 여성 동성애자를
만들어 내는 공식은 … 염색체와 생식샘 측면에서 여성인 태아를 택해 … 외부
생식기가 … 분화되는 시기에 … 호르몬을 남성화하는 시스템을 잔뜩 도입하는 것이다.
그런 다음 아기가 출생하면 남자아이로 지정하는 것이다"라고 쓴다(Money and Dalèry
1976, 369). 머니의 견해에서 완벽한 여성 동성애자는 음경과 남성화된 뇌를 갖고
있다는 데 주목하자! 케슬러는 이 같은 상황을 다음과 같이 묘사한다. "(음경처럼
생기고 기능하는) 커다란 음핵을 가진 '여성'이 삽입했을 때 성적으로 만족하는 질을
가진 여성을 어떤 의미에서 레즈비언이라고 말할 수 있을까? 젠더화된 신체가 혼란에
빠지면 성적 지향 역시 그럴 것이다. 현재의 관행처럼 성기가 같은 사람에게 끌리느냐
다른 사람에게 끌리느냐에 따라서 성적 지향을 정의하는 것은 더 이상 합당하지 않을
것이다"(Kessler 1998, 125).

116   Diamond(1965, 158), Diamond and Sigmundson(1997a, 1046-1048).
그러나 여기서도 '정상'normal이라는 단어를 사용하는 것과 같은 실수가 이따금
벌어지고 있음을 볼 수 있다. "거의 압도적인 증거에 따르면, 정상적인 인간은 출생 시
심리성적으로 중립적이지 않으며, 포유류로서 물려받은 특성에 따라 남성적 또는
여성적 방식으로 환경과 가족, 사회의 영향력과 상호작용하는 성향이 있다"(Diamond
and Sigmundson 1997b, 303).

117   Kessler and McKenna(1978). 그들은 다음과 같이 언급한다. "우리는
전통적으로 생물학적인 것으로 여겼던 여성(여아)다움 혹은 남성(남아)다움의
측면들을 거론할 때조차, 섹스보다는 젠더라는 용어를 사용할 것이다. 이는 여성다움
혹은 남성다움의 모든 측면이 기본적으로 사회적으로 구성된 요소로 이루어진다는
우리의 입장을 강조하기 위한 것이다. 이를 위해 예컨대 젠더 염색체처럼, 특히 어색해
보일 때에도 우리는 이 용어를 사용한다"(Kessler and McKenna 1978, 7).

118   성적 차이가 실제로 존재하는지, 발달기의 어느 시기에 드러나는지, 성차가
제대로 측정될 수 있는지의 문제는 여기서 논하지 않는다(Fausto-Sterling 1992b 참고).
이런 차이가 존재한다는 데 동의할지라도 그 차이가 어디서 기원하느냐의
문제가 남는다. 우리는 (섹스라고 불리는) 기존의 신체적 토대 위에 젠더를 겹쳐 놓는,
생물학적 성차 모델에 계속 의존하게 될까?

119   남성성과 여성성, 성욕에 대한 우리의 생각 속에서 이 같은 차이는
구체적으로 어떻게 나오게 되었을까? 현대 의학의 연구를 이해하려면 대체로
빅토리아시대부터 시작해야만 한다. 빅토리아 여왕 치세의 우리 선조들은 남자는
왕성한 성욕을 갖고 있는 반면 여자는 섹스에 관심이 없다고 단언했다. 독일의
성과학자 크라프트-에빙은 여성의 타고난 수동성은 "여성의 성적인 구조에서
기인하는 것이지 어떤 교육을 받고 자랐는지(양육/젠더)에 토대를 둔 것이

아니다"라고 말했다(Katz 1995, 31에서 인용). 이 사고 체계에서 강한 성욕을 가진
여성은, 특히 그녀가 다른 여성을 갈망한다면, 정의상 남성적이었다. 레즈비언이
된다는 것은, 여성의 몸에 남성의 심리와 정서가 깃들어 성의 질서를 전복하는 것을
의미했다(Money and Dalèry 1976, 369). 20세기 초반 25년 동안, 해블록 엘리스 같은
성과학자들은 적어도 부부의 성관계에 대해 저술할 때 여성들이 성적인 열정을
경험한다는 점을 인정했다. 그럼에도 불구하고, 해블록 엘리스와 다른 이들은
남성처럼 행동하는 여성(공격적이고 담배를 피우며 남자 같은 옷을 입고 다른 여성을 연애
상대로 여기는)에게 인버트 개념을 적용했다. 레즈비언 관계에서 수동적인 여성은
레즈비언으로 보이지 않았다. 이에 관한 보다 상세한 논의는 Chauncey(1989)와
Jackson(1987) 참고. 래드클리프 홀이 자신의 소설 『고독의 우물』(1928)에서
멜로드라마의 형식으로 보여 준 것처럼, "수동적인" 상대는 남성과 쉽게 눈이 맞아
달아날 수 있었다. 몇몇 중요한 남성 동성애 이론가들 역시 젠더의 완전한 전도 모델을
굳게 고수했다. 예를 들면, 독일의 개혁가이자 동성애자 인권 옹호자 마그누스
히르슈펠트는 남성 인버트를 정신과 육체 모두 자웅동체인 사람으로 여겼다. 그는
행동에서 드러나는 단서들뿐만 아니라 동성애자의 신체 유형까지 조사했다. 그는
호르몬 연구자 오이겐 슈타이나흐와 한동안 협력했는데, 슈타이나흐는 남성
동성애자의 고환에서 특별한 세포를 발견했다는 주장으로 그를 기쁘게 했다. 그들은
이 세포들이 인버트의 몸과 정신을 여성화하는 호르몬을 생산하는 데 관여한다고
믿었다. 여성과 남성호르몬으로 추정되는 물질에 대한 지식을 구성할 때,
슈타이나흐의 호르몬 연구는 중요한 위상을 갖는다. 이 책의 6장은 그의 연구를 좀 더
상세하게 논한다. 히르슈펠트와 슈타이나흐의 공동 연구에 대한 매력적인 설명은
Sengoopta(1998) 참고.

120　아래 문헌 가운데 상당수가 분명 공간 인지능력의 차이에 대한 연구에
해당될 수 있지만 원론적인 주장을 반복하지 않기 위해 이 연구들을 상세히 다루지
않겠다. 몇몇 핵심 문헌으로는 Hines(1990), Hines and Collaer(1993), Sinforiani et
al.(1994), Hampson et al.(1998)을 들 수 있다. 하인스와 콜래어는 태아기의
테스토스테론 수치와 공간 인지능력 사이의 관계가 호르몬의 영향을 받아 나타나는
놀이 패턴의 차이에 부수적인 것일 수 있다고 제시한다. 그들은 태아기의 안드로겐
노출이 수학 능력의 성차를 야기한다는 발상은 그것을 지지하는 데이터가
"빈약하다"는 점도 발견했다(Hines and Collaer 1993, 19).

121　Abramovich et al.(1987).

122　Magee and Miller(1997, 19). Fuss(1993)와 Magid(1993)도 참고. 남성의
동성애를 남성성 과잉으로 보는 대안 이론이 있다(Sengoopta 1998). 몇몇 논자에
따르면, 이런 남성성 과잉은 현대 미국의 남성 동성애자들이 왜 그렇게 성적으로
왕성한지를 설명해 준다. 비슷하게 유추해 보면 레즈비언들은 성욕의 결핍으로
간주되는 여성의 섹슈얼리티를 과하게 표출하는 상태인지도 모른다. 이런 관점은
소위 '레즈비언의 죽은 침실'lesbian bed death[레즈비언 커플 간의 성적 접촉이 낮은 현상을
일컫는 말]을 설명하는 데 사용돼 왔다(Symons 1979).

123　이와 대조적으로, XY 아동에서는 안드로겐 노출 감소 및 심한 음경
요도하열이 "젠더 전형적인 남성다운 행동의 발달에 지장을 주지" 않는 것으로
나타났다(Sandberg and Meyer-Bahlburg 1995, 693).

124　이전 연구에서 나는 루스 블라이어가 그랬듯이 이 연구들 가운데 상당수를 비판했다(Fausto-Sterling 1992; Bleier 1984). 이 비판에 반응해 최신 연구 몇 건은 실험을 설계할 때 블라인드 테스트로 행동을 평가하거나 성과 관련이 없는 만성질환을 앓고 있는 아동들과 같은 적절한 대조군을 발견하려는 시도를 했다. 그러나 전체적으로 이 연구들은 모두 설계상 아쉬운 점이 많다. 나는 여기서 실험 설계상의 문제들을 다시 들먹이기보다 우리의 젠더 체계가 어떻게 이 연구들의 설계를 지시하고 데이터의 해석을 제한하는지 보여 주고 싶다.

125　그렇지 않을 수도 있다. 예를 들면, 여성성과 남성성이 서로 독립적인 특성이라고 제시하는 직교 모델이 있다. 이 직교 모델을 사용하는 연구자들이 선천성 부신 과형성증 소녀들을 연구할지도 모른다. 다만 그들은 기존과는 다른 행동들을 조사하고 다른 방식으로 구조화된 설문지를 사용할 것이다(Constantinople 1973). 스펜스에 따르면, "성역할 및 젠더와 관련된 다른 현상들의 다차원적인 성격도 인지되기 시작하고 있다. 비록 젠더 정체성이 본질적으로 이형태성일지라도, 남성적 속성과 행동은 여성적 속성 및 행동과 공존할 수 없거나 공존하지 않는다는 일반적인 진술은 효과적으로 논파되고 있다"(Spence 1984). Bem(1993)도 참고. 나아가 또 다른 연구자들이 선천성 부신 과형성증 소녀들을 활용해 만성질환과 반복된 외과 수술이 젠더와 관련된 놀이, 성인기에 대한 예행연습, 사춘기 이후의 연애 대상 선택에 미치는 장기적 효과를 조사하기로 할 수도 있다. 만약 그들이 호르몬이 유발하는 만성질환을 다른 유형의 만성질환과 비교한다면 호르몬의 흥미로운 효과가 밝혀질 수 있다.

126　심리학자들은 종종 선천성 부신 과형성증 아동의 남성성을 규정하기 위해 톰보이즘tomboyism이라는 용어를 사용해 왔다. 수년간 페미니즘의 비판을 받은 이후, 이 용어의 부정확성으로 말미암아 최근 연구자들은 이를 좀 더 구체적으로 정의된 행동 지표들로 대체하고 있는 것으로 보인다.

127　일련의 연구는 선천성 부신 과형성증을 구분하는데, 하나는 증상이 심각한 "염분소실증" 유형이고, 다른 하나는 "단순한 남성화" 유형이다. 전자에서는 정말로 활동성의 차이가 나타나는 것으로 보이는 반면, 후자에서는 남성적인 행동이 덜 두드러진다. 초기의 많은 연구들이 선천성 부신 과형성증의 이 두 유형을 구분하지 않았으나, 이는 서로 다른 행동 유형을 초래할 수 있다. 행동의 차이에 대한 설명은 또다시 생물학적 가능성과 사회적 가능성 사이에서 [어떤 쪽을 택해야 하는가라는] 표준적인 난제를 제기한다(Dittmann et al. 1990a; 1990b 참고).

128　Magee and Miller(1997, 83), Hines and Collaer(1993, 10).

129　Magee and Miller(1997). 애완동물 돌보기는 Leveroni and Berenbaum (1998)을 참고한 것이다. 그들은 가능한 설명을 여러 가지 제시한다. 예컨대 "선천성 부신 과형성증 소녀들은 대조군보다 영유아에 대한 관심은 적지만 양육과 돌봄을 제공하려는 성향이 전반적으로 적지는 않기 때문에 애완동물과 더 많은 시간을 보낼지도 모른다"(Leveroni and Berenbaum 1998, 335). 이 설명은 테스토스테론이 영유아에 대한 관심의 발달은 방해하지만, 영유아를 제외한 다른 존재에 대한 관심과 돌봄이라는 특성은 높은 안드로겐 수치와는 무관하게 존재할 수 있다는 점을 암시한다.

130　Magee and Miller(1997, 87).

131　Dittmann et al.(1992, 164).

132 Hines and Collaer(1993, 12).

133 달리 말해, 그들은 연구비, 논문 출간, 동료 평가, 홍보와 같은 대부분의 척도에서 "훌륭한 과학"을 하고 있다. 다른 논리 체계의 가능성을 인정할 경우에만, 과학이 우습게 보일 수 있다.

134 심리학자 셰리 베렌바움과 멜리사 하인스가 진행한 연구를 살펴보자. 여기서 소년들은 건축 놀이 세트와 트럭을 갖고 놀기 좋아하지만, 소녀들은 인형과 인형의 집, 장난감 부엌 용품을 선호하는 것으로 나타난다. 많은 심리학자들이 어린아이들의 놀이 선호도를 연구할 때 이런 평균적인 성차를 발견했다(분명 특정 장난감들은 문화 특이적이다. 그러나 문화마다 다르게 표현되기는 하지만 놀이 선호도의 성차는 보편적이다). Maccoby(1998)도 참고. 그러나 이런 선호도는 어떻게 생길까? 베렌바움과 하인스는 아이들이 다른 아이들로부터 선호도를 학습한다는 데 동의한다. 그러나 또래 사이의 학습만으로는 전체를 다 설명할 수 없다고 제안한다. "우리가 제시하는 증거는 성별에 특유한 장난감 선호 역시 태아기 혹은 신생아기의 호르몬(안드로겐)과 관련 있음을 보여 준다"(Berenbaum and Hines 1992, 203). 그들은 호르몬이 뇌와 행동에 미치는 영향을 보여 주는 무수히 많은 동물 연구를 언급하면서 선천성 부신 과형성증 소녀들이 "호르몬이 성별 특이적 행동에 미치는 영향을 연구할 수 있는 독특한 기회"를 제공한다고 지적한다(203). 서문에서 그들은 이전 연구들에서 나타나는 설계상 결함을 지적하고 자신들의 연구에서는 이를 개선하겠다고 다짐한다. 구체적으로 그들은, 블라이어와 나 역시 상당 부분 제기했던(Bleier 1984; Fausto-Sterling 1992b), 네 가지 주요 문제점을 언급한다. 즉, 이전의 연구들은 ① 직접적인 관찰보다 인터뷰를 통해 행동을 평가했으며, ② 블라인드 테스트가 아니어서, 데이터를 평가하는 사람들이 자신이 다루는 대상이 실험군인지 대조군인지 알고 있었고, ③ 행동을 연속체의 일부로서가 아니라 유무로 평가했다. 또 ④ 여성적 행동과 남성적 행동이 동일한 개체 내에 공존할 수 있다고 생각하기보다는 단일한 행동 연속체의 양극단에 있는 것으로 취급했다.

그들은 자신들의 다짐을 지켰다. 이전의 연구들과 비교해 이 연구는 실제로 잘 수행되었다. 한 가지 주요한 차이점(나중에 다시 간략히 언급할 것이다)은 베렌바움과 하인스가 자신들이 관찰한 소녀들에서 선천성 부신 과형성증의 심각도를 고려했다는 점이다. 예를 들면, 선천성 부신 과형성증 진단을 받은 연령과 생식기의 남성화 정도를 조사했다. 그들은 소년·소녀들이 젠더에 중립적인 장난감(양성이 똑같이 선호하는 장난감)과 남성이 선호하는 장난감, 여성이 선호하는 장난감을 가지고 노는 놀이 시간을 비디오로 촬영했다. 중립적인 장난감에는 책과 놀이판, 조각 퍼즐 맞추기가 포함됐다. 마지막으로 그들은 두 명의 다른 평가자에게 비디오테이프를 평가하게 했다. 평가자들은 장난감을 선택한 아이들의 상태나 정체성에 대해 알지 못했다.

베렌바움과 하인스가 제시한 긍정적인 주요 발견은 선천성 부신 과형성증에 걸리지 않은 친척 소녀들에 비해 선천성 부신 과형성증 소녀들이 남자아이들의 장난감을 (소년들만큼이나) 더 자주 선택해 더 오랫동안 가지고 놀았다는 것이다. 또 이 소녀들은 여자아이들의 장난감을 덜 갖고 놀았지만 통계적으로 유의미한 차이가 있는 정도는 아니었다. 베렌바움과 하인스는 여아용 장난감을 가지고 노는 시간에서 선천성 부신 과형성증 소녀와 대조군 사이에 나타난 미미한 차이는 실험상 오류일 수 있다고 지적한다(204). 마지막으로, (나는 이 마지막 지점을 그들이 어떻게 처리했는지 검토해 보고 싶었는데) 그들은 "성별 특이적인 장난감을 갖고 노는 시간의 양"은 남성화 정도를 비롯한 "질병의 그 어떤 특징과도 유의미한 상관관계가 없었다" 라고 언급한다(204-205). 그들은 진단 시기와 [놀이 행동 사이의] 상관관계에 대해 구체적 데이터를 제시하지 않지만 이 역시 중요한 정보일 것이다(나는 그들의 표본 크기가 너무 작아 무언가를 이렇다 저렇다 말할 수 없었을 것이라고 추정한다). 무엇보다 아동이 치료받지 않고 보낸 시간이 길수록 높은 농도의 안드로겐에 더 길게 노출될 것이며, 따라서 호르몬의 효과가 실재한다면 그것을 목격할 가능성이 더 커질 것이라고 가정한다면, 이 정보는 매우 흥미로울 수 있다. 나아가 신생아 시기의 호르몬 노출은 이론상으로는 과학자들이 호르몬과 경험이 어떻게 함께 작용해 특정 행동 패턴을 만들어 내는지 조사할 기회를 제공하기 때문에 연구할 가치가 매우 크다. 특히 인간의 경우 중요한 뇌 발달의 상당 부분이 출생 후 일어나기 때문에 더욱 그렇다. 그러나 이 연구자들이 사용한 동물 연구의 분석틀은 이런 질문을 제기할 가능성을 상당히 낮춘다. 이 같은 질문들은 상이한 연구 프로그램과 참조틀 위에서만 제기될 수 있다. 논리적으로 이 같은 유형의 질문들로 이어지는 상이한 동물 행동 연구의 전통이 존재한다. 이를 나는 이 책의 1장과 9장에서 다뤘다. Gottlieb(1997)도 참고.

선천성 부신 과형성증 소녀들이 남자아이의 장난감을 선호하는 정도가 생식기의 남성화 정도와 유의미한 상관관계가 있는지는 왜 중요할까? 연구자들이 동물 발달에 관한 방대한 문헌과 자신들의 연구를 비교하길 원한다는 점을 기억하자. 동물실험에서는 연구자들이 자신들이 시험하고자 하는 호르몬을 발달 과정의 어느 시기에 어떤 농도로 주사해야 하는지 알고 있다. 결정적인 발달 시기를 정의하기 위해, 그들은 용량 반응(투여한 용량이 많을수록, 효과가 커진다)을 보려고 호르몬을 주사하는 양과 시간에 변화를 준다. 하지만 인간을 연구할 때는 이런 실험상의 미세한 조정이 불가능하다. 이 소녀들은 발달 단계상 어느 시기에 얼마나 오랫동안 고농도 안드로겐에 노출됐을까? 우리는 모른다. 그들이 어느 정도의 호르몬에 노출됐을까? 역시 모른다. 이런 정보는 장기적으로 선천성 부신 과형성증 소녀들에 대한 연구 결과를 해석하는 데 중요하지만 사실상 이용할 수 없다. 따라서 동물 연구 문헌의 주장들, "척추동물이 공통적으로 물려받은 유산"(Diamond and Sigmundson 1997b), 불완전하지만 중요한 내부 대조군에 의지할 수밖에 없는 것이다.

이런 대조군 중 하나가 남성화 정도다. 태아의 고환은 수정 후 8주부터 안드로겐을 분비하기 시작하며, 임신 6~9개월에 이르는 동안 안드로겐 수치가 감소하기 시작하지만, 계속해서 임신 후기까지 고농도를 유지한다. 그 영향 속에서 내부와 외부의 생식기가 발달한다(〈그림 3-1〉). 대개, 남자아이의 외부 기관들은 배아가 발달하기 시작한 후 9~12주에 전체적으로 형성되지만, 성장과 미세한 조정은 태어난 이후에도 계속된다. 물론 생식기는 아동기 내내 천천히 자라며 사춘기에는 급격하게 성장한다. 나는 통계적으로 정상에 속하는 시간적 과정을 기술하고 있지만, 이것만이 유일하게 알려진 발달 경로는 아니다. 5-알파 환원효소 결핍증이라 불리는 잘 연구된 유전적 변이에서 남성은 매우 여성스러워 보이는 생식기를 지니고 태어난다. 그러나 사춘기에 음핵이 음경으로 커지고 음순이 봉합되어 음낭을 형성하며 고환이 그곳으로 내려온다. 태아의 테스토스테론이 임신 후기에도 존재한다는 점을 고려할 때(O'Rahilly and Müller 1996, 292에 실린 그래프 참고), 중추신경계가 빠른 속도로 발달하고 있는 광범위한 기간 동안 테스토스테론이 뇌 발달에 영향을 미칠 수 있다.

물론 선천성 부신 과형성증 소녀들에게는 고환이 없다. 그들의 생식기를
남성화한 것은 부신이지만 언제 그 일이 일어나는지는 확실치 않다. 이런 정보 부족은
효소가 제대로 기능하지 않는 선천성 부신 과형성증의 분자적인 측면들이 인상적일
만큼 상세히 밝혀졌다는 사실과 놀랄 만큼 대비된다. 마리아 뉴 박사와 동료들에
따르면, "부신피질 세포의 분화는 배아 발생 초기에 임시적인 태아 영역이
형성되면서 시작된다. 태아 영역은 임신 기간 내내 활성화돼 있다가 출생 후 사라진다.
비록 **태아 영역과 (영구적인) 성인 영역에서 나타나는 스테로이드 합성 일정이 완전히
밝혀지지는 않았지만**, 태아의 생식기 발달이 왕성하게 생합성된 부신 스테로이드의
영향을 받아 일어난다는 점은 분명하다"(New et al. 1989, 1887. 강조는 인용자). 달리
말해, 부신 호르몬의 원천은 임신 2개월 말 무렵에 발달하는 태아의 부신피질과 임신
후기에 발달하는 영구 부신피질, 이렇게 두 가지다. 태아의 부신피질은 출생 후 1년
안에 퇴화돼 사라진다. 오라힐리와 뮐러는 "태아의 부신피질 기능은 명확하지는
않지만, 그 거대한 크기에 비추어 볼 때 그에 상응하는 스테로이드 생산 능력이 있을
것으로 여겨진다"라고 언급한다(O'Rahilly and Müller 1996, 324-325). 극단적으로
선천성 부신 과형성증 여아들은 수정 후 8주부터 출생 후 어느 시점까지 고농도
안드로겐을 경험할 수 있으며, 이는 XY 남아들이 경험하는 것과는 다른 노출
패턴이다. 임신 첫 석 달 동안 태아 부신의 안드로겐 생성을 방해하면 여성의 생식기가
발달할 수 있지만, 선천성 부신 과형성증의 해부학적 효과는 변동성이 크다(Mercado
et al. 1995; Speiser and New 1994a; 1994b). 부신 안드로겐이 과잉 생산되는 정도가
작거나 발달 후기에서야 과잉 생산된다면 짐작컨대 선천성 부신 과형성증 여아들은
좀 더 여성화된 생식기를 가질 것이다. 호르몬 농도가 극단적으로 높거나 발달의 아주
초기부터 생성된다면 생식기는 상당히 남성화될 수 있다. 베렌바움과 하인스의
연구에서 [그들의 발견과는 달리] 생식기의 남성화 정도가 남자아이의 장난감 선호도와
관련이 **있다고** 가정해 보자. 나와 같은 발생학자는 이 결과가 "여성에서 발생 초기의
호르몬 노출이 성별 특이적인 장난감 선호도를 남성화하는 영향을
미친다"(Berenbaum and Hines 1992)라는 주장을 지지한다고 주장했을 것이다.
왜일까? 남성화 정도가 클수록 안드로겐 수치가 높거나 지속 시간이 긴 것이라면, 또
안드로겐 수치가 행동을 증가시킨다면, 안드로겐이 많아질수록 측정된 행동도 (어느
정도까지는) 증가하기 때문이다. 그들이 이런 상관관계를 발견하지 못했다는 것은
어떤 의미일까?

여기서 우리는 문제의 핵심에 도달한다. 일련의 데이터로부터 의미를
도출하려면 어떤 시각적 틀이 필요하다. 발생학자로서의 시각적 틀을 바탕으로 나는
남성화 정도를 특정 선천성 부신 과형성증 여아가 경험한 안드로겐 노출량을
판단하는 척도로 이해했다. 그러나 베렌바움과 하인스는 남성화 정도를 호르몬
용량에 대한 대조군으로 활용하지 않았다. 그들에게 이 확실한 상관관계는 자신들의
가설을 **지지**하기보다 그것에 **반하는** 증거를 제공했을 것이다. 이는 몇몇 연구자는
부모가 음경을 가진 소녀와 가지지 않은 소녀를 다르게 치료했을 것이라고 제안했기
때문이다. 아니면 아이들 스스로 더 남성적인 신체 이미지에 반응했을지도
모른다(사실 나도 이 가능성을 제기한 사람 가운데 한 명이라고 고백한다. 나는 또 다른
준거틀, 즉 페미니스트 활동가의 시각에서 그렇게 했다. 다시 한번 독자에게 말하지만, 이 같은

준거틀로 인해 나는 특정 행동을 생물학적 원인에 의거해 설명하는 이론들, 특히 사회적 평등을 논의하는 자리에서 성적 차이와 인종적 차이의 생물학적 원인을 이야기하는 이론들에 대해 지극히 회의적이었다. Fausto-Sterling 1992 참고). 예를 들면, 내가 원고를 작성 중이던 시절(1998년 12월 중순), 러브웹에서는 평등한 기회의 의미에 대한 논의가 맹렬하게 진행되고 있었다. (가명을 사용한) 다음의 인용문은 호르몬과 행동 분야에서 굉장히 존경받는 연구자인, 토론 참가자 가운데 한 명의 언급이다. "존은 자신이 성차를 없애는 데 관심이 없다고 말한다. 수전은 자신도 그렇다고 말하지만 기회의 평등은 원한다. 이는 성차가 반드시 기회의 불평등으로 이어지지는 않는다는 것을 암시한다. 나는 이 리스트서브[러브웹]에 있는 몇몇은 성차가 존재하는 한 기회의 평등을 달성할 수 없다고 주장할 것이라고 짐작한다. 이런 견해는 모든 성차가 사회적으로 구성되며 따라서 기회의 불평등을 구현한다는 믿음을 반영하는 것인가? 그렇다면, 내 질문은 다음과 같다. 성적 차이는 성별 간 기회의 평등을 달성하기 위해 제거되어야 할까? 예를 들면, 기회의 평등은 남성과 여성이 둘 다 아이를 임신할 수 있어야만 가능할까?"

만약 부모의 행동이나 변화된 신체 이미지가 핵심이라면, 변화된 행동은 호르몬이 뇌에 직접 작용한 결과가 아닐 수도 있다. 이런 상관관계가 없었기 때문에 베렌바움과 하인스는 부모들이 선천성 부신 과형성증 소녀를 사회화하는 방식과 선천성 부신 과형성증에 안 걸린 친척 소녀를 사회화하는 방식에 차이가 없어야만 한다고 추론했다. (그들은 설문지를 사용해 부모의 태도를 평가했지만 자신들의 방법을 확신하진 못했다. 그들은 블라인드 평가를 활용해 부모와 아동의 상호작용을 직접 관찰하는 것이 좀 더 신뢰할 만한 정보를 줄 것이라고 언급했다.) 그래서 그들은 안드로겐이 발달 중인 남성의 뇌에 영향을 미쳐 어린 시절에 트럭과 블록 쌓기를 선호하도록 이끈다고 안전한 결론을 내릴 수 있었다. 하인스와 콜레르는 이 질문을 더 심화한다(Hines and Collaer 1993). 다시 그들은 남성화가 일어나지 않은 경우를 활용해 양육 요인에 기초한 해석을 반박하고 대신 발달 중인 뇌에 안드로겐이 직접적으로 효과를 미친다고 주장한다. 그들이 훨씬 더 고심한 부분은, 상관관계의 부재가 배아 발달 측면에서 의미하는 바였다. 그들의 연구에 따르면, 인간에서는 대략 임신 8~24주에 남아의 태아에서 여아의 태아에 비해 안드로겐 수치가 상승하며, 또한 대략 생후 1~6개월에 다시 상승한다. 생식기가 뇌보다 먼저 발달하기 때문에 선천성 부신 과형성증 여아들에서 생식기가 남성화된 정도는 선천성 부신 과형성증이 발현된 시기를 반영하지만, 행동의 변화는 그 이후 안드로겐 수치가 상승한 정도를 반영한다고 추론할 수 있다. 만약 그렇다면 행동과 신체의 남성화는 서로 상관관계가 있어야 한다. 그렇지 않으면, 명확한 상관관계의 부재는 활성 호르몬 생산에 필요한 효소의 차이와 관련이 있을 수 있다(Hines and Collaer 1993, 7-8). 또한 그들은 영장류(붉은털원숭이)에서 실시한 연구(Goy et al. 1988)를 인용하는데, 이 연구에서는 안드로겐의 영향을 받는 한 가지 행동(거친 놀이)이 남성화 정도와 독립적으로 나타나지만, 다른 행동들, 예를 들면 마운팅은 남성화 수준과 상관관계가 있었다. 이 연구에서 저자들은 붉은털원숭이 어미가 수컷의 생식기와 암컷의 남성화된 생식기를 질병에 걸리지 않은 사촌 암컷의 생식기와 비교해 훨씬 더 자주 검사하는 모습을 발견하기도 했다. 게다가 이 연구에서 태아기에 이루어진 안드로겐에 의한 남성화는 남성화된 암컷에서 "순수한" 수컷의 행동 반응을 이끌어 낼 수 없었다. 왜 그랬을까? 짐작컨대 뇌 발달의 결정적 시기 동안 안드로겐이 작용하지 않았기 때문일 것이다.

아니면 행동 발달은 좀 더 복잡하게 일어나며 출생 후 행동의 상호작용에서 영향을 받기 때문일 수도 있다. "태아기 암컷 붉은털원숭이들에서 행동의 남성화는 생식기의 남성화와 독립적이다"라는 고이와 동료들(Goy et al. 1988)의 논문 제목이 얼마나 오해의 여지가 큰지도 주목할 만하다. 어째서 "**일부** 행동의 남성화는 독립적이다"라고 하지 않았을까? 이런 제목이 논문의 내용을 훨씬 더 정확하게 대변할 것이다. 생물학자로서 나는 선천성 부신 과형성증 아동에 대한 연구에 의거해 선천성 부신 과형성증에 걸리지 않은 남성의 발달을 추론하는 것이 타당한지 고심하고 있다. 아마도 두 집단의 호르몬 노출 시기가 다를 것이기 때문이다. 대부분의 XY 태아들에서는 임신 2~6개월에 고환에서 호르몬이 생성되며 그 뒤 호르몬 수치는 차츰 감소한다. 그러나 선천성 부신 과형성증 태아들에서 부신 안드로겐 생성은 임신 첫 세 달 중 마지막 한 달 동안 시작돼 (태어난 후) 치료가 시작될 때까지 계속될 수도 있다. 어떤 사례에서는 호르몬 노출이 간헐적으로 일어나고, 다른 사례에서는 지속적으로 일어난다. 뇌 발달은 수정 후 3주부터 (아마도 우리가 죽을 때까지!) 계속된다. 나는 놀이와 양육, 그 외 아동기의 여러 행동을 담당한다고 여겨지는 뇌 영역이 무엇인지 추론하는 가설을 본 적이 없다. 따라서 발달의 어느 시기가 호르몬/뇌 상호작용에서 결정적인지 알 수 없다. 영장류 연구에서조차 실험 호르몬을 주사한 기간 동안 뇌 발달에서 어떤 일이 일어나는지 논의되지 않았다는 사실이 놀랍다. 나중에 다른 연구자들은 남성 혹은 그에 대응되는 선천성 부신 과형성증 여성이 더 공격적이고(Berenbaum and Resnick 1997), 공간 인지능력이 뛰어나며(Hampson et al. 1998), 아이를 돌보는 데 관심을 덜 보이고 (Leveroni and Berenbaum 1998), 여성을 연애와 성관계의 대상으로 욕망할 수 있다고 제안한다. 선천성 부신 과형성증 여성의 여성 대상 선택에 대한 추가적인 논의는 Zucker et al.(1966) 참고.

135   Butler(1993, xi[17쪽]). 주관적이지만 자웅동체와 관련된 분석으로는 Grosz(1966) 참고.

136   이 분석에서 남성 혹은 여성은 염색체, 태아기의 생식샘과 호르몬, 태아와 아동 및 성인의 생식기, 성인의 생식샘, 성적 지향의 모든 영역에서 문화적으로 남성 혹은 여성으로 간주되는 사람이다. 젠더를 구성하는 이 구성 요소의 하나 혹은 그 이상이 (간성인처럼) 다른 사람과 다를 때, 그들은 해석할 수 없는 몸, 즉 문화적으로 이해할 수 없는 몸이 된다.

137   Butler(1993, xi[17쪽]).

138   Sawicki(1991, 88). 생물학적으로 "자연스러운" 가족을 구성하려고 기술을 활용하는 레즈비언들이 좋은 예다.

4장 성별은 오로지 두 개만 존재해야 하는가?

1   Fausto-Sterling(1993a). 「성별은 몇 가지일까?」라는 제목으로 『뉴욕 타임스』의 논평 기사면에 실렸다(Fausto-Sterling 1993d).

2   이 단체는 뉴욕시에서 1998년 가을 시즌; [예수를 동성애자로 묘사한] 테런스 맥널리의 오프브로드웨이 연극 〈성체축일〉Corpus Christi의 공연을 중단시키려고

시도했었다.

3 *Catholic League for Religious and Civil Rights*(1995, 11쪽 4섹션)에 게재되었다. 특약 칼럼을 집필하는 칼럼니스트인 E. 토머스 맥클래너핸도 공격을 이어 갔다. 그는 "도대체 뭣 때문에 다섯 개 젠더에 만족하는가? 12개를 요구하지 않고?"라고 썼다(McClanahan 1995, B6). 팻 뷰캐넌 역시 이런 반향에 동참했다. "그들은 두 개가 아니라 다섯 개 젠더가 있다고 말한다. ... 이렇게 말해 주고 싶다. 신은 남자와 여자를 창조하셨다. ... 나는 벨라 앱주그[저명한 페미니스트 정치인]가 무슨 말을 하든 개의치 않는다"(*The Advocate*, 1995. 10. 31.에서 인용). 칼럼니스트 매릴린 보스 사반트는 "남성이 있고 여성이 있다. 그들이 얼마나 구성된 존재든지 간에 ... 그것이 전부다"라고 했다(vos Savant 1996, 6).

4 Money(1994).

5 스콧의 소설은 1995년에 람다 문학상Lambda Literary Award을 수상했다. 그녀는 자신의 누리집에서 내 연구에 대해 특별히 감사를 표했다.

6 예를 들면, Rothblatt(1995), Burke(1996), Diamond(1996) 참고.

7 스펜스는 얼마 전부터 남성과 여성이라는 용어의 불가능성에 대해 글을 써 오고 있다. 예를 들어, Spence(1984; 1985) 참고.

8 변화를 위해 나서고 있는 활동가들에 대해서는 북아메리카간성협회 (www.isna.org), Chase(1998a; 1998b), Harmon-Smith(1998) 참고. 나를 비롯한 학자들로는 Kessler(1990), Dreger(1993), Diamond and Sigmundson(1997a; 1997b), Dreger(1998b), Kessler(1998), Preves(1999), Kipnis and Diamond(1998), Dreger(1998c) 참고. 새로운 패러다임을 향해 나아가고 있는(혹은 수용하고 있는) 의사들로는 Schober(1998), Wilson and Reiner(1998), Phornphutkul et al.(2000) 참고. 마이어-발부르크는 좀 더 조심스럽게, 의료 관행의 작은 변화를 제안한다. 거기에는 젠더 지정을 좀 더 신중하게 생각하기("최적 젠더 정책"), 경미한 정도의 생식기 기형에 대해 합의되지 않은 수술을 하지 않기, 간성인과 부모에게 더 많은 지원 서비스를 제공하기 등이 포함된다. 그는 또한 장기적인 결과에 대한 더 많은 데이터를 요구한다(Meyer-Bahlburg 1998).

9 체이스의 논평 참고(Chase 1998a; 1998b). 체이스는 [페미니스트 잡지]『미즈 매거진』과 학술지『사인즈』 등의 지면을 통해 미국의 주류 페미니스트들의 주의를 끌려는 시도를 거듭했지만, 그들이 신생아 생식기 수술의 문제에 관심을 갖게 할 수는 없었다. 자신이 살고 있는 나라의 문화보다 다른 나라의 문화적 관습[예컨대, 아프리카 등지에서 행해지는 할례]에 맞서는 일이 훨씬 더 편한 것 같다. 외과 의사 저스틴 쇼버는 "지금까지 음핵 수술에 대한 어떤 연구도 그것이 성적인 민감도에 미치는 장기적인 결과를 설명해 주지 못한다"라고 말한다(Schober 1998, 550). Costa et al.(1997)은 음핵을 절제한 환자 여덟 명 가운데 두 명이 성관계 중 오르가즘을 전혀 경험하지 못했다고 보고했다. 이 보고에 따르면, 오르가즘을 경험한 사람들 가운데 일부는 수술 전에 비해 그 강도가 많이 약해졌다고 느꼈으며, 다른 사람들은 오르가즘에 도달하는 게 너무 어려워 그럴 만한 가치가 없다고 느꼈다.

10 고맙게도, 몇몇 의사는 새로운 생각에 열려 있다. 내 견해가 한 소아내분비과 개업의의 공감을 샀고 우리는 병례 검토회에서 사례를 발표하고 간성인 신생아를 관리하는 방법에 대한 새로운 생각을 밝혔다. 여기에는 지금 말한 외과의는 참석하지

섹싱 더 바디

않았지만 다른 외과의가 참석했다.

　　한 외과 개업의는 브라운 대학교 의과대학에 있는 동료지만 내가 여러 번 보낸 연락에 전혀 응답하지 않았다. 나는 그에게 내 원고에 대한 의견을 청하기도 했고, 〈당당한 자웅동체들〉과 〈익명〉(안드로겐 무감응 증후군 후원 모임의 뉴스레터) 같은 출판물을 보내기도 했다. 간성성에 대한 "표준적인" 외과 수술법을 설명하는 내부 뉴스레터에 실린 한 사설을 읽고, 셰릴 체이스와 나는 이 주제에 대한 이견을 발표할 기회를 요청하는 글을 그에게 보냈다. 그 외과의는 소아과에 속한 의사들만 원고를 실을 수 있다고 (내게는 직접 메일을 보내지 않고 참조로만 보내면서) 체이스에게 답신했다. 메일에는 "우리는 우리 간행물이 의학적인 것이든 다른 것이든 여러 생각을 표출하는 포럼이 되길 바라지 않습니다"라고 적혀 있었다.

　　11　훨씬 이전의 한 연구에서, 머니는 음핵절제 수술의 영향을 보고했다. 그는 성인이 된 후 이 수술을 받은 성인 여성 17명을 발견했다. 그중 12명이 여성으로 살고 있었고, 자신의 성적 반응에 대해 논의할 때 16세 이상이었으며, 수술 후 감각에 대해 대답할 수 있었다. 이 12명 중 3명은 명백히 비협조적이었다("오르가즘에 대해 아무런 정보도 밝히지 않았다." Money 1961, 294). 네 건의 사례에서 "데이터는 환자가 오르가즘을 경험한 적이 없음을 나타냈다." 다섯 건의 사례에서는 여성들이 오르가즘을 경험한 것처럼 보였다. 이 보고서의 표현은 수술 "전"과 "후"의 경험이 실제로 어땠는지 명확하게 밝히고 있지 않았다. "그러나 오르가즘과 음핵절제 수술에 대한 이 데이터의 요지는 음핵을 절제한 환자 중 일부가 오르가즘을 경험하지 못했다는 것이 아니다. 반대로 요점은, 전부는 아닐지라도 일부 환자의 경우 외과 수술로 성기를 여성화하고 음핵을 절제하는 것이 오르가즘 능력과 양립할 수 있다는 점이 입증되었다는 것이다"(Money 1961, 294). 이 논문은 12명의 환자들에 대해 혼란스러운 정보를 제공함에도 불구하고, 음핵 수술이 성적인 기능을 손상하지 않는다고 주장하는 사람들에게 중요하게 인용되고 있다(Money 1961).

　　12　이 장에서 나는 생식기의 외과 수술에 대한 평가만을 논한다. 일부 간성성에서는 염색체 혹은 호르몬의 변화가 생식기의 구성 요소들에 가시적인 영향을 미치지 않는다. 이 경우 의학적 치료, 특히 호르몬 치료를 받게 되기는 하지만, 지정된 성에 대한 의심이 크게 줄어들기 때문에 외과적 수술은 전혀 하지 않는다. 이런 사례 대다수에서 아이들의 정신적·정서적 기능은 정상 범위 내에 있다. 그렇다고 그들이 남과 다른 자신들의 신체로 인해 아무런 어려움에도 직면하지 않는다는 말은 아니다. 그저 그 어려움이 극복할 수 있는 것이라고 말하려는 것이다. 터너 증후군을 비롯해 젠더 염색체 이상에 대한 최신 문헌은 Raboch et al.(1987), McCauley and Urquiza(1988), Sylven et al.(1993), Bender et al.(1995), Cunniff et al.(1995), Toublanc et al.(1997), Boman et al.(1998) 참고.

　　13　나는 상당수 내용을 체이스(개인적 대화)에게 들었지만, 이제 그녀의 이야기는 글로 읽을 수 있다. 예를 들어, Chase(1998a) 참고.

　　14　성인이 되었을 때도 의사가 진실을 말해 주지 않았다는 체이스의 이야기는 성인 간성인들의 이야기에서 수없이 반복된다. 이 이야기들은 각종 뉴스레터, 대중매체의 인터뷰, 학술 서적과 논문 등에서 찾을 수 있으며, 나는 그중 상당수를 이 장에서 언급한다. 사회학자 샤론 프리베스는 성인 간성인 40명을 인터뷰하고 그 결과를 곧 출판할 예정이다. 한 논문에서 그녀는 24세 때 한 유전학 상담사를 만난

503
미주

플로라의 경험을 자세히 이야기했다. 그 상담사는 "나는 당신에 대한 특정 사실들이 당신에게 알려지지 않았다고 말할 의무가 있습니다. 하지만 그것이 무엇인지는 말할 수 없습니다. 그 사실이 당신 마음을 너무나 상하게 할 것이기 때문입니다"라고 이야기했다(Preves 1999, 37).

15 셰릴 체이스가 보낸 개인적 서신(1993).

16 Chase(1998, 200). 자웅동체의 교육과 정보 수집을 위한 센터에 대한 더 많은 정보는 Harmon and Smith(1998) 참고. 그들의 누리집(www.help@jaxnet.com) 참고. 사서함 주소는 P.O.Box 26292, Jacksonville, FL 32226이다.

17 체이스는 안드로겐 무감응 증후군 후원 모임의 뉴스레터에서 다음과 같은 구절을 인용했다. "북아메리카간성협회에 대해 처음 우리는 그들이 다소 격분해 있고 너무나 전투적이라서 아마도 전문 의료진으로부터 지원을 받을 수 없을 것이라는 인상을 받았다. 그러나 이제 우리는 [북아메리카간성협회와 케슬러, 파우스토-스털링, 홈스가 간성성에 대해 정치적으로 분석한 내용을-인용자] 읽은 후, 가부장제가 간성성을 대하는 방식과 관련해 페미니즘의 설명이 지극히 흥미롭고 굉장히 타당하다고 느낀다고 말할 수 있다"(Chase 1998, 200).

18 간성인 인권 운동은 국제적인 운동이 되었다. 독일에서 있었던 "커밍아웃" 사례로는 Tolmein and Bergling(1999) 참고. 외국의 다른 조직에 대해서는 북아메리카간성협회 누리집(www.isna.org)을 참고.

19 예를 들면, 외과 의사 존 기어하트와 동료들은 남근을 재건하는 동안의 신경 반응을 측정한 논문을 발표했다. 여섯 건의 사례연구에서 그들은 심지어 수술 뒤에도 남근의 신경 반응을 추적 관찰할 수 있었다. 그들은 이렇게 썼다. "우리 연구는 현대의 생식기 재건 수술이 배부 신경혈관줄기dorsal neurovascular bundle에서 신경 전도를 보존해 주며 성인기에 정상적인 성기능을 수행할 수 있다는 것을 분명히 보여 준다"(Gearhart et al. 1995, 486). (그들의 연구가 유아를 대상으로 수행되었으며 성인기에 대한 후속 연구가 이루어질 만큼 충분한 시간을 갖지 않았다는 점에 주목하라.) 그러나 개인적 서신과 『비뇨기과 저널』에 보낸 서신에서, 셰릴 체이스는 자신의 사례 및 북아메리카간성협회 회원들에게서 수집한 사례연구로 그들의 연구가 함축하는 바에 이의를 제기했다(Chase 1995). 그녀는 신경 전달이 정상이었던 성인들이 오르가즘을 느끼지 못하거나 줄어든 경우를 언급했다. 기어하트와 동료들은 장기적인 추적 연구를 요청하는 것으로 응수했다. 다른 글에서 체이스는 외과 기술이 어떻게 늘 비판에서 벗어났는지 지적한다. 기술에 대한 비판은 언제나 더욱 새로운 기술이 문제를 해결해 줄 것이라는 주장으로 반박될 수 있다는 것이다. 일부 문제는 드러날 때까지 수십 년이 걸릴 수 있다는 사실을 고려하면 이것은 사실상 딜레마다(Chase 1998a; Kipnis and Diamond 1998).

20 Costa et al.(1997). 그리고 벨리데데오글루 등은 음핵성형술의 대안으로 음핵절제 수술과 음핵퇴축 수술을 거론하면서, "음핵절제 수술은 감각이 있는 음핵의 상실을 초래한다"라고 냉담하게 말한다(Velidedeoglu et al. 1997, 215).

21 암 이야기는 드물지 않다. 수많은 성인 간성인이 10대 때 자신들이 어떻게 암으로 죽어 간다고 생각하게 되었는지 자세히 이야기한다. 모레노의 이야기는 Moreno(1998)에 자세히 적혀 있다.

22 Moreno(1998, 208). 이 같은 감정은 북아메리카간성협회의 다른 활동가인

모건 홈스(20대 후반)에서도 찾아볼 수 있다. 의사들은 유산을 막기 위해 그녀의
어머니에게 남성화 호르몬인 황체호르몬을 처방했고, 모건은 비대해진 음핵을 지닌
채 태어났다. 그녀가 일곱 살이 됐을 때, 의사들은 음핵절제 수술을 시행했다. 셰릴
체이스처럼 누구도 그 수술을 이야기하지 않았지만 홈스는 그 일을 기억한다. 비록 그
수술로 그녀가 오르가즘을 느낄 수 없게 된 것은 아니지만 그녀의 성기능은 심각하게
손상되었다. 체이스처럼, 홈스는 자신의 이야기를 공개하기로 결정했다. 석사
학위논문에서 그녀는 젠더의 구성과 의미에 관한 페미니즘 이론을 배경으로 자기
자신의 이야기를 분석하며 잃어버린 가능성에 대해 열정적으로 서술한다.

> 저는 상상하고 싶습니다. 만일 제 몸을 건드리지 않고 그대로 두었고 그래서
> 음핵이 몸의 다른 부위와 같은 속도로 성장했다면, 제 동성애 관계는
> 어땠을까요? 현재의 제 이성애 관계는 또 어땠을까요? 여성으로서 제가 남녀
> 모두와 … 삽입하는 역할을 할 수 있다면 어떻게 됐을까요? 의사들이 아버지에게
> 제가 성장해 '정상적인 성기능'을 가지게 될 것이라고 맨 처음 확언했을 때, 그
> 말은 제 절단된 음핵이 감각을 느낄 수 있다거나 제가 오르가즘을 느낄 수
> 있다고 보장한다는 의미는 아니었습니다. … 그들이 보장한 것은 제가 자라서
> 누가(남자) 누구(여자)에게 삽입하느냐에 대해 혼란스러워하지 않으리라는
> 것이었습니다. 이 가능성들은 … 상당히 간단한 두 시간짜리 수술을 통해
> 부정됐습니다. 성장해서 할 수도 있었을 모든 일, 그 모든 가능성은 [잘려진] 제
> 음핵과 함께 병리과로 이어지는 복도 끝으로 사라져 버렸습니다. 저와 저의 남은
> 몸은 회복실에서 아직도 빠져나오지 못하고 있습니다(Holmes 1994, 53).

23 Baker(1981), Elias and Annas(1988), Goodall(1991).

24 Anonymous(1994b).

25 Anonymous(1994a).

26 이 단체들에 대해, 또 그들이 제공하는 풍부한 지원과 관련 자료를 찾아내는
가장 빠른 방법은 인터넷을 이용하는 것이다. 웹 주소는 www.isna.org이다. ISNA는
북아메리카간성협회Intersex Society of North America의 약자이며 사서함 주소는 PO Box
3070, Ann Arbor, MI 48106-3070이다.

27 한 여성은 이렇게 적고 있다. "내가 안드로겐 무감응 증후군이었다는 걸
알았을 때 마침내 모든 조각이 하나로 맞춰졌다. 그러나 나와 가족, 그리고 나와
의사의 관계는 무너져 버렸다. 내 염색체나 내 고환에 대해 알게 되었기 때문이
아니다. 내가 기만당했다는 사실이 오랫동안 지속적으로 정신적인 트라우마를
일으켰다. 나는 그 후 18년 동안 어떤 병원에도 가지 않았다. 아무 치료도 받지 않은
결과 심한 골다공증을 앓게 되었다. 이것이 거짓말이 만들어 낸 결과다"(Groveman
1996, 1829). 『캐나다의학협회지』*CMAJ* 해당 호에는 *CMAJ*가 의학 윤리에 관한 의대생
에세이 대회에서 안드로겐 무감응 증후군 환자들에게 거짓말하는 관행을 윤리적
차원에서 옹호하는 에세이에 2등상을 수여한 일에 격분한 안드로겐 무감응 증후군
여성들이 보낸 비슷한 정서의 여러 서신이 수록됐다. 2등상을 받은 그 에세이는 이전
호에 발표됐다(Natarajan 1996). 더 많은 이야기는 북아메리카간성협회의 뉴스레터(이
장의 주 26 참고), 안드로겐 무감응 증후군 후원 모임인 ALIAS(이메일 aissg@aol.com)의
뉴스레터 〈당당한 자웅동체들〉, *Chrysalis* 2:5(1997 가을/1998 겨울)와 Moreno(1998)

참고. 윤리적인 의사 결정에 관한 추가적 논의는 Rossiter and Diehl(1998)과 Catlin (1998) 참고.

28 마이어-발부르크는 이렇게 썼다. "현재 외과적인 음핵퇴축 수술은, 잘될 경우, 음핵귀두와 신경 분포를 보존하는 것처럼 보인다. 하지만 설령 그렇다 하더라도 유아기 혹은 아동기에 이런 수술[음핵 수술-인용자]을 받은 성인을 대상으로 음핵의 기능을 정성적으로 상세히 평가하는 장기적인 추적 연구가 여전히 필요하다" (Meyer-Bahlburg 1998, 12).

29 음핵에 관한 가장 최근의 전문 서적은 1976년에 작성된 오래된 책이다 (Lowry and Lowry 1976). 음핵 표현 관행의 변화에 대해서는 Moore and Clarke(1995) 참고. 매우 드물게도 음핵에 대해 해부학적으로 연구한 한 논문은 "여성의 요도와 성기 구조에 대한 현재의 해부학적 묘사는 부정확하다"라고 결론 내린다 (O'Connell et al. 1998, 1892). 이 최신 발견에 기초해 음핵을 보다 완전하게 그린 그림은 Williamson and Nowak(1998) 참고. 게다가 여성 생식기의 해부학적 구조와 생리작용에 대한 새로운 묘사가 계속 이어지고 있다. Kellogg and Parra(1991)와 Ingelman-Sundberg(1997) 참고.

Dickinson(1949)은 아마도 여성 생식기의 해부학적 구조를 묘사한 우수하면서도 가장 잘 안 알려진 문헌일 것이다. 디킨슨은 종종 여러 그림들을 합쳐 놓는 방식으로 다양성을 나타냈기 때문에 주목할 만하다. 이 그림들은 해부학적 구조의 변이를 생생하게 전달한다. 불행히도, 그의 그림은 보다 표준적인 해부학 문헌에서는 무시당해 왔다. 신생아의 음핵 크기를 표준화하려는 시도에 대해서는 Tagatz et al.(1979), Callegari et al.(1987), Oberfield et al.(1989), Phillip et al.(1996) 참고.

30 생식기의 변이성, 특이 아동 생식기의 변이성을 고려하지 못한 결과, 아동에 대한 성적 학대를 문서로 증명할 때 해부학적 표지를 활용하기 어려운 실정이다. 이와 관련해 우리는 일종의 악순환에 갇힌 것 같다. 유아기의 또는 미성숙한 생식기를 그 자체로 인정하는 것에 대한 금기로 말미암아, 우리는 실상 그것을 매우 체계적으로 조사하지 못한다. 이것은 우리가 두려워하는 바로 그 일, 즉 아동에 대한 성적 학대를 기록할 "객관적" 방법이 없다는 의미다. 그것은 또한 우리가 간성 아동 및 부모와 그들의 해부 구조상 차이에 대해 합리적인 대화를 나누는 데 필요한 역량을 빼앗고 있다. 예를 들면, McCann et al.(1990), Berenson et al.(1991), Berenson et al.(1992), Emans(1992), Gardner(1992) 참고.

31 일례로 Moore and Clarke(1995, 288)에 컴퓨터로 새롭게 재현된 이미지들을 보라. 이 이미지는 음핵귀두와 일부 신경에만 명칭을 표기했다. 음핵 줄기는 거의 보이지 않고 음핵 뿌리crura에는 명칭이 표기되지 않았다. 이것을 『우리 몸, 우리 자신』 같은 페미니스트 출판물들과 비교해 보라. 대중용 현대 해부학 교육용 CD들은 음핵을 거의 언급하지 않으며, 그림에 명칭도 표기하지 않는다[일례로 소프트키SoftKey사의 바디웍스Bodyworks를 참고].

32 Newman et al.(1992b, 182)에는 "발기 조직을 제거하는 수술의 장기적 결과는 아직 체계적으로 평가되지 않았다"라고 쓰여 있다.

33 Newman et al.(1992b, 8)은 음핵퇴축 수술 후 아홉 명의 환자들 중 한 명이 오르가즘에 도달했을 때 고통을 느꼈다고 언급한다. Randolf et al.(1981, 884)에

섹싱 더 바디

따르면, "음핵퇴축 2차 수술은 할 가치가 있다. 오래된 흉터가 있어도 만족스러운 결과를 얻을 수 있다." Lattimer(1961)는 음핵퇴축 수술을 설명할 때, "정중선의 흉터"를 언급하는데, 이는 대음순 주름 속에 숨겨져 눈에 보이지 않게 수술이 마무리된다고 말한다. Allen et al.(1982)은 음핵퇴축 수술을 받은 여덟 명 중 네 명이 발기 시 통증을 호소했다고 언급한다. Nihoul-Fekete(1981)는 음핵절제 수술이 음핵 뿌리 부분에 통증을 남긴다고 말한다. 그리고 음핵퇴축 수술에 대해서는 "혈관경을 과도하게 절개해 수술 후 괴사가 일어나는 경우를 제외하면, 음핵의 감도는 수술 후에도 보존된다"라고 적었다(Nihoul-Fekete 1981, 255).

34 Nihoul-Fekete et al.(1982).

35 Allen et al.(1982, 354).

36 Newman et al.(1992b, 650)은 질과 음핵에 광범위한 수술을 받은 환자들의 "성기능은 만족에서 부족까지 다양하다"고 기술한다. Allen et al.(1982, 354)은 영아 질성형술의 경우 "어린 나이에 지나치게 적극적인 수술을 시행해 깊은 흉터와 질 협착을 유발"하기보다 사춘기가 될 때까지 기다렸다가 하는 게 낫다고 적고 있다. Nihoul-Fekete(1981)는 질에 고리 모양의 흉터를 남기지 않는 것이 목적이라면서 다음과 같이 언급한다. 질성형술로 인해 "질 입구에 수술로 생긴 협착을 제대로 치료하지 않으면 합병증이 생긴다"(Nihoul-Fekete 1981, 256). Dewhurst and Gordon (1969, 41)은 장과 방광의 배설 억제 능력이 생기기 이전에 하나로 합쳐진 음순을 분리하면 "치료가 불완전하게 돼서 나중에 흉터가 형성될 수 있다"라고 적는다.

37 Nihoul-Fekete(1981).

38 질성형술을 아동기에 조기 시행하는 것이 최선인지 아니면 사춘기나 성인이 될 때까지 기다려야 하는지에 대해선 여전히 논쟁이 진행 중이다. 요도하열 수술에서처럼(앞 장 참고), 질 재건을 위한 수술 역시 다양하다. 이 수술의 간략한 역사는 Schober(1998) 참고.

39 질 협착, 즉 질이 좁아지는 경우를 보면, 10명 가운데 세 명은 중등도에서 중증에 달하는 개구부 협착증이며, 다섯 명은 중등도에서 중증의 질 협착증이다(van der Kamp et al. 1992). 1975년 이전에 행해진 수술 33건 가운데 질 협착증 여덟 건, 작은 음문 세 건, 음순 유착 한 건, 음경 섬유화 한 건이 나타났다. 1975년 이후 행해진 수술 25건 가운데서는 질 협착증 세 건, 음순 유착 한 건이 나타났고(Lobe et al. 1987), 이식 유형의 질성형술[선천적으로 질이 없는 환자에게 시행하는 복막을 이용한 재건 수술] 14건 중 여덟 건에서 심각한 협착이 일어났으며 (Newman et al. 1992b), 조기에 실시한 질성형술 13건 가운데 여덟 건에서 흉터 형성으로 인한 협착이 나타났다(Sotiropoulos et al. 1976, 601). C. J. 미전에 따르면, 질 수술을 받은 여아들은 "수술로 인한 흉터 조직을 가지고 있으며, 삽입 시 어려움을 겪는다. 이 소녀들은 고통받고 있다" (Hendricks 1993에서 인용). Nihoul-Fekete et al.(1982)은 음핵퇴축 수술 16건 가운데 10건에서 사춘기 이후 환자들이 음핵 과민증을 겪었다고 보고한다.

40 Bailez et al.(1992, 681).

41 Colapinto(1997).

42 간성 아동의 심리 건강을 평가한 최근의 한 연구는 다음과 같이 언급한 바 있다. "어린 나이에 질을 확장하는 수술은 신체 완전성에 대한 침해로 경험되기 때문에 심각한 심리적 문제를 초래하는 것으로 나타났다"(Slijper et al. 1998, 132).

507

미주

43 Colapinto(1997), Money and Lamacz(1987).

44 Bailez et al.(1992).

45 Newman et al.(1992a, 651). 여덟 명의 환자 중 일곱 명이 음핵성형술을 완료하기 위해 수술을 한 번 이상 받아야 했다는 Allen et al.(1982)의 데이터는 여러 차례 반복적으로 시행되는 수술이 예외적이라기보다 일반적 상황임을 시사한다. Innes-Williams(1981, 243).

46 다중 수술에 대한 추가적 데이터는 다음과 같다. Randolf et al.(1981)에 따르면, 37명 중 8명에서 음핵퇴축 수술이 "제대로 되기 위해" 2차 수술이 필요했다. Lobe et al.(1987)에 따르면, 58명의 환자 중 13명은 수술을 두 번 이상 받을 필요가 있었다. 그들이 논의한 내용으로 볼 때 58명 중 13명보다 더 많은 사람들이 2차 수술이 필요했던 것 같지만, 관련 데이터를 제시하지는 않았다. Allen et al.(1982)에 따르면, 여덟 건의 음핵성형술 중 일곱 건에서 추가 수술이 필요했다. Van der Kamp et al.(1982)에 따르면, 10명의 환자 중 8명이 두 번 이상 수술이 필요했다. Sotiropoulos et al.(1976)에 따르면, 조기 질성형술을 받았던 13명 중 8명이 2차 수술을 필요로 했다. Jones and Wilkins(1961)에 따르면, 환자의 40퍼센트가 2차 질성형술을 필요로 했다. Nihoul-Fekete et al.(1982)은 조기 질성형술을 받았던 환자 중 33퍼센트가 나중에 추가 수술이 필요했다고 보고한다. Newman et al.(1992a)에 따르면, 9명 중 2명은 2차 음핵퇴축 수술이 필요했다. Azziz et al.(1986)에 따르면, 78명 중 30명은 질성형을 위한 수술을 (두세 번) 반복했다. 질성형술의 성공률은 4세 미만의 유아들에서 겨우 34.3퍼센트였다. 요도하열 수술에 대한 연구인 Innes-Williams(1981)에 따르면, 간성dls에게는 두 번의 수술을 권유하며, 기술이 부족하거나 상처 치유가 잘되지 않을 경우 수술을 더 많이(세 번 이상) 받아야 될 수도 있다. Alizai et al.(1999)도 참고.

수술 횟수는 20회까지 치솟을 수도 있다. 73명의 요도하열 환자를 다룬 한 연구에서 평균 수술 횟수는 3.2회였지만 그 범위는 1~20회였다. Mureau, Slijper et al.(1995a; 1995b; 1995c)의 보고서 참고.

47 Mulaikal et al.(1987).

48 요도하열 수술의 심리적 결과는 문화마다 다를 수 있다. 예를 들면, 남성 포경수술이 드문 네덜란드에서 수행된 일련의 연구는 성기 외양에 대한 불만이 요도하열 수술 후 포경수술을 한 듯한 모습에서 비롯된 것으로 나타났다. Mureau, Slijper et al.(1995a; 1995b; 1995c), Mureau(1997), Mureau et al.(1997). 좀 더 이전의 연구에 대해서는 Eberle et al.(1993) 참고. 이 연구에서는 요도하열 환자 가운데 11퍼센트에서 성적 모호성(안 좋은 경우로 여겨지는)이 계속 남아 있는 것으로 나타났다. 더킷은 "요도하열 환자들에게 낙관적 견해를 제시하려는 우리의 시도를 가장 가로막는 것이 바로 이 연구다"라고 말했다(Duckett 1993, 1477).

49 Miller and Grant(1997). 요도하열 수술의 결과에 대한 더 많은 정보는 Kessler(1998, 70-73) 참고.

50 Sandberg and Meyer-Bahlburg(1995). Berg and Berg(1983)도 참고. 후자는 요도하열이 있는 남성들에서 젠더 정체성과 남성성에 대한 불확실성이 증가했으나 동성애는 증가하지 않았다고 보고했다.

51 Slijper et al.(1998, 127).

섹싱 더 바디

52 Ibid.

53 하먼-스미스와의 개인적 대화. 자웅동체의 교육과 정보 수집을 위한 센터와 다른 지원 단체의 더 많은 정보는 북아메리카간성협회 누리집(www.isna.org) 참고.

54 Harmon-Smith(1998). 전문은 다음과 같다.

① 가족에게 "그 아이"the child의 이름을 짓지 말라고 말하지 마십시오! 그런 행위는 그들을 고립시킬 뿐이며 자기 아이를 "비정상"으로 보게 만듭니다.

② 가족이 아이를 애칭(허니, 큐티, 스위티 혹은 심지어 "아가")이나 특정 젠더에 국한되지 않는 이름으로 부르도록 격려해 주십시오!

③ 환자를 "그 아이"the child라고 부르는 걸 삼가 주십시오. 그런 행위는 부모가 자신의 아이를 사람이 아니라 사물로 보게 만듭니다.

④ 환자를 부모가 고른 이름이나 별명으로 불러 주십시오. 처음에는 불편할 수 있지만 부모에게 큰 도움이 될 것입니다. 예: "오늘 당신의 어린 스위티는 어떤가요?"

⑤ 환자를 신생아 집중 치료실에 격리하지 마십시오. 부모는 두려움을 느끼며 자기 아이에게 뭔가 매우 큰 이상이 있다고 느끼게 됩니다. 이 행위는 가족을 고립시키고 형제자매와 삼촌, 고모, 심지어 조부모가 아이를 만나지 못하게 함으로써 가족 내에서 새로운 가족 구성원을 다르게 대하도록 합니다.

⑥ 환자가 일반 병동에 머물게 하십시오. 아마도 1인실이겠지만, 환자를 소아 병동에 입원시키십시오. 그리고 방문객을 허용해 주십시오. 가족 내에 유대감이 생기기 시작할 수 있습니다.

⑦ 각종 정보를 제공하고 지원해 주는 관련 단체를 가족에게 소개해 주십시오. 전미희귀질환협회, 페어런트 투 페어런트, 자웅동체의 교육과 정보 수집을 위한 센터, 안드로겐 무감응 증후군 지원 단체, 북아메리카간성협회, 마치 오브 다임즈[산모와 아기의 건강 증진을 위한 비영리단체]나 이스터 실즈[신체장애가 있는 아동과 어른에게 기회를 제공하는 데 헌신하는 자선단체] 등 유용한 기관이 많이 있습니다.

⑧ 가족을 정보나 지원에서 소외시키지 마십시오. 그들이 다른 질환이나 관련 문제를 알게 되더라도 이해하지 못하고 화를 낼 것이라고 속단하지 마십시오. 부모 스스로 어떤 정보를 원하고 필요로 하는지 결정하게 해 주십시오. 부모가 자신들에게 정보를 주고 경험을 공유해 줄 수 있는 사람을 찾도록 격려해 주십시오.

⑨ 가족이 전문 상담가나 치료사를 만나도록 격려해 주십시오. 그들을 유전학 상담사에게만 보내지 마십시오. 가족에게는 유전적 정보뿐만 아니라 정서적 지지도 필요합니다. 그들에게 가족 상담사나 치료사 혹은 가족의 위기에 개입해 치료를 도와주는 일에 익숙한 사회복지사를 소개해 주십시오.

⑩ 출생 첫해에 극단적인 결정을 내리지 마십시오. 부모는 이 개성 있는 아이에게 적응할 시간이 필요합니다. 부모는 이 상황과 자신의 특별한 아이에게 무엇이 필요한지를 이해할 필요가 있습니다. 그들이 새로운 정보와 생각을 받아들일 시간을 주십시오. 아이가 정해진 일정에 따라야만 하는 상황이 아니며 아이 개인의 시간 흐름을 따를 수 있다는 것을 이해시켜

주십시오. 환자가 병원을 떠나기도 전에 첫 수술 일정을 잡지 마십시오. 이는
아이의 생명이 위험하고 자신의 아이가 비정상적이거나 결함이 있다는
공포를 부모에게 심어 줄 수 있습니다.

55 Kessler(1998, 129).

56 Young(1937, 154). 좀 더 최근 사례로는 Gilbert et al.(1993)에서 아들의
음경에 외상성 손상이 생긴 뒤 부모가 젠더 재지정 수술을 거부한 여러 사례를 참고.

57 Young(1937, 158).

58 최근 학계는 공연의 형태로 색다른 신체를 전시하는 현상을 분석하기
시작했다. 관련 입문서로 Thomson(1996) 참고.

59 Kessler(1990).

60 Young(1937, 146).

61 Dewhurst and Gordon(1963, 77).

62 Randolf et al.(1981, 885).

63 Van der Kamp et al.(1992).

64 Bailez et al.(1992, 886). "상당수의 엄마들이 자기 남편이 정말로 수술에
반대했다고 말했다." 아이가 의사 결정 과정에 참여하길 가족들이 원했기 때문에
수술이 지연됐던 한 환자도 있다(Hendricks 1993). 미전은 남성화를 막는 약물 복용을
중단한 사람들에 대해 보고한다. Jones and Wilkins(1961)는 자궁절제술과
유방절제술은 받아들였지만, 앉아서 소변을 봐야만 했는데도 생식기 수술은 거부한
남성 환자를 보고한다. Azziz et al.(1986)은 원활한 성관계를 위해 거듭 수술을 받을
필요가 있었던 16명의 환자를 보고한다. 그중 다섯 명은 결국 그 수술들을 끝까지
받지 못했다. 성기 기형이 있는 16세 환자도 있었다(Lubs et al. 1959). "가족들은
그녀가 더 이상 검사 대상이 돼서는 안 된다고 느꼈고 어떤 연구도 허락하지 않았다"
(Lubs et al. 1959, 1113). 아버지가 아들이 스스로 결정을 내릴 수 있을 만큼 충분히
자랄 때까지 수술을 거부한 왜소 음경 사례도 있었다(Van Seters and Slob 1988). Hurtig
et al.(1983)은 자신들이 연구한 환자 네 명 중 두 명이 남성화 억제 약물의 복용을
거부한 사실을 언급했다. 햄프슨은 "자기 아들의 남성성 혹은 딸의 여성성에 대해
스스로 완전히 확신하고 있어서" 권고받은 성전환 수술을 거부한 몇몇 부모를
언급한다(Hampson 1955, 267). Beheshti et al.(1983)은 부모가 젠더 재지정을 거부한
사례 두 건을 언급한다.

65 Van Seters and Slob(1988). 작은 음경을 지녔지만 남성으로 양육돼 남성의
성적인 역할에 적응한 아이들의 능력에 대한 좀 더 상세한 정보로는 Reilly and
Woodhouse(1989) 참고.

66 Hampson and Hampson(1961, 1428-1429). 강조는 인용자.

67 표본이 적기 때문에 이 수치는 통계적으로 유의미하지 않으며, 수치가
이렇게 나온 것은 무작위적인 우연일 수도 있다. 하지만 나는 이 단락에서 내 편견이
개입될 수도 있는 생각에 기초해 설명했다.

68 사실 북아메리카간성협회를 비롯한 여러 단체의 의제가 입증하듯이 이
순간은 이미 도래했다.

69 Kessler(1998, 131).

70 Ibid., 40.

71 의료계의 회의적 입장에도 불구하고, 북아메리카간성협회의 메시지는 점차
더 널리 확산되어 영향을 미치고 있다. 최근 어느 간호학 저널에 실린 한 논문은
북아메리카간성협회의 견해를 논하면서 이렇게 언급했다. "부모가 영유아의
질환보다 영유아의 전반적인 상황에 초점을 맞추도록 돕는 게 중요하다. 간호사는
'아기의 눈이 정말 이쁘네요'라든지 '아기 코가 아빠를 빼박았어요' 같은 말을 하면서
젠더와 관련이 없는 아이의 특징을 강조할 수 있다"(Parker 1998, 22). 같은 호의
사설도 참고(Haller 1998).

72 트랜스섹슈얼리티에 관해서는 중요하며 매혹적인 문헌이 있다. 예를 들어,
Hausman(1992; 1995), Bloom(1994), Bolin(1994), Devor(1997) 참고.

73 트랜스젠더 이론과 실제에 관한 주요 연구로는 Feinberg(1996; 1998), Ekins
and King(1997), Bornstein(1994), Atkins(1998)가 있다. 또한 학회지 *Chrysalis: The
Journal of Transgressive Gender Identities*의 여러 호를 살펴보라.

74 Bolin(1994, 461, 473).

75 Ibid., 484.

76 Rothblatt(1995, 115).

77 Lorber(1993, 571).

78 1장의 논의도 참고. Herdt(1994a; 1994b), Besnier(1994), Roscoe(1991;
1994), Diedrich(1994), Snarch(1992)도 참고.

79 히즈라들은 여신의 신성한 힘을 부여받은 금욕적인 집단이다. 남자아이가
태어났을 때, 그리고 결혼할 때 히즈라들은 춤을 추고 의식을 수행한다. 또 신전에서
여신을 섬긴다(Nanda 1986; 1989; 1994).

80 이 효소가 없으면, 신체는 테스토스테론 호르몬을 디하이드로테스토스테론
DHT으로 변환할 수 없다. 배아에서 DHT는 남성의 외부 생식기 형성을 매개한다.

81 이와 같은 생명 활동에 대한 최근의 꼼꼼한 리뷰로는 Quigley et al.(1995)과
Griffin and Wilson(1989) 참고.

82 이런 형태의 안드로겐 무감응은 종종 오진될 수 있으며, 그로 인해 고환
제거와 같은 돌이킬 수 없는 수술이 시행될 수 있다. 사춘기 때까지 잠재적인
문제점들을 "치료하지 않고" 기다리면, 이들이 보다 만족스러운 선택지를 택할 수
있다. Griffin and Wilson(1989, 1929)의 논의와 Holmes et al.(1992)에서 제시된
사례를 참고.

Fausto-Sterling(1992)에서 나는 선천적인 생물학적 특성과 양육 환경 가운데
어떤 것이 젠더 역할과 선호를 결정하는지를 둘러싼 미국 내 논쟁에 적용하기 위해,
도미니카공화국의 한 작은 마을에서 벌어진 사건에서 차용한 사례를 논의했다. 이
논쟁은 3장에서 논했던 조앤/존 논쟁 및 선천성 부신 과형성증 소녀들에서 젠더
역할의 획득에 대한 연구와 유사하다.

83 Herdt and Davidson(1988), Herdt(1990b; 1994a; 1994b).

84 Herdt(1994, 429).

85 Kessler(1998, 90).

86 Press(1998).

87 Rubin(1984, 282).

88 Kennedy and Davis(1993).

511
미주

89　Feinberg(1996, 125).

90　국제 젠더 인권 장전의 전문은 Feinberg(1996, 165-169) 참고.

91　법적 쟁점(간성인에게 적용될지도 모른다고 추정되는)을 완전하고 사려 깊게 다룬 문헌으로는 Case(1995) 참고. 법의 결정이 동성애적 주체와 이성애적 주체를 어떻게 구성하는지에 관한 논의로는 Halley(1991; 1993; 1994) 참고.

92　Norton(1996, 187-188)에서 인용.

93　1950년대에 성별을 재지정하는 수술이 보다 흔해지면서 의사들은 자신의 법적 책임에 대해 걱정했다. 의사가 부모의 동의를 얻은 경우에도, 아이가 성년이 된 뒤 "의료 과실, 폭행 및 구타, 심지어 중상해죄로" 의사를 고소할 수 있지는 않을까? "법률상의 이 같은 허점"에도 불구하고, 불안한 마음에서 이 글을 쓰고 있던 의사는 "어떤 방식으로든 … 이 불운한 아이들을 다루는 치료가 … 가장 적절하고 인도적인 방식으로 이뤄지도록" 하는 데 주저하지 말아야 한다고 느꼈다(Gross and Meeker 1955, 321).

1957년, 햄블렌 박사는 소송에 대한 두려움을 거듭 표현하면서 듀크 대학교 법률팀에 도움을 요청했다. 제시된 한 가지 해결책은 (세상의 빛을 보지는 못했지만) "불임수술을 승인하는 우생학 위원회와 유사한 성별 재지정 위원회"를 주 단위로 설립하는 것이었다. 햄블렌은 이런 대책이 "법적 조치가 이뤄져 배심재판을 받을 경우" 자신의 지위가 "사실상 위태로워질 것"이라고 두려워하는 의사들을 보호할 수 있길 바랐다(Hamblen 1957, 1240). 이처럼 자신들의 지위에 대한 걱정을 한바탕 늘어놓은 뒤, 의학 문헌은 환자의 소송 권리에 대해 입을 다물고 있다. 아마도 의사들은 간성성에 대한 현재의 의학적인 접근법이 도덕적으로도 의학적으로도 옳다는 확신에 가까운 태도와 환자 대다수가 이처럼 은밀한 문제를 결코 공론화하지 않을 것이라는 인식에 의존해 왔을 것이다. 그러나 로레나 보빗 사건[1993년 자신을 상습적으로 학대하던 남편의 성기를 절단한 사건] 이후 [신체 자율성, 동의 없는 신체적 개입 같은 주제를 둘러싼 사회적·법적 논쟁이 활발해짐에 따라], 생식기 수술을 받은 간성인이 제기한 민사소송에 휘말릴 의료인이 나타나는 것은 시간문제로 보인다.

94　O'Donovan(1985). 간성인의 법적 지위에 관한 최신 리뷰는 Greenberg(1999) 참고.

95　O'Donovan(1985, 15), Ormrod(1992).

96　Edwards(1959, 118).

97　Halley(1991).

98　Ten Berge(1960, 118).

99　de la Chapelle(1986), Ferguson-Smith et al.(1992), Holden(1992), Kolata(1992), Serrat and Garcia de Herreros(1993), Unsigned(1993) 참고.

100　1993년에 이 장의 초고를 작성하면서, 나는 1998년에 두 곳의 주[하와이와 알래스카]에서 동성 결혼이 투표에 붙여질 것이라고는 전혀 짐작조차 못 했다. 두 경우 모두 투표에 졌지만 이제 이 쟁점을 토론할 수 있게 된 것만은 확실하다. 나는 머지않은 미래에 또다시 이런 논쟁이 불거져 다른 결과를 낳게 될 거라고 생각한다 [2015년 연방대법원의 오버거펠 대 호지스Obergefell v. Hodges 판결을 통해, 미국에서는 동성 간 결혼이 50개 주 전역에서 합법화되었다].

101　로드아일랜드주는 1998년에 동성애 금지 법안을 폐지했다. 같은 해 비슷한

법안이 조지아주에서 위헌 판결이 났다[현재 미국에서는 2003년 로런스 대 텍사스 사건 판결로 동성 간 성행위를 처벌하는 법률은 모두 무효화되었지만, 여전히 일부 주에서는 법률이 남아 있으며, 이에 따라 헌법상 권리를 침해한다는 논란이 이어지고 있다].

102 Reilly and Woodhouse(1989, 571). Woodhouse(1994)도 참고.

5장 뇌의 성별 부여하기: 생물학자들은 차이를 어떻게 만들어내는가?

1 과학에서 가시성과 관찰의 문제에 관한 일반적인 논의는 Hacking(1983) 참고.

2 신체 구조에 대한 논쟁은 새롭지 않다. 19세기에 잘 알려진 몇몇 생물학자는 빈 두개골에 납덩이를 쏟아붓고 어떤 집단(남성 혹은 여성, 흑인 혹은 백인)의 두개골이 더 큰지에 대한 의견을 장황하게 늘어놓았다. 두개골이 클수록 더 큰 뇌를 담을 수 있으며, 뇌가 클수록 더 영리하다는 생각이었다. 이에 대해서는 Gould(1981)와 Russett(1989) 참고. 인종에 따라 뇌 구조가 다르다는 주장은 자주는 아니지만 과학 학술지에 이따금 등장하기도 한다. Fausto-Sterling(1993)과 Horowitz(1995) 참고. 뇌의 크기 차이가 사실인지, 그렇다면 무엇을 의미하는지는 거의 2세기 동안이나 논쟁의 주제였다. 내가 이 장에서 전개하는 분석 방법은 인종과 종족에 따라 뇌 구조에 차이가 있다는 주장들에 쉽게 적용될 수 있다.

3 물론 [과학자들의] 대화는 자연의 세계를 중심으로 이루어진다. 자연의 "사실들" 가운데 일부는 다른 것들보다 가시적이며 그 성격에 대해 쉽게 합의에 이를 수 있다. 예를 들면, 고양이의 뇌와 사람의 뇌가 다르게 생겼다는 점에서 과학계의 이견은 없다. 그러나 [이런 차이를 바탕으로] 고양이에 대한 전국적인 수준의 토론을 고취시킬 만한 사안 역시 없다. 반면, 동물의 지능은 어떤 특성을 갖는가, 그리고 인간과 동물의 정신이 얼마나 비슷하고 다른지 여부를 두고는 사회적으로도 과학적으로도 의견이 갈린다. 따라서 만약 과학자들이 고양이에서 인간과 비슷한 인지 과정이 일어나는 뇌 영역을 찾아내려고 시도한다면, 동물의 인지 과정이 지닌 특성에 대해 합의가 이루어지지 않았기 때문에 의견 충돌을 피할 수 없을 것이다.

4 종종 조사 체계가 너무 복잡하고 까다로워서 만족스러운 답변을 찾을 수 없을 경우, 과학자들은 그것을 버리고 조사가 "가능한" 문제들로 주의를 돌린다. 내가 몸담고 있는 분야에서 가장 유명한 사람으로는 초파리를 대상으로 멘델 유전학을 발전시킨 토머스 헌트 모건이 있다. 모건은 원래 발생학자였지만 배아가 너무 복잡해서 해답을 찾는 걸 일찌감치 단념했다. 처음에 그는 유전학과 진화 모두에 회의적이었다. 하지만 우연한 계기로 초파리를 대상으로 다른 생명체에도 일반화할 수 있는 일관되고 해석 가능한 결과를 얻게 된 이후로는, 연구 방향을 명확하게 잡았다. 이 사건에 대한 더 많은 이야기는 Allen(1975; 1978)과 Kohler(1994) 참고. "실행 가능성"doability 개념에 관해서는 Fujimura(1987)와 Mitman and Fausto-Sterling(1992) 참고. 이 장의 초고를 읽고 논평해 준 몇몇 신경과학자가 지적한 바에 따르면, 이 분야의 연구자 가운데 상당수는 뇌들보를 다루는 일이 너무나 어렵기 때문에 뇌들보 크기에 대한 연구가 중단되어야 한다고 생각한다. 그러나 신경과학 분야는 다양성이 극대화된 분야로, 각 연구 집단마다 "최상"의 연구 형태에

대한 이해가 매우 다르다. 그렇다 보니, 내가 여기서 다룬 연구를 수행한 이들은
계속해서 그 연구를 진행하고 있다. 뇌들보의 경우, 전반적으로 연구가 진전되지
못하는 상황은 몇몇 신경과학자의 명성[실력]만이 문제가 아니라, 그 밖의 또 다른
문제가 있음을 징후적으로 보여 준다.

5 Gelman(1992), Gorman(1992).

6 Black(1992, 162).

7 Foreman(1994).

8 Wade(1944).

9 Begley(1995, 51-52). 다른 곳에서 나는 『뉴스위크』의 기사에 대해 이견을
제시한 바 있다(Fausto-Sterling 1997).

10 위 기사의 저자는 대안적인 "사회적" 설명을 제시하며, 그런 의미에서
논쟁의 어느 한편을 옹호하지 않는다. 베글리는 이렇게 썼다. "소녀들의 뇌 일부가
성장하거나 위축하는 반면, 소년들의 뇌가 팽창하거나 위축하는 현상이 어릴 때부터
소녀들은 예쁜 머리를 수학으로 괴롭히지 말라는 말을 들었기 때문인지, 아니면
소년들은 태어나자마자 레고 쌓기 놀이를 했기 때문인지 궁금해하는 건 터무니없는
일일까?"(Begley 1995, 54).

11 (Unsigned 1992에서 인용.) 적잖은 성과학자가 이 생각을 상당히 진지하게
받아들이고 있다. 1998년의 겨울과 이어지는 봄 동안, 성과학 전문가들의
리스트서브인 '러브웹'에서는 동성애자 남성이 특정 직종에 마음이 끌리는지,
그렇다면 왜 그런지에 대한 열띤 논쟁이 폭넓게 일어났다. 이 논쟁에서는 공간 능력과
뇌 구조의 차이에 대한 의문이 특히 중요했다.

12 Witelson(1991b), McCormick et al.(1990).

13 Schiebinger(1992, 114).

14 Schiebinger(1992).

15 뇌 기능의 국재화와 뇌의 비대칭성에 대한 질문들은 세기가 바뀌면서
변화했다. 19세기 전반기만 해도, 정신 능력들이 뇌의 특정 부위에 위치한다는 믿음은
저항에 부딪쳤다. 이 같은 저항은 부분적으로 뇌 기능의 국재화를 지지하는 이들이
사회 변화를 추구하는 운동과 연계돼 있었기 때문이었다. 이는 또한 새로 등장한 실험
생물학 분야와 신학 사이의 투쟁으로부터 비롯된 것이기도 했다. 예컨대 국재화
지지자들은 군주제와 사형 제도의 폐지 및 투표권 확대 같은 사회 개혁을 옹호하는
정치 진영의 편에 섰다. 국재화에 저항하는 세력들은 샤를 10세의 대관식을 환호하며
신성모독자들을 모두 사형에 처하라고 주장했다(Harrington 1987). [1861년] 프랑스의
신경학자이자 인류학자 폴 브로카는 뇌 특정 부분에 손상을 입은 환자들에게서
언어능력이 상실되는 이유를 대뇌피질 [좌측] 전두엽의 특정 영역(이른바, 브로카
영역)과 연관 짓고, 적어도 언어능력에서는 뇌 반구가 비대칭적이라는 결론을 내리며
마침내 이 문제를 해결했다. 브로카의 결론은 "기존에 뿌리 깊게 자리 잡고 있었던
미학적이고 철학적인 믿음들"을 위협했다. "뇌가 기능적으로 한쪽으로 치우쳐
있다고 밝혀지면, 인간의 신체적인 완벽성 및 건강을 … 대칭성과 동일시하던
고전적인 관점은 조롱거리가 될 것이었다. … 이 같은 결론은, [신학자들의 반발로
말미암아] 대뇌피질 연구에 논리와 합법성을 부여하려는 최근의 모든 노력을 훼손할
가능성마저 있었으며, 결국 대뇌피질을 과학적으로 분류할 수 없는 기관으로 보는

신학적인 관점으로의 역행이라는 망령을 불러일으킬 수도 있었다. 다시 말해, 비대칭성은 브로카와 동료 인류학자들이 폐지하기 위해 헌신했던 종교적 암흑주의로 돌아가는 문을 다시 열어 놓는 것으로 볼 수 있었다"(Harrington 1987, 53).

실제로, 브로카를 비롯해 프랑스의 신경학자들은 중간계급 민주주의의 시대에 대칭성, 국재화된 뇌 기능의 부정, 종교, 군주제를 연결하는 담론 속으로 시간의 흐름을 역행해 끌려갈 위기에 직면했다. 브로카는 뇌의 비대칭성은 **선천적인** 게 아니며, 뇌는 아동기 동안 불균등하게 발달한다고 제안하면서 타협했다. 아동기의 뇌 발달에 대한 브로카의 이 같은 생각은 인종 간 뇌 차이는 아동기에 나타난다는 일련의 믿음에 의존하고 있었다. Gould(1981), Harrington(1987), Russett(1989) 참고. 그리하여 비대칭성은 인간을 [다른] 동물과 구분할 뿐만 아니라 인간 사이에서도 "원시적인 인종과 진보된 인종을" 구분하는 기준이 되었다(Harrington 1987, 66). 브로카가 가져온 변화는 컸다. 19세기 전반에 완전 가능성은 대칭성과 연결됐지만 오래지 않아 완전 가능성이라는 관념은 비대칭성과 연결됐다. 이윽고 여성과 어린아이, 노동계급이 모두 좀 더 대칭적인 뇌를 갖고 있다는 것이 점점 명백해졌다. 호모 프론탈리스Homo frontalis[전두골이 잘 발달된 형태로, 당시 과학자들은 전두엽이 이성과 판단력을 담당한다고 믿었기 때문에, 이런 형태의 두개골을 남성의 이상적 두개골로 간주했다-옮긴이]로 알려진 백인 남성과 달리 여성은 호모 파리에탈리스Homo parietalis[전두골보다는 두정골(정수리 부분)을 부각한 것으로, 전두엽이 남성만큼 발달하지 않은 열등한 여성의 두개골을 가리켰다]라고 불렸다(Fausto-Sterling 1992). 19세기 말쯤에는 불완전한 자들의 목록이 점점 불어나 광인과 범죄자가 포함됐다(그들은 왼손잡이와 양손잡이의 빈도가 더 높은 집단이고, 이 특성은 모두 완화된 비대치성과 관련되었다). 브로카는 새로운 과학적 견해를 기존의 정치적 신념 체계에서 분리한 뒤 새로운 체계와 결합하면서 발전시켜 나갔다. 브로카가 유지한 한 가지 중첩적 성격(선천적인 대칭성과 비대칭성의 발달)은 기존의 [신학적] 견해와도 연속성을 가지고 있었고, 따라서 수용 가능성을 높였다. 하지만 이 새로운 과학적 믿음 체계가 충분히 강력해지자, 그것은 고유한 후손을 만들어 내면서 번성해 갔다.

16 도나휴는 이 차이가 "여성의 직감"을 설명할 수 있다고 언급했다(Donahue 1985).

17 De Lacoste-Utamsing and Holloway(1982, 1431).

18 Efron(1990), Fausto-Sterling(1992b).

19 Stanley(1993, 128, 136). 강조는 원문.

20 뇌과학 학술지 『뇌와 인지』(1994년 26호)는 한 호 전체를 벤보가 남녀의 타고난 기량 차이를 주장하면서 의지했던 노먼 게슈윈드와 포피 비언의 이론에 대한 비판에 할애했다.

21 Benbow and Lubinski(1993). 아마도 뇌들보에 박혀 있는 듯한, 수학 능력의 잠재적인 차이를 유발하는 생물학적 근간에 대해서는 논쟁이 계속되고 있다. 이 주제에 대한 보다 최근의 의견 대립은 Benbow and Lubinski(1997)와 Hyde(1997) 사이의 논쟁을 보라[참고문헌 목록에는 Benbow and Lubinski(1997)가 누락되어 있다. 다만, 이 논문은 Benbow, Camilla P., David Lubinski, et al., "Sex Differences in Mathematical Reasoning Ability at Age 13: Their status 20 years later", *Psychological Science* 11(6), 1997로 보인다].

22 Haraway(1997, 129[264쪽]). 해러웨이가 언급했던 기술과학의 대상은 "태아, 칩/컴퓨터, 유전자, 인종, 생태계, 뇌"이다. 그녀는 뇌들보를 다루지는 않지만 인종과 젠더가 교차하는 지점에 관심이 상당하다. 사실 끈끈한 인종이라는 실과 끈끈한 젠더라는 실이 지나가는 길은 여러 번 교차하는데, 뇌들보에서도 이 두 실은 여러 번 교차하며 뒤얽힌다.

23 교육과 아동 발달의 다른 측면들 역시 이 끈끈한 실타래에 잡혀 있다. 예를 들면, 한 논문은 변형된 뇌들보 구조와 난독증 사이의 상관관계를 주장한다(Hynd et al. 1995). 이 끈끈한 결절은 학습 장애의 진단과 치료에 관한 수많은 쟁점을 포함하고 있는데, 이는 이 책의 범위를 훨씬 넘어선다.

24 최근에는 정신 질환 이론들과도 연결된다(Blakeslee 1999).

25 이에 대한 반론으로는 Efron(1990) 참고.

26 빈이 이런 주장을 폈다. 그는 『센추리 매거진』(1906년 9월호)에 이렇게 쓰기도 했다. "백인과 검둥이는 근본적으로 진화에서 양극단에 위치한다. 검둥이의 뇌에는 회색질과 연결 섬유 조직이 부족하며, 이 때문에 검둥이와 백인의 특성은 매우 다르다는 것이 입증되었다. 그렇기 때문에 … 우리는 교육을 비롯한 다양한 방식을 통해 검둥이를 고양하려는 시도는 무의미하다고 결론 내릴 수밖에 없다"(Baker 1994, 210에서 인용).

27 Allen et al.(1991).

28 Rauch and Jinkins(1994, 68).

29 Latour(1988), Latour(1983).

30 Kohler(1994).

31 자연물이 어떻게 실험실의 도구가 되는지에 관한 다양한 논의를 추가적으로 보려면 Clarke and Fujimura(1992)에 포함된 여러 논문을 참고.

32 Bean(1906).

33 현대 과학자들이 그린 도면과 동일해 보인다. 일례로 Clarke et al.(1989)과 Byne et al.(1988) 참고.

34 과학계에서는 발표되고 난 뒤 10년이 지나면, 다시 언급되는 논문이 거의 없다. 이 같은 상황을 고려했을 때, 이는 주목할 만한 일이다.

35 나는 2차원의 뇌들보를 기호학 용어로 '부유하는 기표'라 부를 수 있다고 생각한다.

36 Bean(1906, 377). 만약 맥락을 모른다면, 사람들은 이 문장을 인종 차이라기보다 젠더 차이를 묘사한 걸로 생각하지 않을까?

37 Ibid., 386.

38 [반면] 1999년에 와서는 인지 기능과 관련이 있는 뇌들보팽대가 여성에게서 더 크다고 추정된다.

39 몰은 중요한 여성 해부학자 플로렌스 레나 세이빈(1871~1953)을 지도했다. 간략한 전기는 Ogilvie(1986) 참고.

40 Mall(1909, 9).

41 Ibid., 32. 내가 〈표 5-3〉에서 〈표 5-5〉까지 요약한 13편의 논문은 빈 또는/ 그리고 몰과 관련 있다. 성차를 보고한 다섯 편과 차이가 없다는 네 편은 오직 빈만을 인용한 것이다. 몰의 논문은 수십 년간 이 분야의 대표적 연구로 자리매김했음에도

불구하고, 몰만을 단독으로 인용한 논문은 없다. 성차를 발견한 세 개 연구팀은 몰과 빈 모두를 인용했다. 한편 차이가 없다고 보고한 한 편은 이전의 논쟁들을 언급한다.

    42 위의 주 26과 Baker(1994) 참고.

    43 뇌의 지도와 부도附圖, 그 외 다른 재현물들이 눈에 보이지 않는 뇌와 그 안에 "숨겨진 보이지 않는 온갖 형태의 작용과 기능 부전"(Star 1992, 224)을 어떻게 나타내게 되었는지에 관한 추가적인 논의는 Star(1992) 참고.

    44 "뇌들보 전체를 3차원으로 측량하는 일도 복잡하고 힘들다. 뇌들보는 날개 모양이 복잡한 새와 많이 닮았기 때문이다. 나아가 이 날개들은 상행 백질 신경로와 혼합돼 있어서 … 뇌들보의 측면 부위를 본질적으로 확실하게 정의할 수 없다"(Rauch and Jinkins 1994, 68).

    이렇게 길들인 뇌들보조차 문제가 있다. 그것이 뇌의 다른 부분들과 완전히 분리되지 않기 때문이다. 몇몇 연구팀은 이 점을 조심스럽게 지적한다. "뇌들보의 경계선은 명백히 등 쪽이지 배 쪽이 아니다. 원숭이의 팽대를 이웃 부위와 등쪽 해마맞교차[뇌활맞교차] 지점에서 육안으로 보이게 분리할 수가 없기 때문에 뇌들보 측정량에는 다른 부위가 다소 불명확하게 포함된다. 마찬가지로 … 때때로 검사만으로는 뇌들보와 투명사이막[투명중격] 사이의 경계를 결정하기 어렵다" (Clarke et al. 1989, 217). 그러나 실험자들은 이 정도 어려움은 감수할 수 있다고 느낀다. 길들인 뇌들보의 중심부가 충분히 분명하기 때문이다.

    45 한 가지 과학적 문제는 남성과 여성 사이에서 발견되는 엄청난 변이성을 어떻게 해석할 것인지의 문제다. 엘스터 등은 "우리의 데이터와 다른 연구자들의 데이터에서 보이듯, 뇌들보의 측정값이 상이한 성별에서만큼이나 같은 성별 내에서도 크게 달라진다"라고 지적한다(Elster et al. 1990, 325; Byne et al. 1988도 참고). 두 번째 문제는 뇌들보를 조사하는 최선의 방식에 관한 것이다. 현재 논쟁에서, 조사자들은 두 가지 주된 방법을 변형해 사용한다. 첫째는 뇌에 영향이 없는 질병으로 사망한 환자의 뇌를 보존해 사후에 측정하는 방식이다. 이렇게 드러난 뇌들보 횡단면의 2차원 표면은 다양한 측정의 대상이 된다. 대안적인 방법은 뇌 MRI 검사에 동의한 살아 있는 자원자들을 활용하는 것이다. 이 기계는 신체의 자연적인 화학적 작용을 이용해 뇌를 시각화한다. 이 기계는 뇌의 광학적인 "절편들"을 영상 스크린 위의 이미지로 만들어 낸다. 한 덩어리의 빵을 자르듯이, 기계는 외피부터 시작해 최초의 얇은 절편을 보여 준 뒤, 중심부로 이동하면서 시각화된 절편들을 제공한다. 눈으로 볼 수 있는 뇌들보의 윤곽선은 과학자들이 측정하는 2차원 구조가 된다. 최근 한 논문의 저자들은 이렇게 서술했다.

> 부검이나 사체를 사용하는 연구는 표본 크기가 작은 경향이 있다. 부검체의 경우 직접적으로 측정할 수 있으며 뇌의 중량도 잴 수 있다는 장점이 있지만, 표본 부족으로 말미암아 통계적 결론의 신뢰성이 의심스럽다. 부검체에 방부 처리를 하면서 포르말린 고정을 할 때 변형이 생길 수 있다는 문제도 있다. … MRI를 사용한 연구들은 표본 크기가 크다는 이점이 있다. 7~10밀리미터 두께의 절편을 사용하는 MRI 연구들은 부분 용적 효과[절편의 두께가 두꺼울 때 동일 단면이 겹쳐서 보이는 것]로 인해 부정확한 결과가 나올 수 있다는 비판을 받아 왔다(Constant and Ruther 1996, 99).

세 번째 기술적인 문제는 "상대 성장"[부분과 전체 사이에서 성장 속도가 다른 경우] 개념에 관한 것이다. 예를 들어, Fairbairn(1997) 참고. 뇌들보 비교 문제에 적용되는 상대 성장 논쟁은 Going and Dixson(1990, 166) 참고. 그들은 다음과 같이 서술한다.

남성의 뇌는 여성의 뇌보다 더 크고 무겁다고 알려져 있다. 이 점은 성별 이형성에 관한 연구에 어려움을 더하는데, 이처럼 알려진 크기 차이로 인해 남녀 뇌의 실제 차이가 모호해지거나 허위적인 차이가 만들어질 수 있기 때문이다. 뇌 중량을 교정하는 것이 적절한가라는 의문도 제기된다. 교정은 뇌 중량과 고려 중인 부위의 양 사이의 관계에 대한 이론적 모델을 반영하는데, 이 모델이 정확하지 않을 수도 있다. 그러므로 교정된 데이터는 신중하게, 심지어 회의적으로 해석되어야 한다.

상대적인 차이에 가장 큰 관심을 갖는 홀러웨이의 견해와 이 견해를 대조해 보라(Holloway 1998). Peters(1998)도 참고.

46 뇌들보의 젠더 차이에 대한 현대의 논쟁은 부검으로 얻은 뇌의 뇌들보를 측정하면서 시작되었다(de Lacoste-Utamsing and Holloway 1982). 이후의 보고들이 최초 측정과도 달라지고 서로 간에도 차이가 생김에 따라 방법을 둘러싼 논쟁이 나타났다. 예를 들면, 부검 연구는 표본 크기가 작았다. MRI를 사용한 15편의 연구들에서 평균 표본 크기는 86.3명(범위: 10~122명)이었던 반면, 부검을 활용한 15편의 연구에서 표본 크기는 평균 44.2명(범위: 14~70명)이었다. 조사된 연구들은 아래의 주 50에 목록을 달았다.

47 다양한 형태의 뇌 스캔이 뇌를 읽어 내는 객관적 방법으로 대중에게 인정받고 있다. 물론 MRI와 특히 대중적인 PET는 합성된 영상이다. 뇌 스캔에 대한 더 많은 정보는 Dumit(1997; 1999a; 1999b) 참고.

48 Witelson and Goldsmith(1991), Witelson(1989).

49 Clark et al.(1989, 217), Byne et al.(1988). 위텔슨은 "직접적인 부검과 MRI로 측정한 뇌들보 크기가 서로 일치하는지에 관한 연구는 여전히 수행되어야 할 연구로 남아 있다"라고 지적한다(Witelson 1989, 821).

기술과학적 대상을 서로 다르게 사용하면 결과도 다르게 나올 수 있다. 나는 얼마나 많은 연구 집단이 뇌들보 전체나 부분에서 (절대적인 차이든 상대적인 차이든) 성차 혹은 잘 쓰는 손의 차이를 발견했는지 계산했다. MRI를 방법으로 선택했을 때, 일곱 개 연구 집단이 성차를 발견한 반면 14개 집단은 그렇지 않았다. 대조적으로, 부검을 사용한 논문 가운데 여덟 편이 성차를 보고한 반면, 일곱 편은 그렇지 않았다. 부검을 사용할 경우, 연구자들이 성차를 발견할 가능성이 더 커지는 이유는 무엇일까?(더 작은 표본 크기? 사용된 뇌의 성질?) (나는 아래의 주 50에 나열된 연구들을 활용했다.)

50 그 논문들은 다음과 같다. Witelson(1985; 1989; 1991a), Witelson and Goldsmith(1991), Demeter et al.(1988), Hines et al.(1992), Cowell et al.(1993), Holloway et al.(1993), de Lacoste-Utamsing and Holloway(1982), de Lacoste et al.(1986), Oppenheim et al.(1987), O'Kusky et al.(1988), Weiss et al.(1989), Habib et al.(1991), Johnson et al.(1944), Bell and Variend(1985), Holloway and de Lacoste(1986), Kertesz et al.(1987), Byne et al.(1988), Clarke et al.(1989), Allen et al.(1991), Emory et al.(1991), Aboitiz, Scheibel et al.(1992b), Clarke and Zaidel(1994), Rauch and Jinkins(1994), Going and Dixson(1990), Steinmetz et al.(1992), Reinarz et al.(1988), Denenberg et al.(1991), Prokop et al.(1990), Elster et al.(1990), Steinmetz et al.(1995), Constant and Ruther(1996).

51　Habib et al.(1991).

52　Witelson(1989).

53　Lynch(1990, 171).

54　린치에 따르면, "처음에는 [불완전하고, 분석에 적합하지 않은] 다루기 힘든 표본에서 시작해, 과학자들은 표본의 표면 외양을 드러내 연구 대상으로 만들며, 최종 형태로 다듬어 그래픽으로 재현하거나 수학적으로 분석하는 데 적합해지도록 체계적으로 작업한다"(Lynch 1990, 170)[본문의 맥락과 마찬가지로, 이 말은 과학적 연구의 대상이 객관적 대상을 그대로 관찰하는 것이 아니라, 능동적이고 인위적인 개입을 통해 이루어진다는 뜻이다].

55　과학 작업에서 이루어지는 단순화의 또 다른 측면들에 대한 논의는 Star(1983) 참고. 사회적인 네트워크 내에서 이루어지는 연구 대상의 구성에 관한 더 많은 논의로는 Balmer(1996)와 Miettinen(1998) 참고.

56　만약 뇌들보의 차이가 아동기에 나타난다면, 짐작컨대 발달기의 경험이 영향을 미쳤을 수도 있다. 달리 말해, 성인의 뇌 구조 차이는 사회적 차이에 의해 만들어진 것일지도 모른다. 예를 들어, Aboitiz et al.(1996)과 Ferrario et al.(1996) 참고.

57　연령에 따른 뇌들보의 변화 양상과 남녀 뇌들보의 노화 속도 차이를 둘러싼 논쟁이 현재 진행 중에 있다. 이 논쟁에서 도출된 원리들은 이 장에서 제시된 내용과 다르지 않기에, 뇌들보의 노화를 둘러싼 논쟁에 대해 다루지는 않을 것이다. 예를 들면, Salat et al.(1996) 참고. 남성과 여성의 노화 방식 및 노년기의 문제는 뇌들보라는 끈끈한 실타래에 걸린 또 다른 사회적 현상들이다.

58　Holloway et al.(1993), Holloway(1998).

59　이런 연구는 성별과 잘 쓰는 손의 관계에 대해, 남성의 뇌가 여성의 뇌보다 (적어도 특정한 인지 기능에 있어) 편측화가 크다고 설명한다. 그러나 일반적으로 왼손잡이는 오른손잡이보다 편측화가 덜하다. 뇌들보 영역이 클수록 편측화가 덜하다고 가정한다고 하더라도, 여성은 잘 쓰는 손과 관계없이 이미 편측화가 덜하다. 따라서 잘 쓰는 손을 추가적으로 고려하면, 여성에게는 크게 의미가 없지만, 남성에서는 측정할 수 있는 차이가 나타날 것이다.

60　Cowell et al.(1993).

61　Bishop and Wahlsten(1997). 비숍과 월스텐의 연구 및 내 연구와 비슷한 결론에 이른 Byne(1995)의 상세한 논의도 참고.
메타 분석은 그 자체로 논란의 여지가 있는 과정이다. 과학 문헌에 나타난 상반된 결과들을 어떻게 평가할지를 두고 논쟁이 끊이지 않는다. 일부는 〈표 5-3〉에서부터 〈표 5-5〉까지에 수록한 통계에 의존하는 방법이 가장 적절하다고 여기고, 다른 이들은 메타 분석이 가장 적절하다고 여긴다(Mann 1994). 메타 분석이

심리학 분야의 연구 기준에 미치는 효과에 대한 기술적 설명은 Schmidt(1992), 메타
분석에 관한 더 많은 내용은 Hunt(1997) 참고.

　　62　Driesen and Raz(1995). 이들 역시 왼손잡이가 오른손잡이들보다 뇌들보가
더 크다는 결론을 내렸다.

　　63　Fitch and Denenberg(1998). 이들은 각 집단 내부의 상관관계가 입증되지
않는 한 서로 다른 집단을 비교하기 위해 상대적인 수치를 이용할 수 없다고 주장한다.
이들은 자신들의 주장을 예증하기 위해 아이큐를 활용한다. "평균적으로 아이큐
검사에서 남녀 간 성차는 없다. 그러나 여성의 뇌는 남성의 뇌보다 더 작고 중량도 덜
나간다." 만약 뇌 중량 대비 아이큐의 비율을 구한다면 여성은 남성보다 "단위 뇌
중량에 비례해" 유의미하게 더 영리할 것이다. "우리가 그런 통계 수치를 사용하지
않는 이유는 아이큐와 뇌 크기 사이에 집단 내 상관관계가 없다는 연구 결과가 있기
때문이다"(여기서 "집단 내"라는 것은 작은 뇌를 가진 여성과 큰 뇌를 가진 여성을 비교하는
것을 의미한다). 뇌들보에 관해 그들은 다음과 같이 결론 내렸다. "'보정 계수'인
뇌들보 영역으로 뇌 크기를 나누는 절차는 정확하지 않으며 여성의 뇌가 일반적으로
더 작기 때문에 여성에서 뇌들보가 '상대적으로' 더 크다고 제시하는 잘못된 결과로
이어질 수 있다"(Fitch and Denenberg 1998, 326).
　　Aboitiz(1998)는 기능과 크기의 상관관계에 대한 이해가 더 깊어지면, 뇌 크기를
보정하는 것이 적절할 수 있다고 주장한다. 홀러웨이(Holloway 1989)는 상대적 측정에
대한 비판에 강력히 반박한다. "체질 인류학자들은 … 일상적으로 비율 자료를
사용한다. … 지극히 흥미로운 일련의 사실이 드러나기 때문이다. 즉, 뇌의 상대적인
크기는 … 확실히 성별로 이형화된 차이를 보이며, 포유류 내에서도 상당히 달라진다"
(Holloway 1989, 334). Wahlsten and Bishop(1998) 역시 비율을 무분별하게 사용하는
데 반대하지만, 특정 조건에서는 비율을 사용하는 것이 타당할 수 있다고 본다. 하지만
뇌들보 연구는 그런 조건을 충족하지 못한다.

　　64　Halpern(1998, 331). 과학 논쟁에 대한 이런 비대칭적 분석[예컨대,
본문에서처럼 한쪽 진영은 정치나 이데올로기에 물들어 있는 반면, 다른 쪽은
객관적·중립적이라는 분석]이 시사하는 바는, 한쪽(이 경우에는 페미니스트들)은 정치적
입장으로 말미암아 어떤 문헌을 공정하게 평가하지 못하는 반면, 다른 쪽은
정치적으로 그 어떤 입장도 갖지 않기 때문에 자연이 말하는 진실을 또렷이 들을 수
있다는 것이다. 핼펀은 성별 차이를 발견하지 못한 것은 엉성한 연구 때문이라고
지적하는데, 자연 세계에서 진리를 발견하는 일에 헌신하기보다 정치에 헌신한 것이
그 원인이다. 페미니즘을 비판하는 이 주장은, 뇌 크기의 인종적 차이에 관한 모턴의
연구를 굴드가 분석한 방식[굴드는 모턴이 인종차별적 편견 때문에 과학적 데이터를 잘못
해석했다고 비판한다]과 비슷한 형태를 취한다(Gould 1981). 이 논쟁에서 어느 쪽에 서
있든지 (신의 편이든 악당의 편이든) 이런 비대칭적인 주장들은 논쟁에 참여한 사람들을
궁지로 몰아넣는다. Halpern(1997)도 참고.

　　65　드리슨과 라즈(Driesen and Raz 1995)는 연구자들이 표본의 특성에 대한
정보를 좀 더 명확히 하고, 더 많이 측정하며, 다양한 통계검정을 사용하면 상황이
개선될 수 있다고 제안한다. 비숍과 월스텐(Bishop and Wahlsten 1997)은 "단일
연구에서 충분히 큰 표본을 사용하지 않는 이상, 이 주제에 대한 추가 연구를 진행하는
것은 현명하지 않을 것이다"라고 주장한다(Bishop and Wahlsten 1997, 593). 그들이

보기에 표본 크기는 각 집단당 최소 300명, 즉 뇌가 총 600개는 돼야 한다! 표본 크기가 이 정도는 되어야 동일한 젠더 구성원들 내에 존재하는 다양한 변이를 수용할 수 있다.

66 나는 하이퍼텍스트 개념이 통계학의 역사와 뇌들보 분석을 둘러싼 전쟁을 통합하는 데 유용하다는 점을 발견했다. 하이퍼텍스트는 인터넷 사용자들이 완전히 새로운 정보나 활동을 담은 페이지로 이동하기 위해 표시할 수 있는 단어나 그림이다. 하이퍼텍스트에 관한 해러웨이의 설명 역시 유용하다.

> 하이퍼텍스트 속에서 독자들은 이리저리 인도되며, 혼자의 힘으로 그리고 타자들과 상호작용하면서 이질적 종류의 접착제에 의해 함께 접착된 여러 관계망들을 구축할 수 있다. 그 관계망을 통과하는 길들은 미리 결정되어 있는 것이 아니라, 그 길들의 편향성, 목적, 강도, 특이성을 보여 준다. 하이퍼텍스트의 인식론적·정치적 게임에 참여하는 것은, 예전에는 명확히 구분되는 각기 다른 나무가 존재하는 것처럼 보였던 곳에서 벗어나, 마치 균류처럼 [시작과 끝을 알 수 없는] 맹그로브나 포플러 숲속에서 관계를 찾아 나서는 것이다(Haraway 1997, 231[432쪽]).

67 통계의 사회사, 통계와 성별·인종 간의 연관성, 과학적 지식의 사회적 구성에 관한 문헌으로는 Porter(1986; 1992; 1995; 1997), Porter and Mikuláš(1994), Porter and Hall(1995), Hacking(1982; 1990; 1991), Wise(1995), Poovey(1993) 참고.

내가 이 글을 쓸 무렵, 2000년도 인구센서스 데이터 수집 방법을 두고 정치적 격론이 벌어지고 있다는 뉴스가 쏟아졌다. 예를 들면, Wright(1999) 참고.

68 수학적 객관성을 확보하기 위해 통계 절차를 사용하는 과학자 사이에서도 통계학이 사회 관리 기술로 사용된 역사는 잘 알려지지 않았다. 그래서 이 주제에 관심이 있는 독자들을 위해 통계학의 기원에 관한 주석을 여러 개 포함했다. 다시 한번, 우리는 과학적인 주장들, 이번에는 숫자에 관한 과학적인 주장들 역시 사회적인 논쟁임을 알 수 있다.

두부[즉, 머리의 물리적 크기나 모양에 대한] 측정은 오랫동안 선호되었다. 20세기로의 전환기에 범죄학자들은 범죄자들 두부에서 그들이 생각할 수 있는 여러 가지 매개변수를 측정했다(Lombroso and Ferrero 1895). 이와 비슷하게, 아돌프 케틀레는 범죄에 관한 도표를 수십 개 제시했고 롬브로소의 작은 책은 숫자로 가득하다. 한 표는 두개골과 얼굴 부위(전후 직경, 가로 직경, 수평 둘레, 종단 곡선, 횡단 곡선, 머리 지수, 전부의 반지름, 이마 직경 최솟값, 광대뼈 직경, 턱 직경, 이마 높이였다)를 측정해 성매매 여성, 농부, 교육받은 여성, 도둑, 독살범, 암살범, 유아 살해범, 보통 여성 등을 비교했다(Lombroso and Ferrero 1895, 60-61).

69 1820년과 1850년 사이에 유럽에서는 숫자의 대폭발이 일어났다. 1820~40년에 "활자화된 숫자의 인쇄 증가율은 기하급수적이었던 반면, 단어의 인쇄 증가율은 선형적으로만 이루어졌다"(Hacking 1982, 282). 통계 보고서의 출간이 늘어난 만큼 측정 대상의 다양성 역시 확대되었다. 예를 들어, 천문학자였다가 통계학자가 된 벨기에의 아돌프 케틀레가 쓴 『인간과 인간 능력 발달에 대한 논고』를 살펴보자. 원래 1835년 파리에서 출간된 이 논고에는 수백 가지 수치가 표로 수록돼 있다. 케틀레는 "인간의 신체적 특성 발달 … 키, 체중, 힘 등의 발달 … 도덕성과 지적

능력의 발달 … 나아가 평균적인 인간 특징, 사회 체계의 특성, … 그리고 인간의 발달 법칙에 대한 지식의 궁극적인 진보"를 숫자로 측정하고 범주화해 열거했다(Quetelet 1842, 목차). 14쪽에 이르는 "범죄 성향의 발달"이라는 절에서만 케틀레는 특정 연도별 범죄자 수, 범죄 대상(재산인지 사람인지)에 따른 범죄자들의 교육 수준 비교, 기후와 계절이 범죄에 미친 영향, 도시와 소도시에서 발생한 법률 사건들 처리 현황, 국가별 범죄 현황, 범죄 유형에서의 성차, 범죄자의 연령, 범죄 동기 등 무려 스물다섯 가지 통계표를 수록했다. 영국, 프랑스, 벨기에 등에서는 모두 통계 수치 수집이 대대적으로 이루어졌다. 정부는 변화하는 대중에 대한 정보가 필요했다. 출생률은 충분히 높은가? 노동자계급의 상태는 어떤가? (그리고 그들이 봉기할 가능성이 얼마나 높은가?) 군인들은 얼마나 건강한가? 어떤 유형의 정보를 조사해 표로 나타낼지는 당대의 사회적·정치적 문제들이 결정했다. 프랑스혁명기에 이르게 되면, 통계학은 더 이상 사회적인 의미와 맥락으로부터 자유로운 순수수학 혹은 응용수학의 한 분야로 여겨지지 않았다. 오히려 "프랑스와 영국에서는 정치경제학의 경험적 도구로 인식"되었다(Porter 1986, 27).

70 통계표 작성은 범주의 창출을 필요로 하는데, 철학자 이언 해킹은 이 과정을 전복적이라고 불렀다. "목록화를 위해서는 셈해야 하는 대상 혹은 사람의 **종류가** 필요하다. 셈은 범주에 목마르다. 지금 우리가 사람들을 묘사하기 위해 사용하고 있는 많은 범주는 계수enumeration의 필요성에서 파생된 부산물이다"(Hacking 1982, 280. 강조는 원문). 마치 인체를 측정하는 일(형태 계측)이 2차원 뇌들보, 팽대, 무릎, 협부처럼 세부 범주를 만들어 내는 작업을 필요로 하듯이 말이다. 역사가 조앤 스콧에 따르면, "통계 보고서는 완전히 중립적인 사실의 수집도 아니고 그렇다고 단순한 이데올로기적 강요도 아니다. 그보다는 사회질서에 대한 특정 시각의 권위를 확립하는 방식, 즉 "경험"에 대한 인식을 조직하는 방식이라 할 수 있다"(Scott 1988, 115[208쪽]). Poovey(1993)도 참고.

19세기 전반기에 케틀레는 인구 집단을 특징짓는 방식을 정식화했다. 케틀레는 일단의 개인들은 혼란스럽지만, 하나의 **인구 집단**은 측정할 수 있는 사회적 법칙에 따라 행동한다고 보았다. 통계 법칙에 대한 신념이 매우 강했던 그는 일종의 합성 인간, 즉 그가 도덕적 이상으로 보았던 평균인을 창조하는 일에 헌신했다. 그는 평균인의 여러 측면을 조사했다. 평균적인 인간은 문학과 순수예술 분야에서 어떻게 묘사돼 왔을까? 해부학과 의학이 제시하는 신체적·해부학적 측정치는 얼마일까? (Stigler 1986). 케틀레는 또한 인종, 성별, 민족 유형을 표준화했다. 그는 이 작업을 바탕으로 과학자들이 인종 간 지능을 비교할 수 있을 것으로 생각했다. 여기서 그는 백인이 선두에 있다고 생각했다. Quetelet(1842, 98) 참고.

케틀레는 사회적·의학적·도덕적 의미에서 통계적인 평균에서 벗어나는 것을 비정상과 동일시했다. [그의 관점에 따르면] 범죄와 사회적인 혼란은 아주 부유한 사람과 극빈자 사이의 커다란 차이에서 기인하는 반면, 그 중간의[절제된] 삶을 사는 중산층은 양극단에 위치한 이들보다 오래 살 것이었다. "문명의 진보, 정신의 점진적 승리는 '사회화된 신체'가 진동하는 범위의 한계선을 좁히는 일과 같다"(Porter 1986, 103). 평균에서 벗어난다는 것은 오류나 실수를 의미했다.

71 사회학자 브뤼노 라투르는 비유를 사용해 (도표와 표, 통계검정으로 가득 찬) 지루해 보이는 과학 텍스트를 매우 흥미진진한 서사시로 변형한다. 이 서사시에서

주인공(영웅)은 성차 발견이라는 결과라는 점에 주목하자.

> 영웅에게 무슨 일이 벌어질까? 이 새로운 시련을 견뎌 낼 수 있을까? … 독자는
> 설득되었을까? 아직 아니다. 아, 새로운 시험이 다가온다. … 환호하는 군중과
> 야유 소리를 상상해 보라 … 과학 문헌의 미묘한 점을 알면 알수록 그것은 더욱
> 특이해진다. 그것은 이제 하나의 진짜 오페라다. 군중들이 참고문헌으로
> 동원된다. 무대 뒤에서 수백 가지 보조 용품[예를 들어, 통계검정과 분석-인용자]을
> 들여온다. 상상의 독자들은 그저 저자를 믿기만 하라고 요구받지 않는다. 영웅이
> 영웅으로 인정받으려면, 어떤 고문, 시련, 시험을 겪어야만 하는지 구체적으로
> 보여 줘야 한다. 본문은 이 시련들의 극적인 이야기를 전개한다. … 종국에는,
> 앞서 품었던 의심이 부끄러워진 독자들이 저자의 주장을 받아들여야만 한다.
> 이런 오페라들이 『네이처』나 『물리학 평론』의 여러 지면에서 수천 번
> 펼쳐진다(Latour 1987, 53[113-114쪽]).

72 통계학은 차이를 밝히는 전문적인 기술이라 할 수 있다. 통계분석과 모집단 평균(종종 기준이 되는)의 확립은 20세기 심리학의 핵심적인 부분이 되었다. 그 이후에야 비로소 "정상적인" 심리를 가진 대상이 (인구 집계에 크게 의존해) 수립된다. 통계가 "다양한 심리적 현실에 대한 인식론적 접근"을 어떻게 제한[협소화]하는지에 대해서는 Danziger(1990, 197) 참고. 이 책에서 제시되어 있는 역사는 편측화 연구를 분석할 때 특히 중요하다. 편측화 연구는 뇌들보 연구의 심리학적인 적절성을 실증할 때 종종 사용돼 왔다.

73 19세기 후반에, 통계학자들은 종형 곡선이 케틀레의 생각처럼 평균을 중심으로 한 이상적인 형태의 오차 분포가 아닌, 단순한 변이성을 나타내는 것으로 재해석했다. 마침내, 과학자들은 표준오차의 이름을 표준편차로 바꿔 부르게 되었다. 찰스 다윈의 사촌인 프랜시스 골턴 경은 중간값의 미덕을 추켜세우지 않았다(Porter 1986, 129 참고). 환경 조건을 향상해 인류를 개선하는 데 집중했던 이전의 과학자들과는 달리 골턴은 진화(선택교배)를 활용해 인구 집단 구성원의 신체적 특성을 개선하는 데 예외적인 변이에 관한 지식을 사용하고 싶었다. 이 목적을 위해, 그는 새로운 연구 분야이자 사회적 운동인 우생학을 창시했다. 자신의 저서 『유전되는 천재: 그 법칙과 결과에 관한 탐구』에서 그는 영국 사회의 건강을 개선하는 방안을 다음과 같이 적었다. "나는 인간의 타고난 능력이 유전에 의해 나타난다고 … 제안한다. … 결론적으로 말해, 신중한 선택을 통해 … 특출한 능력을 영속적으로 지니는 개 품종을 … 육성하려는 것처럼, … 여러 세대에 걸친 신중한 결혼을 통해 빼어난 능력을 지닌 인종을 만들어 내는 방안은 매우 실현 가능한 제안이라 할 수 있다"(Galton 1892, 1). 인간 능력의 다양성이 주로 훈련과 기회의 차이에서 기인할 가능성을 일축하며, 그는 "나는 아이들이 서로 거의 비슷하게 태어나며, 소년 사이의 또는 성인 남성 사이의 차이를 만들어 내는 유일한 요인이 꾸준한 근면과 도덕적인 노력이라는 가설을 도무지 받아들일 수 없다"라고 적었다(Galton 1892, 12). 그 증거로 그는 (보다 경직된 계급 체계를 가진 영국과 비교해) 미국의 교육 기회가 폭넓음에도 불구하고 영국이 여전히 더 위대한 작가, 예술가, 철학자를 배출하고 있다는 사실을 강조했다. 즉, "미국에서 읽히는 … 수준 높은 책들은 … 주로 영국인들이 쓴 것이다. … 천재의 탄생을 방해하는 [환경적·제도적] 요인을 미국에서처럼 영국 사회에서 완전히

제거한다 해도, 탁월한 사람들이 영국에서 실질적으로 증가하지는 않을
것이다"(Galton 1892, 36). 골턴은 영국 문명의 미래를 걱정했지만 정신적 특성이
유전되는 방식을 파악하고 선택교배 프로그램을 고안할 수 있다면, 좀 더 고차원적
문명으로 살아남을 수 있을 것으로 기대했다. 골턴과 제자들은 케틀레의
확률오차라는 개념이 표준편차라는 개념으로 점진적으로 바뀌는 모습을 목격했다.
표준편차는 자연의 오류라는 함의를 갖지 않으며 우생학 프로그램이 작동할 수 있는
원료를 제공한다. 이와 유사하게, 케틀레의 오차법칙은 정규분포가 되었다. 종형
곡선은 한때 자연이 본질적인[이상적인] 본보기의 완벽한 복사물을 만드는 데 겪은
어려움을 개념화한 것으로 여겨졌지만, 골턴은 이를 폭넓고 다양한 개체를 생산하는
자연의 미덕을 나타내는 것으로 변모시켰다.

　　골턴은 부모 자식 사이에서 똑같은 형질, 말하자면 키나 지능 같은 형질 간의
관계를 예측하는 최고의 방법으로 통계학을 선택했다. 그는 두 변수들 사이의 관계를
표현하는 상관계수correlation coefficient라는 개념을 고안했다. 상관성이라는 개념이
개발된 것은 그의 우생학적 관심사가 "수치적인 산포도를 보다 일반적으로 다룰 수
있게 해 줬기" 때문이었다(Mackenzie 1981; Porter 1986). 그의 뒤를 이어 통계학을
발전시킨 사람들, 특히 키제곱검정과 분할표contingency table를 발명한 칼 피어슨과
오늘날에도 자주 사용되는 분산분석을 발명한 피셔 역시 우생학을 열성적으로
추종했는데, 골턴과 마찬가지로 인간 유전에 대한 그들의 관심이 통계학적 발견을
이끌었다. 키제곱검정은 어떻게 정치에 적용되었는지 그리고 우생학에 대한 피셔의
관심이 진화 이론의 영역을 어떻게 협소화했는지[이는 유전적 요인이 아닌, 즉 개인과
환경의 상호작용 같은 진화의 복잡한 요소들이 가진 중요성을 축소·생략했다는 맥락이다]에
대한 흥미로운 논의는 Mackenzie(1981) 참고. 20세기 초반 30여 년 동안 활동했던
상당수의 생물학자가 우생학에 헌신하는 과정에서 현대 생물학 분야의 중요한
부분들이 형성되었다.

　　74　이 과정에 이런 곡선을 그리는 작업이 반드시 수반되지는 않는다. 정보는
전적으로 숫자들로만 다뤄질 수 있다. 나는 독자들이 진행 상황을 눈으로 볼 수 있도록
돕기 위해 여기서 곡선을 언급했다.

　　75　분산분석 사용의 한계에 대해서는 Lewontin(1974)과 Wahlsten(1990) 참고.
르원틴은 "분산분석을 활용해 문제의 원인을 분석하려고 시도하는 과정에서
일어나는 사태는 연구 대상이 완전히 달라져 버린다는 것이다. … 이제 새로운 연구
대상은 표현형 값의 평균편차인데, 이는 표현형 값 그 자체와 같은 것이 아니다"라고
언급한다(Lewontin 1974, 403).

　　76　이 검정은 표본 크기, 평균값을 중심으로 한 남성의 산포도, 그리고
마찬가지의 여성 산포도를 고려한다. 이 논쟁에 참여한 연구자들 상당수는 두 성별
모두 뇌들보 형태의 산포도가 크다는 점을 인정한다.

　　77　다양한 연구 집단이 분산분석과 평균 검정을 모두 사용했다.

　　78　Allen et al.(1991).

　　79　라투르는 이들 표, 도표, 그림을 "비명"inscription이라고 부르며 과학
논문에서 그것들의 위치에 관해 다음과 같이 언급한다. "반대자[굉장히 회의적인
독자로 이 경우에는 나일 것이다-인용자]는 항상 달아나 다른 해석을 시도할 수 있다. …
이 때문에 과학자들은 자신과 자기 주변을 훨씬 더 극적인 시각 효과로 **둘러싸려고**

막대한 에너지와 시간을 쏟아붓는다. **원칙적으로는** 어떤 텍스트와 그림에 대해서도 정반대되는 해석이 가능하지만, **실제로는** 전혀 그렇지 않다. 새롭게 데이터를 수집하고, 새롭게 이름을 붙이고, 새롭게 그림을 그릴 때마다 이견을 제시하는 데 드는 비용이 증가하기 때문이다"(Latour 1990, 42. 강조는 원문).

    80   Allen et al.(1991, 933). 강조는 원문.

    81   Ibid., 937.

    82   20세기의 첫 사분기에 피어슨은 둘 이상의 정성적 변수 사이의 상관관계가 타당한지 평가하기 위해 키제곱검정 방법을 개발했다. 하지만 이와 경쟁했던 다른 방법들도 있었다. 이런 데이터를 분석하는 최상의 방식을 두고 피어슨과 그의 제자 조지 우드니 율 사이에 벌어진 논쟁을 분석한 Mackenzie(1981, 153-183) 참고. 율은 예/아니요 같은 답변을 요구하는 사회정책을 연구했다. 일례로 '특정 질환에 대한 예방접종이 전염병이 도는 동안 인명을 살렸습니까?' 같은 질문을 들 수 있다. 율은 스스로 Q라고 불렀던 통계 방법을 발명했다. 이 방법은 치료와 생존 사이에 관계가 있는지 없는지 말해 줄 수 있었다. 반면 피어슨은 예/아니요 같은 답변을 원하지 않았을뿐더러 연관성의 정도나 강도를 연구하길 원했다. "상관관계의 강도"를 연구하려 한 이유는 무엇보다 그가 "공동체에서 우수한 혈통과 열등한 혈통의 상대적인 번식력을 변화시키는" 실용적인 우생학 프로그램을 개발하길 원했기 때문이다(Mackenzie 1981, 173). 피어슨에게는 선조들의 혈통에 대한 지식으로 한 개인의 능력, 성격, 사회 성향을 예측할 수 있게 해 주는 수학 이론이 필요했다. 피어슨이 혈통 문제를 처음으로 연구하기 시작했던 1890년대에는, 피부색이나 지적 능력처럼 계측할 수 없는 특성의 유전을 연구하는 널리 받아들여지는 방식이 없었다. 피어슨은 측정 단위가 없는 형질들이 유전되는 강도를 측정하기 위해 상관성 이론을 확장할 필요가 있었다. 그는 학교에서 4000쌍 이상의 형제들에 대한 지능 데이터(아동의 능력에 대한 교사의 평가에 기초한)를 수집해 이 문제를 해결했다. 그 뒤 그는 '만약 형제 가운데 한 명이 상당히 지적이라는 평가를 받는다면 다른 한 명 역시 그럴 가능성이 얼마나 되는가?'라는 질문을 던졌다. 이 조건에서 그가 상관성을 계산한 방법은 인간의 성격 형질이 유전되는 성향이 강하다는 확신을 주었다. 그는 "부모의 키, 팔뚝, 수명을 물려받는 바로 그 순간에, 우리는 부모의 성질, 성실성, 수줍음, 능력 역시 물려받는다"라고 적었다(Mackenzie 1981, 172에서 인용). 율은 피어슨의 가정(키제곱을 계산하는 데 사용된 숫자들은 종형 곡선으로 분포한다)은 입증될 수 없다고 비판했다. 피어슨은 율의 Q가 상관성의 강도를 측정할 수 없다고 공격했다. 각 검정들이 설계된 목적이 다르기 때문에 피어슨과 율의 입장은 양립할 수 없었다. 율과 피어슨 사이의 논쟁은 완전히 끝나지 않았다. 오늘날에는 두 방법 모두 사용되고 있다. 매켄지에 따르면, 율의 Q는 사회학자 사이에서 많이 쓰이는 반면, 피어스의 상관계수는 계량심리학자 사이에서 더 유행하고 있다. 이 논쟁에서 제기된 쟁점들에 대한 추가적인 분석은 Gigerenzer et al.(1989) 참고.

    83   이는 앨런과 동료들을 공격하려는 게 아니다. 사실, 이 논문은 뇌들보에 대한 논문 가운데 가장 강력한 쪽에 속한다. 다만 나는 과학자들이 뇌들보에서 의미를 끌어내 안정화하는 데 사용하는 전략을 예시하기 위해 이 논문을 일례로 사용한 것이다.

    84   즉, 내가 뇌의 편측성에 대한 19세기의 논쟁들을 다룰 때 설명했던 이야기

525

미주

유형이다(통계학의 사회적 역사에 관한 주 68-73과 82 참고).

　　이와 관련된 유용한 이론적 접근법은 뇌들보를 "서로 교차하는 여러 사회적 세계에 거주하면서 각 사회적 세계의 정보 요건[즉, 각 사회적 세계가 필요로 하는 정보로서의 요건]을 충족하는" 일종의 경계적 대상[경계물]boundary object으로 여기는 것이다(Star and Griesemer 1989, 393). 경계적 대상들은 각 사회마다 다른 의미를 지닐 수 있지만 쉽게 인식할 수 있어야 하며, 따라서 서로 다른 집단들을 소통시키는 방식을 제공해야만 한다. 이 경우의 사회적 세계는 〈그림 5-6〉에서 확인할 수 있다. 거기에는 사회적이고 정치적인 집단들(교육 개혁자, 페미니스트, 동성애자 인권 활동가 등)뿐만 아니라 서로 겹치지만 초점이 다른 연구 영역도 포함된다.

　　85　뇌들보의 기능에 관한 현재의 이론들은 Hellige et al.(1998) 참고. 그들은 뇌들보 크기가 클수록 두 반구가 기능적으로 더 많이 고립됐을 수 있다고 제안한다. Moffat et al.(1998)에 따르면, 말하기와 잘 쓰는 손의 기능이 서로 다른 뇌 반구에 위치한 남성들(이 연구는 남성만을 대상으로 했다)은 반구들 사이의 소통이 증가할 필요가 있고 따라서 뇌들보가 더 클 수 있다. Hellige et al.(1998)과의 차이에 주목하라. Nikolaenko and Egorov(1998)는 뇌의 비대칭성에 관해 통용되는 모델이 없다는 데 주목한다. 그들은 뇌들보가 역동적으로 상호작용하는 뇌 반구들을 통합하는 핵심적 역할을 한다는 이론을 제시한다. 뇌들보를 지나가는 신경섬유들은, 일부는 흥분시키는 작용을 하고 다른 일부는 억제하는 작용을 하는 등 확실히 다른 기능들을 수행한다. 분명 특정 유형의 뇌들보 활동은 정보의 흐름을 억제할 것이며 다른 유형은 강화할 것이다. 뇌의 인지 작용에 관여하는 메커니즘, 그리고 뇌들보의 기능과 그 메커니즘의 관계를 이해하는 데 필요한 세부 사항이 아직 많이 알려지지 않았다. 예를 들어, Yazgan et al.(1995)은 "뇌들보는 흥분과 억제 작용을 하는 신경섬유들로 구성되긴 하지만, 특정 피험자의 뇌들보 안에 그 섬유들이 어느 정도의 비율로 어떻게 분포하는지는 알려지지 않았다"라고 서술한다(Yazgan et al. 1995, 776). 같은 이야기를 인간의 뇌들보 연구에 참가했던 피험자들 전체에게 적용할 수 있다. 반구의 비대칭성에 대한 확장된 논의로는 Hellige(1993) 참고.

　　86　Allen et al.(1994). O'Rand(1989)는 뇌의 형태와 인지능력에 관한 믿음들에 사고 집단thought collective이라는 발상을 적용한다. Star(1992)는 특정 뇌 영역의 기능에 관한 결론은 "실제로는, 과학자, 부모, 학술지 발행 기관, 원숭이, 전극 제조사 등이 모인 공동체의 집단적인 작업을 보고한 것이다"라고 서술한다(Star 1992, 207-208).

　　87　Cohn(1987)은 언어적으로 규정되는 공동체(콘의 사례에는 국방 전문가들)에 진입하는 것이 어떻게 특정한 사고 양식을 받아들이게 하는지 논한다[콘의 이 논문은 페미니즘적 관점에서 핵전략 및 국방 정책 담론을 분석한 것이다]. 공동체 내에서 소통하려면 그들의 언어를 사용해야만 한다. 그러나 그들의 언어를 선택함으로써, 세상을 보는 다른 방식을 포기하게 된다. Hornstein(1988)도 참고.

　　88　일례로 Aboitiz et al.(1992) 참고. 뇌들보 하위 영역의 크기가 차이 나는 원인이 그 부위에서 뉴런의 밀집도가 더 크기 때문인지, 아니면 크기가 다른 뉴런들의 상대적인 비율에 변화가 생겼기 때문인지, 아니면 여러 다른 종류의 뉴런들의 숫자가 감소했기 때문인지 아무도 알지 못한다. 이런 질문들 중 일부에 대답하려는 시도들은 Aboitiz et al.(1992; 1998a; 1998b) 참고. 연구자들은 동물들의 대뇌피질에 염료를

주입한 후 대뇌피질에 있는 근원부터 뇌들보를 통과하는 경로에 이르기까지 개별 신경섬유들을 식별하고 추적한다. 개별 신경섬유들은 염료를 흡수해 그것을 섬유의 축삭돌기를 따라 전달한다(축삭은 전기 자극을 세포의 근원 지점부터 연결망을 거쳐 다른 신경세포 혹은 근육세포로 전달하는 신경섬유의 긴 말단이다). 연구자들은 나중에 뇌들보를 분리해 낸 뒤 염료를 찾아내 그들이 염료를 주입한 대뇌 부위의 축삭돌기들이 뇌들보의 어느 부분에 포함되는지 볼 수 있다. 쥐를 대상으로 한 같은 종류의 연구에서 연구자들은 팽대의 일부가 시각피질(시각에 수반되는 뇌 부위)에 근원을 둔 축삭돌기들로 구성돼 있다는 사실을 확인했다. 뇌들보를 통과하는 축삭돌기들 중 일부는 미엘린이라고 불리는 절연 물질로 감싸여 있는 반면, 다른 신경섬유들은 그대로 드러나 있다. 쥐의 뇌들보나 팽대의 전 영역에서 성차는 없었다. 미엘린으로 감싸여 있지 않은 축삭돌기들의 전체 밀도(팽대의 특정 하위 구조에서 제곱밀리미터당 신경섬유의 수)는 성별에 따라 달랐다(암컷 > 수컷). 그러나 미엘린으로 감싸인 축삭돌기는 수컷 쥐들에서 밀도가 컸다. 모든 유형의 축삭돌기들을 단순히 세다 보면 미묘한 차이들이 묻히게 된다. 수컷과 암컷에서 두 형태의 신경섬유 크기는 동일했다(Kim et al. 1996). 기능적인 결과를 구조적인 차이에 연결하기 위해서는 최소한 이 정도 세부적인 정보가 필수적이다. 인간에서는 현재 이런 단계에 도달하지 못했다. 인간에서는 매우 조심스럽게 해부를 진행해 대뇌피질의 특정 영역과 뇌들보의 특정 영역 사이에 연결이 나타나는 국소 부위의 일반적인 지형학적 특징 일부를 밝혀낸 정도다(de Lacoste et al. 1985; Velut et al. 1998).

89 이 매듭의 밀도와 다양성을 보여 주는 책으로는 Davidson and Hugdahl (1995) 참고. 잘 쓰는 손, 뇌의 비대칭성, 인지 기능에 관한 논문은 문자 그대로 수천 편에 달한다. 이것이 매듭의 밀도를 정의하는 한 가지 방식이다. 나는 이 매듭 내부에 포함되는 질문들(혹은 하위 매듭의 수)의 범위를 다양성이라는 말로 표현한다. 데이비드슨의 책에 실린 논문들은 다음 주제들을 다루고 있다. 뇌 구조와 기능에 미치는 호르몬의 영향, 뇌 해부학, 시각 처리 과정에 관한 이론, 청각 처리 과정에 관한 이론, 잘 쓰는 손에 대한 논의, 학습 이론, 돌연 심장사를 비롯해 여타 의학적인 문제들과의 연관성, 행동의 정서적 측면과의 연관성, 뇌 비대칭성의 진화, 뇌 비대칭성의 발달, 학습 장애, 정신병리학.

90 예를 들면, Bryden and Bulman-Fleming(1994)과 Hellige et al.(1998) 참고.

91 Goldberg et al.(1994)의 논문 제목[「인지 편향, 기능적 피질 기하학, 그리고 전두엽: 좌우성, 성별, 잘 쓰는 손」]에 주목. 편측성 연구에서 사용되는 방법들에 대한 평가로는 Voyer(1998) 참고.

92 예를 들면, Bisiacchi et al.(1994), Corballis(1994), Johnson et al.(1996) 참고.

93 잘 쓰는 손, 인지, 편측성, 성차를 비롯한 수많은 주제의 논쟁에 관한 최근의 시각은 Bryden et al.(1994) 참고. 이 모든 논의에 응답하는 논문들을 『뇌와 인지』*Brain and Cognition* 26호(1994)에서 발견할 수 있다. Hall and Kimura(1995)도 참고.

94 최근 연구에 대해서는 Davatzikos and Resnick(1998) 참고.

95 특정 인지 과제에 대한 전문적인 검정에서 성과performance 차이가 발견되는지 여부는 당연하게도 사용된 표본(예를 들어, 대규모 일반인 표본과 영재 아동으로 구성된 표본의 대비)과 그 검정을 실시한 방식 및 시기에 의존한다. 그 이전에

보고된 많은 차이가 줄어들고 있거나 심지어 사라졌을지라도 몇 가지 차이는
안정적으로 존속한다. 물론 이 사실이 그 차이가 생물학적 기원을 가진다는 의미는
아니다. 만약 그 차이가 사회적인 것이라면, 과거 20~30년 동안의 사회 변화로는
달라지지 않았다는 의미일 뿐이다. 25년 전에 비해 어떤 성적 차이가 지속적으로
나타나는지 그리고 동일한 규모로 지속되는지를 조사한 여러 유형의 검정은 이제 그
수가 적다. 물론 이런 차이가 지닌 사회적 의미에 대해서는 여전히 격론이 전개되고
있다. 인지의 젠더 차이에 관한 연구들로 메타 분석을 한 논의들로 Voyer et al.(1995),
Halpern(1997), Richardson(1997), Hyde and McKinley(1997) 참고. 인지 과제에서
나타나는 차이의 의미와 해석에 대해서는 Crawford and Chaffin(1997)과 Caplan and
Caplan(1997) 참고.

96 Fausto-Sterling(1992), Uecker and Obrzut(1994), Voyer et al.(1995),
Hyde and McKinley(1997).

97 Gowan(1985).

98 Clarke and Zaidel(1994)은 이 상충되는 이론 가운데 일부를 다루었다. 영재
아동에 대한 다양한 관점과 연구, 그리고 뇌들보에 대한 통합적인 연구 결과를
일별하려면 Bock and Ackrill(1993) 참고.

99 Schlaug et al.(1995)은 인간의 뇌들보가 적어도 30대까지 계속 발달한다는
증거를 검토한다. 출생 후의 발달은 환경(이 경우에는 음악 수련)이 뇌 구조에 영향을 줄
수 있음을 함의한다. 이 연구자들은 7세 이전에 음악 수련을 받기 시작한 음악가들의
뇌들보 전부前部의 크기가 통제군보다 컸다고 보고한다. 그들은 이 결과가 "동물
연구와 유사하게, 10세 이전의 성숙기 동안 뇌들보 구성 요소들이 유연하게
변화한다는 사실과 일치한다"는 점을 발견한다(Schlaug et al. 1995, 1047). 그들이 동물
연구를 언급한 점을 주목하라.

100 Allen et al.(1991, 940).

101 그러나 몇몇 과학 논문은 이 가능성을 분명히 제기하고 있다. Cowell et
al.(1993)은 편측성과 호르몬 및 성차를 전두엽과 연결하고 있으며, Hines(1990)는
인간의 뇌들보에 호르몬이 영향을 미친다는 발상을 제시한다.

102 Halpern(1998)은 이렇게 서술한다. "명확히 윤리적인 이유로, 뇌에 영향을
줄 것이라 여겨지는 호르몬을 조작하는 실험은 인간이 아닌 영장류에서 시행된다. …
연구자들은 인간에서는 결과가 비슷하더라도 … 동일하지는 않을 것이라고 가정한다.
… 결론은 … 선천성 부신 과형성증이 있는 여자아이에서처럼 … 자연적으로 발생한
이상 사례로부터 얻은 … 데이터로 입증된다"(Halpern 1998, 330). 호르몬 결절이
모종의 지점에서 항상 다시 간성성과 연결되는 방식에 주목하라. 다른 영역들과의
연관성에서 힘을 끌어내는 비슷한 접근 방식을 Wisniewski(1998)에서 찾을 수 있다.

103 사회학자 수전 리 스타와 심리학자 게일 혼스타인은 이 점을 "한 연구
영역에서 불확실한 부분을 다른 분야에서 나온 결과를 끌어와 '해결하는'" 방식으로
전개되는 야바위 게임[작은 물건이 든 종지 하나를 포함해 종지 세 개를 엎어놓고 여러 번
뒤섞어 물건이 들어 있는 종지를 맞추는 게임]으로 묘사한다. "여러 영역을 가로질러
결과를 삼각측량하는 과정에서, 이례 사례에 대한 설명 책임은 전혀 요구되지
않는다"(Hornstein and Star 1994, 430).

104 Efron(1990)은 반구 편측화 개념은 물론 편측화 주장에 힘을 실어 주는

528

섹싱 더 바디

실험 방법을 폭넓게 비판한다. 그런 실험 방법으로는 순간노출기tachistoscope
[그림·문자 등으로 시각적 자극을 주는 장치]와 양분 청취 검사[좌우 귀에 서로 다른
메시지를 들려주는 것]를 사용한 실험 등이 있다. Uecker and Obrzut(1994)는 공간
과제에서 남성이 우세한 원인을 우반구에서 찾는 해석에 의문을 제기한다.
Chiarello(1980)는 특정 기능의 편측화에 뇌들보가 필요하다는 결정적 증거는 없다고
언급한다. Clarke and Lufkin(1993)의 발견에 따르면, 뇌들보 크기의 편차가 반구의
전문화에서 개인차가 나타나는 데 기여하지 않는다. Jäncke et al.(1992)은 양분 청취
검사를 대뇌 편측화에 유리하게 해석한 것을 비판한다. Gitterman and Sies(1992)는
뇌의 언어 조직을 결정하는 비생물학적 인자들에 대해 논한 반면, Trope et
al.(1992)은 좌뇌와 우뇌 사이의 분석적·전체론적 차이를 일반화할 가능성에 의문을
제기한다.

　　　105　뼈대 논쟁에 대한 글을 쓰면서 역사학자 론다 시빙어는 "계몽주의 이후
과학은 정치적인 삶의 소란스러움을 넘어서는 '중립적'이고 특권적인 시각을
약속하면서 사람들의 감성과 지성을 휘저었다"라고 말한다(Schiebinger 1992, 114).

　　　106　라투르는 지식의 대상이 혼성적이라고 여긴다. 자연과학과 정치학의
역사를 과학적 사실의 혼성적 성격을 부인하면서 본성 대 양육의 이분법을
안정화[공고화]하려는 시도로 서술한 그의 설명은 내게 깨달음을 주었다(Latour
1993).

　　　107　나는 이 분석을 철저히 다루지 않았다. 이를테면 나는 여러 연구 집단에
유용할 수 있는 제도적 자원을 고려하지 않는다. 예컨대 앨런과 동료들은 UCLA에서
연구하면서 다른 의학적 목적을 위해 촬영된 방대한 MRI 데이터에 접근할 수 있다.
Byne et al.(1988)처럼 성차에 회의적인 연구자들은 이런 대규모 데이터베이스에
제도적으로 접근할 수 없다. [이런 상황에서] 앨런과 동료들은 바인과 동료들이 차이를
발견하지 못했다는 결과를 순전히 데이터베이스의 크기만으로도 묵살할 수 있다.
정치적으로 급진적인 페미니스트 루스 블라이어 (그녀는 Byne et al. 1988의 대표
연구자다)의 개인사는 그녀가 데이터뱅크에 접근하는 것을 제한했다. 정치적으로든
다른 측면에서든 주변부에 있는 사람들에게는 반박할 수 있는 데이터를 동원하고
자신들이 모은 데이터를 알리는 일이 항상 훨씬 힘들다.

　　　나는 전통적 수사들을 상세하게 분석하지도 않았다. 일례로 Allen et al.
(1991)은 팽대 형태의 성차를 설명하기 위해 '극적인'dramatic이라는 단어를 사용한다.
사실 그때 그들은 차이를 눈에 띄도록 부각하기 위해 다소 왜곡된 과정을 활용해야만
했다. 물론 강조어의 사용은 특정한 발견에 주의를 환기하는 수사법의 일부다.

　　　108　동성애를 생각해 보면 이 점이 정말로 분명해진다. 20세기 초반에는
상당수의 자유주의 사상가들이 유전적 결정론자였고 현재도 그러하다. 그들은
동성애는 "유전적"인 것이고, 그 사실의 한 가지 함의는 동성애자들도 평등한
시민권을 가져야 한다는 것이라고 믿었다(현재도 그렇다). 이와 달리, 종교적인
보수주의자들은 동성애가 "선택"이며 또한 죄악이기 때문에, 동성애자들은
이성애자가 되는 쪽을 택해야 한다고 주장한다. 그들은 선택할 수 있는 능력을 평등한
시민권 주장을 반박하기 위해 사용한다. 그 틈바구니에서 세기 중반기에 독일의
나치가 만행을 저질렀다. 나치는 동성애가 "유전적"이라고 생각했지만, 그것을
동성애자를 몰살해야 하는 근거로 보았다.

529
미주

109   Halpern(1997, 1098).

110   Hyde and McKinley(1997, 49). 이런 목적의 의미는 종종 불명확하다. 많은
사람들은 동등한 기회를 단지 공공연한 차별이 없는 상태라는 의미로 개념화한다.
하이드는 인지적인 경쟁의 장을 공평하게 만들려면 적극적으로 노력해야 한다고
생각한다. 이에 더해 나는 공평한 경쟁의 장이 수립되면, 인지능력에서 집단 간 차이가
나타나더라도 기능 훈련과 격려를 적절히 병행함으로써 차이를 해소할 수 있다고
전제한다. 어떤 반론이 제기될지 알고 있다. 집단적 차이를 없애려면 극단적
조치(어마어마한 비용이 든다거나, 여자아이들을 "타고난" 성향에 반하는 쪽으로 억지로
밀어붙여야 한다 등등)를 취해야 한다거나, 훈련과 교정을 통해서는 인지능력에서
나타나는 집단 차이를 없앨 수 없다는 주장이 그것이다(현재 우리는 개선을 위해 독서와
언어 훈련을 제공하고 있다. 이 영역들은 종종 집단적 차이가 여자아이에게 우호적으로
나타나는 영역들이다). 이런 주장의 근간에는, 이미 알려진 인지능력의 집단 차이가
이후의 직업적 성취를 실제로 설명해 준다는 가정이 놓여 있다. 나는 이 같은 가정이
올바르지 않다고 생각한다. 나는 아직 공인되지는 않았지만 이런 차이를 더 잘 설명할
수 있는 젠더 도식이 있다고 여긴다. 이 주장에 대한 완전한 설명은 Valian (1998a;
1998b) 참고.

111   나는 경험을 통해, 일부 사람들은 내가 항변을 하더라도 내 입장을
반유물론적인 것으로 여기리라는 것을 안다. 하지만 내 유물론적인 신념 체계를 재차
확인하는 일은 해 볼 만한 일이다.

6장 생식샘과 호르몬 그리고 젠더의 화학작용

1   De Kruif(1945, 225-226). 드 크루이프는 1916년에 미시간 대학교에서 박사
학위를 받았다. 1920년대 초반까지 그는 대학에서 과학을 가르치고 연구했다. 첫
저서인 『우리 의학계의 인물들』로 인해 그는 록펠러재단에서 해고[해고 사유는 이 책을
비롯해, 미국 의료계를 신랄하게 비판하는 글을 썼기 때문이었다]당했으며, 그 뒤 과학
저술에 전념하게 되었다. 싱클레어 루이스의 고전 소설 『애로스미스』(1925) [과학
연구의 이상과 현실 사이의 갈등을 다루고 있다]의 배경 지식은 드 크루이프가 제공한
것이었다. 좀 더 상세한 전기는 Kunitz and Haycraft(1942) 참고. 어떤 면에서 드
크루이프는 내가 이 책을 쓰는 데 영향을 주었다. 부모님이 나와 내 동생을 과학자가
되도록 격려하기 위한 (궁극적으로는 성공한) 계획의 일환으로 집에 보관하고 있던
수많은 책들 가운데 하나가 그의 『미생물 사냥꾼』(1926)이었기 때문이다.

2   Fausto-Sterling(1992b, 110-111)에서 인용.

3   Wilson(1966) 참고.

4   Oudshoorn(1994, 9). 프로게스테론은 에스트로겐이 자궁암 발생률을 높일
가능성을 막기 위해 에스트로겐 알약에 첨가되었다.

5   De Kruif(1945, 86-87). 프랭크 릴리는 테스토스테론을 "고환의 특유한
내분비물"로, 에스트로겐을 "난소 피질의 특유한 내분비물"로 언급하며, 동일한
주장을 좀 더 절제된 방식으로 제시했다. 그는 "성징은 두 종류가 있기 때문에
성호르몬도 두 가지다. 즉, 호르몬 '의존적' 남성 특징을 조절하는 남성호르몬과

섹싱 더 바디

호르몬 '의존적' 여성 특징을 조절하는 여성호르몬이 그것이다"라고 덧붙였다(Lillie 1939, 6, 11).

6   Cowley(1996, 68).

7   Angier(1994, C13). Star-Telegram(1999)과 France(1999)도 참고.

8   Sharpe(1997), Hess et al.(1997).

9   Angier(1997a).

10   20세기 생식 과학의 역사를 상세하고 훌륭하게 정리한 문헌으로는 Clarke(1998) 참고.

11   다시 한번, 나는 과학적 [이론의] 선택은 대부분 미결정적이라는 관점을 활용한다. 즉, 실제 데이터는 서로 경쟁하는 여러 이론 가운데 특정한 이론을 선택하라고 전적으로 강제하지 않으며, 따라서 특정 이론의 사회적·문화적 가치가 그 이론이 주목받을 가능성을 높일 수 있다. 예를 들면, Potter(1989) 참고.

12   아델 클라크는 내게 '사회적 세계'에 관해 다루고 있는 사회학 문헌을 알려 주었다. 사회학자들은 노동조직을 분석하는 방법으로 "사회적 세계 관점"을 사용한다. 나는 이 장과 다음 장에서 서로 다른 사회적 세계들의 교차점에 관한 연구가 과학 지식의 생산에 미치는 영향을 살펴볼 것이다. Strauss(1978), Gerson(1983), Clarke(1990a), Garrety(1997) 참고. 엘리후 거슨은 사회적 세계를 "특정 주제나 관심 영역에 대해 공통적으로 수행되는 활동들"로 정의한다(Gerson 1983, 359)[여기서 거슨은 사회적 세계를 활동들activities로 개념화하는데, 이는 사회적 세계가 고정된 실체가 아닌, 지속적인 활동과 상호작용의 산물로 보기 때문이다].

13   카스트라토에 대한 더 많은 정보는 Heriot(1975) 참고. 교황청에서 노래한 것으로 알려진 마지막 카스트라토의 다소 으스스하면서도 가냘프게 떨리는 목소리는 《알레산드로 모레스키: 최후의 카스트라토》(Pavilion Records LTD, Pearl Opal CD 9823)라는 CD에서 들을 수 있다. 모레스키는 1922년에 사망했다. 녹음 원본은 예일 대학교 역사적 음반 기록물 컬렉션Yale University Collection of Historical Sound Recording 소장[이 앨범은 유튜브에서도 들을 수 있다. "Alessandro Moreschi: The Last Castrato Full CD 1904" 검색. www.youtube.com/watch?v=t6U8VZ6riNk].

14   Ehrenreich and English(1973), Dally(1991). 1872~1906년에 15만 명의 여성들이 난소를 적출당했다. 결국 난소 적출 시술을 없앤 운동가 중에는 미국 최초의 여의사인 엘리자베스 블랙웰이 있었다.

15   De Kruif(1945, 53, 54). 베르톨트의 원래 논문도 참고(Berthold 1849).

16   Corner(1965).

17   Borell(1976, 319).

18   Borell(1985).

19   1923년에도 에드거 앨런과 에드워드 A. 도이지는 난소 난포ovarian follicles에서 생산되는 호르몬을 결정적으로 입증했다고 여겨지는 논문을 발표하면서 유사한 회의감을 표출했다. "이 가상의 호르몬의 확실한 위치나 임상에서 널리 사용되는 상업적인 난소 추출물의 구체적 효과에 관한 결정적 증거는 없는 듯하다. 프랭크와 노박에 대한 최근 리뷰 논문들은 상업적인 조제물의 활성에 대한 충분히 근거 있는 회의론을 잘 보여 주는 사례로 인용될 수 있다"(Allen and Doisy 1923, 819-820).

부인들과 개업의들도 계속해서 비슷한 주장을 했다. 예를 들면, 빈의 의사 두 명은 여성의 생식샘 절제 후 일어나는 자궁의 퇴화를 이식한 난소가 막을 수 있다고 보고했다.

20 새로운 실험 접근법이 출현하고 갑상샘과 부신 추출물이 특정 질환을 치료하는 데 성공하자 재평가가 이루어졌다.

21 Borell(1985, 11)에서 인용. 1907년에는 셰퍼도 돌아왔다. 에든버러 제약 협회에서의 강연에서 그는 "이런 보조 기관들의 … 발달 억제[즉, 자궁의 퇴화-인용자]는 … 난소와 고환의 신경에 의해 전달된 영향력이 차단된 결과라고 추측할 수 있다"라고 주장했다. 그러나 그는 이어서 "유일하게 합리적인 설명은 … 이식된 기관이 … 내분비물을 생산한다는 가정에 있다. 이 분비물 속에 함유된 호르몬 덕분에 … 멀리 떨어진 부위의 구조와 발달에 물질적으로 영향을 미칠 수 있다"고 이야기했다. Borell(1985, 13-14)에서 인용. Borell(1978)도 참고.

22 Noble(1977), Sengoopta(1992; 1996; 1998), Porter and Hall(1995), Cott(1987) 참고.

23 유럽에 대해서는 Chauncey(1985; 1989; 1994), D'Emilio and Freedman (1988), Sengoopta(1992) 참고. 성과학의 역사에 관한 정보를 찾을 수 있는 최상의 누리집으로는 www.rki.de/GESUND/ARCHIV/TESTHOM2.HTM 참고. 이곳은 독일의 로베르트 코흐 재단Robert Koch Institute의 누리집이다.

이 위기와 미국 생물학의 관계에 대한 논의는 Pauly(1988, 126) 참고. 이 기간 동안 있었던 남성성 이데올로기의 구성에 관한 추가적인 논의는 Halberstam(1998) 참고. Dubbert(1980)도 참고.

24 Pauly(1987), Lunbeck(1994), Benson et al.(1991), Rainger et al.(1988), Noble(1977), Fitzpatrick(1990). 록펠러와 카네기의 자선사업에 대해서는 Corner(1964, 1장) 참고.

25 Sengoopta(1996, 466). 이 시기 동안 일어난 독일의 여성운동에 관한 설명은 Thönnessen(1969) 참고. 당시 남성성의 위기는 국제적이었다. Chauncey(1989, 103) 참고.

26 Sengoopta(1996), Gilman(1994).

27 Sengoopta(1998).

28 영국 상황에 대해서는 Porter and Hall(1995) 참고. 미국에 대해서는 D'Emilio and Freedman(1988)과 Chauncey(1989) 참고.

29 19세기 발생학자들은 남녀의 배아는 공통 지점에서 출발하지만, 남성의 배아가 훨씬 복잡하고 더 잘 발달하는 반면 여성의 분화는 "미미한 정도만 일어난다"([독일의 동물학자] 오스카르 헤르트비히)고 믿었다. Sengoopta(1992, 261)에서 인용.

30 Sengoopta(1992; 1996). Anderson(1996)도 참고.

31 Carpenter(1909, 16-17). 1913년에 번식 생물학자 월터 히프는 성의 대립에서 카펜터가 가장 두려워했던 일이 사실상 실현되었다고 언급했다. 바이닝거는 '성적 매력 법칙'을 설명하는 대수학algebraic 공식을 발표했다. 그는 페미니즘을 좋아하지 않았고 여성이 남성보다 선천적으로 열등하다고 생각했다. 카펜터는 바이닝거와 정치적 입장이 달랐고, 그와 지지자들은 바이닝거가 만든 공식을 조롱했다. 그럼에도 불구하고, 두 사람의 생물학 이론은 그렇게 다르지 않았다. Porter

and Hall(1995) 참고.

32 Sengoopta(1996).

33 Weir(1895, 820, 825). 위어의 생물학 이론은 바이닝거의 이론과 다르지만, 젠더에 관한 철학은 둘이 동일하다는 점에 주목하자.

다른 생물학자와 심리학자, 의사 역시 페미니즘을 공격하기 위해 여성 동성애를 비난했다. 예를 들면, 존 미거 박사는 "항상 자신의 권리를 주창하는 여러 선동가와 전투적인 여성의 원동력은 종종 동성애를 목표로 하는 충족되지 못한 성 충동이다. 성욕을 완전히 만족시킨 기혼 여성들은 전투적인 운동에 적극적인 관심을 거의 보이지 않는다"라고 언급했다. Cott(1987, 159)에서 인용.

34 재능 있는 여성을 예로 들며, 남녀가 동일한 역량을 가진다고 주장하는 것은 아무 도움이 되지 못했다. 그 재능을 만들어 낸 것이 그들의 몸속에 있는 남성적 요소라는 반론이 있었기 때문이다.

35 이 시기 여성의 남성성에 대한 더 많은 논의는 Halberstam(1998) 참고.

36 Marshall(1910, 1). 마셜과 그 책의 중요성에 대해서는 Borell(1985)과 Clarke(1998) 참고.

37 1907년까지도 난소의 기능에 대해 많은 과학적 논쟁이 벌어졌다. 난소가 자궁에 영향을 미치는가? 생리 주기를 담당하는가? 신경 연결을 통해 작용하는가? Marshall and Jolly(1907)에서 마셜의 실험들과 문헌 검토 참고.

38 Geddes and Thomson(1895, 270-271). 게디스와 톰슨 역시 미국의 성 정치학에 영향을 끼쳤다. 초창기 한 사회학자는 남녀의 물질대사가 다르다는 그들의 이론에 기초해 박사 논문을 작성하기도 했다(Thomas 1907). 제인 애덤스는 현대 문명은 자연이 여성에게 부여한 여성적 기술을 필요로 한다고 주장하면서 그들의 발상을 페미니즘적 용도에 맞게 전환했다. 미국 상황에 관한 논의는 Rosenberg(1982, 36-43) 참고.

마셜 역시 이 유망한 최신 과학으로 눈을 돌렸다. 예를 들면, 당시 떠오르던 과학자 토머스 헌트 모건을 중요한 출처로 인용했다. 이를 통해 앞선 세대의 학자들에 의존하면서도 또한 미래지향적인 모습을 보여 주었다. 모건은 멘델 유전학이라는 현대적 학문을 창시했다. 그는 미국 과학을 현대적 발판 위로 올려놓은 몇 안 되는 과학자 가운데 한 명이었다. Maienschein(1991) 참고.

39 Marshall(1910, 655, 657).

40 Heape(1913). 사회학적 관점에서 히프의 역할에 관한 더 많은 내용은 Clarke(1998) 참고.

41 1905~15년, 미국의 크고 작은 도시들에서 10만 명 이상의 의류 공장 여성 노동자들이 동맹파업에 들어갔다. "대부분이 유대인이나 가톨릭계 이민자였던 … 이들은 지독한 노동 착취를 끝내고 … 약간의 여가 시간을 보장받기 위해 … 경제 정의를 요구하며 피켓 라인에 서서 도시의 거리를 메우고, 조합 회관을 채웠으며, 열을 지어 행진했다"(Cott 1987, 23). 그들은 유명한 구호, "우리에게 빵을 달라. 그리고 우리에게 장미도 달라"고 외쳤다. 1970년대 페미니스트들은 이 구호를 재조명하며 경의를 표했다. 이 구호는 여성들에게 문제가 단지 경제적인 것만이 아니며, 그들의 사회적이고 성적인 지위에 관한 것이기도 했다는 사실을 함축하고 있다.

42 [흑인 여성운동가였던] 아이다 웰스 바넷은 1918~27년에 [흑인에게 가해지는]

폭력적인 사적 제재에 반대하는 캠페인을 벌였다. Sterling(1979) 참고.

43 내가 사는 지역인 로드아일랜드의 프로비던스에서는 1910년에 유대인 이민자의 아내들이 "코셔 정육업자들에 맞서 싸우겠다고 선언"한 사건이 잘 알려져 있다. Cott(1987, 31)에서 인용.

44 Cott(1987, 32).

45 여성운동가들을 감옥으로 보내는 것도 아무런 도움이 되지 않았다. 그들은 감옥에서 단식투쟁을 벌였고, 이는 강제로 음식을 먹여야 하는 생각하기도 싫은 사태를 초래했다. 그것은 여성을 숙녀로 대우하는 것을 중시하는 빅토리아시대의 관습을 한층 더 모욕하는 일이었을 뿐이다. 이 관습은 먹기를 거부하는 여성의 목구멍에 관을 쑤셔 넣어 영양을 보급하는 행위와 양립하기 어려웠다.

46 Heape(1913, 1). 히프는 원래 발생학을 공부했다. 그래서 여성의 발달이 남성의 발달보다 이루어지기 어렵다거나 덜 중요하다는 19세기 발생학의 발상들에 익숙했다. 또한 새로운 내분비학은 이제 막 시작되려는 시점이었다. 그래서 그는 새로운 내분비학의 발상을 젠더에 대한 자신의 이론에 완전히 포함하지 않았다. Marshall(1929) 참고.

47 Heape(1914, 210).

48 히프는 게디스와 톰슨에게서 이 주장을 빌려온다. "남성과 여성은 다양한 방식으로 정자와 난자에 비교될 수 있다. 남성은 활동적이고 바깥으로 돌아다니며 배우자를 위해 사냥을 한다. 그는 에너지를 소모하는 존재이다. 여성은 수동적이고 한곳에 머무르며 배우자를 기다린다. 그녀는 에너지를 보존하는 존재이다"(Heape 1913, 49).

49 Heape(1914, 101, 102). (이 구절에서 히프는 통렬한 비판조로 여성이 왜 자신의 남성적인 부분을 지나치게 발달시키려고 노력해서는 안 되는지를 계속 기술한다. 거기에는 평상시의 일도 포함된다. 즉, 과도한 교육, 독립심, 외부로 드러나는 공적 활동 등이 불임과 정신 이상 등으로 이어진다는 것이다.)

50 Bell(1916, 4). 강조는 원문.

51 Dreger(1998, 158-166).

52 벨은 이렇게 적고 있다. "여성의 정신 상태는 그녀의 물질대사에 의존하며, 물질대사 자체는 내분비물의 영향 아래 있다"(Bell 1916, 118). 이 단락의 다른 구절들은 Bell(1916, 120, 128, 129)에서 인용했다. 벨은 여성에 대한 과학적 견해를 자궁에 의해 추동되는 존재라는 시각(판 헬몬트: 여성은 오로지 자궁으로 인해 존재한다)에서부터 난소에 의해 추동되는 존재라는 시각(피르호: 여성은 난소로 인해 존재한다)까지 추적하며, 마침내 자신만의 새로운 시각(여성은 내분비물로 인해 존재한다)으로 변형했다(Bell 1916, 129). Porter and Hall(1995)도 참고.

53 1800년대 후반에서 1907년까지 행해진 이식 실험에 대한 요약은 Marshall and Jolly(1907) 참고.

54 Allen(1975), Maienschein(1991), Sengoopta(1998).

55 Hall(1976), Sengoopta(1998). 슈타이나흐는 또한 그의 이름을 딴 슈타이나흐 수술로 상당한 논란을 야기했다. 사실 이 수술은 정관수술에 지나지 않았지만 그는 이 수술이 나이 든 남성을 회춘시킬 수 있다고 주장했다. 이 수술은 엄청난 인기를 끌어서 지크문트 프로이트와 예이츠를 비롯해 많은 사람이 수술을

받았다. 역사가 찬닥 센굽타는 이 시절을 이렇게 묘사한다. "그러므로 노화와 노화 방지에 관한 연구의 역사는 그저 엉터리 치료 이야기가 아니다. 물론 그것은 과학을 순수하게 이성적인 활동으로 보는 정형화된 관념에 부합하지도 않는다. 오히려 아주 인간적인 현상으로 보는 것이 보다 현실적이다(그리고 일정한 통찰을 제공해 준다). 노화와 죽음에 대한 공포가 과학에 대한 근대주의적 믿음과 상호작용하면서 기이해 보이지만 반드시 비이성적이지는 않은 연구 분야를 열어 놓았던 것이다"(Sengoopta 1993, 65). Kammerer(1923)도 참고[동물실험을 통해, 고환을 이식받은 암컷 기니피그가 수컷처럼 다른 기니피그의 등에 올라타는 행태를 보인다는 사실을 확인한 슈타이나흐는 고환이 남성의 성욕과 활력(회춘)의 비밀이라는 오랜 가설을 자신이 검증했다고 믿었다. 특히 그는 고환에서 생산되는 정자가 몸 밖으로 배출되지 않으면, 더 많은 성호르몬이 온몸을 돌아다니며 남성의 활력을 촉진할 것이라 생각했다. 이런 가설을 통해 그는 슈타이나흐 수술법 (정관결찰술)을 창안했다. 오늘날에는 피임 효과로만 인정되는 이 수술은 회춘 방법으로 1920년대에 미국에 소개되며 크게 유행했다가 1930년대에 급작스럽게 사라졌다. 이에 대해서는, 김나영, 「슈타이나흐 수술, 성호르몬, 그리고 회춘의 상품화: 20세기 초 해리 벤자민의 회춘 연구」, 서울대학교 대학원 과학사 및 과학철학 협동과정 석사 학위논문, 2021, 13-17쪽 참고].

56 영어로 작성한 제목과 요약이 달린 슈타이나흐의 저작 목록은 Steinach (1940) 참고. 이 목록은 www.rki.de/GESUND/ARCHIV/TESTHOM2.HTM에서도 찾을 수 있다.

57 그는 자신의 여러 책에서 이 구절을 반복했다. 그러나 이 구절의 초기 용례는 Steinach(1910, 566)에서 찾을 수 있다.

58 Steinach(1913a, 311)("Bekämpfung der antagonistischen Wirkung der Sexualhormone" 그리고 "schroffe Antagonismus").

59 Steinach(1912; 1913a).

60 어쩌면 그가 이식한 시기에 기니피그의 기관들이 더 발달해 있었기 때문에 차이를 발견할 수 있었고, 그래서 난소가 유도한 정낭 수축 효과를 측정할 수 있었는지도 모른다. 그럼에도 불구하고, 그 당시 쥐와 기니피그에 난소가 미친 영향은 달랐다. 설명이 필요한 부분은 왜 슈타이나흐가 여전히 불분명한 자료에 근거해 대단히 중요한 호르몬 길항작용 이론을 채택했는지다(오늘날, 호르몬 연구자들은 쥐와 기니피그의 성 발달 시기가 매우 다르다는 점을 알게 되었고 슈타이나흐의 결과에 나타난 차이를 쉽게 설명할 수 있다).

61 덴마크의 과학자 크누트 산은 자신이 얻은 비슷한 결과를 "이질적인 생식샘에 대해 정상 개체가 갖는 일종의 면역"으로 설명하면서, "나는 이 현상이 진정한 길항작용에 대해 별로 알려 주는 것이 없다고 생각한다"라고 말했다(Sand 1919, 263). 그는 이 같은 면역의 작용 방식에 대해 상세한 설명을 제시했다. 슈타이나흐는 산을 반박했고, 나중에 무어 역시 그랬다. 생애 말년에 쓴 자서전에서 슈타이나흐는 산을 좀 더 호의적으로 언급했지만 무어는 완전히 무시했다.

62 "나는 성호르몬의 이 같은 거친 길항작용이 어떤 범위 내에서 영향을 발휘하는 것인지, 이를테면 약화될 수 있는지 스스로에게 질문했다. 그리고 나는 다음의 두 가지 경우에 실질적인 차이가 있을 것이라는 가정에서 실험을 시작했다. 그 하나는 정상적인 사춘기 생식샘의 영향을 받고 있는 동물에게 생식샘을 이식해

동질적인 호르몬이 흐르게 하는 경우다. 그리고 다른 하나는 이미 거세된 개체에게 수컷과 암컷의 생식샘 모두를 이식해 양성이 동등한 조건이자 사실 양쪽에 똑같이 불리한 기능과 존재의 조건에서 서로 싸울 것을 강요받는 경우다. 기술된 실험 결과는 이 가정이 정확하다는 것을 확증해 준다"(Steinach 1913, 311. 인용자의 영어 번역).

63 Ibid., 320.

64 Ibid., 322.

65 Steinach(1940, 84).

66 당시에는 생식샘이 단일한 물질만을 생산하는지 아니면 여러 가지 물질을 생산하는지 알지 못했다. 또한 생식샘의 분비 물질이 뇌하수체hypophysis(뇌하수체의 신경 분비 부위)의 활동에 의해 조절된다는 사실도 알지 못했다. 실제로 실험 결과는 혼란스러웠고 슈타이나흐는 성의 대립이 이런 조건에서 사라지는 것처럼 보이는 이유를 설명하지 못했다.

67 Steinach(1913b)는 이 연구가 인간의 섹슈얼리티에 관한 이론에서 지니는 중요성을 자세히 설명한다. 그는 알베르트 몰, 리하르트 폰 크라프트-에빙, 지크문트 프로이트, 이반 블로흐, 마그누스 히르슈펠트 같은 섹슈얼리티 이론가들과 대화했다. 고환 속에 있는 암컷 세포의 분비물로부터 동성애가 기인할 수 있다는 그의 제안은 이 장의 초반부에서 언급했던 인체의 장기이식으로 이어졌다.

68 Herrn(1995, 45)에서 인용.

69 독일의 성과학자이자 동성애자 인권 개척자인 마그누스 히르슈펠트는 슈타이나흐의 생각을 아주 자연스럽게 받아들였다. 이미 히르슈펠트는 자신이 안드린andrin과 가이나신이라고 명명한 호르몬들을 동성애의 생물학적 원인으로 여기는 상황이었다. 그는 동성애자 남성의 고환 조직을 조사해 슈타이나흐의 발상을 확인하고 싶어 했다. 하지만 히르슈펠트가 하고 싶었던 그 최종 실험은 슈타이나흐와 리히텐슈테른에 의해 수행되었다(Herrn 1995, 45).

이 실험에서 기증자들은 미하강 고환을 제거해야만 하는 "정상적인" 남성들이었다(Sengoopta 1998).

70 Herrn(1995). 슈타이나흐에 대한 추가 자료는 Steinach(1940), Benjamin (1945), Schutte and Herman(1975), Schmidt(1984), Sengoopta(1992; 1993; 1996; 1998)에서 찾을 수 있다.

71 예를 들면, 학술지 『랜싯』의 사설은 슈타이나흐의 실험을 이렇게 묘사했다. "이 실험에서 발견된 것을 근거로 고환과 난소의 내분비물, 즉 양성에 특유한 생식 호르몬이 서로에게 뚜렷하게 길항적[대립적]이라는 이론이 구성되었다. 하지만 이런 결론은 그것을 지지할 좀 더 많은 증거를 결여하고 있다"(Anonymous 1917).

72 릴리는 미국에서 공부하고 실험에 전념한 새로운 생물학자 세대의 중요한 일원이 되었다. 그는 시카고 대학교에서 동물학부를 창설한 찰스 오티스 휘트먼 교수의 지도 아래 박사 학위를 받았다. 릴리는 자신의 불임 암송아지 연구를 시작할 무렵 동물학부 학장이자 우즈홀 해양생물학 연구실의 핵심 인물이 되었다. 이 시기 발생학과 유전학 분야의 주요 인사 상당수가 이 연구실을 거쳐 갔다.

평범한 중산층 가정 출신인 릴리는 프랜시스 크레인과 결혼했는데, 그녀는 시카고 배관 사업계의 큰손인 찰스 크레인의 누이였다. 릴리는 결혼을 통해 얻은 엄청난 부 덕분에 지배적인 엘리트의 사교 모임에 참여할 수 있었다. 이런 모임에서

섹싱 더 바디

만난 이들 가운데 록펠러는 릴리가 평생 동안 수행한 연구 대부분에 자금을 지원해 주었다. 또한 릴리는 사비를 털어 시카고 대학교에 새로운 실험 공간으로 휘트먼 연구소를 건립했다. 시카고 대학교에서 그는 1910~31년 동물학부 학장을 맡았으며, 1936년부터 은퇴할 때까지 생명과학부 학장으로 있었다. 우즈홀 해양생물학 연구실의 수장으로서 그는 처남인 찰스 크레인에게 기부받아 크레인 연구실을 지어 연구 공간을 확장했다.

73 성호르몬 연구의 역사에서 연구 재료들에 접근하는 것이 얼마나 중요한지에 대해서는 Oudshoorn(1994)과 Clarke(1998) 참고. 예를 들어, Kohler(1994)는 유전학 지식의 성격이 과학자들과 초파리의 상호작용에 의해 어떻게 형성되었는지를 보여 준다. 과학자들은 다루기 힘든 야생 초파리를 실험실의 협력자가 되도록 길들였다.

74 릴리의 불임 암송아지 연구에 관한 논의는 Clarke(1991)와 Mitman(1992) 참고. Lillie(1916; 1917)도 참고.

75 Lillie(1917, 415). Hall(1976)도 참고.

76 Lillie(1917, 404).

77 Ibid., 415. 고전이 된 이 논문에서 릴리는 제자인 C. J. 데이비스가 이전에 발표했던 데이터를 (인용을 곁들여) 재출간했다. 생식기능이 없는 암송아지의 기원을 두고 수십 년 동안 계속 논쟁이 벌어졌지만 지금도 해결되지 않고 있다. 릴리가 내린 결론이 대체적으로 여전히 "가장 잘 들어맞지만" 완벽하지는 않다(Price 1972).

78 Lillie(1917). 릴리는 이렇게 적고 있다. "얼마나 많은 사건이 단지 난소 조직이 없기 때문에 일어난 것인가, 또 얼마나 많은 남성호르몬의 긍정적인 작용에 다소간 문제가 있는 것인가"(Lillie 1917, 418).

79 Price(1974, 393). 무어는 나중에 릴리를 이어 시카고 대학교 동물학부 학장이 되었다. 무어의 간략한 전기로는 Price(1974) 참고.

80 Moore(1919, 141). 무어는 이 구절에서 5장에서 논한 집단별 차이와 분포의 변이성 문제를 기술한다. 그는 또한 1909~13년에 출간한, 암컷의 난소를 일찍 적출하면 더 크게 자란다는 것을 보여 준 연구를 언급한다. 이 연구를 근거로 무어는 "난소를 제거하고 고환을 이식한 암컷은 고환 때문이 아니라 난소가 없기 때문에 정상적인 암컷 이상으로 체중이 증가할 것이다"라고 주장한다(Moore 1919, 142). 우리는 무어가 참고한 이 논문들을 슈타이나흐가 읽었는지, 만약 그랬다면 슈타이나흐는 그것을 어떻게 자신의 결론에 통합했는지 알지 못한다.

81 슈타이나흐는 기니피그를 대상으로 유선 발달을 연구해 극적인 결과를 얻었다. 수컷 쥐들은 난소 이식에 반응할 수 있는 원시 단계의 젖꼭지를 갖고 있지 않기 때문이었다. 무어는 자신과 슈타이나흐의 차이가 품종이 다른 쥐들을 사용한 데서 기인한 것이었을 수 있음을 시사한 바 있다. 슈타이나흐는 자신이 "상당히 유사한 유형의 동물을 생산하는 방식으로" 기니피그를 교배했다는 점을 강조한다(Steinach 1940, 62). 슈타이나흐는 쥐들 역시 좀 더 획일화되는 방향으로 교배했을 가능성이 크다. 아마도 슈타이나흐의 동물 집단은 무어의 그것보다 변동성이 크지 않았을 것이다. 여기에 이 이야기의 또 다른 중요한 측면이 있다. 우리가 예상하는 차이를 확대하는 방향으로 실험동물을 교배한 뒤, 이런 차이를 만들어 낸 생리적 원인을 발견한다고 해 보자. 우리는 이 결과를 좀 더 변이성이 큰 개체군에 어느 정도나 적용할 수 있을까? 실험 개체군인 쥐의 역사에 대한 더 많은

이야기는 Clause(1993) 참고.

82 Moore(1919, 151). 나중에 한 논문에서 그는 이 점을 재차 강조한다. "나는 쥐와 기니피그의 심리적 행동을 세분화한 표지가 그들의 성적 본성을 나타내는 표지로서 전적으로 믿을 수 없다는 점을 다시 한번 강조하고 싶다"(Moore 1920, 181).

83 무어는 노화에 관한 슈타이나흐의 이론을 뒤쫓기도 했다(위의 주 55 참고). 이 연구에 대한 논의는 Price(1974) 참고.

84 Moore(1922, 309).

85 Steinach and Kun(1926, 817).

86 Moore and Price(1932, 19, 23).

87 Ibid., 19.

88 이전에 출간된 논문들에서도 이런 해석의 기미를 보였지만 1932년에 발표된 논문에서는 실험적인 근거를 상세히 제시했다. Moore(1921a; 1921b; 1921c)와 Moore and Price(1930) 참고. 이 무렵 무어의 연구는 성문제연구위원회의 지원을 받았다(7장에서 다시 논한다).

89 이 논의에서 나는 과학 논쟁에서의 "패자"를 진지하게 살펴보는 현대 과학의 중요한 전통을 따르고 있다. 이 접근 방식에 대한 더 많은 정보는 Hess(1997, 86-88) 참고.

90 무어는 이렇게 적고 있다. "동물의 심리적 특성을 지적으로 분석하는 일에는 많은 어려움이 따르며 개인적 오차가 해석에 영향을 줄 위험이 굉장히 크다"(Moore 1921, 385).

91 지금은 이것이 가설일 뿐이다. 하지만 무어에 대한 역사적인 연구가 더 많이 수행되면, 이 가설을 지지하거나 반박하는 증거를 얻을 수 있을 것이다. 클라크는 "우리는 성별을 이전에 우리가 생각했던 것보다 훨씬 덜 안정된 것으로 여기기 시작하고 있다"라고 쓰면서 무어를 인용한다(Clarke 1993, 396).

92 역사가 찬닥 센굽타에 따르면, 슈타이나흐는 사이질 세포들을 수컷 호르몬의 원천으로 여겼으며 이 믿음 때문에 영향력 있는 과학자들에게 수년 동안 공격받았다(1999년 센굽타와의 개인적 대화).

93 (내가 끔찍한 결과를 낳은 사례들을 논하면서 삶의 중요한 몇 년을 보내기는 했지만) 사회적인 것이 생물학적인 것을 공동으로 생산할 때, 반드시 나쁜 결과를 초래하는 것은 아니다. 나는 성호르몬의 길항작용에 대한 주장에 생산적인 측면이 있다고 생각한다. 왜냐하면 그 주장이 새로운 실험들을, 그리고 궁극적으로는 실험 결과에 좀 더 부응하는 호르몬의 생리에 대한 설명을 고무시켰기 때문이다. 나는 무어와 프라이스에 대한 사회적인 해석을 상세하게 제공하지 않았기 때문에 전체 이야기를 다 다루지는 못했다. 그 이야기들은 이 책의 범위를 넘어선다.

94 나는 조너선 하우드의 과학적 사고 양식의 여러 유형에 관한 분석틀에 의존하고 있다. 그는 이 틀을 동시대 독일의 유전학자들에게 적용했다. 무어와 슈타이나흐는 "사고 양식"이 달라 과학의 방향과 실험 방식이 다른 쪽을 향하게 된 것일까? Harwood(1993) 참고.

95 무어의 실험들을 명쾌하게 논하면서 호르몬은 성의 대립성을 보여 주지 않는다는 무어의 결론을 전달하는 대중적인 과학 서적이 적어도 한 권은 있었다 (Dorsey 1925). 이 책은 히프와 벨의 책 같은 이전 서적에서 분명히 엿보이던 사회적인

히스테리가 거의 없이 인간의 생명 작용을 중립적으로 설명하고 있다.

96　Steinach(1940).

97　Hausman(1995) 참고.

98　Benjamin(1945, 433). 벤저민의 이 부고는 지나치게 칭송 일색이다. 벤저민은 마지막 단락에서 이렇게 적고 있다. "슈타이나흐가 성생리학이라는 '위험한' 문제에 접근했을 때, 그 시대의 성에 관한 모든 금기와 편견이 그에게 일제히 반대했다." 마치 "코페르니쿠스와 갈릴레이, 다윈, 헤켈과 프로이트의 시대가 그들에게 그랬던 것처럼"(Benjamin 1945, 442).

99　De Kruif(1945, 116).

7장 성호르몬은 정말로 존재할까?: 화학작용이 된 젠더

1　Parkes(1966, 72, xx)에서 인용.

2　Corner(1965).

3　Hall(1976, 83, 84)에서 인용. 이 문단의 논의는 홀의 논문에 기초한다. 당시 의사들은 "생식샘의 화학적 메신저의 기능 부전이나 과잉 활성화로 분류하기 힘든 무수한 질환과 이상"을 다뤄야 했다(Hall 1976, 83).

4　Cott(1987), Rosenberg(1982).

5　Noble(1977).

6　예를 들면, 폴리가 우즈홀 해양생물학 연구실을 과학자들에게 비정한 도시로부터 피난할 장소를 제공해 주는 여름 휴양지에 비유한 논의를 참고(Pauly 1988).

7　1914년 2월에 언론인 메리 히턴 보스, 심리학자 레타 스테터 홀링워스, 인류학자 엘시 클루스 파슨스, 사회주의 노동조합 운동가 로즈 패스터 스토크스를 비롯한 일단의 여성들이 "페미니즘이란 무엇인가?"라는 주제로 열린 최초의 "페미니스트 대중 집회"를 후원했다. 또 다른 집단의 일원으로서 저명한 사회주의자이자 세계산업노동자동맹의 조직가 엘리자베스 걸리 플린의 말처럼, 그들은 "미래의 여성들이 기상이 넘치고 지적으로 기민하며 낡은 여성성을 탈피한 모습"을 보길 원했다(Cott 1987, 38에서 인용). 파슨스와 홀링워스에 대한 더 많은 정보는 Rosenberg(1982) 참고.

8　Schreiner(1911). (어린 시절 나의 아버지 필립 스털링은 내게 슈라이너의 책을 한 권 주셨다. 아버지는 그런 방식으로 내가 여성 불평등의 경제적 근원을 이해하도록 도와주셨다.)

9　그녀는 살인과 암살을 선동하고 음란물을 배포했다는 죄로 기소되는 걸 피하려 했다(Paul 1995). 전자의 혐의는 나중에 그녀가 록펠러재단으로부터 기금을 지원받았다는 측면에서 볼 때 특히나 모순적으로 보인다.

10　골드만은 뉴욕 로어이스트사이드와 미국의 다른 지역에서 빈곤 여성에게 피임 정보를 유포했다는 이유로 여러 달 동안 교도소에 수감됐다. 골드만이 남녀의 진정한 평등을 지지했다면, 생어는 모성을 선택할 권리를 강조하며 골드만과는 다른 방향의 페미니즘을 촉구했다. 생어가 지녔던 모성에 대한 견해와 여성의 성욕이

신성하다는 시각은 "여성성을 절대적이고 기본적인 내적 충동"으로 보는 신념에서 비롯되었다(Cott 1987, 48에서 인용).

11 Ibid. 앨리스 폴(1885~1977)은 수정헌법 제19조(여성 선거권)를 통과시키기 위해 투쟁했던 미국의 페미니스트이다. 엘렌 케이(1849~1926)는 스웨덴의 사회주의 페미니스트였다. 루스 로(1887~1970)는 페미니스트를 강력히 지지했던 인기 있고 선구적인 여성 비행사였다.

12 "백인 노예무역"은 젊은 백인 여성을 모집해 성매매를 하도록 강요했던 조직 폭력 범죄를 말한다.

13 Aberle and Corner(1953, 4)에서 인용.

14 록펠러와 데이비스 사이 관계에 대한 더 많은 정보는 Bullough(1988)와 Fitzpatrick(1990) 참고. 록펠러재단과 사회문제에 대한 과학적 연구에 대해서는 Kay(1993) 참고. 데이비스 자신은 "사회위생실험실은 사회위생국의 활동 가운데 하나로 설립됐다. … 주립 여성교화소에 있던 여성들은 … 성적으로 부정한 삶을 살았다"라고 썼다(Weidensall 1916, 서문).

15 록펠러재단 책임자로 있는 동안 빈센트는 국가연구위원회의 발전을 독려했다. 국가연구위원회는 불과 2년 뒤, 록펠러재단으로부터 자금 지원을 받아 성문제연구위원회를 창설했다. 이곳은 1940년까지 호르몬 생물학 연구에 자금을 대는 주요 기관이었다. Noble(1977) 참고.

16 Lewis(1971, 440).

17 1929년 데이비스의 연구서 『여성 2200명의 성생활 요인들』이 출간됐다. 여기서 그녀는 중산층 여성을 대상으로 한 연구 결과를 설명했다. 자위에서부터 높은 빈도의 동성애 행위, 일상적인 혼인 관계에서의 성 풍습에 이르기까지 민감해 보일 수도 있는 주제를 모두 다뤘다. 그녀의 솔직하면서도 과학적이고 객관적인 접근 방식은 성과 섹슈얼리티에 대한 과학적 연구로의 전환을 상징했다.

18 클라크 대학교에서 저명한 심리학자 G. 스탠리 홀의 지도를 받았던 얼 F. 진은 졸업 직후 YMCA의 전문직 간사이자 성교육위원회 책임자인 맥스 J. 엑스너를 만나 토론하며 자신의 아이디어를 구상한 것으로 보인다. 또 그는 남자 대학생의 성적 행동에 대한 연구를 저술했다(Exner 1915).

19 국가연구위원회는 미국이 제1차 세계대전을 대비하기 위해 조직한 기관이다. 이곳은 산업계를 위한 과학 연구를 촉진하던 공학 재단Engineering Foundation의 기금을 받아 설립됐다. 전쟁이 끝나기 직전 국가연구위원회는 산업계의 요구를 충족하기 위한 연구로 방향을 전환하려 했다. Haraway(1989)와 Noble(1977) 참고. 조지 빈센트와 캐서린 베멘트 데이비스에 대해서는 위의 주 15도 참고.

여키스는 이 같은 생각을 반겼지만, 국가연구위원회의 심리학·인류학 분과는 그렇지 않았다. 처음에는 의학 분과도 설득하지 못했다. 그러나 여키스는 끈질기게 설득해 동료들이 마침내 이 문제를 논의하는 회의를 소집하도록 했다.

20 Aberle and Corner(1953, 12-13).

21 Ibid., 18.

22 Clarke(1998, 96)에서 인용.

23 릴리가 위원회를 장악하게 된 자세한 경위에 대해서는 Clarke(1998)에서 확인할 수 있다. 릴리는 지적·전략적 공백을 활용했다. 그는 자신의 비전을 분명히

섹싱 더 바디

표현했으며, 경쟁자가 없는 상태에서 그것은 더욱 부각되었다. 그의 비전은 나쁘지 않았다. 하지만 사실 그것은 성문제연구위원회의 최초 비전보다는 훨씬 제한된 것이었다. 위원회를 장악함으로써 릴리와 여키스는 상당한 이익을 얻었다. 이후 몇 년간 성문제연구위원회가 그들이 주창한 연구 및 그들의 지적인 후계자들(예를 들면, 무어와 프라이스)의 연구를 지원했기 때문이다.

24　그레그 미트먼은 릴리가 이 같은 주장을 하게 된 동기가 부분적으로는 자신의 사회적 지위에 대한 불안에서 비롯됐다고 언급한다. "릴리는 평범한 가정에서 태어났지만, 프랜시스 크레인과 결혼함으로써 계급 경계를 넘어 부유한 엘리트 사교계에 진출할 수 있었다. 그는 사회 하층민이 토끼처럼 번식하면 안 된다는 개념을 옹호해 얻을 게 많았다. 그들이 바로 그의 사회적인 위치를 위협하는 계급이었기 때문이다"(Mitman 1992, 98, 99). 반면 그의 아내는 제인 애덤스처럼 유명한 페미니스트들과 교류하면서 노동자의 파업을 열렬히 지지했다. 아내가 "미국 내 산업 노예제"에 대해 항의하다가 체포됐을 때 그는 신중하게 발언을 삼갔다. 당대 미국 사회에서 나타난 갈등이 바로 그의 가정에 들어와 있었던 것이다. 이에 대한 간략한 논의로는 Manning(1983, 59-61) 참고.

25　Gordon(1976, 281)에서 인용(통계자료의 출처도 동일하다). 사실 우생학적 관심은 처음부터 출산 통제 운동의 주요 관심사 가운데 하나였다. 폴은 『미국 우생학 저널』의 발간이 [1910년 발행인인 모지스 하먼(1830~1910)의 사망으로] 중단되자, 구독권이 남아 있는 독자들에게 골드만이 창간한 잡지 『어머니 대지』가 대신 제공되었다고 썼다(Paul 1995, 92). 사회주의자와 보수주의자 모두 건강한 출산 통제engineering healthy birth는 개인의 선택 문제가 아니라 정당한 사회적 관심사라는 데 동의했다. 그럼에도 불구하고, 생어는 우생학 운동의 좀 더 보수적인 쪽과 동맹을 맺었고, 이와 동시에 급진적인 페미니스트들을 가장 곤혹스럽게 하는 방식으로 자신의 페미니즘적 관심사를 좁혀 갔다[참고로, 모지스 하먼은 미국의 급진적 자유사상가이자, 무정부주의자이며, 성 개혁가로 피임을 지지했다. 특히 그가 발간한 『미국 우생학 저널』은 우생학적 관점에서 출산 통제, 곧 피임을 널리 홍보함으로써 유전적 질을 개선하려 했다].

　우생학 운동에 대한 더 많은 정보는 Kevles(1985)와 Paul(1995; 1998) 참고.

26　Haraway(1989, 69)에서 인용. 강조는 인용자.

27　Gould(1981, 193)에서 인용.

28　1916년에 하버드 대학교는 여키스의 종신 교수직을 승인하지 않았다. 대학 본부 측에서 심리학 분야를 가치 없다고 여겼기 때문인 듯하다(Kevles 1985).

29　여키스와 협업 이후 루이스 터먼과 그가 지도하던 대학원생 캐서린 콕스 마일스는 남성성과 여성성을 측정하는 문제로 관심을 돌렸다. 그들은 성문제연구위원회에서 기금을 받아 자신들이 정량화할 수 있고 일관적이라고 생각한 남성성과 여성성 척도를 만들었다. 오늘날의 사회적 가치로 보면 터먼-마일스 검사는 너무나도 구식으로 보인다. 예를 들면, "더러운 귀, 흡연, 무례한 행동, 불쾌한 냄새, … '똥배'나 '토사물' 같은 단어를 듣거나 더러운 옷을 보고 역겹다고" 느낀다면 여성성 점수를 얻었다. 또 키 큰 여성, 남자 같은 여성, 혹은 "나보다 똑똑한 여성"을 좋아하지 않으면 남성성 점수를 더 얻었다(Lewin 1984). 터먼의 또 다른 제자인 에드워드 K. 스트롱은 상대적 남성성과 상대적 여성성의 개념을 직업 흥미 검사[예컨대, 특정

직업에서 성공한 사람은 일상에서 어떤 것에 흥미를 느끼고 어떤 것을 싫어하는가]에 적용했다. 그는 농부와 기술자가 남성적인 흥미[관심사]를 가진다고 여긴 반면, "작가, 변호사, 목사 등은 본질적으로 여성적"이라고 여겼다. 그는 "기술자와 변호사의 직업적 흥미 차이가 호르몬 분비물의 차이로도 나타나는지" 궁금해했다. 역시 터먼의 제자인 E. 로웰 켈리는 고등학교 2학년 남자아이, "수동적인" 남성 동성애자, "적극적인" 남성 동성애자, 여성 "인버트", "우수한 여성 대학 운동선수"의 터먼-마일스 검사 점수를 비교해 동성애란 남녀가 역전된 경우를 나타낸다는 발상을 검증했다. 켈리는 피험자들의 역전 정도와 남성성/여성성 사이에 아무런 상관관계도 발견하지 못했지만, 스승인 터먼은 그 결과를 학계에서 안정적인 입지를 다지기 전까지는 발표하지 말라고 강요했다. 결국 "여성다운 여성과 동성애 남성 사이에는 '틀림없이' 공통점이 많을 것이라는 확신 앞에서 이 같은 데이터[이 같은 확신에 반하는 자료]는 아무런 힘도 쓰지 못했다"(Lewin 1984, 166).

30 Gould(1981)와 Kevles(1985; 1968)는 지능검사와 우생학의 발달 과정에 대해 상세하게 기록하며, 이 같은 검사의 시행 방식, 결과 및 이로부터 도출된 결론을 세부적으로 비판한다. 케블레스에 따르면, "지능검사자들은 점점 더 많은 극빈자, 주정뱅이, 비행 청소년, 성매매 여성을 대상으로 검사를 실시했다. 기업은 인사 절차에 지능검사를 도입했으며, … 많은 대학이 입학 과정에서 지능검사 결과를 활용하기 시작했다"(Kevles 1985, 82). 여키스의 군대 지능검사는 우생학 운동에 새로운 무기를 제공했다. 이들은 여키스의 데이터에 대한 분석을 통해 자신들이 이미 강하게 지녔던 믿음을 확인하면서, 백인 미국 성인의 평균 정신연령이 (여덟 살짜리가 내뱉는 욕설인 '멍청이'moron가 아니라 명확한 과학 범주로서) 정신박약moron보다 약간 높다고 결론 내렸다. 남부 유럽인과 미국 흑인의 점수는 그보다 훨씬 낮았다. 이 새로운 "과학" 정보는 우생학자들의 구호의 일부가 되었다. 그들은 지능 수준이 떨어진 원인을 "가난뱅이와 정신박약자의 결혼, 흑백 잡혼에 의한 흑인 혈통의 확산, 특히 남유럽과 동유럽 출신 인간쓰레기들의 이민을 억제하지 못함으로써 야기되는 지적인 토착민 혈통의 열화와 기능 저하"에서 찾으면서, 백인 문명의 파멸을 예측했다(Gould 1981, 196[327-328쪽]).

31 Borell(1978, 52).

32 Borell(1978; 1987), Clarke(1991).

33 Katz(1995)는 이 시기 출산 통제를 비롯한 성 관련 연구에 가해진 검열과 억압 속에 어떤 아이러니가 있다고 지적한다. 그가 주장하듯이, 상당수 연구가 이성애 개념을 새롭게 정의하고, 그 개념에 새로운 역할을 부여하기 위해 행해졌기 때문이다. 이 연구들에서 이성애는 정상인 반면 다른 모든 형태의 섹슈얼리티는 비정상이거나 삐뚤어진 것이었다(Katz 1995, 특히 92 참고).

34 Berman(1921, 21-22).

35 Allen et al.(1939).

36 다른 논자들도 릴리의 논평에 대해 논했다. Oudshoorn(1994)과 Clarke(1998) 참고.

37 Lillie(1939, 3). 강조는 인용자.

38 Ibid., 10, 11.

39 나는 렉시스-넥시스 아카데믹 유니버스Lexis-Nexis—Academic Universe라는

섹싱 더 바디

데이터베이스를 활용했다. 이 데이터베이스는 대학과 연구 기관에서 폭넓게 활용되고 있다.

40 뼈 성장에 미치는 영향은 Jilka et al.(1992), Slootweg et al.(1992), Weisman et al.(1993), Ribot and Tremollieres(1995), Wishart et al.(1995), Hoshino et al.(1996), Gasperino(1995) 참고. 면역계에 미치는 영향은 Whitacre et al.(1999) 참고.

최근『디스커버』에 실린 한 논문은 "에스트로겐은 단순한 성호르몬이 아니다. 그것은 쥐의 뇌 능력을 향상한다"라는 구절로 시작한다(Richardson 1994). 실제로 스테로이드가 뇌세포에 미치는 영향의 범위는 매우 놀라운 수준이다. 이런저런 호르몬이 소뇌, 해마, 시상하부 내의 수많은 부위, 중뇌, 대뇌피질의 발달에 영향을 미친다. 사실, 수컷 금화조male zebra finch에서 에스트로겐 합성이 일어나는 주요 장소는 생식샘이 아니라 대뇌피질이다(Schlinger and Arnold 1991; Arai et al. 1994; Brown et al. 1994; Litteria 1994; MacLusky et al. 1994; McEwen et al. 1994; Pennisi 1997; Koenig et al. 1995; Wood and Newman 1995; Tsuruo et al. 1996; Amandusson et al. 1995). 혈액세포 형성에 미치는 효과에 대해서는 Williams-Ashman and Reddi(1971)와 Besa(1994) 참고. 순환계에 미치는 효과에 대해서는 Sitruk-Ware(1995) 참고. 간에 미치는 효과에 대해서는 Tessitore et al.(1995)과 Gustafsson(1994) 참고. 지질과 탄수화물 대사에 미치는 효과에 대해서는 Renard et al.(1993), Fu and Hornick(1995), Haffner and Valdez(1995), Larosa(1995) 참고. 위장 기능에 미치는 효과는 Chen et al.(1995) 참고. 담낭에 미치는 효과는 Karkare et al.(1995) 참고. 근육 활동에 미치는 효과는 Bardin and Catterall(1981)과 Martin(1993) 참고. 신장 활동에 미치는 효과는 Sakemi et al.(1995) 참고.

41 Koenig et al.(1995, 1500).

42 1920년대의 성호르몬 대중화를 섹슈얼리티 담론의 일부로 다룬 연구로는 Rechter(1997) 참고. 미국에서 1920년대에 일어난 섹슈얼리티의 지속적인 변화에 대한 더 많은 정보는 D'Emilio and Freedman(1988)도 참고. 안드로겐과 에스트로겐의 생화학 작용에 대해서는 Doisy(1939)와 Koch(1939) 참고.

43 Allen and Doisy(1923). 앨런은 1923~40년 성문제연구위원회 지원금의 주된 수혜자였다.

44 Stockard and Papanicolaou(1917). 이 방법은 면봉을 사용해 질 내의 세포를 떼어내 현미경으로 그 세포를 관찰한다. 발정주기 동안 세포의 형태는 신뢰할 수 있고 정량화할 수 있는 방식으로 변화한다.

45 이 시기에 호르몬 연구는 호르몬을 포함하고 있는 다량의 물질에 쉽게 접근할 수 있느냐에 달려 있었다. 도축장 인근 — 예를 들면, 시카고나 세인트루이스 — 에서 연구를 하던 연구자들은 큰 이점을 누렸다. 나중에, 호르몬이 인간과 동물의 소변에서 발견되자 다량의 소변을 확보할 수 있는 사람들이 중요한 중개인이 되었다. 성호르몬의 정제에서 연구 재료에 대한 접근성이 어떤 역할을 했는지를 흥미진진하게 논의한 연구로는 Oudshoorn(1994)과 Clarke(1995) 참고.

46 Allen and Doisy(1923, 820, 821). 상업적인 호르몬 묘약의 판매는 의학계에 당혹스러운 일이었다. 과학적 사실에 기초해 장기 추출물을 연구하려는 이유 가운데 하나는 의학 공동체의 직업적인 명예와 지위를 방어하는 데 있었다(Unsigned 1921a;

1921b).

47 Frank(1929, 135).

48 Ascheim and Zondek(1927).

49 두 연구팀 모두 주요 제약 회사들의 지원을 받았다(Oudshoorn 1994).

50 Parkes(1966b). “호르몬의 분리에서 결정적인 주요 사건 중 하나는 임신한 여성의 소변 속에 연구 재료가 존재한다는 사실을 발견한 일이었다”(Doisy 1939, 848). 1928년에 두 번째 난소호르몬인 프로게스테론을 발견했다. 1930년대 중반 프로게스테론 역시 정제되었다. 지면 제약으로 인해 나는 프로게스테론에 대한 이야기를 다루지 않는다. 프로게스테론은 생리 주기를 담당하며 그 작업은 뇌와 뇌하수체 호르몬(난포자극호르몬과 황체화 호르몬)과 연결돼 이뤄진다.

51 Allen et al.(1939)의 섹션 C인 “생식샘 호르몬의 생화학 작용과 분석”에 포함된 논문들을 참고.

52 Frank(1929, 114).

53 ‘정상’normal이라는 단어가 쓰이고 있다는 점에 주목하라. 남성 신체 내의 여성호르몬은 이상(동성애 같은?)을 일으킬 수 있다고 추측됐다.

54 이 사설에는 이렇게 적혀 있다. “물론 이것은 그 사례가 특이한 것은 아닌지에 대한 의문과 최근 실험실에서 이 호르몬들을 연구하는 데 아주 폭넓게 사용된 질의 반응이 난소호르몬 작용에 대해 정말로 신뢰할 만한 기준이 되는가라는 의문을 제기한다”(Unsigned 1928, 1195).

55 Zondek(1934). 32년 뒤 존데크는 자신이 얼마나 당황했는지 선명하게 다시 떠올렸다. 그는 왜 이렇게 많은 여성호르몬이 종마를 여성화하지 않는지 평생 이해할 수 없었다. Finkelstein(1966, 11) 참고.

56 Oudshoorn(1994, 26).

57 Oudshoorn(1990). 예를 들면, Womack and Koch(1932) 참고. 1937년 즈음에는 여성에서 난소가 테스토스테론을 생산하는 장소라는 것이 확실해졌다(Hill 1937a; 1937b).

58 Nelson and Merckel(1937, 825). Klein and Parkes(1937)는 여성에서 테스토스테론의 영향이 프로게스테론의 활동을 흉내 낸다는 것을 발견했으며, 이 결과는 그들에게 “뜻밖의”, “이례적인” 것이었다(Klein and Parkes 1937, 577, 579). Deanesly and Parkes(1936)도 참고.

59 Frank and Goldberger(1931, 381). Oudshoorn(1994)은 이 단락에서 논의의 상당 부분을 이루는 기초를 제공한다. Parkes(1996a; 1996b)도 참고.

60 Parkes(1966a; 1966b).

61 Frank(1929, 197).

62 Parkes(1966b, xxvi).

63 이 설명은 Frank(1929), Allen et al.(1939), Oudshoorn(1994)에 기초한다.

64 Stone(1939)도 참고.

65 Council on Pharmacy and Chemistry(1928), Laqueur and de Jongh(1928).

66 Koch(1931b, 939).

67 Pratt(1939).

68 프랭크는 이렇게 언급했다. “지금 시장에서 거래되는 수용성 상업 추출물에

대한 분석과 생물학적 표준화를 보면, 이 제품들의 효능이 한심할 정도로 떨어지고 게다가 급격히 저하되고 있다는 것을 알 수 있다. 주사 부위에서는 국소적으로 불쾌한 반응이 나타날 수도 있다. 이 약제들의 가격은 엄두도 못 낼 정도로 비싸다. 결과적으로 나는 더 나은 제품이 통용될 때까지는 이 약제들을 사용하지 말라고 경고한다"(Frank 1929, 297).

69 성문제연구위원회가 미국 내 대부분의 연구들에 기금을 댄 반면, 제약 회사들은 종종 연구자들에게 정제된 호르몬의 조제용 물질을 제공했다. 예를 들면, 코렌체프스키와 동료들은 "조제용 물질을 친절하게 제공해 준 셰링 약품"에 감사를 표했다(Korenchevsky et al. 1932, 2097). 스큅은 1925~26년 프레드 코크에게 연구비를 지급했고(Koch 1931, 322 참고), 딘슬리와 파크스는 "언급된 물질들을 공급해 준 시바 제약"에 감사를 표했다(Deanesly and Parkes 1936, 258).

70 Parkes(1966b, xxii).

71 Dale(1932, 122). 표준화 회의에서는 표준시료를 앰풀에 담아 질소를 채운 뒤 밀봉하고 유니버시티 칼리지 런던에 있는 가이 메리언 박사가 보관하기로 결정됐다. 또 어떤 검정도 최소 20마리 이상의 동물을 사용해야 그 유효성을 인정받도록 했으며, 실험 물질들의 용매와 관리 방법을 표준화했다.

72 Oudshoorn(1994, 47).

73 Korenchevsky and Hall(1938, 998). Evans(1939)에는 번식과 관련 없는 효과들이 추가적으로 더 언급돼 있다.

74 David et al.(1934, 1366).

75 Gustavson(1939, 877-878). Gautier(1935)도 참고.

76 Oudshoorn(1994, 53). Koch(1939, 830-834)도 참고.

77 Juhn et al.(1931, 395).

78 칸트와 도이지가 제안한 다음과 같은 일련의 복잡한 단계는 발정기 분석에 신뢰도를 높였다. 첫째, 여러 주에 걸쳐 시험 쥐 후보군을 확인하고 정상적인 주기를 가진 쥐들만을 선택한다. 둘째, 난소를 제거한 후 2주 동안 관찰해 여전히 내부 호르몬이 생산된다는 징후를 보이는 동물들은 폐기한다. 셋째, 실험동물들에게 2R.U.의 호르몬을 주입해 준비시킨다. 넷째, 호르몬을 다시 주입하고 1주 뒤에 각 동물을 검사한다. 반응을 보이지 않은 실험동물들은 폐기한다. 다섯째, 다시 1주 뒤, 반응이 나타날 수 없을 만큼 적은 양의 호르몬을 주입한다. 그래도 반응이 나타나면 이 동물들 역시 폐기한다. 마지막으로, 그들은 "충분한 표본 동물 수"를 확보할 것을 권고했다. 그리고 "만약 동물의 75퍼센트가 … 양성반응을 보이면 주입 양을 1R.U.로 고려한다"(Kahnt and Doisy 1928, 767-768). 국제연맹 보건기구가 후원한 표준화 회의도 대규모 표본 사용의 중요성을 강조했다.

79 Korenchevsky et al.(1932, 2103).

80 Gallagher and Koch(1931, 319).

81 고환호르몬의 분리에 관한 초창기 논문 가운데 하나에서 저자들은 이렇게 서술했다. "호르몬의 화학적 성질에 대해 더 많이 알게 될 때까지 이 추출물에 명칭을 붙여서는 안 된다는 게 우리의 생각이다. 아직은 어떤 이름도 가치가 없으며, 설명력도 전혀 갖고 있지 못하다"(Gallagher and Koch 1929, 500).

82 Frank(1929, 128). 용어 목록은 Frank(1929, 127-128)에 수록된 논의에서

가져왔다.

83 이전 연구에서 나는 안드로겐과 에스트로겐이라는 용어 사이의 불균형에 대해 언급했다. 이때 나는 이런 불균형이 자리 잡은 특정한 역사적 순간에 초점을 맞추었다(Fausto-Sterling 1987; 1989). 의학 색인 목록에 대한 정보는 Oudshoorn (1990, 183, n.66) 참고.

84 Parkes(1966b, xxii). 파크스는 프로게스테론 호르몬의 명명에 대해서도 비슷한 이야기를 한다. 『스테드먼 의학사전』의 1961년 판은 안드로겐을 "남자를 만드는" 물질로, 에스트로겐을 "광적인 욕망을 부르는" 물질로 정의한다.

85 Corner(1965, XV).

86 "위원회는 파크-데이비스 제약 회사에 '에스트론'이라는 이름뿐만 아니라 이 문제[에스트로겐]에 대한 그들의 조치에 대해서도 감사를 표하고자 한다"(Council 1936, 1223).

87 Doisy(1939, 859).

88 Parkes(1938, 36). 이 단어는 안드로게닉이라는 용어에 정확히 대응한다.

89 Koch(1939).

90 Korenschevsky et al.(1937). 코렌체프스키와 동료들은 이 호르몬 가운데 상당수가 함께 작용해 효과를 발휘한다는 사실도 발견했다(Korenchevsky and Hall 1937).

91 Parkes(1938, 36).

92 이는 배아가 양성적이었고 성인이 돼서도 그 양성적 잠재력이 일부 남아 있기 때문이다. 슈타이나흐는 "본능적으로 이성애자인 남성조차 정상적인 조건에서는 기능적으로 드러나지 않을지라도 몸속 내에 미세하게나마 여성적 특성의 흔적을 지니고 있을 수 있다"라고 언급했다(Steinach 1940, 91).

93 아마도 대부분의 독자는 이런 주기가 월경주기를 조절한다는 사실을 알고 있겠지만, 동일한 뇌하수체 호르몬이 관여하는 피드백 회로가 남성의 정자 형성 역시 조절한다는 사실은 잘 모르고 있을 수 있다.

94 1939년에 릴리는 "무어는 두 호르몬이 동시에 작용할 때, 그 호르몬들이 각자 자기 영역에서 독립적으로 작용한다는 것을 보여 줌으로써 길항작용이 일어난다고 가정할 필요성을 배제한 것처럼 보인다"라고 적었다(Lillie 1939, 58).

95 Frank(1929, 120).

96 Oudshoorn(1994, 27)에서 인용.

97 Parkes(1966b, xxvii).

98 Crew(1933, 251).

99 Cott(1987, 149) 참고. 여성의 성적 실천에 대한 훨씬 상세한 논의로는 Davis(1929) 참고.

100 Cott(1987, 150).

101 Cott(1987)는 이 사안을 두고 노동운동 내부에서 분열이 있었음을 기록하고 있다. 이 분열은 20세기 후반 페미니스트들이 남녀평등을 위한 평등권 수정안Equal Rights Amendment과 기존의 여성 노동자 보호 입법의 폐지를 두고 싸우는 동안 재현되었다[평등권 수정안은 성차별을 명시적으로 금지하는 헌법 수정안으로, 1972년 미국 의회에서 발의된 이래 현재까지도 논쟁이 지속되고 있다. 형식적으로는 미국 헌법

섹싱 더 바디

수정안으로 비준되는 데 필요한 38개 주의 비준이 2020년 충족되었지만, 비준 시한(1982년)이 지났기 때문에 이를 두고 법적 논란이 있다. 2025년 바이든 미국 대통령이 퇴임 직전에 평등권 수정안이 수정헌법 28조가 되었다고 선언했지만, 법정 기한이 지났기에 상징적인 발표로 평가되고 있다. 평등권 수정안 찬성파는 모든 여성과 남성은 법적으로 동등해야 하며, 여성만을 위한 '보호 입법'은 완전히 폐기되어야 한다고 주장하는 반면, 반대파는 여성에게 최소한의 안전을 보장했던 기존의 법규들이 폐기될 것을 우려하고 있다].

102 Cott(1987, 278)에서 인용.

103 David et al.(1934, 1366).

104 Oudshoorn(1990)에서 인용.

8장 설치류 이야기

1 밀턴 다이아몬드와 엘리자베스 애드킨스-리건, 윌리엄 바인, 도널드 듀즈베리, 마크 브리드러브, 그리고 간접적으로 킴 월렌 — 이들은 모두 호르몬이 행동에서 수행하는 역할이나 동물의 비교심리학을 연구하는 학자들이다 — 은 이 장의 초고에 대해 시간을 들여 논평해 주었다. 그들의 비판은 너그러웠지만, 엄청나게 큰 도움이 되었다. 그들의 노고에 매우 감사한다. 때로 내가 그들의 의견에 반하는 부분이 있더라도 그들은 내가 "올바르게 이해"하도록 헌신적으로 도와주었다. 이는 그들의 개방적이고 과학적인 탐구 정신을 가장 잘 보여 준다. 물론 이 최종 결과물에 대한 책임은 온전히 내게 있다.

2 Aberle and Corner(1953). Borell(1987)은 이 같은 변화의 시기를 1931년으로 기록한다. Clarke(1998)의 논의도 참고.

3 Borell(1987)은 이런 변화에 대해 설명하는 사회위생국의 문건을 인용한다. "록펠러재단이 생물학 전문가들을 통해 사회위생국이 할 수 없는 전문적인 조언을 제공할 수 있으므로, 사회위생국은 이런 조치가 당분간 이로울 것이라고 생각했다. 또한 재단은 이 프로그램을 관리하고 수행한 연구 결과를 평가하는 업무가 사회위생국보다는 자연과학 및 의학과 관련된 재단의 현 연구 프로그램 영역에서 좀 더 명확하게 이루어질 수 있다고 점점 더 생각하게 되었다"(79).

4 Borell(1987, 79)에서 인용. 보렐은 과학 연구자들의 이 같은 새로운 독립성은 손쉽게 사용할 수 있는 살정제 피임약에 대한 연구를 포기하게 했다고 지적한다. 처음부터 살정제는 "경구피임약이 그랬던 것처럼 과학자들의 관심을 끌지 못했다"는 것이다. 경구피임약은 그레고리 핀커스가 하버드에서 재임용에 탈락한 뒤 설립한 민간 재단에서 (생어의 지지와 자금 지원을 받아) 결국 개발됐다. 핀커스가 재임용에 탈락한 이유는 그가 수행한 포유류의 인공적 단위생식에 관한 초기 연구가 극심한 논란에 휘말렸기 때문이다. Clarke(1990a; 1990b)도 참고.

5 Kohler(1976, 291)에서 인용.

6 이 사건들이 현대의 분자생물학 분야로 어떻게 이어졌는지에 대해서는 Kohler(1976), Kay(1993), Abir-Am(1982) 참고.

7 Aberle and Corner(1953, 100).

8 Aberle and Corner(1953, 126)는 "지적으로 우수한 피험자들의 결혼 적응에

관한 보고서"를 준비하기 위해 터먼이 성문제연구위원회로부터 마지막으로 받은 지원금을 목록에 실었다. 여키스와 카펜터로부터 현대 영장류학이 인간의 성적 행동과 사회조직에 관한 모델로 발전한 경로에 대해서는 Haraway(1989) 참고.

9　미국에서 비교 동물심리학, 동물행동학의 간략한 역사에 대해서는 Dewsbury(1989) 참고.

10　많은 연구자들이 독립적으로 또는 성문제연구위원회를 통해 록펠러재단의 자금을 지원받았다. 1938년 이전에는 성문제연구위원회의 지원금 가운데 25퍼센트가 행동 연구에 지원됐다. 나머지는 대부분 성과 번식의 기초 생리학을 설명하는 데 쓰였다. 그러나 1938~47년에는 성문제연구위원회의 지원금 가운데 45퍼센트가 호르몬의 역할에 중점을 둔 성 관련 행동 연구에 지원됐다. 이 시기 전체 지원 목록은 Aberle and Corner(1953) 참고.

11　영장류 연구에 관한 문헌 역시 방대하다. 호르몬 연구자들은 이를 항상 인간에게 적용할 수 있다고 생각해 왔다. 설치류를 대상으로 개발된 개념들 가운데 일부는 영장류에 잘 적용되지 않는다. 그러나 영장류 연구는 비용이 많이 들고 수행하기 어렵다. 영장류는 수명이 길고, 번식을 위한 군집이 필요하며, 설치류보다 훨씬 더 자연스러운 환경을 마련해 주어야 "정상적인" 발달에 대한 결론을 이끌어 낼 수 있다는 인식이 점점 확산되고 있기 때문이다. 뇌 발달의 특정 측면과 호르몬 사이의 관계가 비교적 명확한 조류에 관해서도 영향력 있는 문헌들이 있다. Schlinger(1998) 참고. 척추동물을 대상으로 한 연구를 광범위하게 검토한 리뷰로는 Cooke et al.(1998) 참고.

12　Squier(1999, 14. 전자책).

13　May(1988, 93)에서 인용.

14　D'Emilio(1983, 41)에서 인용. 반공주의, 동성애 억압, 협소하게 정의된 가족 구조에 대한 강조, 남성성과 여성성에 대한 명백히 문화적인 정의의 확립 등이 서로 얽혀 있는 상황에 대한 좀 더 심도 있는 논의로는 May(1988; 1995), Breines(1992), Ehrenreich(1983) 참고. 전후 시기의 동성애와 젠더를 다루고 있는 방대한 이차 문헌에 대한 논의로는 D'Emilio(1983), Ehrenreich(1983), Reumann(1998) 참고.

15　Schlesinger(1958, 63). 같은 쪽에서 아서 슐레진저 2세는 이렇게 적었다. 여성들은 "점령군처럼 새로운 영역을 점령하는 확장적이고 공격적인 세력으로 보인다. 반면 남성들은 점점 더 방어적인 자세를 취하면서, 자신의 위치조차 지키지 못하고 새로운 지배자들이 준 임무를 감사히 받아들인다. 최근에 출간된 한 책은 『미국 남성의 몰락』이라는 냉엄하면서도 우울한 제목을 달고 있다."

16　May(1988, 140)에서 인용.

17　May(1988, 66)에서 인용.

18　1930년대에 남성성은 특별한 관심이 필요하지 않았다. 남성병학andrology 분야는 1970년대에 독립적인 학문으로 등장했다. 일례로 Bain et al.(1978) 참고. Niemi(1987)는 남성병학의 발상이 1891년에 등장했지만, 최초의 관련 학회와 학술지는 1970년대에 와서야 통합되었다고 지적한다.

19　May(1988, 147)에서 인용.

20　이 생각은 이따금 다시 떠오른다. 싱글맘의 증가에 반응해, 로버트 블라이는 자신의 생각을 이렇게 기술했다. "본연의 남성다움"은 아들이 아버지로부터

육체적으로 물려받는 것이라서 싱글맘은, 아무리 좋은 의미일지라도, 결코 줄 수 없다(Bly 1992).

　21　D'Emilio(1983) 참고. 킨제이 보고서 그리고 성과 섹슈얼리티에 대한 논의를 철저하게 조명한 연구로는 Reumann(1998) 참고.

　22　Elger et al.(1974, 66)에서 인용(1969년에 열린 학술회의 "시상하부의 내분비 메커니즘과 비내분비 메커니즘의 통합"에서의 발언). 나는 이 논의를 모두 포유류에만 국한했다. 다른 척추동물에서는 상당한 차이가 발견된다.

　23　Jost(1947; 1946a; 1946b; 1946c).

　24　Wiesner(1935, 32). 강조는 원문.

　25　Greene et al.(1940b, 328, 450).

　26　이 실험들은 모두 이차적인 성결정, 즉 생식샘의 관 체계와 외부 생식기의 발달 문제를 다루었다. 조스트는 일차적인 성결정, 즉 생식샘이 난소나 정소로 분화되는 과정을 조사하지 않았다.

　첫 연구의 출간 이후 1970년대 내내 조스트는 자신의 연구를 활발하게 홍보했다. 연구 결과를 여러 차례 리뷰 논문이나 학회 논문집에 발표하며, 새로운 결과들을 꾸준히 보강하면서도 자신의 원래 데이터가 지속적으로 관심을 받게 했다.

　27　Jost(1946c, 301)를 내가 번역한 것이다(강조는 원문). 후속 실험자들은 두 가지 주요 요인을 식별했다. 배아의 테스토스테론은 수컷의 생식관 체계와 외부 생식기의 분화를 촉진하는 반면, 뮐러관 억제물질이라 불리며 단백질과 유사한 구조를 가진 새로운 호르몬은 배아에서 암컷의 생식관 체계 퇴화를 유도했다. 배아의 수컷 고환은 태아의 테스토스테론과 뮐러관 억제물질을 모두 만든다. 조스트는 한쪽 고환만 제거해 봤는데, 그 결과 수컷의 발달은 빠른 속도로 계속되지만 암컷의 생식관은 마치 수술을 받지 않은 수컷 태아에서처럼 정상적으로 퇴화됐다. 이 실험과 다른 실험들로부터 그는 고환이 수컷의 생식관 분화를 유도하고 암컷의 생식관을 퇴화시키는 인자들을 하나 이상 분비한다는 결론을 내렸다. 조스트는 암컷의 배아에 고환을 이식하거나 난소를 수컷에게 이식했지만, 이식된 조직은 배아의 발달에 영향을 미치지 않았다. 그는 이 실패의 원인이 발달이 유연하게 일어나는 시기가 이미 지난 오래된 배아를 사용했기 때문이라고 생각했다. 그러나 안드로겐을 보충받은 배아들은, 질 부위가 "어느 정도 억제된" 상태였지만 적어도 약간의 자궁 발달은 있었기 때문에 정상적인 수컷들과는 여전히 달랐다. 조스트는 거세된 수컷이나 암컷의 배아 발달에 에스트로겐이 미칠 수 있는 작용을 시험했다고 보고하지는 않았다. 그래도 그가 에스트로겐이 배아의 낙태를 유도하는 실험들을 시도했을 가능성은 있다.

　28　뮐러관 억제물질은 보편적이면서도 중요한 성장 인자, 즉 형질전환 성장 인자 베타Transforming growth factor-β라는 것이 확인되었기 때문에 현재 굉장한 관심을 끌고 있는 연구 대상이다. 뮐러관 억제물질의 분자생물학에 대한 연구 리뷰는 Gustafson and Donahoe(1994, 509-516) 참고.

　29　Jost(1946c, 307)를 내가 번역한 것이다. 얼마 지나지 않아 조스트는 시험관에서 조직배양으로 성장시킨 수컷과 암컷의 생식관 조직을 조사하는 데까지 자신의 연구를 확장했다. 그러나 이 연구는 호르몬이 암컷의 발달에 영향을 미칠 가능성을 배제하지 않았다. 조스트 자신이 지적했듯이, 그의 배양 체계에는

"호르몬이 없지" 않았다. 1951년에, 조스트는 자신이 배양 배지로 사용한 혈청에 포함된 극미한 에스트로겐의 작용을 "선험적으로 무시할 수 없다. 우리는 궁극적으로 합성 호르몬이 없는 배지의 사용으로 돌아가야 한다"라고 적었다(Jost and Bozic 1951, 650). Jost and Bergerard(1949)도 참고. 그러나 1953년 무렵 그의 해석이 달라지기 시작했다. 그는 암컷의 발달이 태반이나 모체의 생식샘에서 생성된 모체 호르몬이나 난소에서 생성되지 않는 태아 호르몬들(예컨대 부신)의 영향을 받을 수 있다는 점을 인정하고, 자신이 난소의 활동 일부에 대한 증거를 제공했음을 독자들에게 상기시켰다. 그럼에도 그는 "모체의 여성 유전자 물질 혹은 생식샘 외부의 여성 유전자 물질로는 생식샘이 제거된 태아의 여성화를 거의 설명할 수 없다"라고 생각했다(Jost 1953, 387). 그는 에스트로겐이 수컷의 태아 발달을 여성화할 수 있다는 이전의 보고를 다시 인정했지만, 그가 내린 결론은 이것이었다(Greene et al. 1940a; 1940b; Raynaud 1947). 조스트는 "이 실험에 대한 해석은 분명하지 않았다"라고 적었다(Jost 1953, 417).

30　조스트의 표현은 시간이 갈수록 달라졌다. 1954년에 그는 정상적인 성 발달에서는 "태아의 고환이 주된 역할을 수행한다"라고 적었다(이 말의 함의는, 암컷은 고환을 결여하고 있어서 암컷이 된다는 것이다)(Jost 1954, 246). 1960년에는 "(포유류의 성에서) 호르몬이 작용하지 않은 상태는 암컷이고, 고환은 수컷이 암컷으로 분화하는 것을 막는다"라고 적었다(Jost 1960, 59). 1965년 무렵까지 그는 포유류 암컷들이 "중립적인 성별 유형"이라 말하고 있었다(Jost 1960, 59). 1969년에는 "수컷이 된다는 것은 오랜 시간에 걸친 불안하고 위험한 모험이다. 그것은 여성성을 향한 내재적 경향에 대항하는 일종의 투쟁이다"라고 말했다(Jost 1965, 612). 마지막으로 1973년에 조스트는 "수컷다운 형질들은 … 포유류 신체의 기본인 암컷적 경향에 대항해 수컷 태아의 고환호르몬이 부과해야 가능하다. 암컷의 기관형성은 단지 고환이 없기 때문에 나타난 것으로 난소의 유무는 중요하지 않다"라고 썼다(Jost et al. 1973, 41).

　　1980년대에 컴퓨터 용어가 일반적으로 사용되자, 연구자들은 여성성을 향한 내재적 경향이라는 조스트의 묘사를 "기본 경로"default pathway로서의 여성 발달이라는 비유로 업데이트했다. 내가 검색한 바로는 여성의 발달을 묘사하는 데 "기본 성별"default sex이라는 표현을 제일 처음 사용한 시기는 1978년이다. 『신경과학 트렌드』의 편집자들이 이 단어를 Döhler(1978)의 서문에서 사용한다.

31　Jost et al.(1973). 조스트는 프랑스인이었고, 나는 제2차 세계대전 이후 프랑스에서 이런 논의가 구체적으로 어떻게 진행되었는지 살펴보지 않았다. 그러나 그의 생각은 국제적으로 알려져 논의됐으며 미국에서 빠르게 수용됐다. 과학 지식이 생산되려면 실험을 수행하고 결과를 해석하는 것뿐만 아니라 특정한 결과와 해석이 문화적으로 이해될 수 있는 적절한 시기와 장소가 갖춰져야 한다. 이 쟁점에 대한 더 많은 논의는 Latour(1987) 참고.

　　단일 호르몬 이론은 또한 여성, 아동, 유색인종 등이 자연에 더 가까운 존재라는 19세기의 견해를 되풀이하고 있다. 모든 인종과 성별은 어느 정도 동일하게 발달하지만 오직 백인 남성만이 진정한 성인으로 계속해서 발달한다는 것이다. 이런 19세기의 견해를 전체적으로 다룬 연구로는 Russett(1989)과 Herschberger (1948) 참고.

32　아리스토텔레스는 "여성은 특정 자질이 없어서 여성이다. 우리는 여성의 본성을 타고난 결함을 지닌 것으로 간주해야 한다"라고 썼다. 성 토마스는 여성은 불완전한 남성, 부수적 존재라고 생각했다. (프로이트에 따르면) 성장 과정의 오이디푸스콤플렉스 드라마에서 여성 심리는 음경의 부재에 순응해야 하는 반면, 남성의 심리는 음경을 상실하면 어떤 원초적인 여성 상태로 되돌아갈 것이라는 공포에 적응해야만 한다. Beauvoir(1949, xxii)에서 인용.

여성＝부재, 남성＝존재 이론의 수용은 필수적인 실험 수행의 어려움, 얻기 힘든 세부 사항을 모두 확보하는 데 필요한 시간이라는 측면을 포함해 추가적으로 설명될 수 있다. 이런 세부 사항은 (연구 성과의 출간이라는 측면에서) 더 쉽고 즉각적으로 결과를 만들어 낼 수 있는 실험만으로는 얻을 수 없다. 과학적 성공의 한 가지 요소는 다루기 힘든 문제를 끈질기게 파고드는 시도의 중요성과 '앞으로 나아가는' 연구 프로그램 사이에서 균형을 맞추는 능력이다.

미해결 실험 결과로는 다음과 같은 것들이 있다. ① 조스트의 거세가 태아의 난소 제거 효과를 감지할 수 있을 만큼 충분히 일찍 이뤄지지 않았을 가능성. ② 주입된 에스트로겐이 남성의 발달을 여성화하고 여성 기관들의 성장을 자극할 수 있었다는 가능성. ③ 조스트는 테스토스테론을 주입해 제거된 고환을 대체하려 했지만, 제거된 난소에 대해서는 이에 상응하는 실험을 수행하지 않았다는 점. ④ 그가 난소 이외에 가능한 에스트로겐의 원천이나 여성의 분화를 조절할지도 모르는 다른 비에스트로겐 분화 인자들을 확인하는 연구를 하지 않았다는 점. ⑤ 조스트는 태아의 난소가 초기부터 에스트로겐을 생성한다는 것을 알았지만 그 에스트로겐의 작용에 대해 크게 신경 쓰지 않았던 것처럼 보인다는 점.

모체나 태아의 난소에서 나온 에스트로겐이 이차적인 성 결정에 영향을 미칠 가능성은 아직 완전히 해결되지 않았다. 확실히 몇몇 척추동물에서 그것은 "생식샘의 분화에 주요한 역할을 한다고 여겨진다"(di Clemente et al. 1992, 726). Reyes et al.(1974)도 참고. George et al.(1978)은 토끼 태아의 고환이 테스토스테론을 생성하기 시작하는 바로 그 순간에 배아의 난소도 많은 양의 에스트로겐을 만들기 시작한다는 것을 발견했다. 그들은 이 배아의 에스트로겐이 수행하는 기능을 명확히 밝히기 위한 추가적인 연구를 제안한다(Ammini et al. 1994; Kalloo et al. 1993). Kalloo et al.(1993, 692)은 다음과 같이 말했다. "여성의 외부 생식기 발달은 태아 생식샘 호르몬이 없을 때에도 이루어질 수 있기 때문에 수동적이라는 것이 널리 알려진 견해였다. 하지만 에스트로겐 수용체의 존재는 모체에서 온 에스트로겐이 여성의 외부 생식기 발달에 직접적으로 작용했을 가능성을 시사하며, 이는 여성의 외부 생식기 발달이 수동적이라는 광범위하게 유포된 견해에 도전한다."

33　그린의 연구 결과는 에스트로겐이 수컷 배아를 적극적으로 여성화하는 잠재력을 갖는다는 점을 보여 주었고, 이는 [조스트의 관점에] 의문을 제기하는 것이었다. 조스트는 이런 모순되는 결과들을 해결하기 위해 추가 실험이 필요하다고 계속 언급했다. 그러나 그린의 연구에 대한 언급과 추가 연구에 대한 요청은 조스트의 저술에서 서서히 사라졌다. 1965년에 이르면, 조스트의 저술에서 단일 호르몬 이론은 추가적인 실험적 검증이 필요한 잠정적인 이론이라기보다 완전히 입증된 사실로 등장했다. 그는 에스트로겐이 수컷 배아를 여성화할 수 있다고 계속 언급하긴 했지만, 주입된 에스트로겐이 분화를 적극적으로 유도하지는 않았다고 제시했다. 오히려

그것은 고환의 테스토스테론 생성 능력을 손상해 배아의 "자연스러운" 여성성이
드러나게 했다. 1965년에도 조스트는 여전히 남성과 여성 발달의 존재/부재[유/무]
이론이 "추측에 근거한 것"이라고 여겼다. 그는 깔끔해 보이는 설명을 제시할 수
있지만, 그런 설명이 "새로운 결정적인 실험의 필요성을 감춰서는 안 된다"고
생각했다(Jost 1965, 614). 하지만 그는 1947년 논문에서 제시한 중요한 실험들을 모두
수행하지는 않았다.

34　이 주장의 증거는 주 43과 46 참고. 1999년에 있었던 기본 발달에 관한
토론에서, 러브웹의 한 구성원은 이렇게 썼다. "어쩌면 여성의 프로그램 역시 어떤
호르몬에 의존할지도 모른다. 그 과정에 대해 우리가 알고 있는 전부는 생식샘
호르몬이 필요하지 않다는 것뿐이다. 아직 발견하지 못했지만 존재할 가능성이 높은
20~30여 개의 호르몬은 어떨까? 나이가 들어 깐깐해질수록 이 기본 발달이라는 것이
점점 더 이해가 안 된다. 별 의미가 없음에도, 뭔가 의미 있는 척 제시된 표현일
뿐이라고 생각한다." 난소에서 일어나는 사건들이 성 분화를 조절하는 데 중요하다는
점을 제시하는 증거가 계ㄴ속 나타나고 있다(Vainio et al. 1999). 그러나 생쥐에서는
초기 사건에서 프로게스테론이나 에스트로겐이 주요 인자가 아닌 것처럼 보인다
(Smith, Boyd, et al. 1994; Lydon et al. 1995; Korach 1994).

35　이 과정은 일차 성 결정이라고 불린다.

36　일단 태아에서 생식샘이 나타나면, 그것은 이차 성 발달을 유도하는
호르몬을 생성할 수 있다. 이는 1930~50년대에 걸쳐 연구자들이 제기했던 문제인데,
나는 이 장의 뒷부분에서 이 문제를 다시 다룰 것이다.

37　Schafer et al.(1995, 271). 강조는 인용자.

38　Wolf(1995, 325). 강조는 인용자.

39　Capel(1998, 499).

40　Angier(1999, 38).

41　예를 들면, Mittwoch(1996) 참고.

42　페미니스트의 기쁨을 고취시키는 비유가 남성의 억압을 부채질할 수도
있다. 심리학자 헬렌 헤이스트는 이렇게 말한다. "서구 문화는 이성이 혼돈의 힘을
극복한다는 강력한 전통을 갖고 있으며, 이는 남성성 대 여성성의 대립과 긴밀하게
얽혀 있다. … [이 대립 구도에서] 한쪽 극단[남성성]은 반대쪽 극단[여성성]과 상반될
뿐만 아니라 그것을 누르고 승리한다. [이 구도는] 어둠의 힘에 맞서 싸워 정복해야
한다[는 함의를 담고 있다]"(Haste 1994, 12). 비슷한 맥락에서 페미니스트 역사가
루드밀라 조르다노바는 계몽주의가 자연/문화, 여성/남성, 육체/정신, 보살피기/
생각하기, 감정·미신/추상적인 지식·사유, 어둠/빛, 자연/과학·문명 같은 단어 쌍을
우리에게 어떻게 가져다주었는지 언급한다(Jordanova 1980; 1989).

43　Wolf(1995, 325). 나와 서신을 주고받은 과학자 가운데 적어도 한 명은 이
주장에 이의를 제기하지만, 나는 그것이 정당하다고 믿는다. 많은 발생학 문헌들은
"성 결정"이라는 제목을 단 부분에서 오직 남성 발달만을 논한다. 가령 칼슨은
"젠더의 유전적 결정"이라는 주제로, 먼저 Y염색체가 없을 때 여성이 발달한다고
언급한 뒤, 그 장의 나머지 전체를 남성 발달을 논하는 데 할애한다. 그의 책에 실린
〈그림 15-22〉는 남성 발달 메커니즘에 관한 복잡하고 상세한 설명을 일러스트를 통해
보여 주고 있지만 여성 발달 메커니즘에 관한 유사한 그림은 없다(Carlson 1999,

375-376). 남성과 여성의 발달을 공평하게 다루는 현대의 유일한 교과서는 스콧 길버트의 책이다(Gilbert 1997). 길버트의 직함 중 하나가 페미니스트 과학사가라는 사실은 우연이 아니다. Swain et al.(1998), Haqq et al.(1994), McElreavey et al.(1993)도 참고.

44 Fausto-Sterling(1989).

45 Eicher and Washburn(1986, 328-329).

46 울프는 "여성 발달이 자발적이지 않다는 점에는 의심할 여지가 없다"(Wolf 1995, 325)면서 그 외에 여성 발달을 달리 논의하지 않는다. 싱클레어는 두 편의 논문을 통해 고환 결정 경로에 대해 논하고 난소와 고환이 결정되는 과정의 근간에는 모두 복잡성이 있다는 점을 인정하지만, 난소 결정 경로에 대한 가설을 세우지는 않는다(Sinclair 1995; 1998). 카펠은 기본 값default이라는 용어가 "여성의 발전 경로가 유전적으로 조절되는 적극적 과정이 아니라는 것을 시사하기 때문에 오해의 소지가 있을지 모른다"라고 적는다(Capel 1998, 499). 헌터는 아이허와 워시번의 가설에 한 단락을 할애하지만, ("성 결정 메커니즘"이라는 제목이 붙은) 66쪽에 달하는 그 장의 나머지 부분에서는 고환을 결정하는 유전자를 논한다(Hunter 1995). 스웨인 등은 "난소 분화는 XX 생식 융기의 초기 발달에서 유전자 발현 변화가 발생하기에 난소 분화가 수동적일 가능성은 적다"라고 서술한다(Swain et al. 1998, 761).
최근 발표된 세 편의 논문들만이 여성 발달에서 유전자가 활성화된다고 제시한다. (남성 분화와 반대되는) 이런 "성 분화" 설명들은 여전히 비주류에 속한다(Werner et al. 1996; Jiménez and Burgos 1998; Schafer and Goodfellow 1996).

47 "마스터" 유전자 가설은 이 이야기에서 큰 비중을 차지한다. 일차적인 성 결정에 관한 최근의 연구 대부분이 Y염색체가 "마스터 유전자", 즉 발달을 시작하는 스위치를 포함하고 있다고 간주한다. 이 모델에 따르면, 남성 발달을 결정하는 것은 오직 한 개의 유전자인 셈이다. 이와 달리 발달에는 많은 유전자가 중요하며, 유전자가 적절한 시간에 발현하도록 조절하는 것도 필수적인 과정이라고 주장하는 연구자들도 있다. 후자의 관점에 대해서는 Mittwoch(1989; 1992; 1996) 참고.

48 밀턴 다이아몬드는 이렇게 말한다. "대학원생이었을 때, 이런 맥락에서 내가 시도한 첫 논문은 안드로겐이 암컷을 남성화하는 것처럼, 에스트로겐이 수컷 태아를 여성화할 수 있는지 알아보는 것이었다. 임신한 기니피그에게 에스트로겐을 주입하면 언제나 태아는 사망했다. 이런 방식으로는 행동을 연구하기가 어렵기 때문에 나는 크게 실망했다"(Diamond 1997a, 100). 다른 연구자는 에스트로겐이 동물 행동에 미치는 영향이 작고 측정하기 어렵다고 내게 알려 주었다. "물론 그게 중요하지 않다는 건 아니지만, 조교수로서 당신이 많은 논문을 쓸 수 있기를 원한다면, 나는 당신이 감지하기 힘든 미묘한 효과가 아니라 강력한 효과를 연구하는 쪽을 택하길 바란다"(익명의 연구자와의 개인적 대화).

49 윌킨스와의 만남에 대한 조스트의 설명은 Jost(1972, 38-39) 참고.

50 프랭크 비치는 이렇게 썼다. "성문제연구위원회가 제공한 지원이 호르몬 행동 연구의 발달에서 얼마나 중요한지는 충분히 평가되지 않았다. … 쥐의 교미 혹은 기혼 여성의 오르가즘 빈도에 대한 연구를 장려하기로 한 성문제연구위원회의 결정은 … 매우 중요한 행동 범주에 호르몬이 미치는 영향에 대한 연구가 일반적으로 확대될 수 있는 길을 열어 주었다"(Beach 1981, 354).

1930년대 후반에서 1960년대를 거쳐 발전한 호르몬과 동물 행동에 대한 연구는 초기 호르몬 연구자들이 제기했던 쟁점들을 의식적이고 직접적으로 다루면서 구성되었다. 비치는 릴리, 무어, 마셜, 히프를 비롯한 다수의 연구자를 이 분야의 초기 공헌자로 꼽았다(Beach 1981).

시카고 대학교에서 비치의 박사 과정 멘토는 칼 래슐리(1890~1958)였다. 뇌 메커니즘과 지능에 대한 레슐리의 연구는 뇌 기능에 관한 전체론적 시각을 강조했고, 그의 견해는 비치의 연구와 사고방식에 또렷이 반영되었다. 래슐리에 대한 더 많은 정보는 Weidman(1999) 참고.

비치는 뇌를 손상한 쥐에 대한 자신의 연구 결과를, 뇌손상이 뇌하수체의 분비를 방해해 생식샘 호르몬 분비에 영향을 미칠 수 있다고 제안했던 내분비학자와 논의했다. 비치는 이 만남에 대해 다음과 같이 적었다. "나는 그가 무슨 말을 하고 있는지 전혀 이해하지 못했다. 하지만 내분비학에 대해 조금 읽은 뒤, 나는 뇌수술을 받은 거세된 수컷 쥐 가운데 몇 마리에게 무슨 일이 일어나는지 알아보려고 테스토스테론을 주입하기로 결정했다. … 놀랍게도, 호르몬을 주입받은 쥐들이 성욕을 회복했다. 나는 노벨상을 받을 수 있을 거라 생각했다"(Beach 1985, 7).

미국에서는 동물심리학 분야가 비교심리학으로 알려졌다. 유럽에서는 이와 관련은 있지만 별개의 전통이 동물행동학으로 알려졌다. 1950년대에 이르러서야 유럽의 동물행동학이 미국의 비교심리학자들에게 강한 영향을 미쳤다. 비교심리학의 역사를 다룬 연구로는 Dewsbury(1989; 1984) 참고.

51 한 연구자가 내게 썼듯이, "행동주의자에게, 그것[동물 연구-옮긴이]이 지닌 매력은 쉽게 측정할 수 있는 것들이 너무 많다는 점이다." 밀접한 관계에 있는 종들도 세부적으로는 서로 다르다. 예컨대 수컷 기니피그들은 반복해서 찌르는 동작을 하지만 단 한 번만 삽입한다는 점에서 영장류와 닮았다(익명의 연구자와의 개인적 대화).

52 둥지 짓기, 모성 양육, 영역 방어를 위한 공격 등의 행동도 쥐의 남성성과 여성성을 정의했지만, 이 시기에 비치는 주로 짝짓기 행동의 구성 요소를 밝혀내는 데 집중했다. 호르몬, 경험, 양육 행동에 관한 최근 이론들은 Krasnegor and Bridges (1990) 참고.

53 일상생활에 정신분석이 필수적이라는 [다시 말해, 여성의 사회 진출 같은 페미니즘의 주장들은 남근을 결여한 여성에게서 나타나는 남근 선망의 사례로, 이 같은 정신병을 치료해 여성을 가정으로 돌려보내기 위해서는 일상생활에 대한 정신분석이 필요하다] 과장된 주장에 대해서는 Lundberg and Farnham(1947) 참고.

54 예를 들면, Watson(1914)과 Dewsbury(1984) 참고.

55 비치는 왓슨과 행동주의자들에게 매료되지 않았다. 1961년에 그는 이렇게 썼다. 성별과 인종 집단들 사이에 나타나는 "차이에 일정 정도 기여할지도 모르는, 유전의 영향을 받는 생물학적 요인들에 큰 주의를 기울이면서 이 문제들을 재검토할 시기가 다가온 것처럼 보인다"(Beach 1961, 160).

56 과거를 회상하며 윌리엄 C. 영은 이렇게 적었다. "호르몬과 성적 행동의 관계에 대한 연구는 이 주제가 지닌 생물학적·의학적·사회학적 중요성으로 정당화될 만큼 적극적으로 추진되지는 않았다. 이는 성적 행동과 관련된 모든 행동이 오랫동안 오명을 쓰고 있었다는 점으로 설명할 수 있을지도 모른다. 우리의 경험상, 기관의 기록과 연구 제안서의 제목에 '성'이라는 단어 사용은 자제되어 왔다. 우리는 과학

학술회의와 세미나에서 특정 데이터를 제시하는 일이 적절한가에 대해 의문이
제기되었던 일을 생생하게 기억한다”(Young 1964, 212).

57   Beach(1942b, 173).

58   1947년에 비치는 이렇게 썼다. “전체론적 접근 방식의 중요성. 즉, 특정한
생식기 반사에 수반되는 신경 경로를 규명하기 위해 혹은 교미 반응이 나타날 때 단일
분비샘의 분비물이 지닌 중요성을 측정하기 위해 고안된 생리 실험들은 우리가 성적
행동을 이해하는 데 크게 기여했다. 그러나 이 같은 발견의 의미는 정상적인
동물들에서 나타나는 전체적인 성적 패턴이라는 좀 더 광범위한 배경에 비춰 볼
때에만 완전히 명백해진다”(Beach 1947, 240).

59   “경험이 없는 다양한 수컷이 성적으로 쉽게 흥분하는 정도의 개체 차이는
짝짓기 행동을 일으키기에 충분한 자극을 정의하려고 시도할 때 반드시 고려해야만
하는 중요한 요인이다. 한 수컷에서는 교미를 유도하는 자극 상황이 동일한 자극에 덜
흥분하는 같은 종의 다른 개체에서는 교미 반응을 불러일으키지 않을지도 모른다”
(Beach 1942c, 174).

60   “명시적인 교미 패턴은 수컷의 성적 흥분 정도와 유인 동물이 제공한 자극의
강도에 따라 다르게 나타난다. 흥분 정도가 높은 수컷은 비교적 자극 강도가 낮은 유인
동물과도 교미를 시도할 수 있다. … 흥분 정도가 낮은 수컷은 자신이 교미할 수용적인
암컷을 제외한 다른 모든 유인 동물에게 교미 반응을 보이지 않는다. 흥분 정도가 낮은
수컷은 수용적인 암컷과 마주해도 교미할 정도까지 흥분하지 않을 수도 있다”(Beach
1942e, 246). 비치와 다른 연구자들이 언급한 바에 따르면, 군집 내에는 짝짓기에
흥미가 없어 보이는 암컷과 수컷이 항상 있기 마련이다. 결국 이런 동물들을 짝짓기
활동에 관한 실험에서 배제하는 것이 일반적 관행이 되었다.

61   Beach(1942c).

62   대뇌피질을 제거했을 때조차 동물들은 여전히 짝짓기를 할 수 있는 것처럼
보였다. Beach(1942b; 1942c, 179–181), Beach(1943).

63   Beach(1941).

64   Beach(1942a). 정상 암컷은 수컷의 짝짓기 패턴을 보이게 하려고 외부에서
테스토스테론을 주입할 필요가 없다. 비치와 프리실라 라스퀸은 양성을 분리한
구역에서 암컷들을 사육한 후 네 번의 짝짓기 주기 동안 매일 검사를 했다. 검사를
받는 동안, 그들은 암컷을 검사 우리에 적응시킨 후 5분 동안 수용적인 암컷과 같이
있게 한 다음, 성적으로 활발한 수컷과 함께 뒀다. 그들은 암컷에서 나타나는 수컷의
짝짓기 행동을 다음 세 가지 유형으로 구분했다. ① 마운팅을 해서 올라탄 동물을
자신의 앞발로 껴안는다. ② 마운팅을 해서 올라탄 동물을 자신의 앞발로 만지고
골반을 움직여 교미 동작을 한다. ③ 마운팅하고, 만지고, “마지막으로 강하게 찌른 후
확실히 뒤로 물러나면서 내려온다.” 암컷 20마리 중 18마리가 성적 껴안기 행동을
보였고, 18마리는 마운팅, 만지기, 골반 움직이기를 했으며, 다섯 마리는 완전한
“수컷”의 교미 패턴을 보였다. 이 수컷 같은 행동은 암컷의 발정 여부와 상관없이
일어났다.

비치와 라스퀸은 다음과 같은 몇 가지 놀라운 결론을 이끌어 냈다. 첫째, 그들은
실험 군집 내 암컷 쥐의 대다수가 수컷의 짝짓기 패턴에 필요한 뇌와 근육의 해부학적
구조를 갖고 있다는 점에 주목했다. 둘째, 그들은 발정기에 있는 암컷이라는 동일한

자극이 암컷과 수컷 모두에서 이런 수컷의 행동 패턴을 끌어낸다고 결론 내렸다. 마지막으로, 그들은 난소호르몬이 암컷 쥐에서 나타나는 수컷 짝짓기 패턴을 통제하지 못한다고 언급했다(Beach and Rasquin 1942). Beach(1942a; 1942f)도 참고. 비치가 이런 젠더 교차적 행동을 처음으로 보고한 것은 1938년이었다. 그는 자신의 1937년 실험 일지에서, 156번 수컷과 192번 암컷의 상호작용을 인용한다.

> 오전 10:05: 수컷이 들어 있는 관찰 우리에 암컷을 집어넣음 …
> 오전 10:15: … 두 동물 모두 강한 성적 흥분의 징후를 보이지만 수컷은 결코 암컷에게 실제로 올라타서 만지지 않는다.
> 오전 10:16: 암컷이 수컷 주위를 빙빙 돌다가 수컷 뒤로 접근해 올라타고 적극적으로 만진다. 암컷이 수컷을 앞발로 붙잡고 만진다. … 암컷의 골반은 교미 중인 수컷에게 특징적인 피스톤 운동을 하며 앞뒤로 움직인다. 이런 수컷의 동작을 짧게 한 후, 암컷은 전형적인 수컷의 마지막 강하게 찌르는 동작 없이 내려오고, 성기 부위를 청소하지도 않는다.
> 오전 10:17: 암컷이 수컷의 탐색 활동에 몸을 낮춰 앉고, 등을 말고, 귀를 빠르게 흔들며 반응한다.

비치는 15분간 관찰하는 동안 이 특정 암컷이 수컷을 일곱 번 올라타서 만졌다고 언급한다. 그는 암컷이 수컷과 암컷의 반응을 모두 보였다는 점을 강조했다(Beach 1938, 332).

65 Beach(1942b, 183). 자신의 주장을 강화하려고 비치는 또한 이전에 칼무어가 슈타이나흐와 벌인 논쟁을 인용한다. 그는 특히 개별 쥐들은 호르몬 존재 여부를 나타내는 표지로 사용하기에 너무나 변이성이 크다는 무어의 주장을 언급한다.

66 이 총합 효과mass effect는 뇌 기능에 대한 래슐리의 접근 방식과 일치한다.

67 나중에 그는 이런 직감을 확증하는 실험에 대해 보고했다. 그는 전체론적인 접근 방식을 계속 강조하며 이렇게 말했다. "증거에 따르면, 안드로겐의 효과는 여러 메커니즘의 복잡한 조합에 의해 매개되며, 귀두의 촉각 기능은 그중 하나일 뿐이다"(Beach and Levinson 1950, 168).

68 Beach(1947-1948, 276).

69 Beach(1965, vii).

70 비치가 언급한 바에 따르면, 그의 연구에 포함된 특정 진술은 "인디애나 대학교의 킨제이 박사가 너그럽게 사용을 허락해 준 자료에 기초"한 것이었다. 그는 "킨제이 박사가 1만 명 이상의 사람들을 대상으로 성적 행동에 대해 폭넓게 실시한 인터뷰 연구를 앞으로 출간할 예정이다"라고 쓰고 있다(Beach 1947, 301). 킨제이와 비치는 둘 다 성문제연구위원회의 지원을 받았고, 킨제이는 이 사실을 1948년 자신의 연구 서문에서 언급한다. 그들은 만나서 공통 관심사에 대해 대화를 나눴다.

71 Marc Breedlove(1999년 5월 개인적 대화). 킨제이는 개인 인터뷰를 통해 데이터를 모았다. 그는 면접관들을 직접 모집해 훈련시켰다.

72 Jones(1997)와 Gasthorne-Hardy(1998)에서 비치는 킨제이와의 우정을 이야기한다. 킨제이는 1941년에 처음으로 성문제연구위원회의 기금을 받은 뒤

1947년까지 매년 증액된 새로운 지원금을 받았다(Aberle and Corner 1953).

73 Kinsey et al.(1948; 1953). Kinsey et al.(1953)에서 킨제이는 동물 행동에 관한 정보를 제공해 준 비치에게 특별히 감사를 표한다(ix).

74 예를 들면, Bérubé(1990), Katz(1995) 참고.

75 이 논의의 복잡성과 여러 가닥은 Reumann(1998) 참고.

76 이 새로운 연구의 설계자는 개체별 편차에 대해 많은 연구를 수행한 뒤, 다른 연구자들과 함께 개체성이 각 신체 — 과학자들이 말하듯, "기질" — 가 다르기 때문에 나타난다는 결론을 내렸다. 그는 "짝짓기 행동 패턴의 엄청난 변이성을 설명하는 데 관심이 있는 연구자에게 핵심 문제는 생식샘 호르몬이 작용하는 기질의 특성을 결정하는 인자들을 규명하는 일이라는 점이 명확하다"라고 썼다(Young 1960, 202). 이 논문은 최신의 쥐 연구를 정신의학계로 가져왔다. 조직화/활성화 이론은 동종 개체 사이의 차이를 설명하는 데 아주 가끔씩만 사용되지만, 이 질문이 원래 조직화/활성화 이론으로 이어진 실험을 촉발한 것은 사실이다.

77 영의 출판물 전체 목록과 간략한 전기는 Goy(1967) 참고. 영은 릴리가 성문제연구위원회에서 받은 돈을 지원받았다(Dempsey 1968). Roofe(1968)도 참고. 그는 다른 동물, 특히 쥐와 원숭이를 연구했다. 그의 일부 제자들은 특히 영장류에 집중했지만, 영의 저작은 대부분 기니피그의 행동에 관한 것이었다.

78 Goy(1967, 7)에서 인용.

79 Young(1941, 141).

80 Young and Rundlett(1939, 449).

81 Young et al.(1939). 그들은 "성 충동을 어떻게 측정하든, 마운팅 행동과 수용성은 성적 행동의 복합체를 이루는 별개의 구성 요소로 간주돼야 하며, 어떤 수단을 통해서든 직접 측정돼야 한다"라고 썼다(Young et al. 1939, 65).

82 Young and Rundlett(1939).

83 이런 주기적 의존성 측면에서 기니피그 암컷은 쥐와 다르다. 영은 소위 남성호르몬과 여성호르몬에 대한 기대가 초래한, 앞 장에서 논의한 지속적인 혼란을 지적한다. "연구 초기에는 에스트로겐-프로게스테론의 작용보다 에스트로겐-안드로겐 작용이 마운팅 행동을 자극할 것이라고 예상했다. 안드로겐이 상대적으로 효과가 없다는 사실도 놀랍지만 수컷 같은 마운팅 행동을 유도할 때보다 발정기를 유도할 때 안드로겐이 프로게스테론보다 효율적이라는 사실이 훨씬 더 곤혹스럽다"(Young and Rundlett 1939, 459).

84 Young(1941, 311). 여기서 우리는 과학적 실천의 문화가 작동하고 있는 것을 본다. 어쨌든 과학을 하려면 측정 가능한 출발점이 있어야만 한다. 다른 과학자들처럼 영도 지원금을 받고 학생들을 훈련시키고 연구를 계속하려면 결과를 꾸준히 낼 필요가 있었다. 달리 말해, 성공적인 과학적 관행이 반드시 유기체의 기능에 대한 균형 잡힌 개관으로 이어지지는 않는다. 하지만 그것이 특정 결과를 얻기 위해 신중하게 설계된 실험으로 이어지고, 더욱 신중하게 설계된 실험을 위한 길을 열어 주기도 한다.

85 그들은 교미 반응에 "기타"라 부르는 다른 범주도 포함했다(Young and Grunt 1951).

86 "개체 간 차이는 상당 부분이 호르몬 양의 차이보다 조직 반응성의 차이에 기인할 수 있다고 … 가정한다"(Grunt and Young 1952, 247). Grunt and Young(1953)과

Riss and Young(1954)도 참고.

87 Valenstein et al.(1955, 402). 수컷에서 유전적인 배경과 경험의 중요성을 상세하게 다룬 논문으로는 Valenstein et al.(1954), Riss et al.(1955), Valenstein and Young(1955), Valenstein and Goy(1957)가 있다. 이 시기에 영의 연구팀은 신경 패턴의 초기 조직화와 이후 순환 호르몬에 의한 활성화 사이의 차이를 보다 진지하게 고민하기 시작했다. 한 논문에서 그들은 이렇게 썼다. "데이터는 t.p.[테스토스테론 프로피오네이트-인용자]의 역할이 성적 행동의 직접적인 조직자라기보다 활성화 인자임을 시사한다. 조직화는 계통과 관련된 변수들과 함께 암컷에 올라타서 움직이는 기술을 습득할 기회에 의존한다"(Riss et al. 1955, 144). 당시 영 또한 수컷에서 성적 행동의 조직화가 "조류에서 각인이 일어나는 것처럼 초기의 결정적 시기에만 뚜렷이 국한되지는 않는다"라고 느꼈다(Young 1957, 88). 1959년 이후 영과 다른 연구자들은 결정적 시기의 중요성을 주장하기 시작했고, 테스토스테론의 태아기 조직화 효과를 입증한 후에는 "조직화"에 미치는 사회적 고립 효과에 대해서는 더 이상 쓰지 않았다. 영의 제자인 로버트 고이 역시 계통의 차이와 경험이 암컷 교미 반응의 조직화에 중요하다는 사실을 발견했다. 이런 발견들은 암컷의 짝짓기 패턴을 조직할 때 태아기 에스트로겐의 역할(혹은 부재)에 초점을 맞춘 견해가 중요하다고 가정한다. Goy and Young(1956-1957), Goy and Young(1957), Goy and Jakway(1959) 참고.

88 Phoenix et al.(1959).

89 Ibid., 370.

90 Ford and Beach(1951, 125), Hampson and Hampson(1961, 1425). 이 논문은 피닉스 등의 논문(Phoenix et al. 1959)보다 2년 뒤 발표됐지만, 영은 이 논문이 실린 학술지를 편집했다. 그래서 영과 동료들은 이 논문을 읽었고 "인쇄 준비 중"인 상태의 논문을 참고할 수 있었다.

91 논쟁은 복잡했다. 예를 들면, 햄프슨 부부는 "인간 자웅동체"에 대한 자신들의 연구가 "양육과 사회적 학습이 정상적인 젠더 역할의 수립에 … 그리고 유추하자면, 심리적인 성의 혼란에 엄청난 영향력을 미친다는 것을 강하게 암시한다"라고 서술했다. 동시에 그들은 유전 혹은 체질의 기여를 완전히 배제하지 않았다. 그러나 그들은 "호르몬에 의한 것이든 아니든 간에 미리 형성되어 유전되는 타고난 행동 명령에 관한 이론은 증거와 너무 상충한다"라고 생각했다(Hampson and Hampson 1961, 1428). 영의 실험실 내에서도 연구 결과의 의미를 둘러싸고 논란이 있었다. "연구팀의 젊은 구성원들은 이것이 뇌의 직접적인 효과라는 것을 [연구팀을 이끈 영보다-인용자] 더 확신했다. … 논문이 작성되는 동안 실험실 내부에서는 이 쟁점에 대한 열띤 논쟁이 이루어졌다. 마침내 제시된 견해에는 다소간 내적인 모순이 담겨 있었는데, 이는 그들이 일어났다고 의심하는 것과 실제로 증명할 수 있는 것 사이의 균형을 반영한다"(1997년 7월 11일, 킴 월렌과의 개인적 대화).

92 나는 Fausto-Sterling(1995)에서 이 논문의 기술적으로 세부적인 사항에 대해 상당히 자세하게 논했다. 비평가들은 나의 이 논의 가운데 일부 측면이 잘못됐다고 확인해 주었다. 특히 내가 영에게 충분한 역사적 의미를 부여하지 않은 점, 피닉스 등은 사실 중추신경계의 효과를 주장하면서 신중한 태도를 취했음에도 그들이 뇌 효과를 주장했다고 단언한 점이 그랬다. 그러나 이 논문은 호르몬 활성의 O/A

이론이 처음 발표된 이후, 그것이 꽤 근본적인 방식으로 어떻게 수정되어 왔는지 보여준다는 점에서 유용하다. 그리고 나는 이 모델이 경험과 유전적·개인적 차이를 배제하고 있다는 비판을 고수하고 있다. 그것은 비치가 원했던 일종의 전체론적 모델도 아니며, 내가 이 장과 다음 장에서 발전시키고자 하는 모델도 아니다.

93　Phoenix et al.(1959, 372). 그들은 다음의 네 가지 기초 실험을 수행했다. ① 그들은 태아기에 호르몬에 노출된 암컷에게 성인기에 에스트라디올과 프로게스테론을 주입하고 교미 반응의 여러 측면을 측정했다. 그리고 그들은 태아기의 안드로겐 노출이 로도시스 반응을 억제하지만 수컷 같은 마운팅은 억제하지 않는다는 결론을 내렸다. ② 그들은 태아기의 안드로겐 노출 효과의 "영속성"을 검사하고, 그것이 생후 6~9개월 및 11~12개월(기니피그는 10~12년 동안 산다)에도 그 효과가 지속됨을 확인했다. 그들은 "성적 행동 패턴의 여성적 요소들을 드러내는 능력을 억제하는 효과가 … 영구적인 것처럼 보인다"는 결론을 내렸다(Phoenix et al. 1959, 377). ③ 그들은 태아기에 안드로겐에 노출되었던 성체에게 테스토스테론을 주입한 효과를 연구하고, 이 암컷들이 대조군(태아기에 노출되지 않은 암컷들)보다 테스토스테론에 대한 반응성이 더 크다(즉, 수컷의 짝짓기 패턴을 보일 가능성이 더 높다)는 점을 발견했다. 그들은 "테스토스테론 프로피오네이트를 주입받은 자웅동체에서 수컷다운 행동이 더 일찍 훨씬 강하게 나타나는 이유는 태아기에 수컷다운 행동을 매개하는 조직에 테스토스테론 프로피오네이트를 처치해 생긴 조직화 작용이 발현된 효과로 보인다"라는 결론을 내렸다. ④ 그들은 태아기에 안드로겐에 노출되었던 수컷 성체 형제들의 행동을 조사했다. 여기서는 태아기 테스토스테론 노출의 분명한 효과를 발견하지 못했다.

여기서 나는 짝짓기 행동만을 논한다. 저자들은 모성 행동, 둥지 짓기, 영역 방어 공격과 같은 성적으로 분화된 다른 행동들을 잘 인지하고 있었지만, 영과 비치는 수십 년 동안 정량적으로 측정하고 평가할 수 있는 방법으로 짝짓기 행동을 정의[활용]해 왔다.

94　Grady and Phoenix(1963, 483). 이런 연구에 쥐가 사용되기 시작한 것은 쥐와 기니피그 사이에 실질적으로 중요한 생물학적 차이가 있기 때문이다. 기니피그는 임신 기간이 긴 동물이라서 해부학적·조직적으로 중요한 사건들이 자궁 내에서 일어난다. 그러나 쥐는 임신 기간이 보다 짧고 성적으로 훨씬 더 미분화된 상태로 태어난다. 영과 동료들은 기니피그에서 자궁 내 태아 거세를 성공하지 못했다. 하지만 그들은 임신한 암컷 쥐에게 수술을 시행할 필요 없이 새로 태어난 쥐들로 연구를 수행할 수 있었다. 또한 임신한 암컷 쥐에게 호르몬을 주사하지 않고, 실험 개체들에게 직접 호르몬을 투여할 수 있었다(Grady et al. 1965).

95　Beach(1981). 비치는 Beach(1981)에서 영과 그의 초기 연구를 모두 논한다. 자전적인 글에서 비치는 "내가 거의 성공할 뻔한 발견들"이라는 주제 아래 초기 발달 과정 동안 호르몬의 조직화 효과들을 열거한다. 또한 그는 이 맥락에서 자신의 개 실험을 이야기한다(Beach 1978, 30).

96　Phoenix et al.(1959, 381). 중추신경계는 뇌와 척수를 말한다. 저자들은 뇌의 관여를 의심했지만, 이에 대한 증거가 없었기 때문에, 신중히 불가지론적인 입장을 택했다.

97　Phoenix et al.(1959, 379).

98 Ibid., 380. 영이 조스트가 도입한 존재/부재의 언어를 채택하는 데는 10년이 채 걸리지 않았다. 1967년에 그는 "성적으로 이형적인 많은 형질들이 … 안드로겐을 적절히 처치하면 남성적인 방향으로, 그리고 초기에 스테로이드호르몬이 부재한 경우에는 여성적인 방향으로 영향을 받는 것처럼 보인다"라고 썼다(Young 1967, 180).

99 Phoenix et al.(1959, 380).

100 영은 1960년대 초반에 이 문제를 두고 비치 그리고 햄프슨 부부와 계속 논쟁을 벌였다. 1961년과 1962년에 성문제연구위원회는 학회를 개최했다. 성 연구 분야를 떠나기 전 성문제연구위원회의 마지막 활동이었다. 당시 이 분야에 대한 지원은 미국국립과학재단과 정신건강협회를 통해 (성문제연구위원회를 필요로 하지 않을 정도로) 충분히 이뤄지고 있었다. 학회를 마친 후, 성문제연구위원회는 "성과 행동에 관한 학회에서 나오는 책의 출간 준비가 완료되면, 성문제연구위원회를 해산할 것을 의과학 부문의 의장에게 권고했다"(Beach 1965, ix). 비치는 두 번의 회의를 요약하는 책을 편집했는데, 그 책에서 영과 햄프슨 부부가 서로 논쟁을 벌이는 모습을 발견할 수 있다. 비치가 편집에 영향력을 미쳐 이 논쟁을 부추긴 것은 분명하다. 이를테면 영은 존 햄프슨의 논문에 대해 이렇게 설명했다. "내가 '양성애'라는 표현으로 … 한 개인이 어느 쪽 방향으로든 똑같이 잘 이동할 수 있다는 이야기를 하려 한 것은 아니다." 영은 계속해서 말을 이어 갔다. "임상 문헌"과 영장류에서 "나온 증거가 유전적인 수컷에서는 수컷의 특징이 우세하고 암컷에서는 암컷의 특징이 우세하다는 것을 밝혀 줄 것이며, … 인간에서도 출생 이전에 경험적·심리적 요인들에 대해 선택적으로 반응하는 단계가" 있을 수 있다고 … "나는 생각한다"(Young 1965, 103). 영은 이 주장을 Young(1967)에서 되풀이한다. 비치는 독자에게 영의 논의를 다시 환기하면서, 존 햄프슨이 "한 개인의 젠더 역할과 심리성적 지향이 확립될 때, 성호르몬만을 단일한 인과적 요인으로 고려하는" 발상을 거부했다고 두 차례 언급했다(Young 1967, 115). 햄프슨의 결론에 따르면, "소년 혹은 소녀, 남성 혹은 여성으로서 한 개인의 젠더 역할과 지향에 타고난, 미리 형성된 본능적인 기반은 없다. … 대신 … 심리적인 성별은 태어났을 때 미분화된 상태다. 즉, 성적으로 중립인 상태라고 말할 수 있다. … 개인은 성장하며 많은 것을 경험하는 과정에서 남성 혹은 여성으로 심리적으로 분화된다"(Hampson 1965, 119).

101 "**순전히 성적이지는 않은** 동물 행동의 남성성이나 여성성이 배아와 태아에 있는 특정 호르몬 물질에 반응해 발달했을 가능성을 고려해야 한다"(Phoenix et al. 1959, 381. 강조는 인용자).

102 Ibid., 381. 태아기와 출생 전후의 에스트로겐이 여성의 뇌 발달에 작용할 가능성은 오늘날까지도 논란이 되고 있다. Fitch and Denenberg(1998), Fitch et al.(1998), Etgen et al.(1990), Fadem(1995), Ogawa et al.(1997) 참고.

103 Van den Wijngaard(1991b).

104 Beatty(1992).

105 1960년대 후반 존 머니와 안케 이어하트는 선천성 부신 과형성증 소녀 연구에 이 패러다임을 적용했다(3장). 그들은 자기 연구를 대중적으로 설명하면서 태아기의 안드로겐 노출이 자궁 속에서 고농도 테스토스테론에 노출된 XX 아이들의 뇌를 남성화한다는 발상을 도입했다. 머니와 동료들은 기니피그와 쥐에서처럼,

태아기의 호르몬 노출이 이런 소녀들이 보다 남성적인 유형의 놀이를 하게
유도한다고 주장했다(Money and Ehrhardt 1972). 역시 이 시기에 독일의 내분비학자
귄터 되르너는 호르몬 활성의 O/A 이론이 제시한 새로운 이해가 동성애 치료법을
제공할 수 있다고 제안했다. 되르너는 출생 전후의 거세가 쥐 뇌의 수컷화를 막을
가능성을 보여 준 실험들을 인용하면서, 동일한 사실이 인간에게도 적용되길
기대했다. 그는 "이 결과들은 … 결정적인 시기 동안 안드로겐으로 관리하면 남성
동성애를 막을 수 있음을 시사한다"라고 서술했다(Dörner and Hinz 1968, 388).

106 Young(1961, 1223). 영은 유전자가 암컷 행동에 미치는 역할에 대해 이렇게
서술했다. "수컷에서와 마찬가지로, 모든 행동 측정치, 즉 [호르몬-인용자] 처치에
대한 반응성, … 유도된 발정 기간 … 최대 로도시스 반응의 지속 시간, 수컷처럼
마운팅하는 정도 등에서 차이가 관찰되었다"(Young 1961, 1215).

유용한 데이터를 얻기 위해, 과학자들은 종종 실험동물들을 보다 균일화한다.
어떤 의미에서 현역 과학자들은 자기 연구에서 유전적 다양성을 체계적으로 제거해
성적 행동에 대한 전형적인 설명을 **만들어 냈다**. 상업적으로 생산되는 현대의 실험실
쥐들에 관한 최근의 짧은 논문은 영리기업들이 가능한 한 빨리 번식시키기
위해(그렇게 해서 이윤을 증가시키려고) 쥐들을 선택해 왔다고 언급한다. 그 결과 요새
쥐들은 20년 전에 비해 평균적으로 체중은 두 배 가까이 늘었고 훨씬 일찍 죽는다.
상업적 필요와 실험적 필요를 모두 만족시키기 위한 선택적인 교배로 말미암아
"표준적인" 실험실 쥐의 생리가 변했다는 점에는 의심의 여지가 없다. 따라서 이
쥐들에 기초한 과학 이론들, 내가 추정하기에 특히 에너지 대사와 관계되는 이론들은
실험실에 특유하게 구조화되었다. 이런 의미에서, 우리는 생물학을 "창조했다." 즉,
의약품, 식이요법, 생물학 이론을 고안하려는 시도의 근거가 되는 사실은 자연선택이
아니라 인간 선택에 의해 창조된 특정한 피험체로부터 나온 것이다(Wassersug 1996;
Clause 1993).

영은 특히 사회적 고립에 대한 자신의 실험들을 언급했다. 이 실험들은 한 유전
계통의 경우, 마운팅, 삽입, 사정 행동의 발달이 "거의 전적으로 … [그 동물들이-인용자]
다른 어린 동물과의 접촉"에 달려 있다는 것을 보여 줬다(Young 1961, 1218).

107 Young(1964, 217). 물론 일부 연구자는 사회적 상호작용과 경험의
중요성을 계속 인정하고, 거기에 기초해 실험을 설계해 왔다. 그러나 이것은 지배적인
패러다임이 아니었으며, 이 분야 안팎의 많은 사람들과 일반 대중에게는 이처럼 좀 더
복잡하고 상이한 접근 방식이 사실상 거의 눈에 띄지 않았다.

108 Phoenix(1978, 30).

109 1960년대에 비치는 계속 호르몬 활성의 O/A 이론에 도전하고 성체의
양성애를 주장했다. 그는 양성 모두에서 출생 전에 발달하는 신경근 단위를 언급하며
로도시스 반응에 대한 증거를 설명했다. "신경근 단위는 양성 모두에 존재하며, 그
조직은 발달하는 동안 생식샘 호르몬에 의존하지 않는다"(Beach 1966, 532). 수컷이
성숙함에 따라 반사 반응은 다양한 환경 요인에 의해 억제된다.

110 머니와 이어하트는 여성해방주의자들의 판단을 걱정했다(Money and
Ehrhardt 1972). 그들은 여성해방주의자들이 자신들이 말한 내용을 전부 좋아하지
않을 것 같다고 말하기도 했다. 그들의 책에는 특이한 색인 항목도 있다. "여성의
해방: 인용할 만한 자료"라는 제목 아래 그들은 페미니즘의 입장을 명백히 뒷받침해

준다고 생각하는 항목들의 페이지를 열거한다(Money and Ehrhardt 1972, 310).
심리학자 리처드 도티는 암컷 설치류들에게 보다 "공평한 기회"를 부여할 것을
연구자들에게 촉구하는 논문을 썼다(Doty 1974, 169). 반면 심리학자 리처드 웨일런은
설치류에서의 젠더 형성에 관한 자신의 이론이 "성차별"적인 것은 아닐지 우려를
표했다. 일례로 Whalen(1974, 468) 참고. 비치의 65번째 생일을 축하하며 1976년에
열린 한 심포지엄에서 그의 제자인 리어노어 티퍼는 동시대 연구에 대한
페미니스트의 시각을 제시하는 발표를 해서 비치의 분노를 샀다. 나중에 비치는
그녀의 글을 읽고 사과하면서 그녀의 견해는 정말로 경청할 가치가 있다고
이야기했다. Tiefer(1978)와 van den Wijngaard(1991) 참고.

111 출간 후 첫 10년 동안, 『호르몬과 행동』에 실린 연구 논문의 80퍼센트는
오로지 호르몬과 젠더화된 행동에 관한 것이었다.

비치는 조직화 이론의 지지자들이 발생학적인 비유에 열중했지만 영과 그의
추종자들은 정확히 무엇이 조직화되는지 특정하지 못한다고 말했다(Beach 1971). 또
그는 안드로겐이 뇌(그것도 수컷의 뇌)를 조직화한다는 개념은 거세가 뇌(그것도 암컷의
뇌)를 탈조직화한다는 것을 시사하기 때문에 문제가 있다고 여겼다. 그는 탈조직화된
뇌란 무슨 의미인지 의아해했다. 그는 탈조직화된 신경 경로를 보여 준다며 조작된
사진을 제시함으로써 자신의 주장을 강조했다. 그는 "생식샘 호르몬과 행동 사이의
관계에 대해 어렵게 얻은 지식"을 잃게 되지는 않을지 우려하며 이렇게 말했다. "많은
이론가들이 신경에 대한 병적인 애호(이것은 그 종착점에서 필연적으로 뇌 마니아로
발전한다)에 상당히 심각하고 애석할 정도로 많은 영향을 받아 신경학자의 용어로
표현한 해석만을 진지하게 받아들일 수 있었다"(Beach 1971, 286).

[학회에서] 발표된 저작에는 그의 유명한 신랄한 위트가 농축된 형태로 담겨
있었다. 그러나 조직화 이론의 핵심을 찌르기는커녕 (당시 현장에 있던 사람들과 서신을
주고받아 알게 된 바로는) 다소 어색한 반응을 불러일으킨 것으로 보인다. 비치는 어떤
반응이 나올지 예상하고 있었다. 그는 "많은 독자들이 내가 풍차를 향해 돌진하는
헛된 싸움을 하고 있다고 생각하리라는 걸 나는 누구보다 잘 알고 있다"라고
적었다(Beach 1971, 291).

112 비치는 자신이 관여했던 분야의 학문적 발전 과정을 역사적 관점에서
정리한 글에서, 1971년 논문을 인용하지 않는 방식으로 자신이 초창기에 제기했던
반론을 언급하지 않았다(Beach 1981). 비치가 보인 이 같은 침묵의 주목할 만한 성격에
대해서는 McGill et al.(1978) 참고. 이 책은 비치의 65번째 생일을 기념해 헌정된
436쪽 분량의 논문집으로, 그의 제자 17명 이상이 참여해 현재 진행하고 있는 연구를
개괄하고 있다. 그중 오직 한 편만이 비치의 비평 논문을 언급했는데, 그마저도 비치의
비판을 언급한 것이 아니라 특정 사실을 언급하기 위해서였다.

물론 다음과 같은 소소한 설명도 있다. ① 생화학 분야의 세대교체가 이루어지고
있었고, 비치는 분자적 접근 방식에 대해 거의 아는 바가 없어서 완전히 틀린 이야기를
했지만, 그를 존경하는 후배들은 차마 이를 대놓고 지적하지 않았다. ② 그의 글은
너무 지나쳐서 용인될 수 있는 수준을 넘어섰지만, 사람들은 모욕을 되돌려 주기보다
애써 참는 쪽을 택했다.

애매모호한 표현을 공격한 것 외에도, 비치는 초기 호르몬 처지에 관한 실험
결과를 달리 설명하는 방안을 고려했다. 그는 특히 테스토스테론이 암수의 교미

행동을 조직화한다는 주장에 주목했다. 그는 안드로겐이 출생 후 음경의 성장에 큰 영향을 미치고, 따라서 유아기에 거세된 수컷은 뇌가 수컷화되지 못했기 때문이 아니라 음경이 너무 작아서 나중에 삽입과 사정을 못 할 수 있다고 언급했다. 음경 크기 논쟁에 관한 더 많은 논의는 Beach and Nucci(1970), Phoenix et al.(1976), Grady et al.(1965) 참고. 그는 일반적으로 성공한 실험 가운데 상당수가 중추신경계보다는 말초신경계나 성기에 미친 영향 때문인 것일 수 있다고 주장했다. 사례로는 Beach and Nucci(1970) 참고. 1968년에 로널드 내들러는 적어도 뇌가 행동의 조직화에 관여하는 중추신경계의 구성 요소 가운데 하나라는 걸 제시하는 첫 증거를 발표했다. 1970년대와 1980년대 초반 동안 이에 관한 추가 증거가 축적되었다. 이에 대해서는 Christensen and Gorski(1978), Hamilton et al.(1981), Arendash and Gorski(1982) 참고(이 연대기를 제공한 엘리자베스 애드킨스-리건에게 감사드린다).

나아가 비치는 수컷에서 초기 호르몬이 어떤 영향을 미치든 그 효과가 로도시스 반응이 발현되는 데 필요한 신경 연결들을 영구히 없애 버리지는 않는다고 주장했다. 그가 앞서 제시했듯이, 어쩌면 태아기의 호르몬 노출이 이후의 호르몬 자극에 대한 신경세포의 민감도 수준을 변화시켰을지도 모른다. 그러나 (수컷이나 암컷이) 상호 배타적인 영구 전자회로라는 비유는 성립할 수 없어 보였다. 비치는 성장한 후 거세한 수컷 쥐들에 대한 연구를 인용했다. 호르몬 활성의 O/A 이론에 따르면, 이 수컷 쥐들은 출생 전후에 뇌가 적절하게 수컷화되었기 때문에 암컷의 발정을 유도하는 호르몬으로 자극해도 로도시스 반응을 보이지 않아야 했다. 실제로 정상적인 용량의 에스트로겐은 로도시스 반응을 유발하지 않았다. 그러나 오랫동안 계속 투여하자 이 거세된 수컷도 발정기에 있는 정상 암컷들과 거의 비슷한 정도로 빈번하게 로도시스 반응을 보였다. 그는 "태아기와 출생 직후에 고환호르몬이 존재했음에도 불구하고, 로도시스 반응과 어쩌면 부수적인 수용 반응들도 매개할 수 있는 신경 메커니즘이 수컷 쥐의 중추신경계에 조직화된다는 사실이 점점 명백해지고 있다"라고 서술했다(Beach 1971, 267).

113 Ibid., 270.

114 Beach(1976b, 261).

115 Beach and Orndoff(1974), Beach(1976).

116 Hart(1972)는 신생아의 안드로겐을 조정하면 음경 발달과 중추신경계에 모두 영향을 미친다고 결론 내렸다.

117 Raisman and Field(1973).

118 Goy and McEwen(1980, 18). 여기서 말하는 학술회의는 1977년에 개최됐다.

119 Beach(1975).

120 Feder(1981, 141).

121 1990년에 마이클 바움은 비치의 비판을 평가하면서 이렇게 서술했다.

아이러니하게도, 스테로이드에 의해 유도된 행동 잠재력의 변화 원인을 중추신경계의 구조 변화에서 찾으려는 유혹에 저항해야만 한다는 비치의 경고는 1990년대 초반에도 여전히 의미가 있다. … 현재 대부분의 연구자는 안드로겐이 성인기 스테로이드에 대한 수컷의 교미 반응성에 미치는 발달적 영향이 아마도 신경계의 변화를 반영할 것이라는 점에 동의한다. 하지만 이런 행동의 변화는 지금까지 연구된 다양한 포유류 종들의 성별 이형적인 뇌 구조의 어느 정도 한정된 목록 가운데 어디에도 국재화될 수 없다. 나아가 스테로이드가 유도한 짝짓기 잠재력 변화의 일부 측면은, 비치의 예상대로 안드로겐이 발달 중인 수컷의 생식기관에 출생 전후로 간접적으로 작용한 결과일 수 있다(Baum 1990, 204-205).

Balthazart et al.(1996, 627)는 "모든 모델 종에서 … 발달 초기에 스테로이드 작용으로 분화되는 뇌의 특징들을 만족스럽게 규명하고, 성차를 스테로이드의 행동 활성화 효과로 설명하는 일은 여전히 불가능하다"라고 기술하면서 바움의 주장을 되풀이한다. Cooke et al.(1998)과 Schlinger(1998)도 비슷한 주장을 한다.

122　이런 변화들에 대한 훌륭한 개괄로는 Chafe(1991) 참고. 미국의 동성애 해방운동의 역사에 대한 구체적인 정보는 D'Emilio(1983) 참고.

123　Money and Ehrhardt(1972, xi).

124　Doty(1974). 도티는 행동의 시각적 요소에만 의존하는 연구들이 완전히 간과한 짝짓기 행동의 주요한 측면이 후각일지도 모른다고 언급했다. 이는 어떤 호르몬 [노출] 효과들은 뇌나 중추신경계의 변화보다 냄새나 냄새에 대한 반응성의 변화에 의해 매개될 수 있다는 점을 함의한다. 이런 관심은 비치가 호르몬이 말초 감각계에 미치는 영향에 보인 관심과 궤를 같이한다.

125　이런 비판을 제기한 것이 도티가 처음은 아니다. 예를 들면, 웨일런과 내들러는 암컷의 수용성에 대한 좀 더 엄밀한 실험상 정의를 이렇게 요청했다. "만약 수용성을 질 내 정자의 존재 여부로 정의하면, 에스트로겐을 투여받은 일부 암컷은 수용적이다. 만약 수용성을 로도시스 반응을 빠르고 쉽게 이끌어 내는 것으로 정의하면, 호르몬이 유도한 수용성과 자발적인 수용성은 구분되지 않는다"(Whalen and Nadler 1965, 152). 웨일런은 1970년대 내내 방법론적 비판을 계속했다. 예를 들면, Whalen(1976) 참고.

126　De Jonge(1995, 2). 만약 암컷이 발정기에 있지 않으면, 훨씬 커다란 수컷도 암컷과의 짝짓기에 성공할 수 없다. 여러 연구자들이 내게 설치류 수컷은 원치 않는 암컷과 짝짓기를 할 수 없으며, 몇몇 종에서는 암컷이 반갑지 않은 구혼자를 공격하거나 심지어 죽일 수도 있다고 강조했다.

127　Clark(1993b, 37). 야생에서 교미할 생각이 없는 암컷은 자기 굴속에 숨고, 그렇지 않은 수컷은 암컷을 밖으로 유인하려고 노력한다. 실험 우리에서는 숨을 수 없기 때문에 암컷이 소리를 지르거나 수컷을 물면서 공격적으로 반응할 수 있다(Calhoun 1962; de Jonge 1995).

128　영이 사망한 직후 그를 기리기 위해 열린 심포지엄에서 비치는 특정 신경 표상의 부재를 입증하는 것은 어렵다고 말했다(Beach 1968). 이 발언은 그의 주장을 잘 보여 주는 사례로 보인다. 어떤 상황에서는 로도시스 반응이 없었고, 그것은 이 반응을 보이는 데 필요한 신경 기질이 초기 테스토스테론 처치로 억제됐기 때문이라고 추정되었다. 그러나 다른 실험 조건에서는 긍정적인 결과, 즉 빈번한 로도시스 반응이 나타나 어쨌든 신경 기질이 존재했음을 시사했다.

129　Gorski(1971, 251).

130 "내분비학 기술의 정확성과 정교함은 급속히 증가했지만 행동 변수들을 정의하고 측정하는 작업은 그에 상응하는 발전을 이루지 못했다"라고 비치는 서술했다(Beach 1976a, 105).

131 좀 더 최근의 연구는 성인기에 주도성 행동과 수용성 행동이 다양한 활성화 호르몬에 반응한다는 것을 꽤 분명하게 보여 준다(de Jonge 1986; Clark 1993).

132 Madlafousek and Hlinak(1977)는 암컷 쥐가 발정기를 겪는 동안 보이는 행동의 다양한 측면에 대한, 인류학 용어를 빌리자면 두꺼운 묘사thick description를 제공했다("두꺼운 묘사"는 미묘한 해석이 나올 수 있는 풍부한 세부 사항들을 제공한다).

133 Whalen(1974), Davis et al.(1979).

134 Whalen and Johnson(1990).

135 Bem(1974). 1974년에 각각 발표된 벰과 웨일런의 논문은 놀랍도록 유사하다. 그들은 각자의 글에서 남성성과 여성성이 독립적이라는 데 주목했다. 웨일런은 "벰과 나는 우리가 당시 제안했던 생각들에 대해 의견을 나눈 적이 없습니다. 시기가 무르익었음에 틀림없어요"라고 말했다(1996년 9월 19일, 개인적 대화). 샌드라 L. 벰은 이렇게 언급했다. "나는 직접적인 접촉 말고 고려해야 할 또 다른 가설로 어쩌면 … 시대정신을 꼽을 수 있을 것 같아요. … 확실히 나는 당신이 질문한 시기에 웨일런과 만나거나 이야기를 나눈 적이 전혀 없거든요"(1996년 9월 28일, 개인적 대화).

136 Goy and McEwen(1980, 5, 6). 그들은 호르몬 연구가 새로이 존중받게 된 점을 다음과 같이 언급했다. "섹슈얼리티가 상이하게 조직화되는 생물학적 원인에 관해 진지하면서도 합리적인 논쟁이 여전히 지속되고 있기는 하지만 … 사람들에게서 나타나는 성적 행동 문제와 관련해, 호르몬 검사를 할 수 있을 정도로 [호르몬 연구가] 존중받게 되었다. 이런 검사는 몇십 년 전만 해도 임상 연구자들이 쉽게 허락하지 않았던 것이었다."

137 뇌세포에는 방향족화[아로마타제] 효소가 포함돼 있으며 이것이 테스토스테론을 에스트로겐으로 변형한다. 최근의 연구에 따르면, 발달 중인 수컷 생쥐의 시상하부에서 발달 중인 암컷의 뇌보다 방향족화 효소의 활성이 더 높은 것으로 나타났다. 이는 일부 남성적인 행동이 남성 뇌의 에스트로겐 농도가 여성 뇌에서보다 더 높기 때문일 수 있음을 의미한다! 방향족화 효소 체계는 뇌 전체에 균일하게 분포돼 있지 않다. 또한 다양한 분자 형태로 존재하는 성 스테로이드, 이를 변형하는 효소, 그것들의 합성에 기여하는 뇌의 여러 영역 등에 대한 통합적인 이해나 가설은 아직 마련되지 않았다. 예를 들어, Naftolin et al.(1971), Naftolin et al.(1972), Naftolin and Ryan(1975), Naftolin and Brawer(1978), Naftolin and MacLusky(1984), Hutchison et al.(1994) 참고.

전환 가설은 수컷의 다양한 기관이 생산하는 에스트로겐에 대한 연구를 일정 정도 증가시켰지만, 그 결과를 바탕으로 남성과 여성의 발달에 대한 존재/부재 가설을 재평가해야 한다는 사실을 파악한 연구자는 극소수에 불과한 것으로 보인다. 1978년에 한 연구자는 "여성의 성 분화를 호르몬이 매개하는가?"라는 질문을 제기했으며, 1984년에 또 다른 연구자는 "남성 **그리고** 여성의 성 분화는 호르몬에 의존한다"라고 지적했다(Döhler 1976; Döhler 1978; Döhler et al. 1984; Toran-Allerand 1984. 강조는 원문).

138 Bell et al.(1981).

139 예를 들어, Young and Corner(1961) 혹은 de Vries et al.(1984)에 나온
여러 논문을 참고.

140 비치는 암컷의 마운팅이 정상적인 현상임을 강조하고 그것을 전형적인
암컷의 행동으로 연구하길 촉구했다. 그는 또한 인간에게 동성애에 필요한 신경
메커니즘이 갖추어져 있다고 추론했지만, 오직 동성에게만 끌리는 성향은 복잡한
문화와 경험의 소산이라고 생각했다(Beach 1968).

141 킨제이 등은 이렇게 썼다. "볼, 비치, 스톤, 영 등 여러 연구자들이 생식샘
호르몬을 주입하면 동물이 일종의 행동 역전을 보이는 빈도를 조정할 수 있다는 걸
보여 줬다. … 많은 임상의 사이에서 이 연구는 성호르몬이 한 개인의 이성애 행동이나
동성애 행동을 제어한다는 의미로 받아들여졌다. 물론 이런 해석은 완전히
부적절하다"(Kinsey et al. 1948, 615).

142 이는 특정 문화에 따른 태도이다. 예컨대 많은 라틴아메리카 문화에서는
수용적인 남성만이 동성애자라고 여긴다.

143 이 논쟁을 가장 크게 촉발한 것은 LeVay(1991)였다. 이 외에도 Byne and
Parsons(1993), Byne(1995)도 참고.

144 Adkins-Regan(1988). 그녀는 과거에 많은 동물 연구자들이 이 같은 차이를
분명히 설명했음에도 불구하고, 의학 연구자들이 동물 연구 결과를 인간에게
적용하는 과정에서 이 같은 차이를 간과했다고 지적했다. 이 논의에 대해서는 특히
Adkins-Regan(1988, 335) 참고.

145 한 연구에서 연구자들은 성체 암컷의 난소를 제거한 다음, 에스트로겐 또는
프로게스테론으로의 전환을 막기 위해 화학적으로 변형된 테스토스테론을 주입했다.
변형된 테스토스테론을 처치받은 암컷 쥐는 수컷과의 짝짓기를 선호했지만 로도시스
반응은 없었으며, 프로게스테론은 수용적 행동(로도시스 반응)과 적극적 행동
(깡충깡충 뛰어다니기와 방향을 바꾸며 돌진하기)을 모두 촉진했지만 수컷의 성적 선호를
유도하지는 않았다. 따라서 암컷 쥐의 경우 성적 선호와 실제 짝짓기 행동의
메커니즘은 다르다. 또한 태아기 안드로겐 노출은 암컷 쥐의 성적 지향에 영향을
미치지 않는 것으로 보인다. 오히려 성체의 호르몬 환경은 쥐의 이전 경험과 맞물려
작용한다(de Jonge et al. 1986; de Jonge et al. 1988; Brand et al. 1991; Brand and Slob
1991a; Brand and Slob 1991b).

146 더용과 동료들은 성숙한 암컷 쥐의 난소를 제거했는데, 그중 일부는
성경험이 있었고, 일부는 그렇지 않았다. 그런 다음 그들은 테스토스테론을 주입해
성행위를 유도했다(대조군에게는 일반 기름을 주입했다). 그 결과 테스토스테론을
투여했을 때 성경험이 없는 암컷은 수컷과 함께 있는 것을 선호했지만, 투여하지 않은
경우에는 수컷에게 선호를 보이지 않았다. 이전에 다른 암컷에게 마운팅 행동을 했던
경험이 있는 암컷은 테스토스테론을 주입받든 일반 기름을 주입받든 관계없이 계속
암컷에 대한 선호를 보였다. 반면 이전에 수컷과 교미했던 경험이 있던 암컷은 특별한
성적 선호를 보이지 않았다(de Jonge et al. 1986). 실험실의 암컷 쥐에게는 성체
호르몬과 과거의 경험이 성적 선호에 결정적인 영향을 미치는 것으로 보이지만, 수컷
실험용 쥐의 경우에는 태아기 호르몬이 더 큰 중요성을 갖는다. 줄리 바커는 태어날 때
테스토스테론이 에스트로겐으로 전환되는 것을 차단한 수컷 쥐에게서 이후 양성애

혹은 무성애의 잠재력이 강하게 발달한다는 것을 보여 주는 일련의 실험을 완료했다. 그 수컷 쥐들을 건드리지 않고 두었다가 적절한 명암 주기의 환경에 놓아두면, 그 쥐들은 실험용 수컷과 암컷 쥐 사이를 오가며 변형된 짝짓기 행동과 선호를 모두 보여 준다. 성체기에 이런 수컷 쥐에게서 에스트로겐은 동성애 선호를 유도하는 반면 테스토스테론은 양성애 성향을 좀 더 허용하는 것처럼 보인다(Bakker 1996). 또한 바커는 수컷의 경우 이유기부터 성체기에 이르기까지의 사회적 고립이 성적 선호에는 어떤 영향도 미치지 않지만 성기능은 크게 손상한다는 점을 보여 주었다. 그러나 성체기의 사회적 상호작용은 수컷의 성적 선호에 영향을 미쳤다. 방향족화 효소 억제 처치를 받은 쥐들은 대조군 수컷과 스스로를 구별하기 위해 잠재적인 파트너에게 신체적 상호작용을 요구했다. 이 부분은 주로 바커의 박사 학위논문에 의존했지만, 그녀의 연구 결과 가운데 상당 부분은 Brand and Slob(1991a; 1991b), Brand et al. (1991), Bakker et al.(1995a), Bakker, Brand, et al.(1993), Bakker, van Ophemert, et al.(1993), Bakker(1996), Bakker et al.(1994)에서도 참고할 수 있다.

147   예를 들면, LeVay(1996) 참고.

148   Schlinger(1998).

149   Wallen(1996).

150   심리학자 길버트 고틀립은 평생에 걸쳐 각인과 같은 조류의 행동 발달에 관해 실험을 수행했는데, 1997년 저작에서 그 실험 결과들을 체계 이론[발달 체계 이론]의 전통을 적용해 요약한다. 훌륭한 글이다!

151   Ward(1992).

152   예를 들면, Houtsmuller et al.(1994) 참고. 자궁 속 위치가 미래 행동에 미치는 효과에 대해서는 상당히 방대한 문헌들이 있다.

153   Gottlieb(1997).

154   Laviola and Alleva(1995).

155   Harris and Levine(1965).

156   De Jonge et al.(1988).

157   Harris and Levine(1965).

158   Feder(1981).

159   Gerall et al.(1967), Valenstein and Young(1955), Hard and Larsson(1968), Thor and Holloway(1984), Birke(1989).

160   예를 들어, 배란을 하지 않는 암컷 쥐들을 성경험이 있는 수컷들과 함께 사육하면 암컷 쥐들은 짝짓기를 하지 않는다. 그러나 3개월 동안 계속 같이 기른 뒤에는 이 암컷들 60마리 중 18마리가 수컷의 마운팅에 반응했다(Segal and Johnson, Harris and Levine 1965에서 인용).

161   Ward(1992).

162   Moore et al.(1992). 무어는 테스토스테론 조기 치료의 효과를 복잡한 거미줄 같은 망 또는 연쇄 과정으로 묘사한다. 그녀의 모델에는 선형적 연결이 없다. 발달 초기에 호르몬이 취선scent gland과 뇌에 영향을 미치고, 뒤이어 간의 생리학적 상태, 생식기의 해부학적 구조, 근육 발달을 변화시킴에 따라 영향을 받은 기관의 수는 더욱 늘어난다. 마지막으로 어미의 핥기, 전체적인 신체 크기, 놀이, 탐험, 자기 손질 행동들이 모두 호르몬 [노출] 효과와 맞물려 작용한다. 따라서 행동은 생리학적 상태,

해부학적 구조, 행동 [패턴] 사이의 연결이 교차하는 지점에서 나타난다. 예를 들어, 어미의 핥기는 새끼의 냄새, 새끼의 오줌 생성 및 보유, 새끼의 다리 뻗기 행동, 수유와 관련된 어미의 수분과 염분의 균형, 새끼의 냄새에 끌리는 정도 사이의 상호 관계가 원인이 되어 나타나고, 또 그 핥기의 결과로 이런 현상이 나타나기도 한다. 이런 관계는 복잡하고 분산적이다. 호르몬은 무엇보다 경험, 뇌, 말초 근육, 전반적인 생리학적 상태를 포함하는 거미줄 같은 네트워크의 일부를 이룬다(Moore and Rogers 1984; Moore 1990).

163 Drickamer(1992).

164 Moore and Rogers(1984), Moore(1990).

165 Arnold and Breedlove(1985).

166 Breedlove(1997, 801). 다른 호르몬 [노출] 효과들도 있다. 태아기나 출생 전후에 테스토스테론을 처치하면 갑상샘 기능이 저하되고, 간에 영향을 미치며, 번식 체계에 광범위하고 다양한 이상을 일으킨다(Moore and Rogers 1984; Moore 1990; Harris and Levine 1965; de Jonge et al. 1988; de Jonge 1986).

167 페르 쇠데르스텐은 온전한 수컷이 종종 암컷의 전유물로 간주되는 로도시스 반응을 상당한 수준으로 보이는 쥐 품종을 묘사한 반면, 반 드 폴과 동료들은 공격 행동에서 호르몬이 유도하는 변화를 보이지 않는 품종에 대해 보고한다. 마지막으로, 러트지와 홀, 맥길과 하인스는 생쥐가 테스토스테론 처치에 반응하는 정도에서 나타나는 계통 간 차이를 논한다(van de Poll et al. 1981; Södersten 1976; McGill and Haynes 1973; Luttge and Hall 1973).

168 예를 들면, Calhoun(1962), Berry and Bronson(1992), Smith, Hurst et al.(1994) 참고.

169 Gerall et al.(1973).

170 Södersten(1976).

171 Adkins-Regan et al.(1989).

172 De Jonge et al.(1988). 이 결과는 수컷 쥐에서든 암컷 쥐에서든 사춘기 때 난소의 존재 여부가 성체가 된 후 동물들을 조사했을 때 암컷 행동이 나타나는 것을 촉진한다는 보고와 일치한다(Gerall et al. 1973).

173 Tobet and Fox(1992).

174 Toran-Allerand(1984, 63). 강조는 인용자.

175 이 대목을 읽은 한 연구자는 서신을 통해 자신은 결과가 바뀌지 않을 것이라고 확신하기 때문에 장기적인 연구는 시간 낭비라며 코웃음을 쳤다. 현재 신경의 가소성에 대한 정보가 폭발적으로 증가하고 있다는 점을 감안할 때, 나는 환경 변수를 조절하는 장기 연구가 매우 적절하다고 생각한다.

176 Brown-Grant(1974).

177 Beach(1971).

178 Feder(1981, 143).

179 Arnold and Breedlove(1985).

180 Thor and Holloway(1984)는 유년기의 쥐들에서 사회적 놀이에 대한 연구를 검토하고 있다.

181 예를 들어, 다 자란 암컷 쥐의 뇌하수체는 주기적 또는 순환적 분비를 통해

섹싱 더 바디

번식주기를 조절한다. 반대로, 수컷 쥐의 뇌하수체는 지속적인 호르몬 흐름으로 번식을 조절한다. 암컷에게 출생 전후에 테스토스테론을 처치하면 이 주기성이 영구히 억제되는 것으로 보이는 반면, 수컷을 태어나자마자 거세하면 순환적으로 기능하는 뇌하수체가 형성된다(Harris and Levine 1965). 그러나 영장류에서는 태아기 호르몬이 뇌하수체 기능에 미치는 영향이 영구적이지 않다. 그러므로 뇌하수체 생리에서 성차의 발달은 쥐와 영장류에서 다르다. 영장류에서는 성년기에 기능을 조절할 수 있다(Baum 1979).

182 Feder(1981), Adkins-Regan(1988).

9장 젠더 체계: 인간 섹슈얼리티 이론을 향해서

1 Sterling(1954; 1955). 많은 학자들이 시간을 내어 이 장의 초고를 읽고 비평해 주었다. 특히 엘리자베스 그로스, 존 모델, 신시아 가르시아 콜, 로버트 펄먼, 런디 브라운, 피터 테일러, 로저 스미스, 수전 오야마에게 감사드린다. 물론 최종 결과물에 대한 책임은 온전히 내게 있다.

2 Sterling(1970).

3 이를테면 그녀의 유전자 구성과 그녀의 환경이 조화를 이루어 모두 같은 방향으로 함께 작용했을지도 모른다. 그런데 만약에 그녀가 분홍색 옷을 입길 원하고 숲을 싫어했다면 어떨까? 엄마가 얼마간 압력을 행사해 그녀가 벳시 웻시Betsy Wetsy 인형들[먹고 싸는 아기 인형으로도 유명하다. 제2차 세계대전을 전후로 가장 인기가 있었던 장남감이었다]을 가지고 놀지 못하게 할 수 있었을까? 그렇다면 다시, 만약 그녀가 자연계가 어떻게 작동하는지에 대해서는 눈곱만큼도 관심이 없는 부모에게서 태어나 뉴욕에서 자랐다면 어땠을까? 그녀 내면의 과학자는 버지니아 울프가 『자기만의 방』에서 묘사했던 셰익스피어의 누이 같은 슬픈 운명을 겪었을까? 이 가능성들을 선별해 낼 방법은 없다. 따라서 뇌들보 논쟁에서처럼, 기원에 대한 추측은 과학 영역만큼이나 정치적인 영역에도 속하게 된다["16세기에 위대한 재능을 갖고 태어난 여자들은 분명 누구나 미치거나 자기 자신에게 총을 쏘거나 마을 변두리의 한 오두막에서 반은 마녀로 반은 마법사로 사람들이 두려워하고 조롱하는 존재로 살다가 외롭게 생을 마감했을 거라는 사실입니다." 『자기만의 방』, 이소연 옮김, 펭귄클래식코리아, 2010, 97-98쪽].

4 예를 들면, Money and Ehrhardt(1972), Zucker and Bradley(1995) 참고.

5 Dewey and Bentley(1949, 69).

6 철학자 화이트헤드는 이렇게 언급한다. "'유기체'라는 개념은 서로 연결되어 있지만 이해의 차원에서는 분리될 수 있는 두 가지 의미, 즉 미시적 의미와 거시적 의미를 갖고 있는 것으로 간주된다. 미시적 의미는 경험의 개체적 통일성을 실현하는 과정으로서 고찰된 현실적 계기의 형상적 구조와 관계된다. 거시적 의미는, 이 현실적 계기를 위해 기회를 제공하는 동시에 제한하기도 하는, 굽힐 수 없는 엄연한 사실로서 고찰된 현실 세계의 소여성과 관계된다. … 우리의 경험에서 보더라도 본질적으로 우리는, 관련된 직접적 과거의 굽힐 수 없는 엄연한 사실인 우리의 신체에서 생겨난다"(Whitehead 1929, 129[278-279쪽]). 많은 생물학자들처럼(Waddington 1975; Gottlieb 1997), 나도 화이트헤드의 과정의 철학이 유기체에 대해 사고하는 가장

적절한 방법이라고 생각한다. 화이트헤드에 대한 더 많은 정보는 Kraus(1979) 참고.

7 Hubbard and Wald(1993), Lewontin et al.(1984), Lewontin(1992).

8 Crichton(1990).

9 Hubbard and Wald(1993).

10 Hamer et al.(1993, 321, 326). 라이스 등은 해머 연구팀의 결과를 반복할 수 없었는데(Rice et al. 1999), 이는 해머의 발견을 여전히 논쟁 중인 복잡한 행동에 대한 수많은 유전학적 주장 가운데 하나로 만들었다.

11 Pool(1993, 291).

12 Anonymous(1995a), Anonymous(1995b).

13 "유전자가 어떻게 행동을 촉발하는가?"라는 질문에 집중하는 행동과학자들이 모인 한 공동 연구회는 미래의 연구가 다음과 같은 결론을 내리게 될 것이라고 언급했다. "유전자 산물은 행동을 결정하는 수많은 요인 가운데 극히 일부일 뿐이다. 그다음 작은 요인은 비교적 간단한 환경 인자일 것이다. 그러나 정말로 중요한 것은, 결정 요인 대부분이 유전적 요인과 환경적 요인 사이의 예측할 수 없는 수많은 상호작용 속에 존재할 것이라는 점이다." 이 집단은 여전히 상호작용론에 입각한 표현을 사용하고 있지만, 그들의 연구 결과와 결론은 동적 체계론이 유전자와 행동 사이의 관계를 이해하는 더 나은 경로를 제공할 것이라는 점을 강하게 시사한다(Greenspan and Tully 1993, 79).

14 네 종류의 염기가 세 개씩 결합하면 특정 아미노산을 리보솜으로 가져오라는 신호를 세포에 보낼 수 있다. 리보솜 자체는 여러 단백질과 리보솜 RNA라는 다른 종류의 유전자 산물로 구성돼 있다. 리보솜에서 다른 분자들, RNA들, 단백질들이 협력해 여러 아미노산을 선형 배열의 단백질로 연결한다. 단백질 조립은 핵 밖의 세포질에서 이루어진다.

15 Cohen and Stewart(1994), Ingber(1998).

16 Stent(1981) 참고.

17 Brent(1999). 발달 체계 연구자들은 이제야 이런 복잡성을 어떻게 다루고 분석할지에 대해 고민하고 있다. 일부는 심지어 연결주의 모델에 도달하기도 했다! 예를 들어, Reinitz et al.(1992) 참고. 나아가 유전학자들은 유전적 구조와 표현형 사이에 "순수한" 일대일 관계가 성립되는 사례로 잘 제시되는 유전자들조차 이런 복잡성을 갖는다는 사실을 점점 인지하고 있다(Scriver and Waters 1999).

18 Stent(1981, 189).

19 Noske(1989)는 이 아이들이 "포획"된 것인지 아니면 "구출"된 것인지에 관한 윤리적인 문제를 논한다. Singh(1942), Gesell and Singh(1941)도 참고.

20 인간에 대한 최근의 연구 결과로는 Eriksson et al.(1998), Kemperman and Gage(1999)가 있다. 다른 포유류에 대한 최근 연구 결과로는 Barinaga(1998), Johansson et al.(1999), Wade(1999), Gould et al.(1999), Kemperman et al.(1998), Gould et al.(1997) 등이 있다.

21 Barinaga(1996), Yeh et al.(1996), Vaias et al.(1993), Moore et al.(1995). 이와 관련된 극적인 변화 사례는 사회적 상황에 따라 성별을 바꾸는 물고기다. Grober(1997) 참고. Kolb and Whishaw(1998)도 참고.

22 수년간 비인간 척추동물에서 가소성 사례가 축적되고 있다. 예컨대 Crair et

al.(1998), Kolb(1995), Kirkwood et al.(1996), Kaas(1995), Singer(1995), Sugita (1996), Wang et al.(1995) 참고. 이 연구를 성 발달 이론으로 반드시 통합할 필요가 있다. 이성애자인 성인 남성과 여성을 게이 남성 및 레즈비언 여성과 비교하는 인지 연구를 예로 들어 보자. 내가 보기에 이런 연구에서 나타나는 일관된 패턴을 바탕으로 "태아기 성호르몬은 성별에 고유한 광범위한 특징들을 결정하는 중요한 요인이다"(Halpern and Crothers 1997, 197)라고 결론 내리는 것은 잠정적으로라도 더 이상 허용되지 않는 것 같다.

23 White and Fernald(1997) 참고.

24 그러나 이것이 얼마나 어려운 일인지 기억하자. 유전적 계통이 동일해도 실험실에 따라 쥐들은 다르게 행동하기 때문이다(Crabbe et al. 1999).

25 Juraska and Meyer(1985)도 참고. 개별 신경세포의 형태적 변화는 격렬한 활성화 이후 굉장히 빠르게(30분 이내) 일어날 수 있다(Maletic-Savatic et al. 1999; Engert and Bonhoeffer 1999). 장기적인 행동의 변화는 소위 신경 집합체들, 즉 서로 연결된 세포 집단의 구조와 관계에서 일어나는 변화를 수반할 수도 있다. Hammer and Menzel(1994) 참고.

예컨대 난쟁이 시베리안 햄스터를 보자. 야생의 많은 동물들처럼 수컷은 성숙한 고환을 발달시키고 특정 시기 동안 짝짓기를 하지만, "휴지기"에는 생식샘이 위축되고 더 이상 정자를 만들지 않는다. 짧아진 일조시간이 성숙한 생식샘의 퇴화를 유도할 수 있지만, 근처에 수용적인 암컷이나 새끼가 없을 경우에만 그런 작용을 할 수 있다. 식습관 역시 이 패턴에 영향을 미칠 수 있다. 일조시간, 사회적 신호, 식습관은 모두 행동에 영향을 미칠 수 있는 호르몬 신호를 조절하는 데 관여하는 뇌 부위인 시상하부에 직접적으로 영향을 미치는 환경 신호들이다(Matt 1993). 조류에 대해서도 비슷한 이야기를 할 수 있다. Ball(1993) 참고.

성행위 빈도 역시 신경계에 영향을 미칠 수 있다. 심리학자 마크 브리드러브는 발기와 사정에 관여하는 특정 신경에 초점을 맞춰 쥐의 척수신경을 연구했다. 성적으로 활동적인 수컷 쥐들은 성경험이 없는 쥐들보다 특정 척수신경의 신경세포들이 더 작았다. 이 관찰 결과는, 남성 이성애자와 동성애자는 시상하부에 약간 다른 세포 집합들을 갖고 있다는 러베이의 발견과 같은 정보들을 해석하려 할 때 중요하다. 이 차이가 행동을 유발한 것인지 아니면 그 반대인지 알 수 있는 방법은 없다. 인간 성 충동의 복잡성을 고려하면, 나는 후자의 해석이 더 그럴듯하다고 추측한다(Breedlove 1997; LeVay 1991).

26 구체적으로 말해, 분계섬유줄stria terminalis의 침대핵bed nucleus, 시상하부, 해마이행부subiculum, 외중격핵lateral septal nuclei, 내후각피질entorhinal cortex, 조롱박피질 piriform cortex, 시상하부의 전시각중추medial preoptic area와 활꼴핵arcuate nucleus에서 결합이 있었다. 한편 중뇌의 뇌실주위 회색지대periventricular gray area에서 에스트로겐 수용체 결합 세포들이 감소했다(Ehret et al. 1993).

27 Blakeslee(1995), Zuger(1997).

28 Kolata(1998b).

29 Huttenlocher and Dabholkar(1997).

30 이와 관련된 최근의 또 다른 동물 사례는 다음과 같다. 신경생물학자 에릭 너드슨은 원숭이올빼미 새끼에게 프리즘 안경을 씌워 초기 시각 경험을 왜곡했다. 그

결과 다 자란 올빼미의 시각 영역에서 영구적인 변화가 나타났다. 그는 "생애 초기에 비정상적인 연상을 학습하는 행위는 지속적인 흔적을 남기며, … 이 연결이 표상하는 연상이 장기간 사용되지 않았더라도, 성년기에 필요하다면 통상적이지 않은 이 기능적 연결이 다시 확립될 수 있다"라고 서술한다(Knudsen 1998, 1531).

31 Benes et al.(1993), Paus et al.(1999)도 참고. 이 주장에는 두 가지 주의 사항이 따른다. 첫째, 이 연구는 70대까지만 진행되었다. 나는 우리의 수명이 늘어남에 따라 새로운 미엘린화가 지속된다는 발견도 증가할 것이라고 예측한다. 둘째, 베네스 등은 뇌의 특정 영역, 오직 해마만을 연구했다. 뇌의 모든 영역이 다 동일한 발달 패턴을 따르지는 않지만, 나는 미래에 다양한 뇌 부위를 연구하면 뇌 발달이 일생에 걸쳐 일어난다는 일반적인 발견이 더욱 지지받을 것이라고 생각한다.

32 특히 성인의 신경 가소성에 대한 연구는 초기 단계에 있다. 나는 연구가 계속 진행되어 감에 따라 신경 가소성의 추가 메커니즘들이 발견될 것이라고 기대한다. 최근의 사례로는 Byrne(1997) 참고.

33 Kirkwood et al.(1996), Wang et al.(1995), Singer(1995), Sugita(1996).

34 이 발견은 한 손의 가운데 손가락을 사용하도록 반복적으로 훈련받은 원숭이의 대뇌피질 표상에서 일어난 변화를 보여 준 연구와 잘 맞아떨어진다(Travis 1992; Elbert et al. 1995).

35 Cohen et al.(1997), Sterr et al.(1998).

36 Pons(1996), Sadato et al.(1996).

37 Baharloo et al.(1998)은 음악가의 절대음감 발달을 그들의 이른 음악 훈련과 연관시켰다.

38 이전의 생리학자들이 이 현상을 어떻게 해석했는지에 관한 논의는 Grosz (1994) 참고.

39 Aglioti et al.(1994), Yang et al.(1994), Elbert et al.(1997).

40 Elbert et al.(1994), Kaas(1998). 환상 사지 통증에 대한 설명은 복잡하다. Flor et al.(1995), Knecht et al.(1996), Montoya et al.(1997) 참고.

41 이런 지식은 뇌졸중 때문에 팔다리를 쓸 수 없게 된 사람들을 위한 훈련 프로그램의 개발을 촉진했다. 몇몇 프로그램은 신체뿐만 아니라 언어에도 개입하는데, 이는 다시 신체 외부의 세계가 신체 내부를 형성하는 데 도움을 줄 수 있음을 시사한다(Taub et al. 1993; Taub et al. 1994).

42 Arnstein(1997, 179).

43 임신한 여성이 자기 몸의 변화와 관련해 겪는 독특한 경험, 그리고 태아를 볼 수 있게 해 주는 새로운 기술이 여기에 미치는 영향을 분석한 연구로는 Young(1990, 9장), Rapp(1997) 참고.

44 Elman et al.(1996, 354, 365).

45 엘먼과 동료들은 자신들이 다른 발달 체계 이론가들에게 지적인 빚을 지고 있음을 인정한다. 분명한 것은 다양한 지적 분야에서 나온 생각들이 동적 발달 체계라는 발상으로 수렴되었다는 점이다.

최근 들어 몇몇 심리학자들과 많은 신경생물학자들이 몸과 마음의 구분을 무너트리고 있다. 러브웹의 한 기고자는 이렇게 언급한다. "우리가 어쨌든 (의도, 목표, 동기, 계획과 같은) 심리학 용어를 사용하는 유일한 이유는 이런 상태를 신경생리학적

용어로 [아직까지는] 어떻게 말해야 할지 모르기 때문이다. … 사회적·문화적·맥락적 영향이 원칙적으로 생물학적 영향으로 환원될 수 없다고 믿는 환경론자들 및 상호작용주의자들은 과학과 통약 불가능한 담론을 사용하고 있다." 다른 심리학자들은 이 같은 생물학 제국주의에 동의하지 않는다. 이에 대해 어떤 사람은 이렇게 반응한다. "'심리학 용어'의 핵심은 그것이 의식을 가진 인간이 내면의 개인적 인식의 세계와 그것의 불완전한 사회적 교환이라는 엄연한 현실을 구분하도록 진화해 온 방식을 정식화한다는 것이다. … 우리가 객관적인 '과학적' 관찰과 사고라고 부르는 것은 주관적 경험을 공유하는 능력에 기생하고 있다 … 그리고 뇌와 유전자 등에 관한 물리적 설명이 인간에게 어떤 유용한 정보를 전달할 수 있는 이유는, 오직 우리가 물리적 설명을 궁극적으로 유의미하게 경험적 설명과 연관시킬 수 있기 때문이다." 마음, 몸, 인지심리학에 대한 페미니스트 분석에 대해서는 Wilson(1998) 참고. 이 장에서 나는 정신[심리]psyche과 마음mind을 호환적으로 사용한다. 전통적으로 옥스퍼드 영어사전(온라인)에 따르면, 정신[심리]은 "물질적인 매개체인 신체 혹은 몸과 구별되는, … 인간과 다른 생명체에게 생기를 불어넣는 원리"를 의미한다. 심리학에서 이 단어는 "특히 전체 인격에 영향을 주는 의식적이고 무의식적인 마음과 감정"을 의미해 왔다.

46 West and Fenstermaker(1995, 21).

47 West and Zimmerman(1987).

48 West and Fenstermaker(1995), Alarcón et al.(1998), Akiba et al.(1999), Hammonds(1994).

49 생애 주기 전체에 걸친 인간 발달에 대한 연구는 지난 20여 년 동안 독자적인 분야로 자리 잡았다. 이에 대한 상세한 리뷰로는 Elder(1998) 참고.

50 정신분석적 접근에 대한 좀 더 자세한 내용은 Fast(1993), Magee and Miller(1997) 참고.

51 Jacklin and Reynolds(1993). 버니스 롯과 다이앤 말루소는 이렇게 언급한다. "모든 사회적 학습 관점의 핵심이자 여타 다른 접근 방식들을 통합하는 요소로 보이는 것은, 인간의 사회적 행동을 설명하기 위해 일반적인 학습 원리를 사용한다는 점이다"(Lott and Maluso 1993, 100). 젠더가 평생에 걸쳐 성취된다고 강조하며, 학습과 인지의 접근 방식을 통합하려는 이론에 대해서는 Bussey and Bandura(1998) 참고.

52 Kessler and McKenna(1978).

53 한 가지 예외는 케슬러와 맥케나의 선구적인 연구이다(Kessler and McKenna 1978). 그들은 젠더가 사회적으로 구성된다는 생각이 막 태동하던 시기에 완숙한 젠더 구성 이론을 제공했다. Beall and Sternberg(1993), Gergen and Davis(1997)도 참고.

54 Magee and Miller(1997, xiv).

55 인간 발달 연구에 대한 여러 가지 과정 혹은 체계론적 접근 방법은 세부적으로는 서로 다르지만, 어떤 접근 방법도 젠더를 상세하게 설명하지 않는다. Grotevant(1987), Wapner and Demick(1998), Gottlieb et al.(1998) 참고.

56 Fogel and Thelen(1987, 756).

57 Ibid., 757.

58 Ibid.

59 심리학자 에스터 텔렌과 동료들은 이 생각을 유아의 기본 운동 기능의

발달에 적용했다. 전통적으로 심리학자들은 유아들이 일련의 단계를 거쳐 발달하며,
각 단계에서 기기나 걷기 같은 새로운 능력을 습득하기 전에 신경근의 발달이
선행한다고 생각한다. 전통적인 연구자들은 신경근의 발달이 유전자에 의한 발달
계획에 따라 진행된다고 간주한다. 이와 대조적으로 텔렌은 걷는 데 필요한 신경근의
연결은 태어날 때부터 존재하지만, 뼈와 근육의 강도와 같은 다른 지지 구조가 체중을
지탱할 만큼 충분히 발달하지 않았기 때문에 유아가 걷지 않는 것이라는 증거를
제공한다. 예컨대 유아들이 기는 것은 "반드시 거쳐야 되는 발달 단계"가 아니다.
그것은 "유아들이 멀리 떨어져 있는, 마음에 드는 물체를 발견했을 때, 힘과 자세를
제어할 수 있는 수준을 고려해 그것을 얻기 위해 강구한 임시적인 해결책"이다(Thelen
1995, 91). 텔렌은 개별성에 대한 이 같은 강조가 종의 유사성과 상충한다고 생각하지
않는다. 그녀는 이렇게 서술한다. "인간들 역시 해부학적 구조와 생체역학적 ... 제약
요인들을 공유하고 있기 때문에, 일반적인 운동 문제에 대한 해결책 역시 수렴하는
것이다. 우리 모두는 (걸음걸이는 개인마다 다르고 독특하지만) 깡충 뛰기보다
걷는다"(Thelen 1995, 91). 개개인의 독특함은 아이의 이전 움직임과 환경의 상호작용
결과의 일부로 발달한 것이다.

텔렌과 동료들은 발달에 따른 변화를 "안정과 불안정 및 단계 변화로 구성되는
일련의 상태"로 본다(Thelen 1995, 84). 이런 단계 변화가 일어나는 시기나 불안정한
시기를 파악하는 것은 신체와 정신을 치료하는 데 중요할 수 있다. 이 시기에는 행동이
변화할 가능성이 더 크기 때문이다. 여기서 안정화를 가리키는 전문용어로 수로화
canalization[이는 어떤 발달의 방향이 정해지면, 발달의 경로가 수로처럼 깊게 패여, 대체로 그
궤도를 벗어나지 않게 되는 상태를 가리킨다]라는 표현이 있다. 이 용어는 워딩턴이 배아
발달에 처음 적용한 것이지만, 지금은 수많은 발달심리학자들이 행동 발달에도
적용하고 있다. 텔렌 역시 자신의 요지를 설명하기 위해 워딩턴식의 수로화 도표를
사용한다. Gottlieb(1991; 1997), Gottlieb et al.(1998), Waddington (1957)도 참고.
변화는 일생 동안 일어날 수 있으며 언제나 현재 체계의 불안정화를 동반한다. 그 뒤
불안정한 시기인 탐색 단계가 뒤따르며 궁극적으로 새로운 패턴에 적응해 안정을
이루게 된다.

유아는 풍요로운 환경에서 살아가면서 시각, 청각, 촉감, 미각, 그리고 근육,
관절, 피부의 수용체들로부터 정보를 흡수한다. 이 수용체들은 활동적인 신체가
받아들이는 끊임없는 변화들을 기록한다. 점점 더 많은 발달심리학자들과 함께
텔렌은 구조와 기능의 이원론을 거부한다. 그 대신 그녀는 "지각과 행동의 반복적인
순환은 사전에 존재하는 정신적 혹은 유전적 구조 없이도 새로운 형태의 행동을
낳는다"라고 썼다(Thelen 1995, 93). 텔렌은 발달 이론의 여섯 가지 목표를 다음과
같이 열거한다. "① 새로움의 기원을 이해하기. ② 국소적인 가변성과 전체적인
규칙성을 조화시키기. ③ 다양한 설명 수준에서의 발달 데이터를 통합하기. ④ 행동
발달에 대해 생물학적으로 타당하면서도 환원주의적이지 않은 설명을 제공하기.
⑤ 국소적인 과정들이 전체적인 결과로 어떻게 이어지는지 이해하기. ⑥ 경험적인
연구를 생성하고 이해하기 위한 이론적인 기반을 확립하기"(Thelen and Smith 1994,
xviii).

60 상세한 논의는 Fogel et al.(1997) 참고. 다른 연구들도 포겔의 이론에 잘
부합하는데, 이 이론이 매력적인 점은 감정을 생리적이면서 동시에 관계적으로

발달하는 하나의 체계로 보게 한다는 데 있다. 예를 들어, Dawson et al.(1992) 참고. 제롬 케이건과 동료들은 매우 어린 유아에게서 발견되는 기질상 차이와 이후 아동기 및 성인기의 성격 특성 사이에 상관관계가 있다는 사실을 밝혀냈다. 그들의 견해에 따르면, 기질은 신경 활동의 한 구성 요소로 나타나며, 미소가 발달하는 것과 마찬가지로, 아이와 그 아이를 둘러싼 환경은 그것을 인식 가능한 행동 패턴 [예컨대, 낯선 것들에 용감하게 행동하는지, 아니면 소심하게 행동하는지 같은 행동 패턴]으로 변형한다. 가령 케이건은 '비억제된' 기질이라는 범주를 제안하는데, 이는 "생후 4개월 무렵에는 낯선 사건에도 매우 낮은 운동 활동을 보이고 잘 울지도 않다가, 한두 살에 이르러서는 이질적인 사건에 반응해 사교적이고 전혀 두려워하지 않는 행동"을 하는 것으로 발달한다(Kagan 1994, 49)[곧 비억제된 기질은 낯선 자극에 차분하고 조용하게 반응하는 아이가, 성장함에 따라 낯선 상황에서도 두려움과 조심성을 보이지 않는 성향을 가리킨다. 참고로 파우스토-스털링은 억제된 기질inhibited temperement로 이 사례를 소개하지만, 케이건의 책 해당 부분에서는 비억제된 기질uninhibited temperament의 사례로 설명돼 있어, 그렇게 수정했다].

그는 신생아의 운동 활동을 유전자와 환경이 복잡하게 상호작용한 산물로 여긴다. 여기서 사용되는 용어가 매우 혼란스러울 수 있다. 연구자들과 기자들 그리고 일반인들은 종종 '유전적', '생물학적', '선천적'과 같은 용어들을 혼동한다. 엄밀히 말하면, 유전적 원인은 생물학적 차이의 한 형태일 것이다. [하지만] 선천적인 것은 DNA를 통해 유전된 것일 수도 있고, 자궁 속의 태아에 영향을 미친 어떤 요인에 의해 초래될 수도 있다. '환경'이라는 단어가 자궁 속에서 일어나는 사건을 지칭할 수도 있다. 예를 들어, 풍진 바이러스에 감염되면 발달 중인 태아는 영구적인 손상을 입을 수 있다. 이 손상은 유전적이기보다 환경적인 것이지만, 배아 발달을 방해하기 때문에 생물학적인 것이기도 하다. '환경'이라는 단어는 또한 부모에 의한 강화나 본보기 제시, 또래들과의 상호작용 등으로 인한 출생 이후의 영향을 의미할 수도 있다. "발달은 협력적인 일이며 어떤 행동도 유전자의 일차적이고 직접적인 산물이 아니다"라고 케이건은 제안한다(Kagan 1994, 37).

케이건은 모든 엄마들이 알고 있다고 주장하는 바를 체계적으로 설명한다. 즉, 아이들은 태어날 때부터 기질이 다르다는 것이다. 개인의 성격 특성은 생애 주기 동안 발달하고 제련된다. 여기에는 인간의 섹슈얼리티 연구에 대한 두 가지 중요한 기여가 담겨 있다. 첫째, 개개인의 변이성은 적어도 남성이나 여성 같은 특정 범주에 속하는 것만큼이나 중요하다. 둘째, 행동 프로필(성격)은 생애 주기 전체에 걸쳐 발달한다. 초기에 나타난 특정 패턴이 반드시 나중에 특정한 패턴으로 자리 잡는 것은 아니다. 이 분야의 연구자 대다수가 집단 간 차이를 연구한다. 이런 접근 방식을 비판하는 사람들은 집단 차이 연구가 종종 집단 간 차이만큼 크거나 그보다 더 큰 집단 내부의 변이성을 지운다고 주장한다. 나아가 이런 접근 방식은 범주를 고정한다. 예를 들면, "50대의 백인 중산층 여성"과 같은 좀 더 세분화된 범주보다 "여성"이라는 개념이 부각된다. Lewis(1975), Hare-Mustin and Marecek(1994), Kitzinger(1994), James (1997), Chodorow(1995)의 논의 참고. 롯과 말루소는 젠더는 항상 인종과 계급, 그리고 (가족, 형제의 서열 등) 개인적 경험을 포함하는 복합적인 범주의 일부이기 때문에 그 자체 역시 복잡한 범주라고 언급한다. 이로 인해 젠더는 상당히 신뢰할 수 없는 행동 예측 요인이 된다. 그들은 이렇게 쓰고 있다. "고정관념에 기초해 있는

우리의 젠더는, 특히 다른 사회 범주나 개인의 자질이 더 적절하거나 두드러지는
상황과 맥락에서는 종종 [누군가의 행동을 예측하는 데] 실패한다. 그럼에도 불구하고,
우리의 사회제도는 이런 고정관념을 계속해서 강하게 지지하고 행동을 일반화해
권력과 특권의 젠더 불평등을 유지한다"(Lott and Maluso 1993, 100). 발달심리학
이론들에 대한 상세한 평가는 Valsiner(1987)도 참고.

케이건은 실제로 성적 차이를 조사한다. 그는 생후 9개월과 14개월경에 억제된
기질을 보였던 여아들 가운데 약 15퍼센트가 21개월 무렵에는 매우 겁이 많아진 반면,
반응성이 낮았던 남아들이 시간이 갈수록 더 소심해지는 경우는 거의 없었다고
보고했다. 그는 "부모들이 아들과 딸을 무의식적으로 다르게 대하며, 이는 대개 더
겁이 많은 소녀가 되도록 만들기" 때문에, 성격상의 극미한 성별적 차이가 시간이
갈수록 확대됐다고 (몇 가지 증거를 가지고) 추정한다(Kagan 1994, 263).

61　이후 언급되는 심리학자들 중에서 샌드라 벰과 배리 손은 당당히 자기
목소리를 내는 페미니스트들이다. 여기서 인용한 다른 학자들의 정치관은 알지
못한다.

62　Fagot et al.(1986).

63　생후 9개월 된 유아는 성인 남성과 여성의 얼굴 차이를 인지할 수 있지만,
다른 사람들이나 자기 자신을 식별하는 능력은 어느 정도 시간이 지나야 발달한다
(Fagot and Leinbach 1993). 패곳과 라인바크는 유아들이 선택한 장난감의 형태(예컨대
인형인지 아니면 장난감 자동차인지), 어른들과의 의사소통, 공격성 정도에 따라서
행동을 평가했다. 아이들이 2.25세에 도달할 무렵에는, 두 집단(조기 식별자와 늦은
식별자)의 부모들이 성별 고정관념에 따른 놀이에 부정적이거나 긍정적으로 반응하는
빈도가 더 이상 다르지 않았다(Fagot and Leinbach 1989, 663). 신생아에 대해 부모가
보이는 성 고정관념적 반응에 관해서는 Karraker et al.(1995) 참고.

64　Fagot and Leinbach(1989, 672). Levy(1989)는 아이와 부모의 상호작용이
특정 유형으로 이루어질 때 아동에게서 젠더 도식화가 확대되는 것을 발견했다.
예컨대 집 밖에서 일하는 엄마를 둔 소녀들은 젠더 유연성이 더 컸다. 형제가 적은
아이들 역시 그랬다. 예능 방송을 보는 소년들은 성역할에 대한 지식이 더 많았던
반면, 교육 방송을 보는 소녀들은 젠더 역할의 유연성이 더 컸다. 이처럼 많은
요인들이 2.8~5세인 어린아이들에게서 나타나는 젠더 역할 도식의 강도와 경직성에
영향을 미친다.

65　발달심리학자들은 옷이나 머리 모양 같은 단서들에 상관없이 한 사람의
성별을 구분할 수 있는 아이의 능력을 묘사하기 위해 젠더 항상성gender constancy
이라는 용어를 사용한다. 이런 젠더 항상성이 언제 어떻게 발달하는지는 논쟁
중이다(Bem 1989).

66　Bem(1989)은 머리가 짧은 아이의 사진을 사용했지만, 젠더 전형적인 사진을
제작할 때는 성별에 맞는 가발을 씌웠다. de Marneffe(1997)도 참고.

67　Martin and Little(1990, 1436, 1437), Martin(1994).

68　Martin et al.(1990). 유년기 중반에 일어나는 인지적인 성숙과 사회화 경험
사이의 추가적인 상호작용에 대해서는 Serbin et al.(1993) 참고.

69　Thorne(1993, 3-4). 1998년에 주디스 리치 해리스의 저작은 또래 집단
사회화의 중요성을 주장해 언론에 큰 파장을 일으켰다. 그녀는 손과 다른 많은

섹싱 더 바디

심리학자들이 수년간 알고 있던 사실을 극단적으로 진술한다. Harris(1998) 참고.
『뉴스위크』(1998. 9. 7.)는 이 책을 커버스토리로 다뤘다. 형제자매의 서열, 젠더,
부모의 태도와 같은 가족 내부의 요인들이 미치는 효과에 대한 최근 연구들은 McHale
et al.(1999) 참고.

70   차이에 대한 연구를 지속할 필요에 대해 의문을 제기한 사람은 손만이
아니었다. 예를 들면, James(1997) 참고.

71   García Coll et al.(1997)은 일곱 가지의 새로운 연구 접근법을 제안한다.
① "'인종', 종족성, 사회 계급 그리고/또는 젠더로 포장되는 사회적이고 심리적인
과정에 집중하라." ② "사회적 범주에 대한 아동의 이해가 어떻게 맥락을 바탕으로
형성되는지 조사하라." ③ "아동의 삶에서 사회적 범주들이 교차하는 지점과 경계를
조사하라." ④ "아동이 사회적 범주들을 구성하고, 사용하고, 저항하는 데 어떻게
참여하는지 조사하라." ⑤ "사회적 정체성이 아동의 목표, 가치, 자아 개념 및 행동에
의한 참여에 어떤 영향을 미치는지 조사하라." ⑥ "'인종', 종족성, 사회 계급 및
젠더를 발달 현상으로 연구하라." ⑦ "범주를 그 자체로 연구하라."

72   Lorber(1994, 32). 강조는 원문. 로버 역시 젠더가 사회적으로 만들어지는
유일한 이분법은 아니라고 신중하게 지적하면서 추가적으로 인종과 계급에 초점을
맞춘다. 그렇다고 해서 주관적인 정체성을 추가로 획득하는 것은 아니지만, 인종과
계급이라는 추가된 차원 내에서 젠더는 다른 의미를 지니게 될 것이다. 심리학자들과
사회학자들은 두 가지 긍정적인 이유로 젠더에 집중한다. 첫째, 젠더 이분법은 아주
일찍부터 확립된다. 둘째, 그것은 전부는 아닐지라도 많은 문화가 사회조직을 만들어
내는 방식을 구성하는 주요 요소이다. 인종과 계급이라는 측면이 큰 부분을 차지하는
사회에서 오히려 인종과 계급의 이분법 발달에 대한 연구가 상대적으로 부족한 것은,
물론 인종차별과 계급 차별이라는 부정적인 이유 때문이다. West and Fenstermaker
(1995)도 참고.

73   예를 들면, Epstein(1997), Lott(1997) 참고.

74   Lorber(1994), Fiske et al.(1991), Bem(1993), Halley(1994), Jacklin(1989).

75   페미니스트 이론가 사이의 논쟁에서, 정치학자 메리 혹스워스는 "역사,
언어, 문학과 예술, 교육, 미디어, 정치학, 심리학, 종교, 의학과 과학, 사회, 법률과
일터에서 벌어지는 젠더에 대한 논의가 동시대 페미니스트 학문의 핵심 주제로 자리
잡았다"라고 썼다(Hawkesworth 1997). 나는 이 모든 지적 영역이 신체를
생물사회문화적biosociocultural 체계로 이해하려는 기획에 기여할 수 있는 잠재력을
갖고 있다는 데 동의한다. 여기서 나는 사회학과 역사학 분야에서 사례를 끌어냈다.

76   교도소에 수감된 여성들에 대한 캐서린 데이비스의 연구(6장 참고)부터 도시
및 농촌 지역에서 나타나는 동성애적 상호작용의 빈도에 관한 현대의 연구에
이르기까지 사회과학자들은 중요한 사회정책을 결정할 때 지침으로 삼을 수 있는
정보를 원했다. 범죄와 성별은 관련이 있는가? 에이즈를 비롯해 성을 통해 전파되는
다른 질병들의 전파를 멈추는 데 도움을 줄 수 있는 성행위와 성적 네트워크의
현실적인 모델을 얻을 수 있을까? 10대의 임신은 정말로 증가하고 있는가? 그렇다면
그 이유는 무엇인가? 이런 질문들에 대한 해답을 얻기는 쉽지 않으며, 우리가 어떤
결론에 도달하든 그것은 대규모 설문 조사 방법을 통해 얻을 수 있는 정보의 한계상
언제나 제한적이다(di Mauro 1995; Ericksen 1999).

77 Hacking(1986).

78 Delaney(1991). 아니면 동성애 만남을 설명하면서 '성관계'sex라는 단어를
사용하지 않는 남성들은 어떤가? 대신 그들은 아내와는 성관계를 갖고 남성들과는
"놀아난다"fool around라고 말한다(Cotton 1994).

79 양성애에 대해서는 Garber(1995)가 논의하고 있다. 성적 선호에 대해
과도하게 단순화된 범주를 사용하는 문제에 대한 다른 논의들은 Rothblatt(1995)와
Burke(1996)에서 발견할 수 있다.

80 Diamond(1993, 298). 이런 동성애가 반드시 "전위 행동"displacement activity인
것은 아니다. 감옥에서 진정한 사랑에 빠졌지만 밖에 나와서는 이성애적 연애를
즐기는 남성은 교도소 전기 장르에서 얼마든지 찾을 수 있다. 감옥에서 이루어지는
다른 남성과의 사랑에 대한 감동적인 기록은 Berkman(1912) 참고. 옘마 골드만의
오랜 연인이었던 버크먼은 감옥에 갇힌 동안 두 차례에 걸쳐 깊은 감정을 느끼게
되었다고 쓰고 있다. 이것을 단지 성적 욕망의 해소로만 이해하기는 힘들다. 이에 관한
좀 더 현대적인 설명으로는 Puig(1991) 참고.

81 성과학자들은 범주를 명명하고 해당 범주에 속하는지를 질문하는 연구를
수행하는 과정에서, 이런 작업이 문제가 되는 그 행동들을 실제로 유발할 것이라는
근본적인 우려로 말미암아 연구비를 확보하기 힘들어지는 정치적인 어려움을 겪곤
한다(여기서 나는 주로 인간의 성적 행동을 연구하는 사회학자들과 심리학자들에 대해 말하고
있다. Fausto-Sterling 1992a; Laumann, Michael, et al. 1994). 정치가들뿐만 아니라 주류
학자들도 인간의 성적 행동 연구를 의구심을 가지고 바라본다. 1960년대에는 어떤
학술지도 인간의 성적 반응의 생리에 대한 매스터스와 존스의 독창적인 연구를
게재하지 않으려 했다(Masters and Johnson 1966). 비교적 최근에도, 개업 임상
심리학자 신시아 제인은, 성과학지에서는 바로 게재되었던 여성의 오르가즘과 성적
만족에 대한 자신의 연구가 주요 심리학회 저널에 게재될 수 있을지 확신할 수 없었다.
자신들의 연구가 종종 선정적이라는 공격을 받기 때문에 성 연구자들은 방어적인
태도를 취해 왔다. 이는 이 분야의 지적 형태에 상당한 영향을 미쳤다. 제인이
언급하는 것처럼, "성 연구자들은 이 분야의 건전성과 전문성의 지속적인 성장을
확보해 주는 '비판'을 생산하는 일과 부적절한 '비난'에 대응하는 일 사이에 놓인
비좁은 경로를 지나가야만 한다"(Jayne 1986, 2). Irvine(1990a; 1990b)도 참고.

82 Elder(1998, 969).

83 Weeks(1981b). 위크스는 이들이 유일하게 가능한 범주라고 주장하지
않으며, 오히려 그것을 일련의 지침으로 생각한다.

84 이와 관련해 에반스는 이렇게 언급한다. "소비 자본주의에서 시민사회에
대한 국가의 침투는 자본의 지배가 노동력을 재생산하기 위한 목적으로 식민화된
시민사회에 기반하는 것을 더는 의미하지 않는다. 대신 이제 그것은 소비자를
재생산하려는 목적으로 국가가 시민사회를 식민화하는 것을 의미한다. 여기서
소비자는, 자신의 개성을 정의하고 자아를 인식하려는 매개체인 섹슈얼리티에 대한
강박적인 추구 속에서 '시장의 필요에 맞추어 영구적으로 재조정된 욕구를 가진
남성과 여성'들이다"(Evans 1993, 64).

85 Weeks(1981b, 14).

86 뉴욕시에 있는 게이 남성의 사적인 공간과 문화에 대한 상세한 역사적

설명은 Chauncey(1994) 참고.

87 예를 들면, Kates(1995) 참고. 레슬리 파인버그는 이성의 옷을 입고 젠더를 넘나드는 정체성을 가진 사람들의 흥미진진한 역사를 소개하면서, 젠더의 경계를 넘어선 사람들이 농민반란과 종교개혁 등 다른 혁명적인 행동에 참여한 경우도 적지 않았음을 지적했다. 그녀의 책은 역사의 파편들을 공들여 함께 엮어서 새로운 영역을 개척하고 있다. 그녀의 책은 새로운 사회운동이 시작될 때 전형적으로 나타나는 "복원된 역사" 장르이기는 하지만, 그녀가 밝힌 사례들을 좀 더 깊이 살펴봐야 한다는 도전 과제를 역사가들에게 제시하고 있다(Feinberg 1996).

88 트랜스섹슈얼리즘의 출현과 동시대의 젠더 정의에서 기술이 차지하는 중요성에 대해서는 Hausman(1995) 참고. 좀 더 일반적인 성형수술의 역사에 대해서는 Haiken(1997) 참고. 두 책 모두 섹스와 젠더를 생산하는 과정에서 기술의 중요성을 실례를 들어 설명한다.

89 의학 인류학자 마거릿 로크는 문화 속에서 나타나는 신체에 대한 설명들은 대부분 "기술 과학이 초래한 육체의 강력한 변형을 고려하지 않거나 그것이 주관성, 표현, 일상의 정치에 미친 영향을 고려하지 않는다"라고 서술하면서 이 주장에 동조한다(Lock 1997, 269).

90 인간의 성적 발달 체계에 대한 시각 지도를 제공하려는 나의 시도는 과학 분야 자체를 연구하는 피터 J. 테일러의 작업에서 영감을 얻었다. 테일러의 연구에서 첫 번째 작업 원칙은 사회적 과정과 자연적 과정을 분리할 수 없다는 것이다. 두 번째 원칙은 매우 다른 탐구 방식들이 복잡한 수수께끼에 대해 중요한 통찰력을 제공한다는 것이다. 테일러는 생태계와 정신 질환인 심각한 우울증이라는 두 가지 다른 사례에 체계론적 접근법을 적용한다. 멕시코의 한 마을에서 토양이 침식되는 과정을 보자. 테일러는 그 지역의 사회적·정치적 역사, 농업과 생태(강우량, 토양 구조 등과 같은 "자연적인" 요인들)의 특성, 지역의 사회적·경제적 제도의 성격, 지역의 인구학적 변화 등을 동시에 고려할 때에만 이 사건을 이해할 수 있다고 말한다. 전통적으로 학자들은 이 요인들 각각을 마치 독립된 실체인 것처럼 연구한다. 그러나 테일러는 이 요인들을, 가로의 평행한 선들이 세로의 닭 발자국과 교차된 것과 같은 양상으로 파악한다. 여기서 닭 발자국은 가로의 평행선들을 변화시키는 염소 방목 규제나 계단식 산비탈 이용과 같은 사건을 가리킨다. 네 가지 선들[위에서 언급된 요인들]과 그들 간의 상호 연결을 모두 살펴봐야만 현재 상황을 정확하게 그려낼 수 있다(Taylor 1995; 1997; 1998; 1999).

91 발생학자 폴 와이스는 마트료시카 인형 비유를 사용하진 않았지만, 수년 전에 마트료시카 인형의 단면도와 비슷한 발달 도표를 사용했다. 그는 나보다 유기체의 층위를 더 많이 포함했지만 발상 자체는 상당히 유사하다(Weiss 1959). 다른 연구자들은 인간의 발달을 시각화하기 위해 훨씬 복잡한 도해들을 사용했다. 예를 들면, Wapner and Demick(1998, 〈그림 13-1〉) 참고. 그들은 "환경 속의 유기체" 체계를 설명하기 위해 듀이와 벤틀리의 교호 작용transaction 개념을 사용한다. 시모어 워프너와 잭 데믹은 이 체계의 특징을 통합의 수준에서 찾는데, 여기에는 개별 유기체 내부의 활동에서부터 그들이 "세계라는 체계 속의 인간"이라고 부른 것까지 포함된다(Wapner and Demick 1998, 767).

92 듀이와 벤틀리는 이런 발상을 전달하기 위해 '**피부 외부의**'extradermal, '**피부**

내부의’intradermal와 같은 단어를 사용한다. 그들 역시 “마음”이라는 개념을 상당히 경계했던 것이다. 이와 관련해 그들은 이렇게 언급한다. “오늘날 심리학자와 사회학자가 여전히 사용하고 있는 ‘행위자’로서의 ‘마음’은, 예전 용어로는 스스로 움직이는 ‘영혼’에 해당한다. 그 ‘영혼’에서 불멸성이 벗겨지고, 생기 없이 마르고 괴팍해진 것이 ‘마음’이다. 일상적인 표현에서 예비적인 단어로 쓰이는 ‘마음’이나 ‘정신’은 조사할 필요가 있는 하나의 영역 혹은 적어도 보편적인 장소를 가리킨다. 이런 의미는 문제될 것이 없다. 반면 ‘마음’, ‘능력’faculty, ‘아이큐’ 등 행동을 주관하는 행위자가 아닌 것들을 행위 주체인 것처럼 쓰는 것은 사기이며, 이런 ‘마음’을 대신해 ‘뇌’를 사용하는 것은 더 나쁘다. 이런 단어들은 [파악되어야 할] 문제의 자리에 [문제를 가려 버리는] 이름을 끼워 넣는다”(Dewey and Bentley 1949, 131-132). 나는 마음이나 심리라는 용어를 우리가 조사할 수 있는 과정을 가리키는 자리표시자placeholder로 사용하지, 어떤 메커니즘을 설명하는 용어로 사용하지는 않는다.

93 물론 세포 안에는 세포 소기관과 분자 등 더 작은 단위들이 있다. 그러나 세포는 독립적으로 기능하는 가장 마지막 단위 체계이다. 핵과 유전자는 세포 밖에서 유기체를 만들어 낼 수 없다.

94 Harding(1995).

95 이 말은 “영장류학은 다른 수단에 의한 정치이다”(Haraway 1986, 77)라는 표현을 바꾸어 말한 것이다.

10장 젠더의 바다

1 이 이야기는 1989년과 1990년에 제작된 엄마와 유아의 상호작용에 대한 연구용 촬영물에 바탕을 둔 것이다. 이야기 전달을 위해, 실제로 목욕이 이루어지는 장소와 시간을 약간 각색했다. 30가정(15가정은 남아, 15가정은 여아)에 대한 비디오를 바탕으로 한 공식적인 연구 결과는 Ahl et al.(2013), Fausto-Sterling et al.(2015), Sung et al.(2013), Fausto-Sterling et al.(2020)에서 확인할 수 있다.

2 젠더/섹스 용어의 기원에 관한 전반적인 논의는 이 장 다음에 나오는 후기[452쪽]에서 다뤘다.

3 미국심리학회는 섹스와 젠더라는 용어의 의미와 쓰임이 유동적이라는 점을 인정하면서 이 용어들을 다음과 같이 정의한다. 이에 따르면, 섹스는 남성, 여성 혹은 간성 같은 생물학적 지위다. 염색체, 생식샘, 내부 생식기, 외부 생식기 같은 해부학적 구조와 생리적 측면이 개인의 섹스를 나타낸다. 반면 젠더는 “해당 문화가 한 개인의 생물학적 섹스와 연관시키는 태도, 감정, 행동”을 포괄한다(Schittler 2017, 2).

4 Institute of Medicine(2001, 13).

5 일례로 Weisberg, DeYoung, and Hirsh(2011) 참고.

6 Institute of Medicine(2001, 13).

7 Fausto-Sterling et al.(2015).

8 오버턴이 인용한 피아제 같은 고전적인 전통에 더해, 나는 동적 체계론 가운데 개인적으로 선호하는 다음의 몇 가지를 추가한다(Diamond 2007; Liben and

Coyle 2018; Gottlieb 1997; Overton 2014; 2015; Thelen 2000; Thelen and Smith 1994b; 1994c).

9　Dupré and Nicholson(2018, 1).

10　Keller(2010).

11　Reiner and Reiner(2011, 634).

12　Morris(1974, 4). 젠더 불쾌감 치료를 "성 변화"에서 "젠더 확인 [확정/긍정]"gender affirming으로의 언어적 전환으로 설명할 때 이와 동일한 관점이 깔려 있다.

13　"진정한 젠더 자아"에 대해서는 다이앤 에런새프트의 주장을, 여러 젠더 정체성이 존재한다는 이론에 대해서는 내가 분석한 내용을 참고(Ehrensaft 2012; Fausto-Sterling 2012a).

14　Halberstam(2018, 3).

15　명확히 하자면, 나는 정체성의 **모든** 측면이 이 시기에 영구히 형성된다고 생각하진 않는다. 분명 생애 주기의 다른 시기들, 예를 들면 사춘기가 정체성 형성에 결정적으로 중요할 수도 있다.

16　얼마 전부터 내 관점이 이 방향으로 바뀌고 있다. 내가 이전에 발표했던, 이 발상에 대한 실험으로 시작되는 다음의 논문 두 편을 참고. Fausto-Sterling(2007; 2012a).

17　Martin and Ruble(2010).

18　www.scientificamerican.com/podcast/episode/psychology-studies-biased-toward-we-10-08-07/

19　Adolph, Karasik, and Tamis-LeMonda(2010).

20　www.ncbi.nlm.nih.gov/pmc/articles/PMC3580949/와 www.nytimes.com/2013/04/19/nyregion/babys-latest-going-diaperless-at-home-or-even-in-the-park.html?_r=0

21　운동 발달에 대한 광범위한 연구는 아돌프와 텔렌의 연구들에서 잘 나타나 있다. Adolph, Hoch, and Cole(2018), Adolph and Berger(2011), Adolph, Karasik, and Tamis-LeMonda(2010), Adolph and Robinson(2015), Thelen(1995).

22　Harkness et al.(2007).

23　Harkness et al.(2007, 36).

24　Kitayama and Park(2010).

25　이때는 [내비게이션 앱] 웨이즈Waze나 다른 GPS를 사용하기보다 도시 지도를 기억해야만 했던 시대였다.

26　Maguire et al.(2000).

27　Halpern et al.(2007, 4, 61).

28　Maccoby(1998, 52-53) 참고.

29　Matthews(1987).

30　Fausto-Sterling, Sung, Hale, et al.(2020).

31　Chiao(2018), Kitayama and Park(2010).

32　Rippon et al.(2014). 이들은 내가 이 책의 2000년 판에서 사용했던 '복잡하게 뒤엉킨 관계'를 조사 원칙 수준으로 끌어올렸다!

33 때때로 사람들은 성적 지향이라는 의미로 성 정체성을 언급한다. 나는
Fausto-Sterling(2019)에서 성적 지향에 대한 내 생각을 길게 논의했지만, 여기서는
'남성 혹은 여성으로서의 자아 감각이 어떻게 발달하는가'라는 문제에 집중하려고
한다. 대중적이고 학술적인 논의 모두에서 사람들은 젠더 정체성이라는 용어를 가장
자주 사용한다. 내가 정체성이라는 단어를 사용할 때 그 의미는 젠더/섹스
정체성이다. 그것은 젠더와 섹스가 불가분의 관계라는 주장을 담고 있다.

34 동부 돼지코 뱀은 위협을 받으면 "기절한 척"한다. [저자가 표시한 사이트는
접속되지 않아, 다음 주소로 대체했다. www.youtube.com/shorts/ECQmX9__Dbo]

35 Ruble, Martin, and Berenbaum(2006).

36 Ruble, Martin, and Berenbaum(2006, 862-863).

37 다음은 몇 가지 최근 사례들이다. Wallien et al.(2009), Zucker(2010),
Zucker and Wood(2011).

38 Schwartz(2012, 465).

39 Ehrensaft(2012, 341).

40 예를 들면, 성과학자 레이 블랜처드는 최근 인터뷰에서 이렇게 말했다.
"나는 '젠더 정체성'이라는 표현을 피하는 경향이 있다. 내가 생각하기에 정상적인
사람들에게 적용하면 이 표현은 사소한 개념이 되기 때문이다. 정상적인 남성과
여성은 자신의 성별을 알고 있으며, 화장실을 찾을 때처럼 그 성별에 자동적으로
반응한다는 뜻이다. 정상적인 남녀가 '나는 여자야' 혹은 '나는 남자야'라고
의식적으로 자각하는 순간은 매우 드물며, 그것은 종종 고도로 감정적인 상황이라고
나는 생각한다. 그래서 나는 '젠더 정체성'이라는 개념이 정상적인 사람들에게는
유용하지 않다고 생각한다. 사실 '크로스 젠더 정체성'이라는 개념은 잘못된 신체에
박혀 있는 정상적인 젠더 정체성이 아니다. 크로스 젠더 정체성은 개인의 젠더에 대한
끊임없는 집착이며 불행이다. 그러므로 사람들이 내가 크로스 젠더 정체성을
믿는다고 말할 수는 있겠지만, 실은 나는 젠더 정체성을 그다지 믿지 않는다"(Kearns
2019).

41 Tate, Youssef, and Bettergarcia(2014). 그들의 발견 중 일부는 젠더
정체성을 네 가지 심리적 요소(젠더 정형성, 젠더 만족도, 압박감, 내집단 편견)로
세분했던 이전 연구에 기초한다(Egan and Perry 2001).

42 나는 공항 화장실을 일상적으로 관찰해 왔다. 대개 화장실은 여성용이나
남성용이다. 종종 어린 자녀를 동반하는 여성들의 여행이 증가하면서 또 때로는
남성들도 자녀를 데리고 여행을 다니게 되면서 화장실의 엄격한 구분으로 인한
문제가 발생했다. 가령 기저귀를 갈아야 되는 아빠나 소변을 보는 아들을 거들어 주길
원하는 엄마의 경우를 들 수 있다. 그래서 가족실이 등장했다. 또한 오늘날 일부
공항에는 심지어 여행 중인 강아지들을 위해 인조 잔디가 깔린 애완동물 화장실까지
있다! 그러나 크로스 젠더를 드러내는 사람들을 위한 화장실에 대한 문제에는 여전히
논란의 여지가 있다. 일례로 Drew(2018) 참고.

43 van Anders et al.(2014).

44 Strogatz(2003).

45 Thompson(2007, ix).

46 Young(1980).

47 체화에 관한 이 구절의 여러 부분은 2019년에 발표한 나의 논문에서 인용한 것이다(Fausto-Sterling 2019).

48 Mampe et al.(2009).

49 Proust(1922).

50 다음은 내가 겪은 일이다. 나는 어렸을 때 나보다 1~3세 많은 남자애들과 동네를 뛰어다녔다. 여름에는 우리 중 누구도 셔츠를 입지 않았다. 내가 7세 혹은 8세 어쩌면 9세가 될 때까지 그랬다(정확히는 기억나지 않는다). 이유는 기억할 수 없지만(가슴이 발달하지는 않았으나 아마도 남자애들 중 한 명이 나를 놀렸을지도?), 갑자기 나는 반나체 상태에 부끄러움을 느끼고 집으로 달려가 셔츠를 꺼내 입었다. 70여 년이 지난 오늘날에도 그 순간 나를 덮쳤던 수치심이 느껴진다. 7~8세 혹은 9세 이후로 공공장소에서 상반신을 탈의하는 행동은 내게 육체적으로 불가능해졌다. 그러나 나와 함께 놀았던 그 남자애들은 그렇지 않았다.

51 최근의 사회학 교과서에서 기든스는 이렇게 언급한다. "심리학적인 젠더 차이에 관한 가장 공통적인 가설은 운동, 지각, 공간, 언어, 수학, 논리적 능력과 관련된다. 일반적으로 남성은 대규모 공간 분절 능력, 공간적 객체의 조작·변형 능력, 형식 추론 능력 등이 잘 발달돼 있다고 여겨지는 반면, 여성은 일반적으로 언어, 지각 및 소근육 운동 과제를 더 잘 수행한다고 주장돼 왔다. 일례로 Kimura(1999) 참고. 행동의 보편적 차이로 가장 자주 논의되는 것은 남성의 공격적·독단적·지배적·권위적·규제적 행동과 여성의 공감적·지지적·배려적 처신이다"(Heinämaa 2012, 217에서 재인용).

52 Heinämaa(2012).

53 루이스와 와인라우브는 어머니와 자녀(아들/딸), 아버지와 자녀(아들/딸)로 구성된 양자 관계에서 이루어지는 가까운 거리와 먼 거리의 애착 상호작용을 연구하면서 이렇게 언급한다. "우리 문화에서는 … 남성에게 근거리 표현을 훨씬 덜 용인한다." 지나치게 가까운 거리에서의 표현은 "남성적인 독립성과 맞지 않으며, 여성에게 표현될 경우에는 성적 관심을, 다른 남성에게 표현될 경우에는 동성애적 경향을" 내포한다고 여겨진다(Lewis and Weinraub 1978, 170).

54 Heinämaa(2012, 236).

55 〈표 10-1〉을 다시 참고하면서, 데카르트적 관점은 정체성을 개인적이고 자율적인 것으로 보지만 동적 과정 중심의 이론은 상호주관적인 것으로 본다는 점에 주목하자.

56 Oksala(2006, 234).

57 Oksala(2006, 235).

58 Oksala(2006, 235).

59 Johnson(2000, 148).

60 Fausto-Sterling(2019)의 논의 참고.

61 Thompson(2005, 408[335쪽]).

62 Thompson(2005, 411[343쪽]).

63 Brandon(2016).

64 Higgins(2018, 446).

65 이때 그는 사회적 상호작용 능력이 정확히 동일한 유아들은 없다는 점을

다시 한번 강조한다.

66　Smith et al.(2018).

67　Beebe et al.(2010), Beebe and Lachmann(2002), Stern(1985).

68　관련 사례는 Beebe et al.(2000), Beebe and Lachmann(1994) 참고.

69　Beebe, Lachmann, and Jaffe(1997, 134).

70　비브와 동료들의 논문에서 인용된 젠더 및 유아 발달 연구들의 피험자들은 사실상 전부 북아메리카나 유럽 태생이며 주로 백인 중산층이다. 명백하게도 젠더와 발달에 대해 우리가 지금까지 알고 있는 바는 문화적으로 상당히 특정 지역에 편중된 것이다. 할림과 동료들의 연구는 이 일반적인 상황에서 예외적이다(Halim et al. 2013).

71　Eichstedt et al.(2002), Poulin-Dubois, Serbin, and Derbyshire(1998), Poulin-Dubois et al.(2002), Poulin-Dubois et al.(1994).

72　"우리는 생후 1년 동안의 표상들은 비언어적·이미지적·음향적·본능적 혹은 시간적 정보 양식으로 암호화되고, 이 표상들이 언어적인 형태로 반드시 전환되지 않을 수 있다고 가정한다"(Beebe and Lachmann 1994, 132).

73　Beebe, Lachmann, and Jaffe(1997, 133).

74　Beebe and Lachmann(2002).

75　Jaffe et al.(2001).

76　Beebe and Lachmann(1994).

77　내가 발달 생물학 수업 시간에 봤던 많은 영상을 이제는 온라인에서 볼 수 있다. '양서류 낭배 형성 비디오'amphibian gastrulation video라는 키워드로 검색하면 많은 자료를 찾을 수 있다. 그리고 다음의 링크는 초기 세포분열, 낭배 형성, 신경관 형성에 관한 몇몇 좋은 영상을 제공한다. www.xenbase.org/anatomy/ static/movies.jsp[접속 불가. 다음의 주소 참고. www.youtube.com/@xenbase_mod1/ videos]. 낭배 형성에 대한 교과서적 설명은 Gilbert(2010) 참고.

78　Camazine et al.(2001), Sawyer(1974), Kondo(2014), Warren(2006).

79　Thelen and Smith(2006, 274).

80　Diamond(2007).

81　Thelen(2000, 4-5).

82　Miller et al.(2009), Ruble, Lurye, and Zosuls(2010), Ruble et al.(2007), Trautner et al.(2005).

83　Kelso(1995), Thelen(1988b; 1988a).

84　젠더 정체성 발달에 대해서는 Fagot and Leinbach(1989; 1993), Fagot, Leinbach, and Hagan(1986), Fagot, Leinbach, and O'Boyle(1992), Leinbach and Fagot(1986) 참고. 놀이 선호도와 의복 선택 같은 행동에 대해서는 Miller et al.(2009), Zosuls et al.(2009) 참고.

85　Zucker and Vanderlaan(2016).

86　Olson and Gülgöz(2018), Tate, Youssef, and Bettergarcia(2014).

87　Miller et al.(2009). 이 사례들은 모두 내가 연구 중인 비디오테이프에서 인용했다.

88　12개월 동안 매주 촬영된 영상물 전체에서 이 남자아이는 자동차나 스포츠 디자인의 옷을 입고 있었다.

89 걷기나 손 뻗기를 배우지 못하는 여러 의학적 상태에 처한 사람들도 젠더/섹스가 발달한다는 사실은 말할 필요도 없다. 그런 점에서 젠더/섹스 정체성 혹은 성적 지향을 가지는 것이 특정 운동 능력을 실행하는 것보다 좀 더 보편적인 특징일지도 모른다.

90 Thelen et al.(1993).

91 Thelen et al.(1993, 1084).

92 혼란스러운 체계와 예측성에 대한 논의는 Strogatz(2003, 190-191) 참고.

93 www.youtube.com/watch?v=y5G8D-MrJzk

94 Thompson and Varela(2001), Varela(1996; 1997).

95 Liben and Signorella(1980), Martin and Halverson(1981).

96 Halim et al.(2014), Halim et al.(2018), Zosuls and Ruble(2018), Zosuls, Ruble, and Tamis-LeMonda(2014), Zosuls et al.(2009).

97 "ⓑ 이 과정은 항상 운영적 폐쇄 가운데 하나라는 성격을 갖는다(Varela, 1997). 그것은 순환적인 반사적 상호 연동 과정으로서 그 일차적인 효과는 자기생성이다. ⓒ 바로 이 운영적 폐쇄로 인해 '중앙 통제자' 없이도 포괄적 응집성 혹은 창발적 응집성이 발생한다. 그러므로 여기서 내가 염두에 두고 있는 정체성은 본질적으로 특정 장소에 국한된 것이 아니며, 그럼에도 상호작용을 완전하게 생성할 수 있다. ⓓ 물론 여기서 핵심 요소는, 우리가 최근에 배운, 다양한 복잡계의 '창발적' 특성이다"(Varela 1997, 73).

98 Bem(1989), Fagot et al.(1985), Fagot and Kavanagh(1993), Fagot and Leinbach(1989).

99 Bourgine and Stewart(2004).

100 여기서 나는 본래 Fausto-Sterling(2019, 12-14)에서 썼던 단어 가운데 일부를 똑같이 사용했다.

101 Condon and Sander(1974), Mampe et al.(2009).

102 DiPietro(2015).

103 DeCasper and Fifer(1980).

104 Simner(1971).

105 Beebe, Lachmann, and Jaffe(1997).

106 유아의 비감각양상에 대한 좀 더 상세한 논의는 Stern(1985) 참고.

107 Meltzoff and Borton(1979).

108 Walker et al.(2018).

109 Walker-Andrews et al.(1991). 패터슨과 워커는 구성을 달리한 일련의 실험에서 생후 8개월 전의 유아들은 목소리와 얼굴을 대응시킬 때 젠더를 실마리로 사용할 수 없다는 사실을 발견했다(Patterson and Werker 2002).

110 Walker-Andrews(1997).

111 Als and Brazelton(1981).

112 Beebe and Lachmann(2002) 참고.

113 미주신경은 폐와 장을 비롯한 내장 기능을 관장하는 부교감신경계의 조절에 중요하다.

114 Feldman and Eidelman(2003).

115 Feldman(2006). 또한 Feldman and Eidelman(2009), Trevarthen and Aitken(2001)도 참고.

116 Feldman(2015).

117 펠드먼의 모델이 규범적 모델이라는 점에 주의하자. 하지만 부모의 정서적 고통, 가족의 죽음, 부모의 관심을 분산하는 세쌍둥이의 탄생 등 많은 요소가 일관성과 안정성을 변화시킬 수 있다.

118 펠드먼은 초기 측정치와 10년 동안의 중간 측정치를 상관 분석해 자신의 모델을 검증했다. 10년이 지난 시점에서 그녀는 행동 적응(내면화·외현화 행동), 공감 능력(대화 및 타인의 고통에 대한 공감), 사고 경향성(자기 조절 능력 저하의 측정), 자율신경 조절 능력(미주신경 긴장도)을 조사했다. [네 가지 척도가 형성되는] 직접적 경로(아이로부터의)와 매개적 경로(양육자와 아동의 상호작용을 통한)가 모두 10년간의 측정값 가운데 세 가지에 독특한 영향을 미쳤다. 반면 네 번째 척도인 출생 시 미주신경 긴장도는 10년 후의 미주신경 긴장도와 직접적으로 연결되었다. 네 가지 척도 중에서 공감 능력은 두드러지게 사회적으로 구성되는 성격 특성으로 나타났다. 10세 때의 모든 결과는 오로지 아동의 감정 조절과 부모의 반응이 상호작용한 데서 나왔다.

119 그러나 출생 시에는 이조차 여전히 불완전하다. McKenzie and Fishell (2016) 참고.

120 Casey et al.(2005). 케이시 등은 이렇게 언급한다. "이런 발달 패턴은 학습 및 인지 발달과 더불어 대뇌피질 부위가 분산된 형태에서 좀 더 집중된 형태로 이행하는 것에 상응한다. 감각 운동 피질에 비해 연합 피질(예컨대 전전두엽 피질)이 장기적으로 개선되면서 대뇌피질 체계는 세밀하게 조정된다. 이런 발견은 성인의 학습에 관한 연구에서 좀 더 짧은 기간 동안 관찰된 변화와 유사한 것처럼 보인다. 대뇌피질 구조와 기능에서 보고된 변화는 짐작컨대 경험에 의해 추동된 성숙 과정이며, 이는 경험과 발달에 따른 신경계의 미세 조정을 반영하는 것으로 추정된다. 하지만 발달 중에 이루어지는 학습이 어떻게 이 패턴에 영향을 미치는지를 설명하는 연구가 앞으로 이뤄져야 한다. 이런 뇌 영상 연구는 동물과 인간의 부검 연구에서 얻은 연구 결과, 즉 이 시기 동안 적절한 시냅스 연결은 강화되는 한편 그렇지 않은 시냅스 연결에서는 가지치기와 제거가 일어난다는 사실에 기반한다. 그리고 이런 연구는 신경 회로의 신경해부학적·생리학적 변화와 인지적 성숙 사이의 미묘한 상호작용을 설명해 준다"(Casey et al. 2005, 108).

121 Eliot(2018, 171).

122 〈그림 10-7〉의 C에서 나는 Cao et al.(2017), Cao, Huang, and He(2017), Casey et al.(2005), Thompson and Nelson(2001), Yap et al.(2011)에서 얻은 정보를 통합했다.

123 Giedd et al.(1997), Lenroot et al.(2007), Gogtay et al.(2006).

124 Cao, Huang, and He(2017, 495).

125 Yap et al.(2011).

126 Fausto-Sterling, García Coll, and Lamarre(2012a; 2012b).

127 Balas, Saville, and Schmidt(2018), Gliga(2018), Gliga and Southgate (2016), Mareschal and French(2017).

128 Byrge, Sporns, and Smith(2014), Clerkin et al.(2017), Smith et al.(2018).

129 Adolph et al.(2008), Byrge, Sporns, and Smith(2014), Clerkin et al.(2017), Smith et al.(2018).

130 Byrge, Sporns, and Smith(2014, 398).

131 Bem(1989), de Vries and Cohen-Kettenis(2012).

132 나는 이 장 전체에 걸쳐 〈그림 10-7〉에서 요약한 내용을 뒷받침하는 원본 연구를 참고했다.

133 Fausto-Sterling, García Coll, and Lamarre(2012a), Fausto-Sterling, Crews, Sung, et al.(2015), Fausto-Sterling, Sung, Hale, et al.(2020).

134 Campbell et al.(2000). 출생 시 대상 유형별(얼굴 대 기계적인 사물) 관심도의 성차에 관한 보고가 있으나 확증되지 않았다. 내가 보기에 이 보고서들은 실험상으로도 불확실하다. 나는 그 보고서들이 그다지 철저하지 않아서 내 이론에 통합할 수 없다고 생각하지만, 그 보고서들은 장난감 선호도를 타고난다는 발상을 지지하는 데 광범위하게 인용되고 있다. Alexander, Wilcox, and Woods(2009), Connellan et al.(2000) 참고. 생애 초기 장난감 선호도에서 젠더/섹스 차이를 지지하는 문헌 보고서가 얼마나 다양한지 대해서는 Zosuls and Ruble(2018) 참고.

135 이 이행기 동안에는 변이성이 너무 커서 전통적인 분석으로는 통계적으로 유의미한 결과를 얻지 못할 가능성이 있다. 어쩌면 이분법적인 발달 이론이 그 결과를 수용할 수 없다는 이유로, 이 이행기에 관한 많은 논문이 실험 심리학자의 서랍에 발표되지 못한 채 남아 있을지도 모른다. 생후 15~18개월 기간에 대한 연구 부족은 Fausto-Sterling, García Coll, and Lamarre(2012b, 1695)에 있는 〈그림 2〉에서도 잘 드러나 있다. 만약 이 시기에 정말 중요한 이행이 일어난다면, 앞으로 연구자들은 이 이행기 동안 유아 간 편차가 너무 크다는 이유로 연구를 피하기보다 오히려 이 시기에 집중할 필요가 있다.

136 Eichstedt et al.(2002).

137 Poulin-Dubois et al.(2002).

138 나는 전상징적 세계에서 상징적 세계로 이행하는 시기와 그 지속 기간을 지나치게 특정하고 싶지 않다. 우선 개인별 편차가 크고, 다음으로 이행에는 여러 달이 걸린다. 게다가 주 135에서 언급했듯이, 이 시기를 다면적인 "사항"으로 연구한 경우가 적기 때문에 젠더/섹스가 잠정적인 정체성으로 강화되는 이 시기에 대해서는 여전히 알아야 할 게 많다.

139 언어에 대해서는 Kuhl(2004; 2010), Kuhl and Damasio(2012) 참고. 상징적 놀이에 대해서는 www.cde.ca.gov/sp/cd/re/itf09cogdevfdsym.asp 참고.

140 관련 사례는 Eliot(2009), Paoletti(1987), Karasik et al.(2010) 참고.

141 Zosuls, Ruble, and Tamis-LeMonda(2014). 이 연구의 특히 좋은 측면 가운데 하나는 발달심리학자들이 대개 연구하지 않는 종족적 배경(아프리카계 미국인들, 도미니카공화국과 멕시코의 이민자들)의 피험자들이 포함됐다는 점이다.

142 Zosuls, Ruble, and Tamis-LeMonda(2014, 6). 강조는 인용자.

후기

1 이에 대해서는, 이 책 160쪽 참고.

2 [여기에서는 해당 정체성을 한글로 옮기는 데 일정한 한계가 있기에, 원서에 있는 항목을 한글로 옮기지 않고 있는 그대로 나열했다.] Asexual, female to male trans man, female to male transgender man, female to male transsexual man, f2m, gender neutral, hermaphrodite, intersex man, intersex person, intersex woman, male to female trans woman, male to female transgender woman, male to female transsexual woman, man, m2f, polygender, t* man, t* woman, two* person, two-spirit person, woman, agender, androgyne, androgynes, androgynous, bigender, cis, cis female, cis male, cis man, cis woman, cisgender, cisgender female, cisgender male, cisgender man, cisgender woman, female to male, ftm, gender fluid, gender nonconforming, gender questioning, gender variant, genderqueer, intersex, male to female, mtf, neither, neutrois, non-binary, other, pangender, trans, trans female, trans male, trans man, trans person, trans*female, trans*male, trans*man, trans*person, trans*woman, transexual, transexual female, transexual male, transexual man, transexual person, transexual woman, transgender female, transgender person, transmasculine, two-spirit. 출처: www.telegraph.co.uk/technology/facebook/10930654/Facebooks-71-gender-options-come-to-UK-users.html

3 잭 핼버스탬은 빠르게 변화하는 용어들과 사회적 실천을 수용할 공간을 남겨 놓기 위해 "트랜스*"라는 명칭을 도입했다. 그는 이렇게 말했다. "젠더 변이에 국한되진 않지만 그것을 둘러싸고 다양하게 펼쳐지고 있는 범주들을 포괄할 수 있도록 용어를 개방하기 위해 … 나는 '트랜스*'라는 용어를 선택했다. … 별표는 진단의 확실성을 유보한다. 그것은 이런저런 젠더 변이 형태가 무엇을 의미하는지 미리 알지 못하게 하며, 아마도 가장 중요하게는, 트랜스*인 사람들이 자신의 범주를 직접 만들 수 있게 해 준다"(Halberstam 2018, 4). 마찬가지로 심리학자 샬럿 테이트, 크리스 유세프, 제이 베터가르시아는 트랜스젠더 스펙트럼의 약칭으로 트랜스*라는 용어를 사용한다(Tate, Youssef, and Bettergarcia 2014).

4 이제는 트랜스* 연구에 관한 문헌이 아주 많다. 다음 몇몇 문헌이 그 시발점이다. Stryker(2006), Stryker and Whittle(2006), Tate, Youssef, and Bettergarcia(2014), Haefele-Thomas(2019). 학술지들은 다음과 같다. *International Journal of Transgenderism*(Taylor and Francis), *Transgender Studies Quarterly*(Duke University Press), *Transgender Health*(Mary Ann Liebert, Inc).

5 관련 사례로는 Fausto-Sterling(2018), Fausto-Sterling(2020) 참고.

6 한정된 지면을 고려해 나는 283~285쪽에서 처음 언급했던 **성 결정에 관한 현재 연구**는 다루지 않았다. 일차 성 결정을 관장하는 경쟁적인 생화학 네트워크에 대한 현재의 이해가 최근 어떻게 전개되고 있는지에 대해서는 Richardson(2013)과 Fausto-Sterling(2012, 3장) 참고. 음핵의 해부학적 구조와 대뇌피질 내부의 신경 연결성 정도에 대한 새로운 발견들이 발표되면서 **음핵 수술**에 대한 의구심이 증가했다. 특히 Baskin et al.(2018), Einstein(2008), Yamada et al.(2006), Di Noto et al.(2013), O'Connell et al.(1998), Blechner(2017), Mazloomdoost and Pauls(2015)

588
섹싱 더 바디

참고. 마지막으로, 나는 95~97쪽에서 **선천성 부신 과형성증에 걸린 태아들**을 자궁 내에서 "치료"하겠다는 목적으로 이루어지는 산전 진단에 대해 논의했었다. 당시 나는 이 접근 방식이 가진 무수한 윤리적 문제점을 논한 바 있다. 역사학자(이자 독립 지식인) 앨리스 드레거는 이 쟁점을 계속 추적했다. 그녀는 뉴욕시 시나이 병원의 마리아 뉴 박사가 태아를 대상으로 시행한 비윤리적 실험을 막으려 했지만 성공하지 못했다. 드레거는 Dreger(2016, 7장)에서 이런 노력들에 대해 이야기했다.

7 과거 20년 동안 간성 연구에 천착한 다수의 책과 학술 연구가 등장했다. 예를 들면, Karkazis(2008), Preves(2003), Reis(2005), Roen(2019) 참고.

8 www.opensocietyfoundations.org/voices/growing-movement-intersex -rights; oiiinternational.com/; Lee et al.(2016)에서 〈표 1〉.

9 www.accordalliance.org/about-accord-alliance/our-mission/

10 www.isna.org/faq/history

11 나는 이 책의 2000년 초판에서 셰릴 체이스의 몇몇 활동을 언급했는데, 이는 결국 2005~06년에 나타난 중요한 사건들로 이어졌다.

12 브라운 대학교 의과대학의 소아 내분비학자 필립 그룹푸소 박사는 이 두 위원회에 중복해 참여했는데, 나는 그가 활동가와 의사 사이의 주요한 연결 고리이자 통역가 역할을 담당하게 되었다고 생각한다. 이 점에 대해서는 나도 약간의 공로가 있는데, 내가 브라운 대학교에서 그와 직접 연락을 주고받았고, 적어도 부분적으로는 우리의 교류 덕분에 그가 새로운 사고방식에 대한 열정적인 지지자가 되었기 때문이다. 심지어 우리는 사례연구 한 건을 공동으로 발표하기도 했다(Phornphutkul, Fausto-Sterling, and Gruppuso 2000).

13 이런 어려움에 대한 논의로는 Dreger and Herndon(2009) 참고.

14 최근 체이스는 내게 합의된 명명법의 네 가지 필요조건을 알렸다. ① 진정성에 대한 그 어떤 위계가 있어서는 안 되므로 명명법은 "진성"이나 "가성"을 포함해서는 안 된다. ② "남성"이나 "여성"을 포함하지 말아야 한다. ③ 의료 전문가들이 적용하기가 비교적 쉬워야 한다. ④ 정체성을 암시해서는 안 된다(2020년 2월 19일 체이스와의 개인적 서신).

15 Dreger et al.(2005, 733).

16 Hughes et al.(2006), Lee et al.(2006).

17 2020년 2월 19일 셰릴 체이스와의 개인적 대화.

18 "이상적으로는 이 전문가 집단에 내분비과, 외과 또는 비뇨기과 혹은 두 분야 모두, 심리학/정신과, 부인과, 유전학, 신생아학, 그리고 가능하다면 사회복지와 간호 및 의료 윤리학 분야의 소아과 전문의들이 포함된다." Hughes, Houk, Ahmed, et al.(2006, 555).

19 Consortium(2006a). 오늘날에도 이 소책자는 간성 아동을 대하는 임상의와 간성 아동을 가진 부모를 위한 최상의 지침서이다.

20 Consortium(2006b). www.dsdguidelines.org/에서 두 자료 모두 볼 수 있다.

21 이 목록은 인터섹스 이니셔티브Intersex Initiative의 활동가이자 책임자인 에미 코야마가 2007년에 작성했고 www.intersexinitiative.org/articles/dsdfaq.html에서 전체를 볼 수 있다.

22 Chase(2006)(이 책의 2000년 판에서 "러브웹"이라고 부른 비공개 리스트서브를

통한 개인적 대화).

23 Feder and Karkazis(2008, 35).

24 셰릴 체이스 등과의 개인적 서신; www.accordalliance.org/

25 (2020년 2월 현재) 어코드 얼라이언스의 창립자 중 한 명은 이 단체가 의료 전문가에 의해 장악되어 관련 공동체 구성원을 포함하지 않은 채 주로 연구자의 의제를 발전시키는 데 이바지하고 있기 때문에 실패했다고 느끼고 있었다(익명의 창립자와의 개인적 대화).

26 interactadvocates.org/about-us/mission-history/

27 Lee et al.(2016), Meyer-Bahlburg et al.(2016).

28 Lee et al.(2016, 3). "환자 지원 단체Patient Support Group, PSG나 치료소를 통해 자원봉사를 하는 지역 주민들에게 표준화된 훈련을 제공할 경우, 치료 관리팀의 심리사회적 서비스를 강화할 수 있다. 환자 지원을 임상 진료에 통합하는 것 외에도 [DSD에] 영향받은 사람들을 치료팀의 자원으로 포함하면 환자의 입장을 그들의 관점에서 일상적으로 고려할 수 있다. 미국 콜로라도주 덴버에 있는 아동 병원은 성공적으로 이 모델의 시범 운영을 하고 있다. 다른 유용한 전략으로는 진료 시간 동안 자원봉사자들을 활용하고 그들을 임상 회의에 참석시키는 것 등이 있다. 영국의 런던대학병원에서는 환자 지원 단체들이 때때로 구체적인 상태, 예를 들면 XY염색체의 여성이나 마이어-로키탄스키- 쿠스터-하우저 증후군[염색체상으로는 여성이지만 생식기가 덜 발달하거나 없는 경우]의 '임상 개방일'Clinic Open Days에 참석한다. 환자들은 임상의들로부터 의료 정보를 받고 치료팀의 대표들로부터 환자 지원 단체에 대해 배울 수 있는 특별한 기회를 갖게 된다."

29 Roen(2019).

30 Lee et al.(2016, 19). 강조는 인용자.

31 www.nbcnews.com/feature/nbc-out/you-can-t-undo-surgery-more-parents-intersex-babies-are-n923271

32 미 국무부로 대표되는, 국가라는 거대한 배가 방침을 변화시킬 수 있다면 (여권에 표시하는 젠더 명칭을 개정하기 위해 규칙을 바꿨다), 도대체 외과의 집단이 같은 일을 하지 못할 까닭이 무엇인가? interactadvocates.org/wp-content/uploads/2016/09/interACT-intersex-resource-Sex-Marker-on-Passport.pdf

33 www.ohchr.org/EN/NewsEvents/Pages/DisplayNews.aspx?NewsID=20739&LangID=E

34 leginfo.legislature.ca.gov/faces/billVotesClient.xhtml?bill_id=201720180SCR110

35 www.nbcnews.com/feature/nbc-out/californian-becomes-second-us-citizen-granted-non-binary-gender-status-n654611

36 www.nbcnews.com/feature/nbc-out/nation-s-first-known-intersex-birth-certificate-issued-nyc-n701186

37 van Anders, Caverly, and Johns(2014)는 뒤죽박죽 상태인 출생증명서 및 운전면허증 관련 주 법과 규정을 검토하고 분석했다. 확실히 정부 정책은 한 번에 한 주씩 느리게 변화하고 있다. 간성성과 법에 관한 일관된 분석으로는 Greenberg(2012) 참고.

38   www.bostonmagazine.com/news/2019/11/13/massachusetts-rmv-gender-neutral-drivers-licenses/

39   Osella(2019).

40   독일에 대해서는 다음을 참고. www.pinknews.co.uk/2018/12/14/germany-parliament-third-gender/. 몰타에 대해서는, en.wikipedia.org/wiki/Intersex_rights_in_Malta 참고. 전 세계 인권과 제3의 젠더에 대해서는 다음을 참고. en.wikipedia.org/wiki/Legal_recognition_of_intersex_people#Recognition_and_rights_by continent_and jurisdiction.

41   Viau-Colindres, Axelrad, and Karaviti(2017, 2).

42   Viau-Colindres, Axelrad, and Karaviti(2017, 3).

43   Blackless et al.(2000).

44   Mazen et al.(2010).

45   Monlleo et al.(2012).

46   여기에는 추가적으로 설명해야 할 두 가지 기술적 사항이 있다. 우리가 계산한 통계적 "결과물"에 포함된 수치 가운데 하나는 후기 발현형 선천성 부신 과형성증이었다(3장의 〈표 3-2〉 참고). ① 여기서 인용된 두 개의 새로운 연구 프로젝트는 오직 유아들만을 조사했기 때문에 후기 발현형 선천성 부신 과형성증을 포함하지 않았다. 또 우리가 사용한 출처는 단 하나뿐이라 엄밀한 의미에서는 근거로서 상당히 취약하다. ② 우리의 연구에 대해서는 후기 발현형 선천성 부신 과형성증의 통계 수치에 남녀가 모두 포함되었다는 지적이 있었다. 하지만 여성에서만 선천성 부신 과형성증으로 인한 임상적인 결과가 나타나기 때문에, 우리는 통계 수치를 사용하기 전에 그 수치를 절반으로 줄였어야 했다. 우리는 Blackless et al.(2000)에서 이 통계 수치의 취약점을 논하고, 후기 발현형 선천성 부신 과형성증에 대해 유일하게 이용할 수 있는 통계치를 포함한 경우와 그렇지 않은 경우 모두를 고려해 다양한 계산 방식을 제시했다. 후기 발현형 선천성 부신 과형성증의 빈도는 추후에 좀 더 자세히 산정되어야 한다.

47   Hull and Fausto-Sterling(2003, 4-5).

48   Sax(2005, 175). 남학교와 여학교로 나누는 교육을 둘러싼 논쟁에 대해 더 자세한 내용은 Halpern et al.(2011) 참고.

49   Sax(2005, 175). XX/XY로 성별을 결정하게 된 역사를 이해하려면 Richardson(2013) 참고.

50   Fausto-Sterling(2000, 76)[이 책의 3장, 128쪽 참고].

51   최근에는 페미니스트가 반과학적이라고 공격한 신경과학자 데브라 소 박사가 다소 일관성 없는 글에서 색스가 단언한 이분법적 정상성을 되풀이했다(www.realclearpolitics.com/articles/2018/10/31/science_shows_sex_is_binary_not_a_spectrum_138506.html). 내 『뉴욕 타임스』 사설(www.nytimes.com/2018/10/25/opinion/sex-biology-binary.html)의 일부 독자도, 온라인판 논평란에서 볼 수 있듯이, 동일한 반응을 보였다.

52   Griffiths(2018, 140).

53   Workplace Pride(2018).

54   Griffiths(2018, 131).

55 안드로겐 무감응 증후군이란 그녀가 높은 수치의 테스토스테론을 생산하는 고환과 XY염색체를 가지고 있지만 그녀의 세포에는 테스토스테론을 결합할 수 있는 수용체가 없음을 뜻한다. 본질적으로는 테스토스테론이 존재함에도 불구하고, 그녀는 이 호르몬이 전혀 없는 것과 같은 상태였다. 그러나 고환은 에스트로겐 역시 생성하기 때문에, 그녀의 체형은 여성스러웠고, 여자아이로 자랐으며, 확고한 여성 젠더 정체성을 가졌다.

56 Martínez-Patiño(2005, S38).

57 www.uvigo.gal/universidade/comunicacion/duvi/profesorado-campus-participa-creacion-dunha-rede-iberoamericana-estudos-olimpismo

58 Ha et al.(2014, 1037).

59 안드로겐 과잉으로도 알려진 고안드로겐혈증은 여성 신체 내부의 안드로겐(테스토스테론 같은 남성 성호르몬) 수치가 지나치게 높아서 관련 효과들이 나타나는 의학적 상태다. 그것은 고에스트로겐혈증hyperestrogenism과 비슷한 내분비 장애다. www.google.com/search?q=hyperandrogenism&oq=hyperand&aqs=chrome.0.0j69i57j69i61l3j0.7008j0j7&sourceid=chrome&ie=UTF-8

60 en.wikipedia.org/wiki/Caster_Semenya

61 저자의 특권으로 여기서 한 가지만 짚어 보자. 이런 식의 주장은 항상 나를 당혹스럽게 만든다. 여자인 척해서 영광을 얻을 수 있다고 생각하는 남성이 몇이나 될까? 나는 일부 남성이 정치적 이유로 그렇게 할 수 있고 이따금 실제로 그런 일이 벌어진다는 사실을 알고 있다. 그러나 이런 사태에 대한 두려움은 역사적으로 실제 일어난 일에 비해 지나치게 과장된 것 같다.

62 Karkazis et al.(2012), Levy(2009).

63 www.independent.co.uk/sport/olympics/rio-2016-joanna-jozwik-caster-semenya-800m-hyperandrogenism-a7203731.html. 이 이야기에서 인종은 중요한 역할을 하는데, 나는 곧 그에 관한 논의를 이어 갈 것이다. 한편 이번 기록이 전에 세웠던 세계기록을 깨지 못했다는 점에 주목해야 한다. 세메냐의 개인 기록으로는 다섯 번째였다.

64 맥커는 유전학자 에릭 빌레인을 인용해 이렇게 말한다. "우리가 이 주장을 밀어붙이게 되면 자신의 젠더를 여성으로 선언하는 사람은 누구나 여성으로 출전할 수 있게 된다. 그렇기 때문에 이제 나는 스포츠 분야에서 여성의 미래를 진심으로 걱정하게 되었다. 우리는 [남녀 구분이 없는] 하나의 큰 시합을 향해 나아가고 있으며, 그 경쟁의 결과에서 앞으로 여성 승자가 없을 것이라는 점은 매우 쉽게 예측할 수 있다"(Macur 2015, 온라인 PDF의 총 4쪽 가운데 3쪽).

65 나는 다음과 같은 여러 출처에서 내용을 엮어 요약했다. Cooky and Dworkin(2013), Ha et al.(2014), Jordan-Young and Karkazis(2012a), Karkazis et al.(2012), Viloria and Martínez-Patiño(2012). 이들은 젠더/섹스와 여성 운동경기에 대해 내가 이 장에서 할애했던 것보다 상세한 비평과 분석을 제공한다.

66 국제육상경기연맹과 국제올림픽위원회의 2011년, 2012년 문서들은 남성과 여성의 이분법이라는 문제를 얼버무리고 있다. 국제육상경기연맹 문서는 안드로겐이 너무 많은 여성에 대해 쓰고 있다. 한편 국제올림픽위원회 문서는 생물학적 상태를 설명하기 위해 간성이라는 용어를 사용하지만 법적으로 여성으로 등록돼 있고

테스토스테론 수치가 여성에게 규정된 범위 내에 있는 모든 사람을 선수로 규정한다
(International Olympic Committee 2012).

67 International Association of Athletics Federations(2011, 2).

68 International Association of Athletics Federations(2011, 부록) 참고. 최초
평가 사항은 이렇다. "핵심 평가 항목은 다음과 같다. 뚜렷하고 만성적인
고안드로겐혈증을 시사하는 임상 징후들은 무엇인가? 굵고 낮은 목소리, 유방 위축,
무월경(혹은 여러 달 동안 월경 없음), 근육량 증가, 남성형 체모(17세 이상에서 정수리
탈모), 낮은 태너 척도Tanner score[정상적인 성 발육 평가 척도] I/II, F&G 점수[Ferriman-
Gallwey 점수로 입술 윗부분, 턱, 가슴, 등, 배, 팔, 다리 등 남성형 체모의 밀도를 평가하는
척도다. 6점 이상이면, 남성형 체모가 있는 것으로 간주된다](> 6 / 단, 미모에 의해 수치가
낮아졌을 수 있음), 자궁 없음, 음핵비대증"(International Association of Athletics
Federations 2011, 20). 체모의 정도를 측정하는 척도에서 미모를 운운하는 것은
이해하기 어려운 일이다.

69 International Association of Athletics Federations(2018, 2-5).

    ⓐ 여자 경기 분류 :
        i. 비국제 대회 : 제한 종목을 포함한 모든 트랙 경기, 필드 경기, 복합 경기
        ii. 국제 대회 : 제한 종목을 제외한 모든 트랙 경기, 필드 경기, 복합 경기
    ⓑ 남자 경기 분류 : (국제 대회 여부와 관계없이) 모든 대회에서 제한 종목을
      포함한 모든 트랙, 필드, 복합 경기
    ⓒ 간성 혹은 유사한 분류가 적용될 수 있는 경우 : (국제 대회 여부와 관계없이)
      모든 대회에서 제한 종목을 포함한 모든 트랙, 필드, 복합 경기

70 여기에는 이와 관련된 소름끼치는 이야기가 있다. 저개발국의 시골이나
산간 지역 출신의 18~21세 여성 네 명이 남성화된 것으로 확인되어 프랑스의 한
병원으로 이송되었다. 거기서 이들은 5-환원효소 결핍증이 있는 남성(고환과
XY염색체를 가진)으로 진단받고 생식샘 절제, 즉 음핵 제거와 음핵축소 수술을 받아야
했다. 그들이 당시의 상황을 이해하고 있었는지는 불분명하다. Karkazis and
Jordan-Young(2018), Karkazis and Carpenter(2018), Fenichel et al.(2013) 참고.

71 두티 찬드 이야기는 en.wikipedia.org/wiki/Dutee_Chand에서 얻었다.

72 Bermon and Garnier(2017), Bermon et al.(2018). 저자들은 "대구와
모스크바의 국제육상경기연맹 세계육상선수권대회 지역 조직 위원회로부터 조직적·
행정적 지원을 제공받은 데 대해 감사의 뜻을 표하고 싶다"고 썼다(Bermon and Garnier
2017, 1313). 그들의 논문에는 다음과 같은 면책 조항도 포함돼 있다. "SB[논문 저자 중
한 명인 스테판 베르몽]는 국제육상경기연맹의 의료 및 과학 자문 위원이자 고안드로겐
혈증 여자 운동선수들과 트랜스젠더 운동선수들에 관한 국제육상경기연맹과
국제올림픽위원회 실무 그룹의 일원이며, 그 목적으로 '두티 찬드 대
국제육상경기연맹' 사건에 증인으로 출석했다. PYG[논문의 다른 저자인 피에르-이브
가르니에]는 국제육상경기연맹 건강 및 과학 부서 책임자로, 이 원고에서 거론된
주제나 대상에 재정적 이해관계가 있는 그 어떤 다른 조직이나 단체와도 아무런
관련이 없다."

73 다음 논문들은 관련된 과학적 논쟁의 핵심을 담고 있다. Bermon and

Garnier(2017), Bermon et al.(2018), Franklin, Ospina Betancurt, and Camporesi (2018), Ospina Betancurt et al.(2018), Pielke, Tucker, and Boye(2019), Sonksen (2015), Sönksen et al.(2018), Jordan-Young and Karkazis(2012b). 내가 보기에 확실한 것은, 특정 대회에서 안드로겐 수치와 운동 기량 사이의 관계를 이해하려는 시도가, 조던-영이 "젠더 마녀 사냥"이라고 불렀던 것의 희생양이 되었다는 점이다.

74 국제육상경기연맹 관련 인용문들은 모두 다음의 국제육상경기연맹 언론 공식 발표에서 인용했다. www.iaaf.org/news/press-release/eligibility-regulations-for-female-classifica. 전체 문서는 www.iaaf.org/about-iaaf/documents/rules-regulations#collapseregulations에서 내려받을 수 있다.

75 Longman and Macur(2019).

76 Crenshaw(1991), Collins(2015), Cho, Crenshaw, and McCall(2013), Patil(2013).

77 2016년 10월에 열린 테드TED 강연에서 크렌쇼는 이 역사를 아주 잘 설명하고, 유색인종 여성에 대한 경찰의 눈에 보이지 않는 폭력에 교차성이라는 개념을 통렬하게 적용했다(www.ted.com/talks/kimberle_crenshaw_the_urgency_of_intersectionality?language=en).

78 Sawer and Berger(2009).

79 Magubane(2014).

80 Magubane(2014, 768).

81 Fausto-Sterling(1995).

82 Savitt(1978); Washington(2006).

83 Reis(2009).

84 아이를 어떤 젠더로 키울지 선택하고 의사가 선택한 정체성과 맞지 않는 생식기를 "교정"하기 위해 수술을 강권한 것 등 머니의 심리성적 발달 이론과 간성 아동에 대한 적용을 살펴보려면 이 책의 114~121쪽 참고. 머니는 수십 년 동안 이 분야를 지배했으며 어떤 이의도 용납하지 않았다.

85 Magubane(2014, 778).

86 Magubane(2014, 781).

87 Karkazis and Jordan-Young(2018). 카캐지스와 조던-영은 그 회의에 참석했고, 자신이 관찰한 내용 및 주석과 기록에 근거해 논문을 썼다.

88 이 장의 주 63과 64를 참고.

89 메르몽은 휠러가 흔치 않은 근육 성장을 허용해 주는 마이오스타틴myostatin 억제 유전자를 갖고 있다고 언급했다.

90 Karkazis and Jordan-Young(2018, 14). 카캐지스와 조던-영이 이 논문에 짜 넣은 인종과 젠더의 체계는 내가 이 지면을 통해 탐구한 것보다 훨씬 더 복잡하다. 독자들이 직접 이 논문을 읽길 권한다.

91 Fine(2016), Jordan-Young and Karkazis(2019).

92 이 책의 2000년 판 6장의 첫머리를 참고.

93 Fausto-Sterling(2000, 193)[이 책의 278쪽 참고].

94 사실 수많은 연구가 에스트로겐과 안드로겐이 때때로 혈류에 들어가지 않고도 직접 신경 조절 물질로 작용할 수 있다는 걸 보여 준다. 그러나 정의상 이런

활동은 전혀 호르몬적이지 않다. 호르몬은 생산된 위치에서 멀리 떨어져 작동하는 순환 물질로 정의되기 때문이다(de Vries and Forger 2015).

95 van Anders and Dunn(2009, 207).

96 van Anders(2015, 1181).

97 van Anders(2013).

98 van Anders(2013, 206-207).

99 McCarthy(2016), McCarthy and Arnold(2011). 또한 놀라운 점은 뇌의 특정 영역에서 엔도카나비노이드endocannabinoid의 성차가 사춘기에 나타나는 행동의 성차를 매개한다는 점을 발견했다는 것이다. 이 경우 발견된 것은 "성호르몬"이 아니다(Krebs-Kraft et al. 2010). 뇌의 성차에서 후성 유전학적 변화와 면역계가 수행하는 역할에 대해서는 McCarthy(2019) 참고.

100 Hines et al.(2016, 1888).

101 Hines(2004, 121).

102 Hines et al.(2016, 초록)에서 인용.

103 Collaer and Hines(2020).

104 지난 10여 년 동안 페미니스트 과학자들이나 사회과학자들이 쓴 최소한 여덟 권의 책들이 젠더와 호르몬 및 뇌에 관한 연구를 비판했다. 여기에는 Pitts-Taylor(2016), Eliot(2009), Fine(2010), Jordan-Young(2010), Bluhn, Jacobson, and Maibom(2012), Rippon(2019), Saini(2017), Schmitz and Höppner(2014)가 있다.

105 Jordan-Young(2010, 291).

106 Fine(2010, 123).

107 Jordan-Young(2012, 1738).

108 Fausto-Sterling(2000, 145).

109 Luders, Toga, and Thompson(2014).

110 예를 들면, 기능적 연결체 1000 프로젝트(fcon_1000.projects.nitrc.org/)를 참고(Biswal et al. 2010).

111 Rippon(2019)은 이 새로운 스캔 기법에 대해 그 장단점을 논하면서 읽기 쉬운 안내서를 제공한다.

112 Rippon(2019), Joel and Vikhanski(2019).

113 이것이 유일한 사례는 아니다. 새로운 페미니즘적 신경과학은 『미국국립과학원회보』와 『영국왕립학회보』처럼 저명한 학술지에도 등장했다. 나아가 다른 과학자들이 이 학술지들의 여러 지면에서 페미니즘적 과학자들과 논쟁을 벌이고 있다. 좋은 일이다. 페미니스트의 도전이 주류 신경과학에 영향을 주기 시작했다는 의미이기 때문이다.

114 페미니즘적 신경과학자·심리학자·사회과학자로 구성되었다.

115 Rippon et al.(2014).

116 구식 확률 테스트에 대한 비판을 둘러싸고 심리학 전체 분야가 논란에 휩싸였다는 사실은 주목할 만하다. 효과의 크기를 보고해야 한다는 데는 모두가 동의하고 있으며, 일부 통계학자들은 확률 테스트를 완전히 폐지하고 싶어 한다. 이런 흥미진진한 급변은 우리의 맥락에선 다소 부차적이지만, 독자들이 *The American Statistician*(2019)의 73집, 증보판 특별호를 참고하길 권한다. 이와 같은 변화의

여파는 젠더/섹스 차이에 대한 연구에 분명 영향을 미칠 것이다.

117　Hyde(2005; 2007).

118　Joel(2011; 2012), Joel et al.(2018), Joel et al.(2015), Joel and Fausto-Sterling(2016), Joel and McCarthy(2016), Joel et al.(2013), Joel and Yankelevitch-Yahav(2014).

119　Fine, Joel, and Rippon(2019, 8).

120　이것은 "원칙적인" 주장이다. 나는 여성의 정체성을 가진 사람에게 음경이 있을 수 있다는 점을 잘 알고 있다.

121　Del Giudice et al.(2019).

122　Fine, Joel, and Rippon(2019, 8). 기술적 논변에 대해서는 특히 Joel et al.(2018) 참고.

123　Hyde(2014).

124　Rippon et al.(2014, 189-190줄).

125　Fine et al.(2013).

126　2019호에 실린 논문들은 전체적으로 중요하다(Jordan-Young, Rippon, and Grossi 2019).

127　Bentley et al.(2019b; 2019a).

128　Ephraim(2018).

129　Green, Benner, and Pear(2018).

130　Butler(1993[24쪽]).

131　Fausto-Sterling(2018).

132　나는 이 댓글들에 몇 가지 답변을 썼지만 『뉴욕 타임스』가 싣지 않았다. 그래서 기록을 위해, 여기에 내가 당시 일부 비판에 어떻게 반응했는지 적어 둔다.

여러 댓글에 대한 앤 파우스토-스털링의 답변

먼저, 짜증나서였든 불쾌해서였든, 좋게 이야기해 주었든 아니면 중요한 의문과 이의를 제기해 주었든 시간을 들여 제 글에 응답해 준 모든 분들에게 감사드린다. 아래 나의 답변은 그중에서 의문과 이의를 제기한 분들에 대한 것이다. 나는 여기에 해당하는 댓글들을 세 가지 범주로 나눠 함께 다루고자 한다.

성별은 이형적이다. 난자 아니면 정자가 있을 뿐이다. 우리는 두 가지 성별로 번식하도록 진화했다. 간성은 보기 드문 질환이며, 정상이 아니다. 인간이 이형적이라는 사실은 반박의 여지가 없다.
첫째, 우리는 섹스라는 용어를 적어도 두 가지 방식으로 사용한다. 엄격하게 번식을 지칭할 때, 하나의 종으로서 인간에게 두 가지 종류의 생식세포, 즉 난자와 정자가 있다는 것은 분명한 사실이다. 이 생식세포들은 확실히 진화의 산물이다. 그러나 우리가 생식세포에서 [양성 교육 평등법인] 〈타이틀 9〉의 규정 변경안이 남성 아니면 여성(즉, 섹스라는 용어의 두 번째 용법)으로 라벨링하려는 '개별 인간' 존재의 차원으로 이동하는 순간, 이분법적 분류는 확실성을 상실하게 된다. 먼저 트럼프의 〈타이틀 9〉의 규정은 출생 시 눈으로 볼 수 있는 외부 생식기를 강조하고, 추후 불특정한 "유전자 검사"를 통해 각 개인을 확실하게 라벨링할 수 있다고 제안한다. 이런 접근 방식은 간성인 사람들에게 문제를 야기할 것이다. 그리고 그들이 소수(출생아 중 외부 생식기가 혼합된 경우는 0.4퍼센트이며, XO, XXY, XYY 등의 성염색체변이를 비롯한 모든 비이형적 경우를 다 합치면 1.5퍼센트에 달한다)일지라도, 이런 규칙 때문에 삶이 엉망이 될 사람들은 여전히 많다(이 규정 변경안으로는 분류될 수 없는 사람들이 100만 명마다 무려 4만~15만 명에 달한다).

둘째, 남성과 여성의 범주 내에서도 개인차가 상당하다. 정자를 보유한 사람들과 난자를 보유한 사람들 양쪽 다에 키가 큰 사람도 있고 작은 사람도 있으며, 어깨가 넓은 사람도 있고 좁은 사람도 있다. 체모의 정도나 목소리 음색도 다 다르다. 이런 변이성은 환경(영양, 운동 등)과 유전적 변이의 결과이자, 내가 사설에서 논했듯이, 성 발달이 그 자체로 엄격한 이분법이 아니라는 사실에서 기인한다. 유전적·호르몬적으로 생식력이 있는 사람 중에서, 이 모든 기준으로 "정확하게" 남성이나 여성으로 분류되지만 어깨가 넓고 목소리가 굵은 여성이거나 가냘픈 체구에 목소리가 높은 남성이라서 외모나 음색으로는 그렇지 않은 사람에게는 어떤 일이 벌어질까? 그런 이들이 자신의 신체와 경험에 맞게 자기표현과 젠더 정체성을 발달시키기보다 염색체에 따라 라벨링을 강요하는 것은 그들을 위험에 빠뜨릴 수 있다. 제3의 젠더 범주는 이들에게 안전성을 제공할 수 있다(이런 범주는 현재 미국의 일부 주나 세계 여러 국가에서 인정되고 있기도 하다).

셋째, 간성 발달은 정상이 아니며 따라서 간성으로는 두 개의 섹스만 존재한다는 생각을 약화하지 않기 때문에 나의 사설은 설득력이 없다고 생각하는 사람들도 있었다. 이들은 자신들의 주장을 방어하면서 [손가락이나 발가락이 정상보다 많은] 다지증에 걸린 사람들의 출생을 언급한다. 섹스처럼 정상이라는 단어에도 두 가지 의미가 있다. 하나는 통계적인 것이며, 다른 하나는 사회적인 것이다. 간성인들은 사실 통계적으로는 정상 범주에서 벗어나며 인구 전체에서 뚜렷한 소수에 해당한다. 그러나 수적인 소수가 반드시 사회적 비정상을 의미하지는 않는다. 종 모양 통계 곡선의 양 가장자리에서 발달하는 사람들이 있다. 이와 관련해 우리는 사회적 규범이 무엇인지에 대해 일종의 집단적 합의를 이룬다. 예를 들어, 주로 쓰는 손을 생각해 보자. 오랜 세월 동안 왼손잡이를 오른손잡이로 훈련시키는 것이 규범이었으며, 왼손잡이를 악마, 어둠 혹은 기이함과 연관시키는 문헌도 많았다. 오른손잡이는 잘 쓸 수 있지만 왼손잡이는 사용하기 힘든 비대칭적인 주걱, 가위, 케이크 칼 같은 일반 도구들의 설계 방식이 왼손잡이가 사회적으로 비정상적인 존재가 되는 데 어느 정도 기여했다. 오늘날에는 어떤 방식으로든 잘 기능하는 대칭적인 도구들이 있다. 왼손잡이 역시 편하게 생활할 수 있도록 사회적으로 결정한 결과다. 마찬가지로 우리는 간성인들을 "고쳐서" 그들이 남성이나 여성이라는 라벨을 받아들이게 만들려고 외과 수술을 시행했(으며 여전히 하고 있)지만, 태어난 모습 그대로 살아가길 원하는 사람들을 인정하기 위해 사회적으로 제3의 범주를 설계할 수 있(고 이미 시작하고 있)다.

섹스와 젠더는 다르다. 그러면 트랜스젠더는 어떤가?
많은 사람들은 "젠더"라는 말로 스스로에 대해 느끼는 방식, 그리고 (마음 깊이
느끼는 안정된 정체성을 긍정하려는) 내면의 심리적 위안을 얻으려고 스스로를
표현하는 방식, 또한 외부 세계에 그런 자신을 표현하는 방식을 지칭한다.
트럼프 행정부가 제안한 규정은, 내가 사설과 위의 답변에서 논했듯이, 오직
생물학적 성별만 언급하고 있으며, 젠더 정체성과 표현, 심지어는 동성애까지
사실상 〈타이틀 9〉의 보호를 받지 못하게 할 것이다. 우리는 어떤 사람이
강렬하게 느끼는 젠더 정체성을 어떻게 획득하게 되는지 완전히 이해하지
못한다. 그럴지라도 젠더 정체성이 점진적으로 발달하며 아동기 초기에
처음으로 표출된다는 것, 일단 획득되면 꽤 안정적이고 깊이 느껴진다는 것은
분명하다. 트랜스젠더들에게 가장 중요한 문제는, 그 정체성이 염색체 혹은
성기의 섹스와 일치하지 않는다는 것이다.

　　　많은 사람들은 [이분법적인 젠더가 아니라] 젠더 표현과 정체성의
스펙트럼상에 존재하며, 여기에는 많은 젠더 비순응 아동도 포함된다.
논바이너리가 많이 존재한다는 점을 인정하는 것, 또 그들을 보호하는 것은
대단히 중요하다. 현재 미국에서 트랜스젠더로 확인되는 성인의 추정치는 (성인
인구의 약 0.6퍼센트에 해당하는) 140만 명에 달할 정도로 많다. 간성의 경우처럼,
이 수치는 전체 인구 대비 극소수이며 통계적으로는 정상이 아니다. 그럼에도
불구하고, 우리는 [이들을 부정하려는] 사회적·집단적 결정을 목도하고 있다.
140만 명의 성인들이 (그리고 숫자가 알려지지 않은 많은 아이들이) 마음 깊은
곳에서 느끼는 자신의 안정적인 개인 정체성을 공개적으로 표현하며 살아가지
못하도록 막아야 할까? 혹은 (트럼프 행정부의 제안처럼) 그들을 존재하지 않는
것으로 정의해야 할까? 내 생각에 이 문제의 해결 방안은 이미 밝혀졌다. 수많은
트랜스*인 사람들이 자랑스럽게 자신을 드러내고 자신의 삶을 살기 좋게 만들기
위해 스스로를 조직하는 상황에서 〈타이틀 9〉 규정의 변경은 비극과 더 많은
갈등만을 야기할 뿐이다. 게다가 **어떤** 과학도 트랜스* 정체성을 무효화하는
근거를 제공하지 않는다.

**존 머니는 포경수술에 실패한 남자아이에게 여자아이가 되라고 집요하게
강요했던 나쁜 사람이다. 심지어 여자아이가 될 수 없다는 사실이 분명해진
뒤에도 그랬다. 그가 이런 일을 저질렀던 것은 젠더 정체성은 유전적인 것이
아니라는 자신의 이론에 푹 빠졌기 때문이었고, 그 결과는 참혹했다. 그는
자신이 담당한 간성 환자 중 상당수를 학대하기까지 했다.**
이런 식의 댓글들에 함축된 의미는, 머니의 연구를 활용하거나 그의 이름을
언급해서는 안 된다는 것처럼 보인다. 그는 데이비드 라이머를 치료하면서
끔찍한 일을 저질렀고 마침내 그 사실이 알려졌을 때, 합당하게도 대중적으로
망신을 당하며 고통받았다. 그럼에도 불구하고, 그는 성 발달을 사고하는 방식에
대혁신을 일으켰고 우리가 지금도 수행하고 있는 모든 기초 생물학 연구들을
마련했다. 우리가 그의 연구 가운데 잘 확립된 측면들을 활용할 때에는, 그가
이룩한 성과를 인정해야만 한다고 생각한다. 또한 그는 젠더 정체성이라는
개념을 창안하고 대중화했는데, 이를 공적인 성역할에 대한 사적인 경험으로

정의했다. 달리 말해, 그는 현재 논쟁이 되고 있는 용어들을 발명했다. 섹스 자체와 마찬가지로, 젠더와 섹스에 대한 머니의 생각은 복잡했다. (그가 [젠더 정체성이 완전히 환경에 의해 결정되는] 엄격하게 "백지상태인 사내"를 믿은 것은 아니었다. 이 주제는 그 자체로 한 편의 긴 에세이다.) 그리고 950개의 단어로 쓴 나의 사설에는 머니의 엇갈리는 유산에 대한 논의를 이어 갈 공간이 없었다.

133 Ephraim(2018, 143).

134 whyevolutionistrue.wordpress.com/2018/12/11/once-again-why-sex-is-binary/와 whyevolutionistrue.wordpress.com/2018/10/28/sex-in-humans-may-not-be-binary-but-its-surely-bimodal/, 그리고 whyevolutionistrue.wordpress.com/2018/11/04/the-binary-nature-of-sex-a-column-by-deborah-soh/

135 스콥스는 테네시주의 고등학교 교사로 진화론 교육을 금지하는 주법을 어기고 수업 중에 진화론을 가르쳤다는 이유로 기소되었다(www.history.com/topics/roaring-twenties/scopes-trial).

136 www.latimes.com/opinion/op-ed/la-oe-soh-trans-feminism-anti-science-20170210-story.html; Merchant(1980).

137 Berezow(2019).

138 베레조의 게시글은 미국과학건강협회 누리집에 올라가 있다. 이 단체에 대해 개리 러스킨은 다음과 같이 언급한다. "미국과학건강협회는 [표면상으로는 과학과 건강을 내세우지만] 담배, 화학물질, 화석연료, 화장품 및 약품 산업을 대변하는 단체다. 2018년 몬산토를 상대로 한 소송에서 공개된 이메일과 2012년 유출된 재정 서류들에 따르면, 미국과학건강협회는 기업으로부터 자금을 지원받았을 뿐만 아니라 기업들로부터 재정적 지원을 확보하기 위해 그럴싸하게 과학을 동원해 해당 업체의 제품을 옹호하는 전략을 썼다"(Ruskin 2018; usrtk.org/hall-of-shame/why-you-cant-trust-the-american-council-on-science-and-health/).

139 Joel et al.(2015).

140 Joel and McCarthy(2016).

141 Schiebinger(1999).

참고문헌

1935. Report of the second conference on the standardisation of sex hormones. *Quarterly Bulletin of the Health Organization*: 618-30.

1992. IAAF joins critics of Olympic sex testing. *Atlanta Constitution*, p. G2. Feb. 12.

1992. Science: Sexing the sportswomen. *Daily Telegraph* (London), p. 12. July 20.

1993. Five failed controversial Olympics sex test. *Science* 261 (July 2): 27.

1993. Five female athletes had male genes. *The Herald* (Glasgow), p. 4. June 18.

1994. American Council on Surgery training tape number 1613. Surgical reconstruction of ambiguous genitalia in female children.

1999. Kuwaiti women likely to get the vote. *Providence Journal* (Providence, RI), p. A12. July 3.

Aaronson, I. A., M. A. Cakmak, et al. 1997. Defects of the testosterone biosynthetic pathway in boys with hypospadias. *Journal of Urology* 137 (May): 1884-88.

Abdullah, M. A., S. Katugampola, et al. 1991. Ambiguous genitalia: Medical, sociocultural and religious factors affecting management in Saudi Arabia. *Annals of Tropical Paediatrics* 11: 343-48.

Aberle, S., and G. W. Corner. 1953. *Twenty-five years of sex research: History of the National Research Council Committee for Research in Problems of Sex, 1922-1947*. Philadelphia: W. B. Saunders.

Abir-Am, P. 1982. The discourse of physical power and biological knowledge in the 1930's: A reappraisal of the Rockefeller Foundation's 'policy' in molecular biology. *Social Studies of Science* 12: 341-82.

Aboitiz, F. 1998. To normalize or not to normalize overall size? *Behavioral and Brain Sciences* 21(3): 327-28.

Aboitiz, F., E. Rodriguez, et al. 1996. Age-related changes in the fibre composition of the human corpus callosum: Sex differences. *NeuroReport* 7: 1761-64.

Aboitiz, F., A. B. Scheibel, et al. 1992a. Individual differences in brain asymmetries and fiber composition in the human corpus callosum. *Brain Research* 598: 154-61.

_____. 1992b. Morphometry of the sylvian fissure and the corpus callosum, with emphasis on sex differences. *Brain* 115: 1521-41.

Aboitiz, F., E. Rodriguez, et al. 1996. Age-related changes in the fibre composition

섹싱 더 바디

of the human corpus callosum: Sex differences. *NeuroReport* 7: 1761-64.

Abramovich, D. R., I. A. Davidson, A. Longstaff, and C. K. Pearson. 1987. Sexual differentiation of the human midtrimester brain. *European Journal of Obstetrics, Gynecology, and Reproductive Biology* 25: 7-14.

Abu-Arafeh, W., B. Chertin, et al. 1998. One-stage repair of hypospadias— experience with 836 cases. *European Journal of Urology* 34(4): 363-67.

Adkins, R. 1999. Where sex is born(e): Intersexed births and the social urgency of heterosexuality. *Journal of Medical Humanities* 20: 117-30.

Adkins-Regan, E. 1988. Sex hormones and sexual orientation in animals. *Psychobiology* 16(4): 333-47.

Adkins-Regan, E., O. Orgeur, et al. 1989. Sexual differentiation of reproductive behavior in pigs: Defeminizing effects of prepubertal estradiol. *Hormones and Behavior* 23: 290-303.

Adolph, K. E., and S. E. Berger. 2011. Physical and motor development. In *Developmental science*, ed. M. H. Bornstein and M. E. Lamb. New York: Psychology Press, 241-302.

Adolph, K. E., and S. R. Robinson. 2015. Motor development. In *Handbook of child psychology and developmental science*. Hoboken: John Wiley and Sons, 1-45.

Adolph, K. E., C. S. Tamis-LeMonda, S. Ishak, et al. 2008. Locomotor experience and use of social information are posture specific. *Developmental Psychology* 44(6):1705-14.

Adolph, K. E., L. B. Karasik, and C. S. Tamis-LeMonda. 2010. Motor skill. In *Handbook of cultural development science*, ed. M. H. Bornstein. New York: Psychology Press, 62-87.

Adolph, K., J. E. Hoch, and W. Cole. 2018. Development (of walking): 15 suggestions. *Trends in Cognitive Sciences* 22 (8): 699-711.

Aglioti, S., A. Bonazzi, et al. 1994. Phantom lower limbs as a perceptual marker of neural plasticity in the mature human brain. *Proceedings of the Royal Society of London Series B* 255(1344): 273-78.

Ahl, R. E., A. Fausto-Sterling, C. Garcia Coll, et al. 2013. Gender and discipline in 5-12-month-old infants: a longitudinal study. *Infant Behavior and Development* 36(2): 199-209.

Akiba, D., N. Gardner, et al. 1999. Children of color and children from immigrant families: The development of social identities, school engagement and interethnic social attribution during middle childhood. Southwest Regional Conference on Child Development, Albuquerque.

Alarcon, O., L. A. Szalacha, et al. 1998. The color of my skin: An index to measure children's awareness of and satisfaction with their skin color. Wellesley, MA: Wellesley College.

Alberch, P. 1989. The logic of monsters: Evidence for internal constraint in development and evolution. *Geobios* 12 (memoire special): 21-57.

Alexander, G. M., T. Wilcox, and R. Woods. 2009. Sex differences in infants' visual interest in toys. *Archives of Sexual Behavior* 38 (3):427–33.

Alizai, N. K., D. F. M. Thomas, R. I. Lilford, et al. 1999. Feminizing genitoplasty for congenital adrenal hyperplasia: What happens at puberty? *The Journal of Urology* 161, 1588–91.

Allen, B., J. Qin, et al. 1994. Persuasive communities: A longitudinal analysis of references in the Philosophical Transactions of the Royal Society, 1665–1990. *Social Studies of Science* 24(2): 279–310.

Allen, E., and E. A. Doisy. 1923. An ovarian hormone: Preliminary report on its localization, extraction, and partial purification and action in test animals. *Journal of the American Medical Association* 81(10): 819–21.

Allen, E., C. H. Danforth, et al. 1939. *Sex and internal secretions*. Baltimore, MD: Williams and Wilkins.

Allen, G. E. 1975. *Life science in the twentieth century*. New York: Wiley.

———. 1978. *Thomas Hunt Morgan: The man and his science*. Princeton, NJ: Princeton University Press.

Allen, L. E., B. E. Hardy, et al. 1982. The surgical management of the enlarged clitoris. *Journal of Urology* 128: 351–54.

Allen, L. S., M. F. Richey, et al. 1991. Sex differences in the corpus callosum of the living human being. *Journal of Neuroscience* 11 (4): 933–42.

Als, H., and T. B. Brazelton. 1981. A new model of assessing the behavioral organization in preterm and fullterm infants: Two case studies. *Journal of the American Academy of Child Psychiatry* 20 (2): 239–63.

Amandusson, A., O. Hermanson, et al. 1995. Estrogen receptor-like immunoreactivity in the medullary and spinal dorsal horn of the female rat. *Neuroscience Letters* 196: 25–28.

Ammini, A. C., J. Pandey, et al. 1994. Human female phenotypic development: Role of fetal ovaries. *Journal of Clinical Endocrinology and Metabolism* 79(2): 604–8.

Anderson, C. 1992. Tests on athletes can't always find line between males and females. *Washington Post*, January 6, A3.

Anderson, S. C. 1996. Otto Weininger's masculine utopia. *German Studies Review* 19(3): 433–53.

Andrews, H. O., R. Nauth-Misir, et al. 1998. Iatrogenic hypospadias—a preventable injury? *Spinal Cord* 36(3): 177–80.

Angier, N. 1994. Male hormone molds women, too, in mind and body. *New York Times,* May 3, C1, C13.

———. 1997a. New respect for estrogen's influence. *New York Times*, June 24, C1ff.

———. 1997b. Sexual identity not pliable after all, report says. *New York Times*, March 14, 1ff.

———. 1999. *Woman, an intimate geography*. New York: Houghton Mifflin.

Anonymous. 1917. The internal secretion of the reproductive glands. *The Lancet* (November 3): 687.

______. 1994*a*. Be open and honest with sufferers. *British Medical Journal*: 1041-42.

______. 1994*b*. Once a dark secret. *British Medical Journal* 305: 542.

______. 1995*a*. "Gay gene" research links homosexuality in males with heredity. *Providence Journal*, October 31 (Providence, RI), A8.

______. 1995*b*. Schizophrenia gene search getting closer, say studies. *Providence Journal* (Providence, RI), A8.

Arai, C., Y. Murakami, et al. 1994. Androgen enhances degeneration in the developing preoptic area: Apoptosis in the anteroventral periventricular nucleus. *Hormones and Behavior* 28 (4): 313-19.

Archiv für sexual Wissenschaft. 1999. Robert Koch Institut.

Arendash, G. W., and R. A. Gorski. 1982. Enhancement of sexual behavior in female rats by neonatal transplantation of brain tissue from males. *Science* 217: 1276-78.

Armstrong, C. N. 1966. Treatment of wrongly assigned sex. *British Medical Journal* 2: 1255-56.

Arnold, A. P., and M. Breedlove. 1985. Organizational and activational effects of sex steroids on brain and behaviors: A reanalysis. *Hormones and Behavior* 19: 469-98.

Arnstein, P. M. 1997. The neuroplastic phenomenon: A physiologic link between chronic pain and learning. *Journal of Neuroscience Nursing* 29(3): 179-86.

Ascheim, S., and B. Zondek. 1927. Hypophsenvorderlappenhormon und Ovarialhormon in Harn von Schwangeren. *Klinische Wochenschrift* 6: 1322.

Asopa, H. S. 1998. Newer concepts in the management of hypospadias and its complications. *Annals of the Royal College of Surgeons of England* 80(3): 161-8.

Atkins, D., ed. 1998. *Looking queer: Body image and identity in lesbian, bisexual, gay and transgender communities*. New York: Harrington Park Press(Haworth Press).

Azziz, R., R. Mulaikal, et al. 1986. Congenital adrenal hyperplasia: Long-term results following vaginal reconstruction. *Fertility and Sterility* 46(6): 1011-14.

Baharloo, S., P. A. Johnston, et al. 1998. Absolute pitch: An approach for identification of genetic and nongenetic components. *American Journal of Human Genetics* 62: 224-31.

Bailey, J. M., and R. C. Pillard. 1991. A genetic study of male sexual orientation. *Archives of General Psychiatry* 48 (December): 1089-96.

Bailey, J. M., R. C. Pillard, et al. 1993. Heritable factors influence sexual orientation in women. *Archives of General Psychiatry* 50 (March): 217-23.

Bailez, M. M., J. P. Gearheart, et al. 1992. Vaginal reconstruction after initial construction of the external genitalia in girls with salt-wasting adrenal hyperplasia. *Journal of Urology* 148: 680-84.

Bain, J., E. S. E. Hafez, et al., eds. 1978. *Andrology: Basic and clinical aspects of male reproduction and infertility. Progress in Reproductive Biology.* Basel, Switz.: S. Karger.

Baker, L. D. 1994. The location of Franz Boas within the African-American struggle. *Critique of Anthropology* 14(2): 199-217.

Baker, S. 1981. Psychological management of intersex children. *Pediatric and Adolescent Endocrinology* 8: 261-69.

Bakker, J. 1996. Sexual differentiation of the brain and partner preference in the male rat. *Endocrinology and Reproduction.* Rotterdam, Erasmus University of Rotterdam: 251.

Bakker, J., J. van Ophemert, et al. 1993. Organization of partner preference and sexual behavior and its nocturnal rhythmicity in male rats. *Behavioral Neuroscience* 107(6): 1049-59.

_____. 1994. A semiautomated test apparatus for studying partner preference behavior in the rat. *Psychoneuroendocrinology* 56(3): 597-601.

_____. 1995*a*. Endogenous reproductive hormones and nocturnal rhythms in partner preference and sexual behavior of ATD-treated male rats. *Behavioral Neuroendocrinology* 62: 396-405.

_____. 1995*b*. Postweaning housing conditions and partner preference and sexual behavior of neonatally ATD-treated male rats. *Psychoneuroendocrinology* 20(3): 299-310.

Bakker, J., T. Brand, et al. 1993. Hormonal regulation of adult partner preference behavior in neonatally ATD-treated male rats. *Behavioral Neuroscience* 107(3): 480-87.

Balas, B., A. Saville, and J. Schmidt. 2018. Neural sensitivity to natural texture statistics in infancy. *Developmental Psychobiology* 60 (7): 765-74.

Ball, G. F. 1993. The neural integration of environmental information by seasonally breeding birds. *American Zoologist* 33: 185-200.

Balmer, B. 1996. The political cartography of the human genome project. *Social Studies of Science* 4(3): 249-82.

Balthazart, J., O. Tlemcani, et al. 1996. Do sex differences in the brain explain sex differences in hormonal induction of reproductive behavior? What 25 years of research on the Japanese quail tells us. *Hormones and Behavior* 30: 627-61.

Barad, K. 1996. Meeting the universe halfway: Realism and social constructivism without contradiction. In *Feminism, science and the philosophy of science*, ed. L. H. Nelson and J. Nelson. Dordrecht, Netherlands: Kluwer Academic Publishers, 161-94.

Bardin, W. C., and J. F. Catterall. 1981. Testosterone: a major determinant of extragenital sexual dimorphism. *Science* 211: 1285-94.

Barinaga, M. 1996. Social status sculpts activity of crayfish neurons. *Science* 271 (January 19): 290-91.

______. 1998. No-New-Neurons Dogma Loses Ground. *Science* 279 (March 27): 2041-42.

Baum, M. J. 1979. Differentiation of coital behavior in mammals: A comparative analysis. *Neuroscience and Behavioral Reviews* 3: 265-84.

______. 1990. Frank Beach's research on the sexual differentiation of behavior and his struggle with the organizational hypothesis. *Neuroscience and Biobehavioral Reviews* 14: 201-6.

Beach, F. A. 1938. Sex reversals in the mating pattern of the rat. *Journal of Genetic Psychology* 53: 329-34.

______. 1941. Female mating behavior shown by male rats after administration of testosterone proprionate. *Endocrinology* 29: 409-12.

______. 1942*a*. Execution of the complete masculine copulatory pattern by sexually receptive female rats. *Journal of Genetic Psychology* 60: 137-142.

______. 1942*b*. Analysis of factors involved in the arousal, maintenance and manifestation of sexual excitement in male animals. *Psychosomatic Medicine* 4: 173-98.

______. 1942*c*. Analysis of the stimuli adequate to elicit mating behavior in the sexually inexperienced rat. *Journal of Comparative Psychology* 33(2): 163-208.

______. 1942*d*. Comparison of copulatory behavior of male rats raised in isolation, cohabitation and segregation. *Journal of Genetic Psychology* 60: 121-36.

______. 1942*e*. Effects of testosterone propionate upon the copulatory behavior of sexually inexperienced male rats. *Journal of Comparative Psychology* 33(2): 227-48.

______. 1942*f*. Male and female mating behavior in prepuberally castrated female rats treated with androgens. *Endocrinology* 31: 73-678.

______. 1943. Effects of injury to the cerebral cortex upon the display of masculine and feminine mating behavior in female rats. *Journal of Comparative Psychology* 36(3): 169-200.

______. 1947-48. Sexual behavior in animals and man. *Harvey Lectures* 43: 254-80.

______. 1947. A review of physiological and psychological studies of sexual behaviors in mammals. *Physiological Reviews* 27: 240-307.

______. 1961. Sex differences in the physiological bases of mating behavior in mammals. In *The physiology of the emotions*, ed. A. Simon, C. Herbert, and R. Straus. Springfield, IL: Charles Thomas, 151-62.

______. 1965. Preface. In *Sex and Behavior*, ed. F. A. Beach. New York: Wiley.

______. 1966. Ontogeny of coitus-related reflexes in the female guinea pig. *Proceedings of the National Academy of Science* 56: 526-33.

______. 1968. The control of mounting behavior. In *Reproduction and sexual behavior,* ed. M. Diamond. Bloomington: Indiana University Press, 83-131.

______. 1971. Hormonal factors controlling the differentiation, development, and display of copulatory behavior in the ramstergig and related species. In *The biopsychology of development,* ed. E. Tobach, L. R. Aronson, and E. Shaw. New York: Academic Press, 249-96.

______. 1975. Behavioral endocrinology: An emerging discipline. *American Scientist* 63: 178-87.

______. 1976a. Sexual attractivity, proceptivity, and receptivity in female mammals. *Hormones and Behavior* 7: 105-38.

______. 1976b. Hormonal control of sex-related behavior. In *Human sexuality in four perspectives,* ed. F. A. Beach. Baltimore: Johns Hopkins University Press, 247-67.

______. 1976c. Prolonged hormone deprivation and pretest cage adaptation as factors affecting the display of lordosis by female rats. *Physiology and Behavior* 16: 807-8.

______. 1978. Confessions of an imposter. In *Pioneers in Neuroendocrinology II,* ed. J. Meites, B. T. Donovan, and S. M. McCann. New York: Plenum Press, 17-37.

______. 1981. Historical origins of modern research on hormones and behavior. *Hormones and Behavior* 15: 325-76.

______. 1985. Conceptual issues in behavioral endocrinology. In *Autobiographies in Experimental Psychology,* ed. R. Gandelman. Hillsdale, NJ: Lawrence Erlbaum, 5-17.

Beach, F. A., and G. Levinson. 1950. Effects of androgen on the glans penis and mating behavior of castrated male rats. *Journal of Experimental Zoology* 114: 159-71.

Beach, F. A., and L. P. Nucci. 1970. Long-term effects of testosterone phenylacetate on sexual morphology and behavior in castrated male rats. *Hormones and Behavior* 1: 223-34.

Beach, F. A., and R. K. Orndoff. 1974. Variation in responsiveness of female rats to ovarian hormones as a function of preceding hormone deprivation. *Hormones and Behavior* 5(3): 201-5.

Beach, F., and P. Rasquin. 1942. Masculine copulatory behavior in intact and castrated female rats. *Endocrinology* 31(4): 393-409.

Beall, A. E., and R. J. Sternberg, eds. 1993. *The psychology of gender.* New York: Guilford Press.

Bean, R. B. 1906. Some racial peculiarities of the negro brain. *American Journal of Anatomy* 5: 353-415.

Beatty, W. W., ed. 1992. Gonadal hormones and sex differences in nonreproductive behaviors. *Handbook of Behavioral Neurobiology.* New York: Plenum Press,

85-117.

Beebe, B., and F. Lachmann. 2002. *Infant research and adult treatments: Co-constructing interactions*. Kindle ed. Hillside, NJ: The Analytic Press.

Beebe, B., and F. M. Lachmann. 1994. Representation and internalization in infancy: Three principles of salience. *Psychoanalytic Psychology* 11(2): 127-65.

Beebe, B., F. M. Lachmann, and J. Jaffe. 1997. Mother-infant interaction structures and presymbolic self- and object representations. *Psychoanalytic Dialogues* 7(2): 133-82.

Beebe, B., J. Jaffe, F. Lachmann, et al. 2000. Systems models in development and psychoanalysis: The case of vocal rhythm coordination and attachment. *Infant Mental Health Journal* 21(1/2): 99-122.

Beebe, B., J. Jaffe, S. Markese, et al. 2010. The origins of 12-month attachment: A microanalysis of 4-month mother-infant interaction. *Attachment and Human Development* 12(1-2): 3-141.

Begley, S. 1995. Gray matters. *Newsweek*, March 27, 48-54.

Beheshti, M., B. E. Hardy, et al. 1983. Gender assignment in male pseudohermaphrodite children. *Urology* 22(6): 604-7.

Bell, A. D., and S. Variend. 1985. Failure to demonstrate sexual dimorphism of the corpus callosum in childhood. *Journal of Anatomy* 143: 143-47.

Bell, A. P., M. S. Weinberg, et al. 1981. *Sexual preference: its development in men and women*. Bloomington: Indiana University Press.

Bell, W. B. 1916. *The sex-complex: A study of the relationships of the internal secretions to the female characteristics and functions in health and disease*. New York: William Wood and Company.

Bellinger, M. F. 1993. Subtotal de-epithelialization and partial concealment of the glans clitoris: a modification to improve the cosmetic results of feminizing genitoplasty. *Journal of Urology* 150: 651-53.

Bem, S. L. 1974. The measurement of psychological androgeny. *Journal of Consulting and Clinical Psychology* 42(2): 155-62.

______. 1989. Genital knowledge and gender constancy in preschool children. *Child Development* 60(3): 649-62.

______. 1993. *The lenses of gender: Transforming the debate on sexual inequality*. New Haven: Yale University Press.

Ben-lih, L., and L. Kai. 1953. True hermaphroditism: Report of two cases. *Chinese Medical Journal* 71: 148-54.

Ben-lih, L., H. Shu-Chieh, et al. 1959. True hermaphroditism: A case report. *Chinese Medical Journal* 78: 449-51.

Benbow, C. P., and D. Lubinski. 1993. *Psychological profiles of the mathematically talented: Some sex differences and evidence supporting their biological basis*. Chichester, U.K.: Wiley, 44-78.

Bender, B. G., R. J. Harmon, et al. 1995. Psychosocial adaptation of 39 adolescents with sex chromosome abnormalities. *Pediatrics* 96(2): 302-8.

Benes, F. M., M. Turtle, et al. 1993. Myelination of a key relay zone in the hippocampal formation occurs in the human brain during childhood, adolescence and adulthood. *Archives of General Psychiatry* 51(June): 477-84.

Benjamin, H. 1945. Eugen Steinach, 1861-1944: A life of research. *Scientific Monthly* 61: 427-42.

Benson, K. R., J. Maienschein, et al., eds. 1991. *The expansion of American biology.* New Brunswick, NJ: Rutgers University Press.

Bentley, V., A. Kleinherenbrink, G. Rippon, et al. 2019a. Improving practices for investigating spatial "stuff": Part II: Considerations from critical neurogenderings perspectives. *The Scholar and Feminist Online* 15(2).

_____. Improving practices for investigating spatial "stuff": Part I: Critical gender perspectives on current research Practices. *The Scholar and Feminist Online* 15(2).

Berenbaum, S. A., and M. Hines. 1992. Early androgens are related to childhood sextyped toy preferences. *Psychological Science* 3(3): 203-6.

Berenbaum, S. A., and S. M. Resnick. 1997. Early androgen effects on aggression in children and adults with congenital adrenal hyperplasia. *Psychoneuroendocrinology* 22(7): 505-15.

Berenson, A., A. Heger, et al. 1991. Appearance of the hymen in newborns. *Pediatrics* 87(4): 458-65.

_____. 1992. Appearance of the hymen in prepubertal girls. *Pediatrics* 89(3): 387-94.

Berezow, A. 2019. Brain wars: Return of the sex deniers. *American Council on Science and Health.* March 5, 2019. www.acsh.org/news/2019/03/05/brain-wars-return-sex-deniers-13856.

Berg, I. 1963. Change of assigned sex at puberty. *The Lancet* 2: 1216-17.

Berg, R., and G. Berg. 1983. Penile malformation, gender identity and sexual orientation. *Acta psychiatrica scandinavia* 68: 154-66.

Berkman, A. 1912. *Prison memoirs of an anarchist.* New York: Mother Earth.

Berman, L. 1921. *The glands regulating physiology.* New York: Macmillan.

Bermon, S., A. L. Hirschberg, J. Kowalski, et al. 2018. Serum androgen levels are positively correlated with athletic performance and competition results in elite female athletes. *British Journal of Sports Medicine* 52(23): 1531-32.

Bermon, S., and P.-Y. Garnier. 2017. Serum androgen levels and their relation to performance in track and field: Mass spectrometry results from 2127 observations in male and female elite athletes. *British Journal of Sports Medicine* 51(17): 1309-14.

Berry, R. J., and F. H. Bronson. 1992. Life history and bioeconomy of the house mouse. *Biological Reviews* 67: 519-50.

Berthold, A. A. 1849. Transplanation der Hoden. *Archiv für Anatomie und Physiologie,* 42-46.

Bérubé, A. 1990. *Coming out under fire: A history of gay men and women in World War Two.* New York: Free Press.

Besa, E. C. 1994. Hematologic effects of androgens revisited—An alternative therapy in various hematologic conditions. *Seminars in Hematology* 31(2): 134-45.

Besnier, N. 1994. *Polynesian gender liminality through time and space.* In *Third sex third gender: beyond sexual dimorphism in culture and history,* ed. G. Herdt. New York: Zone Books, 285-328.

Bin-Abbas, B., F. A. Conte, et al. 1999. Congenital hypogonadotropic hypogonadism and micropenis: Effect of testosterone treatment on adult penile size—Why sex reversal is not indicated. *Journal of Pediatrics* 134(May): 579-83.

Birke, L. 1989. How do gender differences in behavior develop? A reanalysis of the role of early experience. *Perspectives in Ethology* 8: 215-42.

_____. 1999. *Feminism and the biological body.* Edinburgh: Edinburgh University Press.

Birken, L. 1988. *Consuming desire: Sexual science and the emergence of a culture of abundance.* Ithaca, NY: Cornell University Press.

Bishop, K. M., and D. Wahlsten. 1997. Sex differences in the human corpus callosum: Myth or reality. *Neuroscience and Biobehavioral Reviews* 12: 581-601.

Bisiacchi, P., C. A. Marzi, et al. 1994. Left-right asymmetry of callosal transfer in normal human subjects. *Behavioural Brain Research* 64: 173-78.

Biswal, B. B., M. Mennes, X.-N. Zuo, et al. 2010. Toward discovery science of human brain function. *Proceedings of the National Academy of Sciences* 107(10): 4734-39.

Black, M. 1992. Mind over gender. *Elle*: 158-62.

Blackless, M., A. Charuvastra, A. Derryck, et al. 2000. How sexually dimorphic are we? A review article. *American Journal of Human Biology* 12(2): 151-66.

Blakeslee, S. 1995. In brain's early growth, timetable may be crucial. *New York Times,* August 29, C1-C3.

_____. 1999. New theories of depression focus on brain's two sides. *New York Times,* January 19, D2.

Blechner, M. J. 2017. The clitoris: Anatomical and psychological issues. *Studies in Gender and Sexuality* 18(3): 190-200.

Bleier, R. 1984. *Science and gender: A critique of biology and its theories on women.* New York: Pergamon.

Bloom, A. 1994. The body lies. *The New Yorker* 70: 38-49.

Bluhn, R., A. J. Jacobson, and J. L. Maibom, eds. 2012. *Neurofeminism: Issues at the*

intersection of feminist theory and cognitive science. New York: Palgrave
Macmillan.

Bly, R. 1992. *Iron John*. New York: Vintage.

Bock, G. R., and K. Ackrill, eds. 1993. *The origins and development of high ability*.
Ciba Foundation Symposium. New York: Wiley.

Bohan, J. S. 1997. Regarding gender: Essentialism, constructionism, and feminist
psychology. In *Toward a new psychology of gender: A reader*, ed. M. M.
Gergen and S. N. Davis. New York: Routledge, 31-48.

Bolin, A. 1994. Transcending and transgendering: Male-to-female transsexuals,
dichotomy and diversity. In *Third sex third gender: Beyond sexual dimorphism
in culture and history*, ed. G. Herdt. New York: Zone Books, 447-86.

Boman, U. W., A. Moller, et al. 1998. Psychological aspects of Turner Syndrome.
Journal of Psychosomatic Obstetrics and Gynaecology 19(1): 1-18.

Bordo, S. 1993. *Unbearable weight: Feminism, western culture, and the body*. Berkeley:
University of California Press.

Borell, M. 1976. Brown-Sequard's organotherapy and its appearance in America at
the end of the nineteenth century. *Bulletin of the History of Medicine* 50(3):
309-20.

_____. 1978. Setting the standards for a new science: Edward Schäfer and
endocrinology. *Medical History* 22: 282-90.

_____. 1985. Organotherapy and the emergence of reproductive endocrinology.
Journal of the History of Biology 18(1): 1-30.

_____. 1987. Biologists and the promotion of birth control research, 1918-1938.
Journal of the History of Biology 20(1): 51-87.

Bornstein, K. 1994. *Gender outlaw: On men, women and the rest of us*. London:
Routledge.

Boswell, J. 1990. Sexual and ethical categories in premodern Europe. In
Homosexuality/ heterosexuality: Concepts of sexual orientation, ed. D. P.
McWhirter, S. A. Sanders, and J. M. Reinisch. New York: Oxford
University Press, 15-31.

_____. 1995. *Same-sex unions in premodern Europe*. New York: Villard Books.

Bourgine, P., and J. Stewart. 2004. Autopoesis and cognition. *Artificial Life* 10:
327-345.

Bradley, S. J., G. D. Oliver, et al. 1998. Experiment of nurture: Ablatio penis at 2
months, sex reassignment at 7 months and a psychosexual follow-up in
young adulthood. *Pediatrics* 102(1): e9.

Brand, T., and A. K. Slob. 1991*a*. Neonatal organization of adult partner preference
behavior in male rats. *Physiology and Behavior* 49: 107-11.

_____. 1991*b*. On the organization of partner preference behavior in female Wistar
rats. *Physiology and Behavior* 49: 549-55.

Brand, T., J. Kroonen, et al. 1991. Adult partner preference and sexual behavior of male rats affected by perinatal endocrine manipulations. *Hormones and Behavior* 25: 323-41.

Brandon, P. 2016. Body and self: An entangled narrative. *Phenomenology and the Cognitive Sciences* 15(1): 67-83.

Bray, A. 1982. *Homosexuality in Renaissance England.* London: Gay Men's Press.

Brecher, E. M., and J. Brecher. 1986. Extracting valid sexological findings from severely flawed and biased population samples. *Journal of Sex Research* 22(1): 6-20.

Breedlove, S. M. 1997. Sex on the brain. *Nature* 389(October 23): 801.

Breines, W. 1992. *Young, white and miserable: Growing up female in the fifties.* Boston: Beacon Press.

Brent, R. 1999. Functional genomics: Learning to think about gene expression data. *Current Biology* 9: 338-41.

Brewer, J. I., H. O. Jones, et al. 1952. True hermaphroditism. *Journal of the American Medical Association* 148: 431-35.

Brooten, B. J. 1996. *Love between women: Early Christian responses to female homoeroticism.* Chicago: University of Chicago Press.

Brown-Grant, K. 1974. On "critical periods" during post-natal development of the rat. In *Endocrinologie sexuelle de la periode perinatale*, ed. Forest and J. Bertrand. Paris: INSERM, 357-76.

Brown, C., T. J. Adler, et al. 1994. Androgen treatment decreases estrogen receptor binding in the ventromedial nucleus of the rat brain: A quantitative in vitro autoradiographic analysis. *Molecular and Cellular Neurosciences* 5(6): 549-55.

Brown, J. B., and M. P. Fryer. 1957. Hypospadias—complete construction of penis, with establishment of proper sex status after 13 years of mistaken female identity. *Postgraduate Medicine* 22: 489-91.

Bryden, M. P., and M. B. Bulman-Fleming. 1994. Laterality effects in normal subjects: Evidence for interhemispheric interactions. *Behavioural Brain Research* 64: 119-29.

Bryden, M. P., I. C. McManus, et al. 1994. Evaluating the empirical support for the Geschwind-Behan-Galaburda model of cerebral lateralization. *Brain and Cognition* 26: 103-67.

Buhrich, N., J. M. Bailey, et al. 1991. Sexual orientation, sexual identity and sexdimorphic behaviors in male twins. *Behavior Genetics* 21(1): 75-96.

Bullough, V. L. 1988. Katherine Bement Davis, sex research and the Rockefeller Foundation. *Bulletin of the History of Medicine* 62: 74-89.

______. 1994. *Science in the bedroom: A history of sex research.* New York: Basic Books.

Bullough, V. L., and J. A. Brundage, eds. 1996. *Handbook of medieval sexuality.* New York: Garland Publishing.

Burke, P. 1996. *Gender shock: Exploding the myths of male and female.* New York:

Doubleday.

Bussey, K., and A. Bandura. 1998. Social cognitive theory of gender development and differentiation. Manuscript.

Butler, J. 1993. *Bodies that matter: On the discursive limits of "sex."* New York: Routledge[『의미를 체현하는 육체』, 김윤상 옮김, 인간사랑, 2003].

Byne, W. 1995. Science and belief: Psychological research on sexual orientation. *Journal of Homosexuality* 28(3-4): 303-44.

Byne, W., and B. Parsons. 1993. Human sexual orientation: The biologic theories reappraised. *Archives of General Psychiatry* 50(March): 228-39.

Byne, W., R. Bleier, et al. 1988. Variations in human corpus callosum do not predict gender: A study using magnetic resonance imaging. *Behavioral Neuroscience* 102(2): 222-27.

Byrge, L., O. Sporns, and L. B. Smith. 2014. Developmental process emerges from extended brain-body-behavior networks. *Trends in Cognitive Sciences* 18(8): 395-403.

Byrne, J. H. 1997. Plastic plasticity. *Nature* 389(October 23): 791-92.

Cadden, J. 1993. *Meanings of sex difference in the Middle Ages: Medicine, science and culture.* New York: Cambridge University Press.

Cahn, S. K. 1994. *Coming on strong: Gender and sexuality in 20th century women's sports.* Cambridge: Harvard.

Caldamone, A. A., L. E. Edstrom, et al. 1998. Buccal mucosal grafts for urethral reconstruction. *Urology* 51(5A Suppl): 15-9.

Calhoun, J. B. 1962. The ecology and sociology of the Norway rat. Bethesda, MD: U.S. Department of Health, Education and Welfare.

Callegari, C., S. Everett, et al. 1987. Anogenital ratio: Measure of fetal virilization in premature and full-term newborn infants. *Journal of Pediatrics* 111(2): 240-43.

Camazine, S., J.-L. Deneubourg, N. R. Franks, et al. 2001. *Self-organization in biological systems.* Ed. P. Anderson, J. Epstein, D. Foley, et al. Princeton: Princeton University Press.

Campbell, A., L. Shirley, C. Heywood, et al. 2000. Infants' visual preference for sex-congruent babies, children, toys and activities: A longitudinal study. *British Journal of Developmental Psychology* 18(4): 479-98.

Candland, D. K. 1993. *Feral children and clever animals.* New York: Oxford University Press.

Canty, T. G. 1977. The child with ambiguous genitalia: A neonatal surgical emergency. *Annals of Surgery* 183(3): 272-81.

Cao, M., H. Huang, and Y. He. 2017. Developmental connectomics from infancy through early childhood. *Trends in Neurosciences* 40(8): 494-506.

Cao, M., Y. He, Z. Dai, et al. 2017. Early development of functional network segregation revealed by connectomic analysis of the preterm human brain.

Cerebral Cortex 27(3): 1949-63.

Capel, B. 1998. Sex in the 90s: SRY and the switch to the male pathway. *Annual Review of Physiology* 60: 497-523.

Caplan, P. J., and J. B. Caplan. 1997. Do sex-related cognitive differences exist and why do people seek them out? In *Gender differences in human cognition*, ed. J. T. E. Richardson. Oxford, U. K.: Oxford University Press, 52-80.

Capon, A. W. 1955. A case of true hermaphroditism. *The Lancet*, I: 563-65.

Carlson, A. 1991. When is a woman not a woman? *Women's Sports and Fitness* 13: 24-29.

Carlson, B. M. 1999. *Human embryology and developmental biology*. St. Louis: Mosby.

Carpenter, E. 1909. *The intermediate sex: A study of some transitional types of men and women*. New York: Mitchell Kennerly.

Case, M. A. C. 1995. Disaggregating gender from sex and sexual orientation: The effeminate man in the law and feminist jurisprudence. *Yale Law Journal* 105: 1-105.

Casey, B. J., N. Tottenham, C. Liston, et al. 2005. Imaging the developing brain: What have we learned about cognitive development? *Trends in Cognitive Science* 9(3): 104-10.

Catholic League for Religious and Civil Rights. 1995. The holy see: Voice of sanity in a sea of madness. *New York Times*, September 3, advertisement, section 4, p. 11.

Catlin, A. J. 1998. Ethical commentary on gender reassignment: A complex and provocative modern issue. *Pediatric Nursing* 24(1): 63ff.

Chafe, W. H. 1991. *The unfinished journey: America since World War II*. New York: Oxford University Press.

Chase, C. 1995. Re: Measurement of pudendal evoked potentials during feminizing genitoplasty: Technique and applications. *Journal of Urology* 153: 1139-40.

______. 1998*a*. Hermaphrodites with attitude: Mapping the emergence of intersex political activism. *GLQ: A Journal of Lesbian and Gay Studies* 4(2): 189-211.

______. 1998*b*. Surgical progress is not the answer to intersexuality. *Journal of Clinical Ethics* 9(4): 385-92.

______. 1999. Rethinking treatment for ambiguous genitalia. *Pediatric Nursing* 25: 451-55.

Chauncey, G., Jr. 1985. Christian brotherhood or sexual perversion? Homosexual identities and the construction of sexual boundaries in the World War I era. *Journal of Social History* 19: 189-212.

______. 1989. From sexual inversion to homosexuality: The changing medical conceptualization of female "deviance." In *Passion and power: Sexuality in history*, ed. K. Peiss and C. Simmons. Philadelphia: Temple University Press, 87-117.

______. 1994. *Gay New York: Gender, urban culture and the making of the gay male world, 1890-1940*. New York: Basic Books.

Cheek, A. O., and J. A. McLachlan. 1998. Environmental hormones and the male reproductive system. *Journal of Andrology* 19(1): 5-10.

Chen, T.-S., M.-L. Doong, et al. 1995. Effects of sex steroid hormones on gastric emptying and gastrointestinal transit in rats. *American Journal of Physiology* 31(1): G171-76.

Chiao, J. Y. 2018. Developmental aspects in cultural neuroscience. *Developmental Review* 50: 77-89.

Chiarello, C. 1980. A house divided? Cognitive functioning with callosal agenesis. *Brain and Language* 11: 128-58.

Cho, S., M. Crenshaw, and L. McCall. 2013. Toward a field of intersectionality studies: Theory, applications, and praxis. *Signs: Journal of Women in Culture & Society* 38(4): 785-810.

Chodorow, N. J. 1995. Gender as a personal and cultural construction. *Signs* 20(3): 516-44.

Christensen, L. W., and R. A. Gorski. 1978. Independent masculinization of neuroendocrine systems by intracerebral implants of testosterone or estradiol in the neonatal female rat. *Brain Research* 146: 325-40.

Chung, Y. B., and M. Katayama. 1996. Assessment of sexual orientation in lesbian/gay/bisexual studies. *Journal of Homosexuality* 30(4): 49-62.

Clark, E. J., D. O. Norris, et al. 1998. Interactions of gonadal steroids and pesticides DDT, DDE on gonaduct growth in larval tiger salamanders, Ambystoma tigrinum. *General Comparative Endocrinology* 109(1): 94-105.

Clark, J. T. 1993a. Analysis of female sexual behavior: Proceptivity, receptivity, and rejection. *Methods in Neuroscience* 14: 54-75.

______. 1993b. Component analysis of male sexual behavior. *Methods in Neuroscience* 14: 32-53.

Clarke, A. 1990a. A social worlds research adventure: The case of reproductive science. In *Theories of science in society*, ed. S. E. Cozzens and T. F. Gieryn. Bloomington: Indiana University Press: 23-50.

______. 1990b. Controversy and the development of reproductive sciences. *Social Problems* 37(1): 18-37.

______. 1991. Embryology and the rise of American reproductive sciences, circa 1920s-1950. In *The expansion of American biology*, ed. K. R. Benson, J. Maienschein, and R. Rainger. New Brunswick, NJ: Rutgers University Press, 107-32.

______. 1993. Money, sex and legitimacy at Chicago, circa 1892-1940: Lillie's Center of Reproductive Biology. *Perspectives on Science* 1(3): 367-415.

______. 1995. Research materials and reproductive science in the United States, 1910-1940 with epilogue: Research materials (re)visited. In *Ecologies of knowledge: New directions in sociology of science and technology*, ed. S. L. Star.

Albany: State University Press of New York, 183–225.

______. 1998. *Disciplining reproduction: Modernity, American life sciences and the "problems of sex."* Berkeley: University of California Press.

Clarke, A. E., and J. Fujimura, eds. 1992. *The right tools for the job: At work in twentiethcentury life sciences.* Princeton, NJ: Princeton University Press.

Clarke, E. H. 1873. *Sex in education; Or, a fair chance for the girls.* Boston: James R. Osgood.

Clarke, J. M., and E. Zaidel. 1994. Anatomical–behavioral relationships: Corpus callosum morphometry and hemispheric specialization. *Behavioural Brain Research* 64: 185–202.

Clarke, J. M., and R. B. Lufkin. 1993. Corpus callosum morphometry and dichotic listening performance: Individual differences in functional interhemispheric inhibition? *Neuropsychologia* 31(6): 547–57.

Clarke, S., R. Kraftsik, et al. 1989. Forms and measures of adult and developing human corpus callosum: Is there a sexual dimorphism? *Journal of Comparative Neurology* 280: 213–30.

Clause, B. T. 1993. The Wistar rat as the right choice: Establishing mammalian standards and the ideal of a standardized mammal. *Journal of the History of Biology* 26(2): 329–49.

Clerkin, E. M., E. Hart, J. M. Rehg, et al. 2017. Real–world visual statistics and infants' first–learned object names. *Philosophical Transactions of the Royal Society B: Biological Sciences* 372: 1711.

Cohen, J., and I. Stewart. 1994. Our genes aren't us. *Discover* (April): 78–84.

Cohen, L. G., P. Celnik, et al. 1997. Functional relevance of cross–modal plasticity in blind humans. *Nature* 389(September 11): 180–82.

Cohn, C. 1987. Sex and death in the rational world of defense intellectuals. *Signs* 12(4): 687–718.

Colapinto, J. 1997. The true story of John Joan. *Rolling Stone*, December 11, 54ff.

Collaer, M. L., and M. Hines. 2020. No evidence for enhancement of spatial ability with elevated prenatal androgen exposure in congenital adrenal hyperplasia: A meta–analysis. *Archives of Sexual Behavior* 49: 395–411.

Coleman, W. 1971. *Biology in the 19th century: Problems of form, function and transformation.* New York: Wiley.

Collins, P. H. 2015. Intersectionality's definitional dilemmas. *Annual Review of Sociology* 41(1): 1–20.

Condon, W. S., and L. W. Sander. 1974. Synchrony demonstrated between movements of the neonate and adult speech. *Child Development* 45(2): 456–62.

Connellan, J., S. Baron–Cohen, S. Wheelwright, et al. 2000. Sex differences in human neonatal social perception. *Infant Behavior and Development* 23(1): 113–18.

Consortium on the Management of Disorders of Sex Development. 2006a. *Clinical guidelines for the management of disorders of sex development in childhood*. Intersex Society of North America. isna.org/books/clinical_guidelines/.

Consortium on the Management of Disorders of Sex Development. 2006b. *Handbook for Parents*. DSD Guidelines. dsdguidelines.org/htdocs/parents/.

Constant, D., and H. Ruther. 1996. Sexual dimorphism in the human corpus callosum? A comparison of methodologies. *Brain Research* 727: 99–106.

Constantinople, A. 1973. Masculinity-femininity: An exception to a famous dictum? *Psychological Bulletin* 80(5): 389–407.

Conte, F. A., and M. A. Grumbach. 1989. Pathogenesis, classification, diagnosis, and treatment of anomalies of sex. In *Endocrinology*, ed. L. De Groot. New York: Saunders, 1810–47.

Cooke, B., C. D. Hegstrom, et al. 1998. Sexual differentiation of the vertebrate brain: Principles and mechanisms. *Frontiers in Neuroendocrinology* 19: 323–62.

Cooky, C., and S. L. Dworkin. 2013. Policing the boundaries of sex: A critical examination of gender verification and the Caster Semenya controversy. *Journal of Sex Research* 50(2): 103–11.

Corballis, M. C. 1994. Split decisions: Problems in the interpretation of results from commissurotomized subjects. *Behavioural Brain Research* 64: 163–72.

Corner, G. W. 1964. *A history of the Rockefeller Institute: 1901–1953*. New York: Rockefeller Institute Press.

_____. 1965. The early history of oestrogenic hormones. *Journal of Endocrinology* 31: iii–xvii.

Costa, E. M., B. B. Mendonca, et al. 1997. Management of ambiguous genitalia in pseudohermaphrodites: New perspectives on vaginal dilation. *Fertility and Sterility* 67(2): 229–32.

Cott, N. 1987. *The grounding of modern feminism*. New Haven: Yale University Press.

Cotton, P. 1994. How "definitive" is new sex survey? Answers vary. *Journal of the American Medical Association* 272(22): 1727–30.

Council on Pharmacy and Chemistry. 1928. Ovarialhormon, folliculin, menoformon. *Journal of the American Medical Association* 91(16): 1193.

_____. 1936. The nomenclature of estrus-producing compounds. *Journal of the American Medical Association* 107(15): 1221–23.

Cowell, P. E., A. Kertesz, et al. 1993. Multiple dimensions of handedness and the human corpus callosum. *Neurology* 43: 2353–57.

Cowley, G. 1996. Attention: Aging men. *Newsweek*, September 16, 68–75.

Crabbe, J. C., D. Wahlsten, et al. 1999. Genetics of mouse behavior: Interactions with laboratory environment. *Science* 284(June 4): 1670–72.

Crair, M. C., D. C. Gillespie, et al. 1998. The role of visual experience in the development of columns in cat visual cortex. *Science* 279(January 23):

566-70.

Crawford, M., and R. Chaffin. 1997. The meanings of difference: Cognition in social and cultural context. In *Gender differences in human cognition*, ed. J. T. E. Richardson. Oxford, U.K.: Oxford University Press, 81-130.

Crenshaw, K. 1991. Mapping the margins: Intersectionality, identity politics, and violence against women of color. *Stanford Law Review* 43(6): 1241-99.

Crew, F. A. E. 1933. Ten years of sex research. *Journal of Heredity* 24(6): 249-51.

Crichton, M. 1990. *Jurassic Park*. New York: Knopf.

Culianu, J. P. 1991. A corpus for the body. *Journal of Modern History* 63: 61-80.

Cunniff, C., S. J. Hassed, et al. 1995. Health care utilization and perceptions of health among adolescents and adults with Turner syndrome. *Clinical Genetics* 48: 17-22.

Dale, H. H. 1932. Conference on the standardization of sex hormones. *Quarterly Bulletin of the Health Organization League of Nations* 3(1934): 121-27.

Dally, A. 1991. *Women under the knife: A history of surgery*. New York: Routledge.

Danziger, K. 1990. *Constructing the subject: Historical origins of psychological research*. Cambridge, U.K.: Cambridge University Press.

Daston, L. 1992. The naturalized female intellect. *Science in Context* 5(2): 209-35.

Daston, L., and K. Park. 1985. Hermaphrodites in Renaissance France. *Critical Matrix* 1(5): 1-19.

______. 1998. *Wonders and the order of nature, 1150-1750*. New York: Zone Books.

Davatzikos, C., and S. M. Resnick. 1998. Sex differences in anatomic measures of interhemispheric connectivity: Correlations with cognition in women but not in men. *Cerebral Cortex* 8: 635-40.

David, K., J. Freud, et al. 1934. 184. Conditions of hypertrophy of seminal vesicles in rats II. The effect of derivatives of oestrone (menoformon). *Biochemical Journal* 28(2): 1360-67.

Davidson, R. J., and K. Hugdahl, eds. 1995. *Brain asymmetry*. Cambridge: MIT Press.

Davis, D. L., and R. G. Whitten. 1987. The cross-cultural study of human sexuality. *Annual Review of Anthropology* 16: 69-98.

Davis, K. B. 1929. *Factors in the sex life of twenty-two hundred women*. New York: Harper and Bros.

Davis, P. G., C. V. Chaptal, et al. 1979. Independence of the differentiation of masculine and feminine sexual behavior in rats. *Hormones and Behavior* 12: 12-19.

Dawson, G., L. G. Klinger, et al. 1992. Frontal lobe activity and affective behavior of infants of mothers with depressive symptoms. *Child Development* 63: 725-37.

de Beauvoir, S. 1949. *The second sex*. New York: Vintage.

De Grazia, E., R. M. Cigna, et al. 1998. Modified-Mathieu's technique: A variation of the classic procedure for hypospadias surgical repair. *European Journal of*

Pediatric Surgery 8(2): 98-99.

de Jonge, F. 1986. Sexual and aggressive behavior in female rats: Psychological and endocrine factors. *Nederlands Institut voor Hersenonderzoek*. Amsterdam: University of Utrecht.

______. 1995. A sex bias in the study of oestrus behavior of rats and swine. Unpublished manuscript.

de Jonge, F., E. M. J. Eerland, et al. 1986. The influence of estrogen, testosterone, and progesterone on partner preference, receptivity and proceptivity. *Physiology and Behavior* 37: 885-92.

de Jonge, F., J. W. Muntjewerff, et al. 1988. Sexual behavior and sexual orientation of the female rat after hormonal treatment during various stages of development. *Hormones and Behavior* 22: 100-15.

de Kruif, P. 1926. *Microbe hunters*. New York: Blue Ribbon Books[『미생물 사냥꾼: 미생물 연구에 일생을 바친 13명의 위대한 영웅들』, 이미리나 옮김, 반니, 2017].

______. 1945. *The male hormone*. New York: Harcourt, Brace.

de la Chapelle, A. 1986. The use and misuse of sex chromatin screening for "gender identification" of female athletes. *Journal of the American Medical Association* 256(14): 1920-23.

de Lacoste-Utamsing, C., and R. L. Holloway. 1982. Sexual dimorphism in the human corpus callosum. *Science* 216: 1431-32.

de Lacoste, C., J. B. Kirkpatrick, et al. 1985. Topography of the human corpus callosum. *Journal of Neuropathology and Experimental Neurology* 44(6): 578-91.

de Lacoste, M. C., R. L. Holloway, et al. 1986. Sex differences in the fetal human corpus callosum. *Human Neurobiology* 5: 93-96.

de Marneffe, D. 1997. Bodies and words: A study of young children's genital and gender knowledge. *Gender and Psychoanalysis* 2(1): 3-33.

D'Emilio, J. 1983. *Sexual politics, sexual communities: The making of a homosexual minority in the United States: 1940-1970*. Chicago: University of Chicago Press.

______. 1993. Capitalism and gay identity. In *The lesbian and gay studies reader*, ed. H. Abelove, M. A. Barale, and D. M. Halperin. New York: Routledge, 467-76.

D'Emilio, J., and E. B. Freedman. 1988. *Intimate matters: A history of sexuality in America*. New York: Harper & Row.

de Vries, A. L. C., and P. T. Cohen-Kettenis. 2012. Clinical management of gender dysphoria in children and adolescents: The Dutch approach. *Journal of Homosexuality* 59(3): 301-20.

de Vries, G. J., and N. G. Forger. 2015. Sex differences in the brain: A whole body perspective. *Biology of Sex Differences* 6(1): 15.

de Vries, G. J., J. P. C. deBruin, et al., eds. 1984. *Sex differences in the brain: The relation between structure and function. Progress in Brain Research.*

Amsterdam: Elsevier.

Deanesly, R., and A. S. Parkes. 1936. Oestrogenic action of compounds of the androsterone-testosterone series. *British Medical Journal* 1(Feb. 8): 257-58.

DeCasper, A. J., and W. P. Fifer. 1980. Of human bonding: Newborns prefer their mothers' voices." *Science* 208(4448): 1174-76.

Del Giudice, M., D. A. Puts, D. C. Geary, et al. 2019. Sex differences in brain and behavior: Eight counterpoints: Disagreements and agreements on the origins of human sex differences. *Psychology Today*, Apr. 8.

Delaney, S. R. 1991. Street talk/straight talk. *Differences* 3(2): 21-38.

Demeter, S., J. L. Ringo, et al. 1988. Morphometric analysis of the human corpus callosum and anterior commissure. *Human Neurobiology* 6: 219-26.

Dempsey, E. W. 1968. William Caldwell Young: An appreciation. In *Reproduction and sexual behavior*, ed. M. Diamond. Bloomington: Indiana University Press, 453-58.

Denenberg, V. H., A. Kertesz, et al. 1991. A factor analysis of the human's corpus callosum. *Brain Research* 548: 126-32.

Devesa, R., A. Munoz, et al. 1998. Prenatal diagnosis of isolated hypospadias. *Prenatal Diagnosis* 18(8): 779-88.

Devor, H. 1997. *FTM: Female to male transsexuals in society*. Bloomington: Indiana University Press.

Dewey, J., and A. F. Bentley. 1949. *Knowing and the known*. Boston: Beacon Press.

Dewhurst, C. J., and R. R. Gordon. 1963. Change of sex. *The Lancet* 2: 1213-16.

_____. 1969. *The intersexual disorders*. London: Bailliere, Tindall & Cassell.

Dewsbury, D. A. 1984. *Comparative psychology in the twentieth century*. Stroudsburg: Hutchinson Ross.

_____. 1989. A brief history of the study of animal behavior in North America. *Perspectives in Ethology* 8: 85-122.

di Clemente, N., S. Ghaffari, et al. 1992. A quantitative and interspecific test for biological activity of anti-Müllerian hormone: The fetal ovary aromatase assay. *Development* 114: 721-27.

di Mauro, D. 1995. *Sexuality research in the United States: An assessment of the social and behavioral sciences*. New York: Social Science Research Council.

Di Noto, P. M., L. Newman, S. Wall, et al. 2013. The hermunculus: What is known about the representation of the female body in the brain? *Cerebral Cortex* 23(5): 1005-13.

Diamond, L. M. 2007. A dynamical systems approach to the development and expression of female same-sex sexuality. *Perspectives in Psychological Science* 2(2): 142-61.

Diamond, M. 1965. A critical evaluation of the ontogeny of human sexual behavior. *Quarterly Review of Biology* 40: 147-75.

______. 1982. Sexual identity, monozygotic twins reared in discordant sex roles and a BBC follow-up. *Archives of Sexual Behavior* 11(2): 181-86.

______. 1993. Homosexuality and bisexuality in different populations. *Archives of Sexual Behavior* 22(4): 291-310.

______. 1996. Gender identity: More options than "man" or "woman." *Honolulu Advertiser*, June 30, B1-4.

______. 1997a. The road to paradise. In *How I got into sex*, ed. B. Bullough, V. L. Bullough, M. Fithian, W. E. Hartman, and R. S. Klein. Buffalo, NY: Prometheus, 96-107.

______. 1997b. Sexual identity and sexual orientation in children with traumatized or ambiguous genitalia. *Journal of Sex Research* 34(2): 199-211.

Diamond, M., and K. Sigmundson. 1997a. Management of intersexuality: Guidelines for dealing with persons of ambiguous genitalia. *Archives of Pediatric and Adolescent Medicine* 151(October): 1046-50.

______. 1997b. Sex reassignment at birth: Long-term review and clinical implications. *Archives of Pediatric and Adolescent Medicine* 151(March): 298-304.

Dickinson, R. L. 1949. *Human sex anatomy*. Baltimore: Williams and Wilkins.

Dicks, G. H., and A. T. Childers. 1934. The social transformation of a boy who had lived his first fourteen years as a girl: A case history. *American Journal of Orthopsychiatry* 4: 508-17.

Diedrich, A. 1994. Deconstructing gender dichotomies: Conceptualizing the Native American berdache. *Intersections: An Interdisciplinary Journal* 2(1): 14-24.

DiPietro, J. A. 2015. VII. Integration of fetal movement and fetal heart rate. *Monographs of the Society for Research in Child Development* 80(3): 43-9.

Dittmann, R. W., M. H. Kappes, et al. 1990a. Congenital adrenal hyperplasia I: Gender-related behavior and attitides in female patients and sisters. *Psychoneuroendocrinology* (15)5&6: 401-20.

______. 1990b. Congenital adrenal hyperplasia II: Gender-related behavior and attitudes in female salt-wasting and simple-virilizing patients. *Psychoneuroendocrinology* (15)5&6: 421-34.

______. 1992. Sexual behavior in adolescent and adult females with congenital adrenal hyperplasia. *Psychoneuroendocrinology* 17(2-3): 153-70.

Dohler, K. D. 1978. Is female sexual differentiation hormone-mediated? *Trends in Neuroscience* 1(November): 138-40.

Dohler, K. D., J. L. Hancke, et al. 1984. Participation of estrogens in female sexual differentiation of the brain; neuroanatomical, neuroendocrine and behavioral evidence. In *Progress in brain research: Sex differences in the brain*, ed. G. J. de Vries, J. P. C. de Bruin, H. B. M. Uylings, and M. A. Corner. Amsterdam: Elsevier, 61.

Doisy, E. A. 1939. Biochemistry of the estrogenic compounds. In *Sex and internal* secretions, ed. E. Allen, Charles H. Danforth, and Edward A. Doisy. Baltimore: Williams and Wilkins, 846–76.

Dolk, H. 1998. Rise in prevalence of hypospadias. *The Lancet* 351(9105): 770.

Dolk, H., M. Vrijheid, et al. 1998. Risk of congenital anomalies near hazardous-waste landfill sites in Europe: The EUROHAZCON study. *The Lancet* 352(9126): 423–27.

Donahoe, P. K., and M. M. Lee. 1988. Ambiguous genitalia. In *Current therapy in endocrinology and metabolism,* ed. B. C. Wayne. St. Louis: Mosby.

Donahoe, P. K., and W. H. Hendren III. 1984. Perineal reconstruction in ambiguous genitalia in infants raised as females. *Annals of Surgery* 200(3): 363–71.

Donahoe, P. K., D. M. Powell, et al. 1991. Clinical management of intersex abnormalities. *Current Problems in Surgery* 28(8): 513–70.

Donahue, P. 1985. *The human animal.* New York: Simon & Schuster.

Dorner, G., and G. Hinz. 1968. Induction and prevention of male homosexuality by androgen. *Journal of Endocrinology* 40: 386–88.

Dorsey, G. A. 1925. *Why we behave like human beings.* New York: Harper and Bros.

Doty, R. L. 1974. A cry for the liberation of the female rodent: Courtship and copulation in rodentia. *Psychological Bulletin* 81(3): 159–72.

Downey, G. L., and J. Dumit, eds. 1997. *Cyborgs and citadels: Anthropological interventions in emerging sciences and technologies.* Santa Fe: School of American Research Press.

Dreger, A. 2016. *Galileo's middle finger: Heretics, activists, and one scholar's search for justice.* New York: Penguin.

Dreger, A. D. 1993. Doubtful sex and doubtful status: Hermaphrodites and medical doctors in Victorian England. Unpublished manuscript, 1–41.

———. 1998a. Ambiguous sex—or ambivalent medicine? Ethical issues in the treatment of intersexuality. *Hastings Center Report* (May–June): 24–35.

———. 1998b. *Hermaphrodites and the medical invention of sex.* Cambridge: Harvard University Press.

———. 1998c. The history of intersexuality from the age of gonads to the age of consent. *Journal of Clinical Ethics* 9(4): 345–56.

Dreger, A. D., and A. M. Herndon. 2009. Progress and politics in the intersex rights movement: Feminist theory in action. *GLQ: A Journal of Lesbian and Gay Studies* 15(2): 199–224.

Dreger, A. D., C. Chase, A. Sousa, et al. 2005. Changing the nomenclature/taxonomy for intersex: A scientific and clinical rationale. In *Journal of Pediatric Endocrinology and Metabolism* 18(8): 729–33.

Drew, J. 2018. North Carolina's transgender rights battle isn't over. *USA Today,* June 25.

Drickamer, L. C. 1992. Behavioral selection of odor cues by young female mice affects age of puberty. *Developmental Psychobiology* 25(6): 461–70.

Driesen, N. R., and N. Raz 1995. The influence of sex, age and handedness on corpus callosum morphology: A meta-analysis. *Psychobiology* 23(3): 240-47.

Dubbert, J. L. 1980. Progressivism and the masculinity crisis. In *The American Man*, ed. E. Pleck and J. Pleck. New York: Prentice-Hall, 303-20.

Duberman, M. 1991. *Cures: A gay man's odyssey*. New York: Dutton.

Dubois, E., and L. Gordon. 1983. Seeking ecstasy on the battlefield: Danger and pleasure in 19th-century feminist sexual thought. *Feminist Studies* 9(1): 7-25.

Duckett, J. W. 1993. Editorial comment. *Journal of Urology* 150: 1477.

______. 1996. Editorial comment. *Journal of Urology* 155(January): 134.

Duckett, J. W., and H. M. I. Snyder. 1992. Meatal advancement and glanuloplasty hypospadias repair after 1,000 cases of meatal stenosis and regression. *Journal of Urology* 147(March): 665-69.

Duden, B. 1991. *The woman beneath the skin*. Cambridge: Harvard University Press.

Duel, B. P., J. S. Barthold, et al. 1998. Management of urethral strictures after hypospadias repair. *Journal of Urology* 160(1): 170-71.

Duggan, L. 1990. Review essay: From instincts to politics: Writing the history of sexuality in the U.S. *Journal of Sex Research* 27(1): 95-109.

______. 1993. The trials of Alice Mitchell: Sensationalism, sexology, and the lesbian subject in turn-of-the-century America. *Signs* 18(4): 791-814.

Dumit, J. 1997. A digital image of the category of the person: PET scanning and objective self-fashioning. In *Cyborgs and citadels: Anthropological interventions in emerging sciences, technologies and medicines*, ed. G. L. Downey and J. Dumit. Santa Fe: School of American Research Press, 83-102.

______. 1999a. Objective brains, prejudicial images. Unpublished manuscript.

______. 1999b. When explanations rest: Good-enough brain science and the new sociomedical disorders. Unpublished manuscript.

Dupre, J. 1993. *The disorder of things: Metaphysical foundations of the disunity of science*. Cambridge: Harvard University Press.

Dupre, J., and D. Nicholson. 2018. Manifest of a processual philosophy of biology. In *Everything flows: Towards a processual philosophy of biology*, ed. D. J. Nicholson and J. Dupre. Oxford: Oxford University Press, 1-38.

Dynes, W. R., and S. Donaldson, eds. 1992a. *Asian homosexuality*. New York: Garland Publishing.

______. 1992b. *Ethnographic studies of homosexuality*. New York: Garland Publishing.

Eberle, J., S. Uberreiter, et al. 1993. Posterior hypospadias: Long-term follow-up after reconstructive surgery in the male direction. *Journal of Urology* 150: 1474-77.

Edwards, C. H. C. 1959. Recent developments concerning the criteria of sex and

섹싱 더 바디

possible legal implications. *Manitoba Bar News* 31: 115-28.

Efron, R. 1990. *The decline and fall of hemispheric specialization.* Hillsdale, NJ: Lawrence Erlbaum.

Egan, S. K., and D. G. Perry. 2001. Gender identity: A multidimensional analysis with implications for psychosocial adjustment. *Developmental Psychology* 37(4): 451-63.

Ehrenreich, B. 1983. *The hearts of men: American dreams and the flight from commitment.* New York: Doubleday.

Ehrenreich, B., and D. English. 1973. *Complaints and disorders: The sexual politics of sickness.* New York: Feminist Press.

Ehrensaft, D. 2012. From gender identity disorder to gender identity creativity: True gender self child therapy. *Journal of Homosexuality* 59(3): 337-56.

Ehret, G., A. Jurgens, et al. 1993. Oestrogen receptor occurrence in the male mouse brain—modulation by paternal experience. *Neuroreport* 4(11): 1247-50.

Ehrhardt, A., K. Evers, et al. 1968. Influence of androgen and some aspects of sexually dimorphic behavior in women with the late-treated adrenogenital syndrome. *Johns Hopkins Medical Journal* 123: 115-22.

Ehrlich, R. M., and G. Alter. 1996. Split-thickness skin graft urethroplasty and tunica vaginalis flaps for failed hypospadias repairs. *Journal of Urology* 155(January): 131-34.

Eicher, E., and L. L. Washburn. 1986. Genetic control of primary sex determination in mice. *Annual Review of Genetics* 20: 327-60.

Eichstedt, J. A., L. A. Serbin, D. Poulin-Dubois, et al. 2002. Of bears and men: Infants' knowledge of conventional and metaphorical gender stereotypes. *Infant Behavior and Development* 25(3): 296-310.

Einstein, G. 2008. From body to brain: Considering the neurobiological effects of female genital cutting. *Perspectives in Biology and Medicine* 51(1): 84-97.

Ekins, R., and D. King. 1997. Blending genders: Contributions to the emerging field of transgender studies. *International Journal of Transgenderism* 1(1): electronic journal: www.symposion.com/ijt/ijtco 101.htm.

Elbert, T., A. Sterr, et al. 1997. Input-increase and input-decrease types of cortical reorganization after upper extremity amputation in humans. *Experimental Brain Research* 117(1): 161-64.

Elbert, T., C. Pantev, et al. 1995. Increased cortical representation of the fingers of the left hand in string players. *Science* 270(October 13): 305-7.

Elbert, T., H. Flor, et al. 1994. Extensive reorganization of the somatosensory cortex in adult humans after nervous system injury. *Neuroreport* 5(18): 2593-97.

Elder, G. H. 1998. The life course and human development. In *Theoretical models of human development,* ed. R. M. Lerner. New York: Wiley. I: 939-91.

Elger, W., K.-J. Graf, et al. 1974. Hormonal control of sexual development. In

    Advances in the biosciences: Hormones and embryonic development, ed. G.
    Raspee. Oxford, U.K.: Pergamon. 13: 41-69.

Elias, S., and G. J. Annas. 1988. Commentary. *Hastings Center Report*
    18(October/November): 34-35.

Eliot, L. 2009. *Pink brain, blue brain*. Boston: Houghton, Mifflin, Harcourt.

Eliot, L. 2018. Gender-typing of children's toys: Consequences for biological and
    neurological development. In *Gender typing of children's toys: How early play
    experiences impact development*, ed. E. S. Weisgram and E. S. Dinella.
    Washington, DC: American Psychological Association, 167-88.

Ellis, A. 1945. The sexual psychology of human hermaphrodites. *Psychosomatic
    Medicine* 7: 108-25.

Ellis, H. 1928. *Studies in the psychology of sex Vol. II: Sexual inversion*. Philadelphia: P.
    A. Davis[『성의 역전』, 박준호·이호림·임동현·정성조 옮김, 아모르문디, 2022].

Elliston, D. A. 1995. Erotic anthropology: "Ritualized homosexuality" in Melanesia
    and beyond. *American Ethnologist* 22(4): 848-67.

Elman, J. L., E. A. Bates, et al. 1996. *Rethinking innateness: A connectionist perspective
    on development*. Cambridge: MIT Press.

Elster, A. D., D. A. DiPersio, et al. 1990. Sexual dimorphism of the human corpus
    callosum studied by magnetic resonance imaging: Fact, fallacy and
    statistical confidence. *Brain and Development* 12(3): 321-25.

Emans, S. J. 1992. Sexual abuse in girls: What have we learned about genital
    anatomy? *Journal of Pediatrics* 120(no. 2, p. 1): 258-60.

Emory, L. E., D. H. Williams, et al. 1991. Anatomic variation of the corpus callosum
    in persons with gender dysphoria. *Archives of Sexual Behavior* 20(4):
    409-17.

Engert, F., and T. Bonhoeffer. 1999. Dendritic spine changes associated with
    hippocampal long-term synaptic plasticity. *Nature* 399(May 6): 66-70.

Ephraim, L. 2018. *Who speaks for nature? On the politics of science*. Philadelphia:
    University of Pennsylvania Press.

Epple, C. 1998. Coming to terms with Navajo Nádleehí: A critique of berdache, gay,
    alternate gender and two-spirit. *American Ethnologist* 25: 267-90.

Epstein, C. F. 1997. The multiple realities of sameness and difference: Ideology and
    practice. *Journal of Social Issues* 53(2): 259-78.

Epstein, J. 1990. Either/or—Neither/both: Sexual ambiguity and the ideology of
    gender. *Genders* 7: 99-142.

Epstein, J., and K. Straub. 1991. Introduction: The guarded body. In *Bodyguards:
    The cultural politics of gender ambiguity*, ed. J. Epstein and K. Straub. New
    York: Routledge, 1-28.

Epstein, J., and K. Straub, ed. 1991. *Body guards: The cultural politics of gender and
    gender ambiguity*. New York: Routledge.

Ericksen, J. A. 1999. *Kiss and tell: Surveying sex in the twentieth century*. Cambridge:

섹싱 더 바디

Harvard University Press.

Eriksson, P. S., E. Perfilieva, et al. 1998. Neurogenesis in the adult human hippocampus. *Nature Medicine* 4(11): 1313-17.

Escoffier, J., R. Kunzel, et al., eds. 1995. The queer issue: New visions of America's lesbian and gay past. *Radical History Review* 62.

Etgen, A. M., I. Vathy, et al. 1990. Ovarian steroids, female reproductive behavior and norepinephrine neurotransmission in the hypothalamus. *Comparative Physiology* 9: 116-28.

Evans, D. T. 1993. *Sexual citizenship: The material construction of sexualities.* London: Routledge.

Evans, H. M. 1939. Endocrine glands: Gonads, pituitary, and adrenals. *Annual Review of Physiology* 1: 577-652.

Exner, M. J. 1915. *Problems and principles of sex education: A study of 948 college men.* New York: Association Press.

Fadem, B. 1995. The effects of neonatal treatment with tamoxifen on sexually dimorphic behavior and morphology in gray short-tailed opossums (*Monodelphis domestica*). *Hormones and Behavior* 29: 296-311.

Faderman, L. 1982. *Surpassing the love of men.* New York: William Morrow.

Fagot, B. I., and K. Kavanagh. 1993. Parenting during the second year: Effects of children's age, sex, and attachment classification. *Child Development* 64(1): 258-71.

Fagot, B. I., and M. D. Leinbach 1989. The young child's gender schema: Environmental input, internal organization. *Child Development* 60: 663-72.

______. 1993. Gender-role development in young children: From discrimination to labeling. *Developmental Review* 13: 205-24.

Fagot, B. I., M. D. Leinbach, and C. O'Boyle. 1992. Gender labeling, gender stereotyping, and parenting behaviors. *Developmental Psychology* 28(2): 225-30.

Fagot, B. I., M. D. Leinbach, and R. Hagan. 1986. Gender labeling and the adoption of sex-typed behaviors. *Developmental Psychology* 22(4): 440-43.

Fagot, B. I., R. Hagan, M. D. Leinbach, et al. 1985. Differential reactions to assertive and communicative acts of toddler boys and girls. *Child Development* 56(6): 1499.

Fairbairn, D. J. 1997. Allometry for sexual size dimorphism: Pattern and process in the coevolution of body size in males and females. *Annual Review of Ecology and Systematics* 28: 659-87.

Fast, I. 1993. Aspects of early gender development: A psychodynamic approach. In *The psychology of gender*, ed. A. E. Beall and R. J. Sternberg. New York: Guilford, 173-93.

Fausto-Sterling, A. 1987. Society writes biology, biology constructs gender. *Daedalus* 116: 61-76.

______. 1989. Life in the XY corral. *Women's Studies International Forum* 12(3): 319-31.

______. 1992a. Why do we know so little about human sex? *Discover* 13: 6, 28-30.

______. 1992b. *Myths of gender: Biological theories about women and men.* New York: Basic Books.

______. 1993a. The five sexes: Why male and female are not enough. *The Sciences* (March-April): 20-24.

______. 1993b. Sex, race, brains and calipers. *Discover* 14: 32-37.

______. 1993c. Changing life in the new world dis/order: I. Replacements of organisms and bodies. Paper delivered to the International Society for the History, Philosophy and Social Studies of Biology; Brandeis University.

______. 1993d. How many sexes are there? *New York Times,* March 12, A29.

______. 1995. Animal models for the development of human sexuality: A critical evaluation. *Journal of Homosexuality* 283/4: 217-36.

______. 1997a. Beyond difference: A biologist's perspective. *Journal of Social Issues* 532: 233-58.

______. 1997b. Feminism and behavioral evolution: A taxonomy. In *Feminism and evolutionary biology,* ed. P. A. Gowaty. New York: Chapman and Hall, 42-60.

______. 2000. *Sexing the Body: Gender Politics and the Construction of Sexuality.* NY: Basic Book.

______. 2007. Frameworks of desire. *Daedalus* 136(2): 47-57.

______. 2012a. The dynamic development of gender variability. *Journal of Homosexuality* 59(3): 398-421.

______. 2012b. *Sex/gender: Biology in a social world.* New York: Routledge.

______. 2019. Gender/sex, sexual orientation, and identity are in the body: How did they get there? *Journal of Sex Research* 56(4-5): 529-55.

______. 2020. Science won't settle trans rights. *Boston Review,* February 10.

Fausto-Sterling, A., C. Garcia Coll, and M. Lamarre. 2012a. Sexing the baby: Part 1—what do we really know about sex differentiation in the first year of life? *Social Science and Medicine* 74: 1684-92.

______. 2012b. Sexing the baby: Part 2—applying dynamic systems theory to the emergences of sex-related differences in infants and toddlers. *Social Science and Medicine* 74: 1693-1702.

Fausto-Sterling, A., D. Crews, J. Sung, et al. 2015. Multimodal sex-related differences in infant and in infant-directed maternal behaviors during months three through twelve of development. *Developmental Psychology* 51(10): 1351-66.

Fausto-Sterling, A., J. Sung, M. Hale, G. Krishna, and M. Lin. 2020. Embodying gender/sex identity during infancy: A theory and preliminary findings. OSF Preprints. March 30. doi:10.31219/osf.io/ysrjk.

Fechner, P. Y., C. Rosenberg, et al. 1994. Nonrandom inactivation for the
Y-bearing X chromosome in a 46, XX individual: Evidence for the etiology
of 46, XX true hermaphroditism. *Cytogenetics and Cell Genetics* 66: 22-26.

Feder, E. K., and K. Karkazis. 2008. What's in a name? The controversy over
"disorders of sex development." *Hastings Center Report* 38: 33-6.

Feder, H. H. 1981. Perinatal hormones and their role in the development of sexually
dimorphic behaviors. In *Neuroendocrinology of reproduction: Physiology and
behavior,* ed. N. T. Adler. New York: Plenum Press, 127-58.

Federman, D. D. 1967. *Abnormal sexual development: A genetic and endocrine
approach to differential diagnosis*. Philadelphia: W. B. Saunders.

Feinberg, L. 1996. *Transgender warriors*. Boston: Beacon Press.

______. 1998. *Trans liberation: Beyond pink or blue*. Boston: Beacon Press.

Feldman, R. 2006. From biological rhythms to social rhythms: Physiological
precursors of mother-infant synchrony. *Developmental Psychology* 42(1):
175-88.

Feldman, R. 2015. Mutual influences between child emotion regulation and
parent-child reciprocity support development across the first 10 years of
life: Implications for developmental psychopathology. *Developmental
Psychopathology* 27(4 Pt 1): 1007-23.

Feldman, R., and A. I. Eidelman. 2003. Skin-to-skin contact (kangaroo care)
accelerates autonomic and neurobehavioural maturation in preterm infants.
Developmental Medicine & Child Neurology 45(4): 274-81.

Feldman, R., and Arthur I. Eidelman. 2009. Biological and environmental initial
conditions shape the trajectories of cognitive and social-emotional
development across the first years of life. *Developmental Science* 12(1):
194-200.

Fenichel, P., F. Paris, P. Philibert, et al. 2013. Molecular diagnosis of 5
alpha-reductase deficiency in 4 elite young female athletes through
hormonal screening for hyperandrogenism. *Journal of Clinical Endocrinology
& Metabolism* 98(6): E1055-59.

Ferguson-Smith, M. A., A. Carlson, et al. 1992. Olympic row over sex testing.
Nature 355: 10.

Ferrario, V. F., C. Sforza, et al. 1996. Shape of the human corpus callosum in
childhood: Elliptic Fourier analysis on midsaggital magnetic resonance
scans. *Investigative Radiology* 311: 1-5.

Fichtner, J., D. Filipas, et al. 1995. Analysis of meatal location in 500 men: Wide
variation questions need for meatal advancement in all pediatric anterior
hypospadias cases. *Journal of Urology* 154: 833-34.

Fichtner, J., M. Fisch, et al. 1998. Refinements in buccal mucosal grafts
urethroplasty for hypospadias repair. *World Journal of Urology* 163: 192-94.

Figlio, K. M. 1976. The metaphor of organization: An historiographical perspective on the bio-medical sciences of the early 19th century. *History of Science* 14: 17–53.

Figueroa, T. E., and K. J. Fitzpatrick. 1998. Transverse preputial flap for ventral penile skin coverage in hypospadias surgery. *Techniques in Urology* 42: 83–86.

Fine, C. 2010. *Delusions of gender*. New York: Norton.

______. 2016. *Testosterone rex: Myths of sex, science and society*. New York: Norton.

Fine, C., D. Joel, and G. Rippon. 2019. Eight things you need to know about sex, gender, brains, and behavior: A guide for academics, journalists, parents, gender diversity advocates, social justice warriors, tweeters, Facebookers, and everyone else. *The Scholar and Feminist Online* 15(2).

Fine, C., R. Jordan-Young, A. Kaiser, et al. 2013. Plasticity, plasticity, plasticity ... and the rigid problem of sex. *Trends in Cognitive Sciences* 17(11): 550–51.

Finkelstein, M. 1966. Professor Bernhard Zondek: An interview. *Journal of Reproduction and Fertility* 12: 3–19.

Fischer, R. 1990. Why the mind is not in the head but in the society's connectionist network. *Diogenes* 151(Fall): 1–28.

Fiske, S. T., Donald N. Bersoff, Eugene Borgida, Kay Deaux, and Madeline E. Heilman. 1991. Social science research on trial: Use of sex stereotyping research in Price Waterhouse v. Hopkins. *American Psychologist* 4610: 1049–60.

Fitch, R. H., and V. H. Denenberg. 1998. A role for ovarian hormones in sexual differentiation of the brain. *Behavioral and Brain Sciences* 21: 311–52.

Fitch, R. H., P. E. Cowell, et al. 1998. The female phenotype: Nature's default? *Developmental Neuropsychology* 142/3: 213–31.

Fitzpatrick, E. 1990. *Endless crusade: Women social scientists and progressive reform*. New York: Oxford University Press.

Flatau, E., Z. Josefsberg, et al. 1975. Penis size in the newborn infant. *Journal of Pediatrics* 874: 663–64.

Fliegner, J. R. 1996. Long-term satisfaction with Sheares vaginoplasty for congenital absence of the vagina. *Australian and New Zealand Journal of Obstetrics and Gynecology* 362: 202–04.

Flor, H., T. Elbert, et al. 1995. Phantom limb pain as a perceptual correlate of cortical reorganization following arm amputation. *Nature* 375(June 8): 482–84.

Fogel, A., and E. Thelen. 1987. Development of early expressive and communicative action: Reinterpreting the evidence from a dynamic systems perspective. *Developmental Psychology* 236: 747–61.

Fogel, A., L. Dickson, et al. 1997. Communication of smiling and laughter in motherinfant play: Research on emotion from a dynamic systems perspective. *New Directions in Child Development* 77(Fall): 5–24.

Fonkalsrun, E. W., S. Kaplan, et al. 1977. Experience with reduction clitoroplasty for clitoral hypertrophy. *Annals of Surgery* 186: 221-26.

Ford, C. S., and F. A. Beach. 1951. *Patterns of sexual behavior*. New York: Harper and Bros.

Forel, A. 1905. *La question sexuelle*. Lausanne, Switz.: Edwin Frankfurter.

Foreman, J. 1994. Brainpower's sliding scale. *Boston Globe*, May 16, 25, 29.

Forest, M. G. 1981. Inborn errors of testosterone biosynthesis. *Pediatric and Adolescent Endocrinology* 8: 133-55.

Foucault M. 1970. *The order of things: An Archeology of the human sciences*. New York: Random House[『말과 사물』, 이규현 옮김, 민음사, 2012].

______. 1978. *The history of sexuality*. New York: Pantheon[『성의 역사1: 앎의 의지』. 이규현 옮김, 나남, 2004].

______. 1979. *Discipline and Punish*. New York: Random House[『감시와 처벌: 감옥의 탄생』, 오생근 옮김, 나남, 2020].

______. 1980. Two lectures. In *Power/knowledge: Selected interviews and other writings 1972-1977 by Michel Foucault*, ed. C. Gordon. New York: Pantheon, 78-108[권력과 지식』, 홍성민 옮김, 나남, 1991].

______. 1990. *The use of pleasure: The history of sexuality*. New York: Vintage Books[『성의 역사2: 쾌락의 활용』, 신은영·문경자 옮김, 나남, 2018].

France, D. 1999. Testosterone, the rogue hormone, is getting a makeover. *New York Times*, Feb. 17, 3.

Frank, J. D. 1997. Editorial comment. *British Journal of Urology* 79: 789.

Frank, R. T. 1929. *The female sex hormone*. London: Bailliere, Tindall and Cox.

Frank, R. T., and M. A. Goldberger. 1931. Channels of excretion of the female sex hormone. *Proceedings of the second International congress for sex research*, London 1930, ed. A. W. Greenwood. Edinburgh: Oliver and Boyd, 378-87.

Franklin, S., J. Ospina Betancurt, and S. Camporesi. 2018. What statistical data of observational performance can tell us and what they cannot: The case of "Dutee Chand v. AFI & IAAF." *British Journal of Sports Medicine* 52(7): 420-21.

Fu, D. D., and C. A. Hornick. 1995. Modulation of lipid metabolism at rat hepatic subcellular sites by female sex hormones. *Biochimica et Biophysica Acta—Lipids and Lipid Metabolism* 12543: 267-73.

Fujimura, J. H. 1987. Constructing "do-able" problems in cancer research: Articulating alignment. *Social Studies of Science* 17: 257-93.

______. 1997. "Canons and purity control in science: The howl of the Boeotians." 119th Annual Meeting of the American Ethnological Society, Seattle, Washington.

Fuss, D. 1993. Freud's fallen women: Identification, desire, and a case of homosexuality in a woman. *Cultural Politics* 6: 42-68.

Gallagher, C., and T. Laqueur, eds. 1987. *The making of the modern body*. Berkeley:

University of California Press.

Gallagher, T. F., and F. C. Koch 1929. The testicular hormone. *Journal of Biological Chemistry* (2): 495-500.

______. 1931. Studies on the quantitative assay of the testicular hormone and on its purification and properties. *Proceedings of the second international congress for sex research, London 1930,* ed. A. W. Greenwood. Edinburgh: Oliver and Boyd, 312-21.

Galton, F. 1892. *Hereditary genius.* London: Watts and Company.

Garber, M. 1995. *Vice versa: Bisexuality and the eroticism of everyday life.* New York: Simon & Schuster.

Garcia Coll, C. T., B. Thorne, et al. 1997. *Beyond social categories: "Race," ethnicity, social class, gender and developmental research.* Washington, D.C.: Society for Research on Child Development.

Gardner, J. J. 1992. Descriptive study of genital variation in healthy, nonabused premenarchal girls. *Journal of Pediatrics* 120(no. 2, pt. 1): 251-57.

Garrety, K. 1997. Social worlds, actor-networks and controversy: The case of cholesterol, dietary fat and heart disease. *Social Studies of Science* 27: 727-73.

Gasperino, J. 1995. Androgenic regulation of bone mass in women. *Clinical Orthopaedics and Related Research* 311: 278-86.

Gasthorne-Hardy, Jonathan. 1998. *Alfred Kinsey: Sex the measure of all things.* London: Chatto and Windus.

Gautier, R. 1935. The health organization and biological standardization. *League of Nations Quarterly Bulletin of the Health Organization* 4(3): 497-554.

Gearhart, J. P., A. Burnett, et al. 1995. Measurement of pudendal evoked potentials during feminizing genitoplasty: Technique and applications. *Journal of Urology* 153(February): 486-87.

Gearhart, J. P., and R. N. Borland. 1992. Onlay island flap urethroplasty: Variation on a theme. *Journal of Urology* 148(November): 1507-09.

Geddes, P., and J. A. Thomson. 1895. *The evolution of sex.* London: Walter Scott.

Gelman, D. 1992. Born or bred. *Newsweek,* Feb. 24: 46-52.

George, F. W., L. Milewich, et al. 1978. Oestrogen content of the embryonic rabbit ovary. *Nature* 274(July 13): 172-73.

Gerall, A. A., J. L. Dunlap, et al. 1973. Effect of ovarian secretions on female behavioral potentiality in the rat. *Journal of Comparative and Physiological Psychology* 82: 449-65.

Gerall, H. D., I. Ward, et al. 1967. Disruption of the male rat's sexual behavior induced by social isolation. *Animal Behavior* 15: 54-58.

Gergen, M. M., and S. N. Davis, eds. 1997. *Toward a new psychology of gender: A reader.* New York: Routledge.

Gerson, E. M. 1983. Scientific work and social worlds. *Knowledge: Creation,*

Diffusion, Utilization 4(3): 357-77.

Gesell, A., and J. A. Singh. 1941. *Wolf child and human child: Being a narrative interpretation of the life history of Kamala, the wolf girl; based on the diary account of a child who was reared by a wolf and who then lived for nine years in the orphanage of Midnapore, in the province of Bengal, India*. New York: Harper and Bros.

Giedd, J. N., F. X. Castellanos, J. C. Rajapakse, et al. 1997. Sexual dimorphism of the developing human brain. *Progress in Neuropsychopharmacology and Biological Psychiatry* 21(8): 1185-201.

Gigerenzer, G., Z. Swijtink, et al. 1989. *The empire of chance*. Cambridge, U. K.: Cambridge University Press.

Gilbert, D. A., G. H. Jordan, et al. 1993. Phallic reconstruction in prepubertal and adolescent boys. *Journal of Urology* 149: 1521-26.

Gilbert, S. 1997. *Developmental biology*. Sunderland, MA.: Sinauer Associates.

_____. 2010. *Developmental biology*. 9th ed. Sunderland, MA: Sinauer Associates.

Gilgenkrantz, S. 1987. Hermaphrodisme vrai et double fecondation. *Journal Genetique Humaine* 35(2-3): 105-18.

Gilman, S. 1994. Sigmund Freud and the sexologists: A second reading. In *Sexual knowledge, sexual science*, ed. R. Porter and M. Teich. Cambridge, U.K.: Cambridge University Press, 323-49.

Gitterman, M. R., and L. F. Sies. 1992. Nonbiological determinants of the organization of language in the brain: A comment on Hu, Qiou and Zhong. *Brain and Language* 43: 162-65.

Gittes, G. K., C. L. Snyder, et al. 1998. Glans approximation procedure urethroplasty for the wide, deep meatus. *Urology* 523: 499-500.

Glassberg, Kenneth I. 1999. "Editorial: Gender assignment and the pediatric urologist." *Journal of Urology* 161: 1308-10.

Glen, J. E. 1957. Female pseudohermaphroditism: A case presenting unusual problems. *Journal of Urology* 78(2): 169-72.

Gliga, T. 2018. Telling apart motor noise from exploratory behaviour, in early development. *Frontiers in Psychology* 9(October 12): 1-9.

Gliga, T., and V. Southgate. 2016. Metacognition: Pre-verbal infants adapt their behaviour to their knowledge states. *Current Biology* 26(22): R1191-93.

Gogtay, N., T. F. Nugent III, D. H. Herman, et al. 2006. Dynamic mapping of normal human hippocampal development. *Hippocampus* 16(8): 664-72.

Going, J. J., and A. Dixson. 1990. Morphometry of the adult human corpus callosum: Lack of sexual dimorphism. *Journal of Anatomy* 171: 163-67.

Goldberg, E., R. Harner, et al. 1994. Cognitive bias, functional cortical geometry, and the frontal lobes: Laterality sex and handedness. *Journal of Cognitive Neuroscience* 6(3): 276-96.

Goldberg, S. 1973. *The inevitability of patriarchy*. New York: William Morrow.

Golden, R. J., K. L. Noller, et al. 1998. Environmental endocrine modulators and human health: an assessment of the biological evidence. *Critical Review of Toxicology* 28(2): 109-227.

Goodall, J. 1991. Helping a child to understand her own testicular feminization. *The Lancet* 337(January 5): 33-35.

Goodwin, B., and P. Saunders, eds. 1989. *Theoretical biology: Epigenetic and evolutionary order from complex systems*. Baltimore: Johns Hopkins University Press.

Gooren, L., and P. T. Cohen-Kettenis. 1991. Development of male gender identity/role and a sexual orientation towards women in a 46, XY subject with an incomplete form of the androgen insensitivity syndrome. *Archives of Sexual Behavior* 205: 459-70.

Gordon, L. 1976. *Woman's body, woman's right: A social history of birth control in America*. New York: Grossman.

Gorman, C. 1992. Sizing up the sexes. *Time*, January 20: 42-51.

Gorski, R. A. 1971. Gonadal hormones and the prenatal development of neuroendocrine function. *Frontiers in Neuroendocrinology* 3: 237-89.

Gottlieb, G. 1991. Experiential canalization of behavioral development: Theory. *Developmental Psychology* 27(1): 4-13.

______. 1997. *Synthesizing nature-nurture: Prenatal roots of instinctive behavior*. Mahwah, N.J.: Lawrence Erlbaum.

Gottlieb, G., D. Wahlsten, et al. 1998. The significance of biology for human development: A developmental psychobiological systems view. In *Handbook of Child Psychology*, ed. W. Damon. New York: Wiley, 233-73.

Gould, E., A. Beylin, et al. 1999. Learning enhances adult neurogenesis in the hippocampal formation. *Nature Neuroscience* 2(3): 260-70.

Gould, E., B. S. McEwen, et al. 1997. Neurogenesis in the dentate gyrus of the adult tree shrew is regulated by psychosocial stress and NMDA receptor activation. *Journal of Neuroscience* 17(7): 2492-98.

Gould, S. J. 1981. *The mismeasure of man*. New York: Norton[『인간에 대한 오해』, 김동광 옮김, 사회평론, 2003].

Gowan, J. C. 1985. Spatial ability and testosterone. *Journal of Creative Behavior* 18: 187-90.

Goy, R. W. 1967. William Caldwell Young, September 8, 1899 to August 30, 1965. *Anatomical Record* 157: 3-12.

Goy, R. W., and B. S. McEwen. 1980. *Sexual differentiation of the brain*. Cambridge: MIT Press.

Goy, R. W., and J. S. Jakway. 1959. The inheritance of patterns of sexual behaviour in female guinea pigs. *Animal Behavior* 7: 142-49.

Goy, R. W., F. B. Bercovitch, et al. 1988. Behavioral masculinization is independent of genital masculinization in prenatally female Rhesus monkeys. *Hormones

섹싱 더 바디

and Behavior 22: 552-71.

Goy, R., and W. C. Young. 1956-57. Strain differences in the behavioral responses of female guinea pigs to alpha-estradiol benzoate and progesterone. *Behavior* 10(3-4): 340-353.

______. 1957. Somatic basis of sexual behavior patterns in guinea pigs. *Psychosomatic Medicine* 19: 144-51.

Grady, D. 1992. Sex test. *Discover*, June: 78-82.

Grady, K. L., and C. Phoenix. 1963. Hormonal determinants of mating behavior: The display of feminine behavior by adult male rats castrated neonatally motion picture. *American Zoologist* 3: 482-83(abstract).

Grady, K. L., C. H. Phoenix, et al. 1965. Role of the developing rat testis in differentiation of the neural tissues mediating mating behavior. *Journal of Comparative and Physiological Psychology* 59(2): 176-82.

Gray, R. 1992. Death of the gene: Developmental systems strike back. In *Trees of Life*, ed. P. Griffiths. Dordrecht, The Netherlands: Kluwer Academic Publishers, 165-207.

______. 1997. In the belly of the monster: Feminism, developmental systems and evolutionary explanations. In *Feminism and evolutionary biology*, ed. P. A. Gowaty. New York: Chapman and Hall, 385-413.

Green, E. L., K. Benner, and R. Pear. 2018. "Transgender" could be defined out of existence under Trump Administration. *The New York Times*, October 21.

Greenberg, J. A. 2012. *Intersexuality and the law: Why sex matters*. New York: New York University Press.

Greenberg, J. 1999. "Defining male and female: Intersexuality and the collision between law and biology." *Arizona Law Review* 41: 265-328.

Greene, R. R., M. W. Burrill, et al. 1940*a*. Experimental intersexuality: The effect of antenatal androgens on sexual development of female rats. *American Journal of Anatomy* 65(3): 416-69.

______. 1940*b*. Experimental intersexuality: The effects of estrogens on the antenatal sexual development of the rat. *American Journal of Anatomy* 67: 305-45.

Greenspan, R. J., and T. Tully. 1993. Group report: How do genes set up behavior? In *Flexibility and constraint in behavioral systems*, ed. R. J. Greenspan and C. P. Kyriacou. New York: Wiley, 65-80.

Griffin, J. E., and J. D. Wilson. 1989. The androgen resistance syndromes: 5-alpha reductase deficiency, testicular feminization and related disorders. In *The metabolic basis of inherited disease*, ed. C. R. Scriver, A. L. Beaudet, W. S. Sly, and D. Valle. New York: McGraw Hill.

Griffiths, D. A. 2018. Shifting syndromes: Sex chromosome variations and intersex classifications. *Social Studies of Science* 48(1): 125-48.

Griffiths, P. E., and R. D. Gray. 1994*a*. Developmental systems and evolutionary explanation. *Journal of Philosophy* 91(6): 277-304.

_____. 1994*b*. Replicators and vehicles? Or developmental systems? *Behavioral and Brain Sciences* 17(4): 623-24.

Grober, M. S. 1997. Neuroendocrine foundations of diverse sexual phenotypes in fish. In *Sexual orientation: Toward a biological understanding*, ed. L. Ellis and L. Ebertz. Westport, CT: Praeger, 3-20.

Groneman, C. 1994. Nymphomania: The historical construction of female sexuality. *Signs* 19(2): 337-67.

Gross, R. E., and I. A. Meeker, Jr. 1955. Abnormalities of sexual development: Observations from 75 cases. *Pediatrics* 16: 303-24.

Gross, R. E., J. G. Randolf, et al. 1966. Clitorectomy for sexual abnormalities: Indications and technique. *Surgery* 59: 300-08.

Grosz, E. 1966. Intolerable ambiguity: Freaks as/at the limit. In *Freakery: Cultural spectacles of the extraordinary body*, ed. R. G. Thomson. New York: New York University Press, 55-66.

_____. 1994. *Volatile bodies: Towards a corporeal feminism*. Bloomington: Indiana University Press[『뫼비우스 띠로서 몸』, 임옥희 옮김, 여이연, 2001].

_____. 1995. *Space, time and perversion*. New York: Routledge.

Grotevant, H. D. 1987. Toward a process model of identity formation. *Journal of Adolescent Research* 23: 203-22.

Groveman, S. 1996. Letter. *Canadian Medical Association Journal* 154(12): 1829-30.

Grunt, J. A., and W. C. Young. 1952. Differential reactivity of individuals and the response of the male guinea pig to testosterone propionate. *Endocrinology* 513: 237-48.

_____. 1953. Consistency of sexual behavior patterns in individual male guinea pigs following castration and androgen therapy. *Journal of Comparative and Physiological Psychology* 46: 138-44.

Guinet, P., and J. Decourt. 1969. True hermaphroditism. In *Selected topics on genital anomalies and related subjects*, ed. M. N. Rashad and W. R. M. Morton. Springfield, IL: Charles C. Thomas, 553-83.

Gustafson, M. L., and P. K. Donahoe. 1994. Male sex determination: Current concepts of male sexual differentiation. *Annual Review of Medicine* 45: 505-24.

Gustafsson, J. 1994. Regulation of sexual dimorphism in rat liver. In *The differences between the sexes*, ed. R. V. Short and E. Balaban. Cambridge, U.K.: Cambridge University Press, 231-41.

Gustavson, R. G. 1939. Bioassay of androgens and estrogens. In *Sex and internal secretions*, ed. Charles H. Allen and Edward A. Doisy. Baltimore: Williams and Wilkins, 877-900.

Ha, N. Q., S. L. Dworkin, M. J. Martínez-Patiño, et al. 2014. Hurdling over sex? Sport, science, and equity. *Archives of Sexual Behavior* 43(6): 1035-42.

Habib, M., D. Gayraud, et al. 1991. Effects of handedness and sex on the morphology of the corpus callosum: A study with brain magnetic resonance imaging. *Brain and Cognition* 16: 41-61.

Hacking, I. 1982. Biopower and the avalanche of printed numbers. *Humanities in Society* 53/4: 279-95.

______. 1983. *Representing and intervening: Introductory topics in the philosophy of science*. Cambridge, U.K.: Cambridge University Press.

______. 1986. Making up people. In *Reconstructing Individualism: Autonomy, individuality and the self in Western thought*, ed. T. C. Heller, Morton Sosna, and David E. Wellbery. Stanford, CA: Stanford University Press, 222-36.

______. 1990. *The taming of chance*. Cambridge, U.K.: Cambridge University Press[『우연을 길들이다: 통계는 어떻게 우연을 과학으로 만들었는가』, 정혜경 옮김, 바다출판사, 2025(2012)].

______. 1991. How should we do the history of statistics? In *The Foucault effect: Studies in governmentality*, ed. G. Burchell, C. Gordon, and P. Miller. Chicago: University of Chicago Press.

______. 1992. World-making by kind making: Child abuse for example. In *How classification works: Nelson Goodman among the social sciences*, ed. M. Douglas and D. Hull. Edinburgh: Edinburgh University Press, 180-238.

______. 1995. *Rewriting the soul: Multiple personality and the sciences of memory*. Princeton: Princeton University Press[『영혼을 다시 쓰기: 다중인격과 기억의 과학들』, 최보문 옮김, 바다출판사, 2024].

Haefele-Thomas, A. 2019. *Introduction to transgender studies*. New York: Harrington Park Press.

Haffner, S. M., and R. A. Valdez. 1995. Endogenous sex hormones: Impact on lipids, lipoproteins, and insulin. *American Journal of Medicine* 98(suppl. 1A): S40-47.

Haiken, E. 1997. *Venus envy: A history of cosmetic surgery*. Baltimore: Johns Hopkins University Press.

Halberstam, J. 1998. *Female masculinity*. Durham, NC: Duke University Press.

______. 2018. *Trans*: A quick and quirky account of gender variability*. Oakland: University of California Press.

Halim, M. L. D., A. S. Walsh, C. S. Tamis-LeMonda, et al. 2018. The roles of selfsocialization and parent socialization in toddlers' gender-typed appearance. *Archives of Sexual Behavior* 47(8): 2277-85.

Halim, M. L., D. Ruble, C. Tamis-LeMonda, et al. 2013. Rigidity in gender-typed behaviors in early childhood: A longitudinal study of ethnic minority children." *Child Development* 84(4): 1269-84.

Halim, M. L., D. N. Ruble, C. S. Tamis-LeMonda, et al. 2014. Pink frilly dresses and the avoidance of all things "girly": Children's appearance rigidity and cognitive theories of gender development. *Developmental Psychology*

50(4): 1091-1101.

Hall, D. L. 1976. Biology, sex hormones and sexism in the 1920's. In *Women and philosophy: Toward a theory of liberation*, ed. C. K. Gould and W. Marx. New York: Putnam, 81-96.

Hall, J. A. Y., and D. Kimura. 1995. Sexual orientation and performance on sexually dimorphic motor tasks. *Archives of Sexual Behavior* 24(4): 395-407.

Hall, R. 1928. *The Well of Loneliness*. London: Cape.

Haller, K. B. 1998. When John became Joan. *Journal of Obstetric, Gynecologic and Neonatal Nursing* 27(1): 11.

Halley, J. 1991. Misreading sodomy: A critique of the classification of homosexuals in federal equal protection law. In *Bodyguards: the cultural politics of gender ambiguity*, ed. J. Epstein and K. Straub. New York: Routledge, 351-77.

Halley, J. E. 1993. The construction of heterosexuality. In *Fear of a queer planet: Queer politics and social theory*, ed. M. Warner. Minneapolis: University of Minnesota Press, 82-102.

______. 1994. Sexual orientation and the politics of biology: A critique of the argument from immutability. *Stanford Law Review* 46(3): 503-68.

Halperin, D. A. 1993. Is there a history of sexuality? In *The lesbian and gay reader*, ed. H. Abelove, M. A. Barale, and D. A. Halperin. New York: Routledge, 416-31.

Halperin, D. M. 1990. *One hundred years of homosexuality and other essays on Greek love*. New York: Routledge.

Halpern, D. F. 1997. Sex differences in intelligence: Implications for education. *American Psychologist* 52(10): 1091-1102.

______. 1998. Recipe for a sexually dimorphic brain: Ingredients include ovarian and testicular hormones. *Behavioral and Brain Sciences* 21(3): 330-31.

Halpern, D. F., and M. Crothers. 1997. Sex, sexual orientation and cognition. In *Sexual orientation: Toward a biological understanding*, ed. L. Ellis and L. Ebertz. Westport, CT: Praeger, 181-97.

Halpern, D. F., C. P. Benbow, D. C. Geary, et al. 2007. The science of sex differences in science and mathematics. *Psychological Science in the Public Interest: A Journal of the American Psychological Society* 8(1): 1-51.

Halpern, D. F., L. Eliot, R. S. Bigler, et al. 2011. Education: The pseudoscience of single-sex schooling. *Science* 333(6050): 1706-7.

Halwani, R. 1998. Essentialism, social constructionism and the history of homosexuality. *Journal of Homosexuality* 35(1): 25-51.

Hamblen, E. C. 1957. The assignment of sex to an individual: Some enigmas and some practical clinical criteria. *American Journal of Obstetrics and Gynecology* 74(6): 1228-40.

Hamer, D., S. Hu, et al. 1993. Linkage between DNA markers on the X chromosome and male sexual orientation. *Science* 261: 321-25.

섹싱 더 바디

Hamilton, M. A., A. J. Vomachka, et al. 1981. Effect of neonatal intrahypothalamic testosterone implants on cyclicity and adult sexual behavior in the female hamster. *Neuroendocrinology* 32: 234-41.

Hammer, M., and R. Menzel. 1994. Neuromodulation, instruction and behavioral plasticity. In *Flexibility and constraint in behavioral systems*, ed. R. J. Greenspan and C. P. Kyriacou. New York: Wiley, 109-18.

Hammonds, E. 1994. Black (w)holes and the geometry of black female sexuality. *Differences* 6(2&3): 126-45.

Hampson, E., J. F. Rovet, et al. 1998. Spatial reasoning in children with congenital adrenal hyperplasia due to 21-hydroxylase deficiency. *Developmental Neuropsychology* 14(2): 299-320.

Hampson, J. 1955. Hermaphroditic genital appearance, rearing and eroticism in hyperadrenocorticism. *Bulletin of the Johns Hopkins Hospital* 96: 265-73.

Hampson, J. C., and J. Money. 1955. Idiopathic sexual precocity in the female. *Psychosomatic Medicine* 17(1): 16-35.

Hampson, J. L. 1965. Determinants of psychosexual orientation. In *Sex and behavior*, ed. F. A. Beach. New York: Wiley, 108-32.

Hampson, J. L., and J. G. Hampson. 1961. The ontogenesis of sexual behavior in man. In *Sex and internal secretions*, ed. W. C. Young and G. W. Corner, Baltimore: Williams and Wilkins, 1401-32.

Hanley, D. F. 1983. Drug and sex testing: Regulations for international competition. *Clinics in Sports Medicine* 2: 13-17.

Hansen, B. 1989. American physicians' earliest writings about homosexuals, 1880-1900. *Milbank Quarterly* 67(suppl. 1): 92-108.

______. 1992. American physicians' discovery of homosexuals, 1880-1900: A new diagnosis in a changing society. In *Framing disease*, ed. C. Rosenberg and J. Golden. New Brunswick, NJ: Rutgers University Press, 104-33.

Haqq, C. M., C.-Y. King, et al. 1994. Molecular basis of mammalian sexual determination: Activation of Müllerian inhibiting substance gene expression by Sry. *Science* 266(December 2): 1494-1500.

Haraway, D. 1986. Primatology is politics by other means. In *Feminist approaches to science*, ed. Ruth Bleir. New York: Pergamon Press, 77-118.

______. 1989. *Primate visions*. New York: Routledge.

______. 1991. *Simians, cyborgs and women: The reinvention of nature*. New York: Routledge[『영장류, 사이보그 그리고 여자』, 황희선·임옥희 옮김, Arte, 2023].

______. 1997. *Modest_witness@second_millennium.femaleman_meets_oncomousetm*. New York: Routledge[『겸손한 목격자@제2의_천년.여성인간ⓒ_앙코마우스™_을 만나다』, 민경숙 옮김, 갈무리, 2006].

Hard, E., and K. Larsson. 1968. Dependence of mating behavior in male rats on the presence of littermates in infancy. *Brain and Behavioral Evolution* 1: 405-19.

Harding, S. 1992. After the neutrality ideal: Science, politics, and strong
		objectivity. *Social Research* 59(3): 567-87.

______. 1995. Strong objectivity: A response to the new objectivity question.
		Synthèse 104(3): 1-19.

Hare-Mustin, R. T., and J. Marecek. 1994. Asking the right questions: Feminist
		psychology and sex differences. *Feminism and Psychology* 4(4): 531-37.

Harkness, S., C. M. Super, U. Moscardino, et al. 2007. Cultural models and
		developmental agendas: Implications for arousal and self-regulation in
		early infancy. *Journal of Developmental Processes* 2(1): 5-39.

Harmon-Smith, H. 1998. Ten commandments of treating hermaphrodites and the
		family. *Journal of Clinical Ethics* 9(4): 371.

Harrington, A. 1985. Nineteenth-century ideas on hemisphere differences and
		duality of mind. *Behavioral and Brain Sciences* 8: 617-60.

______. 1987. *Medicine, mind and the double brain*. Princeton: Princeton University
		Press.

Harris, G. W., and S. Levine. 1965. Sexual differentiation of the brain and its
		experimental control. *Journal of Physiology* 181: 379-400.

Harris, J. R. 1998. *The nurture assumption*. New York: Free Press.

Hart, B. L. 1972. Manipulation of neonatal androgen: Effects on sexual responses
		and penile development in male rats. *Physiology and Behavior* 8: 841-45.

Harwood, J. 1993. *Styles of scientific thought: The German genetics community
		1900-1933*. Chicago: University of Chicago Press.

Haste, H. 1994. *The sexual metaphor*. Cambridge: Harvard University Press.

Hausman, B. L. 1992. Demanding subjectivity: Transsexualism, medicine and the
		technologies of gender. *Journal of the History of Sexuality* 3(2): 270-302.

______. 1995. *Changing sex: Transsexualism, technology and the idea of gender in the
		20th century*. Durham, NC: Duke University Press.

Hawkesworth, M. A. 1997. Confounding gender. *Signs* 223: 649-85.

Hayashi, Y., M. Mogami, et al. 1998. Results of closure of urethrocutaneous fistulas
		after hypospadias repair. *International Journal of Urology* 5(2): 167-69.

Hayashi, Y., T. Maruyama, et al. 1998. [Operative methods for severe hypospadias].
		Nippon Hinyokika Gakkai Zasshi 89(7): 635-40.

Heape, W. 1913. *Sex antagonism*. New York: Putnam.

______. 1914. *Preparation for marriage*. London: Cassell and Company.

Hecker, B. R., and L. S. McGuire. 1977. Pyschosocial function in women treated for
		vaginal agenesis. *American Journal of Obstetrics and Gynecology* 129(5):
		543-47.

Heinämaa, S. 2012. Sex, gender, and embodiment. In *The Oxford handbook of
		contemporary phenomenology*, ed. Dan Zahavi. Oxford: Oxford University
		Press, 216-43.

Held, L. I. 1994. *Models for embryonic periodicity*. Basel, Switz.: Karger.

Hellige, J. B. 1993. *Hemispheric asymmetry: What's right and what's left?* Cambridge: Harvard University Press.

Hellige, J. B., K. B. Taylor, et al. 1998. Relationships between brain morphology and behavioral measures of hemispheric asymmetry and interhemispheric interaction. *Brain Cognition* 26(2): 158-92.

Hendren, H., and J. D. Crawford. 1969. Adrenogenital syndrome: The anatomy of the anomaly and its repair. Some new concepts. *Journal of Pediatric Surgery* 4(1): 49-58.

Hendricks, M. 1993. Is it a boy or a girl? *Johns Hopkins Magazine*, 45 no. 6: 10-16.

Hendriks-Jansen, H. 1996. *Catching ourselves in the act: Situated activity, interactive emergence, evolution, and human thought.* Cambridge: MIT Press.

Herdt, G. 1990*a*. Developmental discontinuities and sexual orientation across cultures. In *Homosexuality/heterosexuality: Concepts of sexual orientation*, ed. D. P. McWhirter, S. Sanders, and J. M. Reinisch. New York: Oxford University Press, 208-36.

______. 1990*b*. Mistaken gender: 5-alpha reductase hermaphroditism and biological reductionism in sexual identity reconsidered. *American Anthropologist* 92: 433-46.

______. 1994*a*. Mistaken sex: Culture, biology and the third sex in New Guinea. In *Third sex third gender: Beyond sexual dimorphism in culture and history*, ed. G. Herdt. New York: Zone Books, 419-46.

______. 1994*b*. Third sexes and third genders. In *Third sex third gender: Beyond sexual dimorphism in culture and history*, ed. G. Herdt. New York: Zone Books: 21-84.

Herdt, G. H., and J. Davidson. 1988. The Sambia Turnim-man: Sociocultural and clinical aspects of gender formation in male pseudohermaphrodites with 5 alpha-reductase deficiency in Papua New Guinea. *Archives of Sexual Behavior* 17(1): 33-56.

Heriot, A. 1975. *The castrati in opera.* New York: Da Capo Press.

Herrn, R. 1995. On the history of biological theories of homosexuality. *Journal of Homosexuality* 28(1 and 2): 31-56.

Herschberger, R. 1948. *Adam's Rib.* New York: Pellegrini and Cudahy.

Hess, D. J. 1997. *Science studies: An advanced introduction.* New York: New York University Press.

Hess, R. A., D. Bunick, et al. 1997. A role for oestrogens in the male reproductive system. *Nature* 390(December 4): 509-12.

Higgins, J. 2018. Biosocial selfhood: Overcoming the "body-social problem" within the individuation of the human self. *Phenomenology and the Cognitive Sciences* 17(3): 433-54.

Hill, R. T. 1937*a*. Ovaries secrete male hormone I. Restoration of the castrate type of seminal vesicle and prostate glands to normal by grafts of ovaries in mice. *Endocrinology* 21: 495–502.

_____. 1937*b*. Ovaries secrete male hormone III. Temperature control of male hormone output by grafted ovaries. *Endocrinology* 21: 633–36.

Hines, M. 1990. Gonadal hormones and human cognitive development. *Comparative Physiology* 8: 51–63.

Hines, M. 2004. *Brain gender*. Oxford: Oxford University Press.

Hines, M., and M. L. Collaer. 1993. Gonadal hormones and sexual differentiation of human behavior: Developments from research on endocrine syndromes and studies of brain structure. *Annual Review of Sex Research* 4: 1–48.

Hines, M., L. Chiu, et al. 1992. Cognition and the corpus callosum: Verbal fluency, visuospatial ability, and language lateralization related to midsagittal surface areas of callosal subregions. *Behavioral Neuroscience* 106(1): 3–14.

Hines, M., V. Pasterski, D. Spencer, et al. 2016. Prenatal androgen exposure alters girls' responses to information indicating gender–appropriate behaviour. *Philosophical Transactions of the Royal Society B: Biological Sciences* 371(1688).

Ho, M. -W, and S. W. Fox. 1988. Processes and metaphors in evolution. In *Evolutionary processes and metaphors*, ed. M. -W. Ho and S. W. Fox. Chichester, U.K.: Wiley, 1–16.

Ho, M. -W. 1989. A structuralism of process: Towards a post-Darwinian rational morphology. In *Dynamic Structures in Biology*, ed. B. Goodwin, A. Sibatani, and G. Webster. Edinburgh: Edinburgh University Press, 31–48.

Ho, M. -W., A. Matheson, et al. 1987. Ether-induced segmentation disturbances in Drosophila melanogaster. *Roux's Archives for Developmental Biology* 196: 511–21.

Hoebeke, P., E. V. Van Laecke, et al. 1997. Current trends in the treatment of hypospadias. *Acta Urologica Belgica* 65(4): 17–23.

Holden, C. 1992. Experts slam Olympic gene test. *Science* 255(5048): 1073.

Holloway, R. L. 1998. Relative size of the human corpus callosum redux: statistical smoke and mirrors? *Behavioral and Brain Sciences* 21(3): 333–35.

Holloway, R. L., and M. C. de Lacoste. 1986. Sexual dimorphism in the human corpus callosum: An extension and replication study. *Human Neurobiology* 5: 87–91.

Holloway, R. L., P. J. Anderson, et al. 1993. Sexual dimorphism in the human corpus callosum from three independent samples: Relative size of the corpus callosum. *American Journal of Physical Anthropology* 92: 481–98.

Holmes, M. 1994. Medical politics and cultural imperatives: Intersexuality beyond pathology and erasure. Master's thesis, Interdisciplinary Studies, York University.

Holmes, S. A. V., J. M. W. Kirk, et al. 1992. Surgical reinforcement of gender identity in adolescent intersex patients. *Urologia Internationalis* 48:

430-33.

Hornstein, G. 1988. Quantifying psychological phenomena: Debates, dilemmas, and implications. In *The rise of experimentation in American psychology*, ed. J. G. Morawski. New Haven: Yale University Press, 1-34.

Hornstein, G., and S. L. Star. 1994. Universality biases: How theories about human nature succeed. *Philosophy of the Social Sciences* 20(4): 421-36.

Horowitz, I. L. 1995. The Rushton file: Racial comparisons and median passions. *Society* 32: 7ff.

Hoshino, S., S. Inoue, et al. 1996. Demonstration of isoforms of the estrogen receptor in the bone tissue of osteoblastic cells. *Calcified Tissue International* 57(6): 466-68.

Houtsmuller, E. J., J. Juranek, et al. 1994. Males located caudally in the uterus affect sexual behavior of male rats in adulthood. *Behavioral Brain Research* 62(2): 119-225.

Howe, J. W., ed. 1874. *Sex and education: A reply to Dr. E. Clarke's "Sex in education."* Boston: Roberts Brothers.

Hubbard, R. 1990. *The politics of women's biology.* New York: Routledge.

Hubbard, R., and E. Wald. 1993. *Exploding the gene myth: How genetic information is produced and manipulated by scientists, physicians, employers, insurance companies, educators and law enforcers.* Boston: Beacon Press.

Hughes, I. A., C. Houk, S. F. Ahmed, et al. 2006. Consensus statement on management of intersex disorders. *Archives of Disease in Childhood* 91(7): 554-63.

Hughes, W., C. C. Erickson, et al. 1958. True hermaphroditism: Report of a case. *Journal of Pediatrics* 52: 662-69.

Hull, C. L., and A. Fausto-Sterling. 2003. Letter to the editor. *American Journal of Human Biology* 15(1): 112-16.

Hunt, M. M. 1997. *How science takes stock: The story of meta-analysis.* New York: Russell Sage Foundation.

Hunter, R. H. F. 1995. *Sex determination, differentiation and intersexuality in placental mammals.* Cambridge, U.K.: Cambridge University Press.

Hurtig, A. L., J. Radhakrishnan, et al. 1983. Psychological evaluation of treated females with virilizing congenital adrenal hyperplasia. *Journal of Pediatric Surgery* 18(6): 887-93.

Hutchison, J. B., C. Beyer, et al. 1994. Brain formation of oestrogen in the mouse: Sex dimorphism in aromatase development. *Journal of Steroid Biochemistry and Molecular Biology* 49(4-6): 407-15.

Hutson, J. 1992. Clitoral hypertrophy and other forms of ambiguous genitalia in the labor ward. *Australia and New Zealand Journal of Obstetrics and Gynecology* 32(3): 238-39.

Huttenlocher, P. R., and A. S. Dabholkar. 1997. Regional differences in synaptogenesis in human cerebral cortex. *Journal of Comparative Neurology* 387: 167-78.

Huussen, A. H. J. 1987. Sodomy in the Dutch Republic during the eighteenth century. In *'Tis nature's fault: Unauthorized sexuality during the enlightenment*, ed. R. P. Maccubbin. Cambridge, U. K.: Cambridge University Press, 169-78.

Hyde, J. S. 1997. Gender differences in math performance: Not big, not biological. In *Women, men and gender: Ongoing debates*, ed. M. R. Walsh. New Haven: Yale University Press, 283-87.

Hyde, J. S. 2005. The gender similarities hypothesis. *American Psychologist* 60(6): 581-92.

Hyde, J. S. 2007. New directions in the study of gender similarities and differences. *Current Directions in Psychological Science* 16: 259-63.

Hyde, J. S., and N. M. McKinley. 1997. Gender differences in cognition: Results from meta-analyses. In *Gender differences in human cognition*, ed. J. T. E. Richardson. Oxford, U.K.: Oxford University Press, 30-51.

Hyde, J. S.. 2014. Gender similarities and differences. *Annual Review of Psychology* 65(1): 373-98.

Hynd, G., J. Hall, et al. 1995. Dyslexia and corpus callosum morphology. *Archives of Neurology* 52: 32-38.

Ingber, D. E. 1998. The architecture of life. *Scientific American* (January): 48-57.

Ingelman-Sundberg, A. 1997. The anterior vaginal wall as an organ for the transmission of active forces to the urethra and the clitoris. *International Urogynecoly Journal of Pelvic Floor Dysfunction* 8(1): 50-51.

Innes-Williams, D. 1981. Masculinizing genitoplasty. *Pediatric and Adolescent Endocrinology* 8: 237-46.

Institute of Medicine. 2001. *Exploring the biological contributions to human health: Does sex matter?* National Academy of Sciences.

International Association of Athletics Federations. 2011. *IAAF Regulations governing eligibility of females with hyperandrogenism to compete in women's competition.* IAAF.

______. 2018. IAAF introduces new eligibility regulations for female classification. Press release, Apr. 26. www.iaaf.org/news/press-release/eligibility-regulations-for-female-classifica.

International Olympic Committee. 2012. *IOC regulations on female hyperandrogenism.* stillmed.olympic.org/Documents/Commissions_PDFfiles/Medical_commission/2012-06-22-IOC-Regulations-on-Female-Hyperandrogenism-eng.pdf.

Irvine, J. M. 1990a. *Disorders of desire: Sex and gender in modern American sexology.* Philadelphia: Temple University Press.

______. 1990b. From different to sameness: Gender ideology in sexual science.

Journal of Sex Research 27(1): 7-24.

Issa, M. M., and J. P. Gearhart. 1989. The failed MAGPI: Management and prevention. British Journal of Urology 64: 169-71.

Jacklin, C. N. 1989. Female and male: Issues of gender. American Psychologist 44(2): 127-33.

Jacklin, C. N., and C. Reynolds. 1993. Gender and childhood socialization. In The Psychology of Gender, ed. A. E. Beall and R. J. Sternberg. New York: Guilford Press, 197-214.

Jackson, M. 1987. "Facts of life" or the eroticization of women's oppression? Sexology and the social construction of heterosexuality. In The cultural construction of sexuality, ed. P. Caplan. London: Tavistock Publications, 52-81.

Jacobs, P., P. Dalton, et al. 1997. Turner Syndrome: A cytogenetic and molecular study. Annals of Human Genetics 61: 471-83.

Jacobs, S.-E., W. Thomas, et al., eds. 1997. Two-spirit people: Native American gender identity, sexuality and spirituality. Urbana: University of Illinois Press.

Jaffe, J., B. Beebe, et al. 2001. Rhythms of dialogue in infancy: Coordinated timing in development. Monographs of the Society for Research in Child Development 66: i-viii, 1-132.

James, J. B., ed. 1997. The significance of gender: Theory and research about difference. Boston: Blackwell.

Jäncke, L., H. Steinmetz, et al. 1992. Dichotic listening: What does it measure? Neuropsychologia 30(11): 941-50.

Jayanthi, V. R., G. A. McLorie, et al. 1994. Can previously relocated penile skin be successfully used for salvage hypospadias repair? Journal of Urology 152 (August): 740-43.

Jayne, C. E. 1986. Methodology in sex research in 1986: An editor's commentary. Journal of Sex Research 22(1): 1-5.

Jeffreys, S. 1985. The spinster and her enemies: Feminism and sexuality 1880-1930. London: Pandora.

Jilka, R. L., G. Hangoc, et al. 1992. Increased osteoclast development after estrogen loss: Mediation by interleukin-6. Science 257: 88-91.

Jiménez, R., and M. Burgos. 1998. Mammalian sex determination: Joining pieces of the genetic puzzle. BioEssays 209: 696-99.

Joel, D. 2011. Male or female? Brains are intersex. Frontiers in Integrative Neuroscience 5: 57.

_____. 2012. Genetic-gonadal-genitals sex (3G-sex) and the misconception of brain and gender, or, why 3G-males and 3G-females have intersex brain and intersex gender. Biology of Sex Differences 3(1): 27.

Joel, D., A. Persico, M. Salhov, et al. 2018. Analysis of human brain structure reveals that the brain "types" typical of males are also typical of females, and vice versa. *Frontiers in Human Neuroscience* 12: 399.

Joel, D., and A. Fausto-Sterling. 2016. Beyond sex differences: New approaches for thinking about variation in brain structure and function. *Philosophical Transactions of the Royal Society of London B: Biological Sciences* 371(1688).

Joel, D., and M. M. McCarthy. 2016. Incorporating sex as a biological variable in neuropsychiatric research: Where are we now and where should we be? *Neuropsychopharmacology* 42(2): 379-85.

Joel, D., and L. Vikhanski. 2019. *Gender mosaic: Beyond the myth of the male and female brain.* New York: Little, Brown Spark.

Joel, D., and R. Yankelevitch-Yahav. 2014. Reconceptualizing sex, brain and psychopathology: Interaction, interaction, interaction. *British Journal of Pharmacology* 171(20): 4620-35.

Joel, D., R. Tarrasch, Z. Berman, et al. 2013. Queering gender: Studying gender identity in "normative" individuals. *Psychology & Sexuality* 5(4): 291-321.

Joel, D., Z. Berman, I. Tavor, et al. 2015. Sex beyond the genitalia: The human brain mosaic. *Proceedings of the National Academy of Sciences* 112(50):15468-73.

Johansson, C. B., S. Momma, et al. 1999. Identification of a neural stem cell in the adult mammalian central nervous system. *Cell* 96: 25-34.

Johnson, A. 2000. Understanding children's gender beliefs. In *Feminist phenomenology*, ed. L. Fisher and L. Embree. Dordrecht, Netherlands: Kluwer Academic Publishers, 133-151.

Johnson, D., and D. J. Coleman. 1998. The selective use of a single-stage and a twostage technique for hypospadias correction in 157 consecutive cases with the aim of normal appearance and function. *British Journal of Plastic Surgery* 51(3): 195-201.

Johnson, S. C., J. B. Pinkston, et al. 1996. Corpus callosum morphology in normal controls and traumatic brain injury: Sex differences, mechanisms of injury and neurophysiological correlates. *Neurophysiology* 10(3): 408-15.

Johnson, S. C., T. Farnworth, et al. 1994. Corpus callosum surface area across the human adult life span: Effect of age and gender. *Brain Research Bulletin* 35(4): 373-77.

Johnston, T. D. 1987. The persistence of dichotomies in the study of behavioral development. *Developmental Review* 7: 149-82.

Johnston, T. D., and G. Gottlieb. 1990. Neophenogenesis: A developmental theory of phenotypic evolution. *Journal of Theoretical Biology* 147: 471-96.

Jones, A. R., and P. Stallybrass. 1991. Fetishizing gender: Constructing the hermaphrodite in Renaissance Europe. In *Bodyguards: The cultural politics of gender ambiguity*, ed. J. Epstein. New York: Routledge, 80-111.

Jones, H. W., and L. Wilkins. 1961. Gynecological operations in 94 patients with intersexuality. *American Journal of Obstetrics and Gynecology* 82: 1142-53.

Jones, J. H. 1997. *Alfred Kinsey: A public/private life.* New York: Norton.

섹싱 더 바디

Jordan-Young, R. M. 2010. *Brainstorm: The flaws in the science of sex differences*. Cambridge: Harvard University Press.

______. 2012. Hormones, context, and "brain gender": A review of evidence from congenital adrenal hyperplasia. *Social Science & Medicine* 74(11): 1738-44.

Jordan-Young, R. M., G. Rippon, and G. Grossi, eds. 2019. Neurogenderings. *The Scholar and Feminist Online* 15(2).

Jordan-Young, R., and K. Karkazis. 2012*a*. You say you're a woman? That should be enough. *The New York Times*, June 18, D8.

______. 2012*b*. The IOC's superwoman complex: How flawed sex testing discriminates. *The Guardian*, July 2.

______. 2019. *Testosterone: An unauthorized biography*. Cambridge: Harvard University Press.

Jordanova, L. J. 1980. Natural facts: A historical perspective on science and sexuality. In *Nature, culture and gender*, ed. C. P. MacCormack and M. Strathern. Cambridge, U.K.: Cambridge University Press, 42-69.

______. 1989. *Sexual visions: Images of gender in science and medicine between the 18th and 20th century*. Madison: University of Wisconsin Press, 42-69.

Joseph, V. T. 1997. Pudendal-thigh flap vaginoplasty in the reconstruction of genital anomalies. *Journal of Pediatric Surgery* 32(1): 62-65.

Jost, A. 1946*a*. Recherches sur la différenciation sexuelle de l'embryon de lapin: Action des androgènes de synthèse sur l'histogenèse génitale. *Archives d'Anatomie Microscopique* 36(3): 242-70.

______. 1946*b*. Recherches sur la différenciation sexuelle de l'embryon de lapin: Introduction et embryologie génitale normale. *Archives d'Anatomie Microscopique* 36(2): 151-200.

______. 1946*c*. Recherches sur la différenciation sexuelle de l'embryon de lapin: Rôle des gonades foetales dans la différenciation sexuelle somatique. *Archives d'Anatomie Microscopique* 36(4): 271-315.

______. 1947. Sur les effets de la castration précoce de l'embryon mâle de lapin. *Comptes Rendus des Séances de la Société de Biologie* 141(3-4): 126-29.

______. 1953. Problems of fetal endocrinology. In *Recent progress in hormone research*, ed. G. Pincus. New York: Academic Press, VIII: 379-419.

______. 1954. Modalities in the action of gonadal and gonad-stimulating hormones in the foetus. *Memoirs of the Society for Endocrinology* 4(pt. 1): 237-48.

______. 1960. Hormonal influences in the sex development of bird and mammalian embryos. *Memoirs of the Society for Endocrinology* 7: 49-62.

______. 1965. Gonadal hormones in the sex differentiation of the mammalian fetus. In *Organogenesis*, ed. R. L. DeHaan and H. Ursprung. New York: Holt, Rinehart and Winston, 611-28.

______. 1972. A new look at the mechanisms controlling sex differentiation in mammals. *Johns Hopkins Medical Journal* 130(January): 38-53.

Jost, A., and B. Bozic. 1951. Donnés sur la différenciation des conduits génitaux du foetus de rat, étudiée in vitro. *Comptes Rendus des Séances de la Société de Biologie* 145(9-10): 647-50.

Jost, A., and Y. Bergerard. 1949. Culture in vitro d'ébauches du tractus génital du foetus de rat. *Comptes Rendus des Séances de la Société de Biologie* 144(9-10): 608-9.

Jost, A., B. Vigier, et al. 1973. Studies on sex differentiation in mammals. *Recent Progress in Hormone Research*, ed. R. O. Greep. 29: 1-41.

Juhn, M., F. E. D'Amour, et al. 1931. Effect of the female hormone oestrin upon the sex type of the feathers of brown leghorns. *Proceedings of the second international congress for sex research, London 1930*, ed. A. W. Greenwood. Edinburgh: Oliver and Boyd, 388-95.

Juraska, J. M., and M. Meyer. 1985. Environmental, but not sex, differences exist in the gross size of the rat corpus callosum. *Society for Neurosciences Abstracts* 11: 528.

Kaas, J. H. 1995. How the cortex reorganizes. *Nature* 375(June 29): 735-36.

______. 1998. Phantoms of the brain. *Nature* 391(January 22): 331-32.

Kagan, J. 1994. *Galen's prophecy: Temperament in human nature*. New York: Basic Books.

Kahnt, L. C., and E. A. Doisy. 1928. The vaginal smear method of assay of the ovarian hormone. *Endocrinology* 12: 760-68.

Kalaitzoglou, G., and M. I. New. 1993. Congenital adrenal hyperplasia: Molecular insights learned from patients. *Receptor* 3(3): 211-22.

Kalloo, N. B., J. P. Gearhart, et al. 1993. Sexually dimorphic expression of estrogen receptors, but not of androgen receptors in human fetal external genitalia. *Journal of Clinical Endocrinology and Metabolism* 77(3): 692-98.

Kammerer, P. 1923. *Rejuvenation and the prolongation of human efficiency: Experiences with the Steinach-Operation on man and animals*. New York: Boni and Liveright.

Karasik, L. B., K. E. Adolph, C. S. Tamis-LeMonda, et al. 2010. WEIRD walking: Cross-cultural research on motor development. *Behavioral and Brain Sciences* 33(2-3): 95-6.

Karaviti, L. P., A. B. Mercado, et al. 1992. Prenatal diagnosis/treatment in families at risk for infants with steroid 21-hydroxylase deficiency congenital adrenal hyperplasia. *Journal of Steroid Biochemistry and Molecular Biology* 41(3-8): 445-51.

Karkare, S., T. R. Kelly, et al. 1995. Morphological aspects of female Syrian hamster gallbladder induced by one-month sex steroid treatment. *Journal of Submicroscopic Cytology and Pathology* 27(1): 35-52.

Karkazis, K. 2008. *Fixing sex: Intersex, medical authority and lived experience*. Durham, NC: Duke University Press.

Karkazis, K., and M. Carpenter. 2018. Impossible "choices": The inherent harms of regulating women's testosterone in sport. *Journal of Bioethical Inquiry* 15(4): 579-587.

Karkazis, K., and R. Jordan-Young. 2018. The powers of testosterone: Obscuring race and regional bias in the regulation of women athletes. *Feminist Formations* 30(2): 1-39.

Karkazis, K., R. Jordan-Young, G. Davis, et al. 2012. Out of bounds? A critique of the new policies on hyperandrogenism in elite female athletes. *American Journal of Bioethics* 12(7): 3-16.

Karraker, K., D. A. Vogel, et al. 1995. Parents' gender-stereotyped perceptions of newborns: The eye of the beholder revisited. *Sex Roles* 33(9-10): 687-701.

Kates, G. 1995. *Monsieur d'Eon is a woman: A tale of political intrigue and sexual masquerade.* New York: Basic Books.

Katz, J. 1976. *Gay American history: Lesbians and gay men in the USA: A documentary history.* New York: Crowell.

_____. 1990. The invention of heterosexuality. *Socialist Review* 20: 7-34.

_____. 1995. *The invention of heterosexuality.* New York: Dutton.

Kay, L. E. 1993. *The molecular vision of life: Caltech, the Rockefeller Foundation and the rise of the new biology.* New York: Oxford University Press.

Kearns, M. 2019. Meet the bold sexologist questioning transgender orthodoxy. *National Review*, May 17.

Keller, E. F. 1985. *Reflections on gender and science.* New Haven: Yale University Press.

_____. 2010. *The mirage of a space between nature and nurture.* Durham, NC: Duke University Press.

Keller, E. F., and J. Ahouse. 1997. Writing and reading about Dolly. *BioEssays* 19(8): 741-42.

Kellogg, N. D., and J. M. Parra. 1991. Linea vestibularis: A previously undescribed normal genital structure in female neonates. *Pediatrics* 87(6): 926-29.

Kelso, J. A. S. 1995. *Dynamic patterns: The self-organization of brain and behavior.* Cambridge: MIT Press.

Kemperman, G., and F. H. Gage. 1999. New nerve cells for the adult brain. *Scientific American* (May): 48-53.

Kemperman, G., H. G. Kuhn, et al. 1998. Experience-induced neurogenesis in the senescent dentate gyrus. *Journal of Neuroscience* 18(9): 3206-12.

Kennedy, E. L., and M. D. Davis. 1993. *Boots of leather, slippers of gold: The history of a lesbian community.* New York: Routledge.

Kertesz, A., M. Polk, et al. 1987. Cerebral dominance, sex, and callosal size in MRI. *Neurology* 37: 1385-88.

Kessler, S. J. 1990. The medical construction of gender: Case management of intersexed infants. *Signs* 16(1): 3-26.

______. 1998. *Lessons from the intersexed*. New Brunswick, NJ: Rutgers University Press.

Kessler, S. J., and W. McKenna. 1978. *Gender: An ethnomethodological approach*. New York: Wiley.

Kevles, D. J. 1968. Testing the army's intelligence. *Journal of American History* 55(3): 565-81.

______. 1985. *In the name of eugenics: Genetics and the uses of human heredity*. New York: Knopf.

Kim, J. H. Y., A. Ellman, et al. 1996. A re-examination of sex differences in axon density and number in the splenium of the rat corpus callosum. *Brain Research* 740: 47-56.

Kinsey, A. C., W. B. Pomeroy, et al. 1948. *Sexual behavior in the human male*. Philadelphia: Saunders.

______. 1953. *Sexual behavior in the human female*. Philadelphia: Saunders.

Kinsman, G. 1987. *The regulation of desire: Sexuality in Canada*. Montreal: Black Rose Books.

Kipnis, K., and M. Diamond. 1998. Pediatric ethics and the surgical assignment of sex. *Journal of Clinical Ethics* 9(4): 398-410.

Kirkwood, A., M. G. Rioult, et al. 1996. Experience-dependent modification of synaptic plasticity in visual cortex. *Nature* 381(June 6): 526-28.

Kitayama, S., and J. Park. 2010. Cultural neuroscience of the self: Understanding the social grounding of the brain. *Social Cognitive and Affective Neuroscience* 5(2-3): 111-29.

Kitzinger, C. 1994. Should psychologists study sex differences? *Feminism and Psychology* 44(4): 501-6.

Klein, F. 1990. The need to view sexual orientation as a multivariable dynamic process: A theoretical perspective. In *Homosexuality/heterosexuality: Concepts of sexual orientation*, ed. D. P. McWhirter, S. A. Sanders, and J. M. Reinisch. New York: Oxford University Press, 277-82.

Klein, M., and A. S. Parkes. 1937. The progesterone-like action of testosterone and certain related compounds. *Proceedings of the Royal Society of London B* 3: 574-79.

Knecht, S., H. Henningsen, et al. 1996. Reorganizational and perceptional changes after amputation. *Brain* 119(4): 1213-19.

Knudsen, E. I. 1998. Capacity for plasticity in the adult owl auditory system expanded by juvenile experience. *Science* 279(March 6): 1531-33.

Koch, F. C. 1931a. Biochemical studies on the testicular hormone. In *Proceedings of the second international congress for sex research*, ed. A. W. Greenwood. Edinburgh: Oliver and Boyd, 322-28.

______. 1931b. The extraction, distribution and action of testicular hormones. *Journal*

섹싱 더 바디

of the American Medical Association 96(12): 937-39.

______. 1939. Biochemistry of androgens. In *Sex and internal secretions*, ed. E. Allen, C. H. Danforth, and E. A. Doisy. Baltimore: Williams and Wilkins, 807-45.

Koenig, H. L., M. Schumacher, et al. 1995. Progesterone synthesis and myelin formation by Schwann cells. *Science* 268(June 9): 1500-03.

Koertge, N. 1990. Constructing concepts of sexuality: A philosophical commentary. In *Homosexuality/heterosexuality: Concepts of sexual orientation*, ed. D. McWhirter, S. A. Sanders, and J. M. Reinisch. New York: Oxford University Press, 387-98.

Kohler, R. E. 1976. The management of science: The experience of Warren Weaver and the Rockefeller Foundation programme in molecular biology. *Minerva* 14(3): 279-99.

______. 1994. *Lords of the fly: Drosophila genetics and the experimental life*. Chicago: University of Chicago Press.

Kojima, Y., Y. Hayashi, et al. 1998. [A case of successful hypospadias repair without infection using recombinant human granulocyte-colony stimulating factor rhG-CSF for idiopathic neutropenia]. *Hinyokika Kiyo* 44(6): 419-21.

Kolata, G. 1992. Who is female? Science can't say. *New York Times*, Feb. 16, Section 4, p. 6.

______. 1998a. Researchers report success in method to pick baby's sex. *New York Times*, September 9, A1ff.

______. 1998b. Studies find brain grows new cells. *New York Times*, March 17, C1ff.

Kolb, B. 1995. *Brain plasticity and behavior*. Mahwah, NJ: Lawrence Erlbaum Associates.

Kolb, B., and I. Q. Whishaw. 1998. Brain plasticity and behavior. *Annual Review of Psychology* 49: 43-64.

Kondo, S. 2014. Self-organizing somites. *Science* 343: 736.

Korach, K. S. 1994. Insights from the study of animals lacking functional estrogen receptor. *Science* 266(December 2): 1524-27.

Korenchevsky, V., and K. Hall. 1937. The bisexual and co-operative properties of the sex hormones as shown by the histological investigation of the sex organs of female rats treated with these hormones. *Journal of Pathology and Bacteriology* 45: 681-708.

______. 1938. Manifold effects of male and female sex hormones in both sexes. *Nature* 142: 998.

Korenchevsky, V., M. Dennison, et al. 1932. 249. The rat unit of testicular hormone. *Biochemical Journal* 262: 2097-2107.

______. 1937. 103. The action of testosterone proprionate on normal adult female rats. *Biochemical Journal* 31(1): 780-85.

Koyanagi, T., K. Nonomura, et al. 1994. One-stage repair of hypospadias: Is there no simple method universally applicable to all types of hypospadias? *Journal of Urology* 152(October): 1232-37.

Krafft-Ebing, R. V. 1892. *Psychopathia sexualis, with especial reference to contrary sexual instinct: A medico-legal study.* Philadelphia: F. A. Davis[『광기와 성』, 홍문우 옮김, 파람북, 2020].

Krasnegor, N. A., and R. S. Bridges, eds. 1990. *Mammalian parenting.* New York: Oxford University Press.

Kraus, E. M. 1979. *The metaphysics of experience: A companion to Whitehead's process and philosophy.* New York: Fordham University Press.

Krebs-Kraft, D. L., M. N. Hill, C. J. Hillard, et al. 2010. Sex difference in cell proliferation in developing rat amygdala mediated by endocannabinoids has implications for social behavior. *Proceedings of the National Academies of Science* 107(47): 20535-40.

Kropfl, D., A. Tucak, et al. 1998. Using buccal mucosa for urethral reconstruction in primary and re-operative surgery. *European Journal of Urology* 34(3): 216-20.

Kuhl, P. K. 2004. Early language acquisition: Cracking the speech code. *Nature Reviews Neuroscience* 5(11): 831-43.

_____. 2010. Brain mechanisms in early language acquisition. *Neuron* 67(5): 713-27.

Kuhl, P. K., and A. Damasio. 2012. Language. In *Principles of neural science*, ed. E. R. Kande, J. H. Schwartz, T. M. Jessell, et al. New York: McGraw Hill, 1353-72.

Kuhnle, U., H. P. Schwartz, et al. 1994. Familial true hermaphroditism—paternal and maternal transmission of true hermaphroditism 46, XX and XX maleness in the absence of Y-chromosomal sequences. *Human Genetics* 92(6): 571-76.

Kumar, H., J. H. Kiefer, et al. 1974. Clitoroplasty: Experience during a 19-year period. *Journal of Urology* 111:81-84.

Kunitz, S. J., and H. Haycraft, eds. 1942. *Twentieth century authors: A biographical dictionary of modern literature.* New York: H. W. Wilson.

Kupfer, S. R., C. A. Quigley, et al. 1992. Male pseudohermaphroditism. *Seminars in Perinatology* 16(5): 319-31.

Lajic, S., A. Wedell, et al. 1998. Long-term somatic follow-up of prenatally treated children with congenital adrenal hyperplasia. *Journal of Clinical Endocrinology and Metabolics* 83(11): 3872-80.

Lander, Eric S., and J. N. Schork. 1994. Genetic dissection of complex traits. *Science* 265: 2037-48.

Landrigan, P. J., J. E. Carlson, et al. 1998. Children's health and the environment: A new agenda for prevention research. *Environmental Health Perspectives* 106(suppl3): 787-94.

Laqueur, E., and S. E. de Jongh. 1928. A female (sexual) hormone. *Journal of the American Medical Association* 91(16): 1169-72.

Laqueur, T. 1990. *Making sex: Body and gender from the Greeks to Freud*. Cambridge: Harvard University Press.

______. 1992. Sexual desire and the market economy during the industrial revolution. In *Discourses of sexuality*, ed. D. C. Stanton. Ann Arbor: University of Michigan Press, 185-215.

Larosa, J. C. 1995. Androgens and women's health: Genetic and epidemiological aspects of lipid metabolism. *American Journal of Medicine* 98(suppl. 1A): S22-26.

Latour, B. 1983. Give me a laboratory and I will raise the world. In *Science Observed*, ed. K. Knorr-Cetina and M. Mulkay. London: Sage, 141-70.

______. 1987. *Science in action*. Milton Keynes, U.K.: Open University Press[『젊은 과학의 전선』, 황희숙 옮김, 아카넷, 2016].

______. 1988. *The Pasteurization of France*. Cambridge: Harvard University Press[『프랑스의 파스퇴르화』, 이상원 옮김, 한울, 2024].

______. 1990. Drawing things together. In *Representation in Scientific Practice*, ed. M. Lynch and S. Woolgar. Cambridge: MIT Press, 19-68.

______. 1993. *We have never been modern*. Cambridge: Harvard University Press[『우리는 결코 근대인이었던 적이 없다』, 홍철기 옮김, 갈무리, 2009].

Lattimer, J. K. 1961. Relocation and recession of the enlarged clitoris with preservation of the glans: An alternative to amputation. *Journal of Urology* 86(1): 113-16.

Laue, L., and O. M. Rennert. 1995. Congenital adrenal hyperplasia: Molecular genetics and alternative approaches to treatment. *Advances in Pediatrics* 42: 113-43.

Laumann, E. O., J. H. Gagnon, et al. 1994. *The social organization of sexuality: Sexual practices in the United States*. Chicago: University of Chicago Press.

Laumann, E. O., R. T. Michael, et al. 1994. A political history of the national sex survey of adults. *Family Planning Perspectives* 26(1): 34-38.

Laviola, G., and E. Alleva. 1995. Sibling effects on the behavior of infant mouse litters Mus domesticus. *Journal of Comparative Psychology* 109(1): 68-75.

Laycock, H. T., and D. V. Davies. 1953. A case of true hermaphroditism. *British Journal of Surgery* 41: 79-82.

Le Fanu, J. 1992. Olympic chiefs urged to drop sex test. *Sunday Telegraph*, Feb. 2 (London), 2.

Lee, E. H.-J. 1994. Producing sex: An interdisciplinary perspective on sex assignment decisions for intersexuals. Senior thesis, Brown University.

Lee, P. A., A. Nordenstrom, C. P. Houk, et al. 2016. Global disorders of sex development update since 2006: Perceptions, approach and care. *Hormone Research in Paediatrics* 85(3): 158-80. doi: 10.1159/000442975.

Lee, P. A., C. P. Houk, S. F. Ahmed, et al. 2006. Consensus statement on management of intersex disorders. *Pediatrics* 118(2): e488-e500.

Lee, P. A., T. Mazur, et al. 1980. Micropenis. I. Criteria, etiologies and
    classification. *Johns Hopkins Medical Journal* 146: 156-63.

Lee, P., and P. Gruppuso. 1999. Should cosmetic surgery be performed on the
    genitals of children born with ambiguous genitals? *Physicians Weekly* 16, no.
    31(electronic version).

Leinbach, M. D., and B. I. Fagot. 1986. Acquisition of gender labels: A test for
    toddlers. *Sex Roles* 15(11-12): 655-66.

Leland, J., and M. Miller. 1998. Can gays "convert"? *Newsweek,* August 17, 46-50.

Lenroot, R. K., N. Gogtay, D. K. Greenstein, et al. 2007. Sexual dimorphism of brain
    developmental trajectories during childhood and adolescence. *Neuroimage*
    36(4): 1065-73.

LeVay, S. 1991. A difference in hypothalamic structure between heterosexual and
    homosexual men. *Science* 253: 1034-37.

_____. 1996. *Queer science: The use and abuse of research on homosexuality.*
    Cambridge: MIT Press.

Leveroni, C. L., and S. A. Berenbaum. 1998. Early androgen effects on interest in
    infants: Evidence from children with congenital adrenal hyperplasia.
    Developmental Neuropsychology 14(2-3): 321-40.

Levins, R., and R. Lewontin. 1985. *The dialectical biologist.* Cambridge: Harvard
    University Press.

Levy, A. 2009. Either/or. *The New Yorker,* Nov. 30, 46-59.

Levy, G. D. 1989. Relations among aspects of children's social environments,
    gender schematization, gender role knowledge and flexibility. *Sex Roles*
    21(11-12): 803-23.

Lewin, M. 1984. Rather worse than folly? Psychology measures femininity and
    masculinity, 1. From Terman and Miles to the Guilfords. In *In the Shadow of
    the past: Psychology portrays the sexes: A social and intellectual history,* ed. M.
    Lewin. New York: Columbia University Press, 155-78.

Lewis, D. W. 1971. Katherine Bernent Davis. In *Notable American Women,
    1607-1950; A biographical dictionary,* ed. J. W. James and P. S. Boyer.
    Cambridge: Harvard University Press, 439-44.

Lewis, M. 1975. Early sex differences in the human: Studies of socioemotional
    development. *Archives of sexual behavior* 4(4): 329-35.

Lewis, M., and M. Weinraub. 1978. Sex of parent * sex of child: Socioemotional
    development. In *Sex differences in behavior,* ed. R. C. Friedman, R. M.
    Richart and R. L. Vande Wiele. Huntington, NY: Robert E. Krieger,
    165-90.

Lewis, S. 1925. *Arrowsmith.* New York: P. F. Collier.

Lewontin, R. C. 1974. The analysis of variance and the analysis of causes. *American
    Journal of Human Genetics* 26: 400-11.

_____. 1992. *Biology as ideology.* New York: HarperCollins.

Lewontin, R. C., S. Rose, et al. 1984. *Not in our genes*. New York: Pantheon.

Liben, L. S., and E. F. Coyle. 2018. Gender development: A relational approach. In *Advancing developmental science: Philosophy, theory and method*, ed. A. S. Dick and U. Müller. London: Routledge, 170-84.

Liben, L. S., and M. L. Signorella. 1980. Gender-related schemata and constructive memory in children. *Child Development* 51(1): 11-18.

Lillie, F. R. 1916. The theory of the free-martin. *Science* 43: 39-53.

_____. 1917. The Free-Martin: A study of the action of sex hormones in the foetal life of cattle. *Journal of Experimental Zoology* 23(2): 371-423.

_____. 1939. General biological introduction. In *Sex and Internal Secretions*, ed. E. Allen. Baltimore: Williams and Wilkins, 3-14.

Lindgren, B. W., E. F. Reda, et al. 1998. Single and multiple dermal grafts for the management of severe penile curvature. *Journal of Urology* 160(3 pt. 2): 1128-30.

Litteria, M. 1994. Long-term effects of neonatal ovariectomy on cerebellar development in the rat: A histological and morphometric study. *Developmental Brain Research* 811: 113-20.

Lobe, T. E., D. L. Woodall, et al. 1987. The complications of surgery for intersex: Changing patterns over two decades. *Journal of Pediatric Surgery* 22(7): 651-52.

Lock, M. 1997. Decentering the natural body: Making difference matter. *Configurations* 5(2): 267-92.

Lombroso, C., and W. Ferrero. 1895. *The female offender*. London: T. Fisher Unwin.

Longino, H. 1990. *Science as social knowledge: Values and objectivity in scientific inquiry*. Princeton: Princeton University Press.

Longman, J., and J. Macur. 2019. Caster Semenya loses case to compete as a woman in all races. *The New York Times*, May 2, A.

Lorber, J. 1993. Believing is seeing: Biology as ideology. *Gender and Society* 7(4): 568-81.

_____. 1994. *Paradoxes of gender*. New Haven: Yale University Press.

Lorenz, K. Z. 1952. *King Solomon's ring*. New York: Crowell.

Lott, B. 1997. The personal and social correlates of a gender difference ideology. *Journal of Social Issues* 53(2): 279-98.

Lott, B., and D. Maluso. 1993. The social learning of gender. In *The Psychology of Gender*, ed. A. E. Beall and R. J. Sternberg. New York: Guilford Press, 99-123.

Lowry, T. P., and T. S. Lowry, eds. 1976. *The clitoris*. St. Louis: Warren H. Green.

Lubs, H. A., O. Vilar, et al. 1959. Familial male pseudohermaphrodism with labial testes and partial feminization: Endocrine studies and genetic aspects. *Journal of Clinical Endocrinology and Metabolism* 19: 1110-20.

Luders, E., A. W. Toga, and P. M. Thompson. 2014. Why size matters: Differences in brain volume account for apparent sex differences in callosal anatomy: The sexual dimorphism of the corpus callosum. *NeuroImage* 84(0): 820-24.

Lunbeck, E. 1994. *The psychiatric persuasion: Knowledge, gender, and power in modern America*. Princeton: Princeton University Press.

Lundberg, F., and M. F. Farnham. 1947. *Modern woman: The lost sex*. New York: Harper and Bros.

Luttge, W. G., and N. R. Hall. 1973. Differential effectiveness of testosterone and its metabolites in the induction of male sexual behavior in two strains of albino mice. *Hormones and Behavior* 4(1-2): 31-44.

Lydon, J. P., F. DeMayo, et al. 1995. Mice lacking progesterone receptor exhibit pleiotropic reproductive abnormalities. *Genes and Development* 9: 2266-78.

Lynch, M. 1990. The externalized retina: Selection and mathematization in the visual documentation of objects in the life sciences. In *Representation in scientific practice*, ed. M. Lynch and Steven Woolgar. Cambridge: MIT Press, 153-86.

Maccoby, E. E. 1998. *The two sexes: Growing up apart: Coming together*. Cambridge: Harvard University Press.

Mackenzie, D. A. 1981. *Statistics in Britain: 1865-1930: The social construction of scientific knowledge*. Edinburgh: Edinburgh University Press.

MacLusky, C., N. J. Walters, et al. 1994. Aromatase in the cerebral cortex, hippocampus and mid-brain: Ontogeny and developmental implications. *Molecular and Cellular Neurosciences* 56: 691-698.

Macur, J. 2015. The line between male and female athletes remains blurred. *The New York Times*, July 28.

Madlafousek, J., and Z. Hlinak. 1977. Sexual behavior in the female laboratory rat: Inventory, patterning and measurement. *Behavior* 63: 129-174.

Madsen, P. O. 1963. Familial female pseudohermaphroditism with hypertension and penile urethra. *Journal of Urology* 90(4): 466-69.

Magee, M., and D. C. Miller. 1997. *Lesbian lives: Psychoanalytic narratives old and new*. Hillsdale, N.J.: Analytic Press.

Magid, B. 1993. A young woman's homosexuality reconsidered: Freud's "The psychogenesis of a case of homosexuality in a woman." *Journal of the American Academy of Psychoanalysis* 21(3): 421-32.

Magubane, Z. 2014. Spectacles and scholarship: Caster Semenya, intersex studies, and the problem of race in feminist theory. *Signs* 39(3): 761-85.

Maguire, E. A., D. G. Gadian, I. S. Johnsrude, et al. 2000. Navigation-related structural change in the hippocampi of taxi drivers. *Proceedings of the National Academies of Science* 97(8): 4398-403.

Maienschein, J. 1991. *Transforming traditions in American biology, 1880-1915*. Baltimore: Johns Hopkins University Press.

Maletic-Savatic, M., R. Malinow, et al. 1999. Rapid dentritic morphogenesis in CA 1 hippocampal dendrites induced by synaptic activity. *Science* 283(March 19): 1924-26.

Mall, F. P. 1909. On several anatomical characteristics of the human brain, said to vary according to race and sex, with special reference to the frontal lobe. *American Journal of Anatomy* 9: 1-32.

Malson, L., and J. M. G. Itard. 1972. *Wolf children and the problem of human nature and the wild boy of Aveyron.* New York: Monthly Review Press.

Mampe, B., A. D. Friederici, A. Christophe, et al. 2009. Newborns' cry melody is shaped by their native language. *Current Biology* 19(23): 1994-97.

Mann, C. C. 1994. Can meta-analysis make policy? *Science* 266: 960-62.

Manning, K. R. 1983. *Black Apollo of science: The life of Ernest Everett Just.* New York: Oxford University Press.

Marcus, E. 1992. *Making history: The struggle for gay and lesbian equal rights.* New York: HarperCollins.

Mareschal, D., and R. M. French. 2017. TRACX2: A connectionist autoencoder using graded chunks to model infant visual statistical learning. *Philosophical Transactions of the Royal Society B: Biological Sciences* 372(1711).

Marks, J. 1994. *Human biodiversity: Genes, race and history.* New York: Aldine de Gruyter.

Marshall, F. H. A. 1910. *The physiology of reproduction.* New York: Longmans, Green.

______. 1929. Walter Heape, F. R. S. *Nature* 124(3128): 588-89.

Marshall, F. H. A., and W. A. Jolly. 1907. Results of removal and transplantation of ovaries. *Transactions of the Royal Society of Edinburgh* 45(no. 21, p. 3): 589-99.

Martin, C. L. 1994. Cognitive influences on the development and maintenance of gender segregation. *New Directions for Child Development* 65(Fall): 35-51.

Martin, C. L., and C. F. Halverson Jr. 1981. A schematic-processing model of sex typing and stereotyping in children. *Child Development* 52(4): 1119-34.

Martin, C. L., and D. N. Ruble. 2010. Patterns of gender development. *Annual Review of Psychology* 61: 353-81.

Martin, C. L., and J. K. Little. 1990. The relation of gender understanding to children's sex-typed preferences and gender stereotypes. *Child Development* 61: 1427-39.

Martin, C. L., C. H. Wood, et al. 1990. The development of gender stereotype components. *Child Development* 61: 1891-1904.

Martin, J. B. 1993. Molecular genetics of neurological diseases. *Science* 262: 674-75.

Martin, J. R. 1994. Methodological essentialism, false difference, and other dangerous traps. *Signs* 19(3): 630-57.

Martínez-Patiño, M. J. 2005. Personal account: A woman tried and tested. *The Lancet* 366.

Masters, W. H., and V. E. Johnson. 1966. *Human sexual response*. Boston: Little, Brown.

Matt, K. S. 1993. Neuroendocrine mechanisms of environmental integration. *American Zoologist* 33:266-74.

Matthews, G. T., ed. 1959. 259. A Lansquenet bears a child. News and Rumor. In *Renaissance Europe (The Fugger Newsletters)*. New York: Capricorn Books.

Matthews, M. H. 1987. Gender, home range and environmental cognition. *Transactions of the Institute of British Geographers* 12(1): 43-56.

Maxted, W., R. Baker, et al. 1965. Complete masculinization of the external genitalia in congenital adrenocortical hyperplasia: Presentation of two cases. *Journal of Urology* 94: 266-70.

May, E. T. 1988. *Homeward bound: American families in the cold war*. New York: Basic Books.

______. 1995. *Barren in the promised land: Childless Americans and the pursuit of happiness*. New York: Basic Books.

Mazen, I., M. El-Ruby, R. Kamal, et al. 2010. Screening of genital anomalies in newborns and infants in two Egyptian governorates. *Hormone Research in Paediatric* 73(6): 438-42.

Mazloomdoost, D., and R. N. Pauls. 2015. A comprehensive review of the clitoris and its role in female sexual function. *Sexual Medicine Reviews* 3(4): 245-63.

McCann, J., R. Wells, et al. 1990. Genital findings in prepubertal girls selected for nonabuse: A descriptive study. *Pediatrics* 86(3): 428-39.

McCarthy, M. M. 2016. Multifaceted origins of sex differences in the brain. *Philosophical Transactions of the Royal Society of London B: Biological Sciences* 371(1688).

______. 2019. Inflammatory signals and sexual differentiation of the brain. *Oxford Research Encyclopedia, Neuroscience*, March.

McCarthy, M. M., and A. P. Arnold. 2011. Reframing sexual differentiation of the brain. *Nature Neuroscience* 14(6): 677-83.

McCauley, E., and A. J. Urquiza. 1988. *Endocrine influences on human sexual behavior*. Amsterdam: Elsevier.

McClanahan, E. T. 1995. The "five-sex follies," and all that. *Providence Journal*, August 31. Providence, RI: B6.

McCormick, C. M., S. Witelson, et al. 1990. Left-handedness in homosexual men and women: neuroendocrine implications. *Psychoneuroendocrinology* 15: 69-76.

McElreavey, K., E. Vilain, et al. 1993. A regulatory cascade hypothesis for mammalian sex determination: SRY represses a negative regulator of male

섹싱 더 바디

development. *Proceedings of the National Academy of Science, USA* 90 (April): 3368-72.

McEwen, B., H. Cameron, et al. 1994. Resolving a mystery: Progress in understanding the function of adrenal steroid receptors in hippocampus. *Progress in Brain Research* 100: 149-55.

McGill, T. E., and C. M. Haynes. 1973. Heterozygosity and retention of ejaculatory reflex after castration in male mice. *Journal of Comparative Physiology and Psychology* 84: 423.

McGill, T. E., D. A. Dewsbury, et al., eds. 1978. *Sex and behavior: Status and Prospectus*. New York: Plenum Press.

McHale, S. M., A. C. Crouter, et al. 1999. Family context and gender role socialization in middle childhood: Comparing girls to boys and sisters to brothers. *Child Development* 70(4): 990-1004.

McIntosh, M. 1968. The Homosexual Role. *Social Problems* 16: 182-92.

McKenzie, M., and G. Fishell. 2016. Human brains teach us a surprising lesson. *Science* 354(6308): 38-39.

McNay, L. 1993. *Foucault and feminism*. Boston: Northeastern University Press.

Meltzoff, A. N., and R. W. Borton. 1979. Intermodal matching by human neonates. *Nature* 282: 403.

Mercado, A., R. C. Wilson, et al. 1995. Extensive personal experience: Prenatal treatment and diagnosis of congenital adrenal hyperplasia owing to steroid 21-hydroxylase deficiency. *Journal of Clinical Endocrinology and Metabolism* 80(7): 2014-20.

Merchant, C. 1980. *The death of nature: Women, ecology and the scientific revolution*. New York: Harper and Row.

Merleau-Ponty, M. 1962. *Phenomenology of perception*. New York: Humanities Press.

Meyer-Bahlburg, H. F. L. 1998. Gender assignment in intersexuality. *Journal of Psychology and Human Sexuality* 10(2): 1-21.

Meyer-Bahlburg, H. F., K. Baratz Dalke, S. A. Berenbaum, et al. 2016. Gender assignment, reassignment and outcome in disorders of sex development: Update of the 2005 Consensus Conference. *Hormone Research in Paediatrics* 85(2): 112-18.

Meyer-Bahlburg, H., R. S. Gruen, et al. 1996. Gender change from female to male in classical congenital adrenal hyperplasia. *Hormones and Behavior* 30: 319-32.

Miettinen, R. 1998. Object construction and networks in research work: The case of research on cellulose-degrading enzymes. *Social Studies of Science* 283: 423-63.

Miller, C. F., L. E. Lurye, K. M. Zosuls, et al. 2009. Accessibility of gender stereotype domains: Developmental and gender differences in children.

Sex Roles 60(11-12): 870-81.

Miller, M. A. W., and D. B. Grant. 1997. Severe hypospadias with genital ambiguity: adult outcome after staged hypospadias repair. *British Journal of Urology* 80: 485-88.

Miller, W. G. 1993. *The work of human hands: Hardy Hendren and surgical wonder at Children's Hospital*. New York: Random House.

Milletti, N. 1994. Tribadi, saffiste, invertite e omosessuali: Categorie e sistemi sesso/genere nella rivista de anthropologia criminali fondata da Cesare Lombroso 1880-1949. DMF 4(24): 50-122.

Mininberg, D. T. 1982. Phalloplasty in congenital adrenal hyperplasia. *Journal of Urology* 128: 355-56.

Minton, H. 1996. Community empowerment and the medicalization of homosexuality: Constructing sexual identities in the 1930's. *Journal of the History of Sexuality* 6(3): 435-58.

Mitman, G. 1992. *The state of nature: Ecology, community and American social thought, 1900-1950*. Chicago: University of Chicago Press.

Mitman, G., and A. Fausto-Sterling. 1992. Whatever happened to Planaria? C. M. Child and the physiology of inheritance. In *The right tools for the job: At work in twentieth century biology*, ed. A. E. Clarke and J. H. Fujimura. Princeton: Princeton University Press, 172-97.

Mittwoch, U. 1989. Sex differentiation in mammals and tempo of growth: Probabilities vs. switches. *Journal of Theoretical Biology* 137: 445-55.

______. 1992. Sex determination and sex reversal: Genotype, phenotype, dogma and semantics. *Human Genetics* 89: 467-79.

______. 1996. Sex-determining mechanisms in animals. *Trends in Ecology and Evolution* 11(2): 63-67.

Moffat, S. D., E. Hampson, et al. 1998. Morphology of the planum temporale and corpus callosum in left handers with evidence of left and right hemisphere speech representation. *Brain* 121: 2369-79.

Money, J. 1952. Hermaphroditism: An inquiry into the nature of a human paradox. *Social Sciences*. Cambridge: Harvard University, Ph.D. Thesis.

______. 1955. Hermaphroditism, gender and precocity in hyperadrenocorticism: Psychological findings. *Johns Hopkins Medical Journal* 96: 253-64.

______. 1956. *Hermaphroditism, gender and precocity in hyperadrenocorticism: Psychologic findings*. New York: Grune and Stratton.

______. 1961. Components of eroticism in man: II. The orgasm and genital somesthesia. *Journal of Nervous and Mental Disease* 132: 289-97.

______. 1968. *Sex errors of the body*. Baltimore: Johns Hopkins University Press.

______. 1970. Critique of Dr. Zuger's manuscript. *Psychosomatic Medicine* 32(5): 463-67.

______. 1994. *Sex errors of the body and related syndromes: A guide to counseling children, adolescents and their families*. Baltimore: Paul H. Brookes.

______. 1998. Case consultation: Ablatio penis. *Medicine and Law* 1: 113-23.

Money, J., and A. A. Ehrhardt. 1972. *Man and woman, boy and girl*. Baltimore: Johns Hopkins University Press.

Money, J., and J. Dalèry. 1976. Iatrogenic homosexuality: Gender identity in seven 46,XX chromosomal females with hyperadrenocortical hermaphroditism born with a penis, three reared as boys, four reared as girls. *Journal of Homosexuality* 1(4): 357-71.

Money, J., and J. G. Hampson. 1955. Idiopathic sexual precocity in the male. *Psychosomatic Medicine* 171: 2-15.

Money, J., and M. Lamacz. 1987. Genital examination and exposure experienced as nosocomial sexual abuse in childhood. *Journal of Nervous and Mental Disease* 175(12): 713-21.

Money, J., J. G. Hampson, et al. 1955*a*. An examination of some basic sexual concepts: The evidence of human hermaphroditism. *Bulletin Johns Hopkins Hospital* 97: 301-19.

______. 1955*b*. Hermaphroditism: Recommendations concerning assignment of sex, change of sex, and psychologic management. *Bulletin Johns Hopkins Hospital* 97: 284-300.

______. 1956. Sexual incongruities and psychopathology: The evidence of human hermaphrodites. *Bulletin Johns Hopkins Hospital* 98: 43-57.

______. 1957. Imprinting and the establishment of gender role. *American Medical Association Archives of Neurology and Psychiatry* 77: 333-36.

Monlleo, I. L., S. V. Zanotti, B. P. Araujo, et al. 2012. Prevalence of genital abnormalities in neonates. *Journal of Pediatrics (Rio J)* 88(6): 489-95.

Montoya, B., W. Larbig, et al. 1997. The relationship of phantom limb pain to other phantom limb phenomena in upper extremity amputees. *Pain* 72: 87-93.

Moore, A. J., N. L. Reagan, et al. 1995. Conditional signaling strategies: Effects of ontogeny, social experience and social status on the pheromonal signal of male cockroaches. *Animal Behavior* 50: 191-202.

Moore, C. 1990. Comparative development of vertebrate sexual behavior; levels, cascades and webs. In *Issues in Comparative Psychology*, ed. D. A. Dewsbury. New York: Sinauer, 278-99.

Moore, C. L., and S. Rogers. 1984. Contributions of self-grooming to onset of puberty in male rats. *Developmental Psychobiology* 17: 243-53.

Moore, C. L., H. Dou, et al. 1992. Maternal stimulation affects the number of motor neurons in a sexually dimorphic nucleus of the lumbar spinal cord. *Brain Research* 572: 52-56.

Moore, C. R. 1919. On the physiological properties of the gonads as controllers of somatic and psychical characteristics I. The rat. *Journal of Experimental Zoology* 28: 137-60.

______. 1920. The production of artificial hermaphrodites in mammals. *Science* 52: 179-82.

______. 1921*a.* A critique of sex hormone antagonism. *Proceedings of the second international congress for sex research,* ed. A. W. Greenwood. London: Oliver and Boyd, 293-303.

______. 1921*b.* On the physiological properties of the gonads as controllers of somatic and psychical characteristics III. Artificial hermaphroditism in rats. *Journal of Experimental Zoology* 333: 129-71.

______. 1921*c.* On the physiological properties of the gonads as controllers of somatic and psychical characteristics IV. Gonad transplantation in the guinea pig. *Journal of Experimental Zoology* 33:365-89.

______. 1922. On the physiological properties of the gonads as controllers of somatic and psychical characteristics: V. The effects of gonadectomy in the guinea pig on growth, bone lengths, and weight of organs of internal secretion. *Biological Bulletin* 43: 285-312.

Moore, C. R., and D. Price. 1930. The question of sex hormone antagonism. *Proceedings of the Society for Experimental Biology and Medicine* 28: 38-40.

______. 1932. Gonad hormone functions, and the reciprocal influence between gonads and hypophysis with its bearing on the problem of sex hormone antagonism. *American Journal of Anatomy* 50(1): 13-71.

Moore, H. L. 1994. *A passion for difference: Essays in anthropology and gender.* Bloomington: Indiana University Press.

Moore, K. L. 1977. *The developing human: clinically oriented embryology,* 2nd edition. Philadelphia: W. B. Saunders.

Moore, L. J., and A. E. Clarke. 1995. Clitoral conventions and transgressions: Graphic representations in anatomy texts, C1900-1991. *Feminist Studies* 21(2): 255-301.

Moreno, A. 1998. Am I a man or a woman? *Mademoiselle,* March 1998: 178ff.

Morin, A. 1996. La tératologie de Geoffroy Saint-Hilaire à nos jours. *Bulletin de l'Association des Anatomistes* 80(248): 17-31.

Morris, J. 1974. *Conundrum.* San Diego: Harcourt, Brace, Jovanovich.

Morris, R. C. 1995. All made up—Performance theory and the new anthropology of sex and gender. *Annual Review of Anthropology* 24: 567-92.

Mort, F. 1987. *Dangerous sexualities: Medico-moral politics in England since 1830.* New York: Routledge.

Moscucci, O. 1990. *The science of woman: Gynaecology and gender in England 1800-1929.* Cambridge, U.K.: Cambridge University Press.

Mulaikal, R. M., C. J. Migeon, et al. 1987. Fertility rates in female patients with congenital adrenal hyperplasia due to 21-hydroxylase deficiency. *New England Journal of Medicine* 316(4): 178-82.

Mureau, M. 1997. De psychoseksuele en psychosociale ontwikkeling van patiënten met hypospadie. *Nederlands Tijdschrift Geneeskunde* 25(4) [January 25]: 188-91.

Mureau, M. A. M., F. M. E. Slijper, et al. 1995*a*. Genital perception of children, adolescents and adults operated on for hypospadias: A comparative study. *Journal of Sex Research* 32(4): 289-98.

______. 1995*b*. Psychosexual adjustment of children and adolescents after different types of hypospadias surgery: A norm-related study. *Journal of Urology* 154: 1902-07.

______. 1995*c*. Psychosexual adjustment of men who underwent hypospadias repair: A norm-related study. *Journal of Urology* 154(October): 1351-55.

______. 1997. Psychosocial functioning of children, adolescents and adults following hypospadias surgery: A comparative study. *Journal of Pediatric Psychology* 22(3): 371-87.

Murray, J. 1991. Agnolo Firenzuola on female sexuality and women's equality. *Sixteenth Century Journal* 22(2): 199-213.

Murray, S. O., ed. 1992. *Oceanic homosexualities*. New York: Garland.

Nadler, R. D. 1968. Masculinization of female rats by intracranial implantation of androgen in infancy. *Journal of Comparative and Physiological Psychology* 66: 157-67.

Naftolin, F., and J. R. Brawer. 1978. The effect of estrogens on hypothalamic structure and function. *American Journal of Obstetrics and Gynecology* (December 1): 758-65.

Naftolin, F., and K. J. Ryan. 1975. The metabolism of androgens in central neuroendocrine tissues. *Journal of Steroid Biochemistry* 6: 993-97.

Naftolin, F., and N. MacLusky. 1984. Aromatization hypothesis revisited. In *Sexual Differentiation: Basic and clinical aspects*, ed. M. Serio, M. Motta, M. Zanisi, and L. Martini. New York: Raven Press, 79-91.

Naftolin, F., K. J. Ryan, et al. 1971. Aromatization of androstenedione by the diencephalon. *Journal of Clinical Endocrinology and Metabolism* 33(2): 368-70.

______. 1972. Aromatization of adrostenedione by the anterior hypothalamus of adult male and female rats. *Endocrinology* 90: 295-98.

Nanda, S. 1986. The Hijras of India: cultural and individual dimensions of an institutionalized third gender role. *Journal of Homosexuality* 11(3-4): 35-54.

______. 1989. *Neither man nor woman: The Hijras of India*. Belmont, MA: Wadsworth.

______. 1994. Hijras: An alternative sex and gender role in India. In *Third sex third gender: Beyond sexual dimorphism in culture and history*, ed. G. Herdt. New York: Zone Books, 373-418.

Natarajan, A. 1996. Medical ethics and truth telling in the case of androgen insensitivity syndrome. *Canadian Medical Association Journal* 154(4):

568-70.

Nelson, L. H., and J. Nelson, eds. 1996. *Feminism, science, and the philosophy of science*. Boston: Kluwer Academic.

Nelson, W. O., and C. Merckel. 1937. Effects of androgenic substances in the female rat. *Society for Experimental Biology and Medicine* 36: 823-35.

New, M. I. 1998. Diagnosis and management of congenital adrenal hyperplasia. *Annual Review of Medicine* 49: 311-28.

New, M. I., P. C. White, et al. 1989. The adrenal hyperplasias. In *The metabolic basis of inherited disease*, ed. C. R. Scriver, A. L. Beaudet, W. S. Sly, and D. Valle. New York: McGraw-Hill, 1881-1917.

New, M. L., and L. S. Levine. 1981. Adrenal hyperplasia in intersex states. *Pediatric and Adolescent Endocrinology* 8: 51-64.

Newman, K., J. Randolf, et al. 1992a. The survival management of infants and children with ambiguous genitalia: lessons learned from 25 years. *Annals of Surgery* 215(6): 644-53.

______. 1992b. Functional results in young women having clitoral reconstruction as infants. *Journal of Pediatric Surgery* 27(2): 180-84.

Newman, L. M., ed. 1985. *Men's ideas, women's realities: Popular science, 1870-1915*. New York: Pergamon Press.

Newsom, B. 1994. Hugh Hampton Young, M.D., 1870-1945. *Journal of the South Carolina Medical Association* 90(5): 254.

Niemi, M. 1987. Andrology as a specialty: Its origin. *Journal of Andrology* 8(July/August): 201-02.

Nihoul-Fekete, C. 1981. Feminizing genitoplasty in the intersex child. *Pediatric and Adolescent Endocrinology* 8: 247-60.

Nihoul-Fekete, C., F. Phillipe, et al. 1982. Résultats à moyen et long terme de la chirurgie reparatrice des organes génitaux chez les filles atteintes d'hyperplasie congénitale virilisante des surrenales. *Archives Francaises de Pediatrie* 39: 13-16.

Nikolaenko, N. N., and A. Y. Egorov. 1998. Types of interhemispheric relations in man. *Brain Cognition* 37(1): 116-19.

Njinou, B., F. Terryn, et al. 1998. [Correction of severe median hypospadias. Review of 77 cases treated by the onlay island flap technique]. *Acta Urologica Belgica* 66(1): 7-11.

Noble, D. F. 1977. *America by design: Science, technology and the rise of corporate capitalism*. New York: Knopf.

Nogales, F., E. Villar, et al. 1956. Zwei fälle echten Hermaphroditismus. *Geburtshilfe und Frauenheilkunde* 9: 774-69.

Nonomura, K., H. Kakizaki, et al. 1998. Surgical repair of anterior hypospadias with fish-mouth meatus and intact prepuce based on anatomical characteristics. *European Urology* 34(4): 368-71.

Norris, A. S., and W. C. Keettel. 1962. Change of sex during adolescence. *American Journal of Obstetrics and Gynecology* 84(6): 719-21.

Norton, M. 1996. *Founding mothers and fathers: Gendered power and the formation of American society.* New York: Knopf.

Noske, B. 1989. *Humans and other animals: Beyond the boundaries of anthropology.* London: Pluto Press.

Nussbaum, E. 1999. The sex that dare not speak its name. *Lingua Franca* (May-June): 42-51.

Nye, R. A. 1998. Introduction. In *Oxford readers: Sexuality,* ed. R. A. Nye. Oxford, U.K.: Oxford University Press, 3-15.

Nyhart, L. 1995. *Biology takes form: Animal morphology and the German universities, 1800-1900.* Chicago: University of Chicago Press.

Oberfield, S. E., A. Mondok, et al. 1989. Clitoral size in full-term infants. *American Journal of Perinatology* 6(4): 453-54.

O'Connell, H. E., J. M. Hutson, et al. 1998. Anatomical relationship between urethra and clitoris. *Journal of Urology* 159(June): 1892-97.

O'Donovan, K. 1985. Transsexual troubles: The discrepancy between legal and social categories. In *Gender, sex and the law,* ed. S. Edwards. London: Croom Helm, 9-27.

Oesterling, J. E., J. P. Gearhart, et al. 1987. A unified approach to early reconstructive surgery of the child with ambiguous genitalia. *Journal of Urology* 138: 1079-84.

Ogawa, S., D. B. Lubahn, et al. 1997. Behavioral effects of estrogen receptor gene disruption in male mice. *Proceedings of the National Academy of Science* 94: 1476-81.

Ogilvie, M. 1986. *Women in science: Antiquity through the nineteenth century.* Cambridge: MIT Press.

Oksala, J. 2006. A phenomenology of gender. *Continental Philosophy Review* 39(3): 229-44.

O'Kusky, J., E. Strauss, et al. 1988. The corpus callosum is larger with right-hemisphere cerebral speech dominance. *Annals of Neurology* 24(3): 379-83.

Olsen, G. W., F. D. Gilliland, et al. 1998. An epidemiologic investigation of reproductive hormones in men with occupational exposure to perfluorooctanoic acid. *Journal of Occupational and Environmental Medicine* 40(7): 614-22.

Olson, K. R., and S. Gülgöz. 2018. Early findings from the TransYouth Project: Gender development in transgender children. *Child Development Perspectives* 12(2): 93-97.

Oppenheim, J. S., A. B. Benjamin, et al. 1987. No sex-related differences in human corpus callosum based on magnetic resonance imagery. *Annals of Neurology*

21: 604-6.

O'Rahilly, R., and F. Müller. 1996. *Human embryology and teratology, 2nd ed.* New York: Wiley-Liss.

O'Rand, A. 1989. Scientific thought style and the construction of gender. In *Women and a new academy: Gender and cultural contexts*, ed. J. F. O'Barr. Madison: University of Wisconsin Press, 103-21.

Ormrod, R. 1992. The medico-legal aspects of sex determination. *Medico-Legal Journal:* 78-88.

Ortner, S. B. 1996. *Making gender: The politics and erotics of culture.* Boston: Beacon Press.

Osella, S. 2019. The legal regime of gender identity: A comparative enquiry. Ph.D. thesis, Department of Law, European University Institute.

Ospina Betancurt, J., M. S. Zakynthinaki, M. J. Martínez-Patiño, et al. 2018. Hyperandrogenic athletes: Performance differences in elite-standard 200m and 800m finals. *Journal of Sports Sciences* 36(21): 2464-71.

Oudshoorn, N. 1990. Endocrinologists and the conceptualization of sex, 1920-1940. *Journal of the History of Biology* 23(2): 42-83.

______. 1994. *Beyond the natural body: An archeology of sex hormones.* London: Routledge.

Overton, W. F. 2014. The process-relational paradigm and relational-developmentalsystems metamodel as context. *Research in Human Development* 11(4): 323-31.

______. 2015. Processes, relations, and relational-developmental-systems. In *Handbook of child psychology and developmental science.* Hoboken: John Wiley and Sons, 4-54.

Overzier, C. 1963. True hermaphroditism. In *Intersexuality*, ed. C. Overzier. London: Academic Press, 182-234.

Oyama, S. 1985. *The ontogeny of information.* Cambridge, U.K.: Cambridge University Press[동일한 제목의 개정 증보판이 2000년에 듀크 대학교 출판부에서 출간되었다].

______. 1989. Ontogeny and the central dogma: Do we need the concept of genetic programming in order to have an evolutionary perspective? In *Systems and Development*, ed. M. R. Gunnar and E. Thelen. Hillsdale, N.J.: Lawrence Erlbaum, 22: 1-34.

______. 1992*a*. Ontogeny and phylogeny: A case of metarecapitulation? In *Trees of Life*, ed. P. Griffiths. Dordstadt, Kluwer, Netherlands, 211-39.

______. 1992*b*. Transmission and construction: Levels and the problem of heredity. In *Levels of social behavior: Evolutionary and genetic aspects*, ed. E. Tobach and G. Greenberg. Wichita: T. C. Schnierla Research Fund, 51-60.

______. 1993. How shall I name thee? The construction of natural selves. *Frontiers of Developmental Theory and Psychology* 3: 471-96.

Oyewumi, O. 1997. *The invention of women: Making an African sense of Western gender discourses*. Minneapolis: University of Minnesota Press.

______. 1998. De-confounding gender: Feminist theorizing and Western culture, a comment on Hawkesworth's "Confounding Gender." *Signs* 23(4): 1049-62.

Ozbey, H. 1998. Gender assignment in female congenital adrenal hyperplasia. *British Journal of Urology* 81: 180.

Padgug, R. 1979. Sexual matters: On conceptualizing sexuality in history. *Radical History Review* 20: 3-23.

Pang, S. 1994. Congenital adrenal hyperplasia. *Current Therapy in Endocrinology and Metabolism* 5: 157-66.

Paoletti, J. B. 1987. Clothing and gender in America: Children's fashions 1890-1920. *Signs* 13(1): 136-43.

Park, K. 1990. Hermaphrodites and lesbians: Sexual anxiety and French medicine, 1570-1621. Talk given at Annual Meeting of the History of Science Society, 1-19.

Parker, L. A. 1998. Ambiguous genitalia: Etiology, treatment, and nursing implications. *Journal of Obstetric, Gynecologic, and Neonatal Nursing* 27(1): 15-22.

Parkes, A. S. 1938. Terminology of sex hormones. *Nature* 141: 36.

______. 1966*a*. The rise of reproductive endocrinology, 1926-1940. *Journal of Endocrinology* 34(3): 20-32.

______. 1966*b*. *Sex, science and society: Addresses, lectures and articles*. London: Oriel Press.

Patil, V. 2013. From patriarchy to intersectionality: A transnational feminist assessment of how far we've really come. *Signs: Journal of Women in Culture & Society* 38(4): 847-67.

Pattatucci, A. M. 1998. Molecular investigation into complex behavior: Lessons from sexual orientation studies. *Human Biology* 70(2): 367-86.

Pattatucci, A. M. L., and D. H. Hamer. 1995. Development and familiality of sexual orientation in females. *Behavior Genetics* 25(5): 407-20.

Patterson, M. L., and J. F. Werker. 2002. Infants' ability to match dynamic phonetic and gender information in the face and voice. *Journal of Experimental Child Psychology* 81: 93-115.

Paul, D. 1995. *Controlling human heredity*. Highlands, N.J.: Atlantic Humanities Press.

______. 1998. *The politics of heredity: Essays on eugenics, biomedicine and the nature-nurture debate*. Albany: State University of New York Press.

Pauly, P. J. 1987. *Controlling life: Jacques Loeb and the engineering ideal in biology*. New York: Oxford University Press.

______. 1988. Summer resort and scientific discipline: Woods Hole and the structure of American biology. In *The American Development of Biology*, ed. R. Rainger, K. R. Benson, and J. Maienschein. Philadelphia: University of Pennsylvania Press, 121-50.

Paus, T., A. Zijdenbos, et al. 1999. Structural maturation of neural pathways in children and adolescents: In vivo study. *Science* 283(March 19): 1908-11.

Payer, P. J. 1993. *The bridling of desire: Views of sex in the later middle ages*. Toronto: University of Toronto Press.

Pennisi, E. 1997. Differing roles found for estrogen's two receptors. *Science* 277(September 5): 1439.

Peris, L. A. 1960. Congenital adrenal hyperplasia producing female hermaphroditism with phallic urethra. *Obstetrics and Gynecology* 16(2): 156-66.

Perovic, S. V. 1998. The penile disassembly technique in hypospadias repair [letter; comment]. *British Journal of Urology* 81(4): 658.

Perovic, S. V., and M. L. Djordjevic. 1998. A new approach in hypospadias repair. *World Journal of Urology* 16(3): 195-9.

Perovic, S. V., M. L. Djordjevic, et al. 1998. A new approach to the treatment of penile curvature. *Journal of Urology* 160(3, pt. 2): 1123-127.

Perovic, S. V., V. Vukadinovic, et al. 1998. The penile disassembly technique in hypospadias repair [see comments]. *British Journal of Urology* 81(3): 479-87.

Peters, M. 1988. The size of the corpus callosum in males and females: The implications of a lack of allometry. *Canadian Journal of Psychology* 42(3): 313-24.

Phillip, M., C. De Boer, et al. 1996. Clitoral and penile sizes of full term newborns in two different ethnic groups. *Journal of Pediatric Endocrinology and Metabolism* 9(2): 175-79.

Phoenix, C. 1978. Prenatal testosterone in the nonhuman primate and its consequences for behavior. In *Sex differences in behavior*, ed. R. C. Friedman, R. M. Richart, and R. L. Van de Wiele. Huntington, N.J.: Robert E. Krieger Publishing Company, 19-32.

Phoenix, C. H., K. H. Copenhaver, et al. 1976. Scanning electron microscopy of penile papillae in intact and castrated rats. *Hormones and Behavior* 7: 212-27.

Phoenix, C. H., R. W. Goy, A. A. Gerall and W. C. Young. 1959. Organizing action of prenatally administered testosterone propionate on the tissues mediating mating behavior in the female guinea pig. *Endocrinology* 65: 369-82.

Phornphutkul, C., A. Fausto-Sterling, and P. Gruppuso. 2000. Gender self-reassignment in an XY adolescent male born with ambiguous genitalia. *Pediatrics* 106(1): 135-37.

Pielke, R., R. Tucker, and E. Boye. 2019. Scientific integrity and the IAAF

섹싱 더 바디

testosterone regulations. *The International Sports Law Journal* 19: 18-26.

Pinker, S. 1997. *How the mind works*. New York: Norton.

Pintér, A., and G. Kosztolányi. 1990. Surgical management of neonates and children with ambiguous genitalia. *Acta Paediatrica Hungarica* 30(1): 111-21.

Piro, C., M. de Diego, et al. 1998. [Autologous buccal mucosal graft for urethral reconstruction]. *Cirugia Pediatrica (Barcelona)* 11(2): 71-72.

Pitts-Taylor, V. 2016. *The brain's body: Neuroscience and corporeal politics*. Durham, NC: Duke University Press.

Plumwood, V. 1993. *Feminism and the mastery of nature*. New York: Routledge.

Pons, T. 1996. Novel sensations in the congenitally blind. *Nature* 380(April 11): 479-80.

Pool, R. 1993. Evidence for homosexuality gene. *Science* 261(July 16): 291-92.

______. 1994. *Eve's rib: The biological roots of difference*. New York: Crown Publishers.

Poovey, M. 1993. Figures of arithmetic, figures of speech: The discourse of statistics in the 1830's. *Critical Inquiry* 19(Winter): 256-76.

______. 1995. *Making a social body: British cultural formation, 1830-1864*. Chicago: University of Chicago Press.

Porter, R., and L. Hall. 1995. *The facts of life: The creation of sexual knowledge in Britain, 1650-1950*. New Haven: Yale University Press.

Porter, R., and T. Mikuláš, eds. 1994. *Sexual knowledge, sexual science: The history of attitudes to sexuality*. Cambridge, U.K.: Cambridge University Press.

Porter, T. M. 1986. *The rise of statistical thinking, 1820-1900*. Princeton: Princeton University Press.

______. 1992. Quantification and the accounting ideal in science. *Social Studies of Science* 22: 633-52.

______. 1995. *Trust in numbers: The pursuit of objectivity in science and public life*. Princeton: Princeton University Press.

______. 1997. The management of society by numbers. In *Science in the Twentieth Century*, ed. J. Krige and D. Pestre. Australia: Harwood Academic Publishers, 97-110.

Potter, E. 1989. Modeling gender politics in science. In *Feminism and Science*, ed. N. Tuana. Bloomington: Indiana University Press, 132-46.

Poulin-Dubois, D., L. A. Serbin, and A. Derbyshire. 1998. Toddlers' intermodal and verbal knowledge about gender. *Merrill Palmer Quarterly* 44(3): 338-54.

Poulin-Dubois, D., L. A. Serbin, B. Kenyon, et al. 1994. Infants' intermodal knowledge about gender. *Developmental Psychology* 30(3): 436-42.

Poulin-Dubois, D., L. A. Serbin, J. A. Eichstedt, et al. 2002. Men don't put on make-up: Toddlers' knowledge of the gender stereotyping of household activities. *Social Development* 11(2): 166-81.

Pratt, J. P. 1939. *Sex functions in man*. In *Sex and internal secretions*, ed. Charles H. Allen and Edward A. Doisy. Baltimore: Williams and Wilkins, 1263-1334.

Press, A. 1998. Jury gives $2.9 million to transvestite's mother. *New York Times*, 39. December 13.

Preves, S. 1999. For the sake of the children: Destigmatizing intersexuality. In *Intersex in the age of ethics*, ed. Alice D. Dreger. Hagerstown: University Publishing Group, 51–58.

Preves, S. E. 2003. *Intersex and identity: the contested self.* New Brunswick, NJ: Rutgers University Press.

Price, D. 1972. Mammalian conception, sex differentiation, and hermaphroditism as viewed in historical perspective. *American Zoologist* 12: 179–91.

______. 1974. Carl Richard Moore, December 5, 1892–October 16, 1955. *Biographical Memoirs of the National Academy of Sciences* 45: 384–412.

Prokop, V. A., M. Oehmichen, et al. 1990. Geschlechtsdimporphismus des Corpus callosum? *Beitrage zur Gerichtlichen Medizin* 48: 263–70.

Proust, M. 1922. *Swann's Way.* London: Chatto and Windus.

Puig, M. 1991. *Kiss of the Spiderwoman.* New York: Vintage.

Quercia, N., D. Chitayat, et al. 1998. Normal external genitalia in a female with classical congenital adrenal hyperplasia who was not treated during embryogenesis. *Prenatal Diagnosis* 18(1): 83–85.

Quetelet, M. A. 1842. *A treatise on man and the development of his faculties.* New York: Burt Franklin.

Quigley, C. A., A. Debellis, et al. 1995. Androgen receptor defects: Historical, clinical and molecular perspectives. *Endocrine Reviews* 16(3): 271–321.

Raboch, J., J. Kobilková, et al. 1987. Sexual development and life of women with gonadal dysgenesis. *Journal of Sex and Marital Therapy* 13(2): 117–27.

Rainger, R., K. Benson, et al., eds. 1988. *The American development of biology.* Philadelphia: University of Pennsylvania Press.

Raisman, G., and P. M. Field. 1973. Sexual dimorphism in the neuropil of the preoptic area of the rat and its dependence on neonatal androgen. *Brain Research* 54:1–29.

Rajfer, J., R. M. Ehrlich, et al. 1982. Reduction clitoroplasty via ventral approach. *Journal of Urology* 128(August): 341–43.

Randolf, J. G., and W. Hung. 1970. Reduction clitoroplasty in females with hypertrophied clitoris. *Journal of Pediatric Surgery* 5(2): 224–31.

Randolf, J., W. Hung, et al. 1981. Clitoroplasty for females born with ambiguous genitalia: a long-term study. *Journal of Pediatric Surgery* 16(6): 882–87.

Rapp, R. 1997. Real-time fetus: The role of the sonogram in the age of monitored reproduction. In *Cyborgs and Citadels*, ed. G. L. Downey and J. Dumit. Santa Fe: School of American Research Press, 31–48.

Rauch, R. A., and R. J. Jinkins. 1994. Analysis of cross-sectional area measurements of the corpus callosum adjusted for brain size in male and female subjects from childhood to adulthood. *Behavioural Brain Research* 64: 65–78.

Raynaud, A., and M. Frilley. 1947. Destruction des glades génitales de l'embryon de souris, par une irradiation au moyen des rayons X, a l'age de treize jours. *Annales d'endocrinologie* 8(5): 400-419.

Rechter, J. E. 1997. The glands of destiny: A history of popular, medical and scientific views of the sex hormones in 1920's America. History Dept. Berkeley: University of California. Ph.D. thesis.

Reilly, J. M., and C. R. J. Woodhouse. 1989. Small penis and the male sexual role. *Journal of Urology* 142(August): 569-71.

Reinarz, S. J., C. E. Coffman, et al. 1988. MR imaging of the corpus callosum: Normal and pathologic findings and correlation with CT. *American Journal of Radiology* 151: 791-98.

Reiner, W. 1996. Case study: Sex reassignment in a teenage girl. *Journal of the American Academy of Child and Adolescent Psychiatry* 35(6): 799-803.

_____. 1997a. Sex assignment in the neonate with intersex or inadequate genitalia. *Archives of Pediatric and Adolescent Medicine* 151(October): 1044-45.

_____. 1997b. To be male or female—That is the question. *Archives of Pediatric and Adolescent Medicine* 151(March): 1997.

Reiner, W. G., and D. T. Reiner. 2011. Thoughts on the nature of identity: Disorders of sex development and gender identity. *Child Adolescent Psychiatric Clinics of North America* 20(4): 627-38.

Reinitz, J., E. Mjoisness, et al. 1992. A connectionist model of the Drosophila blastoderm. In *Principles of organization in organisms*, ed. J. Mittenthal and A. Baskin. New York: Addison-Wesley, 109-18.

Reis, E. 2005. Impossible hermaphrodites: Intersex in America, 1620-1960. *Journal of American History* 92(2): 411-41.

_____. 2009. *Bodies in doubt: An American history of intersex.* Baltimore: Johns Hopkins University Press.

Reiss, I. 1995. Is this the definitive sex survey? *Journal of Sex Research* 32(1): 77-91.

Renard, E., J. Bringer, et al. 1993. Steroides sexuels: Effets sur le metabolisme hydrocarbone avant et après la menopause. *La Presse Médicale* 22(9): 431-35.

Retik, A. B., and J. G. Borer. 1998. Primary and reoperative hypospadias repair with the Snodgrass technique. *World Journal of Urology* 16(3): 186-91.

Reumann, M. 1998. The Kinsey reports and American sexual character, 1946-1964. American Civilization. Providence: Brown University. Ph.D. thesis.

Rey, M. 1987. Parisian homosexuals create a lifestyle, 1700-1750: The police archives. In *'Tis nature's fault: Unauthorized sexuality during the enlightenment*, ed. R. P. Maccubbin. Cambridge, U.K.: Cambridge University Press, 179-91.

Reyes, F. I., R. S. Boroditsky, et al. 1974. Studies on human sexual development II.

Fetal and maternal serum gonadotropin and sex steroid concentrations. *Journal of Clinical Endocrinology and Metabolism* 38(January-June): 612-17.

Ribot, C., and F. Tremollieres. 1995. Sexual steroids and bone tissue. *Endocrinology and Metabolism* 56(1): 49-55.

Rice, G., C. Anderson, et al. 1999. Male homosexuality: Absence of linkage to microsatellite markers at Xq28. *Science* 284(April 23): 665-67.

Richardson, J. T. E. 1997. Introduction to the study of gender differences in cognition. In *Gender differences in human cognition*, ed. J. T. E. Richardson. Oxford, U.K.: Oxford University Press, 3-29.

Richardson, S. 1994. The brain-boosting sex hormone. *Discover* (April): 30-32.

Richardson, S. S. 2013. *Sex itself: The search for male and female in the human genome.* Chicago: University of Chicago Press.

Riley, W. J., and A. L. Rosenbloom. 1980. Clitoral size in infancy. *Journal of Pediatrics* 96(5): 918-19.

Rink, R. C., and M. C. Adams. 1998. Feminizing genitoplasty: State of the art. *World Journal of Urology* 16(3): 212-18.

Rippon, G. 2019. *Gender and our brains: How new neuroscience explodes the myths of the male and female minds.* New York: Pantheon.

Rippon, G., R. Jordan-Young, A. Kaiser, et al. 2014. Recommendations for sex/gender neuroimaging research: Key principles and implications for research design, analysis and interpretation. *Frontiers in Human Neuroscience* 8: 650.

Riss, W., and W. C. Young. 1954. The failure of large quantities of testosterone propionate to activate low drive male guinea pigs. *Endocrinology* 54(2): 232-35.

Riss, W., E. S. Valenstein, et al. 1955. Development of sexual behavior in male guinea pigs from genetically different stocks under controlled conditions of androgen treatment and caging. *Endocrinology* 57(2): 139-46.

Robinson, P. 1976. *The modernization of sex: Havelock Ellis, Alfred Kinsey, William Masters and Virginia Johnson.* Ithaca, NY: Cornell University Press.

Roen, K. 2019. Intersex or diverse sex development: Critical review of psychosocial health care research and indications for practice. *The Journal of Sex Research* 56(4-5): 511-28.

Roofe, P. G. 1968. William Caldwell Young. In *Reproduction and sexual behavior*, ed. M. Diamond. Bloomington: Indiana University Press, 449-52.

Rosario, V., ed. 1997. *Science and homosexualities.* New York: Routledge.

Roscoe, W. 1991. *The Zuni man-woman.* Albuquerque: University of New Mexico Press.

_____. 1994. How to become a berdache: Toward a unified analysis of gender diversity. In *Third sex third gender: Beyond sexual dimorphism in culture and history*, ed. G. Herdt. New York: Zone Books, 329-72.

Rose, H. 1994. *Love, power, and knowledge: Towards a feminist transformation of the sciences.* Bloomington: Indiana University Press.

Rose, S. 1998. *Lifelines: Biology beyond determinism.* Oxford, U.K.: Oxford University Press.

Rosenberg, R. 1982. *Beyond separate spheres: Intellectual roots of modern feminism.* New Haven: Yale University Press.

Rosenbloom, A. L. 1998. Evaluation of severe hypospadias [letter; comment]. *Journal of Pediatrics* 133(1): 169-70.

Rosenwald, A. K., J. H. Handlon, et al. 1958. Psychologic studies before and after clitoridectomy in female pseudohermaphroditism caused by congenital virilizing adrenal hyperplasia. *Pediatrics* 21: 832-39.

Rossiter, K., and S. Diehl. 1998. Gender reassignment in children: Ethical conflicts about surrogate decision making. *Pediatric Nursing* 24(1): 59-62.

Rossiter, M. W. 1982. *Women scientists in America: Struggles and strategies to 1940.* Baltimore: Johns Hopkins University Press.

_____. 1995. *Women scientists in America: Before affirmative action.* Baltimore: Johns Hopkins University Press.

Rothblatt, M. 1995. *The apartheid of sex: A manifesto on the freedom of gender.* New York: Crown.

Roubertoux, P., and M. Carlier. 1978. Intelligence: Différence individuelles, facteurs génétiques, facteurs d'environnement et interaction entre génotype et environment. *Annales Biologique Clinique* 36: 101-12.

Rubin, G. 1975. The traffic in women: Notes on the "political economy" of sex. In *Toward an anthropology of women,* ed. R. R. Reiter. New York: Monthly Review Press, 157-210.

_____. 1984. Thinking sex: Notes for a radical theory of the politics of sexuality. In *Pleasure and Danger: Exploring female sexuality,* ed. C. S. Vance. Boston: Routledge & Kegan Paul, 267-319.

Ruble, D. N., C. L. Martin, and S. A. Berenbaum. 2006. Gender development. In *Handbook of child psychology,* ed. Nancy Eisenberg. Hoboken: John Wiley and Sons, 858-932.

Ruble, D. N., L. E. Lurye, and K. M. Zosuls. 2010. Pink frilly dresses (PFD) and early gender identity. *Princeton Report on Knowledge* 2(2).

Ruble, D. N., L. J. Taylor, L. Cyphers, et al. 2007. The role of gender constancy in early gender development. *Child Development* 78(4): 1121-36.

Rushton, H. G., and A. B. Belman. 1998. The split prepuce in situ onlay hypospadias repair. *Journal of Urology* 160(3 pt. 2): 1134-36; discussion 1137.

Russett, C. E. 1989. *Sexual science: The Victorian construction of womanhood.* Cambridge: Harvard University Press.

Sadato, N., A. Pascual-Leone, et al. 1996. Activation of the primary visual cortex by Braille reading in blind subjects. *Nature* 380(April 11): 526-28.

Sagehashi, N. 1993. Clitoroplasty for clitoromegaly due to adrenogenital syndrome without loss of sensitivity. *Plastic and Reconstructive Surgery* 91(5): 950–56.

Saini, A. 2017. *Inferior: How science got women wrong—and the new research that's rewriting the story.* Boston: Beacon Press.

Sakemi, T., H. Toyoshima, et al. 1995. Estrogen attenuates progressive glomerular injury in hypercholesterolemic male Imai rats. *Nephron* 69(2): 159–65.

Salat, D., A. Ward, et al. 1996. Sex differences in the corpus callosum with aging. *Neurobiology of Aging* 18(2): 191–97.

Sand, K. 1919. Experiments on the internal secretion of the sexual glands, especially on experimental hermaphroditism. *Journal of Physiology* 53: 257–63.

Sandberg, D. E., and H. F. L. Meyer-Bahlburg. 1995. Gender development in boys born with hypospadias. *Psychoneuroendocrinology* 20(7): 693–709.

Sane, K., and O. H. Pescovitz. 1992. The clitoral index: A determination of clitoral size in normal girls and in girls with abnormal sexual development. *Journal of Pediatrics* 120(2): 264–66.

Santti, R., S. Makela, et al. 1998. Phytoestrogens: Potential endocrine disruptors in males. *Toxicol Ind Health* 14(1–2): 223–37.

Sapolsky, R. 1997. A gene for nothing. *Discover* 18(10): 40–46.

Savitt, T. L. 1978. *Medicine and slavery: The diseases and health care of blacks in antebellum Virginia.* Urbana: University of Illinois Press.

Sawer, P., and S. Berger. 2009. Gender row over Caster Semenya makes athlete into a South African cause celebre. *The Telegraph* (United Kingdom), Aug. 23.

Sawicki, J. 1991. *Disciplining Foucault.* New York: Routledge.

Sawyer, R. T. 1974. Leeches. In *Pollution Ecology of Freshwater Invertebrates,* ed. C.W. Hart Jr. and S. L. H. Fuller. New York: Academic Press, 81–141.

Sax, L. 2005. *Why gender matters: What parents and teachers need to know about the emerging science of sex differences.* New York: Doubleday.

Schafer, A. J., and P. N. Goodfellow. 1996. Sex determination in humans. *BioEssays* 18(12): 955–64.

Schafer, A. J., M. A. Dominguez-Steglich, et al. 1995. The role of SOX9 in autosomal sex reversal and campomelic dysplasia. *Philosophical Transactions of the Royal Society of London B: Biological Sciences* 350: 271–78.

Schiebinger, L. 1992. The gendered brain: Some historical perspectives. In *So human a brain: Knowledge and values in the neuroscience,* ed. A. Harrington. Boston: Birkauser, 110–20.

______. 1993a. Why mammals are called mammals: Gender politics in eighteenth-century natural history. *American Historical Review* 98(2): 382–411.

______. 1993b. *Nature's body: Gender in the making of modern science.* Boston: Beacon Press.

______. 1999. *Has feminism changed science?* Cambridge: Harvard University Press.

Schilder, P. 1950. *The image and appearance of the human body: Studies in the constructive energies of the psyche*. New York: International Universities Press.

Schlaug, G., L. Jäncke, et al. 1995. Increased corpus callosum size in musicians. *Neuropsychologia* 33(8): 1047-55.

Schlesinger, A. J. 1958. The crisis of American masculinity. *Esquire* 50: 63-65.

Schlinger, B. 1998. Sexual differentiation of avian brain and behavior: Current views on gonadal hormone-dependent and independent mechanisms. *Annual Review of Physiology* 60: 407-29.

Schlinger, B. A., and A. P. Arnold. 1991. Brain is the major site of estrogen synthesis in the male songbird. *Proceedings of the National Academy of Science*: 4191-94.

Schmidt, F. L. 1992. What do data really mean? Research findings, meta-analysis and cumulative knowledge in psychology. *American Psychologist* 47(10): 1173-81.

Schmidt, G. 1984. Allies and persecutors: Science and medicine in the homosexuality issue. *Journal of Homosexuality* 88(10)(3-4): 127-40.

Schmitz, S., and G. Höppner, eds. 2014. *Gendered neurocultures: Feminist and queer perspectives on current brain discourses*. Vienna: Zaglossus.

Schober, J. M. 1998. Feminizing genitoplasty for intersex. In *Pediatric surgery and urology: Long term outcomes*, ed. M. D. Stringer, K. T. Oldham, P. D. E. Mouriquand, and E. R. Howard. London: Saunders, 549-58.

Schreiner, O. 1911. *Woman and labor*. New York: Frederick Stokes.

Schutte, H., and J. R. Herman. 1975. Eugen Steinach, 1861-1944. *Investigative Urology* 12(4): 330-31.

Schwartz, D. 2012. Listening to children imagining gender: Observing the inflation of an idea. *Journal of Homosexuality* 59(3): 460-79.

Scott, J. 1993. The evidence of experience. In *The lesbian and gay studies reader*, ed. H. Abelove, M. A. Barale, and D. M. Halperin. New York: Routledge, 397-415.

Scott, J. W. 1988. *Gender and the politics of history*. New York: Columbia University Press[『젠더와 역사의 정치』, 정지영·마정윤·박차민정·정지수·최금영 옮김, 후마니타스, 2023].

Scott, M. 1995. *Shadow man*. New York: Tom Doherty Associates.

Scriver, C. R., and P. J. Waters. 1999. Monogenic traits are not simple: Lessons from phenylketonuria. *Trends in Genetics* 15(7): 267-72.

Seckl, J. R., and W. L. Miller. 1997. How safe is long-term prenatal glucocorticoid treatment? [see comments]. *Journal of the American Medical Association* 277(13): 1077-79.

Sengoopta, C. 1992. Science, sexuality and gender in the fin de siècle: Otto Weininger as Baedeker. *History of Science* 30: 249-79.

______. 1993. Rejuvenation and the prolongation of life: Science or quackery? *Perspectives in Biology and Medicine* 37(1): 55-65.

______. 1996. The unknown Weininger: Science, philosophy and cultural politics in finde-siècle Vienna. *Central European History* 29(4): 453-94.

______. 1998. Glandular politics: Experimental biology, clinical medicine, and homosexual emancipation in fin-de-siècle Central Europe. *Isis* 89: 445-73.

Serbin, L. A., K. K. Powlishta, et al. 1993. *The development of sex typing in middle childhood.* Chicago: University of Chicago Press.

Serrat, A., and A. Garcia de Herreros. 1993. Determination of genetic sex by PCR amplification of Y-chromosome-specific sequences. *The Lancet* 341: 1593.

Several. 1997. The pediatric forum: Sex reassessment at birth. *Archives of Pediatric and Adolescent Medicine* 151(October): 1062-64.

Shapin, S. 1994. *A social history of truth: Civility and science in seventeenth-century England.* Chicago: University of Chicago Press.

Sharp, R. J., T. M. Holder, et al. 1987. Neonatal genital reconstruction. *Journal of Pediatric Surgery* 2(22): 168-71.

Sharpe, R. M. 1997. Do males rely on female hormones? *Nature* 390(December 4): 447-48.

Silverman, K. 1992. *Male subjectivity at the margins.* New York: Routledge.

Simner, M. L. 1971. Newborn's response to the cry of another infant. *Developmental Psychology* 5(1): 136-50.

Simpson, J. L. 1986. Gender testing in the Olympics. *Journal of the American Medical Association* 256(14): 1938.

Sinclair, A. H. 1995. New genes for boys. *American Journal of Human Genetics* 57: 998-1001.

______. 1998. Human sex determination. *Journal of Experimental Zoology* 281: 501-5.

Sinforiani, E., C. Livieri, et al. 1994. Cognitive and neuroradiological findings in congenital adrenal hyperplasia. *Psychoneuroendocrinology* 19(1): 55-54.

Singer, W. 1995. Development and plasticity of cortical processing architectures. *Science* 270(November 3): 758-64.

Singh, J. A. L. 1942. *Wolf-children and feral man.* New York: Harper.

Sitruk-Ware, R. 1995. Cardiovascular risk at the menopause-Role of sexual steroids. *Hormone Research* 43: 58-63.

Skakkebaek, N. E., E. Rajpert-De Meyts, et al. 1998. Germ cell cancer and disorders of spermatogenesis: An environmental connection? *Apmis* 106(1): 3-11; discussion 12.

Slijper, F. M. E., S. L. S. Drop, et al. 1994. Neonates with abnormal genital development assigned the female sex: Parent counseling. *Journal of Sex Education and Therapy* 20(1): 9-17.

______. 1998. Long-term psychological evaluation of intersex children. *Archives of*

Sexual Behavior 27(2): 125-44.

Slootweg, M. C., A. G. H. Ederveen, et al. 1992. Oestrogen and progestogen synergistically stimulate human and rat osteoblast proliferation. *Journal of Endocrinology* 133: R5-R8.

Smart, C. 1992. Disruptive bodies and unruly sex: The regulation of reproduction and sexuality in the 19th century. In *Regulating womanhood*, ed. C. Smart. New York: Routledge, 7-32.

Smith, E. D. 1997. The history of hypospadias. *Pediatric Surgery International* 12: 81-85.

Smith, E. P., J. Boyd, et al. 1994. Estrogen resistance caused by a mutation in the estrogen receptor gene in a man. *New England Journal of Medicine* 331(16): 1056-61.

Smith, J., J. L. Hurst, et al. 1994. Comparing behaviour in wild and laboratory strains of the house mouse: Levels of comparison and functional inference. *Behavioural Processes* 32: 79-86.

Smith, L. B., S. Jayaraman, E. Clerkin, et al. 2018. The developing infant creates a curriculum for statistical learning. *Trends in Cognitive Sciences* 22(4): P325-36.

Snarch, B. 1992. Neither man nor woman: Berdache—A case for non-dichotomous gender construction. *Anthropologia* 34: 105-21.

Snodgrass, W., M. Koyle, et al. 1998. Tubularized incised plate hypospadias repair for proximal hypospadias. *Journal of Urology* 159(6): 2129-31.

Södersten, P. 1976. Lordosis behavior in male, female and androgenized female rats. *Journal of Endocrinology* 70: 409-20.

Sonksen, P. 2015. Authors' response to letter by Ritzen et al. (published online 25 July 2014, doi: 10.1111/cen.12531). *Clinical Endocrinology* 82(2): 308-9.

Sönksen, P. H., L. D. Bavington, T. Boehning, et al. 2018. Hyperandrogenism controversy in elite women's sport: An examination and critique of recent evidence. *British Journal of Sports Medicine* 52(23): 1481-82.

Sotiropoulos, A., A. Morishima, et al. 1976. Long-term assessment of genital reconstruction in female pseudohermaphrodites. *Journal of Urology* 115: 599-601.

Speiser, P. W., and M. I. New. 1994a. Prenatal diagnosis and treatment of congenital adrenal hyperplasia. *Clinical Perinatology* 21(3): 631-45.

______. 1994b. Prenatal diagnosis and treatment of congenital adrenal hyperplasia. *Journal of Pediatric Endocrinology* 7(3): 183-91.

Speiser, P. W., J. Dupont, et al. 1992. Disease expression and molecular genotype in congenital adrenal hyperplasia due to 21-hydroxylase deficiency. *Journal of Clinical Investigation* 90: 584-95.

Spelman, E. 1988. *Inessential woman: Problems of exclusion in feminist thought.* Boston: Beacon Press.

Spence, J. T. 1984. Masculinity, femininity, and gender-related traits: A conceptual analysis and critique of current research. *Progress in Experimental Personality Research* 13: 1-97.

______. 1985. Gender identity and its implications for the concepts of masculinity and femininity. *Nebraska Symposium on Motivation* 32: 59-95.

Spencer, J. P., B. Vereijken, F. J. Diedrich, et al. 2000. Posture and the emergence of manual skills. *Developmental Science* 3(2): 216-33.

Squier, S. 1999. From Omega to Mr. Adam: The importance of literature for feminist science studies. *Science, Technology and Human Values* 24(1): 132-58.

Sripathi, V., S. Ahmed, et al. 1997. Gender reversal in 47,XX congenital virilizing adrenal hyperplasia. *British Journal of Urology* 79: 785-89.

Stanley, J. C. 1993. Boys and girls who reason well mathematically. In *The origins and development of high ability*, ed. G. R. Bock and K. Ackrill. Chichester: Wiley, 119-38.

Star, S. L. 1983. Simplification in scientific work: An example from neuroscience research. *Social Studies of Science* 13: 205-28.

______. 1992. The skin, the skull and the self: Toward a sociology of the brain. In *So human a brain: Knowledge and values in the neurosciences*, ed. A. Harrington. Boston: Birkhauser, 204-28.

Star, S. L., and J. R. Griesemer. 1989. Institutional ecology, "translations" and boundary objects: Amateurs and professionals in Berkeley's Museum of Vertebrate Zoology, 1907-1939. *Social Studies of Science* 19: 387-420.

______. 1999. Male, female hormone treatment can help revive interest in sex. *Providence Journal*, Jan. 1: L10.

Stecker, J. F., C. E. Horton, et al. 1981. Hypospadias cripples. *Urologie Clinics of North America* 8(3): 539-44.

Stein, E. 1998. Review of queer science: The use and abuse of research on homosexuality. *Journal of Homosexuality* 35(2): 107-17.

______. 1999. *The mismeasure of desire: The science, theory and ethics of sexual orientation.* Oxford, U.K.: Oxford University Press.

Steinach, E. 1910. Geschlechtstrieb und echt sekundäre Geschlechtsmerkmale als Folge der innersekretorischen Funktion der Keimdrüse. *Zentralblatt für Physiologie* 24(13): 551-66.

______. 1912. Willkürliche Umwandlung von Säugertier-Männchen in Tieremit ausgeprägt weiblichen Geschletscharakteren und weiblicher Psyche. *Pflüger's Archiv für Physiologie* 144: 71-108.

______. 1913*a*. Feminierung von Mannchen und maskulierung von Weibchen. *Zentralblattfur Physiologie* 27(14): 717-23.

______. 1913*b*. Pubertätsdrüsen und Zwitterbildung. Roux's *Archivfür Entwick lungsmechanik* 42: 307-32.

______. 1940. *Sex and life: Forty years of biological and medical experiments*. New York: Viking Press.

Steinach, E., and H. Kun. 1926. Antagonistische Wirkungen der Keimdrüsen-Hormone. *Biologia Generalis* 2: 815-34.

Steinmetz, H., J. F. Staiger, et al. 1995. Corpus callosum and brain volume in women and men. *NeuroReport* 6: 1002-4.

Steinmetz, H., L. Jäncke, et al. 1992. Sex but no hand difference in the isthmus of the corpus callosum. *Neurology* 42: 749-52.

Stent, G. S. 1981. Strength and weakness of the genetic approach to the development of the nervous system. *Annual Review of Neuroscience* 4: 163-94.

Sterling, D. 1954. *The story of mosses, ferns and mushrooms*. New York: Doubleday.

______. 1955. *Insects and the homes they build*. New York: Doubleday.

______. 1979. *Black foremothers: Three lives*. Old Westbury, NY: The Feminist Press.

______. 1991. *Ahead of her time: Abby Kelley and the politics of antislavery*. New York: Norton.

Sterling, P. 1970. *Sea and earth: The life of Rachel Carson*. New York: Crowell.

Stern, D. E. 1985. *The interpersonal world of the infant: A view from psychoanalysis and developmental psychology*. New York: Basic Books.

Sterr, A., M. M. Müller, et al. 1998. Changed perceptions in Braille readers. *Nature* 391(January 1998): 134-35.

Stigler, S. M. 1986. *The history of statistics: The measurement of uncertainty before 1900*. Cambridge: Harvard University Press.

Stockard, C. N., and G. N. Papanicolaou. 1917. The existence of a typical oestrus cycle in the guinea pig, with a study of its histological and physiological changes. *American Journal of Anatomy* 22: 225-65.

Stocking, G. 1987. *Victorian anthropology*. New York: Free Press.

Stocking, G. W., ed. 1988. *Bones, bodies, behavior: Essays on biological anthropology*. Madison: University of Wisconsin Press.

Stone, C. P. 1939. Sex drive. In *Sex and internal secretions*, ed. E. Allen, C. H. Danforth, and E. A. Doisy. Baltimore: Williams and Wilkins, 1213-62.

Strain, L., J. Dean, et al. 1998. A true hermaphrodite chimera resulting from embryo amalgamation after in vitro fertilization. *New England Journal of Medicine* 338(3): 166-69.

Strauss, A. 1978. A social worlds perspective. *Studies in Symbolic Interaction* 1: 199-228.

Strock, C. 1998. *Married women who love women*. New York: Doubleday.

Strogatz, S. 2003. *Sync: How order emerges from chaos in the universe, nature, and daily life*. New York: Hachette.

Stryker, S. 2006. (De)Subjugated knowledges: An introduction to transgender studies. In *The transgender studies reader*, ed. S. Stryker and S. Whittle. New

York: Routledge, 1-17.

Stryker, S., and S. Whittle, eds. 2006. *The transgender studies reader*. New York: Routledge.

Sugita, Y. 1996. Global plasticity in adult visual cortex following reversal of visual input. *Nature* 180(April 11): 523-26.

Sung, J., A. Fausto-Sterling, C. G. Coll, et al. 2013. The dynamics of age and sex in the development of mother-infant vocal communication between 3 and 11 months. *Infancy* 18(6): 1135-58.

Swain, A., V. Narvaez, et al. 1998. Daxi antagonizes Sry action in mammalian sex determination. *Nature* 391(February 19): 761-67.

Sylven, L., K. Hagenfeldt, et al. 1993. Life with Turner's syndrome—A psychosocial report from 22 middle-aged women. *Acta Endocrinologica* 129: 188-94.

Symons, D. 1979. *The evolution of human sexuality*. Oxford, U.K.: Oxford University Press.

Tagatz, G. E., R. A. Kopher, et al. 1979. The clitoral index: A bioassay of androgenic stimulation. *Obstetrics and Gynecology* 54: 562-64.

Tate, C. C., C. P. Youssef, and J. N. Bettergarcia. 2014. Integrating the study of transgender spectrum and cisgender experiences of self-categorization from a personality perspective. *Review of General Psychology* 18(4): 302-12.

Taub, E., J. E. Crago, et al. 1994. An operant approach to rehabilitation medicine: Overcoming learned nonuse by shaping. *Journal of Experimental Analysis of Behavior* 61(2): 281-93.

Taub, E., N. E. Miller, T. A. Novack, et al. 1993. Technique to improve chronic motor deficit after stroke. *Archives of Physical and Medical Rehabilitation* 74(4): 347-54.

Taylor, P. J. 1995. Building on construction: An exploration of heterogeneous constructionism, using an analogy from psychology and a sketch from socioeconomic modeling. *Perspectives on Science* 3(1): 66-98.

______. 1997. Appearances notwithstanding, we are all doing something like political ecology. *Social Epistemology* 11(1): 111-27.

______. 1998. Natural selection: A heavy hand in biological and social thought. *Science as Culture* 7(1): 5-32.

______. 1999. Mapping complex social-natural relationships: Cases from Mexico and Africa. In *Living with nature: Environmental politics as cultural discourse*, ed. F. Fischer and M. A. Hajer. Oxford: Oxford University Press, 121-34.

Teague, J. L., D. R. Roth, et al. 1994. Repair of hypospadias complications using the metal-based flap urethroplasty. *Journal of Urology* 151(February): 470-72.

ten Berge, B. S. 1960. True hermaphroditism with female chromatic pattern: Marriage between partners of the same sex. *Gynaecologia* 149: 112-18.

Tessitore, L., E. Sesca, et al. 1995. Sexual dimorphism of cell turnover during liver hyperplasia. *Chemico-Biological Interactions* 97(1): 1-10.

Thelen, E. 1988*a*. Dynamical approaches to the development of behavior. In *Dynamic patterns in complex systems*, ed. J. A. S. Kelso, A. J. Mandell, and M. F. Shlesinger. Singapore: World Scientific, 348-69.

______. 1988*b*. Interactionism is good, but not good enough. *Behavioral and Brain Sciences* 11(4): 650.

______. 1995. Motor development: A new synthesis. *American Psychologist* 50(2): 79-95.

______. 2000. Grounded in the world: Developmental origins of the embodied mind. *Infancy* 1(1): 3-28.

Thelen, E., and L. B. Smith. 1994*a*. *A dynamic systems approach to the development of cognition and action*. Cambridge: MIT Press.

______. 1994*b*. Can dynamic systems theory be usefully applied in areas other than motor development? In *A dynamic systems approach to development: Applications*, ed. E. Thelen and L. B. Smith. Cambridge: MIT Press.

______. 1994*c*. Dynamic systems: Exploring paradigms for change. In *A dynamic systems approach to the development of cognition and action*, ed. E. Thelen and L. B. Smith. Cambridge: MIT Press.

______. 2006. Dynamic systems theories. In *Handbook of child psychology: Theoretical models of human development*, ed. R. M. Lerner. New York: John Wiley and Sons, 258-312.

Thelen, E., D. Corbetta, K. Kamm, et al. 1993. The transition to reaching: Mapping intention and intrinsic dynamics. *Child Development* 64(4): 1058-98.

Thomas, W. I. 1907. *Sex and society: Studies in the social psychology of sex*. Chicago: University of Chicago Press.

Thompson, E. 2007. *Mind in life: Biology, phenomenology, and the sciences of mind*. Cambridge: Harvard University Press[『생명 속의 마음』, 박인성 옮김, 도서출판 b, 2016].

Thompson, E., and F. J. Varela. 2001. Radical embodiment: Neural dynamics and consciousness. *Trends in Cognitive Sciences* 5(10): 418-25.

Thompson, R. A., and C. A. Nelson. 2001. Developmental science and the media: Early brain development. *American Psychologist* 56(1): 5-15.

Thomson, R. G., ed. 1996. *Freakery: Cultural spectacles of the extraordinary body*. New York: New York University Press.

Thönnessen, W. 1969. *The emancipation of women: The rise and decline of the women's movement in German social democracy, 1863-1933*. London: Pluto Press.

Thor, D. H., and W. R. Holloway. 1984. Social play in juvenile rats: A decade of methodological and experimental research. *Neuroscience and Biobehavioral Reviews* 8: 455-64.

Thorne, B. 1993. *Gender play: Girls and boys in school*. New Brunswick, NJ: Rutgers University Press.

Tiefer, L. 1978. The context and consequences of contemporary sex research: A
	feminist perspective. In *Sex and behavior: Status and prospectus*, ed. T. E.
	McGill, D. A. Dewsbury, and B. D. Sachs. New York: Plenum Press,
	363–86.

———. 1994*a*. The medicalization of impotence: Normalizing phallocentrism. *Gender
	and Society* 8(3): 363–77.

———. 1994*b*. Might premature ejaculation be organic? The perfect penis takes a
	giant step forward. *Journal of Sex Education and Therapy* 20(1): 7–8.

Titley, O. G., and A. Bracka. 1998. A 5-year audit of trainees experience and
	outcomes with two-stage hypospadias surgery. *British Journal of Plastic
	Surgery* 51(5): 370–75.

Tobet, S. A., and T. O. Fox. 1992. Sex differences in neuronal morphology
	influenced hormonally throughout life. In *Handbook of Neurobiology,* ed. A.
	A. Gerall, H. Moltz, and I.I. Ward. New York: Plenum Press, 41–82.

Tolmein, O., and A. Bergling. 1999. Intersexuell. *Die Zeit* 5: 12–15.

Toran-Allerand, C. D. 1984. On the genesis of sexual differentiation of the central
	nervous system: Morphogenetic consequences of steroidal exposure and
	possible role of alpha-fetoprotein. *Progress in Brain Research* 61: 63–97.

Toublanc, J. E., E. Thibaud, et al. 1997. Enquête sur l'avenir socio-psycho-affectif
	des femmes atteintes du syndrome de Turner. *Contraception Fertilité
	Sexualité* 25(7–8): 633–38.

Trautman, P. D., H. F. Meyer-Bahlburg, et al. 1995. Effects of early prenatal
	dexamethasone on the cognitive and behavioral development of young
	children: Results of a pilot study. *Psychoneuroendocrinology* 20(4):
	439–49.

———. 1996. Mothers' reactions to prenatal diagnostic procedures and
	dexamethasone treatment of congenital adrenal hyperplasia. *Journal of
	Psychosomatic Obstetric Gynaecology* 17(3): 175–81.

Trautner, H. M., D. N. Ruble, L. Cyphers, et al. 2005. Rigidity and flexibility of
	gender stereotypes in childhood: Developmental or differential? *Infant &
	Child Development* 14(4): 365–81.

Travis, J. 1992. The brain remaps its own contours. *Science* 258(October 9):
	216–20.

Trevarthen, C., and K. J. Aitken. 2001. Infant intersubjectivity: Research, theory,
	and clinical applications. *Journal of Child Psychology and Psychiatry* 42(1):
	3–48.

Trope, E., P. Rozin, et al. 1992. Information processing in the separated
	hemispheres of callosotomy patients: Does the analytic-holistic dichotomy
	hold? *Brain and Cognition* 19: 123–47.

Trumbach, R. 1987. Sodomitical subcultures, sodomitical roles, and the gender
	revolution of the eighteenth century: The recent historiography. In *'Tis*

nature's fault:Unauthorized sexuality during the Enlightenment, ed. R. P. Maccubbin. Cambridge, U.K.: Cambridge University Press, 109–21.

______. 1989. Gender and the homosexual role in modern western culture: The 18th and 19th centuries compared. In *Homosexuality, which Homosexuality?*, ed. D. Altman. Amsterdam: An Dekker/Schorer, 149–69.

______. 1991*a*. London's Sapphists: From three sexes to four genders in the making of modern culture. In *Bodyguards: The cultural politics of gender ambiguity*, ed. J. Epstein and K. Straub. New York: Routledge, 112–41.

______. 1991*b*. Sex, gender, and sexual identity in modern culture: Male sodomy and female prostitution in Enlightenment London. *Journal of the History of Sexuality* 2(2): 186–203.

______. 1998. *Sex and the gender revolution: Heterosexuality and the third gender in Enlightenment London*. Chicago: University of Chicago Press.

Tsuruo, Y., K. Ishimura, et al. 1996. Immunohistochemical localization of estrogen receptors within aromatase-immunoreactive neurons in the fetal and neonatal rat brain. *Anatomy and Embryology* 193(2): 113–21.

Tuladhar, R., P. G. Davis, et al. 1998. Establishment of a normal range of penile length in preterm infants. *Journal of Paediatric Child Health* 34(5): 471–73.

Turkle, S. 1995. *Life on the screen*. New York: Simon & Schuster.

Tyler, C. R., S. Jobling, et al. 1998. Endocrine disruption in wildlife: A critical review of the evidence. *Critical Reviews of Toxicology* 28(4): 319–61.

Uecker, A., and J. E. Obrzut. 1994. Hemisphere and gender differences in mental rotation. *Brain and Cognition* 22: 42–50.

Unsigned. 1921*a*. Disappointments of endocrinology. *Journal of the American Medical Association* 76(24): 1685–86.

______. 1921*b*. The endocrine glands—A caution. *Journal of the American Medical Association* 76(22): 1500–1501.

______. 1928. Ovarian hormones and ovarian organotherapy. *Journal of the American Medical Association* 91(16): 1194–95.

______. 1992. Homosexuality and cognition. *Science* 255: 539.

______. 1993. Five failed controversial Olympics sex test. *Science* 261(July 2): 27.

Vaias, L. J., L. M. Napolitano, et al. 1993. Identification of stimuli that mediate experience- dependent modification of homosexual courtship in Drosophila melanogaster. *Behavior Genetics* 23(1): 91–97.

Vainio, S., M. Heikkilä, et al. 1999. Female development in mammals is regulated by Wnt-4 signaling. *Nature* 397(February 4): 405–9.

Valenstein, E. S., and R. W. Goy. 1957. Further studies of the organization and display of sexual behavior in male guinea pigs. *Journal of Comparative and Physiological Psychology* 50(2): 115–19.

Valenstein, E. S., and W. C. Young. 1955. An experiential factor influencing the effectiveness of testosterone propionate in eliciting sexual behavior in guinea pigs. *Endocrinology* 56: 173–77.

Valenstein, E. S., R. Walter, et al. 1954. Sex drive in genetically heterogeneous and highly inbred strains of male guinea pigs. *Journal of Comparative and Physiological Psychology* 47: 162–65.

Valenstein, E. S., W. Riss, et al. 1955. Experiential and genetic factors in the organization of sexual behavior in male guinea pigs. *Journal of Comparative and Physiological Psychology* 48: 397–403.

Valian, V. 1998a. Running in place. *The Sciences* (January/February): 18–23.

____. 1998b. *Why so slow? The advancement of women.* Cambridge: MIT Press.

Valsiner, J. 1987. *Culture and the development of children's action: A cultural-historical theory of developmental psychology.* New York: Wiley.

van Anders, S. M. 2013. Beyond masculinity: Testosterone, gender/sex, and human social behavior in a comparative context. *Frontiers in Neuroendocrinology* 34(3): 198–210.

____. 2015. Beyond sexual orientation: Integrating gender/sex and diverse sexualities via sexual configurations theory. *Archives of Sexual Behavior* 44(5): 1177–1214.

van Anders, S. M., and E. J. Dunn. 2009. Are gonadal steroids linked with orgasm perceptions and sexual assertiveness in women and men? *Hormones and Behavior* 56(2): 206–13.

van Anders, S. M., N. L. Caverly, and M. M. Johns. 2014. Newborn bio/logics and US legal requirements for changing gender/sex designations on state identity documents. *Feminism & Psychology* 24(2): 172–92.

van de Poll, N. E., F. H. de Jonge, et al. 1981. Failure to find sex differences in testosterone activated aggressive behavior in two strains of rats. *Hormones and Behavior* 15: 94–105.

Van den Wijngaard, M. 1991a. The acceptance of scientific theories and images of masculinity and femininity. *Journal of the History of Biology* 24(1): 19–49.

____. 1991b. *Reinventing the sexes: Feminism and biomedical construction of femininity and masculinity 1959-1958.* Amsterdam: University of Amsterdam.

van der Kamp, H. J., F. M. E. Slijper, et al. 1992. Evaluation of young women with congenital adrenal hyperplasia: A pilot study. *Hormone Research* 37(suppl. 3): 45–49.

van Seters, A. P., and A. K. Slob. 1988. Mutually gratifying heterosexual relationship with micropenis of husband. *Journal of Sex and Marital Therapy* 14(2): 98–107.

Van Wyk, J. J. 1999. Should boys with micropenis be reared as girls? *Journal of Pediatrics* 134(May): 537–38.

Vance, C. S. 1991. Anthropology rediscovers sexuality: A theoretical comment. *Social Science and Medicine* 33(8): 875–84.

Vandersteen, D. R., and D. A. Husmann. 1998. Late onset recurrent penile chordee after successful correction at hypospadias repair. *Journal of Urology* 160(3 pt. 2): 1131-33; discussion 1137.

Varela, F. J. 1996. Neurophenomenology: a methodological remedy for the hard problem. *Journal of Consciousness Studies* 3(4): 330-49.

———. 1997. Patterns of life: Intertwining identity and cognition. *Brain and Cognition* 34(1): 72-87.

Velidedeoglu, H. V., O. K. Coskunfirat, et al. 1997. The surgical management of incomplete testicular feminization syndrome in three sisters. *British Journal of Plastic Surgery* 50: 212-16.

Velut, S., C. Destrieux, et al. 1998. Anatomie morphologique du corps calleux. *Neurochirurgie* 44(suppl. 1): 17-30.

Verbrugge, M. H. 1997. Recreating the body: Women's physical education and the science of sex differences in America, 1900-1940. *Bulletin of the History of Medicine* 71(2): 273-304.

Viau-Colindres, J., M. Axelrad, and L. P. Karaviti. 2017. Bringing back the term "intersex." *Pediatrics* 140(5): e20170505.

Vicinus, M. 1989. "They wonder to which sex I belong": The historical roots of the modern lesbian identity. In *Homosexuality, which homosexuality?*, ed. D. Altman. Amsterdam: An Dekker/Schorer, 171-198.

Viloria, H. P., and M. J. Martínez-Patiño. 2012. Reexamining rationales of "fairness": An athlete and insider's perspective on the new policies on hyperandrogenism in elite female athletes. *American Journal of Bioethics* 12(7):17-19.

Vines, G. 1992. Last Olympics for the sex test? *New Scientist* 135(1828): 39-42.

vos Savant, M. 1996. Ask Marilyn. *Parade Magazine*, August 4, 6.

Voyer, D. 1998. On the reliability and validity of noninvasive laterality measures. *Brain and Cognition* 36: 209-36.

Voyer, D., S. Voyer, et al. 1995. Magnitude of sex differences in spatial abilities: A meta- analysis and consideration of critical variables. *Psychological Bulletin* 117(2): 250-70.

Waddington, C. H. 1957. *The strategy of the genes*. London: Allen and Unwin.

———. 1975. *The evolution of an evolutionist*. Ithaca, NY: Cornell University Press.

Wade, N. 1994. Method and madness: How men and women think. *New York Times Magazine*, July 12, 32.

———. 1999. Parent cells found in brain may be key to nerve repair. *New York Times*, January 8, A12.

Wahlsten, D. 1990. Insensitivity of the analysis of variance to heredity-environment interaction. *Behavior and Brain Sciences* 13: 109-161.

———. 1994. The intelligence of heritability. *Canadian Psychology* 35: 244-60.

Wahlsten, D., and K. M. Bishop. 1998. Effect sizes and meta-analysis indicate no sex dimorphism in the human or rodent corpus callosum. *Behavioral and*

Brain Sciences 21(3): 338-39.

Walker-Andrews, A. S. 1997. Infants' perception of expressive behaviors: Differentiation of multimodal information. *Psychological Bulletin* 121(3): 437-56.

Walker-Andrews, A. S., L. E. Bahrick, S. S. Raglioni, et al. 1991. Infants' bimodal perception of gender. *Ecological Psychology* 3(2): 55-75.

Walker, P., J. G. Bremner, M. Lunghi, et al. 2018. Newborns are sensitive to the correspondence between auditory pitch and visuospatial elevation. *Developmental Psychobiology* 60(2): 216-23.

Wallen, K. 1996. Nature needs nurture: The interaction of hormonal and social influences on the development of behavioral sex differences in Rhesus monkeys. *Hormones and Behavior* 30: 364-78.

Wallien, M. S. C., L. C. Quilty, T. D. Steensma, et al. 2009. Cross-national replication of the gender identity interview for children. *Journal of Personality Assessment* 91(6): 545-52.

Wang, X., M. M. Merzenich, et al. 1995. Remodeling of hand representation in adult cortex determined by timing of tactile stimulation. *Nature* 378 (November 2): 71-75.

Wapner, S., and J. Demick. 1998. *Developmental analysis: A holistic, developmental, systems oriented perspective*. New York: Wiley.

Ward, I. L. 1992. Sexual behavior: The product of perinatal hormonal and prepubertal social factors. In *Handbook of Behavioral Neurobiology*, ed. A. Gerall, M. Howard, and I. L. Ward. New York: Plenum Press, 157-80.

Warren, W. H. 2006. The dynamics of perception and action. *Psychological Review* 113(2): 358-89.

Washington, H. A. 2006. *Medical apartheid: The dark history of experimentation on black Americans from colonial times to the present*. New York: Doubleday.

Wassersug, R. 1996. Fat rats in the lab of luxury. *Natural History* 6: 18-19.

Watson, J. B. 1914. *Behavior: An introduction to comparative psychology*. New York: Holt.

Wavell, S., and A. Alderson. 1992. Row looms over Olympic sex test. *Sunday Times*, Overseas News, January 26.

Wedell, A. 1998. Molecular genetics of congenital adrenal hyperplasia 21-hydroxylase deficiency: Implications for diagnosis, prognosis and treatment. *Acta Paediatrica* 87: 159-64.

Weeks, J. 1981*a*. Discourse, desire and sexual deviance: Some problems in a history of homosexuality. In *The making of the modern homosexual*, ed. K. Plummer. London: Hutchinson, 76-111.

______. 1981*b*. *Sex, politics and society: The regulation of sexuality since 1800*. London: Longman.

Weidensall, J. 1916. *The mentality of the criminal woman*. Baltimore: Warwick and

York.

Weidman, N. M. 1999. *Constructing scientific psychology: Karl Lashley's mind-brain debates*. Cambridge, U.K.: Cambridge University Press.

Weinrich, J. D. 1987. *Sexual landscapes: Why we are what we are; why we love whom we love*. New York: Scribner.

Weir, J. J. 1895. The effect of female suffrage on posterity. *The American Naturalist* 29: 815-25.

Weis, S., G. Weber, et al. 1988. The human corpus callosum and the controversy about a sexual dimorphism. *Psychobiology* 16(4): 411-15.

Weisberg, Y., C. DeYoung, and J. Hirsh. 2011. Gender differences in personality across the ten aspects of the Big Five. *Frontiers in Psychology* 2(178).

Weisman, Y., F. Cassorla, et al. 1993. Sex-specific response of bone cells to gonadal steroids—modulation in perinatally androgenized females and in testicular feminized male rats. *Steroids* 58(3): 126-33.

Weiss, P. 1959. Cellular dynamics. *Reviews of Modern Physics* 31: 11-20.

Weiss, S., G. Weber, et al. 1989. The controversy about a sexual dimorphism of the human corpus callosum. *International Journal of Neuroscience* 47: 169-73.

Werner, M. H., J. R. Huth, et al. 1996. Molecular determinants of mammalian sex. *Trends in Biochemical Sciences* 21(8): 302-8.

West, C., and D. H. Zimmerman. 1987. Doing gender. *Gender and Society* 1(2): 125-51.

West, C., and S. Fenstermaker. 1995. Doing difference. *Gender and Society* 9(1): 8-37.

Weston, K. 1993. Lesbian and gay studies in the house of anthropology. *Annual Review of Anthropology* 22: 339-67.

Whalen, R. E. 1974. Sexual differentiation: Models, methods and mechanisms. In *Sex Differences in Behavior*, ed. R. C. Friedman, R. M. Richart, and R. L. Van de Wiele. Huntington, NY: Robert E. Krieger, 467-81.

Whalen, R. E., and F. Johnson. 1990. To fight or not to fight: The question is "whom"? *Comparative Physiology* 9: 301-12.

Whalen, R. E., and R. D. Nadler. 1965. Modification of spontaneous and hormoneinduced sexual behavior by estrogen administered to neonatal female rats. *Journal of Comparative Psychology* 60: 150-52.

Whitacre, C. C., S. C. Reingold, et al. 1999. A gender gap in auto-immunity. *Science* 283(February 26): 1277-88.

Whitam, F. L., M. Diamond, et al. 1993. Homosexual orientation in twins: A report on 61 pairs and three triplet sets. *Archives of Sexual Behavior* 33(3): 187-206.

White, S. A., and R. D. Fernald. 1997. Changing through doing: Behavioral influences on the brain. *Recent Progress in Hormone Research* 52: 455-74.

Whitehead, A. N. 1929. *Process and reality: An essay in cosmology*. New York:

Macmillan[『과정과 실재』, 오영환 옮김, 민음사, 2003].

Wickelgren, I. 1997. Estrogen stakes claim to cognition. *Science* 276(May 2): 675-78.

Wiesner, B. P. 1935. The post-natal development of the genital organs in the albino rat VI. Effects of sex hormones in the heteronomous sex. *Journal of Obstetrics and Gynaecology* 42: 8-78.

Williams-Ashman, H. G., and A. H. Reddi. 1971. Actions of vertebrate sex hormones. *Annual Review of Physiology* 33: 31-82.

Williams, S. J., and G. Bendelow. 1998. *The lived body: Sociological themes, embodied issues*. London: Routledge.

Williamson, S., and R. Nowak. 1998. The truth about women. *New Scientist* 21(45): 34-35.

Wilson, B., and W. G. Reiner. 1998. Management of intersex: A shifting paradigm. *Journal of Clinical Ethics* 9(4): 360-70.

Wilson, E. 1998. *Neural geographies: Feminism and the microstructure of cognition*. New York: Routledge.

Wilson, E. O. 1978. *On human nature*. Cambridge: Harvard University Press.

Wilson, R. A. 1966. *Feminine forever*. New York: M. Evans.

Wilson, R. C., A. B. Mercado, et al. 1995. Steroid 21-hydroxylase deficiency: Genotype may not predict phenotype. *Journal of Clinical Endocrinology and Metabolism* 80(8): 2322-29.

Wise, M. N., ed. 1995. *The values of precision*. Princeton: Princeton University Press.

Wishart, J. M., A. G. Need, et al. 1995. Effect of age on bone density and bone turnover in men. *Endocrinology and Metabolism* 42(2): 141-46.

Wisniewski, A. B. 1998. Sexually dimorphic patterns of cortical asymmetry, and the role for sex steroid hormones in determining cortical patterns of lateralization. *Psychoneuroendocrinology* 23(5): 519-47.

Witelson, S. 1985. The brain connection: The corpus callosum is larger in lefthanders. *Science* 229: 665-68.

______. 1989. Hand and sex differences in the isthmus and genu of the human corpus callosum. *Brain* 112: 799-835.

______. 1991a. Sex differences in neuroanatomical changes with aging. *New England Journal of Medicine* 325(3): 211-12.

______. 1991b. Neural sexual mosaicism: Sexual differentiation of the human temporoparietal region for functional asymmetry. *Psychoneuroendocrinology* 16: 131-53.

Witelson, S. F., and C. F. Goldsmith. 1991. The relationship of hand preference to anatomy of the corpus callosum in men. *Brain Research* 545: 175-82.

Witschi, E., and W. F. Mengert. 1942. Endocrine studies on human hermaphrodites and their bearing on the interpretation of homosexuality. *Journal of Clinical Endocrinology* 2(5): 279-86.

Wolf, U. 1995. The molecular genetics of human sex determination. *Journal of Molecular Medicine* 73: 325–31.

Womack, E. B., and F. C. Koch. 1932. The testicular hormone content of human urine. *Endocrinology* 16: 273–77.

Wood, R. I., and W. S. Newman. 1995. Androgen and estrogen receptors coexist within individual neurons in the brain of the Syrian hamster. *Neuroendocrinology* 62: 487–97.

Woodhouse, C. R. J. 1994. The sexual and reproductive consequences of congenital genitourinary anomalies. *Journal of Urology* 152: 645–51.

Workplace Pride. 2018. workplacepride.org/blog/portfolios/intersex-people-what-you-need-to-know/.

Wright, R. 1994. *The moral animal*. New York: Pantheon.

Wright, T. 1999. A one-number census: Some related history. *Science* 283: 491.

Yamada, G., K. Suzuki, R. Haraguchi, et al. 2006. Molecular genetic cascades for external genitalia formation: An emerging organogenesis program. *Developmental Dynamics* 235(7): 1738–52.

Yang, T. T., C. C. Gallen, et al. 1994. Noninvasive detection of cerebral plasticity in adult human somatosensory cortex. *NeuroReport* 5: 701–4.

Yap, P.-T., Y. Fan, Y. Chen, et al. 2011. Development trends of white matter connectivity in the first years of life. *PLoS ONE* 6(9): e24678.

Yavuzer, R., C. Baran, et al. 1998. Vascularized double-sided preputial island flap with W flap glanuloplasty for hypospadias repair. *Plastic and Reconstructive Surgery* 101(3): 751–15.

Yazgan, M. Y., B. E. Wexler, et al. 1995. Functional significance of individual variations in callosal area. *Neuropsychologia* 33(6): 769–79.

Yeh, S.-R., R. A. Fricke, et al. 1996. The effect of social experience on serotonergic modulation of the escape circuit of crayfish. *Science* 271(January 19): 366–69.

Young, H. H. 1937. *Genital abnormalities, hermaphroditism and related adrenal diseases*. Baltimore: Williams and Wilkins.

Young, I. M. 1980. Throwing like a girl: A phenomenology of feminine body comportment motility and spatiality. *Human Studies* 3(2): 137–56.

______. 1990. *Throwing like a girl and other essays in feminist philosophy and social theory*. Bloomington: Indiana University Press.

Young, W. C. 1941. Observations and experiments on mating behavior in female mammals. *Quarterly Review of Biology* 16(2): 135–56.

______. 1957. Genetic and psychological determinants of sexual behavior patterns. In *Hormones, brain function and behavior*, ed. H. Hoagland. New York: Academic Press, 75–98.

______. 1960. A hormonal action participating in the patterning of sexual behavior in the guinea pig. In *Recent advances in biological psychiatry*, ed. J. Wortis. New

York: Grune and Stratton, 200-209.

______. 1961. The hormones and mating behavior. In *Sex and internal secretions*, ed. W. C. Young and G. W. Corner. Baltimore: Waverly Press, 1173-1239.

______. 1964. Hormones and sexual behavior. *Science* 143: 212-18.

______. 1965. The organization of sexual behavior by hormonal action during the prenatal and larval periods in vertebrates. In *Sex and Behavior*, ed. F. A. Beach. New York: Wiley, 89-107.

______. 1967. Prenatal gonadal hormones and behavior in the adult. In *Comparative psychopathology: Animal and human*, ed. J. Zubin and H. F. Hunt. New York: Grune and Stratton, 173-83.

Young, W. C., and B. Rundlett. 1939. The hormonal induction of homosexual behavior in the spayed female guinea pig. *Psychosomatic Medicine* 1(4): 449-60.

Young, W. C., and G. W. Corner, eds. 1961. *Sex and internal secretions*. Baltimore: Williams and Wilkins.

Young, W. C., and J. A. Grunt. 1951. The pattern and measurement of sexual behavior in the male guinea pig. *Journal of Comparative and Physiological Psychology* 44(5): 492-500.

Young, W. C., E. W. Dempsey, et al. 1939. Sexual behavior and sexual receptivity in the female guinea pig. *Journal of Comparative Psychology* 27(1): 49-68.

Zachariae, Z. 1955. A case of true hermaphroditism. *Acta Endocrinologica* 20: 331-37.

Zita, J. N. 1992. Male lesbians and the postmodernist body. *Hypatia* 7(4): 106-27.

Zondek, B. 1934. Mass excretion of oestrogenic hormone in the urine of the stallion. *Nature* 133: 209-10.

Zosuls, K. M., and D. N. Ruble. 2018. Gender-typed toy preferences among infants and toddlers. In *Gender typing of children's toys: How early play experiences impact development*, ed. E. S. Weisgram and L. M. Dinella. Washington, DC: American Psychological Association, 49-72.

Zosuls, K. M., D. N. Ruble, and C.S. Tamis-LeMonda. 2014. Self-socialization of gender in African American, Dominican immigrant, and Mexican immigrant toddlers. *Child Development* 85(6): 2202-17.

Zosuls, K. M., D. N. Ruble, C. S. Tamis-Lemonda, et al. 2009. The acquisition of gender labels in infancy: Implications for gender-typed play. *Developmental Psychology* 45(3): 688-701.

Zucker, K. J. 1996. Commentary on Diamond's "Prenatal predisposition and the clinical management of some pediatric conditions." *Journal of Sex and Marital Therapy* 22(3): 148-60.

______. 2010. The DSM diagnostic criteria for gender identity disorder. *Archives of Sexual Behavior* 39(2): 477-98.

Zucker, K. J., and H. Wood. 2011. Assessment of gender variance in children. *Child* and Adolescent Psychiatric Clinics of North America 20(4): 665-80.

Zucker, K. J., and S. J. Bradley. 1995. *Gender identity disorder and psychosexual problems in children and adolescents*. New York: Guilford Press.

Zucker, K. J., S. J. Bradley, et al. 1996. Psychosexual development of women with congenital adrenal hyperplasia. *Hormones and Behavior* 30(4): 300-18.

Zucker, K., and D. P. Vanderlaan. 2016. The self in gender dysphoria: A developmental perspective. In *The self in understanding and treating psychological disorders*, ed. M. Kyrios, R. Moulding, G. Doron, et al. Cambridge, England: Cambridge University Press, 222-32.

Zuger, A. 1997. Removing half of brain improves young epileptics' lives. *New York Times,* August 19, C4.

Zuger, B. 1970. Gender role determination: A critical review of the evidence from hermaphroditism. *Psychosomatic Medicine* 32(5): 449-63.

찾아보기